安装工程施工机具实用手册

苏雨明　李波艾　韩林生　李永峰　编

中国建筑工业出版社

图书在版编目(CIP)数据

安装工程施工机具实用手册/苏雨明等编. —北京：中国建筑工业出版社，2006

ISBN 7-112-08264-1

Ⅰ.安… Ⅱ.苏… Ⅲ.建筑安装工程-工程施工-施工机具-技术手册 Ⅳ.TU758-62

中国版本图书馆CIP数据核字(2006)第032858号

本书按安装工程的六大专业工种介绍了在施工中常用的国内外机具的种类、性能、规格、结构、使用操作方法、安全规程、维护保养的基本要求以及使用中出现的故障和排除方法。包括：设备安装工程常用机具，管道工程常用机具，电气安装工程常用机具、仪器仪表，通风空调工程常用机具，铆焊工程常用机具，筑炉工常用机具。

本书语言通俗易懂，内容简明扼要，重点突出，使用方法明确，取材偏重于施工现场的实际需要；可作为施工人员选择、使用机具的参考和培训资料。

* * *

责任编辑：刘 江 岳建光

责任设计：赵明霞

责任校对：张树梅 王金珠

安装工程施工机具实用手册

苏雨明 李波艾 韩林生 李永峰 编

*

中国建筑工业出版社出版、发行(北京西郊百万庄)

新华书店经销

北京天成排版公司制版

北京市铁成印刷厂印刷

*

开本：787×1092毫米 1/16 印张：44¾ 插页：3 字数：1120千字

2006年7月第一版 2006年7月第一次印刷

印数：1—3000册 定价：**75.00**元

ISBN 7-112-08264-1

(14218)

本社网址：http://www.cabp.com.cn

网上书店：http://www.china-building.com.cn

前　言

随着基本建设的飞速发展，工程项目日新月异，施工工艺和技术要求不断提高，工程质量逐步提升，工程进度加快。为此，对施工中使用的机械和工具的要求也日益提高。

俗语说：“手巧不如家什妙”，这句谚语在某种意义上表明了机具的重要作用。

由于安装工程种类繁多，各专业工种使用的机具是多种多样的，使用标准和要求也各有不同。因此，在选用上应根据工程的特点和施工对象的具体要求，使用科学、合理、快捷的机械和工具，使施工顺利进行。

本书主要是按着安装工程的六大专业工种，介绍了它们在施工中常用的国内外机具的种类、性能、规格、结构、使用操作方法、安全规程、维护保养的基本要求以及使用中出现的故障和排除方法。

书中语言通俗易懂，内容简明扼要，重点突出，使用方法明确，取材偏重于施工现场的实际需要，并介绍了国内某些单位的一些较先进机具。

本书可作为施工人员选择和使用机具的参考和培训资料。

本书在编写过程中得到了姚炳华、杨忠德、周敦锋等同志的大力协助，在此深表谢意。

由于编者的学识水平有限，收集资料也不齐全，因此，在编写过程中可能存在不少不妥之处，恳请广大读者提出宝贵意见，帮助改进和完善。

目　录

第一章　设备安装工程常用机具 …… 1
　第一节　安装钳工常用机具 …… 1
　第二节　起重工常用机具 …… 50
第二章　管道工程常用机具 …… 166
　第一节　管道工常用工具 …… 166
　第二节　管道工常用机械 …… 183
第三章　电气安装工程常用机具、仪器仪表 …… 217
　第一节　电气安装工常用机具 …… 217
　第二节　电气调试用仪器仪表 …… 222
　第三节　热工调试用仪器仪表 …… 370
第四章　通风空调工程常用机具 …… 389
　第一节　通风工程常用加工机械 …… 389
　第二节　通风工程常用小型电动工具 …… 428
　第三节　通风工程调试用仪表工具 …… 431
第五章　铆焊工程常用机具 …… 493
　第一节　铆工常用机具 …… 493
　第二节　电焊工常用机具 …… 523
　第三节　气焊工常用机具 …… 640
　第四节　焊缝检验用机具 …… 661
第六章　筑炉工常用机具 …… 676
　第一节　筑炉用机械 …… 676
　第二节　筑炉用工具 …… 683
附录 …… 688
参考文献 …… 712

第一章　设备安装工程常用机具

第一节　安装钳工常用机具

一、一般工具的使用与维护

1. 虎钳

虎钳是用来夹持工件，以便锯割、锉削、铲削等。虎钳有台虎钳、桌虎钳、手虎钳等3种。按其构造形式可分为廻转式和带砧座固定式。

（1）虎钳的构造

虎钳多用铸铁制成。它由固定部分、活动部分和钳口等组成，见图1-1。

固定部分由固定夹脚2和螺母5组成，用螺栓固定在钳工工作台上，活动部分由手柄7、固定环6、螺杆4、活动夹脚1及钳口3等组成。

钳口是用硬质钢制成的两块齿板，分别用螺钉镶在虎钳夹口的两面，使工件夹在两齿板面不易滑动，以便于操作。当夹持精制工件或软金属时，其表面易被两齿板夹坏，在这种情况下，要用铜、铝或铅作护口来保护，以免损坏工件，见图1-2。

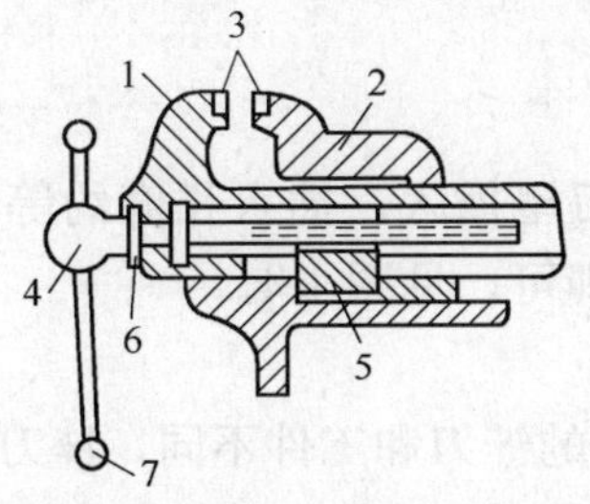

图1-1　虎钳

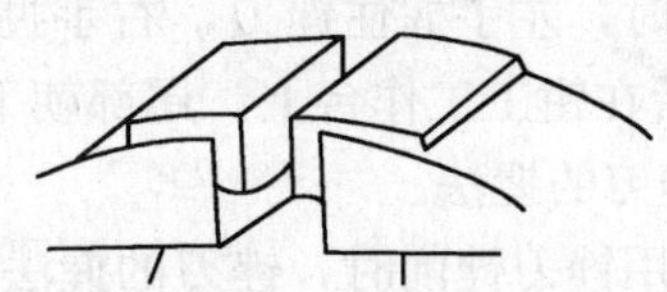
图1-2　钳口护板

（2）虎钳使用注意事项

虎钳夹紧和放松是靠转动手柄来进行的，因此，用力要根据工件的要求和虎钳的大小来确定，不要盲目用力过大。

虎钳的操作要注意以下几点：

1）工件要夹在虎钳口中间，不得已使用夹口的一边时，要在另一边放上等厚的木块或金属块，使夹持力均匀分布，以免损坏虎钳。

2）工件如超出钳口太长，需另用其他支撑物支持，不应使钳口过分受力。

3）工件过大，非虎钳能力所能胜任时，不要勉强夹持。

4）虎钳不要当砧铁使用。带砧座的虎钳，一般在砧座上只能作轻微的敲击。

5）虎钳的螺旋杆要经常加油，保持良好的润滑。

6）一般不准用套管、锤击等方法来旋紧手柄，以防损坏虎钳。

2. 锉刀

(1) 锉刀的种类和用途

锉刀是用来锉削工件的。它由锉刀面、锉刀边、锉刀尾、锉刀舌和木柄等组成，见图 1-3。

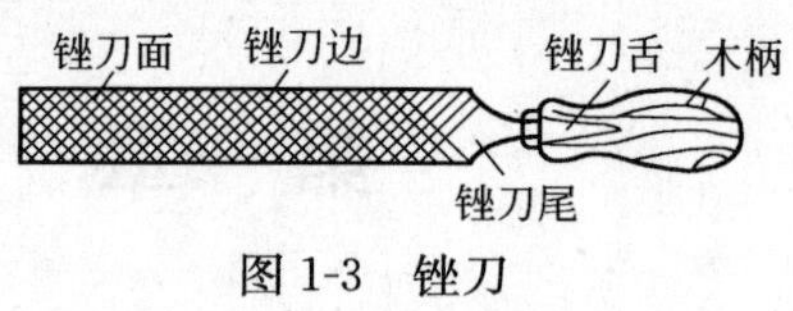

图 1-3　锉刀

锉刀的齿通常是用剁锉机剁成，但也有用铣齿法制成。制作锉刀用 T13 及 T13A 碳素工具钢，也可用 GCr15 或 Cr13 合金工具钢。锉刀经热处理后，它的硬度一般应在 HRC62～67 之间。锉刀面不允许有折叠、黑斑、毛刺、裂缝、崩齿、跳齿、锈迹等缺陷。

锉刀按其外形分，有平锉、方锉、圆锉、半圆锉、三角锉和什锦锉等。此外，还有锉特殊表面的异型弯锉等。锉刀按其锉齿粗细不同，可分为粗锉、细锉、油光锉等。粗锉锉削快，但表面不光滑，细锉和油光锉则相反。因此，粗锉只能用来锉棱。粗、中、细锉的适用范围见表 1-1。

锉刀的选择　　**表 1-1**

锉　刀	适用范围	
	加工余量(mm)	尺寸精度(mm)
粗　锉	0.5～1	0.2～0.5
中　锉	0.2～0.5	0.01～0.2
细　锉	0.05～0.2 或更小	0.01 或更小

(2) 锉削工作法

1) 装手柄

装柄时，左手握住锉刀，右手握柄，使孔对正锉刀尾插入，插入长度约等于锉舌的 3/4，然后在钳工工作台上，尾部朝下轻蹾几下，装牢即可，见图 1-4。

2) 锉刀的握法

在使用锉刀锉削时，锉刀的握法很重要。由于使用的锉刀和工件不同，锉刀的握法也有所区别，下面介绍几种锉刀的握法：

① 大方锉与大平锉的握持法。用右手握住锉刀柄，使拇指在柄上指向前方，其余四指卷于柄下，左手横握锉尖，拇指在上，其余四指弯卷于尖端下面，见图 1-5。

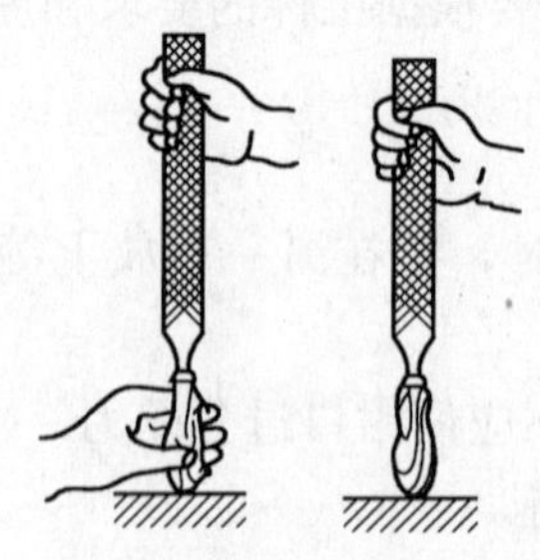
图 1-4　装手柄

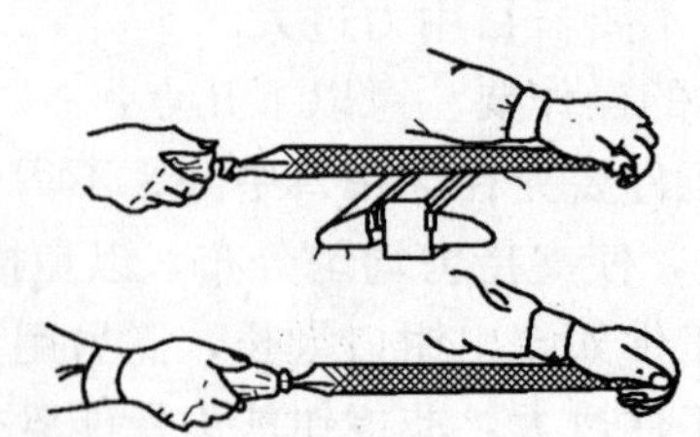
图 1-5　大型锉刀握持法

② 中型锉刀握持法。右手握柄方法与大方锉相同。左手以拇指和食指握住锉刀的尖

端，见图 1-6。

③ 小型锉刀握持法。右手的拇指和食指置于柄的上面和侧面，其余三指卷于柄下，左手用四个指头横压在锉刀中部上面，这样可避免锉刀受压而折断，见图 1-7。

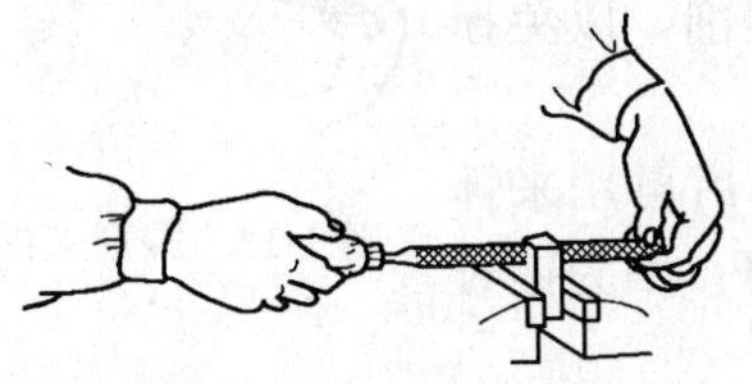

图 1-6　中型锉刀握持法

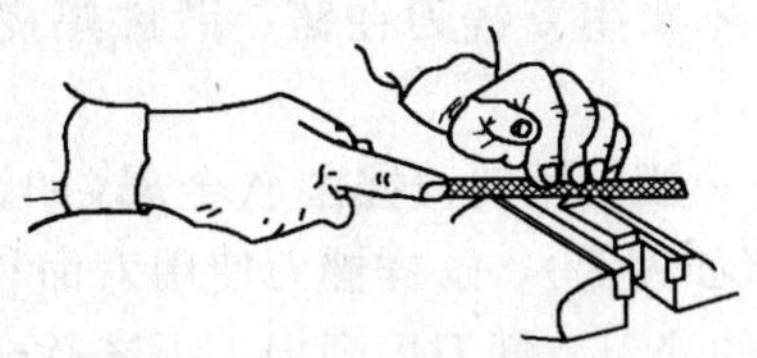

图 1-7　小型锉刀握持法

④ 最小型锉刀握持法。这种锉刀只用一只手握住，就可以操作。其方法是用右手握住柄部，食指放于柄和锉刀根部的上面，见图 1-8。

图 1-8　最小型锉刀握持法

3）锉削姿势

在进行锉削时，除按上述方法握锉外，身体的姿势也有一定要求。应当左脚在前，腿略微弯曲，右腿伸直，两脚距离要适当。在向前动作时身体略向前倾，在接近完毕时身体伸直，但两腿始终保持不动，见图 1-9。

图 1-9　锉削姿势

4）锉削法

把工件夹在虎钳上高出钳口 5～10mm。操作时两手稳持锉刀稍加压力，均匀向前推进。锉刀向前推动时，右手压力随前进程度逐渐增加，左手压力逐渐减少，以防工件两头凹陷。锉削时，锉刀始终要保持水平，回锉时锉刀要轻离工件，不加压力。

粗锉平面时可用交叉锉法，就是与工件成 30°角的两个方向交叉锉削，其优点是速度快，但精锉时不宜用这种方法，见图 1-10。

光整平面时可用推锉法，就是将锉刀横过来沿工件推动，前进方向应顺锉纹。向前时压力加重，返回时要很轻，见图 1-11。

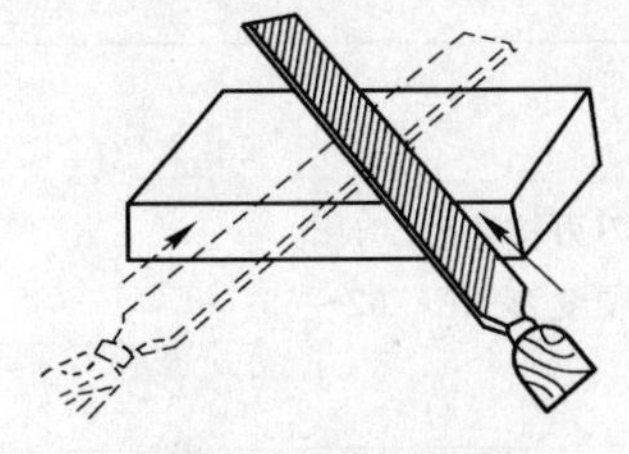

图 1-10　交叉锉法

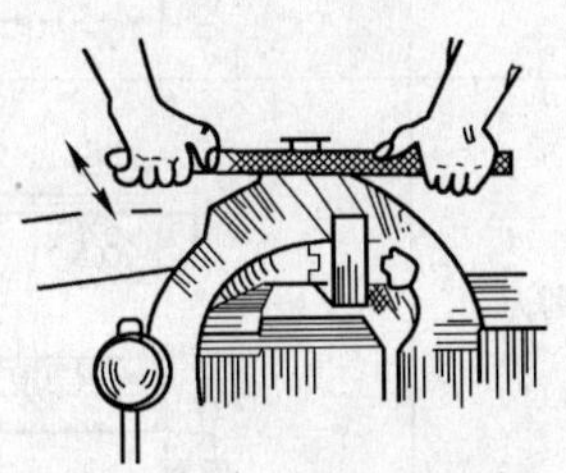

图 1-11　推锉法

锉圆形工件时，要有轻转动作，由上而下。在锉刀向前动作时，左手慢慢升高，右手慢慢降低，见图 1-12。

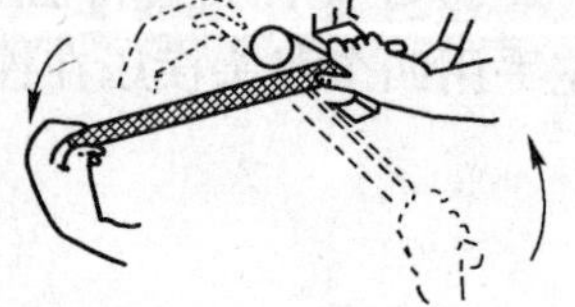

图 1-12　圆形工件锉法

(3) 锉刀的使用要求

1) 不要用新锉刀在铸、锻件黑皮表面上进行锉削，以免损坏新锉刀。

2) 一般先用锉刀锉削软金属(如铜、铝等)，以后再用来锉硬金属(如钢等)，这样锉刀使用寿命长，经济效果好。因为锉过硬金属的锉刀，锉刀齿磨损，再锉软金属时会打滑。

3) 锉棱时要用粗锉，当锉削接近画线时，开始采用细锉进行锉削，最后在锉刀上包砂布锉磨，使锉削面质量更高。

4) 在锉削过程中，不要用手抚摸被锉削表面，否则锉刀会打滑，影响锉削工作。

5) 锉刀先使用一面，当该面磨钝后，再用另一面。

6) 锉刀齿向常集积许多屑粉，在锉削时往往会划伤工件表面。因此，在锉削过程中，要随时轻敲锉刀将其振落，或用钢毛刷、小软钢片沿齿纹方向剔出屑粉，在齿面上涂以粉笔末也可避免屑粉轧在齿纹间。

7) 锉刀要严禁重叠存放，或与其他工具表面接触，否则易使锉齿损坏。

8) 油光锉仅限于光整表面时使用。

9) 使用小锉刀时，不可用力过大，以免折断。

10) 锉刀不能作撬棒使用，否则锉刀会损坏。

3. 刮刀

经过锉、刨、铣、镗等机械加工的工件，有时达不到所需要的精度，因此，在加工以后再用刮刀来进行刮削，增加两接触面密合程度，以达到更高精度。

刮刀是用来刮削工件的，它具有很高硬度(其刀刃硬度为 HRC 62～65)，使刃口经常保持锋利。刮刀一般用碳素工具钢 T10～T12A 制造，当刮削硬工件时，也可焊上硬质合金刀头，镶焊硬质合金刀片的刮刀，刮刀杆用 45 号钢制作，用铜料镶焊。刮刀的种类和规格见表 1-2 和表 1-3。

刮刀的种类和规格　　　　**表 1-2**

刮　　刀	刮刀外形尺寸	刀刃长度及硬度
平面刮刀	0.8 φ14 3.5 0.8 120 M10 17 20 0.8 50	刀刃长度为 50mm 硬度为 HRC 62～65
平面圆边刮刀	0.8 φ14 M10 3.5 0.8 120 R700 20 0.8 17 50	刀刃长度为 50mm 硬度为 HRC 62～65

续表

刮 刀	刮刀外形尺寸	刀刃长度及硬度
镶焊硬质合金的平面刮刀	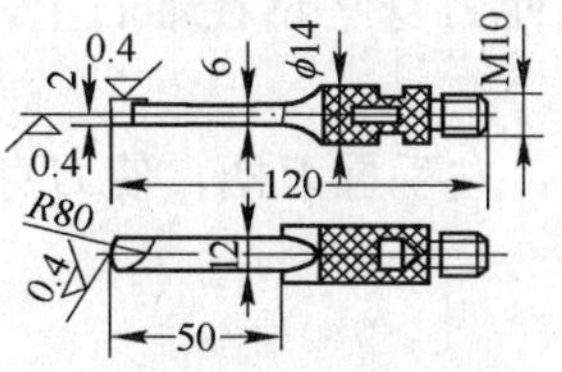	用 T15K6 硬质合金以 M3 号铜钎焊
三角刮刀	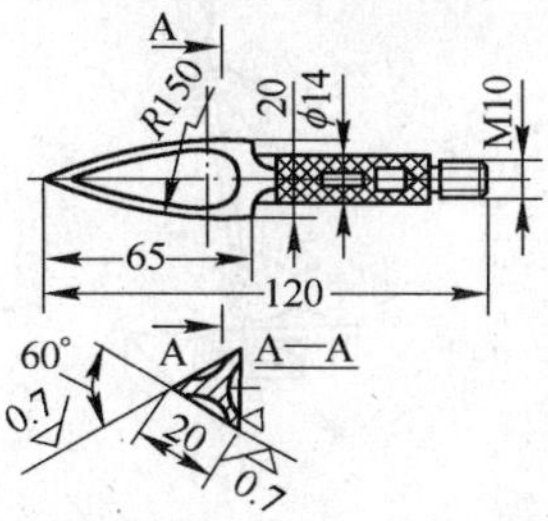	刀刃长度为 65mm 硬度 HRC62～65
匙形刮刀	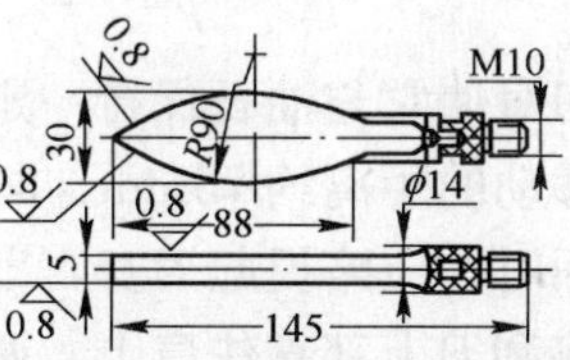	刀刃长度为 88mm 硬度为 HRC62～65

刮刀手柄尺寸 表 1-3

刮刀手柄尺寸(mm)					刮刀手柄尺寸(mm)				
L	L_1	l	l_1	质量(kg)	L	L_1	l	l_1	质量(kg)
190	150	100	60	0.14	380	330	120	70	0.28
280	240	100	60	0.2	510	460	120	70	0.38

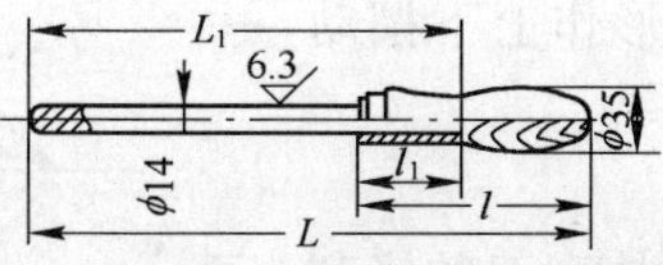

注：手柄材料为榆木、桦木、榛木。

(1) 常用刮刀操作法

1) 平面刮刀

刮削平面时，要选用长和宽适合工件的刮刀。平刮刀握持时，应为右手握柄，拇指向前，四指卷下，左手握在刮刀中部近刃处，向前推时加适当压力于工件上，见图 1-13。刮削的工件愈硬，则所需压力愈大。若工件上有孔，勿将刮刀推过孔口，要沿孔口边缘刮削。当接近边缘时，要与边缘成一角度的方向进行刮削，不要同边缘平行。在刮削平台和床面时，右手支撑刮刀，左手掌握方向，以一定的角度给以压力，

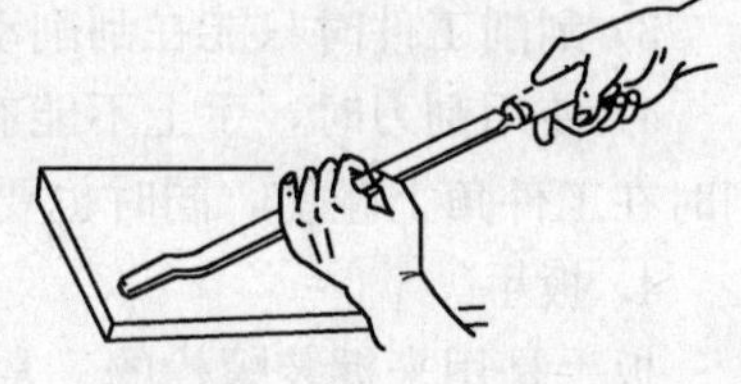

图 1-13 平面刮刀握持法

以稍带上挑的动作进行刮削。

平刮刀的刃磨：应用油石研磨，先磨两平面，后磨顶端。磨两平面时，先在油石上加机油，左手握住刀身前端，右手握住刀柄，使刀身平贴在油石上，按图 1-14 的箭头方向来回移动，一直达到平面光洁。

磨刮刀顶端时，右手握住近头部处刀身，左手握刀柄，使刀身中心与油石平面垂直稍带前倾，见图 1-15。

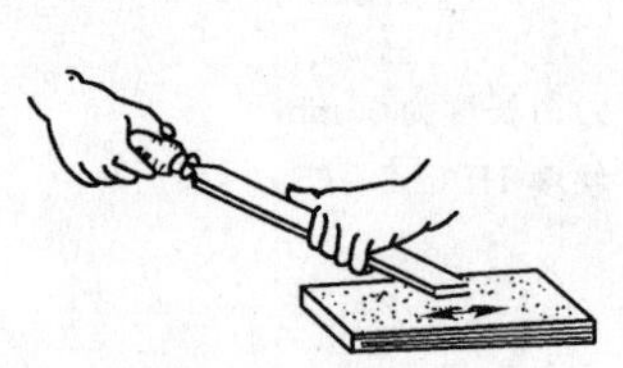
图 1-14　平刮刀的刃磨

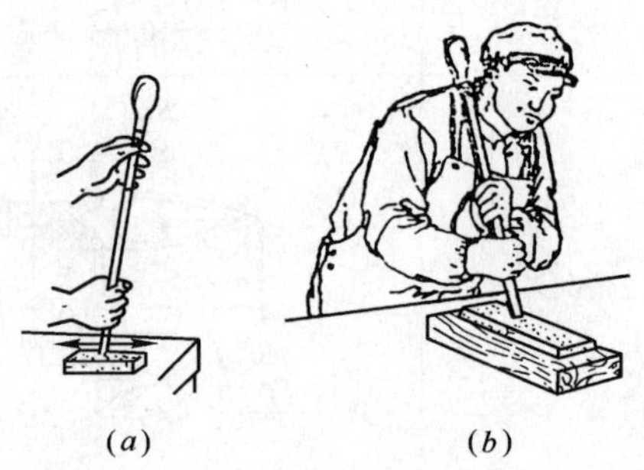

图 1-15　磨刮刀顶端

在油石上来回移动刃磨时，左手扶着刀身使它与油石保持一定的角度，并不用力，右手紧握刮刀来回移动。刮刀在油石上研磨移动的距离约 75mm，向前推时，刮刀稍向前倾斜，使刀端前半部在油石上磨动，向后拉回时，应略提起刀身，以免磨损刃口。前半面磨好后，用同样方法磨另半面。初学时还可将刮刀上部靠住肩上，两手握刀身，向后拉动来磨锐刃口，而向前时则将刮刀提起，见图 1-15(*b*)。此法速度较慢，但容易掌握。

2) 三角刮刀

它的握持法是一手握柄，拇指指向前方，一手可扶柄或刀的中部，操作方法比较简单。

三角刮刀的刃磨：把刮刀的两个刀刃同时放在油石上，见图 1-16。由于中间凹进，因此两刀刃边上只有窄的棱边被磨着。磨时右手握柄，左手轻压刀刃，在顺着油石长度方向来回移动时，还要依刀刃弧形作上下摆动，一直磨到弧面光洁，刀刃锋利。

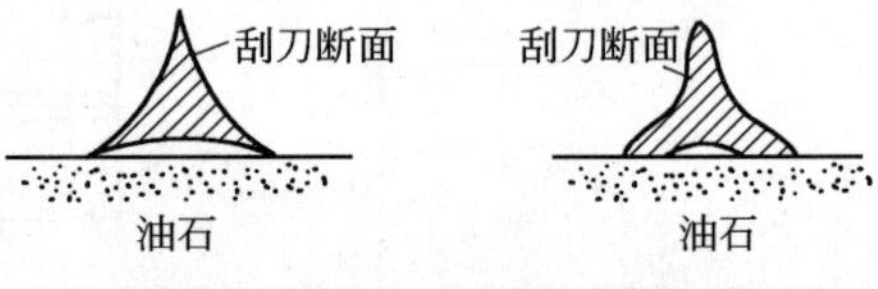

刮刀断面　刮刀断面
油石　油石

图 1-16　在油石上磨三角刮刀

(2) 刮刀的使用要求

1) 使用刮刀时，一定要保持刮刀的锋利，否则刮出面就不会光滑。磨刮刀时应先在砂轮上磨，磨过后再用油石细磨，如磨平面刮刀时，应先磨上、下两面，后磨端面。

2) 三角刮刀尖部也应锋利。在使用时，要用离刮刀尖 3～5mm 处刮削，否则会造成刀痕。

3) 刮削工件时只能在刮削动作中加压力，否则刮刃容易变钝，或损伤刮削面。

4) 使用刮刀时，手上不能有油脂、汗渍等。手要放在离工件比较高的地方，以免刮削时在工件角上碰伤，同时也要防止刀刃碰伤手指或损坏工件。

4. 扳手

扳手是用来拆装螺栓的。常用的扳手有螺母扳手，长柄、短柄装配扳手，死扳手，直柄、弯柄套筒扳手，棘轮扳手，调节扭矩扳手，管子扳手，螺柱扳手等。

(1) 螺母扳手

螺母扳手须具有下列硬度：

硬度等级	钳口开度小于 36mm	钳口开度大于 36mm
1	HRC 44～50	HRC 39～45
2	HRC 40～45	HRC 35～40

扳手用 40CrMoV、40Cr 和 45 号钢制作。螺母扳手的规格尺寸见表 1-4、表 1-5、表 1-6。

螺母扳手规格表　　**表 1-4**

外形图	扳手类别及尺寸(mm)
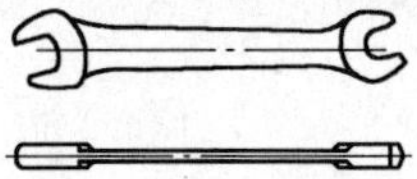	双头扳手 成套尺寸：4×5、5×5.5、5.5×7、7×8、9×10、10×12、12×13、12×14、13×14、14×17、17×19、19×22、22×24、24×27、30×32、32×36、36×41、41×46、46×50、50×55、55×60、65×70、75×80
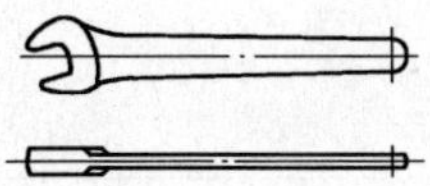	单头扳手 成套尺寸：3.2、4、5、5.5、7、8、10、12、13、14、17、19、22、24、27、30、32、36、41、46、50、55、60、65、70、75、80
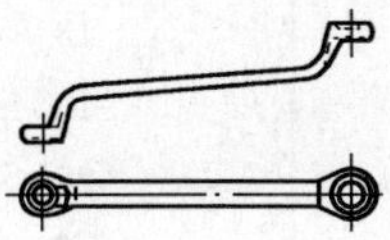	双头套筒扳手 成套尺寸：5.5×7、7×8、8×10、10×12、12×13、13×14、12×14、14×17、17×19、19×22、22×24、24×27、27×30、30×32、32×36、36×41、41×46、46×50、50×55
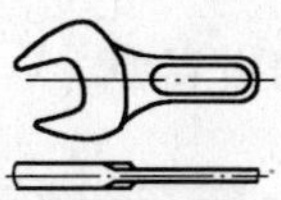	单头短柄扳手 成套尺寸：85、90、95、100、105、110、115、130、145、155、175、180、185、200、210、225
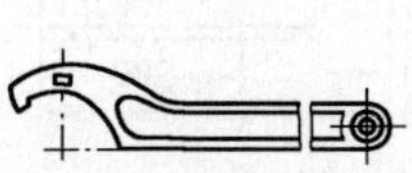	开槽圆螺母扳手 螺帽外径：12、14～16、22～24、26～28、30～34、38～42、45～52、55～60、65～70、75～85、90～95、100～110、115～120、125～130、135～140、150～160、165～170、175～190、200～210、220～230、240～250
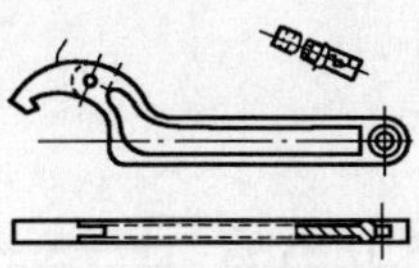	铰链式开槽圆螺母扳手 螺母外径：22～60、65～110、115～220
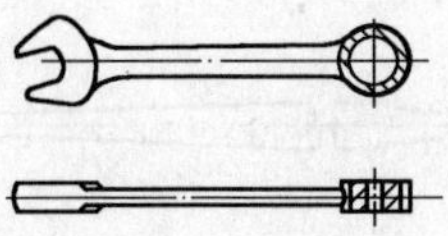	组合扳手 成套尺寸：5.5、7、8、10、12、13、14、17、19、22、24、27、30、32、36、41、46、50、55
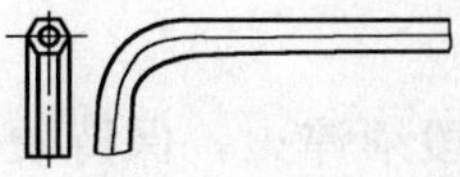	六角扳手 六角头成套尺寸：3、4、5、6、8、10、12、14、17、19、24、27

开口扳手(mm)　　表 1-5

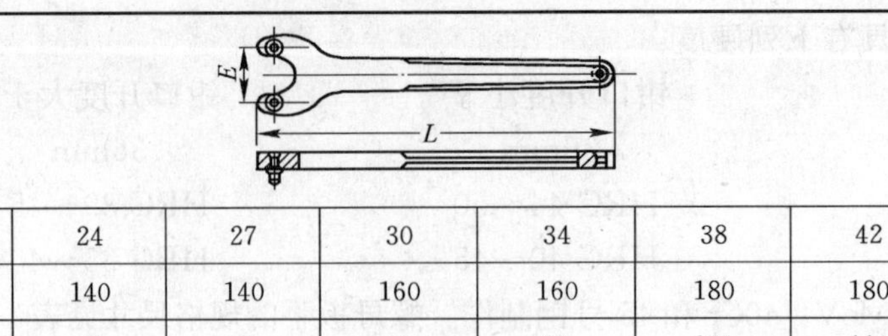

E	22	24	27	30	34	38	42	48
L	125	140	140	160	160	180	180	200
E	56	64	72	80	90	100	110	120
L	200	220	250	250	280	320	320	360

活动螺母扳手(mm)　　表 1-6

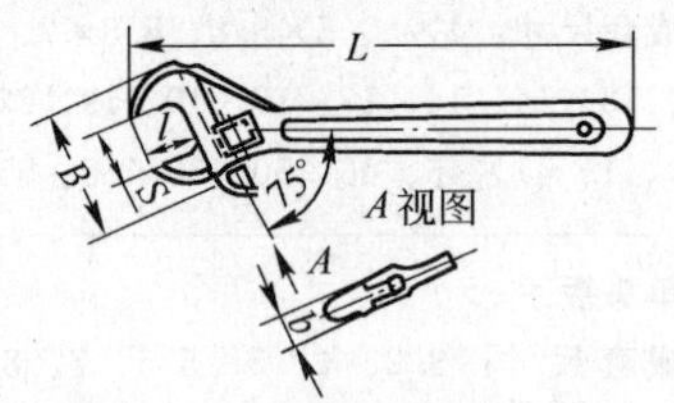

S最大	B	L	b	l
12	30	110	8	13
19	40	160	11	18
30	68	250	16	28
46	105	400	23	43

螺母扳手的接长套管，见图 1-17，可用钢管制作，或使用 35 号钢板卷制。

(2) 长柄、短柄装配扳手

它有直柄和弯柄两种，用于装卸直径 12、16、18、20、22、24、27 及 30mm 的螺栓，见图 1-18。

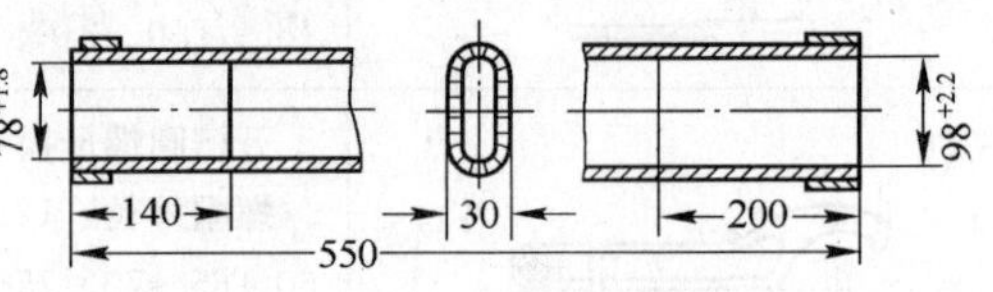

图 1-17　接长套管

(3) 死扳手

用于装卸直径 16、18、20、22、24、27 及 30mm 的螺栓，见图 1-19。

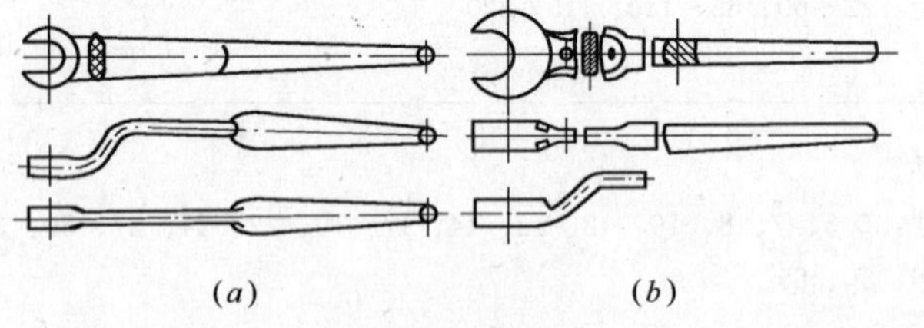

图 1-18　装配扳手

(a)长柄；(b)短柄

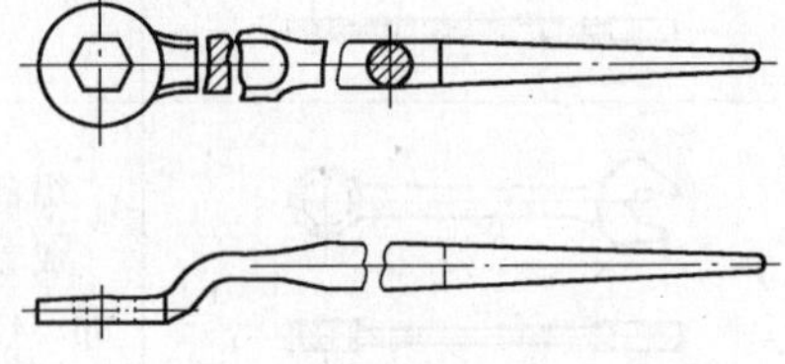

图 1-19　死扳手

装配用扳手用优质碳素结构钢制作。扳手钳口及手柄 50mm 段须淬火，保持硬度为 HRC40～50。

(4) 直柄、弯柄套筒扳手

它用于装卸密集处或死角部位的方形螺母及六角螺母。其规格见表 1-7。

直柄、弯柄套筒扳手(mm)　　表 1-7

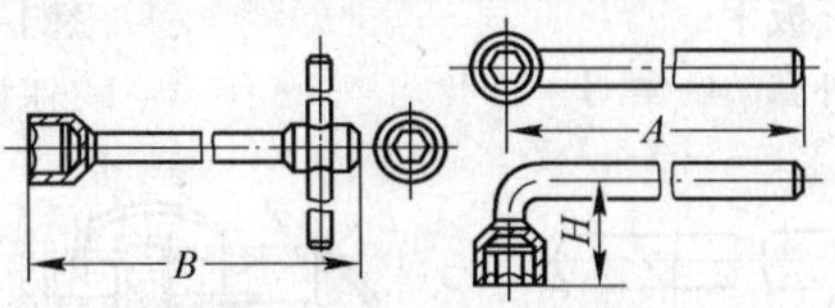

螺栓直径		6	8	10	12	16	20	24	30
扳手尺寸	A	130	150	160	200	240	260	300	350
	H	60	65	70	75	80	85	90	100
	B	125	125	130	150	180	210	240	260

(5) 棘轮扳手

主要用在密集部位装卸螺母，工作端部为四方或六方螺母孔，见图 1-20。

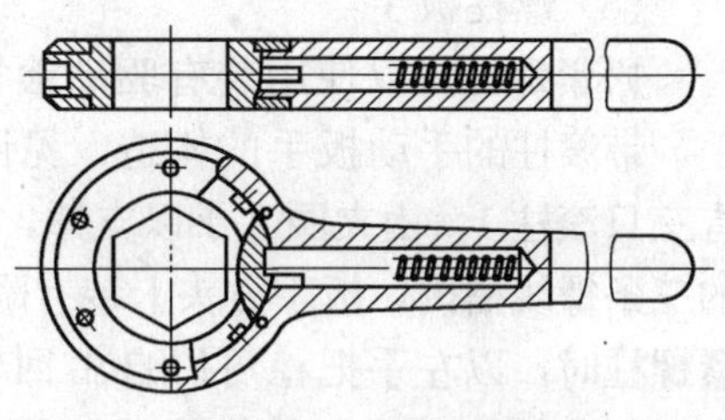

图 1-20　棘轮扳手

(6) 调节扭矩扳手

它可使传递到螺母上的力不超过既定力矩值。当力值超限时，则扳手即脱开。调节扭矩扳手的规格见表 1-8。

调节扭矩扳手(mm)　　表 1-8

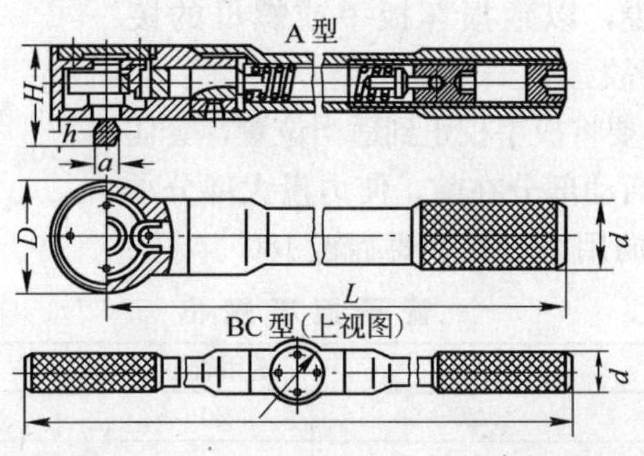

扳手类型	扭矩值 (N·cm)	扳手尺寸 L	D	d	H	h	a
A	200～1500	165	32	18	30	4	7
B		300					
A	1000～8000	300	48	25	37	5	10
	7000～20000	500	55	34	48	9	14
C	1000～8000	350	48	22	37	5	10
	7000～20000	490	55	28	48	9	14

(7) 管子扳手

它有杆式管子扳手，见图 1-21；外卡管子扳手，见图 1-22；链式管子扳手，见图 1-23；活动管子扳手，见图 1-24。钳口及牙的硬度为 HRC40-50。

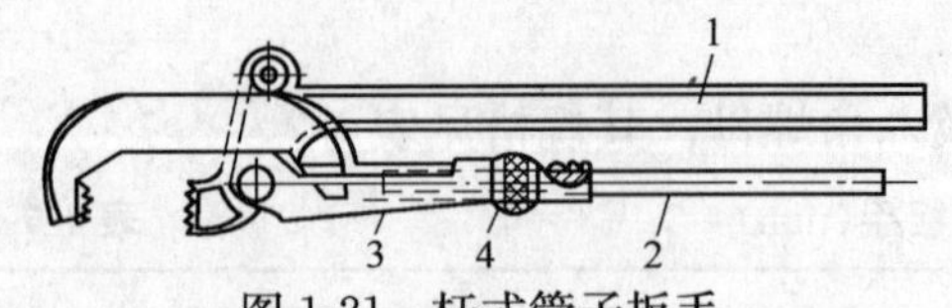

图 1-21 杆式管子扳手

1—固定杆；2—动杆；3—外套；4—螺母

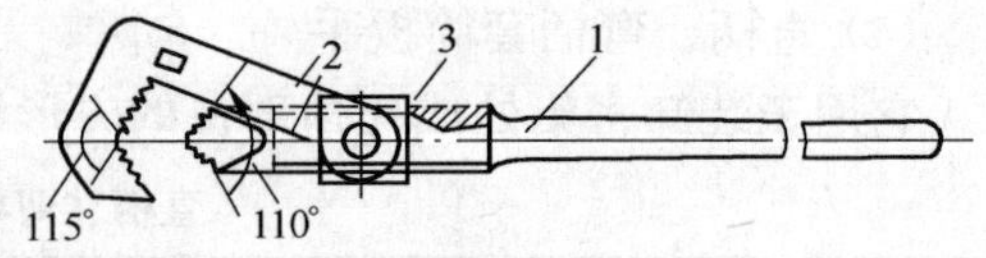

图 1-22 外卡管子扳手

1—手柄；2—卡头；3—螺母

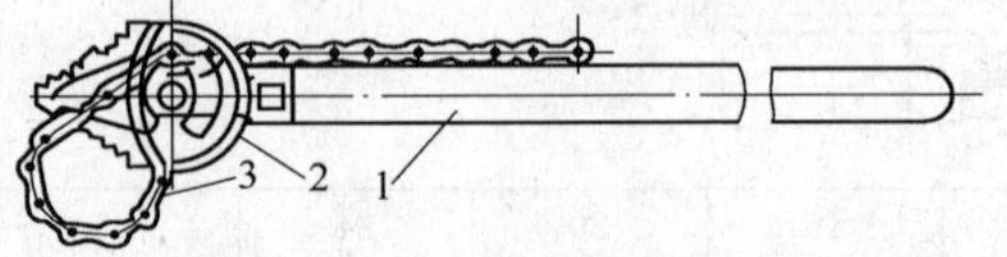

图 1-23 链式管子扳手

1—手柄；2—卡头；3—链条

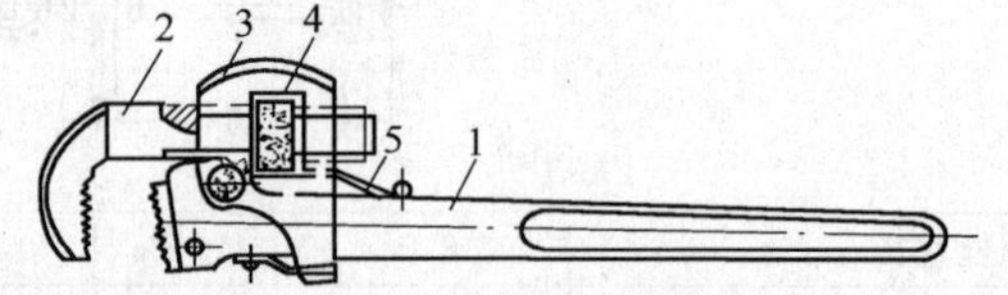

图 1-24 活动管子扳手

1—手柄；2—活动钳口；3—外套；4—螺母；5—弹簧片

(8) 螺柱扳手

松紧螺柱可以使用装有驱动滚柱或螺纹的短管的扳手，带滚柱的手动扳手的构造，见图 1-25。在扳手头部有三只滚柱 1，由夹圈 2 予以支撑，并镶装在扳手体 3 中的三条螺线槽内，扳手方头上装有附手柄 5 的横杆 4。松紧螺柱时，以左手把稳可以自由回转的短管 6，同时用右手握住柄 5 使其回转。管子扳手的规格见表 1-9。

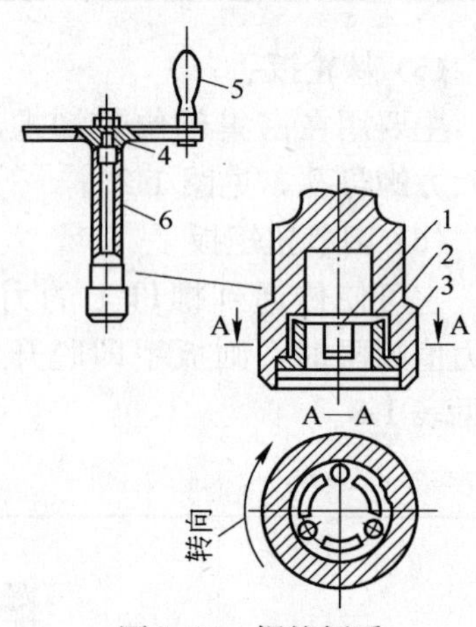

图 1-25 螺柱扳手

1—滚柱；2—夹圈；3—扳手体；4—横杆；5—手柄；6—短管

(9) 扳手使用要求

1) 选用扳手时，扳口尺寸必须与螺母尺寸相符，如果扳手太大就容易滑脱，以致损坏扳手或螺母的棱角，严重的会造成碰伤事故。

2) 使用活动扳手时，要将扳手校正到适当位置，套住螺母无松动现象。扳动时活动部分在前，使力量大部分承担在固定扳口上，若反方向用力，扳手要翻转 180°。

管子扳手规格 **表 1-9**

扳手名称	适用管径(mm)				
杆式扳手	10～36	20～50	20～63	25～90	32～120
外卡扳手	10～30		20～63		25～90
链式扳手	1/8″～1″	1/4″～2″	1/2″～3″		3/4″～4″

3) 不论哪种扳手，要想得到最大的扭力，则拉力方向必须与扳手的手柄成直角，要有向螺母方向的推力。最好是拉动，而不要推动，如拉动有困难采用推动时，必须用手掌推，手指放开伸直向上，以防扳手撞伤手指关节。

4) 拆卸和安装设备上的螺栓时，一般最好不用活动扳手。

5) 普通扳手禁止加套管或用锤打击扳手手柄，专用扳手例外。

5. 錾子

錾子有扁錾和尖錾两种，一般由 7CrV 或 8CrV、T7A 或 T8A 工具钢制作。它主要用来錾削金属。扁錾是錾削伞面，尖錾是錾削沟槽。錾子的錾削和锤击部分的硬度应符合表 1-10 的要求。

錾子的硬度 **表 1-10**

钢 号	HRC	
	錾削部分长度 扁錾为 1/2l，尖錾为 1.2l	锤击部分长度 扁錾为 1.5l，尖錾为 1.5l
7CrV 8CrV	55～59	40～45
T7A、T8A	53～57	35～40

(1) 錾子的握持法

錾子用左手握持，不要握得太紧，錾子的锋边要适当的放在切割点上，并保持一定角度。每次锤击后，要将錾子移到下一个正确位置上。切削的深度随錾子对工件的角度而定，角度越大，切割越深。

(2) 錾削操作

錾削时，眼要注视在錾刃上，不要看錾尾，以防錾坏工件。錾削平面一次深度应在 2mm 以下。錾子不要拿得过高或过低，手离尾端不要超过 15mm。

錾削工件应留出加工余量，錾硬钢时，錾刃要沾油，以加快錾削速度及减少錾刃磨损。

錾削平面其宽度超过扁錾刃宽时，要先用狭錾在平面上开出几道平行槽(两槽间隔应比扁錾刃口宽度窄些)再用扁錾铲削。

錾削铸铁件时，必须从两头向中间錾去，不要往一个方向去錾，否则另一头的边角就会被錾掉。

錾子尾端不要有油污，以防滑錾伤手，不要使用尾端开花或卷边的錾子，以免划伤手或打掉钢屑伤人。

用砂轮磨錾子时，用力不能太大，要不断沾水冷却，以保持刃口硬度。如磨时发热过大，刃口出现青蓝色和淡蓝色时，表示刃口已退火，必须重新淬火。

扁錾、尖錾、开油槽扁錾、冲子及冲棒的技术规格见表 1-11 至表 1-15。

扁錾技术规格(mm) **表 1-11**

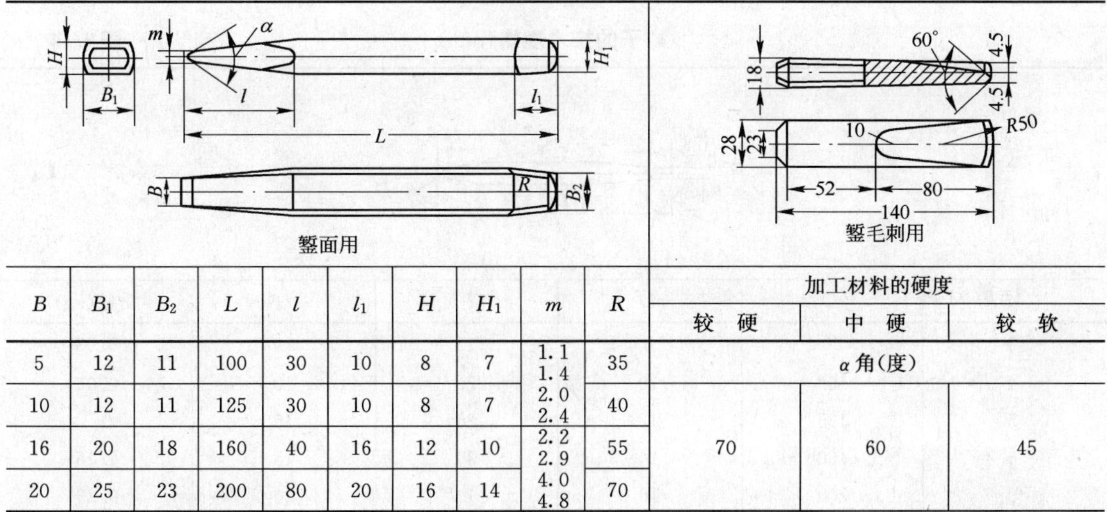

錾面用

錾毛刺用

B	B_1	B_2	L	l	l_1	H	H_1	m	R	加工材料的硬度		
										较 硬	中 硬	较 软
5	12	11	100	30	10	8	7	1.1 1.4	35	α 角(度)		
10	12	11	125	30	10	8	7	2.0 2.4	40	70	60	45
16	20	18	160	40	16	12	10	2.2 2.9	55			
20	25	23	200	80	20	16	14	4.0 4.8	70			

注：扁錾刃磨角(α)有 35°、45°、60°、70°四种

尖錾技术规格(mm)　　表 1-12

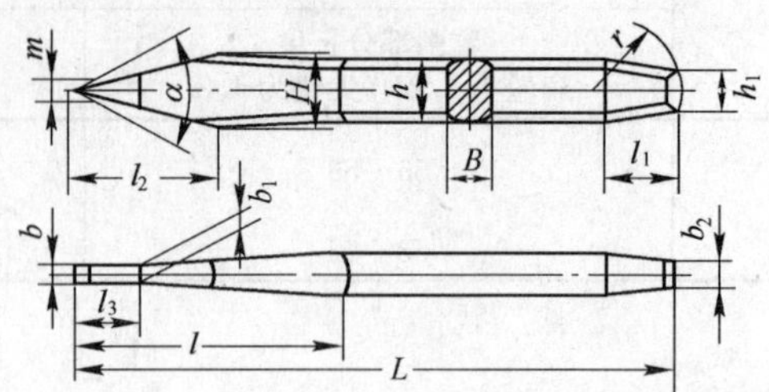

b	L	B	b_1	b_2	l	l_1	l_2	l_3	H	h	h_1	m	r
2	125	8	1.5	5	50	12	30	14	16	12	10	4.3，3，2.6	16
5	160	10	4.0	8	60	15	35	20	20	16	14	5.7，4.0，3.5	20
8			7.0										
10	200	16	8.0	12	70	20	50	28	35	25	22	7.2，5.0，4.0	25
15			10.0										

注：尖錾刃磨角(α)有 45°、60°、70°三种。

开槽扁錾技术规格(mm)　　表 1-13

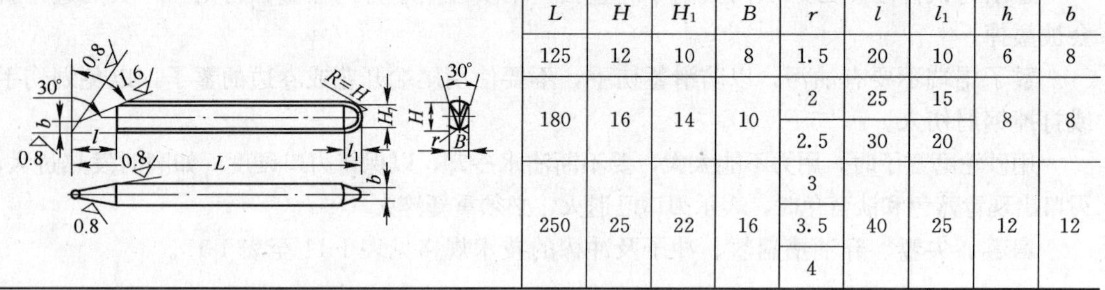

L	H	H_1	B	r	l	l_1	h	b
125	12	10	8	1.5	20	10	6	8
180	16	14	10	2 2.5	25 30	15 20	8	8
250	25	22	16	3 3.5 4	40	25	12	12

注：材料为 T7A 工具钢，錾刃硬度为 HRC52～66，锤击部分硬度 HRC32～40。

冲子的技术规格(mm)　　表 1-14

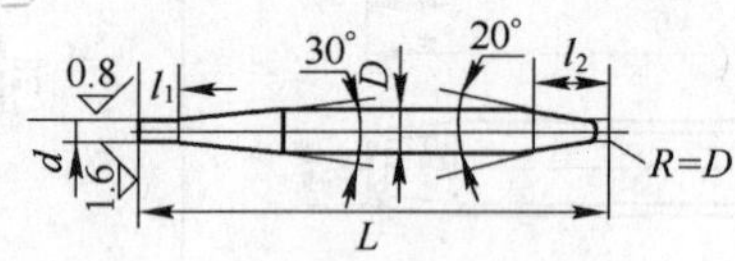

d	L	D	l_1	l_2	质量(kg)
3	80	8	15	10	0.03
4	100	10	20	10	0.05
5	125	12	25	15	0.1
6	160	14	30	15	0.16
8	200	16	40	20	0.23

注：材料为 T7A 工具钢，冲头硬度 HRC52～56，锤击部分硬度为 HRC30～40。

冲棒的技术规格(mm)　　　　　　　　**表 1-15**

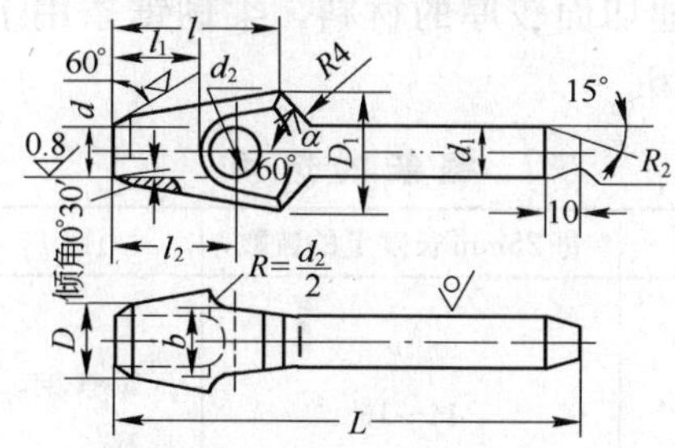

d	L	l	l_1	l_2	D	D_1	b	d_1	d_2	质量(kg)
6	100	30	15	20	9	21	—	9	10	0.06
8					11	26				0.17
10	125	45	25	33	13	28	20	14	16	0.18
12					15	30				0.19
14			32	42	18	34			20	0.3
16					21	38				0.33
18	140	60	35	48	23	40	30	15	25	0.34
20					25	42				0.33
24	160	70		54	29	48	40	20	28	0.55
26				55	31	50			30	0.66
30			40	53	35	55			35	0.85
34	180	80		60	39	60	50	25	40	0.86
38				61	44	65			42	0.96
42				68	48	70			45	1.4
48	200	95	45	72	51	80	55	30	54	1.55
50					57					1.57

注：材料为 T8 工具钢，冲头硬度 HRC52～58，锤击部分硬度 HRC35～40。

实践经验证明，錾钢的錾子其锋刃角度以 65°～70°为宜，錾生铁时为 50°～60°，錾铜时为 45°～50°，錾铅、锌、铝等软金属时为 30°～35°，金属越硬，角度越大。

6. 钢锯

钢锯是由锯弓和锯条组成。锯弓有固定式和可调式两种，如图 1-26。可调式使用方便，可以安装长短不同的锯条。

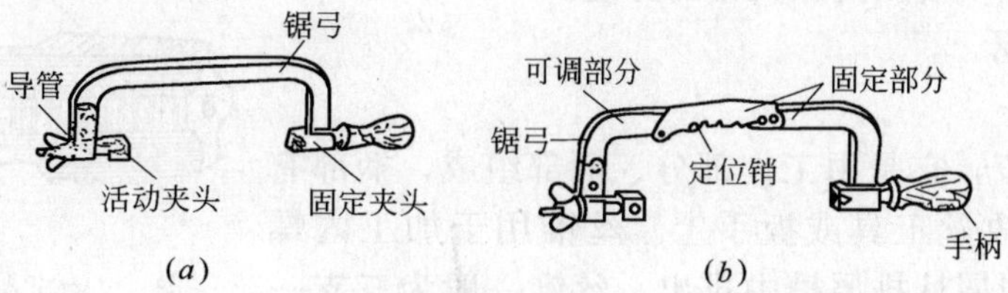

图 1-26　锯弓

(a)固定式；(b)可调式

锯条用高优质工具钢经硬化和回火制成。锯条有全硬的和柔韧的。全硬的锯条用于切割工具钢、铸铁、钢轨和其他切面较厚的材料，柔韧锯条用于锯割管子和切面较薄的材料。锯条的选用可参照表1-16。

锯条的选用　**表1-16**

图　式	标记	每25mm长度上的齿数	用　途
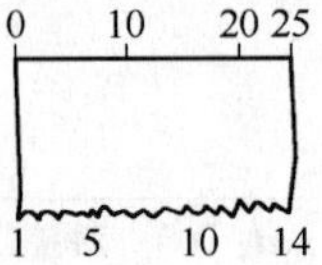 0 10 20 25 / 1 5 10 14	粗	14～16	锯软钢，铝，紫铜，成层，材料，人造胶质料
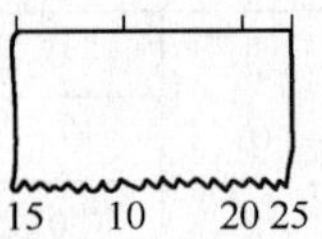 15 10 20 25	中	22	锯中等硬度钢，硬性轻金属，黄铜，厚壁管，较厚型钢
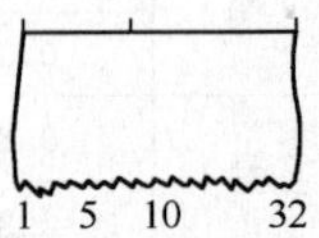 1 5 10 32	细	32	锯小而薄的型钢板料，薄壁管，电线管，薄的角钢
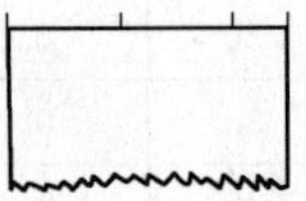	从细齿渐变为中齿	32～20	一般常用，锯头开头处齿距较小，容易起锯

使用钢锯时，应注意下面几点：

(1) 锯条装入锯弓时，锯齿要向前，松紧要合适。

(2) 锯割时，工件要固定好，锯路要直，若锯条断裂换新锯条时，要改变锯路，或从另一方向锯入。

(3) 向前推锯时要加压力，推的方向要直，动作要轻稳，返回时不加压力，轻轻拉回。软料每分钟约拉锯50～60次，硬料30～40次。开始锯时要慢，快锯完时也要慢，以防锯条折断。

(4) 锯较薄工件时，可在两面夹木片或金属片一起锯割。

(5) 锯较厚工件时，因锯弓宽度不够，锯不到底，可倒换几个方向锯割。如工件长度允许，也可将锯条横装以便加大锯的深度。

7. 丝锥和板牙

(1) 丝锥

丝锥见图1-27，它是由工作部分、柄部组成，柄部有方榫可装在机制攻丝工具或扳手上。丝锥用于加工内螺纹。攻丝时，金属屑从排屑槽中排出。丝锥一般为三支一组。丝锥的精度等级，机用的有1、2、2a、3a四个等级；手用的有3、3b两个等级。丝锥一般用工具钢制成。

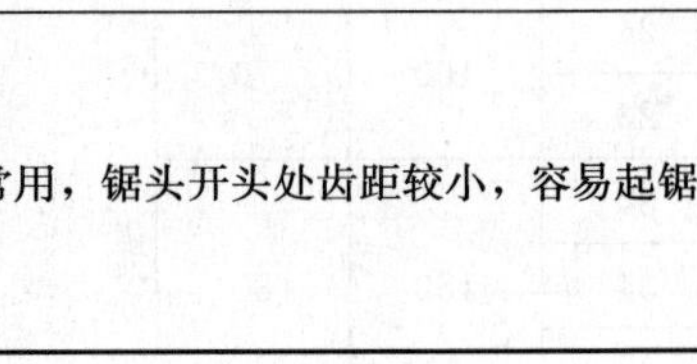

图1-27　丝锥

1—工作部分；2—柄部；3—方榫；4—排屑槽

使用丝锥时，应先选择好合适的规格，然后在方榫上配置好扳手(机用时配好保险夹头)。攻丝前要进行钻孔，钻孔应略大于丝锥的根径。钻孔大小可参照表 1-17。

常用攻丝钻孔所用钻头直径(mm)　　**表 1-17**

螺纹直径	螺距	钻头直径		螺纹直径	螺距	钻头直径	
		铸铁、青铜、黄铜	钢、可锻铸铁、紫铜、层压板			铸铁、青铜、黄铜	钢、可锻铸铁、紫铜、层压板
2	0.4	1.6	1.6	14	2	11.8	12
	0.25	1.75	1.75		1.5	12.4	12.5
2.5	0.45	2.05	2.05		1	12.9	13
	0.35	2.15	2.15	16	2	13.3	14
3	0.5	2.5	2.5		1.5	14.4	14.5
	0.35	2.65	2.65		1	14.9	15
4	0.7	3.3	3.3	18	2.5	15.3	15.5
	0.5	3.5	3.5		2	15.8	16
5	0.8	4.1	4.2		1.5	16.4	16.5
	0.5	4.5	4.5		1	16.9	17
6	1	4.9	5	20	2.5	17.3	17.5
	0.75	5.2	5.2		2	17.8	18
8	1.25	6.6	6.7		1.5	18.4	18.5
	1	6.9	7		1	18.9	19
	0.75	7.1	7.2	22	2.5	19.3	19.5
	1.5	8.4	8.5		2	19.8	20
10	1.25	8.6	8.7		1.5	20.4	20.5
	1	8.9	9		1	20.9	21
	0.75	9.1	9.2	24	3	20.7	21
12	1.75	10.1	10.2		2	21.8	22
	1.5	10.4	10.5		1.5	22.4	22.5
	1.25	10.6	10.7		1	22.9	23
	1	10.9	11				

钻孔后，孔边用刀具倒角，去掉毛刺，再开始攻丝。攻丝时，工件要把稳，丝锥要放正，用轻而均匀的压力将丝锥旋入孔中。攻丝要保持与丝孔同心。为了将铁屑排出，不损坏丝锥，必要时每前进一周要倒转 1/8～1/4 周。开始时，用适当压力，当旋转几周后，丝锥就顺丝自进，不需再加压力。攻丝时铁屑要随时清除掉。钢件攻丝时，要加润滑冷却剂，这样可延长丝锥寿命，提高工件质量。铸铁、铜、铅等材料攻丝时，不要加润滑冷却剂，以免影响攻丝的顺利进行，不锈钢、钛合金攻丝时，由于此种材料韧性比较大，特别粘，丝锥易断，为此，可采用图 1-28 所示方法，磨掉间隔齿可防止上述情况的产生。

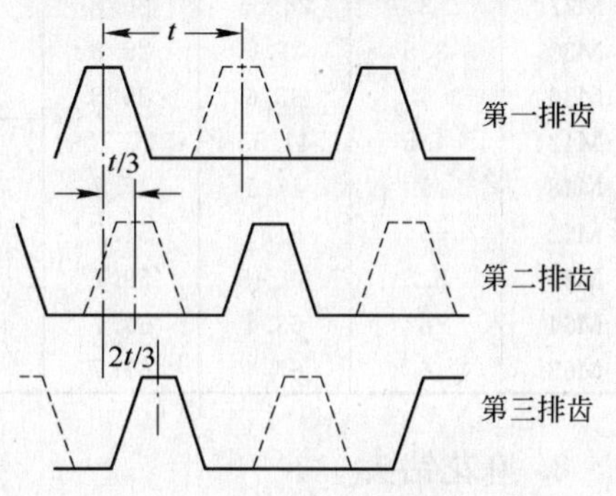

图 1-28　磨去间隔齿示意图

(2) 板牙

板牙用以加工外螺纹，其形状好似一个圆螺母，只不过是在其上面钻有几个排屑孔道，并形成刀刃。见图 1-29。板牙一般用优质工具钢制成。

板牙套丝方法与丝锥大致相同。套丝时，将板牙固定在板牙架上，板牙架见图 1-30。板牙架可以紧固各种规格尺寸的板牙。选用板牙时，其直径应与螺杆直径相同。一般可参照表 1-18。套丝以前，螺杆头上要倒角。套丝时，螺杆要在虎钳上夹紧，扳手与螺杆要垂直，不能偏斜。旋转时，开始加些压力，转 1～2 圈后要按攻丝方法回转，以便排出碎屑。钢料套丝要加润滑冷却液。套完丝后以螺母进行试验，用手能拧入即可。

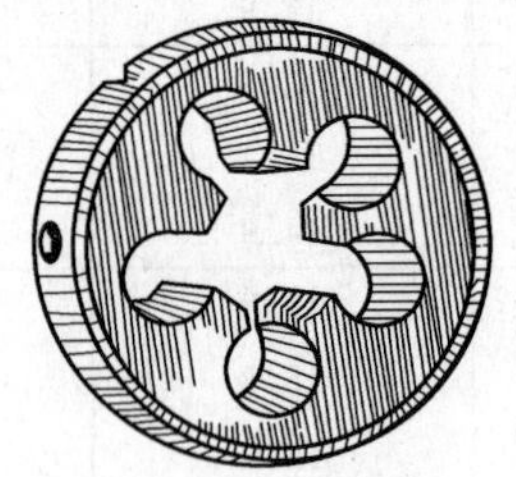

图 1-29 板牙

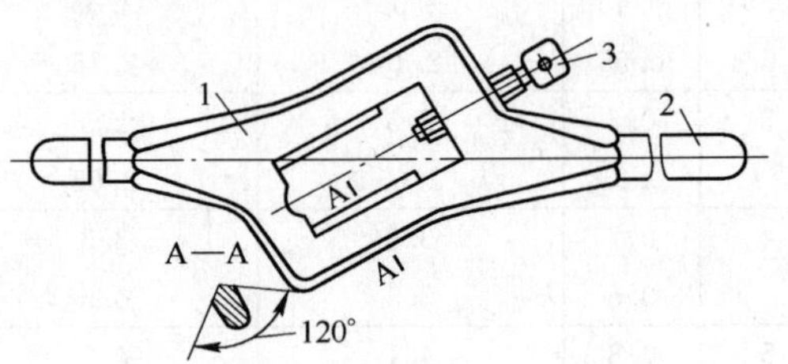

图 1-30 板牙架

1—框架；2—手柄；3—紧固螺丝

板牙套丝时螺杆的直径(mm) **表 1-18**

粗牙普通螺纹				英制螺纹			圆柱管螺纹		
螺纹直径	螺距	螺纹直径		螺纹直径(in)	螺杆直径		螺纹直径(in)	管子外径	
		最小直径	最大直径		最小直径	最大直径		最小直径	最大直径
M6	1	5.8	5.9	1/4	5.9	6	1/8	9.4	9.5
M8	1.25	7.8	7.9	5/16	7.4	7.6	1/4	12.7	13
M10	1.5	9.75	9.85	3/8	9	9.2	3/8	16.2	16.5
M12	1.75	11.75	11.9	1/2	12	12.2	1/2	20.5	20.8
M14	2	13.7	13.85				5/8	22.5	22.8
M16	2	15.7	15.85	5/8	15.2	15.4	3/4	26	26.3
M18	2.5	17.7	17.85				7/8	29.8	30.1
M20	2.5	19.7	19.85	3/4	18.3	18.5	1	32.8	33.1
M22	2.5	21.7	21.85	7/8	21.4	21.6	1⅓	37.4	37.7
M24	3	23.65	23.8	1	24.5	24.8	1¼	41.4	41.7
M27	3	26.65	26.8	1¼	30.7	31	1⅜	43.8	44.1
M30	3.5	29.6	29.8				1½	47.3	47.6
M36	4	35.6	35.8	1½	37	37.3			
M42	4.5	41.55	41.75						
M48	5	47.5	47.7						
M52	5	51.5	51.7						
M60	5.5	59.45	59.7						
M64	6	63.4	63.7						
M68	6	67.4	67.7						

8. 麻花钻头

麻花钻头是用来钻孔的，它由钻柄和钻杆两部分组成，见图 1-31。麻花钻头是用碳素工具钢(用于低速)或合金工具钢(用于高速)制成的。钻头分为两种，一种为小规格钻头，钻柄是直的，用钻卡头固定；另一种为大规格钻头，钻柄有角度用钻库固定。

图 1-31　麻花钻头

1—钻柄；2—钻杆

钻孔前，先在钻孔部位找好中心点打上冲眼，将选择好的钻头用钻卡头拧紧固定在钻床上，或用钻库固定在钻床上。同时，将工件固定在钻床台面夹具上。将钻头对准工件上的冲眼。钻时向下加压力(钻头与工件接触后要核对一次位置是否正确)。钻孔时，工件的表面要与钻头的中心线垂直，否则钻孔就会偏斜。钢材钻孔要加润滑剂，铸铁和铜钻孔则不加润滑剂。当快要钻透时压力要轻。如钻孔较大，要先用小钻头钻完小孔，再用大钻头扩钻，分两次钻成。

钻头角度的选择；钻刃夹角是否正确，对钻孔切削是否顺利进行有直接关系。一般钻刃夹角与被钻材料硬度有关，硬的材料夹角应大些，软的材料夹角则小些，且两刃的夹角要与钻头中心线对称。钻钢件时随着材料抗拉强度的增高，夹角在 116°～125°之间变化。

9. 铰刀

图 1-32　铰刀

铰刀见图 1-32。它是用来精铰削钻孔(扩孔)，使孔圆直、提高精度、表面光滑、尺寸准确的一种刃具。钳工用的铰刀有机铰刀和手铰刀两种。铰刀是用高速钢制成的。

铰刀使用时，应先根据材质、铰削的条件正确选用铰刀。开铰时，铰刀中心要与孔中心对直。一般手铰刀只能铰去 0.05～0.07mm 厚的金属，最多不超过 0.1mm。使用铰刀时不能用力过大，可用扳手顺时针方向旋转铰刀，但不可倒转，以免刀刃磨钝。当工件较小时，也可将铰刀夹在虎钳上，将工件套在铰刀上旋转。在铰削钢料时，要加润滑冷却液，而对铸铁只能干铰。铰刀是一种精加工工具，用完以后，要把铁屑清除干净，涂油后妥善保管。

10. 手锤

手锤也是钳工常用的一种工具。它有方头锤和圆头锤两种类型。它的材质一般用 50 号以上的碳钢或 40Cr、T7 合金钢制成。使用手锤时，先将锤头牢固的装在锤杆上，操作时，要准确用力，防止打在手上，造成工伤事故。同时，还要经常检查锤头是否有松动现象，发现后，要及时加以解决。手锤的规格见表 1-19 和表 1-20。

圆头手锤规格尺寸(mm)　**表 1-19**

锤头质量(g)	H	a 不大于	B	B_1	b	D	L_1	h	r	r_1
200	26	7	25	21	10	20	80	18	190	2.5
400	34	9	31	26	14	26	100	25	225	3
500	37	10	36	30		28	105		240	
600	40		37		15	30	110	26.5	250	
800	43	11	41	33	16	32	120	28	265	3.5
1000	45		42	34	17	34	130	30	280	

方头手锤规格尺寸(mm)　　**表 1-20**

锤头质量(g)	B	b	L_1	h	a不大于	r	r_2
50	11	7	75	1.25	4	145	1
100	15	9	82	16	5	160	1.2
200	19	10	95	18	7	190	1.75
400	25	14	112	25	9	225	2.5
500	27		118			240	
600	29	15	122	26.5	10	250	3
800	33	16	130	28	11	265	
1000	36	71	135	30	12	280	3.5

11. 曲柄钻

曲柄钻有两种类型：一种是锥形齿轮传动的曲柄钻，见图 1-33，另一种是棘轮传动的曲柄钻，见图 1-34。使用曲柄钻时，先将钻头装正、装牢，操作时，曲柄钻与工件要垂直，用力要适当。这两种曲柄钻，主要用于薄工件的钻孔。

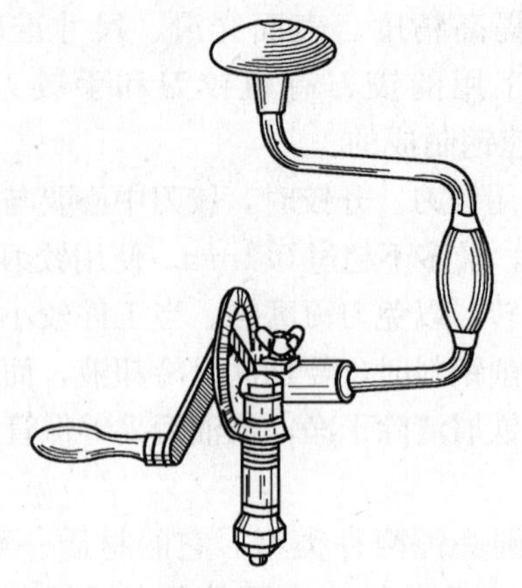

图 1-33　锥形齿轮传动的曲柄钻

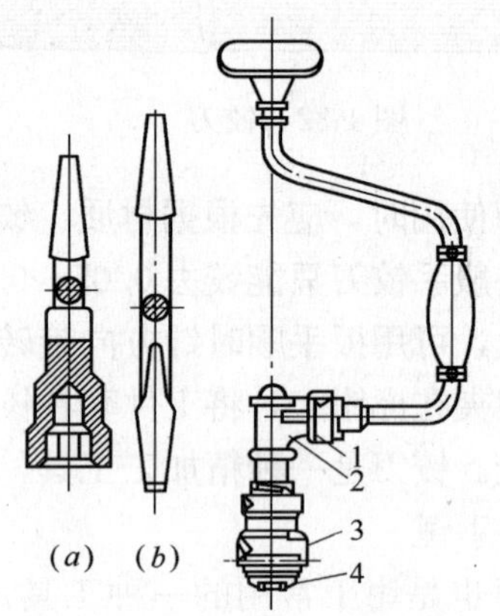

图 1-34　棘轮传动的曲柄钻

(a)上螺母扳子；(b)螺钉起子

1—开关环；2—啮合机构；3—卡盘；4—卡盘爪

12. 拆卸器

拆卸器俗名叫“抓”。它是钳工常用的工具。拆卸器主要用于自轴上卸下皮带轮、齿轮、轴承及其他零件。图 1-35 所示的拆卸器是利用其上的卡爪及顶撑螺杆将零件取下来。撑杆及卡爪用 45 号钢制作，经淬火及回火使硬度达到 HRC35～40，顶撑螺杆用 45 号钢制作，经热处理后硬度达到 HRC40～45。拆卸器的主要尺寸如下(mm)：

$l_{最小}$	10	20	30	30	30
$l_{最大}$	56	100	150	250	350
h	45	100	150	250	350

图 1-36 所示为附三只卡爪的自动定心螺杆拆卸器。图 1-37 为三爪式拆卸器，主要用于拆卸轴上过盈配合的轴承、靠背轮、皮带轮及其他零件。拆卸器的规格分成三档：

0～400mm，400～800mm 及 800～1200mm。

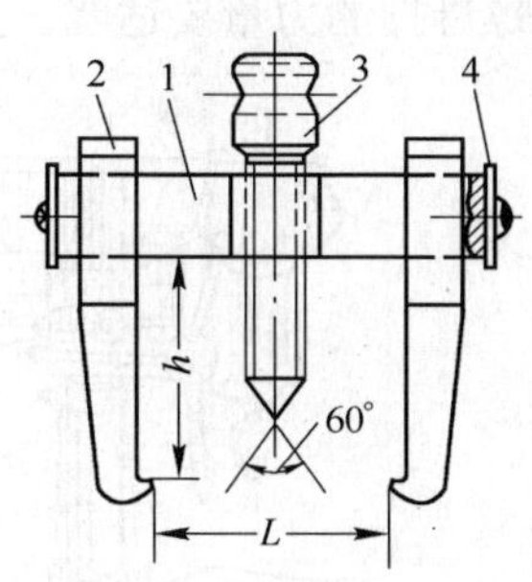

图 1-35 拆卸器

1—撑杆；2—卡爪；3—顶撑螺杆；4—保险片

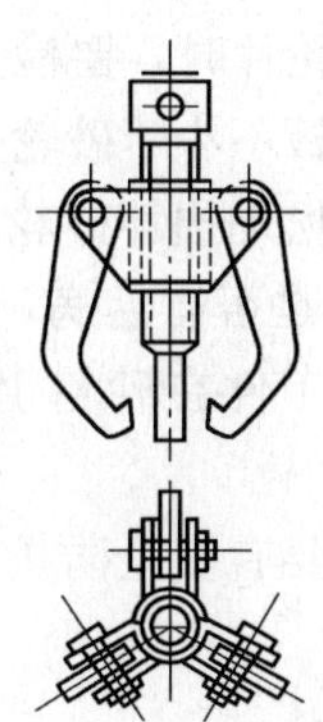

图 1-36 自动定心螺杆拆卸器

图 1-38 为双拉杆拆卸器，这种拆卸器遇到拆卸加长的零件时可以调节拉杆 2 在卡爪 1 上的螺孔位置。

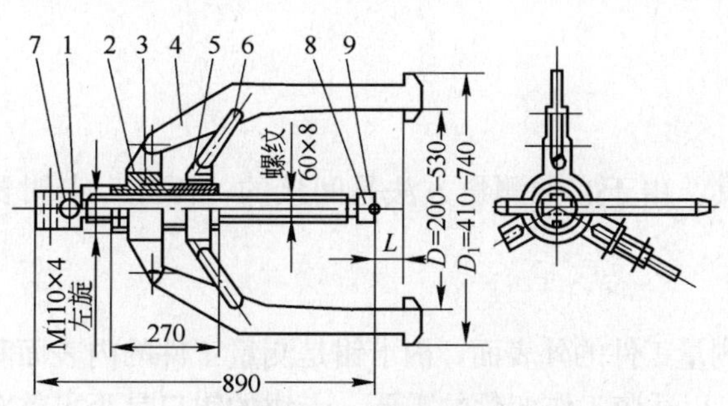

图 1-37 三爪式拆卸器

1—螺杆；2—螺母；3—横撑；4—拉筋；5—螺母；6—拉杆；7—转杆；8—球窝；9—滚珠

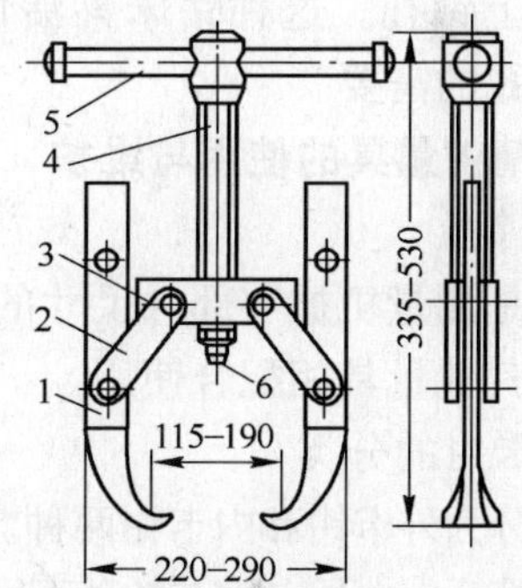

图 1-38 双拉杆拆卸器

1—卡爪；2—拉杆；3—横杆；4—螺杆；5—手柄；6—顶珠

使用拆卸器应注意的问题：

(1) 用拆卸器拆卸零件时，拆卸器与被拆卸零件同心以保持四周受力均匀。

(2) 拆卸时，要缓慢进行，不要强行拆卸，过盈的零件，要加热膨胀后，进行拆卸，以免损坏零件。

(3) 拆卸器的几个拉杆，距离要相等，使各方向受力一致，避免产生歪斜现象，影响正常拆卸。

(4) 当拆卸大型轴承时，必须把拆卸器架设好，当轴承快脱离轴时，易发生歪斜，损坏轴承，因此，在拆卸后期阶段，用手锤轻轻敲击拆卸器的后部，以保持其平衡。

13. 砂轮机

砂轮机是磨削刃具和工件的机具。有手提式和固定式两种。手提式砂轮机有电动和风动两类，一般在工件较大不便移动时使用。固定式砂轮机则用于小型工件和刃具等磨削。

砂轮机使用时，应注意以下几点：

(1) 使用砂轮机时，人要站在与砂轮机中心线成 45°角的地方。用砂轮的外圆表面磨削，不要在砂轮侧面磨削，以免砂轮破裂发生危险。

(2) 装新砂轮片时，要检查有无破损、断裂和不平、不圆等现象。砂轮片孔眼要与轴紧密配合，两面夹板不小于砂轮直径的一半。固定砂轮片的螺母拧的力量要适当。并应用双螺母，以防止螺母松动损坏砂轮片。新装的砂轮片要空转几分钟，检查是否有毛病，然后再用。

(3) 刀具和工件在砂轮上磨削时，用力要适当，不能过猛。

(4) 砂轮机要有安全防护装置，以防止砂轮片破裂后甩出伤人。

14. 台钻

台钻是一种小型钻床，见图 1-39。这种钻床是放在工作桌子上使用的，一般用来钻 ϕ13mm 以下的孔眼。它是由手动进刀的。工件较小时，可放在工作台上钻孔；工件较大时，将工作台移开，直接放在底座面上钻孔。这种钻床灵活性较大，可适应各种情况钻孔的需要。

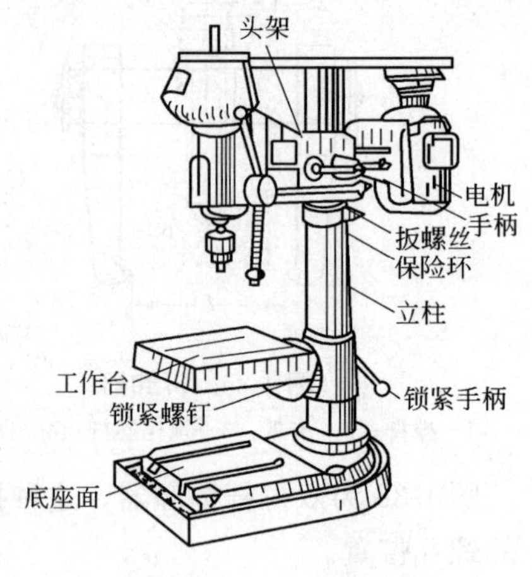

图 1-39　台钻

二、精密量具的使用与维护

1. 卡钳

卡钳是测量机械零部件尺寸的一种量具。由于它的测量方法是间接的，因此，卡钳要与钢尺或其他量具相配合使用。

(1) 卡钳的分类

卡钳分为外卡钳和内卡钳两种。外卡钳测量工件的外表面，内卡钳是测量工件的内表面和内孔、内槽等。内外卡钳有各种不同的尺寸，以适应工作变化的需要。卡钳的钳口是否平整对测量精度有很大影响。有经验者可以用质量好的卡钳，测出的精度可达0.02～0.05mm。

(2) 卡钳的使用范围和规格

卡钳的种类较多，表 1-21 是几种卡钳的使用范围和规格。

卡钳的使用范围和规格　　**表 1-21**

使用范围	规格 (mm)	
标准外卡钳 L 卡钳与钢尺配合测量和检验工件外尺寸	*L* 100 150 200 250 300	
统一外卡钳 A L 用弹簧可调节；测量的尺寸不易变动	*L*	*A* 最大
	75	50
	100	80
	125	120
	150	150

续表

使 用 范 围	规　格（mm）	
分度外卡钳 不需钢尺配合，在指针上直接取值	A 最大 80 120 160 200	
标准内卡钳	L 150 200 300	
弹簧内卡钳 测量内孔、槽和其他内表面	L	A 最大
	100	80
	125	100
	150	120
	175	140
	200	160

（3）卡钳的使用和取值

1）外卡钳的使用。测量工件外围时，两卡钳脚应垂直，由工作轴线卡入工件时两卡脚不应歪斜，也不应与工件表面接触过紧，以免测量尺寸不正确。

取值时，将卡钳的一端钳口抵在钢尺的起点端，另一卡钳口在钢尺上的位置读数，就是测量工件的尺寸值。

2）内卡钳的使用。测量工件时，应使两个钳口平行放在工件内表面，两卡钳口与工件内表面接触时不得过紧或不接触，以免产生测量误差。取值方法可将一只内卡钳口靠在钢尺的起始端，看另一只内卡钳口在钢尺上所在位置，读取数值，即为工件的实有尺寸值。

（4）使用卡钳注意点

1）调整卡钳尺寸时，应敲卡钳的两个侧面，不允许敲击卡钳口。

2）测量工件时，不能将卡钳用力压下去，要用卡钳自重贴附到工件测量面上即可。

3）测量工件时，卡钳要放正，不能歪斜，否则量得尺寸是不精确的。

4）工件在旋转时，不能用卡钳测值，避免使钳口磨损。

2. 水平仪

水平仪是机械设备安装中测量水平度和垂直度的一种不可缺少的精密量具。

（1）水平仪的种类和规格

水平仪有框式水平仪、条形水平仪、光学合象水平仪等。根据水泡的分度值又可分为3组，每组可用于测量不同的直线斜度或角度，见表1-22，表1-23。

水平仪分组装　表1-22

水泡分度值	Ⅰ　组	Ⅱ　组	Ⅲ　组
直线斜度(mm/m)	0.02～0.05	0.06～0.1	0.12～0.2
角度(s)	4～10	12～20	24～40
水泡刻度测量范围(±)	8	5.8	5.8

水平仪外形尺寸(mm)　表1-23

水　平　仪	Ⅰ　组	Ⅱ、Ⅲ组
方　水　平	200×200×45	150×100×35
长　水　平	200×45×42	150×35×26

(2) 水平仪的构造及测量工作原理

水平仪是由铸铁框架、主水准器(纵向水泡)、定位水准器(横向水泡)等组成。它是一种测角仪器，主要工作部分是水准器。见图1-40。水准器是封闭的玻璃管，内装乙醚或酒精，但不装满，留有一个气泡，这个气泡永远停在玻璃管的最高点。如水平仪在水平或垂直位置时，气泡就处于玻璃管的中央位置，若水平仪倾斜一个角度，气泡就向左或向右移动到最高点，根据移动距离，即可了解平面的水平度或垂直度。

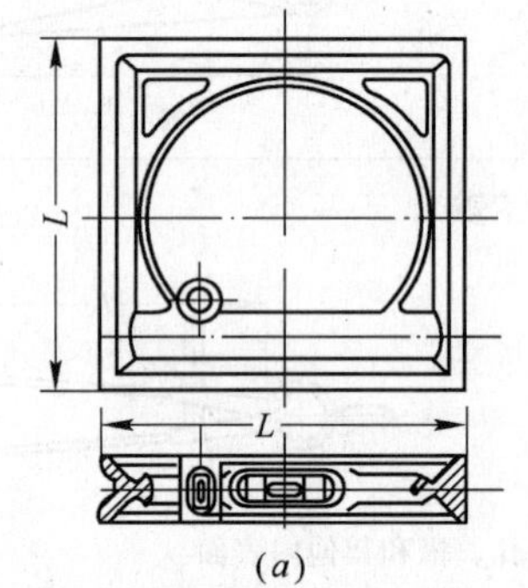

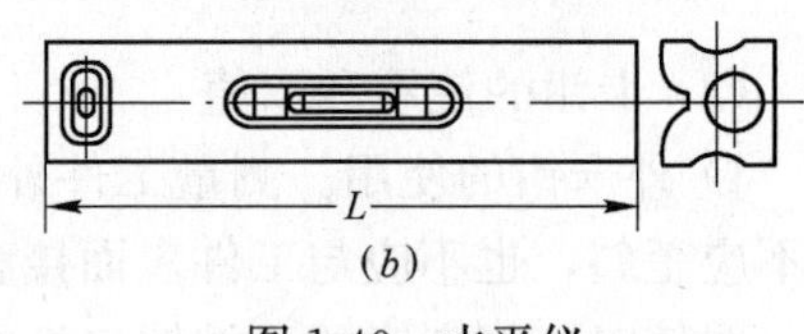

图1-40　水平仪
(a)框式；(b)条式

(3) 水平仪的读数

水平仪由于加工制造上的原因，或由于长期使用，有时会产生误差，使气泡指示的数值不准确。因此，在使用水平仪时，事先要了解或消除本身的误差，检验水平仪误差最简单的方法，是把它放在精密标准平台上，就可看出它的误差数值。如在标准平台上气泡向左偏一格，然后放在被测平面上，如也向左偏一格就说明被测面是平的。

在使用误差比较小的水平仪找设备的水平度时，应在被测面上原地旋转180°进行测量，利用两次读数的结果加以计算修正，其方法如下：

在测量时，水平仪第一次读数是零，在原位置旋转180°测量时，气泡向一个方向移动，这说明水平仪和被测面都有误差，而两者误差相同。较高一面的高度是读数的1/2。

在测量时，两次气泡向一个方向移动，这时被测面较高的一面的高度为两次误差格数之和除以2，而水平仪误差为两次误差格数之差除以2。

在测量时，两次气泡各往一边移动(方向相反)，这时被测面较高的一面高度为两次格数之差除以2，水平仪本身误差是两次格数之和除以2。

(4) 水平仪使用维护注意事项

1) 测量前，必须将测量表面与水平仪工作表面擦干净，以防测量不准确或擦伤工作表面。

2) 操作水平仪时，手握仪器的握把，不要用手触气泡玻璃管和对气泡呼吸，以防影响水平仪的读数精度。看水平仪时，视线要垂直对准气泡玻璃管，否则读数不准。

3）测量时，水平仪要轻拿轻放，放正放稳，不许在测量设备表面上将水平仪的工作面拖来拖去。在敲打垫铁时，必须将水平仪拿起。检查设备立面的铅垂性时，应用力均匀地紧靠在设备立面上。

4）水平仪从低温处拿到高温处时，不得立即使用，也不得在强烈灯光或日光照射下使用。水平仪用完后，要用细白布擦净，并涂上一层机油，放入盒内，妥善保存。

3. 游标卡尺

游标卡尺是用来测量工件长度、宽度、深度及内外径的一种精密量具。

（1）游标卡尺的构造、适用范围及精度

游标卡尺主要由固定卡脚连主尺（正尺）、活动卡脚连副尺（游标尺）、固定螺丝等组成。有的游标卡尺在主尺后面附有深度尺与活动卡脚一齐移动，可量出沟槽的深度。在精密游标卡尺上还装有拖板（推板）、固定螺丝与调节螺母，用它可作精确的调节。游标卡尺的适用范围及精度见表 1-24。

游标卡尺测量范围及测量精度 **表 1-24**

<table>
<tr><th>种 类</th><th>测量范围
(mm)</th><th>游标值
(mm)</th><th>测 量 范 围</th></tr>
<tr><td>双向卡脚游标卡尺</td><td>0～160
0～250</td><td>0.05 及 0.10</td><td rowspan="3">测量尺寸范围：2000mm
卡脚伸出长度 L 与卡脚长度 l 符合以下规定
<table>
<tr><th>测量范围(mm)</th><th>L(mm)</th><th>l(mm)</th></tr>
<tr><td>0～125</td><td>35</td><td>14</td></tr>
<tr><td>0～160</td><td>45</td><td>6</td></tr>
<tr><td>0～250；0～400</td><td>60</td><td>8</td></tr>
<tr><td>250～630；320～1000</td><td>80</td><td>10</td></tr>
<tr><td>500～1600；800～1000</td><td>100</td><td>12</td></tr>
</table>
游标卡尺的基本误差不得超过下表规定
<table>
<tr><th rowspan="2">刻度尺身长
(mm)</th><th colspan="2">当游标读数不超过(mm)</th></tr>
<tr><th>0.05</th><th>0.10</th></tr>
<tr><td>250 以下</td><td>±0.05</td><td>±0.10</td></tr>
<tr><td>250～1000</td><td>—</td><td>±0.10</td></tr>
<tr><td>1000～2000</td><td>—</td><td>±0.20</td></tr>
</table></td></tr>
<tr><td rowspan="2">单向卡脚游标卡尺
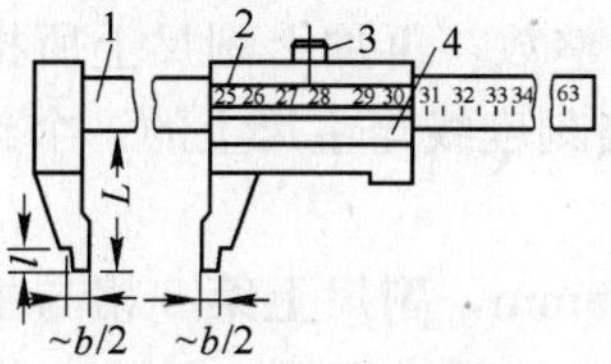

1—主尺；2—副尺；
3—螺钉；4—游标</td><td>0～160
0～250</td><td>0.05 及 0.10</td></tr>
<tr><td>0～400
250～630
320～1000
500～1600
800～2000</td><td>0.10</td></tr>
<tr><td>深度游标卡尺
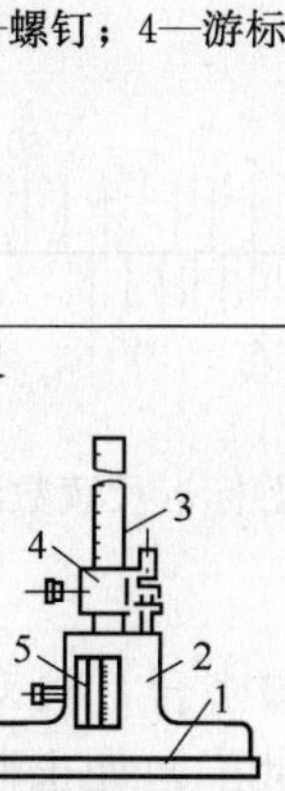

1—基座；2—副尺；3—主尺；
4—测微推板；5—游标</td><td>0～160
0～250
0～400
基座长为 120</td><td>0.05</td><td>测深可达 400mm，指示误差不超过 0.05mm</td></tr>
</table>

续表

种　类	测量范围(mm)	游标值(mm)	测　量　范　围		
高度卡尺	0～250	0.05	测量与划线尺寸为2500mm以下，高度卡尺的指示误差不得超过下列数值		
	40～400	0.05			
	60～600	0.05及0.10	刻度尺身长(mm)	当游标读数不超过下列数值(±mm)时高度卡尺的误差	
	100～1000	0.10			
	600～1600	0.10		0.05	0.1
	1500～2500	0.10			
	卡脚伸出值(B)为50，80，125，160		460以下	0.05	—
			400～1000	—	0.10
			1000～2500	—	0.20
1—基座；2—主尺；3—副尺；4—游标；5—测微推板；6—测量卡脚；7—划线卡脚					

(2) 游标卡尺的刻度原理与读法

例如公制精度0.1mm游标卡尺，见图1-41，主尺上的刻度每小格为1mm，副尺可沿主尺移动，其刻度是9mm分为10小格，每小格为0.9mm。因此，主尺上每小格与副尺上每小格的差为0.1mm(1mm－0.9mm＝0.1mm)。当副尺上第1格线与主尺上第1格线对正时，两尺上的“0”线即相距0.1mm，当副尺上第二格线与主尺上的第二格线对正时，两尺上的“0”线即相距0.2mm……，当副尺上的第10格线与主尺上第10格线对正时，两尺上的“0”线相差1mm。

读尺时，先读出主尺上在副尺“0”线所在位置以前的整数，再加上副尺上所指示的小数，即为最后读数。副尺上的小数是根据副尺上的第几格刻度线与主尺上的一个刻线对正来确定的。

见图1-42，主尺上在副尺“0”线所在位置的整数是39mm，副尺上第5格与主尺上的一个刻线对正，即表明副尺上的“0”线与主尺上的39mm的刻线相距0.5mm，由此可知，游标卡尺所测得的尺寸是39.5mm。

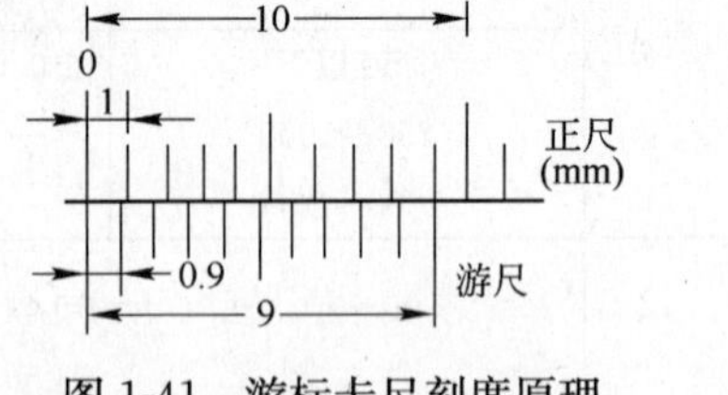

图1-41　游标卡尺刻度原理

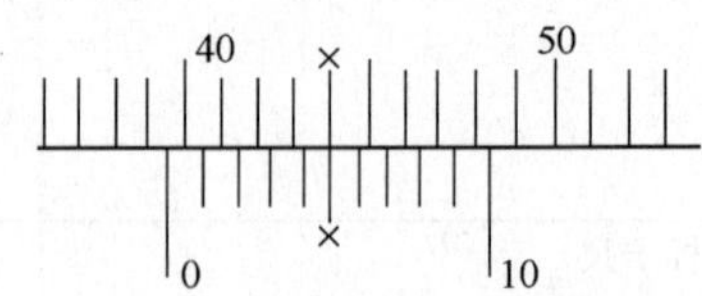

图1-42　游标卡尺读数法

(3) 游标卡尺的使用要求

1) 在测量前，先用清洁软布擦净卡脚的接触面，并使两卡脚密合，可对着亮光检查卡脚密合情况。在检查卡脚密合时，主尺与副尺的“0”线是否对正，如卡脚不密合，有透光线或“0”线不能对正，是由于使用方法不当，而使卡脚磨损或弯曲变形所致，如用这种卡尺所测数值是不准确的。

2）被测量工件表面也要擦干净，并检查表面有无毛刺、擦伤等，以免损坏卡尺的测量平面。

3）测量可移动的工件时，左手拿住工件，右手拿住卡尺。把工件放入两只张开的卡脚时，工件的侧端面必须紧靠在固定的卡脚上，用轻微的压力把活动卡脚推过去，当两个卡脚的测量面已和工件表面贴靠时，就停止推动。这时可从卡尺上读出工件的尺寸，然后松开活动卡脚取出工件。禁止将卡脚调到工件近似尺寸，将固定螺丝旋紧后强行卡到工件上去，或测量后螺丝未松，卡脚未拉开前将卡尺从工件上强行取下，这样会损伤卡脚。

4）测量不能移动的工件时，必须左手握住固定卡脚，以右手握主尺并用拇指推动活动卡脚进行测量。

5）精密游标卡尺上附有拖板(推板)，可以用调节螺母使活动卡脚移动。在测量时，先将活动卡脚拉到与测量尺寸相近的位置，将拖板(推板)固定螺丝旋紧，而后用调节螺丝来移动活动卡脚。测量准确后，将活动卡脚固定螺丝旋紧，使其保持在固定位置上，然后再读数。

6）测量时，卡脚要与被测工件垂直，不要歪斜，以免影响测量尺寸的准确性。

7）读数时，要仔细地找出副尺与主尺上对正的刻线，与这条线相邻的两三条刻线间的距离应是对称的。

8）游标卡尺不能作划线工具和夹持工件，不准测粗糙表面或磁性工件，要轻拿轻放，不要与其他工具混放。游标卡尺用完后，要涂上一层机油，妥善保管。

4. 千分尺

千分尺比游标卡尺的精度还要高，公制千分尺的精度可达 0.01mm。根据其用途不同，可分内径千分尺、外径千分尺、深度千分尺等。无论哪一种千分尺，其原理和用法是相同的。

(1) 外径千分尺的构造

外径千分尺，见图 1-43，在固定套筒上有刻线，其刻度间距等于微动螺杆的螺距，即 0.5mm。转筒与螺杆是紧固在一起的。棘轮可通过销子带动转筒与螺杆一起前进，当度量面与被测工件接触而顶死后，棘轮与销子之间就会打滑空转。

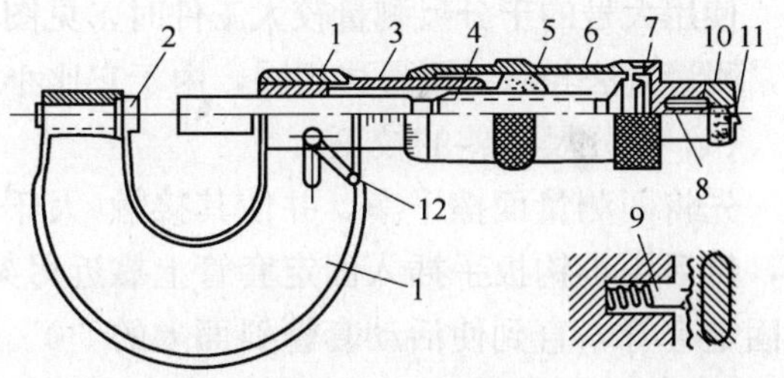

图 1-43　千分尺的构造

1—弓架；2—固定量砧；3—固定套管；4—微动螺杆；5—调节螺母；6—转筒；7—端盖；8—弹簧；9—销子；10—棘轮；11—螺钉；12—偏心锁紧把手

(2) 千分尺计算原理与读法

以公制精度为 0.01mm 的千分尺为例，在千分尺测杆后端有精密螺纹，其螺距为 0.5mm，当活动套管转动一周时，测杆与活动套管一同前进或后退 0.5mm。在固定套管上划有一根基线，基线的两侧平均每隔 0.5mm 有一条刻线。在活动套管的一周有 50 条刻线，将圆周等分为 50 格。当活动套管与测杆转动 1/50 转时，测杆便移动 0.01mm(0.5×1/50＝0.01)，活动套管的刻度转过两格时，测杆便移动 0.02mm(0.5×2/50＝0.02)，当活动套管的刻度超过 50 格时，测杆恰好移动 0.5mm，即活动套管沿基线移动了一个刻度。

读法：先看固定套管上在活动套管斜面前边所露出的刻线上有多少整毫米数和 1/2 毫米数。见图 1-44。千分尺正测量一工件的厚度，首先从固定套管上看出的读数是 7.5mm，再看活动套管斜面圆周上的刻线，哪一条刻线与固定套管的基线对准，就可以找出百分之几毫米的读数，图中第 39 条刻线对准了基线，它的读数是 39/100mm，将两次读数相加即得出总数 7.5＋0.39＝7.89mm。

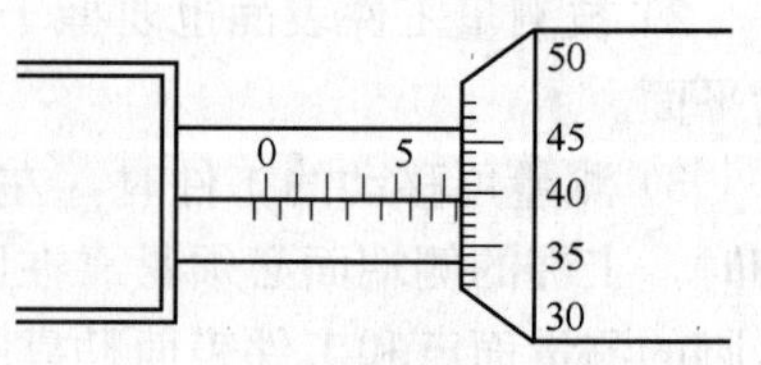

图 1-44　千分尺读法

(3) 千分尺的使用方法

1) 双手测量法。这种方法一般用于测量放在工作台上或比较容易固定的零件。见图1-45。左手握弓架先使砧座测量面与工件表面接触，用右手旋转活动套管，待测杆量面与工件表面相距很近但未接触时，改旋棘轮手柄，旋转手柄直到测杆量面与工件表面接触，并听到棘轮发出“喀…喀”的空转声为止，将定位环向外旋转紧住测杆(在不需将测杆固定时就不必动定位环)，并读出数值。然后将定位环放松，使测杆量面离开工件表面后再取下千分尺。

2) 单手测量法。这种方法多用于测小零件，见图 1-46。两手分别拿住工件和千分尺，右手无名指、小指压住千分尺的弓架抵靠手掌。用右手中指、食指、拇指旋转活动套管，当测杆量面与工件表面快要接触时，仍用拇指和食指来转动棘轮手柄。尺寸量好后，再转动定位环，并读出尺寸。然后放松测杆使千分尺与工件脱离。

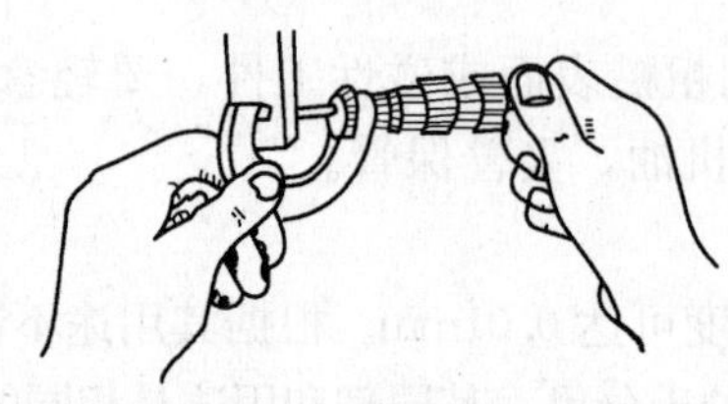
图 1-45　双手测量法

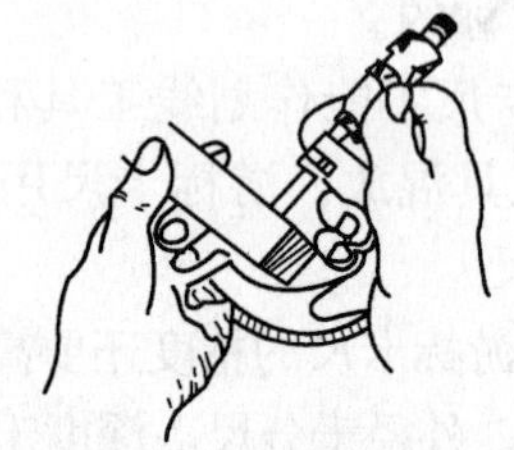
图 1-46　单手测量法

使用大号的千分尺测量较大工件时，见图 1-47，左手拿住千分尺弓架中部不传热的把手上，测量方法与双手测量法相同，由于它比小千分尺难掌握，因此，在测量时要特别仔细。

(4) 千分尺偏差的校正

先将两测量面擦干净，并使其接触(大千分尺中间可用试杆)，看“0”线与基线差多少，然后用小钩扳手插入固定套管上靠近弓架处的小圆孔内，并轻轻向需要调整的方向扳动固定套管，直到使活动套管斜面上的“0”线和固定套管上的基线对齐为止，见图1-48。如一次扭转过多时，可将扳手取下，掉转方向插入孔内扭转，大约经过二、三次即可调好。如千分尺上无调整孔，也无钩扳手时，可用旋松活动套管后端的套帽，再转动活动套管来调整，当“0”位对正后，将套帽旋紧。

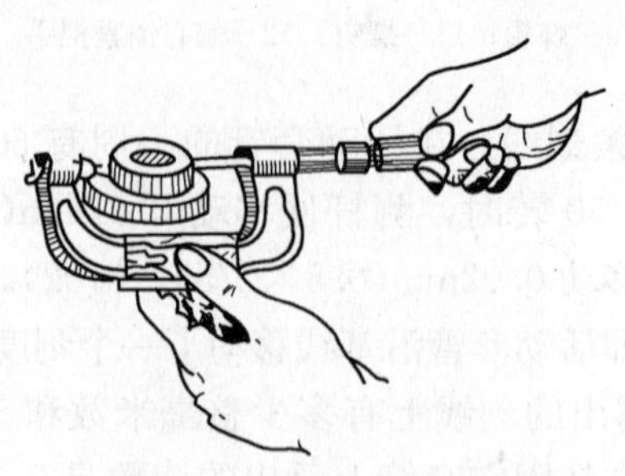
图 1-47　较大工件的量法

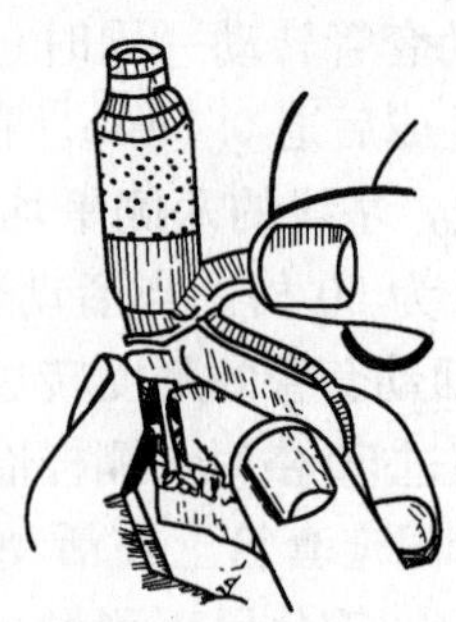
图 1-48　千分尺的校正法

(5) 国外使用的几种千分尺(卡尺)

1) 宝禾轮式内径千分尺(图 1-49)

该仪器特点：速度快、精度高，三点式自动定心，操作简单容易。其测量范围：2～300mm，分辨率：0.001mm。

2) 宝禾三点式内径千分尺(图 1-50)

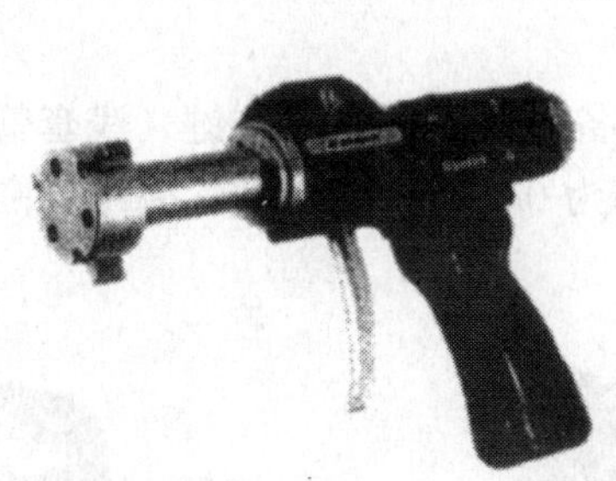

图 1-49 轮式内径千分尺

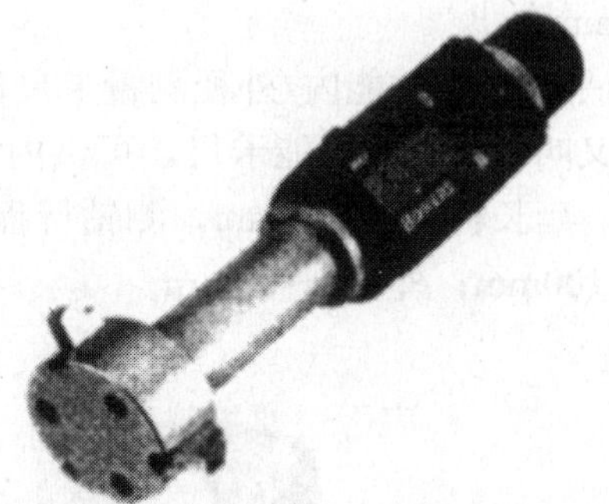

图 1-50 三点式内径千分尺

它组合配有标准环规，并设有两组设定尺寸，可供记忆。12.5mm 以上可测盲孔。分辨率为 0.001mm，测量范围 1～300mm。

3) 宝禾内/外径卡规(图 1-51)

该量具使用硬质合金测头，测量范围：内径 5～600mm，外径 0～64mm，采用公(英)制直径值，分辨率为 0.01/0.0005mm。

4) XT 系列数显三点式内径千分尺(图 1-52)

图 1-51 内/外径卡规

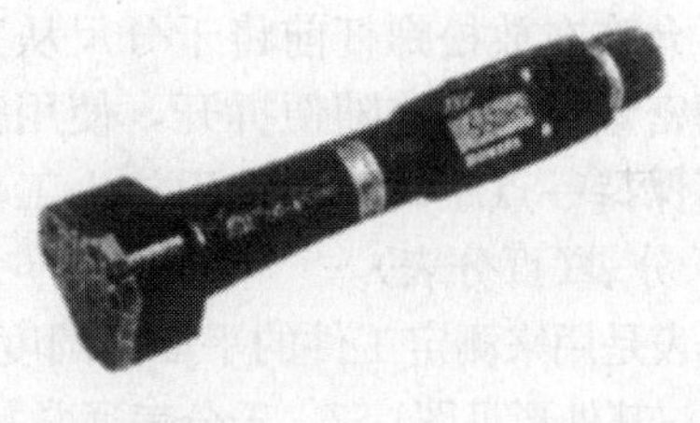

图 1-52 数显三点式内径千分尺

它的量程为 0～200mm，组合后测量量程增大。同时具有标准数显三点式千分尺相同的功能。

5) 机械式三点内径千分尺(图 1-53)

机械式三点内径千分尺测量范围为 1～300mm，它采用三点式硬质合金测头，测量范围在 12.5mm 以上，可测盲孔。组合配有标准环规，还可供非标测头设计。

图 1-53 机械式三点内径千分尺

6）缸径规(图 1-54)

它的测量范围是 12.5～600mm，分辨率 0.01/0.001mm 自由对换，使用轻形防导热把柄，操作简便，其测量深度可达 2.5m。

7）多功能内/外径量仪(图 1-55)

又称作多功能卡尺，设有非标测头，测钻头行程为 15mm，量测压力不变，设有数字显式和表显示，并配有延长杆至 500mm。其测量范围：内径 30～250mm；外径 0～215mm。

8）平台式多功能内/外径测量卡尺(图 1～56)

它又叫平台式多功能卡尺，可供内、外径测量。配备有螺纹、槽、花键、浅套管及非标测头。延长杆可达 500mm，测钻行程 15mm，分辨率为 0.01/0.001mm，测量范围：内径 10～100mm；外径0～90mm。

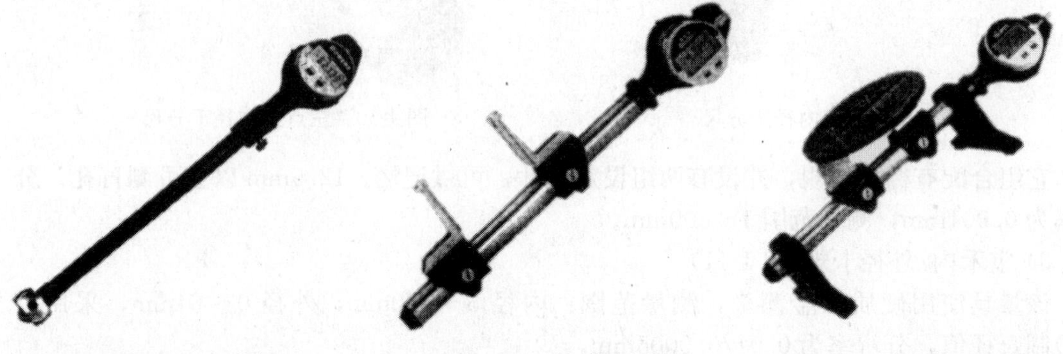

图 1-54　缸径规　　图 1-55　内/外径量仪　　图 1-56　内/外径测量卡尺

(6) 千分尺的维护

测量时，当测杆端面快要接近被测工件表面时，要使用棘轮，不准强力旋转套管，以免螺母受损，而影响准确性。在操作时，不可把固定好的千分尺用力卡到工件上去，这样千分尺的测杆与砧座会磨损，同时也不允许在放松螺杆前将千分尺从工件上强行取下，千分尺是精密量具，不应随便拆开，使用完要用软布擦净，并使两侧面保持一点距离，涂油后放入工具盒内。

5. 千分表(百分表)

千分表是用来测定工件的平面、圆度、锥形及配合间隙的精密量具，其外形见图1-57。千分表通常是带表架一起使用的。

千分表表盘上分 100 格，每 10 格用数字 10、20、30……100 等标记。大指针转动一格表示 0.01mm，当大指针转动一周时，则小指针转动一格，即 1mm。

使用千分表测量时，应将千分表装在表架上，以测杆端的量头抵住测量面，使被测工件与千分表在一定的要求下相对移动，而后从表盘上观察测量物的间隙或偏差尺寸。

在测量时，千分表测杆的轴心线应垂直于被测量工件的表面，否则测量不准确。

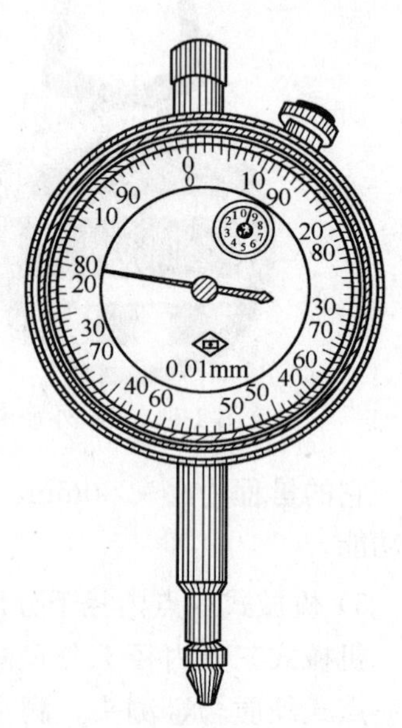

图 1-57　千分表

千分表在不使用时，应解除所有负荷，用软布将表面擦净，并在易锈的表面涂一层工业凡士林，然后装入盒内。

百分表的使用范围及规格见表 1-25。

百分表的使用范围及规格　　表 1-25

<table>
<tr><th>百分表分类</th><th>测量范围</th><th>使用范围</th></tr>
<tr>
<td>钟表式百分表
1—表体；2—制动器；3—表盘；4—表图；5—指针；6—转数指示盘；7—装夹套筒；8—量杆；9—测头</td>
<td>1. 量杆平行于刻度尺移动时，其测量范围为：
（1）0～5；0～10
（2）0～2；0～3
2. 测头连同量杆垂直于刻度尺移动时，其测量范围为：0～2；0～3</td>
<td>用比较法测量工件长度或检测机械零件之间的位置关系及几何外形等
<table>
<tr><td rowspan="3">百分表类型</td><td colspan="6">允许误差(μm)</td><td rowspan="3">指示变差</td></tr>
<tr><td rowspan="2">从指针第二转开始每 0.1mm 的刻度</td><td rowspan="2">在任何测量段每 mm</td><td colspan="4">在测量范围内的任一测量段(mm)</td></tr>
<tr><td>0～2</td><td>0～3</td><td>0～5</td><td>0～10</td></tr>
<tr><td>Ⅰ</td><td>6</td><td>12</td><td>12</td><td>15</td><td>18</td><td>22</td><td>3</td></tr>
<tr><td>Ⅱ</td><td>8</td><td>15</td><td>15</td><td>15</td><td>—</td><td>—</td><td>3</td></tr>
</table>
</td>
</tr>
<tr>
<td>杠杆齿轮式百分表
1—连接杆；2—指针；3—表圈；4—表盘；5—表体；6—测量杠杆</td>
<td>测量范围：
0～8
分度值：
0.01</td>
<td>使用时将百分表装到表架上百分表的指示允许误差为：
在任何刻度段每 0.1mm 范围内为 0.005mm；
在任何刻度段 0.1mm 以上为 0.01mm；
指示变差不得超过 0.03mm；
用比较法测量工件长度或检测机械零件之间的位置关系</td>
</tr>
<tr>
<td>杠杆齿轮式百分表
1—表体；2—刻度盘；3—指针；4—制动器；5—装夹套筒；6—量杆；7—测头；8—公差范围指示器</td>
<td>
<table>
<tr><td>测量范围</td><td>分度值</td></tr>
<tr><td>±0.05
±0.10</td><td>0.001
0.002</td></tr>
</table>
</td>
<td>用比较法测量直线，基本误差不得超过
<table>
<tr><td rowspan="3">百分表分度值(mm)</td><td colspan="4">基本允许公差范围(mm)</td><td rowspan="3">指示变差</td></tr>
<tr><td colspan="2">自零点起的分度范围</td><td colspan="2">当控制振摆不超过</td></tr>
<tr><td>到+30</td><td>±30 以上</td><td>0.02mm</td><td>0.04mm</td></tr>
<tr><td></td><td colspan="5">(μm)</td></tr>
<tr><td>0.001</td><td>±0.40</td><td>±0.70</td><td>0.50</td><td>—</td><td>0.20</td></tr>
<tr><td>0.002</td><td>±0.80</td><td>±1.20</td><td>—</td><td>1.20</td><td>0.40</td></tr>
</table>
</td>
</tr>
</table>

续表

<table>
<tr><th>百分表分类</th><th colspan="2">测量范围</th><th colspan="4">使用范围</th></tr>
<tr><td>多转式百分表
0.001mm
0.1μm
70最大
106
16最小
$\phi 8C_{7a}$</td><td colspan="2">有两种类型：
1. 测量范围
0～1
分度值
0.001
2. 测量范围
0～2
分度值
0.002</td><td colspan="4">用于测量直线尺寸，形位公差，工件表面的相互位置；当测量绝对值时，测量值不得超过刻度盘的测量范围；相对测量时，用长量块或样块比量</td></tr>
<tr><td rowspan="10">弹簧式百分表
0.001mm
$\phi 28C_2$
1—顶盖；2—刻度盘；3—指针；
4—装夹套筒；5—制动器；
6—测头；7—固定器；
8—公差范围指示器</td><td>测量范围(μm)不小于</td><td>分度值(μm)</td><td colspan="4">用比较法测量直线容许误差及指示变差不超过</td></tr>
<tr><td>±4.0</td><td>0.1</td><td rowspan="2">百分表分度值(μm)</td><td colspan="2">允许误差范围(μm)</td><td rowspan="2">指示变差</td></tr>
<tr><td>±6.0</td><td>0.2</td><td>30个分度线以下</td><td>30个分度线以上</td></tr>
<tr><td>±15.0</td><td>0.5</td><td>0.1</td><td>±0.10</td><td>±0.15</td><td rowspan="3">1/3分度</td></tr>
<tr><td>±30.0</td><td>1</td><td>0.2</td><td>±0.15</td><td>±0.20</td></tr>
<tr><td>±60</td><td>2</td><td>0.5</td><td>±0.25</td><td>±0.40</td></tr>
<tr><td>±150</td><td>5</td><td>1.0</td><td>±0.4</td><td>±0.6</td><td rowspan="4">1/4分度</td></tr>
<tr><td>±300</td><td>10</td><td>2.0</td><td>±0.8</td><td>±1.2</td></tr>
<tr><td></td><td></td><td>5.0</td><td>±2.0</td><td>±3.0</td></tr>
<tr><td></td><td></td><td>10.0</td><td>±3.0</td><td>±5.0</td></tr>
</table>

6. 水准仪

在设备安装工程中，经常用水准仪对设备基础、垫铁、吊车轨道等标高进行测量。水准仪有普遍水准仪、精密光学水准仪和自动安平水准仪等。

(1) 水准仪的构造(见图1-58)

1) 望远镜制动扳手。当制动扳手向下扳紧后，可固定望远镜在水平方向的转动。

2) 望远镜微动螺旋。当自动扳手向下扳紧后，可转动微动螺旋，使望远镜在水平方向进行微小的转动。

3) 微倾螺旋。转动微倾螺旋可使望远镜和长水准管一起在竖直方向进行微小的转动。因此，当转动微倾螺旋时，可使望远镜视线水平(即长水准管的气泡居中)。

4) 对光螺旋。转动对光螺旋，直到目标的像调到清晰为止。

5) 脚螺旋。用它来放平仪器。

6) 长水准管。当长泡在水准管的中间

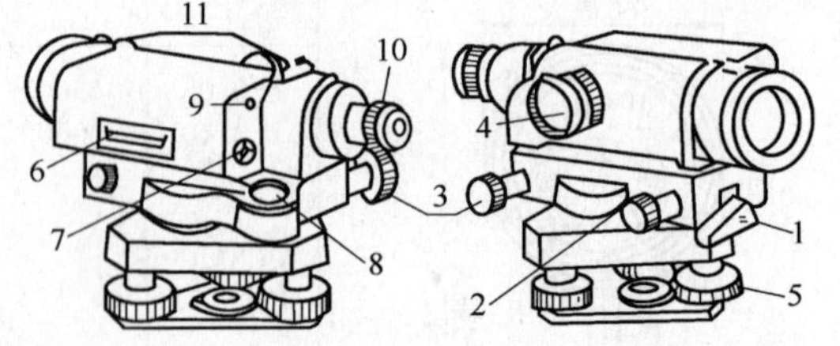

图1-58　水准仪

1—制动扳手；2—微动螺旋；3—微倾螺旋；4—对光螺旋；5—脚螺旋；6—长水准管；7—校正螺丝；8—圆水准器；9—长气泡观察孔；10—目镜；11—瞄准器

时，说明望远镜的视线已经水平。

7）长水准管校正螺丝。用以标正长水准管的位置。

8）圆水准器，用它来粗略地放平仪器。当圆气泡居中时，说明望远镜已经大致水平。

9）长水准管的气泡观察孔。气泡通过棱镜的折射，可在观察孔内看到中间剖开的两个气泡头，图 1-59(a)表示长水准管的气泡不居中，图 1-59(b)表示长气泡已经居中。

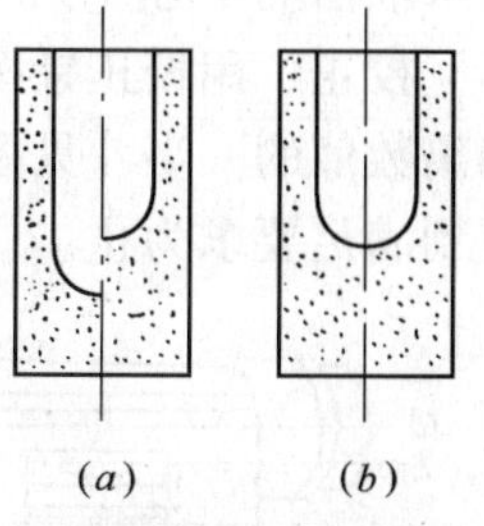

图 1-59　从观察孔中看到的气泡像

(a)气泡不居中；(b)气泡居中

10）目镜。调节目镜的位置，使十字丝的像显得很清晰。

11）瞄准器。可用它在望远镜外面粗略地瞄准目标。

（2）水准仪的使用

用水准仪测定设备基础的标高时，先把水准仪安装在三角架上，使眼观察将三角架的顶面大致放成水平的位置后，把三角架的三个脚固定(或放在混凝土的平面上)，然后转动脚螺旋使圆水准器的圆气泡居中。圆气泡的整平方法：

相对地转动两个脚螺旋，见图 1-60(a)，用眼睛观察圆气泡移动到与两个脚螺旋等距离的地方(即在另一个脚螺旋与圆水准器中心延长线上)，见图 1-60(b)，然后移动另一个脚螺旋使圆气泡居中。如果一次不能使圆气泡居中，可反复 2～3 次，就能使圆气泡居中。

（3）水准仪测定设备基标高的方法

根据设备基础安装图，在设备安装就位前，应对设备基础标高进行测定。测定方法如下：

见图 1-61，把水准仪 3 安放在大致水平的三角架 4 上，调整水准仪使圆气泡和长水准管的气泡居中，望远镜的视线基本处于水平位置，扳松望远镜制动扳手，使水准仪目镜能水平转动。在设备垫铁 5 上立放一根长标尺 2，用望远镜瞄准长标尺转动微倾螺旋，使观察孔中两个气泡头的像吻合，指挥立放长标尺的人在标尺上用红铅笔划一条与望远镜中十字丝相重合的水平线，然后分别测定基础上垫铁标高相差 1～2mm，待设备就位之前，使垫铁有可调高或可调低的余量。

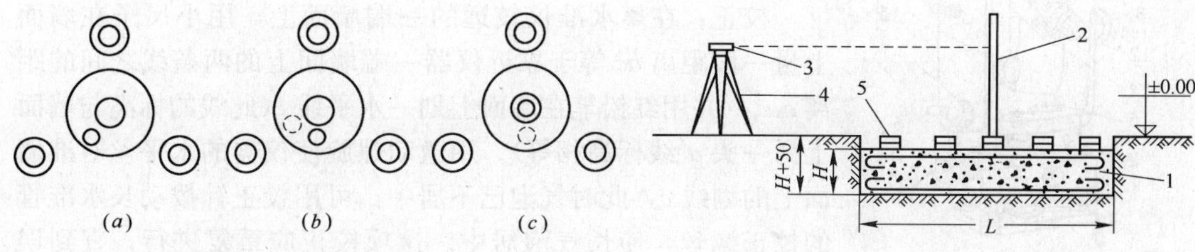

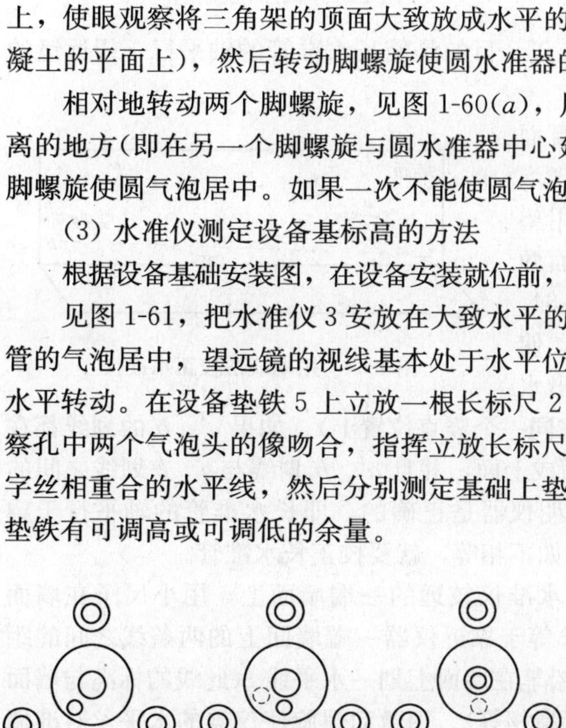

图 1-60　圆气泡整平方法

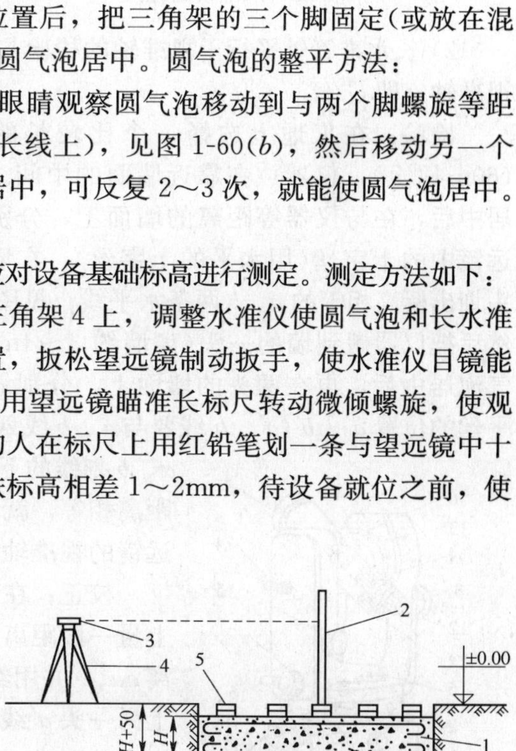

图 1-61　水准仪测基础标高方法

1—基础；2—标尺；3—水准仪；4—三角架；5—垫铁

（4）水准仪的检验与校正

见图 1-62，设仪器的纵轴为 V，圆水准器中心的切面为 L'，长水准管的轴为 L，望远镜的视准轴为 C。如仪器正常，各轴线应满足：$C\perp V$ 和 $C/\!/L$。

1）圆水准器的检验与校正。目的是使圆水准器中心的切面垂直于仪器的纵轴，即 $L'\perp V$。

检验：用脚螺旋使圆气泡居中，见图 1-63(a)。然后把仪器旋转 180°，如气泡偏出了圆水准器的中心［见图 1-63(b)］，就要校正圆水准器。

校正：用校正针拨动圆水准器的校正螺丝（见图 1-62），使气泡向圆水准器中心移动偏离数值的一半［见图 1-63(c)］，其余一半用脚螺旋使气泡居中，这项校正应反复进行，直到满足要求为止。

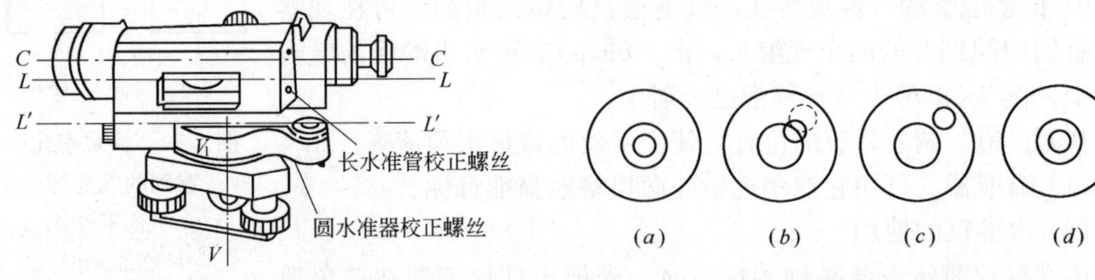

图 1-62　水准仪的轴线　　图 1-63　圆水准器校正

2）长水准管轴平行于视准轴的检验与校正。目的是使长水准管的轴平行于望远镜的视准轴，即 $C /\!/ L$。

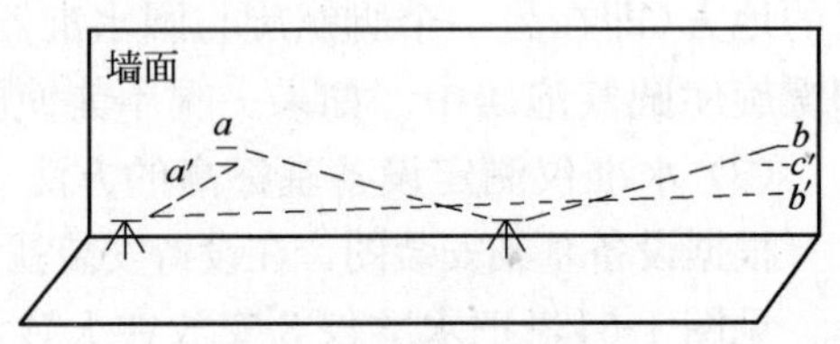

图 1-64　用划线法校正水准仪

检验：在工地上选择一个比较长的墙面（60m 以上），仪器放在靠近墙面的中间。气泡居中后，在与仪器等距离的墙面上，分别用望远镜中的十字丝（用水平的十字丝），在墙面两头划出标高相等的 a、b 两条水平线，见图1-64，然后把仪器搬到墙的一头（离墙约 3～4m），使气泡居中后，再在两头的墙面上，分别划出水平丝的位置 a'、b'（a'、b'线要与 a、b 线划在同一个竖直位置上）。如果 a'、b'的划线都在 a、b 划线的下面或上面，并且 a'、b'划线与 a、b 划线之间的距离相等，就说明仪器是正确的，即长水准管的轴平行于望远镜的视准轴。如不相等，就要校正长水准管。

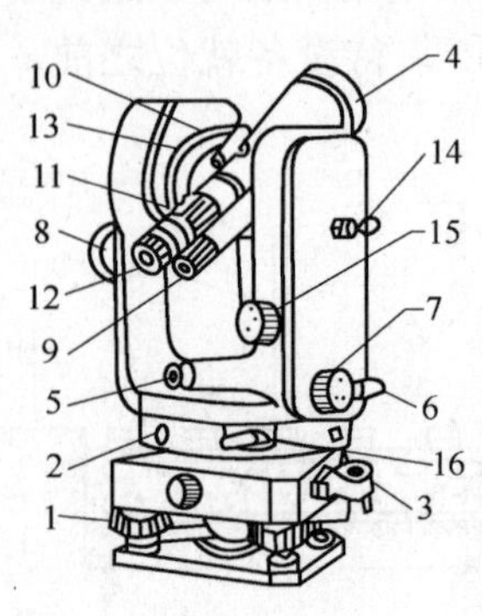

图 1-65　光学经纬仪

1—脚螺旋；2—水平度盘；3—圆水准器；4—望远镜；5—光学对点器；6—制动扳手；7—微动螺旋；8—反光镜；9—读数显微镜；10—瞄准器；11—对光螺旋；12—目镜；13—竖直度盘；14—望远镜自动扳手；15—望远镜微动螺旋；16—复测器

校正：在离水准仪较远的一端墙面上，用小尺子在墙面上量一段距离 bc 等于靠近仪器一端墙面上的两条线之间的距离 aa'，并用红铅笔在墙面上划一水平线 c（此线的标高与墙面上另一头 a'线标高相等）。用微动螺旋使仪器的水平丝对准墙面上的划线 c，此时气泡已不居中，可用校正针拨动长水准管的校正螺丝，使长气泡居中。这项校正应重复进行，直到误差小于 5mm 为止。

7. 经纬仪

经纬仪是机械设备精度检查中的一种高精度测量仪器，它与平行光管组成光学系统，对坐标镗床的水平转台和万能转台，精密滚齿机和齿轮磨床的分度精度进行测量，同时还用来对大、中型设备基础纵横向十字中心线、垂直线的位置和地面上两个方向之间的水平角进行测定等。

(1) 经纬仪的构造（见图 1-65）

1）脚螺旋。用来放平仪器。

2）水平度盘。在度盘上有0°～360°的刻度，用来测定水平角和垂直线的位置等。

3）圆水准器。用来找正仪器的初步水平。

4）望远镜。观测目标用。

5）光学对点器。使仪器中心与地面上的测站点对准。

6）水平方向制动扳手(有的用制动螺旋)。当制动扳手向上扳松后，仪器能在水平方向转动，向下扳紧后，仪器固定不动。

7）水平方向微动螺旋。当制动扳手向下扳紧后，可转动微动螺旋，使仪器在水平方向进行微小转动。

8）反光镜。打开反光镜后，光线从此反射进仪器，照亮度盘上刻度。

9）读数显微镜。当反光镜打开后，就可在读数显微镜中看到水平度盘的刻度。如读数显微镜中亮度不够，可转动反光镜位置，使其亮度适宜。同时，还可转动读数显微镜的目镜，使读数显微镜中的刻度线非常清晰为止。

10）瞄准器。用来在望远镜外面粗略地瞄准目标。

11）对光螺旋。使目标像调节最清楚。

12）目镜。调节其位置，使十字丝的像显得清晰为止。

13）竖直度盘。用来测定竖直角。

14）望远镜制动扳手(有的用制动螺旋)。当制动扳手向上扳松后，望远镜就可在竖直面内上下转动。

15）望远镜微动螺旋。当望远镜制动扳手向下扳紧后，可转动望远镜制动螺旋，使望远镜在竖直面内进行微小转动。

16）复测器。当复测器向上扳紧后，再把水平方向的制动扳手向上扳松，仪器在水平方向转动时，在读数显微镜中可看到水平度盘的读数随着仪器的转动一起变化。当复测器向下扳松后，再转动仪器时，在读数显微镜中水平度盘的读数不变。

此外，在仪器上还装有长水准管，在转动脚螺旋，长气泡移到水准管中间时，仪器已经整平。

(2) 经纬仪的使用

1）经纬仪的安置：仪器的安置是用三脚架头上的连接螺旋把仪器安在三脚架上，利用圆水准器把三脚架的顶面安到大致水平的位置。然后用光学对点器(或用挂在仪器上的线锤)进行对点。如仪器中心与测站点的位置偏离很大，要重新移动三脚架，使仪器中心或线锤大致对准测站点(移动三脚架仍保持大致水平的位置)。再松开三脚架顶部的连接螺旋，在三脚架上移动仪器，使光学对点器的中心(或挂在仪器上的线锤)精确地对准地面上的测站点。

当对点器的中心对准测点后，再拧紧连接螺旋。向上扳松水平方向的制动扳手，用眼观测使长水准管与仪器的两个脚螺旋方向平行，见图1-66(a)。接着用两只手同时相对地(即同时向里或同时向外)转动这两个脚螺旋，使气泡移动到长水准管中间，见图1-66(b)。然后用眼观测把仪器在水平方向转动90°，使长准管垂直于原来两个脚螺旋的方向，见图1-66(c)。用手转动第三个脚螺旋，使气泡再移动到长水准管的中间。这样反复进行2～3次，就可把仪器放平。当仪器整平后，还要用光学对点器重新检查所对准的测站点是否精确对准，如发现所对的测站点已经移动时，应重新放松连接螺旋，把仪器对准测站点后，再将仪器调平。

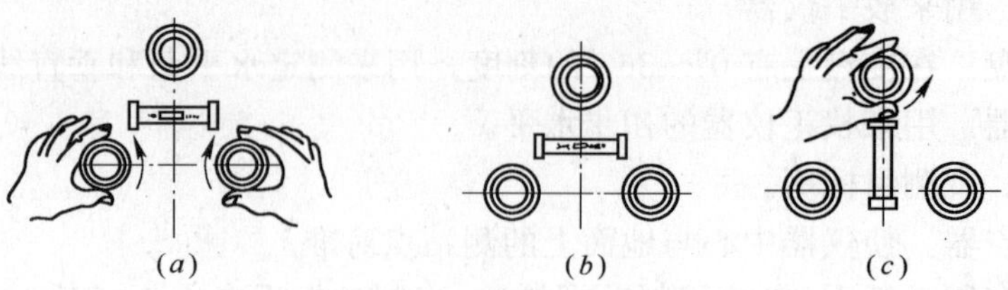

图 1-66　经纬仪的整平方法

2）经纬仪的观测：为了使望远镜在观测远近的目标时都能看得清楚，在望远镜上装有一个对光螺旋。观测时，如当望远镜对准目标后，在望远镜内看到的目标不清时，可调节对光螺旋，使望远镜中看到的目标显得清楚为止。

为了使望远镜能够精确地对准目标，在望远镜中装有十字丝。观测时，可用竖直的两根十字丝夹准目标，见图 1-67。如在望远镜中看到的十字丝不清时，可调节目镜，使望远镜中看到的十字丝清晰为止。

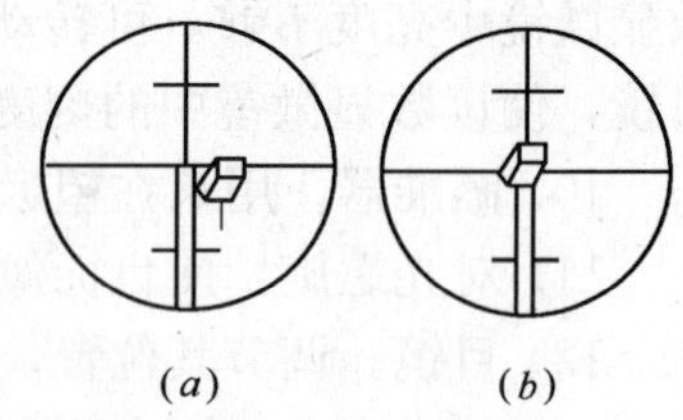

图 1-67　十字丝对准目标法

用望远镜瞄准目标的方法：

向上扳松望远镜和水平方向的制动扳手，用望远镜外面的瞄准器对准目标，然后再在望远镜内观测，如在望远镜中已经能够看到目标，见图 1-67(*a*)，就把望远镜和水平方向的两个制动扳手向下扳紧。

分别调节目镜和望远镜的对光螺旋，使望远镜中看到的十字丝和目标都显得清晰为止。

分别转动望远镜和水平方向的微动螺旋，使十字丝精确地对准(或夹准)目标，见图 1-67(*b*)。

用望远镜的十字丝对准目标后，把眼放在左右不同的位置，在望远镜中观测目标，如看到对准的目标有离开十字丝(即目标离开竖直的一根十字丝)的情况，说明望远镜的对光螺旋(或目镜)还没有调节到最好的位置，这时可重新转动对光螺旋，直到用眼放在左右不同位置观测时，目标始终不离开十字丝为止。如转动对光螺旋不能消除离开十字丝的现象，就要调节目镜的位置，仔细观察十字丝的像显得清晰后，再转动对光螺旋，使目标离开十字丝的现象消除为止。

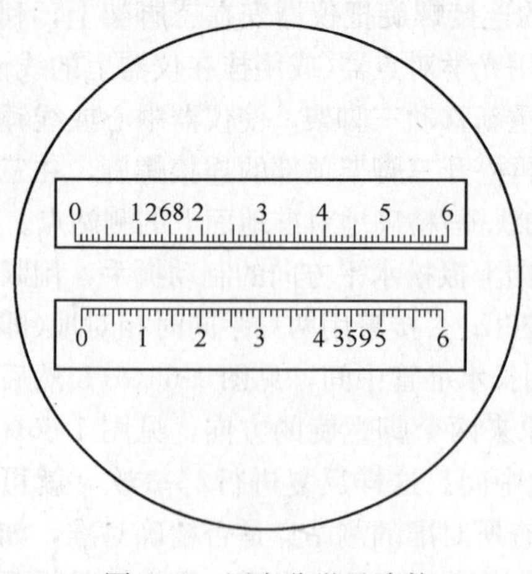

图 1-68　固定分微尺读数

3）经纬仪的读数法：光学经纬仪的读数可分为固定分微尺读数和活动分微尺读数两种。图 1-68为 DJK6 光学经纬仪的固定分微尺读数。图中上面是水平度盘的读数，下面是竖直度盘的读数。图中 268 为水平度盘的刻度，在固定分微尺的 0～6 之间一共分成 60 格，它的长度等于度盘上 1°之间的长度，因此，在固定分微尺上每一小格代表水平度盘的 1′。根据这种分划方法可读出图 1-68 中水平度盘的读数为 268°15′。

图 1-69 为 DJ6-1 型光学经纬仪的活动分微尺读数。图中下面是水平度盘的刻度，中间是竖直

度盘的刻度，上面为水平度盘和竖直度盘的活动分微尺读数。如要读水平度盘的读数，可转动测微螺旋，使读数显微镜中两条双线夹准水平度盘上的一条刻度线(二条双线只能夹到一条水平度盘的刻度线)，这时被双线夹准的一个刻度，就是所要读的度数。分数可在上面的活动分微尺上用中间一根长的指示线读出。分微尺上的注字是代表刻线的分值，在每一分值之间又分成了小格，因此，在分微尺上每一小格的数值是 20s。根据这种分微尺的分划方法，可读出图 1-69 中水平度盘的读数为 5°12′。

游标经纬仪的读数法：

游标经纬仪度盘上的注字是代表刻线的度数，见图 1-70 中的 110 和 120 等数字。在每一度中分成 3 格，每一格是 20 分。在游标盘上的注字是代表游标上刻线的分值，在每一分值中又分成 2 格，每一格是 30 秒。根据上述度盘和游标的分划读数时，第一步可先用游标上的“0”线，读出度盘上的数值为 111°00′；第二步找出游标上和度盘上重合的刻线(即上下刻线对准的线条)位置，并在游标上读出重合线的分值和秒值，图 1-70 中游标上重合线的读数为 13′30″。最后把两个读数相加，便得出水平度盘上完整的读数为 111°13′30″。

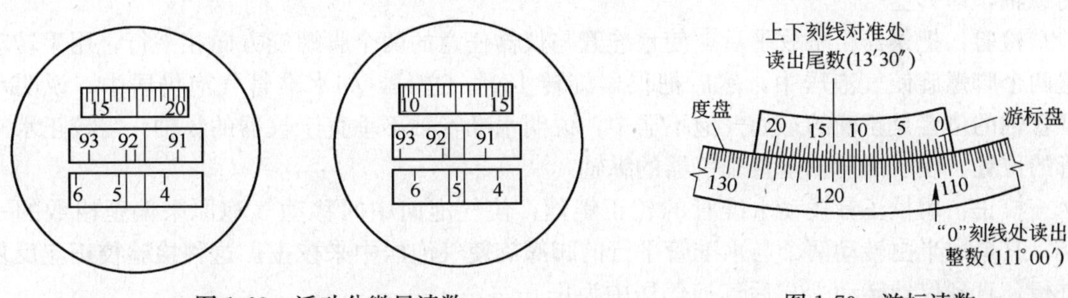

图 1-69　活动分微尺读数　　图 1-70　游标读数

4）经纬仪测定垂直线(或直角)的方法：仪器放在已知点上，进行对点和整平；先把复测器扳松后，转动水平方向的微动螺旋，使读数对准 0°(或任意一个整的度数，如 10°、20°等)后，再把复测器扳紧，使读数保持 0°不变；

向上扳松水平方向的制动扳手(有的用制动螺旋)，把望远镜中的十字丝对准直线上的已知点后，再把制动扳手向下扳紧。转动望远镜和水平方向的微动螺旋，使望远镜的十字丝精确地对准直线上的已知点，这时水平度盘上的读数仍旧是 0°；

再扳松复测器，松开水平方向的制动扳手，把仪器在水平方向转动 90°后，转动水平方向的微动螺旋，使水平度盘的读数等于 90°(或 90°再加上对准已知点时的度盘读数)。这时，望远镜的视线方向就是已知直线的垂直方向。因此，可用望远镜中的十字丝在地面上定出垂直线的位置。

如用游标经纬仪测定垂直线，可用下列步骤：

仪器放在已知点上，进行对点和整平；

固定度盘的制动螺旋，松开游标盘的制动螺旋，转动仪器，使游标上的“0”刻线大致对准度盘上的 0°。然后把游标盘的制动螺旋拧紧，转动游标盘上的微动螺旋，使游标精确地对准(也可不对准 0°，而对准度盘上的其他整度数)。

固定游标盘的制动螺旋，松开水平度盘和望远镜的制动螺旋，把望远镜大致瞄准直线上的已知点后，再把水平度盘和望远镜的制动螺旋拧紧。转动水平度盘和望远镜的微动螺旋，使十字丝精确地对准直线上的已知点(此时水平度盘上的读数仍是0°)；

松开游标盘的制动螺旋，把游标上的“0”刻线精确地对准水平度盘上的90°(或90°再加上瞄准已知点时的读数)。这时望远镜的视线方向就是已知直线的垂直方向。

(3) 经纬仪的检验与校正

测量时，可能会遇到两种误差，一种是由于对点、瞄准和读数有偏差而产生的误差，这种误差可通过细致观测和重复测量来减少和避免；另一种是由于仪器经过长期使用和搬动，各部分螺丝松动而引起误差，当通过仔细观测和重复测量仍有误差时，应对仪器进行检验校正。见图1-71，假设仪器的纵轴为V，水准管轴为L，望远镜的视准轴为C，望远镜的旋转轴为H，如仪器正常，则各轴线之间应满足$L \perp V$，$C \perp H$，$H \perp V$的要求。

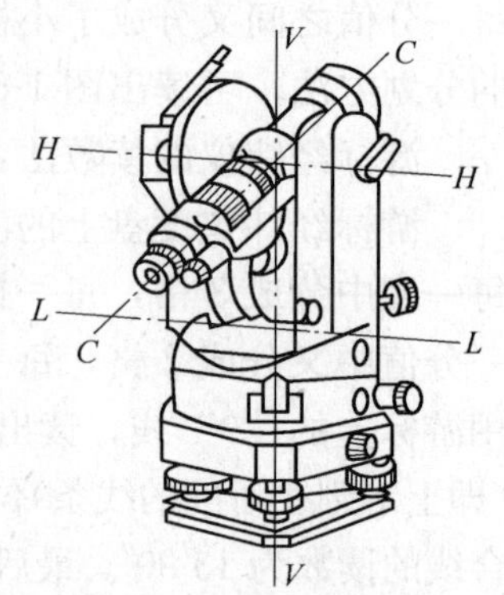

图1-71　经纬仪的轴线

1) 水准管轴的检验与校正。目的是使水准管轴垂直于仪器的纵轴，即$L \perp V$。

检验：把仪器粗略放平后，使水准管与仪器任意的两个脚螺旋方向相平行，用手转动这两个脚螺旋使气泡居中，然后把仪器旋转180°。这时，如水准管气泡仍居中，说明水准管轴的位置是正确的；如气泡不居中，说明水准管轴不垂直于仪器的纵轴，需校正水准管的位置，使水准管轴垂直于仪器的纵轴。

校正：用校正针拨动水准管的校正螺丝，使气泡向中间移动气泡原来偏歪格数的一半，其余一半由转动两个与水准管平行的脚螺旋使气泡居中来校正。这种检验校正应反复进行，直到仪器转动180°后气泡仍居中为止。

2) 视准轴的检验、校正。目的是使视准轴(十字丝交点与物镜光心的连线称为视准轴)垂直于望远镜的旋转轴，即$C \perp H$。

检验：把仪器整平后，松开制动扳手(或螺旋)，使望远镜大致水平，瞄准远处一个目标P，读出水平度盘上数M_1。倒转望远镜，再瞄准原来的目标P，读出水平度盘上的数M_2。如M_1和M_2的读数相差180°，就说明视准轴C垂直于望远镜的旋转轴H。如两次读数相差不是180°，就要校正望远镜的视准轴。

校正：转动微动螺旋，使水平度盘上的正确读数

$$M=\frac{1}{2}(M_1+M_2\pm180°)$$

此时，在望远镜中看到的十字丝已离开所瞄准的P点，然后用校正针拨动十字丝环上左右的两个校正螺丝a和c，见图1-72，使十字丝的纵丝对准目标P(做这步校正时，上下两个校正螺丝b和d也应略微放松一下，否则上下两个校正螺丝把十字丝环夹得过紧时，会产生左右两个校正螺丝转不动的情况)。

图1-72　十字丝的校正螺丝

这步校正要反复进行，直到用盘左、盘右观测同一目标时的两个读数相差180°为止。

3) 望远镜旋转轴的检验与校正。目的是使望远镜转轴垂

直于仪器的纵轴，即 $H \perp V$。

检验：H 不垂直 V 将影响柱子竖直校正的精度。检验方法是把仪器安放在距离墙面 20m 左右的地方，用望远镜瞄准墙上高处的一点 P(见图 1-73)后，固定水平方向的制动扳手，用眼睛观测把望远镜大致转到水平，然后在望远镜中根据十字丝的交点位置，指挥另一个人用铅笔在墙面上定出十字丝的交点位置 A，见图 1-73(a)。倒转望远镜，仍瞄高处一点 P 后，再把望远镜转到水平位置，用望远镜中的十字丝交点在墙面上定出 B 点。如 B 点和 A 点重合，说明望远镜的旋转轴垂直于仪器的纵轴。如不重合，见图1-73(b)，就说明不垂直，要校正望远镜的旋转轴。

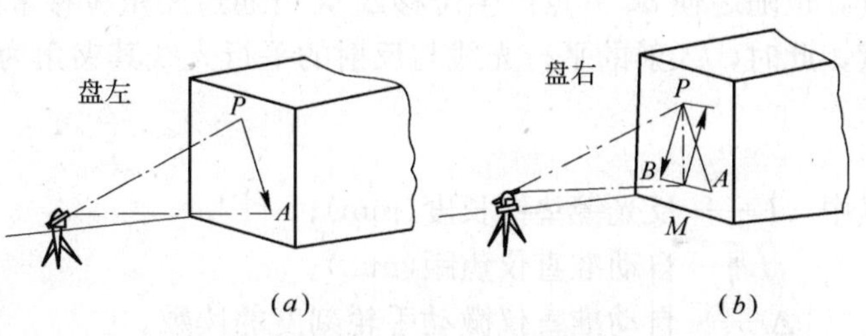

图 1-73 望远镜旋转轴的检验和校正

校正：定出 AB 的中点 M，转动水平方向的微动螺旋，使十字丝交点对准 M 点后，转动望远镜仰视 P 点，此时 P 点必定不在十字丝交点上。用校正针(有的用螺丝楔子)拨动支架上望远镜旋转轴的校正螺丝，使望远镜旋转轴的一端升高或降低，一直到望远镜中的十字丝交点对准墙面上的 P 点为止。

视准轴不垂直于望远镜旋转轴的误差和望远镜旋转轴不垂直于仪器纵轴的误差，对于水平角测量的影响不大，可用盘左、盘右(即正镜和倒镜)观察方法来消除仪器的这两项误差。但是不能消除柱子竖直校正的误差，因此，在进行柱子的竖直校正时，一定要进行这两项仪器误差的校正。

8. 自动准直仪

自动准直仪是一种精度比较高的测量仪器，它是通过光束运动来测量机床导轨直线性偏差。既可测导轨在垂直平面内的不直度，又可测导轨在水平面内的不直度。用自动准直仪进行测量的优点是：在测量过程中，仪器本身的测量精度受外界条件(温度、振动等)的影响小。它具有比一般水准式仪器使用范围广、测量精度高，以及使用方便的优点。

(1) 自动准直仪的结构原理与使用方法

1) 自动准直仪的结构原理。自动准直仪包括仪器本体及反光镜座两部分。见图 1-74。仪器本体是由平行光管和望远镜组成。当光源 2 射出的光线经过倾斜的玻璃 3，射入刻有十字线的分划板 4 和物镜 5 后，射在反光镜 6 上。由于分划板 4 位于物镜 5 的焦面上，因此，从分划板上任一点 a 射出来的光线，经过物镜 5 后都变成平行光线。光从反光镜反射回来，再经过物镜，将分划板 4 上的 a 点的像投影在 b 点上。如反光镜的平面与通过 a 点的物镜主光轴垂直，则光线经过反光镜仍原路返回物镜，再度聚集在物镜的焦面上，使 a、b 两点重合。像的位置取决于反光镜的位置，如由于导轨的不

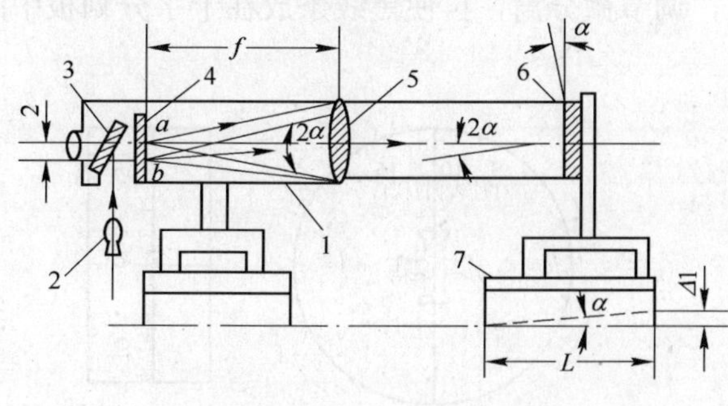

图 1-74 自动准直仪原理图

平直(即改变了平面)，而使反光镜产生了倾斜，对物镜主光轴不垂直，十字分划板像位置，也随之使 a、b 点产生位移 Δ_2，可通过测量位移来测量出平面反光镜倾斜变化的 a 角度，此时，入射的平行光线与反射的平行光线其夹角为 2α，即 a、b 点的距离 Δ_2 将等于：

$$\Delta_2 \approx 2f_a \approx \frac{2\Delta_1}{L} \cdot f$$

式中 L——反光镜垫铁长度(mm)；

f——自动准直仪焦距(mm)；

Δ_2——自动准直仪微动手轮刻度的读数。

2）使用方法。测量机床导轨直线性时，要配制两个安放仪器的支座或垫铁，一个安放仪器本体，另一个安放反光镜，而且要使两者处于同一高度。

测量前，要细致地擦清洁被测表面，小心取出仪器，揩去防锈油，再用航空汽油擦净。

在整个测量过程中，仪器本体保持固定不动，因此，可将其固定地放置在导轨末端，或在导轨外边稳定的基础上，但要与反光镜支座在同一水平面上，而且保持它们之间的刚性联接。

变压器插头一端插入仪器插座，另一端接上 220V 电源，或直接接在 6V 电池上。

移动反光镜支座，使它完全接近自动准直仪本体，并使读数目镜微分螺丝平行于光轴，转动反光镜，并借助反光镜背后调节螺丝，使十字分划板像出现在目镜视场中心(一般仪器出厂时已调好)。当调节反光镜位置时，要先松开其余两个螺丝进行调整，当固紧各螺丝时用微小的压力，任何过紧将使反光镜变形，这步调整要进行几次，直至十字分划板像出现在视场中心(即十字像在中心标线上，外读数手轮位于零位)为止。

然后移动反光镜支座离开自动准直仪本体，放在导轨另一端，越是长导轨，则镜在此位置的对准更要精确，先拿去反光镜，用眼睛观察物镜，找出十字分划像，出现在物镜中心，然后安放反光镜在此位置上，此时物镜中心与反光镜中心的联线，一定平行导轨，假如不平行于导轨，要再适当地转动本体或反光镜。

通过以上调整，反光镜及自动准直仪本体二者位置不允许再改变，在目镜视场中尽可能使位置精确，即黑线条在十字分划像中间，见图 1-75，读取微分筒上刻度值，整数部分在目镜分划板上获得为 10.29。

反光镜支座向着自动准直仪移动。注意在移动过程中，反光镜和支座之间不能有任何相对运动，在测量前应根据支座的长度，将被测量导轨等分为若干段并作好记号，若反光镜放在 200mm 长的支座上，每次移动 200mm，移动精度要在±1mm，假如支座长于或短于 200mm 时，则支座要精确按其长度的大小来移动，这长度要量出，这对最后计算是很重要的。

反光镜经过位置移动，从目镜视场中，调节微分筒，再使黑线条放在十字分划板中间再读取数，见图 1-76，为 10.60。

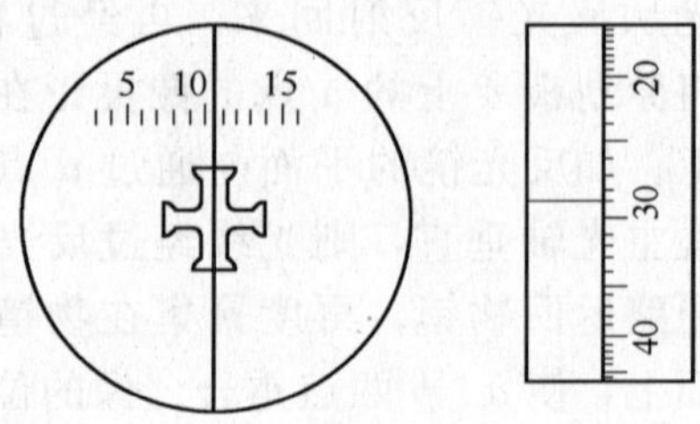

图 1-75 自动准直仪读数示意图(1)

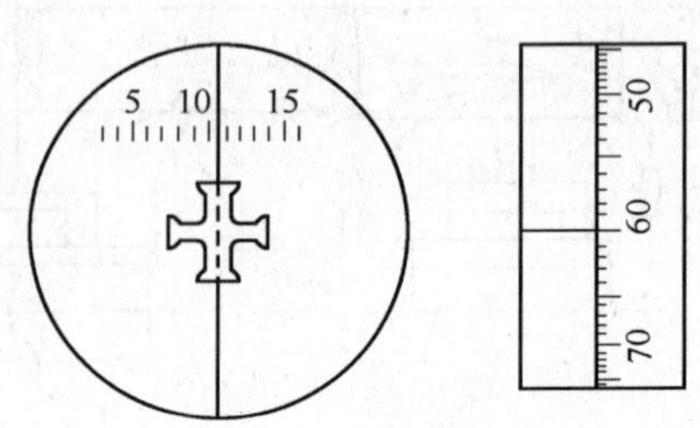

图 1-76 自动准直仪读数示意图(2)

再次移动反光镜支座，再读取数，重复连续进行，直至反光镜到达自动准直仪最后一个位置，并且再在相反的方向全部测量，此时，反光镜支座移动，每次取其支座长度推离自动准直仪本体。

在测量机床导轨垂直方向的弯曲时，应使读数目镜微分螺丝平行于光轴，若测量机床导轨水平方向的扭曲时应使测微目镜转动 90°使其垂直于光轴。

(2) 自动准直仪的技术规格(表 1-26)

自动准直仪的技术规格 **表 1-26**

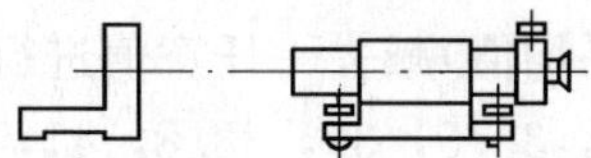

分度值		测量范围，当距镜面为下列数值时不小于(′)		自动调节光管长度不大于(mm)	底座到镜筒轴线的距离(mm)	
伸缩节标度(″)	视野的分标度(′)	2m 以内	30m 以内		低台架	高台架
1	1	12	0.8	350		
5	2	30		250	100	300
—	0.5	30		250		

(3) 作图法和运算步骤

1) 测量读数值的处理。当反光镜支座为 200mm，支座一端提升 0.001mm，相当于十字分划板像的位移为微分筒刻值的 1 刻度值。

将上面测量结果记录，各个位置读数值作如下处理：

计算反光镜来回移动的全部测量过程，在相对应各个位置上读数值的平均值(为计算和作图方便，将每次仪器读数各减去其中的一任意值)。

算出所有位置读数的算术平均值(将各位置读数平均值相加除以位置次数)。

从每一位置读数平均值中减去算术平均值，如此所得到的为减后读数，附有正负号。

然后将第一位置的减后读数，加上被减后第二位置读数，以及加上第三、第四……直到最后一位置。因此，可以得一组各个位置新的数值，即所测轮廓线。

2) 举例：设一机床导轨全长为 2m，反光镜支座为 200mm，将各位置测量读数值如下(来回二次的平均值)：

28，30.5，31，33.5，35.8，38.5，39，38.8，41，43.5。

减去一任意值，设取 28，则上数应为：

0，2.5，3，5.5，7.8，10.5，11，10.8，13，15.5。

求算术平均值：

(0+2.5+3+5.5+7.8+10.5+11+10.8+13+15.5)÷10≈8

求减后读数值为：

−8，−5.5，−5，−2.5，−0.2，+2.5，+3，+2.8，+5，+7.5。

求各点连续总和：

−3，−13.5，−18.5，−21，−21.2，−18.7，−15.7，−12.9，−7.9，−0.4。

导轨最大偏差可以从上面的数值明显地看出，−21.2μm 其位置在第 5 档处。

3）作图表。根据计算结果的数值作图：取比例尺；水平坐标 OX 按导轨长度一般取 1∶20；垂直坐标 OY 为偏差值取 1000∶1。将所计算得出数值，也就是反光镜支座在移动，各段位置上，支座为 200mm，各段位置以 200mm，然后在坐标纸上将各点连接，得出一条表示导轨轮廓线，见图 1-77。

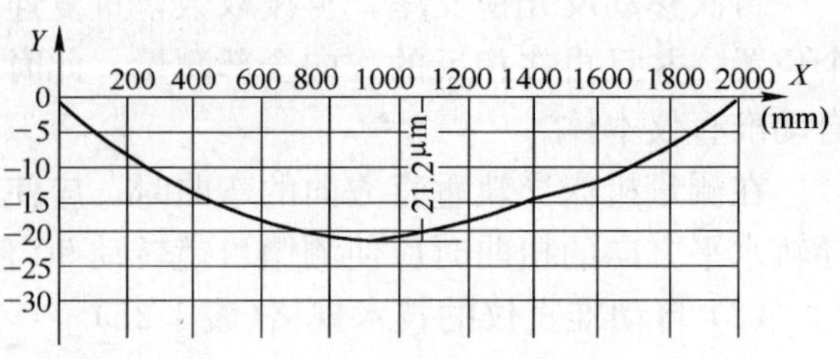

图 1-77　测定结果坐标图

将所测量的读数(带回二次平均值)减去一任意值进行作图：

28，30.5，31，33.5，35.8，38.5，39，38.8，41，43.5。

减去一任意值，设取 28，则上数应为：

0，2.5，3，5.5，7.8，10.5，11，10.8，13，15.5。

作图取 P_1＝0(坐标轴起点)，P_2＝2.5(应以 P_1 为起点)，P_3＝8(应以 P_2 为起点)依次至 P_{10} 联结，P 各点得一连续运动曲线。联结 0 及 P_{10} 成一直线，在平行于 Y 轴量出导轨的最大偏差值，见图 1-78，其最大偏差值是 21.2μm 在 P_5 处。

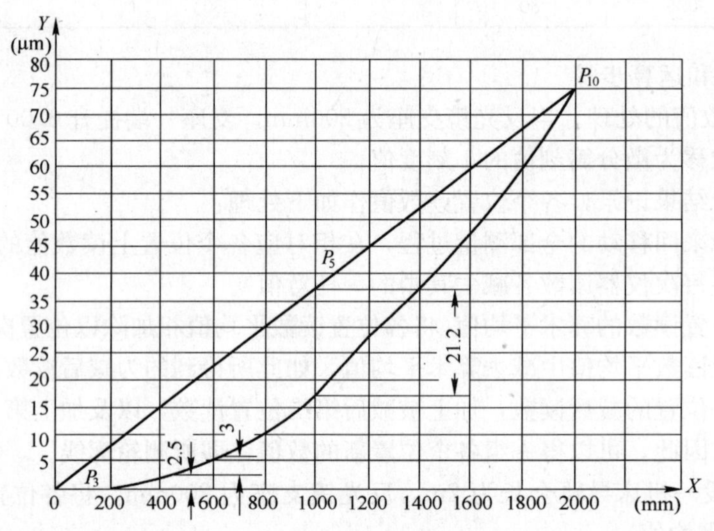

图 1-78　测定结果作图

从图 1-77 与图 1-78 可看出，用计算作图和把测量读数用作图法来确定导轨误差是一致的，可相互校验。

上面的方法是为了计算和作图方便，假设光镜支座长度为 200mm，微分筒每一刻度值等于 1μm。如反光镜支座不是 200mm，则须将微分筒的读数值乘上 $l/200$，然后再进行计算与作图，l 为支座实际长度。其长度按需要来设计，一般可取为测定面全长的 1/15～1/10 为宜。

4）误差方向的判断。测量导轨的平直度是凹或凸，可用薄纸垫高反光镜支座的一端，以检查视野中反射像移动方向是否与读数变更方向一致来确定。

9. 激光准直仪

激光是近年来兴起的一种新技术，由于它具有亮度清晰，方向性、相干性好，工作效率高等优点，因此，广泛地利用激光器制成测量仪器，如激光准直仪、激光经纬仪等，这些仪器主要用于轮船、大型电机轴承、重型机床导轨等大型部件的安装。

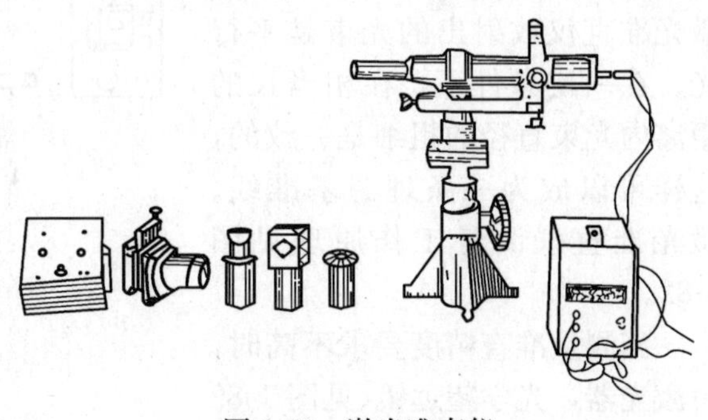
图 1-79　激光准直仪

(1) 激光准直仪的构造

激光准直仪是由发射、接收、附件等 3 大部分组成，见图 1-79。

1) 发射部分由下列各部件组成：

激光电源：点亮激光管用。

激光筒：输出激光束。激光束由激光管发出，再经过望远镜系统(光束直径被放大 10 倍而发散角缩小 10 倍，提高光束平行性)后射出。激光筒的构造，见图 1-80。

激光束方向调整螺旋：用来调节激光束发射方向。

激光束上下移动装置：用来微调激光束的上下位置。

左右微调螺旋：用来微调激光束左右位置。

支架：支撑激光筒用。

2) 接收部分由下列部件组成：

放大显示器：把光电池传递的信号放大并换算成距离单位，再读取数值。

接收器固定座：用来安放光电接收器或五角棱镜、观察靶，并带有转动和移动装置。

光电接收器：把光信号转换成电讯号。光电接收器工作原理见图 1-81。把四块光电池分成两组，上下为一组，左右为一组。当有光照时，一组光电池产生的电流差被送到显示器的相应一组放大器中放大，并由一个表头指示出数值的大小，另一组工件原理也相同。

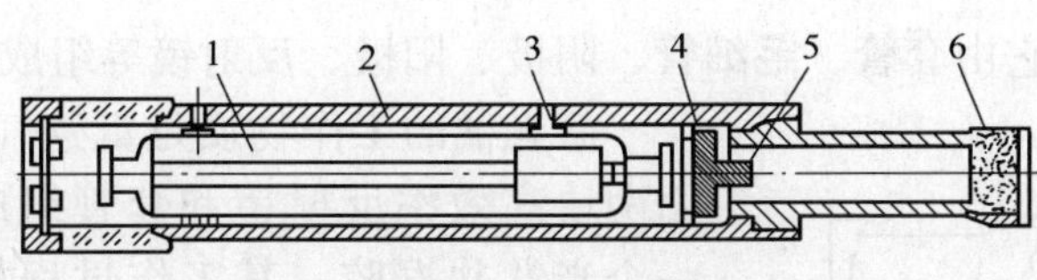

图 1-80　激光筒
1—激光管；2—激光筒；3—调节螺丝；
4—目镜；5—小孔；6—物镜

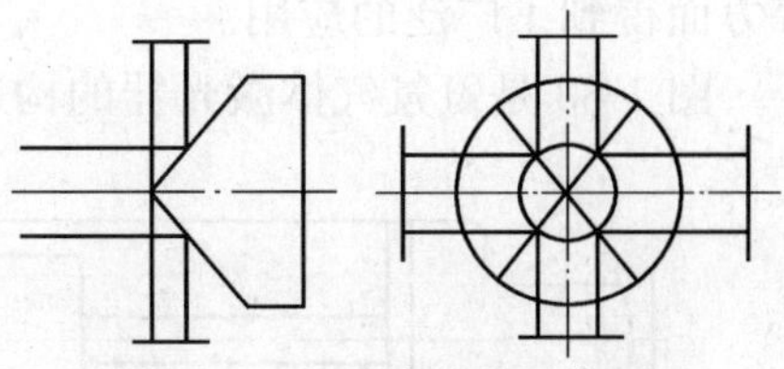
图 1-81　光电接收器工作原理

3) 附件由下列部件组成：

五角棱镜：把光束转折成 90°，用于测量两面之间的垂直度。

观察靶：供初找正光束中心之用。

(2) 激光准直仪测量工作原理

激光准直仪测量工作原理与普通准直仪相似，不同的是以光电目标代替玻璃目标，以可见激光代替普通光。激光准直仪采用了连续波输出的氦氖气体激光器。激光束通过光学发射望远镜系统，放射出一束直径为 10mm 左右的可见红色光束，光束直径传播到相当远的距离仍无明显的变化，所以激光准直仪放射出的光束是平行光。在一定条件下，在相当长的距离内光束直径的粗细是一致的，这样可以成为一条理想基准线。激光准直仪测量工作原理见图1-82。

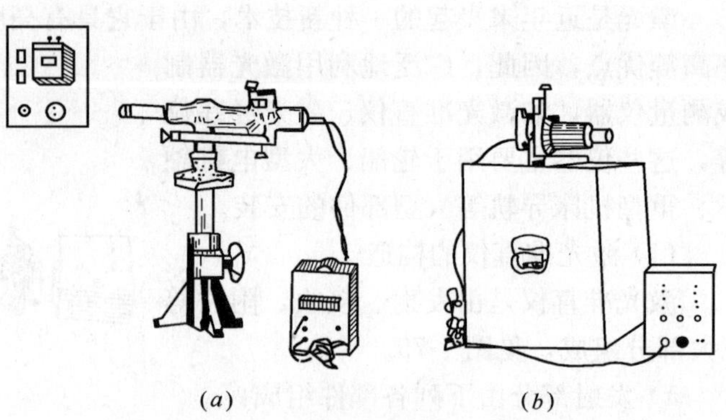

图 1-82　激光准直仪工作原理

当测量准直精度要求不高时，由激光器，光学望远镜(见图 1-82(*a*))放射出的激光束，可直接用眼对目标中心即可。当测量精度要求较高时，可采用光电接收靶(见图 1-82(*b*))，由激光器、光学望远镜放射出的激光束，通过光电接收靶反映到指示表上，由指示表头指出偏差读数值。

光电接收靶的中心有一块硅光电池，它被一个十字刻线分成四个象限形成四块一样的光电池，成对地分别接到一个运算电路中。这四块光电池中心与靶的机械外圆是同心的。这样，上下一对的光电池可用来测量垂直方向上的位置偏差；左右一对的光电池可用来测量水平方向上的位置偏差。当光电接近靶中心与激光束中心重合时，此时两组成对的光电池接收的能量相同，因此，输出的光电讯号相等，彼此间完全平衡。无信号输出时，指示表头指零位。如光电接受靶中心与激光束中心不重合，则两组成对的光电池输出的讯号就不相等，此时有差值信号输出，通过运算电路由指示表头指出读数。

(3) 氦氖气体激光器

氦氖气体激光器是目前比较成熟的一种激光器，它的方向性较好，其发散角约在2mrad左右(0.002β=7′)，并且能长时间稳定地输出激光，故它在准直、测距、精密测量等方面得到了广泛的应用。

图 1-83 是氦氖气体激光器的构造，它由套管、毛细管、阴极、阳极、反射镜等组成。激光器的工作物质是氦氖气。由两块高效率反射镜和套管组成一个光学共振腔，其工作过程如下：在激光管的阳极和阴极之间，加上 4～6kV 以上的高压，使毛细管中发生气体放电，因为一切物质都由原子组成，而原子又由电子、原子核组成，当电子与原子核发生运动而产生能量跃迁，当原子在能量跃迁时产生受激辐射，此时释放出在频率、方向、相位一致的光子(激光)，这些光子经过由两块反射镜和套管组成的光学共振腔内进行来回反射，光子数量不断增加，到一定程度时，就会从激光管的反射镜中发射出一束波长为 0.6238μm 的红光。

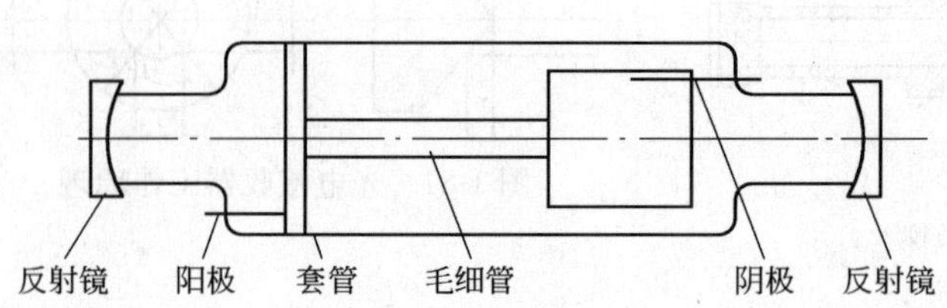

图 1-83　氦氖气体激光器构造

(4) 光学发射望远镜

激光束虽与其他光源相比有良好的方向性和平行性，但仍具有一定的发射角，所以在不同距离上光束断面是变化的，随着距离增大而变粗。在激光束前面设置光学发射望远镜系统的目的，就是要减少输出光束的发射角，以保证在整个测量范围内激光束直径基本不变；另一个目的是放大输出激光束的直径。

图 1-84 是激光准直仪所用光学发射望远镜系统，它是由物镜和目镜组成。作为一般的目视望远镜使用时，图中的 φ_1 是入射光线和光轴间的夹角，φ_2 是出射光线和光轴间的夹角。望远镜的放大倍数 φ_2/φ_1 与物镜、目镜的焦距及口径有如下关系式：

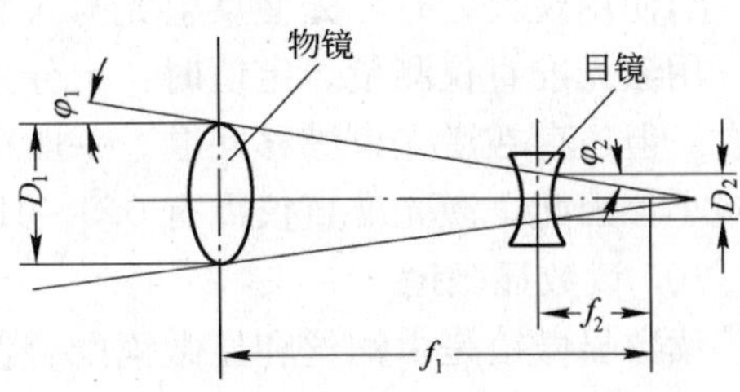

图 1-84　发射望远镜原理

$$\frac{\varphi_2}{\varphi_1}=\frac{f_1}{f_2}=\frac{D_1}{D_2}$$

从上述关系式中可知，当物镜焦距越大，目镜焦距越小时，出射角 φ_2 放大越大。

在激光准直仪中，光学望远镜系统在使用上与上述情况恰恰相反，即激光束自目镜方向射入而从物镜输出，由于特定的激光器发散角是一定的，此时，φ_2 就是激光束发散角的一半，而 φ_1 就是经过光学发射望远镜后激光束的发散角的一半，由上述关系式可得

$$\varphi_1=\varphi_2\frac{f_2}{f_1}$$

两镜的焦距 f_2/f_1 一般为 1/10，因此，经过光学发射望远镜后的激光束发散角比激光器光束发射角小了 10 倍。

同样，从上述关系式可得

$$D_1=\frac{f_1}{f_2}D_2$$

激光准直仪中，D_1 是光学发射望远镜后光束直径；D_2 是激光器出口处放散出来的光束直径，从上述可知 D_1 比 D_2 放大 10 倍。因此，光学发射望远镜系统具有放大输出激光束直径的作用。

(5) 激光准直仪的使用

用激光准直仪测量时，应先把激光筒的电极和电源输出端连接起来，正负极不能搞错，然后再合上电源开关，使激光管点亮。当激光管不能起辉时，旋动电位器，使激光管电源增大，直至点亮为止。然后再把电流调到 2.5～5mA(此时激光管为最佳工作点)，待激光管工作稳定(预热 30min 左右)后，进行激光束的调整工作。

激光束在空间位置可由两点确定，即激光束和空间固定两点重合。激光束离近点的偏差不大时，可旋动上下微动螺旋来调整激光束发射角度来达到。待两点调好后，中间各点可用光电接收靶来确定。

使用光电接收靶时，先把显示器小红灯点亮，然后把衰减旋钮依次旋至 1 档，把表头指针校到零位(旋转两个电位器)，待其工作稳定(看表头是否漂移，表头不动则表示稳定)后，再进行准直测量工作。

将光电接收靶用接收靶固定座或其他附件固定在所需测点上，先使激光束射在光电接收靶的激光片上，调整三个内六角螺钉，使由激光片反射回的光束与入射光束相重合(此时可

以保证接收靶的回转轴线与光束轴线的平行)。然后，旋转接收靶固定座上四个螺钉，使显示器的两个表头指零位，这时接收靶座上圆孔中心与光轴相重合，也说明这一点被找正了。

当使用五角棱镜时，先使它的回转轴线与光轴线重合，可用光电接收靶找正的方法来调整，然后把光电接收靶拿掉。再把五角棱镜放入。

当使用观察靶时，先使反射光与入射光相重合，再看十字线与光束中心的偏差。

用激光准直仪测量、定值时，十分方便而迅速，工效较高，目前它的测距可达 100m 左右。但还存在激光束漂移问题，一般在激光管点燃初期比较明显，随时间增长，漂移逐渐减小，因此，激光准直仪需有 0.5～1h 的预热，以提高测量精度。

10. 读数显微镜

读数显微镜是由钢丝和显微镜配合使用的一种精密量具，主要用来测量机床 V 形导轨在水平面内的不直度，如龙门刨的导轨等，见图 1-85。

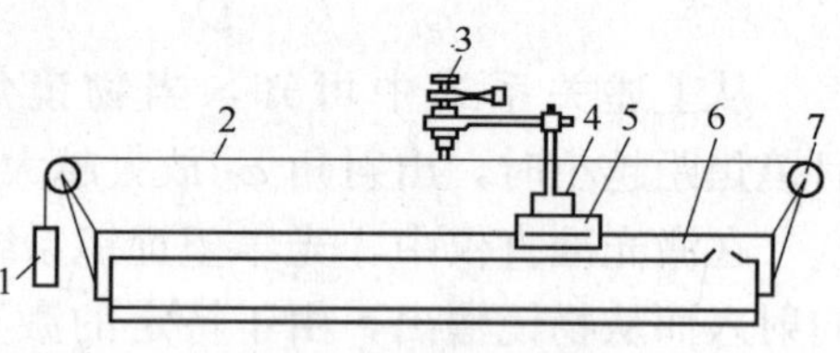

图 1-85 读数显微镜

1—重锤；2—钢丝；3—读数显微镜；4—支架；5—V 型垫铁；6—床身导轨；7—滑轮

在床身 V 形导轨上放一根长度等于 200～500mm 的 V 形垫铁，垫铁上安装一个带有刻度的读数显微镜。读数显微镜的镜头应垂直放置。在 V 形导轨的两端各固定一个大滑轮，用一根直径等于或小于 0.3mm 的钢丝，一端固定在滑轮上，另一端用重锤吊住(或两端都吊重锤)，然后调整钢丝的两端，使读数显微镜在钢丝两端时的刻线相重合。移动 V 形垫铁，每隔 200mm 或 500mm 记录一次读数，在导轨全长上检验，把读数显微镜的测量读数依次排列在坐标纸上，画出垫铁的运动曲线图。测量时，应注意以下要求：所有钢丝不得打结、弯曲等不直现象；检查机床导轨精度时，要用优质钢丝，其直径不超过 0.3mm。一般拉线钢丝直径不超过 1mm；钢丝的拉紧力一般为其极限强度的 30％～80％。

11. 液体静力式水平仪(水管连通器)

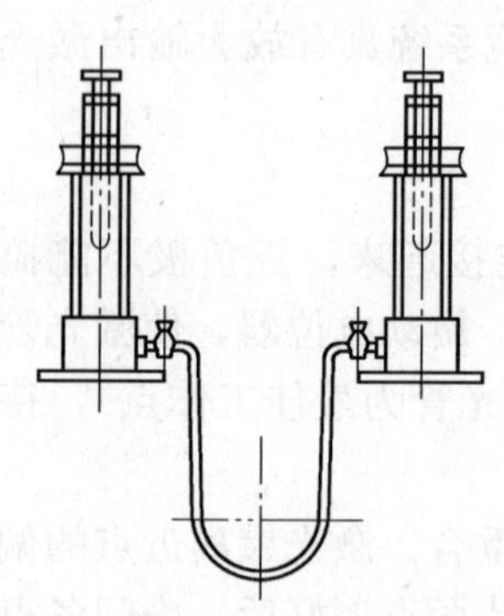
图 1-86 液体静力式水平仪

它是测定相隔较远的平面间水平度用。在安装大型机床、大型冲压机、轧钢机、透平机等时使用。液体静力式水平仪是由两支以透明软管相连的水准器测头组成，见图 1-86。

12. 千分垫

千分垫是用来测量较大间隙，或用来垫在平尺下找平高低不一的设备，还可以用来校验其他量具。千分垫是用优质合金钢制造，并经特殊冷处理。千分垫是盒装成套的，一般有 87 块、42 块、10 块的几种。

千分垫的使用与维护：要防止千分垫在跌落，意外碰击，或与粗硬物件接触时受损(凹痕、划痕)，同时要注意表面因潮气、灰尘及脏物的作用而引起测量误差，以及导致研磨性能的破坏。如垫面上有小污痕要用汽油擦拭，并用软布擦干。不准用脏手、汗手拿千分垫，应先将手洗干净。从盒内取千分垫时，要用木夹子，不许用金属夹子。夹时要夹住非工作面，取出后要擦拭干净。

使用千分垫时，不要把它放到桌面或钳工工作台上，要放在敷盖一层干净纸片的托盒内，组合千分垫时，应以很小压力纵向推动。不准用千分垫测量粗加工工件。

在测量孔槽时，不要用力把千分垫嵌入工件内。

测量工作完成后，应将千分垫擦净，涂上一层油，在盒内妥善保存。

13. 塞尺

塞尺是检查间隙的一种精密量具，用它来检查两个接合面之间的间隙大小，见图1-87。

(1) 塞尺的规格和测定范围

塞尺分五个号码，其长度有 50mm，100mm 和 200mm 三种。塞尺的测定范围：

1 号 13 片，测定范围为 0.02～0.10mm。

2 号 16 片，测定范围为 0.03～0.5mm。

3 号 11 片，测定范围为 0.03～0.5mm。

4 号 14 片，测定范围为 0.25～1.00mm。

5 号 11 片，测定范围为 0.5～1.00mm。

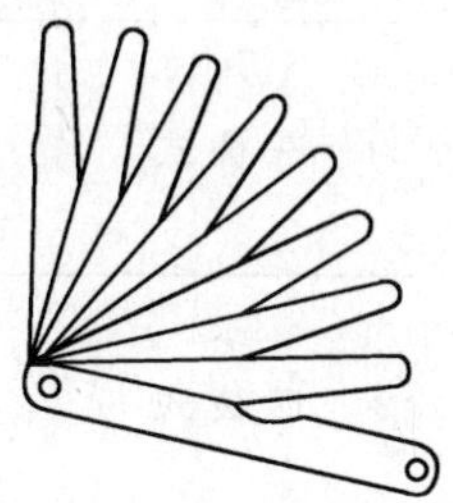

图 1-87　塞尺

塞尺的配套和编组见表 1-27。

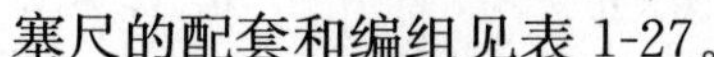

塞尺的配套和编组　　**表 1-27**

1号	2号	3号	4号	5号
0.02	0.03	0.03	0.05	0.50
0.03	0.04	0.04	0.06	0.55
0.04	0.05	0.05	0.07	0.60
0.05	0.06	0.06	0.08	0.65
0.06	0.07	0.07	0.09	0.70
0.07	0.08	—	0.10	0.75
0.08	0.09	—	0.15	0.80
0.09	0.10	0.10	0.20	0.85
0.10	0.15	0.15	0.25	0.90
	0.20	0.20	0.30	0.95
	0.25	—	0.40	1.00
	0.30	0.30	0.50	
	0.35		0.75	
	0.40	0.40	1.00	
	0.45	—		
	0.50	0.50		

注：基本尺寸为 0.02、0.03、0.04 及 0.05mm 的塞尺在 1 号塞尺编组中必须备有两片。

塞尺制成两种精度等级：1 级和 2 级。

(2) 塞尺的使用方法

用塞尺测定间隙时，塞尺表面和要测量的缝隙内，要清理干净，用适当厚度的塞尺插进间隙内进行测量(用力不要过大，松紧要适宜)，如无合适厚度的，可组合几片进行测量，从插入的塞尺厚度即可测得间隙的数值。

14. 检验平尺

检验平尺用于检测零件的平面度和平直度。平尺的类型和规格见表 1-28。

检测用平尺的类型和规格　　**表 1-28**

平尺的类型	外形图	L×H×B(mm)	精度等级
单边斜面式		80×22×6 125×27×6 200×30×8 320×40×8	0，1
三棱式		200×26 320×30	0，1
四棱式		200×20 310×25	0，1
矩形截面式		400×40×6 630×50×10 1000×60×12	0，1，2
工字形截面式		630×50×14 1000×60×16	1，2
		1600×75×18 2500×100×20 4000×160×30	0，1，2
桥　式		400×50，630×50 1000×60，1600×80 2500×100 4000×125	1，2
三角式	α=45°、55°、60°	l=630，1000	1，2

样板平尺有单边斜面、双边斜面、三棱及四棱等形式，分为两级精度，即 0 级和 1 级。用样板平尺检测零件是查看所形成的间隙。

宽边平尺有钢制矩形截面的，铸铁或钢制工字形截面的，铸铁桥形的。为了提高测量精度，要考虑检测平尺由于自重而产生的弯曲(挠度)，见表 1-29。

钢平尺自重的挠度　　**表 1-29**

平尺长度(mm)	挠度值(μm)			
	支点在平尺端时		支点距尺端 0.334 倍时	
	矩形截面	工字形截面	矩形截面	工字形截面
500	1.5	1.3	0.031	0.028
1000	16.5	13	0.31	0.27
1500	53	43	1.1	0.9
2000	117	96	2.4	2
2500	227	138	4.8	4
5000	327	274	6.8	5.7

铸铁平尺也是工字形状，但高度不同，这种形状可以做成强度大而重量小。铸铁平尺制成三级精度，即1级、2级和3级。着色检测用平尺分为两级精度，1级和2级。1级精度的平尺用于产品检测和高精度检测工作；2级精度的平尺用于普通精度检测；3级精度的平尺用于低精度的检测(如安装、锻造方面)。

角度平尺(角形和梯形)用于零件的涂色检测。

在设备安装中检验平尺是同水平仪配合使用的。对于矩形平尺，不要在平面上摩擦。放置时，不要两端受力，中间悬空，以免产生弯曲。通常采用垂直吊挂的放置方法。平尺的精度要定期进行检验，当精度达不到要求时，要进行研磨。研磨平尺时，要在标准平台上进行。也可采用三块平尺相互研磨校验的方法，即先甲块与乙块进行研磨，其次是甲块与丙块，再由乙块与丙块，相互研磨直至精度达到要求为止。

15. 万能游标量角器

万能游标量角器是由直边、刻度盘、游标、转盘、连杆、制螺母、制螺丝、活动量尺等组成，见图1-88。固定支架与刻度盘连成一体。其直边极平直，用来配合活动量尺测量工件的角度。刻度盘上将圆周等分为360格，每一格读数为1°。刻度盘内有一转盘，套在刻度盘中心的螺丝销子上，可任意旋转，转盘上装有扇形钢片一块，具有游标刻线，零线位于中央，两旁各刻有相同等分格数及数字。在游标零线的正对面，装有连杆一根，也套在中央的螺丝销子上，并用一细微的螺钉，以固定连杆在转盘上的位置。活动量尺上开有直槽，以便将活动量尺嵌入连杆背面的短销上，并用制螺丝固定活动量尺的位置。此外，还在刻度盘中央的螺丝销子上，旋入制螺母一枚，当用活动量尺量完工件的角度后，即需旋紧此制螺母，这时可以固定转盘与连杆及活动量尺的位置，不致发生移动。活动量尺两端所成的角度已定，左端为45°，右端为60°，但也有将右端磨平并保持与活动量尺的两边成90°，以适应测量各种工件不同位置的角度。

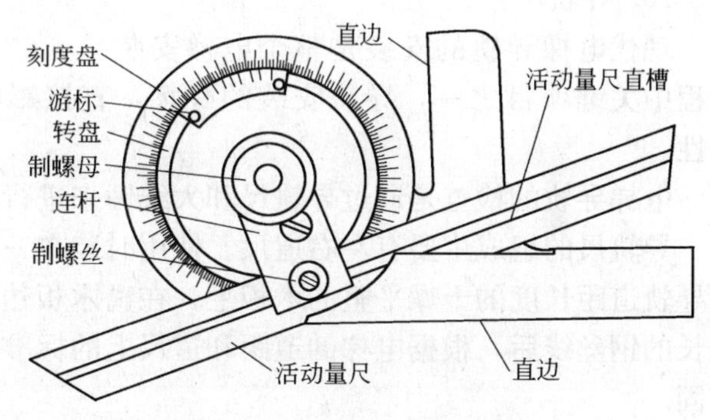

图1-88 万能游标量角器

万能游标量角器的读数方法：见图1-89，在游标刻线零的左右各有12等分，每3等分的刻线注有数字，如0、15、30、45、60，其左右数字的顺序相对称，各数字表示游标的读数即0′、15′、30′、45′、60′，每一格读数为5′。

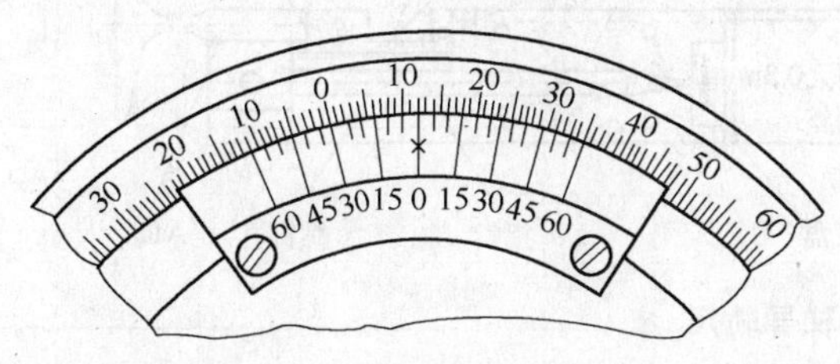

图1-89 游标刻度盘上的读数

量角器指示角度读数时，首先看游标零线所对准刻度盘上的度数，然后查找游标刻度哪条与刻度盘刻度相对准。如游标刻线的第一条相对准，即读作5′；第六条对准时，读作30′，第八条对准时读作40′，以此类推，当观看刻度盘上的度数时，应注意，不论在刻度盘上或游标刻线上，两者零线的左右都有相同的数字，一般刻度盘的度数不易读错，而游标上的读数易读错。虽然在游标零线的左右刻度中各有一条刻线与刻度盘刻线相对准，但只能读出一边的数值。至于读哪边的数值应根据游标零线对于刻度盘上零线移动的方向来决定。如游标零线位于刻度盘零线左边的刻度处，则刻度盘的读数是零线左边的数值，游标的读数同样也要读左边的数值；如相反方向则读右边的数值。

见图 1-90，查看刻度盘与游标两者的读数。游标的零线位于刻度盘零线的右边，但在刻度盘的第 12 与 13 条刻线之间，因此刻度盘上读数为 12°，游标零线的右边第 8 条刻度与刻度盘上一刻线相对准，其游标读数为 40′，量角器总读数为 12°40′。

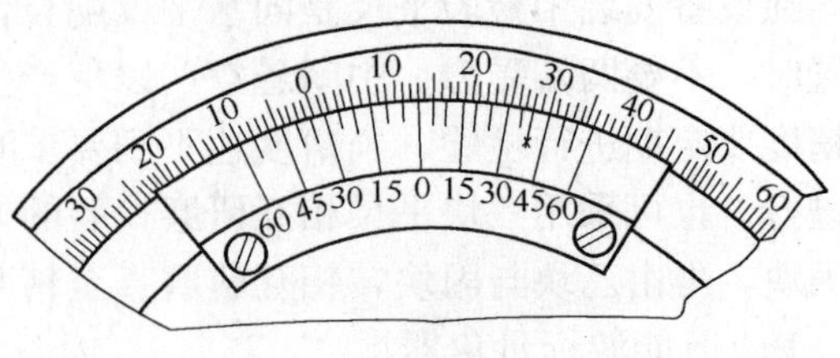

图 1-90　刻度盘及游标读数

16. 导轨尺

现代电梯导轨的安装是整个电梯安装工程中关键项目之一，导轨安装的好坏，直接影响到电梯运行的舒适程度和速度的准确性。

电梯导轨的检查是通过导轨尺和大线锤来进行。导轨尺属于一种专用工具。

导轨尺的组成主要有左右道尺。使用时装在一块厚 30～35mm、宽 65mm 和适合电梯两导轨道距长度的干燥平整的木板上，在离木板边沿 5mm 的位置用 ϕ0.3mm 钢丝绷一条通长的钢丝线后，根据电梯的道距和道尺上的标准刻线对准木板上的钢丝线，用螺钉固定牢固。

这种导轨尺在测量时，能一次测出导轨的相对位置、导轨的间距以及导轨的扭向等偏差。

导轨本身制造精度较高，它适用于国产电梯标准的大小导轨。

使用方法：

电梯样板线在两道面各放一根线的位置，是在以道面宽度 1/2 为中心，距道面 45mm 交点处，导轨铅直度和导轨相对位置以及扭向偏差可分别在两个刻度盘上测出数据，图 1-91就是北京市设备安装工程公司制作的导轨尺。

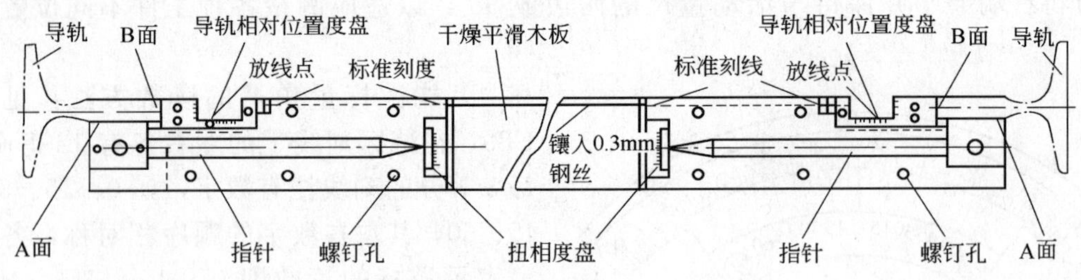

图 1-91　电梯导轨尺

17. 几种国外激光轴对中仪

(1) 激光对中仪(图 1-92)

该激光对中仪适用于涡轮发动机/马达/泵/风扇/心轴/变速箱/偏移轴。是一种高品质、低价格、简单易用的激光对中工具。只需进行简单培训即可操作，不需要复杂的计算和调整，只需按仪器提供操作方法进行，即可顺利完成。使复杂的对中过程变得简单方便。

(2) D400 激光轴对中仪(图 1-93)

图 1-92 激光对中仪

图 1-93 D400 激光轴对中仪

D400 激光轴对中仪是瑞典公司推出的用于水平机械对中的入门级测量系统，不需复杂计算和调整，只要按操作说明进行操作即可。它广泛用于电机、风机、泵等设备的调整。

它的测量距离，最大为 10m，备有发射器和接收器。制作材料为铝合金，激光器为半导体激光器、激光波长为 635～670nm，激光安全等级为 2 级，激光束直径为 4mm，探测器类型 PSD10mm，测量精度 0.001mm，它不受周围环境的干扰。外形尺寸为 60mm×60mm×50mm，质量为 235g。

(3) D505/D525 激光轴对中仪(图 1-94)

它主要用于机械设备轴的找正，广泛用在各种电机、泵、压缩机、风机、透平机的安装与维护。

系统测量距离最大为 20m，并配备发射器/接收器。该仪器用氧化铝工程塑料制成。激光器采用半导体激光器，激光波长为 635～670nm，激光安全等级为 2 级。探测器为半导体激光器，它不受外界光线干扰，外形尺寸为 60mm×60mm×50mm。

(4) 激光对中仪(图 1-95)

该激光对中仪价格低廉、性能良好，广泛用于旋转设备轴的对中，尤其是机泵类设备，操作快捷、简便、准确、容易掌握。

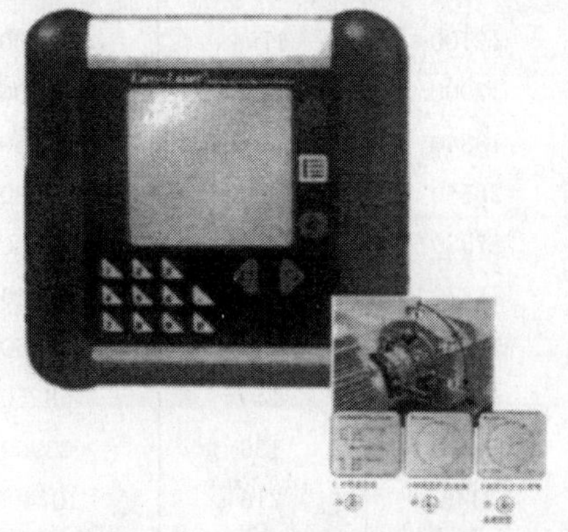

图 1-94 D505/D525 激光轴对中仪

图 1-95 激光对中仪

它的特点是：有良好的显示功能，圆形、数字逻辑符号引导操作者完成轴对中，系统中仅用 4 个键操作，即可完成。调整数字连续更新，调整设备的所有变化均显示在屏幕上。

测量结果分辨率为 0.01mm，测量距离超过 1m，双激光可进行快速粗调，长达 2m。

第二节　起重工常用机具

一、索具和吊具

1. 麻绳

麻绳是起重作业中常用的绳索之一，它具有轻便、易捆绑等特点。但麻绳强度低，易磨损和腐蚀，因此，在起重作业中，只用于辅助作业、吊装工具和小于 500kg 的设备。

(1) 麻绳的拉力计算

$$S=\frac{\pi d^2}{4}[\sigma]$$

式中　S——麻绳所承受的拉力(N)；

d——麻绳外径(cm)；

$[\sigma]$——麻绳许用应力(MPa)。

对于素麻绳$[\sigma]$=10MPa，$S=78.5d^2$；

对于油浸麻绳$[\sigma]$=9MPa，$S=70.6d^2$。

(2) 麻绳的技术规格和品种

1) 素麻绳和油浸麻绳技术规格见表 1-30 与表 1-31。

素麻绳技术规格　　**表 1-30**

直径 (mm)	特制		加重		普通	
	每百米重(kg)	最小拉断力(N)	每百米重(kg)	最小拉断力(N)	每百米重(kg)	最小拉断力(N)
9.6	7.0	6100	7	5350	—	—
11.1	9.0	7350	8.85	6550	8.75	6100
12.7	12.0	9350	11.9	8350	11.7	7750
14.3	14.8	11350	14.75	10200	14.6	9450
15.9	19.0	14600	17.7	12100	17.4	11200
19.1	28.0	21150	26.6	17900	24.8	15700
20.7	32.5	23300	31.0	19840	29.3	17550
23.9	43.0	32250	41.5	26550	39.5	23930
28.7	61.0	44700	60	37580	57.2	34330
31.8	76.0	52900	74	44770	70.0	40130
36.6	100	69550	96	58210	92	51150
39.8	118	78000	114	65850	140	58250
47.8	168	111250	163	94950	156	83900
55.7	232	142350	225	121450	216	107400
63.7	302	184500	293	157000	260	138050

油浸麻绳技术规格　　表 1-31

直　径 (mm)	特　制		加　重		普　通	
	每百米重(kg)	最小拉断力(N)	每百米重(kg)	最小拉断力(N)	每百米重(kg)	最小拉断力(N)
9.6	8.3	5850	3.3	5050	—	—
11.1	10.6	7000	10.4	6250	10.3	5750
12.7	14.2	8950	14.0	7950	13.8	7350
14.3	17.5	10900	17.4	9700	17.2	8950
15.9	22.4	14000	20.9	11500	20.5	10650
19.1	33.0	20250	31.4	17050	29.3	14900
20.7	38.4	22300	36.6	18900	34.6	16650
23.9	50.7	30600	49.0	25020	46.6	22260
28.7	72.0	42400	70.8	35410	67.5	32230
31.8	89.1	50300	87.3	42190	82.6	37670
36.6	118.0	65700	113.3	55440	108.6	48510
39.8	139.2	73800	134.5	62700	129.6	55250
47.8	198.2	106800	192.3	90450	184.1	70600
55.7	273.8	134500	265.5	115850	254.9	101850
63.7	356.4	174250	345.7	149500	330.4	130900

2）白棕绳的技术规格见表 1-32。

白棕绳技术规格　　表 1-32

直径 (mm)	质量 (kg/m)	最小破断力(N)			直径 (mm)	质量 (kg/m)	最小破断力(N)		
		Ⅰ	Ⅱ	Ⅲ			Ⅰ	Ⅱ	Ⅲ
6	0.03	4050	2680	1760	34	0.81	82400	55600	37400
8	0.06	6660	4400	2900	36	0.91	90000	60900	41000
10	0.08	9200	6100	4000	40	1.12	109700	74400	50100
12	0.11	11660	7750	5090	44	1.36	120100	81600	54900
14	0.14	16300	10900	7220	48	1.61	140000	95600	64300
16	0.18	19600	13400	8710	52	1.90	162000	110300	74100
18	0.23	24600	16600	11000	56	2.20	181500	112400	83700
20	0.28	31200	21000	13900	60	2.52	207500	142500	95900
22	0.34	37600	25400	16800	64	2.87	230000	158900	109700
24	0.40	43800	29600	19600	68	3.24	255000	176900	119000
26	0.48	49700	33800	22300	72	3.63	282000	195300	131300
28	0.55	57100	38900	25600	80	4.48	333200	231500	156300
30	0.63	66200	44500	29900	88	5.42	393000	273900	185000
32	0.72	74400	50100	33700					

3）机制麻绳的技术规格见表 1-33。

机制麻绳技术规格　　　　**表 1-33**

规格						印尼棕绳		白棕绳		混合绳		线麻绳	
直径		圆周		延伸率	股组织经(系)数	重量	破断力	重量	破断力	重量	破断力	重量	破断力
mm	in	mm	in			kg	N	kg	N	kg	N	kg	N
10	3/8	28	1⅛		3×3	15	4500	15	3100	16	4070	20	
13	1/2	38	1½		5×3	23	7350	28	4500	30	5900	26	8850
16	5/8	50	2		8×3	42	10700	42	10000	47	10400	38	12660
19	3/4	57	2¼	14	11×3	60	15200	50	14060	65		62	16600
22	7/8	70	2¾	22	14×3	77	17900	72	15000	84		80	18370
25	1	76	3	29	20×3	103	25000	100	22000	118	20400	109	32020
28	1⅓	86	3½	38	26×3	135	39200	120	27000	145		140	41550
32	1¼	100	3 15/16	25	32×3	165	44200	155		180		136	48721
38	1½	120	4¾	22	42×3	235	67200	212		239			
42	1⅝	129	5	18	49×3	265	68200	290		303			
45	1¾	140	5½	13	50×3	316	69000			380			
50	2	153	6⅛	13	70×3	383	75000			405			
57	2¼	180	7	13	87×3	549		360					
63	2½	190	7⅛	13	99×3	660				700			

注：① 表列各种麻绳的重量系每卷绳的近似数。破断力栏的空格系未作过抗拉试验。

② 所有机制麻绳均成盘(卷)供应，每盘长度各地略有出入，上海市产品每盘为720ft，合219.5m，天津市产品多为218m，表中所列数据为天津生产。

4）麻绳的品种：

麻绳有手工制造和机械制造两种，前者一般用当地生产的麻类制造，规格不标准，搓拧轻松，不宜在起重作业中应用。机制麻绳质量较好，按其使用原料不同，分为印尼棕绳(也叫吕宋绳)、白棕绳、混合绳和浅麻绳等4种。

① 印尼棕绳

用印度尼西亚生产的西沙尔麻(白棕)为原料。这种纤维的特点是：拉力和扭力强，滤水快，抗海水浸蚀性能强，耐摩擦且富有弹性，受突然增加的拉力时不易折断，适用于水中起重，船用锚缆、拖缆和陆地起重。

② 白棕绳

以龙舌兰麻为原料，并具有西沙尔麻的特点，因系野生，质量略次，用途与印尼棕绳相同。

③ 混合绳

它是用龙舌兰麻和萱麻各半，再掺入10%灰麻混合捻成。由于生萱麻拉力强，但韧性差，有胶质，遇水易腐蚀，所以混合绳的拉力虽大于白棕绳，但耐久性、耐腐蚀性低，特别是在水中使用，遇天热水暖更为显著，使用时应加以注意。

④ 浅麻绳

用大麻纤维作原料，其特点为柔韧，弹力大，拉力强。用途与混合绳大致相同。

(3) 使用麻绳的注意点

1）麻绳使用前检查和处理方法

在起重作业中，如对麻绳保管不好、不能细心维护，容易造成局部损伤和机械磨损、受潮及化学介质的浸蚀。为了消除隐患，保证作业的安全和可靠性，必须在使用前仔细进行检查，对发现的问题，要及时加以处理。当麻绳表面均匀磨损不超过直径30%，局部触伤不超过同截面直径的10%，可按直径折减降低级别使用。局部触伤和局部腐蚀严重的，可截取损伤部分，插接后继续使用。断丝的麻绳禁止使用。

2）麻绳应用特制的油涂抹保护，油的各项成分重量比如下：工业凡士林83%；松香10%；石蜡4%；石墨3%。

3）绕麻绳的卷筒、滑轮的直径应大于麻绳直径的7倍。由于麻绳易于磨损和破断，最好选用木制滑轮。若没有条件使用木制滑轮，也可以选用符合麻绳直径要求的金属滑轮。

4）由于麻绳容易受潮，沾污油泥和易受化学介质的浸蚀，必须妥善进行维护和保管。使用中的麻绳，应注意避免受潮、淋雨或纤维中夹杂泥沙和受油污等化学介质浸蚀。麻绳用完后，应立即收回晾干，清除表面泥污，卷成圆盘，平放在干燥的库房内的木板上。

2. 尼龙绳

在起运和吊装表面光洁的零部件、软金属制品、磨光的轴销，或其他表面不许磨损的设备时，必须使用尼龙绳、涤纶绳等非金属绳索。

尼龙绳与涤纶绳的优点是体轻、质地柔软，耐腐蚀，并具有弹性，可以减少冲击；能耐油，不怕虫蛀，细菌不能繁殖。涤纶的抗水性能达99.6%，尼龙的吸水率只有4%。它们都能耐有机酸和无机酸的腐蚀。

为便于起吊设备，有时用棉帆布或尼龙帆布制成带状的吊具。一般带状吊具，有单层的和多至八层的尼龙帆布的，抗拉强度可达21.4MPa。

表1-34为我国生产尼龙及增强尼龙的物理机械性能，尼龙6的抗拉强度为70MPa，尼龙66的抗拉强度为75MPa，尼龙610的抗拉强度为60MPa。

尼龙及增强尼龙的物理机械性能 **表1-34**

性能	尼龙6	尼龙66	尼龙610	尼龙1010	尼龙1010加5%石墨	尼龙1010加30%玻璃纤维
重度(g/mm³)	1.13	1.15	1.09～1.13	1.05	>2	1.32
吸水率(%)	10.9	10.0	1～3	2	>2	0.05
延伸率(%)	200	10～100	100～150	200	<200	
开始可塑温度(℃)	160	220		150～170	170	190
软化温度(℃)	170	235		180	185	200
熔点(℃)	215	256	215～225	200	200	200
脆化温度(℃)	−20～−30	−25～−30		−60	−60	−60
马丁氏耐热性(℃)	40～50	50～90	60	45	52	90
比热(cal/g·℃)	0.4～0.5	0.4～0.5	0.5			
膨胀系数(l/℃)	$11\sim14\times10^{-5}$	$11\sim15\times10^{-5}$	$5\sim7\times10^{-5}$			
热导率(W/m·K)	0.21～0.34	0.26～0.25	0.24～0.29			
抗拉强度(MPa)	70	75	60	55	55	69
抗弯强度(MPa)	70～100	100～110	70～100	37	87	110
冲击值(N·cm/cm²)			400～500	1000	450～510	417
抗压强度(MPa)	60～90	46	70～90	79		110
磨耗(cm²/10⁴r/min)	0.24		0.014	0.0035	0.0055	

3. 钢丝绳

钢丝绳又称钢索，是由高强度碳素钢丝制成。每一根钢丝绳由若干根钢丝分股和植物纤维芯捻成粗细一致的绳索。

它具有断面相等、强度高、耐磨损、弹性大、在高速下运转平稳、没有噪声、自重轻、工作可靠、成本较低等优点，是起重作业中最常用的绳索之一。

钢丝绳的主要缺点是不易弯曲，使用时，要增大卷筒和滑轮的直径，因而相应地增加了机械卷筒的尺寸和重量。

(1) 钢丝绳分类与代号的说明

1) 钢丝绳按股内各层钢丝间的相互接触状态分为：

① 股内相邻层间钢丝成点状接触—D：

D—t 表示股内钢丝直径相同；

D—y 表示股内不同层钢丝直径不相同。

② 股内钢丝成线状接触者—X：

X—t 表示股内同层钢丝直径相同，而不同层内钢丝直径不同；

X—y 表示股内外层钢丝是两种不同直径的；

X —ty 表示股内同层钢丝直径有相同的也有不相同的；

X—G 表示在股的相邻层钢丝间，配置有小直径的充填钢丝。

③ 股内相邻层钢丝间有点接触也有线接触者—DX：

DX—t 表示股内同层钢丝直径相同；

DX—y 表示股内同层钢丝直径有相同的也有不相同的。

2) 钢丝绳按捻制的方向和外形分为：

① 顺绕钢丝绳：

这种钢丝绳的特征是钢丝绕成股和股捻成绳的方向相同。这种钢丝绳具有大的挠性，且表面平滑，钢丝磨损小，但它有自行扭转和松散的缺点(见图 1-96 中(a))。

② 交绕钢丝绳：

这种绳的特征是钢丝绕成股和股捻成绳的方向相反。这种钢丝绳的钢丝和股，由于弹性应力所产生的扭转变形方向也相反，具有互相抵销作用，不易自行松散，故在起重机械和起重作业中用得最广。它的缺点是挠性小，表面不平滑，与滑轮和卷筒的接触面积小，因而磨损较快(见图 1-96 中(b))。

③ 混绕钢丝绳：

相邻层股的捻挠方向相反的钢丝绳，称为混绕钢丝绳。这种钢丝绳由于相邻层股的捻向相反，致扭转变形方向相反而具有互相抵销作用，故不易自行松散和扭转。它具有前两种钢丝绳的优点(见图 1-96 中(c))。

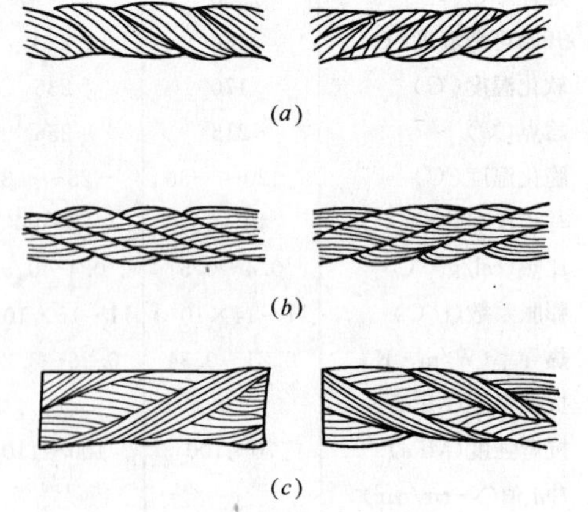

图 1-96 钢丝和股的挠捻方向

(a)顺绕；(b)交绕；(c)混绕

下面摘录常用的固定普通结构钢丝绳的主要用途(见表 1-35)，以供使用参考。

各种常用的普通结构钢丝绳的主要用途　　表 1-35

钢丝绳名称	钢丝绳结构	钢丝绳主要用途
普通钢丝绳	6×7 钢丝＋1 有机芯	无极绳缆车，钢丝绳皮带运输机，索道牵引，斜井卷扬
普通钢丝绳	6×19 钢丝＋1 有机芯	各种起重、提升和牵引设备(包括绞车、绞磨及滑轮组)，索道牵引，缆风绳
普通钢丝绳	6×37 钢丝＋1 有机芯	各种起重、提升和牵引设备(包括绞车、绞磨及滑轮组)，索道
普通钢丝绳	6×61 钢丝＋1 有机芯	重型起重机械
普通钢丝绳	6×12 钢丝＋7 有机芯	捆绑
普通钢丝绳	6×24 钢丝＋7 有机芯	拖船，货网，浮运木材
普通钢丝绳	6×30 钢丝＋7 有机芯	拖船，货网，浮运木材
普通钢丝绳	7×7 钢丝	船舶张拉桅杆，盐井，吊桥
普通钢丝绳	7×19 钢丝	船舶张拉桅杆，吊桥
普通钢丝绳	8×19 钢丝＋1 有机芯	电梯，起重机械
普通钢丝绳	8×37 钢丝＋1 有机芯	起重机械，打捞沉船
多层股(不旋转)钢丝绳	18×7 钢丝＋1 有机芯	矿井提升，索道承载以及要求钢丝绳不旋转的用途

(2) 钢丝绳的破坏形式

在起重吊装设备的过程中，若稍有疏忽，使用不当时，钢丝绳容易损坏。因此，应根据它的破坏情况，分析产生破坏的主要原因，采取相应的措施，以提高使用寿命。

钢丝绳在工作时一般要进出滑轮或卷筒作弯绕，除了产生拉应力之外，还有接触应力和弯曲应力。尤其是后两者的脉动特性，引起金属的疲劳。实践证明，这种多次弯曲造成弯曲疲劳，是钢丝绳破坏的主要原因，经过一定的时间，钢丝绳表面的钢丝发生弯曲疲劳与磨损，表面层的钢丝逐渐折断，折断的钢丝数量愈多，其他未断钢丝承担的拉力越大，疲劳与磨损便愈甚，促使断丝速度加快。当断丝发展到一定程度，就保证不了钢丝绳的必要的安全系数，这时钢丝绳应予以报废，不能继续使用。

(3) 钢丝绳的有效破断拉力

钢丝绳的有效强度是根据钢丝质量的好坏和捻制的结构而不同，其中捻制结构对钢丝的强度有重大影响。钢丝绳的钢丝扭曲愈大，绳股中钢丝的同心层数愈多。则其强度损失也愈大，因此对钢丝绳的有效破断拉力作精确计算是困难的。目前只有近似的计算方法。对普通钢丝绳的有效破断拉力近似值，可用下式进行计算：

$$P=P_c(\cos\alpha)^m(\cos\beta)^n$$

式中　α——股中钢丝的捻角，即股中钢丝对股中芯线的倾斜角，对于起重用的钢丝绳为13°～15°，平均为 14°；

β——钢丝绳中股的捻角，即钢丝绳中股对钢丝芯线的倾斜角，平均为 16°；

m——股中钢丝的层数；

n——钢丝绳中股的层数；

P_c——钢丝绳中钢丝的总合破断拉力(N)，$P_c=F\sigma_b$；

F——钢丝断面积的总和(mm^2)；

σ_b——钢丝的公称抗拉强度极限(MPa)。

钢丝绳的有效破断拉力也可用试验方法求出，这种方法是用拉力试验求出钢丝绳单根钢丝的破断拉力，然后以全部钢丝破断力的总和乘以换算系数 K_0，就等于整根钢丝绳的有效破断拉力。钢丝绳的有效破断拉力换算系数 K_0 见表 1-36。

钢丝绳有效破断拉力换算系数 K_0 **表 1-36**

钢丝绳结构						K_0
1×7	1×19					0.9
6×7	6×12	1×7				0.88
1×37	6×19	7×19	6×24	6×30		0.85
6X(19)	6W(19)	6T(25)	6X(24)	6W(24)	6X(31)	
8×19	8X(19)	8W(19)	8T(19)	8T(25)	18×7	
6×37	8×37	18×19	6W(35)	6W(36)	6X(37)	0.82
6×61	34×7					0.80

当现场缺乏钢丝绳的有效破断拉力的数据时，也可以按表 1-37 所列的经验公式近似地估算。

钢丝绳有效破断拉力的近似估算表 **表 1-37**

钢丝绳品种	有效破断拉力(N)	有效破断拉力(kN)	说明
硬钢丝绳	$55c^2$	$542d^2$	
半硬钢丝绳	$44c^2$	$434d^2$	
软钢丝绳	$37c^2$	$365d^2$	本式仅适用于$\frac{6\times24}{6\times30}$钢丝的软钢丝绳

注：① 硬钢丝绳是指由 7 个钢丝股捻制的钢丝绳，钢丝的公称抗拉强度极限为 1400MPa；

② 半硬钢丝绳是指由 6 个钢丝股和绳中心是一个麻芯捻制的钢丝绳，钢丝的公称抗拉强度极限为 1400MPa；

③ 软钢丝绳是指由 6 个中心夹有麻芯的钢丝股和绳中心是一个麻芯捻制成的钢丝绳，公称抗拉强度极限为 1400MPa；

④ c 是钢丝绳的圆周长，单位为 mm；d 是钢丝绳的直径，单位为 mm。

(4) 钢丝绳承受拉伸与弯曲时的拉力

在起重作业中，当钢丝绳承受拉伸并且弯曲时，各根钢丝中产生的应力是复合应力，这个应力包含着拉应力、弯应力、挤压应力和扭应力等。这些应力与钢丝或股的数目及其直径、绕捻的方式、绕捻角的大小、绕捻的紧密程度、绳芯的材料等都有关系，所以要得出准确的计算是有困难的。由于其中挤压应力和扭应力相对来说都很小，故通常计算钢丝绳应力时只考虑拉应力和弯曲应力。当钢丝绳绕过的滑轮或卷筒槽底直径满足下式的要求时，则其弯应力也变得较小，故在这种条件下，计算钢丝绳应力时可仅考虑其拉伸应力。钢丝绳许用拉应力$[\sigma]_{拉}$的计算公式如下：

$$[\sigma]_{拉}=\frac{\sigma_b}{K}$$

式中 σ_b——钢丝绳的钢丝破断强度极限(MPa)；

K——安全系数，根据起重牵引设备型式和使用条件按表 1-38 选用。

钢丝绳安全系数 **表 1-38**

<table>
<tr><th>起重机类型</th><th colspan="2">特性和使用范围</th><th>钢丝绳最小安全系数</th></tr>
<tr><td rowspan="4">桅杆式起重机、自行式起重机及其他类型的起重机和卷扬机</td><td colspan="2">手传动</td><td>4.5</td></tr>
<tr><td rowspan="3">机械传动</td><td>轻型</td><td>5</td></tr>
<tr><td>中型</td><td>5.5</td></tr>
<tr><td>重型</td><td>6</td></tr>
<tr><td>1t 以下手动卷扬机</td><td colspan="2"></td><td>4</td></tr>
<tr><td>缆索式起重机</td><td colspan="2">承担重量的钢丝绳</td><td>3.5</td></tr>
<tr><td rowspan="4">各种用途的钢丝绳</td><td colspan="2">运输热金属、易燃物、易爆物</td><td>6</td></tr>
<tr><td colspan="2">捆绑设备</td><td>6</td></tr>
<tr><td colspan="2">拖拉绳(缆风绳)</td><td>3</td></tr>
<tr><td colspan="2">千斤绳(绳扣)</td><td>6～10</td></tr>
</table>

钢丝绳承受拉伸和弯曲时的复合应力计算公式如下：

$$\sigma_{复}=\frac{Q}{F}+\frac{\delta}{D}E_{计算}\leqslant[\sigma]_{拉}$$

式中 Q——钢丝绳承受的综合计算载荷(N)；

F——钢丝绳的有效断面积，即全部钢丝断面积总和(mm)；

$$F=i\frac{\pi\delta^2}{4}$$

δ——单根钢丝的直径(mm)；

i——钢丝绳中的钢丝总数；

D——滑轮或卷筒槽底的直径(mm)；

$E_{计算}$——钢丝绳的弹性模量；

$[\sigma]_{拉}$——钢丝绳的许用拉应力(MPa)。

(5) 钢丝绳直径与滑轮的比例参数

钢丝绳通过滑轮和卷筒时，外部的钢丝受到摩擦，因而造成钢丝绳总强度的降低。钢丝绳使用寿命随它的弯曲次数而变化，且与下述比率有关：

$$D_{最大}/d\text{ 或 }D_{最小}/\delta$$

其中 $D_{最大}$——滑轮或卷筒的最大许可直径(mm)；

$D_{最小}$——滑轮或卷筒的最小许可直径(mm)；

d——钢丝绳直径(mm)；

δ——钢丝直径(mm)。

所以在相同的比率 $D_{最大}/d$(或 $D_{最小}/\delta$)时，钢丝绳的使用寿命和弯曲次数成反比。因此钢丝绳使用时不能弯曲过度。

钢丝绳缠绕滑轮或卷筒时最小直径按下式计算：

$$D\geqslant e_1e_2d$$

式中 D——滑轮或卷筒直径(mm)；

e_1——根据起重装置形式及使用工作情况决定的系数。手摇和轻型机构 $e_1=16$；中型工作的机构 $e_1=18$；重型工作机构 $e_1=20$；

e_2——根据钢丝绳结构决定的系数，交互捻 $e_2=1$；同向捻 $e_2=0.9$。

一般安装工地采用滑轮直径 $D \geqslant (16\sim20)d$。

钢丝绳与滑轮直径比例参数见表 1-39。

钢丝绳与滑轮直径比例参数表　　**表 1-39**

机械种类	使用情况		滑轮与钢丝绳直径比
桅杆式、汽车式、履带式起重机	手动		$D \geqslant 16d$
	机动	轻型	$D \geqslant 16d$
		中型	$D \geqslant 18d$
		重型	$D \geqslant 20d$
其他型式起重机	手动		$D \geqslant 18d$
	机动	轻型	$D \geqslant 20d$
		中型	$D \geqslant 25d$
		重型	$D \geqslant 30d$
1t 以下手动卷扬机	—		$D \geqslant 12d$
抓斗式起重机	一类轻型		$D \geqslant 20d$
	二类轻型		$D \geqslant 30d$

(6) 钢丝绳使用注意事项

1) 使用钢丝绳时，不能使钢丝绳发生锐角曲折、挑圈，或由于被夹、被砸而被压成扁平。

2) 为防止钢丝绳生锈，应经常保持清洁并定期地涂抹特制无水分的防锈油，其成分的重量比为：煤焦油—68%；三号沥青—10%；松香—10%；工业凡士林—7%；石墨—3%；石蜡—2%。也可以使用其他的浓矿物油（如汽缸油、钢绳油等)。钢丝绳在使用时，每隔一定时期涂一次油，在保存时最少每六个月涂一次。

3) 穿钢丝绳的滑轮边缘不许有破裂现象，以避免损坏钢丝绳。

4) 钢丝绳与设备构件及建筑物的尖角如直接接触，应垫木块。

5) 在起重作业中，应防止钢丝绳与电焊线或其他电线接触，以免触电及电弧打坏钢丝绳。

6) 钢丝绳应成卷平放在干燥库房内的木板上。存放前要涂满防锈油。钢丝绳展开法见图 1-97；直径测量法见图 1-98。

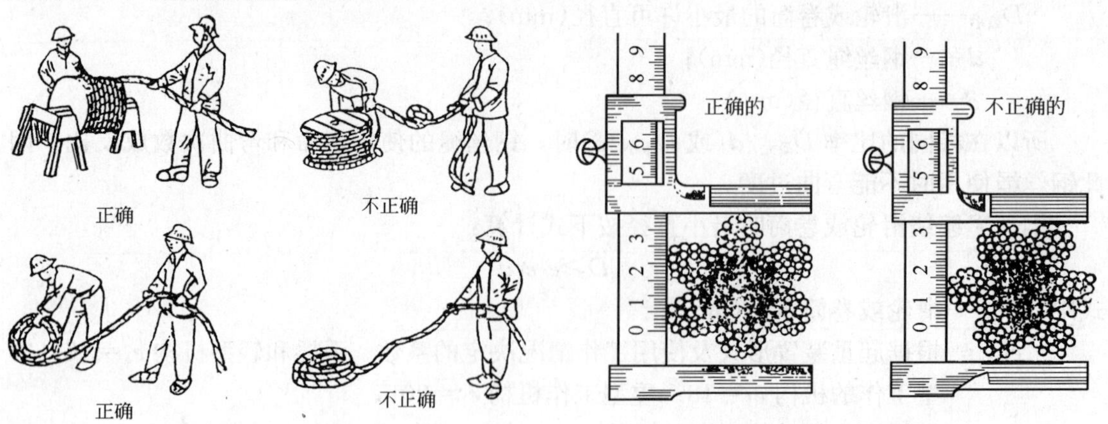

图 1-97　钢丝绳展开法　　　　图 1-98　钢丝绳直径测量法

7）钢丝绳合用程度的判断见表1-40。

钢丝绳合用程度判断表 **表1-40**

类 别	钢丝绳的表面现象	合用程度	使用场所
1	钢丝绳摩擦轻微，无绳股凸起现象	100%	重要场所
2	(1) 各钢丝股已有变位、压扁及凸出现象，但未露出绳芯 (2) 钢丝绳个别部分有轻微锈蚀 (3) 钢丝绳表面上的个别钢丝有尖刺现象，每米长度内的尖刺数目不多于钢丝总数的8%	75%	重要场所
3	(1) 绳股尖凸不太危险，绳芯未露出 (2) 个别部分有显著锈痕 (3) 钢丝绳表面上的个别钢丝有尖刺现象，每米长度内的尖刺数目不多于钢丝总数的10%	50%	次要场所
4	(1) 绳股有显著扭曲，钢丝及绳股有部分变位，有显著尖刺现象 (2) 钢丝绳全部有锈，将锈层去后钢丝上留下凹痕 (3) 钢丝绳表面上的个别钢丝有尖刺现象，每米长度内的尖刺数目不多于钢丝总数的25%	40%	不重要场所或辅助作业

8）旧钢丝绳使用标准

① 根据钢丝绳的断丝数，从表1-41中查得钢丝绳的折减系数，对其破断力进行折减使用。计算混合式钢丝绳的断丝数时，一根粗钢丝绳的钢丝为1.7根细钢丝，表1-41中所列的断丝数对于混合钢丝是细钢丝的断丝数。

② 当钢丝绳表面有磨损时，应按表1-42对表1-41中的折减系数进行修正。

③ 当钢丝绳有腐蚀、断股、乱股以及严重扭结时，应停止使用。

钢丝绳折减系数 **表1-41**

钢丝绳破断力的折减系数	钢丝绳的股丝数					
	6×19+1=114+1		6×37+1=222+1		6×61+1=369+1	
	交 捻	顺 捻	交 捻	顺 捻	交 捻	顺 捻
	一个捻丝节距内钢绳断丝数					
0.95	5	3	11	6	18	9
0.90	10	5	19	9	29	14
0.85	14	7	28	14	40	20
0.80	17	8	33	16	43	21
0	>17	>8	>33	>16	>43	>21

钢丝绳表面有磨损时折减系数的修正系数 **表1-42**

磨损量按钢丝直径计(%)	10	15	20	25	30	30以上
修正系数	0.8	0.7	0.65	0.55	0.50	0

(7) 钢丝绳的报废标准

钢丝绳在使用一段时间后，容易磨损和受自然条件和化学腐蚀，并且其结构也受到破坏。在安装工地常用以下几种方法进行鉴别。

1) 直径减小

钢丝绳直径磨损不超过 30%，允许降低拉力继续使用；若超过 30%，按报废处理。

2) 表面腐蚀

钢丝绳经长期使用后，受自然和化学腐蚀是不可避免的。当整根钢丝绳外表面受腐蚀的麻面凭肉眼观察显而易见时则不能使用。

3) 结构破坏

当整根钢丝绳纤维心被挤出，各种起重机械的钢丝绳断丝后的报废标准根据表 1-43 决定。

钢丝绳报废标准　　**表 1-43**

钢丝绳的最初安全系数	钢丝绳结构					
	6×19		6×37		6×61	
	在一扣距全长中拉断钢丝根数					
	交互捻	同向捻	交互捻	同向捻	交互捻	同向捻
6 以下	12	6	22	11	36	18
6～7	14	7	36	13	38	19
7 以上	16	8	40	15	40	20

运输或吊装金属溶液、炽热材料、含酸、易燃和有毒设备的钢丝绳，在一节距内(见图 1-99)破断丝达到表 1-43 所列的 1/2 时，钢丝绳应报废。

4) 超载

超载使用过的钢丝绳不得再使用，如果使用需通过破断拉力试验鉴定后可降级使用。若未知是否超载，一般可通过外观有严重变形、结构破坏、纤维心挤出和有明显的卷缩、聚堆等现象来判断。

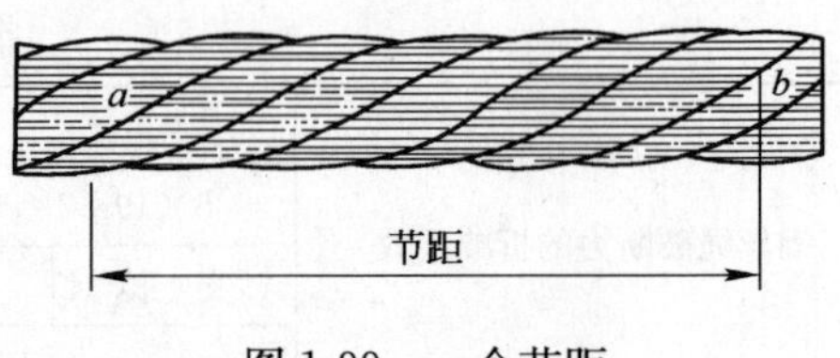

图 1-99　一个节距

(8) 钢丝绳的选择

在起重作业中常用的钢丝绳有 6×19+1、6×37+1、6×61+1 等几种。

6×19+1 的钢丝绳，由于每根钢丝的直径较粗，因而钢丝绳的弹性和柔性较差，一般作为缆风绳用。

6×37+1 与 6×61+1 的钢丝绳，因其钢丝直径较细，所以比较柔软，弹性较好，因此常用作起重钢丝绳和捆绑绳用。

以上三种常用的钢丝绳主要数据见表 1-44～表 1-46。

常用钢丝绳使用拉力见表1-47。

6×19钢丝绳的主要数据

表 1-44

直径(mm)		钢丝断面积 (mm^2)	参考重量 (kg/1000m)	钢丝公称抗拉强度 MPa																			
				1400				1550				1700				1850				2000			
				钢丝绳破断拉力(N)	安全系数			钢丝绳破断拉力(N)	安全系数			钢丝绳破断拉力(N)	安全系数			钢丝绳破断拉力(N)	安全系数			钢丝绳破断拉力(N)	安全系数		
钢丝绳	钢丝				3.5	5	8		3.5	5	8		3.5	5	8		3.5	5	8		3.5	5	8
					钢丝绳许用拉力(N)				钢丝绳许用拉力(N)				钢丝绳许用拉力(N)				钢丝绳许用拉力(N)				钢丝绳许用拉力(N)		
6.2	0.4	14.32	13.53	20000	5710	4000	2500	22100	6310	4420	2760	24300	6940	4860	3030	24600	7450	5280	3300	28600	8170	5270	3570
7.7	0.5	22.37	21.14	31300	8940	6260	3910	34600	9880	6920	4320	38000	10850	7600	4750	41300	11790	8260	5160	44700	12270	8940	5580
9.3	0.6	32.22	30.45	45100	12880	9020	5630	49900	14250	9980	6230	54700	15620	10940	6830	59600	17020	11920	7450	64400	18390	12280	8050
11.0	0.7	43.86	41.44	61300	17510	12260	7660	67900	19390	13580	8480	74500	21280	14900	9310	81100	23170	16220	10130	87700	25050	17540	10960
12.5	0.8	57.27	54.12	80100	22880	16020	10010	88700	25340	17740	11080	97300	27790	19460	12190	105500	30140	21100	13180	114500	32710	22900	14310
14.0	0.9	72.49	68.50	101000	28850	20200	12620	112000	31990	22400	14000	123000	35140	24600	15230	134000	38280	26800	16750	144500	41280	28900	18060
15.5	1.0	89.40	84.57	125000	35710	25000	15620	138500	39570	27700	17310	152000	43420	30400	19000	165500	47280	33100	20680	178500	50990	35700	22310
17.0	1.1	108.28	102.3	151500	43280	30300	18930	167500	47850	33500	20930	184000	52570	36800	23000	200000	57140	40000	25000	216500	61850	43300	27060
18.5	1.2	128.87	121.8	180000	51420	36000	22500	199500	56990	39900	24930	216000	62570	43800	27370	238000	67990	47600	29750	257500	73570	51500	32180
20.0	1.3	151.24	142.9	211500	60420	42300	26430	234000	66850	46800	29250	257000	73420	51400	32120	279500	79850	55900	34930	302000	86280	60400	37750
21.5	1.4	175.40	165.8	245500	70140	49100	30680	271500	77570	54300	33930	298000	85140	59600	37250	324000	92570	64800	40500	350500	100140	70100	43810
23.0	1.5	201.35	190.3	281500	80420	56300	35180	312000	89140	62400	39000	342000	97710	63400	42750	372000	106280	77400	46500	402500	114990	80500	50310
24.5	1.6	229.09	216.5	320500	91570	64100	40060	355000	101420	71000	44370	389000	111140	77800	48620	423500	120990	84700	52930	458000	130850	91600	57250
26.0	1.7	258.63	244.4	362000	93420	72400	45250	400500	114420	80100	50060	439500	125570	87900	54930	478000	136570	95600	59750	517000	147710	103400	64620
28.0	1.8	289.95	274.0	405000	115710	81000	50620	449000	128280	89800	56120	492500	140710	98500	61560	536000	153140	107200	67000	579500	165570	115900	72430
31.0	2.0	357.96	338.3	501000	143140	100200	62620	554500	158420	110900	69310	608500	173850	121700	76060	662000	189140	132400	82750	715500	204420	143100	89430
34.0	2.2	433.13	409.3	606000	173140	121200	75750	671000	191710	134200	83870	736000	210280	147200	92000	801000	228850	160200	100120				
37.0	2.4	515.46	487.1	721500	206140	144300	90180	798500	228140	159700	99810	876000	250280	175200	109500	953500	272420	190700	119180				
40.0	2.6	604.95	571.7	846500	241850	169300	105810	937500	267850	187500	117180	1025000	292850	205000	128120	1115000	318500	223000	139370				
43.0	2.8	701.60	663.0	982000	280570	196400	122750	1085000	309990	217000	135620	1190000	339990	238000	148750	1295000	369990	259000	161870				
46.0	3.0	805.41	761.1	125000	225000	321420	140620	1245000	355710	249000	155620	1395000	389990	273000	170620	1490000	425710	298000	186250				

表 1-45

6×37 钢丝绳的主要数据

直径(mm)		钢丝总断面积(mm^2)	参考重量(kg/100m)	钢丝公称抗拉强度(MPa)																			
				1400				1550				1700				1850				2000			
				钢丝绳破断拉力(N)	安全系数			钢丝绳破断拉力(N)	安全系数			钢丝绳破断拉力(N)	安全系数			钢丝绳破断拉力(N)	安全系数			钢丝绳破断拉力(N)	安全系数		
					3.5	5	8		3.5	5	8		3.5	5	8		3.5	5	8		3.5	5	8
钢丝绳	钢丝				钢丝绳许用拉力(N)				钢丝绳许用拉力(N)				钢丝绳许用拉力(N)				钢丝绳许用拉力(N)				钢丝绳许用拉力(N)		
8.7	0.4	27.88	26.21	30000	11140	7800	4875	43200	12340	8640	5400	47300	13510	9460	5910	51500	14710	10300	6430	55700	15910	11140	6960
11.0	0.5	43.57	40.96	60900	17390	12180	7610	67500	19280	13500	8430	74000	21140	14800	9250	80600	23020	16120	10070	87100	24880	17420	10880
13.0	0.6	62.74	58.98	87800	25080	17560	10970	97200	27770	19440	12150	106500	30420	21300	13310	116000	33140	23200	14500	125000	35710	25000	15620
15.0	0.7	85.39	80.27	119500	34140	23900	14930	132000	37710	26400	16500	145000	41420	29000	18120	157500	44990	31500	19680	170500	48710	34100	21310
17.5	0.8	111.53	104.8	156000	44570	31200	19500	172500	49280	34500	21560	189500	54140	37900	23680	206000	58850	41200	25750	223000	63710	44600	27870
19.5	0.9	141.16	132.7	197500	56420	39500	24680	218500	62420	43700	27310	239500	68420	47900	29930	261000	74570	52200	32620	282000	80570	56400	35250
21.5	1.0	174.27	163.8	243500	69570	48700	30480	270000	77140	54000	33750	299000	84570	59200	37000	322000	91990	64400	40250	348500	99570	69700	43560
24.0	1.1	210.87	198.2	295000	84280	59000	36870	326500	93280	65300	40810	358000	102280	71600	47750	390000	111420	78000	48750	421500	120420	84300	52680
26.0	1.2	250.95	235.9	351000	100280	70200	43870	388500	110990	77700	48560	426500	121850	85300	53310	464000	132570	92800	58000	501500	143280	100300	62680
28.0	1.3	294.52	276.8	412000	117710	82400	51500	456500	130420	91300	57000	500500	142990	100100	62560	544500	155570	108900	68060	589000	168280	117800	73620
30.0	1.4	341.57	321.1	478000	136570	95600	59750	529000	151140	105800	66120	580500	165850	116100	72560	631500	180420	126300	78930	683000	195140	136600	85370
32.5	1.5	392.11	368.6	548500	156710	109700	86560	607500	173570	121500	75930	666500	190420	13330	83310	725000	20710	145000	90620	784000	223990	156800	98000
34.5	1.6	446.13	419.4	624500	178420	124900	78060	691500	197570	138300	86430	758000	190420	151600	94750	825000	23570	165000	103120	892000	254850	178400	11500
36.5	1.7	503.64	473.4	705000	201420	141000	88120	780500	222990	156100	97560	856000	216570	171200	107000	931500	266140	186300	116430	1005000	287140	201000	25620
39.0	1.8	564.63	530.8	790000	225710	158000	98750	875000	249990	175000	109370	959500	244570	191900	119930	1040000	297640	208000	130000	1125000	321420	235000	40620
43.0	2.0	697.08	655.3	975500	278710	195100	121930	1080000	308570	216000	135000	185000	274140	237000	148120	1285000	367140	257000	160620	1390000	397140	278000	73750
47.5	2.2	843.47	792.9	1180000	337140	236000	147500	1305000	372850	261000	163120	143000	338570	286000	178750	1560000	445710	312000	195000				
52.0	2.4	1003.80	943.6	1405000	401420	281000	175620	1555000	444280	311000	194370	1705000	408570	341000	213120	1855000	529990	371000	231870				
56.0	2.6	1178.07	107.4	1645000	469990	329000	205620	1825000	521420	365000	228120	2000000	487140	400000	250000	2175000	621420	435000	271870				
60.5	2.8	1366.28	284.3	1910000	545710	382000	237850	2115000	604280	423000	284370	2320000	571420	464000	290000	2525000	721420	505000	315620				
65.0	3.0	1568.43	1474.3	2195000	627100	439000	274300	2480000	694280	486000	303750	2665000	662850	533000	333120	2900000	828570	580000	362500				

6×61钢丝绳的主要数据 表1-46

直径(mm)		钢丝绳总断面积(mm²)	参考重量(kg/100m)	钢丝绳公称抗拉强度(MPa)																			
				1400				1550				1700				1850				2000			
				钢丝绳破断拉力(N)	安全系数			钢丝绳破断拉力(N)	安全系数			钢丝绳破断拉力(N)	安全系数			钢丝绳破断拉力(N)	安全系数			钢丝绳破断拉力(N)	安全系数		
					3.5	5	8		3.5	5	8		3.5	5	8		3.5	5	8		3.5	5	8
钢丝绳	钢丝				钢丝绳许用拉力(N)				钢丝绳许用拉力(N)				钢丝绳许用拉力(N)				钢丝绳许用拉力(N)				钢丝绳许用拉力(N)		
11.0	0.4	45.97	43.21	64300	18370	12860	8030	71200	20340	14240	8900	78100	22310	15620	9760	85000	24280	17000	10620	91900	26250	18380	11480
14.0	0.5	71.83	67.52	100500	28710	20100	12560	111000	31710	22200	13870	122000	34850	24400	15250	132500	37850	26500	16560	143500	40990	28700	17930
16.0	0.6	103.43	97.22	144500	41280	28900	18060	160000	45710	32000	20000	175500	50140	35100	21950	191000	54750	38200	23870	206500	58990	41300	25810
19.0	0.7	140.78	132.3	197000	56280	39400	24620	218000	62280	43600	27250	239000	68280	47800	29870	260000	74280	52000	32500	281500	80420	56300	35180
22.0	0.8	183.88	172.8	257000	73420	51400	22120	285000	81420	57000	35620	312500	89280	62500	39060	340000	97140	68000	42500	367500	105990	73500	45930
25.0	0.9	232.72	218.8	325500	92990	65100	40680	360500	102990	72100	45060	395500	112990	79100	49460	430500	122990	86100	53810	465000	132350	93000	58120
27.5	1.0	287.65	270.1	402000	114850	80400	50250	445000	127140	89000	556200	488000	139420	97600	61000	531500	151850	106300	66430	574500	164140	114900	71810
30.5	1.1	347.65	325.8	486500	138990	97300	60810	538500	153850	107700	67310	591000	68850	118200	73870	643000	183710	128600	80370	695000	198570	139000	86870
33.0	1.2	413.73	388.9	579000	165420	115800	72370	641000	183140	128200	80120	703000	200850	140600	87870	765000	218570	153000	95620	827000	236280	165400	103370
36.0	1.3	485.55	456.4	679500	194140	135900	84930	752500	214990	150500	94060	825000	235700	165000	103120	898000	256570	179600	112250	971000	277420	194200	121370
38.5	1.4	563.13	529.3	788000	225140	157600	985010	872500	249280	174500	109060	957000	273420	191400	119620	1040000	297140	208000	130000	1125000	321420	225000	140620
41.5	1.5	646.45	607.7	905000	258570	181000	113120	1000000	285710	200000	125000	1095000	312850	219000	136870	1195000	341420	239000	149370	1296000	368570	258000	161250
44.0	1.6	735.51	691.4	1025000	292850	205000	128120	1140000	325700	228000	142500	1250000	357140	250000	156250	1360000	388570	272000	170000	1470000	419990	294000	183750
47.0	1.7	830.33	790.5	1160000	331420	232000	145000	1285000	367140	257000	160620	1410000	402850	282000	176250	1535000	438570	307000	191870	1660000	474280	332000	207500
50.0	1.8	930.88	875.0	1300000	371420	260000	162500	1440000	411420	288000	180000	1580000	451420	316000	197500	1720000	491420	344000	215000	1860000	531420	372000	232500
55.5	2.0	1149.24	1080.3	1605000	458570	321000	200620	1780000	508570	356000	222500	1950000	557140	390000	243750	2125000	607140	425000	265620	2295000	655710	459000	286870
61.0	2.2	1390.58	1307.1	1945000	555710	389000	243120	2155000	615710	431000	269370	2360000	674280	472000	295000	2510000	734280	514000	321250				
66.5	2.4	1654.19	1555.6	2315000	661420	463000	289370	2565000	732850	513000	320620	2810000	802850	562000	351250	3060000	874280	612000	382500				
72.0	2.6	1942.22	1825.7	2715000	775710	543000	339370	3010000	859990	602000	376250	3300000	942850	660000	412500	3590000	1025710	718000	448750				
77.5	2.8	2252.51	2117.4	3150000	899990	630000	393750	3490000	997140	698000	436250	3825000	1092850	765000	478120	4165000	1189990	833000	520620				
83.0	3.0	2585.79	2430.6	3620000	1034280	724000	452500	4005000	1144280	801000	500620	4395000	1255710	879000	549370	1780000	1365710	956000	597500				

常用钢丝绳使用拉力(kN)　　表 1-47

钢丝绳股数×丝数	钢丝绳外径 (mm)	钢丝绳使用情况		
		缆风绳 $K=3.5$	跑绳 $K=5$	捆绳 $K=8$
6×19	9.3	11	8	5
	11	15	10	7
	12.5	20	14	9
	14	25	17	11
6×24	15	25	17	11
	17	31	22	14
	18.5	38	27	17
	20.5	46	33	20
	22.5	55	39	24
	24.5	65	45	28
	26	75	53	33
	28	86	60	38
	30	98	69	43
6×37	15.5	28	20	12
	17.5	37	26	16
	19.5	46	32	20
	22	57	40	25
	24	69	48	30
6×61	25	73	51	32
	28	91	64	40
	31	110	77	48
	33.5	131	92	57
	36.5	153	107	67
	39	178	125	78
	42	204	143	89
	44.5	232	163	102
	47.5	262	184	115
	50.5	293	205	128

注：① K 为安全系数；

② 钢丝绳抗拉强度 $\sigma_b=1400$MPa；

③ 表内所列为 D 型整条钢丝绳破断拉力算出数值。

(9) 起重钢丝绳长度计算

起重钢丝绳长度用下列公式进行计算：

$$L=n(h+3d)+I+10$$

式中 d——滑轮直径(m)；

I——定滑轮至卷扬机之间的距离(m)；

n——工作绳数；

h——提升高度(m)。

【例】 某安装工地起吊一中型设备，需设置一套滑轮组，工作绳为 6 根，滑轮直径为 350mm，行程为 22000mm，定滑轮到卷扬机距离为 15000mm。求所需钢丝绳的长度？

【解】 代入公式

$$
\begin{aligned}
L &= n(h+3d)+I+10000 \\
&= 6\times(22000+3\times350)+15000+10000 \\
&= 138300+25000=163300\text{mm}=163.3\text{m}
\end{aligned}
$$

（10）钢丝绳的插接

钢丝绳的插接类型很多，各地采用形式和名称也不一样，下面我们根据多数安装工地习惯名称和插接方式，初步分为小接法和大接法两种。小接法是起重吊装绳索用；大接法多用于大型卷扬机钢丝绳接头的连接。这种接头质量要求很高，要保证钢丝绳接头粗细与原来钢丝绳断面相近似，以便使钢丝绳在运行中能平稳地通过轮槽。

1）小接法

小接法与插绳扣的方法基本相同(有关插绳扣的方法下面将较详细介绍)，插接时多采用一进五与一进三法。插接长度应为钢丝绳直径的 50 倍。其插接步骤见图 1-100。

① 将钢丝绳左端甲按要求尺寸进行破头，右端乙用铁丝绑好，见图 1-100(a)。

② 破头甲从 A 点开始往左插接，插好后才能把乙头破开，见图 1-100(b)。

③ 破头乙从 A 点开始往右插接，插好先将两端分别摔头，见图 1-100(c)。

小接法钢丝绳入头见图 1-101。

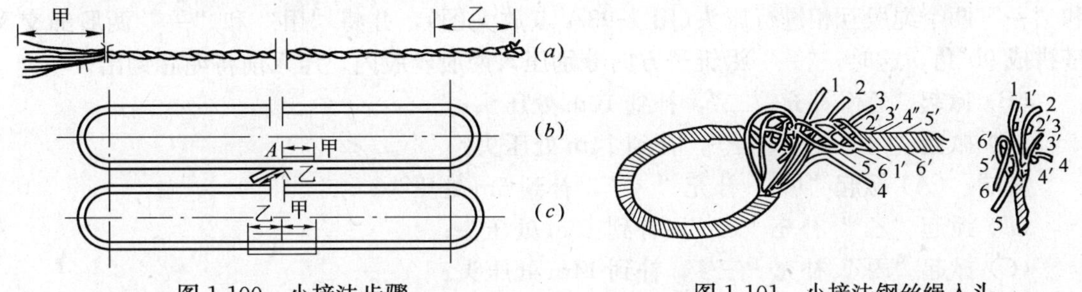

图 1-100　小接法步骤　　　图 1-101　小接法钢丝绳入头

2）大接法

大接法接好后的断面，要求与钢丝绳断面粗细大致相等，不允许太粗。因此，在接法上需将两个破头分别割去三根，再将其两破头叉对一起，并将六个绳股按钢丝绳原有搓绕方向分别缠好，最后进行压头、摔头。其具体接法用下列说明。

例如直径为 26mm 的钢丝绳接头。其破头长度为 14m，有效 1/2 接长为 6m，破头末端用细铁丝绑好。

① 确定破头尺寸(图 1-102)。

② 将两个绳头从末端各割去三股，割时每隔一股割去一股，并将破好头的中心麻绳割去(见图 1-103)。

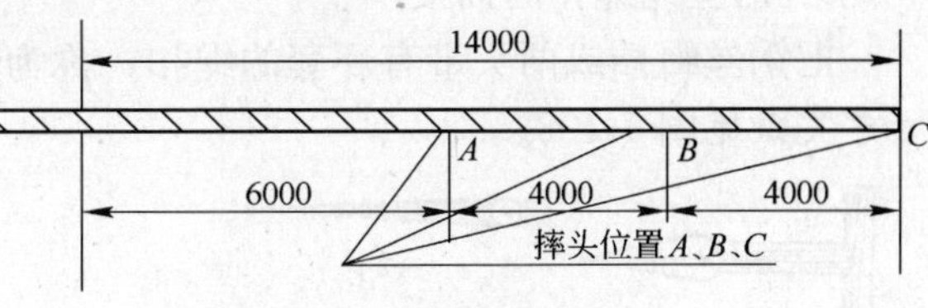

图 1-102　确定破头尺寸

③ 将两根破头叉对一起，作好搭接缠绕前的准备工作(见图 1-104)。

图 1-103　破头

图 1-104　叉对

④ 搭接缠绕、压头、摔头(见图 1-105 及图 1-106)。

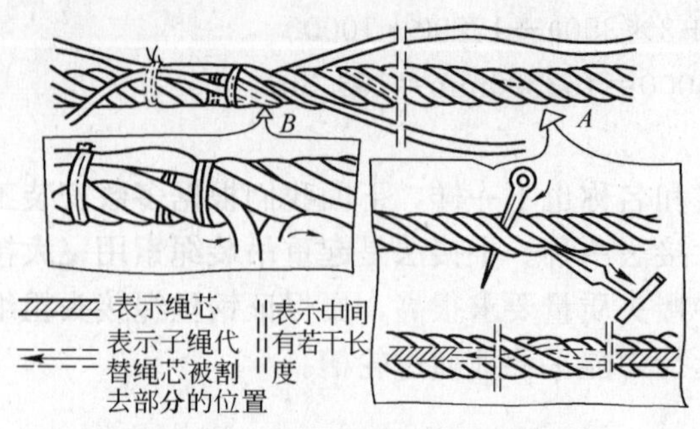

图 1-105　搭接缠绕压头(小接法)

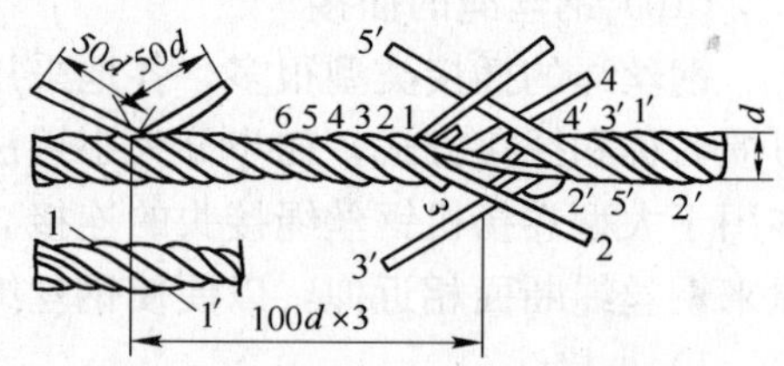

图 1-106　搭接缠绕压头(大接法)

搭接缠绕是大接法中的关键。将左端被割去的三根绳股，由右端三根破头给予缠补，并按规定尺寸进行搭接、压头、摔头。设左端被割去的三根为甲、乙、丙，余留补充的三根为一、二、三，右端被割去的三根为甲′、乙′、丙′，余留的三根为一′、二′、三′。具体步骤如下：

左端：(*A*) 掀起“甲”补充“一”，边掀边补，补到有效 1/2 接长 6m 处，对“甲”和“一”两个绳股互相进行压头(图 1-93*A* 点放大图)，并将“甲”和“一”两股绳交叉搭拼成 90°角，这时，“一”沿锥子方向分别压入两股丝股内，压入前将绳芯钩出；

(*B*) 掀起“乙”补充“二”，补到 10m 处压头；

(*C*) 掀起“丙”补充“三”，补到 14m 处压头。

右端：(*A*) 掀起“甲′”补充“一′”，补到 6m 处压头；

(*B*) 掀起“乙′”补充“二′”，补到 10m 处压头；

(*C*) 掀起“丙′”补充“三′”，补到 14m 处压头。

大接法使用的工具见图 1-107(*a*)为扁头锥子，用来插入钢丝绳的绳股，扁锥插入钢丝缝隙后再转动 90°角，其间隙头破绳头插入；扁钩锥子见图 1-107(*b*)，用来钩出绳芯；圆锥子见图 1-107(*c*)，用来插绳扣撵绳扣、绑绳扣等；弯锥子见图 1-107(*d*)，用来抠出绳芯；小刀见图 1-107(*e*)，用来割绳芯。

下面介绍钢丝绳绳扣的插接。

3）钢丝绳绳扣的插接

把钢丝绳插成两头带有环套的绳扣，称为绳索，有的又称为吊索或千斤。绳索的各部尺寸关系见图 1-108。

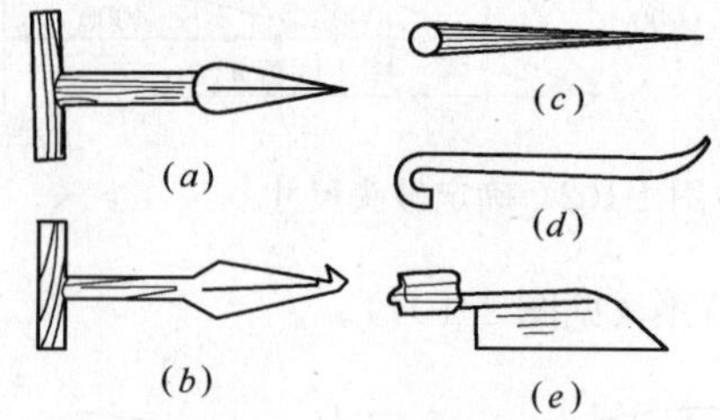

图 1-107　大接法使用的工具

(*a*)扁头锥子；(*b*)扁钩头锥子；(*c*)圆锥子；(*d*)弯锥子；(*e*)小刀

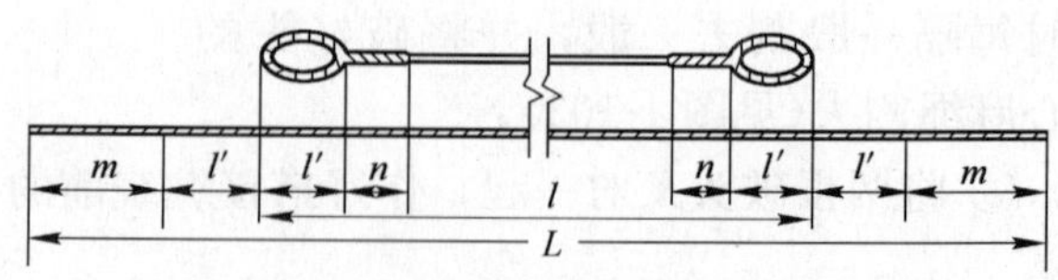

图 1-108　绳索各部分尺寸关系图

L—绳索展开总长度；l—绳索长度；l'—绳扣(套)长度；m—破头长度；n—插进长度

当绳索的长度L为已知时，其绳索的展开总长L可由公式$L=l+2l'+2m$求出。

绳索长度l，绳扣长度l'和破头长度m皆为已知时，再根据展开总长度L进行下料。式中绳索长度l、绳扣长度l'和破头长度m，以及插进长度n，可根据钢丝直径选择表(表1-48)确定。

根据钢丝绳直径选择绳索各部尺寸表(mm) **表 1-48**

绳索直径		绳索长度	破头长度	绳扣长度	插进长度
公制	英制(in)	l	m	l'	n
8.7	3/8″	根据设备	400	200	200
11 13	1/2″	根据设备	450	250	250
15.5 17.5	5/8″	根据设备	500	300	300
19.5	3/4″	根据设备	600	350	400
21.5	7/8″	根据设备	800	400	450
24 26	1″	根据设备	900	450	500
28 30	1¼″	根据设备	1000	650	750
34.0 37	1½″	根据设备	1100	650	850

绳索各部尺寸，除了按表1-48选择外，还可采用经验数据进行选择。其插接长度应为钢丝绳直径的20～24倍。插接前要量好破头长度为插接长度的1.5～2倍。特殊用途的绳索需要长度应进行专门的设计。

当钢丝破头部分按要求长度插完后，再将多余部分割去。

插绳扣的方法有多种，一般采用6×37交互捻柔性好的钢丝绳。这种钢丝绳的丝数较多，柔性好，插接起来省力，而且起吊设备时可减少应力集中。

插绳扣可按安装工地常用的一进一、一进二、一进三、一进四和一进五等五种插法。最常用的是一进三插法，一进五多用于钢丝绳的小接法。一进一法插起来费力、繁琐，但美观牢固。一进二法次之，一进三法插起来省工、简易，比较牢固，所以一般多采用此法。下面就着重介绍一进三与一进五插法。

① 一进三插法

一进三插法，就是从被插入钢丝绳的第一缝(扣)内分别插进破头1、2、3，见图1-109(a)。

将钢丝绳的缝(扣)和破头进行编号(见图1-110)。

了解插入钢丝绳编号和破绳头编号(见图1-111)就能知道插绳扣方法之间的关系。

设钢丝绳缝数编号从1第一缝(图

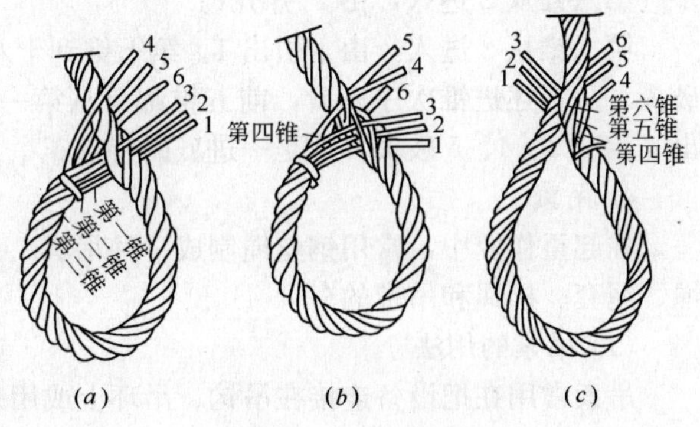

图1-109 一进三插法

1-110)往左，分别为 2、3、4、5、6、7、……；从 1 往右为 2′、3′、4′、5′、6′。设破绳头根数的编号(图 1-111)分别为 1、2、3、4、5、6。

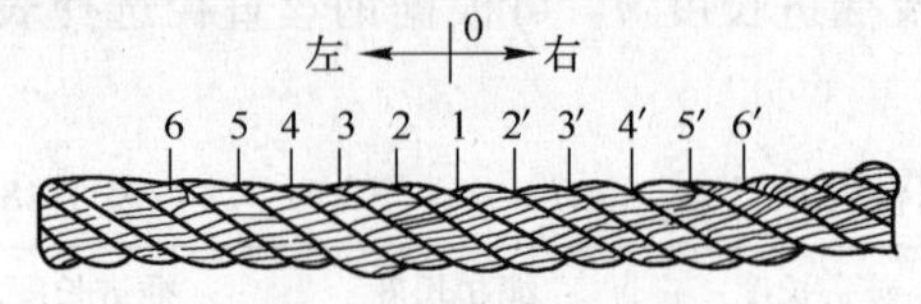

图 1-110 钢丝绳缝数编号

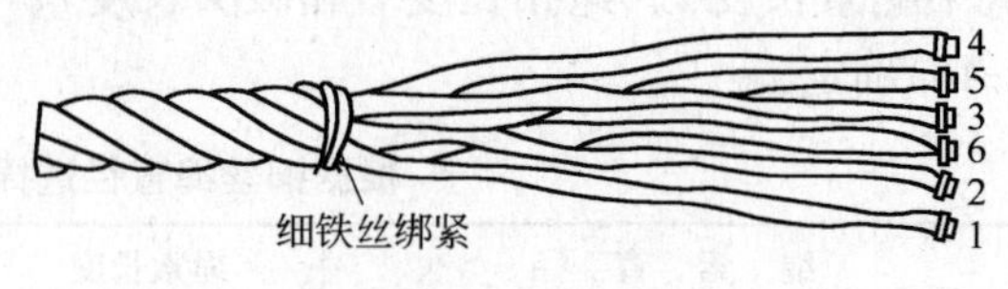

图 1-111 破绳头编号

从图 1-109(*a*)可以看到：

第一锥从 1 进入，由 4′引出 1；

第二锥从 1 进入，由 3′引出 2；

第三锥从 1 进入，由 2′引出 3；

第四锥从 2 进入，由 1 引出 4，见图 1-109(*b*)；

第五锥从 3 进入，由 2 引出 5，见图 1-109(*c*)；

第六锥从 5 进入，由 3 引出 6。

从第七锥到第十八锥，都是每隔一缝插进两股，引出一个破头来。

一般情况下，不管是哪种插绳扣的方法，进锥的次数(相当于破绳头插进的缝数)，均在 18～21 锥之间。当破头插到 18～21 锥后，即可进行摔头，即将破头剩余部分割掉。摔头一般情况有二：

小摔隔一，大摔隔二。隔一即是破头六个要依次每隔一缝割掉一个头的剩余部分，即在六个缝内摔完；隔二就是将破头六个依次每隔二个缝割掉一个头的剩余部分。一般隔一用的较普遍，隔二用于较长的绳扣。

② 一进五插法

一进五插法的进锥顺序为：

第一锥从 1 进入，由 4′引出 1；

第二锥从 1 进入，由 3′引出 2；

第三锥从 1 进入，由 2′引出 3；

第四锥从 1 进入，由 5′引出 4；

第五锥从 1 进入，由 6′引出 5；

第六锥从 2 进入，由 2′引出 6；

第七锥从 3 进入，由 1 引出 1。第七锥到十八锥，都是每隔一缝插进两股，引出一个破头。从上述进锥次序来看，前五锥都是从第一缝进入，又分别从 4′、3′、2′、5′、6′引出 1、2、3、4、5 破头，这是一进五的特点。

4. 吊索

在起重作业中，常用钢丝绳制成一种吊具，一般称为“吊索”，也有叫千斤绳、带子绳、绳套、栓绳和吊带的。

(1) 吊索的用法

吊索常用在把设备连接在吊钩、吊环上或用来固定滑轮、卷扬机等吊装机具。吊索有封闭式和开口式两种(见图 1-112)。

吊索的用法较多，常用的有：

1）兜(见图 1-113)：这是最常用最简单的一种吊装用法，适用于起吊包装物体和块状设备等。

2）套捆(见图 1-114)：适用于一次起吊几个包装块体，可以避免在起吊途中散落。在起吊过程中，吊索会收紧，不易一次做到平衡，把块体吊平；一般应试吊一次，如不平衡，再移动吊索使之平衡。

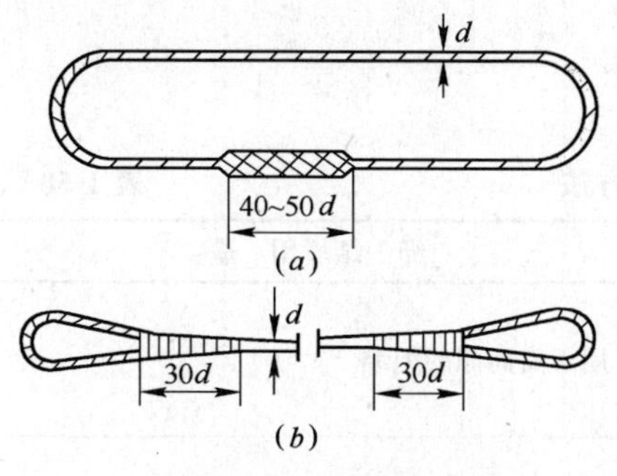

图 1-112　吊索

(a)封闭式；(b)开口式

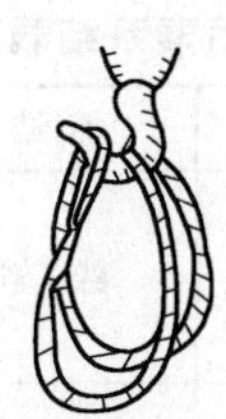

图 1-113　兜的用法

图 1-114　套捆的用法

3）八字栓法(见图 1-115)：适用于平吊长形的设备。为了防止打滑，可加绕“空道”一圈。

4）吊索与卸扣配合使用(见图 1-116)：使用开口吊索时，常用卸扣将端头与吊绳套接。

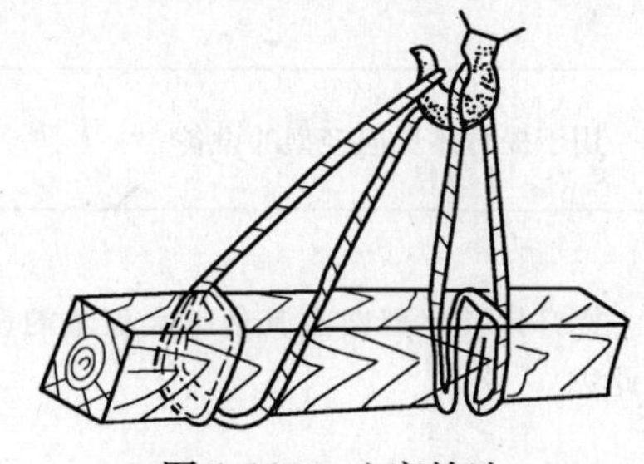

图 1-115　八字栓法

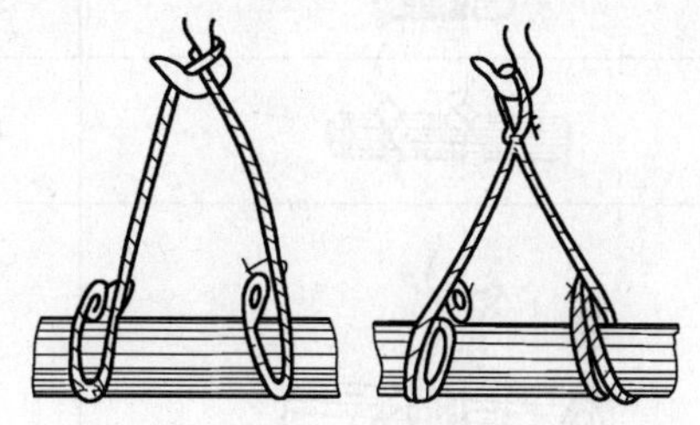

图 1-116　吊索与卸扣配合使用

(2) 捆绑吊索的结绳法(表 1-49)

捆绑吊索的结绳法　　　　表 1-49

结绳法	绳结名称	绳结用途
	直结(平结)	临时将麻绳与钢丝绳两端结在一起用此法
	活　　结	当该绳结必须迅速解开时用此法
	节　　结	临时将绳索的两端结在一起时用此法
	索 环 结	将钢丝绳端与索环或套环结在一起时用此法
	展 帆 结	将钢丝绳端与套环结在一起时用此法

续表

结绳法	绳结名称	绳结用途
	水平结	需要在钢索绳端结一套环时用此法
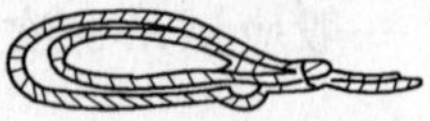	双套结	需要在钢丝绳端结一套环时用此法

(3) 吊索系结载荷和桩杆的方法

吊索系结载荷和桩杆的方法见表1-50。

吊索系结载荷和桩杆的方法　　表1-50

结绳法	绳结名称	绳结用途
	绞绳法	用于简而固的绳结
	双环绞缠式	用于提升轻而体长的设备
	死结	用于设备吊装捆绑扣使用
	8字结	用于提升体长但轻型的设备
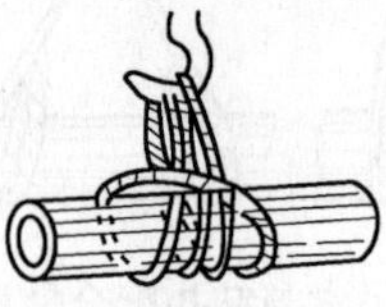	哥兰结	提升锅筒、烟囱及其他体大而重的设备用此法
	梯形结	桅杆套拉缆风时用此法
	双梯形结	桅杆套拉缆风时用此法
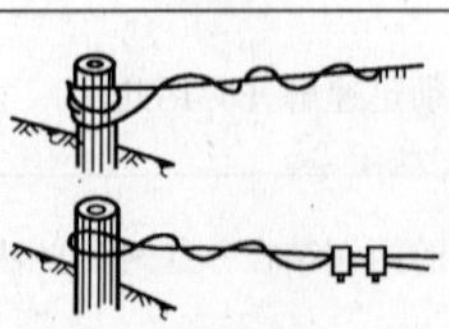	地锚结	固定桅杆时用
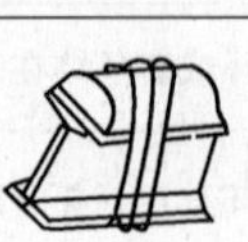	机件悬挂结	将机件悬挂于横梁上时用此法

续表

结绳法	绳结名称	绳结用途
	方机件系结法	运输方机件时用此法

(4) 吊索的计算和吊索直径的选择

吊索的计算应根据所吊设备的重量、吊索的根数和吊索与水平面的夹角大小来决定。吊索与水平面夹角越大，吊索的内力越小；反之，夹角越小，吊索内力越大，而且它的水平分力还会对起吊的设备产生相当大的压力。所以在起吊设备时，吊索最理想是垂直的，一般不要小于 30°，有夹角时控制在 45°～60°之间。

吊索的拉力可按下式求得(见图 1-117)：

$$S=K_1K_2\frac{1}{\cos\alpha}\frac{Q}{n}\leqslant\frac{P}{K}$$

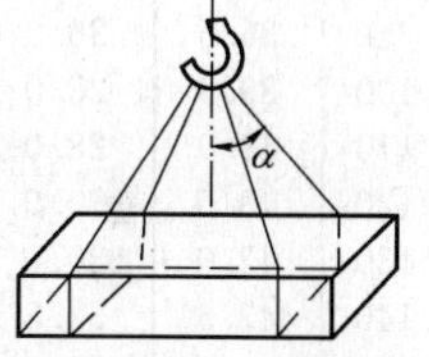

图 1-117 吊索计算

式中 Q——设备重量(kg)；

n——吊索的分支数；

α——吊索各分支对垂直线的偏角；

K_1——动载荷系数，一般取 $K_1=1.1$；

K_2——不均衡系数，一般取 $K_2=1.2\sim1.3$；

P——吊索的破断拉力(N)。

上式可写为：

$$S=K_1K_2k\frac{Q}{n}\leqslant\frac{P}{K}$$

式中 K——吊索的安全系数，$K=6\sim10$；

k——整定系数，列于表 1-51。

吊索拉力计算中的整定系数 **表 1-51**

α	0°	5°	10°	15°	20°	25°	30°	35°	40°	45°	50°	55°	60°
k	1	1.004	1.015	1.035	1.064	1.103	1.154	1.221	1.305	1.414	1.555	1.743	2

【例】 有一设备重量为 50000N，由 $\alpha=45°$的四分支吊索承受，应选用多粗的钢丝绳(见图 1-105)。

【解】 当 $\alpha=45°$时，查表 1-51，$k=1.414$，取 $K_1=1.1$，$K_2=1.2$，代入公式

$$S=K_1K_2k\frac{Q}{n}\leqslant\frac{P}{K}$$

$$S=1.1\times1.2\times1.414\times\frac{50000}{4}=23400\text{N}$$

取安全系数 $K=6$

$$P=KS=23400\times6=140400\text{N}$$

查表 1-45，选用 6×37+1、$\sigma=1400$MPa、$d=17.5$mm 的钢丝绳。

吊索直径的选择，根据上面公式列出表 1-52 供根据设备的重量直接选取吊索的直径，或根据吊索的直径决定设备吊装的重量(见表 1-53)。

根据吊重选用钢丝绳吊索直径表 **表 1-52**

设备计算质量(kN)	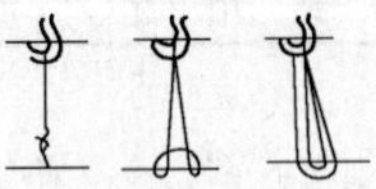 与水平面夹角 β=90°			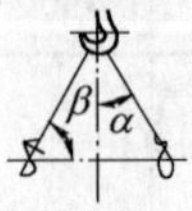 吊索分支数 n=2			 吊索分支数 n=4			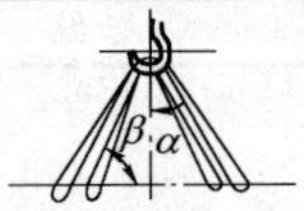 吊索分支数 n=8		
	吊索分支数 n			与水平面夹角 β			与水平面夹角 β			与水平面夹角 β		
	1	2	3	60°	45°	30°	60°	45°	30°	60°	45°	30°
	选用钢丝绳的直径(mm)											
10	13.0				11.0	13.0						
20	17.5	13.0		13.0	15.0	17.5		11.0	13.0			
30	21.5	15.0	11.0	17.5	17.5	21.5	11.0	13.0	15.0			11.0
40	24.0	17.5	13.0	19.5	21.5	24.0	13.0	15.0	17.5		11.0	13.0
50	28.0	19.5	15.0	21.5	24.0	28.0	15.0	17.5	19.5	11.0	11.0	15.0
60	30.0	21.5	15.0	24.0	26.0	30.0	17.5	17.5	21.5	11.0	13.0	15.0
70	32.5	24.0	17.5	24.0	28.0	32.5	17.5	19.5	24.0	13.0	13.0	17.5
80	34.5	24.0	17.5	26.0	28.0	34.5	19.5	21.5	24.0	13.0	15.0	17.5
90	36.5	26.0	19.5	28.0	30.0	36.5	19.5	21.5	26.0	15.0	15.0	19.5
100	39.0	28.0	19.5	30.0	32.5	39.0	21.5	24.0	28.0	15.0	17.5	19.5
110	43.0	28.0	21.5	30.0	34.5	43.0	21.5	24.0	28.0	15.0	17.5	21.5
120	43.0	30.0	21.5	32.5	36.5	43.0	21.5	26.0	30.0	17.5	17.5	21.5
130	43.0	30.0	21.5	32.5	36.5	43.0	24.0	26.0	30.0	17.5	19.5	21.5
140	47.5	32.5	24.0	34.5	39.0	47.5	24.0	28.0	32.5	17.5	19.5	24.0
150	47.5	32.5	24.0	36.5	39.0	47.5	26.0	28.0	32.5	17.5	19.5	24.0

根据钢绳吊索直径确定允许吊重表 **表 1-53**

钢丝绳直径(mm)	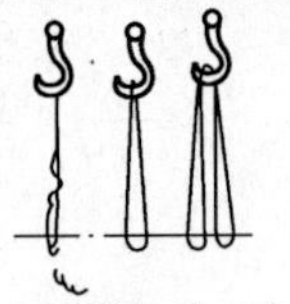 水平偏角 β=90°			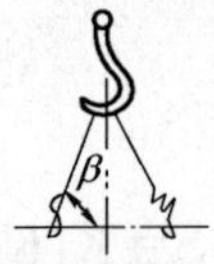 吊索分支数 n=2			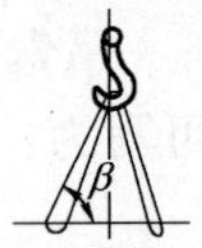 吊索分支数 n=4		
	吊索分支数 n			水平偏角 β			水平偏角 β		
	1	2	3	60°	45°	30°	60°	45°	30°
	允许吊装设备最大质量(kN)								
9.3	6	13	26	11	9	6	22	18	13
11.0	9	17	35	15	12	9	30	25	17
12.5	11	23	45	20	16	11	39	32	23
14.0	14	29	58	25	20	14	50	41	29
15.5	18	35	71	31	25	18	61	50	35
17.0	21	43	86	37	30	21	74	61	43
18.5	26	51	102	44	36	26	88	72	51
20.0	30	60	120	52	42	30	104	85	60
21.5	35	70	139	60	49	35	120	98	70
23.0	40	80	160	69	56	40	138	113	80
24.5	45	91	132	79	64	45	157	129	91
26.0	51	103	205	89	72	51	178	145	103
28.0	58	115	230	100	81	58	199	163	115
31.0	71	142	284	123	100	71	246	201	142
34.0	86	172	344	149	121	86	298	243	172
37.0	102	204	408	177	145	102	354	289	204
40.0	120	240	480	208	170	120	415	339	240
43.0	139	278	553	241	197	139	482	394	278
46.0	160	320	640	276	226	160	553	452	320

5. 绳扣

打绳扣在起重作业中是经常性的操作。一个打好的绳扣需要满足下述三点要求：

牢固：在绳子受力后不松动、不脱扣。

快：结扣时快，解扣时也快。

对绳的损伤小：一般的绳扣对绳是有损伤的，尤其是钢丝绳。绳扣应该结法简单，绕的圈数少，弯转缓和。有时在绳扣中间插一根短木棒，以减少绳的损伤。

(1) 果子扣

果子扣是最普通的绳扣。它的优点是使用方便，不会因受力而变形甚至发生滑脱现象。这种绳扣多用于绳子的连接，不要用在一头捆紧东西，一头用力的地方，因为那样容易发生变形或松动的现象。它的缺点是如果两端用力过大时，解扣就比较困难。为克服这个缺点，如上所说，可在绳扣的中央插入一适当大小的短木棒(见图 1-118)，这样解扣时比较容易。果子扣的结法有两种，见图 1-119。

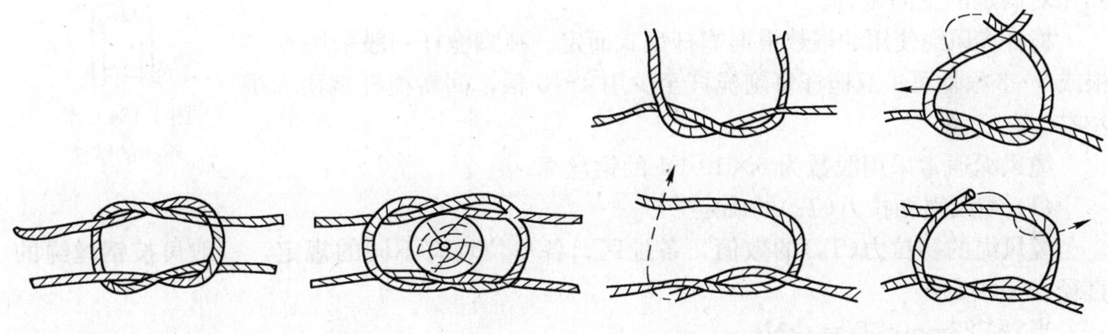

图 1-118　果子绳扣　　图 1-119　果子绳的结法

(2) 三角扣

三角扣用处有两种，第一种用处大致和果子扣相同，比果子扣容易结也容易解，如在扣的中央插一根短木棒，则解扣更为方便，钢丝绳的连接多用此法(见图 1-120)。

三角扣第二种用处是可以用在一头拴紧设备，另一头用力的地方(见图 1-121)。

图 1-120　三角扣第一种结法　　图 1-121　三角扣第二种结法

(3) 环扣

环扣也叫猪蹄扣，常用来抬吊设备。它的优点是扣得紧又容易解。绳子较长时，用此法最为便利，悬吊表面圆滑的设备时，多采用这种结扣的方法(见图 1-122)。

(4) 缆风扣

如绑扎各种桅杆的缆风绳，可以用这种绳扣，绑好后在绳尾用小麻绳捆扎或用绳卡固定好(见图 1-123)。

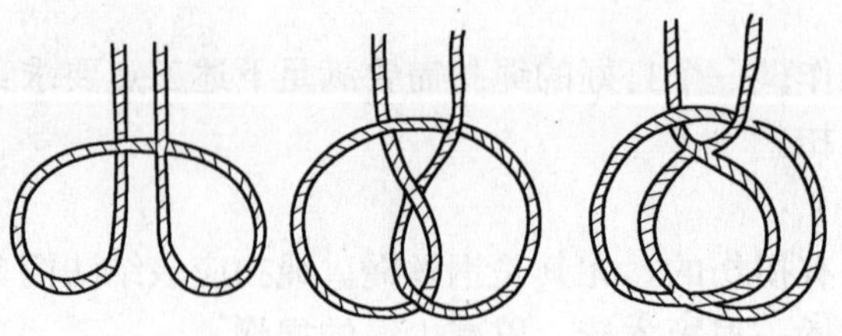

图 1-122　环扣的结法

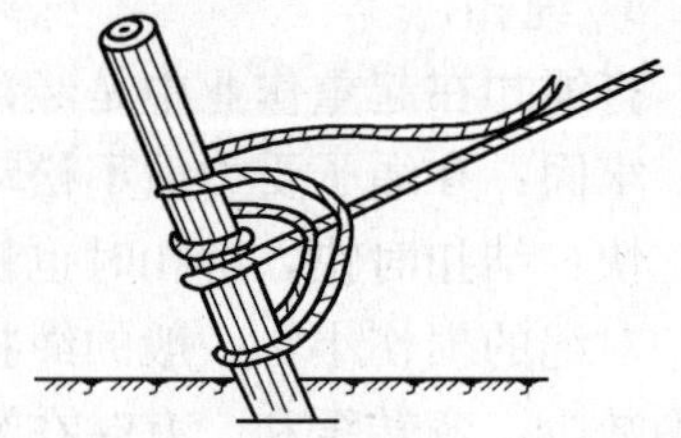

图 1-123　缆风扣的结法

(5) 卡环扣

卡环扣又称卸扣，是起重作业中常用的一种吊具。卡环扣的结法见图1-124。

图 1-124　卡环扣的结法

6. 缆风绳

缆风绳也称稳绳，它主要用于系固各种类型的桅杆，使桅杆保持其相对固定的空间位置。

桅杆缆风绳使用的根数根据桅杆型式而定。独脚桅杆一般采用 4～7 根或 5～8 根均可；双桅杆每副桅杆至少用 4～5 根；回转桅杆常用 8 根左右。

缆风绳通常采用股数为 6×19＋1 的钢丝绳。

(1) 缆风绳初拉力(T_0)的确定

缆风绳的初拉力(T_0)的数值，各地区、各单位均有不同的规定，一般可按钢丝绳的直径 d 来决定：

当 $d \leqslant 22$mm；$T_0=1$kN；

当 $22<d \leqslant 37$mm；$T_0=30$kN；

当 $d>37$mm；$T_0=50$kN。

(2) 缆风绳的计算载荷

在选用缆风绳直径时，一般根据计算载荷来确定。目前采用的是以下三种确定方法：

1) 直接以缆风绳承受载荷时，主缆风承受的最大拉力即作为计算载荷。但这种确定方法是假设只有一根缆风绳受力情况下，按简化后的平面力系进行计算的。当主缆风绳系多根时，则显得不经济。

2) 以 $T_{最大}$(承载时的最大张力)作为缆风绳计算载荷，不计初拉力 T_0。理由是初拉力 T_0 值一般并不大。当桅杆受力后，辅助缆风绳基本上处于松弛状态，故有载桅杆的静力平衡与 T_0 无关。对于初拉力不大的倾斜桅杆来说，这一方法则比较适合。

3) 迭加法：将 $T_{最大}$ 和 T_0 迭加，作为缆风绳的计算载荷，这种方法偏于安全，目前采用比较普遍。

(3) 缆风绳工作拉力的计算与分配系数的确定

缆风绳工作拉力的计算与它的数目和布置方式有关，但要计算每根缆风绳的受力是极其复杂的。一般情况下，缆风绳中因水平分力的作用而承受的拉力可用下式计算：

$$T_1=K\left(\frac{M}{H}+P\sin\alpha\right)\frac{1}{\cos\beta}$$

式中　T_1——缆风绳工作拉力(kN)；

M——桅杆顶部承受的弯矩(kN·m)；

H——桅杆高度(m)；

P——起重滑轮组所受的力(kN)；

α——起重滑轮组与桅杆中心线的夹角(°)；

β——缆风绳与地面的夹角(°)；

K——分配系数(按表 1-54 选取)。

由各缆风绳工作时所承受的拉力加到桅杆上的轴向压力 P_1 为

$$P_1 = T_1 K' \sin\beta$$

式中　K'——分配系数(查表 1-54 选取)。

分配系数 K 与 K' 的数值　　**表 1-54**

缆风绳的根数	K	K'	缆风绳的根数	K	K'
4	1.000	1.414	10	0.400	1.294
6	0.667	1.333	12	0.333	1.288
8	0.500	1.307			

由上式可以看出，桅杆缆风绳与地面夹角越小，其工作拉力也越小，所以一般用 30°～45°。

(4) 缆风绳的弛垂度

在场地狭窄、建筑物稠密的吊装条件下，为防止缆风绳的弛垂度过大，触及已有的建筑物、设备和管线而影响安全时，必须计算缆风绳的弛垂度(挠度)，以及缆风绳与已有的建筑物及设备等的净距。

先确定缆风绳上的计算应力值 σ

$$\sigma = \frac{S}{F}(\text{MPa})$$

式中　S——缆风绳所受的拉力(kN)；

F——钢丝绳的截面积(mm^2)。

然后，根据图 4-30 曲线族上的不同桅杆高度 h(m)计算 A 值。

$$A = f\sin^2\alpha$$

式中　f——缆风绳在跨度中点的挠度(m)；

α——缆风绳与水平线所成夹角(°)。

以上公式可写成

$$f = \frac{A}{\sin^2\alpha}$$

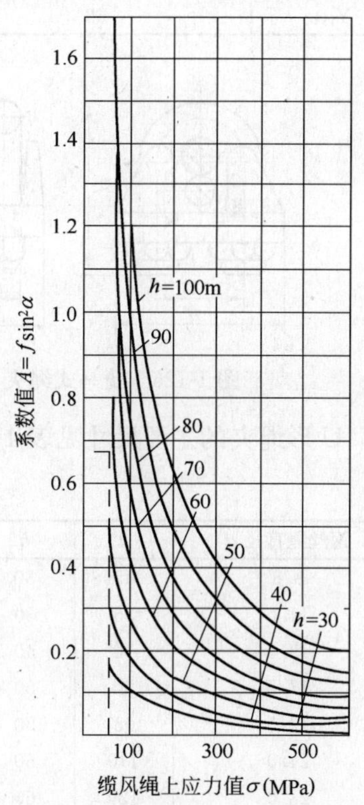

图 1-125　缆风绳挠度计算曲线

【例】　计算直径为 2cm 的缆风绳($F=3cm^2$)在跨距中点的弛垂度。如桅杆高度 $h=60$m，缆风绳与水平线所成的夹角 $\alpha=20°$，钢丝绳所受的拉力 $S=20$kN。

代入公式

$$\sigma = \frac{S}{F} = \frac{20}{3} \approx 66.6\text{MPa}$$

根据图 1-125 上的曲线，当 $h=60\text{m}$，$\sigma=66.6\text{MPa}$，$A=f\sin^2\alpha=0.64$，可得

$$f=\frac{A}{\sin^2\alpha}=\frac{0.64}{\sin^2 20°}=\frac{0.64}{0.118}\approx5.4\text{m}$$

7. 绳夹

用于固结钢丝绳末端的钢丝绳卡子，常用的有骑马式绳夹；U 形绳夹；L 形绳夹等。其中骑马式绳夹是一种连接力最强的标准钢丝绳绳夹，故应用得很广泛。

(1) 各种绳夹的规格

骑马式绳夹的规格见表 1-55 与图 1-126。

骑马式绳夹型号规格表(mm)　　**表 1-55**

型　　号	常用钢丝绳直径	A	B	C	d	H
$Y_{1\text{-}6}$	6.5	14	28	21	M6	35
$Y_{3\text{-}10}$	11	22	43	33	M10	55
$Y_{4\text{-}12}$	13	28	53	40	M12	69
$Y_{5\text{-}15}$	15，17.5	33	61	48	M14	83
$Y_{6\text{-}20}$	20	39	71	55.5	M16	96
$Y_{7\text{-}22}$	21.5，23.5	44	80	63	M18	108
$Y_{8\text{-}25}$	26	49	87	70.5	M20	122
$Y_{9\text{-}28}$	28.5，31	55	97	78.5	M22	137
$Y_{10\text{-}32}$	32.5，34.5	60	105	85.5	M24	149
$Y_{11\text{-}40}$	37，39.5	67	112	94	M24	164
$Y_{12\text{-}45}$	43.5，47.5	78	128	107	M27	188
$Y_{13\text{-}50}$	52	88	143	119	M30	210

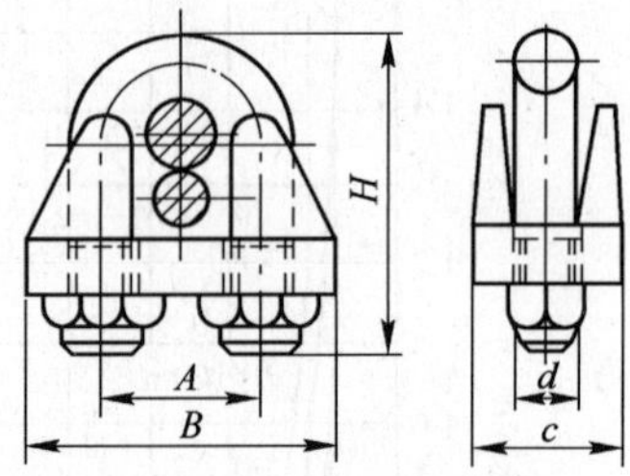

图 1-126　骑马式绳夹

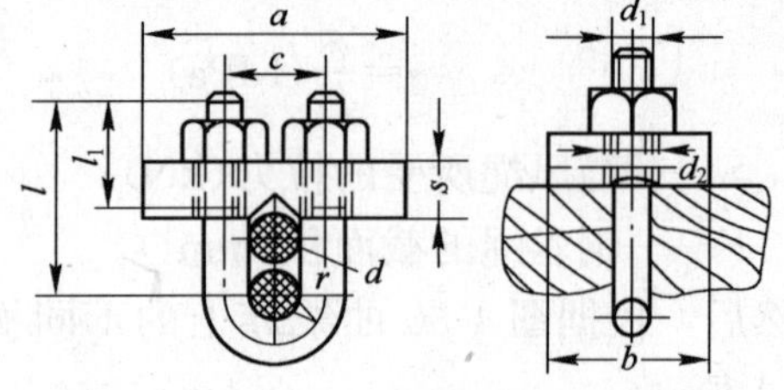

图 1-127　U 形绳夹

U 形绳夹的主要尺寸见表 1-56 与图 1-127。

U 形绳夹规格(mm)　　**表 1-56**

钢丝绳直径 d	a	b	c	s	d_1	d_2	l	l_1	r
8.8	45	30	21	12	10	14	45	25	10.5
11.0	55	30	26	12	12	14	45	28	13.0
13.0	70	40	33	14	16	18	55	32	16.5
17.5	90	50	40	16	20	22	75	40	20.0
19.5	95	50	44	16	20	22	75	40	22.0
24.0	110	60	50	18	22	24	90	45	25.0
28.0	120	60	58	18	24	26	90	45	29.0
32.5	135	80	65	20	28	30	110	55	32.5

L形绳夹的规格见表1-57与图1-128。

L形绳夹的规格(mm) **表1-57**

钢丝绳直径	尺寸								总长
	d	d_1	d_2	c	L	l_1	s	r	
8.7～9.2	12	14	26	23	65	35	12	5	125
11～12.5	12	14	26	27	75	35	12	6.5	135
13～15.5	14	16	32	32	80	40	14	8	155
17～18.5	20	22	42	42	110	55	20	10	220
19.5～22	20	22	45	45	110	55	20	12	220
23～26	22	24	50	51	130	55	22	14	250
28～31	24	26	55	58	150	65	24	16	280
21.5～33.5	28	30	70	65	170	80	28	18	362

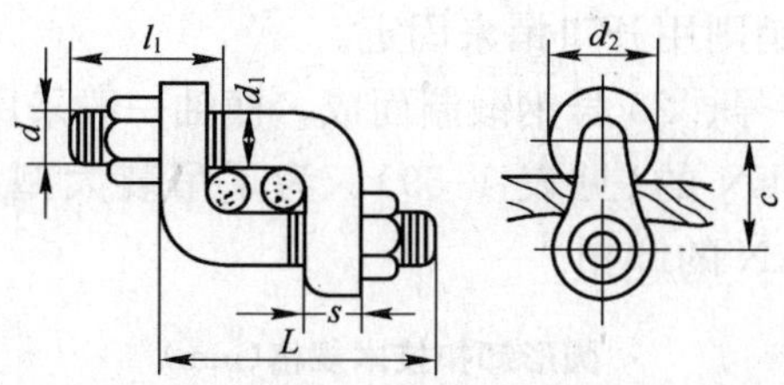

图1-128 L形绳夹

(2) 绳夹的使用标准

为了将钢丝绳的末端与其本身固结，常使用多只绳夹进行卡紧。卡紧时，所用绳夹的数量及其间距，与钢丝绳的直径是成正比例的，见表1-58。一般绳夹间的间距最少为钢丝绳直径的6倍。钢丝绳绳夹的数目，最少不得小于3个。

绳夹使用标准表 **表1-58**

钢丝绳直径(mm)	11	12	16	19	22	25	28	32	34	38	50
绳夹的个数	3	4	4	5	5	5	5	6	7	8	8
绳夹间的距离(mm)	80	100	100	120	140	160	180	200	230	250	250

(3) 使用绳夹的注意事项

绳夹在使用时，可以在一个方向排列，也可以正反两个方向排列。为了确保使用安全，每个绳夹应拧紧至卡子内钢丝绳压扁三分之一为止。在钢丝绳受力后，应立即检查绳夹是否有走动。由于钢丝受力后产生变形，因此，对绳夹要进行第二次拧紧。重要的设备起吊时，为了便于检查，可在绳头的尾部加一个保险绳夹(见图1-129)，便于检查绳夹在起吊设备过程中是否有走动。

8. 卸扣

卸扣又称为卡环，是起重作业中用得最广而又较灵便的栓连工具。可以用它来连接起重滑轮与固定吊索等。卸扣分为销子式和螺旋式两种，其中以螺旋式卸扣最为常用(见图1-130)。

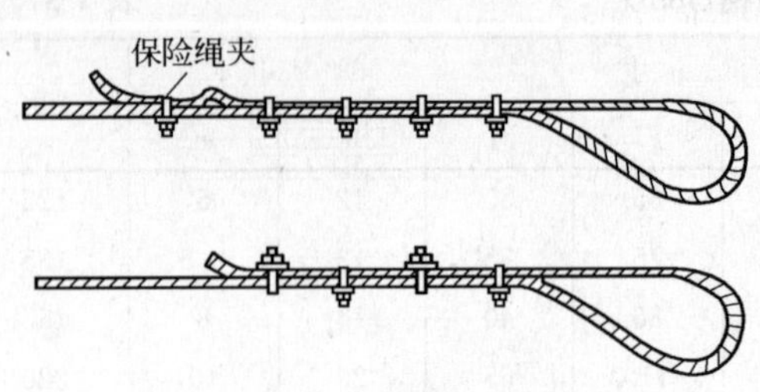

图 1-129　绳夹的排列

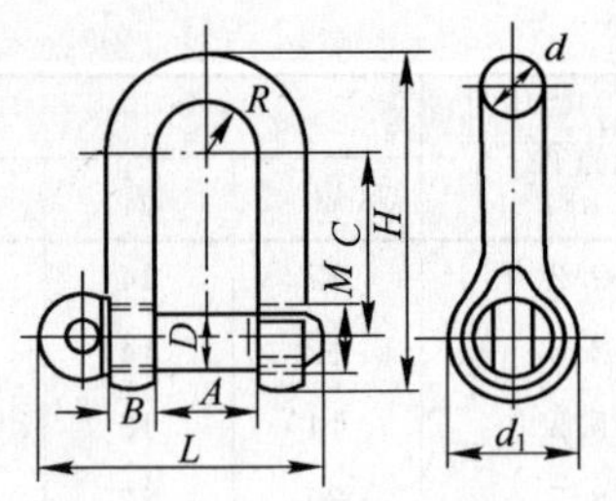

图 1-130　螺旋式卸扣

(1) 卸扣的构造与规格

卸扣的构造简单，使用方便。分卸体(即为大环圈)和横轴。横轴有螺丝销和光直销两种。在螺丝销中有销子直接拧在有螺纹的弯环销孔中的，也有销孔中无螺纹而在销端另加一个螺母固定的，而光直销则用开口销来固定。

卸体是用 Q235A、20 号、25 号钢锻制而成，横轴一般采用 40 号或 45 号钢。目前国内生产的系列有 10～500kN 的(见表 1-59)。为了吊装大型设备还生产有 750、1000、1250、1500、2000、3000kN 的卸扣。

圆形卸扣技术规格(mm)　　**表 1-59**

起重量(kN)	A	B	C	D	d	d_1	M	R	H	l
10	28	14	68	20	14	40	18	14	102	79
20	36	18	90	25	20	48	22	18	132	103
30	44	24	107	33	24	65	30	22	164	128
40	56	28	118	37	28	72	33	25	182	145
50	64	32	138	40	32	80	36	25	210	150
80	72	36	149	43	36	80	38	25	225	154
100	50	38	148	45	38	84	42	25	228	174
150	60	46	178	54	46	100	52	30	274	214
200	70	52	205	62	52	114	60	35	314	246
250	80	60	230	70	60	130	68	40	355	245
300	90	65	258	78	65	144	76	45	395	270
350	100	70	280	85	70	156	80	50	428	295
400	110	76	300	90	76	166	85	55	459	320
450	120	82	320	96	82	178	95	60	491	346
500	130	88	343	104	88	192	100	65	527	371

注：产品出厂前均按本表额定能力 1.5 倍进行拉力试验。

(2) 卸扣使用载荷的估算

卸扣的强度往往取决于其弯环部分的直径 d，因此根据 d 的大小，便可对卸扣的使用载荷作出近似估算。其计算公式为：

$$Q=6d^2$$

式中　Q——许用载荷(N)；

　　d——卸扣弯环部分的直径(mm)。

9. 松紧螺栓

松紧螺栓(图 1-131)利用丝杠进行伸缩，能拉紧和调松钢丝绳，故用它可以在安装和校正桅杆时松紧缆风绳。它的许用载荷可根据螺杆直径用下列公式估算：

$$Q=2.5d^2$$

式中 Q——许用载荷(N)；

d——螺杆直径(mm)。

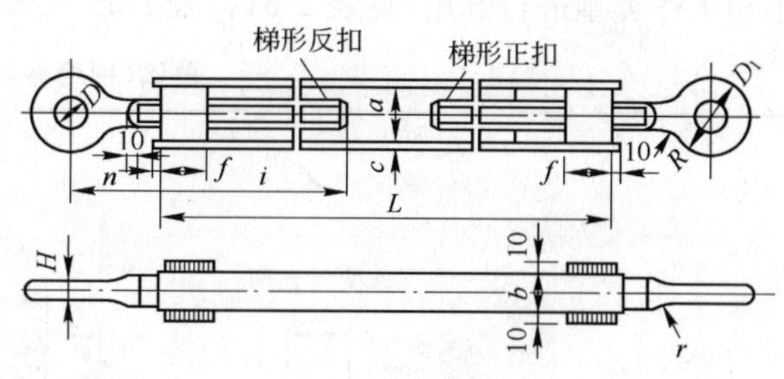

图 1-131 松紧螺栓

松紧螺栓技术规格见表 1-60 与图 1-131。

松紧螺栓技术规格 **表 1-60**

许用载荷 (kN)	尺 寸 (mm)												
	a	b	c	H	f	n	R	r	d	D	D_1	l	L
30	60	40	10	20	50	70	30	15	26	40	86	325	620
50	70	50	10	25	70	80	40	25	32	50	100	350	660
100	110	90	12	41	90	100	50	40	50	60	130	500	940
150	130	110	14	46	100	110	60	55	55	70	140	540	1050
200	150	130	14	54	120	130	70	70	60	80	170	690	1320

10. 吊钩与吊环

吊钩与吊环是在起重机械上应用最广的取物装置。它的优点是取物方便，工作安全可靠。

(1) 吊钩的形式

吊钩有单钩、双钩、吊环等三种形式(见图 1-132)。

单钩是最常用的一种吊钩，构造简单，使用方便。但在起重量大时适于采用双钩和吊环，因它受力对称，钩体材料能充分利用。另外叠片式吊钩是由切割成形的多片钢板铆接而成，并在吊钩口上装有护垫，这样可减小钢丝绳磨损，使载荷能均匀地传到每片钢板上。它还具有制造方便的优点，由于钩板不会同时断裂，故工作可靠性比整体锻造吊钩好。缺点是自重与尺寸大。目前国内制造的叠片式吊钩已有起重量达到 500 吨级的。

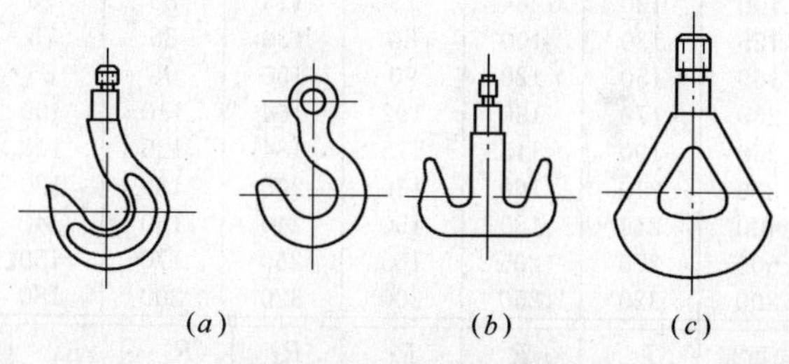

图 1-132 吊钩与吊环

(a)单钩；(b)双钩；(c)吊环

吊环的受力情况(相当于双支点梁)要比吊钩的受力情况(相当于悬臂梁)有利得多。因此，当起重量相同时，吊环的自重总比吊钩的自重小。但是，当利用吊环起吊设备时，吊起设备的索具只能依靠穿入方式系于吊环上。这样在使用上吊环不如吊钩来得方便。

(2) 使用吊钩的注意事项

在使用的吊钩、吊环上，其表面应该是光滑的，不要有剥裂、刻痕、锐角、接缝和裂等现象。在使用 1～3 年后，要进行一次检查。如发现吊钩危险断面上的磨损高度超过10%时，应降低载荷进行使用。

目前使用的吊钩已由国家和部属规范加以规定，在一般情况下，可根据设备重量的大小和工作类型进行选用(见表 1-61、表 1-62 及表 1-63)。

单钩(梯形截面)尺寸　　表 1-61

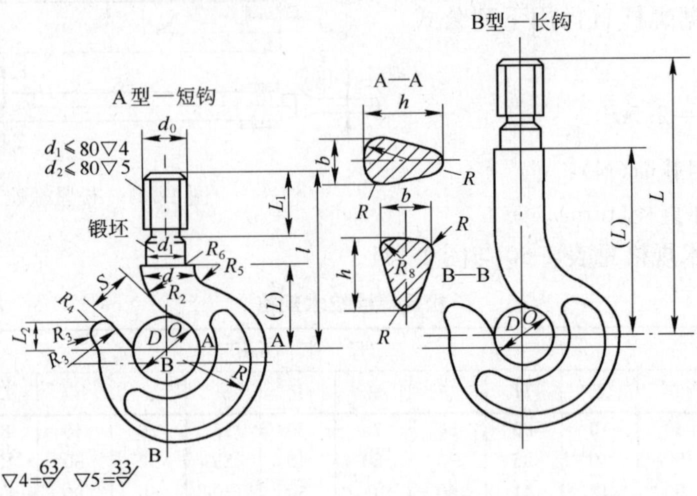

起重量 (kN)	D	S	b	h	d	d_1	d_0	L (A型)	L (B型)	L (小于)	L
	(mm)										
32	65	50	40	65	45	40	M36	190	375	95	55
50	85	65	54	82	56	50	M48	230	475	130	70
80	110	85	65	100	68	60	M56	280	580	150	80
100	120	90	75	115	80	70	M64	325	640	180	90
125	130	100	80	130	85	75	T70×10	360	700	190	95
160	150	120	90	150	95	85	T80×10	420	760	210	100
200	170	130	102	164	110	100	T90×12	470	820	250	115
250	190	145	115	184	125	110	T100×12	525	875	285	130
320	210	160	130	205	135	120	T110×12	590	640	310	140
400	240	180	150	240	160	140	T120×16	660	1000	340	150
500	270	205	165	260	170	150	T140×16	725	1050	400	175
800	320	250	200	320	200	180	T170×16	860	1175	480	205

起重量 (kN)	L_2	R	R_1	R_2	R_3	R_4	R_5	R_6	R_7	R_8	质量(kg)	
	(mm)										A型	B型
32	34	9	99	70	80	10	22	2.5	45	35	5.4	8
50	42	12	110	85	95	12	28	2.5	50	45	11.2	15
80	55	13	140	110	120	18	34	2.5	75	55	23.1	30
100	60	14	156	120	125	20	36	2.5	84	62	30.0	45
125	65	16	170	130	140	21	40	2.5	93	70	40	52
160	75	18	200	150	170	22	45	2.5	105	75	55	70
200	80	20	220	170	190	30	50	2.5	120	100	84	105
250	95	23	245	190	210	32	60	5	135	110	115	140
320	100	25	272	210	230	35	60	5	150	120	154	185
400	120	30	320	240	280	40	65	5	170	130	230	275
500	135	35	350	270	300	44	65	7.5	190	140	319	350
800	160	40	420	340	360	48	100	7.6	230	165	561	630

单钩(T截面)尺寸　　**表 1-62**

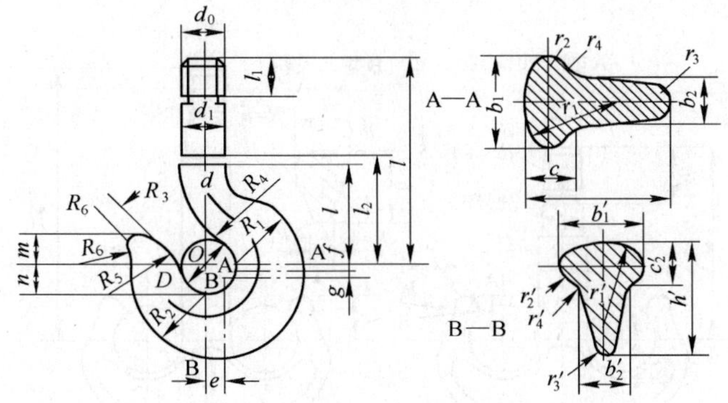

尺 寸 (mm)	起重量(kN)															
	30		50		80		125		160		200		320		500	
D	55		70		85		110		120		140		170		220	
S	40		55		70		88		100		112		140		176	
L	455		455		485		400		465		490		635		735	
l	95		120		150		190		210		240		300		380	
l_1	80		80		85		100		100		100		120		140	
l_2			290		310		205		210		250		345		395	
d	45		50		60		75		90		95		115		135	
d_1	40		45		55		70		85		85		105		125	
d_0	M36		M42		M52		M64		780×10		780×10		T100×12		T120×16	
e	12.5		15		18		23		25		30		36		36	
f	5		6		7		9		10		12		14		18	
g	4		5		6		8		8		10		12		16	
m	35		40		50		65		70		80		100		130	
n	23		30		40		45		55		60		80		90	
R_1	77		100		125		157		176		200		250		314	
R_2	73		93		119		149		168		190		238		298	
R_3	87		116		148		186		202.5		231		302		385	
R_4	30		34		40		53		57		67		78		105	
R_5	62		80		100		125		140		160		200		250	
R_6	8		10		12		16		16		20		24		32	
hh'	62	53.5	80	70	100	88	125	109	140	124	160	140	200	178	250	218
b_1b_1'	44	38	56	50	70	62	88	77	98	88	112	100	140	124	176	154
cc_1'	19		25		30		38		42		50		60		76	
b_2b_2'	24	19	28	25	36	31	44	38	48	44	56	50	72	62	88	76
r_1r_1'	45.8	34.5	56.5	45.8	73	57.2	92	70.5	101.5	84	113	91.5	146	114.6	184	141
r_2r_2'	64	64	8.5	8.5	10	10.3	14	13	14.5	14	17	17	20	20	28	26
r_3r_3'	6		7		9		11		12		14		18		22	
r_4r_4'	18		21		27		33		36		42		54		66	
质量(kg)			10		16		26		35		48		94		226	

双钩（梯形截面）尺寸（mm） 表 1-63

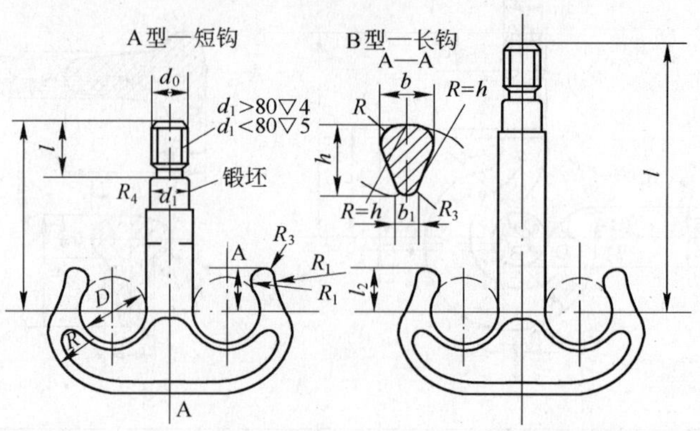

起重量 (kN)	D	b	b_1	h	d	d_1	d_0	L		l	L_1	L_2	R	R_1	R_2	R_4	R_4	质量(kg)	
								A型	B型									A型	B型
50	60	35	18	60	56	50	M48	230	475	70	50	22	65	100	10	10	3	8	12
80	80	45	22	75	68	60	M59	280	580	80	60	28	90	125	12	10	4	14	21
100	90	50	25	85	80	70	M64	325	640	90	70	30	100	135	15	15	4	20	30
125	100	60	30	95	85	75	T70×10	360	700	95	80	35	115	145	16	15	4	28	39
160	115	65	32	110	95	85	T80×10	420	760	100	85	40	125	165	20	15	5	41	55
200	125	75	38	120	110	100	T90×12	470	820	115	95	45	135	180	22	18	5	60	78
250	145	85	42	140	125	100	T100×12	525	875	130	115	50	160	200	25	20	5	90	112
320	160	95	48	150	135	120	T110×12	590	940	140	130	55	175	230	26	22	5	126	155
400	180	105	52	170	160	140	T120×16	660	1000	150	140	65	200	260	30	22	6	159	200
500	200	115	58	180	170	150	T140×16	725	1050	175	165	70	220	280	30	25	6	228	265
800	250	150	75	235	200	180	T170×16	860	1175	205	200	95	265	330	35	30	8	400	471
1000	280	165	85	270	220	200	T180×20	900	1200	230	210	100	300	360	40	35	10	530	620

11. 平衡梁

在吊装精密机件与构件等，一般多采用平衡梁进行吊装。这样，可以保持机件平衡和不致被绳索擦坏；可以缩短吊索的高度，减小动滑轮的起吊高度；可以缩短捆绑起吊设备的时间；可以减少设备起吊时所承受的压力，避免设备出现危险变形。因此，平衡梁在起重作业中是应用很普遍的一种吊具。

(1) 平衡梁的形式及构造

起重作业中，一般都是根据设备的重量、长度、结构的特殊要求等条件来选用圆木、方木、型钢、无缝钢管等制作的平衡梁。常用的平衡梁有以下几种：

1) 管式平衡梁(图 1-133)

管式平衡梁是由无缝钢管、吊耳、加强板等焊接而成，一般可用来吊装挂管、钢结构的构件及中小型的零部件。

2) 钢板平衡梁(图 1-134)

钢板平衡梁是用钢板切割制成。钢板的厚度按起吊设备的重量确定。这种平衡梁制作简便，可在现场就地加工。

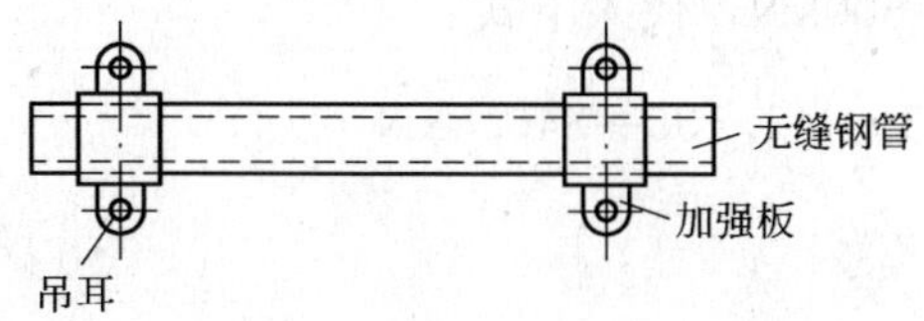

图 1-133 无缝钢管平衡梁

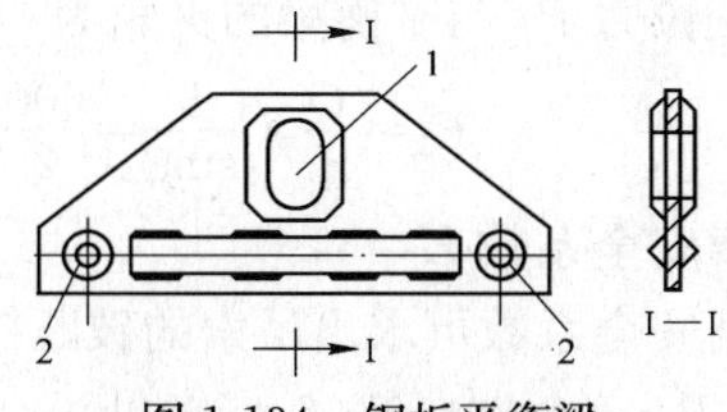

图 1-134 钢板平衡梁

1—挂吊钩的耳孔；2—挂吊索的耳孔

3）槽钢形平衡梁(图 1-135)

槽钢形平衡梁是由槽钢、吊环板、吊耳、加强梁、螺栓等组成。图 1-135 是工地上常用的一种叫分布板提吊点平衡梁的结构形式。它的特点是分布板提吊点可以前后移动。根据设备重量、长度等来选取吊点，并且同时选用配套的卸扣等，使用起来方便、安全、可靠。

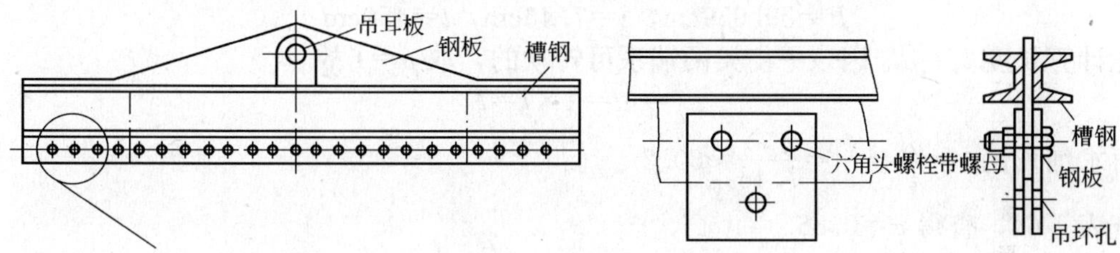

图 1-135 槽钢形平衡梁

4）桁架式平衡梁(见图 1-136)

桁架式平衡梁由各种型钢、吊耳板、吊耳、桁架、转轴、横梁等焊接而成。当吊点伸开的距离较大时，一般采用桁架式平衡梁，以增加其刚性。并且可以使设备起吊时高度减小，并使设备不受压力。

(2) 使用平衡梁的注意事项

平衡梁一般配合吊索共同使用，使用时，注意吊索与平衡梁的水平夹角不能太小，防止水平分力太大使平衡梁产生变形。一般吊索与平衡梁的水平夹角控制在 45°～60°之间。当吊索与平衡梁的夹角较小时，应用卸扣将挂于起重机吊钩上的两个 8 股头锁在一起，以防吊索脱钩。

(3) 平衡梁的计算

如使用图 1-133 所示的管型平衡梁吊装一钢架，钢架的计算重量为 $Q_{计}=600\text{kN}$，用双分支吊装，试计算平衡梁的强度？选用多粗直径的钢丝绳吊索？

根据图 1-133 和双分支吊装绳索作平衡梁受力简图(图 1-137)。

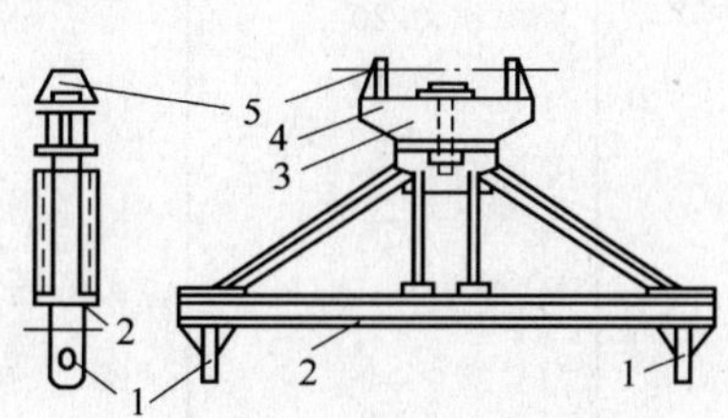

图 1-136 桁架式平衡梁

1—吊耳孔；2—桁架；3—转轴；4—横梁；5—悬挂吊索的孔

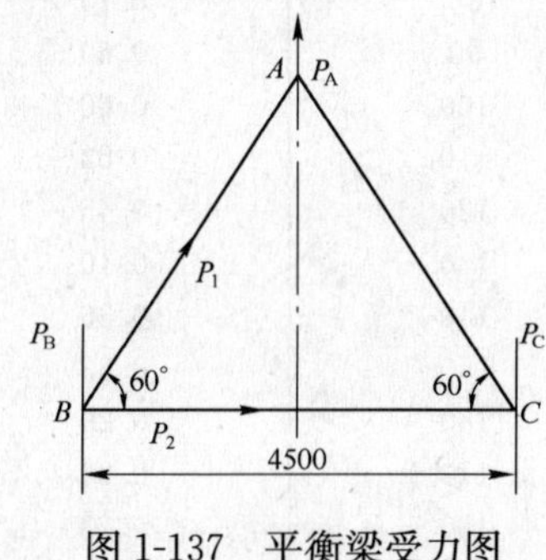

图 1-137 平衡梁受力图

分支拉力 P_1 与平衡梁的夹角为 60°，吊重为 600kN，代入下式：

$$P_1=\frac{Q}{n}\cdot\frac{1}{\sin\beta}=\frac{600}{2}\cdot\frac{1}{\sin 60^\circ}=300\times 1.155=346.5\text{kN}$$

吊索安全系数 $K=6$，

根据安全系数可求出吊索的破断拉力，即：

$P=P\cdot K=346.5\times 6=2079\text{kN}$，查表 1-45，选用 6×37＋1 的钢丝绳，其抗拉强度为 1400MPa，$d=69\text{mm}$，用此规格的钢丝绳制成吊索。

水平分力为：

$$P_2=P_1\cdot\sin 30^\circ=P_1\cdot\cos 60^\circ=346.5\times 0.5=173.25\text{kN}$$

对平衡梁断面的选择：

若已知该平衡梁用 $\phi 220\times 9$ 无缝钢管制成，钢管的几何性质查表得到：

$$F=59.659\text{cm},\ i=7.46\text{cm},\ l=450\text{cm}$$

先计算长度 $l_1=\mu l_0$ 因该平衡梁两端系可转动的，取 $\mu=1$ 故

$$l_1=\mu l=1\times l=l$$

再求细长比 $\lambda=\frac{\mu l}{i}=\frac{l}{i}=\frac{450}{7.46}\approx 60.2$

查表 1-64，查得 $\varphi=0.86$

考虑不均衡系数 $K_{不}=1.2$，计算载荷 P 为：

$$P=K_{不}\cdot P_2=1.2\times 173.25=210\text{kN}$$

代入下式：

$$\sigma=\frac{P}{\varphi E}=\frac{210000}{0.86\times 59.659}=\frac{210000}{51.4}=4080\text{kN/cm}^2=40.8\text{MPa}<[\sigma]\text{(安全)}$$

折减系数 φ 值表　　**表 1-64**

细长比 $\lambda=\frac{\mu l}{i}$	2、3、4 号钢	16Mn 钢	铸　铁	木　材
0	1.00	1.00	1.00	1.00
10	0.99	0.98	0.97	0.99
20	0.97	0.95	0.91	0.97
30	0.95	0.92	0.81	0.93
40	0.92	0.89	0.69	0.87
50	0.89	0.84	0.57	0.80
60	0.86	0.73	0.44	0.71
70	0.81	0.71	0.34	0.60
80	0.75	0.63	0.26	0.48
90	0.69	0.54	0.20	0.38
100	0.60	0.46	0.16	0.31
110	0.52	0.39	—	0.25
120	0.45	0.33	—	0.22
130	0.40	0.29	—	0.18
140	0.36	0.25	—	0.16
150	0.32	0.23	—	0.14
160	0.29	0.21	—	0.12
170	0.26	0.19	—	0.11
180	0.23	0.17	—	0.10
190	0.21	0.15	—	0.09
200	0.19	0.13	—	0.08

【例】 见图 1-138，所用平衡梁用工字钢 28a 制成，材料为 Q235 钢，其许用应力 $[\sigma]=160\text{MPa}$，长度为 500mm，试计算该平衡梁和耳孔的强度。

【解】 已知 $Q=400\text{kN}$，取 $K_{动}=1.1$

计算吊重 $Q_{计}$ 为：

$$Q_{计}=Q\cdot K_{动}=400000\times1.1=440000\text{kN}$$

$l=50\text{cm}$

$$M_{最大}=\frac{1}{4}Q_{计}\cdot=\frac{1}{4}\times440000\times50=5500000\text{N}\cdot\text{cm}$$

28a 工字钢 $W=508.15\text{cm}^3$

代入下式：

$$\sigma=\frac{M_{最大}}{W}=\frac{5500000}{508.15}=1082\text{kN/cm}^2=108.2\text{MPa}<[\sigma]（安全）$$

吊耳板的计算(图 1-139)：

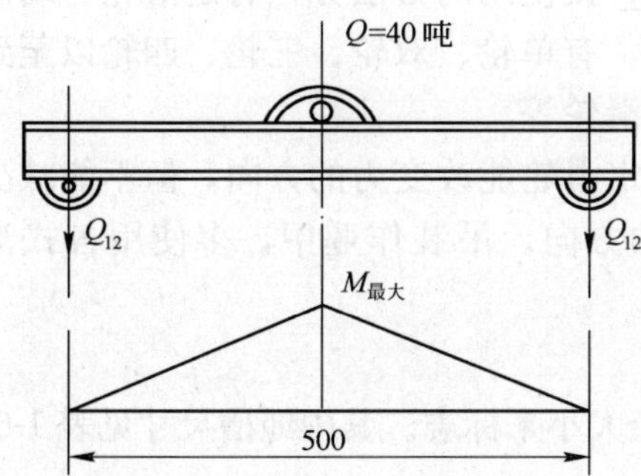

图 1-138 工字钢平衡梁受力图

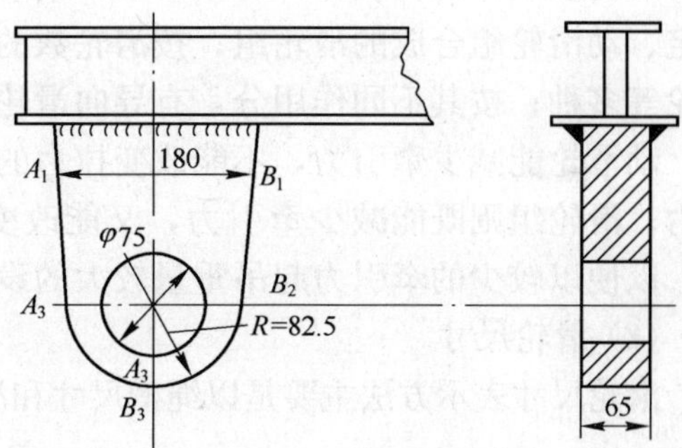

图 1-139 吊耳板

在断面 A_1B_1 处，$b=18\text{cm}$，$\delta=6.5\text{cm}$

$$\sigma_1=\frac{Q_{计}}{2}\cdot\frac{1}{b\delta}=\frac{440000}{2\times18\times6.5}=\frac{440000}{234}=18.8\text{MPa}$$

在断面 A_2B_2 处，$b=14\text{cm}$，$\delta=6.5\text{cm}$，$d=7.5\text{cm}$

$$\sigma_2=\frac{Q_{计}}{2(b-d)\delta}=\frac{44000}{2\times(14-7.5)\times6.5}=52\text{MPa}<[\sigma](安全)$$

在断面 A_3B_3 处，按拉曼公式验算：

$$P=\frac{Q_{计}}{2d\delta}=\frac{440000}{2\times7.5\times6.5}=45.2\text{MPa}<[\sigma](安全)$$

$$\sigma_3=45.2\frac{D^2+d^2}{D^2-d^2}=45.2\frac{16.5^2+7.5^2}{16.5^2-7.5^2}=68.6\text{MPa}<[\sigma](安全)$$

焊缝验算：

$$\sigma=\frac{\frac{Q_{计}}{2}}{2L_W\cdot\delta\cdot0.7}$$

式中 L_W——焊缝计算长度，等于设计长度减去 10mm；

δ——焊件的最小厚度。

$$L_W=18-1=17\text{cm}$$

$\delta=0.7\times1$(cm)(设焊缝 $\delta=1$cm)

$$\frac{Q_{计}}{2}=220000\text{N}$$

代入公式：

$$\sigma=\frac{\frac{Q_{计}}{2}}{2L_{W}\cdot\delta\cdot0.7}=\frac{220000}{2\times17\times0.7}=92.3\text{MPa}<[\sigma]_{拉}(安全)$$

采用手弧焊

$$[\sigma]_{拉}=0.8\cdot[\sigma]=0.8\times160=128\text{MPa}$$

12. 滑轮与滑轮组

在安装作业中，广泛使用滑轮与滑轮组和索具、吊具、卷扬机等相组合进行设备的运输与吊装工作。滑轮与滑轮组是吊装工作中不可缺少的工具。

(1) 滑轮的分类

滑轮按制作的材质分，有木滑轮、钢滑轮两种；按使用的方法分，有定滑轮、动滑轮和定、动滑轮组合成的滑轮组；按滑轮数的多少分，有单轮、双轮、三轮、四轮以至到十二轮等多种；按其不同作用分，有导向滑轮、平衡滑轮等。

动滑轮能减少牵引力，不能改变拉力的方向；定滑轮能改变力的方向，但不能减少牵引力；滑轮组则既能减少牵引力，又能改变拉力的方向。吊装作业中，多使用各式滑轮组，以便以较少的牵引力起吊重量较大的设备。

(2) 滑轮尺寸

滑轮尺寸表示方法主要是以绳槽尺寸和滑轮直径大小来标志。其中绳槽尺寸见表 1-65。

滑轮的绳槽尺寸(mm) **表 1-65**

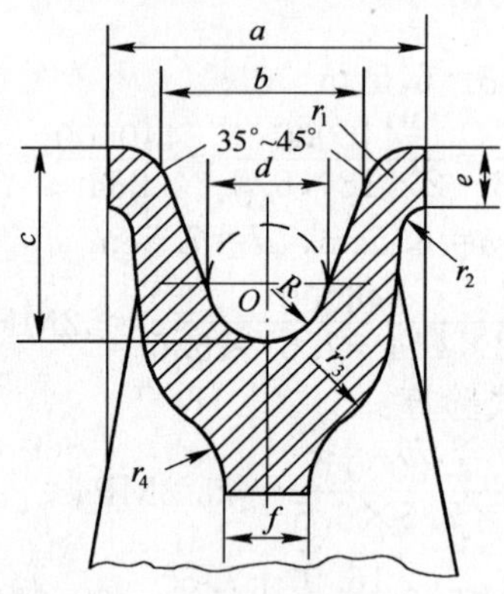

钢丝绳直径	a	b	c	e	f	R	r_1	r_2	r_3	r_4
7.7～9.0	25	17	11	5	8	5	2.5	1.5	10	5
11.0～14.0	40	28	25	8	10	8	4	2.5	16	8
15.0～18.0	50	35	32.5	10	12	10	5	3	20	10
18.5～23.5	65	45	40	13	16	13	6.5	4	26	13
25.0～28.0	80	50	60	16	18	16	8	5	32	16
31.0～34.5	95	65	60	19	20	19	10	6	38	19
36.5～39.5	110	78	70	22	22	22	11	7	44	22
43.0～47.5	130	95	85	26	24	26	13	8	50	26

上表所列滑轮绳槽尺寸可以保证钢丝绳顺利滑过，并能使其接触面积尽可能为最大。

钢丝绳绕过滑轮时要产生变形，故滑轮绳槽底部的圆半径应稍大于钢丝绳的半径，一般取 $R \approx (0.53 \sim 0.6)d$。绳槽两侧面夹角 $2\beta = 35° \sim 45°$。

滑轮的直径(指到槽底的直径)$D > ed$。e 值取 6～20。一般，安装工地 e 值取 16。平衡滑轮 $D_{平} \approx 0.6D$。

(3) H 系列滑轮

1) H 系列滑轮(JB1204-71)是通用的起重滑轮，适用于工矿企业的基本建设施工、设备安装等部门。H 系列滑轮是由 14 个吨位、11 种直径、17 种结构形式的滑轮所组成，共计 103 个规格。

表 1-66 所列出的是常用的起重量为 5～140kN、14 个吨位的滑轮系列。

H 系列滑轮系列规格表 **表 1-66**

轮槽底径(mm)	起重量(kN)														使用钢丝绳直径(mm)	
	5	10	20	30	50	80	100	160	200	320	500	800	1000	1400		
	滑轮数														适用	最大
70	1	2													5.7	7.7
85		1	2	3											7.7	11.0
113			1	2	3	4									11.0	14.0
135				1	2	3	4								12.5	15.5
165					1	2	3	4	5						15.5	18.5
185							2	3	4	6					17.0	20.0
210						1			3	5					20.0	23.5
245							1	2		4	6				23.5	25.0
280									2	3	5	7			26.5	28.0
320								1			4	6	8		30.5	32.5
360									1	2	3	5	6	8	32.5	35.0

2) H 系列滑轮是以“H”字母作为代号，放在滑轮型号的首位，后面是起重量、轮数、结构形式代号。起重量和轮数两个数字之间用“×”号隔开。结构形式的代号意义如下

开口——K　　吊环——D

闭口——不加 K　　链环——L

吊钩——G　　吊梁——W

【例】 额定起重量为 100kN 的双轮吊钩形式的滑轮代号为：

H10×2G

额定起重量为 50kN 的单轮开口链环形滑轮代号为：

H5×1KL

3) H 系列滑轮的绳轮比规定为 6～20，根据钢绳的疲劳试验结果，目前采用绳轮比为 10～11 较为适当。

4) H 系列滑轮的安全系数规定如下(表 1-67)：

H系列滑轮的安全系数 **表1-67**

滑轮的起重量(kN)	5~100	800~1400	160~500
安全系数	3	2.0	2.5

注：安全系数包括动载系数、工艺系数、结构系数、材料系数等。

(4) 起重滑轮使用说明

1) 钢丝绳的选择

① H系列起重滑轮的设计是以6×19、6×37两种钢丝绳为基础，其他形式的麻芯钢丝绳也可应用；

② 通用钢丝绳直径与滑轮槽底径比为1∶11左右；

③ 滑轮适用钢绳的安全系数≥5。

2) 导向滑轮的选择

一般是按起重滑轮平均单轮负载选用导向滑轮，也可用下述方法选用：

导向滑轮的起重量 Q_0 与钢丝绳牵引力 P 的关系如下式：

$$Q_0 = KP$$

K 为导向角度系数，根据导向角度 β 的大小而定，见表1-68。

导向角度系数表 **表1-68**

导向角 β	<60°	60°~90°	90°~120°	>120°
导向角度系数 K	2.0	1.7	1.4	1.0

【例】

导向滑轮 B 的导向角 $\beta_B = 110°$，如右图；

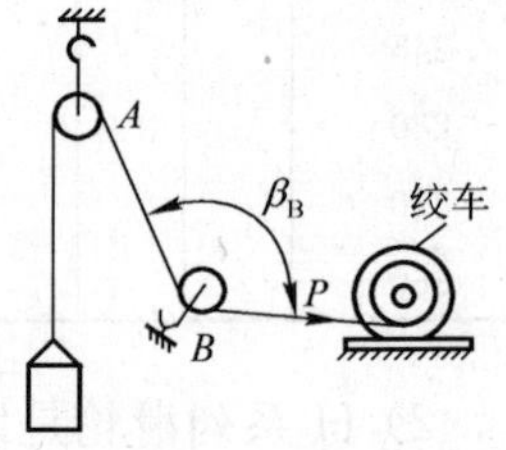

查上表：$K = 1.4$；

绞车牵引力：$P = 50\text{kN}$；

B 滑轮载重量 $O_{OB} = K \times P = 1.4 \times 50 = 70\text{kN}$；

B 处应选用70kN滑轮或全用100kN滑轮。

3) 使用维护说明

① 使用中滑轮上的总负荷不得超过铭牌上规定的额定负荷量；

② 滑轮使用前必须进行检查，排除故障和螺钉松动现象，并在轮毂的蓄油槽内注满20号~40号机油；

③ 使用的钢丝绳直径，必须符合表1-66所列尺寸，以免钢绳、滑轮互相损伤；

④ 钢丝绳进入滑轮的偏角 α 不得超过4°~6°；

⑤ 若多轮滑轮仅使用其中部分滑轮时，滑轮的起重量应相应降低，降低的数量按滑轮数目比例确定。例如使用起重量500kN5－5滑轮，仅用其中三个轮子工作，则滑轮起重量为300kN，若仍按500kN使用，滑轮和钢丝绳都易发生事故。

(5) 起重滑轮组使用计算

1) 滑轮组的计算

在起重作业中，主要是计算滑轮组的效率和绳索的最大张力。

① 定滑轮的计算

图 1-140 是定滑轮的计算简图。

绳索的一端的拉力 S 和另一端的载荷重量 Q 方向相反，大小相等。但由于绳索具有刚性而产生刚性阻力 W_1 和轴承的摩擦阻力 W_2，故

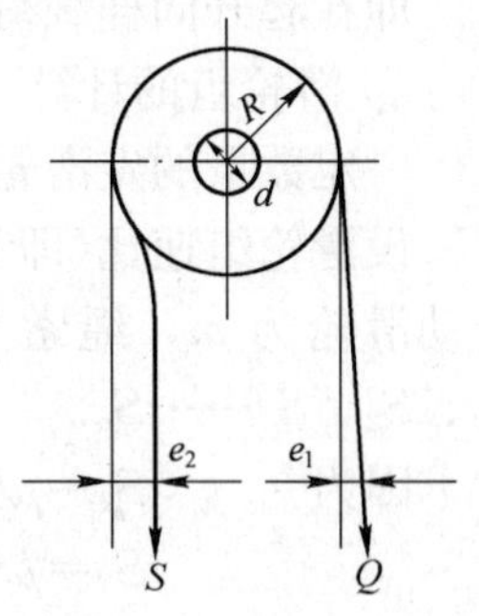

图 1-140　定滑轮计算图

$$S=Q+W_1+W_2$$

由于绳索具有刚性，钢丝绳在绕入或引出滑轮时，其绳索和滑轮不能立即密合而产生一定的偏移 e_1 和 e_2。

若暂不考虑轴承摩擦阻力时，可得力矩方程式

$$Q+W_1(R-e_2)=Q(R+e_1)$$

化简后得(因 $D\gg e_2$)：

$$W_1=\frac{e_1+e_2}{R-e_2}Q\approx\frac{e_1+e_2}{R}Q$$

摩擦阻力计算的力矩方程式如下：

$$W_2R=(2Q+W_1)f_1\frac{d}{2}$$

$$W_2=\left(2Q+Q\frac{e_1+e_2}{R}\right)f_1\frac{d}{2R}\approx\frac{d}{R}f_1Q$$

式中　d——滑轮轮轴直径(mm)；

f_1——转轮与轴的摩擦系数。

将 W_1 与 W_2 代入上面 S 式中，可得

$$S=Q\left(1+\frac{e_1+e_2}{R}+f_1\frac{d}{R}\right)=\mu Q$$

式中　μ——总阻力系数。

总阻力系数，是包括绳索的刚性阻力和滑轮轴承摩擦阻力的一个系数，它与挠性构件的种类、滑轮及其轴承的特性以及绳索在转轮上的包角的大小等因素有关。根据实验结果，当采用滚柱轴承时 $\mu=1.02$，青铜衬套时 $\mu=1.04$，无衬套时 $\mu=1.06$。

当载荷 Q 上升高度为 h 时，这时拉力 S 也移动距离为 h，故定滑轮的效率为：

$$\eta=\frac{\text{有用功}}{\text{作功}}=\frac{Qh}{Sh}=\frac{Qh}{\mu Qh}=\frac{1}{\mu}$$

即定滑轮的效率为其总阻力系数的倒数，要提高定滑轮的效率，应尽量降低其总阻力系数。

② 动滑轮的计算

如图 1-141 所示，当载荷 Q 被提升的高度为 h 时，这时拉力 S_2 则移动距离为 $2h$，即速比为 2，故动滑轮的效率为：

$$\eta=\frac{Qh}{S_2 2h}$$

因为 $Q=S_1+S_2$，$S_2=\mu S_1$

可得　$$S_2=\frac{\mu Q}{1+\mu}$$

所以　$$\eta=\frac{Qh}{\frac{\mu Q}{1+\mu}2h}=\frac{1+\mu}{2\mu}>\frac{1}{\mu}$$

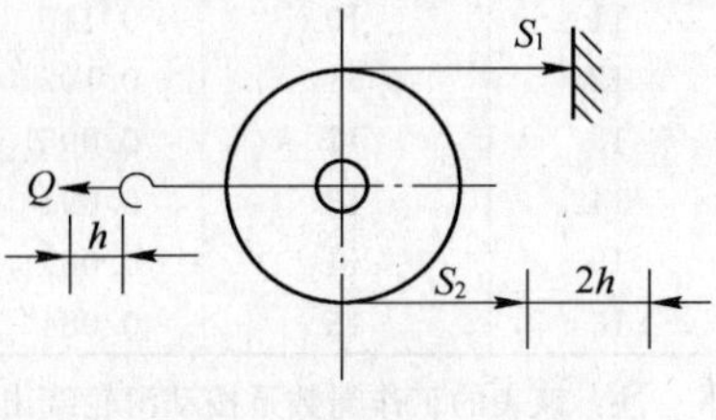

图 1-141　动滑轮计算图

即在起升同样载荷重量时，动滑轮绳索所需拉力较定滑轮小，而效率也比它高。

③ 滑轮组的计算

一定数量的定滑轮和动滑轮组成的轮系叫做滑轮组(见图 1-142)。

设滑轮组速比(即为倍率或工作线数)为 n，吊重为 Q，定动滑轮为 m，绳索分支数为 Z，各分支绳索的张力为 S_1、S_2、S_3……S_n。

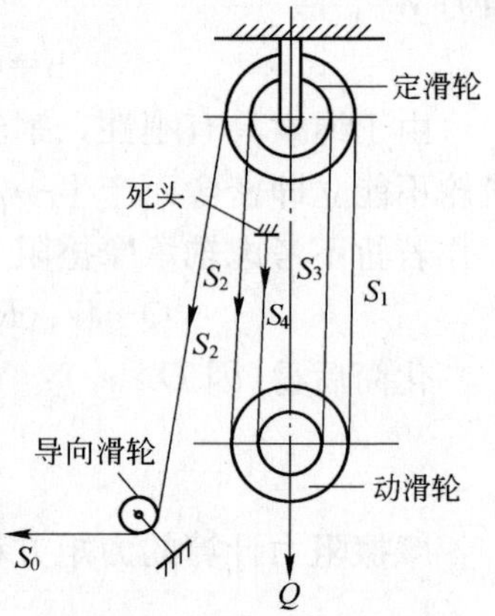

因为
$$S_2=\mu S_1$$
$$S_3=\mu S_2=\mu^2 S_1$$
$$S_4=\mu S_3=\mu^3 S_1$$
$$\cdots\cdots$$
$$S_n=\mu S_{n-1}=\mu^{n-1}S_1$$
$$Q=S_1+S_2+S_3+\cdots\cdots+S_n$$

所以
$$Q=S_1(1+\mu+\mu^2+\mu^3+\cdots\cdots+\mu^{n-1})$$

图 1-142　滑轮组计算图

此项为几何级数，求出代数和，可得：

$$S_1=\frac{\mu-1}{\mu^n-1}Q$$

因此求得

$$S_Z=\mu^{Z-1}S_1=\frac{\mu-1}{\mu^n-1}\mu^{Z-1}Q$$

若跑绳是从定滑轮绕出时，$m=Z-1$，若导向滑轮数为 K 时，故得：

$$S_0=\frac{\mu-1}{\mu^n-1}\mu^m\mu^k Q$$

为计算方便，可将上式写成：

载荷系数 α　　表 1-69

工作绳索数	滑轮个数(定、动滑轮的和)	导向滑轮						
		0	1	2	3	4	5	6
1	1	1.000	1.040	1.032	1.125	1.170	1.217	1.265
2	1	0.507	0.527	0.549	0.571	0.594	0.617	0.642
3	2	0.346	0.360	0.375	0.390	0.405	0.421	0.438
4	3	0.265	0.276	0.287	0.298	0.310	0.323	0.335
5	4	0.215	0.225	0.234	0.243	0.253	0.263	0.274
6	5	0.187	0.191	0.199	0.207	0.215	0.244	0.330
7	6	0.160	0.165	0.173	0.180	0.187	0.195	0.203
8	7	0.143	0.149	0.155	0.161	0.167	0.174	0.181
9	8	0.139	0.134	0.140	0.145	0.151	0.157	0.163
10	9	0.119	0.124	0.129	0.134	0.139	0.145	0.151
11	10	0.110	0.114	0.119	0.124	0.129	0.134	0.139
12	11	0.102	0.106	0.111	0.115	0.119	0.124	0.129
13	12	0.096	0.099	0.104	0.108	0.112	0.117	0.121
14	13	0.091	0.094	0.098	0.102	0.106	0.111	0.115
15	14	0.087	0.090	0.083	0.091	0.100	0.102	0.108
16	15	0.084	0.086	0.090	0.093	0.095	0.100	0.104

注：该表的工作绳数是按动滑轮绕出进行计算的。一般跑绳是由定滑轮绕出，计算时，最后一个定滑轮应按导向滑轮数再加上 1，即定滑轮数 m 等于工作绳数 n。

阻力系数 **μ** 数值表　　　　　　　　　　　　　　　**表 1-70**

阻力系数 μ 数值	轴承类型			阻力系数 μ 数值	轴承类型		
	滚动轴承	滑动轴承（青铜套）	滑动轴承（无青铜套）		滚动轴承	滑动轴承（青铜套）	滑动轴承（无青铜套）
μ^0	1.000	1.000	1.000	μ^{12}	1.268	1.601	—
μ^1	1.020	1.040	1.060	μ^{13}	1.294	1.665	—
μ^2	1.040	1.082	1.124	μ^{14}	1.319	1.723	—
μ^3	1.061	1.125	1.191	μ^{15}	1.345	1.800	—
μ^4	1.082	1.170	1.262	μ^{16}	1.370	1.860	—
μ^5	1.104	1.217	1.338	μ^{17}	1.395	1.948	—
μ^6	1.126	1.265	1.418	μ^{18}	1.420	2.000	—
μ^7	1.149	1.316	1.504	μ^{19}	1.450	2.040	—
μ^8	1.172	1.368	1.549	μ^{20}	1.475	2.160	—
μ^9	1.195	1.423	1.689	μ^{21}	1.500	2.240	—
μ^{10}	1.219	1.480	1.791	μ^{22}	1.530	2.320	—
μ^{11}	1.243	1.539	—				

$$S_0=\alpha Q \quad 即 \quad \alpha=\frac{\mu-1}{\mu^{n}-1}\mu^{m}\mu^{k}$$

式中　α——载荷系数(查表 1-69)。

为计算方便，将阻力系数 μ 的数值列于表 1-70，供计算时参考。

【例】　一设备重为 500000N，滑轮工作绳数为 9，绕过一个导向滑轮(见图 1-143)。求跑绳拉力?

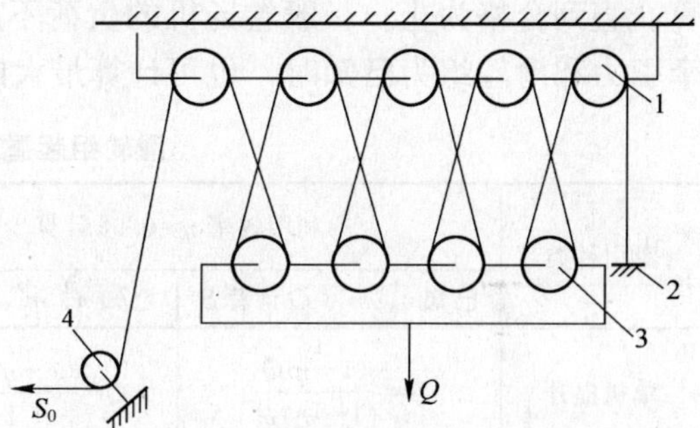

图 1-143　跑绳穿绕法

1—定滑轮；2—死头；3—动滑轮；4—导向滑轮

【解】　跑绳拉力

代入 S_0 公式

$$S_0=\alpha Q_{计}$$

$$Q_{计}=K_{动}\,Q \quad K_{动}=1.1$$

$$Q=500000$$

$$Q_{计}=1.1\times500000=550000\text{N}$$

查表 1-69，载荷系数 $\alpha=0.140$

$$S_0=\alpha Q_{计}=0.140\times550000=77000\text{N}=77\text{kN}$$

若查不到表时，可按以下公式进行计算：

$$S_0=\frac{\mu-1}{\mu^{n}-1}\mu^{m}\mu^{k}Q_{计}$$

定动滑轮数 $m=9$，工作绳数 $n=9$，$K=1$。K 为导向滑轮数，$Q_{计}=550000\text{N}$，$\mu=1.04$

$$S_0=\frac{1.04-1}{1.04^{9}-1}\times1.04^{9}\times1.04\times550000=77000\text{N}=77\text{kN}$$

与前面计算无出入。

2）滑轮组的组合使用与卷扬机牵引力的计算方法

① 计算原则

(A) 导向滑轮(下滑轮)按两个计算；

(B) 上部(或下部)的滑轮不限于一个，可以任意选配。只要被同一股钢丝绳连接起来，且下部的各滑轮都被绑在同一重物 Q 上，就组成了一个滑轮组。滑轮组由定滑轮、动滑轮、导向滑轮或平衡滑轮等组成；

(C) n 为有效工作绳数；m' 为双机牵引工作绳数；m 为定动滑轮数；

有效工作绳是指连接于上下滑轮间的绳子，和速比有关。定滑轮与导向滑轮之间的钢丝绳不能算作有效工作绳，它与速比无关；

(D) 双机(即双跑头)牵引较单机(即单跑头)牵引，可以提高起重量 Q，提升或下放的距离也可增加一倍(图 1-144)；

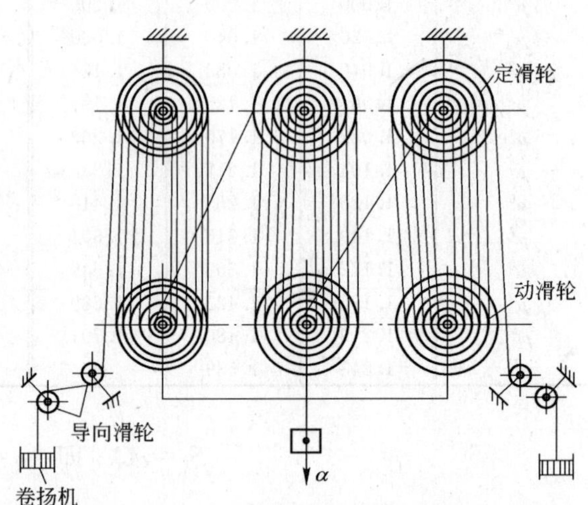

图 1-144　由三组六轮滑轮组组成的滑轮组

(E) 计算选配程序，一般是这样的：重量 Q 和卷扬机牵引力(1、3、5、10、20t)是已定的，只是选配滑轮的轮数与起重量，用表 1-71、表 1-72 即可求出需要的牵引力，如不合适，仍可继续选配计算，直到合格为止。一般卷扬机的负荷不应超过它的额定负荷的 90%。反过来如卷扬机牵引力和滑轮组为已知时，也可计算最大的起重量 Q。

滑轮组起重量计算公式汇总表　　**表 1-71**

牵引种类	利用效率 $\eta=0.96$ 计算		利用阻力系数 $\mu=\frac{1}{\eta}=1.04$ 计算	
	已知 n、m'、Q 计算 S	已知 n、m'、S 计算 Q	已知 n、m'、Q 计算 S	已知 n、m'、S 计算 Q
单机提升	$S=\frac{(1-\eta)Q}{(1-\eta^{n})\eta^{2}}$	$Q=\frac{(1-\eta^{2})\eta^{2}\cdot S}{1-\eta}$	$S=\frac{(\mu-1)\mu^{n+1}Q}{\mu^{n-1}}$	$Q=\frac{(\mu^{n}-1)\cdot S}{(\mu-1)\mu^{n+1}}$
单机下放	$S=\frac{(1-\eta)^{n+1}Q}{1-\eta^{n}}$	$Q=\frac{(1-\eta^{n})S^{1}}{(1-\eta)\eta^{n+1}}$	$S=\frac{(\mu-1)Q}{(\mu^{n}-1)\mu^{2}}$	$Q=\frac{(\mu^{n}-1)\mu^{n}\cdot S}{(\mu-1)}$
双机提升	$S=\frac{(1-\eta)Q}{2(1-\eta^{m'})\eta^{2}}$	$Q=\frac{2(1-\eta^{n'})\eta^{2}\cdot S}{1-\eta}$	$S=\frac{(\mu-1)\mu^{m'}+1Q}{2(\mu^{m'}-1)}$	$Q=\frac{2(\mu^{m'}-1)S}{(\mu-1)\mu^{m'}+1}$
双机下放	$S=\frac{(1-\eta)\eta^{m'}+1Q}{2(1-\eta^{m'})}$	$Q=\frac{2(1-n^{m'})S}{(1-\eta)\eta^{m'}+1}$	$S=\frac{(\mu-1)Q}{2(\mu^{m'}-1)\mu^{2}}$	$Q=\frac{2(\mu^{m'}-1)\mu^{2}\cdot S}{\mu-1}$

效率 η^{n} 值表($\eta=0.96$)　　**表 1-72**

η^{2}	η^{3}	η^{4}	η^{5}	η^{6}	η^{7}	η^{8}	η^{9}	η^{10}	η^{11}	η^{12}	η^{13}	η^{14}	η^{15}
0.9216	0.8847	0.8493	0.8154	0.7828	0.7514	0.7213	0.6924	0.66475	0.63816	0.61263	0.53812	0.5646	0.54198

η^{16}	η^{17}	η^{18}	η^{19}	η^{20}	η^{21}	η^{22}	η^{23}	η^{24}	η^{25}	η^{26}	η^{27}	η^{28}
0.52027	0.49946	0.479417	0.46022	0.44189	0.424214	0.407246	0.391	0.375	0.364	0.346	0.335	0.312

② 单机牵引提升与下降时牵引力比较(见表1-73)

将单机牵引提升和下放作比较时，则不难看出下放时所需的牵引力 $S_{降}$，较提升时所需的牵引力 $S_{升}$ 小的多，滑轮数愈多差别愈大，这是因为下放时滑轮的摩擦阻力，帮助卷扬机作功。

单机牵引提升与下降牵引力对比 **表 1-73**

牵引力	起重量与滑轮组速比		
	Q=300kN n=8时	Q=400kN n=12时	Q=800kN n=16时
$S_{升}$	$\frac{(1-\eta)}{(1-\eta^3)\eta^2}$=46.2kN	44.8kN	72.7kN
$S_{降}$	$\frac{\mu-1}{(\mu^8-1)\mu^2}$=29.5kN	24.7kN	34.4kN
$S_{降}$ 为 $S_{升}$ 的%	64%	55%	47%

③ 双卷扬与单卷扬提升设备的比较(见表1-74)

由以上计算可知：双机牵引比单机牵引所需的牵引力小；反过来，牵引力固定时，双机牵引的起重量也要大些。

单、双卷扬提升牵引力对比 **表 1-74**

牵引力	起重量与滑轮组速比		
	Q=300kN n=8时	Q=40kN n=12时	Q=800kN n=16时
$S_{单提}$	$\frac{(1-\eta)}{(1-\eta^8)\eta^2}Q$=46.2kN	44.8kN	72.7kN
$S_{双提}$	$\frac{(1-\eta)}{(1-\eta^4)\eta^2}\frac{Q}{2}$=43.1kN	40kN	62.1kN

(6) 两套滑轮组接力式串联(图1-145)

这种连接方法能够增加提升设备的高度(垂直吊装时)或水平运输的距离一倍。

这种连接方法的操作有两种：

第一种方法是先开动1号卷扬机，使其收缩完毕，将设备提到一半高度的地方，1号卷扬机即停止。然后开动第2号卷扬机，将设备提升到应有的高度。

第二种方法是同时开动两台卷扬机。

当1号滑轮组上升，2号卷扬机不动时，2号滑轮组的定动滑轮也随着1号滑轮组的动滑轮上升。此外，2号滑轮组也在收缩，但其收缩的速度只有1号滑轮组的1/8。

(7) 滑轮的组合方式

1) 串联组合

① 单滑轮组，单跑头牵引，跑绳由动滑轮绕出。在水平运输设备时，多用此法来牵引(见图1-146)。

② 单滑轮组单跑头牵引，牵引绳是由定滑轮绕出，多用于垂直吊装设备(见图1-147(a))，也可以

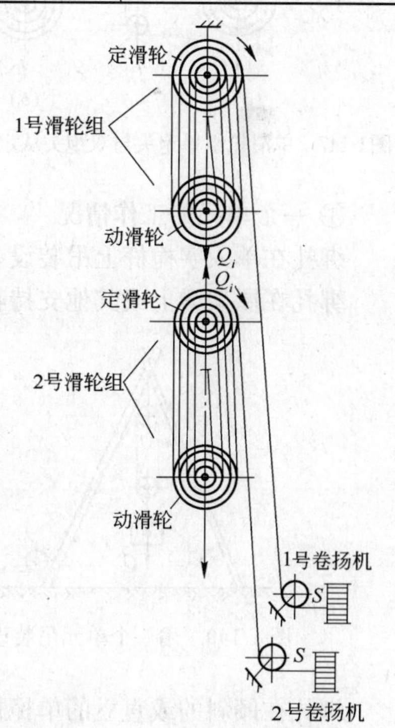

图1-145 两组滑轮组的串联使用

双跑头牵引，增加起重能力(或减少牵引能力)，增加提升高度，见图 1-147(*b*)。为了加大速比，增加了一个单轮。

③ 两组滑轮串联，单跑头牵引。用于垂直吊装中提升重型或中型设备。见图 1-148(*a*)，$Q=Q_1+Q_2$，Q 是提升总重量。

④ 两组滑轮组串联，双跑头牵引。为了加大速比，增加起重量，增加一个单轮作为定滑轮用，见图 1-148(*b*)。

2) 并联组合：以上所说的串联，系指钢丝绳而言。不管一组、二组或三组，只要用一根钢丝绳串联在一起，就称作一个单元。

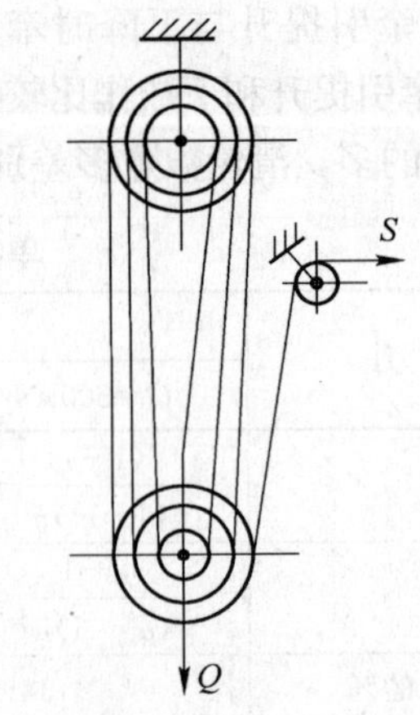

图 1-146 单滑轮组单跑头从动滑轮绕出

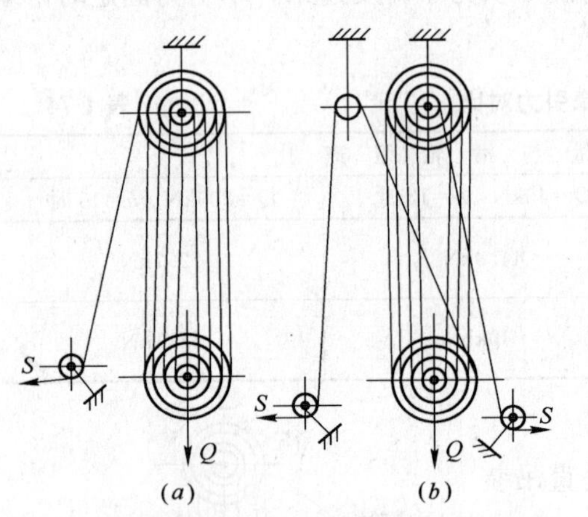

图1-147 单滑轮组单跑头与双跑头从定滑轮绕出

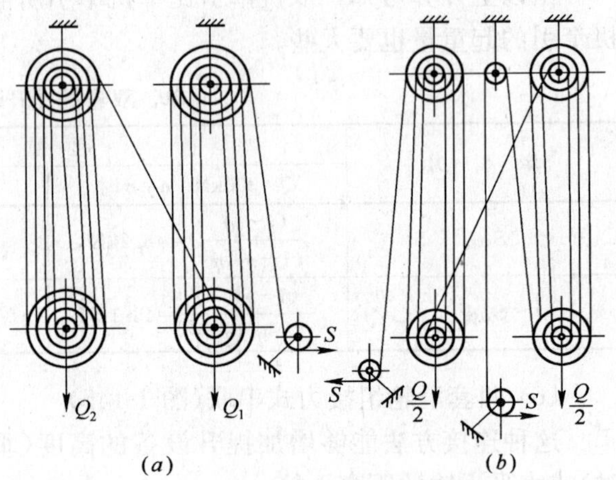

图 1-148 两组滑轮组单跑头与双跑头串联方法

① 一个单元的工作情况

绑扎在单人字桅杆上吊装设备，见图 1-149。

绑扎在屋架梁上或其他支持物上吊装设备，见图 1-150。

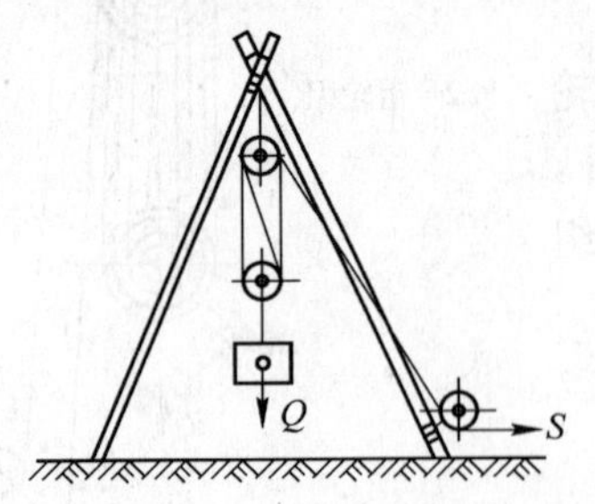

图 1-149 用一个单元吊装设备

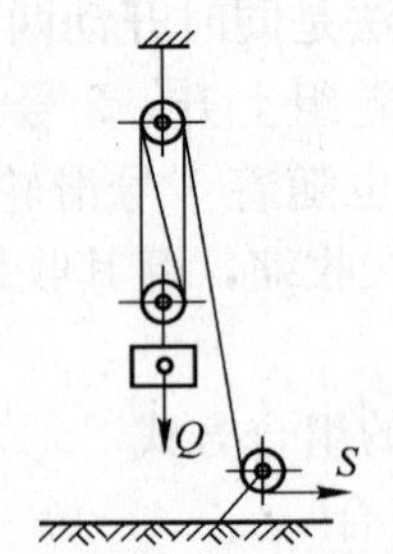

图 1-150 用一个单元吊装设备

绑扎在倾斜的或直立的单桅杆上吊装设备见图 1-151。

在水平运输中牵引设备见图 1-152。

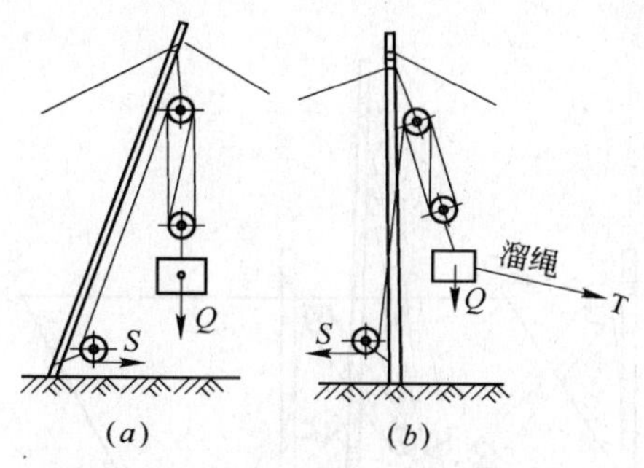

图 1-151　用一个单元吊装设备

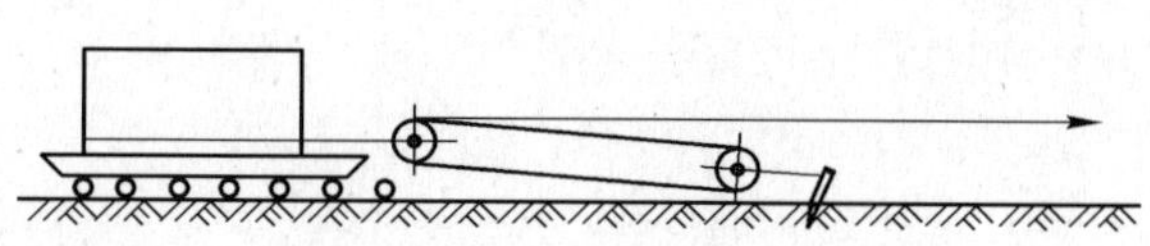

图 1-152　用一个单元运输设备

② 两个单元并联的工作情况

两个单元分别配合两副桅杆工作情况，见图 1-153。

两个单元配合一副桅杆吊装桥式起重机情况，见图 1-154。

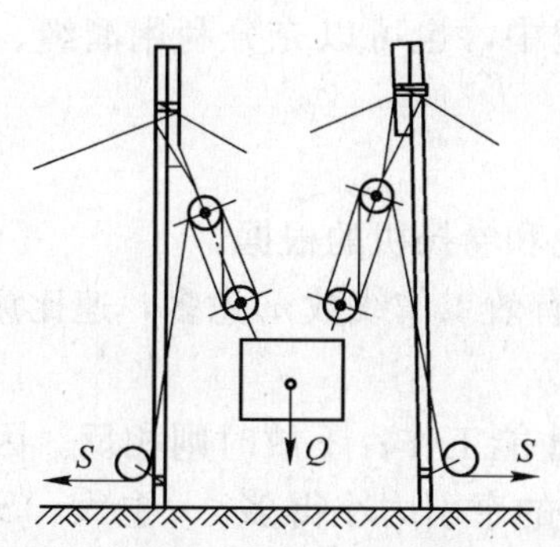

图 1-153　用两个单元并联吊装设备

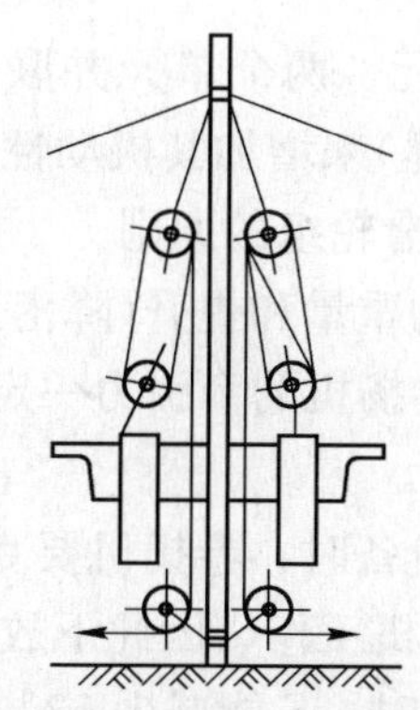

图 1-154　用两个单元吊装桥式起重机

两个单元绑扎在吊车梁、房柱、屋架梁等支持物上吊装设备，见图 1-155。

两个单元配合龙门架吊装设备，见图 1-156。

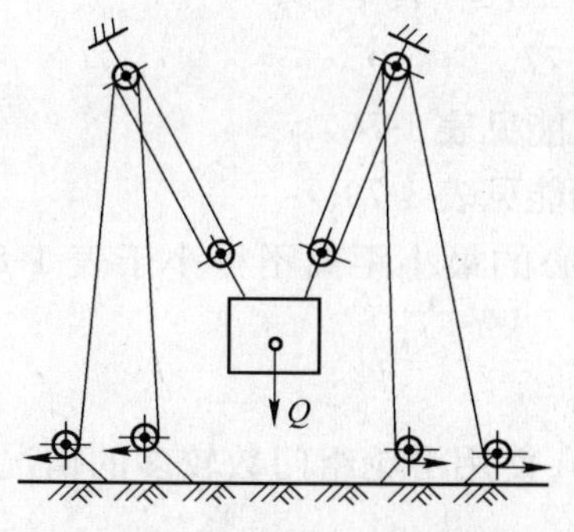

图 1-155　用两个单元吊装设备

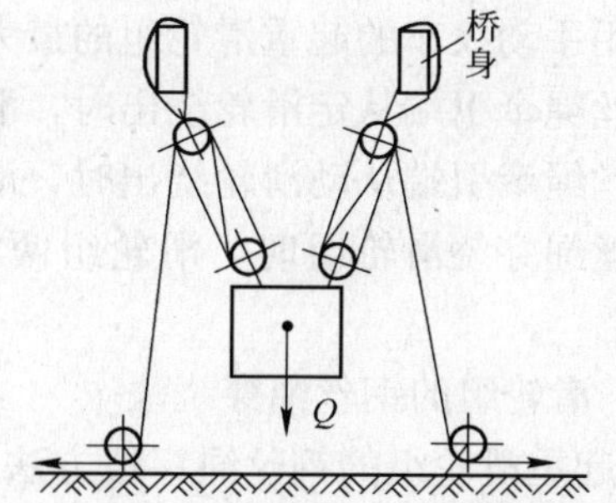

图 1-156　两个单元配合龙门架吊装设备

两个单元并联水平牵引设备，见图 1-157。

③ 三个单元并联的工作情况：见图 1-158，为三个单元滑轮组配合三副桅杆能将重物 Q 吊运到空间任何位置，机动性大。

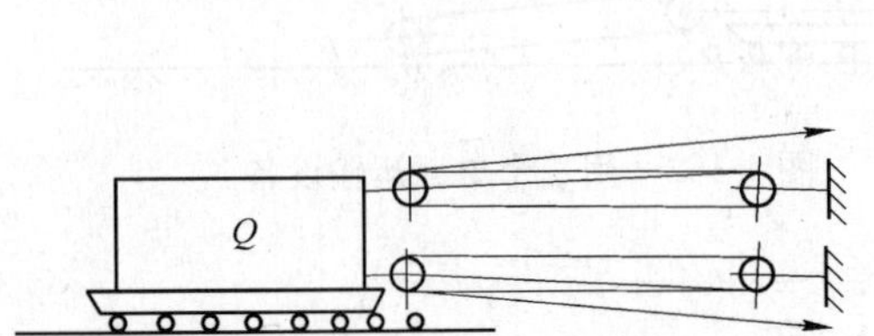

图 1-157 两个单元并联水平牵引重型设备

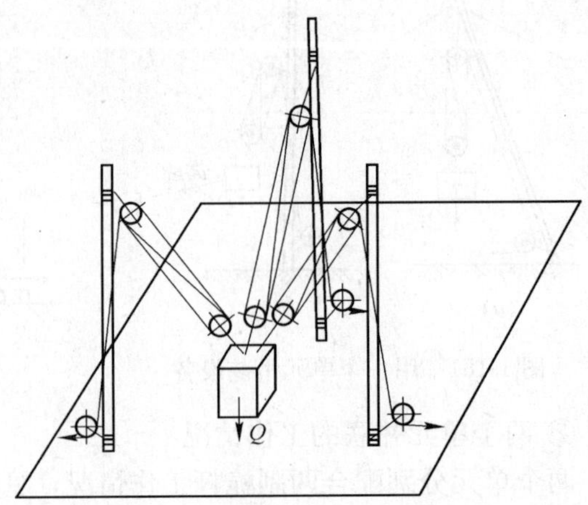

图 1-158 用三个单元配合三副桅杆吊装设备

在一个单元、两个单元并联进行吊装牵引的过程中，也可以充分利用溜绳、拖拉绳(缆风绳、稳绳)来增加其机动性和工作范围。

(8) 选配滑轮组的原则

1) 设备的重量和提升(降落)高度，这是选配滑轮和卷扬机的根据。

2) 如果卷扬机的牵引力一定时，滑轮的轮数(即有效工作线数 n)愈多，速比愈大，起重能力也愈大。

3) 提升设备时，卷扬机要克服全部滑轮的阻力才能工作；下放时则相反。因滑轮的阻力帮助卷扬机工作，因此下放时牵引力，比提升时的牵引力小得多，n 愈大，S 减少愈多，当 $n=16$ 时，S 能减少 53%。

4) 双跑头牵引的主要优点是：能增加提升(或下放)高度一倍，能提高起重量 Q 或减少牵引力 S。如 $n=2m'=16$ 时，双机牵引较单机牵引能提高起重量 18%，或降低牵引力(Q 不变时)15%。

使用电动卷扬机的起重滑轮组的最大起重量见表 1-75～表 1-76。

使用手动绞车的起重滑轮组的最大起重量见表 1-77。

钢丝绳牵引端从定滑轮绕出时，滑轮组的主要性能见表 1-78。

钢丝绳牵引端从动滑轮绕出时，滑轮组的主要性能见表 1-79。

钢丝绳穿绕滑轮组时，滑轮组两滑轮的滑轮中心的最小距离不得小于表 1-80 中的规定。

(9) 滑轮组的钢丝绳穿绕法

1) 起重滑轮组的钢丝绳穿绕方法，对起重量大，使用滑轮组门数较多的情况下，具有直接的重要影响。

滑轮组钢丝绳的穿绕方法有顺穿法和花穿法两种。

顺穿法又分为单头顺穿法和双头顺穿法；花穿法又分为小花穿法和大花穿法。

2) 滑轮组钢丝绳顺穿法：顺穿法是一种比较简单的穿绕方法，其特点和穿绕法见表 1-81。

使用电动卷扬机的起重滑轮组的最大起重量(使用 6×19+1 钢丝绳)　**表 1-75**

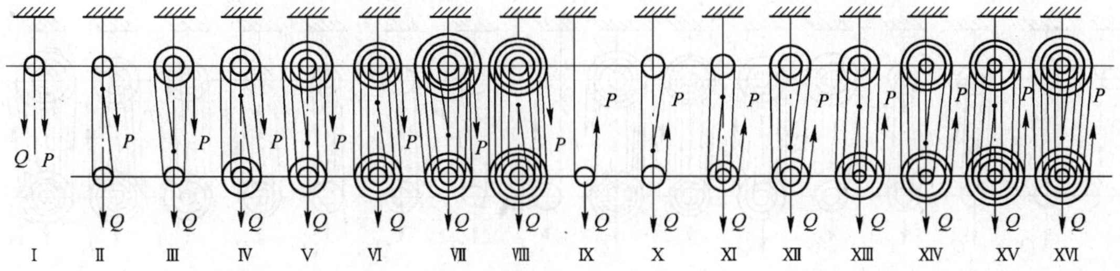

滑轮组图号	滑轮数	工作绳数	钢丝绳直径 (mm)													当钢丝绳运动速度为 1m/s 时的荷载提升速度 (m/min)	荷载移动 1m 所需的钢丝绳长度 (m)
			9.2	11	12.5	14	15.5	17.0	18.5	20.0	21.5	23.0	25.0	26.5	28.0		
			滑轮直径 (mm)														
			180	200	220	250	280	300	350	350	400	400	450	450	500		
			钢丝绳的许用拉力(kN)														
			7	10	12	16	20	23	29	34	39	45	50	57	64		
			滑轮组的最大起重量(kN)														
Ⅰ	1	1	7	10	11	15	19	22	28	33	37	43	48	55	61	1.0	1
Ⅱ	2	2	13	19	23	30	38	44	55	64	74	85	95	108	121	0.50	2
Ⅲ	3	3	19	28	34	45	56	64	80	95	108	125	139	158	178	0.33	3
Ⅳ	4	4	25	36	43	58	72	83	105	123	141	164	182	206	232	0.25	4
Ⅴ	5	5	31	44	53	71	89	102	129	152	174	200	222	254	285	0.20	5
Ⅵ	6	6	36	52	63	84	104	120	152	178	205	236	262	298	335	0.16	6
Ⅶ	7	7	42	60	73	97	120	140	176	206	237	274	303	346	387	0.14	7
Ⅷ	8	8	47	67	81	107	134	154	195	228	262	302	335	383	430	0.12	8
Ⅸ	1	2	14	20	24	32	39	45	57	67	77	89	99	112	126	0.50	2
Ⅹ	2	3	2	29	35	46	58	66	84	98	112	130	145	165	185	0.33	3
Ⅺ	3	4	26	38	45	60	76	87	110	128	147	170	188	215	242	0.25	4
Ⅻ	4	5	32	46	56	74	93	107	135	158	182	210	232	265	298	0.20	5
XIII	5	6	38	60	65	87	119	125	158	186	213	245	272	310	350	0.16	6
XIV	6	7	44	63	75	100	126	145	181	213	244	280	312	355	402	0.14	7
XV	7	8	49	70	84	112	140	160	203	237	273	315	350	400	448	0.12	8
XVI	8	9	54	77	93	134	155	178	225	264	302	350	390	432	495	0.11	9

用电动卷扬机的起重滑轮组的最大起重量（使用 6×37+1 钢丝绳）　表 1-76

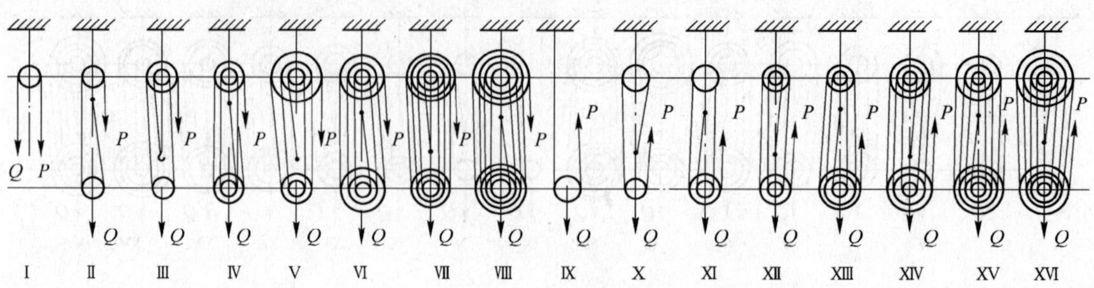

滑轮组图号	滑轮数	工作绳数	钢丝绳直径（mm）										当钢丝绳运动速度为1m/s时的荷载提升速度（m/min）	荷载移动1m所需钢丝绳长度（m）
			11.0	13.0	15.5	17.5	19.5	21.5	24.0	26.0	28.0	30.0		
			滑轮直径（mm）											
			200	220	270	300	350	400	400	450	500	500		
			钢丝绳的许用应力(kN)											
			10	13	18	24	30	37	45	53	63	73		
			滑轮组的最大起重量(kN)											
Ⅰ	1	1	9	12	17	23	29	35	43	51	60	70	1.0	1
Ⅱ	2	2	19	24	34	45	57	70	85	100	120	138	0.5	2
Ⅲ	3	3	28	36	50	67	84	103	125	148	176	203	0.33	3
Ⅳ	4	4	40	47	65	87	109	134	164	192	228	264	0.25	4
Ⅴ	5	5	44	58	80	107	134	165	200	236	281	325	0.20	5
Ⅵ	6	6	52	68	94	126	158	195	236	278	330	385	0.10	6
Ⅶ	7	7	60	79	110	146	182	225	274	320	382	443	0.14	7
Ⅷ	8	8	67	87	120	162	202	249	302	355	425	490	0.12	8
Ⅸ	1	2	20	26	35	47	59	73	89	104	125	144	0.50	2
Ⅹ	2	3	29	37	52	70	67	107	130	153	184	211	0.33	3
Ⅺ	3	4	38	49	68	91	113	140	170	200	238	276	0.25	4
Ⅻ	4	5	46	60	80	112	134	172	210	246	293	340	0.20	5
ⅩⅢ	5	6	60	71	98	131	163	202	245	288	344	397	0.16	6
ⅩⅣ	6	7	63	81	112	150	187	231	280	330	395	456	0.14	7
ⅩⅤ	7	8	70	91	126	168	210	260	315	371	440	510	0.12	8
ⅩⅥ	8	9	77	100	140	186	233	266	350	410	490	568	0.11	9

使用手动绞车的起重滑轮组的起重量(使用 6×37+1 钢丝绳)　表 1-77

滑轮组滑轮数	钢丝绳直径 (mm)							
	13	15.5	17.5	19.5	21.5	24	26	28
	滑轮的最小直径 (mm)							
	210	250	280	315	345	385	415	450
	滑轮轴的直径 (mm)							
	35	42	52	56	62	65	70	80
	钢丝绳的破断应力(N)							
	67000	91000	119000	150000	185000	224000	267000	314000
	钢丝绳的许用应力 (N)							
	14900	20200	26500	33400	41000	49500	59500	70000
	滑轮组的起重量 (kN)							
1	14.3	19.5	25.4	32.0	39.3	47.7	57.3	67.0
2	28.3	38.4	50.4	63.5	78.0	94.6	111.5	133.0
3	41.4	56.2	73.8	93.0	114.0	138.0	166.0	194.0
4	54.0	73.0	96.0	121.5	149.0	180.0	216.0	253.0
5	66.4	90.0	118.0	149.0	183.0	221.5	265.0	311.0
6	78.1	106.0	139.0	175.5	215.0	261.0	312.0	366.0
7	90.5	122.5	161.0	203.0	248.0	300.0	360.0	424.0
8	100.0	136.0	178.0	225.0	275.0	335.0	400.0	470.0
9	111.0	151.0	198.0	250.0	306.0	372.0	445.0	522.0
10	120.0	163.0	214.0	269.0	330.0	400.0	480.0	565.0

钢丝绳牵引端从定滑轮绕出的主要性能表　表 1-78

滑轮数 n	钢丝绳的穿绕方式	滑轮组每个滑轮的效率 η	滑轮组的综合效率 $\eta_{综}$	提升重物时所需拉力 P
2		0.94	0.916	0.54Q
		0.95	0.93	0.538Q
		0.97	0.95	0.526Q
		0.98	0.975	0.51Q
3		0.94	0.883	0.378Q
		0.95	0.90	0.37Q
		0.97	0.944	0.354Q
		0.98	0.967	0.344Q
4		0.94	0.86	0.29Q
		0.95	0.88	0.284Q
		0.97	0.927	0.27Q
		0.98	0.95	0.26Q

续表

滑轮数 n	钢丝绳的穿绕方式	滑轮组每个滑轮的效率 η	滑轮组的综合效率 $\eta_{综}$	得升重物时所需拉力 P
5	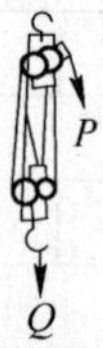	0.94	0.834	0.24Q
		0.95	0.86	0.227Q
		0.97	0.914	0.219Q
		0.98	0.94	0.21Q
6	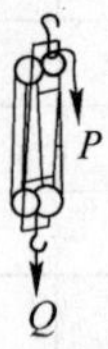	0.94	0.81	0.206Q
		0.95	0.84	0.198Q
		0.97	0.90	0.186Q
		0.98	0.934	0.178Q
7	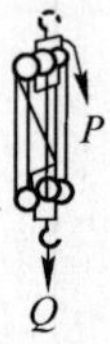	0.94	0.786	0.18Q
		0.95	0.82	0.174Q
		0.97	0.887	0.16Q
		0.98	0.922	0.155Q
8	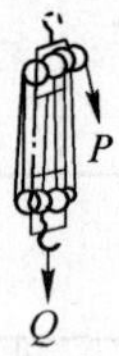	0.94	0.766	0.164Q
		0.95	0.80	0.156Q
		0.97	0.875	0.14Q
		0.98	0.913	0.137Q

钢丝绳牵引端从动滑轮绕出的主要性能表　　表 1-79

滑轮数 n	钢丝绳的穿绕方式	滑轮组每个滑轮的效率 η	滑轮组的综合效率 $\eta_{综}$	提升重物时所需拉力 P
2		0.94	0.94	0.355Q
		0.95	0.954	0.350Q
		0.97	0.968	0.344Q
		0.98	0.983	0.340Q
3		0.94	0.912	0.274Q
		0.95	0.925	0.260Q
		0.97	0.96	0.260Q
		0.98	0.976	0.256Q

续表

滑轮数 n	钢丝绳的穿绕方式	滑轮组每个滑轮的效率 η	滑轮组的综合效率 $\eta_{综}$	得升重物时所需拉力 P
4		0.94	0.887	0.226Q
		0.95	0.904	0.220Q
		0.97	0.94	0.210Q
		0.98	0.96	0.208Q
5		0.94	0.862	0.194Q
		0.95	0.883	0.186Q
		0.97	0.929	0.180Q
		0.98	0.95	0.176Q
6		0.94	0.833	0.170Q
		0.95	0.863	0.166Q
		0.97	0.914	0.160Q
		0.98	0.943	0.150Q
7		0.94	0.813	0.154Q
		0.95	0.842	0.148Q
		0.97	0.90	0.139Q
		0.98	0.932	0.134Q
8		0.94	0.792	0.140Q
		0.95	0.822	0.135Q
		0.97	0.89	0.125Q
		0.98	0.922	0.120Q

滑轮组两滑轮的滑轮中心的最小距离(mm)　　表 1-80

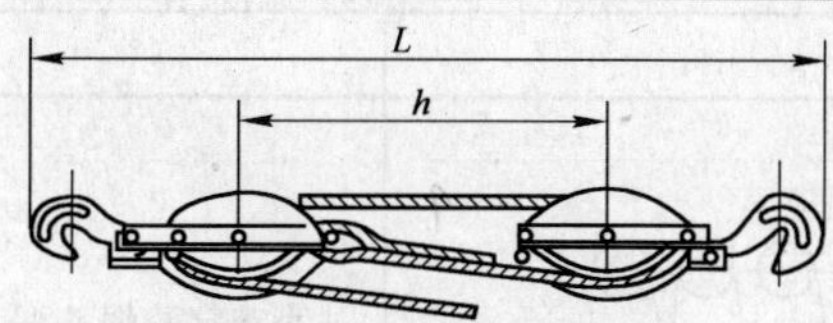

起　重　量　(kN)	滑轮轴中心的最小距离 h	拉紧状态下的最小长度 L
10	700	1400
50	900	1800
100	1000	2000
150	1000	2000
200	1000	2100
250	1200	2600
300	1200	2600
400	1200	2600
500	1200	2600

注：上表为按 H 系列滑轮顺穿考虑的最小值。

滑轮组钢丝绳顺穿法　　**表 1-81**

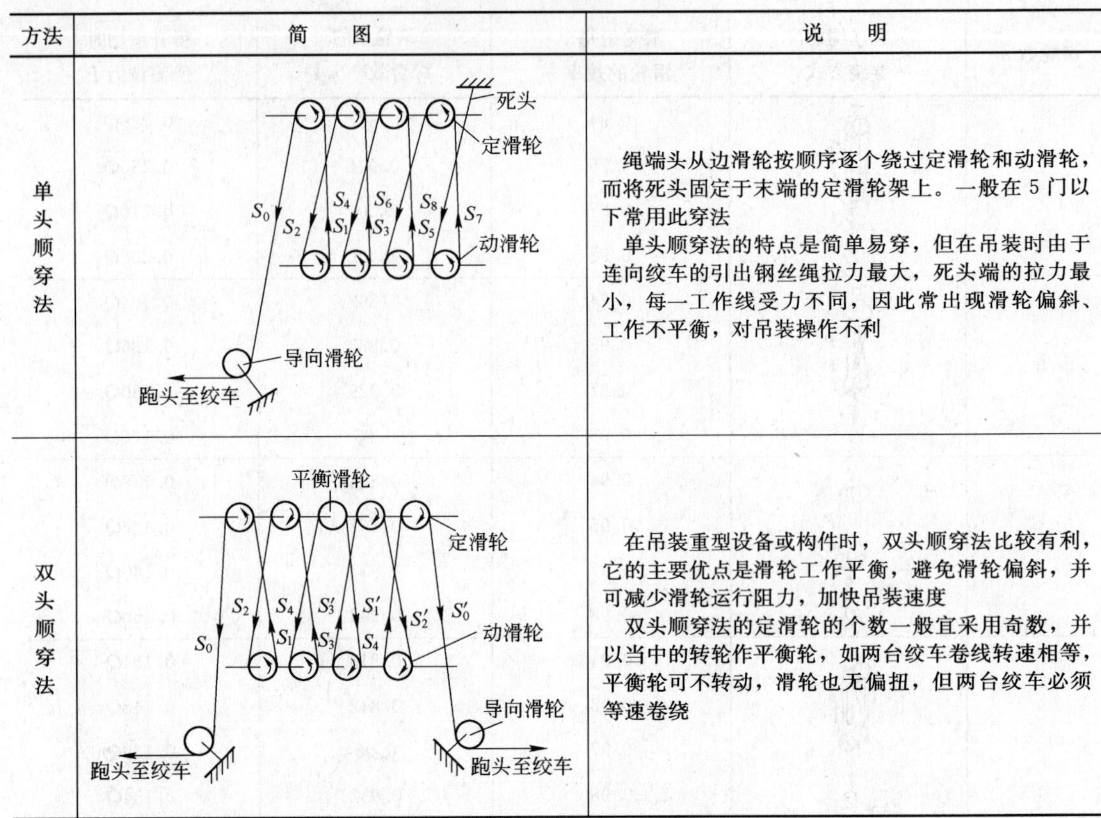

方法	简　图	说　明
单头顺穿法		绳端头从边滑轮按顺序逐个绕过定滑轮和动滑轮，而将死头固定于末端的定滑轮架上。一般在 5 门以下常用此穿法 单头顺穿法的特点是简单易穿，但在吊装时由于连向绞车的引出钢丝绳拉力最大，死头端的拉力最小，每一工作线受力不同，因此常出现滑轮偏斜、工作不平衡，对吊装操作不利
双头顺穿法		在吊装重型设备或构件时，双头顺穿法比较有利，它的主要优点是滑轮工作平衡，避免滑轮偏斜，并可减少滑轮运行阻力，加快吊装速度 双头顺穿法的定滑轮的个数一般宜采用奇数，并以当中的转轮作平衡轮，如两台绞车卷线转速相等，平衡轮可不转动，滑轮也无偏扭，但两台绞车必须等速卷绕

3）滑轮组钢丝绳花穿法：在吊装重型构件和大型设备时，滑轮组门数较多，如只有一台绞车牵引，可采用花穿法来改善滑轮组的工作条件，并降低牵引端绳头的拉力，同时可保证滑轮组受力均匀起吊平衡。

花穿法的钢丝绳穿绕规律见表 1-82。

滑轮组钢丝绳花穿法　　**表 1-82**

方法	简　图	说　明
小花穿法（一）	死头 定滑车 S_8 S_6 S_{13} S_{11} S_9 S_4 S_7 S_{15} S_{16} S_{14} S_{12} S_{10} S_2 S_1 S_3 S_5 动滑车 S_0 导向滑车 跑头至绞车	小花穿的绳头是从滑轮组的中间滑轮开始绕入，如简图所示。跑头按一个方向依次穿绕定滑轮及动滑轮，最后将死头固定于定滑轮架。钢丝绳穿绕间隔一般为 1～5 个滑轮，小花穿法的间隔穿绕次数总在 2 次以下。左右两边的滑轮旋转方向相反，简图所示引出绳分支的拉力最大，且右边 5、6、7、8 四个滑轮的拉力均大于左边 1、2、3、4 四个滑轮的拉力。这种穿法的缺点是当钢丝绳从动滑轮 8 花穿入定滑轮 4 时，钢丝绳与轮槽偏角过大，可能出现滑轮架偏斜，轴瓦烧坏

续表

方法	简　图	说　明
小花穿法(二)	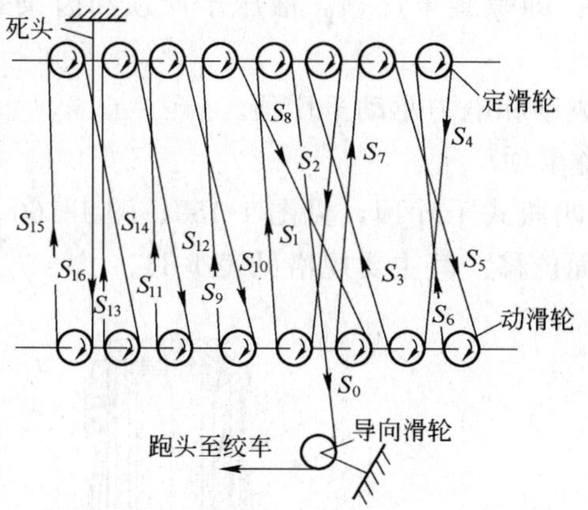 死头 定滑轮 S_8 S_2 S_7 S_4 S_{15} S_{14} S_{12} S_1 S_{16} S_{11} S_9 S_{10} S_3 S_5 S_{13} S_6 动滑轮 S_0 导向滑轮 跑头至绞车	钢丝绳从第5门定滑轮引入，后从定滑轮6经过动滑轮8、定滑轮7返回动滑轮6，最后由动滑轮6返回定滑轮4。这种穿绕法的右边滑轮5、6、7、8钢丝绳拉力大于左边1、2、3、4轮的钢丝绳拉力
大花穿法(一)	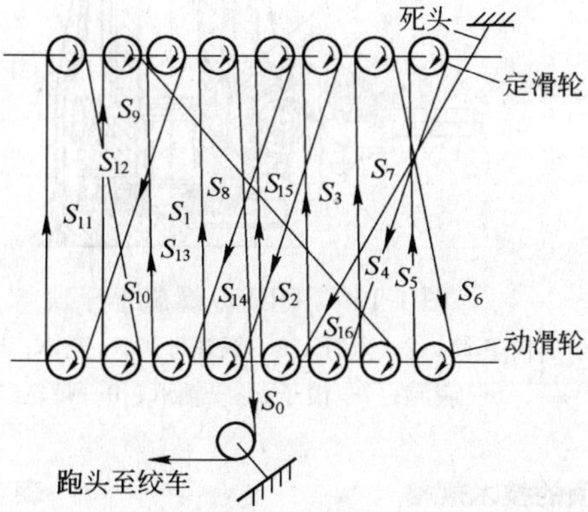 死头 定滑轮 S_9 S_{12} S_8 S_{15} S_3 S_7 S_{11} S_1 S_{13} S_4 S_5 S_{10} S_{14} S_2 S_6 S_{16} 动滑轮 S_0 跑头至绞车	大花穿法的绳头可从中间开始绕入，也可从边上第一个滑轮穿入；死头都固定在定滑轮架上。钢丝绳在穿绕时的间隔滑轮数一般也是1～5个，但间隔穿绕的次数在三次以上。其穿绕方法较复杂，相邻二滑轮的旋转方向可以是相同的(如大花穿法一)；也可以是相反的(如大花穿法二)
大花穿法(二)	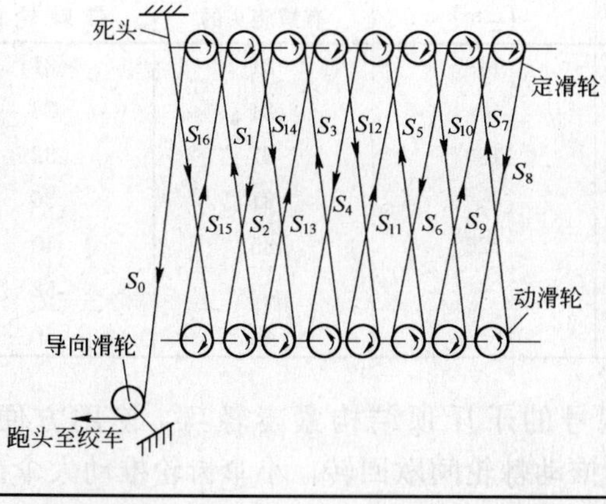 死头 定滑轮 S_{16} S_1 S_{14} S_3 S_{12} S_5 S_{10} S_7 S_8 S_4 S_{15} S_2 S_{13} S_{11} S_6 S_9 S_0 动滑轮 导向滑轮 跑头至绞车	大花穿滑的特点是滑轮组受力均匀，工作比较平稳，在大型构件或设备安装中常用此法。缺点是穿绕工作比较复杂，要求定滑轮和动滑轮之间的最小距离要比顺穿法大一此，并且绳索在轮槽里的偏角应进行计算 按照大花穿法(二)的牵引力约为7kN，左四门滑轮与右四门滑轮钢丝绳的拉力只相差100N左右，且相邻二滑轮的旋转方向是相反的，各分支钢丝绳的拉力接近平衡，所以采用这种穿法的工作效果更好

二、起重机械

1. 千斤顶

(1) 千斤顶的用途和种类

千斤顶是一种可用较小力量就能把重物顶高、降低或移动的结构简单而使用方便的起重设备。其承重能力从10kN到2000～5000kN不等，顶升高度一般为10～100cm。顶升速度可达10～35cm/min。

千斤顶按其构造划分，有三种基本类型：即螺旋千斤顶、液压千斤顶和齿条式千斤顶，而使用最广泛的是前面两种。

千斤顶按驱动方式的不同，可分为人力驱动和电力驱动千斤顶。

(2) 螺旋千斤顶的型式、规格及使用注意事项

1) 固定式螺式旋千斤顶：这种千斤顶也叫瓶式千斤顶，见图1-159、图1-160。这种千斤顶在顶升重物后，在未卸载前不能作平面位移。其主要规格见表1-83。

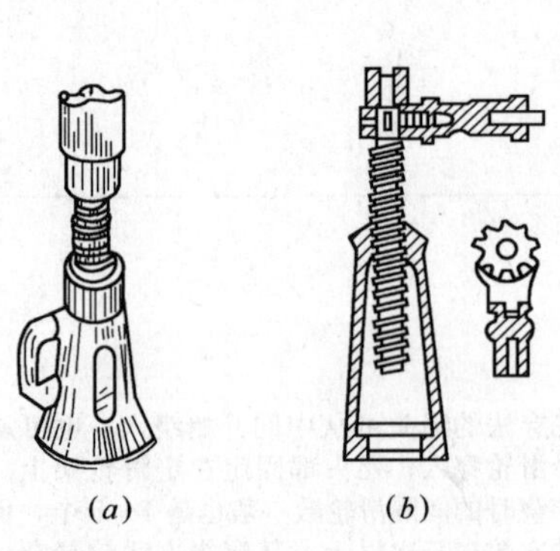

图1-159 固定式螺旋千斤顶

(a)有螺旋头的；(b)带棘轮的

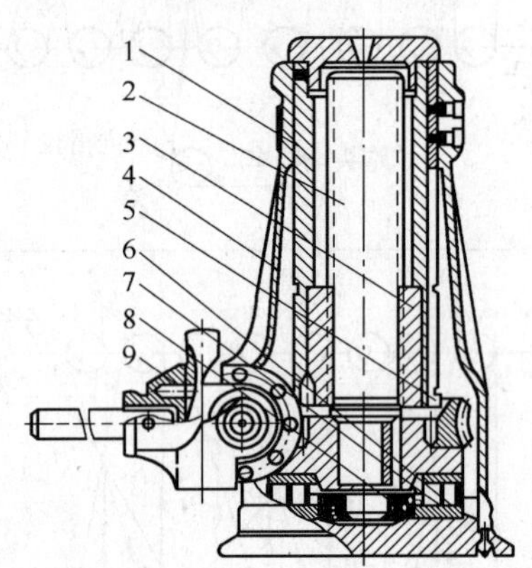

图1-160 QL100螺旋千斤顶

1—升降套筒；2—丝杆；3—铜螺母；4—壳体；5—齿圈；6—底座；7—滚子；8—轴承；9—棘轮组

固定式螺旋千斤顶的技术规格 表1-83

起重量 (kN)	顶升高度 (mm)	螺杆落下最小高度 (mm)	底座直径 (mm)	千斤顶总重(kg)	
				有螺旋头的	带棘轮的
50	240	410	148	21	21
80	240	410	—	24	28
100	290	560	180	27	32
120	310	560	—	31	36
150	330	610	226	35	40
180	355	610	—	39	52
200	370	660	—	44	60

2) 固定式QL型螺旋千斤顶：这种型号的千斤顶结构紧凑轻巧，使用方便，见图1-160、图1-161。往复扳动手柄时，撑牙推动棘轮间歇回转，小伞齿轮推动大伞齿轮，使锯齿形螺杆旋转，从而使升降套筒(螺旋顶杆)顶升及降落。由于特制推动轴承转动灵活、摩擦小，因而操作灵便、效率高。其技术规格见表1-84。

3) 移动式螺旋千斤顶：在顶重过程中可以作水平位移的千斤顶，主要是靠千斤顶底部的水平螺杆转动，可使顶住的重物连同千斤顶一同作水平位移。这种千斤顶在设备安装时，移动设备就位很为适用。其结构见图1-162。其技术规格见表1-85、表1-86。

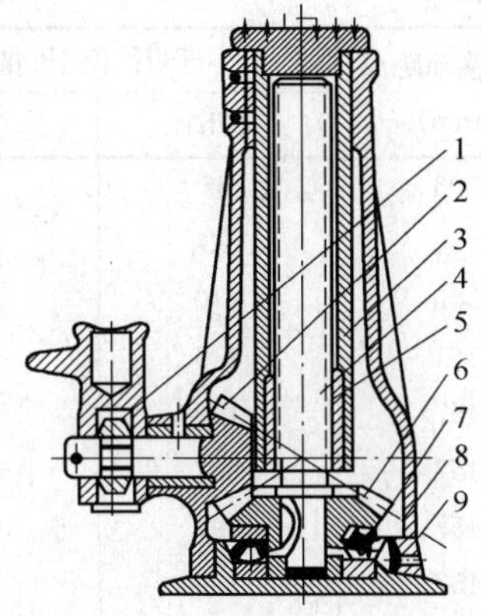

图 1-161 QL3.2-50 螺旋千斤顶

1—棘轮组；2—小圆锥齿轮；3—升降套筒；4—丝杆；5—铜螺母；6—大圆锥齿轮；7—单向推力轴承；8—壳体；9—底座

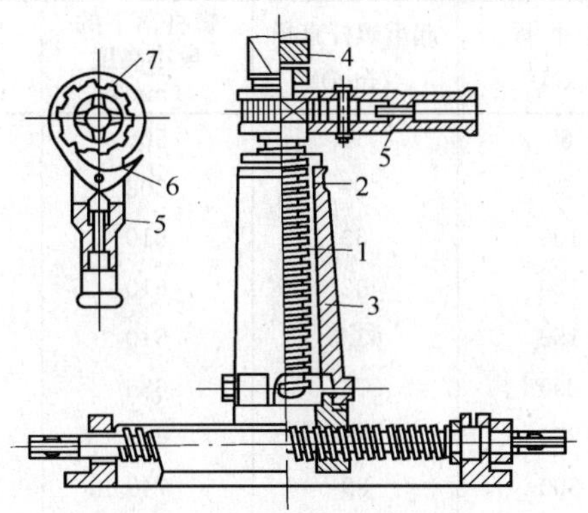

图 1-162 移动式螺旋千斤顶

1—螺杆；2—轴套；3—壳体；4—千斤顶头；5—棘轮手柄；6—制动爪；7—棘轮

技 术 参 数 表 1-84

名称 / 规格	起重量	起升高度	最低高度
	t	mm	mm
QL3.2	3.2	110	200
QL5	5	130	250
QL8	8	140	260
QL10	10	150	280
QLD10	10	75	200
QL16	16	180	320
QL20	20	180	325
QL25	25	130	275
QL32	32	200	395
QLD32	32	180	320
QL42	42	200	410
QL50	50	250	452
QLD50	50	150	330
QL100	100	200	452

移动式螺旋千斤顶的技术规格(1) 表 1-85

起 重 量 (kN)	顶升高度 (mm)	螺杆落下最小高度 (mm)	在底座上水平移动距离 (mm)	千斤顶总质量 (kg)
80	250	510	175	40
100	280	540	300	80
125	300	600	300	85
150	345	660	300	100
175	350	660	360	120
200	360	680	360	145
250	360	690	370	165
300	360	730	370	225

移动式螺旋千斤顶的技术规格(2) 表 1-86

起重量 (kN)	起重螺杆直径 (mm)	螺杆落下的最小高度 (mm)	顶升高度 (mm)	水平移动距离 (mm)	千斤顶质量	
					(1b)	(kg)
60	54	508	190	203	86	39
80	57	508	229	254	93	42
100	60	610	229	305	110	50
120	62	610	305	381	119	54
150	63.5	610	305	457	150	68
200	76	686	305	457	207	94
250	83	699	305	457	297	135
300	89	749	305	457	350	158
350	95	749	305	457	408	185

4）螺旋千斤顶使用注意事项

① 使用时，不得超过容许顶重的最大能力，防止超负荷造成事故；

② 使用、保管期间要用干油润滑，以免磨损降低使用寿命；

③ 顶升重物前，注意放正千斤顶的位置，使其保持垂直，以防止螺杆偏斜弯曲及由此引起的事故；

④ 顶重时，应均匀使用力量摇动手柄，避免上下冲击而引起事故和损坏千斤顶；

⑤ 放松千斤顶使重物降落之前，必须事前检查重物是否已经支垫牢靠，然后缓缓放落，以保证安全。

(3) 液压千斤顶的型式、技术规格及使用注意事项

液压千斤顶的工作部分为活塞及顶杆，工作时利用千斤顶的手柄驱动液压泵，将工作液体压入液压缸内，推动活塞上升，顶起重物。

安装工程常用的是 QY 型液压千斤顶，它是一种手动液压千斤顶，质量轻、效率高，使用搬运方便，其结构见图 1-163，技术性能参数见表 1-87。

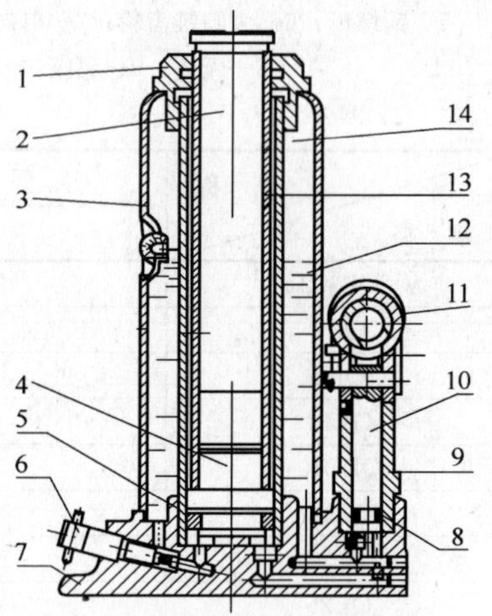

图 1-163 液压千斤顶结构图

1—顶帽；2—调整螺杆；3—外套；4—活塞；5—O 型密封圈；6—回油阀杆；7—底座；8—O 型密封圈；9—泵体；10—泵心；11—揿手；12—工作油；13—活塞杆；14—油缸

性 能 参 数 表 1-87

参数名称 / 型号	起重量 (t)	最低高度 ≤(mm)	起升高度 ≥(mm)	调整高度 ≥(mm)	净 重/台 (kg)	每箱台数
QY2D	2	148	80	50	2.2	10
QY4D	4	180	110	50	3.2	5
QY6D	6	185	110	60	4.5	5
QY8D	8	200	125	60	5.5	5

续表

参数名称 / 参数 / 型号	起重量 (t)	最低高度 ≤(mm)	起升高度 ≥(mm)	调整高度 ≥(mm)	净 重/台 (kg)	每箱台数
QY10D	10	200	125	60	6.2	5
QY12D	12	210	125	60	7.2	2
QY16D	16	225	140	60	9.0	2
QY20D	20	235	145	60	11.0	2
QY32D	32	255	150	—	15.0	2
QY50D	50	260	155	—	24.0	1
QYL1.6	1.6	158	90	60	2.2	10
QYL3.2	3.2	195	125	60	3.3	5
QYL5D	5	200	125	80	4.6	5
QYL8	8	236	160	80	6.9	5
QYL10	10	240	160	80	7.3	5
QYL12.5	12.5	245	160	80	9.3	2
QYL16	16	250	160	80	11.0	2
QYL20	20	280	180	—	15.0	2
QYL32	32	285	180	—	23.0	1
QYL50	50	300	180	—	33.5	1
QYL100	100	335	180	—	78	1

液压千斤顶的使用注意事项如下：

1）液压千斤顶必须安放在稳固平整结实的基础上，以承受重压，并保证不使顶升时发生千斤顶下陷、歪斜、甚至卡住活塞；

2）液压千斤顶的贮液器（或油箱）和液体须经常保持清洁，如产生渣滓或液体混浊，都会使活塞顶升受到阻碍，致使顶杆伸出速度缓慢，甚至发生故障；

3）必须注意千斤顶活塞容许的顶升高度，防止顶升重物时超过容许高度而引起事故；

4）不得在千斤顶高压输油管路有折裂、破损或连接不良的情况下升举重物；

5）活塞顶伸至退缩过程中，随时要用棉纱擦净；

6）为防止长时间顶举或突然下降，必要时应在顶升部分作临时垫承，既能避免和减少密封圈损伤，又有利于安全操作。

(4) 齿条千斤顶的技术规格和使用注意事项

齿条千斤顶也叫齿杆千斤顶，由齿条和齿轮组成，可以1～2人用手转动千斤顶上的手柄，以顶起重物。在千斤顶的手柄上备有制动时所需的制动齿轮。

利用齿条的顶端，齿条千斤顶即可顶起位于高处的重物，也可以利用齿条的下脚，顶起位于低处的重物。

表 1-88 是目前生产的齿条千斤顶的定型产品的技术规格。

Y、TY 型齿条千斤顶的技术规格 **表 1-88**

<table>
<tr><th colspan="2">型　号</th><th>Y63-01</th><th>TY63-02</th></tr>
<tr><td rowspan="2">起 重 量</td><td>静负荷(kN)</td><td>150</td><td>150</td></tr>
<tr><td>动负荷(kN)</td><td>100</td><td>100</td></tr>
<tr><td colspan="2">最大起重高度(mm)</td><td>280</td><td>330</td></tr>
<tr><td colspan="2">每次顶升高度(mm)</td><td>2.7</td><td>15</td></tr>
<tr><td colspan="2">钩面最低高度(mm)</td><td>55</td><td>55</td></tr>
<tr><td colspan="2">机座尺寸(mm)</td><td>166×260</td><td>166×260</td></tr>
<tr><td colspan="2">外形尺寸(mm)</td><td>370×166×525</td><td>414×166×550</td></tr>
<tr><td colspan="2">总质量(kg)</td><td>26</td><td>25</td></tr>
</table>

齿条千斤顶的使用注意事项如下：

1) 顶重时，须将千斤顶垂直放置，并不容许超负荷，以确保使用安全；

2) 使用前，应先检查制动齿轮及制动装置的可靠程度，并保证在顶重时能起制动作用；

3) 齿条和齿轮无裂纹或断齿，手柄及其所有配件完整无缺，且连接正确可靠时方可使用；

4) 齿条及齿轮等部分须经常保待清洁，防止泥砂杂物阻滞齿条和轮齿部分，增加阻力，并减少使用寿命。并定期清洗涂油。

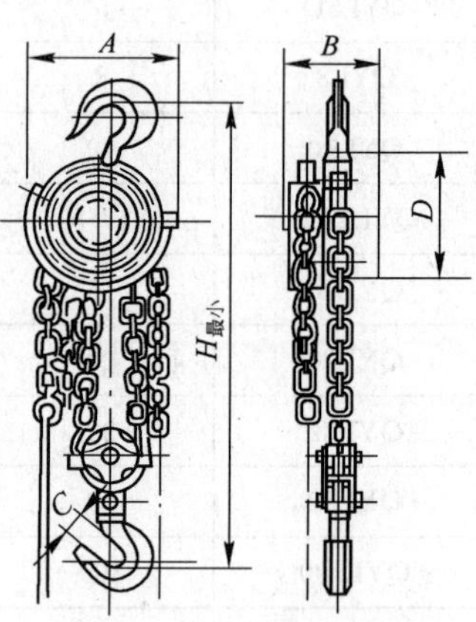

图 1-164　SH 型手拉葫芦

2. 手拉葫芦(链式滑车)

(1) 0.5～20t(5～200kN)SH 型手拉葫芦

1) SH 型手拉葫芦的形式、基本参数及尺寸见图 1-164 及表 1-89。

SH 型手拉芦葫的基本参数与尺寸系列 **表 1-89**

<table>
<tr><th rowspan="3">参数
型号</th><th rowspan="3">起重量(kN)</th><th rowspan="3">起重高度(m)</th><th rowspan="3">手拉力≯(N)</th><th rowspan="3">起重链行数</th><th colspan="2">起重 链条</th><th colspan="2">手拉 链条</th><th rowspan="3">两钩间最小距离H(mm)</th><th colspan="4">主 要 尺 寸</th><th rowspan="3">净重≯(kg)</th><th rowspan="3">起重高度每增加 1m 应增加的重量(kg)</th></tr>
<tr><th>圆钢直径</th><th>节距</th><th>圆钢直径</th><th>节距</th><th>A</th><th>B</th><th>C</th><th>D</th></tr>
<tr><th colspan="2">(mm)</th><th colspan="2">(mm)</th><th colspan="4">(mm)</th></tr>
<tr><td>SH1/2</td><td>5</td><td>2.5</td><td>195</td><td>1</td><td rowspan="2">7</td><td rowspan="2">21</td><td rowspan="7">5</td><td rowspan="7">25</td><td>225</td><td>180</td><td>126</td><td>18</td><td>155</td><td>11.5</td><td>2</td></tr>
<tr><td>SH1</td><td>10</td><td>2.5</td><td>210</td><td rowspan="4">2</td><td>430</td><td>180</td><td>126</td><td>25</td><td>155</td><td>16</td><td>3.1</td></tr>
<tr><td>SH2</td><td>20</td><td>3</td><td>325</td><td>9</td><td>27</td><td>550</td><td>234</td><td>152</td><td>33</td><td>200</td><td>31</td><td>4.68</td></tr>
<tr><td>SH3</td><td>30</td><td>3</td><td>345</td><td>11</td><td>31</td><td>610</td><td>267</td><td>167</td><td>40</td><td>235</td><td>46</td><td>6.7</td></tr>
<tr><td>SH5</td><td>50</td><td>3</td><td>375</td><td rowspan="3">14</td><td rowspan="3">39</td><td>840</td><td>326</td><td>197</td><td>50</td><td>295</td><td>75</td><td>9.8</td></tr>
<tr><td>SH10</td><td>100</td><td>5</td><td>400</td><td>4</td><td>1000</td><td>380</td><td>245</td><td>65</td><td>295</td><td>214</td><td>19.6</td></tr>
<tr><td>SH20</td><td>200</td><td>5</td><td>435</td><td>8</td><td>1200</td><td>925</td><td>372</td><td>85</td><td>295</td><td>389</td><td>37.2</td></tr>
</table>

2）手拉葫芦的起重高度不超过 12m，1/2～2t(5～20kN)间隔 0.5m 选用，3～20t(30～200kN)间隔 1m 选用。

起重高度是指吊钩最低与最高工作位置间的距离。

3）标记示例：起重量为 2t(20kN)的手拉葫芦。

(2) WA 型 1～20t(10～200kN)链式手拉葫芦(见图 1-165)

WA 型手拉葫芦是在 SH 型的基础上改进的一种新系列产品，采用高强度链条及四齿短轴等新结构，具有体积小、自重轻、传动灵活、手拉力小等优点。基本参数与尺寸系列见表 1-90。

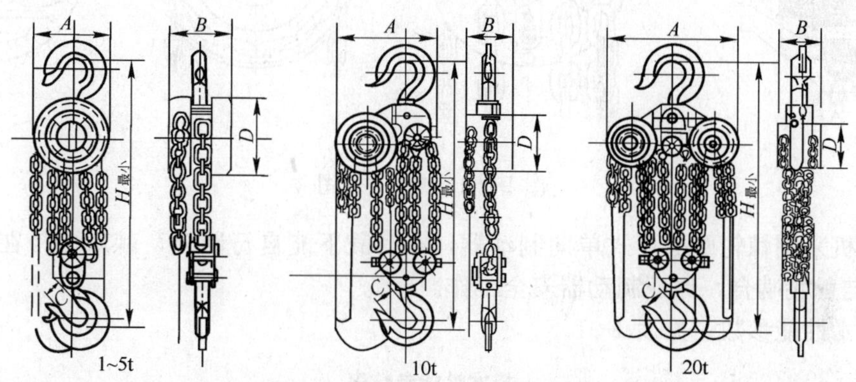

图 1-165 WA 型手拉葫芦

WA 型手拉葫芦的基本参数与尺寸系列 表 1-90

型号		WA_1	WA_2	$WA_{2.5}$	WA_3	WA_5	WA_{10}	WA_{20}
起重量(kN)		10	20	25	30	50	100	200
起升高度(m)		2.5	2.5	2.5	3	3	3	3
试验载荷(kN)		12.5	25	25	37.5	62.5	125	250
两钩间最小距离(mm)		270	380	370	470	600	700	1000
手拉力(N)		310	320	380	350	380	390	390
起重链条	直径×节距(mm)	φ6	φ6	φ10	φ8	φ10	φ10	φ10
	行数	1	2	1	2	2	4	3
主要尺寸(mm)	A	142	142	210	178	210	558	580
	B	120	120	160	136	160	160	186
	C	128	341	36	38	48	64	82
	D	142	142	210	178	210	210	210
质量(kg)		10	14		24	36～38	68	150
起升高度增加 1m 应增加的重量(kg)		1.7	2.5	3.1	3.7	5.3	9.7	9.4

(3) HSZ 系列手拉葫芦

1）这种手拉葫芦具有使用安全、维护简便、机械效率高、手链拉力小、自重轻便、便于携带、外形美观、尺寸较小、经久耐用等特点。

它采用对称排列二级正齿轮传动结构。其主要零件有手链条、手链轮、制动器、5 齿长轴、片齿轮、4 齿短轴、花键孔齿轮、起重链轮和起重链条。

2）该系列手拉葫芦的传动方法，见图 1-166，曳动手链条(15)、手链轮(9)转动，将摩擦片(11)、棘轮(14)、制动器座(10)压成一体共同旋转，5 齿长轴(5)便转动后齿轮(8)、4 齿轮短轴(7)和花键孔齿轮(6)，这样，装置在花键孔齿轮上的起重链轮(4)带动起重链条(1)，即可平稳地提升重物。

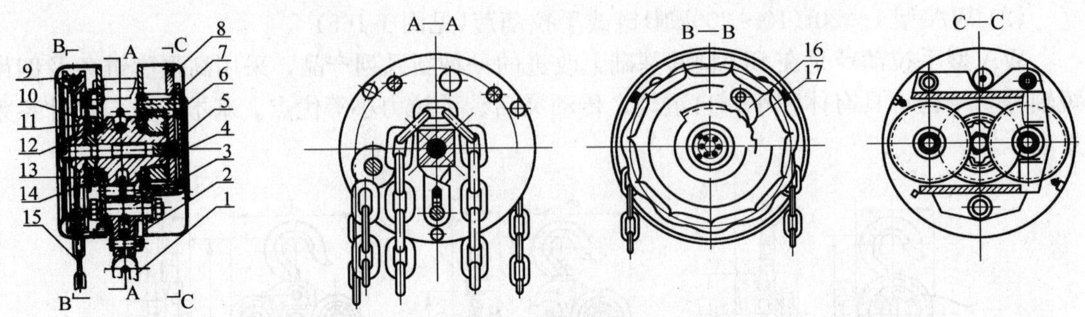

图 1-166 传动方式图

3）本机采用棘轮摩擦片式单向制动器，在荷载下能自行制动，棘爪(17)在弹簧(16)的作用下与棘轮啮合，保证制动器安全工作。

4）技术性能参数，见表 1-91。

技术性能参数表 **表 1-91**

型　号		HSZ $\frac{1}{2}$		HSZ1		HSZ1.6		HSZ2		HSZ3.2		HSZ5		HSZ10		HSZ20	
起重量(t)		0.5		1		1.6		2		3.2		5		10		20	
起重高度(m)		2.5	3	2.5	3	2.5	3	2.5	3	3	5	3	5	3	5	3	5
试验载荷(t)		0.63		1.25		2		2.5		4		6.25		12.5		25	
两钩间最小距离(mm)		280		300		360		380		470		600		730		1000	
满载时的手链拉力(kgN)		16		32		37		33		38		42		45		53	
起重链行数		1		1		1		2		2		2		4		8	
主要尺寸(mm)	*A*	142		142		178		142		178		210		358		580	
	B	126		126		142		126		142		165		162		190	
	C	24		28		32		34		38		48		64		72	
	D	142		142		178		142		178		210		210		210	
净重(kg)		9.5	10.5	10	11	15	16	14	15.5	24	31.5	36	47	68	88	150	189
装箱毛重(kg)		13.5	14.5	14	15	20	21	18	19.5	30	37.5	48	59	85	105	178	217
装箱尺寸(长×宽×高)(cm)		35×26×21		35×26×21		39×28×21		35×26×21		46×34×21		52×40×28		63×49×30		79×69×50	
起重高度每增加 1m 应增加的重量(kg)		1.7		1.7		2.3		2.5		3.7		5.3		9.7		19.5	

(4) 使用手拉葫芦注意点

1）在起吊重物时，应估算重物是否超出手拉葫芦的额定荷载，切勿超载使用。

2）在使用前，应对机件(如吊钩、起重链条、制动器等)以及润滑情况进行仔细检查，确认完好无损后方可使用。

3）起重前检查上下吊钩是否挂牢。吊钩不得有歪斜及重物吊在吊钩尖端等不良现象。

起重链条应垂直悬挂，不得有错扭的链环，以免起吊时链条卡住，影响机件的正常工作。

4）操作人员应站在与手链轮同一平面内曳动手链条，使手链轮沿顺时针方向转动，即可使重物上升，反向曳动手链条，手链轮退出制动器座，同时放松棘轮，棘爪不起制动作用，重物即可缓慢下降。

5）不要在与手链轮不同一平面斜向曳动手链条，以免发生手链条卡住和葫芦扭动。

6）在起吊重物时，严禁人员在重物下做任何工作或行走，以免发生人身事故。

7）在起吊过程中，无轮重物上升或下降，曳动手链条时，用力应均匀和缓，不要用力过猛，以免手链条跳动或卡环。

8）操作人员发现拉不动时，不要猛拉，更不能增加人员，应立即停止使用进行检查。

9）防止不熟悉本机性能者任意进行拆装。

10）在加油和使用过程中，制动器的摩擦表面必须保持洁净，对制动器部分应经常进行检查，防止其失灵，出现重物下坠现象。

11）葫芦经过清洗检修后，应进行空载和重载试验，确认工作正常后，才能交付使用。

12）使用完毕后，应将葫芦上的泥垢擦净，然后存放在干燥地点，防止受潮、生锈和腐蚀。

13）每年应由熟悉操作人员用煤油清洗机件，在齿轮和轴承部分加黄油润滑。

3. 钢丝绳式手扳葫芦

(1) 工作原理

钢丝绳式手扳葫芦(图 1-167)是由两对平滑自锁的夹钳，象钢爪一样交替夹紧钢丝绳作直线往复运动。牵引或提升载荷在无外力时，其自锁作用是靠机壳中的两个压缩弹簧对钢丝绳产生的挤压力。其夹紧力与载荷成正比。

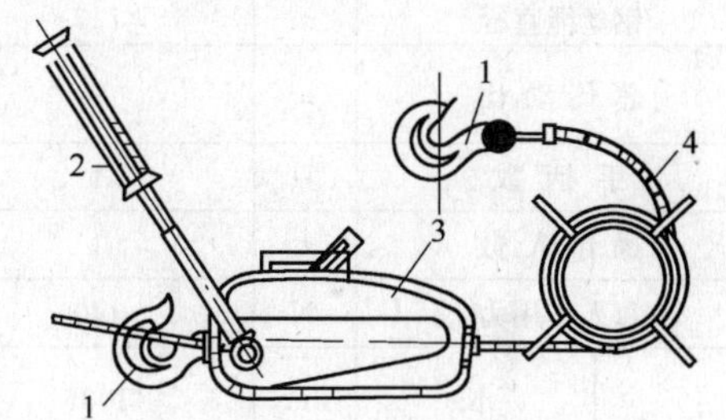

图 1-167 钢丝绳式手扳葫芦
1—钩挂；2—摇臂(手柄)；
3—壳体；4—钢丝绳

(2) 用途

钢丝绳式手扳葫芦广泛用于装卸各种货物和牵引机车；拉出陷入泥坑中的汽车；架设通讯线架；拉紧拖拉绳；同时还适用于高低狭窄之处以及其他起重设备达不到的地方作起吊、牵引作业之用。可供水平、垂直、倾斜及任意方向的提升与牵引工作。钢丝绳窜动长度，提升及下降时都不受限制。钢丝绳式手扳葫芦的技术参数见表 1-92。

钢丝绳式手扳葫芦的技术参数表 **表 1-92**

起重量 (kN)	手扳力 (N)	钢丝绳 6×19+1		手柄往复一次钢丝绳行程		外形尺寸：长×宽×高 (m m)	质量 (kg)	生产厂
		直径 (mm)	长度 (m)	快速 (mm/次)	慢速 (mm/次)			
15	360	11.5	10	65		615×350×137	31	天津吊链厂
30	310	16	10	50	40	697×310×164	43.5	南京起重机械厂
30	330	15.5		30		776×344×140	92	上海冶金矿山机械厂

4. 手摇绞车

(1) 手摇绞车的构造

手摇绞车的构造见图 1-168，它是由手柄、卷筒、钢丝绳、摩擦制动器、止动棘轮装置、小齿轮、大齿轮、变速器等组成。

为安全起见，在绞车上装有安全摇柄或制动装置，用它来止动棘轮以制动设备悬吊于一定位置，防止卷筒倒转。当设备下降时，则由摩擦制动器减低下降速度，保证工作时的安全、可靠。

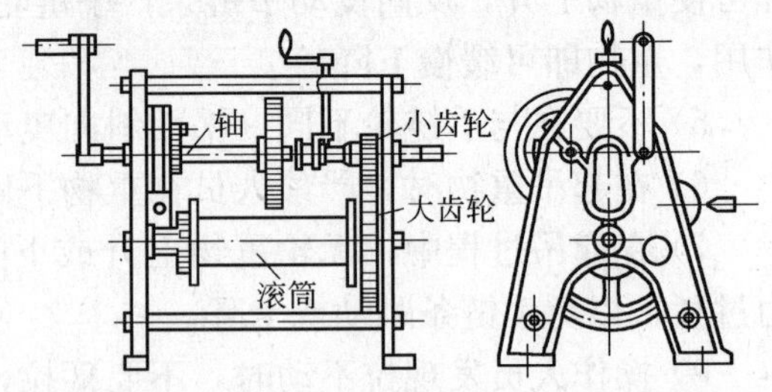

图 1-168　手摇绞车构造图

手摇绞车按其起重机能力不同可分为 0.5、1.0、2、3、5、8、10t 等多种，其规格见表 1-93。

ST 型手摇绞车技术规格　　**表 1-93**

项目名称		单位	型号			
			$ST_{0.5}$	ST_1	DST_3	DST_5
最外层额定牵引力		N	5000	10000	30000	50000
卷筒	直径	mm	130	180	200	230
	宽度	mm	460	(400) 500	520	670
	容绳量	m	100	150	200	200
	缠绕层数		4	5	7	6
钢丝绳直径		m	7.7	11	15.5	18.5
总传动比			14	(18) 9	26.4	50
手柄数		只	1	2	2	2
操作人数		人	1	2	4	4
每人作用力		N	140	160	150	16
外形尺寸	长	mm	1035	(1700) 1490	1813	2105
	宽	mm	602	(720) 775	863	866
	高	mm	793	(1160) 990	1265	1547
自重		kg	126	(234) 216	525	1240

(2) 使用绞车的注意事项

1) 绳索与卷筒的联系有两种方法：定梢法与拉梢法。如卷筒长度较大，能容纳所需卷入的钢丝绳时，可采用定梢法，根据钢丝绳的捻向，将绳头固定在卷筒的左边或右边(见图 1-169)，并从卷筒的下方绕入，以增加绞车的稳定。为保证安全运行，卷筒上的钢丝绳，不能全部放出，至少要保留 3～4 圈。如绳索很长不能完全容纳在卷筒内时，就采用拉梢法。

2) 尽可能使钢丝绳绕入卷筒的方向与卷筒轴线垂直，这样就能使钢丝绳能正确地绕入卷筒，常在绞车正前方设置转向滑轮，使钢丝绳卷绕到卷筒中间时，钢丝绳与卷筒轴线成直角(见图 1-170)。同时，卷筒轴线与转向滑轮的轴线应保持一定的距离 l，使钢丝绳的偏角 α 不小于 1.5°(对光面卷筒)到 2°(对有绳槽的卷筒)。

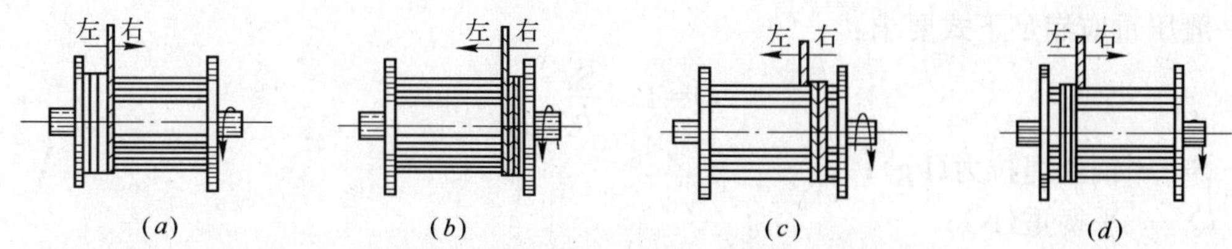

图 1-169 钢丝绳在卷筒上的缠绕方法

(a)用右捻钢丝绳上卷，钢丝绳一端固定在卷筒左边，由左向右卷；(b)用右捻钢丝绳下卷，钢丝绳一端固定在卷筒右边，由右向左卷；(c)用左捻钢丝绳上卷，钢丝绳一端固定在卷筒右边，由右向左卷；(d) 用右捻钢丝绳下卷，钢丝绳一端固定在卷筒左边，由左向右卷

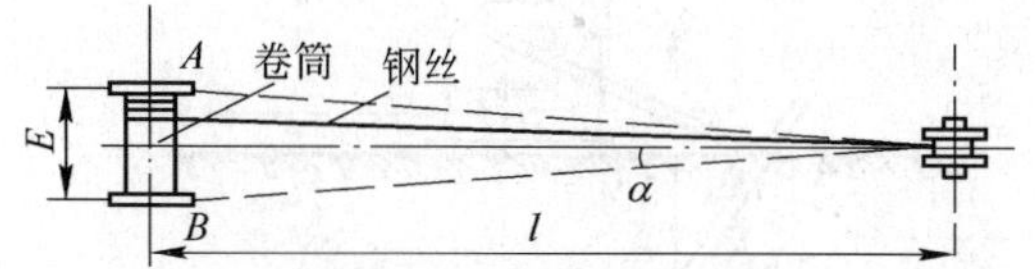

图 1-170 卷筒与转向滑轮的相对位置

5. 电动卷扬机

(1) 电动卷扬机的构造

电动卷扬机由于起重能力大，速度可慢可快，操作方便安全，是起重作业中经常用的牵引设备。

它主要由卷筒、减速器、电动机和电磁抱闸等部件组成(见图 1-171)。一般分为单卷筒和双卷筒两种。在起重作业中常用的是慢速卷扬机。

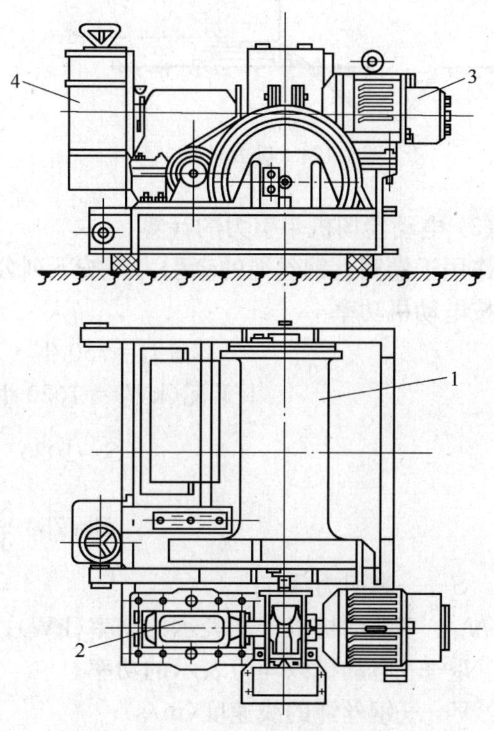

图 1-171 电动卷扬机

1—卷筒；2—减速器；3—电动机；4—鼓形控制器

(2) 电动卷扬机的安装

在起重作业中，卷扬机安装好坏将直接影响到设备安全、可靠的起重与运移。在安装时，安装位置应选在视野宽广，便于卷扬机司机和指挥人员观察的部位。若用桅杆时，其布置距离不得小于桅杆的高度。

卷扬机的固定方法也是极为重要的，为了防止起吊或搬运设备时卷扬机产生倾斜与滑动，安装工地常采用的固定方法有：

1) 固定基础：将卷扬机安放在混凝土基础上，用地脚螺栓将卷扬机底座固定。此法用于长期使用的情况，如港口、仓库(见图 1-172)。

2) 平衡重法：见图 1-173，将卷扬机固定在木垫上，前面设置木桩以防滑动，后面加压重块 Q，以防倾履。

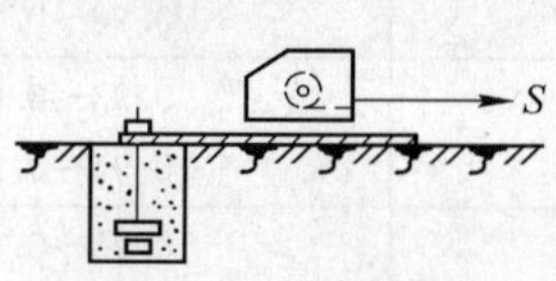

图 1-172 固定基础

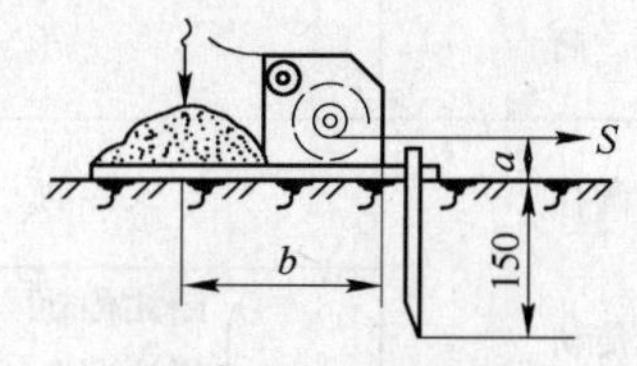

图 1-173 平衡重法

一般压重应满足下式要求：

$$Q=1.5\frac{S\alpha}{b}$$

式中　S——钢丝绳拉力(kg)；

Q——平衡重(N)；

b——平衡重重心至卷扬机前沿的距离(mm)；

α——倾履稳定系数。

3）地锚法：地锚又称地龙(见图 1-174、图 1-175)，这种方法在工地上用的较普遍。

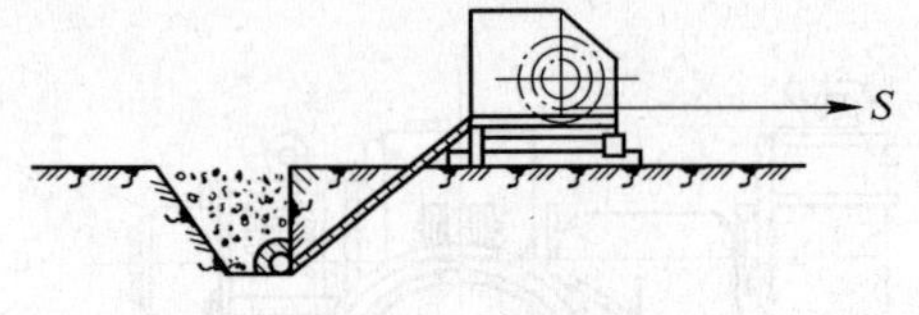

图 1-174　卧式地锚

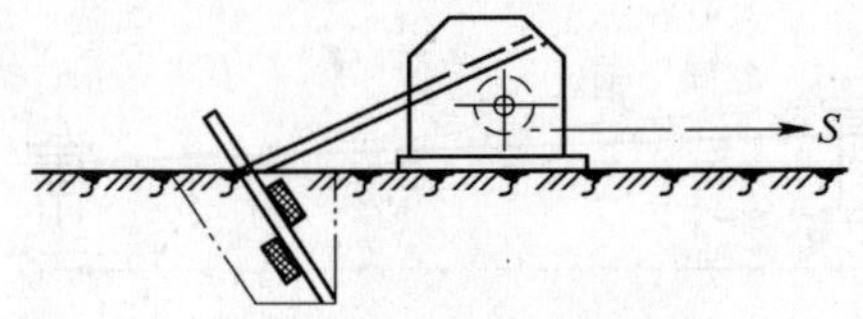

图 1-175　立式地锚

(3) 电动卷扬机牵引力的计算

作用于卷筒上钢丝绳的牵引力，按下列公式进行计算：

按电动机功率

1 马力＝750 牛·米/秒(N·m/s)；

1 千瓦(kW)＝1020 牛·米/秒(N·m/s)；

$$S=1020\frac{N_H}{V}\eta_{总}(N)$$

$$S=750\frac{N_P}{V}\eta_{总}(N)$$

式中　S——牵引力(N)；

N_H——电动机以千瓦表示的功率(kW)；

N_P——电动机以马力表示的功率；

V——钢丝绳的线速度(m/s)；

$\eta_{总}$——总效率(%)；

$$\eta_{总}=\eta_0\eta_1\eta_2\eta_3\cdots\cdots\eta_n$$

式中　η_0——卷筒效率。当卷筒装在滑动轴承上时，$\eta_0=0.94$；卷筒装在滚动轴承上时，$\eta_0=0.96$；

η_1、$\eta_2\cdots\eta_n$——表示传动机件效率，由表 1-94 查出。

各种零件的传动效率　　表 1-94

零件名称			效率
卷筒	滑动轴承		0.94～0.96
	滚动轴承		0.96～0.98
一对圆柱齿轮传动	开式传动	滑动轴承	0.93～0.95
		滚动轴承	0.95～0.96
	闭式传动（稀油润滑）	滑动轴承	0.95～0.97
		滚动轴承	0.96～0.98

钢丝绳线速度的计算：

$$V=\pi D\eta_{n}$$

式中 V——钢丝绳线速度(m/s)；

D——卷筒直径(m)；

η_{n}——卷筒转速(r/s)。

$$\eta_{n}=\frac{n_{H}i}{60}$$

式中 η_{H}——电动机转数(r/min)；

i——传动比。

$$i=\frac{T_{主}}{T_{被}}$$

式中 $T_{主}$——所有主动轮齿数的乘积；

$T_{被}$——所有被动轮齿数的乘积。

【例】 有一台电动卷扬机，其传动系统见图 1-176，技术性能如下：$N_P=30$ 马力，$N_H=960\text{r/min}$，$T_1=30$，$T_2=120$，$T_3=22$，$T_4=66$，$T_5=16$，$T_6=64$，$D=0.35\text{m}$，试求钢丝绳(跑绳)的牵引拉力 S 为多少？

【解】 $i=\dfrac{30\times22\times16}{120\times66\times64}=\dfrac{1}{48}$

$$\eta_{n}=\frac{n_{H}i}{60}=\frac{960\times\frac{1}{48}}{60}=\frac{1}{3}\text{r/s}$$

$$V=\pi Dn_{n}=3.14\times0.35\times\frac{1}{3}=0.37\text{m/s}$$

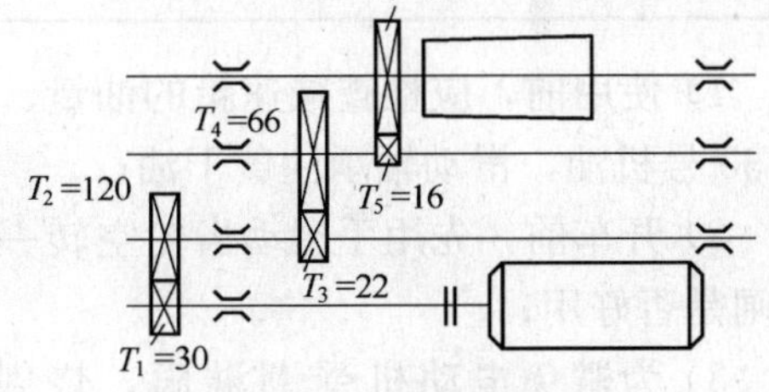

图 1-176 卷扬机传动图

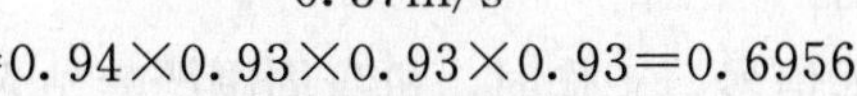

$$\eta_{总}=0.94\times0.93\times0.93\times0.93=0.6956$$

所以 $$S=750\,\frac{N_{P}\eta_{总}}{V}=\frac{750\times30\times0.6956}{0.37}=42570\text{N}$$

(4) 电动卷扬机的技术规格

目前，国内生产的卷扬机有 1～32t 的电动卷扬机。为选用方便，列于表 1-95。

(5) 使用电动卷扬机注意事项

电动卷扬机的技术规格 **表 1-95**

类型	卷扬机 起重能力(kN)	卷筒直径(mm)	卷筒长度(mm)	平均绳速(m/min)	容绳量(m) 钢丝绳直径(mm)	外形尺寸(mm) 长×宽×高	电动机功率(kW)	总质量(t)
单卷筒	1 (10)	200	350	36	200 ϕ12.5	1390×1375×800	7	1
单卷筒	3 (30)	340	500	7	110 ϕ12.5	1570×1460×1020	7.5	1.1
单卷筒	5 (50)	400	840	8.7	190 ϕ21	2033×1800×1037	11	1.9

续表

类 型	卷 扬 机						电动机功率 (kW)	总质量 (t)
	起重能力 (kN)	卷筒直径 (mm)	卷筒长度 (mm)	平均绳速 (m/min)	容绳量 (m) 钢丝绳直径 (mm)	外形尺寸 (mm) 长×宽×高		
双卷筒	3 (30)	350	500	27.5	300 $\phi 16$	1880×2795×1258	28	4.5
双卷筒	5 (50)	220	600	32	500 $\phi 22$	2497×3096×1389.5	40	5.4
单卷筒	7 (70)	800	1050	6	600 $\phi 31$	3190×2553×1690	20	6.0
单卷筒	10 (100)	750	1312	6.5	1000 $\phi 31$	3839×2305×1793	22	9.5
单卷筒	20 (200)	850	1321	10	600 $\phi 42$	3820×3360×2085	55	

1）使用前，应检查减速箱的油量、油的纯度及各滑动轴承是否有油。对减速箱一般用30号机油，滑动轴承注黄干油；

2）开车前，先用手搬动齿轮空转一圈，检查各部分零件是否转动灵活，特别注意制动闸是否好用；

3）为避免电动机受潮淋雨，烧毁电气装置，一般用道木将底座垫高，并设置雨棚；

4）操作人员必须熟悉卷扬机的性能和指挥信号，工作时，机身周围严禁站人；

5）起吊设备时，卷扬机卷筒上钢丝绳余留圈数不得小于3圈；

6）卷扬机停车后，要切断电源，控制器放到零位，用保险闸制动刹紧。这时跑绳应放松；

7）严禁超载荷使用卷扬机；

8）用多台电动卷扬机起吊设备时，要统一指挥，统一行动，注意卷扬机的同步操作。

6. 自行式起重机

在起重作业中常用的自行式起重机有：汽车式起重机、履带式起重机、轮胎式起重机等，适用于下述工作条件：

(1) 载荷的就位地点附近有障碍物，起重机只能停在较远的地方进行吊装作业；

(2) 从各种货车和火车上卸载；

(3) 吊装形状不规则的载荷；

(4) 抓取或处理松散的物料；

(5) 大型工艺设备的维修作业。

自行式起重机具有以下优点：

(1) 机动灵活性大，使用调动方便，在它们的起重能力及外形尺寸允许条件下，能够在整个施工场地或车间内承担大部分的起重工作；

(2) 除了作起重机使用之外，可以在臂架上配装各种拉铲抓斗、挖沟器和挖铲，进行其他工作；

(3) 由于能就地回转 360°，能做到多数起重机不能达到的吊装范围；

(4) 由于具有独立的动力装置，不需要装设一般起重机要求的馈电拖动电缆或带危险性的裸露接触导电装置；

(5) 不需要辅设轨道，因此可节约基建投资和维修费用；

(6) 可以消除列车卸载时间的延误；由于它们行动自由，不必把每节列车移近起重机，它可以自由地移近整个列车的各个车箱；

(7) 它可以把载荷放在地面上、地面下或比起重机更高的地方，其他类型起重机却无法做到。

但是，自行式起重机也有一个主要的缺点，那就是稳定性小，而且需要有适当的工作地面，对路面的要求也比较高。

在起重作业中，自行式起重机的上述优点应该充分考虑，同时还应从起重能力、搬运距离、载荷类型及其他各方面进行分析以后，再决定选用，因为自行式起重机并不是在任何情况下都是适用的。

(1) 汽车式起重机

汽车式起重机是装在标准的或特制的汽车底盘上的起重设备，常用于露天装卸各种设备与物料，以及建筑工程安装中小型构件。

汽车式起重机运行速度高，机动性好，便于单机快速转移与汽车编队行驶。一般行驶速度可达 60km/h。

常用汽车式起重机的技术规格见表 1-96。

汽车式起重机的技术规格 **表 1-96**

型　号	Q51	Q82	Q2-5H	Q2-6-5	Q2-7	Q2-8	Q2-12	Q2-16	Q2-16	Q2-32
最大起重量(副钩)(kN)	50	80	50	65	70		120	160	160	22(34)
起重臂长(m)		12		10.98	11.98	11.7	13.2	20	21	30
起升高度(m)	6.5	11.4	65	11.3	11.3	12	12.3	20	20.3	29.5
车身长度(mm)	8740	10500	7748	8740	8700	8600	10350	8700	11640	12920
车身宽度(mm)	2420	2520	2299	2300	2300	2450	2400	2300	2560	2600
车身高度(mm)	3400	3500	2400	3070	3280	3200	3300	3280	3250	3500
总质量(t)	7.5	14	9	8.45	10.5	15	17.3		21.5	32

注：车身长度中包括吊臂长。

(2) 轮胎式起重机

轮胎式起重机是装在特制的轮胎底盘上的起重装备。车身的行驶依靠同一动力装置来驱动。主要用于港口和建筑工地。

轮胎式起重机运行速度较低，一般在 30km/h 以下。司机室也只有一个。

常用的轮胎式起重机的技术规格见表 1-97。

常用的轮胎式起重机的技术规格 **表 1-97**

型号			QLD-3/5	QL2-3	HG-10	Q-161	QL3-16	QL3-253	QL3-40
最大起重量(kN)			60	80	100	150	160	230/35	400/40
起重臂长(m)			13	7	16	15	20	32	42
最大起升高度(m)			12		15.7	13.5	18.4		37.5
起重幅度范围(m)			4～10		2.3～14.8	3.4～15.5	3.4～20	4～12	4.5～25
外形尺寸(行驶状态)(mm)	长	带吊臂	16500	8552		14650	14650	17600	21600
		无吊臂		5285	5025		5386	6820	9600
	宽		3500	2500	3000	3200	3176	3200	3500
	高		4000	2865	3375	2500	348	3430	3900
质量(t)			16	10	～20	23	22	29 (12m 臂)	53.7

(3) 履带式起重机

履带式起重机操作灵活，使用方便，车身能回转 360°，可以载荷行驶，在一般平整坚实的首路上即可行驶和工作，也是目前安装工程中的主要起重机械。但它的稳定性小，操作时应严格遵守安全规程，不能超负荷吊装。其臂架的变幅机构采用蜗杆蜗轮减速器(有自锁制动作用)。但履带式起重机行走时，履带对路面的破坏性比较大，行走速度慢，故在市内和比较长距离的转移，都需用平板拖车或铁路平车进行运输。

目前吊装工程中常用的履带式起重机的技术规格见表 1-98、表 1-99、表 1-100、表 1-101、表 1-102。

1) W-100 1/2 型起重机技术规格

W-100 1/2 型起重机技术规格 **表 1-98**

起重臂长(m)	13					23				
幅度(m)	4.5	6	7.5	10	12.5	6.5	9.5	12.5	15	17
起重量(kN)	150	100	72	48	35	80	46	30	22	17
起升高度(m)	11	11	10.6	8.8	5.8	19	19	18	17	16
工作时机器质量(t)	39.7					40.74				
行走部分宽度(m)	3.2									
双足支架距地面高度(m)	4.17									

2) W-200 1/2 型起重机技术规格

W-200 1/2 型起重机技术规格 **表 1-99**

起重臂长(m)	15					30				40			
幅度(m)	4.5	6.5	9.0	12	15.5	8.0	11.0	16.5	22.5	10.0	15.5	21.5	30.5
起重量(kN)	500	280	175	117	82	200	127	70	43	80	50	30	15
起升高度(m)	12	11.4	10	8	3	26.5	25.6	23.2	16	36	34.5	32	2.5
工作时机器质量(t)	75.74					77.54				79.14			
行走部分宽度(m)													
双足支架距地面高度(m)	6.3												

3）东风 W1-06 型起重机技术规格

东风 W1-06 型起重机技术规格 表 1-100

起重臂长(m)	10				15				18			
幅度(m)	3.7	5	8	10	4	6	12	14	5	7	11	15
起重量(kN)	100	67	37	26	75	48	20	15	50	35	20	13
起升高度(m)	9.6	9.165	7.14	4.35	14.7	14.2	10.2	7.5	17.29	17	15	11.3
机器质量(t)	22.2				22.5				22.7			
行走部分宽度(m)	2.7											
双足支架距地面高度(m)	3.31											

注：外带平衡重 3.2t。

4）W-50 1/2 型起重机技术规格

W-50 1/2 型起重机技术规格 表 1-101

起重臂长(m)	10				18			
幅度(m)	3.7 7.0	4.0 8.8	5.0 9.0	6.0 10.0	4.5 11	5 13	7 15	9 17
起重量(kN)	100 41	87 35	62 30	50 26	75 23	62 18	41 14	30 10
最大起升高度(m)	9.2 7.45	9.0 6.5	86 5.4	81 3.7	17.2 14.4	17 12.8	16.4 10.7	15.5 7.6
机器质量(t)	23.11							
行走部分宽度(m)	2.85							
双足支架距地面高度(m)	3.48							

5）W1-100 1/2A 型起重机技术规格（表 1-102）

W1-100 1/2A 型起重机技术规格 表 1-102

起重臂长(m)	12.5				25			
幅度(m)	3.9	7.5	10.2	12.1	6.5	13.8	19	23
起重量(kN)	160	72	51	41	60	22	12	9
最大起升高度(m)	11.8	10.4	8.4	5.8	24.2	21.2	17.2	12
机器质量(t)	31.5							
行走部分宽度(m)	3.1							
双足支架距地面高度(m)	3.662							

7. 纤缆桅杆式起重机

纤缆桅杆式起重机的结构较简单，起重臂能够回转，并可变更其外伸长度，具有较大的提升高度和幅度，易于拆卸和安装。它的起重能力较大，可用于重型设备和构件的安装。

这种起重机的缺点是，必须依靠纤缆稳定桅杆的竖直，所以在过于狭窄的场地使用就受到限制。

安装工程上所使用的纤缆桅杆式起重机的起重量，一般为 150～400kN，起重臂长度为27～38m，桅杆高度为30～45m。为了调节这种起重机的高度，可将起重臂长度缩短，或将起重臂安装到桅杆的中腰处。

(1) 纤缆桅杆式起重机的规格和性能

下面举两种规格的纤缆桅杆式起重机供选用。

1) 起重量25t(250kN)纤缆桅杆式起重机

其外形结构示意图见图1-177，技术规格及性能见表1-103。

2) 起重量40t(400kN)的纤缆桅杆式起重机

其外形结构示意图见图1-178，技术规格及技术性能见表1-104(1)、(2)。

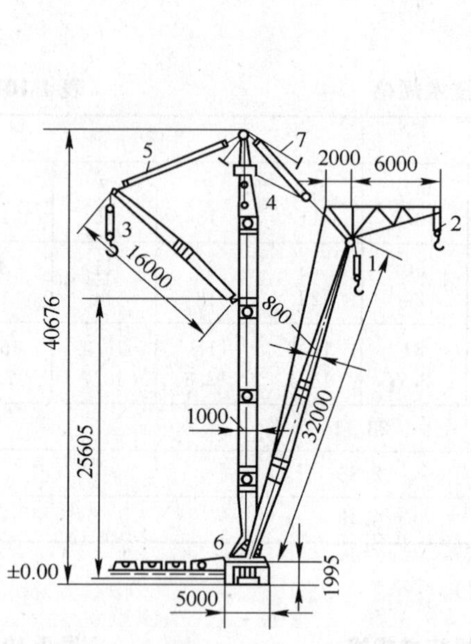

图1-177　起重量250kN纤缆桅杆式起重机

1—主钩；2—鹅头钩；3—副钩；4—主变副滑轮；5—副变幅滑轮；6—滑撬；7—缆风绳

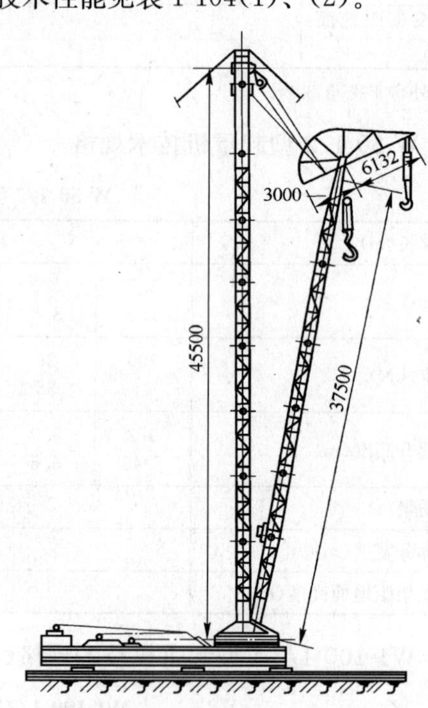

图1-178　起重量40t(400kN)纤缆桅杆式起重机

起重量25t(250kN)纤缆桅杆式起重机技术规格　　表1-103(1)

起重臂伸距(m)	主起重臂		副起重臂		鹅头	
	起重量(kN)	吊　高(m)	起重量(kN)	吊　高(m)	起重量(kN)	吊　高(m)
8	250	30.3	50	39.0	—	—
8.5	250	29.5	50	37.8	—	—
11	250	28.8	47	36.4	50	36.8
13	250	28.0	41	34.4	50	36.4
15	250	27.0	35	31.7	50	35.4
17	250	26.0	30	25.6	50	34.7
20	250	24.0	—	—	50	33.0
22	206	22.4	—	—	50	31.7
24	165	20.5	—	—	50	30.2
27	125	16.5	—	—	50	27.5
30	100	11.0	—	—	50	24.0

起重量25t(250kN)纤缆桅杆式起重机技术性能 **表1-103(2)**

起重量	25t(250kN)	副变幅滑轮	3t(30kN)
起重臂长度	32m	空载回转	8t(80kN)
卷扬机牵引力		最大电动机功率	64kW
主起重臂吊钩	5t(50kN)	主起重臂提升速度	6m/min
副起重臂吊钩	3t(30kN)	鹅头提升速度	15m/min
鸟嘴架吊钩	3t(30kN)	副起重臂提升速度	15m/min
主变幅滑轮	3t(30kN)	全机空载质量	36.25t

起重量40t(400kN)纤缆桅杆式起重机技术规格 **表1-104(1)**

主钩			副钩									
			鹅头成90°			鹅头成127°			鹅头成165°			
起重臂伸距(m)	起重量(kN)	吊高(m)	起重臂伸距(m)	起重量(kN)	吊高(m)	起重臂伸距(m)	起重量(kN)	吊高(m)	起重臂伸距(m)	起重量(kN)	吊高(m)
5	40(400)	32	10	15(150)	35	10	15(150)	38.5	10	15(150)	40
10	40(400)	31	15	15(150)	33	15	15(150)	37	15	15(150)	38.8
15	40(400)	29	17	15(150)	32.8	20	15(150)	35	20	15	36.5
20	25.8(258)	25.8	—	—	—	25	15(150)	31.5	25	15	33.5
25	20(200)	22	—	—	—	27.5	10(100)	30	30	5	29.5
30	15(150)	16	—	—	—	—	—	—	35	5	23.5
33	10(100)	8							40	2	15.5

起重量40t(400kN)纤缆桅杆式起重机技术性能 **表1-104(2)**

最大起重量		钢丝绳直径	22mm
主钩	40.0t(400kN)	钢丝绳长度	465m
副钩	15.0t(150kN)	副钩起重滑轮组	3-3滑轮组
起重臂长度	37.5m	钢丝绳直径	19.5mm
桅杆高度	45.5m	钢丝绳长度	260m
最大伸距		起重臂提升控制滑轮组	5-5滑轮组
主钩	35.0m	钢丝绳直径	22mm
副钩	40.0m	钢丝绳长度	690m
最小伸距		起重机回转用钢丝绳	
主钩	5.0m	直径	22mm
副钩	10.0m	长度	75m
起重臂回转范围	360°	缆风绳用钢丝绳	6根
起重速度	4.0～5.9m/min	直径	37mm
起重臂提升高度	6.0～7.8m/min	起重机质量	30t
主钩起重滑轮组	5-5滑轮组		

(2) 纤缆桅杆式起重机的组立方法

提升起重臂(图1-179)时，使用起重辅助桅杆(7)及钢丝绳(8)，借助起重滑轮组(9)吊升。先将桅杆(7)装在底架(5)上，用牵绳使其保持直立。起重滑轮组的跑绳经导向滑轮联到卷扬机上。

当卷扬机牵引起重滑轮组(9)时，使起重臂绕其下端的转轴(3)回转，而徐徐升起。当起重臂升举到Ⅲ的位置时，就可再将桅杆(1)升起。升起时使用起重臂的滑轮(10)，一直到该滑轮组的两滑轮靠近时为止，再由起重滑轮(9)将桅杆起到直立位置。然后以缆风绳牵牢(图 1-180)。此时可取去辅助桅杆(7)及辅助钢丝绳(8)，装好转盘进行荷载试验。

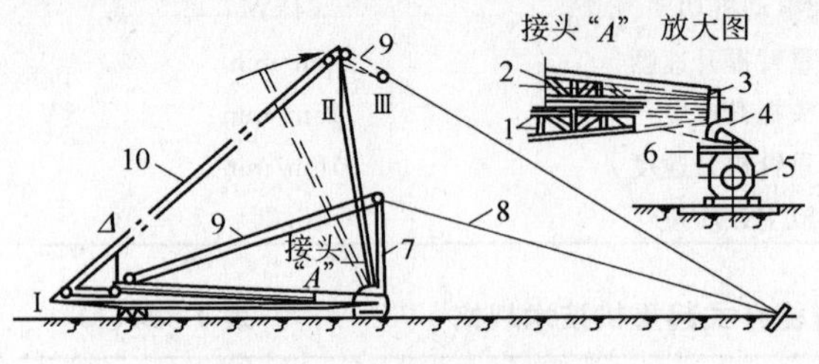

图 1-179 提起起重臂的方法

1—桅杆；2—起重臂；3—转轮；4—关节；5—底架；6—跑绳；7—辅助桅杆；8—钢丝绳；9—牵引滑轮组；10—起重臂滑轮组

图 1-180 竖直桅杆的方法

(3) 纤缆桅杆式起重机的水平位移

见图 1-181，采用下述方法进行水平位移：

先将牵引滑轮组(5)沿着桅杆起重机的行进方向，一头系到起重机的底座(8)上，另一头系到锚桩(9)上。自牵引滑轮组(5)引出的跑绳拴到起重滑轮组(4)的吊钩上。用卷扬机(7)提升起重滑轮组的吊钩上升，于是就缩短了牵引滑轮组(5)的定、动滑轮间的距离，这时起重机就沿着图示的方向水平移动。

在起重机水平移动的同时，必须对前后缆风绳作相应的调整，使缆风绳的松紧程度适宜以有利于安全操作。

(4) 纤缆桅杆式起重机的计算

见图 1-182。

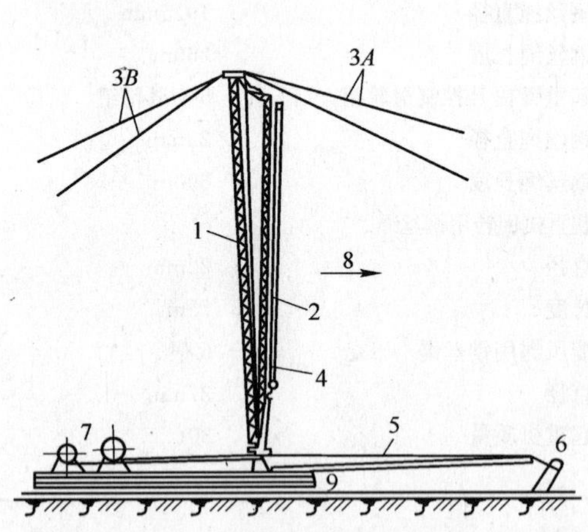

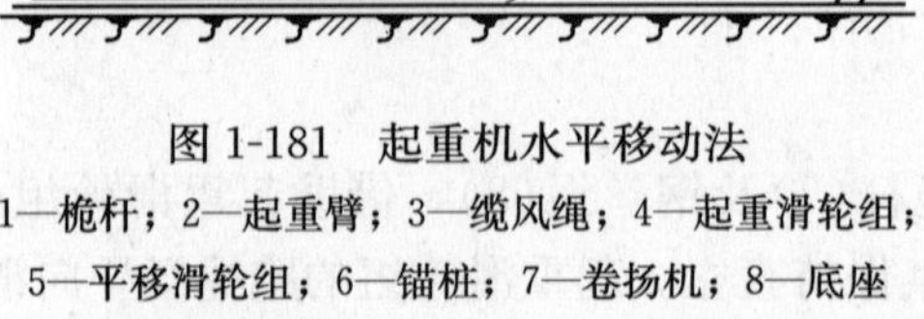

图 1-181 起重机水平移动法

1—桅杆；2—起重臂；3—缆风绳；4—起重滑轮组；5—平移滑轮组；6—锚桩；7—卷扬机；8—底座

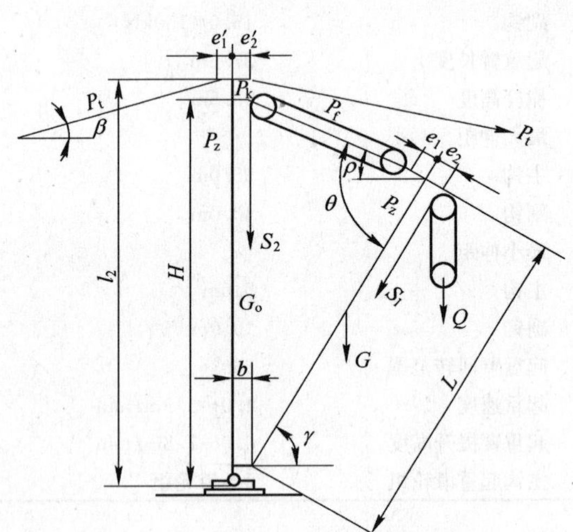

图 1-182 起重机计算原理示意图

1) 计算荷重

$$P=(Q+q)K_1K_2 \quad (\text{kN})$$

式中 Q——吊物重(kN)；

q——吊具重(kN)；

K_1——动载系数，取1.1；

K_2——超载系数，取1.1。

2) 起重滑轮组出绳端的拉力

$$S_1 = P\alpha \quad (\text{kN})$$

式中 α——载荷系数，见表4-40，按一个导向滑轮计算。

3) 起重滑轮组上部吊具受力

$$P_d = \sqrt{P^2 + S_1^2 + 2PS_1\sin\gamma} \quad (\text{kN})$$

式中 γ——起重臂与水平面的夹角。

4) 变幅滑轮组受力

$$P_f = \frac{P(L\cos\gamma + e_2\sin\gamma) + e_2 S_1 + \dfrac{GL}{2}\cos\gamma}{L\sin\theta + e_1\cos\theta} \quad (\text{kN})$$

式中 L——起重臂吊耳中心至底端的长度(m)；

e_1——变幅滑轮组系点至起重臂中心的距离(m)；

e_2——起重滑轮组系点至起重臂中心的距离(m)；

G——起重臂自重(kN)；

θ——起重臂中心线与变幅滑轮组受力中心线的夹角，$\theta = \rho + \gamma$；

ρ——变幅滑轮组受力中心线与水平面的夹角；

$$\rho = \tan^{-1}\frac{H - L\sin\gamma - e_1\cos\gamma}{L\cos\gamma + b - e_1\sin\gamma}$$

b——起重臂支撑点与桅杆中心线的距离(m)。

5) 变幅滑轮组出绳端拉力

$$S_2 = P_f\alpha \quad (\text{kN})$$

式中 α——滑轮组的载荷系数，见表4-40，按一个导向滑轮计算。

6) 变幅滑轮组上部吊具受力

$$P_d = \sqrt{P_f^2 + S_2^2 + 2P_f S_2 \sin P} \quad (\text{kN})$$

P_d 与桅杆间的夹角

$$\psi = \sin^{-1}\frac{P_f\cos\rho}{P_d}$$

7) 起重臂所受的轴向力

$$P_2 = P\sin\gamma + S_1 + P_f\cos\theta + G\sin\gamma \quad (\text{kN})$$

8) 缆风绳受力

$$P_t = \frac{P_f(H\cos\rho + e_2'\sin\rho)}{l_1\cos\beta + e_1'\sin\beta} \quad (\text{kN})$$

式中 l_1——桅杆缆风绳系点至底的距离(m)；

H——变幅滑轮组系点至桅杆底的距离(m)；

e_1'——缆风绳系点至桅杆中心线的距离(m)；

e_2'——变幅滑轮组系点至桅杆中心线的距离(m)；

β——缆风绳与水平面的夹角。

9）桅杆所受的轴向压力

$$P_2'=P_f\cos\rho+S_2+G_\theta+P_t\sin\beta+0.7P_t(n-2)\sin\beta \quad (\mathrm{kN})$$

式中 G_θ——桅杆自重(kN)；

n——缆风绳根数。

10）桅杆中部弯矩

$$M=P\left(\frac{1}{2}\cos\gamma+e_2\sin\gamma\right)+e_2S_1+\frac{GL}{8\cos\gamma}$$
$$-P_1\left(\sin\frac{\theta}{2}+e_1\cos\theta\right) \quad (\mathrm{kN\cdot m})$$

11）桅杆中部的应力

$$\sigma=\frac{P_2}{\psi F}+\frac{M}{W}<[\sigma] \quad (\mathrm{MPa})$$

式中，ψ、F、W 查表求得。

12）桅杆中部所受的弯矩

$$M=P_f\left\{\left[\frac{l_1}{2}-(l_1-H)\right]\cos\rho+e_2'\sin\rho\right\}$$
$$+S_2e_2'-P_t\left(\frac{l_1}{2}\cos\beta+e_1'\sin\beta\right) \quad (\mathrm{kN\cdot m})$$

桅杆头部和$\frac{2l_1}{3}$处的弯矩与中部弯矩公式类似，只是力臂值不同，中部用 $l_1/2$，头部用 l_1；$2l_1/3$ 处用 l_1''代入。e_1'和 e_2'是缆风绳系点至计算截面的距离。

13）桅杆头部的应力

$$\sigma=\frac{R_2}{F}+\frac{M}{W}<[\sigma'] \quad (\mathrm{MPa})$$

14）桅杆中部及$\frac{2l_1}{3}$处的应力

$$\sigma=\frac{P_2}{\psi F}+\frac{M}{W}<[\sigma''] \quad (\mathrm{MPa})$$

式中，ψ、F、W 查表求得。

如起重臂为插腰式(见图 1-183)，则起重臂部分计算方法与前同。

缆风绳受力

$$P_t=\frac{P_f(l_4\cos\rho+e_1'\sin\rho)+S_1'b-P_2(l_2\cos\gamma-b\sin\gamma)}{e_2\cos\beta+e_1'\sin\beta} \quad (\mathrm{kN})$$

式中 l_2——缆风绳系点至桅杆底的距离(m)；

l_3——起重臂底铰中心至桅杆底的距离(m)；

l_4——变幅滑轮组系点至桅杆底的距离(m)；

e_1'——缆风绳系点至桅杆中心线的距离(m)；

e_2'——变幅滑轮组系点至桅杆中心线的距离(m)；

b——起重臂底铰中心至桅杆中心线的距离(m)；

ρ——变幅滑轮组受力中心线与水平面的夹角；

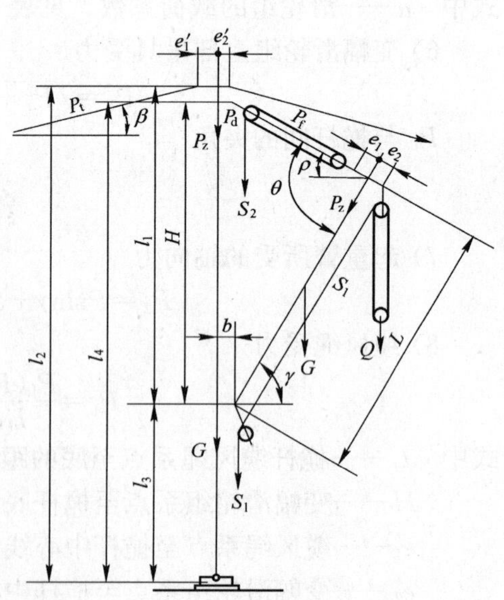

图 1-183 插腰式桅杆起重机计算原理图

β——缆风绳与水平面的夹角；

γ——起重臂与水平面的夹角。

桅杆所受的轴向压力

$$P_2'=P_f\sin\rho+S_2+G_1+P_2\sin\gamma+S_1'+P_t\sin\beta+0.7P_t(n-2)\sin\beta\quad(\text{kN})$$

式中　n——缆风绳根数；

G_1——桅杆自重(kN)。

桅杆底铰处弯矩

$$M=P_f[(l_4-l_3)\cos\rho+e_2'\sin\rho]+S_2e_2'+S_1'b+P_2b\sin\gamma-P_t[(l_2-l_3)\cos\beta-e_1'\sin\beta]\quad(\text{kN}\cdot\text{m})$$

桅杆所受应力

$$\sigma=\frac{P_2}{\psi F}+\frac{M}{W}<[\sigma]\quad(\text{MPa})$$

式中，ψ、F、W 查表求得。

8. 缆索式起重机

缆索式起重机也称为悬索起重机、走线滑车。缆索两端系于支柱(或桅杆、塔架等)上，并可架设在工作场地以外，而使缆索从空中跨越工作场地的作业范围，对操作场地不受任何限制。

起重量不大的轻型缆索式起重机的结构，一般可由现成的标准构件(绞车、钢丝绳、滑轮组)和桅杆、锚桩等组装成，这些构件在安装单位都较易解决。

起重量为 3.5t(35kN) 以管式桅杆组立成的缆索式起重机的示意见图 1-184，其技术性能见表 1-105。

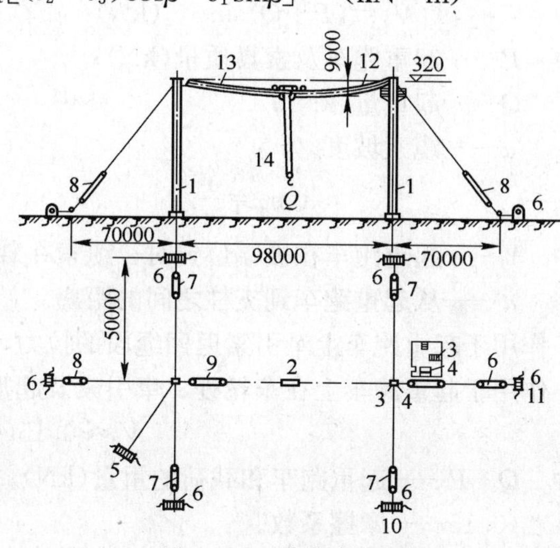

图 1-184　缆索式起重机

1—管式桅杆；2—跑车；3—起重卷扬机；4—跑车移动用卷扬机；5—张紧悬索用的手动绞车；6—绷紧缆风绳用的手动绞车；7、8—缆风绳滑轮组；9—张紧悬索用的滑轮组；10—侧缆风绳的固定锚桩；11—主锚桩；12—悬索；13—移动跑车用的钢索；14—吊重钢索

起重量 2.5t 的缆索式起重机的技术性能　　表 1-105

项目	数值	项目	数值
起重量(kN)	35	起重电动卷扬机规格(t)(kN)	30
起重跨距(m)	98	跑车移动用的牵引卷扬机(t)(kN)	1.5
吊重速度(m/min)	4～5.5	悬索直径(mm)	34
跑车移动速度(m/min)	50		

(1) 缆索式起重机受力计算

1) 载荷在跨度中央时的缆索拉力(见图 1-185)

当载荷位于跨度中央时，缆索所受的拉力 T，可由下式求得：

$$T=\frac{(P+Q)J}{4f}+\frac{GL}{8f}\quad(\text{kN})$$

式中　P——起重跑车和索具重量(kN)；

Q——起重量(kN)；

L——缆索式起重机的跨度(m)；

f——缆索的下垂度(n)；

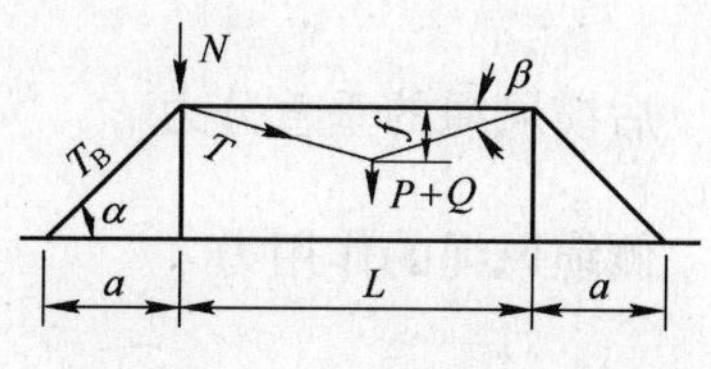

图 1-185　缆索的计算图

G——缆索自重(kN)。

2）缆索的破坏强度

缆索的破坏强度 R 可由下式求得：

$$R=KT \quad (\text{kN})$$

式中　K——安全系数，3～3.5；

T——缆索所受的拉力(kN)。

3）索引缆索的计算(图 1-186)

支持起重跑车所须的拉力

$$V_1=(P+Q)\sin\varphi \quad (\text{kN})$$

式中　P——起重跑车及索具质量(kN)；

Q——起重量(kN)；

φ——缆索坡度。

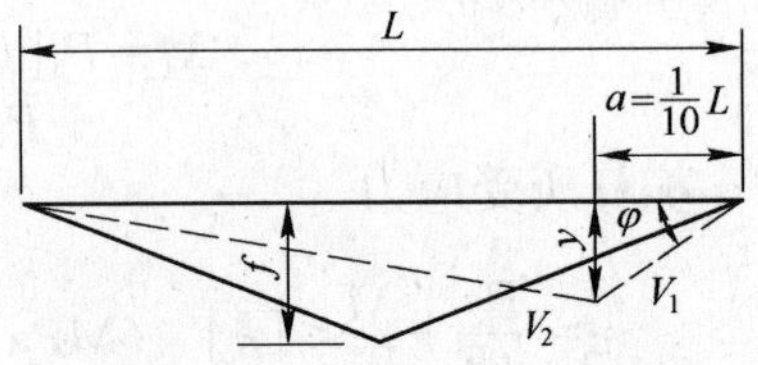

图 1-186　牵引索拉力计算图

$$\tan\varphi=\frac{Y}{a}$$

式中　Y——起重跑车在极端位置时，缆索在载荷作用下的垂度；

a——从起重跑车到支柱之间的距离。

作用于起重跑车上牵引索返回绳段的拉力，可按 5kN 考虑，即 $V_2=5\text{kN}$。

作用于起重跑车上在车轮处、牵引索及起重索所绕过的导向转轮处的摩擦力：

$$V_3\approx 0.15(Q+P)$$

式中　$Q+P$——起重跑车和载荷的重量(kN)；

0.15——摩擦系数。

作用于牵引索上的计算力的总和为

$$V=V_1+V_2+V_3$$

4）后缆风绳作用力的计算

$$T_{后}=\frac{T}{\cos\alpha}$$

式中　$T_{后}$——后缆风绳的作用力(kN)；

T——承重索的拉力(水平方向)(kN)；

α——缆风绳和水平线所成的倾角。

5）作用在支柱上的力

缆索的重力

$$N_1=\frac{G}{2}$$

式中　G——缆索自重(kN)。

起重跑车及载荷的作用力

$$N_2=\frac{P+Q}{2}$$

后缆风绳的垂直分力

$$N_3=T_{后}\ \sin\alpha=T\tan\alpha$$

侧缆风绳的作用力

$$N_4=20\times 2=40\text{kN}$$

式中，对支持立柱不受力的缆风绳的作用力按 20kN 计。

作用于支柱上的力的总和为

$$N=N_1+N_2+N_3+N_4$$

选定支柱断面时，还须考虑由于风力和制作而产生的水平力。

(2) 缆索和系索点内的作用力计算表

当起重量 $Q=1$ 时，在跨度为 L 和垂度 f 情况下，在缆索和系索点内的作用力(N)，列于表 1-106 内。

缆索和系索点内的作用力计算表(当 $Q=1$ 时，其他参数为倍数值)　**表 1-106**

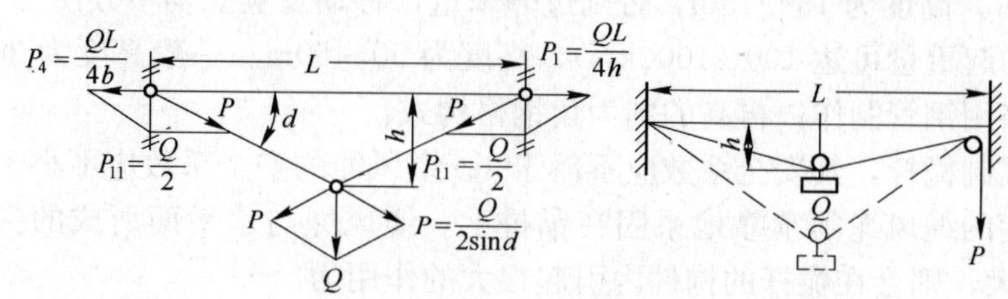

L		P	P_1	P_{11}
3	0.50	1.58	1.50	0.50
	1.00	0.90	0.75	0.50
	1.50	0.71	0.50	0.50
6	1.00	1.58	1.50	0.50
	1.50	1.11	1.00	0.50
	2.00	0.98	0.75	0.50
	3.00	0.71	0.50	0.50
12	1.0	3.03	3.00	0.50
	2.0	1.58	1.50	0.50
	3.0	1.10	1.00	0.50
	4.0	0.90	0.75	0.50
	5.0	0.78	0.60	0.50
	6.0	0.71	0.50	0.50
18	2.0	2.30	2.25	0.50
	4.0	1.23	1.12	0.50
	6.0	0.90	0.75	0.50
	7.0	0.80	0.64	0.50
	8.0	0.75	0.55	0.50
	9.0	0.71	0.50	0.50
22	3.0	1.90	1.84	0.50
	5.0	1.20	1.10	0.50
	7.0	0.95	0.18	0.50
	9.0	0.80	0.61	0.50
	11.0	0.71	0.50	0.50
24	3.0	2.10	2.00	0.50
	5.0	1.30	1.20	0.50
	7.0	1.00	0.86	0.50
	9.0	0.85	0.67	0.50
	12.0	0.71	0.50	0.50

L	h	P	P_1	P_{11}
28	2.0	2.40	2.33	0.50
	5.0	1.50	1.40	0.50
	7.0	1.10	1.00	0.50
	9.0	0.90	0.78	0.50
	11.0	0.80	0.64	0.50
	14.0	0.71	0.50	0.50
32	3.0	2.27	0.25	0.50
	5.0	1.70	1.60	0.50
	7.0	1.25	1.15	0.50
	9.0	1.00	0.80	0.50
	11.0	0.90	0.78	0.50
	13.0	0.80	0.62	0.50
	16.0	0.71	0.50	0.50
36	3.0	3.07	3.00	0.50
	5.0	1.90	1.80	0.50
	7.0	1.40	1.30	0.50
	9.0	1.10	1.00	0.50
	11.0	1.00	0.82	0.50
	13.0	0.85	0.69	0.50
	15.0	0.80	0.50	0.50
	18.0	0.71	0.50	0.50
50	3.0	4.20	4.15	0.50
	5.0	2.55	2.50	0.50
	10.0	1.35	1.25	0.50
	15.0	1.00	0.83	0.50
	20.0	0.80	0.62	0.50
	25.0	0.71	0.50	0.50

三、起重桅杆

桅杆也叫扒杆或抱杆，是常用的、最简便的起重工具。

桅杆是使用实体的木质立杆、金属钢管或型钢构架组成的立杆。使用时成直立状或微倾斜状，并且缆风绳(稳绳)保持它的稳定性。上述桅杆也叫独立扒杆或独立桅杆。

除独立桅杆外，还有由两根木质立杆或两根金属钢管或型钢构架组成的人字桅杆，也是安装工程中常使用的。

木桅杆的起重量可达 20t(200kN)，高度为 6～25m。而常用的木桅杆起重量范围在 10t(100kN)左右，高度为 13～15m，否则过分笨重，移动及竖立均不方便。

金属桅杆的起重量可达 100t(1000kN)，高度为 50～60m。一般高度为 20～30m 以下的金属桅杆，多用钢管制作；再高的则为角钢格构式。

木制或金属制桅杆，其安全系数应不低于 4；缆风绳的安全系数应不小于 3.5。

稳定桅杆用的缆风绳须牢靠地系固在锚桩上。缆风绳与水平面所成的夹角应不大于 45°，倘角度过大，则会在桅杆的构件内引起很大的作用力。

1. 木桅杆

(1) 木桅杆的结构与选用

木桅杆常用一整根坚韧木料做成，本料粗细按起重量大小而定。制作桅杆的木料(圆木或方木)，最好用杉木或红松，也可根据本地区的木料资源尽量选用坚固的木料。当缺乏粗木料时，可用两根或三根等长木料绑扎在一起使用。木桅杆允许接长使用，但接头处木料粗细应一致，并作成阶梯形，用铁箍或钢丝绳捆扎牢固如木料有严重节疤、裂缝、弯曲和腐烂的木材不能做桅杆。

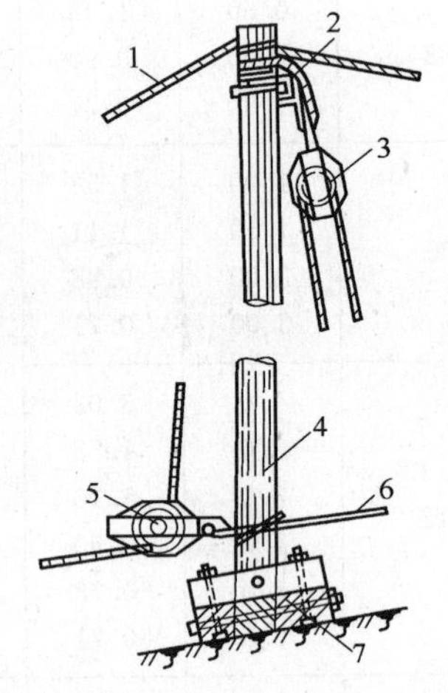

图 1-187　木桅杆构造图

1—缆风绳；2—枕头木；3—定滑轮；4—木桅杆；5—导向滑轮；6—牵索；7—支座

木桅杆的吊具(见图 1-187)，主要是由桅杆、支座、缆风绳、地锚、起重索具、滑轮组和卷扬机等几部分构成。

木桅杆的粗细和长短，决定于起重量和起吊高度。为了保证木桅杆具有必需的强度和刚度，有时可以采用型钢或钢管加固。

木桅杆竖起后，应朝地面形成一定的倾角，一般此倾角不大于 15°，以有利于吊装，同时可避免吊起的设备与桅杆擦碰。

木桅杆顶系固的缆风绳与地面形成的夹角，一般为 30°～45°。缆风绳一般使用 4～8 根。

木桅杆的简易支座可以用方木制作或用木板铺垫。大型木桅杆的支座为便于移动，可在木桅杆的底部设置木排和滚杠，并铺垫好滑行道。

木桅杆的顶端系起重滑轮组，起重绳的跑头经过转向(导向)滑轮引向卷扬机。

绑在木桅杆底部的导向滑轮的另一侧，必须设置牵索，防止在受力时桅杆被拉动。

表 1-107 为圆木制成的单柱桅杆，在不同起重量和起重高度下的技术参数。

(2) 圆木单桅杆的连接

当起重所需木桅杆的高度与使用的圆木长度不适应时，圆木可以接长使用。

接长方法可分为切口对接式(图 1-188)、两杆并连搭接式(图 1-189*a*)、三杆并连搭接方式(图 1-189*b*)。

圆木单柱桅杆的技术参数　　表 1-107

起重量(kN)	桅杆高度(m)	桅杆顶的直径(cm)	缆风绳的位置，当其倾角为：		缆风绳根数	标准支承枕座						缆风绳尺寸			滑轮组			卷扬机起重量(t)
						上面的			下面的			钢丝绳直径(mm)	长度(m)当倾角为：		钢丝绳直径(mm)	滑轮数		
			45°	30°		方木数	断面尺寸(cm)	长度(cm)	方木数	断面尺寸(cm)	长度(m)		45°	30°		上端	下端	
30	8.5	20	8.5	14.8	4	2	20×40	0.7	3	16×20	0.8	15.5	70	80	11.5	2	1	1
30	11.0	22	11.0	19.1	4	2	20×40	0.7	3	16×20	0.8	15.5	86	100	11.5	2	1	1
30	13.0	22	13.0	22.5	4	2	20×40	0.7	3	16×20	0.8	15.5	96	112	11.5	2	1	1
30	15.0	24	15.0	26.1	4	2	20×40	0.7	3	16×20	0.8	15.5	100	120	11.5	2	1	1
50	8.5	24	8.5	14.8	4	2	20×40	0.9	4	16×20	1.0	20	70	80	15.5	2	1	3
50	11.0	26	11.0	19.1	4	2	20×40	0.9	4	16×20	1.0	20	86	100	15.5	2	1	3
50	13.0	26	13.5	22.5	4	2	20×40	0.9	4	16×20	1.0	20	96	112	15.5	2	1	3
50	15.0	27	15.0	26.1	4	2	20×40	0.9	4	16×20	1.0	20	100	120	15.5	2	1	3
100	8.5	30	8.5	14.8	4	2	20×40	1.1	5	16×20	1.4	21.5	70	80	17.0	3	2	3
100	11.0	30	11.0	19.1	4	2	20×40	1.1	5	16×20	1.4	21.5	86	100	17.0	3	2	3
100	13.0	31	13.0	22.5	4	2	20×40	1.1	5	16×20	1.4	21.5	96	112	17.0	3	2	3

注：1. 缆风绳长度不包括系固的长度。
2. 缆风绳的位置指自桅杆底部至锚桩的水平距离，以 m 计。

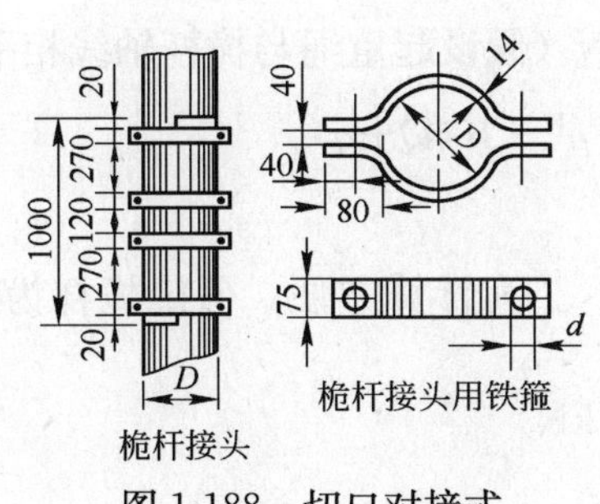

图 1-188　切口对接式

图 1-189　并连搭接式

(*a*)两杆并连搭接式；(*b*)三杆并连搭接式

接合处可用钢箍环以螺栓旋紧，也可用 8 号镀锌铁丝扎结牢固(不少于 10 圈)，再用铁爪钉锁死。

接合段的长度根据木桅杆的起重量和圆木的尺寸大小选择，一般接口长度大都为1～5m，起重量较大的桅杆连接，则接合段须适当加长。表 1-108 为圆木并连搭接时的扎结长度。

圆木单柱桅杆并连搭接尺寸　　表 1-108

桅杆起重量(kN)	桅杆高度(m)	圆木上部系绳处的直径(cm)	起重用钢丝绳的直径(mm)	桅杆并连搭接处的长度(m)
30	8.5	20	15.5	2.5～3.0
30	13.0	22	15.5	3.0～3.5
30	15.0	24	15.5	3.0～3.5
50	8.5	24	19.5	3.0～3.5
50	15.0	27	19.5	3.5～4.0
100	8.5	30	21.5	3.5～4.0
100	13.0	32	21.5	4.0～5.0

注：1. 圆木系指新圆木，旧圆木不适用；
2. 并连搭接长度，原则上一般采用 1.5m 的接口长度，而粗圆木可以放长一些，最大不得超过表列接口长度。

(3) 木桅杆的计算方法

图 1-190 为木桅杆的计算原理图。桅杆(图中的 BC)受到吊装设备自重 Q 及起重滑轮组的重量 q 的作用，产生轴向压力和弯矩。Q 和 q 是偏心挂在桅杆顶部的，偏心距为 e。

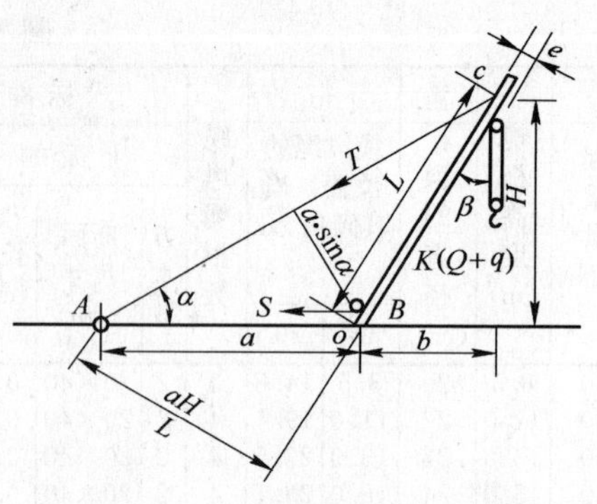

图 1-190　木桅杆计算原理图

1) 由吊装设备重量 Q 及起重滑轮组重量 q 作用于桅杆上的轴向压力 N_1(桅杆与铅垂线所形成的夹角为 β)

$$N_1=\frac{K(Q+q)(a+b)L}{aH}\quad(\mathrm{N})$$

式中　L——桅杆的长度(m)；

H——桅杆顶部到地面的垂直距离(m)；

a——桅杆底部到锚桩间的距离(m)；

b——桅杆倾斜对水平面的投影长度(m)；

Q——设备重量(N)；

q——索吊具与滑轮组的重量(N)；

K——动载荷系数(一般取 $K=1.1$)。

2) 起重滑轮组跑绳拉力 S 使桅杆受到轴向压力 N_2(假设起重绳与桅杆轴线相平行)

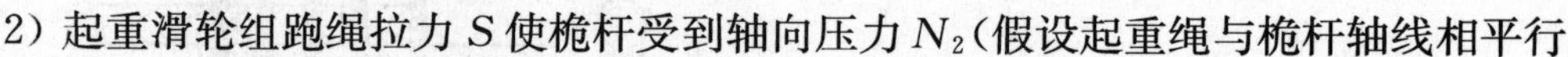

$$N_2=S=a\cdot Q_{计}=\frac{\mu-1}{\mu^{\mathrm{n}}-1}\cdot\mu^{\mathrm{m}}\cdot\mu^{\mathrm{K}}\cdot K(Q+q)$$

式中，符号、公式与滑轮组的表示和计算相同。

3) 缆风绳自重和初拉力 T 所产生的轴向压力 N_3。为计算方便，假定桅杆为垂直位置，则

$$N_3=m\cdot T\cdot\sin\alpha\quad(\mathrm{kN})$$

式中　m——缆风绳的根数；

T——绳风绳的初拉力，一般取 3～10kN；

α——缆风绳与水平面的夹角(°)。

4) 桅杆自重 G 产生的轴向压力 N_4，这一数值随桅杆部位而定，在顶部为零，在桅杆中部为

$$N_4=\frac{G}{2}\quad(\mathrm{kN})$$

作用于桅杆顶端的总压力

$$N_{顶}=N_1+N_2+N_3\quad(\mathrm{kN})$$

作用于桅杆中部的总压力

$$N_{中}=N_1+N_2+N_3+N_4\quad(\mathrm{kN})$$

5) 由于起重滑轮组偏心悬挂在桅杆的顶部，产生的弯矩为

桅杆顶部　$$M_{顶}=[K(Q+q)+S]e\quad(\mathrm{kN\cdot m})$$

桅杆中部　$$M_{中}=\frac{2}{3}M_{顶}\quad(\mathrm{kN\cdot m})$$

桅杆底部的弯矩为零。

6) 桅杆顶部弯矩最大，应验算其强度

$$\sigma=\frac{N_{顶}}{F}+\frac{M_{顶}}{W}\leqslant[\sigma]\quad(\text{MPa})$$

式中 F——桅杆顶部截面面积(cm^2)；

W——截面系数，对圆截面 $W\approx0.1d^3$(d 为桅杆直径)(cm^2)；

$[\sigma]$——木料许用应力(MPa)。

7）桅杆中部的挠度最大，应验算其稳定性

$$\sigma=\frac{N_{中}}{\varphi\cdot F}+\frac{M_{中}}{W}\leqslant[\sigma]\quad(\text{MPa})$$

式中 φ——木料纵向弯曲折减系数，由长细比 λ 决定$\left(圆截面的 \lambda=\frac{l_0}{d/4}\text{，其中 } l_0 为桅杆计算长度\right)$。

φ 值可由表 1-109 查得。

木料折减系数 φ 值表　　表 1-109

λ	0	10	20	30	40	50	60	70	80	90	100	110	120	130	140	150	160	170	180	190	200
φ	1.00	0.99	0.97	0.93	0.87	0.80	0.71	0.60	0.48	0.38	0.31	0.25	0.22	0.18	0.16	0.14	0.12	0.11	0.10	0.09	0.08

常用木材的允许应力值见表 1-110。

常用木材的允许应力(MPa)　　表 1-110

木材种类	木材名称	受弯、顺纹受压及承压	顺纹受拉	顺纹受剪
针叶类	东北落叶松、陆均松	12	7.5	1.3
	鱼鳞云杉、西南云杉、铁杉、红杉、赤松、新疆落叶松	11	7	1.2
	红松、樟子松、华山松、马尾松、云南松、广东松、油松、红皮云杉	10	6.5	1.1
	杉木、华北落叶松、秦岭落叶松	9	6	1
	冷杉、西北云杉、山西云杉、山西油松	8	5.5	1
阔叶类	栎木(柞木)、青岗、椆木	10	10	2.2
	水曲柳	14	9	1.9
	栲木、桦木	12	8	1.6

8）缆风绳在工作时的张力

① 绳风绳的计算是比较复杂的。为便于计算其近似值，以选定钢丝绳的直径，可假定所有受力的缆风绳为一根，其位置在桅杆倾斜的平面内，则所受张力可用绕 O 点的平衡条件求得：

$$T_0=\frac{K(Q+q)b}{a\sin\alpha}\quad(\text{kN})$$

式中 T_0——作用在缆风绳上的总张力(kN)；

α——绳风绳与水平面所成的夹角(°)。

实际上受力缆风绳在 3 根以上，此张力值应考虑由几根缆风绳共同承受，要进行力的分配计算。

② 对称缆风绳受力选用表

对称缆风绳受力选用见表 1-111。

对称缆风绳受力选用表　　**表 1-111**

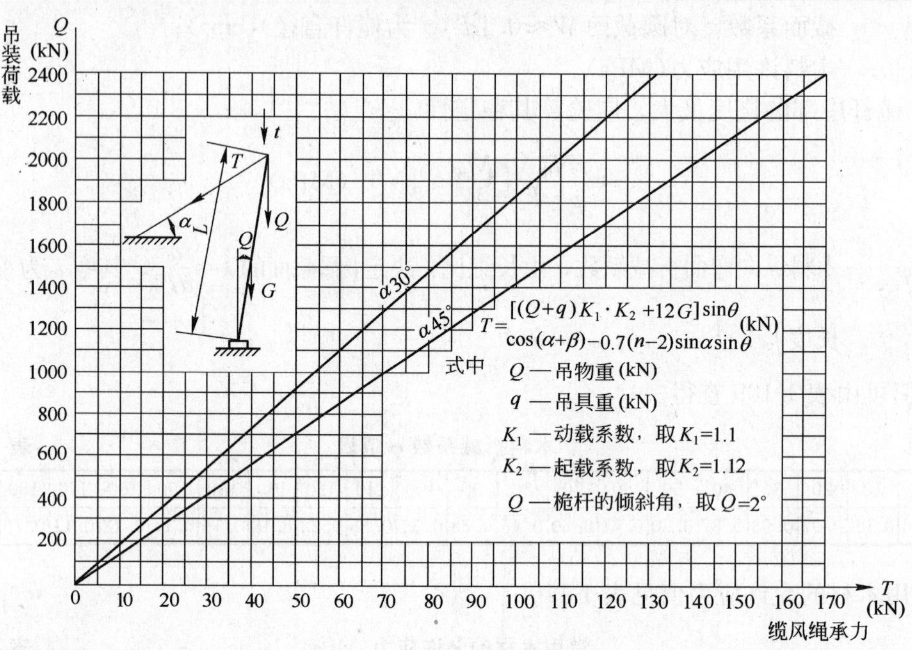

2. 钢管桅杆

(1) 钢管桅杆的构造形式

图 1-191 为钢管桅杆的构造图。钢管直径根据起重量和提升高度而定。在桅杆上端为了系结缆风绳和定滑轮，具有焊接的钩环、悬臂梁等，见图 1-191、图 1-192。

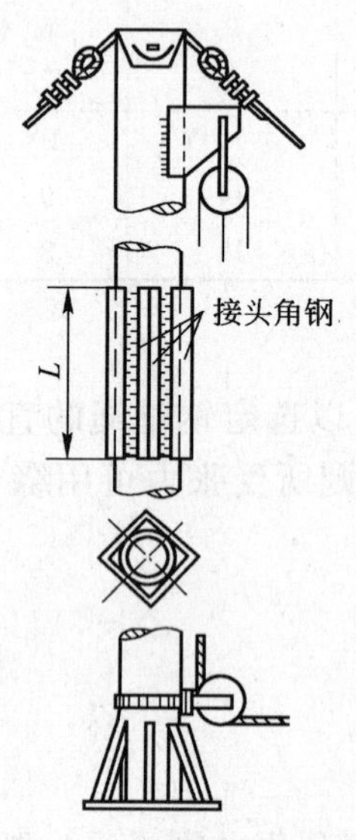

图 1-191　钢管桅杆结构

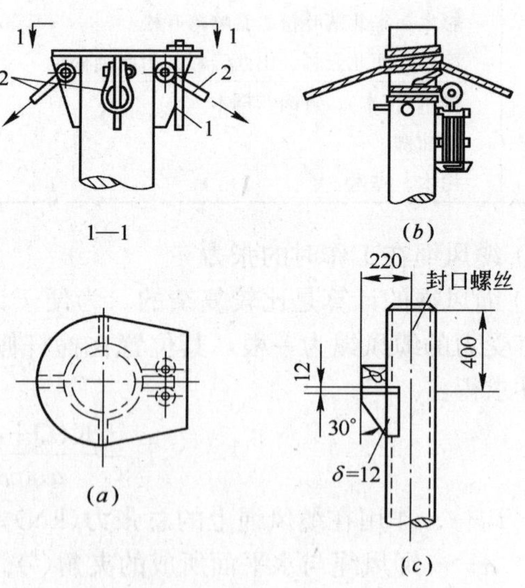

图 1-192　钢管桅杆上端系结方式

(a)焊接钩环式；(b)系结式；(c)悬臂梁式

1—悬臂滑轮组的钩环；2—系结缆风绳的钩环

在钢管桅杆的下部为系固导向滑轮，可采用环眼式(图 1-191)或底座附加的结构(图1-193)。

(2) 钢管桅杆的尺寸和起重能力

不同高度和起重能力的钢管桅杆的尺寸见表1-112。

(3) 钢管桅杆的连接

钢管桅杆接长时的接头处，可用角钢焊接加固，见图 1-191。也可用凸缘连接的螺栓紧固(图 1-194)或采取套管连接(图 1-195)。如钢管桅杆高度较大时，为便于运输转移，一般采取后两种连接方法。

钢管桅杆角钢焊接加固用的角钢尺寸，见表 1-113。

(4) 钢管桅杆的拼合连接

如使用几根小直径的钢管，经过拼合连接可代替大直径的钢管使用。拼合方式可采用图 1-196 方法。

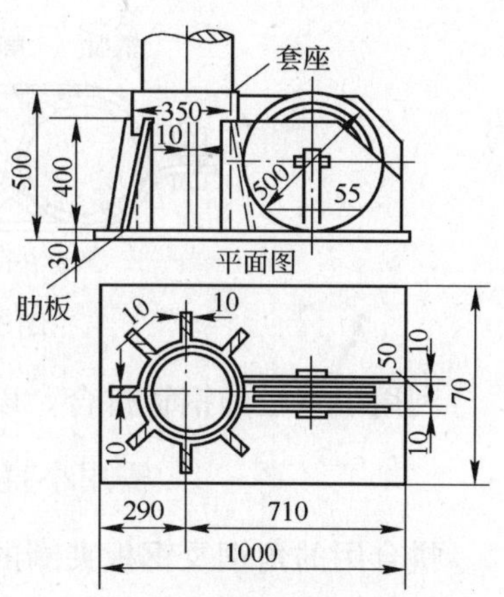

图 1-193 钢管桅杆下端加设底座导向滑轮结构

钢管桅杆的尺寸和起重能力 **表 1-112**

钢管桅杆起重量尺寸(mm)	30kN ϕ159×4.5		50kN ϕ219×6		100kN ϕ273×10		150kN ϕ325×8		200kN ϕ377×8	
承载形式	双侧	单侧	双侧	单侧	双侧	单侧	双侧	单侧	双侧	单侧
桅杆高度(m)	起吊荷载(kN)									
6	80	40								
8	50	25	200	100						
10	30	15	130	60	400	200	500	250		
15			50	25	200	100	300	150	400	200
20					100	50	150	80	200	100

注：1. 双侧起吊容许倾斜 2°；单侧起吊容许倾斜 15°；

2. 吊梁为固定式吊耳，单侧偏心距按 $e \leqslant d$(管径)计算；

3. 钢管材料为 A3 碳钢。

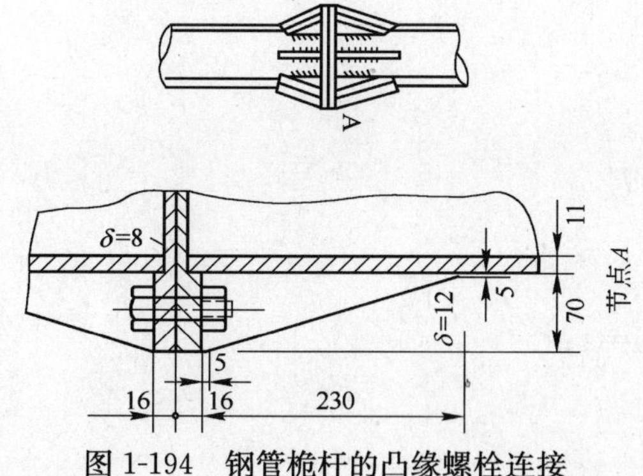

图 1-194 钢管桅杆的凸缘螺栓连接

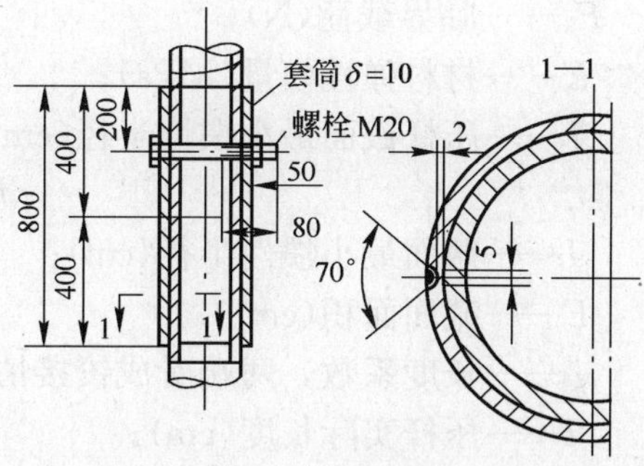

图 1-195 钢管桅杆的套管连接

钢管桅杆加固角钢接头尺寸(mm) **表 1-113**

钢管直径	152～168	194～245	273	299～325	351	377	426
角钢断面	50×5	60×6	65×8	75×8	90×8	90×10	100×10
角钢长度	500	500	600	600	600	600	600

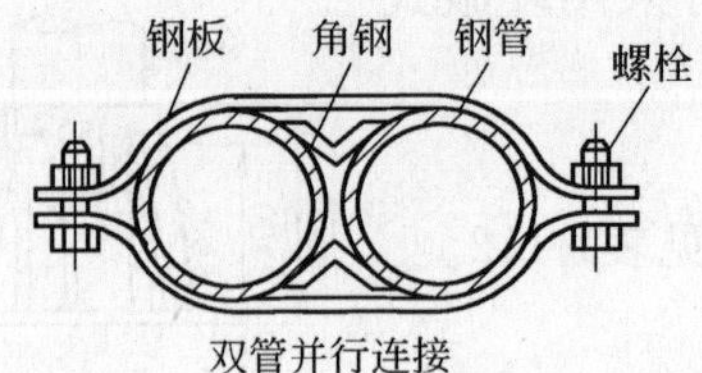

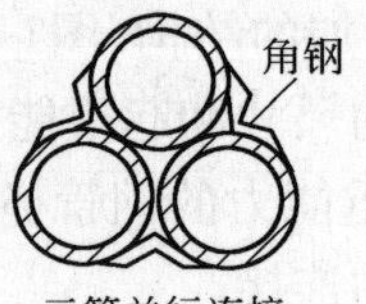

图 1-196　拼合连接的组合钢管剖面图

利用小直径的钢管拼合，以代替大直径的钢管桅杆时，可按下式计算：

$$\text{需用小直径的桅杆根数}=\frac{\text{大桅杆断面积}(\mathrm{cm}^2)}{\text{小桅杆断面积}(\mathrm{cm}^2)}$$

拼合用的角钢及钢板夹圈的尺寸见表 1-114。

钢管桅杆的拼合连接尺寸　　**表 1-114**

钢管直径（mm）	拼合角钢尺寸（mm）	焊缝长度（mm）	接点间隔（m）	钢板夹圈的尺寸 厚×宽（mm）
152	50×60	400	5	10×100
200	60×60	400	5	10×100

（5）钢管桅杆的计算

钢管桅杆的外力计算方法参见木桅杆。

钢管桅杆在外力作用下的强度验算方法有两种：

1）欧拉公式法

对于 A3 钢管桅杆，当 $\lambda \geqslant 100$ 时，欧拉公式才能应用。因为桅杆两端铰接，在轴向压力作用下要失稳。这种破坏不是因断面强度不够，而是由于压杆临界载荷的影响。压杆的临界载荷应用欧拉公式为：

$$P_{\mathrm{k}}=\frac{\pi^2 EJ}{\mu^2 l^2}$$

$$\sigma_{\mathrm{k}}=\frac{\pi^2 E}{\mu^2 \lambda^2}$$

式中　P_{k}——临界载荷(N)；

E——材料弹性模量(MPa)；

J——压杆截面最小惯性半径(cm^4)；

$$J=F \cdot I^2$$

I——截面最小惯性半径(cm)；

F——截面面积(cm^2)；

μ——长度系数，两端看成铰接情况下 $\mu=1$；

l——压杆实际长度(cm)；

λ——柔度系数，$\lambda=\frac{l}{I}$。

所以

$$P_{\mathrm{k}}=\frac{\pi^2 EJ}{i^2}$$

$$\sigma_{\mathrm{k}}=\frac{\pi^2 E}{\lambda^2}$$

2）应用压弯应力组合公式计算

$$\sigma=\frac{N}{\varphi F}+\frac{M}{W}\leqslant[\sigma]$$

式中　σ——管式桅杆产生的应力(MPa)；

$[\sigma]$——管式桅杆的许用应力(MPa)；

N——管式桅杆中部承受轴向压力(kN)；

M——管式桅杆中部承受的弯矩(kN·m)；

F——截面面积(cm^2)；

W——截面系数(cm^3)；

φ——许用应力折减系数。

计算方法与木桅杆相同。

几种常用角钢加强钢管桅杆断面性质计算用表见表1-115；纵向弯曲折减系数 φ 值表见表1-116。

斜立式钢管桅杆吊装时受力参数见表1-117。

常用角钢加强钢管桅杆断面性质计算用表　　**表1-115**

断面形状	断面尺寸 $\phi\times\delta$(mm)	断面面积 $F(cm^2)$	惯性矩 $J(mm^4)$	断面系数 $W(cm^3)$	惯性半径 I(cm)	每米的重量 (kg)
圆管	159×4.5	21.8	656	82.5	5.0	17.1
	219×7	47.1	2560	242	7.5	36.8
	273×8	67.9	5860	430	9.3	59.3
	325×8	79.7	9980	618	11.2	62.5
	377×8	92.5	15620	830	13.0	72.8
	426×9	117.5	24600	1175	14.5	92.5
圆管带角钢加强 ∠75×75×8	159×4.5	67.8	2960	242	6.6	53.3
	219×7	93.1	6430	418	8.4	73.2
	273×8	113.9	11570	637	10.1	89.6
	325×8	125.4	17980	843	12.0	98.7
	377×8	138.5	26100	1050	13.7	108.7
	426×9	163.5	37800	1430	15.2	128.9
圆管带角钢加强 ∠100×100×10	159×4.5	98.6	4324	343	6.6	77.5
	219×7	123.9	9186	557	8.6	96.5
	273×8	144.7	15380	800	10.3	114.0
	325×8	156.5	23656	1050	12.3	122.9
	377×8	169.3	33380	1350	14.0	133.0
	426×9	194.3	46960	1720	15.5	153.2

常用角钢加强钢管桅杆的纵向弯曲折减系数 φ 值表　　**表1-116**

断面形状	断面尺寸 $\phi\times\delta$(mm)	桅杆的计算长度(m)											
		8	10	12	14	16	18	20	22	24	26	28	30
圆管	159×4.5	0.333	0.232	—	—	—	—	—	—	—	—	—	—
	219×7	0.522	0.377	0.281	0.216	—	—	—	—	—	—	—	—
	273×8	0.642	0.517	0.402	0.310	0.251	0.200	—	—	—	—	—	—
	325×8	0.729	0.625	0.528	0.427	0.341	0.284	0.238	0.198	—	—	—	—
	377×8	—	0.700	0.614	0.522	0.437	0.362	0.304	0.263	0.227	0.191	—	—
	426×9	—	0.752	0.677	0.594	0.522	0.442	0.377	0.319	0.281	0.246	0.216	—

续表

断面形状	断面尺寸 $\phi\times\delta$(mm)	桅杆的计算长度(m)											
		8	10	12	14	16	18	20	22	24	26	28	30
圆管带角钢加强 ∠75×75×8	159×4.5	0.448	0.313	0.232	—	—	—	—	—	—	—	—	—
	219×7	0.594	0.460	0.341	0.268	0.214	—	—	—	—	—	—	—
	273×8	0.689	0.574	0.460	0.357	0.292	0.241	0.196	—	—	—	—	—
	325×8	0.758	0.666	0.568	0.471	0.382	0.316	0.268	0.227	0.191	—	—	—
	377×8	—	0.724	0.642	0.554	0.471	0.397	0.333	0.287	0.251	0.216	0.185	—
	426×9	—	—	0.695	0.625	0.545	0.477	0.402	0.345	0.301	0.263	0.234	0.203
圆管带角钢加强 ∠100×100×10	159×4.5	0.448	0.316	0.236	—	—	—	—	—	—	—	—	—
	219×7	0.608	0.477	0.357	0.279	0.223	—	—	—	—	—	—	—
	273×8	0.700	0.591	0.479	0.382	0.307	0.253	0.210	—	—	—	—	—
	325×8	0.769	0.677	0.585	0.494	0.402	0.329	0.279	0.238	0.203	—	—	—
	377×8	—	0.741	0.660	0.579	0.494	0.422	0.349	0.301	0.263	0.229	0.198	—
	426×9	—		0.706	0.637	0.568	0.494	0.427	0.362	0.313	0.279	0.246	0.218

斜立式钢管桅杆吊装受力参数表　　**表 1-117**

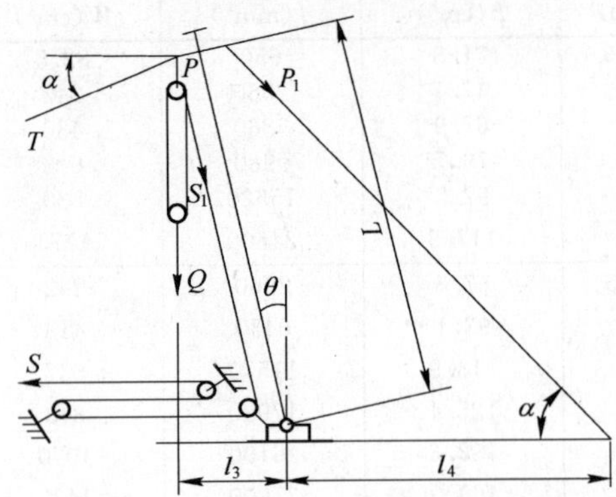

Q—吊装载荷；L—桅杆吊点到底端长度；α—缆风绳与水平夹角；P—滑轮组上部吊具受力；S—卷扬机所需牵引力；P_1—主缆风绳受力；T—旁缆风绳受力；l_3—桅杆倾斜幅度；l_4—主缆风绳锚点至桅杆底座中心的距离

Q(kN)	桅杆规格	L(m)	P(kN)	工作绳数	S(kN)	l_3(m)	l_4(m)		P_1(kN)		T
							α(°)				
							30°	45°	30°	45°	30°
50	10t	8	8	4	1.9	1.1	13.6	7.7	1.1	1.3	0.3
						2.0	12.6	7.0	1.9	2.5	
						2.5	11.9	6.1	2.8	3.9	
		10				1.3	16.8	9.5	1.1	1.3	
						2.1	15.8	8.6	1.8	2.4	
						3.0	14.7	7.6	2.8	3.8	
		12				1.4	20.1	11.3	1.0	1.3	
						2.5	18.9	10.2	1.8	2.3	
						3.5	17.5	9.0	2.6	3.7	

续表

Q(kN)	桅杆规格	L(m)	P(kN)	工作绳数	S(kN)	l_3(m)	l_4(m)		P_1(kN)		T
							α(°)				
							30°	45°	30°	45°	30°
100	20t	10	16.1	4	3.8	1.3	16.8	9.5	2.1	2.7	0.52
						2.1	15.8	8.6	3.7	4.8	
						3.0	14.7	7.6	5.4	7.5	
		15				1.7	25.0	14.1	1.9	2.4	
						3.0	23.5	12.6	3.4	4.6	
						4.3	21.8	11.1	5.2	7.3	
		20				2.1	33.2	18.6	1.7	2.2	
						3.9	31.2	16.7	3.3	4.4	
						5.6	28.8	14.6	5.1	7.1	

3. 格构式桅杆

(1) 格构式桅杆的结构与选用

格构式桅杆多采用型钢制成桁架，截面一般呈方形。为了便于运搬和安装，可分解成几段，各段间以筋板联接，用精制螺栓紧固。在桅杆顶部有缆风盘、吊耳，底部有底座和挂导向滑轮用的串轴。有的底座制成球铰状，可回转360°。

格构式桅杆的构造如图1-197。

格构式桅杆的选用见表1-118。

(2) 格构式桅杆的计算

格构式桅杆和木桅杆的外力计算方法是相同的，内力计算则不同。

1) 作用在桅杆顶部的压力

$$N_{顶}=N_1+N_2+N_3+N_4 \quad (kN)$$

N_1 为吊装载荷所加的压力

$$N_1=K(Q+q) \quad (kN)$$

式中 Q——载荷重量(kN)；

q——索吊具的重量(kN)；

K——动载荷系数，一般取 $K=1.1$。

N_2 为起重滑轮组跑绳对桅杆的压力

$$N_2=S_{跑}=\alpha Q_{计} \quad (kN)$$

式中 α——载荷系数，$\alpha=\frac{\mu-1}{\mu^n-1}\mu^n\mu^K$，见表1-69；

μ——阻力系数，见表1-70；

$Q_{计}$——计算载荷，$Q_{计}=N_1=K(Q+q)$(kN)。

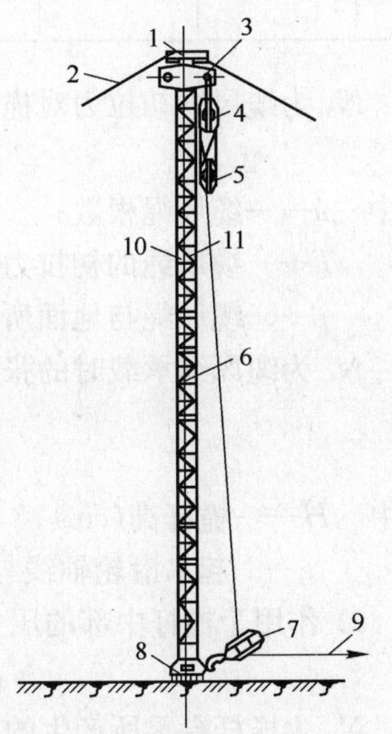

图1-197 格构式桅杆

1—缆风盘；2—缆风绳；3—吊耳板；4—定滑轮；5—动滑轮；6—桅杆；7—导向滑轮；8—底座；9—跑绳；10—主肢；11—斜缀条

格构式桅杆选用参考表　　**表 1-118**

种类	主截面(m)	两端截面(m)	主肢角钢(mm)	斜缀条角钢(mm)	Q：起重量(kN) H：桅杆高度(m) G：桅杆自重(t)				
1	1.2×1.2	0.8×0.8	200×200×6	100×100×8	Q	1000			
					H	40			
					G	21			
2	1.2×1.2	0.8×0.8	150×150×12	65×65×5	Q	500	550		
					H	45	40		
					G	15	13		
3	1.2×1.2	0.8×0.8	130×130×12	65×65×6	Q	450	500	550	600
					H	40	35	30	25
					G	14	13	11	11
4	1.0×1.0	0.7×0.7	100×100×12	50×50×5	Q	250	300	350	400
					H	40	35	30	25
					G	11	10	9	8
5	0.9×0.9	0.6×0.6	90×90×12	50×50×5	Q	200	250	270	290
					H	40	32	30	25
					G	10	9	8	7
6	0.75×0.75	0.45×0.45	100×100×12	50×50×5	Q	300	360	380	
					H	30	22	15	
					G	5.4	4.4	3.3	
7	0.65×0.65	0.45×0.45	75×75×12	50×50×5	Q	150	200	250	300
					H	30	25	20	15
					G	4.4	3.7	3.0	2.3

N_3 为缆风绳初拉力对桅杆施加的压力

$$N_3 = nT\sin\beta \quad (\text{kN})$$

式中　n——缆风绳根数；

T——缆风绳的初拉力，$T=10\sim50\text{kN}$；

β——缆风绳与地面所形成的夹角，一般 β 取 38°～45°。

N_4 为缆风绳承载时的张力对桅杆所产生的压力

$$N_4 = \frac{[K(Q+9)+S_{跑}]e}{H\cos\beta} \quad (\text{kN})$$

式中　H——桅杆高(cm)；

e——起吊滑轮轴线与桅杆轴线的偏心距(cm)。

2）作用于桅杆中部的压力

$$N_{中} = N_1 + N_2 + N_3 + N_4 + N_5 \quad (\text{kN})$$

N_5 为桅杆自重所产生的压力

$$N_5 = 0.5G \quad (\text{kN})$$

式中　G——桅杆自重(kN)。

3）作用于桅杆顶部的弯矩

$$M_{顶} = [K(Q+q)+S_{跑}]e \quad (\text{kN}\cdot\text{m})$$

4）作用于桅杆中部的弯矩

$$M_{中}=\frac{2}{3}M_{顶}\quad (kN \cdot m)$$

5）强度核算

桅杆顶部的强度为

$$\sigma=\frac{N}{F}+\frac{M}{W}\quad (MPa)$$

式中 F——桅杆的主肢部分毛截面积之和(cm^2)；

W——桅杆截面系数(cm^3)；

$$W=\frac{J}{\frac{a}{2}}$$

a——桅杆截面每边的尺寸(cm)；

J——截面惯性矩(cm^4)。

合成截面惯性矩

$$J=\Sigma J_x+\Sigma f I^2\quad (cm^4)$$

J_x——截面主肢部分对其中心线的惯性矩(cm^4)；

f——主肢截面面积(角钢截面积)(cm^2)；

I——截面主肢中心到桅杆截面中心的距离(cm)。

6）桅杆中部的稳定计算

$$\sigma=\frac{N_{中}}{\phi F}+\frac{M_{中}}{W}\leqslant[\sigma]\quad (MPa)$$

$W=\frac{J_{最大}}{a/2}$；φ 根据 λ 确定(见表 1-119、表 1-120)。

Q235 钢轴心受压构件的稳定系数 φ **表 1-119**

λ	0	1	2	3	4	5	6	7	8	9
0	1.000	1.000	1.000	0.999	0.999	0.998	0.998	0.997	0.996	0.994
10	0.993	0.992	0.990	0.989	0.987	0.985	0.983	0.980	0.978	0.976
20	0.973	0.970	0.967	0.964	0.961	0.958	0.955	0.951	0.948	0.944
30	0.940	0.936	0.932	0.928	0.923	0.919	0.915	0.910	0.905	0.900
40	0.895	0.890	0.885	0.880	0.874	0.869	0.863	0.958	0.852	0.846
50	0.840	0.834	0.828	0.822	0.815	0.809	0.803	0.796	0.789	0.783
60	0.776	0.769	0.762	0.755	0.748	0.741	0.734	0.727	0.719	0.712
70	0.705	0.697	0.690	0.682	0.674	0.667	0.659	0.651	0.643	0.635
80	0.627	0.619	0.611	0.603	0.595	0.587	0.579	0.571	0.563	0.554
90	0.546	0.538	0.530	0.521	0.513	0.504	0.496	0.488	0.479	0.471
100	0.462	0.545	0.445	0.436	0.428	0.420	0.413	0.405	0.398	0.391
110	0.384	0.378	0.371	0.365	0.359	0.353	0.347	0.341	0.336	0.331
120	0.325	0.320	0.315	0.310	0.305	0.301	0.296	0.292	0.288	0.288
130	0.279	0.275	0.271	0.267	0.263	0.260	0.256	0.253	0.249	0.246
140	0.242	0.239	0.236	0.233	0.230	0.227	0.224	0.221	0.218	0.215
150	0.213	0.210	0.207	0.205	0.202	0.200	0.197	0.195	0.193	0.190

续表

λ	0	1	2	3	4	5	6	7	8	9
160	0.188	0.186	0.184	0.182	0.180	0.178	0.176	0.174	0.172	0.170
170	0.168	0.166	0.164	0.162	0.161	0.159	0.157	0.156	0.154	0.152
180	0.151	0.149	0.148	0.146	0.145	0.143	0.142	0.140	0.139	0.133
190	0.136	0.135	0.134	0.132	0.131	0.130	0.129	0.128	0.126	0.125
200	0.124	0.123	0.122	0.121	0.120	0.118	0.117	0.116	0.115	0.114
210	0.113	0.112	0.111	0.110	0.109	0.108	0.108	0.107	0.106	0.105
220	0.104	0.103	0.102	0.101	0.101	0.010	0.099	0.098	0.097	0.097
230	0.096	0.095	0.094	0.094	0.093	0.092	0.091	0.091	0.090	0.089
240	0.089	0.088	0.087	0.037	0.086	0.085	0.085	0.084	0.084	0.083
250	0.082									

Q345 锰钢轴心受压构件的稳定系数 φ　　表 1-120

λ	0	1	2	3	4	5	6	7	8	9
0	1.000	1.000	1.000	1.000	0.999	0.999	0.998	0.998	0.997	0.996
10	0.995	0.994	0.993	0.992	0.991	0.989	0.988	0.987	0.985	0.983
20	0.981	0.979	0.977	0.975	0.973	0.971	0.969	0.966	0.963	0.961
30	0.950	0.956	0.953	0.950	0.947	0.944	0.941	0.937	0.934	0.931
40	0.927	0.923	0.920	0.916	0.942	0.908	0.904	0.900	0.896	0.892
50	0.888	0.884	0.879	0.875	0.870	0.866	0.861	0.856	0.851	0.847
60	0.842	0.837	0.832	0.826	0.821	0.816	0.811	0.805	0.800	0.795
70	0.789	0.784	0.778	0.772	0.767	0.761	0.755	0.749	0.743	0.737
80	0.781	0.725	0.719	0.713	0.707	0.701	0.695	0.688	0.682	0.676
90	0.669	0.663	0.657	0.650	0.644	0.637	0.631	0.624	0.617	0.611
100	0.604	0.597	0.591	0.584	0.577	0.570	0.563	0.557	0.550	0.543
110	0.536	0.529	0.552	0.515	0.508	0.501	0.494	0.484	0.480	0.473
120	0.466	0.459	0.452	0.445	0.439	0.432	0.426	0.420	0.413	0.407
130	0.401	0.396	0.390	0.394	0.379	0.374	0.369	0.364	0.359	0.354
140	0.349	0.344	0.340	0.335	0.331	0.327	0.322	0.310	0.314	0.310
150	0.306	0.303	0.299	0.205	0.292	0.288	0.285	0.281	0.278	0.275
160	0.272	0.268	0.265	0.262	0.259	0.256	0.254	0.251	0.248	0.245
170	0.243	0.240	0.237	0.235	0.232	0.230	0.227	0.225	0.223	0.220
180	0.218	0.216	0.214	0.212	0.210	0.207	0.205	0.203	0.201	0.199
190	0.197	0.196	0.194	0.192	0.190	0.188	0.187	0.185	0.183	0.181
200	0.180	0.178	0.176	0.175	0.173	0.172	0.170	0.169	0.167	0.166
210	0.164	0.163	0.162	0.160	0.159	0.158	0.156	0.155	0.154	0.152
220	0.151	0.150	0.149	0.147	0.146	0.145	0.144	0.143	0.142	0.141
230	0.139	0.138	0.137	0.136	0.135	0.134	0.133	0.132	0.131	0.130
240	0.129	0.128	0.127	0.126	0.125	0.125	0.124	0.123	0.122	0.121
250	0.120									

一般使用 Q235 号钢制作时

$$\lambda_0=\sqrt{\lambda^2+40\frac{4F_{主}}{2F_{斜}}}\quad \lambda=\frac{\mu l_0}{I}$$

$$J_{最大}=4(J_x+F_{主}B_1^2);\ l_0=\mu_0\mu I;$$

$$J_{最小}=4(J_x+F_{主}B_2^2)$$

式中 W——截面系数(cm^3);

$F_{主}$——主肢截面面积(cm^2);

F——桅杆截面面积,$F=4F_{主}$(cm^2);

I——桅杆回转半径(cm);

λ——长细比;

λ_0——换算长细比;

l_0——桅杆计算长度(cm);

l——桅杆长度(cm);

μ_0——长度换算系数,见表 1-121;

μ——长度系数,桅杆两端为铰接时,$\mu=1$。

长度系数 μ 见表 1-122。

惯性力矩变化压杆计算长度换算系数 μ_0 值 表 1-121

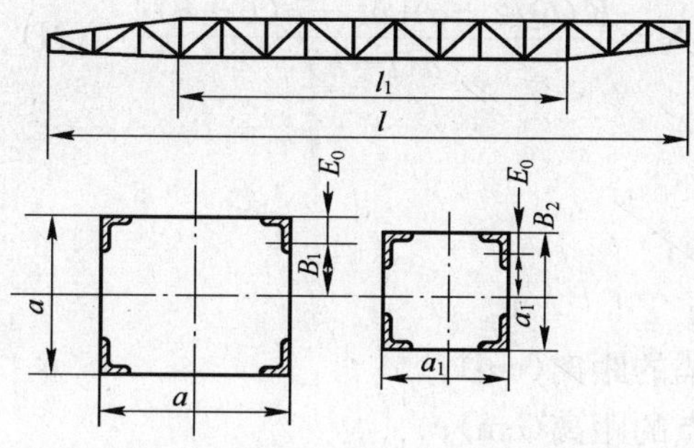

$\frac{J_{最小}}{J_{最大}}$	$l_1:l$				
	0.1	0.2	0.4	0.6	0.8
	μ_0				
0.001	3.14	0.82	1.44	1.14	1.01
0.01	1.69	1.45	1.23	1.07	1.01
0.1	1.35	1.22	1.11	1.03	1.00
0.2	1.25	1.15	1.07	1.02	1.00
0.3	1.18	1.11	1.05	1.02	1.00
0.4	1.14	1.08	1.04	1.01	1.00
0.5	1.10	1.00	1.03	1.01	1.00
0.6	1.08	1.05	1.02	1.01	1.00
0.7	1.05	1.03	1.01	1.00	1.00
0.8	1.03	1.02	1.01	1.00	1.00
0.9	1.02	1.01	1.00	1.00	1.00
1.0	1.00				

长度系数 μ 值　　表 1-122

桅杆下端支撑	桅杆上端支撑	μ 值
1. 插入式	1. 自由式	2
2. 铰接式	2. 铰接式	1
3. 插入式	3. 铰接式	0.7
4. 插入式	4. 插入式	0.5

(3) 双桅杆直立吊装设备的计算方法

双桅杆吊装的特点如下：

1) 两副桅杆的中心和基础中心之间的距离应保持相等，否则在吊装中两桅杆受力不等；

2) 在吊装过程中，桅杆和机索具的受力随设备提升角度的变化而作相应的变化；

3) 在桅杆底座固定的情况下(即不能旋转)，桅杆在吊装过程中承受扭矩的作用；

4) 吊装过程中，总指挥和卷扬机司机必须配合协调，否则会改变机索吊具的受力，出现与理论计算不符的情况，容易发生事故。

双桅杆吊装设备时，作用在起重机具上的力按下列公式进行计算：

作用在起重滑轮组上的力 s

$$s=\left(\frac{Q}{2}+q\right)\frac{\sqrt{b^2+(L-h)^2}}{L-h} \quad (\mathrm{N})$$

作用在主缆风绳上的拉力

$$T=\frac{\left(\frac{Q}{2}+q\right)b\sqrt{a^2+L^2}}{a(l-h)} \quad (\mathrm{N})$$

作用于桅杆上的轴向压力

$$N=\frac{K(Q/2+q)[bL+a(L-h)]}{a(l-h)} \quad (\mathrm{N})$$

以上公式中

Q——被吊设备质量(N)；

q——索吊具质量(N)；

l——桅杆长度(cm)；

a——桅杆底座到地锚的距离(cm)；

b——桅杆底座到吊点的距离(cm)；

h——吊点到地面的垂直高度(cm)。

用双副倾斜桅杆与四副桅杆吊装的计算及受力分析方法同上。

斜立格构式桅杆吊装时受力参数表见表 1-123，图见表 1-117 中的示意图。

斜立格构式桅杆吊装时受力参数表　　表 1-123

Q (kN)	桅杆规格 (t)	L (m)	P (kN)	工作绳数	S (kN)	l_3 (m)	l_4(mm) α 30°	l_4(mm) α 45°	P_1(kN) α 30°	P_1(kN) α 45°	T(kN) α 30°
150	80	12	224	6	40	1.4	24.4	11.4	24	37	8
						2.5	18.3	10.2	52	69	
						3.5	17.6	9.0	78	108	
		15				1.7	30.4	14.1	23	35	
						3.0	23.5	12.7	51	67	
						4.3	21.8	11.1	76	109	
		20				2.1	33.3	18.7	26	33	
						3.9	31.2	16.7	49	66	
						5.6	28.9	14.7	76	107	

续表

Q (kN)	桅杆规格 (t)	L (m)	P (kN)	工作绳数	S (kN)	l_3 (m)	l_4(mm)		P_1(kN)		T(kN)
							α				
							30°	45°	30°	45°	30°
		15				1.8	25.1	14.2	48	67	
						3.1	23.6	12.7	86	115	
						4.4	21.9	11.2	131	185	
		20				2.2	33.4	18.7	44	56	
250	50		346	10	43	4.0	31.2	16.8	84	112	13
						5.7	28.9	14.8	129	172	
		25				2.7	41.5	23.3	43	55	
						4.8	38.9	20.9	81	108	
						7.0	36.1	18.3	126	179	
		15				2.0	25.3	14.4	75	95	
						3.2	25.8	12.9	126	166	
						4.5	22.1	11.4	188	262	
		20				2.4	33.5	14.4	75	95	
350	100		508	16	37	4.1	31.4	17.0	121	161	18
						5.8	29.2	15.0	182	255	
		25				2.8	41.7	23.4	63	85	
						5.0	39.1	21.0	117	157	
						7.1	36.3	18.3	180	273	
		15				2.0	25.3	14.3	106	142	
						3.2	23.8	12.9	176	236	
						4.5	22.1	11.4	264	372	
		20				2.4	33.5	10.0	193	122	
500	100		697	20	43	4.1	31.5	17.0	171	228	27
						5.8	29.2	15.0	271	373	
		25				2.8	41.7	23.4	90	114	
						5.0	39.1	21.0	168	224	
						7.1	36.3	18.5	255	360	

格构式桅杆的规格参数表见表 1-124。

格构式桅杆规格参数表 **表 1-124**

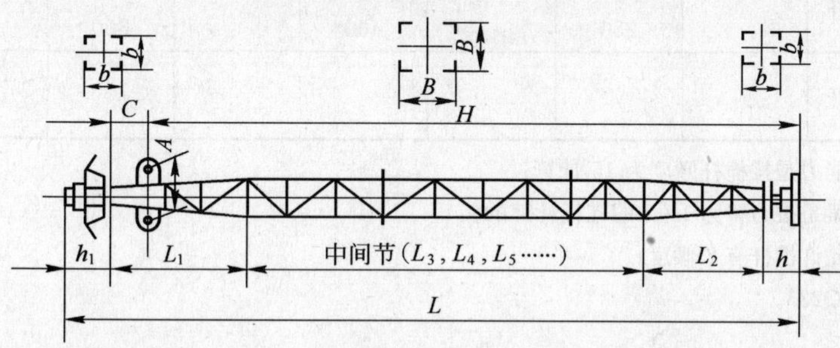

起重能力 t(kN)	L	L_1	L_2	L_3	L_4	L_5	L_6	H	C	A	B	b	h	h_1	主杆用料	斜缀用料
30(300)	$\frac{30.54}{4.1}$	$\frac{6}{0.9}$	$\frac{6}{0.7}$	$\frac{3}{0.35}$	$\frac{4}{0.45}$	$\frac{5}{0.53}$	$\frac{6}{0.62}$	29.9	0.4	0.85	0.7	0.4	$\frac{0.3}{0.2}$	$\frac{0.24}{0.065}$	$\frac{\angle 90\times 10}{1.62}$	$\frac{\angle 50\times 5}{1.02}$

续表

起重能力 t(kN)	L	L_1	L_2	L_3	L_4	L_5	L_6	H	C	A	B	b	h	h_1	主杆用料	斜级用料
50(500)	30.65/6.95	6/1.7	6/1.2	3/0.62	4/0.8	5/0.92	6/1.1	29.92	0.4	1.0	0.8	0.5	0.32/0.27	0.325/0.134	∠120×12/2.61	∠75×6/1.73
100(1000)	32.4/13.4	6.4/4.4	7.4/2.7	5/1.62	6/2	7/2.3		31.2	0.6	1.5	1.0	0.7	0.35/1.1	0.25/0.095	∠150×16/4.32	∠75×10/3.8
200(2000)	37.58/28.4	5/5	6/3.6	3	4	5	6.7	36.8	0.45	2.4	1.2	0.8	0.95/3.1	0.63/1.21	∠200×4	∠75×8
				中间节总长 7.5m/11.8t												

注：1. 200t 桅杆上端采用杠杆式活动吊梁，其余吨位桅杆为固定式吊梁。

2. 表内分子为长度(m)，分母为质量(t)。

3. 所用材料为 Q235。

格构式桅杆起吊能力表见表 1-125。

格构式桅杆起吊能力表　　表 1-125

桅杆长度 L(m)	吊梁形式	300kN ∠90×10 □700		500kN ∠125×12 □800		1000kN ∠160×14 □1000		2000kN ∠200×24 □1200	
		双侧	单侧 e=430	双侧	单侧 e=500	双侧	单侧 e=650	双侧	单侧 e=800
		吊装荷载(kN)							
12	固定杠杆	400	200 300	750	300 500	1200	500 900		
15	固定杠杆	380	190 290	700	290 480	1150	480 880	2300	900 1730
20	固定杠杆	358	180 270	680	280 450	1110	450 850	2200	880 1650
25	固定杠杆	330	170 260	640	270 430	1050	430 830	2100	850
30	固定杠杆	300	150 250	600	250 400	1000	400 800		
32	固定杠杆							2000	800 1500

注：1. 单侧起吊能力是按桅杆倾度为 15°计算；

2. 杠杆式吊梁是按力臂为 1∶2 的杠杆计算的；

3. 双侧起吊允许桅杆有 2°倾度；

4. 材料使用 Q235。

4. 人字桅杆

人字桅杆架设比较方便，稳定性好，而且能横跨设备的上方，应用较广。

(1) 人字桅杆的构造与选用

吊装重量和高度都不大的设备可以使用人字木桅杆，吊装重量较大的设备则应使用管式或格构式人字桅杆。

1）人字木桅杆的构造型式如下：

人字木桅杆的构造见图 1-198，是用两根圆木或两根方木构成。桅杆上部的钢丝绳扎结在两圆木的交叉处，通常对交叉点处的扎结必须采用双层捆扎，共绕 30～40 圈。起重量轻的可以在人字木桅杆的交叉处用一根螺栓连接，以代替钢丝绳的扎结。

人字桅杆的两杆底脚宽度 $b \approx h/3$（h＝从桅杆交叉点到地面的垂直高度）。

桅杆的长度（从交叉点到桅杆底脚），可以按下值采用：

重型起重量$\ngtr 40d$；

极轻的起重量$\ngtr 60d$（d＝木桅杆的上部交叉点处的直径）。

人字木桅杆的规格和起重量见表 1-126。

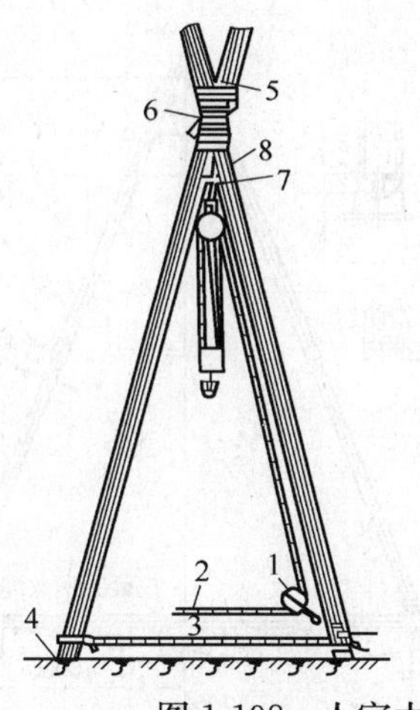

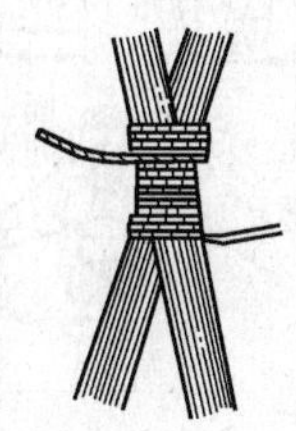

桅杆交叉点扎结

图 1-198 人字木桅杆构造

1—开口滑轮；2—通向卷扬机的钢丝绳；3—绊绳；4—木楔（防止桅杆位移）；5—扎缆风绳用的钢丝绳；（绕 4～5 圈）；6—双层扎结的钢丝绳；7—固定滑轮组用的吊索；8—防止扎结钢丝绳向下滑动而钉在木桅杆上的木块（约 5cm×10cm）

人字木桅杆的规格和起重量（kN） 表 1-126

木材断面尺寸（cm）		桅杆木长度（m）				
		6.0	7.5	9.0	12.0	15.0
圆 木	2×ϕ15	30	18	12		
	2×ϕ20	80	65	50	30	18
	2×ϕ25	180	135	98	56	36
	2×ϕ30			180	124	75
方 木	15×15	36	24	18		
	20×20	100	75	65	36	24
	25×25	240	180	120	75	48
	30×30			240	150	95

注：表中所列的起重量，是按新木料且含水率一般不大于 10%～20%计算的；如木材质地欠佳或含水率较大时，允许起重量则应予减低。

以人字木桅杆吊装时可先行试吊，以检验其安全性。

2）钢管式人字桅杆的构造，见图 1-199。它的起重量为 300 kN。

另一种形式的钢管式人字桅杆，见图 1-200。

钢管式人字桅杆的性能，见表 1-127，人字桅杆的计算载荷和检力由后缆风绳、锚桩能力确定，见表 1-128 及表 1-129。

钢管式人字桅杆性能 表 1-127

桅杆高度 H(m)	起重量 Q(kN)	管式桅杆的直径 (mm)	人字桅杆底脚宽 b_1(mm)	拆卸段数	重 量 (kg)
6	100	102/8	2100	—	380
9	200	168/8	3050	—	837
12	200	219/8	4220	4	1267
15	300	273/10	5200	4	2430

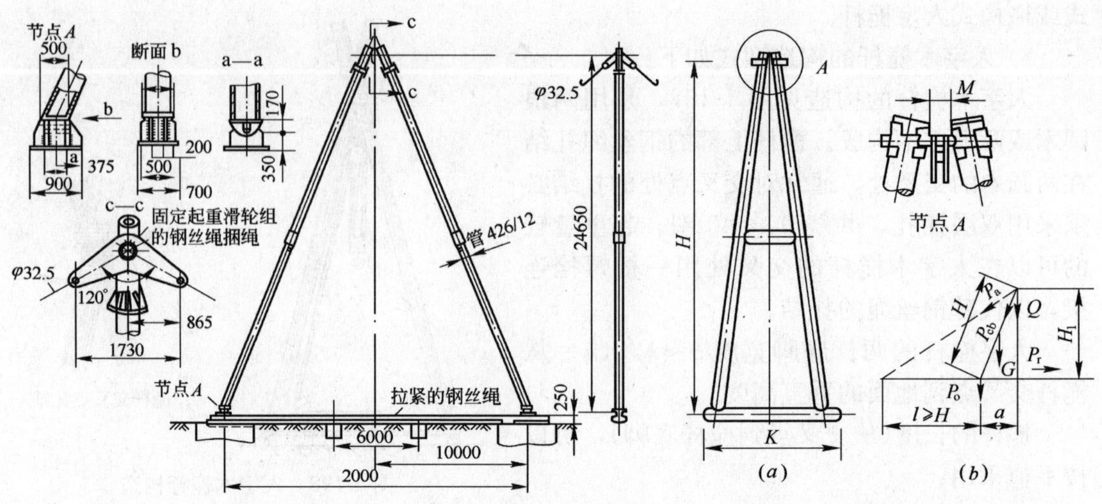

图 1-199 起重量 300kN 的钢管式人字桅杆

图 1-200 钢管连固的人字桅杆

(a)结构图；(b)力系图

计算荷载(图 1-200) **表 1-128**

桅杆高度 H (m)	起重量 Q (kN)	索具重量 (t)	桅杆质量 (t)	分压力 P_1 (kN)
6	100	0.25	0.4	30
9	200	0.5	0.8	30
12	200	0.55	1.3	30
15	300	1	2.4	30

后缆风绳及锚桩力(图 1-200) **表 1-129**

桅杆高度 H(m)	a/H	后缆风绳的拉力 T(kN)	锚桩力 (kN)	支点垂直压力 (kN)
6	1/5.9	26	20	148
6	2/5.6	59	50	161
6	3/5.15	101	90	177
9	2/8.5	74	56	280
9	4/8	174	148	320
12	2/11.8	54	40	266
12	4/11.3	116	94	300
12	4/10.0	203	174	330
15	2/14.8	60	45	390
15	4/14.5	133	105	430
15	6/13.7	219	185	465

3）格构式人字桅杆见图 1-201，该桅杆起重量为 300kN，桅杆高度为 30m。

(2) 人字桅杆吊装设备时的受力分析(见图 1-202)

l——人字桅杆在立面上的投影长度(m)；

a——人字桅杆倾斜于地面的投影长度(m)；

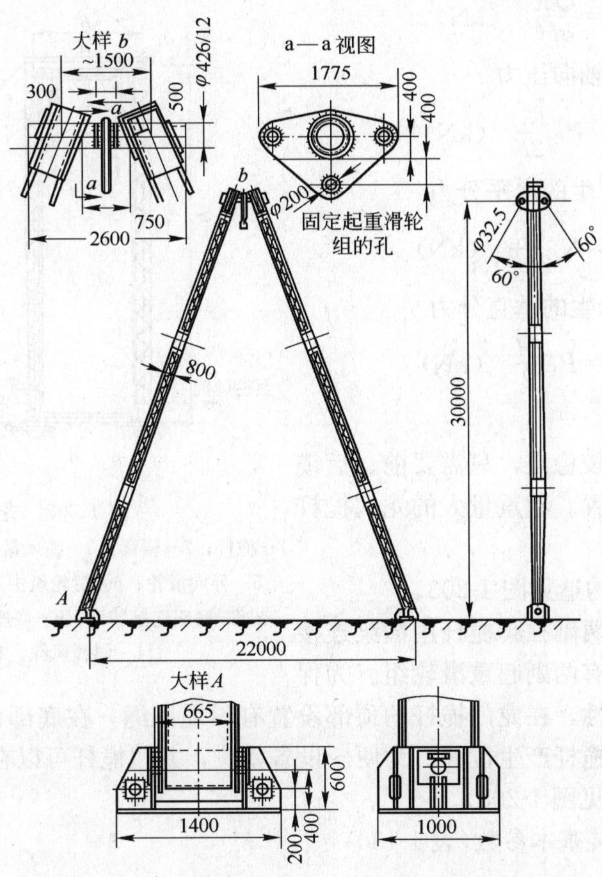

图 1-201 起重量为 300kN 的格构式人字桅杆

b——人字桅杆底座到地锚的距离(m)；

b_1——人字桅杆底座之间的距离(m)；

H——人字桅杆顶部到地面之间的垂直距离(m)；

c——人字桅杆顶部到地锚之间缆风绳的长度(m)；

L_1——人字桅杆的实际长度(m)。

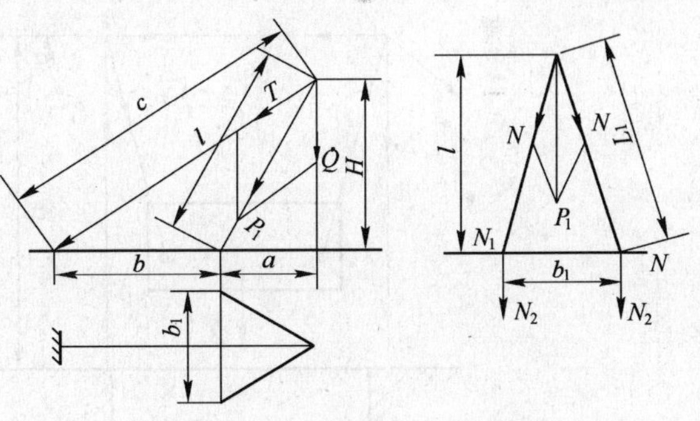

图 1-202 人字桅杆受力分析图

从几何关系可得：

$$H=\sqrt{l^2-a^2};\qquad C=\sqrt{H^2+(a+b)^2};$$

$$L_1=\sqrt{l^3+\left(\frac{b_1}{2}\right)^2}$$

吊重 Q 对人字桅杆的作用力

$$P_1=\frac{Q(a+b)l}{bH}\quad(\text{kN})$$

缆风绳的工作张力

$$T=\frac{Qac}{bH}\quad(\text{kN})$$

人字桅杆承受的轴向压力

$$N=P_1\frac{L_1}{2l}\quad(\text{kN})$$

轴向压力 N 所产生的水平分力

$$N_1=N\frac{b_1}{2L_1}\quad(\text{kN})$$

轴向压力 N 所产生的垂直分力

$$N_2=P_1\frac{H}{2}\quad(\text{kN})$$

5. 龙门桅杆

龙门桅杆横向比较稳定，只需要前、后缆风即可保持其垂直位置。起重量大的龙门桅杆可采用钢结构型式。

(1) 龙门桅杆的构造见图 1-203。

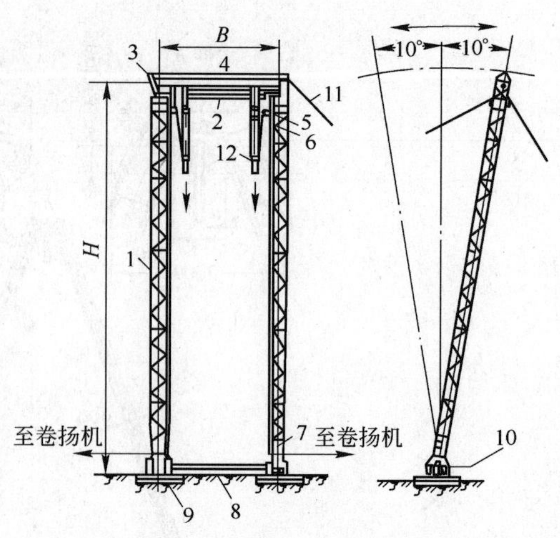

图 1-203　龙门桅杆

1—桅杆；2—横梁；3—缆风盘；4—平缆风(刚性连接)；5—导向滑轮；6—滑轮组中定滑轮；7—导向滑轮；8—底座连接装置；9—底座；10—横向缆风绳；11—斜缆风绳；12—动滑轮

龙门桅杆主要由两副独脚桅杆用横梁连接而成。在横梁上安装有两副起重滑轮组。为保证起吊设备时的稳定性，在龙门桅杆的顶部设置有斜缆风绳，在底部设置有横向牵引绳，防止起吊设备时龙门桅杆产生位移。为便于设备就位，龙门桅杆可以在吊装平面内以底座为中心前后倾斜 10°(见图 1-203)。

(2) 龙门桅杆吊装基本参数(表 1-130)

龙门桅杆吊装基本参数　　表 1-130

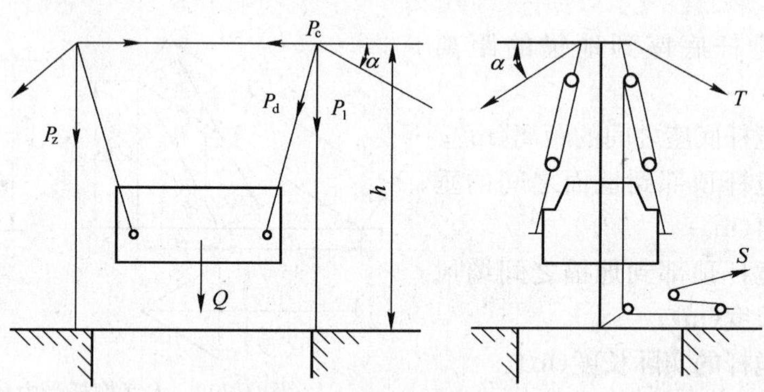

Q—吊装载荷；h—桅杆底端至吊点的距离；S—卷扬机所需牵引力；P_d—滑轮组上部吊具受力；P_c—上横梁所受轴心压力；P_z—立柱所受轴心压力；T—缆风绳受力；α—缆风绳与水平夹角

Q(kN)	h(m)	工作绳数	S(kN)	P_d(kN)	F(kN)	P_z(kN)		T(kN)	
						α(°)			
						30	45	30	45
500	8	24	45	360	99	384	407	20	36
	12					389	412		
	16					392	416		

续表

Q(kN)	h(m)	工作绳数	S(kN)	P_d(kN)	F(kN)	P_z(kN)		T(kN)	
						α(°)			
						30	45	30	45
1000	8 12 16	40	45	726	198	768 777 784	815 823 831	56	71
1500	8 12 16	64	40	1111	37	1184 1200 1216	1254 1270 1286	84	107
2000	8 12 16	80	45	1440	396	1536 1552 1568	1630 1646 1662	111	142

6. 回转式桅杆

(1) 回转式桅杆的构造与性能

回转式桅杆是由主桅杆(1)、回转桅杆(2)、缆风绳(3)、变幅滑轮组(4)、起重滑轮组(5)、底座(6)等部分组成，用缆风绳把主桅杆固定成垂直位置(见图1-204)。

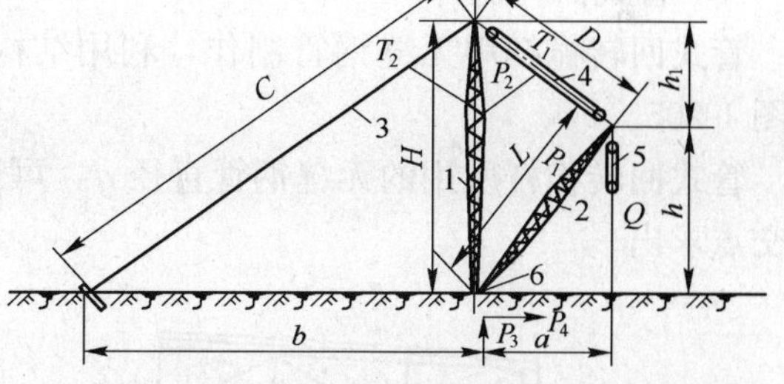

图 1-204 回转式桅杆及受力分析图

1—主桅杆；2—回转桅杆；3—缆风绳；4—回转变幅滑轮组；5—起重滑轮组；6—底座

回转式桅杆在构造与使用性能上的优点是：

1) 构造比较简单，操作比较容易；

2) 机构本身占地面积小，起重机能作360°回转，作业半径较大；

3) 起重机可完成多种动作：能回转，载荷升降，回转臂能变幅，因而使用的选择范围较大。

(2) 回转式桅杆吊装载荷时受力分析(图 1-204)

$$h=\sqrt{L^2-a^2}$$

式中 h——回转式桅杆顶部到地面的垂直距离(m)；

L——回转式桅杆的长度(m)；

a——回转式桅杆对地面的投影长度(m)。

$$h_1=H-h$$

式中 h_1——主桅杆顶部与回转式桅杆顶部水平线间的距离(m)；

H——主桅杆的高度(m)。

$$D=\sqrt{a^2+h_1^2}$$

式中 D——主桅杆顶部与回转式桅杆顶部之间的距离(m)。

变幅滑轮组所受的力

$$T_1=\frac{QD}{H}\quad(\text{kN})$$

主缆风绳所受的力

$$T_2=\frac{QaC}{Hb}\quad(\text{kN})$$

回转桅杆所受的力

$$P_1=\frac{QL}{H}\quad(\text{kN})$$

回转桅杆底座上的反作用力(垂直分力)

$$P_3=\frac{Q(a+b)}{b}\quad(\text{kN})$$

底座上的水平分力

$$P_4=\frac{Qa}{H}\quad(\text{kN})$$

式中　Q——吊装载荷(kN)。

(3) 管式回转桅杆

管式回转桅杆用无缝钢管制作，利用结构物做主桅杆，起重量为 8～15t，使用方法见图 1-205。

管式回转桅杆所用的无缝钢管直径 d，可按图(图 1-206)选用，从起重量及挺杆长度的交点求出。

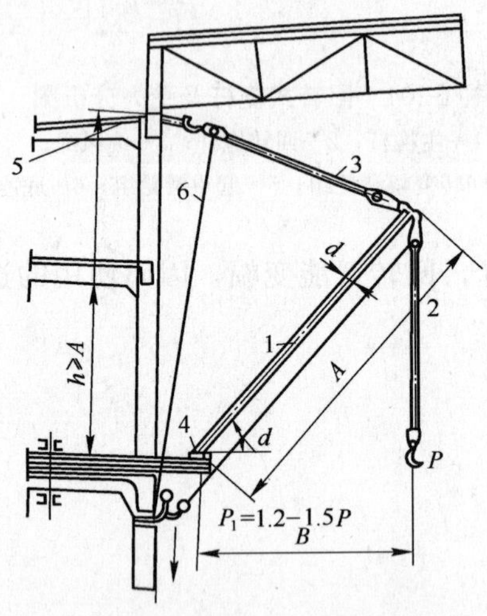

图 1-205　管式回转桅杆

1—挺杆；2—起重滑轮组；3—挺杆举升滑轮组；4—挺杆底部铰链；5—缆风绳；6—挺杆滑轮组的跑绳

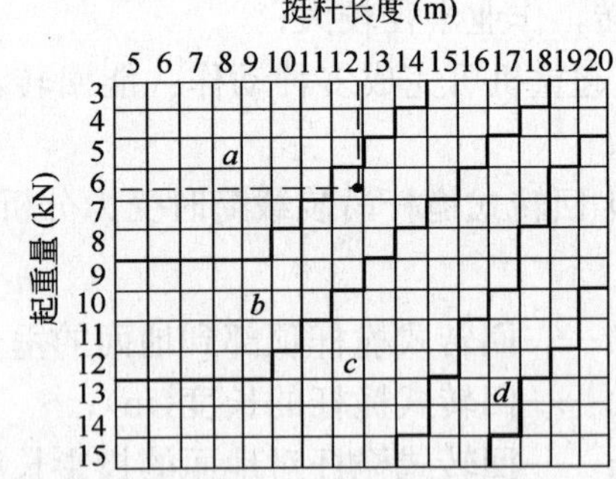

图 1-206　挺杆直径选用表

a—$\phi219\times7$；b—$\phi273\times8$；c—$\phi325\times8$；d—$\phi377\times8$

【例】 当挺杆的起重量为 60kN，长度为 12 m 时，所用无缝钢管直径为 273mm。

挺杆与水平线所形成夹角应在 45°～80°范围内。

挺杆的作用半径见表 1-131。

挺杆作用半径(m)　　表 1-131

挺杆长度		5	6	7	8	9	10	11	12	13	14	15	16	17	18	19	20
挺杆伸距	最　大	4.3	5.2	6.0	6.9	7.5	8.5	9.5	10.0	11.0	12.0	12.5	13.5	14.5	15.5	16.0	17.0
	最　小	0.9	1.1	1.2	1.4	1.6	1.7	1.9	2.1	2.3	2.4	2.5	2.8	3.0	3.1	3.3	3.5

挺杆头座的结构见图 1-207，具体尺寸见表 1-132。

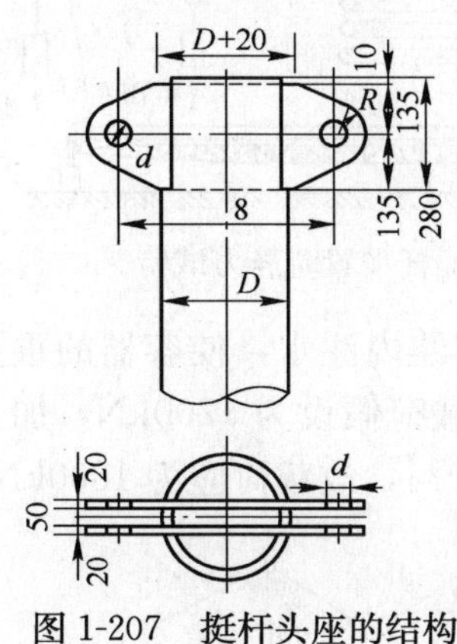

图 1-207　挺杆头座的结构

挺杆头座尺寸(mm)　　表 1-132

管子直径 D	50kN 以下			500～1000kN			100～150kN		
	尺　寸								
	b	d	R	b	d	R	b	d	R
219	376	50	70	476	60	80	—	—	—
273	127	50	70	467	60	80	507	65	85
325	485	50	70	525	60	80	565	65	85
377	536	50	70	576	60	80	615	65	85

挺杆底座可按表 1-133 及图 1-208 制作。

挺杆底座尺寸(mm)　　表 1-133

管子直径 D	尺　寸	
	a	b
219	210	239
273	250	293
325	300	345
377	350	397

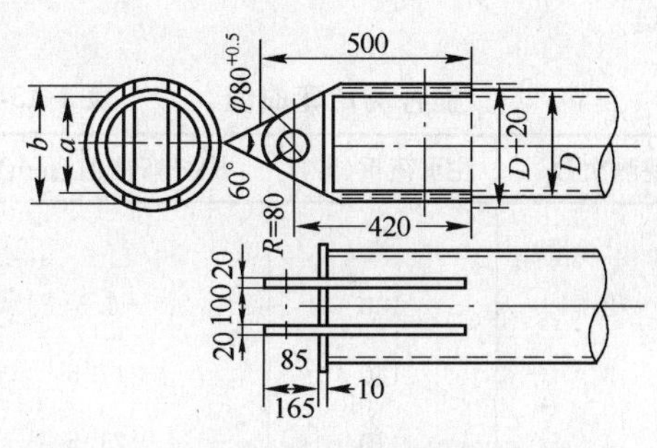

图 1-208　挺杆底座

挺杆底座铰链结构见图 1-209。

7. 桅杆的试验

为确保起重作业安全进行，除对起重机具仔细进行检查外，还要对新制作的桅杆和使用过的桅杆定期进行静力试验。

静力试验是检查机具在满负荷下的工作能力，弹性变形的情况以及各连接部件的可靠性等方面是否能达到原设计能力。它是以重物或其他方法代替工作负荷。试验的时间一般要求为 10min 左右。

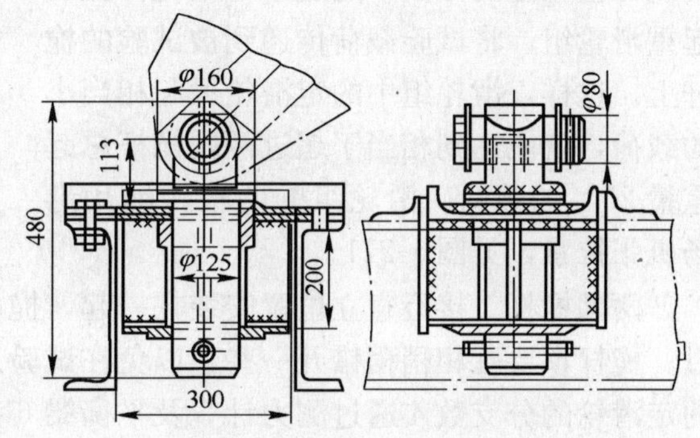

图 1-209　挺杆底座铰链结构

桅杆的试验是吊装以前的重要准备工作，应严格地按照规定进行，以保证机具符合原设计能力。这种试验主要是鉴定桅杆的强度，刚度和稳定性能是否满足重型设备吊装时的要求。

(1) 桅杆的静力试验

静力试验是在桅杆竖立前，验证桅杆的强度和稳定性。

第一种试验方法是将单根桅杆水平放置，分三点用枕木支撑，滑轮组则分别固定在桅杆的顶部吊环和底部的铰接轴上。两个绳头，一端通过在桅杆旁竖立的人字架，以单滑轮吊起一个容量为 $15m^3$ 的容器，另一端钢丝绳经过桅杆上的滑轮组至卷扬机(见图 1-210)。

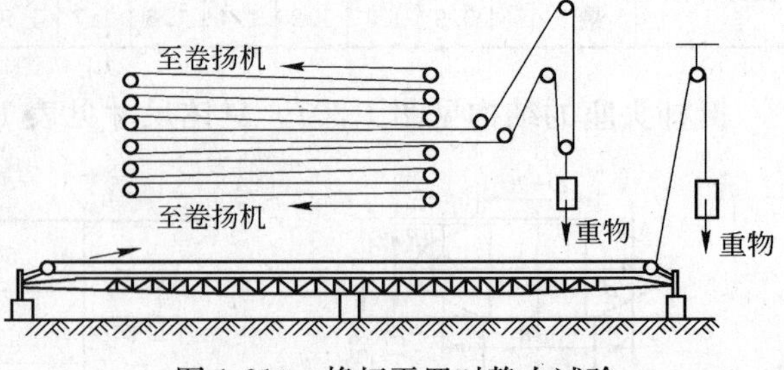

图 1-210 桅杆平置时静力试验

试验时，利用人字架上挂设的单轮滑轮将容器吊到 300mm 的高度，将卷扬机制动住，逐渐向容器内注水，使容器的重量逐次加大，直到桅杆承受规定的静载荷。试验单副桅杆的实际载荷假设为 1200kN，加上索吊具等重量在内则载荷要求为 1500kN，并考虑超负荷系数 20%，故载荷应为 1800kN。

试验时使用两套 8-7 轮滑轮组，容器重量应在 17t 时才能满足要求。试验时为便于观察，容器的注水荷重分三次增加，同时测定桅杆中间的弯曲值。实际弯曲值见表 1-134。

桅杆测定弯曲值　　　表 1-134

观测次数	注水荷重(kN)	桅杆弯曲值(mm)
1	0	0
2	100	−6.5
3	130	−17.5
4	170	−21.5
5	0	−10

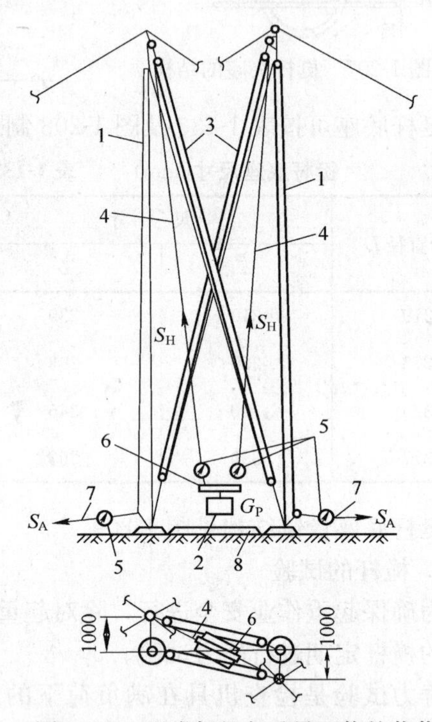

图 1-211 以卷扬机起重量两倍的载荷试验竖立双桅杆原理图

1—桅杆；2—试验荷载；3—起重滑轮组；4—定滑轮分支数；5—测力计；6—平衡梁；7—跑绳；8—撑杆

第二种试验方法是将动滑轮组相互连接到桅杆基座上的方法，通过第二副桅杆上的起重滑轮组，将试验载荷传递到被试验的桅杆上。这样，滑轮组中的定滑轮吊起相当小的载荷，就能达到相当于超过两副桅杆总起重量 25%的载荷。滑轮组的两根跑绳用卷扬机张拉紧，见图 1-211。

两副桅杆 1 接近直立位置安装在一起，桅杆相距的距离可以使试验载荷 2 能自由的通过。桅杆顶要互相稍稍错开一些，以免在试验过程中起重滑轮组 3 互相碰触。而且滑轮组的定滑轮的分支数 4 通过测力计 5 及平衡梁 6 都连接到载荷 2 上。起重滑轮组的跑绳 7 也通过测力计 5 接到卷扬机上。为了避免桅杆支座有水平位移，中间装有支撑杆 8。安装到桅杆支座上的导向滑轮的系固要特别注意，桅杆支座板上的系固位置要根据滑轮组上的载荷能沿着被试验的桅杆轴线方向传递来选定。

(2) 试验步骤

桅杆试验分成两个步骤进行：

第一步先计算确定试验载荷重力的准确数值，使其能达到桅杆的25%超载值；

第二步即进行正式试验。

开始可作估算，试验时单个滑轮组上的受力Q_n为：

$$Q_n = 1.25Q$$

式中 Q——符合桅杆说明书上的起重滑轮组上的最大工作载荷。

试验时，在卷扬机跑绳上所需的最大牵引拉力为：

$$S = Q_n \frac{1-\eta}{(1-\eta^{n})\eta^{k}} \quad (\text{kN})$$

式中 η——滑轮组中每个滑轮的平均效率；

n——滑轮组的工作绳数；

k——在单个滑轮组系统中的导向滑轮数。

此时，试验荷载重力的近似值为：

$$G_p = 2S\eta^{n+k-1} \quad (\text{kN})$$

然后，再计算单个滑轮的实际平均效率。为此，在平衡梁上悬吊载荷用测力计来测力。载荷的重力约为$0.5G_p$，在吊起此载荷的过程中进行测量。根据跑绳上测力计的示值(S_A)及在定滑轮分支的绳索上测力计的示值(S_H)，计算出单个滑轮的实际平均效率为：

$$\eta_{平} = \sqrt[n+k]{\frac{S_H}{S_A}}$$

然后，再计算在试验桅杆过程中，由测力计测得的跑绳上的受力S_A为：

$$S_A = Q_n \frac{1-\eta_{平}}{(1-\eta_{平}^{n})\eta_{平}^{k}}$$

然后，计算试验载荷的重力值

$$G = 2S_A\eta^{n+k-1}$$

吊装此荷载即可试验桅杆。

举例说明：

【例】 如滑轮组上的最大工作载荷为：

$$Q = 1500\text{kN}$$

试验双桅杆时在一副滑轮组上的受力应等于：

$$Q = 1.25 \times 1500 = 1875\text{kN}$$

当$\eta = 0.98$，$n = 16$，$k = 2$时，滑轮组跑绳上的计算载荷为：

$$S_A = \frac{1875(1-0.98)}{(1-0.98^{16})0.98^{2}} = 141.5\text{kN}$$

试验载荷的计算重力为：

$$G_P = 2 \times 141.5 \times 0.98^{17} = 200.6\text{kN}$$

如采用试验载荷的重力为100kN，吊起时，卷扬机跑绳上的测力计示值为$S_A=$

68.6kN，横梁上的测力计示值为 $S_H=50kN$，此时，滑轮组实际的平均效率为

$$\eta_{平}=\sqrt[16+2]{\frac{50}{66.8}}=0.984$$

试验时，卷扬机跑绳上的受力为：

$$S_A=\frac{1875(1-0.984)}{(1-0.984^{10})0.984^2}=134kN$$

所以，试验载荷重力的精确值应等于

$$G_P=2\times134\times0.984^{17}=204kN$$

此值应利用测力计仔细进行校核。

应用此方法试验桅杆时，应尽可能将测力计安装在滑轮组跑绳引到导向滑轮的前端，这样能得到精确的试验载荷的应力值。

8. 桅杆的安装

不很高的桅杆，通常可以用人力安装。

高而重的桅杆，一般用不很高的辅助桅杆来安装。准备安装的桅杆先平放在地上，装设好起重滑轮组和在桅杆上端系结缆风绳。

将桅杆吊起，直至垂直竖立，有三种方法：(1)滑移竖立法；(2)旋转竖立法；(3)倒杆竖立法(即扳倒直角杆法)。

1) 滑移竖立法：见表 1-135，辅助桅杆上的滑轮组须能吊起桅杆和全部索具的重量，同时安装桅杆的吊点，应在重心之上 1～1.5m 处，以便桅杆一端吊升，而另一端在地面滑行移动。

滑移竖立法的工作步骤　　表 1-135

顺　序	滑移法简图	工作步骤和方法
1	辅助桅杆 重心 桅杆 1.5m	1. 在桅杆安装处设辅助桅杆，其高度为桅杆长度的一半加 2.5m 2. 将桅杆放在地面枕木上，并于桅杆上端系结缆风绳 3. 装上起重滑轮组
2	辅助桅杆 桅杆	4. 检查起重滑轮组的固定情况，保证安全 5. 检查桅杆扎结位置，在桅杆重心以上 1～1.5m，并牢靠无滑动 6. 吊升桅杆，桅杆沿地面滑移
3	缆风 辅助桅杆 桅杆	7. 随着桅杆滑移和升高，逐步接近竖直 8. 拉住缆风绳，配合拖拉使桅杆达到垂直位置 9. 固定缆风绳，稳定桅杆

2) 旋转竖立法：见表 1-136，将桅杆下端置于辅助桅杆处，运用滑轮组系结在桅杆重心以上的吊点，起吊桅杆逐步向上转动，最后以缆风绳拉正竖直并予锚碇。

旋转竖立法的工作步骤 表 1-136

顺 序	旋 转 法 简 图	工作步骤和方法
1	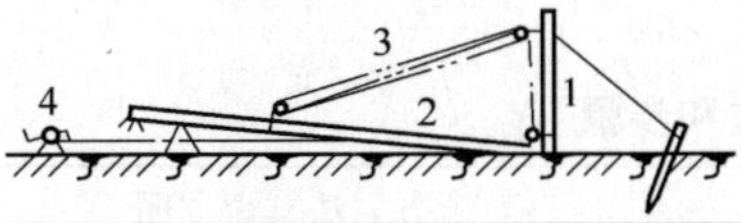 4 3 2 1	1. 辅助桅杆 1 长为桅杆 2 长的 1/3～1/4 2. 桅杆下端放于辅助桅杆处 3. 装上起重滑轮组 3 及缆风绳，并固定绞车
2	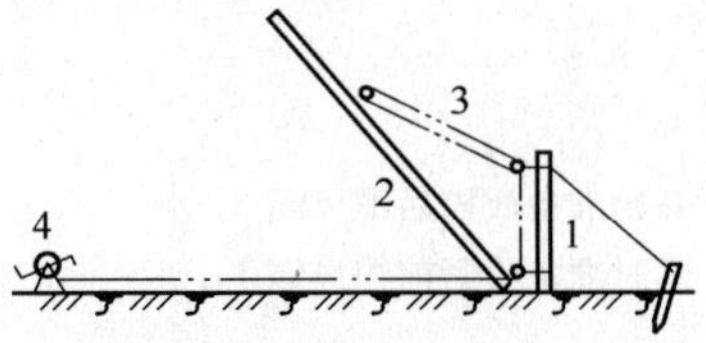 3 2 1 4	4. 通过绞车 4 牵引滑车组 3 起吊桅杆 5. 桅杆 2 在起吊过程中，其下端绕支点转动
3	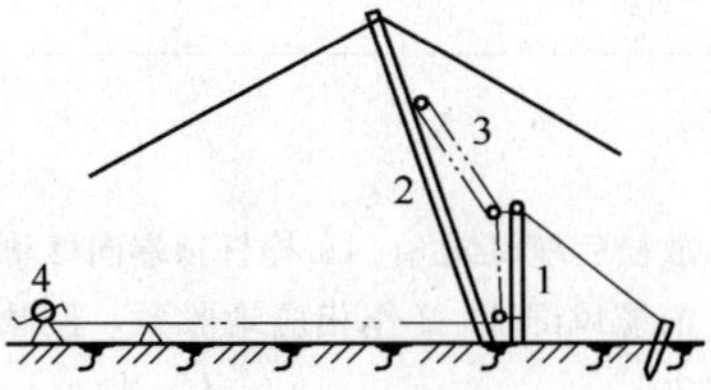 3 2 1 4	6. 随着绞车 4 的牵引起吊桅杆 2 至和地面成 65°～70°左右，开始拉动缆风绳
4	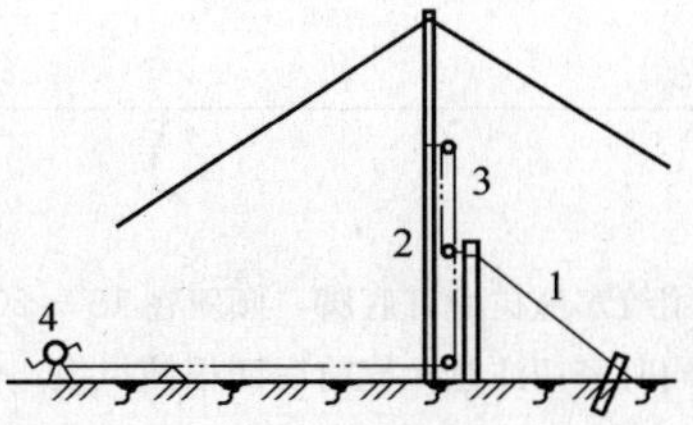 3 2 1 4	7. 借助于拉动缆风绳使桅杆 2 竖立 8. 当桅杆竖立后，锚碇缆风绳，稳定桅杆装置

3）倒桅竖立法：见表 1-137，系利用一根直角杆的辅助桅杆（即"倒杆"）来竖立桅杆的方法。运用绞车牵引滑轮组扳倒辅助桅杆，因桅杆下端绕支点旋转，逐步竖起桅杆。

倒杆竖立法的工作步骤 表 1-137

顺 序	倒 杆 法 简 图	工作步骤和方法
1	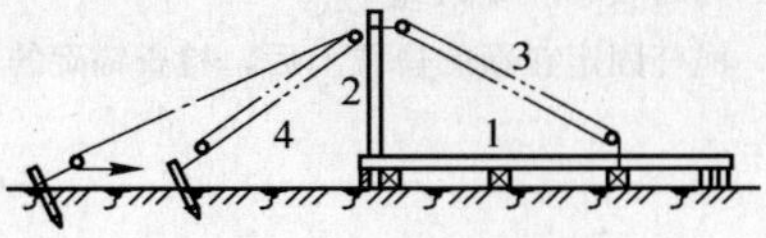 3 2 4 1	1. 设置"倒杆"2 并与桅杆 1 下端成直角扎结 2. 装置滑轮组及固定绞车
2	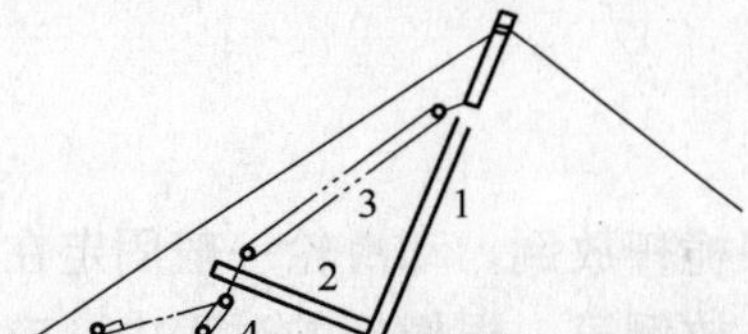 3 1 2 4	3. 通过起重滑轮组 4 将倒杆即辅助桅杆扳倒成水平时，桅杆 1 竖起 4. 锚碇桅杆缆风绳，稳定桅杆

9. 桅杆的移动

在工作过程中，有时须在水平方向移动桅杆。

移动桅杆用松、紧缆风绳和绞车配合行动，或由另外一台辅助绞车进行。

当桅杆移动时，桅杆顶端系结的缆风绳所作相应的调整方法，见表 1-138 简图及其说明。

移动桅杆的方法和步骤 **表 1-138**

顺 序	移动步骤简图	方 法 说 明
1	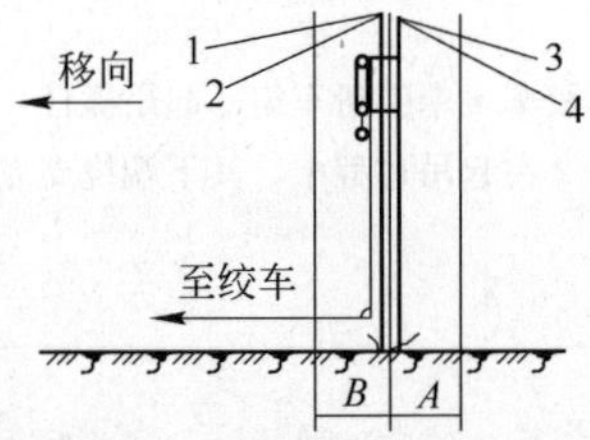 移向 至绞车 1 2 3 4 B A	1. 开始准备放松后缆风绳 3，4 2. 同时准备收紧前缆风绳 1，2
2	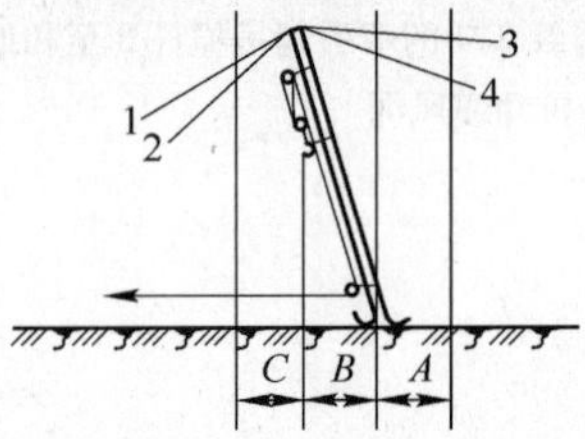 1 2 3 4 C B A	3. 放松后缆风绳 3，4，桅杆顶端向移动方向倾倒 4. 前缆风绳 1，2 作相应地收紧，但倾斜度应控制在 15°～20°
3	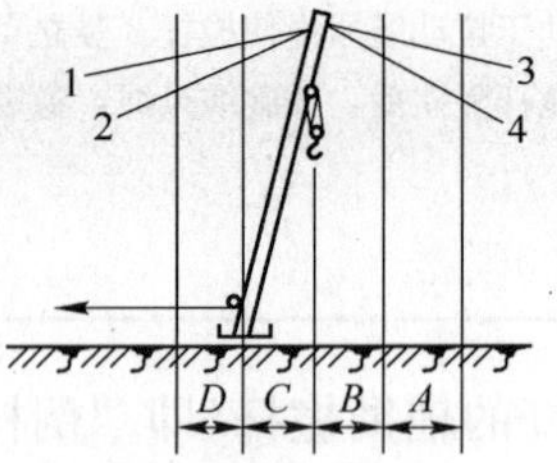 1 2 3 4 D C B A	5. 用绞车拖拉桅杆底脚，倾斜在 15°～20° 6. 同时密切注意检查前后四根缆风绳，作相应地稳定。此时缆风绳 1，2 收紧
4	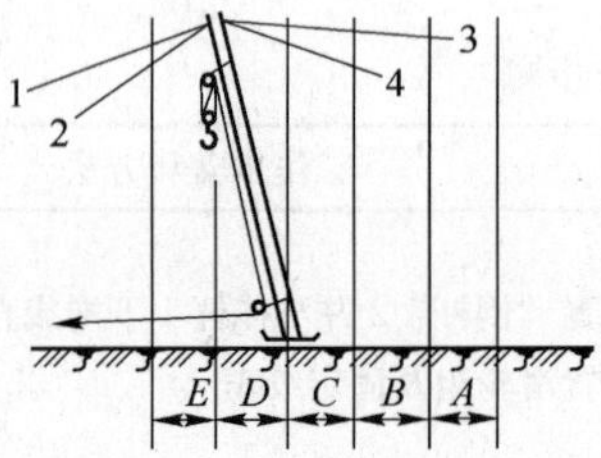 1 2 3 4 E D C B A	7. 放松后缆风绳 3，4 8. 同时收紧后缆风绳 1，2 9. 桅杆固定在新的位置上后，检查锚碇的可靠性

10. 桅杆的放倒

起重工作结束后，要及时放倒桅杆。

如为双桅杆，则第一根桅杆可以利用第二根桅杆放倒。动滑轮一般固定在第一根桅杆的 2/3 高度处，底部加固封绳，以防止滑动，在放倒第一根桅杆的过程中，应注意避免两根桅杆的缆风绳相交，增加钢丝绳的磨损和互相卡住。放倒第二根桅杆时，可以竖立辅助桅杆，或利用已经吊装的设备和钢结构等。如利用设备和钢结构放倒桅杆时，被利用的设备和钢结构顶部应加设 2～3 根缆风绳，以保证稳定，不使设备和钢结构的地脚螺栓受力过大。

放倒过程中，滑轮组与设备的夹角应尽量小，以减小设备的倾倒力矩。注意勿使放倒的桅杆与已安装就位的设备碰撞。

四、地锚

地锚也叫地龙或锚碇，是用来固定卷扬机、导向滑轮、缆风绳、溜绳、起重机及桅杆的平衡绳索等。

1. 地锚的形式与计算

(1) 立式地锚(也称立龙或站龙)

这种地锚简单，适用于土质地层。以道木、圆木或方木作地锚柱，挖坑埋入土中(见图 1-212)。上下挡木可以使用道木、圆木或方木。坑内应以土与石块回填夯实，上下挡木应紧贴土壁。以石块回填时，表面应盖一层不透水的土层，以防雨水浸入坑内，浸软土壁。地锚柱一般露出地面 0.6～1.0m 左右。

立式地锚受力情况见图 1-212，可按下列公式计算：

$$P_1=\frac{N_1(a_1+a_2)}{a_2}\quad(\text{kN})；P_2=\frac{N_1a_1}{a_2}\quad(\text{kN})$$

$$N_2\leqslant\frac{(P_1+P_2)f}{K_1}\quad(\text{kN})$$

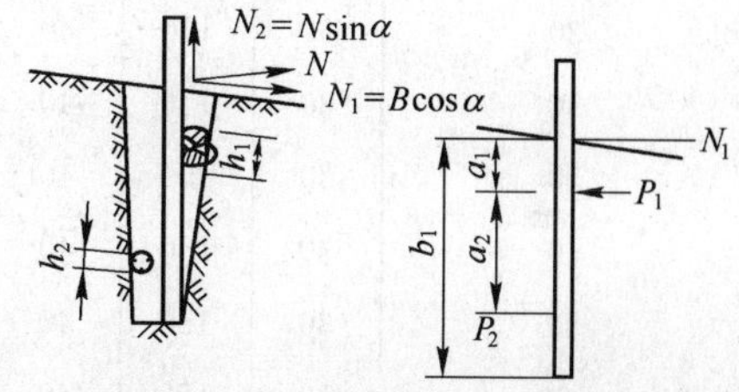

图 1-212　立式地锚受力分析图

式中　N——地锚载荷(kN)；

N_1、N_2——分别为 N 的水平与垂直分力(kN)；

P_1、P_2——分别为上下挡木处的总反力(kN)；

f——木料与木料之间的摩擦系数；

K_1——垂直安全系数，$K_1=2～2.5$。

土壁压应力

$$\sigma_1=\frac{P_1}{\psi h_1 l_1}\quad(\text{MPa})$$

$$\sigma_2=\frac{P_2}{\psi h_2 L_2}\quad(\text{MPa})$$

式中　σ_1、σ_2——分别为上下挡木处的土壁承压应力(MPa)；

ψ——因压力不均而采用的折减系数，其值为 0.25～0.33。

地锚柱应力

$$\sigma=\frac{N_2}{F}\pm\frac{N_1a_1}{W}\quad(\text{MPa})$$

式中　F——地锚柱总横截面积(cm^3)；

W——截面系数。用几根立柱式，W 为一根的截面系数值乘根数(cm^3)。

立式地锚一般应使地锚柱略向后仰，不得向前倾斜。受力较大的地锚柱缠捆钢丝绳处，应衬以硬木板或铁板加大承压面积。

对于荷载较大的地锚，常在立龙后方加设一个或两个立式地锚，以绳缆相连共同受力，称为双立式地锚或三立式地锚。

单立地锚、双立地锚、三立地锚的结构尺寸和承载能力见表 1-139。

立式地锚承载能力　　　　**表 1-139**

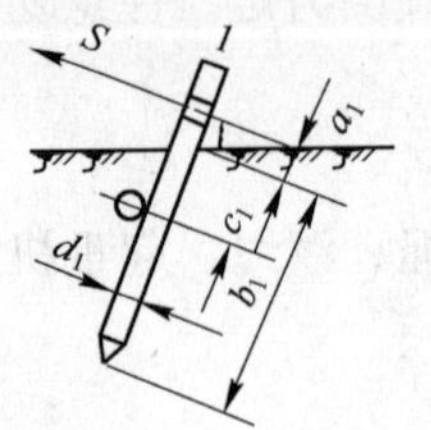

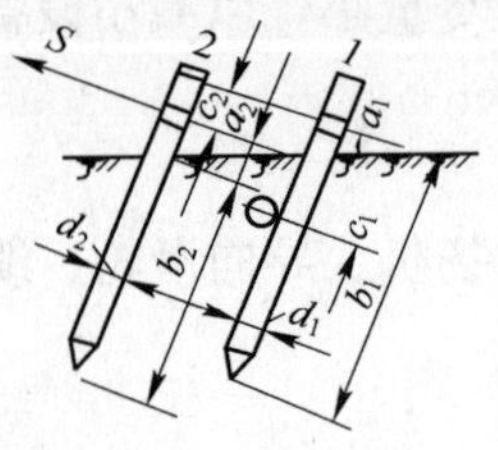

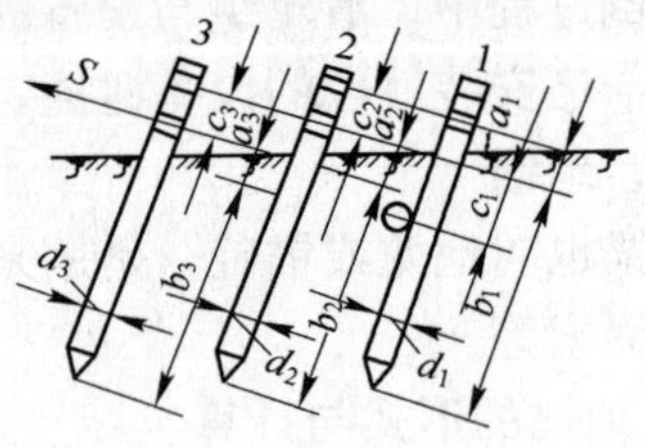

承载能力 (kN)	尺寸 (cm)											
	单立地锚				双立地锚				三立地锚			
	a_1	b_1	c_1	d_1	a_2	b_2	c_2	d_2	a_3	b_3	c_3	d_3
10	30	150	40	18	—	—	—	—	—	—	—	—
15	30	150	40	20	—	—	—	—	—	—	—	—
20	30	150	40	26	—	—	—	—	—	—	—	—
30	30	150	40	20	30	150	90	22	—	—	—	—
50	30	150	40	22	30	150	90	25	—	—	—	—
50	30	150	40	24	30	150	90	26	—	—	—	—
60	30	150	40	20	30	50	90	22	30	150	90	28
80	30	150	40	22	30	150	90	25	30	150	90	30
100	30	150	40	24	30	150	90	26	30	150	90	33

(2) 卧式地锚(又称困龙)

卧式地锚是把木料横着埋入坑内，缆索捆在横木中间一点或两点上。横木埋好后填土夯实。卧式地锚能承受较大的拉力，一般可达 30～500kN。卧式地锚又分为无挡和有挡两种，见图 1-213 和图 1-214。

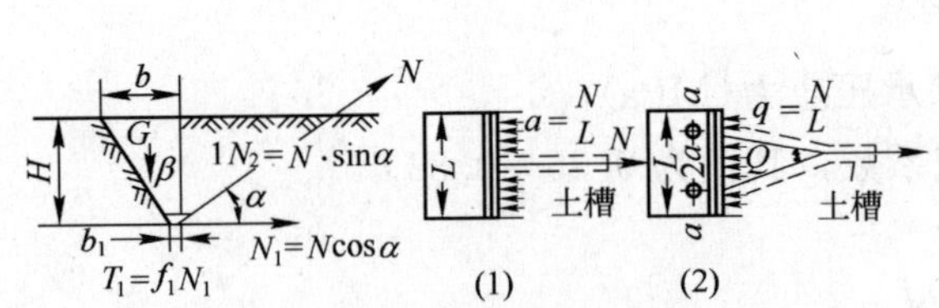

图 1-213　无挡卧式地锚力系图

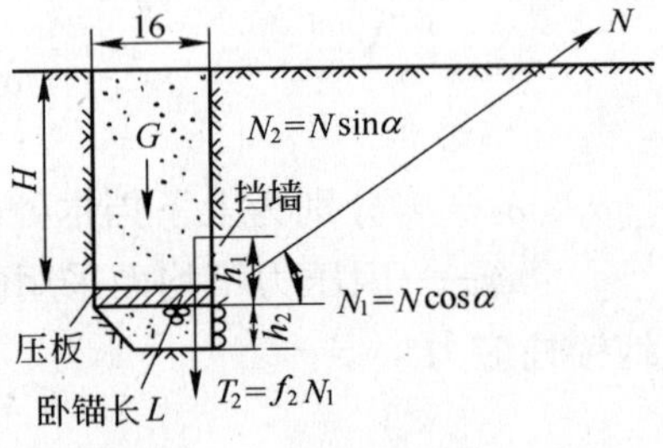

图 1-214　有挡卧式地锚力系图

无挡卧式地锚的计算公式

$$\frac{G+T_1}{N_1} \geqslant K_1$$

$$\psi[\sigma_H] \geqslant \frac{N_1}{HL}$$

式中　N_1 与 N_2——地锚作用拉力 N 的水平与垂直分力(kN)；

T_1——摩擦力，$T_1=f_1N_1$(kN)；

K_1——垂直力的安全系数，$K_1 \geqslant 3$；

ψ——土压力不均匀系数，$\psi = 0.25 \sim 0.33$；

G——有效土重 $G = \frac{b+b_1}{2} \quad HL\gamma$(kN)；

γ——土的容重(kN/m³)；

计算 G 时，$b < H\tan\beta$，$\beta \leqslant 30°$；

$[\sigma_H]$——深度 H 处土的许用压力 $[\sigma_H] = KH\gamma$(MPa)；

$$K = \left[\tan^2\left(45° + \frac{\varphi}{2}\right) + \tan^2\left(45° - \frac{\varphi}{2}\right)\right]$$

φ——土的内摩擦角。

当地锚木上一点受拉时［见图 1-213 中(1)］，地锚木所受拉力矩为

$$M = \frac{NL}{8} \quad (\text{N} \cdot \text{cm})$$

当两点受拉时［见图 1-213 中(2)］，地锚木所受力矩为

$$M = \frac{qa^2}{2} \quad (\text{N} \cdot \text{cm})$$

有挡卧式地锚的计算公式(见图 1-214)为

$$\frac{G+T_2}{N_2} \geqslant K_2$$

$$\psi[\sigma_H] \geqslant \frac{N_1}{(h_1+h_2)L}$$

式中 K_2——垂直力的安全系数，$K_2 \geqslant 2$；

G——有效土重 $G = HbL\gamma$(kN)；

T_2——摩擦力，$T_2 = f_2 N_1$(kN)；

f_2——摩擦系数。

其余计算部分同立式地锚。

(3) 混凝土地锚

混凝土地锚是依靠其自重来平衡作用力，一般不考虑土压即：

$$\frac{Gb}{QL} \geqslant K$$

式中 G——混凝土自重；

K——稳定系数，$K \geqslant 1.4$。

其余见图 1-215。

埋入混凝土中的拉杆，应系固于型钢的横梁上。混凝土强度一般不小于 C10。

(4) 活地锚

活地锚在地面上固定，不需挖坑或挖浅坑；其结构是在钢底板上，压一定重量，如钢锭等，利用摩擦力或土壤的黏聚力及被动土压力作锚锭使用，它具有减少土方作业量、少用材料、转移方便等特点。

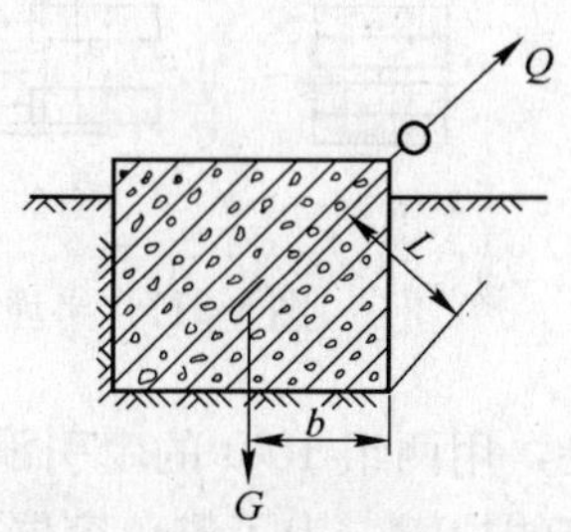

图 1-215 混凝土地锚力系图

活地锚计算稳定条件为：

$$G \geqslant KS\sin\alpha$$

式中 K——安全系数，一般取 $K=2$；

G——地锚配重(kN)。

一般活地锚的垂直方向的稳定条件容易满足，主要是水平方向的稳定条件(见图 1-216)。要使其满足水平方向的稳定条件，应尽力增大地锚与地面间的滑动摩擦力，其稳定性计算为

$$(G-S\sin\alpha)\mu+[\sigma]hl\psi \geqslant S\cos\alpha$$

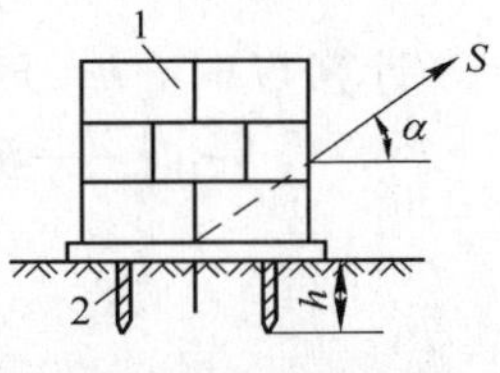

图 1-216 活地锚

1—配重钢锭；2—插板

式中 G——配重(kN)；

S——缆风绳或牵绳最大拉力(kN)；

μ——摩擦系数；

$[\sigma]$——深度 h 处被动土压力强度，$[\sigma]=0.4$MPa(根据土质定)；

h——插板高度(m)；

l——插板长度(m)；

ψ——土的压力不均的降低系数。

(5) 半埋式锚桩

半埋式锚桩是用工具式混凝土块堆叠组合成的，每块混凝土块的尺寸为 0.9m×0.9m×4m，重为 75kN。是由钢筋网及混凝土制成，每块约耗用 5kN 的钢筋和 3.3m^3 的混凝土。堆叠时，可把一块或几块混凝土块埋到地下，使混凝土的表面与地平面取平。地面上的混凝土块数，则根据锚桩所承受的载荷来确定。

半埋式锚桩的各种形式见图 1-217，可承受的载荷由 150kN 到 800kN 数种。

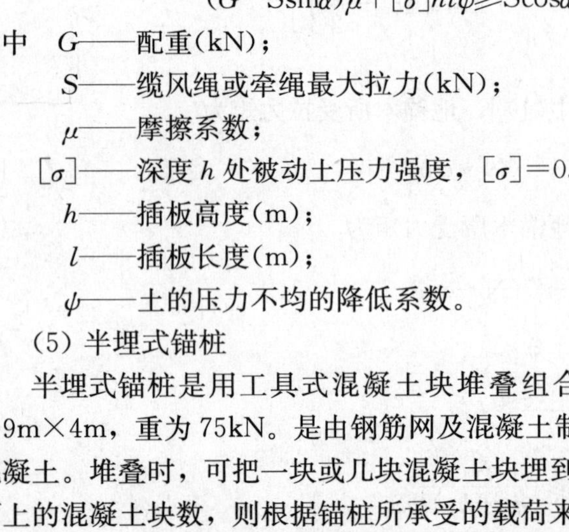

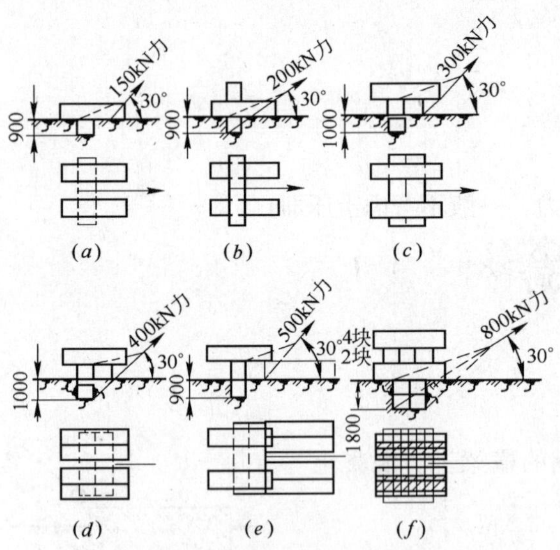

图 1-217 半埋式锚桩构造图

1000kN 级以上的工具式锚桩，其埋地部分最好使用高压设备和容器，使用时内部充水。见图 1-218，所用容器壁厚 18mm，重量为 200kN，装 100t 水。

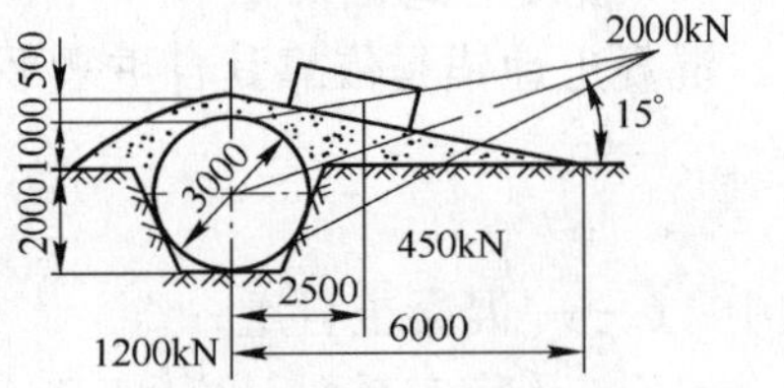

图 1-218 半埋式地锚结构图

(容器直径为 3m、长 12m、器壁厚度为 18mm，重为 20t，装水 100t)

如果土壤是软土，允许的比压力为 0.15MPa，挖坑的深度只有 2000mm，容器上堆土并夯实，上压 45t 的混凝土块，用两组 100t 的牵引滑轮组与容器相连。在埋入充水的容器和设备的同时，先系好连接的拉索。为了避免容器或设备壁板变形，在系拉索的部位垫以用角钢制成的三角撑架。

容器由临时供水管从容器上口充水。

半埋式锚桩的缺点是：

1）需要挖土方，如在埋设管线的部位以及冬季冻土时，比较费工；

2）系固的拉索如长期在土壤里会产生锈蚀，同时不便检查其完好情况。

(6) 使用地锚的注意事项

地锚在起重作业中起着重要作用，它是影响安全吊装的关键。组立地锚应注意下列事项：

1）根据土质情况按设计尺寸开挖土方，开挖的基槽要求规整。

2）地锚埋设地点要比较平整，不潮湿，不积水，因为雨水渗入坑内会泡软回填土壤，降低土的摩擦力。

3）拉杆或拉绳与地锚木的连接处，一定要用薄铁板垫好，防止由于应力过分集中而损伤地锚木。

4）地锚只许在规定的方向受力，其他方向不允许受力；不能超载使用。

5）重要地锚经过试拉以后，才能正式使用。使用时应指定专人检查，如发生变形，应采取措施修整，避免发生事故。

6）地锚附近(特别是前侧)不允许取土。地锚拉绳与地面的水平夹角在30°左右，否则使地锚承受过大的竖向拉力。

7）稳固的建筑物与结构物，可以利用作为地锚，但必须经过核算，证明是安全可靠时才能利用。

2. 地锚使用材料及土石方量

为了在起重作业中能迅速择定合用的地锚，现将7.5～40t(75kN～400kN)的地锚所用材料及规格、土石方量等列于表1-140内，供选用参考。

7.5～40t 地锚用料、规格及土石方量　　表 1-140

序号	名　称	7.5t(75kN)		10t (100kN)		15t (150kN)		20t(200kN)	
		规　格	数量	规　格	数量	规　格	数量	规　格	数量
1	圆木(根)	ϕ240×2700	3	ϕ240×2700	3	ϕ240×2700	3	ϕ240×3500	3
2	圆木(根)	ϕ100×1000	21	ϕ100×1000	21	ϕ100×1400	21	ϕ100×1400	24
3	圆木(根)	ϕ200×700	1	ϕ200×700	1	ϕ200×700	2	ϕ200×1000	3
4	圆木(根)	ϕ200×1100	2	ϕ200×1300	2	ϕ200×1800	2	ϕ200×1800	4
5	圆木(根)	ϕ200×2700	2	ϕ200×2700	3	ϕ200×2700	5	ϕ220×3500	5
6	方木(根)	150×200×1000	4	150×200×1000	4	150×200×1000	4	150×200×1300	4
7	钢丝绳(根/m)	ϕ15.5－6×19＋1	1/22	ϕ18.5－6×19＋1	1/25	ϕ22－6×19＋1	1/28	ϕ25－6×19＋1	1/28
8	卸扣(个)	7.5t	1	10t	1	15t	1	20t	1
9	护绳轮(个)	内径 ϕ50	2	内径 ϕ55	2	内径 ϕ65	2	内径 ϕ80	2
10	钢板(块)	1500×300×2	2	1500×300×2	2	1500×300×2	2	1500×300×2	2
11	绳卡(个)	ϕ15.5	6	ϕ18.5	6	ϕ22	8	ϕ25	10
12	硬木(根)	ϕ70×140	1	ϕ85×160	1	ϕ90×180	1	ϕ100×200	1
土石方量(m^3)		9.5		13.8		18		22	

续表

序号	名　称	25t(250kN)		30t(300kN)		35t(350kN)		40t(400kN)	
		规　格	数量	规　格	数量	规　格	数量	规　格	数量
1	圆木(根)	ϕ2400×3500	4	ϕ2400×4000	4	ϕ240×4000	4	ϕ240×4000	4
2	圆木(根)	ϕ100×1400	24	ϕ100×1400	29	ϕ100×1400	29	ϕ100×1400	29
3	圆木(根)	ϕ200×1000	3	ϕ220×1500	4	ϕ220×1500	5	ϕ220×1500	6
4	圆木(根)	ϕ200×1000	4	ϕ220×1900	4	ϕ220×2300	4	ϕ220×3000	4
5	圆木(根)	ϕ220×3500	6	ϕ220×4000	6	ϕ220×4000	8	ϕ220×4000	11
6	方木(根)	150×200×1300	3	150×200×1800	3	150×200×1800	3	150×200×1800	3
7	钢丝绳(根/m)	ϕ28－6×19＋1	1/28	ϕ31－6×19＋1	1/30	ϕ34－6×19＋1	1/30	ϕ37－6×19＋1	1/35
8	卸扣(个)	25t	1	30t	1	35t	1	40t	1
9	护绳轮(个)	内径 ϕ90	2	内径 ϕ100	2	内径 ϕ105	2	内径 ϕ110	2
10	钢板(块)	2100×300×2	2	2100×300×2	2	2100×300×2	2	2100×300×2	2
11	绳卡(个)	ϕ28	10	ϕ31	12	ϕ34	14	ϕ37	16
12	硬木(根)	ϕ110×220	1	ϕ130×260	1	ϕ140×280	1	ϕ160×320	1
土石方量(m^3)		22		27.5		27.5		31.4	

3. 地锚拉线

3～40t 地锚拉线的结构和尺寸见图 1-219 及表 1-141

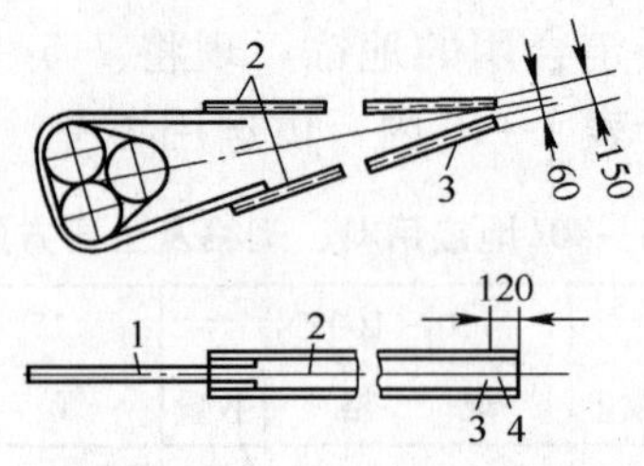

图 1-219　3～40t 地锚拉线

1—钢带；2—槽钢；3—心棒；4—夹板

3～40t 地锚拉线尺寸表　　表 1-141

拉线数量	拉力(kN)	尺　寸 (mm)						
		钢　带　拉　线					单索拉线直　径	双索拉线直　径
		钢　带 1	槽　钢 2	心　棒 3	夹　板 4	焊缝长度		
单　拉	30	60×6	12 号	d=34	100×10	100	17.5	13
			2 根	l=150	l=100			
	50		12 号	d=40	100×10			
		60×6	2 根	l=150	l=100	100	24	17.5
			12 号	d=48	100×10			
	75	80×6	2 根	l=150	l=100	150	28	21.5

续表

拉线数量	拉力(kN)	尺寸(mm)						
		钢带拉线					单索拉线直径	双索拉线直径
		钢带 1	槽钢 2	心棒 3	夹板 4	焊缝长度		
双拉线	100	80×6	12号 2根	d=48 l=150	100×10 l=100	150	34.5	24
	150	100×6	12号 2根	d=50 l=150	100×10 l=100	150	—	30
	200	100×6	12号 2根	d=50 l=150	100×10 l=100	150	—	34.5
	300	100×8	12号 2根	d=58 l=150	100×10 l=100	200	—	—
	400	150×8	12号 2根	d=65 l=150	100×10 l=100	300	—	—

五、常用运输机械

1. 常用载重汽车

见表1-142。

常用载重汽车技术参数 表1-142

项目		汽车型号						
		黄河 JN150	斯可达 70.6R	台脱拉 111	交通 SH141	解放 CA10B	长征 XD160	交通 SH361
发动机功率(马力)		160	135	175	90	95	180	210
载重量(t)		6.5～8	7.5	8～10.24	4	4	12	15
空车重量(kg)		6800(6400)	6100	8430	3740	3800	9300	13520
最大拖重(kg)		6000	4500	9000		4500	1500	
外形尺寸(mm)	长	7600	8285	8550	6455	6660	8900	7840
	宽	2400	2500	2500	2400	2400	2470	2600
	高	2600	2360	2570	2560	2200	2600	3060
轮距(mm) 前轮		1927	1930	2080	1710	1700	1930	2020
轴距(mm) 后轮		1744	1824	1800	1736	1740	1764	1902
		4000	5000	4785	3500	4000	4260	4500
车箱尺寸(mm)	长	5000	5000	5400	2800	3540	5300	5130
	宽	2250	2350	2350	2320	2250	2350	2600
	高	500	500	500		5840	500	
最小转弯半径(m)		8.25	11.30	10.00	7.15	9.20	9.25	9.50
爬坡能力(%)		27	36	32	26.3	20		21
最高速度(km/h)		71(67)	55	60	70	75	71.15	68
产地		济南	捷克	捷克	上海	长春	河北	上海

2. 常用平板拖车

见表1-143。

常用平板拖车技术参数 **表1-143**

项目		型号						
		HY930	HY942	HY873	HY882	SSG880	德制60吨	日制100吨
拖挂型式		半拖式	半拖式	全拖式	全拖式	全拖式	全拖式	半拖式
产地		汉 阳	汉 阳	汉 阳	汉 阳	上 海		
载重量(t)		8	15	25	50	80	60	100
外形尺寸(mm)	长	6120	10000	10990	12030	11995	11200	12300
	宽	2430	2900	2900	3200	3550	3300	3400
	高	1956	1719	1880	1750	2052	1480	2000
载重面长(mm)		6000	7000	6000	6200	7000	6720	8450
载重面宽(mm)		2300	2900	2900	3200	3500	3300	3400
载重离地面高(mm)		—	1100	1060	1100	1298	1100	1200
轴距(mm)		—	1100	6000/1120	7100/1100	6260	6950	—
空车重量(t)		2.59	6.00	7.00	15.00	—	—	36.00
轮胎数量		4	8	24	32	24	32	16
轮胎规格		9.00～20	11.00～20	11.00～20 10.00～15	10.00～15	11.00～20	10.00～15	11.00～20
牵引车型号		CA10B	NJ440	XD980	TATRA 141	TATRA 141	凤牌	
与牵引车联接后数据	总长(mm)	10100	14000	18400	19700	—	—	—
	宽(mm)	2436	2900	2900	3200	—	—	—
	高(mm)	2180	2840	2600	2600	—	—	—
	总重(t)	14.42	27.60	49.40	84.4	—	—	—
	爬坡能力(%)	—	15	35	10	—	—	—
	最高速度(km/h)	—	50	37.5	15	<15	—	—
	最小转弯半径(m)	8.58	9.15	12.5	11.7	10.7	—	—
产地		汉 阳	汉 阳	汉 阳	汉 阳	上 海		

3. 叉式装卸车

见表1-144。

0.5～5t 内燃机平衡重式叉式装卸车技术规格 **表 1-144**

型号	起重量	起升高度	起升速度	行驶速度 前进/后退			门架倾斜角度		爬坡度 空载/满载	转弯半径	牵引力 空载/满载	货叉		最小离地间隙	外形尺寸			重量
				Ⅰ	Ⅱ	Ⅲ	前	后				长度	调节范围		长	宽	高 下降/升起	
	(t)	(h)	(m/min)	(km/h)			(°)		(°)	(m)	(N)	(mm)	(mm)	(mm)	(mm)	(mm)	(mm)	(t)
CPQ-0.5	0.5	3	10	5/	10/5		3	10	10%	1.4		650		70	2165	850	2050/3150	1.19
CPQ-1	1	3	12	8/7	15/12		3	10	15%	1.8	5000	800	200～920	75	2730	1100	2110	2.1
QC-1	1	3	12	8/7	15/12		3	10	15%	1.8	5000	800	200～920	75	2730	1100	2110	2.1
2CT	2	3	8	9.8/8.5	21/18.2		5	13	19%/23%	2.3	7000/13000	750	240～1080	130	3305	1150	2190	3.2
2CB	2	3	18	7.8/7.4	16.7/14.6		5	13	12%/19%	2.3	7000/9900	1000	144～1220	130	3305	1150	2190/4100	3.17
3CH	3	3	12	5.8/5.1	11.2/9.9	19.5/17.6	3	10	[9°]	3	15000	1100	300～1210	170	4155	1500	2440/4418	5.2
QC-3			13	8/8	17/17		5	10	[12°]	3	14000	1070	300～1210	125	3954	1300	2290	4.5
5CB	5	4	10	4-50(四档) 7-19(二档)			3	10	[16°]	4.3	20000	1300			4900	2350	3300/5300	6.8
W613	5	4	10	5.1/6.7	22/27		3	10		4.3	23800	1340	420～1120	240	5200	2340	3360/5360	7.5
5CQ-Ⅲ	5	4	10	9/8	17/15	26/23	3	10	[14°]	4.3		1300		240	5000	2320	3290	6.85
5CD	5	4	10				3	10	30%	4.3	50000	1300		200	5000	2320	3290	6.85

第二章　管道工程常用机具

第一节　管道工常用工具

一、量具

1. 长度尺

长度尺是测量管线距离的工具，种类分有钢卷尺、皮卷尺、钢直尺。钢卷尺又有大钢卷尺和小钢卷尺之分。其规格以长度划分，大钢卷尺和皮卷尺常用的规格有15、20、30、50m等；小钢卷尺的规格有1、2、3m等。尺面上刻有米制线。钢直尺的规格有150、300、500、1000mm等，尺面上除刻有米制线条外，有的在另一边还刻有英制线条。还有的在钢直尺背面刻有米英制换算表。

使用注意事项：

(1) 钢卷尺使用时应防止折弯，并注意不得与电焊把手或电线相碰，以防被电弧烧坏及发生触电事故；

(2) 钢卷尺使用完毕应擦拭干净并涂油防锈；

(3) 使用皮卷尺时，应适当用力拉紧，但不得用力过度，并要注意零点位置；

(4) 不得用钢尺刮物或代替螺丝刀。

2. 钢角尺

角尺是用来检验弯管的直角、法兰安装的垂直度、划垂直线及型钢划线等。角尺的类型有宽座角尺、扁钢角尺、法兰角尺、万能角尺等。管道工常用宽座角尺和扁钢角尺两种。

(1) 宽座角尺：它由长臂和短臂即宽窄两部分组成。长臂上有长度的刻度。常用于各类型钢的划线，以及检验法兰安装的垂直度。管道工常用的规格有63×40、100×63、160×100三种。

(2) 扁钢角尺：扁钢角尺与宽座角尺的不同之处是长臂和短臂是用同样规格相等厚度的扁钢制成。其规格无一定标准，一般按实际需要用宽20～50mm(厚度3～5mm)的扁钢自制。扁钢角尺是管道工制作虾壳弯及煨制90°弯管时用的量具。

使用角尺时，应轻放轻靠，严禁用角尺撞击被测物，使用完毕应擦拭干净，并涂油保存。

3. 水平尺

水平尺用于测量水平度，有的水平尺还可测量垂直度。常用的水平仪有条形水平仪(水平尺)和框式水平仪(方水平)两种。管道工用的是水平尺，它由铁壳和带水泡的玻璃管组成。在平面中央装有一个横向水泡玻璃管，作检查平面水平度用；另一个垂直水泡玻璃管，作检查垂直度用。玻璃管面上有刻度线，管内装水并有气泡，气泡在玻璃管内浮动，当气泡在玻璃管刻度中间位置时，则说明已达到水平或垂直的位置。水平尺的规格是以长度划分的，常用的规格有150、200、250、300、350、400、450、500、550、600mm等几种。

使用注意事项：

(1) 使用水平尺前，应先在标准面上检查水平尺自身精度，并清洁被测物体的表面；

(2) 测量时应轻拿轻放，不得碰撞，也不得在被测面上拖来拖去，更不可作工具使用；

(3) 使用完毕应擦拭干净，存放在工具箱内，不得与其他工具堆在一起；

(4) 划规：划规用来划弧线和圆。管道工常用它来定法兰眼划线和管件放样下料做样板。划规的两脚应一样长，开合的松紧程度应适当，两脚闭合时脚尖应能互相靠拢，并磨尖淬硬。规格以长度划分，有150、200、250、300mm等几种；

(5) 线锤：线锤用于测量立管的垂直度。形似锥形，在上部圆中心有一个连接吊线用的接头，根据线锤大小配上适当粗细的蜡线。线锤的规格是以重量划分的，管道工使用的一般在0.5kg以下。

上面这种线锤在测量工作中，花费时间较多，而且有时需二人配合工作，携带也不太方便，同时在固定点设置不当还会造成测量误差较大。目前，上海工业设备安装公司研制了一种“磁性线锤”，见图2-1。

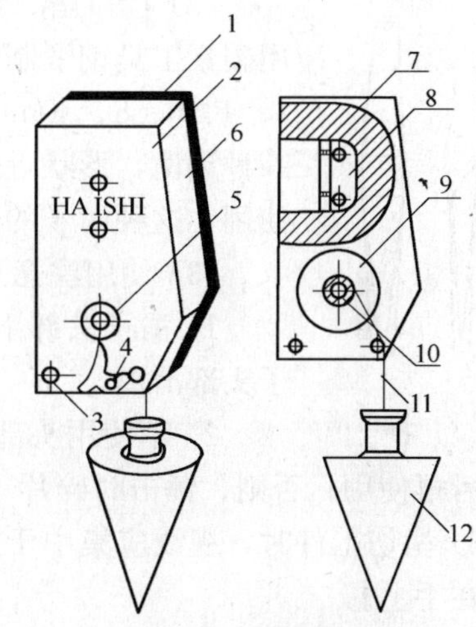

图2-1 磁性线锤

1—后板；2—前板；3—平机螺丝；4—摇柄；5—摇手；6—围框板；7—磁钢；8—固定板；9—滑轮；10—轴；11—尼龙线；12—线锤

“磁性线锤”的U形磁钢能牢固地吸住各种形状的钢铁结构件上，使重锤能方便准确地悬挂在各种位置来进行测量，由于磁铁上端有一个固定的距离，因此，只要用钢直尺测得重锤下端的距离，便能准确地测得物件的垂直度和水平度等。测量时转动轻巧的小手柄便能使重锤处于任何高度的位置，由于框板中装有深槽滑轮，可使很长的锤线绕存其中，免去发生锤线绕乱或折断。锤线采用高强度的细尼龙线，可使测量误差在0.5mm内得到较准确的数据。

“磁性线锤”与“手牵式线锤”相比，具有操作简单、测量正确、携带方便、牢固耐用等特点。

二、手动工具

1. 手锤

手锤的种类及形式较多，管道工常用的手锤是钳工锤(俗称奶子榔头)和八角锤(俗称大榔头)。手锤的规格是以重量(不连柄)来划分的。钳工锤有0.25、0.5、0.75、1.25、1.5kg等规格。管道工常用的是0.5～1.5kg几种。其手柄长度一般为300mm。大榔头的规格有0.9～9kg等几种规格，管道工常用的为1.3～1.8kg等几种。手锤多用于管子调直，铸铁管捻口、打洞、拆卸管道等。

使用注意事项：

(1) 手锤平面应平整，有裂痕或缺口的手锤不得使用。

(2) 手柄不得弯曲，不得有蛀孔、节疤及伤痕。木柄装好后，端头内应有锲铁锲牢，并经常检查，不得有松动现象。不得将手柄作杠杆来撬其他物体，以免使手柄受到暗伤、开裂或折断。

(3) 手柄和手锤面上均不得沾有油脂，握手锤的手不准戴手套，手掌上有油或汗应擦掉。

2. 凿子

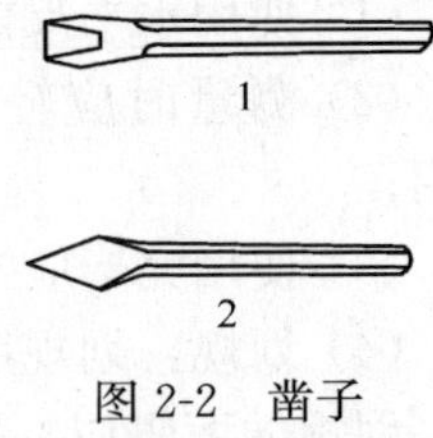

图 2-2　凿子
1—扁凿；2—尖口凿

(1) 扁凿和尖口凿，见图 2-2。管道工常用的凿子有扁凿和尖口凿两种。扁凿主要用于凿切平面、剔除毛边、清理气割和焊接后的熔渣等；尖凿用于剔槽子、剔比较脆的钢材；凿子一般用碳素工具钢、锋钢制造。一般长 200mm。

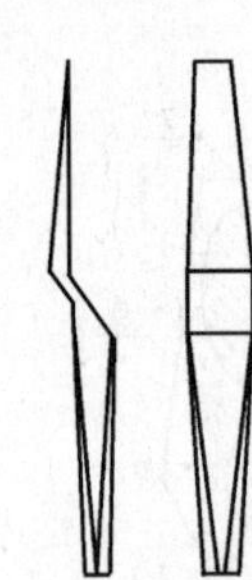
图 2-3　捻口凿

(2) 捻口凿。捻口凿是用于铸铁管承插连接时填塞填料的必备工具，用碳素工具钢锻制而成，见图 2-3。其规格以端面的厚度划分，常用的有 2、4、6、8、10mm 等五种，以适用于不同的承插对口间隙。另外还有一种剔凿，形状近似于窄凿，是专门用于剔除已打入承接口内的填料而使用，这种凿子的规格无一定标准，根据实际需要自行加工锻制而成。

(3) 使用注意事项：

1) 凿子头部不能有油脂，如凿子头部或锤面上有油，锤面容易从凿子头部滑离。

2) 不使用头部损坏的凿子，当发现凿子头部呈磨菇状时，应用砂轮磨掉后再使用；否则，锤击时碎片飞出易击伤人。

3) 凿切工件时，视线应集中于工件受凿部分，不应看在凿子头上，否则易产生滑动而敲在手上。

4) 凿子不可握持太松，以免锤击时凿子松动而击在手上。

5) 在台虎钳上凿切工件时，台虎钳前方应有挡板，以免凿出的铁屑飞出伤人。

3. 钢锯

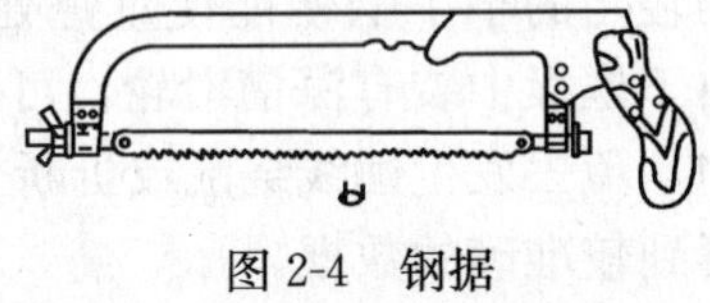
图 2-4　钢据

见图 2-4。钢锯是锯割金属材料的一种手用工具，用于下料和锯断工件。钢锯由锯弓和锯条构成，锯架有固定的和活动的两种。目前一般采用的是活动锯架，这种锯架可装长度为 200、250、300mm 三种不同的锯条。

锯条由工具钢或掺碳软钢冷轧制成，经过热处理而达到一定的硬度。锯条的尺寸是根据锯条两端孔中心间的距离而决定的，一般尺寸有 200、250、300mm 三种，目前常用的锯条的尺寸是长 300mm、宽 13mm、厚 0.64mm。按用途的不同制成不同粗细，一般 25mm 内 18 个齿以下的为粗齿锯条，25mm 内有 24～32 个齿的称为细齿锯条。

使用注意事项：

(1) 装锯条时，应使锯齿装向朝前推的方向，不得装反。锯条不能装得过紧或过松。太紧就会因失去应有的弹性而易折断；太松会使锯条发生扭曲，也容易折断，锯割时锯缝容易歪斜。一般松紧程度以两个手指将调节螺钉旋紧至锯条挺直弹性消失为止。装好后的锯条不应歪斜扭曲。

(2) 根据工件的材质和厚度选用不同齿数的锯条。锯割厚度较薄、材料较硬的工件时应选择较小锯齿；反之，选用较大的锯齿。

(3) 往复推锯时，应使用锯条的全长，以使锯齿磨损均匀，回程时不得施加压力。

(4) 不得将新锯条在旧的锯缝中锯下去，应从另一面切割，否则会因卡住而折断。

4. 锉刀

锉刀是从金属工件表面锉掉金属的加工工具。锉刀种类很多，按照加工形状的不同可选用平板锉、三角锉、方锉、圆锉、半圆锉以及什锦锉等；按照锉纹的不同有单纹锉刀(用于锉削有色金属等软金属)、双纹锉刀(用于锉削钢和铸铁等金属)；按锉纹粗细的不同又可分为粗锉、细锉、油光锉等。

锉刀用高碳工具钢制成，并经过热处理。锉身表面不允许有折迭、黑块、毛刺、裂缝、崩齿、跳齿、锈迹等缺陷。

管道工常用锉刀来进行管子的坡口，锉削各种加工零件、焊接飞溅及毛刺等。

使用注意事项：

(1) 锉刀须装上木柄后才能使用，因为无柄锉刀容易刺伤手心。

(2) 锉刀上不准粘有油脂，锉削过程中不准用手擦工件表面，以免锉刀打滑。

(3) 锉刀应经常用铜丝刷清除刺中的废屑，刷子推动的方向应和齿纹平行。

(4) 锉削时回程不得施加压力。锉削管子坡口时，应先清除管端的毛刺或氧化物，再用锉刀进行锉削。

(5) 锉刀不得当撬扛或手锤使用，不得重叠存放或和其他工具堆在一起，并应保持干燥，防止生锈。

5. 管子割刀

管子割刀是切断管子的专用工具。使用时根据被切断管子的管径不同选用相应规格的管子割刀，管子割刀的规格见表 2-1。

管子割刀规格表　　**表 2-1**

型　号	2	3	4
切割管子公称直径(mm)	12～50	25～80	50～100

使用注意事项：

(1) 割管时，应使割刀在垂直于管子中心的平面内平稳地转动，每转动 1～2 转需要进刀一次，进刀量不宜过大，并经常加油润滑。

(2) 当管子快要割断时，需松开刀片，取下割刀，再用手折断管子。

(3) 管子切割后，内径必须用刮刀或半圆锉修光。

6. 扳手

扳手种类规格很多，有活络扳手、固定扳手、整体扳手(如正方形、六角形、梅花扳手)、套筒扳手、猴头扳手等。管道工常用的是活络扳手、梅花扳手、套筒扳手，用于安装和拆卸法兰、各种设备、部件上的螺栓。

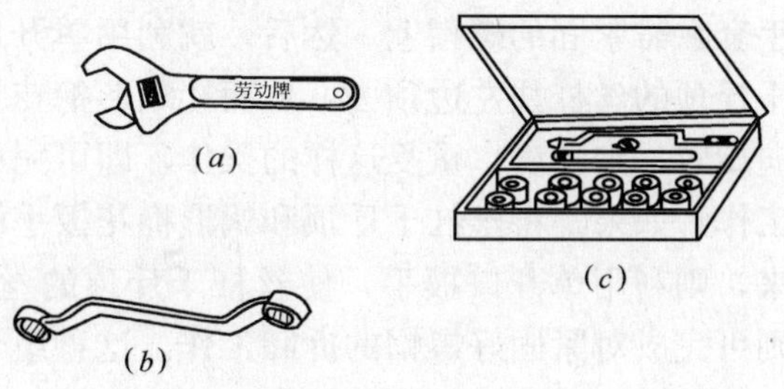

图 2-5　扳手

(*a*)活络扳手；(*b*)梅花扳手；(*c*)套管扳手

(1) 活络扳手。见图 2-5(*a*)。活络扳手由固定钳口、板柄、活络钳口组成。调整螺母以调整活络钳口不同大小的开口，同螺母的大小相吻合。活络扳手的规格以长度×开口最大宽度表示，见表 2-2。

活络扳手规格表(mm)　　**表 2-2**

长　度	100 (4″)	150 (6″)	200 (8″)	250 (10″)	300 (12″)	375 (15″)	450 (18″)	600 (24″)
开口最大宽度	14	19	24	30	36	46	55	65

活络扳手的优点是轻巧，使用方便；缺点是效率不高，活动钳口容易松动或歪斜。

(2) 梅花扳手。见图 2-5(*b*)。梅花扳手俗称眼睛扳手。其特点是只要转过 30°，就能调换，比开口扳手强度高，适用狭窄处操作。

四川省工业设备安装公司试制成一种组合式蜗形梅花扳手，对紧固或拆卸位置狭窄而操作不便之处的大规格螺帽，具有独到的功能。

每套组合式蜗形梅花扳手由蜗形梅花扳手(图 2-6)、丝杠千斤顶(图 2-7)以及单开口扳手(图 2-8)三部分组成。这套工具的各个部件的规格，一般均应根据所需紧固或拆卸的螺帽大小而定。图 2-6、图 2-7、图 2-8 中所标出的尺寸，便是为紧固或拆卸 2 吋螺帽而给定的。

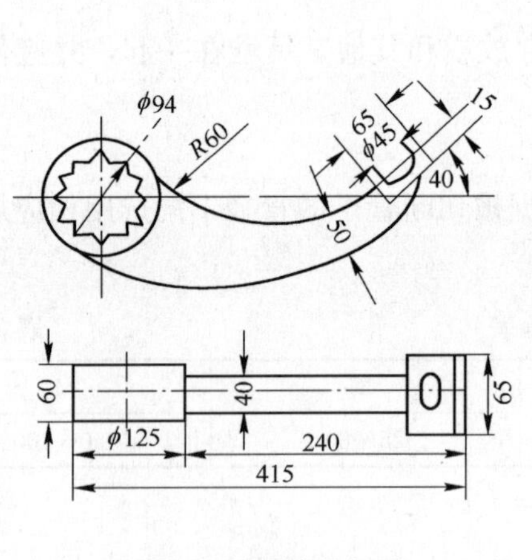

图 2-6　蜗形梅花扳手

图 2-7　丝杠千斤顶

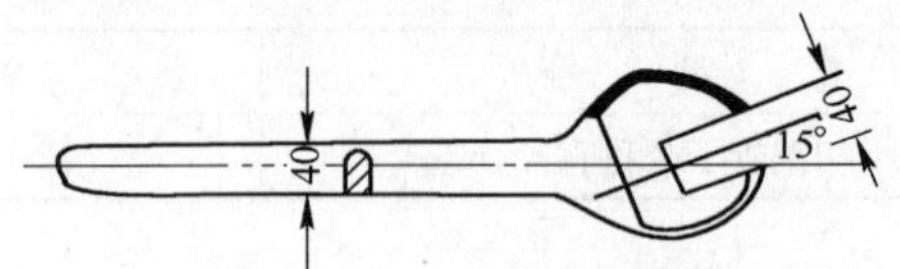

图 2-8　单开口扳手

使用这种工具时，可见图 2-9，先把丝杠千斤顶置于需紧固螺帽的相邻者上，并以它作为支承点。再将蜗形梅花扳手套在需紧固的螺帽上。然后，就利用单开口扳手，使丝杠千斤顶的丝杠往左边顶去，从而让蜗形梅花扳手朝顺时针方向旋转一定角度。重复这样的操作，即可完成对螺帽的紧固工作。如果，将丝杠千斤顶和蜗形梅花扳手的套置方向反过来，则利用单开口扳手，使丝杠千斤顶的丝杠往右边顶去，则可完成对紧固好螺帽的拆卸工作。这种组合式扳手，在对大规格螺帽进行紧固或拆卸中，可以确保达到所需的锁紧力，同时又不会使被紧固物体产生位移。

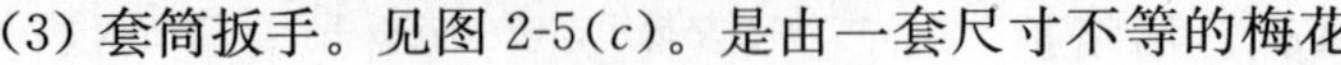

(3) 套筒扳手。见图 2-5(*c*)。是由一套尺寸不等的梅花

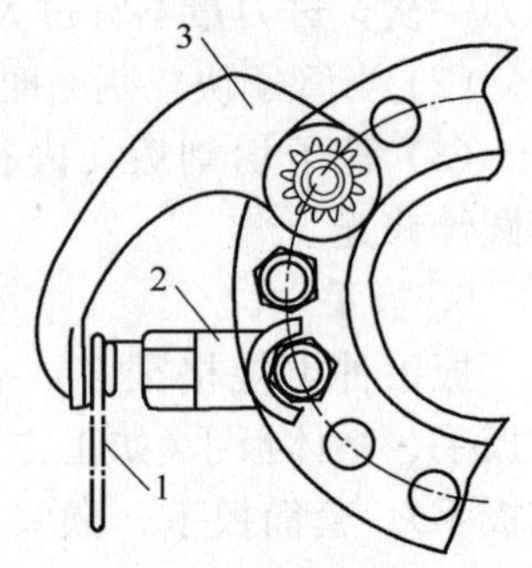

图 2-9　组合式蜗型梅花扳手示意图
1—六角扳手；2—丝杠千斤顶；3—蜗形梅花扳手

型套筒和扳杆组成。作为力臂的扳杆可自行调节角度，适用于狭窄处操作，它比梅花扳手更为灵活。

(4) 各种扳手的使用注意事项：

1) 各种扳手应按螺栓的规格、种类和螺栓所在位置选用合适的规格。

2) 扳手套上螺帽或螺栓后不得晃动，并应卡到底，避免扳手及螺母的划伤。

3) 使用扳手时，应将扳手钳口紧靠螺帽或螺栓，不得在扳手开口中加垫片。活络扳手在每次旋紧前应将钳口收紧，并让固定钳口受主要作用力，见图 2-10。

4) 使用扳手时，不准用手锤敲击，也不得加套管接长手柄。

5) 不得将扳手当手锤使用。不得使用扳手拧扳手的方法进行工作。

7. 管子钳和链条钳

是用来上紧和卸下各种螺纹的管子及配件的工具，见图 2-11。

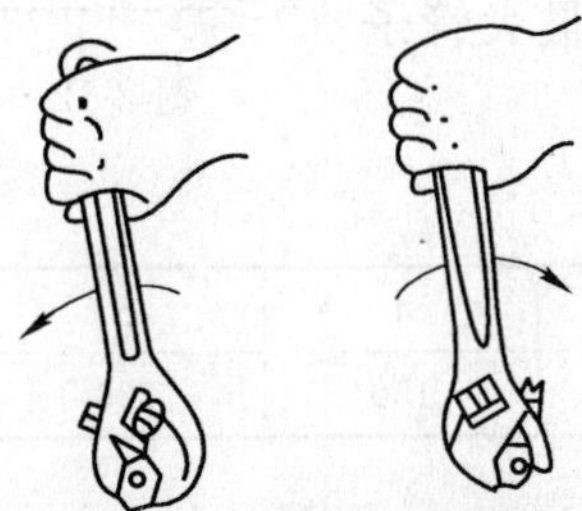

图 2-10　活络扳手的使用

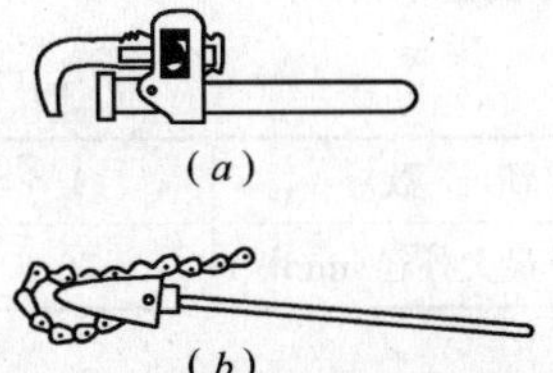

图 2-11　管子钳与链条钳

(*a*)管子钳；(*b*)链条钳

管子钳适用小口径管道，它是由钳柄和活动钳口组成，活动钳口用套夹与钳把柄相连。根据管径的大小通过调整螺母以达到钳口适当的紧度，钳口上有轮齿以便咬牢管子转动。

链条钳用于较大管径及狭窄的地方拧动管子。由钳柄、钳头和链条组成。与管子钳不同的是用链条来咬住管子转动。

管子钳和链条钳的规格是以长度划分的，分别应用于相应的管子和配件。使用规格范围见表 2-3。

管子钳、链条钳的规格及使用范围　**表 2-3**

名　称	规　格		使用范围	公称直径
	mm	in	mm	in
管子钳	250	10″	15～20	½″～¾″
	350	14″	20～25	¾″～1″
	450	18″	30～40	1¼″～1½″
	600	24″	40～50	1½″～2″
	900	36″	70～80	2½″～3″
	1200	48″	80～100	3″～4″
链条钳	900	36″	70～80	2½″～3″
	1200	48″	80～100	3″～4″

使用注意事项：

(1) 使用管子钳时，不可用套管接长手柄，扳动手柄时，两手动作应协调，不得用力过猛，以防钳口打滑伤人。链条钳口和链条不得沾油，以免打滑。当手柄尾端高出人头时，不得采取正面攀吊的姿势扳动手柄；

(2) 应根据管径的大小选用适当的管子钳和链条钳；

(3) 不得用管子钳拧镀铬零件和不锈钢管，如不得已而用它拧时，钳口与管件之间须垫软金属片；

(4) 不得将管子钳当作撬扛或手锤使用。

8. 台虎钳

(1) 管子台虎钳。见图 2-12。管子台虎钳一般叫做龙门轧头，俗称压力钳。用以夹持金属管材以便于切断管子、套丝、装管件等工作。龙门轧头上有齿式夹块以夹持钢管及其他工件，是管道工必备的工具。龙门轧头的规格以能夹持最大管子的外径来表示，见表 2-4。

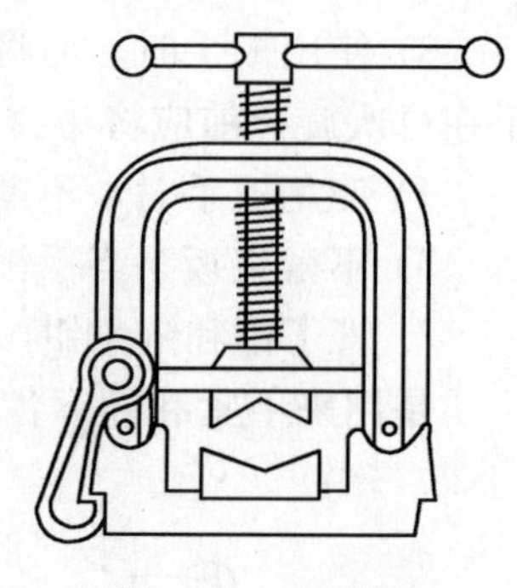

图 2-12　台虎钳

龙门轧头规格表　　　　**表 2-4**

习惯号数	1	2	3	4	5	6
夹持管子最大外径(mm)	70	90	110	150	200	250

使用注意事项：

1) 使用前要检查下钳口是否牢固，上钳口能否在滑道内自由滑动。压紧螺杆应经常加油；

2) 夹持长管子时，必须将管子另一端伸出部分支承好。旋紧手柄时不得用套管接长或用锤敲击；

3) 使用完毕应清除油污，合拢钳口，长期停用应涂油存放。

(2) 台虎钳。俗称老虎钳，主要用以夹持和紧固工件。台虎钳分转盘式和固定式两种，其外形基本相同。台虎钳的规格是按钳口的宽度来表示的，有 75、100、125、150、175、200mm 等规格。

使用注意事项：

1) 台虎钳装在工作台上，钳座螺栓应拧紧；

2) 夹紧工件时，应按台虎钳大小适当用力，切勿敲击手柄，不可在手柄上套管子，在操作过程中，应经常复紧工件，以免脱落；

3) 除钳座后侧的砧面上可敲打小工件外，不得把钳口或其他部分当作砧子使用；

4) 夹装精度较高或表面光滑的工件和有色金属时，钳口与工件之间应垫软金属垫片；

5) 台虎钳应保持清洁，滑动部分应有良好的润滑，停止使用时应将钳口合拢。

9. 管子铰板

(1) 管子铰板。管子铰板又称套丝板，是管子套丝的主要工具。

管子铰板是手工套制管螺纹的工具。它是由机身、板把、板牙三个主要部分组成。使用时首先检查套丝板和板牙规格是否适合，然后按号装入板牙。套丝时，应用力均匀，手柄应在人体的旁侧，防止手柄伤人，套丝一般分 2～3 次套成。不能用锤敲打任何部分。

套丝过程应连续加注清洁的润滑油，以获得良好的管螺纹及减少板牙的损伤。使用后的套丝板和板牙应除去铁屑、油腻和灰尘等脏物，再涂上洁净的轻质机油妥善保管。套丝板的构成见图 2-13。

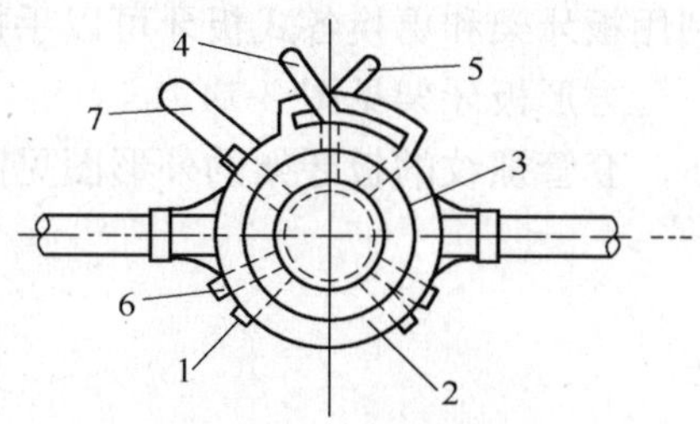

图 2-13 管子铰板
1—板牙；2—前挡扳；3—本体；4—紧固螺丝；5—松扣柄；6—后挡板和顶杆；7—扳手

铰板规格分为 1 号、2 号两种。1 号铰板可套 1/2″、3/4″、1″、1¼″、1½″、2″六种不同规格的管螺纹。2 号可套 2½″、3″、3½″、4″四种不同规格的管螺纹。管子铰板、板牙的规格及使用范围见表 2-5。每组板牙为四块，刻有 1～4 号的序号。每个板牙都具有一个规格，在机身的每个板牙孔口处也有1～4的标号。安装时，先将刻盘对准固定盘“0”的位置，然后按板牙上的数字与管子铰板的数字相应的顺序插入牙槽内(对号入座)。转动固定盘(使板牙向中心靠拢或离开)调整到所需套丝的公称直径刻度后将标盘固定。

管子铰板及板牙的规格表(in) **表 2-5**

管子铰板规格	配套板牙	铰管螺纹范围(管子公称直径)		
		第一组	第二组	第三组
1号	3 副	1/2″～3/4″	1″～1¼″	1½″～2″
2号	2 副	2½″～3″	3½″～4″	—

使用注意事项：

1) 使用时不得用锤击的方法旋紧和放松背面挡脚和进刀手把以及活动标盘；

2) 套丝时应用力均匀，不能用加套管接长手柄的方法进行套丝操作，套丝时手柄应在人体的旁侧，防止手柄伤人；

3) 管子板牙要经常拆下清洗，保持清洁，套丝时要加润滑油，套歪牙时不准强行校正；

4) 使用完毕后应清除铁屑油污。

(2) 棘轮式铰板。棘轮式铰板的优点是除了在钳桌台上夹住管子套丝外，还可以使已安装的管子，在现场就地套丝，特别是用在修理时很方便。它的缺点是铰丝时不能调节切削量。一般其套丝的规格为 3/8″～1″。

10. 螺丝铰板

螺丝铰板又称洋圆铰板，有圆板牙和方板牙两种，是加工圆柱形螺杆的工具。

(1) 圆板牙。圆板牙是整体板牙，其构造比较简单，有米制螺纹和英制螺纹两种。米制规格常用的为 6、8、10、12、16、18、20mm 等几种。英制规格常用的为 1/4″、1/2″、3/4″等几种。圆板牙需装于扳手内，然后才能使用。圆板牙的缺点是用钝后不能再磨锋利而报废。

(2) 方板牙。方板牙是活动板牙，由两片板牙组合而成。也分米制和英制螺纹两种。米制常用规格为 6～24mm；英制常用规格为 1/4″～1″。它的优点是用钝后可以重新磨锋利，同时螺纹尺寸大小可以在一定范围内调整。

(3) 板牙架。板牙架用于手动套割外螺纹。板牙架上可以紧固各种规格尺寸的板牙，利用板牙架和更换各式板牙可以手扳套割圆柱螺纹、圆锥螺纹及管螺纹。

方形板牙架见图 2-14。

套管螺纹的板牙架的外形图见图 2-15。

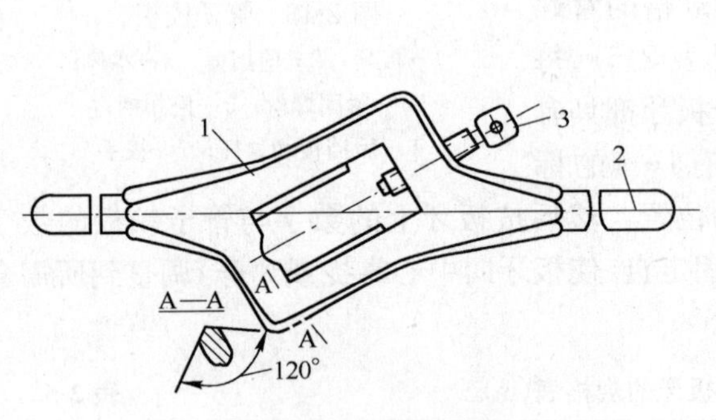

图 2-14　方形板牙架
1—框架；2—手柄；3—紧固螺丝

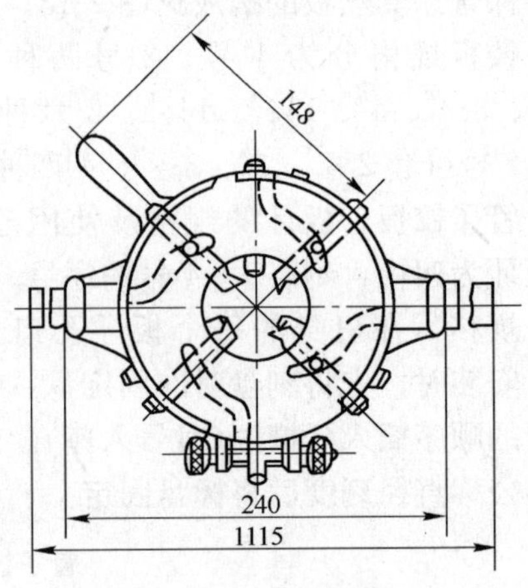

图 2-15　套管螺纹用的板牙

其规格见表 2-6。

板牙架规格　**表 2-6**

<table>
<tr><td rowspan="2">板　牙　架</td><td colspan="15">套制英制及米制螺纹的尺寸范围</td></tr>
<tr><td colspan="3">1</td><td colspan="3">2</td><td colspan="3">3</td><td colspan="3">4</td><td colspan="3">5</td></tr>
<tr><td>套英制螺纹用附四副板牙及全套丝锥</td><td colspan="3">$\frac{1}{8}\sim\frac{3}{16}\sim\frac{1}{4}\sim\frac{5}{16}$</td><td colspan="3">$\frac{1}{4}\sim\frac{5}{16}\sim\frac{3}{8}\sim\frac{1}{2}$</td><td colspan="3">$\frac{3}{8}\sim\frac{7}{16}\sim\frac{1}{2}\sim\frac{5}{8}$</td><td colspan="3">$\frac{5}{8}\sim\frac{3}{4}\sim\frac{7}{8}\sim1$</td><td colspan="3">$1\sim1\frac{1}{8}\sim1\frac{1}{4}\sim1\frac{1}{2}$</td></tr>
<tr><td rowspan="2">套英制及米制螺纹用附四副板牙及全套丝锥</td><td colspan="5">1</td><td colspan="5">2</td><td colspan="5">3</td></tr>
<tr><td colspan="5">$\frac{1}{8}\sim\frac{3}{16}\sim\frac{1}{4}\sim\frac{5}{16}$
M4～M5～M6～M8</td><td colspan="5">$\frac{1}{4}\sim\frac{5}{16}\sim\frac{3}{8}\sim\frac{1}{2}$
M6～M8～M10～M12</td><td colspan="5">$\frac{3}{8}\sim\frac{7}{16}\sim\frac{1}{4}\sim\frac{5}{8}$
M10～M12～M14～M16</td></tr>
</table>

(4) 使用注意事项：

1) 套丝的圆杆端部要倒角，这样既起刃具的导向作用，又能保护刀刃；

2) 保证板牙与工件的垂直度，两手均匀适度用力旋转；

3) 每转动一周应向后转一些，将铁屑挤断，然后再继续套丝，套丝时应加冷却润滑剂。

11. 螺丝攻

又称丝锥，用来攻内螺纹。螺丝攻有螺母螺丝攻和管螺纹丝攻之分。管螺纹螺丝攻又分圆柱螺纹和圆锥两种。螺丝攻有米制和英制两种。螺母螺丝攻可攻螺纹直径范围：米制 2～28mm，英制 1/8″～2″；管螺纹螺丝攻可攻螺纹直径范围 1/4″～3″。一副螺丝攻一般有三个，即头攻、二攻、三攻。一副螺丝攻作成三个，是为了铰制底部螺纹需要达到全深度的不通孔，且每次切削量较小容易铰制，再者可使铰得的螺孔比较光滑。管工常用于固定工件，以及在大口径管子上开小口径的管接头，或管路上原有内螺纹需要进行再加工时，可用螺丝攻来攻丝。

使用注意事项：

(1) 攻丝时，螺丝攻应与孔对正，且保持与工件的垂直度。

(2) 每转动一周，应向后倒转点，将铁屑挤断，然后再继续攻丝，攻丝时应加润滑冷却剂。

12. 试压泵

试压泵有手动(见图 2-16)和电动(见图 2-17)两种，主要技术参数见表 2-7 及表 2-8，它主要是用作进行压力试验的。使用试压泵应注意：

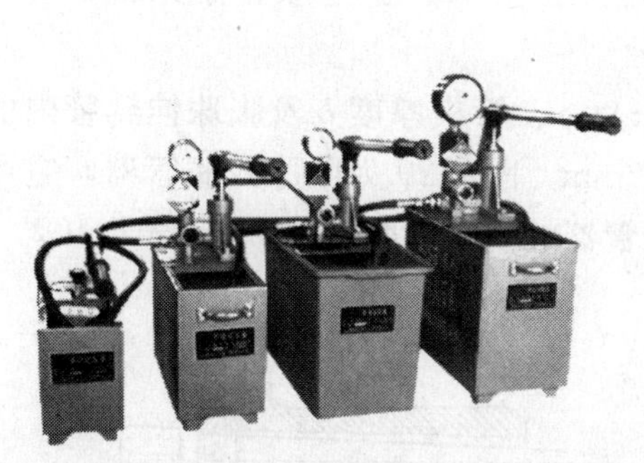

图 2-16 手动试压泵

图 2-17 电动试压泵

手动试压泵主要技术参数 表 2-7

型　号	压力(MPa)	流量(mL/次)	型　号	压力(MPa)	流量(mL/次)
SB-1.6	1.6	32	SB-10	10	38
SB-2.5	2.5	32	SB-16	16	46
SB-4.0	4.0	32	2SB-25	25	6(高)/40(低)
SB-6.3	6.3	45	2SB-40	40	6(高)/40(低)

电动试压泵主要技术参数 表 2-8

型　号	工作压力(MPa)	高压流量(L/h)	低压流量(L/h)	电　压(V)	电机功率(kW)
4DSB-2.5	2.5	340	760	380	1.5
4DSB-4.0	4.0	190	610	380	1.5
4DSB-6.0	6.0	140	557	380	1.5
4DSB-10	10	90	507	380	1.5
4DSB-16	16	57	474	380	1.5
4DSB-25	25	32	449	380	1.5
4DSB-40	40	40	450	380	1.5
4DSB-60	60	31	440	380	1.5
4DSB-80	80	20	432	380	1.5

(1) 试压泵应放平稳，其连接管不宜过长。

(2) 试压用水应洁净，吸水管端部应装带网的底阀：加压时，要待被试压的管道或容器灌满水后进行。

(3) 在试压泵出口管上接压力表时，压力表下应有缓冲管。

(4) 用手动泵试压时，手揿速度要均匀，不得猛揿。如装有高低压活塞者，用低压活塞打压费力时，应换高压活塞进行加压。

(5) 当被试压的管道或容器的压力达到要求时，应关闭与泵相连的阀门，试压完毕后应排尽试压泵中的水。

(6) 搬运试压泵时，应将压力表和易损件暂时卸下运到目的地重新安装好。

三、胀管器

1. 胀管器有扩胀及翻边用两种。扩胀用胀管器见图 2-18。翻边胀管器见图 2-19。翻边胀管器的胀珠又分鱼贯式排列或交错式排列两种。

扩胀式胀管器的胀珠长度 e 等于管子伸出端长度 a、管板厚度 b 及胀珠伸到管内的突出部分 C 构成。C 值一般取 5mm，允许偏差为±2mm，图 2-20 为限胀式胀管器，它可以限制胀管器的胀量，以避免产生“过胀”。各式胀管器的技术参数见表 2-9～表 2-10。

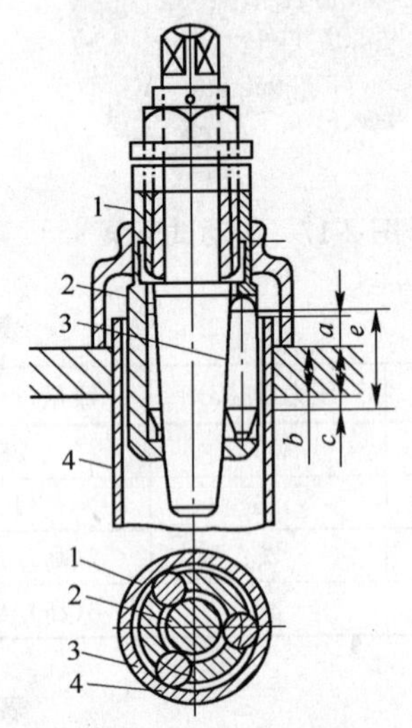

图 2-18　扩胀胀管器

1—外壳；2—胀杆；3—胀珠；4—管子

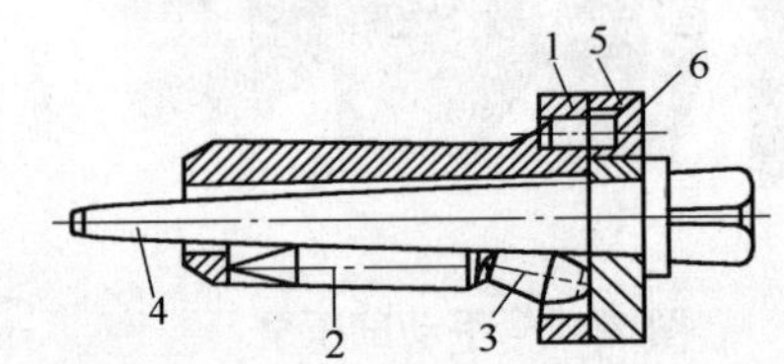

图 2-19　翻边胀管器

1—外壳；2—扩胀胀珠；3—翻边胀珠；4—胀杆；5—盖板；6—螺钉

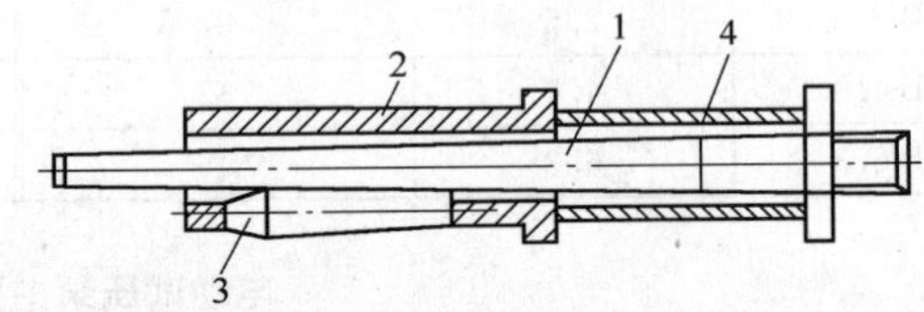

图 2-20　限胀式胀管器

1—胀杆；2—外壳；3—胀珠；4—限胀环

压力在 4MPa 的锅炉管用胀管器规格　　**表 2-9**

管板厚度 (mm)	管径 (mm)	胀珠长度(mm)			
		扩胀用	翻边用，当胀珠排列为		
			鱼贯式		交错式
			长型	短型	
15	38/30		40	30	35
	51/44.5～76/58		47	35	40

续表

管板厚度(mm)	管 径(mm)	胀珠长度(mm)			
		扩胀用	翻边用，当胀珠排列为		
			鱼贯式		交错式
			长型	短型	
20	38/30	45	35	45	
	51/44.5～76/68	52	40	47	
	83/76～108/98	57	42	45	
25	38/30	57	45	50	
	51/44.5～108/48	62	47	52	
30	38/30	55	45	50	
	51/44.5～76/68	62	50	55	
	83/76～108/98	67	52	57	
35	38/30	60	50	55	
	51/44.5～76/68	67	55	60	
	83/76～108/98	72	57	62	
40	83/76～108/98	77	62	67	
45	83/76～108/98	82	67	72	
50	83/76～108/98	87	72	77	

低压及中压锅炉管用胀管器规格 **表 2-10**

扩胀用				翻边用			
型号	管子直径(mm)	管板厚度(mm)	重量(kg)	型号	管子直径(mm)	管板厚度(mm)	重量(kg)
K38-1	31/38	20，25 30，35	1.01	K38-2	31/38	20，25 30，35	1.08
K51-1	43/51	30，35 35，45	1.78 3.41	K51-2 K60-2	43/51 51/60	25，35 35，45，50	1.98 4.06
K76-2	70/76	—	3.09	K76-2	70/76	—	3.24
K83-2	75/83	25，30 35，40	7.4	K83-2	75/83	25，30 35，40	10.85
K102-1	94.5/102	25，30 35，40	19.7	K102-2	94.5/102	25，30 35，40	21.80

注：整套胀管器包括在各种厚度管板上胀管用的胀珠。

2. KXZ-A 型可调限位胀管器是核二十三公司研制的，它是在带止推环胀管器的基础上改进的一种新型可调限位胀管器。这种胀管器的特点是克服并改进了由于胀管而导致管壁受力不均的薄弱环节，从而提高了胀口的严密性，保证了胀口的质量。同时还具有使用中比较方便、控制可靠等优点。

(1) 适用范围

1) 炉管直径 ϕ51mm

2) 炉管壁厚 2.5～3.5mm

3) 炉管材料 10～20 号钢

4) 汽包壁厚 10～20mm

5) 汽包材料 20g，16Mn

(2) 结构

KXZ-A 型可调限位胀管器由胀杆、胀套、止推装置、限位装置四大部分组成，见图2-21。

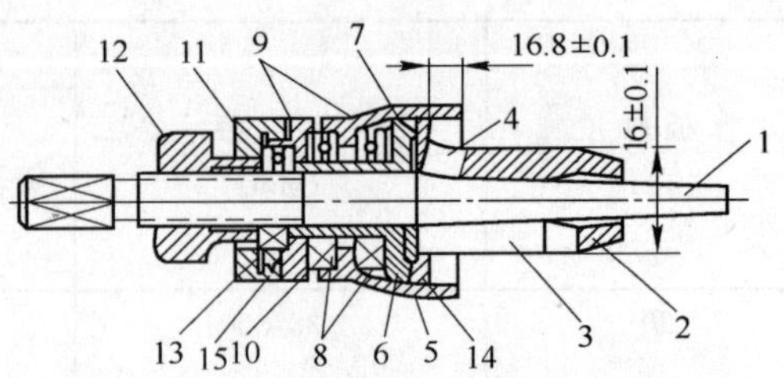

图 2-21 可调限位胀管器结构图

1—胀杆；2—胀套；3—胀珠；4—扳边珠；5—挡圈；6—衬套；7—止推环；8—推力轴承；9—调整垫片；10—紧盖；11—压盖；12—可调限位环；13—推力轴承；14—埋头螺钉；15—螺钉

(3) 性能

1) 可靠地控制胀管率

在止推环紧盖的上部和胀杆根部，装设一个推力轴承和可调限位环，通过调整可调限位环的位置，便可有效地控制给定的扩胀值(调整值通过试胀取得)，从而可靠地控制胀管率在1%～2.5%范围内。

控制管外径胀管工艺胀管率计算公式：

$$H=\frac{D-d_3}{d_3}\times 100\%$$

式中 H——胀管率(%)；

D——胀管完成后汽包处近管孔处的管子外径(mm)；

d_3——未胀前的管孔直径(mm)。

2) 较好地控制扳边深度

为控制扳边深度，在胀管器上部装设了推力承轴支承的止推环。胀管过程中，当扳边珠伸入管板一定深度时，止推环便顶到汽包壁上，此时，扳边珠不再前进，从而较好地控制了扳边深度。

3) 提高胀口的严密性

在胀接过程中，当完成了给定的扩胀值时(用百分卡尺控制)，调整可调限位环，使其顶到单向推力轴承上。此时，胀杆原位转动三周(胀杆不再前进)可使管壁受力均匀，扳边交线不闭合状况得到改善，从而提高了胀口严密性，保证了胀口质量。

(4) 胀管器用前检查

使用胀管器时，要进行检查，必须符合如下要求：

1) 胀珠和扳边珠转动灵活，不会从珠巢中脱落。

2) 胀管器在管中试胀时，顺时针转动胀杆，胀管器能自动扩胀；逆时针转动胀杆，胀杆能向管外退移。

3) 用游标卡尺检查胀珠的位移量，其误差不大于 0.1mm，见图 2-22。

4) 胀珠与珠巢的纵向间隙小于 1mm。

5) 胀珠、扳边珠、胀杆表面完好，不允许有损坏、起皮、麻点、变形等缺陷。

6) 将可调限位环顶到推力轴承上，转动胀杆、推力轴承要转动自如。

7) 胀杆根部螺纹和可调限位环配合良好。

8）止推环转动灵活。

（5）胀管器的调整、使用方法

1）胀管器止推环高度调整。

止推环高度是通过胀管器内垫片 9 来调整的，使胀管器的扳边深度达到规范要求，此时 $a=b$，见图 2-23。

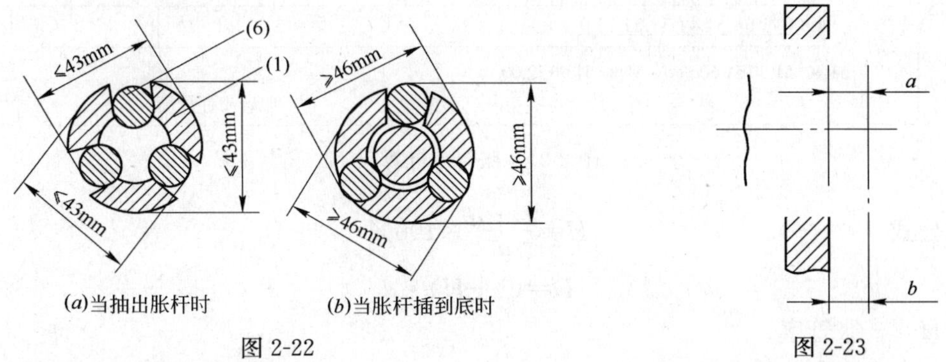

(a)当抽出胀杆时　(b)当胀杆插到底时

图 2-22　　图 2-23

调整时可参阅图 2-21、图 2-22。

两种情况的调整：

(A) 当 $a<b$ 时，可将上部靠紧盖 10 处的垫片取出，并放到下部靠近衬套 6 处，若还有差距，可将止推环的下端车削去一些，直至达到要求为止。

(B) 当 $a>b$ 时，可将下部靠近衬套 6 处的垫片取出，并放到上部紧盖 10 处。同时要注意到锅炉上、下汽包直径不同时，由于止推环所跨汽包内弧高度不同，止推环高度也要相应调整。这种情况下，上下汽包的胀管器要编号，不能混用。

注：在调整垫片时，应先卸下压盖 11，取出推力轴承 13，再拆下固定螺栓 15，然后左旋就可卸下紧盖 10，就可将止推环的各部零件都卸下来。

2）胀管时，一定要将扳边珠头部伸入管内壁后，才能开始胀管。

3）胀接过程中，应经常用煤油把胀杆、胀珠及珠巢中的油污清洗干净，并随时检查胀杆、胀珠是否有损坏，如发现有损坏，应立即更换(更换时要注意胀珠磨损情况，考虑单换或全换)。

4）胀管完毕后，应将胀管器彻底进行清洗，并在轴承和珠巢中涂上黄干油，然后用油纸包好存放备用。

3. 胀管率计算尺

这种计算尺(见图 2-24)主要在控制管外径胀管法中使用。它适用于锅炉管公称外径为 ϕ38mm、ϕ51mm、ϕ60mm、ϕ76mm；胀管率确定在1.0%～2.5%的胀管工程。具有结构简单、携带方便、易于掌握的特点。使用这种计算尺，在胀管率确定之后，根据不同的汽包孔径，随时可以查出对应的胀后管外径。该尺很适合施工现场应用，有益于提高胀管质量，是现场施工技术人员和胀管操作人员的简便计算工具。

（1）刻度原理

计算尺分滑动尺和固定尺两部分。标点(尺面上箭头)设在滑动尺上胀管率刻度值为1.0%的位置。尺面刻度布置见图 2-24。

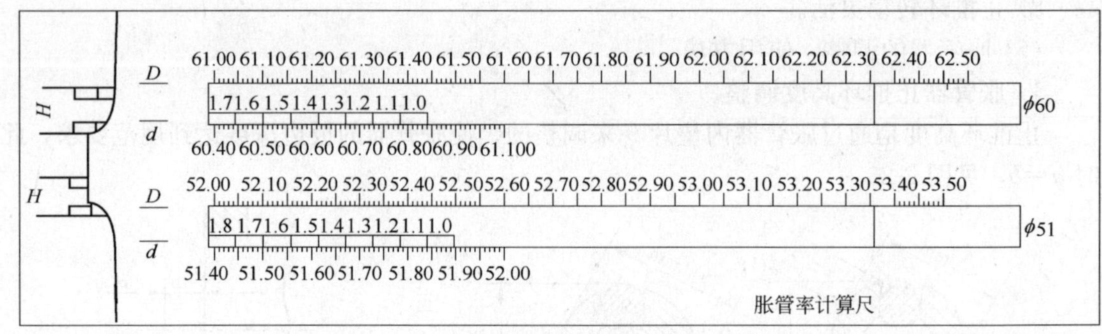

图 2-24 胀管率计算尺

由公式

$$H=\frac{D-d}{d}\times 100\%$$

得

$$D=(1+H)\cdot d$$

式中 H——胀管率；

d——未胀前的孔径；

D——胀后近管孔处的管外径。

如设汽包孔径变化量为 Δd，胀后管外径变化量为 ΔD，则：

$$\Delta D=(1+H)\cdot \Delta d$$

根据上面公式能得以下结论：

D 刻度和 d 刻度是线性关系，刻度格可以都是等分的。二者之间的刻度值之比 $\frac{\Delta D}{\Delta d}=1+H$；如用 $H=1.0\%$ 来决定 D、d 的刻度，则在单位长度内 $D=1.01d$。

为了使胀管率 H 在其他值时也能用 $H=1.0\%$ 所确定的 D、d 的刻度，可变换公式

$$D=(1+H)\cdot d$$

为

$$D=\left(1+\frac{1}{100}\right)\cdot d+\left(H-\frac{1}{100}\right)\cdot d$$

易见，对不同的 H，式中只有 $\left(H-\frac{1}{100}\right)\cdot d$ 项影响 D 的值，H 等于 1.0%，该项为零，H 每增加 0.1%，D 增加 $\frac{0.1}{100}\cdot d$。将滑动尺上 H 刻度等分地按反向增加排列（相对于 D、d 刻度），并且，当 H 刻度值改变 $\frac{0.1}{100}$ 时，固定尺上改变的距离为 $\frac{0.1}{100}d$。这样就照顾到因 H 不同而引起的 D 尺读数变化。

（2）使用方法

移动滑尺使选定的胀管率（H 刻度值）对准已测出的汽包孔径（d 刻度值），则在 D 刻度线上与标点对正的值就是应达到的胀后管外径。如图示，锅炉水管公称外径 ϕ60mm；胀管率 $H=1.5\%$；测出的汽包孔径 $d=60.50$mm；与标点对正的胀后管外径为 $D=61.41$mm。

（3）误差分析

如上述 H 刻度值每改变 $\frac{0.1}{100}$ 时，d 尺改变的距离为 $\frac{0.1}{100}d$。由于汽包孔径 d 是有制造差

误的(现行规范确定 δd 在 0.34～0.46mm)，所以式中 D 的值也存在误差。取汽包孔径的中值计算，由 d 引起的管外径在算尺上的最大误差 $\delta D=\frac{1}{2}\cdot\frac{0.1}{100}\delta d=\frac{1}{2}\cdot\frac{0.1}{100}\cdot 0.8\simeq$ 0.0004mm，可见一般工程上是可以忽略的。

4. 外控胀管数据盘

这种数据盘应用在外控胀接工艺中，使计算工作简单化。

用外控胀接计算公式时，胀前仅测管孔 d_3 一种数值，这样，测量当中的累计误差减少了，胀接结果基本上反映了实际的胀管率。

选定胀管率 H，测出管孔 d_3 后，即可利用公式 $D=d_3[1+(H/100)]$ 算出控制外径D 值。

施胀时，需对锅筒的所有管孔认真测量，做出记录，然后根据(试胀)选取的胀管率 H 逐个地求出 D 值，标在锅筒的排版图上，发给胀接人员，按 D 值控制胀接。这样，计算量很大，使用也不方便。为此，河北省安装公司搞了个简单的“外控数据转盘”解决这个问题。

转盘是两个合钉在一起的圆盘，可以围绕圆心转动。一个圆盘是盘盖(图 2-25)，其上开有五个空洞。第四个空洞的前后分别标有 d_3、51. 和 60. 的标记，它是表示管孔 d_3 整数的空洞，另外的四个空洞前面标有 1.5、1、1.5 和 1.9 四个数，分别表示当胀管率 H 为 1%、1.5%和 1.9%时所对应的 D 值。其中，最内圈的 1.5 是针对 ϕ60 管孔的，外面的三个孔是针对 ϕ51 管孔的。另一个转盘是盘芯(图2-26)，其中，在相当于 d_3 的空洞部分标有各种 d_3 值的小数部分(取两位数)，而在相当于各种胀管率的空洞部分则标有相应的 D 值(取小数两位)，这样，只要将 d_3 的空洞对准管孔的小数部分，就可在规定的 H 值空洞中找到所求的 D 值。如，当管孔 d_3 为 51.36，胀管率 H 为 1.5，此时把 d_3 后的空洞对准 36，即可在外圈的 1.5 空洞中找到 52.13，此数即为管外径终胀值 D。

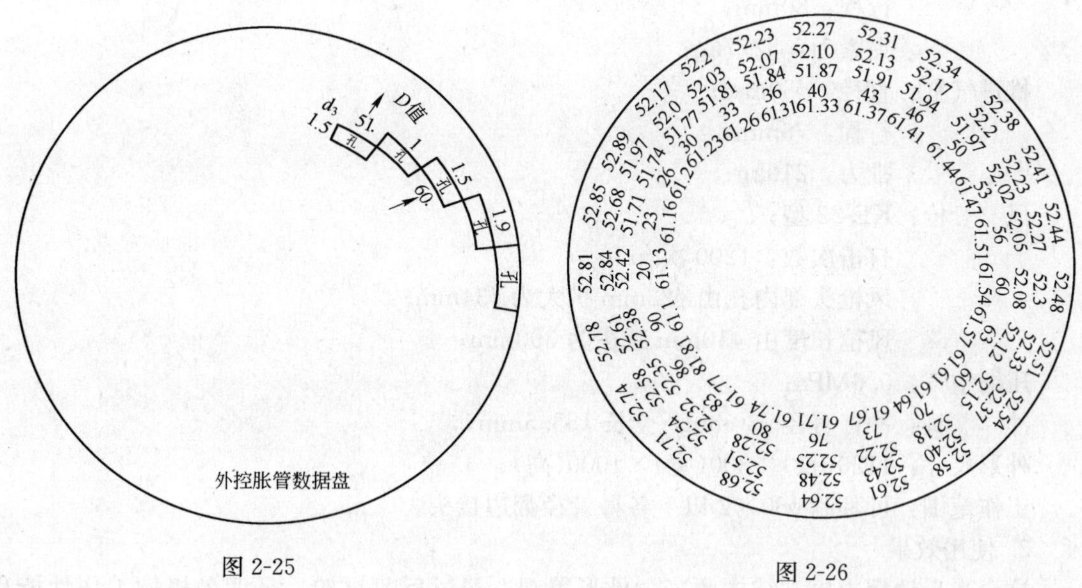

图 2-25　　图 2-26

关于 d_3 值：依据《低压水管锅炉胀管施工规程》中 ϕ51 管孔的允许最大直径为 51.7mm，允许的最小直径为 51.3mm，以及《机械设备安装工程施工及验收规范》中规定 ϕ51 管孔为 51.5+0.40 的规定，将 d_3 限制为 51.20 和 51.90 之间，并且为了查找简便，小数第二位只有三种情况，即按 0.03，0.06 和 0.10 向上递增。在实际使用时如第二位小数不是转盘上的数值，可取相近的。这样，d_3 值最大相差 0.02mm，而对胀管率 H 值的影响仅为 0.04%，可以忽略不计。

四、管道半自动翻边机

在管道工程施工中，有部分冷却水管道采用套连接螺丝(或法兰)的连接方式(见图 2-27和图 2-28)。

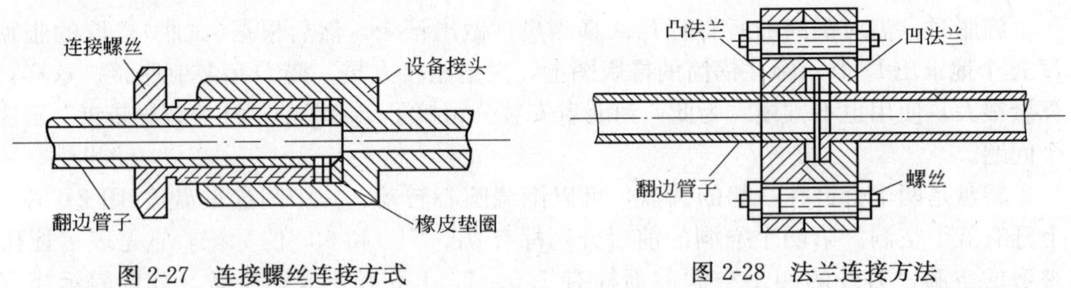

图 2-27 连接螺丝连接方式　　图 2-28 法兰连接方法

这种连接方式的关键工序是管道翻边。以前是采用手工锤击法，工人劳动强度大，工序繁多，工效低，易发生事故，且不能保证翻边质量。尤其是较大管径(如 ϕ32×2，ϕ60×2)管道翻边更为困难。

鉴于上述情况，核二十三公司在生产实践中，经过多次反复的改进，创造了现已基本定型的三冲头半自动翻边机。

1. 主要技术数据

夹紧气缸：直径：ϕ400mm；
行程：80mm；
夹紧力：5277kg；

推进气缸：直径：ϕ80mm；
行程：76mm；
推力：210kg；

风　枪：KE-22 型；
打击次数：1200 次/min；
风枪头部内孔由 ϕ22mm 扩大为 ϕ34mm；
风枪长度由 410mm 减少为 390mm；

压缩空气：0.6MPa；

冲　头：冲杆直径 ϕ30mm，全长 155.5mm；

外形尺寸：1120(长)×800(宽)×1000(高)；

工作范围：可翻制 ϕ60×2 以下各种管径翻边接头。

2. 使用效果

这台半自动翻边机，结构紧凑，外形美观。经过反复试验，证明各机构工作性能良好，控制安全可靠，保证了翻边宽度和质量要求，提高了工效。经试验鉴定，翻制 $\phi60\times2$ 管道一个口，若用人工操作风枪，需时 4～5min；使用此台翻边机，约需 30～40s，提高工效 5～10 倍，且一般技术等级低的工人均可操作。

用此台设备所翻边的接头，经 0.9MPa 压力试验，其密封性能符合设计要求。

3. 提高冲头使用寿命的试验

冲头是翻边机的主要部件，应能承受多次冲击载荷，在工作过程中因管子有椭圆度，冲头与管子中心发生偏移而多次发生头部和杆身交接处断裂现象。因此冲头使用寿命长短是直接影响半自动翻边机效率的关键。经试验比较，采用 T8 钢较好，在 550 个翻边头数中未发现任何裂纹与压缩。因此提高了冲头使用寿命。

第二节　管道工常用机械

一、弯管机

弯管机有手动、电动、火焰液压、中频弯管机等多种。

1. 手动弯管机

(1) 图 2-29 是一台手动弯管机

(2) SWG-25 手动弯管器

SWG-25 是一台小型弯管器，见图 2-30。

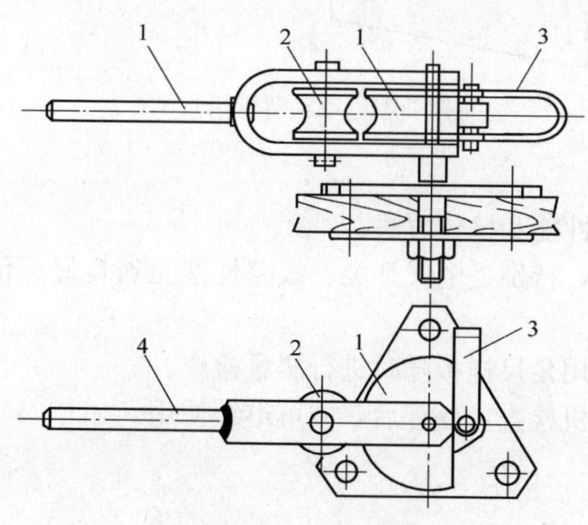

图 2-29　手动弯管机

1—定胎轮；2—动胎轮；3—管子夹持器；4—手柄

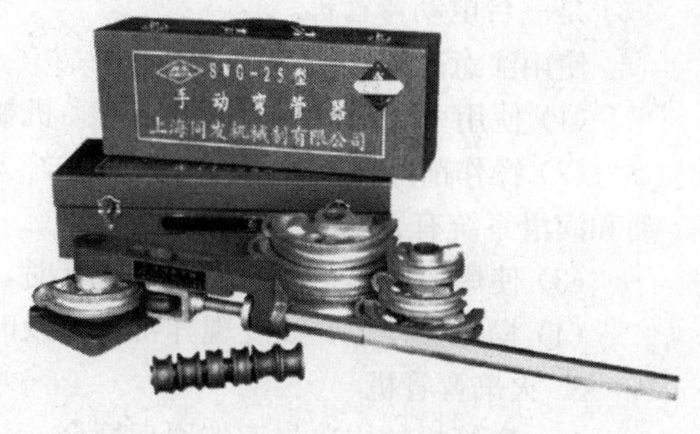

图 2-30　SWG-25 手动弯管器

它的主要技术参数，见表 2-11。

手动弯管机是一种不用灌砂不用加热的冷弯管道设备，用于管径较小、壁厚较薄的管道弯管制作。弯管时，根据管径大小选用合适胎轮，把管子插入定胎轮和动胎轮之间，一端用管压力固定，然后推动推棒，绕定胎轮转动，直至弯出所需角度为止。在弯管过程中，用力要平衡、匀称，不要用力过猛，以免损坏设备和影响弯管质量。要经常加注机油，使其使用灵活不锈蚀。用完后，应妥善保管。

主要技术参数　　**表 2-11**

型　号	管子尺寸(mm)	最大弯曲角度≤α	弯曲半径(mm)
SWG-25	ϕ10×2	180°	4D
	ϕ12×2	180°	4D
	ϕ14×2	180°	4D
	ϕ16×2	180°	4D
	ϕ19×2	180°	4D
	ϕ22×2	180°	4D
	ϕ25×2	180°	4D

2. 电动弯管机

电动弯管机的工作原理与手动弯管机基本相同。

电动弯管机的构造主要有机体、夹紧导向机构、屋架和电气操作箱等几部分组成。

电动弯管机弯管前，应作好弯曲样板，并调好弯曲角度和限位开关，将管子夹紧，使管子与导槽接触好，然后开动弯管机进行弯管。弯管机各回转处要及时加注润滑油，以保证运转灵活。图2-31是一台电动弯管机。

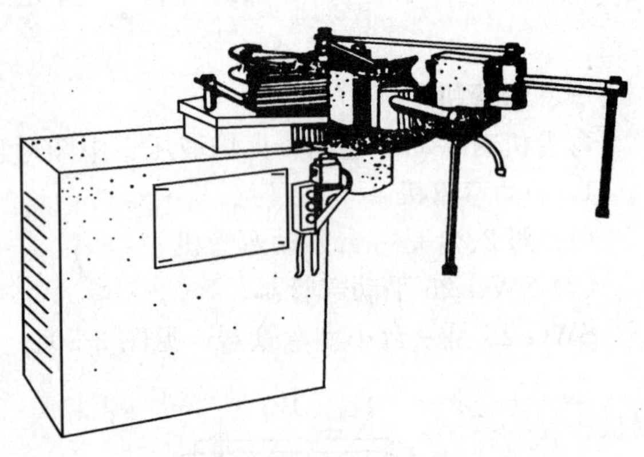

图 2-31　电动弯管机

使用注意事项：

(1) 使用手动和电动弯管机应熟悉机械的性能和操作方法。

(2) 操作前应检查各部件，是否完好无缺，特别是电气开关、线路性能是否良好，传动和润滑系统有无障碍。

(3) 使用的胎具角度要准确，弯管时，使用角尺样板随时进行测量检查。

(4) 操作过程中，如发现异常，应及时停机检查，处理后，方可继续使用。

3. 火焰弯管机

(1) 弯管机的构造与工作原理简介

浙江省工业设备安装公司使用的火焰弯管机可分为二大部分：机械系统和加热系统。机械部分以直流电动机为动力，通过减速机来驱动机械臂，加工件通过卡头固定在机械臂上，转速通过可控硅来控制，要求在低转速时有较硬的机械特性。加热部分的乙炔气由发生站或由钢瓶供应，分别接入操作台的控制盘，经过调节阀，快速阀而进入火焰调节器进行混合，成为混合气后再接入火圈。火圈是主要的加热元件，是由紫铜板焊制成的，中间有两个环形通道圆环，其中一个接混合气，一个通水。两环内侧都钻有若干小孔，用以加热与冷却(见图 2-32)。工作时，钢管一方面由焊炬加热(只热钢管的一圈，长度极短)，同时又立即被机械臂拖动作弧形移动，加热带即被弯曲，随后被水圈水冷而定形，如此连续不断运动，钢管即被弯成弯管。因加热带甚窄，只有 20～30mm 左右，所以在均匀而连续的弯管作业中椭圆度极微，钢管完全不需灌砂。火圈内径的大小，能影响钢管表面处的火焰温度是否最高。当火孔直径为 0.5mm 时，这个距离约在 10～13mm，目前很多单位采用铜管制的火圈(见图 2-33)，构造与制作均较简单，且不易回火，即使回火后，清理也较简便。

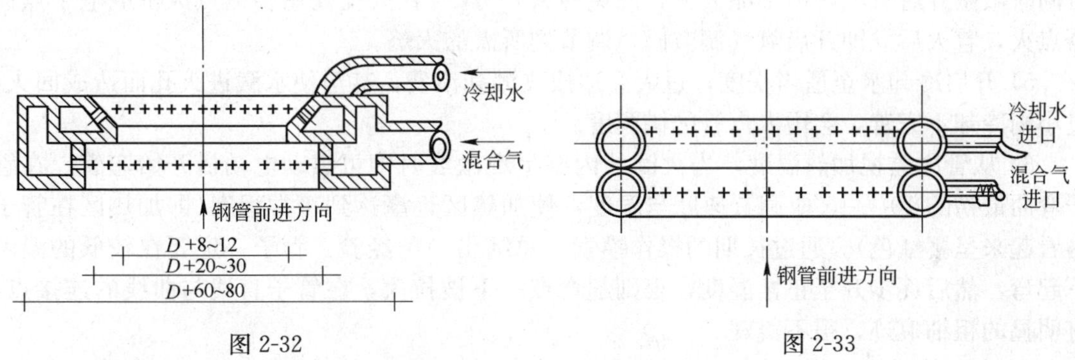

图 2-32　　图 2-33

(2) 操作程序与要领

1) 开机前应先检查机械系统的设备与加热系统的管路，具体步骤如下：

(*A*) 接通电源，检查电压是否符合要求；启动电机，倾听有无异常声响；检查正反转和速度控制是否正常；检查角度指示器有无松扣失灵现象。

(*B*) 打开乙炔管路，检查压力表，根据弯管的口径与壁厚调整系统压力(由乙炔站供应时应取得联系，保证气压与流量)；开启乙炔调节阀和快速阀，通过火圈放出少许气体，检查乙炔压力表是否灵敏正常，随即关闭。

(*C*) 打开氧气管路，根据需要调整系统压力，如果由几个氧气瓶并联供氧的话，应将每只减压阀调整至相同压力；开启氧气调节阀和快速阀，吹去火圈内圈及其表面的灰尘，同时检查氧气压力表指针是否灵敏。

(*D*) 开启冷却水，检查水压表，通过水圈放出少许冷却水以排除通道内的空气。在冬天可检验管内是否结冰。

2) 检查待弯的钢管：

(*A*) 钢管表面有无焊疤凸瘤，防止在滚筒或火圈处被卡住。

(*B*) 钢管内部有无土块、砂石、竹杆、木棒等异物。

(*C*) 管径与壁厚是否符合要求。有些公称口径相同的无缝管和焊接钢管，往往外径相差很少，容易混淆。钢管本身如有椭圆，应将大半径放置在水平方向上，防止弯好后椭圆度加大。

(*D*) 检查管壁厚度是否均匀，如有厚薄，在卡管时应将厚薄边垂直放置，见图 2-34。如水平放置，将厚壁部放在弯管背部，则因腹部管壁薄受热快，温度高，势必要起泡；反之，如果将厚壁部分放在弯管腹部，则薄壁部分会过度拉伸，影响质量，降低使用寿命。

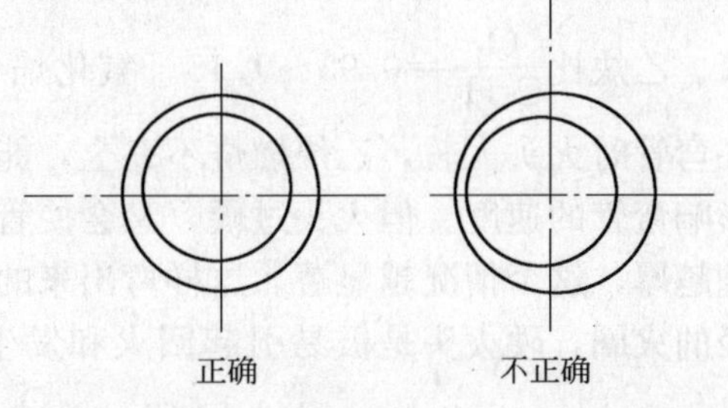

图 2-34

(*E*) 管子外壁不应有油漆和严重浮锈，油漆过的钢管不仅浪费油漆，影响加热速度，而且这些物质受热剥落后，容易填塞火孔，往往造成严重回火。所以最好先用焊炬将管外油漆烧去，再用钢丝刷将浮锈、垃圾刷干净。

3）将管子卡紧在机械臂的卡头上。调整滚筒的靠轮，使管子轴线垂直于机械臂。

4）同时开启乙炔和氧气的快速阀。再开启乙炔调节阀(为减少乙炔点燃时的黑烟，也可同时微微开启氧气，但不能太大，以免回火)。此时在火孔处用长柄点火枪或电子点火器点火，着火后立即开启氧气调节阀，调节到所需的火焰。

5）开启冷却水至适当程度，过大会造成飞溅和浪费，甚至使水溅进火孔而造成回火，过小则冷却不完善，会增大弯管的椭圆度。

6）从管内监视加热温度，当火圈处内壁呈现微红时即可启动电动机开始弯管。在管子弯曲最初的10°～15°应调节速度与温度，使加热区逐渐达到正常程度(即加热区在管子内看起来呈樱红色)。通过长期的操作摸索，总结出一条经验：管子一定要在较低的温度下起弯，然后逐步升至正常温度，否则起弯点一下被拉薄，在管子直线与曲线的连接点，有明显的粗细痕迹，很不美观。

7）在弯管过程中密切监视各个仪表，根据压力起伏，随时调节火焰，在弯曲过程中，管轴线按规律地作径向移动，因此还要随时调节火圈，使其与管子轴线保持同心。由于火圈与钢管间隙只有10余毫米，稍一疏忽便会卡牢，此时火圈将随着管子一起移动，火焰就集中加热一个地方，只需10～20s钢管就会烧穿而报废。

8）当距弯曲终点还差5°～10°时，就要逐步降低温度，最好在终弯点附近把温度控制在600℃左右，此时，从管内看过去，能隐约见到一些红色。这样做也是为了减少粗细痕迹，但这一点不易掌握。

9）在终点当弯管机自动停车并发出信号时，立即同时先关闭乙炔和氧气快速阀，再关闭它们的调节阀，此时除冷却水应继续开启外，还应将火圈附近的加热区另用喷水迅速冷却，直至常温才可打开卡头，松开滚筒将弯管取出。对大口径的管子或钢号较高的管子，在拆卡前可启动电机稍稍反转，使拆卸省力。反转时一定要使反转量很小，防止损伤弯管。

10）下班前需将机器揩擦干净。对滚筒、轨道、火圈升降机构都要加油防锈，减速机构要涂干净的黄油。将乙炔与氧气的总阀门关闭，释放出管路内存压。天冷时要注意将冷却水管内的存水放尽。

(3) 火焰调节

火焰的调节在弯管中是十分重要的一个基本功，调节得恰当与否，对弯管的速度、质量、氧乙炔的消耗都有很大的影响。

弯管时所用的焊炬也可区分为炭化焰、中性焰、氧化焰。炭化焰平常称为软火头，其氧、乙炔比$\frac{O_2}{C_2H_2}=0.95\sim1.15$。氧化焰常称为硬火头，其氧、乙炔比$\frac{O_2}{C_2H_2}=1.2$以上。在弯管时火头太软，乙炔燃烧不完全，能量不能充分利用，温度又低，既浪费电石又大大影响弯管的速度。但火头过硬，又会使管壁温度表里不匀，造成表面熔化而内壁欠温，管壁越厚，这个情况越显著。这样弯出来的弯管，不但外观不美，也损伤了母材。对于大口径的火圈，硬火头是极易引起回火和发生事故的，因此，在煨制大直径、厚管壁的钢管时，宜用中性焰略为偏软的火头，其$\frac{O_2}{C_2H_2}$之比约在1.01～1.05左右；对于小口径、薄管壁的钢管宜用中性焰。在大多数情况下都不宜采用氧化焰。只有在用大火圈弯制小管子的情况，才可以用略为偏硬的火焰，其$\frac{O_2}{C_2H_2}$之比约在1.2左右。

(4) 对氧、乙炔和水的压力要求

要使火焰调节得好，对氧气和乙炔的压力应有一定的要求。乙炔、氧气的压力在操作过程中都不是恒定不变的。乙炔的压力随着耗用量的多少、电石加入粒度的大小而波动；氧气虽然经过减压，保持一定的压力，但随着钢瓶中储气量的减少，温度的变化，仍会有较大幅度的波动。操作中氧和乙炔气的压力越高，回火的机会越多，回火后造成的破坏程度也越严重，因此操作人员在工作中一定要思想高度集中，时刻监视各个仪表，随时调好火焰。

水压的高低，能决定喷水量的多少，因而影响煨制的速度和弯管质量。所以水压的高低也是必须监视的。

根据实践，氧气、乙炔以及水的压力最好满足表2-12数值：

氧气、乙炔以及水的压力(MPa)　　**表2-12**

管子规格	乙炔			氧气			水
	初始压力	运转压力	最小压力	初始压力	运转压力	最小压力	
$\phi219\times\frac{10}{8}$	0.3	0.25	0.15	1.6	1.2	0.8	2.5
$\phi219\times6$ $\phi159\times8$	0.25	0.2	0.12	1.4	1.0	0.6	2
$\phi159\times6$	0.25	0.2	0.10	0.10	0.8	0.6	1.5
$\phi133\sim\phi108$	0.2	0.12	0.06	1.0	0.6	0.4	1.5
$\phi86\sim\phi76$	0.15	0.1	0.05	0.8	0.6	0.3	1.0

(5) 加热温度

控制气体压力，调节火焰，其目的都是为了控制加热温度。温度在弯管操作中是最重要的一个因素，目前在多数火焰弯管机上，还没有采用先进的测温方法，测温还只是凭借肉眼，测出的结果也因人而异，很不一致。

肉眼观察只能根据管内加热带的颜色来判断温度(一般在管的尾端向内观看)管壁厚的应呈暗红色至樱红色，管壁薄的则应呈火红色，但不能达亮红色(如看到亮红色至黄色，则表面必已熔化)。温度偏低时，所需的弯曲力矩要大一些，机械磨损便会加剧，于是，运转速度减慢，甚至走不动，还会把管子弯瘪。温度太高，管材因淬火过甚而发脆变质，甚至使表面熔化。此外，温度的高低还与弯管的曲率半径R有关，R较小，应采用较高的温度。R大时，则温度应较低一些。温度还与管子的材质有关，不同钢号的碳钢管和能够热加工的合金钢管以及不锈钢管，都要在煨制前了解热加工性能，以便采用不同的温度，避免产生过度淬火、渗碳、脆裂等缺陷。

在弯曲的过程中，除了起始后和终止前的小段曲管外，必须自始至终使温度保持一致(不应有大的起伏)，否则弯管的弧形会不匀称，严重的还会使管壁呈明显的波浪形，影响质量和美观。

除了用增减氧、乙炔的流量，还可以用增减机械臂的转动速度来控制温度。这是因为转速加快后，加热时间也缩短了，同样也使温度降低。因比每一种规格的管子都有它的最佳速度。根据经验和记录，推荐下列速度(见表 2-13)。

加 热 速 度　　表 2-13

弯管直径	每只 90°管弯的加热时间(min)	弯管直径	每只 90°管弯的加热时间(min)
ϕ219×8	12～14	ϕ10×4.5	3～4
ϕ159×6	6～9	ϕ89×4	2～2.5
ϕ133×5	4～6	ϕ76×3.5	1.5～2.0

注：(1) 不包括起步的加热时间；
(2) 壁厚不同，时间适当增减。

上述速度是以 $R=3.5d$ 为准的，R 大则时间应适当长些，反之则短些，目的是使受热面有相同的线速度。

(6) 角度的控制和调整

火焰弯管机都装有角度指示和控制装置，还装有电气联锁装置，到规定的角度能自动停车，似乎不存在角度控制的问题。但实际上管弯机弯管存在的问题之一还是产品的角度误差问题。根据实测，在操作熟练、仔细认真的情况下，中等直径的弯管(如 ϕ108、ϕ133)其角度误差能控制在$\pm\frac{1}{3}^{\circ}\sim\pm\frac{1}{4}^{\circ}$的范围内。按照国家标准 GB 50235—97《工业金属管道工程施工及验收规范》的规定：机械弯管的角度偏差值不得超过±3mm/m$\left(相当于\pm\frac{1}{6}^{\circ}\right)$。因此，在火焰弯管机上，如何控制和提高弯管角度的精度，仍然是个值得研究的课题。在实践中得出这样一些规律：直径越小，越容易产生大的角度误差，而且稳定性越差。直径大则误差小而稳定。影响角度误差的因素十分复杂，可能与以下几方面有密切关系：

1) 温度的影响。由于弯管还有残余的弹性，在拆松卡头时，弯管总要回弹一个角度，每只弯管的回弹量都不一样，有时相差甚多。回弹量的大小和操作温度有很大关系。加热温度高，钢管受热后塑性大，冷却后残余弹性小。反之则残余弹性大。因此对于同批钢管最好用同样的温度，这样，角度误差也就比较稳定。

2) 与钢管的材质有关。不同钢号的管材，虽然加热温度相同，但残余弹性不一样。有的管子钢号相同，但经过热外理后，其性能却不一样，弹性也有很大出入。

3) 卡头和滚筒与管子之间的松紧程度，对弯管角度有很大影响。松了会引起角度的正公差(即弯管的圆心角<90°)。

4) 高温高速运行和低温低速运行对角度误差也有关系，高温高速运行弯成的弯管回弹率较大。

在操作中最大限度地保持上述因素的一致性，可使弯管角度误差最小，稳定性最好。

机械弯管与工人弯管相比，角度控制更加困难一些。火焰弯管机的弯管是边弯曲边冷却，到弯管成形时已全部冷却，等到测量后发现误差时，很难改正，为了解决这个缺陷，我们搞了一个角度矫正器(见图 2-35)。这是装在机械顶端的一个正反扣的螺栓，弯管的角度如果误差太大可用以矫正。如管径较大

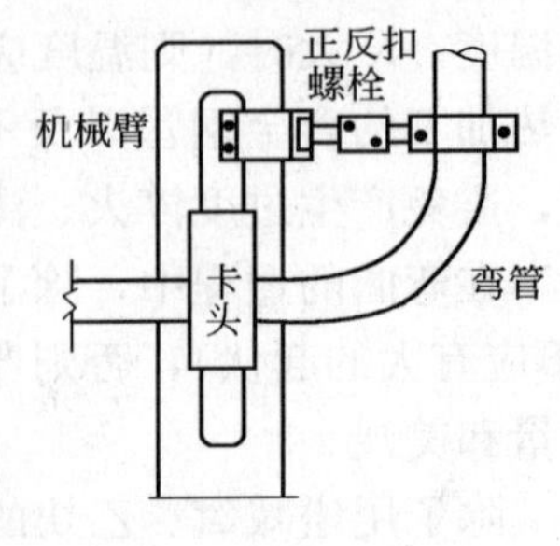

图 2-35

时，可用大号焊炬在弯管的背腹处稍稍加热，就可使弯管的角度精确度提高。

(7) 回火的原因、预防措施和处理方法

火焰弯管机操作不慎，容易引起回火。氧、乙炔压力越高，回火的可能性也就越大，其后果也越严重。弯管机一经回火，轻者火孔被堵塞，降低加热效率；重者烧毁管路，损坏设备，还可能造成人身事故。

回火的原因，可以归纳为以下几个方面：

1) 氧气流量过大。因为，当氧气流量过大时，便容易窜入乙炔管路，导致管内燃烧。所以，在无把握之前，火头不要调节得太硬。

2) 火圈中火孔大量堵塞会造成回火，这与焊枪火孔堵塞而引起回火的原理是一样的。因此火圈要保持清洁，钢管外表的污锈垃圾也要清理干净。

3) 煨制大直径的弯管，要让并联的几只氧气瓶的存气数量接近，不要相差太悬殊；阀后压力也要尽量调得接近，避免只由某一只钢瓶单独供氧，否则压力波动过大，会造成回火。

4) 天气严寒时，氧气减压阀出口处容易结霜，使压力不稳定，造成回火，故冬季要注意操作环境温度，并要加倍小心监视压力。

5) 乙炔管路中的快速阀、调节阀等漏气，使乙炔压力下降而导致回火，因此每隔一周或十天应对阀门作一次严密性试验。平时留心操作台附近有没有乙炔味，如有，可能是阀门泄漏。

6) 在使用乙炔发生站的场合，有时乙炔管内会大量存水，这也是导致压力下降，引起回火的原因之一。因此在乙炔管路上应装设较大容量的气水分离器(带液位计和自动警报器)。

7) 有时乙炔站压力过高，使发生器上的安全防爆膜爆破，于是，乙炔压力突然下降。这种情况往往来不及关闭阀门就引起回火。所以，当发现乙炔压力高过压力计红线时，要立即通知乙炔站，不能将就用了再说。这种回火往往后果比较严重。

掌握回火时的各种现象与先兆，能避免发生回火和减轻回火的后果。

火圈回火时，往往是火焰突然熄灭，或者突然变得软弱无力(此时如果误认为氧气不足而开大调节阀门，则将使回火后果愈加严重)，同时管路内有吆吆声，混合气管的温度也急剧上升，在3～5s内就能把管路烧得通红。

发现回火的征兆后，要以最快的速度切断气源(将快速阀关闭)，并立即切断电动机电源，检查原因，消除故障，混合气管路温度如果已经很高，应先用湿棉纱揩擦，令其冷却，否则将再次回火。回火后，火圈的火孔往往被炭灰堵塞，应拆下逐一疏通。火圈混合气通道内的积灰，须用小锤轻轻敲击，并从进口管内倒出。快速阀至火圈这一段混合气管内的炭灰，应在冷却后用氧气吹尽，否则在使用时，火孔仍将被堵塞。回火一般不会超过火焰调节器的范围，但严重的回火也能将炭灰带入调节器，甚至进入调节阀与快速阀，此时必须将整个管子都仔细清扫。

4. 液压弯管机

江苏泰州液压机械厂生产的WYQ型电动液压弯管机是一种用于现场管道安装的轻便型施工机具。具有小巧轻便、移动方便、可解体等特点。最适宜冷弯各种普通无缝钢管、合金钢管道。

(1) 主要技术数据

1) 弯管方法：

WYQ-76L 型无芯、冷弯、顶推式

WYQ-108J 型无芯、冷弯、顶推式

WYQ-108L 型无芯、冷弯、顶推式

WYQ・B-89J 型无芯、冷弯、旋转式

WYQ-159L 型无芯、冷弯、顶推式

2) 加工范围：

(*A*) 弯管直径(mm)：

WYQ-76L 型 22～76，标准配模 22、27、34、42、48、60、68、76

WYQ-108J 型 27～108，标准配模 27、34、42、48、60、68、76、89、108

WYQ-108L 型 27～108，标准配模 27、34、42、48、60、68、76、89、108

WYQ・B-89J 型 48～89，标准配模 48、60、68、76、89

WYQ-159L 型 76～159，标准配模 76、89、108、133、159

(*B*) 弯曲半径：$R=4\times$管径

(*C*) 弯曲角：$\geqslant 90°$

(*D*) 弯管最大壁厚尺寸(mm)：

WYQ-76L 型 $\phi 76\times 10$

WYQ-108L 型 $\phi 108\times 8$

WYQ-108J 型 $\phi 108\times 1$

WYQ・B-89J 型 $\phi 89\times 4$

WYQ-159L 型 $\phi 159\times 10$

3) 油缸参数(见表 2-14)：

油　缸　参　数　　　**表 2-14**

产品型号	最大油缸推力(N)	缸径(mm)	行程(mm)	备　注
WYQ-76L	$25\times 9.85\times 10^3$	63	350	
WYQ-108L	$25\times 9.81\times 10^3$	63	480	
WYQ-108J	$30\times 9.81\times 10^3$	90	480	
WYQ・B-89J	$30\times 9.81\times 10^3$	90	480	
WYQ-159L	$50\times 9.81\times 10^3$	90	650	

4) 配套油泵(见表 2-15)：

配　套　油　泵　　　**表 2-15**

油泵型号	一级公称压力(MPa)	二级公称压力(MPa)	一级公称流量(L/min)	二级公称流量(L/min)	最高工作压力(MPa)	电机功率(kW)	配套产品型号
ZB1/40-4/7	40	7	1	4	50	三相立式 1.1	WYQ-108J WYQ・B-89J
ZB0.4/63-2/7	68	7	0.4	2	80	0.75	WYQ-159L WYQ-76L WDQ-108L

(2) 结构与使用方法

本机由动力源、油缸、工作头、软管、模子等组成(其工作原理见图 2-36)。在现场使用时，直接拼装。

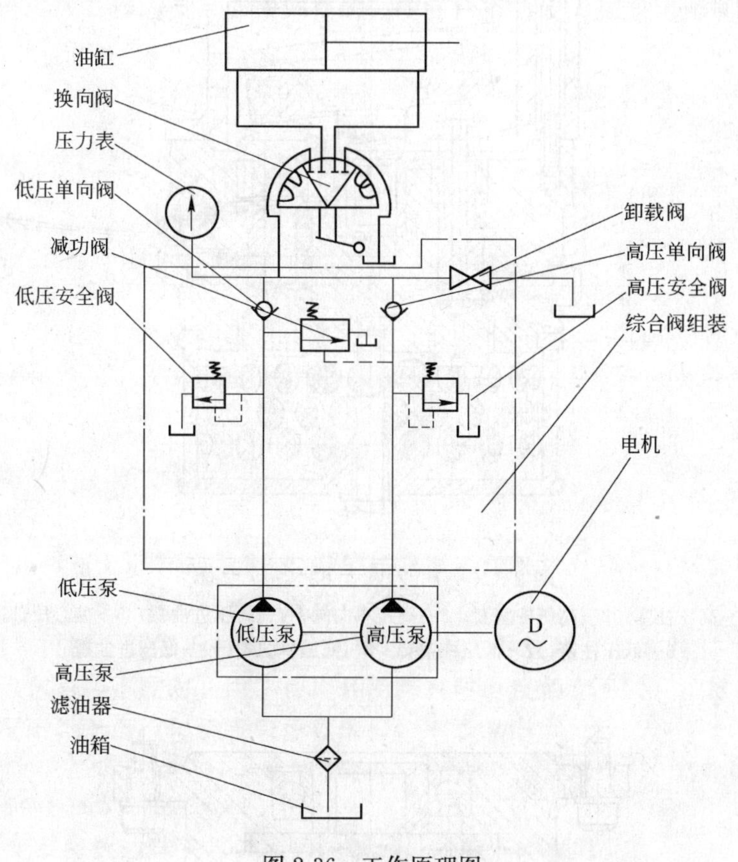

图 2-36　工作原理图

1) 动力源由电机、油泵、综合阀、换向阀、油箱等组成(即配套油泵)。

(*A*) 泵体部分：该泵为球阀配流、双联斜盘轴轴向柱塞定量油泵(见图 2-37)。电机直接带动偏心压轴旋转，由于斜盘的作用，柱塞沿柱塞套作往复运动。使油分别从高低压进油阀吸入，后从高低压出油阀压出。分别进入综合阀体的高压油路和低压油路。

(*B*) 综合阀体：阀体的高压油路由高压单向阀、高压安全阀组成(见图 2-38)。低压油路由低压单向阀、低压安全阀、减功阀组成(见图 2-39)。高低压油路混合后，输出管引向换向阀。低压时，高压油和低压油同时输出。当压力超过 7MPa 时，低压安全阀打开，溢流。当压力升到 9.0～11.0MPa 时，高压油推动小活塞顶开减功阀杆，使低压油经减功阀溢流。同时低压安全阀关闭，图 2-39 为低压减功情况。当压力超过 80MPa 时，高压安全阀打开溢流。综合阀上的卸载阀(即开关阀)即是本泵的油路系路开关，顺时针为接通油路。逆时针为油泵空载，油路中工作液返回油箱。

(*C*) 换向阀(见图 2-40)：为一手动操作的三位四通转阀，上面的两出油口用高压软管与油缸连接(连接方向不分)。油缸的进退，即由此控制。

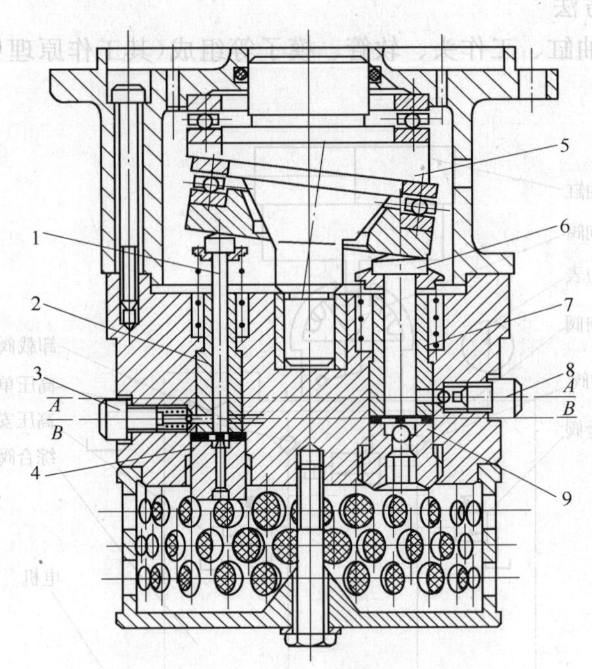

图 2-37(一) ZB0.4/63×2/7 泵体

1—高压柱塞；2—高压柱塞套；3—高压单向阀；4—高压进油螺；5—偏心压轴；6—低压柱塞；7—低压杆塞套；8—低压单向阀；9—低压进油螺

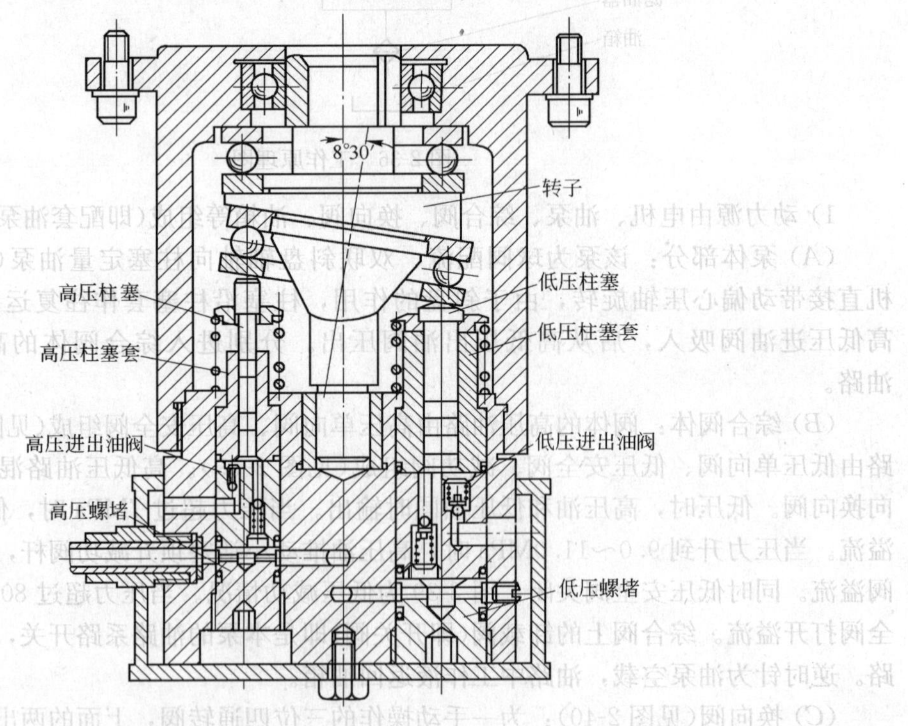

图 2-37(二) ZB1/40-4/7 泵体

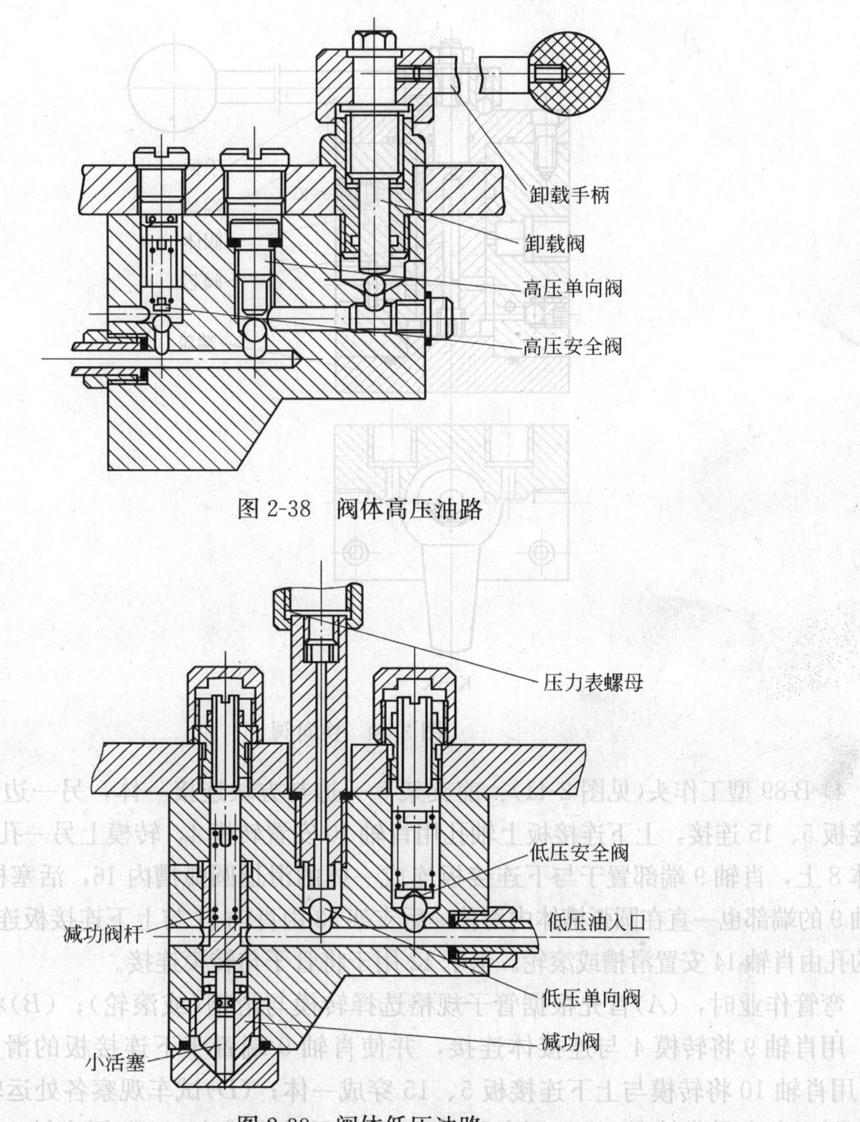

图 2-38 阀体高压油路

图 2-39 阀体低压油路

2）油缸部分：各型号油缸均系无缝钢管经精密加工制成。进退速比为 1∶2 的双作用活塞式油缸。

3）厚壁管工作头：使用时，上下工作板用环键螺栓与缸体连成一体（B-89 型工作头除外）。弯管时，必须正确选用弯胎。一般模槽的大小应与管径相应，间隙为±0.5～±1 之间。否则将容易使弯胎胀裂，弯管质量下降。工作板的前排孔用于插入肖轴支承阴模。穿孔时，肖轴必须插入规定的孔内，阴模上的 R 要选择与管径相应。弯曲角度一般应根据经验和油缸上指针的指示，控制长度决定之。由于钢管的材质与应力状况各异，所以长度指标仅供参考，或只作一种标记，操作时一定要根据具体工况即时修正。

由于管子涨力影响，弯管结束后弯胎一般要卡牢模子。此时可借助退模肖轴穿入工作板后排所相应的孔内。后退活塞杆，管子接触该肖轴后即可达到弯胎与管子分开目的。第二次作业时，为安全起见应先将退模肖轴取出。

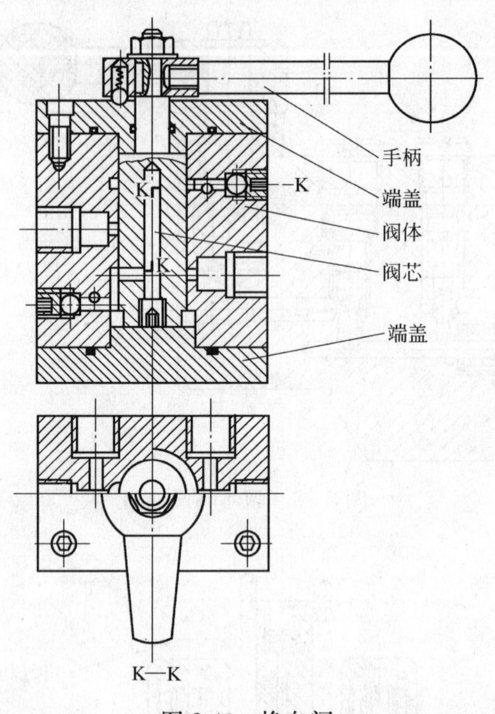

图 2-40 换向阀

4) B-89 型工作头(见图 2-41)：前支架 3 一边与方块连接一体，另一边由肖轴 6 与上下连接板 5、15 连接，上下连接板上轴孔用肖轴 10 安置转模 4，转模上另一孔由肖轴 9 穿入连接体 8 上，肖轴 9 端部置于与下连接板连成一体的滑道圆弧槽内 16，活塞杆作往复运动时，肖轴 9 的端部也一直在圆弧槽体内滑移，后支架 13 由肖轴 11 与上下连接板连接，后支架上其他的孔由肖轴 14 安置滑槽或滚轮。卡子 12 用于将管子与转模连接。

弯管作业时，(*A*)首先根据管子规格选择转模与滑槽(或滚轮)；(*B*)将活塞杆退回底部，用肖轴 9 将转模 4 与连接体连接，并使肖轴 9 端置于下连接板的滑道圆弧槽内 16；(*C*)用肖轴 10 将转模与上下连接板 5、15 穿成一体；(*D*)试车观察各处运转情况，应无任何卡阻现象和异常情况；(*E*)用卡子 12 固定管子转模槽内；(*F*)用肖轴 14 将滑槽 7(或滚轮)固定在后支架 13 上，此时开始打开电源开关和关闭油泵开关阀，操作换向阀手柄至活塞杆为前进状态即可弯管；(*G*)弯管结束后，首先打开开关阀使油泵空载而后操纵换向阀，关闭开关阀，才可使活塞杆后退至底，此程序不可逆；(*H*)弯管角度控制方法同前。

(3) 使用注意事项

1) 该机动力源的工作液为 2 号锭子油或 20 号机械油。不能用酒精水、甘油、麻油、刹车油等作工作液。加油时应用 120～160 目铜丝布过滤。半年更换一次，并清洗油箱，液面深应达油标中心。

2) 电机启动：应在卸载阀打开的情况下进行。

3) 油泵正常工作温度为 20～55℃。温度过高时应进行冷却，低温使用也易发生故障。可通过外加温与油泵本身空转、逐步升压的办法来升高油温，温度过低不准使用(以零下

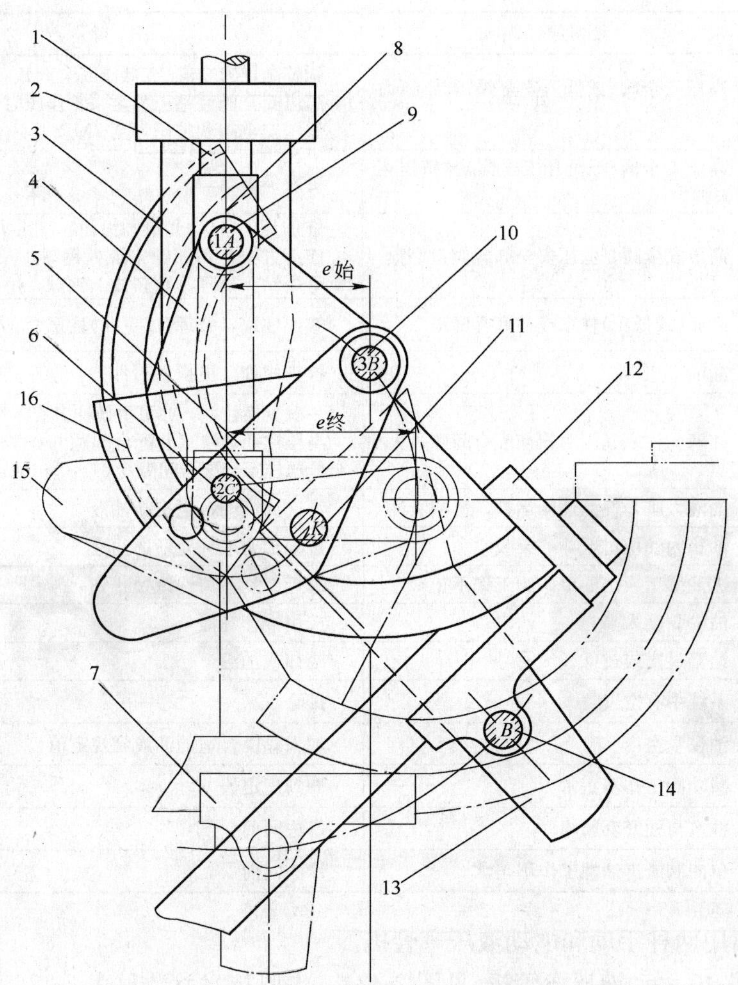

图 2-41 WYQ·B-89 型液压弯管机工作示意图

1—油缸总成；2—方块；3—前支架；4—转模；5—上连接板；6—肖轴(2C)；7—滑槽；8—连接体；9—肖轴(A)；10—肖轴(3B)；11—肖轴(K)；12—卡子；13—后支架；14—肖轴(B)；15—下连接板；16—滑道

10℃为限)。

4）推作换向阀时一般操作力不超过 10kg，并应操作准确。因换向阀与高压胶管连接方向不限，因此换向阀使用时先熟悉一下换向位置为好，换向时应先打开卸载阀。

5）高压软管：出厂前经高压试验。试验压力为 80MPa，由于胶管长期使用，会变质老化使强度降低，应注意定期检查。一般半年检查一次，使用频繁者 2 月检查一次，检查时用试泵进行压力试验。当试验压力低于 80MPa 时，若发生渗漏，出现凸起或爆破，就不能使用(为确保正常使用，应有备用胶管，两根为宜)。

软管在使用时应避免打折和急弯。操作者不可靠近软管太近，以防发生意外。

6）该机每年检修一次，装配时应用煤油或轻柴油清洗干净，装配后各运动部件，应运动灵活，无卡阻现象。

(4) 油泵常见故障及排除方法(见表 2-16)

油泵常见故障及排除方法　　表 2-16

故　障	主　要　原　因	排　除　方　法
不升压	1. 高压安全阀(或低压安全阀)调整压力过低	调整高压安全阀(或低压安全阀) 高压安全阀调整压力至泵工作压力 低压安全阀调整压力至 7MPa
	2. 高压安全阀(或低压安全阀)弹簧损坏或失去弹力	更换弹簧
	3. 高压安全阀、低压安全卸载阀口磨损	修正凡尔口(即光滑圆弧面) 修正方法是用于锤击该处钢球 1～2 次，如该面磨损严重可用钻头处理，重新放上钢球，用手锤冲击凡尔口
	4. 高压(或低压)柱塞或柱塞套磨损	修换柱塞，修理(或更换)柱塞套
	5. 漏油	检查修理，更换密封件
排油量不够	1. 柱塞与柱塞套因磨损使配合间隙过大	一般更换柱塞，亦可更换柱塞套 高压柱塞与柱塞套配合间隙 0.005～0.01mm，低压柱塞与低压柱塞套配合间隙 0.01～0.015mm
	2. 油液太脏，使滤油网堵塞，影响吸油	清洗滤油网，更换新油液
	3. 油箱内油位过低，油泵吸空	按规定要求补充新的油液
	4. 进油螺堵或出油单向阀工作不正常	进行修复，清洗该处
	5. 油的黏度太高	选用推荐黏液
	6. 油温过高或过低	冷却或加温
压力波动及噪声	1. 系统中有空气	排除
	2. 油泵吸空	加入黏度合适的油液到规定值
	3. 减功阀工作不正常	调到规定值
	4. 柱塞与柱塞套磨损	修法同前
	5. 单向阀或进油螺工作不正常	修法同前

下面介绍用两种手动和电动液压弯管机。

(1) SWG-40 手动液压弯管机(见图 2-42)，主要技术参数见表 2-17。

图 2-42　手动液压弯管机

主要技术参数　　表 2-17

公称直径		外　径	壁　厚	弯曲角度	工作压力	工作行程
(mm)	(寸)	(mm)	(mm)	α	(MPa)	(mm)
15	1/2″	21.25	2.75	$\pi/2 \leqslant \alpha < \pi$	62	420
20	3/4″	26.75	2.75	$\pi/2 \leqslant \alpha < \pi$	62	420

续表

公称直径		外 径	壁 厚	弯曲角度	工作压力	工作行程
(mm)	(寸)	(mm)	(mm)	α	(MPa)	(mm)
25	1″	33.50	3.25	$\pi/2\leqslant\alpha<\pi$	62	420
32	1¼″	42.25	3.25	$\pi/2\leqslant\alpha<\pi$	62	420
40	1½″	48	3.50	$\pi/2\leqslant\alpha<\pi$	62	420
50	2″	60	3.50	$\pi/2\leqslant\alpha<\pi$	62	420
70	2½″	75.5	3.75	$\pi/2\leqslant\alpha<\pi$	62	420
80	3″	88.50	4.00	$\pi/2\leqslant\alpha<\pi$	62	420
100	4″	108	4.00	$\pi/2\leqslant\alpha<\pi$	62	420

(2) DWG-4B电动液压弯管机(见图2-43)，主要技术参数见表2-18。

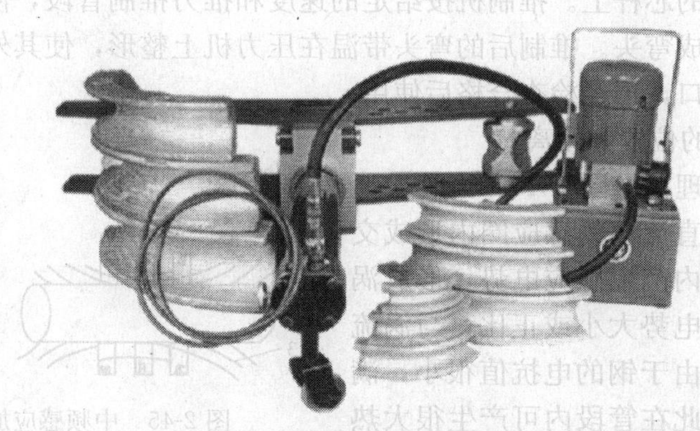

图2-43 电动液压弯管机

主要技术参数 表2-18

公称直径		外 径	壁 厚	弯曲角度	工作压力	工作行程
(mm)	(寸)	(mm)	(mm)	α	(MPa)	(mm)
15	1/2″	21.25	2.75	$\pi/2\leqslant\alpha<\pi$	62	420
20	3/4″	26.75	2.75	$\pi/2\leqslant\alpha<\pi$	62	420
25	1″	33.50	3.25	$\pi/2\leqslant\alpha<\pi$	62	420
32	1¼″	42.25	3.25	$\pi/2\leqslant\alpha<\pi$	62	420
40	1½″	48	3.50	$\pi/2\leqslant\alpha<\pi$	62	420
50	2″	60	3.50	$\pi/2\leqslant\alpha<\pi$	62	420
70	2½″	75.5	3.75	$\pi/2\leqslant\alpha<\pi$	62	420
80	3″	88.50	4.00	$\pi/2\leqslant\alpha<\pi$	62	420
100	4″	108	4.00	$\pi/2\leqslant\alpha<\pi$	62	420

5. 中频弯管机(鞍钢无缝钢管厂)

用热推法生产弯管具有很多优点：弯管的曲率半径小、壁厚均匀、椭圆度小、表面加工质量好等。热推弯头主要生产设备有推制机、中频感应加热设备、整形机、坡口机等。

(1) 热推弯头的工艺流程

图 2-44 是热推弯头的工艺流程。

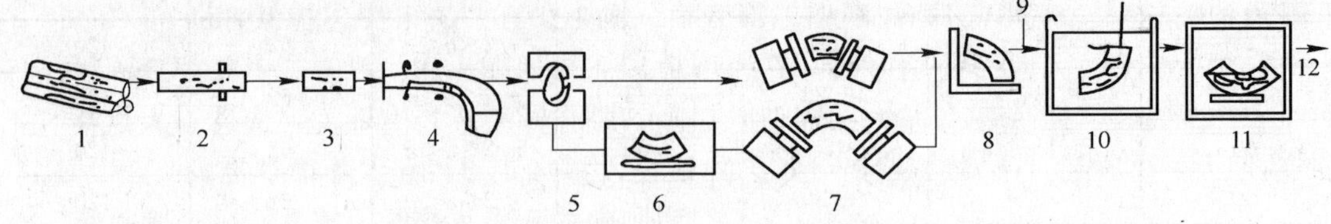

图 2-44 弯头工艺流程

1—钢管检查；2—切断；3—内表面涂润滑剂；4—中频感应加热、热推；5—整形；6—合金钢热处理；7—端头坡口；8—检查；9—标记；10—涂防腐层；11—干燥；12—装箱发运

将合格的管料按计算长度下料切断，去除端面毛刺，并在内表面涂上石墨润滑剂，然后将管段穿入推制机的芯杆上。推制机按给定的速度和推力推制管段，使管段经由预先加热的牛角芯头，加工成弯头。推制后的弯头带温在压力机上整形，使其外形和外径达到标准要求，然后进行坡口，再经检查合格后使用。

(2) 中频感应圈的位置和距离

中频感应加热原理，见图 2-45。当管段通过感应圈时，由于在直流电的感应圈内形成交变磁场，于是在管段内产生感应电势，形成涡流。涡流强度与感应电势大小或正比，与涡流回路的电抗成反比。由于钢的电抗值很小，满流能达到很高值，因此在管段内可产生很大热量，即涡流热效应，使管段表面温度迅速升高，除涡流热效应外，磁滞现象也会引起热效应，同样会加快管段的加热温度，但加热主要是靠涡流的热效应。

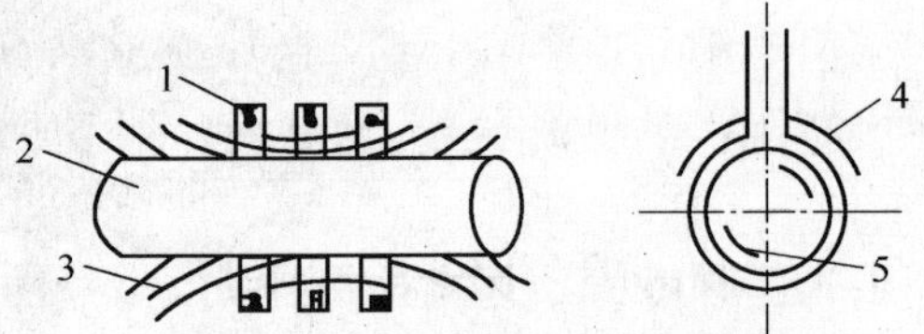

图 2-45 中频感应加热示意图

1—中频感应圈；2—管段；3—磁力线；4—感应圈中电流方向；5—管段中电流方向

加热温度对于碳素钢应在 750～800℃范围内，有条件时还可升至 850℃。对于合金钢和不锈钢，加热温度还要相应提高。

感应圈的正确位置应放在芯头的引导段与弯形段的交界处。如位置靠后(即放在引导段)，由于管段局部迅速升温，当推制机推进时，会使加热的局部产生皱褶，使推进无法进行。如感应圈靠前(即放在变形段)，等于管段冷推而开裂，也使推进无法进行。

感应圈的内径与管段外表面的正确距离为 5～10mm，这样可充分发挥中频感应的表面效应，使管段迅速加热。在实际操作中还要注意感应圈的距离，如太近相互接触，还会造成感应圈击穿事故。中频加热具有以下优点：

1) 加热和推制弯头壁厚均匀；

2) 由于加热快，不易产生氧化铁皮，弯头表面光洁；

3) 可免去表面喷砂工艺；

4) 劳动条件好，不污染环境。

(3) 弯头整形

中频感应加热设备主要技术参数见表 2-19。

中频感应加热设备主要技术参数　　　　**表 2-19**

设备规格	100-$\frac{1}{2.5}$	160-$\frac{1}{2.5}$	250-$\frac{1}{1A}$	500-$\frac{1}{1A}$	750-$\frac{1}{1A}$	1000-$\frac{1}{1A}$
额定输入电压(V)	三相 50Hz 380V				660	660
额定输入电流(A)	200	320	450	925	900	1135
额定直流电压(V)	500	500	500	500	720	720
额定直流电流(A)	250	400	550	1130	1075	1390
额定中频电压(V)	750	750	750	750	1000	1000
额定中频频率(Hz)	1000(2500)	1000(2500)	1000	1000	1000	1000
额定输出功率(kW)	100	160	500	500	750	1000

弯头整形一般在 400～600℃的状态下进行，通常使用装有整形模具的压力机，整形的压力要根据弯头的钢种、规格、整形温度来确定。

整形用液压机的重要技术参数，见表 2-20。

液压机主要技术参数　　　　**表 2-20**

型号	公称力(kN)	主活塞行程(mm)	工作台尺寸 长×宽(mm)	最大开档尺寸 宽×高(mm)	主活塞速度(cm/s)			电机功率(kW)	主机外形尺寸 长×宽×高(mm)	重量(kg)
					空载下行	负载下行	回程			
VS71-250	2500	600	950×950	950×1200	6	0.28	5.2	12.1	980×1360×4100	11150
VS71-500	5000	600	1000×950	950×1400	10	0.25	4	18.5	1000×1355×4570	16000

(4) 坡口

按标准要求，弯头两端应进行坡口，通常采用两端同时进刀、高速旋转的专用坡口机床进行坡口。

(5) 推制机

推制机是以热推方式连续生产弯头的主要设备。推制机有单线的(每次只推制一个弯头，见图 2-46)和多线的推制机。

推制机按传动方式分类有液压传动和机械传动两种。

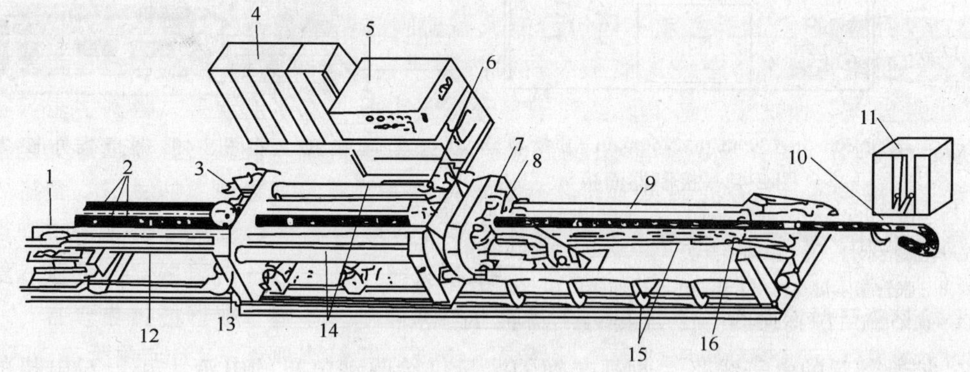

图 2-46　热弯头推制机结构图

1—送料装置；2—管料；3—固定牌坊上芯杆尾端销紧装置；4—操作台；5—液压站；6—芯杆中间的销紧装置；7—活动牌坊；8—活动牌坊上销紧芯杆的卡瓦；9—芯杆；10—中频感应圈；11—中频变压器；12—管料支撑装置；13—固定牌坊；14—油缸；15—活动牌坊滑道；16—芯杆前端支撑架

二、电动胀管控制器(引进设备)

1. 电动胀管控制器主要采用电子装置控制，在相同的条件下，使同样尺寸、规格和材料的管子获得相同的胀管量，解决了管子欠胀和过胀现象，见图 2-47 和图 2-48，胀管器外形见图 2-49。

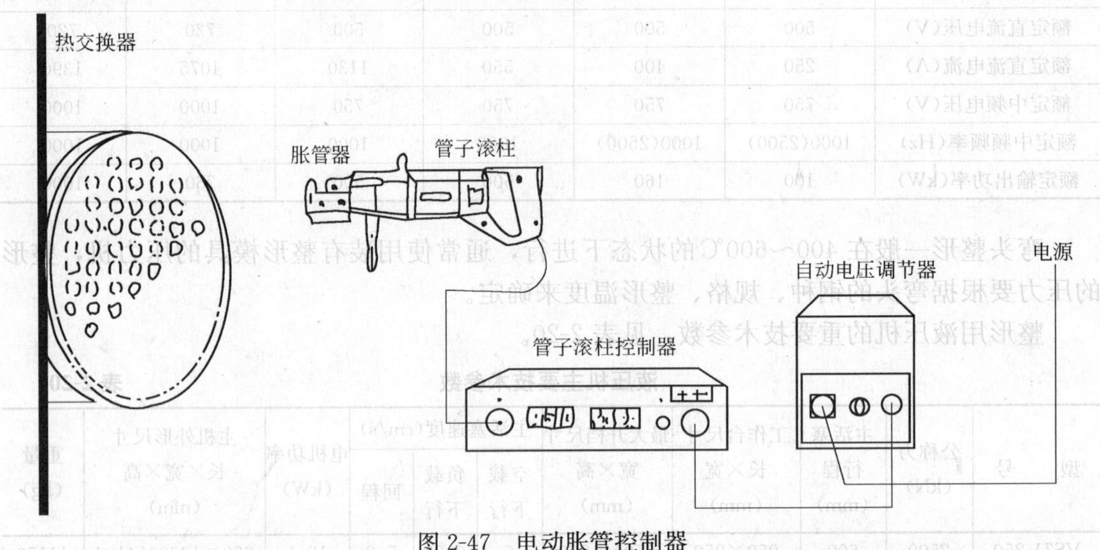

图 2-47 电动胀管控制器

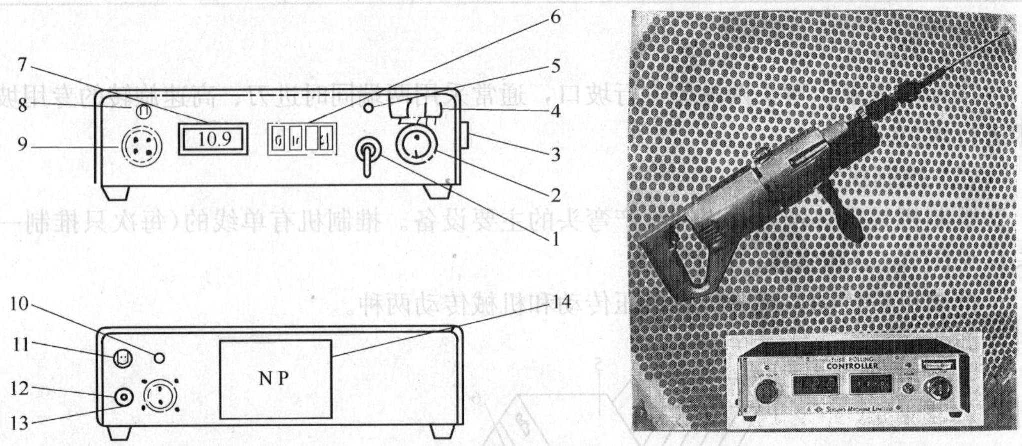

尺寸 80m/m×300m/m×260m/m 质量 5.2kg

图 2-48 控制器面板

1—电源开关；2—电源插座；3—携带提手；4—电压表；
5—电源指示灯；6—预调整开关；7—数字辉光放电管指示器；
8—胀管指示灯；9—管子滚柱连接插座；10—试验按钮；
11—保险丝；12—接地端子；13—胀接线路灯插座；14—铭牌

图 2-49 胀管器外形

2. 控制装置的电子线路，通过准确的测量供给驱动电机的电流大小，对电机的转矩进行准确的调节。

3. 该电路系统主要有一个控制继电器来控制断路继电器，在达到预先确定的电流值的条件下关闭电动机。在系统中还配有可调整和替换的精密电子管。

4. 主控制继电器可提供稳定的、防止误操作的电器结构，大大延长了使用寿命。

5. 控制箱的使用方法

控制箱装置是由一个高效率(交流—直流)变换器、一个集成电路的断路器和数个控制继电器所组成。控制板上有信号灯，它可显示出已经达到的预先调整好的负荷电流。控制箱约重 5.2kg。

在控制板上有预调整开关(见图 2-43)。为了保证管子与管板间密封不渗漏，应将预调整开关，调到要求管子胀接量而确定电流值的位置上。

控制板上的数字辉光放电管(见图 2-43)显示出管子滚柱电动机的电流值，并连续地显示出施加负荷所引起的电流变化，而施加负荷则表明管子胀紧程度。

当滚柱推进时，紧轴上负荷增大，数字辉光放电管则显示电流逐步加大，当其电流值与预调整开关确定的电流值相同时，集成电路动作，触动继电器使管子滚柱电机停止转动。

电机的转矩是以电流值来反映负荷大小，对于最佳胀接量的转矩与管子外径、壁厚、管材、管板厚度等条件的不同而有所不同。

6. 配备有电压调节器和安全防护设施，保持电压稳定和操作安全，以利工作的顺利进行。

7. 控制器的操作

(1) 装配

1) 把紧轴驱动联轴器连接到管子滚柱和胀管器上。

2) 将带有四极插头的软电线接到管子滚柱上。

3) 控制装置与胀管量指示灯连接好。

4) 做好设备接地。

5) 接通电源。

6) 按照胀管量数据表，考虑到管子材质、外径、管板的尺寸等因素，将预调整开关调到要求的数值。

7) 接通控制器电源开关，控制板上的指示灯亮，仪表显示供电电压，数字辉光放电管显示 0A。

(2) 操作

1) 当按下管子滚柱上的触发开关时，该管子滚柱开始向逆时针方向转动。

2) 胀管滚柱加入润滑油，并将胀管器插入被胀的管内(此时逆时针方向转动)，当胀管器向前推进时，使管子滚柱从逆时针转动变为顺时针方向转动。控制板上的指示灯和胀管量指示灯熄灭，胀管工作开始进行，数学辉光放电管显示胀管过程中的电流数值。

3) 当转矩达到预先调定的数字值(预调整开关调定的电流)，管子滚柱停止转动，面板和长电线指示灯点亮。

4) 向管子滚柱施加退胀压力时，滚柱的转动从顺时针方向变为逆时针方向，数字辉光放电管显示 0A。

5) 对待胀管子，应重复进行第 2)～4)项的步骤。

8. 胀管中注意事项

(1) 在使用控制装置前，要按动其后部的试验按钮开关，以便检查安全装置断路器是否起作用。如安全装置无误，则指示灯和数字辉光放电管就会熄灭，而电源指示灯亮。为了重新调整安全装置断路器，切断电源开关，安全装置断路器再次接通。

(2) 电源电压出现波动时，应使用自动电压调节器，以保证胀接工作正常进行。

9. 电气线路图

电动胀管控制器的控制线路图，见图 2-50。

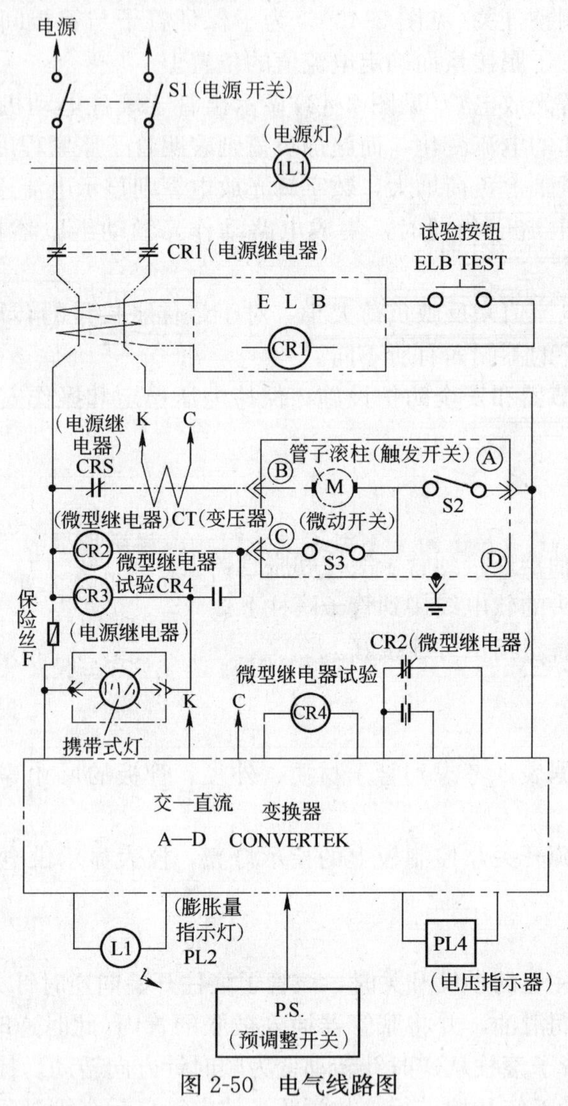

图 2-50　电气线路图

三、切管套丝机

1. 青羊牌 TQ 系列切管套丝机

(1) 用途

青羊牌 TQ 系列切管套丝机能加工 150mm 以下的各种规格的管道螺纹。该系列机型主要加工 GB 7306 标准外螺纹，即 55°圆锥管外螺纹。根据用户的要求，还可提供专用的 60°圆锥管外螺纹(NPT 管螺纹)板牙。在 TQ50、TQ80 型机上使用 DHM20 型铰板还可加工 M8～M20 的普通螺纹的外螺纹及此区间的细牙螺纹。主要功能有套丝、切管及孔口倒角等功能。如用报废板牙改制坡口刀，还可以进行坡口作业。

(2) 结构

1) 普通型。以 TQ80-B 为例(见图 2-51)。

2) 自动型。以 TQ100-A 为例(见图 2-52)。

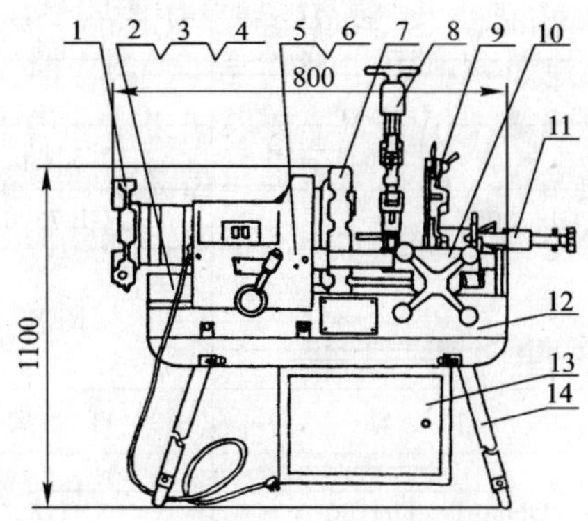

图 2-51 TQ80-B

1—后卡盘；2—电动机；3—电容器；4—油泵；5—箱体；6—减速器；7—前卡盘；8—切刀架；9—铰板；10—大支架；11—倒角支架；12—机座；13—工具箱；14—脚架

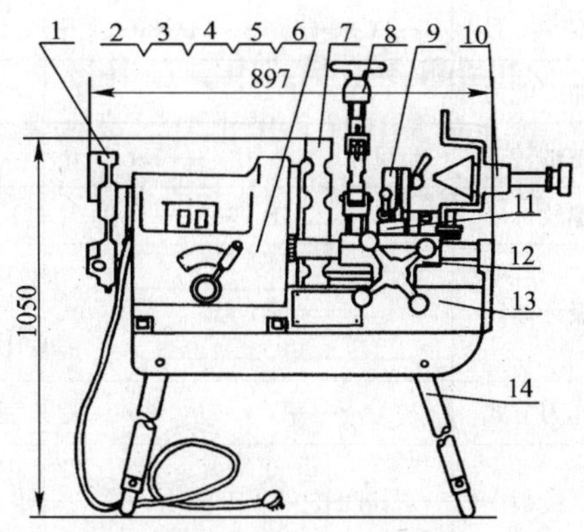

图 2-52 TQ100-A

1—后卡盘；2—电动机；3—减速器；4—油泵；5—电容器；6—箱体；7—前卡盘；8—切刀架；9—铰板；10—倒角刀架；11—靠模；12—大支架；13—机座；14—脚架

(3) 性能及技术参数(见表 2-21)

性能及技术参数 **表 2-21**

规格	50			80		
型号	TQ50-A	TQ50-B1	TQ50-C	TQ80-A	TQ80-B	TQ80-B1
加工能力	1/2″～2″			1/2″～3″		
主轴转速	20. r. p. m	23. r. p. m	20. r. p. m	20. r. p. m	23/11. r. p. m	28/12. r. p. m
螺纹标准	GB 7306	NPT	GB 7306	GB 7306		
板牙体制	CHINA	RIDGID	REX	CHINA		
起刀方式	手动			手动		
铰板	DH50	DH50-D	DH50-C	DH50 DH80		
随机板牙规格及数量	1/2″～3/4″ 1	1/2″～3/4″ 1	1/2″～3/4″ 1			
	1″～1¼″ 1	1″～2″ 1	1″～1¼″ 1			
	1½″～2″ 1		1½″～2″ 1			
电动机	YDQ120-2 220V5. 6A 750W 50Hz 2800r. p. n	DOT7142P 110V11. 5A 750W60Hz 3300r. p. n	YDQ120-2 220V5. 6A 750W50Hz 2800r. p. n	YT7122 380V2. 5A 1kW50Hz 2800r. p. n	YDQ120-2 220V5. 6A 750W50Hz 2800r. p. n	DOT7142P 110V11. 5A 750W60Hz 3300r. p. n
电容器	400V 30μF	250V 180μF	400V 30μF		400V 30μF	250V 180μF

续表

<table>
<tr><td>质　　量</td><td colspan="3">71kg</td><td>95kg</td><td colspan="3">105kg</td></tr>
<tr><td>外形尺寸</td><td colspan="3">610×420×435</td><td>810×470×388</td><td colspan="3">790×470×388</td></tr>
<tr><td>规　　格</td><td colspan="2">80</td><td colspan="3">100</td><td colspan="2">150</td></tr>
<tr><td>型　　号</td><td>TQ80-C</td><td>TQ80-C1</td><td>TQ100-A</td><td>TQ100-B</td><td>TQ100-B1</td><td>TQ150-A</td><td>TQ100-B</td></tr>
<tr><td>加工能力</td><td colspan="2">1/2″～3″</td><td colspan="5">1/2″～4″</td></tr>
<tr><td>主轴转速</td><td>23/11. r. p. n</td><td>28/11. r. p. n</td><td colspan="2">22/10. r. p. n</td><td>25/12. r. p. n</td><td colspan="2">15/5. r. p. n</td></tr>
<tr><td>螺纹标准</td><td colspan="2">GB 7306</td><td colspan="3">GB 7306</td><td colspan="2">GB 7306</td></tr>
<tr><td>板牙体制</td><td colspan="2">REX</td><td>1/2″～2″ CHINA
2½″～4″　REX</td><td colspan="2">REX</td><td colspan="2">REX</td></tr>
<tr><td>起刀方式</td><td colspan="2">手　　动</td><td>手动　自动</td><td colspan="2">自　　动</td><td colspan="2">自　　动</td></tr>
<tr><td>铰板</td><td colspan="2">DH50-C　DH80-A</td><td>DH50-A
DH100-A</td><td colspan="2">DH50-B　DH100-A</td><td colspan="2">DH150</td></tr>
<tr><td rowspan="4">随机板牙规格及数量</td><td>1/2″～3/4″　1</td><td>1/2″～3/4″　1</td><td>1/2″～3/4″　1</td><td>1/2″～3/4″　1</td><td>1/2″～3/4″　1</td><td>2½″～4″　1</td><td>2½″～4″　1</td></tr>
<tr><td>1″～1½″　1</td><td>1～1½″　1</td><td>1″～1¼″　1</td><td>1″～2″　1</td><td>1″～2″　1</td><td>5″～6″　1</td><td>5″～6″　1</td></tr>
<tr><td>1½″～2″　1</td><td>1½″～2　1</td><td>1½″～2″　1</td><td>2½″～4″　1</td><td>2½″～4″　1</td><td></td><td></td></tr>
<tr><td>2½″～3″　1</td><td>2½″～3″　1</td><td>2½″～4　1</td><td></td><td></td><td></td><td></td></tr>
<tr><td>电动机</td><td>YDQ120-2
220V5. 6A
750W50Hz
2800r. p. n</td><td>DOT7142P
110V11. 5A
750W60Hz
3300r. p. n</td><td colspan="2">YDQ120-2
220V5. 6A
750W50Hz
2800r. p. n</td><td>DOT7142P
110V11. 5A
750W60Hz
3300r. p. n</td><td>YT7122
380V2. 5A
1kW50Hz
2800r. p. n</td><td>YDQ120-2
220V5. 6A
750W50Hz
2800r. p. n</td></tr>
<tr><td>电容器</td><td>400V
30μF</td><td>250V
180μF</td><td colspan="2">400V
30μF</td><td>250V
180μF</td><td></td><td>400V
30μF</td></tr>
<tr><td>质　　量</td><td colspan="2">105kg</td><td colspan="3">153kg</td><td colspan="2">182kg</td></tr>
<tr><td>外形尺寸</td><td colspan="2">790×470×388</td><td colspan="3">870×540×480</td><td colspan="2">930×670×590</td></tr>
</table>

注：1. 所有机倒器均可按用户要求改装：380V 220V 110V 50Hz 60Hz 的电动机。

2. 机器高度不含脚架高度。

（4）操作方法

1）准备

① 将四根脚架装入机座下部的相应孔中并紧固。调整脚架下端的螺杆，使后卡盘那端比前卡盘高些，以免工作时冷却液从后卡盘处流到地面上，打开工具箱门，从里向上用螺钉把工具箱吊装在机座下面。

② 各转动和滑动部位加上润滑油。箱体上的两弹子油杯每班应加油 2～3 次，然后开动机器空转，以检查机器是否正常。掀起切刀架、铰板、倒角刀架于非工作位置。油箱内加入足够的切削冷却液。

③ 电源线路中必须接上地线和技安保险。

2）套丝

① 根据加工管子的规格，将相应的板牙按对应号码装入相应的铰板内，板牙必须成套使用。铰板安装在大支架上并放在切削位置上。

② 将铰板上的锁紧手柄松开，转动曲线盘对正所要加工的螺纹规格的位置上，见图 2-53、图 2-54。

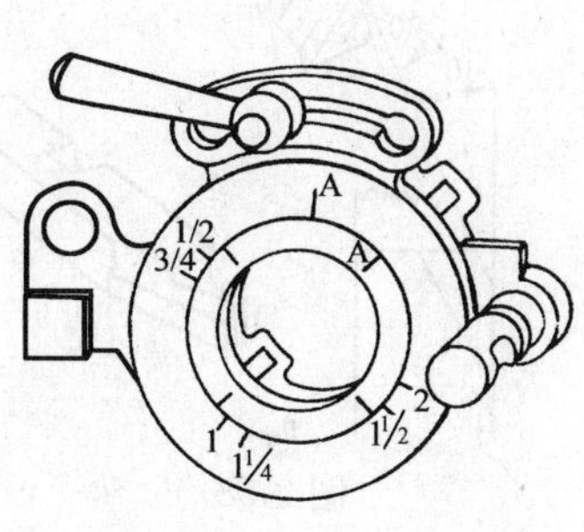

图 2-53

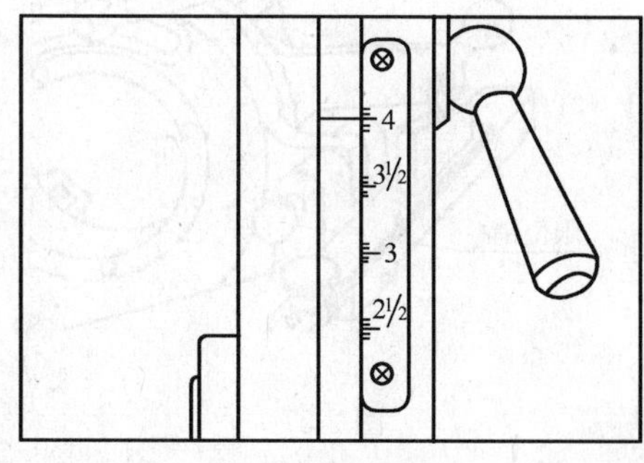

图 2-54

③ 转动前后卡盘外壳，将前后卡盘张开，其张开幅度应稍大于被加工管子。装入管子后使被加工处在前卡盘外留出适当长度后，先用手扳紧后卡盘，然后用力撞紧前卡盘。加工完成后，应撞开前卡盘，后松开后卡盘。

④ TQ80、TQ100 型 1/2″～1½″用快速，2″～3″或 2″～4″用慢速。TQ105 型 2½″～3″用快速，3½″～6″用慢速。

⑤ 在自动切削的套丝机上，还应根据被加工管子规格调整靠模刻度(见图 2 - 55 及图2 - 56)。

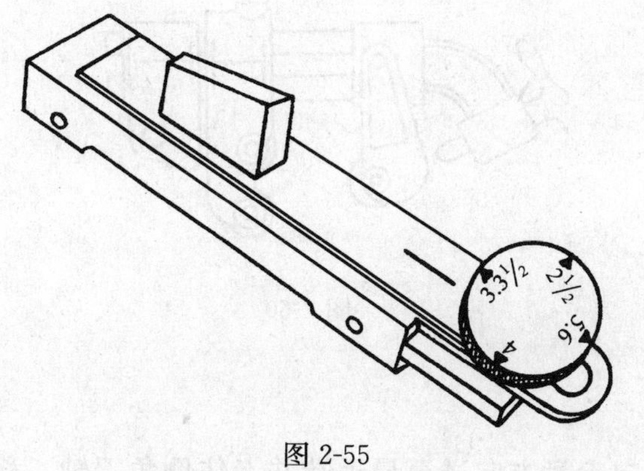

图 2-55

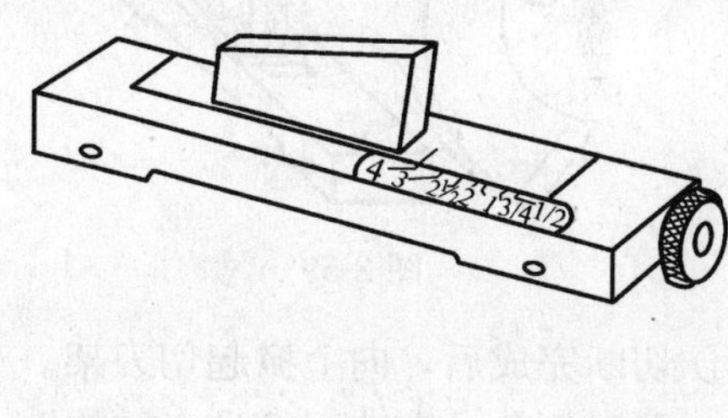

图 2-56

⑥ 上述准备完成后，开动机器，移动大支架，让板牙接触管子表面后稍加用力板牙便可切入管子。入扣 3～4 牙后机器就能自动切削。

⑦ 切削完成后，手动铰板需扳动起刀手柄，使板牙离开被加工螺纹。自动切削机器，当切削完成后，板牙将自动离开被加工螺纹。扳动大手轮，让大支架退到原来位置。

⑧ 套丝完成后，将铰板向上掀动，自动切削机器应拉出限位销才能掀起铰板，见图 2-57。

⑨ 坡口作业

(*A*) 将报废的扳牙按需要角度磨好，见图 2-58，只用 1 把刀即可，将刀装入靠操作面的刀槽中(见图 2-59)，自动切削的机器按图 2-59 把靠模处准备好，并在滚轮下垫上仪平面物体。

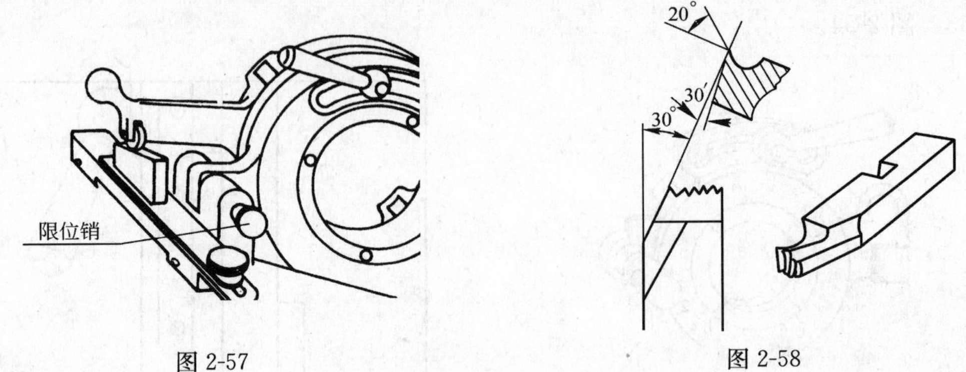

图 2-57　　图 2-58

(*B*) 装入管子并夹紧，开动机器，移动大支架，让坡口刀接触被加工管子进行切削。

3) 切断管子，变速手柄处于“快”

① 调整顶轴下的螺钉，使切刀架上的两个滚轮同时接触管子表面。

② 按所需位置夹紧管子，放下切刀架，开动机器，旋转切刀架上的手柄，在需要切断处切入。机器每转一周，转动手柄 1/4 圈。

③ TQ150 型机器，按被加工管子规格，向上拉动切刀架的手轮，粗调切刀架的位置。(见图 2-60)

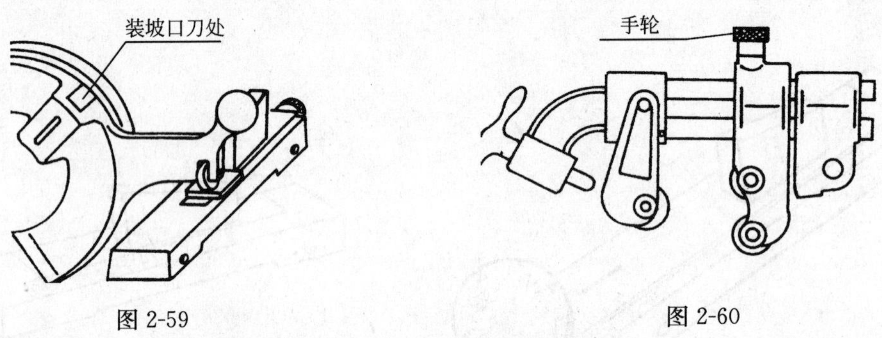

图 2-59　　图 2-60

④ 切断完成后，向上掀起切刀架。

4) 孔口倒角，变速手柄处于“快”

① 夹紧管子，放下倒角刀架，将倒角刀向卡盘方向送至最远端并卡住倒角刀轴，移动大支架使倒角刀进入管子孔进行切削。

② 切削完成后，退回大支架，倒角刀退出并把角刀向上掀起。

(5) 电气原理及安全

1) 电气原理(见图 2-61，图 2-62)

2) 各电路中必须装有地线及正确安装熔断器。在有可能的条件下，请用户在线路中装上漏电保护开关。

3) 每次检修机器后，必须将机器内的地线接好。各线头用套管套上并用橡胶圈把各线头固定在开关体上，以免与主轴摩擦。

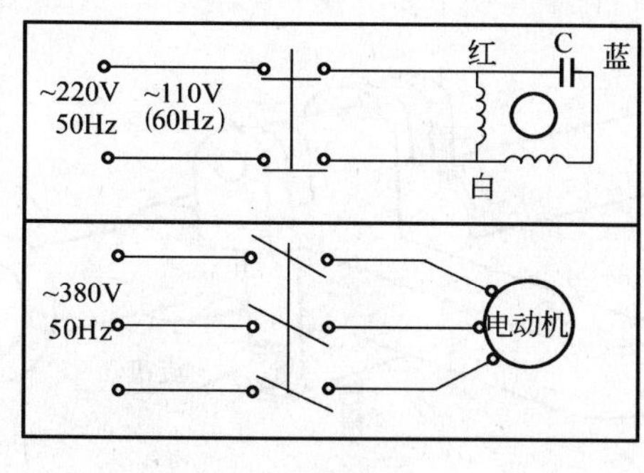

图 2-61

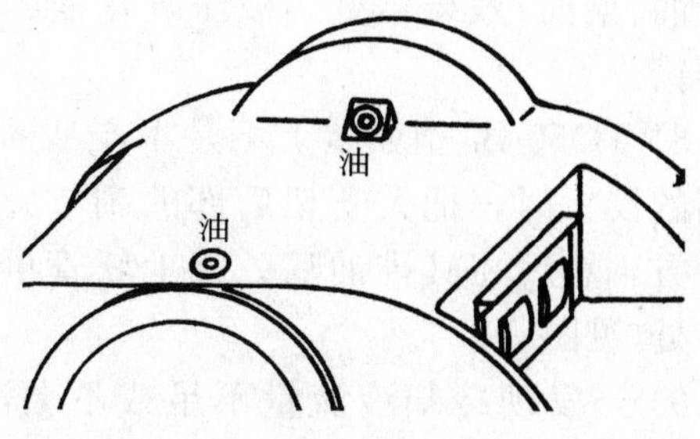

图 2-62

4）本机采用专用短时工作制电容运转电动机，起动转矩较小，因此只能空载起动。为避免电容运转电动机轻载过热现象，空运转时间不能大于 30min。

5）电动机的输出功率与电压平方成正比。电压低功率就不足，当电压在正常值的±5%变化时，电动机能正常工作。

（6）维护保修与润滑

1）箱体上两弹子油杯每班必须用油枪注入 N32 机油 2～3 次（见图 2-62）。机器上各滑动部位也应经常加注润滑油。

2）新机器使用 600h 后应清洗一次减速器，以后每工作 1200h 清洗一次，每次清洗后应重新灌涂适量的 3 号钙基润滑脂。

3）后卡盘外壳为铝合金铸件不能敲打。应经常保持前后卡盘的清洁和小爪子能灵活转动。当小爪子夹持管子的尖部磨损后会出现打滑现象。此时应更换小爪子或将其修磨后方能继续使用（图 2-63），TQ50、TQ80 型小爪子能互换，TQ100、TQ150 型小爪子能互换。

4）当前卡盘长期使用后，卡盘外壳与丝盘碰撞处可能翻边，这时卡盘外壳转动就有困难，应拆下来修锉翻边之处。不允许用旋松 6 个卡盘紧固螺钉的方法来解决卡盘外壳转动困难的现象。

5）应保持铰板内的清洁，发现手柄转动困难，板牙不能灵活活动时须及时清理，不允许敲打铰板零件。

6）铰板处供油量的大小可通过大支架下面的滚花旋钮调节（见图 2-64）。TQ50-A、TQ50-C 没有调节旋钮。

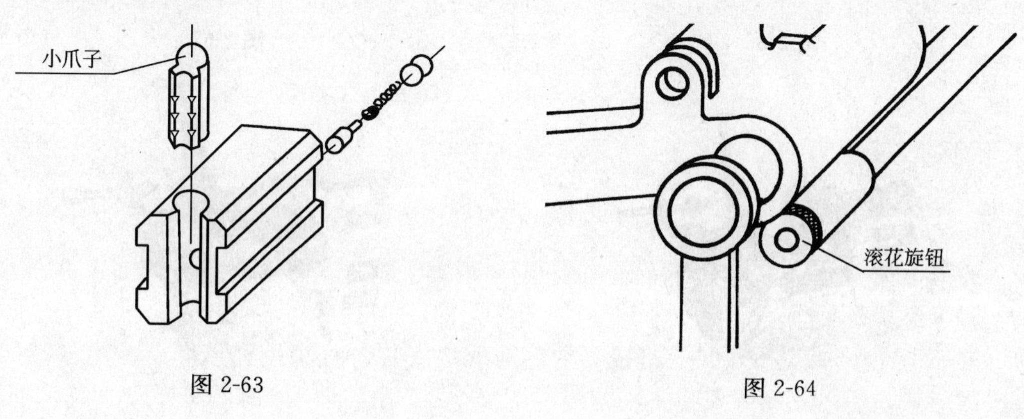

图 2-63

图 2-64

7）切削冷却液如采用植物油（如花生油、大豆油、菜油）效果最好。极压乳化油的效果也不错。

8）TQ50-B_1 型如装上不是本产品的没有油路的铰板时，把大支架后部的调节旋钮转向下方，然后在其排油嘴处接上软管再送到板牙处（见图 2-65）。

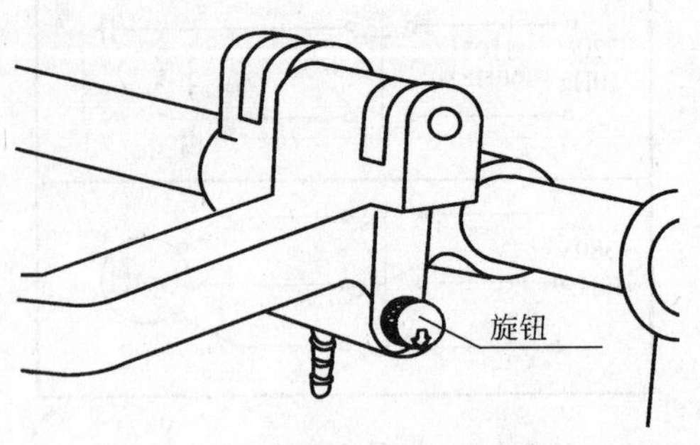

图 2-65

9）当发现冷却液流量不足或不上油时，应检查油箱内冷却液是否充足，各滤板是否堵塞，油管是否断裂，油泵工作是否正常。冷却油箱每工作 120h 应清洗一次。

10）TQ100 型机器在切断管子时，切刀架丝杆如果碰到管子表面，那是切刀架重心低了，调整顶轴下的螺钉使切刀架对正机器主轴中心。

2. 杭州套丝机厂生产的电动套丝机

（1）特点

1）仿形板牙头，可加工成标准管螺纹。

2）夹紧可靠，避免打滑和变形。

3）冷却油内部循环，干净清洁。

4）机身为铝合金，结构轻巧。

（2）Z_1T-R6 Z_3T-R6、Z_1T-R4 Z_3T-R4、Z_1T-R3 Z_3T-R3、Z_1T-R2 Z_3T-R2 等的外形和技术参数，分别见图 2-66、图 2-67、图 2-68、图 2-69 及表 2-22、表 2-23、表 2-24、表 2-25。

图 2-66

图 2-67

图 2-68

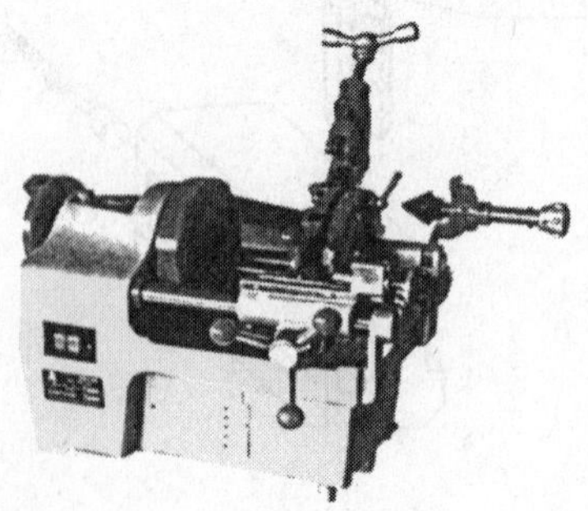

图 2-69

Z₁T-R6 Z₃T-R6　　表 2-22

加工范围	电　源	电机功率	转　速	重 量	尺　寸
2½″～6″	380V(～)	750W	5～17.5r/min	205kg	980mm×690mm×650mm

Z₁T-R4 Z₃T-R4　　表 2-23

加工范围	电　源	电机功率	转　速	重 量	尺　寸
1/2″～4″	220V/380V(～)	750W	8.5～24r/min	195kg	980mm×650mm×630mm

Z₁T-R3 Z₃T-R3　　表 2-24

加工范围	电　源	电机功率	转　速	重 量	尺　寸
1/2″～3″	220V/380V(～)	750W	19～27r/min	140kg	850mm×500mm×520mm

Z₁T-R2 Z₃T-R2　　表 2-25

加工范围	电　源	电机功率	转　速	重 量	尺　寸
1/2″～2″	220V/380V(～)	750W	28r/min	68kg	660mm×430mm×500mm

3. N50A 型切管套丝机

(1) 性能与规格

图 2-70 为杭州新星套丝机厂生产的 N50 型切管套丝机。它是由机身 1、电源开关 2、锤击盘 3、前卡盘 4、板牙头 5、割刀器 6、倒角器 7、滑架 8、移动手柄 9、通用板牙 10 等部件组成。该机适用于 1/2″～2″管的套丝、切断和倒内角等加工工艺。电压为 220V 单相，电流 4.6～6.5A，频率 50Hz，功率 550～750W，转数 18～28r/min，重量 55kg。

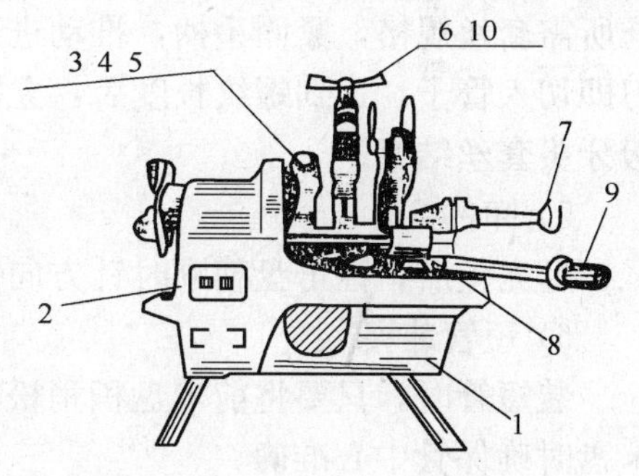

图 2-70　N50A 型切管套丝机

(2) 运搬与安装

1) 前卡盘内夹一根 100mm 长的 1″管，管露出夹脚 70mm 长，使板牙头在运搬前降至工作位置。

2) 松开板牙头手柄螺母，张开板牙再将手柄螺母拧紧，板牙头降至工作位置。

3) 放下管子割刀，向前移动滑架，使滚子与割刀可靠地夹紧管子。

4) 将倒角器(刮刀架)放在工作位置，推进刀杆，使刮刀顶住管子孔内。

5) 松开蝶形螺钉，从导柱连接头上取下进刀杆(移动滑架手柄)。

6) 取下三支脚，方可搬运机器。搬运时要放在平整地面上，不得损坏电机连接处。

7) 安装机器时，三支脚要调整好高度，使后卡盘比前卡盘高一些，防止冷却油从管子流向后部。

8) 移出油箱上盘，检查冷却油油面高度，油面要低于吸油盘时，要补充冷却油。

9) 放好油盘及承屑盘。

10) 将移动滑架手柄(进刀架)穿过滑架下部之圆环，插入导柱连接头内，拧紧蝶形螺母。

11) 接通电源(电压要相同)，开机运转 1min，检查冷却油是否畅通，达到要求后，开始工作（机器外壳要接地）。

(3) 操作方法

1) 装管子

(A) 张开前后卡盘脚至大于管外径，从后卡盘向前卡盘穿入管子（长管要有支撑措施），穿管时不能使管子碰击前卡盘脚，以免损坏前卡盘体。

(B) 插入管子后，用左手托住管子，右手夹紧后卡盘，再上紧锤击盘，使前卡盘脚夹住管子，再夹紧后卡脚，然后锤击锤击盘，使长爪尖咬住管外径。

2) 割断

放下割刀架至工作位置，转动割刀手轮，使滚子与割刀之间距离大于所割管子外径，割刀对准切断位置，开动机器，双手顺时针方向转动割刀手轮，使割刀切入管子，进行切割作业，切割时用力不要过大，以防管子变形。

3) 倒角

放下刮刀架，扳起割刀架把刮刀杆推入工作位置，开动机器进行倒角。

4) 套丝

扳起刮刀架放回刮刀杆，放下板牙头，松开板牙头调节手柄，推动手柄使连杆刻线对准所需套丝规格，紧固手柄，推动进刀杆使梳刀慢慢碰及管子；然后轻轻推动进刀杆，梳刀即切入管子，达到螺纹长度后，立即扳起偏心手柄，梳刀即张开，退出滑架，停机扳起板牙头套丝结束。

5) 卸件

套完丝后，锤击盘朝顺时针方向锤击就可松开夹头脚退出管。

6) 短管装夹

装短管时，只要将前卡盘稍稍松开放入短管，并使其与板牙斜口接触，这有助于锤紧卡盘时确保管中心准确。

7) 板牙的使用

(A) 本机板牙共二副，1/2″～3/4″管使用一副；1″～2″管使用一副。

(B) 板牙用完后应揩去铁末，上油包好，防止牙尖损坏。

(C) 使用时，搞清规格和编号，插入时应把偏心手柄推向顺时针方向，松开板牙头调节螺钉反时针方向拉到底，刀子对号插入刀槽内，听到响声说明刀子已定好位，此时把偏心手柄向反时针方向扳倒，把调节螺钉手柄顺时针方向推进，四把刀子可在槽内自由伸缩，相反动作刀子就可退出刀槽。

8) 冷却系统

(A) 冷却油：本机冷却油是使用套丝机专用油，随机有备。

(B) 冷却泵：本机冷却系统是采用齿轮泵供油，是通过齿轮箱第二轴带动油泵工作。油箱内装有起过滤作用的吸油盘，油通过塑料管齿轮泵流向溢流阀体进入滑架板牙头通道，对刀子进行冷却润滑作用。

本机冷却油一开机就长期供油，板牙头支轴是起换向阀作用、板牙头放置工作位置时油就源源不断的冷却刀子，扳起板牙头后由于支轴转动一定角度，油即流入溢流阀体，进入油箱，此时停止对板牙头供油。

(4) 维护保养

1）主轴润滑

主轴轴承采用锡青铜，经铲刮制成，工作时先加入 30 号机油，后隔 4h 加油一次。

2）割刀体部件润滑

使用前，对活动件加 30 号机油一次，可保证省力和操作灵活。

3）刮刀部件润滑

每次使用开机前加油一次，保持部件润滑正常。

4）冷却油的调换和清洗

(*A*) 必须保证油箱内有充足的油，且所有管路畅通。

(*B*) 如果油已变色和脏污(尤其套黑铁管)就得经常清洗油箱，换上新油。

(*C*) 在套丝作业中，会有细小铁屑混入油箱，因此，为使套丝机正常运行，每使用 8～12h 后就得清洗油盘，承屑盘和吸油盘。

5）电气

本机是采用电容分相起动单相电动机。为使电机安全工作，操作时应避免频繁起动，规定每分钟连续起动不超过三次，达到三次后最好隔 3～5min 后再起动，以防烧毁，因此在现场严禁无关人员随意揿按电钮。

本机应在无雨水场合工作，不用时应罩上防雨罩，以防雨水进入机内影响电气性能。在调换场地和电气线路时先要弄清现场电压与本机使用电压是否相等。

(5) 常见故障和排除方法(见表 2-26)

常见故障及排除方法 **表 2-26**

常见故障	原因	排除方法
1. 电机不转和运转时断续声	1. 保险丝烧毁 2. 插头连接不良 3. 电缆线内部断裂 4. 按钮开关接触不良 5. 电容击穿	1. 用万用表找出断裂处 2. 调换按钮开关 3. 检查电容器，进行调换
2. 管子夹不牢，套丝时管子打滑	1. 锤击力不够 2. 爪尖翻倒 3. 有断裂和缺口的爪尖	1. 用力锤击 2. 调整爪尖 3. 调换新爪尖
3. 割刀割不进，走螺纹	1. 割刀尖角摩损成圆弧 2. 割刀销轴磨损 3. 起割时用力太小	1. 调换割刀片 2. 换销轴 3. 加大起割力
4. 套丝时刀子吃不进	1. 起套时刀子收得太小 2. 刀子头儿牙裂断 3. 刀子不对号 4. 刀槽内有铁屑	1. 正确使用刀具 2. 调换新刀 3. 重新装刀 4. 清洗板牙头
5. 前卡盘体松动、跌落	长期使用产生 M6 螺钉松动	随时检查
6. 主轴发热、咬死	失油	1. 定时加油 2. 退出轴筒修刮轴承
7. 冷却油不上	1. 油路堵塞 2. 板牙头支轴卸过后装配油孔不对准 3. 长期停用，油泵内存油漏空	1. 清洗油路 2. 重新装配 3. 油泵内加一些冷却油
8. 冷却油漏油入电机	油泵滑架式油封 PD8×22×8 损坏	调换新油封

四、电动坡口机

1. 构造

电动坡口机主要用作钢管坡口和钢管切断。它的构造是由电动机、蜗轮箱、轧紧机构和刀架等组成。工作时，刀盘顺时针旋转一周，刀架上的小齿轮触动进刀机构，以实现自动进刀，达到坡口或切管的目的。

2. 使用中注意事项

(1) 坡口机就位一定要放平，固定牢靠，防止使用时走动。电源接通后要注意检查运转方向是否正确，并检查各传动部件。

(2) 将管子夹在坡口机上时，要防止碰撞刀具，管子夹牢时，管端与刀口之间应留有2～3mm间隙，以防一次进刀量过大，工作时将另一只刀架上联合器打开，避免二次同时进给。

(3) 切管时为防止管子晃动断刀，采用三只中心滑轮挡牢。滑轮在管子最大外径处作微量接触，不宜过紧。坡口时，管子中心应垂直于坡口机的切削平面，缓慢进刀，并应加冷却剂，冷却刀具。

(4) 坡口机进刀完毕后，应保持原位再转几圈，使坡口光洁，操作完后将刀架外移，脱离切削面，然后取下管子。

(5) 冷却系统要保持清洁，防止杂质、铁屑进入油路，阻塞喷嘴。

(6) 用完机具要做好维护保养工作。

3. 半自动内涨式坡口机

江苏扬州工具厂生产的BNZP90-273型半自动内涨式坡口机是管道加工机具。它具有结构简单、安装方便、自定中心、性能稳定、耗能小、加工效率高、体积小、重量轻、对口准确等特点，适用于对管径ϕ90～ϕ273mm的各种厚度的管道、合金钢管等进行加工，见图2-71。

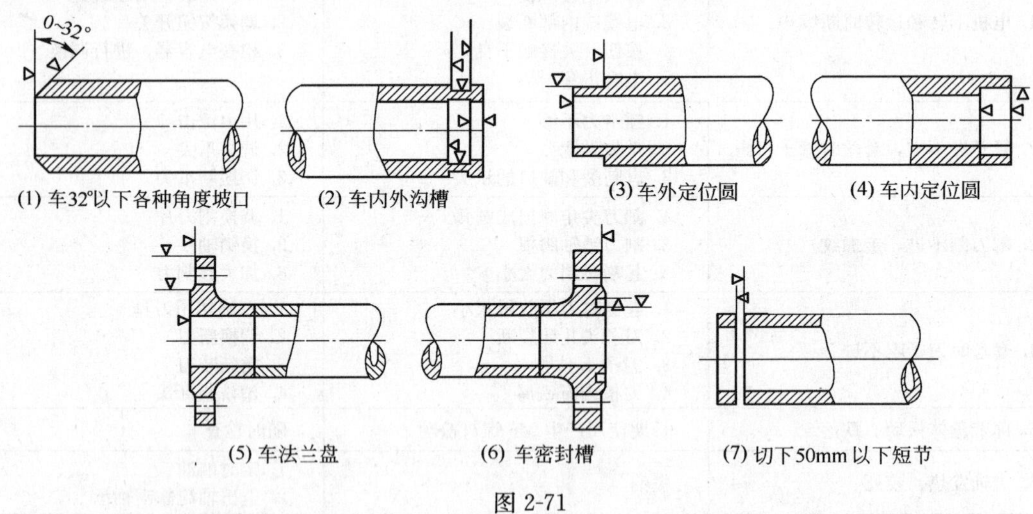

图 2-71

(1) 结构与工作原理

1) 坡口机由弹性胀管的支承轴总成和带电机的机体总成两部分组成。主要结构见图2-72。

2) 工作原理：机体总成悬挂在支承轴总成上。通过齿轮传动机构，带动刀架总成旋转，实现金属切削的主运动。由于走刀板阻碍走刀齿盘的转动，迫使走刀齿盘向平行于支承轴轴线的方向旋转，通过丝杠带动卡刀台径向移动，实现径向进给运动。另外操纵轴向进给把手，实现轴向进给运动。

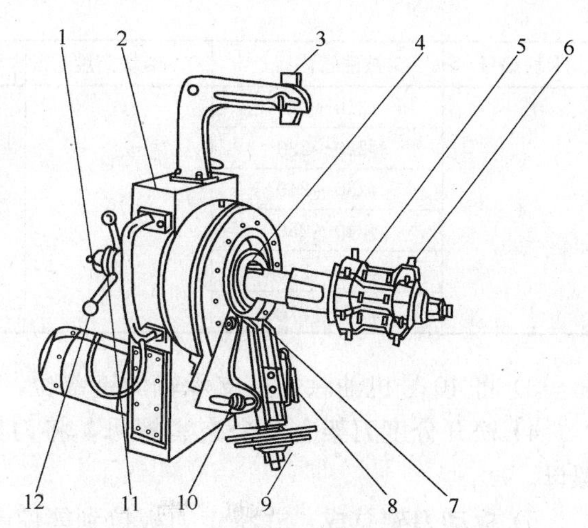

图 2-72

1—支承轴总成；2—带电机的机体总成；3—走刀板；4—圆螺母；5—卡块；6—卡块调整柱；7—刀架板；8—刀架总成；9—走刀齿盘；10—夹紧螺母；11—销紧螺母；12—轴向进刀把手

(2) 主要技术参数

1) 电机功率：0.75kW

2) 切削管外径：90～273mm

3) 被胀管内径：80～270mm

4) 轴胀切削长度：50mm

5) 径向进给量：0.17mm/周

6) 刀架转速：50r/min

7) 质量(不带支承轴总成)：60kg

8) 外形尺寸(长×宽×高)：560mm×380mm×700mm

(3) 润滑

1) 齿轮箱润滑：用二硫化钼黄油加1/3 10号车用机油搅匀后，加油量为齿轮箱的 2/3 深度为宜，连续工作每 6 个月换油一次。

2) 连续工作 2h，需往注油孔和卡刀台中加适量的 40 号机油。

(4) 操作程序

1) 将工件支固在操作人员便于工作的高度(一般离地面 0.5m 以上)。

2) 根据管内径选择卡块和卡块调整柱(见表 2-27)，并装在支承轴上后套入管内径，扳紧拉杆螺母、使涨头牢固地涨紧在工件内壁上。

选用卡块及卡块调整柱对照表 **表 2-27**

卡块编号	被涨管内径	卡块高度	卡块每组数量	配卡块调整柱高度	每组数量
1	ϕ80～90	14	8	—	—
2	ϕ90～100	19	8	—	—
	ϕ100～110			5	各 16
	ϕ110～120			10	
	ϕ120～130			15	
	ϕ130～140			20	
	ϕ140～150			25	
3	ϕ150～160	49	8	—	—
	ϕ160～170			5	与上同用
	ϕ170～180			10	
	ϕ180～190			15	
	ϕ190～200			20	
	ϕ200～210			25	

续表

卡块编号	被涨管内径	卡块高度	卡块每组数量	配卡块调整柱高度	每组数量
4	ϕ210～220	79	8	—	—
	ϕ220～230			5	与上同用
	ϕ230～240			10	
	ϕ240～250			15	
	ϕ250～260			20	
	ϕ260～270			25	

3）将 40 号机油涂匀在支承轴的键部位，再把机体套入支承轴，拧紧快速锁紧螺母。

4）松开分度刀架上两个夹紧螺母，将刀架板调到需要的坡口角度，再拧紧两个夹紧螺母。

5）扳动刀架总成，并将走刀板拉到能使走刀齿盘撞击位置上并锁紧。

6）装上所用车刀并调节所需进刀量。

7）用手扳动刀架总成，使之绕轴空转，无异常，接通电源，开机运行切削。

（5）故障排除及维护保养

1）需要改变切削角度前，必须先将走刀板拉到走刀立架跟部锁紧，以防与刀架总成相撞。

2）产品出厂前已作了全面调整，一般情况下不需要调整，只需经常保持齿轮的润滑。如果刀架总成转动中产生摆动，可调整主轴圆螺母。

3）切削时对口不准，应松开拉杆螺母调整支承轴总成与工作的安装位置，以保持两者同轴。

4）每加工完一个坡口需要及时清理丝杠及滑动部位的铁屑、杂物等，擦净加油再用。

5）为保证产品机械性能，在使用中机体总成必须悬空套入支承轴总成上。

6）坡口机长期不用时，应把金属外露部分涂油后装箱保存。

五、砂轮切割机

它主要用于切割管材、支架用型钢。切割效率比较高，切割质量也好，特别是切割不锈钢效果更好。砂轮切割机构造比较简单，主要是由电动机带动砂轮片旋转(通常使用的砂轮片为 ϕ400×20×3)。线速度可达 40m/s 以上，为了操作安全，砂轮片装设有安全防护罩，底座上有夹紧装置。用来固定被切割工件，同时还可调整切割片与被切割工件之间的角度。

图 2-73 是 C-307 和 C-356 型高速切断机，它的技术参数见表 2-28。

使用注意事项：

（1）工件切割时要放平、垫好和夹紧，否则会损坏砂轮片。

（2）操作时，先使砂轮片空转至高速，再压手柄切割工件，工作时用力不要过大，人体和手不得摆动。砂轮片出现异常响声时，应立即停止，检查处理后，才可重新使用。

（3）操作人员，不得站在砂轮片转向的正面，在砂轮片侧面严禁磨工件。

（4）装砂轮片前，要认真进行检查，发现有不正常声响不准使用。

（5）使用完要关闭电流开关，并做好维护保养工作。

图 2-73 高速切断机

技 术 数 据 表 2-28

型号 名称 数据	C-307	C-356
切割轮径	305mm	355mm
切割轮孔径	25.4mm	25.4mm
最大切割量	100mm	110mm
电力输入	1.700W	1.700W
空载转速	4.200r/min	3.800r/min
全长	530mm	530mm
净重	14kg	15kg

六、几种国外埋地管线探测仪

1. 竖威埋地管线探测仪(见图 2-74)

这种地下管线探测仪，通过探测地下管线的磁场来确定地下管线的位置走向和埋设深度。

它配备有 50W 超大功率发射机，使信号传输更远更强。有 1.1/10/42Hz 3 种频率，并具有连续和脉冲两种方式。接收机能接受 6 种频率，3 种主动源 1.1/10/42Hz 和 3 种被动源 50Hz 工频信号/100Hz阴极保护信号/无线电信号。

它是声音、模拟信号和数值同时显示磁场强度，通过按钮显示深度数值。在大液晶屏幕显示管线位置。

图 2-74 探测仪

2. 竖威地下管线泄漏检查仪(见图 2-75)

它适用于各种供水设备。配备有探测杆和地面听音器的接收机，利用电子音听原理，检测供水管网漏水的高效率方法。

主要技术指标：

功能：接收信号，放大信号，滤波。

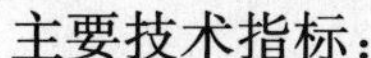

频率范围：20～4000Hz 宽段。

电源：8 节 1.5V 五号电池。

工作时间>100h。

工作温度：－10～＋40℃。

贮存温度：－20～＋60℃。

尺寸：175×145×105mm。

质量：1.6kg。

3. 雷迪地下管线泄漏检查仪(见图 2-76)

它是一种高效电子听漏仪，主要用于地下水管泄漏点的查找和精确定位。仪器采用了高灵敏度传感器，比一般的听漏设备听音性能好，压制背景噪声能力强。

这种检查仪的特点是：质量轻，便于携带，听音效果好，操作简单，采用轻触式按钮，

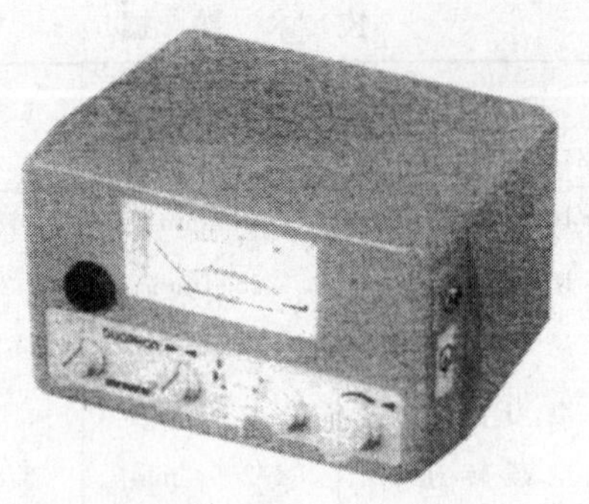

图 2-75　泄漏检查仪(一)

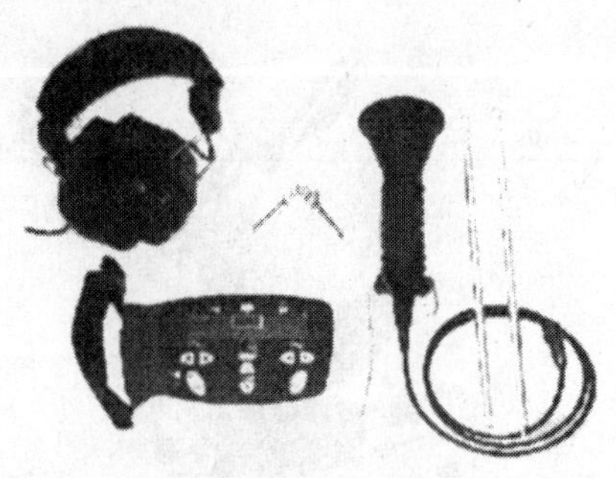

图 2-76　泄漏检查仪(二)

带背衬光的多功能 LCD，有 25 种预设的滤波器组合，多功能地面听音、阀栓听音，坚固耐用，配有长时间工作的充电电池。

第三章　电气安装工程常用机具、仪器仪表

第一节　电气安装工常用机具

一、通用工具

1. 电笔

电笔也叫试电笔，常用的有旋具(螺丝刀)式和钢笔式两种。它主要用来检查电气设备外壳及低压导体是否有电存在。电笔检测电压的范围为 60～500V。它的结构是前端有金属探头，笔芯内装有氖泡、安全电阻及弹簧。弹簧一头压紧氖泡，另一头与后端外部金属件接触。测试时探头接触设备外壳或导体，手接触金属后，氖泡发出光亮，此时设备外壳(导体)表示有电。电笔使用前，应校核是否正常，避免测试中造成错误的判断。

2. 旋具(螺丝刀)

电工常用的工具，全名螺钉旋具，俗称作螺丝刀、起子、改锥。旋具刀头部形状有十字形和一字形两种，它的柄部是用木材或塑料做成。塑料的绝缘性比木材好。常用十字形旋具规格有四种：Ⅰ号适用螺钉直径 2～2.5mm，Ⅱ号适用于 3～5mm，Ⅲ号适用于 6～8mm，Ⅳ号适用于 10～12mm。一字形旋具规格有五种：即 100、150、200、300 和 400mm。要正确使用旋具，不准用它撬物件，以防损坏。

3. 扳手

扳手主要用来紧松螺帽，电工用扳手一般较小，常用有活扳手、呆扳手、梅花扳手、两用扳手、套筒扳手、扭力扳手、专用扳手及内六角扳手等。

要根据螺帽的大小和工作条件的要求，选择符合要求的扳手。扳手的规格通常以开口的宽度来确定。

4. 尖嘴钳

它适用于狭小空间作业，固定小的螺钉，并用刃口剪断细金属线。

尖嘴钳常用的有铁柄和绝缘柄两种。绝缘柄工作电压可达 500V，尖嘴钳规格用长度表示，常用的有 130、160、180 及 200mm 四种。

5. 剥线钳

剥线钳是由钳头和手柄组成。手柄是绝缘的。它主要用在剥除线芯截面为 6mm^2 以下塑料(橡胶)电线电缆端头的绝缘线皮。剥线钳工作电压为 500V，常用的规格有 140 和 180 两种，钳头直径为 0.5～1mm 的多个切口。使用剥线钳时，其切口直径要大于线芯直径，避免损伤内部芯线。

6. 钢丝钳

它是电工最常用的工具之一，钢丝钳主要用来夹持薄板或切断芯线。规格有 150、175 和 200mm 三种，其中带绝缘柄的钢丝钳，可在有电地方使用，通常工作电压为 500V。

7. 断线钳

它主要用于切断较粗的金属丝、线材及电线电缆等，钳柄有铁柄、管柄和绝缘柄，规格有450、600及700mm等几种。

8. 电工刀

电工刀主要用来割削电线、电缆外皮、绳索木桩和软金属等。它的形式有普通式和多用式两种。普通式电工刀规格有大号和小号，多用式电工刀增加了锯片和锥子，用它来锯割电线槽板和锥钻木螺钉的底孔。

9. 电烙铁

它是主要用来进行锡焊和塑料焊的一种电加热工具。电烙铁是由手柄、外管、发热元件及铜头等部件组成，它的形式有内热式、外热式及快热式。前两种是由发热元件在铜头内部或外部加热；而后者是由通过变压器感应低压大电流进行加热，其持续通电时间一般不超过2min。

二、安装工具

1. 弯管器

弯管器主要用于穿线电管的冷煨弯，常用的弯管器有：

(1) 管弯管器

它是由一段铁管和一个铁弯头组成的。这种弯管器体积小，轻便，广泛地用于施工现场，它可弯ϕ50mm以下的管子。

(2) 滑轮弯管器

它是由工作台和滑轮组等部件组成的。滑轮弯管器操作时不易损伤管子，弯曲最大管径为ϕ100mm，特别适用于弯曲直径相同的成批电管。

2. 冲击电钻

冲击电钻是一种能转动带冲击的电动工具。它带有可调机构，当调节环在转动和无冲击位置时，装上麻花钻头在金属上进行钻孔。当调节环在转动和带冲击位置上，安上带硬质合金的钻头，可在砖面、混凝土墙、屋面、地面进行钻孔。

图3-1和图3-2分别为ϕ10mm和ϕ19mm冲击电钻，它们的技术参数见表3-1和表3-2。

图3-1 ϕ10mm冲击电钻

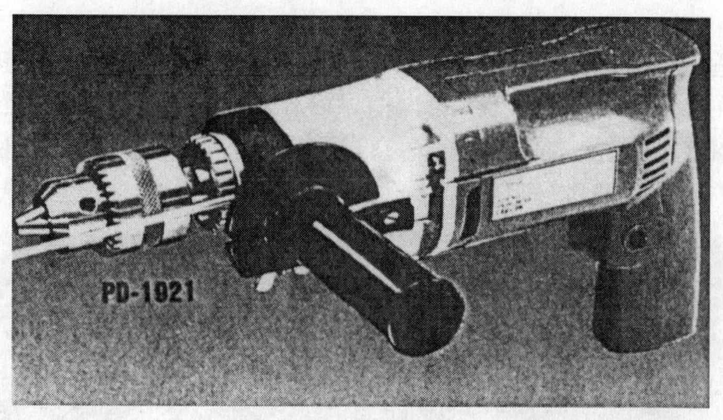

图 3-2　ϕ19mm 冲击电钻

ϕ10mm 冲击电钻技术参数　　**表 3-1**

		PD-1410AV、PD-1410AVR
钻夹头容量		10mm
钻　孔　量	木材	18mm
	钢材	10mm
	石材	10mm
电力输入		430W
空载转速		0～2700r/min
冲　击　量		0～29700 次/min
全　　长		254mm
净　　重		1.6kg

ϕ19mm 冲击电钻技术参数　　**表 3-2**

		PD-1921、PD-1920、PD-1921V
钻夹头容量		13mm
钻　孔　量	木材	30mm
	钢材	13mm
	石材	19mm
电力输入		550W
满载转速	高	2000r/min・0～2000r/min(PD-1921V)
	低	900r/min・0～900r/min(PD-1921V)
柄　　型		手枪式
冲　击　量	高	40000 下/min・0～40000 下/min(PD-1921V)
	低	18000 下/min・0～18000 下/min(PD-1921V)
全　　长		330mm
净　　重		2.1kg(PD-1920)・2.2kg(PD-1921，PD-1921V)

3. 紧线钳

它是在架空线路中拉紧导线用，紧线钳的形式有平口式和虎口式两种。其结构是由夹线钳、棘轮机构、钢丝绳及专用扳手等部件组成。选择紧线钳时，要依据导线截面大小和拉力情况来确定。

4. 开槽机

这种开槽机适用于在混凝土、砖墙面上开出端正、清洁、均匀的沟槽来，以埋设电器的暗配管。此机在 5min 内能开出 1m 的沟槽，操作比较方便，并具有独特的三片开槽锯片。开槽宽度、深度由 30mm 至 50mm，长度由 20 至 50m。当切口开启后，可进行简单的敲凿、修整和扩槽。开槽机外形见图 3-3(*a*)和图 3-3(*b*)。技术参数见表 3-3。

(*a*)

(*b*)

图 3-3 开槽机

开槽机技术参数　　表 3-3

型　　号	DTC-50	D3L-50
切割宽度	30、40、50mm(调节自由)	30、40、50mm(调节自由)
切割深度	20、30、40、50mm(调节自由)	20、30、40、50mm(调节自由)
电源电流	单箱 220V，14A	单箱 220V，14A
回转数	4000r/min(无负荷时)	4000r/min(无负荷时)
体积($L \times W \times H$)	350mm×250mm×300mm	350mm×250mm×300mm
重量	10kg	8kg
切割速度($W \cdot$ 50mm×$L \cdot$ 1000mm)		
混凝土	干切	5min 12s
	湿切	3min 15s
水泥	干切	3min 13s
	湿切	2min 37s
炭渣石块	干切	1min 45s
	湿切	1min 22s
砖	干切	2min 31s
	湿切	1min 51s

三、防护工具

1. 腰带、保险绳和腰绳

这几种防护用具是用于电杆登高作业的。腰带是挂保险绳、腰绳和吊物绳的，要系在臀部，作业时比较方便。保险绳相当于安全带的作用，使用时，一头系在腰上，另一头用保险钩挂在牢固的横担或抱箍上。腰绳用来固定人体臀部，便于在高空灵活作业，工作时，将腰带系在横担或抱箍的下部，以防其滑脱。

2. 携带型接地线

它是一种比较可靠的防护用具，这种接地线可防止在停电设备上工作突然送电时带来的危险，以及邻近高压线路产生感应电而出现的危险情况。

使用接地线必须验明设备无电后才能进行，否则将产生严重的短路事故。装设接地线时应先装接地线端，然后装接三根相线端，拆卸时先拆三根相线端，后拆地线端。必须戴上绝缘手套进行操作，以防万一。只有确定接地线全部拆除后方可送电，否则也将造成短路事故。为此，接地线必须在固定地点存放，如有多组接地线，则必须分别编号，只有在存放处清点无误后才能送电。

3. 绝缘手套、绝缘靴和绝缘垫

绝缘手套、绝缘靴和绝缘垫都是电工必备的防护用具，用于具有触电危险可能的场合，它们都由特殊的具有绝缘性能的橡胶制成，绝缘手套和绝缘靴在使用前必须详细检查，如发生破裂、脱胶等损伤，应停止使用，绝缘垫是电工用作脚垫来操作高压电气设备的防护用具。

第二节　电气调试用仪器仪表

一、万用表

1. MF35 型万用电表(上海第四电表厂)

MF35 型万用电表是一种高精度、多量限的携带式仪表，它可以分别测量直流电流、电压，交流电流、电压，直流电阻和音频电平。具有量限广、标尺宽、灵敏度高和使用方便的特点，是实验室和电工、电子工程必备的基本测量仪表之一。

仪表适用于周围环境温度为 0～+40℃、相对湿度 25%～80%的条件下工作。

(1) 主要技术特性

1) 测量范围和准确度等级：

仪表共设有 34 个基本量限，量限的分档和精度等级见表 3-4 所示：

量限的分档和精度等级　　**表 3-4**

测量种类	分　　档	准确度等级
直流电流	50～250μA～1～5～25～100mA～1～5A	1.0
直流电压	75mV(50μA)	1.5
	1～2.5～10～25～100～250～500～1000V	1.0
交流电流	2.5mA	2.5
	25～250mA～1～5A	1.5
交流电压	2.5V	2.5
	10～50～250～500～1000V	1.5
直流电阻	D·Ω(2.4Ω 中心)	1.5
	Ω×1、Ω×10、Ω×100、Ω×1k、Ω×10k(15Ω 中心)	1.0
音频电平	−10dB～+10dB	—

误差的表示方法：交直流电流、电压为上量限的百分数表示；直流电阻则以弧长的百分数表示。

2) 仪表的电压测量系统电流消耗见表 3-5：

电压测量系统电流消耗　　**表 3-5**

量　限	Ω/V(1/i)	消耗电流	量　限	Ω/V(1/i)	消耗电流
75m$\underset{\sim}{\text{V}}$～1000$\underset{\sim}{\text{V}}$	20000	50μ$\underset{\sim}{\text{A}}$	50$\underset{\sim}{\text{V}}$～1000$\underset{\sim}{\text{V}}$	2000	500μ$\underset{\sim}{\text{A}}$
2.5$\underset{\sim}{\text{V}}$～10$\underset{\sim}{\text{V}}$	400	2.5m$\underset{\sim}{\text{A}}$			

3) 仪表的电流测量电压降见表 3-6：

电流测量电压降　　表 3-6

直流电流	满量限电压降	交流电流	满量限电压降 (45Hz～1kHz)
50μA	75mV	2.5mA	≤1.1V
		25mA	≤300mV
250μA～5A	≤300mV	250mA～1A	≤100mV
		5A	≤180mV

4）仪表的频率影响误差，在被测电源波形畸变小于1%的条件下，见表 3-7。

频率影响误差　　表 3-7

量限	额定频率	
	范围	误差%
25mA～5A	45Hz～1kHz	1.5
10V～50V		
250V		
2.5V、2.5mA		2.5
500～1000V	45～100Hz	1.5

5）环境温度影响：

仪表在 23±2℃的条件下调试校准，当环境气温自此额定温度改变至规定的工作温度范围内的任意温度时，由此所引起仪表指示值的改变在换算为温度每改变 10℃时，不超过仪表精度的等级误差。

6）仪表防御外磁场影响：

当仪表在均匀的交流或直流的外磁场影响下(强度为 400A/m)，其指示值的改变不超过基准值 1.5%。

7）位置影响：

仪表规定为水平位置使用，当仪表向前、后、左、右任意方向倾斜 10°时，其指示值的改变不超过等级指数的 50%。

8）绝缘强度：

仪表外壳与电路的绝缘强度，能耐受 50Hz 正弦波形交流试验电压 3000V 1min 的试验而不损坏。

9）仪表的外形尺寸及质量：

外形尺寸：不大于 202mm×154mm×80mm。

质　　量：约 2kg。

(2) 仪表结构

1）MF35 型万用电表采用矩形胶木外壳，它是由高绝缘防霉酚醛塑料压制而成。仪表标盘刻度宽，读数清晰。仪表的指示电表和总体均设有密封垫圈，以减少外界有害气体对仪表零件的侵蚀。

2）测量机构采用了圆柱形的外磁结构，具有磁性强、防御外磁性能好的优点。仪表的支承中设有弹簧防振和止动措施，可以减少因运输颠振所受到的影响。

3）仪表的交流电流测量系统采用电流互感器，它具有良好的频率特性和良好的直线性，从而使标度盘上的交流刻度与直流刻度可以公用。这使测试者读取示值带来不少方便。

4）为了保证仪表长期稳定性，仪表采用的铝镍钴永久磁铁、支架、精密线绕电阻等关键零件均经人工时效处理，能长期保证产品质量稳定。

5）仪表在测量机构上设置了二极管的过载保护电路，能有效地防止误测量而烧毁仪表的可动部分机件，保证了测量机构的使用寿命。

6）为提高仪表测量低阻值电阻的性能，设置了“DΩ”量限，可以清晰地读测 0.1～10Ω 的电阻值。

7）仪表设有直流 75mV、交流 5A 量限，可以配用相应的外附分流器和仪用互感器，以扩大交直流的测量范围。

8）仪表仅设计用一个量程转换开关，使用极为方便。

（3）使用方法

1）为了使测试时获得良好的效果，防止由于使用不慎而使仪表损坏，在测量时应注意下列事项：

① 测试的周围环境应无强的磁场和铁磁物质存在，环境温度、使用位置、工作频率等是否符合技术特性中的规定值，否则就会使测试结果不准确。

② 仪表在测试高压的大电流时，不许旋转选择开关，以免烧毁开关触头。

③ 测试电流量限时，仪表应与被测电路串联。禁止将仪表直接跨接在被测电路电源的二端，以防仪表过负载而损坏。

④ 测试电路的电阻时，应将被测电路电源切断，如果电路中设有电容器，应先将电路放电后才能测量，切勿在电路带电下测量电阻值。

⑤ 当被测之量不能确定其大约数值时，应先将量程选择开关旋至最大的量程位置上，然后逐档缩小量程位置，使指针得到较大的偏转，读取被测值。

⑥ 为了达到精确的测试结果，测试过程中，应注意到仪表的测量消耗功率与被测电路的影响，特别是测量低电压的电流和高内阻的电压时，更应考虑仪表功率损耗与被测结果的影响值。仪表的测量消耗见表 3-5、表 3-6。

⑦ 测试之前应检查并调节仪表机械零位调节器，使指针指示在标度尺的起始位置上。

⑧ 仪表应经常保持清洁干燥，以免影响准确度和损坏仪表的机件。

2）直流电流的测量：

将量程选择开关选至直流电流的 50μA～5A 的相应位置，负载与电表的“+”和“*”二插孔相串联，即可测出直流电流值。量限的选择，应略大于被测量值，使指针有较大的偏转角，从而减少测量指示值的绝对误差。读数视交直流公用刻度。当需要扩大电流量限时，可以配用 75mV 的外附分流器。外附分流器的电位端，接在仪表输入端，选择开关选至 75mV 档。电流端接被测电流。此时测试误差包括仪表的等级误差和外附分流器的等级误差。

3）直流电压的测量：

将量程选择开关至电压量限的 1～1000V 的相应位置，被测电压跨接在“+”和“*”插孔上，即可测出直流电压值。当被测电源具有很高内阻时，仪表所消耗的电流占了原电路很大的比例，此时流量误差远远超过仪表的精度误差，在这种情况下，宁可将仪表量限选用高一些，即仪表输入总阻提高一些，以减少测试所消耗的电流值，这样测试的结果，就比较接近于原电路状态。读数视交直流公用刻度。

4）交流电流的测量：

将量程选择开关选至交流的 2.5mA～5A 的相应位置，被测电流与负载串联接入

“+”“*”插孔，即可测出交流电流值。交流测量系统采用整流电路，电表是按有效值校准，即等于仪表实际指示平均值乘上正弦波有效值的波形系数。只有被测回路的波形是正弦波，其波形畸变不超过1%，此时仪表能保证达到技术特性的规定值。不然就会引起附加误差。

在2.5mA量限测试电流时，由于该量限的非线性元件影响较大，可能引起电流波形失真，影响测试的准确度。只有当负载是纯电阻，且大于600Ω以上时，这种现象才不显著。

测试交流电流和电压，均应注意频率的测试范围，具体参数见表3-7。

当需要测量大于5A的电流时，可以配用次级电流为5A的仪用互感器。外附互感器的次级接在仪表输入端，选择开关选至5A档上，初级接被测电流。应当注意，外附互感器使用时应当先将次级导线接上本仪表插孔，并将选择开关选至5A量限，初级才能去测试被测电流值，如果次级开路，初级接上负载，容易将互感器绕组击穿。

5）交流电压的测量：

测量交流电压与测量直流电压相似，仅仅是将量程选择开关选至交流电压2.5～1000V的相应位置上即可。

交流电压2.5～10V二个量限灵敏度较低，消耗电流大，测量小讯号时，注意这个因素。测试时对电源波形的要求同测量交流电流。

6）音频电平的测量：

在音频信号传递系统中，为了计算及表示的方便，往往将增益或衰减值采用dB这个无量纲的单位。

表示功率增益K_P时，dB的值可按下列公式计算：

$$K_P=10\lg\frac{P_2}{P_1}\quad(\mathrm{dB})\tag{3-1}$$

式中，P_2为输出功率，P_1为输入功率。

当功率增益为100倍时，K_P相当于为20dB，它与输入输出的阻抗无关。

在表示电压增益K_u时，dB的值是按下列公式计算：

$$K_u=20\lg\frac{U_2}{U_1}\quad(\mathrm{dB})\tag{3-2}$$

式中，U_2为输出电压，U_1为输入电压。

当电压增益为1000倍时，K_u相当于为60dB，同理，它与输入输出的阻抗无关。

在实际应用中，经常以功率为1mW，负荷阻抗600Ω上的电压降为0.775V作为“0dB”的标准。仪表的dB刻度，是按此标准值计算。与此标准功率P_1比值的对数值称为绝对电平。

功率绝对电平　$$K_{P_2}=10\lg\frac{P_2}{0.001}\quad(\mathrm{dB})\tag{3-3}$$

电压绝对电平　$$K_{U_2}=20\lg\frac{U_2}{0.775}\quad(\mathrm{dB})\tag{3-4}$$

因此，当仪表测试600Ω传输线上的dB值时，刻度可以直接从dB刻度上读出。

如果输入功率 P_1(或输入电压 U_1)不是上列标准数值而是任意数值时，则输出功率 P_2(或输出电压 U_2)与输入功率 P_1 的比值对数值称为相对电平，相对电平的值应按式(3-1)和式(3-2)计算，不能直接读刻度值。

为了使用方便，可以用"电压比及功率比—dB 换算表"见表 3-8，直接查出相对应的电压比和功率比与 dB 的关系。

电压及功率比—dB 表 **表 3-8**

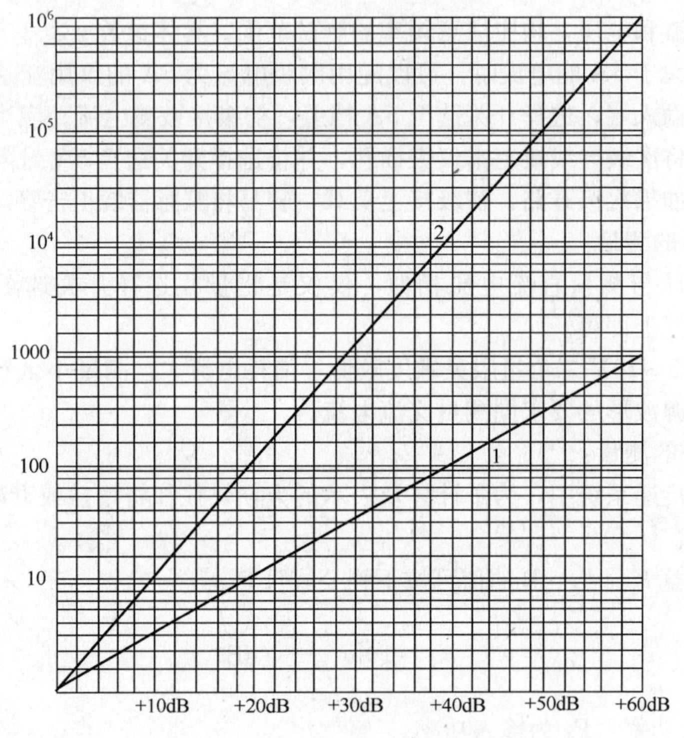

1—电压比—dB；2—功率比—dB

在万用表上测量音频电平实际上就是测量交流电压，所不同的是仪表中的电压刻度换算为电压绝对电平刻度而已。当音频电源叠加有直流电压时，应在仪表"+"插孔上串联一个大于 0.1μF 的电容器，以将直流分量去除。

仪表的"dB"刻度标称值是以 0dB=600Ω 1mW 为基准，并以交流 2.5V 档作为计算依据而绘制的。当音频电压大于 2.5V 时，可以选换 10V 或 50V 等档测量之，但"dB"指示值应加上扩大量限的 dB 数值，见表 3-9。

表 3-9

量　限	按电平刻度增加数	电平测量范围	量　限	按电平刻度增加数	电平测量范围
2.5V~	0	−10～+10	50V~	26	+16～+36
10V~	12	+2～+22	250V~	40	+30～+50

绝对电平可以直接读数，读数视 dB 刻度。相对电压电平可将输出端所测得的 dB 数减去输入端所测的 dB 数而得。

绝对功率电平和相对功率电平，可由测得的电压电平根据输入和输出的阻抗换算之。

如输入和输出阻抗均是 600Ω(例如一根输入阻抗为 600Ω，负载也是 600Ω 的传输线上)，功率电平数值与电压电平数值是一致的。

7）直流电阻的测量：

将量程选择开关选至电阻量限的 Ω×1～Ω×10kΩ 的相应位置上，红黑二支测试杆分别插入“+”及“*”的二个插孔中，测试前先短路测试杆的接触端子，指针即向满值偏转，调节零欧姆调整器，使指针指示在欧姆标度尺的零欧姆刻度线上，然后用测试杆去测量被测电阻 R_x 的值。读数视欧姆刻度。

由于无限量程欧姆表电路的基本原理是由仪表内部的一个已知总阻 R_t 与被测电阻 R_x 相串联，在定电压下测试其 R_t 与 R_t+R_x 比值电流，当 R_x 与 R_t 相接近时，电流变化较显著，相对应的刻度就较宽。当 R_x 与 R_t 的值相差悬殊时，电流变化较小，对应的刻度就较狭。所以欧姆表的标度尺是非线性的，标尺的中间刻度较宽，二端较狭。电阻量限的误差是按弧长的百分数表示，即欧姆表的标度尺上任意点按弧长计算的误差是相同的，而绝对误差则是刻度宽的一段小，狭的一段大。欧姆表标度尺上各点的绝对误差可按下式表示：

$$\gamma_{nx}=r_a\frac{1}{(1-\eta)} \tag{3-5}$$

式中　γ_{nx}——欧姆指示值的绝对误差；

r_a——仪表电阻量限按弧长计算的等级误差；

η——被测电阻 R_x 与仪表量限总阻 R_t 的比值即：

$$\eta=\frac{R_t}{R_t+R_t}$$

按以上公式可以构成图 3-4 的曲线：

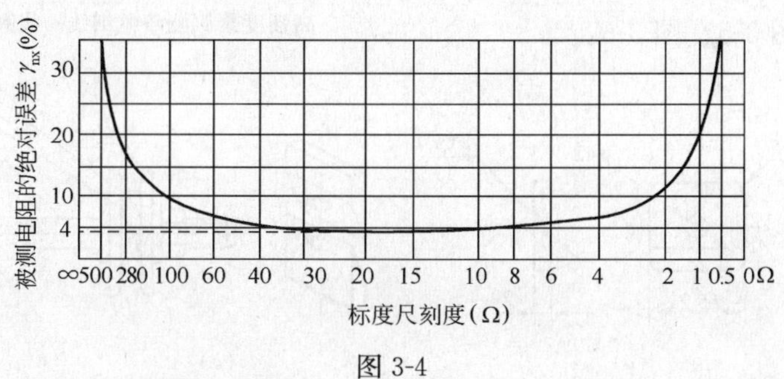

图 3-4

从图 3-4 中可见，中间刻度误差最小，趋向标度尺二端的误差迅速增大，中间刻度的最小绝对误差是仪表电阻量限等级误差的 4 倍。因此，在使用欧姆表时应尽可能选择适当量限，使指针指示在中间一段以求测得准确的结果。

Ω×1～Ω×1k 四个量限公用一个 1.5V 一号干电池，Ω×10k 专用 15V 层叠电池，电池电压在额定负荷下，应保持在标称电压±10%的范围之内。当调节零欧姆调节器不能使指针调至零值时，表示内附电池电压不足，应尽早取出更换新电池，防止因电池腐蚀而损坏其他元件。如仪表长期放置不用，应将电池取出，以防腐蚀。

测量低阻值电阻时，可选用“D·Ω”量限。使用时将量限选择开关放至“D·Ω”或“Ω×1”档，将外附短路插头插入“+”“*”插孔中，指针即向满值方向偏转，调节零欧姆调节器，使指针指示在“D·Ω”专用刻度的“∞”上。然后将测试杆一根插入“D·Ω”专用插孔中，另一支插在外附短路插头的横孔上，然后短接二支测试杆的接触端子，指针向D·Ω刻度的“0Ω”方向偏转，并应指示在专用刻度的“0Ω”上，这表示仪表工作状态良好，测试杆就可去测试被测电阻值。由于“D·Ω”量限回路总阻很小，测试时特别应注意接触电阻的产生，以求减少测试的误差。仪表备附的二支测试杆导线电阻的总值，在环境温度为23±2℃时为0.05Ω。当短接测试杆仪表指针不能到达“0Ω”刻度线上时，即说明仪表接触不良，或导线电阻因部分折断而变大，可更换新的导线，或消除接触电阻矫正之。仪用导线应采用多股软接线，导线截面应为0.7mm²，导线长度每根1m。

测量“D·Ω”时仪表所消耗的电流为0.1～0.13A之间。测试完毕应即将量程选择开关旋至其他量限，以避免电池电能的消耗。

(4) 维修

仪表由于长期使用，缺乏保养，或电刷磨损，元件因故变值，或由于操作错误等原因，需要修理后才能正常使用。正常的维修需要成套工夹具和整套测试设备，严格按照工艺的规定才能达到产品原来的准确度等级。但是在某些情况下，由于急用需要自行修理，为了使维修方便起见，提出常见故障的修理方法，供参考。如不能满足以下修理条件时，同样可以将仪表修理完竣，仅仅是精度降低一些而已。

1) 线圈的绕制

仪表的线圈是可动部分的关键零件，由于产品的特殊需要，采用了脱胎无框架工艺。线圈用专用夹具绕制，经脱胎后浸渍JSF2聚乙烯醇缩醛清漆，并经老化处理。线圈的几何形状和夹具的结构见图3-5、图3-6。

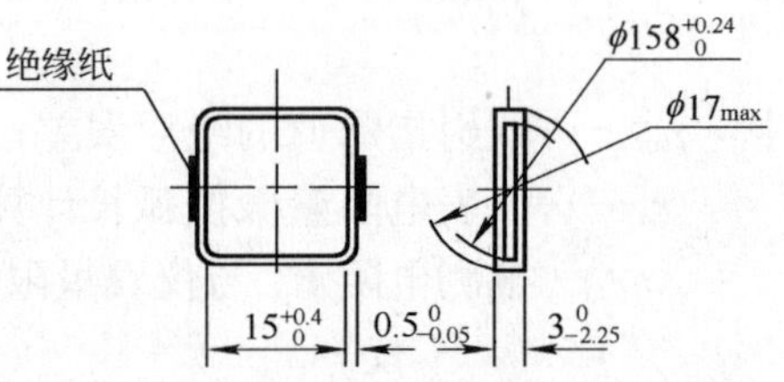

图3-5 线圈的外形尺寸图
导线直径—0.04mm；导线型号名称—QA高强度聚氨酯漆色细线；线圈匝数—400.5±5匝

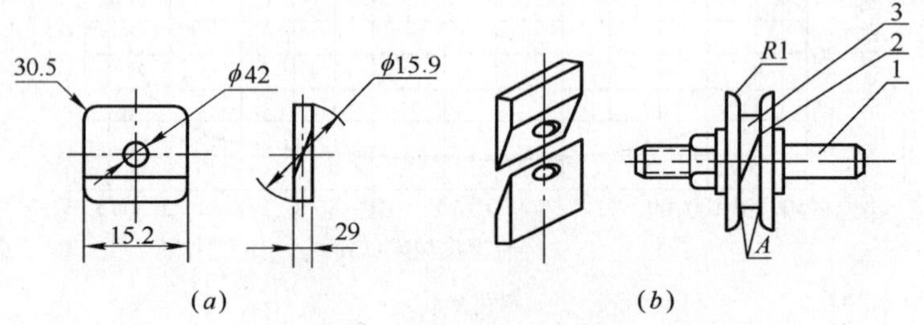

图3-6 线圈夹具胎芯
(a)胎芯立体示意图；(b)装配后的绕线夹具
1—紧固螺栓；2—夹板；3—胎芯

线圈胎芯(3)的尺寸应与线圈尺寸相符合，夹板(2)的内壁应光滑平整，胎具与板间的8个角上(A)应相互贴紧，最大间隙不可超过0.03mm，绕制时将绕线夹具装入带有夹头的绕线车上，导线平整地绕在夹具上，起端和末端的引出线，可用胶纸粘在夹板的外壁，然后将夹具放在120～140℃的烘箱中连续烘4～5h，此后从烘箱中取出，即可“脱胎”。由于线圈绕制的内应力已被消除，虽然线圈上没有涂任何胶合的漆层，但它却具有一定的机械强度不会松线。脱胎时应小心地将线圈胎芯向斜面移动，取出线圈，趁热浸入JSF2漆中浸渍约一分钟，取出后放在瓦楞状的玻璃板上进烘箱烘干(见图 3-7)。也可以用其他接触面小的盛器代替，以防线圈与盛器相互粘住。

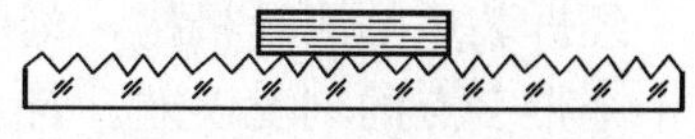

图 3-7　线圈放置在瓦楞状玻璃板上的示意图

线圈制成后，在线圈的二个端面粘贴绝缘纸。

如果在“脱胎”时，线圈发生松线或几何形状变形，说明内应力未完全消除，可略加高温度或延长烘焙时间。但必须指出，这与导线漆层性能有关，不是所有漆包铜线都能适应的。

2) 充磁和退磁

仪表的永久磁铁是经过老化处理的，磁系统在正常情况下，能稳定地保持原有磁场强度。当用户修理时，将要拆装仪表的支架，以致使磁系统的磁路开路，磁性将随之下跌，虽然再次恢复装入支架，但磁性将远远达不到原性能要求。为了避免上述的开路退磁现象，维修时可用磁性短路环将磁铁的磁路成回路(见图 3-8)，然后再拆装支架，这样能基本维持磁性不变，同时磁系统还应避免机械冲击和强磁场的影响，以免退磁。

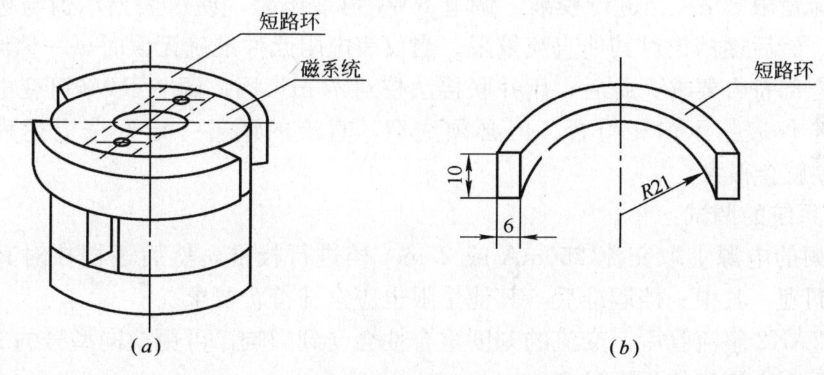

图 3-8

(a)磁系统上加了磁短路环，可以减少磁性下跌的现象；(b)用低碳钢制成的短路环

当磁系统的磁性已经低落时，可以重新进行充磁。充磁时应注意永久磁铁的磁极符号，有红色小点的一端为 N 极。充磁机的磁性强度不低于 72000A/m。在充磁过程中同样要考虑磁开路的退磁现象。即在充磁机上充磁后先用磁性短路环将磁系统磁路短路，然后连同短路环一起将磁系统从充磁机上取下，装入支架和铁芯后，才可取去短路环。

经充磁后的磁系统磁性强度将超过原磁性的数值，需要重新用交流磁场退磁，退磁的作用除了统一灵敏度外，更重要的是能起着产品的老化作用。

退磁线圈可以绕在内径为 52mm 的线圈骨架上，骨架应用绝缘材料制成，以免产生涡流，用导线直径为 1.6mm 的高强度漆包电磁线平绕 450 圈。外施电压范围为 0～30V，线圈中间歇最大电流不超过 20A。退磁时可以逐渐升高外施电压，断续接通电流，使被退磁表的灵敏度退磁至额定值的±1%的范围内即可。

经过退磁的测量机构，需要经过老化处理，在 60℃烘箱中烘三个周期，每个周期作以下规定：

升温至 60℃保持 8h，然后随炉冷却至第二天即为一周期。

此后，即可测试灵敏度，作下记录，再自然老化三天。若变化量小于 0.2%之内，就可以装入整机调试。

经拆装后的测量机构，刻度的特性曲线会发生变化，应用标准仪表仔细地检查直流刻度十个带字点的刻度误差。若发现不符合要求，可以少许移动支架在磁场中的位置，略可调整刻度微量误差。

3）电路的修理与调整

仪表的精度很大程度决定于测量机构的精度、精密电阻和其他元件的准确度与稳定度。仪表由于误测而使元件损坏，必须更换时，就应根据技术数据更换之。万用电表电路元件是相互借用，相互牵制的，因此对元件的要求一定要严格遵守技术数据的规定，不然会使产品性能下降，甚至不能使用。

元件更换以后，就可进行调试，调试的环境温度应为23±2℃，用测试误差小于本仪表精度3倍以上的标准仪表或补偿装置来进行校对。调试的电源应该稳定，并应有足够的调节精细度，交流电源必须是正弦波，且波形畸变系统不能超过规定值。调试的过程如下：

① 直流系统的调试：

可在电流量限50μA档进行校准，调节RW_3可变电阻，使仪表指示值与标准仪表指示值相符合，然后逐档校对其他直流量限。当仪表电阻元件准确无误时，一档调准所有直流量限就能全部符合要求。此后，用并联接法校对75mV档，调节RW_1可变电阻使仪表指示值与标准仪表指示值相符合。但必须注意，直流的调整一定要按上述程序，不然75mV档误差就会很大。

② 交流系统的调试：

可在工频的电源上取交流250mA或25mA档进行校准，然后逐档核对其他交流量限。与直流同理，其中一档调准后，其他量限也应全部符合要求。

当更换2AK2整流管后，交流的刻度重合性会受到影响，可更换同型号的二极管，选正向电流大反向电流小的更换试之。

③ 电阻量限的校对：

当直流校准以后，电阻量限只要核对一下即可。校对时可用精度为0.1级以上的精密电阻箱接入仪表的电路，对每一带字点进行逐点校对，若发现误差超过额定值，可以检查各电阻量限的串联校准电阻是否符合要求，同时检查电池电压和电池内阻是否符合要求。仪表内附二种干电池的内阻分别应为0.5～0.7Ω和1～3kΩ范围之间，内阻的测试方法应在泄放最大工作电流的条件下测其端电压和开路电压之差值进行计算。

4）互感器的维修

电流互感器在正常条件下不易损坏，只有仪表长期过载或误将直流电流成倍过载通入互感器时才会将绕组烧坏。互感器绕制，和铁芯处理工艺是十分严格的，拆装互感器时应谨慎仔细地将铁镍合金的冲片轻轻地取出，冲片不可机械冲击，不可任意弯曲，尽量减少它产生内应力。绕组的绕制位置、导线直径和安匝数值均见图3-9。

5）量程选择转换开关、接触簧片组合的维修

① 量程选择转换开关是仪表的主控开关，它要求绝缘电阻和绝缘强度高，允通电流大。因此对开关的接点和绝缘材料要求比较严格，使用中可能发生的故障是：

(A）电刷磨损：

电刷经过数万次接触磨损以后，接触点可能会非常毛糙，接触面积就减少，造成接触不良，此时应拆下电刷，将刷片用细砂纸打光，重新装入即可，在特殊情况下，会发生电

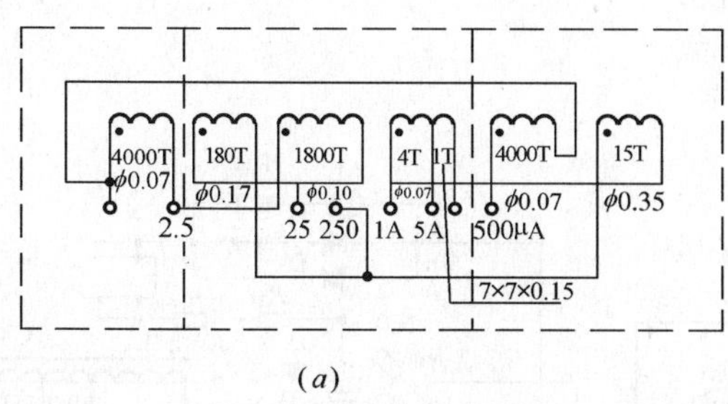

(a)

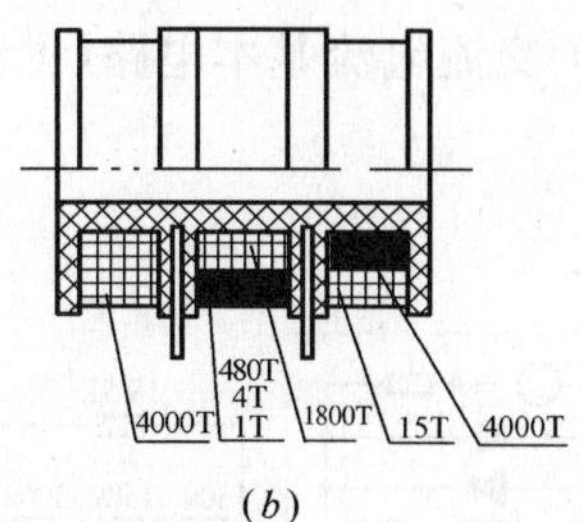

(b)

图 3-9

(a)绕组的位置和引出头排列图；(b)绕组的实体图

刷接点磨穿，甚至断裂，应更换新的刷片。

(B) 绝缘电阻降低，仪表误差增大：

开关上的定子绝缘片是用性能优越的工程塑料聚砜压制，具有良好的抗霉防潮防热等性能，但是当仪表在有害气体的场合中长期使用或在带有盐雾的气体环境中长期使用，绝缘片(包括其他绝缘零件)，会发生表面泄漏现象使仪表误差增至很大。消除的方法可用工业汽油清洗绝缘零件然后在红外线灯下烘干，或用日光晒干，清洗时也可以使用无水酒精，但不可用四氯化碳，以防止工程塑料发生化学变化而碎裂。

(C) 电刷位置的偏移：

电刷的紧固装置是采用带有锥度的四爪轧头，它可以在任意角度和纵向任意位置移动定位，这对于分档特别多的开关是比较适宜的，但由于震动，或日久使用，造成了位移，使仪表接触不良或指示值与实际电路位置不相符合，此时需要重新紧固电刷位置。定位时，不但应使电刷处于定子绝缘子的几何中心，而且还应注意电刷的刷片与定子绝缘片上的接触片处在同一平面上。电刷的刷片能上下夹紧二组定子片上的接触片，电刷的压力应调整在 50～120g 之间，以保证接触良好，并保持有一定的使用寿命。

② 接触簧片组合开关

接触簧片组合开关是由簧片组合与凸轮相组成。凸轮由主控量程选择转换开关带动。簧片接点中所控制的电流都是微安数量级。因此接点烧毁的可能性是很少的，产生故障的原因大都是凸轮转动的相对位置移动，以致电路通断不符合设计要求。此时可以重新紧定凸轮位置。定位的正确位置可见总电路图中的凸轮控制示意图。凸轮在凸起和凹下的转换点上应涂有甲基硅油脂。簧片接通时应持有 80～160g 的接触压力，断开时至少应具有 0.5mm 的间距。

(5) 电路图

1) 仪表的直流电流基本电路(见图 3-10)

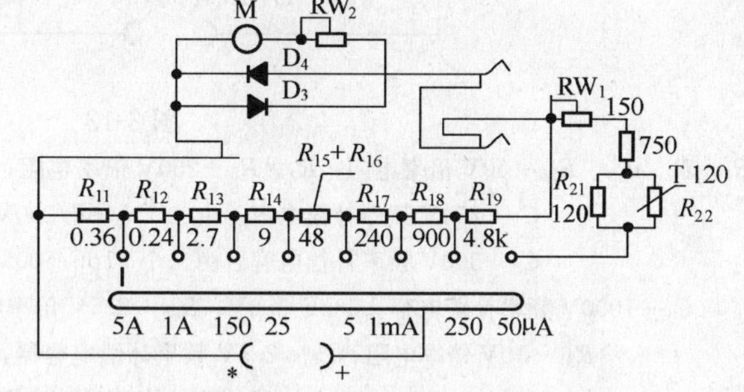

图 3-10

R_{11}～R_{19}—分流电阻；D_3～D_4—测量机构保护二极管 $2CP_{12}$特选；

R_{21}～R_{22}—热补偿器，R_{21}为锰铜电阻，R_{22}为 R_{50}热敏电阻 120Ω；

RW_1—75mV 调节电阻；RW_2—直流调节电阻；

M—表头 45μA 330±45Ω(23℃)

2）仪表的直流电压基本电路（见图 3-11）

3）交流电流基本电路（见图 3-12）

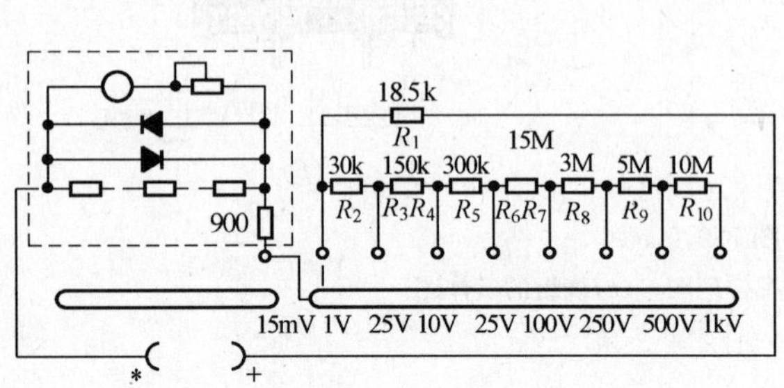

图 3-11

R_1～R_{10}—为精密无感线绕电阻或精密级金属膜电阻；虚线内为直流电流电路

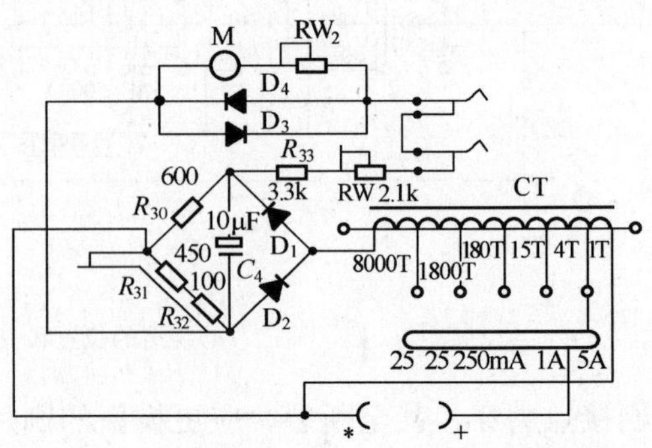

图 3-12

CT—电流互感器；D_1、D_2—锗二极管；

RW_2—交流调节电阻；R_{30}、R_{31}—桥臂电阻；

R_{32}—铜补偿电阻；C_4—滤波电容

4）交流电压基本电路（见图 3-13）

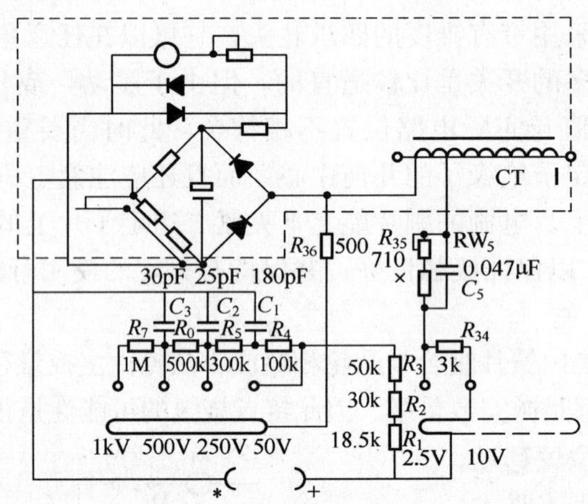

图 3-13

R_1、R_2、R_3、R_{36}—50V 倍率电阻；R_4、R_5—250V 倍率电阻；R_6、R_7—分别为 500V、1kV 倍率电阻；

C_1—250V 频率补偿电容。由二个 51pF/500V 玻璃釉电容串联而成；

C_2—500V 频率补偿电容。由二个 51pF/500V 玻璃釉电容串联而成；

C_3—1000V 频率补偿电容。20pF/500V；R_{35}—2.5V 倍率电阻，其值在 700～730Ω 范围之间；

R_{34}—10V 倍率电阻；C_5—2.5V 频率补偿电容器，CZJX 金属化电容 0.047μF

虚线内为交流电流电路

5）直流电阻基本电路（见图 3-14）

6）低阻专用电路（见图 3-15）

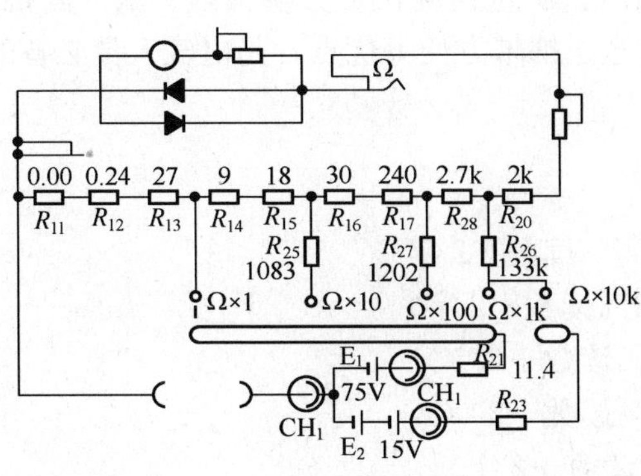

图 3-14

CH₁—电池插头座；RW₄—零欧姆调节电位器；
R_{11}、R_{12}、R_{13}—Ω×1 分流电阻；R_{24}—Ω×1 串联定度电阻；
R_{14}、R_{15}—Ω×10 分流电阻；R_{25}—Ω×10 串联定度电阻；
R_{16}、R_{17}—Ω×100 分流电阻；R_{27}—Ω×100 串联定度电阻；
R_{28}—Ω×1k 分流电阻；R_{26}—Ω×1k 串联定度电阻；
R_{25}—Ω×10k 串联定度电阻

注：电阻量限的分流电阻是 T 型分流电路，因此 Ω×1 的分流电阻，又是 Ω×10 的分流电阻的一部分，余同。

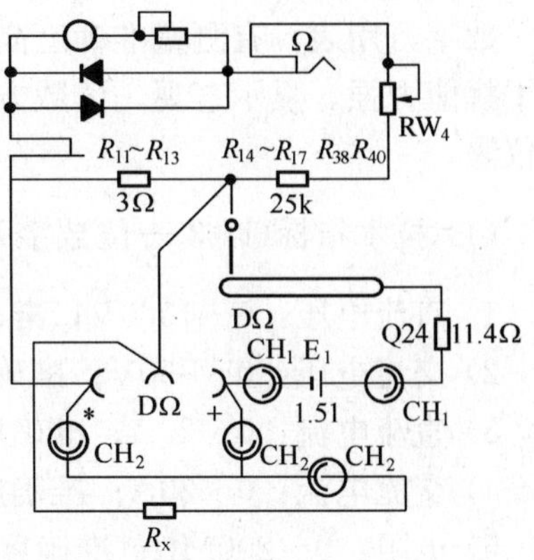

图 3-15

R_{11}～R_{13}—“DΩ”量限分流电阻与 Ω×1 分流电阻公用；CH_2——专用短路插头

6. F35 型万用电表线路图(见图 3-16)

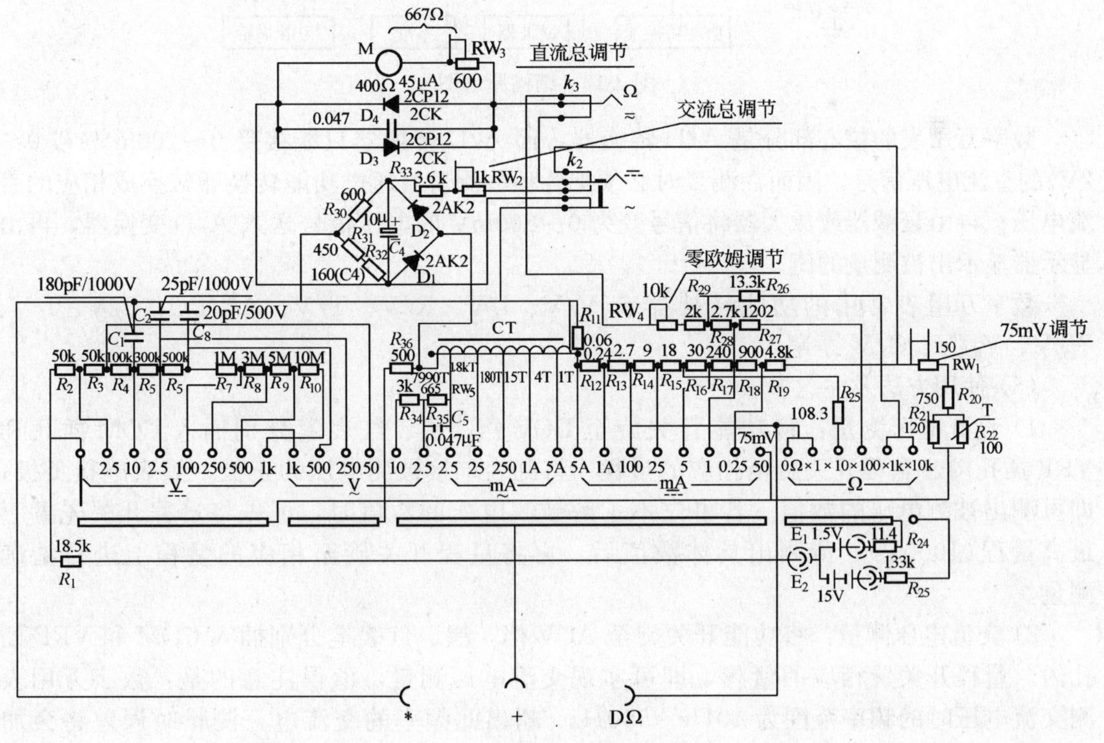

图 3-16

2. 数字万用表

数字万用表具有测量准确度高、测量范围广、测量速度快、分辨力强、输入阻抗高、抗干扰能力强、显示直观、读数方便、功能齐全、携带方便等优点，是电气人员必备的测量仪表。

(1) 技术指标(以 $3\frac{1}{2}$位数字万用表为例)

1) 直流电压：0～1000V；准确度：±(0.5%读数+2 字)

2) 交流电压：0～750V；准确度：±(0.8%读数+2 字)

3) 直流电流：0～20A；准确度：±(0.5%读数+2 字)

4) 交流电流：0～20A；准确度：±(1.0%读数+2 字)

5) 电阻：0～200MΩ；准确度：±(0.5%读数+2 字)

6) 电容：0～20μF；准确度：±(2.5%读数+2 字)

7) 温度：－40～1000℃；准确度：±(0.75%读数+3 字)

8) 频率：20Hz～20kHz

(2) 工作原理

数字万用表是在数字电压表的基础上，加上各种不同的功能转换器以实现多种测量的。主要由输入电路、功能转换器、衰减器、放大器、保护电路、A/D 转换器、显示器及供电电源等组成，其结构原理见图 3-17。

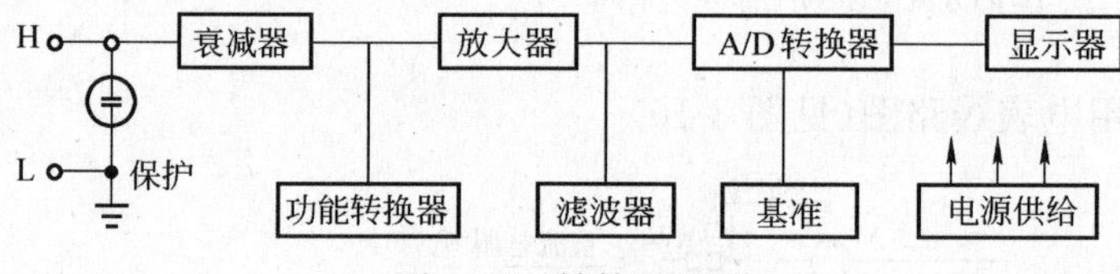

图 3-17 结构原理图

数字万用表的核心部分是 A/D 转换器，而 A/D 转换器只能接受 0～200mV(或 0～2V)的直流电压信号，因而在测量时必须把各种被测量值通过功能转换器转换成相应的直流电压；再由衰减器或放大器将信号变为 0～200mV 的电压信号送入 A/D 变换器，再由显示器显示出被测量的值。

数字万用表常用的功能转换器有 V/V、I/V、R/V、T/V、AC/DC、C/V、f/V、W/V、V_F/V、G/V 等等。

(3) 使用方法及注意事项

1) 直流电压测量：将功能开关旋至 DCV 档，黑、红表笔分别插入 COM 插孔和 VRF 插孔内。量程开关旋至相应的量程。将红表笔接被测电压的正极，黑表笔接负极，即可测出被测电压的数值。若事先不了解被测电压的数值时，可先将量程开关先置于最高量程(1000V)，待测出具体数值后，再将量程开关旋至相应的量程上进行精确测量。

2) 交流电压测量：将功能开关旋至 ACV 档，黑、红表笔分别插入 COM 和 VRF 插孔内。量程开关置相应的量程，即可实现交流电压测量。值得注意的是：数字万用表测交流电压时的频率范围为 40Hz～500Hz。超出此频率的交流电，测量时误差将会加大。另外数字采用表的 AC/DC 转换器是按正弦波的有效值设计的。对于周期性变化的非正弦波、方波、三角波等则不适用。因此数字万用表不能用于测量上述波形的交流电量。

3）直流电流测量：将功能转换开关置于 DCI 档，红、黑表笔分别插入 mA 或 A 插孔，和 COM 插孔量程开关置于相应位置。将表笔串入被测电路中，即可进行电流测量。在测量 1A 以上的大电流时，测量时间应不超过 15s，以防分流电阻发热而影响测量精度。

4）交流电流测量：将功能开关置于 ACI 档，量程开关置于相应量程。其余测试方法和注意事项与直流电流测量和交流电压测量部分相同。

5）直流电阻测量：将功能开关置于 OHM 档，红、黑表笔分别插入 VRF 和 COM 插孔内。量程开关置于 200Ω 档，将红、黑表笔短接，此时显示屏上显示的数值为二根表笔线的直流电阻值。在进行精确测量时可将其扣除，然后将量程开关置于相应位置，即可进行测量。

6）电容测量：将功能开关置于 CAP 档，量程开关旋至相应量程，将被测电容插入 CAP 插座内即可。测量前被测电容应充分放电，以免损坏仪表。

7）温度测量：将功能开关置于"T"档，将温度探头线插入温度插座内，将测温探头放到被测物上，即可测得该物的实际温度。

8）二极管测量：将功能开关拨至"⊣▷⊢"位置。将红、黑表笔分别插入 VRF 插孔和 COM 插孔内。红表笔接被测二极管的正极，黑表笔接被测二极管的负极，此时显示屏即显示该二极管的正向压降，单位为 V。

9）三极管测量：将功能开关置于 HFE 档，将被测三极管按 E、B、C 正确插入三极管插座内，显示屏上即显示出被测三极管的直流放大倍数 HFE。测量前应分清管脚，并了解是 NPN 还是 PNP 型管。用数字万用表测三极管的 HFE 时因测试电压仅为 2.8V，故测得值要比实际值大，因此仅供参考。

10）频率测量：将功能开关置于 20kHz 档，红、黑表笔分别插入 VRF 和 CDM 插孔内，即可进行频率测量。测试方法与测交流电压相同，值得注意的是：最高输入电压不得超过 250V。

11）测量过程中当发现测量误差明显过大，或屏幕上显示"LOBAT"或"[+ −]"符号时，说明仪表供电电源电压已低于 7V，应即时更换仪表内 9V 电池，以保证仪表正常工作。

二、电流表

1. 普通钳型电流表

钳型电流表是一种电工常用仪表，主要用来在现场不断开线路的情况下测量交流回路的电流之用。

（1）主要技术指标

1）电流测量范围

T301 型：0～10～25～100～250A

0～10～25～100～300～600A

T302 型：0～10～30～100～300～1000A

0～10～50～250～1000A

2）电压测量范围

T302 型：0～300～600V

3）测量准确度

T301 型：2.5 级

T302 型：2.5 级

（2）结构和工作原理

钳型电流表由钳型电流互感器、量程开关、测量线路、整流装置和磁电式测量机构组成，其工作原理见图 3-18 和图 3-19。

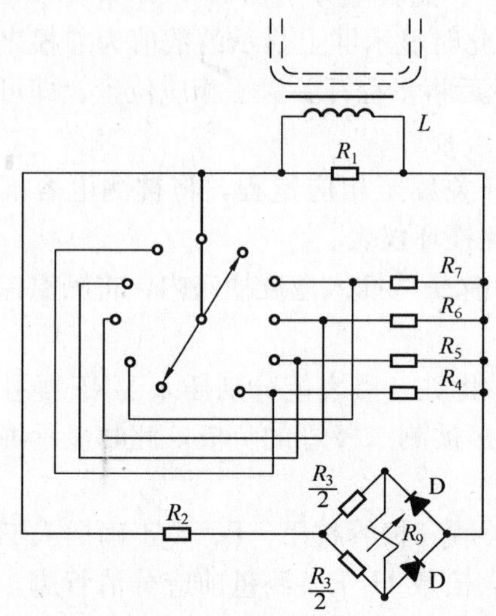

图 3-18 T-301 型钳形电表原理电路图

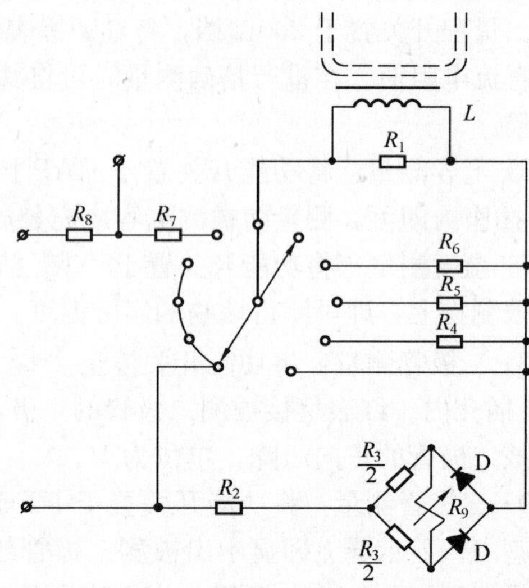

图 3-19 T-302 型钳形电表原理电路图

钳型电流互感器的铁芯为一可张开的铁芯，测量时将被测带电导线夹入钳口内作为互感器的初级线圈，电流互感器的二次线圈感应出的电流经整流装置整流后与磁电式测量机构相连，在其度盘上可读出相应的被测电流值。

（3）使用方法及注意事项

1）测量时应使被测导线处于钳型电流互感器闭合磁路的中心位置，才能得到正确的测量数据。

2）当测量电动机启动电流或无法估计被测导线电流的大小时，应将仪表的量程开关放在最大量程位置，以免损坏表头。待测出数值后，再根据测得数值的大小选择合适的量程进行精确测量。

3）测量过程中不得随意变更量程开关位置，如需变换量程，则需将导线从钳口中取出，以免损坏仪表量程开关。

4）普通型钳型电流表，只能用于测量 1000V 以下低压线路电流。不得用于高压测量，以免造成人身事故。

2. 数字钳型电流表

钳型电流表在电气试验调整中主要用于不停电测量线路及电动机运行电流等用。测量时可不必切断线路，只需用钳型测试夹（钳头）夹住通电导线，即可测出导线中通过的电流。

数字钳型电流表，是用数字显示测量结果的钳型电流表，它不仅可以不停电测量线路电流，同时还具有测量交、直流电压、直流电阻、二极管正向压降及线路通断等功能，是一种多用型电工仪表。

(1) 测量范围

1) 交流电流：0～200A；0～1000A。

2) 交流电压：0～750V。

3) 直流电压：0～1000V。

4) 直流电阻：0～200Ω；0～20kΩ。

5) 蜂鸣器功能：用于线路通断测试。

6) 数据保持功能。

7) 二极管正向压降测试。

(2) 工作原理

数字钳型电流表主要由钳型测试夹(钳头)、量程转换开关、取样电阻、A/D 转换器、AC/DC 转换器、LCD 液晶显示器、电压、电阻、二极管、蜂鸣器电路等组成。其原理见图 3-20。

钳型测试夹(钳头)实际上是一个钳型电流互感器，其一次侧为 1 匝；二次侧为 n 匝，当用钳头夹在被测线路上时，其通电导线为一次侧，当线路中有电流通过时，钳型互感器二次侧感应出的交流电流为线路中流过电流的 $\frac{1}{n}$ 倍。该电流流经取样电阻 RL；在 RL 上产生一电压降，该电压降经 AC/DC 变换器转换为直流电压，由 A/D 转换器将其转换为数字量，再由 LCD 液晶显示器显示其测量结果。

其交流电压、直流电阻、二极管测量、蜂鸣器、数据保持功能等工作原理与数字万用表相同。

(3) 使用方法及注意事项

1) 非高压钳型电流表(普通钳型电流表)只能在低压电气线路(1000V 以下线路)上使用，绝不允许在 1000V 以上线路中使用。

2) 测量过程中不得随意切换量程开关，如需切换，必须将钳口脱离带电导线后方可切换。

3) 测量时，被测导线应置于钳型测试夹的磁路中心位置，否则将影响测试准确度。

4) 测量时，应先将量程开关放在最大量程位置，在测得线路电流后，再用最佳量程进行测量。

5) 数字钳型电流表在使用过程中，若液晶显示屏上出现“LO BAT”字符或“+−”符号时，应立即停止测量并及时更换表中供电电池后，再行测量，否则将产生很大的测量误差。

6) 在测量电动机启动电流时，应先将“保持”按键按下，然后进行测量。

三、绝缘电阻仪表

1. 绝缘电阻表

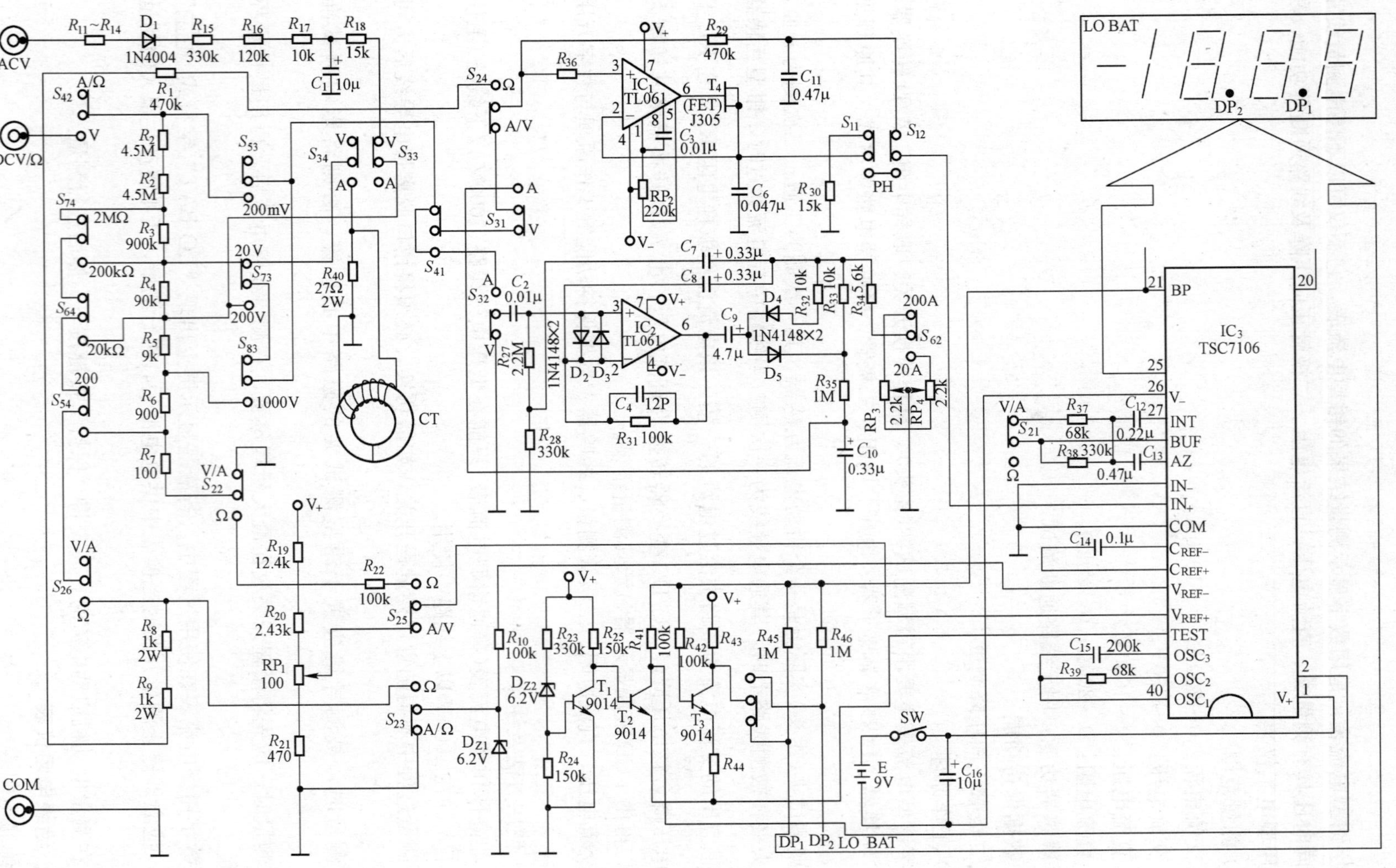

图 3-20　DM6015 型 3½位数字钳形表的总电路

绝缘电阻表俗称摇表、兆欧表、梅格表，是用来测量高、低压电气线路、电气设备、电器元件及绝缘材料的绝缘电阻，吸收比等用以判断电气线路、电气设备、电器元件及绝缘材料的绝缘性能的好坏。是对绝缘无破坏作用的绝缘测试仪表。

(1) 工作原理

普通型绝缘电阻表的原理线路见图 3-21。

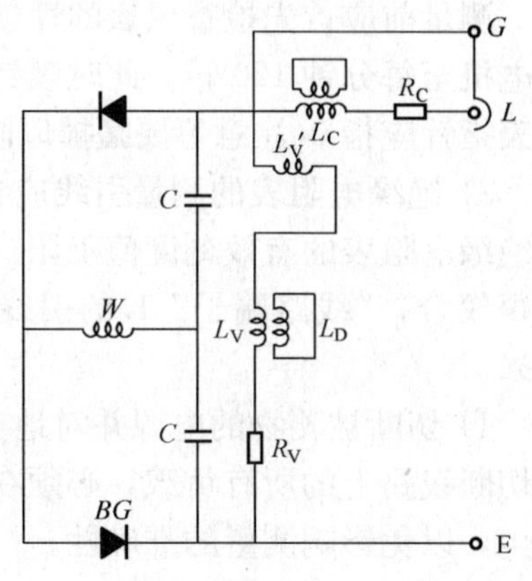

图 3-21

W—发电机绕组；L_D—阻尼线圈；BG—硅二极管；R_C—限流电阻；L_C—电流线圈；R_C—限流电阻；L_V—电压线圈；C—倍压电容；L_V'—平衡线圈

它由手摇发电机和磁电分流比计式测量机构组成。流比计式测量机构又由电压线圈 L_V，电流线圈 L_C，平衡线圈 L_V'，阻尼线圈 L_D，电压回路限流电阻 R_V，电流回路限流电阻 R_C 组成。

当用额定转速摇动手摇发电机时，在电流回路及电压回路将产生电流 I_1 及 I_2。由于电压回路与电流回路在整个仪表的测量回路中接成并联支路，因此 I_1 与 I_2 的比值是与两回路的电阻值成反比的。由于电压回路中的电阻 R_V 为定值，电流回路中的电阻为 R_C+R_X(R_X 为待测绝缘电阻值)而 R_X 是可变的，故 I_1 与 I_2 的比值变化决定于待测绝缘电阻 R_X。又因为仪表可动指示部分的偏转角决定于 I_1 与 I_2 的比值，故可指示出待测绝缘电阻值的大小。

(2) 使用方法及注意事项

1) 根据被测对象选择绝缘电阻表的电压等级及测量范围：

绝缘电阻表的工作电压等级有：50V、100V、250V、500V、1000V、2500V、5000V 等几种。仪表的工作电压等级越高，越容易发现绝缘的缺陷，但若超出被试物品的试验电压，则易将被试物的绝缘击穿。所以必须选用合适的电压等级。通常可按表 3-10选择。

表 3-10

被测对象	被测绝缘的额定电压	绝缘电阻表的电压等级
电阻应变片		50V
电气设备绝缘	500V 以下 500V 以上	500～1000V 2500V
电力变压器及发电机	500V 以上	1000～2500V
电动机	500V 以下 500V～3000V 3000V 以上	500V 1000V 2500V
瓷瓶、母线刀闸		2500～5000V

2) 检查仪表是否正常：

测量前应首先检查仪表的性能是否正常，其方法是：让 L 和 E 端子开路，摇动手摇发电机至每分钟 120 转，此时表针指示为∞；然后将 L、E 端子短接，轻摇手摇发电机，仪表指针应指 0(注意不要猛摇以防烧坏仪表)，否则为坏表。

3）绝缘电阻表的测量引线应选用绝缘性能良好的导线，引线本身的绝缘电阻值应超过绝缘电阻表的有效刻度值上限(表盘刻度黑色为有效刻度)。引线长度要短，两根引线不得绞合，“线路端子”L 的引线不得贴近被试品的机壳或拖在地面上，以免影响测试结果。

4）切断被测物的电源并对地充分放电以保证人身和仪表的安全，测量线路绝缘时还应切断线路上的所有负载，必须在不带电的情况下进行测试；被测物表面应洁净，不得有灰尘，以免影响测量的准确性。

5）仪表应放置在平稳的地方，对有水平调节装置的仪表应首先调好水平，放置地点不得有强磁场和大电流导线，以免影响读数准确。

6）将仪表与被测对象按规定正确连接。

连接方法见图 3-22。

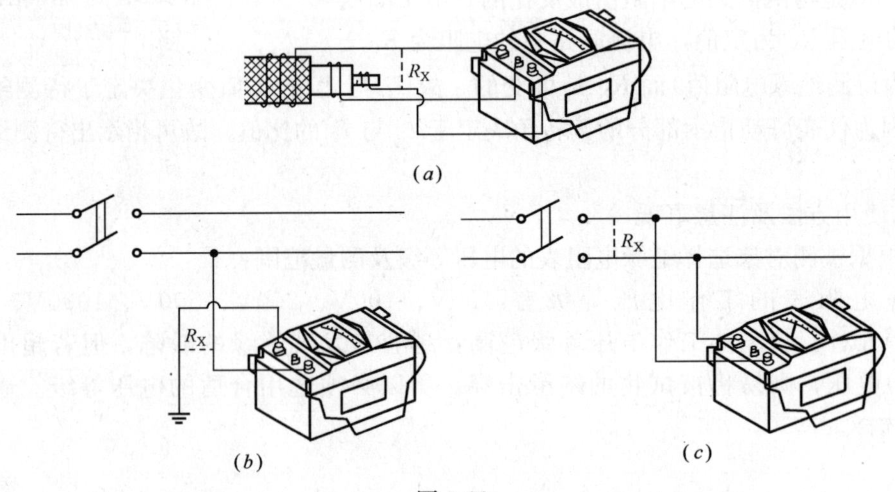

图 3-22

(a)测电线绝缘电阻；(b)测电气线路绝缘电阻；(c)测线路间绝缘电阻

测电机绕组绝缘接线见图 3-23。

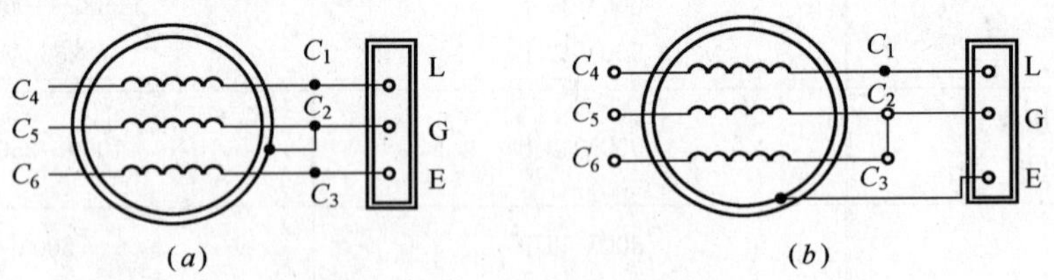

图 3-23

(a)测绕组间绝缘电阻；(b)测绕组对外壳绝缘电阻

测变压器绝缘电阻接线见图 3-24。

7）按仪表规定的额定转速摇动手摇发电机(摇动时不能忽快忽慢以保持电压稳定)，

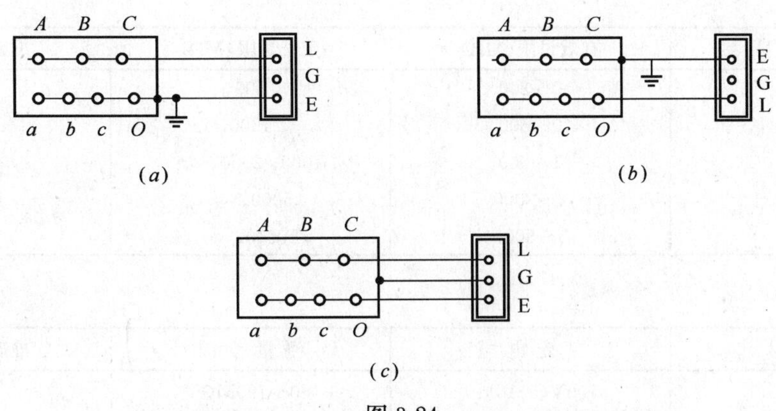

图 3-24

(a)高压绕组对外壳绝缘测试；(b)低压绕组对外壳绝缘测试；

(c)高压绕组对低压绕组绝缘测试

在 1min 后读取测量值，测量吸收比时应先将手柄摇至额定转速后再接上被试品，然后读取 R_{15} 和 R_{60} 的数值。

8）对于容量较大的被试物如电缆、高压电机、大容量变压器等，测量时应待读数稳定后再行读取，读数后应将摇表速度逐渐降低以免试品中存储的电荷经绝缘表放电而损坏仪表。测完后应将试品充分放电以保护人身安全。如需重复测量，则放电时间应不少于测量时间，以免第二次测量时受残留电荷影响而使充电电流减少使测得的绝缘电阻值偏高。

9）绝缘电阻表属强制检定计量器具，因此必须定期检定，合格后方准使用。

（3）常见绝缘电阻表主要技术参数见表 3-11、表 3-12、表 3-13。

表 3-11

型　号	额定电压	量　限	精　度	绝缘电阻	耐　压
ZC11-1	100V±10%	0～500MΩ	1.0 级	20MΩ	1.5kV
ZC11-2	250V±10%	0～1000MΩ	1.0 级	20MΩ	1.5kV
ZC11-3	500V±10%	0～2000MΩ	1.0 级	20MΩ	1.5kV
ZC11-4	1000V±10%	0～5000MΩ	1.0 级	20MΩ	2kV
ZC11-5	2500V±10%	0～10000MΩ	1.5 级	35MΩ	3.5kV
ZC11-6	100V±10%	0～20MΩ	1.0 级	20MΩ	1.5kV
ZC11-7	250V±10%	0～50MΩ	1.0 级	20MΩ	1.5kV
ZC11-8	500V±10%	0～100MΩ	1.0 级	20MΩ	1.5kV
ZC11-9	50V±10%	0～200MΩ	1.0 级	20MΩ	1.5kV
ZC11-10	2500V±10%	0～2500MΩ	1.5 级	35MΩ	3.5kV

表 3-12

额定电压(V)	有效量限(MΩ)	延长量限(MΩ)	准确度等级
100	0～200	500	1.0
250	0～500	1000	1.0
500	1～500	1000、2000、∞	1.0
1000	2～2000	5000、∞	1.0
2500	5～5000	10000、∞	1.5

表 3-13

型号	额定电压	测量范围	准确度等级
ZC25-1	100V(±10%)	0～100MΩ	1.0
ZC25-2	250V(±10%)	0～250MΩ	
ZC25-3	500V(±10%)	0～500MΩ	
ZC25-4	1000V(±10%)	0～1000MΩ	

2. GZ-8 型智能高压兆欧表(中国科大)

这种测试仪表主要用于现场调试和运行维护时测量高压电气设备的绝缘电阻、吸收比和极化系数。适用对象为电力变压器、电动机和发电机、高压开关、避雷器、高压电缆等。

它具有体积小、携带方便、操作简单、显式直观稳定、数据准确度高等优点。

(1) 仪表结构和工作原理

GZ-8 型智能高压兆欧表的电路基本结构可分为主、副两个通道，见图 3-25。主通道有输入取样单元、电阻—频率转换电路、光电耦合电路及数据处理电路。主通道中 2.5/5kV 直流测试高压经电阻取样网路，转换成与试品电阻成反比的电压信号，经高阶滤波电路滤波放大后，送入电阻—频率转换电路，输出与试品电阻成正比的频率信号。该频率可变的脉冲经光电耦合电路隔离后，送至数据处理电路进行计算和数据处理。在软件支持下，数据处理电路将频率信号转换成与试品绝缘电阻值一致的数字量，并产生有关控制信号。

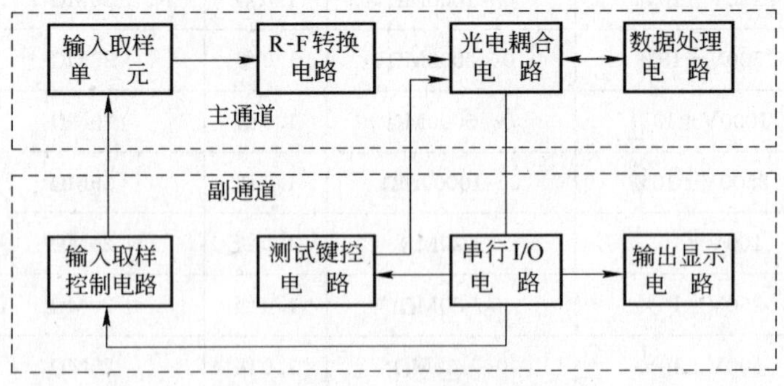

图 3-25 GZ-8 型智能高压兆欧表电路基本结构图

副通道有测试键控电路、串行 I/O 接口电路及输出显示和输入取样控制电路。主通道中数据处理电路的运行，由测试键控电路给出的信号控制。当仪表处于测量状态时，数据处理电路接收电阻—频率电路产生的可变频率信号，经计算处理后的数据又经光电耦合电路送至副通道串行 I/O 接口电路，后者将信息转换成输出信号，并组成不同的复合控制信号，分别送给键盘输入接口电路、输出显示电路及输入取样控制电路，完成数码显示、计时、报警功能，并给出高压选择信号、高压启动信号、短路保护信号和自动量程转换控制信号。

GZ-8 型智能高压兆欧表采用框架式结构，抗震性好；电路采用插件形式，调试维修方便；高压组件封装、干扰小、安全性能好；电路设计和元器件选择采用了简化电路、功耗降额和留有耐压余量等措施，提高了整机可靠性指标；焊接和安装工艺采取特殊工艺措施，保证了仪表性能稳定，高阻值测量准确可靠。

仪表测量的准确度可达±(3～5)%。参照国标，下靠规范值±(5～10)%。

(2) 仪表的特点

1) 智能化

它采用单片机 MCS-51 为电路的核心器件，可自动更换量程，连续显示变化中的试品绝缘电阻值。在软件上配置了先进的数字处理技术，使输出数据的准确度、稳定度都有很大提高，仪表的测试功能也较完善，操作简便。

2) 该仪表采用双支路桥式电压比较电路，构成比较(比率)测量方式，测量电路转换系数与测电压实际值及其稳定度无关。在不同测试电压档次下均能准确显示试品所呈现的绝缘电阻值。测试电压不同，仪表读数的倍率值不变。

3) GZ-8 型智能高压兆欧表除可实时显示被测试品的绝缘电阻值外，还增加了电力系统试品绝缘性能测试必需的吸收比和极化系数两个参量的自动计算和显示。在保证仪表动态测量指标的前提下，示值误差≤(3～4)%。

4) 为了适应恶劣现场测量的环境，并使采集的数据稳定，摒弃传统使用 A/D 转换电路的设计方案，采用了独特的电阻—频率数字转换器。该电路不仅完全代替了旧式的模数转换器，而且准确度高，线性度、稳定性、动态工作范围和抗干扰性能等方面都有所改善，提高了仪表综合技术指标，基本测量误差可控制在±5%以内。

5) 在信息采集和传输通道中采用了低电位屏蔽组构方式，光电耦合电路及特有的串行编码输入输出电路，不但简化电路组合形式，还进一步优化了电路，提高了电路的可靠性，增强了系统的抗干扰能力。

6) 仪表有延迟短路保护功能，可防止试品被击穿或短路时损坏仪表，并在正常测量状态下保证对容性试品有较强的充电能力。

7) 高压发生器采用开关稳压电路，不仅效率高，而且电源负荷能力增强，高压输出稳定度增加。

8) 操作简单、成本低、功能全，量限可达 200000MΩ，短路电流较大，有较强的抗干扰能力，适用于现场施工作业。

(3) 主要技术参数

1) 测试电源　额定电压　2500V/5000V，≤±5%。

2) 测量范围　4～200000MΩ。

3) 测量准确度　量程 5～50000MΩ 时≤±5%；

量程 50000～200000MΩ 时，≤±10%。

4）测量方式　连续测量　数据采样4次/s，示值更新1次/s，实时显示被测电阻值。

吸收比　保持每15s的电阻值，保持时间7s。1min时高压自动消失。鸣叫8s后显示试品吸收比值。

极化系数　保持每15s的电阻值，保持时间7s。10min时高压自动消失，鸣叫8s后显示试品极化系数值。

5）显示方式　3½液晶显示被测电阻值、吸收比或极化系数。3½液晶显示分·秒。

6）负荷能力　当高压测试电源LG端钮外接负荷下降至20MΩ时，测试电压变化率≤5%。

7）短路保护　当试品电阻值≤4MΩ时，延时5s后直流测试高压自行消失，25～30s后自动关机。

8）电压纹波　测试电压纹波含量≤5%。

9）计时报时　开机测量瞬间开始计时，并显示时间，每15s短促音响报时一次。

10）测试能力　可测量纯阻性和容性分量≤2.1μF的试品，仪表惯性网络延时≤4s。对单位电容的充电时间≤7.2s/μF，对单位电容的放电时间≤60s/μF。仪表端短路电流值≥2mA(5000V时)。

11）绝缘　仪表本体与交流电源初级引线之间的绝缘电阻值≥50MΩ。

12）耐压　仪表L端钮与E、G端钮之间耐受50Hz正弦波6kV/1min试验电压。

13）供电方式　交流220V ±10%≤50mA；直流12V±10%≤350mA。

14）使用环境　温度0～40℃；相对湿度≤75%RH。

15）外形尺寸　340mm×230mm×220mm

16）质量(含充电电池)8kg。

(4）使用方法

GZ-8型智能高压兆欧表为水平放置俯视式密闭箱体，箱盖可卸，适于现场使用。二显示屏置于仪表面板显要位置，左屏显示时间，右屏显示测量结果，显示值乘100为试品的绝缘电阻值。三芯交流电源插座位于面板左下侧，交流电源220V±10%、50Hz，保险丝容量0.25A；三只测量端钮位于面板右侧，并附有标记，四只指示灯分别作状态指示；操作按键分为开机和关机键、高压选择键、测量键和等待新操作指令的暂停键等共七只。

为提高仪表抗干扰能力，它采用了低电位屏蔽组构方式，仪表测量电路输入端钮E接地；L端钮接试品，输出2.5kV或5kV负高压；测量电路地和测试高压正端接G端钮，用作试品表面漏电流屏蔽，电位等于接近于零的负电位。现场测量时，由于测量线屏蔽层的电位低，即使外包屏蔽和塑套的测量线拖地，屏蔽层对地也不致达到放电或强烈泄漏的条件，避免GE端钮间构成旁路，改变采样电路参数，影响示值准确度。

仪表对试品有较高的充电能力，测试电压上升速度快，允许接线后开机，仍可保证吸收比和极化系数的读测准确度，并避免测试人员带电操作，确保人身安全。仪表有较强的抗反充电能力，允许先关机后拆线。

1）充电

该仪表选用GNYG1.8型(R14)镉镍可充电池10节，电池容量1.8Ah，充放循环寿命可大于等于800次。

接通交流电源(此时机内有微弱的继电器吸合声)，持续按下“开机”键5s，充电指示灯间歇闪烁，仪表开始对电池以200mA恒流充电，2～30s后高压选择指示灯灭，7.5～9h后自动关机，停止充电。电池充电状态下，“关机”键无法中途切断充电过程，为使仪表中断充电，需切断交流电源。

充电状态下，按动任一测量方式键，仪表可进行测量工作。但充电电池宜充满后再工作，放电至“欠压”后再充电，以延长电池的充放寿命，确保可充电池的容量不致逐渐下降。因而，不要采用充电与测量并用的工作方式。电池充满电后，可持续正常作业4～5h。

2）测量

按动“开机”键，右显示屏显示“－”符号，仪表处于暂停状态，等待新的操作指令。每按动一次5/2、5kV键，测试电压将变换一次，以选择测试高压值。如不再操作，25～30s后，仪表自动关机。

右显示屏显示“－”后，按动任一测量键，L端钮有负高压输出，仪表进入正常测试状态。连续测量时，实时显示被测电阻值，停止测量需按“暂停”或“关机”键。读测试品吸收比时，按动吸收比键后，仪表开始计时，保持15s的测量电阻值，保持时间为7s，1min时高压自动消失，鸣叫8s后显示试品吸收比值，再25～30s后，仪表自动关机。测试极化系数时，按动极化系数键，仪表开始计时，保持每15s的测量电阻值，保持时间为7s，10min时高压自动消失，鸣叫8s后显示试品极化系数值，再25～30s后，仪表自动关机，可按“暂停”或“关机”键停止测量过程。

测量方式不能在测量中途转换，如改变测量项目，应先按“暂停”键，然后再选择相应的测量键钮。

仪表工作过程中，电池容量不足时，“欠压”指示灯亮，并持续音响报警(但仪表仍可短时间正常工作)，此时不能自动关机，需操作“关机”键。

仪表LE端钮外接电阻值≤4MΩ时，延时5s后直流测试高压自行消失，蜂鸣器持续短促鸣叫，左屏停止显时，右屏显零值，8s后仪表处于暂停状态，25～30s后自动关机。

3）维护保养和注意事项

① 测量线可采用内芯对金属屏蔽编织层能够耐受≥5000V电压的多股单芯屏蔽塑套软线，如使用普通的无屏蔽塑套软线，测量时绝不可将测量线拖地或与其他物品接触，以防构成LE旁路，影响对试品绝缘的准确测量。

② 仪表对单位电容的放电时间指标为≤60s/μF。如试品的电容量约为50000pF，则试品放尽残余电荷的时间为3s，实际试品放电时间还应长些，以保证试品残余电压下降到安全值以下。

③ 如需对同一试品进行第二次测量，第一次测量结束后的试品放电时间应略长于测量时间，以使试品绝缘介质充分恢复到原先无极化状态，否则将影响第二次测量数据的准确度。

④ 可充电池要求的环境温度为10～30℃；工作温度－20～45℃；贮存允许－40～50℃，常温下可充电池的自放电时间约2～3月。

⑤ 仪表外附的1500MΩ玻璃釉高压电阻并非标准电阻，仅作显示示值之用。

⑥ 开机后，按动测量键钮，仪表进入正常工作状态，显示测量时间，L端钮输出负高压。应谨防电击，确保人身安全。

⑦ 仪表虽有短路保护功能，但也应防止试品被击穿或发生短路时可能损坏仪表，更不应在仪表工作时将L端钮与E、G端钮偶然短接。

⑧ 常规测试时，G端钮接屏蔽(护环)必不可少，以防试品表面漏电流影响准确读数。

⑨ 由于仪表面板与屏蔽端钮G导通，绝缘测量时，联接于E端钮的接地线避免与仪表面板(虽然覆盖有面膜层)接触，以免仪表测量电路输入端被短路。

⑩ 仪表不允许在环境温度≥80%条件下使用，仪表要保持清洁，使用中避免剧烈震动和冲击。

⑪ 仪表应存放在干燥、通风良好、无有害和腐蚀性气体、无阳光直射的室内，并定期通电检查。

四、接地电阻测量仪器

1. 接地电阻的测量方法

接地电阻的测量方法常用的有电压表—电流表法和用接地电阻测量仪直接测量两种方法。

(1) 电压表—电流表法

电压表—电流表法接线见图3-26，此法要求电流表为准确度等级不得小于0.5级的交流电流表；电压表为0.5级以上的高内阻交流电压表，一般采用电子管电压表或数字电压表。

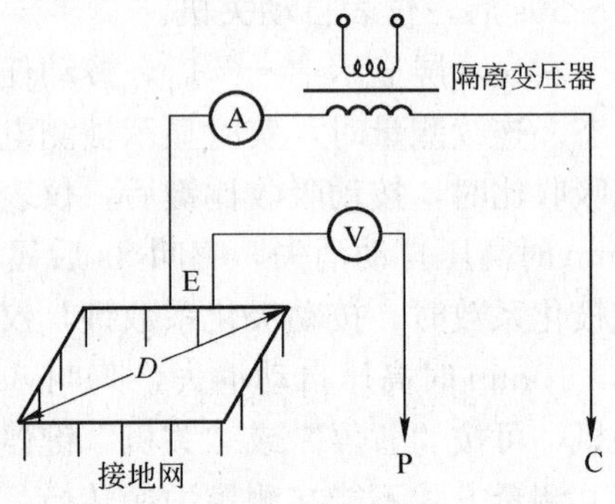

图3-26　接线图

1) 操作注意事项：

① C极和E的距离应大于5倍接地网对角线(5D)且不得小于40m。

② P极应在C-E的中点处。

③ 为防止外界干扰，测试电流应≥5A。

④ 操作人员测试时应穿绝缘靴，戴绝缘手套，以防跨步电压伤人。

2) 计算方法：

$R=\frac{U}{I}$，其中R为接地电阻；U为测量电压；I为测量电流。

此法操作复杂，工效低，安全性差，测量准确度低，故很少采用。

(2) 接地电阻测量仪法

采用接地电阻测量仪直接测出接地装置的接地电阻，此法操作简便、安全，测量准确度高，使用较为广泛。

2. 接地电阻测量仪

接地电阻测量仪按其工作原理分为流比计式和电位计式两种。

1) 流比计式接地电阻测量仪

此种测量仪的代表型号为MC-08型。其测量机构为双线圈磁电式流比计。其测量范围为0～10Ω～100Ω～1000Ω，最大误差为±10%。其简化原理图和接线图分别见图3-27和图3-28。

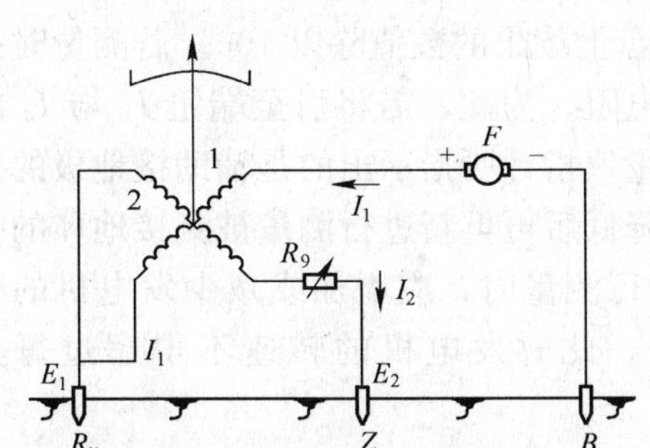

图 3-27　流比计式接地电阻测量仪简化原理

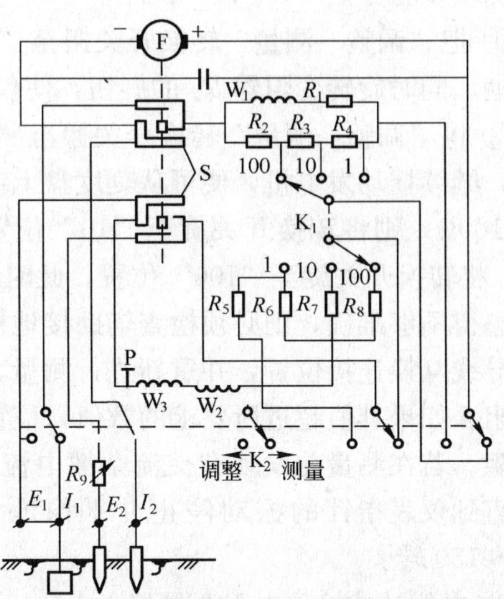

图 3-28　流比计式接地电阻测量仪接线原理

S—电流变换器；K—量程转换开关；P—接流比计外壳；

W1、W2、W3—流比计动圈；K2—调整测量开关；F—发电机

工作原理：线圈 1 与电源、被测接地体和辅助接地极串联，线圈 2 与电阻 R_9 联接在被测接地体与辅助接地极之间，在测量时加在线圈 2 回路的电压，正好与被测接地极的对地电压相等，即：$I_2(R_1+R_9+R_Z)=I_1\cdot R_x$

则

$$\frac{I_1}{I_2}=\frac{R_Z+R_9+R_1}{R_x}$$

式中　R_1——线圈 2 及所有其他标称电阻的串联电阻之和；

R_9——线圈 2 回路中的串联可变电阻；

R_Z——辅助接地极(电位极)的接地电阻；

R_x——被测接地体的接地电阻。

由于流比计指针的偏转角度 α 是电流比值$\frac{I_1}{I_2}$的函数即

$$\alpha=f\left(\frac{I_1}{I_2}\right)=f\left(\frac{R_1+R_9+R_Z}{R_x}\right)=\frac{K}{R_x}$$

式中　K 为常数。

得出结论：仪器指针偏转角度为被测接地电阻值的函数。

测量时由手摇发电机发出 175V 直流电压供给仪表，为避免土壤极化现象的影响采用机械变流器 S，将 175V 直流变为 380V 交流流经接地体，由于磁电式流比计只能工作于直流回路，为此由 S_2 再将交流变为直流，然后由流比计进行测量。

使用时应注意：当手摇发电机未转动时，指针如有偏转，则表示有直流杂散电流存

在；指针如有振动，则表示有交流杂散电流存在。

测量步骤：

① 把“调整—测量”转换开关搬至“调整”位置，以每分钟 120 转的速度摇动发电机手柄，同时旋转变阻器 R_9 的旋钮，使仪表指针指于刻度盘上的红线处。

② 将“调整—测量”转换开关搬至“测量”位置，并将“量程转换”开关旋至“1”位置，继续摇动发电机，便可从刻度盘上读出被测接地装置的接地电阻值。如果测量结果少于 100Ω，则将转换开关旋至“10”位置，此时刻度盘上读出的数值除以 10。若少于 10Ω，将转换开关旋至“100”位置，此时要将刻度盘上读出的数值除以 100。若测量时指针调整得不够准确，则必须检查辅助接地极的接地电阻。为此，需将引至端钮 I_1 与 I_2 的两根导线互换连接位置，并重新进行测量，此时测量仪指针所指示出的是辅助接地极的接地电阻。如果其值超过所要求的数值，应设法予以降低后再重新进行测量被测接地体的接地电阻。若在测量前发现有交流杂散电流，则在进行测量时，应增加或减少发电机的转数，直到仪表指针的振动停止并平稳地偏转为止，此时发电机的转速不得超过每分钟90～150 转。

2）电位计式接地电阻测量仪

这种测量仪是采用电位差计的原理进行测量的，由发电机、电流互感器、晶体管相敏整流器、磁电式检流计及测量回路组成。下面以国产 ZC-8 型接地电阻测量仪为例简述其工作原理及使用。

① 工作原理：仪表的工作原理及接线见图 3-29。当仪表的摇柄以 120r/min 的速度转动时，手摇发电机便产生频率为 110～115Hz 的交变电流，该电流 I_1 从发电机经互感器的一次绕组、接地极 E、大地和电流极探针 C 回到发电机。电流互感器二次侧产生的电流 I_2 接于电位器 R_S 的两端，当检流计的指针发生偏转时，调节电位器 R_S 的滑动触点 B 可使检流计达到平衡。当检流计的指针指于红线时，E 和 P（或 C_2 和 P_1）之间的电位差与电位器 R_S 的 O、B 之间的电位差相等。R_1、R_2、R_3 和 R_{14}、R_{15} 为量程电阻，通过量程开关 K 的切换可得到 0～1Ω/0～10Ω/0～100Ω 或 0～10Ω/0～100Ω/0～1000Ω 三个不同的测量范围。由于检流计为磁电式而测试电流为交变电流，故需采用晶体管相敏整流器将交变电

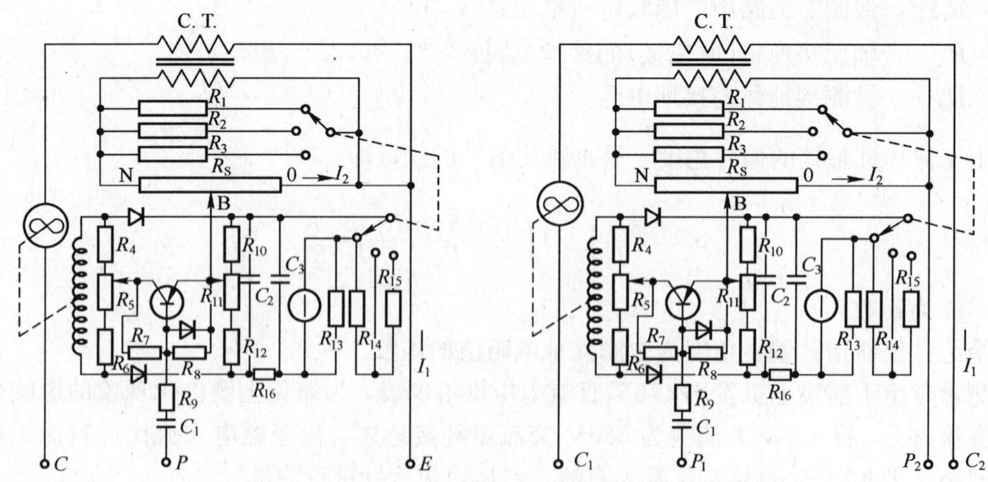

图 3-29　工作原理及接线图

流整流为直流供检流计指示。为了避免 50Hz 工频电流、土壤电解电流及其他杂散电流对测量的影响，在检流计电路中接入电容器，采用相敏整流，用 110～115Hz 交变电流作为测试电流，从而大大提高了测量的准确性。

② 使用方法与注意事项：

(*A*) 根据被测对象合理选用仪表：

常用接地电阻测量仪有 0～1Ω/10Ω/100Ω 和 0～10Ω/100Ω/1000Ω 两种规格，用于电气设备安装与调试时应优先选用测量范围为 0～1Ω/10Ω/100Ω 的接地电阻测量仪。

(*B*) 电位探测针 P'、电流探测针 C'应与接地极 E'在同一条直线上且彼此相距 20m。同时电位探测针 P'应插于接地极 E'和电流探测针 C'的中间，然后用导线将接地极 E'、电位探测针 P'和电流探测针 C'联接到仪表相应的端钮 E、P、C 上并断开被保护的电气设备上。见图 3-30。

(*C*) 将仪器(表)置于水平位置，检查检流计的指针是否指于中心线上，否则，可用零位调节器调节至中心线上。

(*D*) 将倍率开关置×10 档，缓慢转动发电机的摇把，同时转动测量盘，使检流计指针指于中心线上(如不能达到要求，可变换倍率开关的位置使其达到要求)。当检流计的指针接近平衡时加快发电机摇把的转速使其达到每分钟 120 转，调节测量盘旋钮使检流计指针稳定地指于中心线上。此时测量盘的读数乘以倍率开关的倍数即为所测得的接地电阻值。

(*E*) 当测量小于 1Ω 的接地电阻时应将 P_2、C_2 联接片打开，分别用导线联接到被测接地体上以消除联接导线引起的附加误差。如图 3-31。

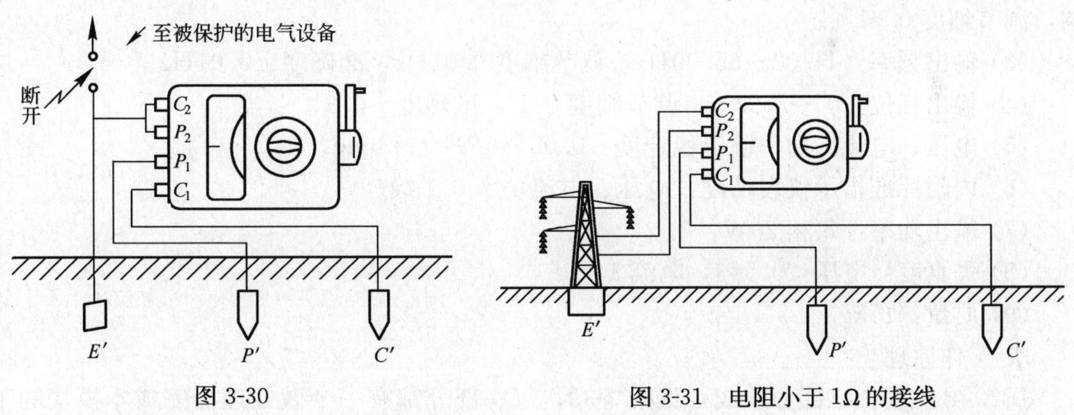

图 3-30　　图 3-31　电阻小于 1Ω 的接线

(*F*) 当测量大型接地网的接地电阻时，应将电位探极打在离电流探极 40m 以外的地方，接成三角形，见图 3-32。

(*G*) 严禁在雷电天气下或在带电体附近测量接地电阻，测量时应断开被保护设备，确保测量在不带电的情况下进行。

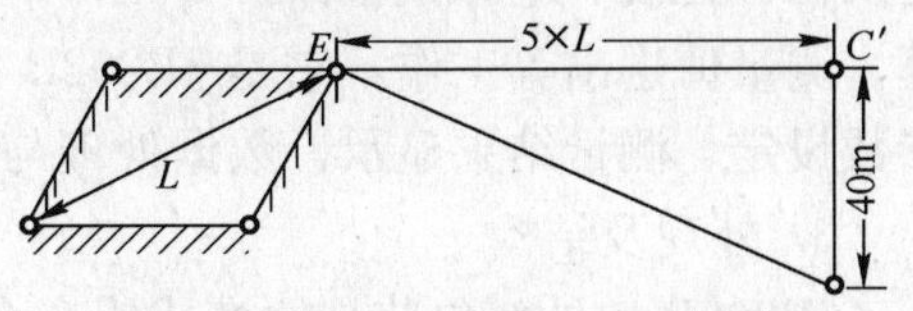

图 3-32　测量大型地网的电阻接线

③ 国产接地电阻测量仪主要技术参数见表 3-14。

表 3-14

型　号	规　格	准确度等级	制　造　厂
ZC-8	0～1/10/100Ω　分度 0.01Ω 0～10/100/1000Ω　分度 0.1Ω	1.5～5.0	北京电表厂
ZC29B-1 ZC29B-2	0～10/100/1000Ω　分度 0.1Ω 0～1/10/100Ω　分度 0.01Ω	1.5～5.0	上海第六电表厂
ZC-54	0～10/100/1000Ω　分度 0.1Ω	5.0	上海第六电表厂
MC-08	0～10/100/1000Ω　分度 0.1Ω	10.0	上海第六电表厂

五、JB202B 交直流指示仪表校验装置(郑州三晖电气有限公司)

在电气调试工作中，常需对现场的交直流电参数指示仪表进行校验，以验证仪表的性能是否符合要求。以往的做法是采用 0.5 级及以上的标准表和调压器、稳压器、移相器，直流稳压源采用直接比较法进行校验。采用比较法校验具有接线复杂、需用设备多、受现场供电电源影响大、校验精度低等缺点。而采用标准源法进行校验则具有接线简单，输出稳定，所用设备少，校验精度、工作效率高等优点。

JB202B 型交直流指示仪表校验装置，内含三相两元件程控交、直流精密电源和多功能的精度指示仪表，可直接对交直流电压、电流，有功功率、无功功率，频率，相位，功率因数等指示仪表进行校验。

1. 性能指标

(1) 交直流电压输出：0～750V，输出满度值 0.1～600V 任意设定，0～130%可调，调节细度 0.01%。

(2) 交直流电流输出：0～20A，输出满度值 0.1～20A 任意设定；0～130%连续可调，调节细度 0.01%。

(3) 输出频率：44.00～65.00Hz，调节细度 0.01Hz，准确度±0.01Hz。

(4) 输出相位：0°～359.9°，调节细度 0.1°，准确度±0.3°。

(5) 电压、电流、功率输出稳定度：0.05%(PF=1)3min。

(6) 内附标准指示仪表精度：电压、电流功率 0.1 级。

(7) 输出功率：每相 20W。

(8) 失真度：电压<0.5%，电流 1%。

(9) 质量：15kg。

2. 工作原理

JB202B 主要由三部分组成，见图 3-33，每一部分都有一个微处理器完成本模块的工作，模块之间由串行通讯进行相互联系与控制。电源部分主要完成数字波形合成、输出幅度及档位控制、电源报警保护等工作；测量部分完成输出输入量测量、控制电源、误差计算、测量值送出等工作，它是 JB202B 的主要控制中心；数据处理部分则完成键盘处理、参数设定、测量结果显示、数据处理与存储、打印、数据文件管理、与外部通讯等工作。

3. 外观及结构

JB202B 的外部包装是便携式铝合金箱，箱内除装有仪器外还配备了电源线、测试线、说明书等其他附件和选件。

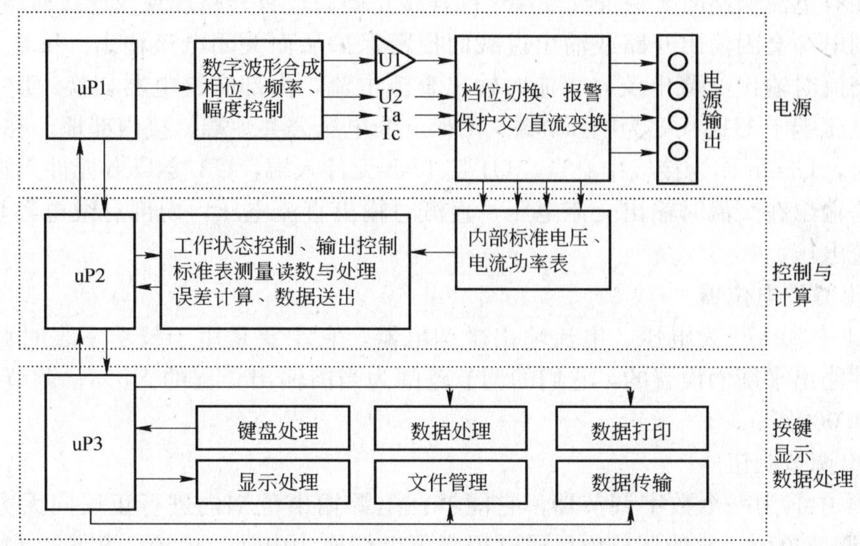

图 3-33　JB202B 电气原理图

（1）仪器前面板

图 3-34 为前面板结构。

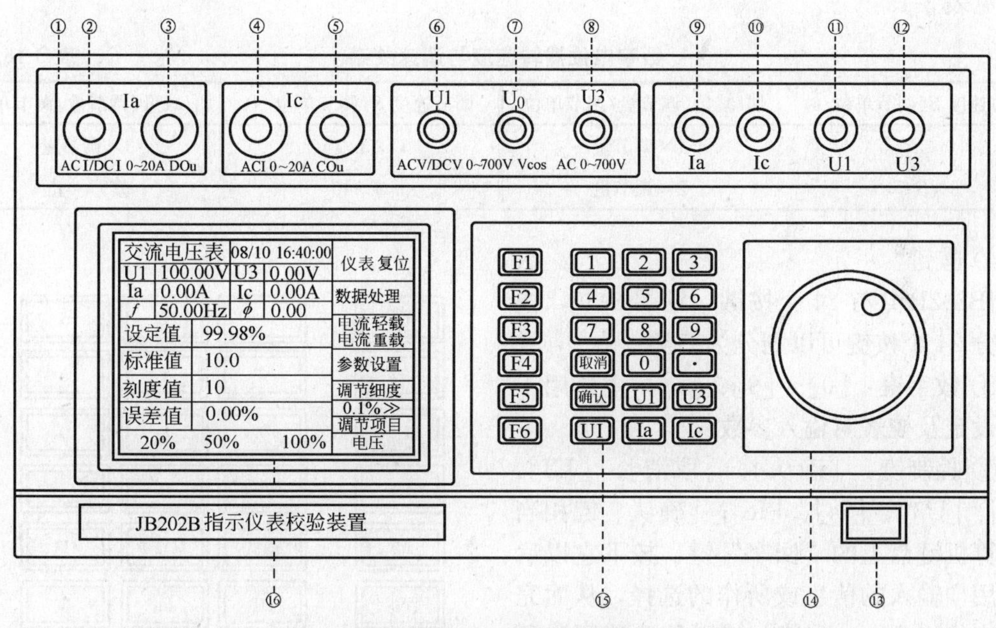

图 3-34　JB202B 前面板结构

①—前面板外壳；②—电流 A 相输出端子；③—电流 A 相输入端子；④—电流 C 相输出端子；⑤—电流 C 相输入端子；⑥—电压 U1 输出端子；⑦—电压公共输入端子；⑧—电压 U_3 输出端子；⑨—Ia 微调电位器；⑩—Ic 微调电位器；⑪—U1 微调电位器；⑫—U3 微调电位器；⑬—电源开关；⑭—调节旋钮；⑮—按键；⑯—液晶显示屏

1）电压、电流输出端子

图 3-34 中①～⑧为电源输出接线端子，电流端子红端子为电流出端，黑端子为电流

流入端，在有电流输出时要保证红黑端子间连接正确、没有开路现象或连接回路内阻过大现象，否则电源会因输出开路或输出过载而报警保护从而关闭电流输出。Ia 电流输出回路输出在交流时输出交流电流，直流时输出直流电流，内部有继电器切换，Ic 只输出交流电流；电压端子 U1、U3 为电压高端，Ucom 为电压公共地端，接内部地。在校三相三线功率表时，Ucom 作为接线中心点，U1 接 Uab 元件入端，U3 接 Ucb 元件入端。U1 电压输出回路输出在交流时输出交流电压，直流时输出直流电压，内部有继电器切换，U3 只输出交流电压。

2）输出微调电位器

图 3-34 中⑨～⑫为电压、电流输出微调电器，它主要是用于校功率表时调节电压、电流两元件输出平衡而设置的，它们的调节范围为当前输出量程的±5%；调节细度为当前量程的 0.002%。

3）输出调节旋钮

图 3-34 中⑭为一个数字调节器，它能够在电源输出范围内进行正反向无穷尽调节，每周 20 个调节单位。它的调节项目通过程序可以切换为电压、电流、相位、频率，而调节细度可以通过程序切换为当前量程的±0.01%（0.01Hz/0.1°）、±0.1%（0.1Hz/1.0°）、±1.0%（1.0Hz/10.0°）。

数字调节器在调节时程序会根据调节速度作相应处理，如果调节速度快则增加量更快，见表 3-15：

数字电位器转速度与调速关系　　表 3-15

调节速度 S(调节单位/s)	加/减量(调节量/调节单位)	调节速度 S(调节单位/s)	加/减量(调节量/调节单位)
$0<S\leqslant5$	1×调节量	$11\leqslant S\leqslant40$	3×调节量
$6\leqslant S\leqslant10$	2×调节量	$S>40$	禁　止

4）按键

JB202B 共有 24 个按键，见图 3-35，按功能分 24 个按键可以划分为三类：

① 数字键：［0］～［9］、［.］，主要用于参数设定及校表时输入参数。

② 控制键：［确认］、［取消］、［UI］、［U1］、［U3］、［Ia］、［Ic］；［确认］键相当于计算机键盘上的“回车”键，按下它以后确认用户输入的信息或所作的选择，从而完成相应的指令。［取消］键则是取消用户所输入的信息或所作的选择，恢复以前原有的信息或状态；［UI］、［U1］、［U3］、［Ia］、［Ic］键则是电源输出控制键，它们只有在测量误差状态下有效，按一下［UI］可以打开全部电压、电流输出，再按一次则关闭输出；而［U1］、［U3］、［Ia］、［Ic］则是电压 U1、U3、电流 Ia、Ic 的分相输出启停键，按一次，相应的相输出打开并升至设定的幅度，再按一次该键则关闭输出。

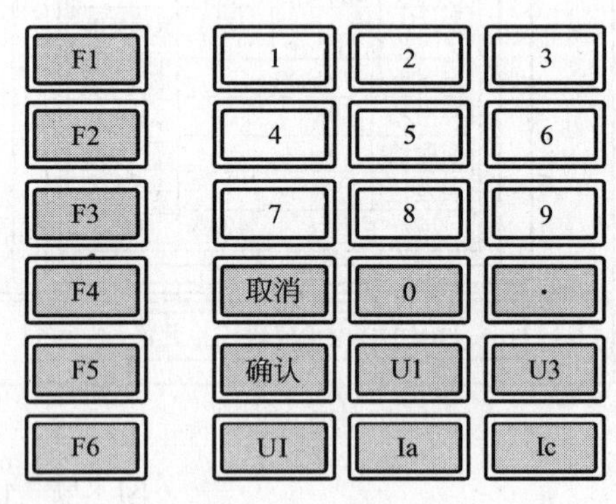

图 3-35　JB202B 按键

③ 多功能键：[F1]～[F6]；多功能键在不同的工作状态下有不同的功能定义，见表3-16，在不同的工作状态下该键的定义会显示在显示屏右侧与该键位置平行的地方，用户不必记住每键的功能，只需按照相应的中文功能提示进行操作即可。

多功能键在不同工作状态下的定义 **表 3-16**

工作状态 键名	开机/复位	参数设置	误差计算	数据处理	文件管理
F1	校电压表	交/直流、有/无功、相位/功率因数切换	复位仪器、电流正向/反向(校功率表)	把当前表的校验数据存储	删除当前选中文件/删除所有文件
F2	校电流表	自动置点/人工置点切换	进入数据处理状态	打印当前显示的数据	打印当前选中文件
F3	校功率表	实值显示/百分比显示切换	电流轻载/重载切换	清除当前数据区中数据、开始一新表记录	调出当前选中文件，进入数据处理状态显示数据
F4	校频率表	确认当前设置参数进入下一参数设置	进入参数设置状态	进入文件管理状态	选中当前文件的前一个文件
F4	校相位表	退一字符	选择数字电位器调节细度	显示的校表数据翻屏	选择当前文件的下一个文件
F6	文件管理	确认设定的参数并进入误差计算状态	选择数字电位器调节项目	校验记录显示/误差处理显示切换	退出文件处理状态，返回先前工作状态

5）液晶显示屏

JB202B 的液晶显示屏为一 6 英寸彩色液晶显示屏，它能显示七种颜色，显示屏的显示画面结构与颜色是程序设定的，不能改变它。

由于液晶显示屏是液晶器件，所以在使用仪器时要注意以下事项：

① 在 0～30℃温度范围内使用仪器，温度过高或过低及环境温度的剧烈变化会导致显示色彩不正常、对比度不强。

② 不要在阳光直射的地方使用仪器，这样会看不清显示内容并会降低液晶屏使用寿命。

③ 不要用尖锐利器刻划或碰撞显示屏，这样会毁坏显示屏。

④ 不要剧烈振动仪器。

⑤ 长时间不使用仪器最好关闭仪器。

(2) 后面板

后面板主要由通风散热窗、电源插座、串行通讯口、打印接口等组成，见图 3-36。

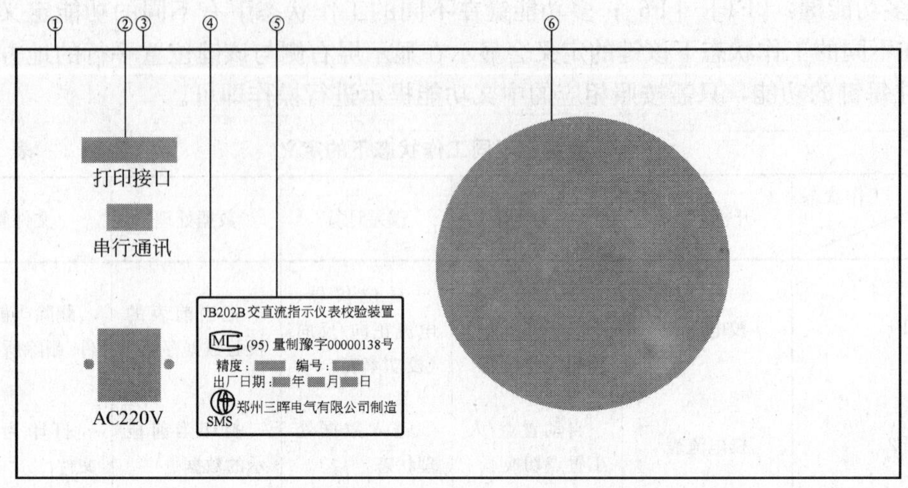

图 3-36　JB202B 后面板结构

①—后面板；②—打印接口插座；③—串行通讯接口；
④—电源插座；⑤—仪器铭牌；⑥—通风散热窗

1）打印接口

JB202B 的打印接口为一标准并行打印接口，它能接至任一标准的与 LQ1600K 兼容的打印机。接口定义见图 3-37。

2）串行通讯接口

JB202 的串行通讯接口是一标准 9 针 RS232 串行通讯接口，它主要用于与微机连接并传输校表数据，其定义见图 3-38。

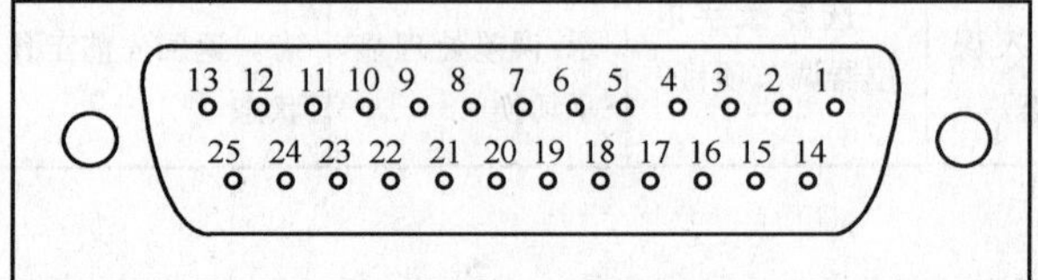

图 3-37　打印接口

1—CLK；2—D0；3—D1；4—D2；
5—D3；6—D4；7—D5；8—D6；9—D7；
11—打印机忙信号；19～25—地

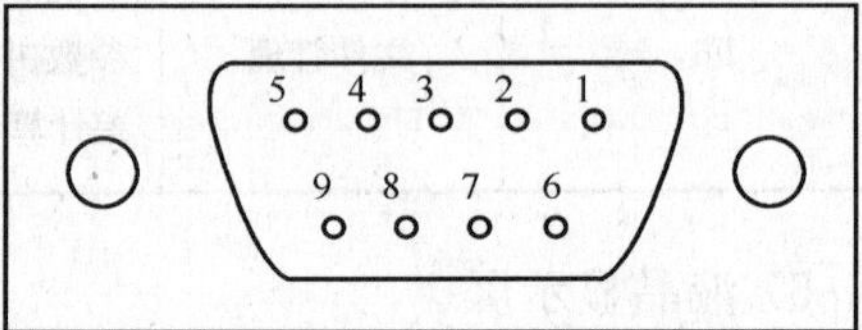

图 3-38　串行通讯接口

2—串出；3—串入；5—通讯地

4. 接线

(1) 电压指示仪表接线

JB202B 校电压(交/直流)指示仪表时 U1 输出校表电压，所以校电压表时电压表的电压输入端接 JB202B 的“U1”端子，输出端接 JB202B 的“Ucom”端子。校电压表的接线见图 3-39。

(2) 电流表接线

JB202B 校电流(交/直流)指示仪表时 Ia 输出校表电流，所以校电流表时电流表的电流输入端接 JB202B 的“Ia”红端子，输出端接“Ia”的黑端子。校电流表的接线见图 3-40。

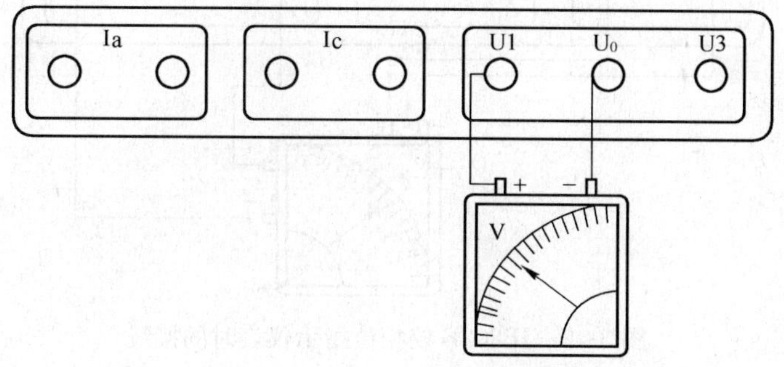

图 3-39　JB202B 校电压指示仪表接线

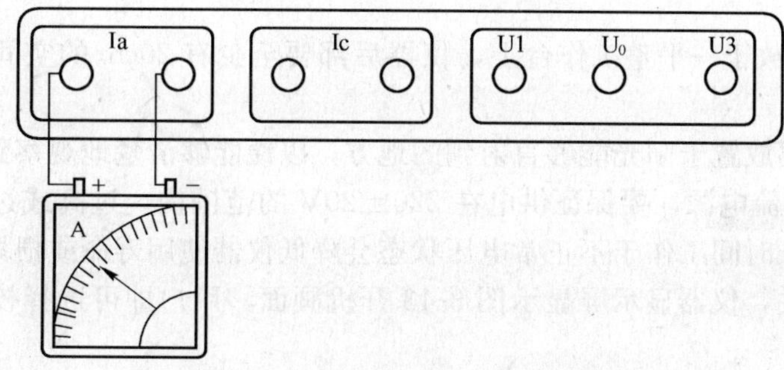

图 3-40　JB202B 校电流指示仪表时的接线

(3) 功率表接线

JB202B 能校单相或三相三线的有/无功指示仪表，校单相功率指示仪表时电压接“U1”、“Ucom”端子，电流接“Ia”端子，校三相三线功率表时的接线图见图 3-41：

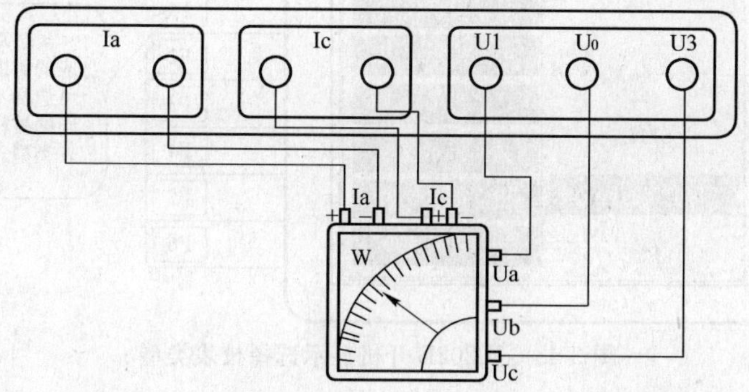

图 3-41　JB202B 校三相三线功率指示仪表时的接线

(4) 频率表及相位表接线

JB202B 校频率表与校电压表同，也使用 U1 输出电压，接线图参照图 3-39；校相位表或功率因数表时与校单相功率表相同，见图 3-42。

5. 校表操作

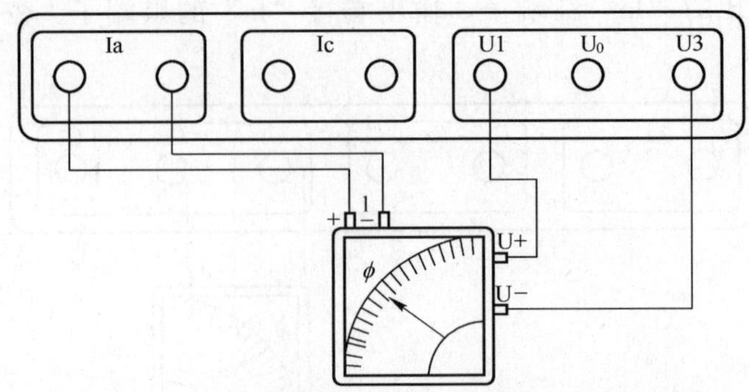

图 3-42　JB202B 校相位指示仪表时的接线

校表工作包括接线、选择被校表类型、设置参数、调节电源输出、选择校验刻度点、误差存储等工作。

(1) 开机

把 JB202B 安放于一平整工作台上，仪器后部要至少有 20cm 的空间以便仪器保持良好的通风散热。

仪器最好不要放置于阳光能够直射到的地方，以便能够清楚地观察到显示内容。

接通 220V 交流电源，要保证供电在 220±20V 的范围内，过高或过低电压可能使仪器工作不正常，长时间工作于不正常电压状态会降低仪器使用寿命或损坏仪器。

打开电源开关，仪器显示屏显示图 3-43 开机画面，用户即可选择校表类型进行校表工作。

(2) 选被校表类型

开机显示见图 3-43 画面后，即可根据工作需要选择校表类型或进行数据文件管理。按显示屏右边每项提示对应的[F1]～[F6]键，即可进入下一步设置校表参数画面。

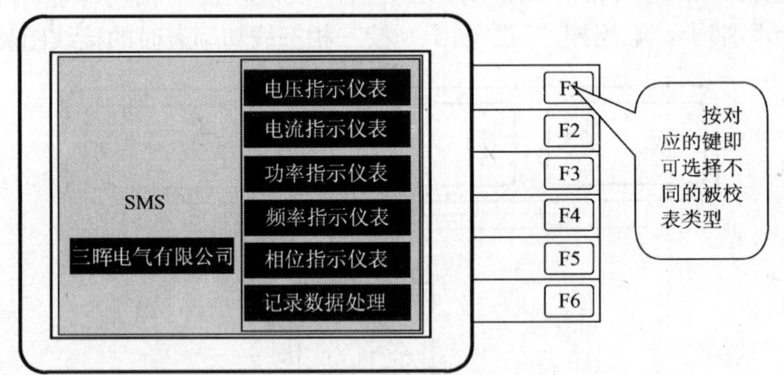

图 3-43　JB202B 开机显示选择校表类型

图 3-43 提示的电压表包括交流电压表和直流电压表；电流表包括交流电流表和直流电流表；功率包括单相和三相三线有功/无功表，相位表包括相位表和功率因数表。

(3) 设置校表参数

在选择好被校表类型并按下对应的键之后，显示画面会切换至参数设置画面，见图 3-44，在参数设置画面列出了需要设置的参数，可以根据具体情况输入相应的参数，具体输入参数方法及每项参数的含义参照以下各节所述。

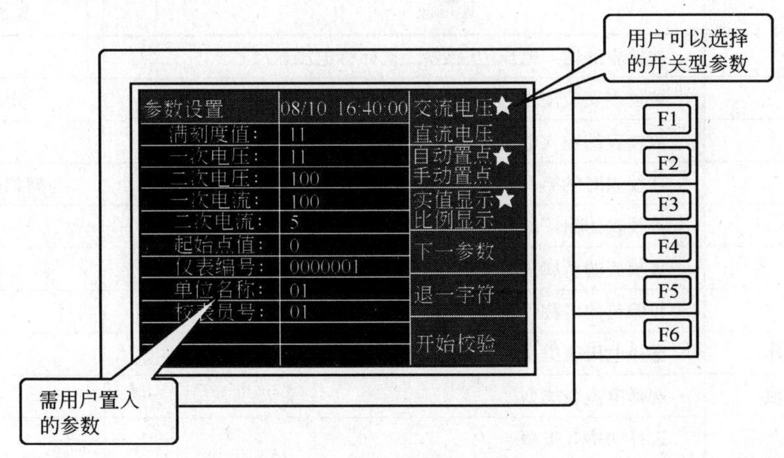

图 3-44　JB202B 参数设置显示画面

1）参数输入方法

首次进入参数设置状态时仪器调入出厂设置的缺省参数，在校表过程中进入参数设置状态则调入用户上次设置的参数。

校表参数从输入方式分可分两类，一类是需输入数据内容的，如被校表满刻度值、一次电压等。需输入的参数都列表显示在参数显示窗中，进入参数设定状态后设置项目指向第一个参数，该参数的显示内容的底色为白色，如果要改变此项参数，可以根据具体情况使用下述方法：

① 直接输入要设定的参数，新参数将取代原有参数显示于原来位置，输入过程中显示颜色为红色。

② 如果要取消刚刚输入的参数恢复原来参数，按［取消］键。

③ 如果想改变参数的最后一个字符，按［F5/退一字符］，将删除参数的最后一个字符。

④ 本参数设置完毕，按［确认］或［F4/下一参数］即保存置入参数进入下一参数设置。

另一类参数是需选择的项目或开关量，如在校电压表时［F1］对应的是“交流电压表/直流电压表”选择，显示字符后面的“★”表明当前的开关状态，若要改变选择，只需按［F1］键即可切换选择交流电压/直流电压。其他选择也是如此。

2）参数的具体含义

JB202B 所用到的每一种参数的具体说明见表 3-17，要依据不同的情况输入正确的参数，特别是满刻度值、一次电压、二次电压、一次电流、二次电流的输入要遵循一定的规则，否则就不能得到正确的电源输出和误差结果。

JB202B 的参数设置项含义　　**表 3-17**

参数名称	具体含义	参数单位
满刻度值	被校指示仪表的满度	用户自定*
一次电压	被校表安装使用时互感器一次标称电压	用户自定

续表

参数名称	具体含义	参数单位
二次电压	被校表的输入电压(互感器二次标称电压)	V
一次电流	被校表安装使用时互感器一次标称电流	用户自定
二次电流	被校表的输入电流(互感器二次标称电流)	A
起点刻度	在校表时的第一个校验点刻度值	与满刻度单位相同
仪表编号	被校表的出厂编号或局编号	
单位名称	被校表的所属局单位名称代号	
校表员号	校验员的名称代号	
交流/直流电压	选择电压表类型	
交流/直流电流	选择电流表类型	
有功/无功	选择功率表类型	
相位/功率因数	选择相位表类型	
自动置点/人工置点	选择在校验时是自动选点还是人工置点	
实测显示/比例显示	选择在校验时一次标准指示值显示是按百分比显示还是按实际值显示	

*：自定义参数单位参见下节所述。

上表所述的参数项是JB202B所用到的所有参数，但并不是每次校表都要输入所有参数，校不同的表所需设置的参数项也不同，如校电压表就不需置一次电流、二次电流，不需选交流电流/直流电流、有/无功等；不需设定的参数不在显示屏上显示或光标不能跳到该参数项。而允许输入的参数如果不必要也可不必输入而使用缺省值，如仪表编号、单位名称和校表员号等如果用户对校表数据不作打印或存盘处理，就可不必输入，而满刻度值、一次电压、二次电压、一次电流、二次电流五项是必须输入的参数。否则就不能得到正确的电源输出和计算出正确的误差。

3）参数的单位选取

JB202B的满刻度值、一次电压、一次电流三个参数和校表时校验点刻度的单位可以根据具体情况任意选取，如一次电压和电压表满刻度可以选取1kV、10kV、100kV等，一次电流和电流表满刻度可以选取0.1kA、1kA等，功率表满刻度可以选取0.1MW、1MW、10MW、100MW等。

上述参数单位虽然取法灵活，但要遵守以下原则，否则就得不到正确的误差结果：

① 校电压表时一次电压、满刻度值和校验点的单位要保持一致，如选取kV，则三者都选取kV作为单位。

② 校电流表时一次电流、满刻度值和和校验点的单位要保持一致，如选取kA，则三者都选取kA作为单位。

③ 校功率表时，满刻度值和校验点的取值单位要和一次电压单位×一次电流单位相同，如满刻度值单位取1MW，则电压单位×电流单位则必须是1MW，如电压选1kV，电流取1kA；或电压取10kV，电流取0.1kA等。

④ 取相同的单位，可以不是标准单位，只要操作者觉得读取、输入、显示方便即可。

⑤ 取单位时要兼顾到最后的显示结果和计算结果，如一次标准值在显示时一般长度限制在 7 位(包括小数点)，小数点后保留 3 位或 4 位，故单位取过大或过小都会导致计算和显示精度不符合要求。

⑥ 二次电压的单位必须是“V”，二次电流的单位必须是“A”。

4）参数设置举例

为了更加明确地说明参数设置方法，下面列举了常见的几种表的参数设置方法。

例一：校验一块经互感器接入式交流电压表，其满刻度为 120kV，接入互感器的变比为 110000/100，要校验的刻度点有：20kV、40kV、60kV、80kV、100kV、120kV，则各项参数设置见表 3-18：

参数设置示例 **表 3-18**

<table>
<tr><th colspan="2">设置方案
参数项目</th><th>方案一
单位 1kV</th><th>方案二
单位 10kV</th><th>方案三
单位 0.1kV</th></tr>
<tr><td colspan="2">满刻度值</td><td>120</td><td>12</td><td>1200</td></tr>
<tr><td colspan="2">一次电压</td><td>110</td><td>11</td><td>1100</td></tr>
<tr><td colspan="2">二次电压</td><td colspan="3">100</td></tr>
<tr><td colspan="2">起点刻度</td><td>20</td><td>2</td><td>200</td></tr>
<tr><td rowspan="6">试验点</td><td>20kV</td><td>20</td><td>2</td><td>200</td></tr>
<tr><td>40kV</td><td>40</td><td>4</td><td>400</td></tr>
<tr><td>60kV</td><td>60</td><td>6</td><td>600</td></tr>
<tr><td>80kV</td><td>80</td><td>8</td><td>800</td></tr>
<tr><td>100kV</td><td>100</td><td>10</td><td>1000</td></tr>
<tr><td>120kV</td><td>120</td><td>12</td><td>1200</td></tr>
</table>

例二：校验一块低压直接接入式交流电压表，满刻度为 400V，校验点有：100V、200V、300V、400V。参数设置方案见表 3-19：

参数设置示例 **表 3-19**

<table>
<tr><th colspan="2">设置方案
参数项目</th><th>方案一
单位 1V</th><th>方案二
单位 10V</th><th>方案三
单位 100V</th></tr>
<tr><td colspan="2">满刻度值</td><td>400</td><td>40</td><td>4</td></tr>
<tr><td colspan="2">一次电压</td><td>400</td><td>40</td><td>4</td></tr>
<tr><td colspan="2">二次电压</td><td colspan="3">400</td></tr>
<tr><td colspan="2">起点刻度</td><td>100</td><td>10</td><td>1</td></tr>
<tr><td rowspan="4">试验点</td><td>100V</td><td>100</td><td>10</td><td>1</td></tr>
<tr><td>200V</td><td>200</td><td>20</td><td>2</td></tr>
<tr><td>300V</td><td>300</td><td>30</td><td>3</td></tr>
<tr><td>400V</td><td>400</td><td>40</td><td>4</td></tr>
</table>

例三：校验一块经互感器接入式电流表，满刻度值为 600A，接入互感器的变比为

600/5，校验点有：150A、300A、450A、600A。参数设置方案见表 3-20：

参数设置示例　　表 3-20

参数项目＼设置方案		方案一 单位 1A	方案二 单位 10A	方案三 单位 100A
满刻度值		600	60	6
一次电流		600	60	6
二次电流		5		
起点刻度		150	15	1.5
试验点	150A	150	15	1.5
	300A	300	30	3
	450A	450	45	4.5
	600A	600	60	6

例四：校验一块三相三线有功功率表，满刻度为 120MW，电压互感器变比为 110000/100，电流变比为 600/5，校验点有：20、40、60、80、100 和 120MW。设置方案见表 3-21：

参数设置示例　　表 3-21

参数项目＼设置方案		方案一 单位 1MW	方案二 单位 1MW	方案三 单位 10MW
满刻度值		120	120	12
一次电压		110	11	11
二次电压		100V		
一次电流		0.6	6	0.6
二次电流		5		
起点刻度		20	20	2
试验点	20MW	20	20	2
	40MW	40	40	4
	60MW	60	60	6
	80MW	80	80	8
	100MW	100	100	10
	120MW	120	120	12

(4) 设置时钟

在参数设置时还能对时钟进行设置，如果要设置仪器的日期或时钟，在参数设置状态下按住［F4］键不松手超过 4s，参数设置的光标就移到显示屏上方的时钟显示栏内，并在［F6］对应提示栏显示“设置时钟”，此时光标位于月位置；若要改变月份，可以按［0］～［9］键输入月份；若要设置下一项，按［F4］键，将依次转到“日”、“时”、“分”、“秒”；若设置结束，按［F6］键则把设置的新的日期和时间写入仪器内部的时钟芯片内；

若要取消刚输入的数，而恢复原来时间，不按［F6］而关机再开机，则依旧保留原来时钟。

(5) 校表

参数设置完毕后，按［F6/开始校验］即可进入校表主画面，进入校表状态后，即可进行接线、调节电源输出、输出试验点数据、记录误差等工作。

1) 进入校表状态

在参数设置完毕后按［F6/开始校验］即可进入校表主画面，校表主画面见图 3-45，画面主要由校表种类、时钟、电源输出值(二次电压、电流、相位、频率)显示、电源输出设置值、内部标准指示仪表显示值、当前刻度点误差、模拟刻度标尺、功能键定义等内容组成。只有了解每项显示内容的意义之后才能正确使用和操作仪器。

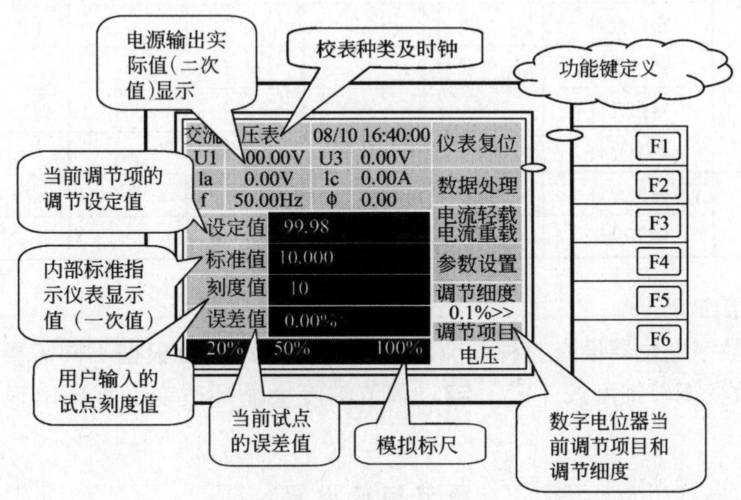

图 3-45　测量画面显示内容

进入校表状态后，用户所设置的参数已经送入电源，电源已切换至相应的工作状态，此时仪器已经处于误差计算状态，所需做的只需接线、打开电源输出、输入试验点刻度、调节电源输出使被校表指针指向试点刻度，此时误差栏所显示的误差即是该试点的误差。可以记录下该点误差，继续输入下一点刻度，调节电源输出……直至校验结束，以下各节将详细讲述每一步的操作方法。

2) 打开电源输出

进入校表状态接好电压、电流连线之后，即可打开电源输出。不同的被校表所需输出的项目也不同，JB202B 规定不同的表所接的电源输出端是固定的，所以不接的相的输出也是禁止打开的，如校电压表时规定接“U1”相，此时只有［U1］键和［UI］有效，其他键无效，按一次［UI］键或［U1］键，显示窗中电源输出显示栏“U1”位置的显示字的底色变为红色，表明电源已经打开 U1 输出。在输出打开时再按一次［UI］键将关闭所有输出，按一次［U1］、［U3］、［Ia］、［Ic］将关闭相应相的输出。

不同种类的表的电源输出允许设置参见表 3-22。

3) 选择调节项目

在打开电源输出之后，即可调节电源输出至所需要的输出幅度，电源在开机初始状态电压、电流幅度都设定为 0，频率 50Hz，相位 0°，进入校表状态后缺省的调节项目是校表种类项，如电压表进入调节项目指向电压，电流表调节项目指向电流，可以按［F6］键切换调节项目，按一次［F6］键，将循环出现下一个调节项目；不同的表型所用的调节项目也不一样，不用的调节项目将不会出现，不同种类表的调节项目设置参见表 3-22。

不同类型表的输出允许与调节允许设置　　**表 3-22**

表种类	项目	Ia	Ic	U1	U3	频率	相位
交/直流电压表	输出允许	×	×	√	√		
	调节允许	×	×	√		√	×
交/直流电流表	输出允许	√	√	×	×		
	调节允许	√		×	×	√	×
有功/无功功率表	输出允许	√	√	√	√		
	调节允许	√		√		√	√
频率表	输出允许	×	×	√	√		
	调节允许	×	×	√		√	×
相位表	输出允许	√	√	√	√		
	调节允许	√		√		√	√

4）选择调节细度

JB202B 的数字电位器设有三种调节细度，见表 3-23，可根据不同需要选定不同的调节细度，需要改变调节细度按［F5］键，调节细度会循环改变，直到出现您所需要的调节细度。

调节细度设置　　**表 3-23**

项目＼细度	Ⅰ	Ⅱ	Ⅲ
电压	0.01%×二次电压/格	0.1%×二次电压/格	1%×二次电压/格
电流	0.01%×二次电流/格	0.1%×二次电流/格	1%×二次电流/格
频率	0.01Hz/格	0.1Hz/格	1.0Hz/格
相位	0.1°/格	1.0°/格	10.0°/格

数字调节器在调节时程序会根据调节细度作相应处理，此时不同的转速又可以组成不同的调节细度，具体说明见输出调节旋钮及表 3-15 说明。

5）输入刻度、显示和存储误差

JB202B 把在设置参数时所置的起始点值作为第一个试验点，在进入校验状态后自动把该值送至计算误差模块，此时显示误差即为该试验点误差，用户可调节电源输出直到被校表指示值指到相应的刻度点，待电源输出稳定及误差显示稳定后，该误差值即是该试验点的准确误差，此时可以保存误差，也可以继续输入下一点刻度进行下一试验点误差校验。

误差刻度点的输入、确认及误差存储方法如下：

① 当“刻度点”一栏后显示内容的显示颜色为白色时，表明该刻度值已经送至误差计算模块，当前显示的误差值是该刻度点误差值。

② 当“刻度点”一栏后显示内容的显示颜色为红色时，表明该刻度值是用户正在输入的一个新的刻度值，但它还没有被送至误差计算模块，当前显示的误差值是上一刻度点误差值。

③ 当“刻度点”一栏后显示内容的显示颜色为绿色时，表明该刻度点的误差已经被存至仪器内部，当前显示的误差值依然是该刻度点误差值。

④ 如果想要输入一个新的误差刻度点，在校验状态下任何时候即可输入，按［0］～［9］键和［.］键，在刻度点一栏后即显示出输入的相应的数字，输入时字符显示颜色为红色，输入完毕后按一次［确认］键，显示字颜色变为白色，表明确认输入的参数，并把该参数送出，开始计算该点误差。

⑤ 如果在输入过程中输入有误或想恢复上次刻度值，按［取消］键，即可恢复前一个刻度点值。

⑥ 输入刻度点数据长度不能超出 9 位，大于 9 位时输入的字符将不被确认。

⑦ 当刻度点显示字颜色为白色，并且当前显示的误差是想要保存的误差时，再按一次［确认］键，仪器将会把当前试点的刻度值、标准值和误差值存入仪器内的数据存储区内，同时该刻度点的显示字的颜色变为绿色。

在误差存储时要遵循一定的规则，同时在校验过程中也可查看保存的数据、打印数据、把数据作为一个文件长期保存等工作。

(6) 校验误差存储

校验误差存储工作包括数据存储区的清除、数据初始化、保存误差等过程。

1) 存储数据结构

在校验一块表时，用户设置完毕参数进入校验工作状态时，仪器将自动清除数据保存区的旧数据，把当前表参数的内容及校验日期存入数据存储区，存储指针指向数据结束位置并准备开始记录误差点数据。当在校验时按下保存误差键，仪器将把当前刻度点的刻度值、标准值、误差值存入存储区并准备记录下一个误差点。

JB202B 的数据存储区的容量共有 380 个字符，所以它所能保存的误差点是有限的，一般情况下可以保存 16～20 组误差数据，这要视参数数据长度和误差点输入数长度而有所变化。所以若想要保存更多的误差点，则要在设置参数和输入校表试点时尽可能降低输入内容长度，从而节省出存储空间供误差存储用。

当存储在误差存储区的数据总长度超出 380 个节符时，仪器将不能再存入新的误差值。

误差存储时允许存入刻度点相同的点，但是最好是在上升点和下降点各存一次，一个刻度点存储不要超过三次。因为在以后所讲述的误差处理时仪器将会从第一个误差点开始向后扫描，并且视该点误差为上升点，与该点刻度值的下一点则视为下降点，两点误差差值即为该点变差。若有三个试点刻度值相同，则第三个点将不作处理。

2) 存储误差

当“刻度点”一栏后显示内容的显示颜色为白色时，表明该刻度值已经送至误差计算模块，当前显示的误差值是该刻度点误差值。如果想要保存当前误差值时，按一次［确认］键，仪器将会把当前试点的刻度值、标准值和误差值存入仪器内的数据存储区内，同时该刻度点的显示字的颜色变为绿色。

当刻度点显示颜色为红色或绿色时，按［确认］键将不能保存误差。

3）误差数据清除

若不设置参数即使用原来参数重新开始校验一块新表或重新做一次校表记录时，需要清除数据存储区中原有的数据。否则所记录的误差将追加在原来数据记录后面。

清除原来数据有两种方法：

① 在校验状态按一次［F4/参数设置］键，进入参数设置状态，不作修改即按［F6/开始校验］再进入校验状态，仪器即重新初始化数据存储区，开始一个新表的记录工作。

② 在校验状态下按一次［F2/数据处理］键，进入数据处理状态，然后按［F3/清除数据］键，仪器即清除原来误差记录，开始一个新表的记录工作。

（7）自动选取刻度试验点

JB202B新增了一种自动选取试点刻度的功能，此功能适用于所取的试点之间是等差分布的情况，如校一电压表时取试验点2、4、6、8、10、12六个点，此时即可使用“自动选点”功能，用户只需输入两个试点刻度，程序即会自动按等差顺序向上累加或向下累减进行自动的试验点刻度设置。

如果在参数设置时将“自动置点/人工置点”开关置于“自动置点”位置，则在进入校验状态后仪器会把所置的起始点值作为第一个误差试验点的同时把该值作为相邻两个试点的间隔值保存；在校完第一个误差点按下保存［确认］键后，仪器保存误差数据，刻度点显示字为绿色，此时再按一次［确定］键，则仪器将自动把当前刻度点的值加上相邻两点差值的和作为下一个试验点显于误差刻度点位置并送出至计算模块。

如果要改变相邻误差点间隔，只需在保存完误差点后不再按［确认］键，直接输入下一刻度点刻度值，这样仪器就会把新置入的数减去上一个刻度点值的差值作为新的刻度点间隔。

当校验至最后一个试点时，如上述校完“12”刻度点后，当出现下一试点“14”时，重新置入“12”，则仪器视当前处于下降误差校验状态，把14－12的差值2作为相邻两试点差值保存。

（8）标准值显示方式

在校验状态，电源的实际输出值、频率、相位值和设定值是真值显示，而一次值（标准值）有两种显示方式，即实际值显示与百分比显示。

实际值显示的结果是通过以下公式计算而来：

标准电压值（一次电压）＝电源输出电压×电压变比

标准电流值（一次电流）＝电源输出电流×电流变比

标准功率值（一次功率）＝电源输出功率×电压变比×电流变比

而百分比显示则是把计算出的实际值除以设置的满刻度值而来，如下式所示：

标准百分比值＝（标准实际值/设置满刻度值）×100％

可根据需要在设置参数时设置“实测显示/百分比显示”的开关，选择相应的显示方式。

（9）电流轻载/重载

为了保护电源的输出功放，JB202B 设置了两档电流功放工作压，当仪器所接负载<15W时，应把电流轻/重载开关置于“轻载”位置，这样可以保护电流功放延长仪器使用寿命。当仪器所接负载>15W 时，应把电流轻/重载开关置于“重载”位置，否则电源就有可能由于负荷过大而使电流输出波形失真，并会导致电流报警。

在校验状态下任何时候按动［F3/电流轻重载］键，就会从轻载状态切换至重载或从重载切换至轻载。

(10) 电流反向

在校功率表时增加了一个电流反向的功能，当电流反向开关打开时，电流相位相移 180 度，即电流反向。

“电流反向”功能只有在校验功率表时有效，当需要切换至电流反向状态时，按一次［F1/电流负序］键，则电源自动切换至电流反向状态，再按一次［F1］键，则又回到电流正向状态。

(11) 仪器复位

JB202B 设置有软复位功能，即需要选择其他种类的表时，不必关机，在校验状态下按［F1/仪器复位］键，仪器出现“仪器复位：确认/取消”的提示窗，按［确认］键，则确认复位，按［取消］键则不复位，返回原来工作状态。

在校功率表时由于［F1］另作它用，所以要想复位仪器需按住［F1］键不松手超出 4s，仪器将会把该次按键作复位键处理。

在仪器复位之前要先关闭电压、电流输出。

(12) 电源报警

JB202B 有电压短路、电流开路报警自动保护功能，当有电压回路发生短路或电流回路发生开路现象时，JB202B 会自动关闭电源输出，并发出声音警告，同时在屏幕中央弹出一窗口，显示报警的相别，见图 3-46。

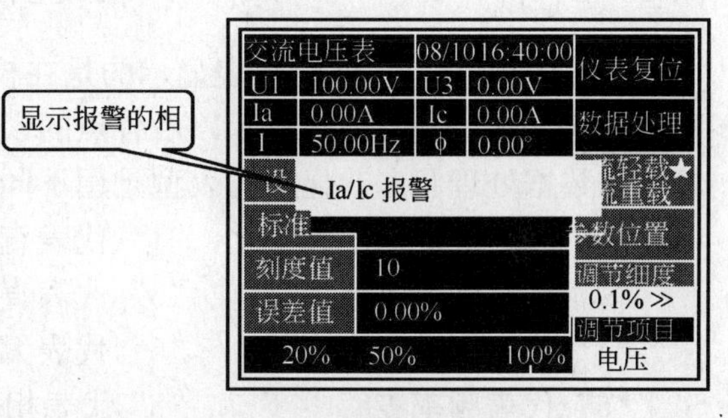

图 3-46　显示报警信息

当在报警发生时可以按［确定］、［取消］键或［UI］键解除报警，解除报警后报警信息框消失，喇叭警告声也关闭，此时要检查所报警相是否有电流开路或电压短路现象，端子是否有松动现象等。排除故障后可再按［UI］键打开电压、电流输出继续进行校验工作。

(13) 模拟指针标尺

JB202B 在校验时显示屏下方有一个模拟指针式标尺，它以图形方式显示出当前的标准刻度值的大小，在校电压表时它指示的是一次电压的相对于满刻度值的百分比值；校电流表时它指示的是一次电流的相对于满刻度值的百分比值；校功率表时它指示的是一次功率相对于满刻度值的百分比值；校频率表时它是一个指针式频率表，校相位表时它是一个指针式相位计。

JB202B 的模拟指示标尺最大只能指示到 115%，大于 115%的值不再指示，指示标尺的分辨率为 1%。

(14) 校验直流毫伏表

校验直流毫伏表与校其他直流电压表一样，只是在参数设置时，二次电压的设置单位也要用“V”，如校一块标称输入值为 100mV 的毫伏表，输入二次电压时，要输入“0.1”，而校验和数据处理过程与其他表一样。

6. 校验数据处理

JB202B 在校表过程中会把校验结果临时保存于仪器内，可以在校验结束后或校验过程中进入数据处理状态，对校验结果进行查阅、变差计算、最大误差点显示、打印、保存文件、清除等工作。

(1) 进入数据处理状态

在校验状态下按［F2/数据处理］键，将进入数据处理状态，显示见图 3-47 画面，画面中显示的数据即是当前被校表的参数数据和误差记录数据。

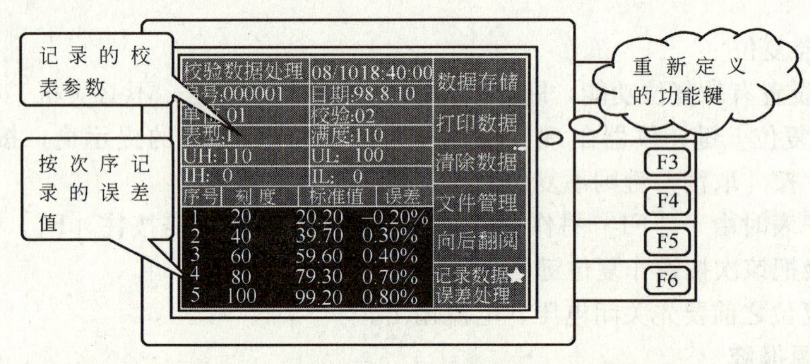

图 3-47　JB202B 校验数据处理显示画面

在上图中显示窗下部列表显示的是在校表过程中记录的误差数据，可以按［F5/向后翻阅］键，向后翻阅一屏显示以后各点的误差，到最后一屏时回到第一屏显示。

在数据处理状态，显示的表型是用不同的数字代表不同的表型：

“0”代表交流电压表　　“1”代表直流电压表

“2”代表交流电流表　　“3”代表直流电流表

“4”代表有功功率表　　“5”代表无功功率表

“6”代表频率表　　“8”代表相位表

“9”代表功率因数表

在数据打印或调入计算机后，这些代号会自动恢复成相应的表型。

(2) 显示变差及最大误差

进入误差处理状态显示的是误差记录，若要观察各校表试点的上升误差和下降误差、变差及最大误差，按一次［F6/误差显示/误差处理］键，此时显示误差栏转换为显示计算出的各校验点的上升误差、下降误差和变差，在最后一行还列出了本表的最大误差点及最大误差，见图 3-48。

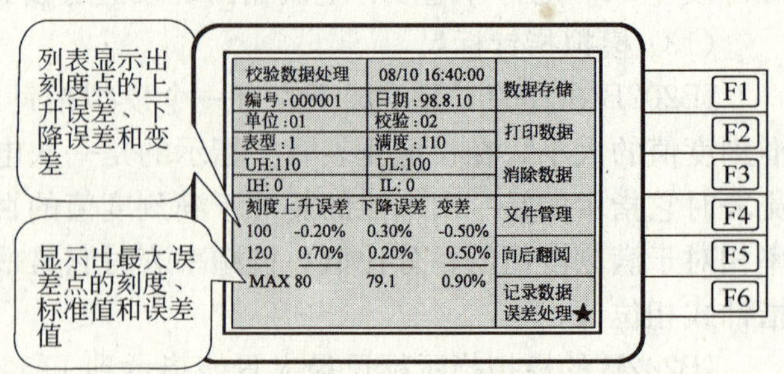

图 3-48　JB202B 误差处理后的显示画面

若要返回误差列表显示状态，再按一次［F6/误差显示/误差处理］键，将转到图3-47的误差列表显示状态。

（3）打印校验记录

在数据显示时若要打印当前显示数据，接通一台与LQ1600K兼容的针式打印机，装上一张A4或B5的打印纸（竖向），使打印机处于联机状态，按［F2/打印数据］键，JB202B则会把记录的数据按图3-49的格式打印出来。

（4）保存校验记录到文件

如果需要把在数据处理状态显示的当前的校表记录存储到文件，用于以后的查阅、打印或传输至计算机做数据库管理，在数据处理状态下按［F1/存储数据］键，JB202B则把当前显示数据作为一个校表文件存储于仪器内，JB202B存储数据文件时要注意以下事项：

1）存储区的容量最多可以存储60个校表记录，但这要视误差数据长度而定，若误差数据长度越大，能存储的文件数据就越少。

………… JB202B Measure Data …………

No: 00001
Date: 08/10 16
Type: U(AC)
Co.Name: 01
Commer: 02
Full Scale: 110
U1: 110
U3: 100
I1: 0
I2: 0

No.	Show Val	Par Value	Error(%)
1	20	19.78	0.20%
2	40	40.44	−0.40%
3	60	60.66	−0.60%
4	80	80.44	−0.40%
5	100	99.01	0.90%
6	100	99.88	0.20%
7	80	78.79	1.20%
8	60	60.33	−0.30%
9	40	40.22	−0.20%
10	20	19.01	0.90%

Show Val	UpErr	DownErr	Change Err
20	0.20%	0.90%	0.70%
40	−0.40%	−0.20%	0.20%
60	−0.60%	−0.30%	0.30%
80	−0.40%	1.20%	1.60%
100	0.90%	0.20%	−0.70%
…..	…..	…..	
Max	80	78.79	1.20%

图3-49 JB202B数据打印格式

2）当存储时提示“数据区满”的提示画面时，表明仪器的存储区已经用完，并且当前的记录也没有存入，此时要先进入文件管理画面，删除一些老的文件，然后再返回数据处理画面进行存储。此时注意在进入文件管理状态时不要调出文件数据显示，这样调出的文件内容会覆盖现在的校表数据，从而不能再进行存储。

3）存储在仪器内部的文件数据是存在电池供电的CMOS存储芯片内，所以长时间不开机可能使电池供电不足导致数据丢失，正常情况下数据能保存2～3个月。

4）仪器受意外干扰而造成的仪器状态紊乱可能导致数据丢失。

5）如果使用计算机管理校表数据，尽可能在短时间内把存储于仪器内的文件传输到计算机内做长久保存。

（5）数据的清除与退出数据处理

若数据处理完毕后要进行另一块表的校验工作，需要清除数据存储区中原有的数据。否则所记录的误差将追加在原来数据记录后面。

在数据处理状态下按［F3/清除数据］键，仪器即清除原来误差记录，开始一个新表的记录工作。

在数据处理状态按［取消］键，即可退出数据处理状态，返回校表状态，继续进行校表工作。

7. 仪器维护保养

(1) 在 0～30℃温度范围内使用仪器，温度过高或过低及环境温度的剧烈变化会导致显示色彩不正常、对比度不强。

(2) 不要在阳光直射的地方使用仪器，这样会看不清显示内容并会降低液晶屏使用寿命。

(3) 不要用尖锐利器刻划或碰撞显示屏，这样会毁坏显示屏。

(4) 不要剧烈振动仪器。

(5) 长时间不使用仪器最好关闭仪器。

(6) 把 JB202B 安放于一平整工作台上，仪器后部要至少有 20cm 的空间以便仪器保持良好的通风散热。

(7) 要保证供电在 220±20V 的范围内，过高或过低电压可能使仪器工作不正常，长时间工作于不正常电压状态会降低仪器使用寿命或损坏仪器。

六、直(交)流电桥

1. 直流电桥

(1) 直流单臂电桥

直流单臂电桥是测量 $1\sim10^6\Omega$ 电阻的常用仪器。在电工试调中，可以用来测量各种电机、变压器及各种电器的直流电阻。

直流单臂电桥测量原理如下：

这种电桥的测量原理见图 3-50。图中 ac、bd、cb、da 四条支路称为电桥的四个臂。其中 R_x 桥臂是被测电阻。其余三个臂，一个是作为调节电桥平衡的。另外两个臂的阻值之间存在着一定比例关系(此比例关系根据测量的需要可以任意选择)，称它为比例臂。三个臂均由标准电阻所组成。在电桥线路对角线 cd 之间接入一只指零仪表 G(称为检流计)。另一个对角线 ab 之间接上电池 E。调节一个或几个臂使检流计指示为零，即电桥达到平衡。因为 cd 之间无电流流过，因此 d 点电位必然与 c 点电位相等，即：

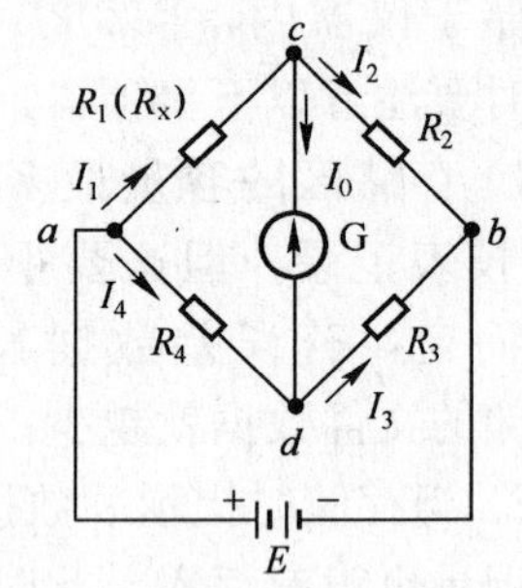

图 3-50　直流单臂电桥原理线路

$$U_{ac}=U_{ad},\ U_{cb}=U_{db}$$

也就是

$$I_1R_x=I_4R_4,\ I_2R_2=I_3R_3$$

因为

$$I_0=0\quad 可知\quad I_1=I_2、I_3=I_4$$

代入前式并简化后得：

$$R_1R_3=R_2R_4\qquad R_1(R_x)=\frac{R_2}{R_3}R_4$$

将 R_1 看成是被测电阻 R_x，由于 R_2、R_3、R_4 均为仪器中已知电阻值，故很容易算出 R_x 值。

(2) 直流双臂电桥

直流单臂电桥虽然测量准确度也很高，但是测量低电阻则有一定的缺点，因为它是将被测电阻 R_x 当作电桥的一个臂，当被测电阻 R_x 接入桥路中，同时也将接线电阻和接触电阻引进线路，因而引起误差。因此，直流单臂电桥不适合测量低电阻。为了克服单臂电桥中的接线电阻和接触电阻的影响，在单臂电桥原理的基础上制造一种双臂电桥。

1）直流双臂电桥测量原理

从原理线路图 3-51 中可以看出，双臂电桥与单臂电桥明显的不同处，在于双臂电桥具有双桥臂。有了这种线路结构，就能克服接线电阻和接触电阻的影响。

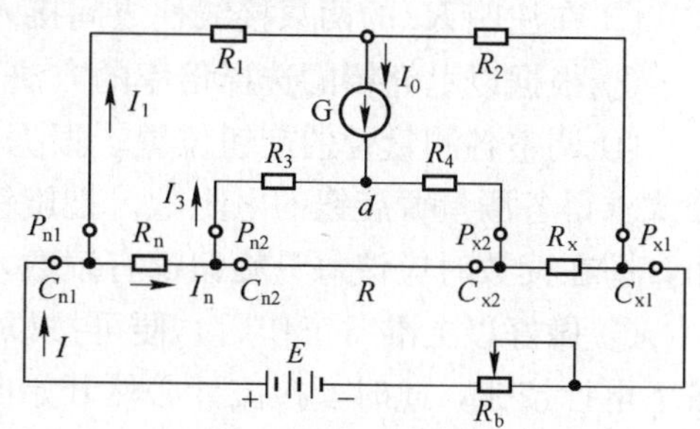

图 3-51 直流双臂电桥原理线路图

当双臂电桥经过有关电阻的调节，使电桥处于平衡时，则 cd 两点的电位必然相等（设连接 R_n 和 R_x 的粗导线的电阻为 R），根据基尔霍夫第二定律，可列出下列各方程组：

$$I_1R_1=I_nR_n+I_3R_3$$
$$I_1R_2=I_nR_x+I_3R_4$$
$$(I_n-I_3)R=I_3(R_3+R_4)$$

解上述方程得：

$$R_x=\frac{R_2}{R_1}R_n+\frac{RR_2}{R+R_3+R_4}\times\left(\frac{R_3}{R_1}-\frac{R_4}{R_2}\right)$$

由于制造电桥时，使电桥在调节平衡的过程中，总是保持$\left(\frac{R_3}{R_1}=\frac{R_4}{R_2}\right)$，因此上述的右侧只有$\frac{R_3}{R_1}\times R_n$ 一项存在，即 $R_x=\frac{R_2}{R_1}R_n$。式中 R_1、R_2 和 R_n 均为已知数，所以也就很容易地求得被测 R_x 的电阻值。

2）克服接线电阻和接触电阻的分析

从原理图中可以看出，被测电阻 R_x 和标准电阻 R_n 的接线电阻与接头 C_{n2}、C_{x2} 的接触电阻，都包括在电阻 R 的支路内（即成为 R_{n2} 的一部分）。因为被测电阻 R_x 只与$\frac{R_2}{R_1}R_n$ 各电阻有关，因此接线电阻和接触电阻引起 R 阻值的变化，就不会影响到测量结果，也就克服了接线电阻和接触电阻的不良影响。

其次，R_x、R_n 与电源连接的接线电阻和接触电阻，是否仍会影响测量结果？因为 R_x 与 R_n 的电阻，只能影响到电桥的工作电流的变化。而电流的变化较小，因而对电桥的平衡来说是极其微小的，可以忽略不计。

关于 R_{n1}、R_{n2}、R_{x1}、R_{x2} 的接线电阻和接触电阻的影响，均已存在于各支路中，从理论上分析，对测量结果是会发生误差的，但是因为电桥在制造时，将 R_1、R_2、R_3、R_4 各电阻的阻值都选在 10Ω 以上，该阻值与接线电阻和接触电阻的阻值相差是悬殊的，因此影响就大大地减小了。综合上述的因素，使双臂电桥能够克服接线电阻和接触电阻对测量结果的影响，从而适合对 $1\sim10^{-5}$ 或更低电阻的测量。

(3) 直流电桥操作及其注意事项

电桥是比较精密的测量仪器，如果使用不当，不但不会得到准确的测量结果，而且又很容易损坏仪器，因而必须正确地操作电桥。

1）直流电桥操作方法

① 使用直流电桥时，首先应将仪器置于水平位置。松开电桥检流计的指针锁扣，观察指针是否能准确地指在零位刻度上，如有偏差可用零位调节器将指针调至零位。

② 在注明 R_x 的两只接线柱之间接入被测电阻。

③ 根据以上介绍的选择倍率的方法，将倍率选钮置于所选定的倍率档上。

④ 调整各测量臂的旋钮位置。根据被测电阻的大概数值及选定的倍率值用电阻计算公式求得各测量臂旋钮的电阻数。把旋钮均置于适当位置。此时应注意做到充分利用各旋钮，即在读数时应该每只旋钮都有读数，这样测得的电阻值更为准确。

⑤ 做好以上准备工作后，便可按以下程序操作：先按下电池按钮，经过一定时间再按下电计按钮，此时，检流计必然开始向右或向左偏转。与此同时应迅速地调节测量臂的有关旋钮位置(即改变电阻数)，从而使检流计指针能很快地向检流计刻度中间的零位线方向移动。当指针已平稳而准确地停留在零位上，便可读取被测的电阻值，即：

被测电阻值=倍率数×测量臂电阻数。

2）操作过程中注意事项

① 电桥测量电阻时，均不许带电测试，因此，测量时必须将被测量的对象去掉电源，并与其他所有接线断开，单独测量。

② 使用电桥测量电阻时，有一个充电过程，为了保护仪器和取得准确的测量结果，在操作时要先按电池按钮后再按电计按钮。结束测量时要先松开电计按钮后再松开电池按钮。读数时必须是当指针平稳后，在按下电计按钮后指针再无移动，方能读数。

③ 所有导体的电阻值是随温度而变化的，故进行测量时必须记录当时的环境温度，如能测得对象本身实际温度，则更为理想。有时，测得的电阻值要与出厂资料对照以判断设备的性能，此时将测得的电阻值换算成同出厂相同温度下的电阻值，再行对照。

④ 使用双臂电桥要注意四根引出线的连接方法。双臂电桥 的 P_1 与 P_2 接线柱，称为电位接头；C_1 与 C_2 接线柱，称为电流接头。由 P_1 和 P_2 及 C_1 和 C_2 引出四根测量接线接到被测电阻的两端。这四根接线的接法是有规定的，接线时要使电位接头靠近被测电阻。如遇到测量单独电阻元件时，两端应用铜夹板将四根引线压紧，可按图 3-52(a)进行接线。如被测电阻对象属于线圈形的，由于线圈两端只有两个接线端子，此时应将电桥引出的两根电位接头(P_1、P_2)先接到被测线圈的接线端子上，然后再将电桥的两根电流接头(C_1、C_2)压在电压接头上面。具体按图 3-52(b)进行接线。

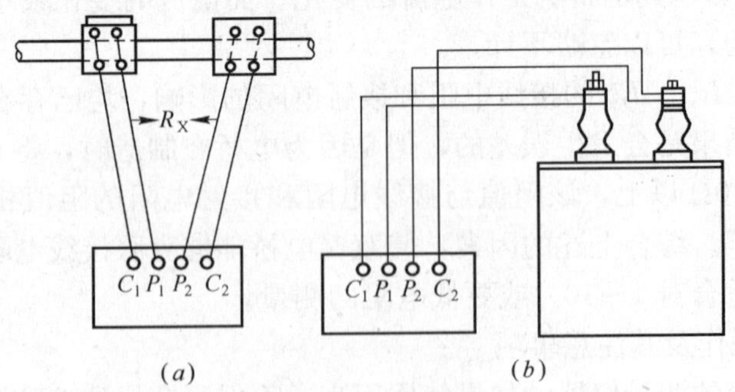

图 3-52 直流双臂电桥测量接线

(a)测量电器线圈直流电阻接线；(b)测量电阻元件直流电阻接线

2. 交流电桥

(1) 交流电桥基本原理

交流电桥的基本原理接线见图 3-53。它是由四个臂组成一个测量桥路，其中三个臂是由标准的电感、电容或电阻组成，而另一个臂则由被测对象构成。在测量桥路 dc 之间接入一只检流计作为电桥平衡指零仪表。

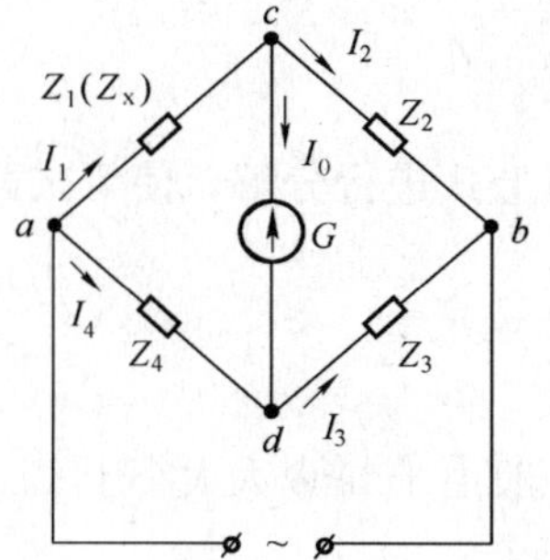

图 3-53　交流电桥原理线路图

当电桥处于平衡时，可列出如下方程：

$$\begin{cases} U_{ac}=U_{ad} \\ U_{cb}=U_{db} \end{cases} \quad 即 \begin{cases} \dot{I}_1 Z_1=\dot{I}_4 Z_4 \\ \dot{I}_2 Z_2=\dot{I}_3 Z_3 \end{cases}$$

二式相除得：

$$\frac{\dot{I}_1 Z_1}{\dot{I}_2 Z_2}=\frac{\dot{I}_4 Z_4}{\dot{I}_3 Z_3}$$

电桥平衡时，由于 $\dot{I}_0=0$，可知 $\dot{I}_1=\dot{I}_2$、$\dot{I}_3=\dot{I}_4$

化简上式得：

$$Z_1 Z_3=Z_2 Z_4$$

设 Z_1 为被测阻抗 Z_x，

则

$$Z_x=\frac{Z_2 Z_4}{Z_3}$$

制造电桥时，Z_2、Z_3、Z_4 均为已知数，当电桥平衡时就能很容易得出被测 Z_x 的阻抗值。

(2) 携带式交流电桥

QS_1 型交流电桥是用来测量 50 周波各种绝缘套管、瓷瓶、变压器或各种旋转电机线圈、电缆及高压设备绝缘的电容值或介质损失角的专用仪器。

1) 电桥测量原理

原理线路见图 3-54。这种交流电桥也是根据一般交流电桥基本原理制成的。当电桥达到平衡时即检流计 G 的电流等于零时，便可列出如下等式：

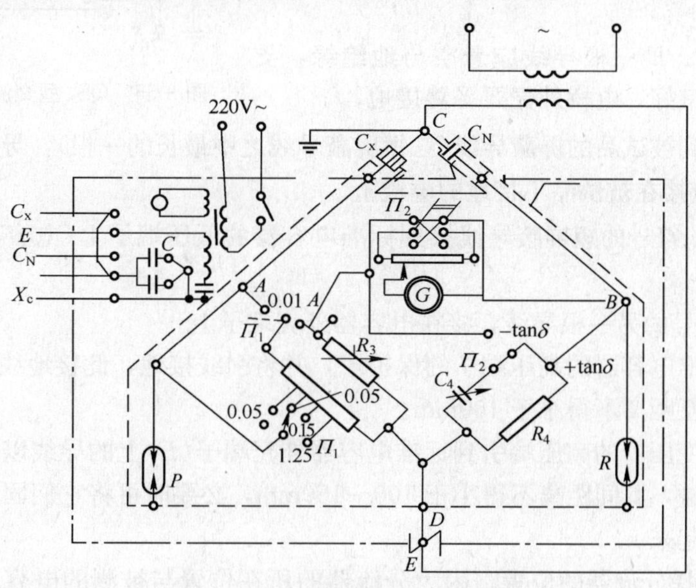

图 3-54　QS_1 型交流电桥测量原理图

$$\frac{Z_x}{Z_3}e^{t}(\varphi_x-\varphi_3)=\frac{Z_n}{Z_4}e^{t}(\varphi_n-\varphi_4)$$

或

$$Z_xZ_4e^{t}(\varphi_x+\varphi_4)=Z_nZ_3e^{t}(\varphi_x+\varphi_3)$$

将上式进行分解，使等式两端相等，即可求得：

$$\tan\delta=\omega C_4R_4,\ C_4=C_n\frac{R_4}{R_3}\frac{1}{1+\tan^2\delta}$$

一般由于 $\tan\delta$ 大大小于 1，故可将$\frac{1}{1+\tan^2\delta}$项略去，即成 $C_4=C_n\frac{R_4}{R_3}$。当仪器应用在 50 周电路中，$f=50$ 周，$\omega=2\pi f=100\pi$，R_4 值选为$\frac{10000}{\pi}$（R_4 值由制造厂预先选定）。则 $\tan\delta=C_4$（单位为 μF）。

由此可见，被试电气设备的介质损失角，在电桥平衡时等于 C_4 值。

2）交流电桥测量接线

QS_1 交流电桥测量时有许多接线方式，如有正接线法和反接线法以及其他接线方法，其中以正、反两种接线方法应用较广。

① 反接线法

反接线法适合对两极均不接地的电气设备（如瓷瓶、绝缘杆、变压器绕组、电机绕组及电缆芯等）测量电容或介质损失角用。测试接线见图 3-55。

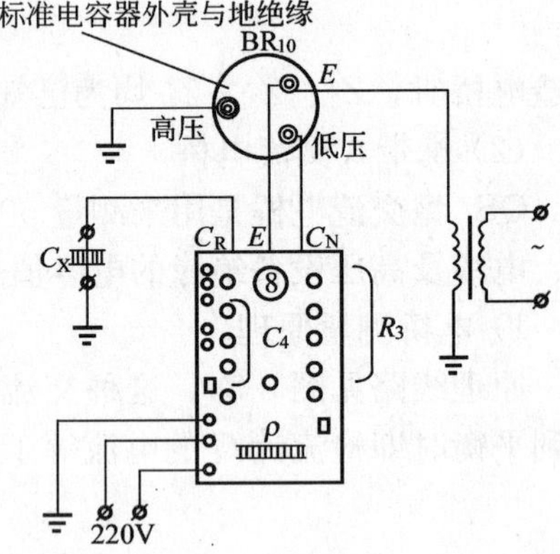

图 3-55 QS_1 型交流电桥反接线法

接线时要注意以下几点：

（A）试验设备要合理布置，所有的设备放置地方要尽量靠近被试品，而且使设备与高压部分隔开。变压器调整设备应靠近电桥便于操作，但要保持 0.5m 以上的距离。

（B）C_X、C_N、E 三根导线应悬空与地绝缘，支持绝缘杆应绝缘良好，电桥外壳要妥善接地。

（C）从电桥到被试品的屏蔽导线（三根屏蔽导线之中最长的一根），导线端头有小钩子并有 C_x 符号，应接在被试品不接地的电极上。

（D）带有 C_N 符号的短屏蔽导线接到标准电容器的低压端子上（电容器的外壳对地要进行绝缘）。

（E）有 E 符号的另一根导线，接在电容器外壳端子上。

（F）去掉标准电容器的高压端子的保护罩，并将引线接地，此接地线不得与标准电容器外壳相碰，相互距离不得小于 100mm。

（G）从试验变压器的高压端引到标准电容器外壳端子（E）上的导线以及三根屏蔽导线不得与接地物相碰，其间距离不得小于 100～150mm，必要时可将它们固定在绝缘瓷瓶上或用绝缘杆支撑起来。

（H）合理选择分流器的位置。因为分流器的所在位置与被测的电容量大小有关，因此在测量之前应对分流器的位置进行选择，选择可按表 3-24 进行。如果事先无法知道被测电容量，应先将分流器置于最大(1.25)位置，然后再逐次减小，以防止电桥过载。

分流器的位置选择表　　表 3-24

旋钮位置(最大允许电流，A)	0.01	0.025	0.06	0.15	1.25
分流器接入电阻(Ω)	$100+R_3$	60	25	10	4
最大允许被测试物电容(μF)(当电压为 10kV 时)	3.000	8.000	19.000	48.000	400.000

② 测试操作步骤(反接线法)

(*A*) 将 R_3 旋钮放在适当位置；C_4 旋钮置于零位；极性开关放在 $+\tan\delta$ 的断开位置；灵敏度旋钮放在零位；检流计调谐旋钮放在任一位置，电源开关要处于断开位置。

(*B*) 再次复查接线无误后，便可合上光照电源开关，此时刻度盘上应出现一狭光带，再用调零旋钮将光带调到接近零位。

(*C*) 合上高压试验电源，并升至所需要的试验电压。

(*D*) 把极性开关转到“$+\tan\delta$”，接通“1”或接通“2”。

(*E*) 自“0”开始调整检流计灵敏度旋钮，直到光带扩展到满刻度的 1/3～2/3 为止。

(*F*) 旋转检流计的调谐旋钮，找到检流计的谐振点。此时光带应达到最大宽度，检流计灵敏度达到最大。这一步骤操作不可忽视，应耐心地找到谐振点。否则测量时的灵敏度就要降低。

(*G*) 调节 R_3 可变电阻，使光带由宽变窄之后，接着，逐步调节 C_4 使光带的宽度达到最窄为止。再增加检流计的灵敏度，又调 R_3 使光带再由宽变窄，再校正 C_4 值，这样几次反复，一直调整到光带最窄为止。以后各级用 R_3 来进行平衡时应利用滑线电阻 R。在调节 R_3 时，每转换一个进级应作到心中有数，不可盲目乱调，否则不但浪费时间，而又不能得到电桥平衡。

(*H*) 经过上述反复几次调整 R_3 和 C_4，使电桥最后完全平衡，记下 R_3、R 和 C_4 数值，此时，检流计灵敏度转换开关在最大位置 10，且检流计已调整到试验电压的频率，测量结果才是可靠的。并记下此时分流器、极性转换开关与电源转换开关的位置。

(*I*) 将检流计灵敏度旋钮调至零，转换开关调至接通“2”或接通“1”的位置。

(*J*) 按上述方法逐渐增加灵敏度，如果光带扩大，则再调整 R_3 和 C_4 使电桥平衡，并记录 R_3 与 C_4 数值。

(*K*) 将灵敏度旋钮调整到零位。将电源开关转换到另一位置，然后逐步调整灵敏度转换开关，提高检流计的灵敏度，分别测出极性转换开关的($\tan\delta$)值和电源转换开关在两个不同位置下的 R_3 与 C_4 值，并作好记录。倒换电源极性时，应先将电压调回到零再倒换，然后再升压。

(*L*) 完成上述四次测定后，将检流计灵敏度降至零，断开极性开关，降低电压并断开高压试验电源，再将试验变压器高压端接地。

(*M*) 每次所测得的被试物的电容可按下式计算：当分流器电阻在 0.01 位置时

$$C_x=C_n\frac{R_4}{R_3+R}$$

当分流器电阻在其他位置时

$$C_x=C_n\frac{R_4}{R_3+R}\times\frac{100+R_3}{r}$$

式中　r——查表 3-24；

R——为滑线电阻工作部分电阻。

最后算出所测得被试验的四个电容(C_x)的平均值，可按下式计算：

$$C_x=\frac{C_{x1}+C_{x2}+C_{x3}+C_{x4}}{4}$$

(N) 每次所测得的介质损失角($\tan\delta_x$)以绝对值表示，可用下式计算：

$$\tan\delta_x=C_x$$

更精确的计算为：

$$\tan\delta_x=C_4+C_{N-d}-\frac{C_n}{C_x}\times C_{x-d}$$

式中　C_{N-d}——导线 C_N 与屏蔽之间的电容量(μF)；

C_{x-d}——导线 C_x 与屏蔽之间的电容量 C_4(μF)。

所测得介质损失角的正切值以百分比计算应为：

$$\tan\delta_x\%=100C_4$$

再用下式算出所测得的被试物四个正切值($\tan\delta_x$)的平均值：

$$\tan\delta_x=\frac{\tan\delta_{x1}+\tan\delta_{x2}+\tan\delta_{x3}+\tan\delta_{x4}}{4}$$

③ 测试操作步骤(正接线法)

正接线法与反接线法恰恰相反，它用于测量两极均不接地的电气设备和电容或介质损失角，测量接线可按图 3-56 连接。此时，C_x、C_N、E 三根导线是取在低压情况下，故无需悬空。标准电容器外壳接地端子和电桥外壳均要妥善接地。接线时，应注意以下几点：

(A) 导线 C_x 应接在被试物的电极上，此被试物的电极在正常工作时接地或有较低工作电压，如瓷瓶法兰盘部位。

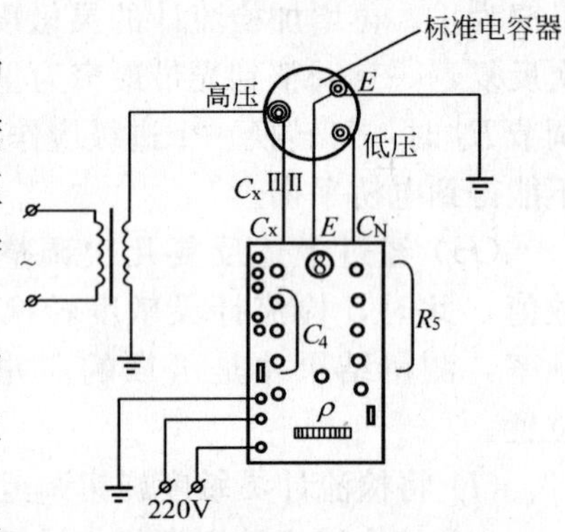

图 3-56　QS_1 型交流电桥正接线法线路

(B) 导线 C_N 接至标准电容器的低压端，导线 E 接至标准电容器外壳，同时将外壳接地。预先把标准电容器高压端的保护罩自标准电容器取去。从变压器到标准电容器与被试物之间的连接导线均无需进行屏蔽，但对地应该是绝缘的。正接线法的操作步骤与反接线法相同。

④ 特殊情况说明

(A) 如果遇到从调整装置与试验变压器方面来的较强的电磁场影响，或电桥与调整装置或试验变压器之间的距离不符合要求时，则应进行检查纠正。当检流计调节到线路的频率时，在测量以后进行检查是最方便的。即先使电压停电，将试验变压器的高压引出线与线路断开。然后再一次接通电源与变压器，并将电压调至测量时相等值。再把电桥的灵敏度转换开关放置在“10”的位置上(最高灵敏度)，接通检流计(即将极性转换开关从中间位置转向极端的任何一个位置)，再断开检流计，并轮流地注意光带宽度的变化情况。如检流计与电桥接通时光带明显扩大，这说明用一般方法不能排除电磁场的影响，如果排除不了这一影响，就将电桥移到另一位置，而且使电桥放置方向改变 180°，并再次重新测量。所以这样 $\tan\delta_x$ 与 C_x 的真实值要为八个读数的平均值，即电桥分别在两个方向与极性转换开关(+tanδ)和电源极性转换开关分别在两个不同位置情况下测得的八个结果数值。

(*B*) 在若干次测量读数之中(如四个数中有两个)，当试品上具有强烈静电影响时，电桥就不能保持平衡。此时，电桥仅随着 R_b 明显地平衡起来，即使加上最小值的 C_b 也可以使光带扩大。这就说明测得的 tanδ 是负数。可把极性转换开关转到标有“−tanδ”的位置上，以实现−tanδ 的测量。这时，电容箱 C_b 与电桥臂 R_4 分开而与电桥臂 R_b 并联。在此情况下，−tanδ 的数值可根据下式计算：

$$-\tan\delta=\omega(R_3+P)C_4\times10^{-6}$$

此公式只有在分流器位于 0.01 时才正确。

必须指出，在这样强的电磁场影响下，测量的准确度是很低的，因此除使用“−tanδ”旋钮测量外，还可采用将试验变压器的电源倒换极性或接到线路另一相电源上(需要时也可转到第三相)，或者将邻近用电设备暂时停止工作。

(*C*) 当被试物的电容量无法预估时，则应将 R_3 的分流器首先放在最大电流位置，然后逐渐将分流器转换开关的旋钮转到另一档位置。同时调节电桥平衡直到 R_3 值不低于 50Ω 而且电桥达到平衡时为止。当分流器在 1.25 位置时，R_b 最小值为 11Ω。但必须注意，如果分流器的旋钮转到比被试物实际电流小的位置时，会烧坏电桥臂的电阻。

(*D*) 测量时，如果 C_x 导线太短，也可以用屏蔽导线接长，连接时需把屏蔽导线的芯线与芯线连接，屏蔽层与屏蔽层连接。当被接的导线长度小于 1～1.5m 时，或被试物的电容量大于 10 万 μμF 时，也允许采用无屏蔽导线。

(*E*) 如被试物处在高压线路下面，必须要采用屏蔽措施，以消除干扰。

3. PC9A 型数字微欧计(上海电工仪器厂)

数字微欧计是专门用于测量低电阻的数字式仪器，在电气试验调整中可取代直流单、双臂电桥用于各种线圈，变压器及电动机绕组直流电阻和接触器，继电器触头及各种开关的接触电阻的测量。与直流单双臂电桥相比，具有测试精度高、测量范围广、稳定性好、抗干扰能力强、读数直观、操作简便等优点。

(1) 主要技术指标

1) 测量范围：

0.00001～2000Ω 共分六个量程：20mΩ，200mΩ，2Ω，20Ω，200Ω，2kΩ 量程自动切换。

2) 测试电流：

量　程	20mΩ	200mΩ	2Ω 20Ω	200Ω	2kΩ
测试电流	625mA		100mA	10mA	1mA

3) 分辨力：$1\times10^{-5}\Omega$；最大显示：1999；单位显示：mΩ，Ω，kΩ。

4) 基本误差：温度(20±1)℃；湿度(60±15)%时，$\Delta=\pm0.1\%\cdot R_n+2$ 个字。式

中，R_n 为被测电阻输出信息值。

5）温度附加误差：

温度每超出标准条件 10℃，增加 1 个基本误差。

6）仪器供电电源：DC9V(R20 干电池 6 节)。

(2) 工作原理

仪器采用电流——电压降测试方法，其原理见图 3-57。恒流源输出一个恒定的电流。该电流流过被测电阻 R_x，在 R_x 上形成一个电压降 V，经前置放大器放大。由 A/D 转换器转换成数字量送显示器显示测量结果。从原理可知 $R_x=\frac{V}{I}$，故只要保证 V 和 I 的测量准确性就可得到准确的被测电阻值。

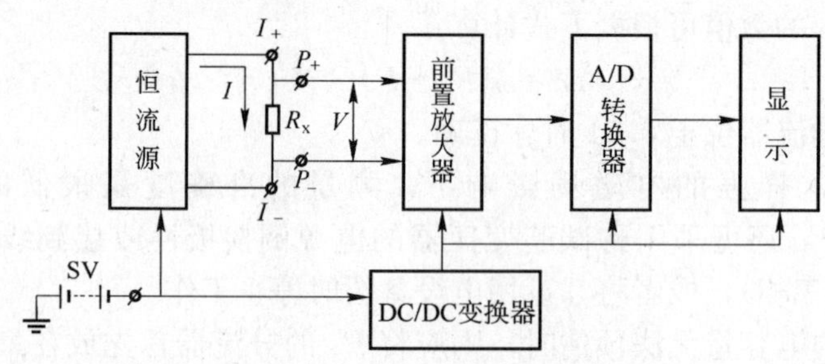

图 3-57　测试方法及原理图

(3) 使用方法

PC9A 型数字微欧计前面板及后面板排列见图 3-58。

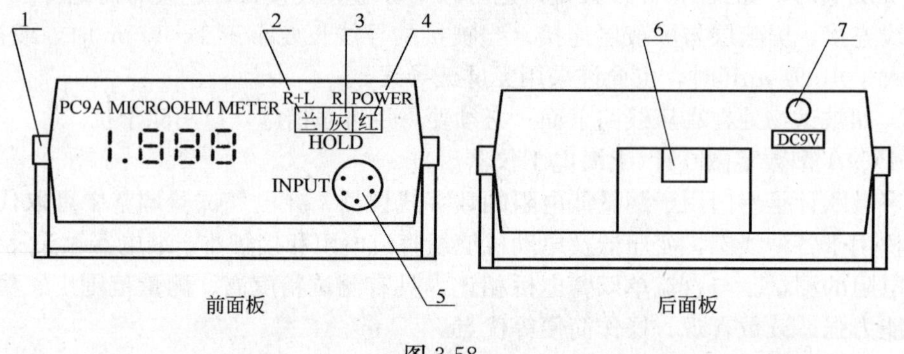

图 3-58

1—手柄；2—测量带大电感电阻的选择按键；3—测量一般电阻的选择按键；4—电源按键；5—测量输入端插座；6—内附电池盖板；7—外接电源插座(外壳为正极)

1）使用时先将仪器支撑在工作台上，按电池盖所标电池极性，将 6 节 1 号干电池装入仪器，将测试专用导线插头插入仪器“测量输入插座”把测试夹互相对夹。然后先按下“R”键，再按下“POWER”键至“ON”位置。此时仪器前面板数码管应发光，仪器预热 5min 后，可进行测量。

2）电阻测量：

仪器接通电源后，按下“R”键，将测试导线和被测对象相连。见图 3-59。待仪器面板上读数稳定后便可读出被测电阻的数值。

3）带大电感的电阻(如电力变压器等)测量：

接通仪器电源之前，将仪器测试导线与被测对象连接，见图 3-60。然后按下“R＋L”键。再按下仪器电源开关键，待面板上的读数稳定后，所读取的数值，就是被测对象的电阻值。

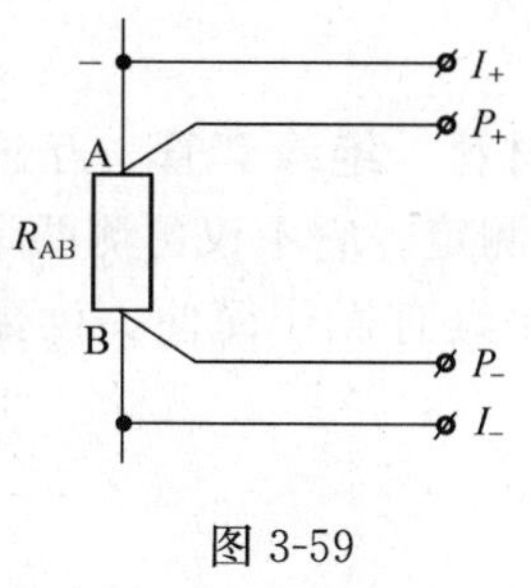

图 3-59

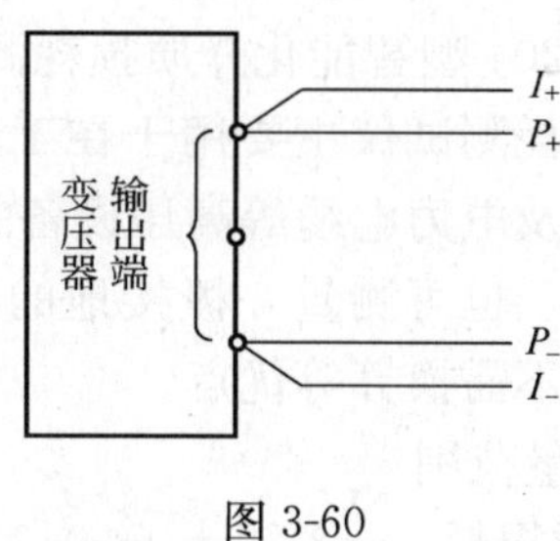

图 3-60

4）量程保持功能：

首先把测试夹对夹见图 3-61。然后按下“R＋L”键、按下“POWER”键后，待仪器切换到所需保持的量程时，立刻把“R”键按下，使 R_1 键和“R＋L”键全部弹起，则仪器将所测得值保持住。

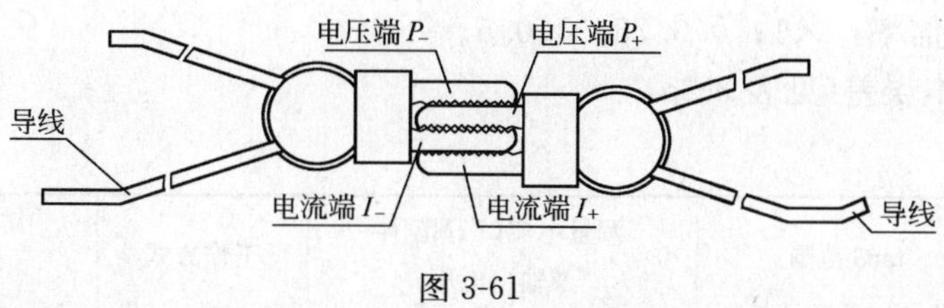

图 3-61

(4) 使用注意事项

1）测量电力变压器或大电感电阻时应先将仪器与被测对象连好，再打开仪器工作电源。不得颠倒顺序。

2）不测量时应使二测试夹相互分开，不得夹在一起，以免机内电池消耗。

3）仪器使用完毕，应及时关掉仪器工作电源，即按一下“POWER”键使其弹起。

4）仪器长期不用应将电池取出，以防电池漏液损坏机件。

(5) 仪器的校准

如对本仪器进行校准，可把前面板拆下，在数码管的左下方有三个可调微调电位器。其序号见图 3-62：

校准步骤如下：

1）校准前先将仪器与一准确度等级为 0.01 级，电阻输出范围为 10mΩ～10kΩ 的标准电阻箱一齐放置于温度为 20℃±1℃的恒温室中 4h 以上。

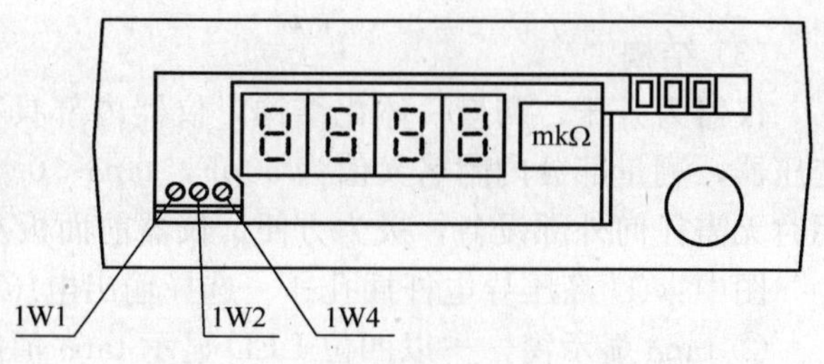

图 3-62

2）零位调整：打开仪器工作电源开关，预热 5min，将测试导线线夹相互对夹，调节 1W4 使面板显示为・000mΩ。

3）准确性调整：把仪器与标准电阻箱采用 4 线制接法连好，将电阻箱调至 100mΩ（即 0.1Ω）调节 1W1 使面板显示为 100.0mΩ。

将电阻箱调至 100.00Ω 调节 1W2 使面板显示 100.0Ω。

以上二步反复调整直到 100mΩ 和 100Ω 全都准确为止。

4. SB2204 型智能化介质损耗测试仪（上海电表厂）。

介质损耗测试仪主要用于在工频高压下对各种绝缘材料、绝缘套管、互感器、变压器、电容器及电力电缆等高压设备的介质损耗和电容值的测定。它不仅可测两个电极对地缘绝的试品，也可测量一极接地的试品，与西林电桥相比具有操作简便、读数直观、抗干扰能力强不需换算等优点。

（1）测量范围

1）介质损耗（tanδ）：±0～0.3。

2）最小测量电流：5μA。

3）输出电压及最大输出电流：

10kV	100mA
3kV	333mA
1kV	500mA

4）输出电压倍率：×1；×0.75；×0.5。

（2）测量基本误差（见表 3-25）

表 3-25

<table>
<tr><th>测量内容</th><th>tanδ 范围</th><th>测量电流（I_{cx}）范围
及输出电压</th><th>工作方式</th><th>基　本　误　差</th></tr>
<tr><td rowspan="6">介质损耗
因数
（tanδ）</td><td rowspan="5">tanδ≤0.1</td><td rowspan="2">20μA≤I_{cx}≤500mA
输出电压＞1kV</td><td>正接线法</td><td>±（1%读数＋0.0008）</td></tr>
<tr><td>反接线法</td><td>±（1%读数＋0.0015）</td></tr>
<tr><td rowspan="2">10μA≤I_{cx}＜20μA
输出电压＞1kV</td><td>正接线法</td><td>±（2%读数＋0.0015）</td></tr>
<tr><td>反接线法</td><td rowspan="3">±（2%读数＋0.0025）</td></tr>
<tr><td>5μA≤I_{cx}＜10μA
输出电压≤1kV</td><td rowspan="3">正接线法
和
反接线法</td></tr>
<tr><td>0.1＜tanδ≤0.3</td><td>20μA≤I_{cx}≤500mA</td></tr>
<tr><td>电容量</td><td>0≤tanδ≤0.3</td><td>5μA≤I_{cx}≤500mA</td><td>±（2%读数＋1.5pF）</td></tr>
</table>

（3）结构

仪器为升压、测量一体化结构，仪器内部具有最高输出电压为 10kV、1kVA 的升压变压器，测量部分内附名义值为 50pF，tanδ＜0.0001，额定电压 10kV 的标准电容器，使用时无需任何外部设备，极为方便。仪器前面板及后面板见图 3-63。

图中：① 高压导电杆插孔——选择输出电压用。

② tanδ 显示窗——以四位 LED 显示 tanδ 值的百分数。

③ 电容显示窗——六位 LED 显示，前四位显示测量值，后两位显示单位值。

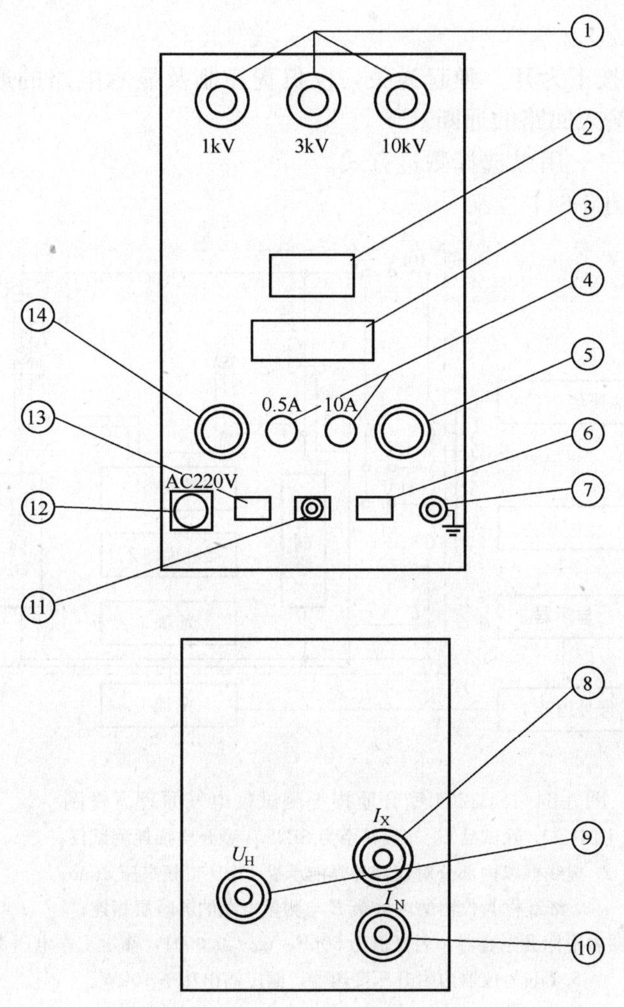

图 3-63　前面板及后板示意图

④ 保险丝。

⑤ 高压倍率开关：——用以改变输出电压的倍率

当开关置于“关”时，仪器不能产生高压；

当开关置于×0.5 时，输出电压为高压导电杆插孔相应指示值的 50%；

当开关置于×0.75 时，输出电压为高压导电杆插孔相应指示值的 75%；

当开当置于×1 时，输出电压为高压导电杆插孔相应指示值的 100%。

⑥ 启动按钮——按下该钮，开始测量，弹起该钮，中断测量。

⑦ 接地端子——使用前，应将该端子可靠接地。

⑧ 被试电流输入端——将测试电缆的一端接被试品，另一端接入该输入端。

⑨ 电压输出端——该端子为输出高压的一端，使用时应根据不同接线方式与被试品连接。

⑩ 标准电流输入端——当外接标准电容进行测量时使用。

⑪ 蜂鸣器

⑫ 电源输入插座。

⑬ 电源开关——按下为开，弹起为关，仅负责控制及显示电路的通断。而高压倍率开关负责升压变压器输入回路的通断。

⑭ 工作方式开关——用以选择测量方式。

(4)工作原理(见图 3-64)

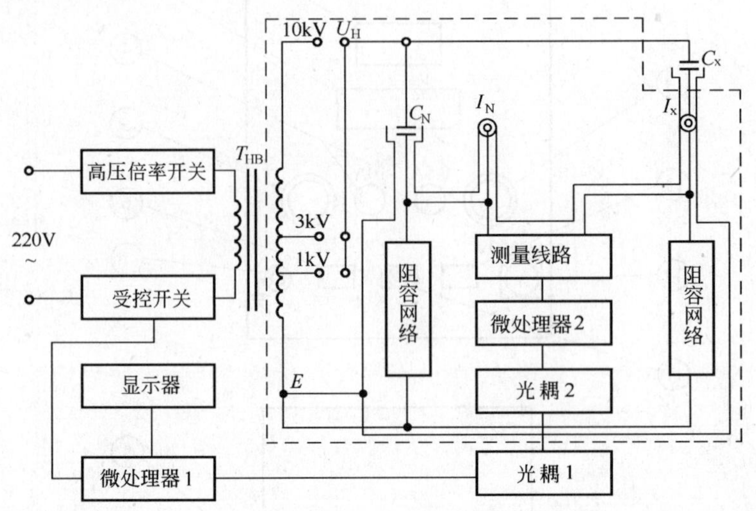

图 3-64　SB2204 型介质损耗测试仪电气原理方框图

图中：1. 除试品 C_x 外，其余为 SB2204 型介质损耗测试仪；

2. 虚线框以内部分对仪器外壳能承受 15kV 工频高压 5min；

3. 细线框为仪器的内屏蔽 E 与测量电缆的屏蔽层相连；

4. C_N 为仪器内附标准电容器，名义值为 50pF，$tg\delta < 0.0001$，额定工作电压 10kV；

5. T_{HB}为仪器内附升压变压器，额定输出功率 10kW。

仪器测量线路由一路标准回路和一路被测回路组成。标准回路由内置高稳定度标准电容与测量线路组成，被试回路由被试品和测量线路组成。测量线路由取样电阻、前置放大器和 A/D 转换器组成。由于并联在取样电阻两端的前置放大器输入电阻远远大于取样电阻，因此可认为回路电流全部流过取样电阻。测量线路将电流信号转换为数字信号，再由 8031 单片机运用计算机数字化实时采集方法，通过矢量运算法分别测得标准回路电流与被试回路电流幅值及其相位差，便可算出试品的电容值和介质损耗，再由显示屏显示出测量结果。

(5) 使用方法

1) 正接线法

通电前将倍率开关置于“关”。拔出高压导电杆，将 U_H 端子用专用线缆接至被试品高压端，I_X 端子用专用线缆接于被试品低端(芯线接被试品，屏蔽“E”必须接地)，如果试品低压端有屏蔽端子，可用导线将该端子与“E”联接后接地，见图 3-65。

图 3-65　正接线法

接好后将“工作方式”开关置于“正接”位置，合上电源开关，待仪器下窗显示“SB2204”时，将高压导电杆插入相应位置，电压“倍率开关”置于需要的位置，按下“启动”按钮，仪器开始测量，蜂鸣器发出短讯号，并在窗口显示从 3 到 1 的倒计数(此时可再按启动按钮，使之断开以退出测量状态)。倒计数结束，窗口显示闪烁的“ON”字样，蜂鸣器发出长讯号，表示高压已加至被试品，30 秒钟左右蜂鸣器提示测量结束，窗口显示测量结果，同时高压自动降下。然后断开启动按钮，将倍率开关置于“关”位，拔出高压导电杆，测量结束。

2) 反接法

接线方式见图 3-66。

将“工作方式”开关置于“反接”位置，操作步骤同正接法。

3) 外接高压法

当被试品电容量较大而要求升压变压器的输出电流超过本仪器的输出能力时，仪器可外接高电压进行测量，此时应将“工作方式”置于“外接”位置，“高压倍率开关”置于“关”，拔掉高压导电杆，按下仪器电源开关，直至仪器显示“SB2204”，用外接升压装置将电压升至需要值时，按下启动按钮开始测量，当测量过程中仪器显示“HV-off”提示时，将外接高压降为 0V，然后等待仪器继续测量直到窗口显示测量结果。

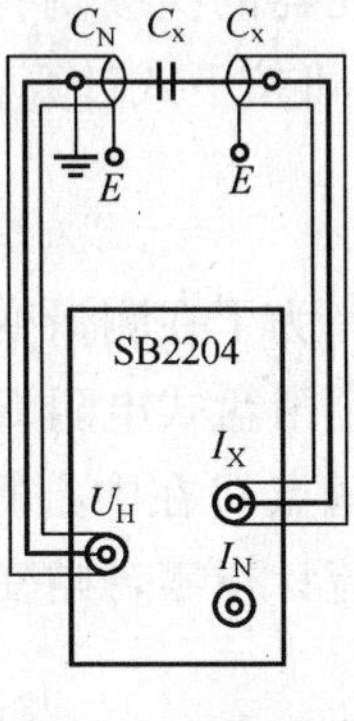

图 3-66 反接线法

当外接高压法仍使用仪器内附标准电容时接线方法见图 3-67 及图 3-68。

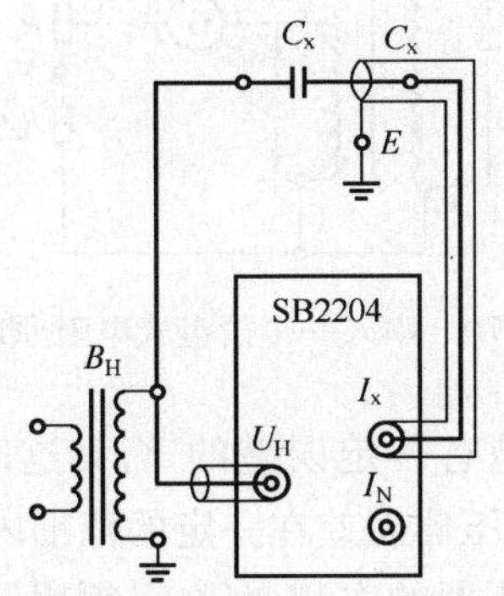

图 3-67 外接高压法(正接线)

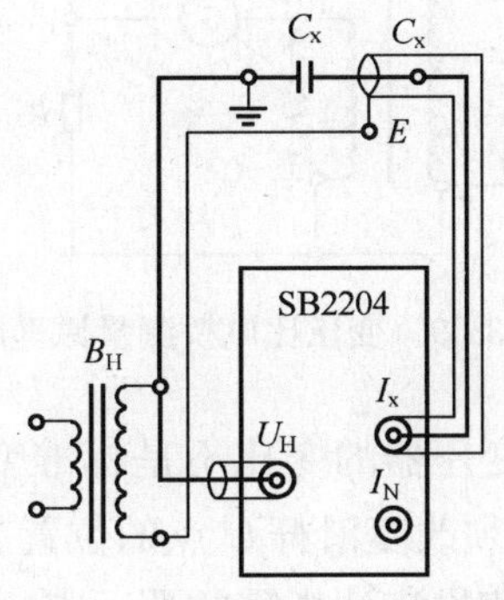

图 3-68 外接高压法(反接线)

(6) 注意事项

1) 使用时仪器的“接地”端子应可靠接地。

2) 高压导电杆使用时应插到底。

3)“正接法”时 U_H 为高电压，“反接法”时 C_x 端为高电压，使用时需根据具体情况将带高压的测试线缆与大地保持足够的距离。

4) 仪器在测量时严禁操作除“启动按钮”外的其他所有开关、按钮及移动高压导电杆。

5) 只有当“倍率开关”在关的位置，并将高压导电杆拔出后，才可接触仪器的后部接线及被试品。

6) 当仪器提示“*UnLo*”时表示标准侧轻载，“*UnHi*”时表示标准侧过载。显示“*UOLo*”和“*UOHi*”时分别提示被示侧轻载或过载。显示“SC-Error”时提示自检未通过，仪器内部有故障。

7) 操作人员使用仪器时一定要注意安全。

七、变压比电桥

QJ35型变压比电桥是测量变压器变比的专用仪器。因其测量结果精确度高而又操作简便，已被广泛应用。

1. 工作原理

变压比电桥的测量原理见图3-69，在被试变压器的初级侧，施加一个电压U_1，则在变压器的次级侧有一个感应电压U_2，调整R_1的电阻值，可以使检流计指零，这时变比K_u可按下式计算：

$$K_u=\frac{U_1}{U_2}=\frac{R_1+R_2}{R_2}=\frac{R_1}{R_2}+1$$

为了在测量变比的同时读出这台变压器的变比误差，只要在电阻R_1和R_2之间串入一个滑盘式电阻R_b，见图3-70。设滑杆和电阻R_b的接触点为C。我们先假定滑盘式电阻接触点C在中心侧为Y_2R_b，如果变压器的电压比是完全符合标准变比的K_u，调整R_1使检流计指零，则变压比可按下式计算：

$$K_u=\frac{R_1+R_2+R_b}{R_2+Y_2R_b}=1+\frac{R_1}{R_2+Y_2R_b}+\frac{Y_2R_b}{R_2+Y_2R_b}$$

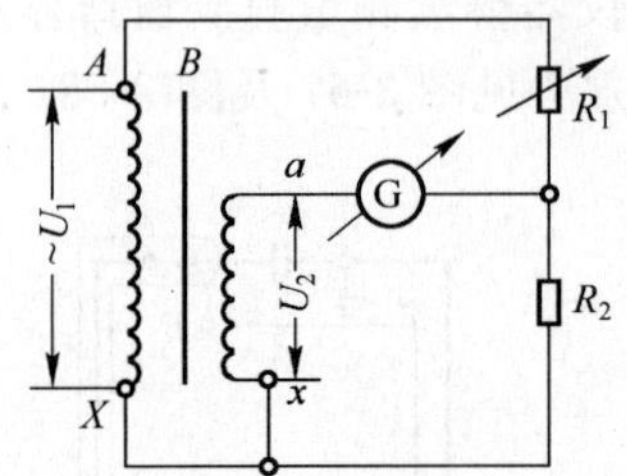

图3-69 变压比电桥测量原理图

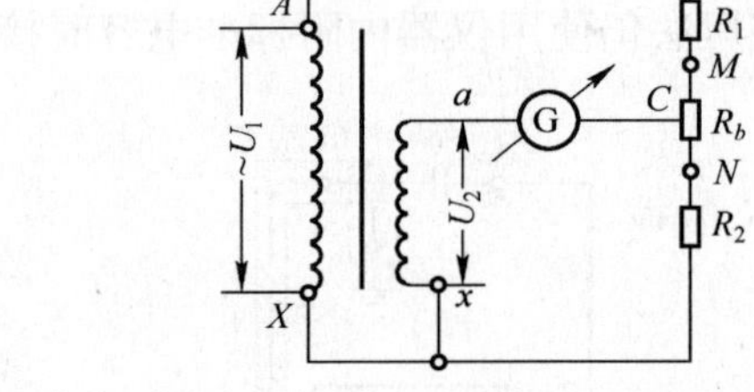

图3-70 串入一个滑盘式电阻原理图

如果被试变压器的变比不是标准变比K_u，而是有一定误差的K_u，这时不必去改变R_1的电阻，只须改变滑杆C点的位置。如果被试变压器误差在一定的范围内，则在R_b上一定可以找到使检流计指零的那一点，这时被试变压器的实测变比K'_u须用下式计算：

$$K'_u=\frac{R_1+R_2+R_b}{R_2+Y_2R_b+\Delta R}$$

式中 ΔR为C点偏离R_b中点的电阻值。

被试变压器的变比误差(%)可用下式计算：

$$\Delta K_u=\frac{K'_u-K_u}{K_u}\cdot 100=\left(\frac{K'_u}{K_u}-1\right)\cdot 100$$

$$=\left(\frac{\dfrac{R_1+R_2+R_b}{R_2+Y_2R_b+\Delta R}}{\dfrac{R_1+R_2+R_b}{R_2+Y_2R_b}}-1\right)\cdot 100$$

$$=\frac{-100\Delta R}{R_2+Y_2R_b+\Delta R}$$

$$\because R_2+Y_2R_b\gg\Delta R\ \therefore \Delta K_u\approx\frac{-100\Delta R}{R_2+Y_2R_b}$$

为了方便，取 $R_2+Y_2R_b$ 为 1000Ω。

若最大百分误差 $\Delta K_u\%=\pm2$，那么

$$\Delta R=\frac{-\Delta K_u(R_2+Y_2R_b)}{100}=\frac{-1000(\pm2)}{100}=+20\Omega$$

偏差在±2%范围变动时，滑杆 C 点须在离 R_b 中点±2%Ω 的范围内变动。如果从 x 点算起，那么

$$R_{xa}=980\sim1000\Omega$$

当滑杆 C 点在 R_b 上滑动时，C 点的电位也将相应变化，在一定的范围内可和 U_2 达到平衡，从 C 点和 a 点引出两端接入检流计。

2. 测试方法

测试前，必须已知被试变压器的极性和接线组别，将变压器额定 K_u 值计算出来，其计算公式如下：

Y/Y，△/△接法的变压器

$$K_L=\frac{U_1}{U_2}\qquad K_L=K_P$$

Y/△接法的变压器

$$K_L=\frac{U_1\,\frac{2}{\sqrt{3}}}{U_2}\qquad K_P=\frac{U_1\,\frac{1}{\sqrt{3}}}{U_2}=\frac{U_1}{U_2\sqrt{3}}$$

△/Y接法的变压器

$$K_L=\frac{U_1}{U_2\,\frac{1}{\sqrt{3}}}\qquad K_P=\frac{U_2}{U_1\,\frac{1}{\sqrt{3}}}=\frac{U_1\sqrt{3}}{U_2}$$

式中　K_L——线电压比值；

K_P——相电压比值；

U_1——高压侧电压(V)；

U_2——低压侧电压(V)；

$\sqrt{3}$——取 1.732。

电桥上的 A、B、C、a、b、c 的接线柱分别和被试变压器 ABC，abc 连接。如单相变压器，则 B 和 b 代 X 和 x，C 及 c 不接。电桥上的 K_u 值放在计算所得的数值上，如 $K_u=13.51$，则电桥上 $K_u=1^{\times10}+3^{\times1}+5^{\times0.1}+10^{\times0.01}$。依此类推。

三相变换应先放在 AB/ab 位置上，如为Y/Y和△/△接法的变压器，短接开关放在“0”上。

对于△/Y-11 连接的变压器，应按表 3-26 分别将短接开关短接。

Y_0/△-11 连接变压器测试顺序接线端子　　表 3-26

测　量	AO	BO	CO
激　磁	ac	ab	bc

对于Y/△-11 连接的变压器，应按表 3-27 分别将短接开关短接。

双电表法测量变压器连接组规律表 表 3-27

时序	电压相角位移（度）	实测线端	计算的变压比(K)															
			1	1.5	2	3	4	5	6	7	8	9~10	11~12	13~14	15~16	17~20	21~23	26~30
			计算电压百分比(%)															
1	30	UB-b	52	54	62	73	79	83	86	88	90	91	92.5	93.5	94.5	95.5	96	97
		UC-b	52	54	62	73	79	83	86	88	90	91	92.5	93.5	94.5	95.5	96	97
		UB-c	141	120	112	105	103	102	101	101	101	100.5	100.5	100.5	100	100	100	100
2	60	UB-b	100	88	87	88	90	92	93	94	95	95	96	96.5	97	97.5	98	98.5
		UC-b	0	33	50	67	75	80	83	86	88.5	90	91.5	92.5	93.5	94.5	95.5	96.5
		UB-c	173	145	132	120	115	111	109	103	107	106	105	104	103.5	103	102.5	102
3	90	UB-b	141	120	112	105	103	102	101	101	101	100.5	100.5	100.5	100	100	100	100
		UC-b	52	54	62	73	70	83	86	88	90	91	92.5	93.5	94.5	95.5	95	97
		UB-c	193	161	146	130	122	118	115	113	111	109.5	107.5	106.5	106	105	104	103
4	120	UB-b	173	145	132	120	115	111	109	108	107	106	105	104	103.5	103	102.5	102
		UC-b	100	88	87	88	90	92	93	94	95	95	96	96.5	97	97.5	98	98.5
		UB-c	200	167	150	133	125	120	117	114	113	110.5	108.5	107.5	106.5	105.5	104.5	103.5
5	150	UB-b	193	161	146	130	122	118	115	113	111	109.5	107.5	106.5	106	105	104	108
		UC-b	141	120	112	105	103	102	101	101	101	101.5	100.5	100.5	100	100	100	100
		UB-c	193	161	146	130	122	118	115	113	113	109.5	107.5	106.5	106	105	104	103
6	180	UB-b	200	167	150	133	125	120	117	114	125	110.5	108.5	107.5	106.5	105.5	104.5	103.5
		UC-b	173	145	132	120	115	111	109	103	107	106	105	104	103.5	103	102.5	102
		UB-c	173	145	132	120	115	111	109	103	107	106	105	104	103.5	103	102.5	102
7	210	UB-b	193	161	146	130	122	118	115	113	111	109.5	107.5	106.5	106	105	104	103
		UC-b	193	161	146	130	122	118	115	113	111	109.5	107.5	106.5	106	105	104	103
		UB-c	141	120	112	105	103	102	101	101	101	100.5	100.5	100.5	100	100	100	100
8	240	UB-b	173	145	132	120	115	111	109	108	107	106	105	104	103.5	103	102.5	102
		UC-b	200	167	150	133	125	120	117	114	113	110.5	108.5	107.5	106.5	105.5	104.5	103.5
		UB-c	100	88	87	88	90	92	93	94	95	95	96	96.5	97	97.5	98	98.5
9	270	UB-b	141	120	112	105	103	102	101	101	101	100.5	100.5	100.5	100	100	100	100
		UC-b	193	161	146	130	122	118	115	113	111	109.5	107.5	106.5	106	105	104	103
		UB-c	52	54	62	73	79	83	87	88	90	91	92.5	93.5	94.5	95.5	96	97
10	300	UB-b	100	88	87	88	90	92	93	94	95	95	96	96.5	97	97.5	98	98.5
		UC-b	173	145	132	120	115	111	109	108	107	106	103	104	103.5	103	102.5	102
		UB-c	0	33	50	67	75	80	83	86	88	90	91.5	92.5	93.5	94.5	95.5	96.5
11	330	UB-b	52	54	62	73	79	83	86	88	90	91	92.5	93.5	94.5	95.5	96	97
		UC-b	141	120	112	105	103	102	101	101	101	101	100.5	100.5	100	100	100	100
		UB-c	52	54	62	73	79	83	86	88	90	91	92.5	93.5	94.5	95.5	96	97
12	360	UB-b	0	33	50	67	75	80	83	86	88	90	91.5	92.5	93.5	94.5	95.5	96.5
		UC-b	100	88	87	88	90	92	93	94	95	95	96	96.5	97	97.5	98	98
		UB-c	100	88	87	88	90	92	93	94	95	95	96	96.5	97	97.5	98	98

极性开关放在已知被试变压器极性“－”或“＋”上，三相变压器1～6组为“＋”极性，7～12组为“－”极性，其他开关都放在关或“0”上。

开始插上电源，被试变压器K_u值在50以下者，试验电压开关放在250V上，50以上者，试验电压开关放在600V一档上。但调压器都应放在“零”位，接通K_1放大器开关，红灯亮，使放大器预热一分钟左右，然后把灵敏度旋钮旋至最大，调整零位，使U_A表指中心“0”位，再适当降低灵敏度。打开电压表开关K逐渐调节调压器使电压表指示在5V，不能超过7V，以防止电桥过载烧毁，同时，必须注意表指针不应超过满度。如果超过时可适当降低放大器的灵敏度，再超过时则应调节调压器使电压表指针在“0”位，并关闭电源开关，仔细检查连接线极性和变比读数，查出原因，待纠正后再送电测试。如果仪表读数正常，则可调整误差盘及灵敏度至最大，使u_A表指零，然后关闭电压表K_3作细调。此时误差盘上的读数，即为被试变压器变比的误差百分比。仪器面板排列如图3-71。

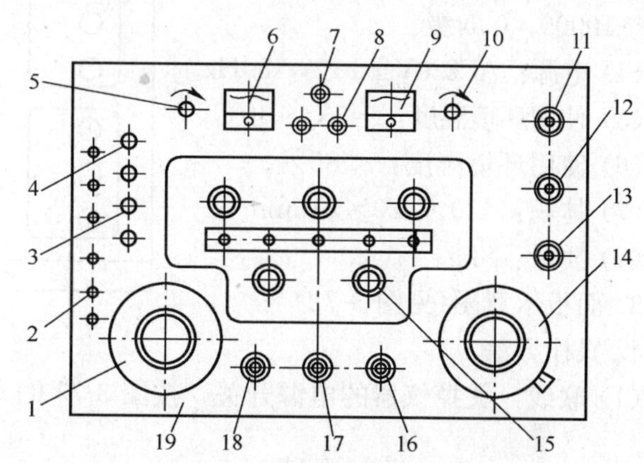

图3-71　电桥面板排列图

1—调压器；2—A、B、C和a、b、c，是接变压器高低压接线柱；3—放大器保险丝；4—试验电压保险丝；5—放大器灵敏度调节器；6—电压表；7—放大器电源指示灯；8—A，a，误接指示器；9—电子检流计；10—放大器零位调节器；11—三相交换极性开关；12—三相交换开关；13—三相交换短接开关；14—变压比误差测量盘；15—变比K_u值测量盘；16—放大器开关；17—试验电压250V、500V开关；18—电压表开关；19—外壳

测量被试变压器的变比，可将误差盘指零，输入一个较低的试验变压器的电压，略增加灵敏度，调节K_u值使微安表指零，再增加灵敏度，升高试验电压，使电压表维持在5V，继续调整K_u值旋钮，当灵敏度最大时，u_A表指零；灵敏度降至零时指针不动，可切断试验电压，这时K_u值旋钮读数即为实际变比K_u值。

八、ZBC-111变压器变比、组别自动测试仪

这种测试仪是新一代全自动变比组别测试仪。它体积小，质量轻，精度高，稳定性好。并采用了大屏幕汉字显式、菜单操作、界面友好，变比组别可一次测完。该仪器是电力工业系统理想的测试仪器。

1. 主要功能和特点

(1) 自动测量接线组别。

(2) 自动进行组别变换。

(3) 自动切换相序。

(4) 自动切换量程。

(5) 自动校表。

(6) 输入标准变比后，能自动计算出相对误差。

(7) 一次测量完成，自动切断试验电压。

(8) 设置数据，测量结果自动保存，可查看以前数据。

(9) 测量有载变压器，只输入一次变比。

2. 主要技术指标

(1) 变比测量范围：1～10000。

(2) 组别：1～12 点。

(3) 精度：1～1000　0.2 级，1000～10000　0.5 级。

(4) 电源：AC220V±10%，50Hz。

(5) 使用环境温度：−5℃～40℃。

(6) 使用环境湿度：<85%。

(7) 体积：430×320×215mm³。

(8) 质量：8kg。

3. 面板示意图(见图 3-72)

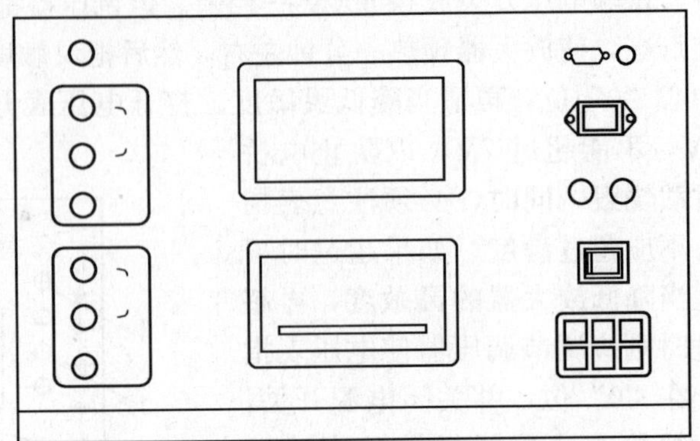

图 3-72　ZBC-111 变压器变比组别自动测试

4. 操作方法

(1) 联线：关掉仪器的电源开关，按图 3-73 的方法联线。

单相变压器

仪器	变压器
A	A
B	X
C	不接
a	a
b	x
c	不接

三相变压器

仪器	变压器
A	A
B	B
C	C
a	a
b	b
c	c

图 3-73　联线图

变压器的中性点不接仪器，不接大地。接好仪器地线。将电源线一端插进仪器面板上的电源插座，另一端与交流 220V 电源相联。特别注意不得将变压器的高低压接反。

(2) 打开仪器的电源开关，稍后液晶屏上出现主菜单，见图 3-74。

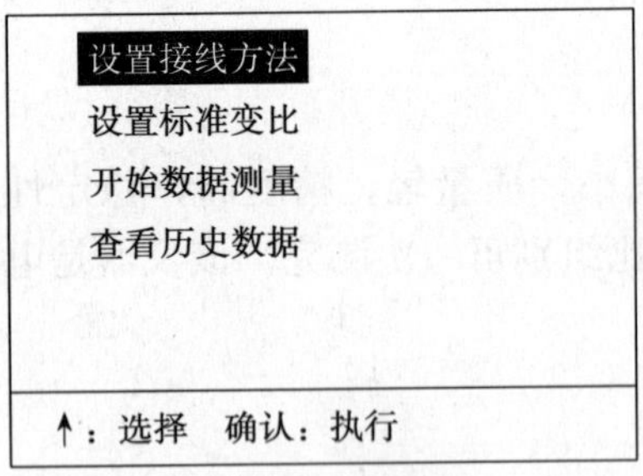

设置接线方法
设置标准变比
开始数据测量
查看历史数据

↑：选择　确认：执行

图 3-74　主菜单

选中的菜单反向显式(黑底白字)

此时可按“↑”键，选择功能菜单，按“确认”键。执行相应功能。

按下按键，放开按键，为一次按键输入。

(3) 接地设置，进入接线方法设置后，液晶屏显示见图 3-75。

此时按“↑”键选择接法，按“确认”键保存接法，返回主菜单。

(4) 设置标准变比，进入标准变比设置后，液晶屏显示，见图 3-76。

此时按“→”键选择数据位，选中的数据反向显示，按“↑”、“↓”键修改数据。

选中数字后，按“↑”、“↓”键，数字由 0 到 9 循环变换，如果是第一位，数字只能由 1 到 9 循环变化，不会出现 0。

选中小数点后，按“↑”、“↓”键，小数点循环移动。

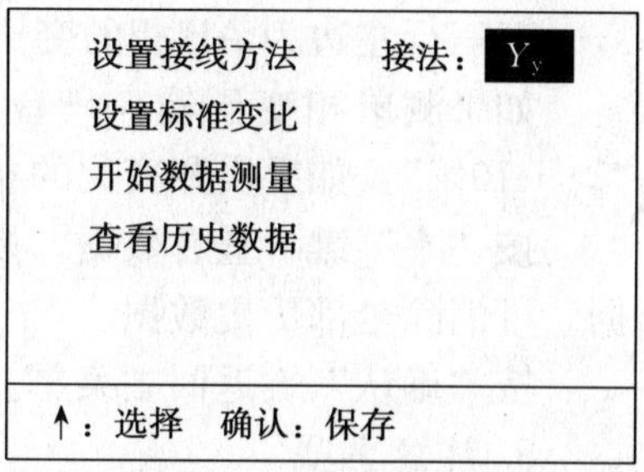

设置接线方法　　接法：Y_y
设置标准变比
开始数据测量
查看历史数据
↑：选择　确认：保存

图 3-75　液晶显示图

如变压器是有载变比器，这里设定的标准变比，是中间档的标准变比。按“确认”键保存变比后，液晶屏显示，见图 3-77。

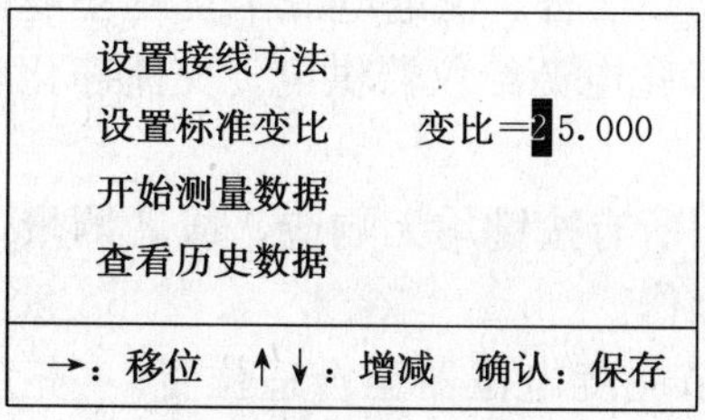

设置接线方法
设置标准变比　　变比＝25.000
开始测量数据
查看历史数据
→：移位　↑↓：增减　确认：保存

图 3-76　液晶显示图

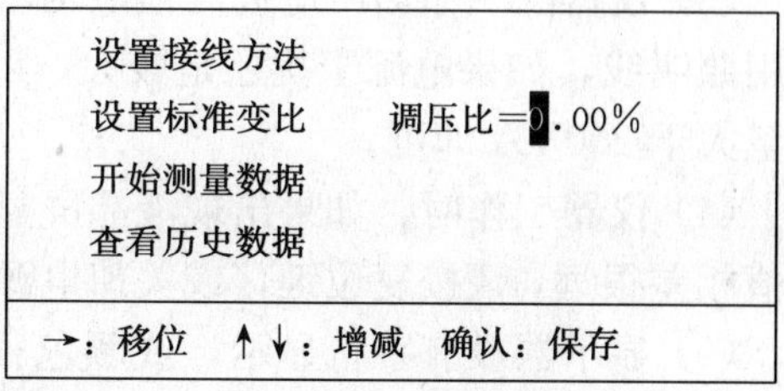

设置接线方法
设置标准变比　　调压比＝0.00％
开始测量数据
查看历史数据
→：移位　↑↓：增减　确认：保存

图 3-77　液晶显示图

调压比的设置方法和标准变比的设置方法相同。

如变压器是有载变压器，按实际值设定，反之，设定为 0.00％。按“确认”键保存调压比后，返回主菜单。

(5) 开机预热 5min 后，选择“开始数据测量”，按“确认”键后，显示见图 3-78。

非有载变压器选择 0 档。有载变压器按实际档位来选。0 档为中间档，它的标准变比就是上一步设定的标准变比，1 到 10 档的标准变比比 0 档的标准变比小。比如，设置标准变比＝25.000，调压比＝2.50％，2 档的标准变比＝25.000×(1＋2×2.50％)。测量完成后，显示见图 3-79。

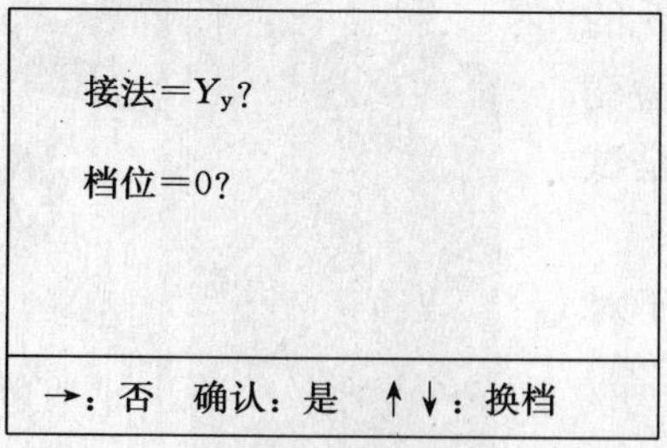

接法＝Y_y？
档位＝0？
→：否　确认：是　↑↓：换档

图 3-78　显示图

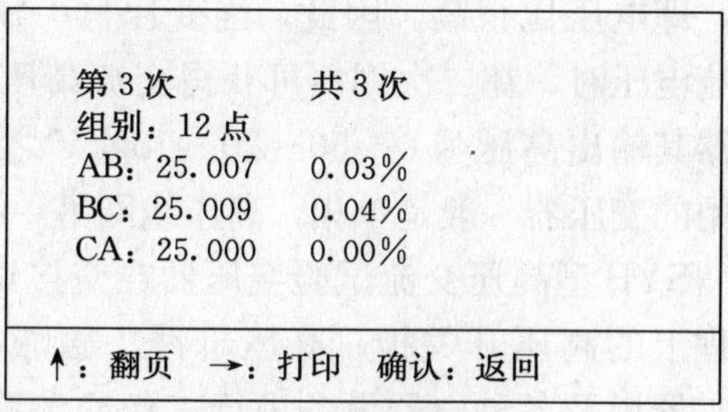

第 3 次　　共 3 次
组别：12 点
AB：25.007　0.03％
BC：25.009　0.04％
CA：25.000　0.00％
↑：翻页　→：打印　确认：返回

图 3-79　显示图

每次测量完成后，仪器自动保存数据，最多保存 30 个数据，超过 30 后，本次数据存入第 30 次，第一次数据清除，即先进先出。

第一行左边显示本次数据在厂史数据中的位置，右边显示厂史数据的个数。

第二行为组别。

第三行左边为AB相的变比，第三行右边为AB相的相对误差，依此类推。

如果测单相变压器，只有前三行显示，如实测变比的相对误差大于+10%，显示“>+10%”，如果实测变比的相对误差小于−10%，显示“<−10%”。

按“↑”键，查看数据。按“←”键进入打印菜单，可打印本次数据，打印全部数据。可消除全部历史数据。

按“确认”键返回主菜单。

5. 注意事项

(1) 保险1为2A，保险2为0.5A。如果测试线短路，高低压接反，会熔断保险。保险熔断后，如果进行测量，在显示“正在测量，请等待!”后停住。请关机，更换相同容量的保险，重测。

(2) 连线要保持接触良好。仪器应良好接地!

(3) 仪器的工作场所应远离强电场、强磁场、高频设备。供电电源干扰越小越好，宜选用照明线，如果电源干扰还是较大，可以由交流净化电源给仪器供电。交流净化电源的容量大于200VA即可。

(4) 仪器工作时，如果出现液晶屏显示紊乱，按所有按键均无响应，或者测量值与实际值相差很远，请按复位键，或关掉电源，再重新操作。

(5) 显示器没有字符显示，或颜色很淡，请调节亮度电位器至合适位置。(亮度电位器是多圈电位器，有10圈)。

(6) 仪器应存放在干燥通风处，如果长期不用或环境潮湿，使用前应延长预热时间，去除潮气。

(7) 通讯口调试时使用。

注：该产品为宁夏电子仪器厂生产。

九、高压试验变压器

1. 高压交流试验变压器

这种试验变压器也就是产生交流高压电的专用升压变压器。它的本体结构和工作原理基本与电力变压器相同；所不同的是：一次线圈匝数与二次线圈匝数比值很大，即电压比很高。因此，当变压器一次侧送入较低的交流电压时，在二次侧便可获得交流高压(一般的试验变压器其输出高压为0～50～70～100kV之间)。再就是试验用的变压器一般是单相，高压线圈另一端线头接地。

SYB型高压交流试验变压器在交接试验中，用于对工程上的高压开关柜、高压母线、磁瓶、电力变压器、避雷器以及各种电器设备进行工频交流耐压试验，容量有2、5、10和15kVA等几种，其中2kVA容量的变压器专用于变压器油的耐压试验。目前，在现场对10kVA及以下的变配电设备进行耐压试验，试验变压器容量有5kVA、输出高压有50kV已能满足要求。5kVA的高压试验变压器外形见图3-80。

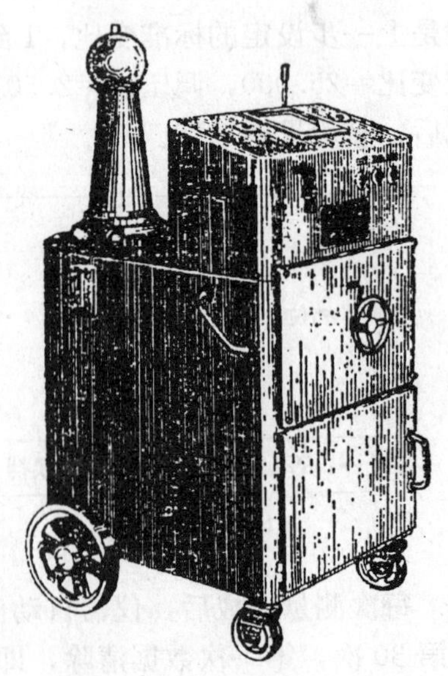

图3-80 5kVA交流高压试验变压器外形图

除了高压试验变压器外，还配备有调压设备和过电流及击穿保护装置以及包括电流表、电压表、红绿指示灯、脚踏开关或按钮开关、限位开关和电源开关等。其线路原理见图 3-81。

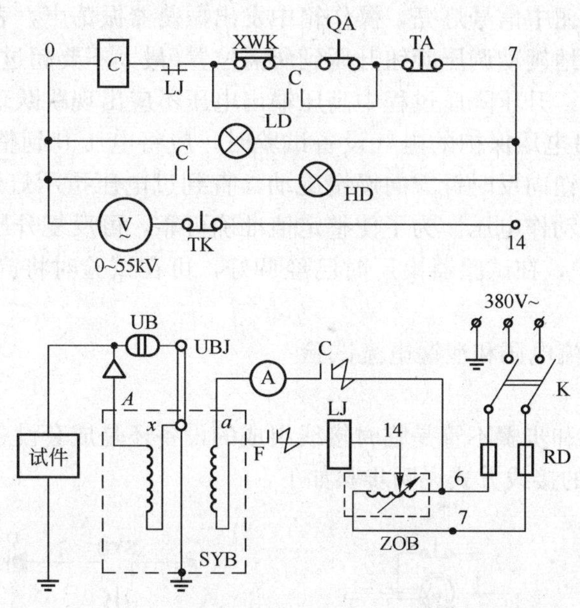

图 3-81　交流高压试验变压器控制线路原理图

C—交流接触器；XWK—限位开关；LJ—电流继电路；HD、LD—红绿灯；TA—停止按钮；QA—起动按钮；UB—油杯；UBJ—油杯架；ZOB—自耦变压器；SYB—试验变压器；RD—熔断器；K—电源开关

2. 直流高压试验器

JGS-2 型晶体管高压试验器是采用硅管倍压整流原理制成的，可用于各种高压电气设备及电力电缆等的直流耐压试验和泄漏电流试验，也可作为其他需要直流高压电源的场所。该试验器体积小，重量轻，适合于现场试验应用。

(1) 结构特点

该试验器由两部分——电源操作箱和倍压整流箱组成。电源操作箱中装设可调节直流稳压电源、振荡、开关、放大及保护回路、操作开关及指示仪表等。操作箱主要回路均采用印刷线路。

倍压整流箱中安装了升压变压器，倍压整流回路，测量直流高压的电阻棒和高压侧测量电流表，保护电阻。

操作箱和倍压箱间以专用的插接件连接。

(2) 使用前的准备工作

1) 试验器在使用前，应先检验操作箱和倍压箱是否完好和清洁，连接插销和导线不应有断线或短路现象。

2) 将操作箱和倍压箱间以专用插销线牢固连接好，在操作箱背部红色接线柱上接好接地线；将操作箱的电压、电流表档位扳到所需位置，调节电压旋钮旋至零位，电源开关和启动按钮均应在关断位置，过电压保护整定旋钮顺时针拧到最大位置。

3) 检查交流电源电压是否为 220V，然后插上电源插销。

(3) 空升电压和过电压保护的调整

1）上述工作准备工作完毕后，可先进行空载升压试验，升压按下述步骤进行：将电源开关扳到“通”位置，交流指示灯亮，表示交流电源和辅助直流回路工作正常；再将启动按钮揿下，此时按钮中信号灯亮，操作箱中发出振荡器振荡声，表示主直流回路和振荡回路完好，然后缓慢地旋动调压旋钮升压到所需位置(最大不要超过红线标示位置)，再缓慢地退回到“零”位。升压降压过程中高压输出电压不应出现跳跃现象。

2）当进行投入过电压保护的电气设备试验时，应将电压升到整定电压位置，然后将过电压整定电位器旋钮向反时针方向慢慢旋动，直到过电压指示灯燃亮并自动切断电源，该位置即过电压保护动作电压。为了使整定值准确可靠，可反复升压进行微调。

3）试件击穿保护，在试验器出厂时已经调好，可在试验时将高压引出线瞬时短路以检验其动作情况。

(4) 试件进行直流电压和泄漏电流试验

1）试验步骤：

泄漏的试验方法和步骤不管是临时接线组成的设备还是成套设备基本上是相同的。按照图 3-82 和图 3-83 的接线方式说明步骤如下：

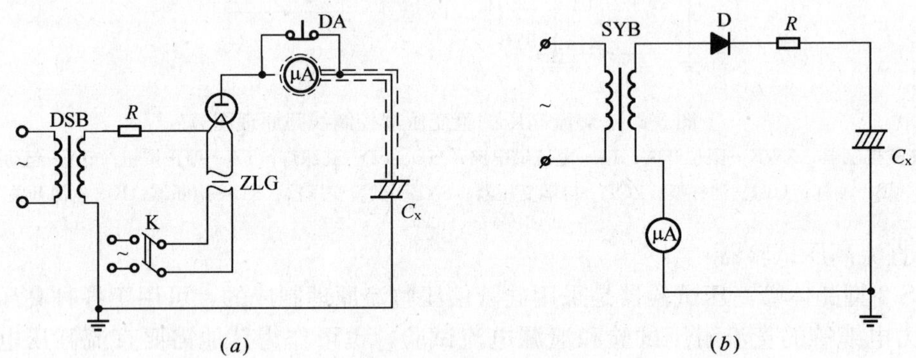

图 3-82　微安表接法

(a)微安表串接在高压整流线路上(整流管整流)；(b)微安表串接在地线回路中(硅堆整流)

ZLG—整流管；D—硅堆；DSB—灯丝变压器；SYB—试验变压器；R—保护电阻；

C_x—被试物；DA—常闭按钮(保护微安表装置)

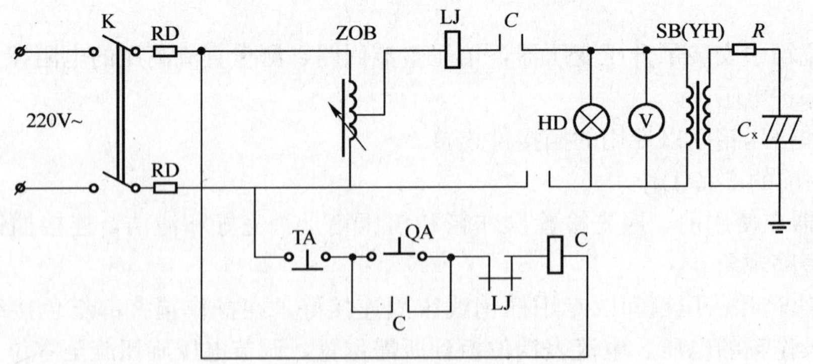

图 3-83　交流试验变压器临时接线图

K—单项闸刀；ZOB—2～5kVA 自耦调压器；LJ—0～5A 电流继电器；SB(YH)—高压变压器(高压互感器)；

TA、QA—按钮开关；HD—红指示灯；C—接触器；R—限流保护电阻；RD—熔断器

① 在未合闸送电前，应仔细检查接线是否正确，最好由另外一人复查一次。

② 用摇表再测量被试变压器的绝缘电阻，主要观察有否短路或绝缘显著下降的现象。同时查验所有接地是否良好。

③ 查阅表3-28的泄漏电流参考数值，选择适当的微安表量档和换算好高低压电压表的比值。同时检查周围安全措施是否可靠。

表 3-28

额定电压(kV) \ 试验电压(kV)		温度(℃)						
		10	20	30	40	50	60	70
6～10	10	45	70	100	175	300	450	700
35	20	65	100	160	250	400	650	1000

④ 将ZOB调压器调至零点位置上，合上K闸刀使整流变压器DSB有电，先将整流管灯丝燃热约1min后，然后按QA启动按钮使接触器C闭合指示，红灯HD点亮，说明高压已送电，旋转ZOB调压器手柄进行一次不接被试物的空载试验，将电压升到试验额定值。在升压过程中，随时观察有否异常情况发生。如情况良好，当即用绝缘棒按下DA的按钮，观看微安表是否有指示，如达到1μA左右，则说明正常，这是由于变压器和导线等表面泄漏电流的存在。以后将被试变压器接上测得的泄漏电流数值减去表面泄漏电流即为实际数值。如有较大的表面泄漏电流，要查明原因，消除后，再进行试验。

⑤ 经过空载试验后，认为接线正确无误，将调压器退回到零，按下断开按钮，红灯熄灭，说明高压无电，将绝缘棒的铜钩挂在被试物上使之放电，方可将高压引线接到被试变压器高压侧瓷瓶上，在开始试验时，将绝缘挂钩去掉，这样可避免存电和误操作发生事故。此时，整流变压器电源可不要拉掉，整流管灯丝仍给以燃亮加热。

⑥ 正式试验时，要由专人进行操作，并指派人员对安全进行监护。

⑦ 电压逐渐上升，并相应地读取泄漏电流值。每升压一次，待微安表指针稳定后读此数值。如微安表稍有摆动，则可读取摆动范围的平均值。

⑧ 每一试验分2～5次，逐步增加试验电压，记录泄漏电流，以便描绘泄漏电流和试验电压的关系曲线。

⑨ 泄漏电流试验的直流电压值和泄漏电流(μA)数值，以及在一定的试验电压下，泄漏电流随温度变化的数值参见表3-28。

2）当试验避雷器泄漏电流或对较大容量发电机作直流电压试验时，如需要外接电流表或电压表，可在“外接电流表”和“外接电压表”插孔中，串接或并接量程适用的电流表或电压表。此时电压值要按下式计算：

$$U=RI$$

式中 U——高压侧电压(V)；

R——测压电阻阻值(300MΩ)；

I——流过R的电流(μA)。

3）当试件试验电压在50kV以下时，开关K_4可先投向30kV位置，K_3仍放置于

60kV，这样可减轻调压稳压回路负载。若输出不能满足要求时，K_4 再投向 60kV 档。

4）当进行大电容量试件试验时，为了使升压速度较快，升压时可以较大充电电流充电，一般保持充电电流在 1mA 左右。当试验电压接近于定值时，可将升压旋钮微微回调，使电压逐渐达到预定值。调节旋钮时必须仔细平滑，必要时可将过电压保护投入，防止电压升过试验值。

5）该试验器在进行阀型避雷器电导电流试验时，不需要在试件处并接滤波电容器。

3. 使用中注意事项

（1）试验器在运输时要注意防震，以免损坏内部铁氧体元件和指示仪表。存放保管时注意防尘防潮。

（2）试验时，必须妥善接地。

（3）当使用外接表时，必须先以专用插接线接好表后，再将插塞牢固地插入插孔，防止开路，以免高压电引入机箱发生危险。

(4)不要单独试验操作箱，因无电压指示以免升压过高损坏操作箱元件。

（5）如遇异常或干扰，过电压保护误动作影响正常使用时，可将电压表后印刷线路板上的红色连线断开，切除保护。

（6）在环境温度较高的场所使用该试验器时，可将操作箱上盖打开，以加强通风。在室外进行使用时，不要把试验器在烈日下曝晒。

十、ZGF-120/2 直流高压发生器（宁厦电子仪器厂）

直流高压发生器主要用于电力系统，高压电气设备及绝缘材料的直流耐压试验和泄漏试验。

ZGF-60/120 型直流高压发生器可提供 60～120kV，电流为 2mA 的直流高压输出。仪器具有过电压保护、过电流保护、击穿保护和不回零保护，同时该仪器体积小，重量轻，容量大，适合现场使用。

1. 主要技术参数

（1）输出电压： DC 0～60～120kV。

（2）输出电流： 0～2mA。

（3）准确度： ±3%。

（4）波纹参数： ＜50%。

2. 工作原理

仪器工作原理见图 3-84，其主电源回路采用可控硅调压器，为功率推动级提供 0～150V 的可调电源，功率推动信号源产生频率为 20kHz，幅度为 6～7V 的方波信号，供给功率推动级，由功率推动级放大后经升压变压器升压，再由倍压整流级整流为直流高压输出。功率推动级采用由大功率 MOS 场效应管组成的推挽输出电路，降低了功放管的损耗，提高了转换效率。取样、测量、保护、反馈调节电路为仪器可靠的工作提供保证。由于信号源提供的信号频率高，故

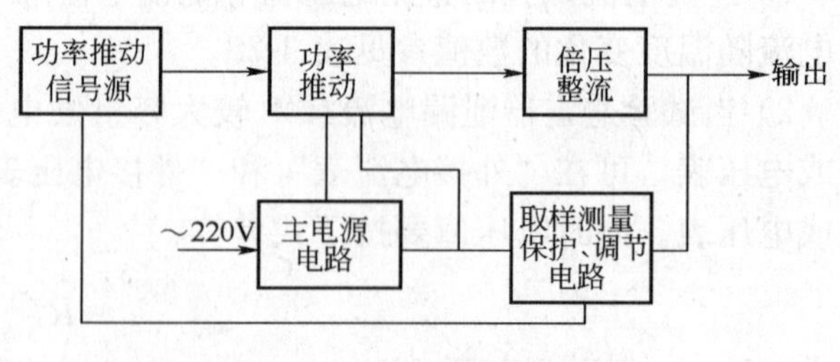

图 3-84 工作原理图

而减少了高压变压器的体积和重量。从而使仪器体积进一步减小。

3. 使用方法及注意事项：

(1) 使用前应先将仪器可靠接地。将控制箱与高压箱用专用电缆连好。检查无误后方可操作。

(2) 不接试品，先将“电压调节”旋钮回零，再接通“电源开关”，“电源”指示灯亮；接通“高压”开关，缓慢调节“电压调节”旋钮使电压升至120kV，持续1min，以检验仪器是否正常。然后将电压降为0，关掉“高压”开关和“电源”开关。

(3) 接上试品，电流表量程开关及其他转换开关置于合适档位，再接通“电源”开关，“高压”开关。缓慢调节“电压调节旋钮”，将电压逐渐升至所需数值进行试验。试验结束后，将电压降至0，依次关断“高压”开关和“电源”开关，并对试品进行放电，经充分放电后再拆除连线。

(4) 试验过程中，为防止过电压损坏被试品，可采用过电压保护功能。其方法是：在仪器不接被试品的情况下，空载升压至所需的保护电压值，然后缓慢调节“过电压预置”旋钮。直到保护电路动作、过压指示灯亮、蜂鸣器告警，此时再将“升压调节”旋钮调到0位，关掉“高压”开关和“电源”开关。接上被试品后再进行升压试验。

(5) 试验过程中如试品被击穿，仪器将自动保护，迅速切断主回路电源，使高压无输出，同时“击穿”指示灯亮，蜂鸣器告警，此时应立即关掉“高压”和“电源”开关，检查故障发生的原因。

(6) 试验过程中若负载过大，超过该仪器容量时，为保证仪器不致损坏，仪器中过流保护电路动作，使高压无输出，同时“过流”指示灯亮，蜂鸣器告警，此时也应立即关掉“高压”开关和“电源”开关，查清原因后再行试验。

(7) 电压表、电流表在认为不准确时，可调节表头板上的各自电位器进行校准。

十一、GBQ-50-250 型放电球间隙测压器(温州龙弯光电仪器厂)

放电球间隙测压器，主要用于工频交流高压试验中作高压测量和保护被试品不致因操作不慎或其他原因而引起的过电压而损坏之用。

1. 仪器结构

主要由活动底座、绝缘支管、铜球、调节轴、紧固螺钉、微调轴(标尺)、微调轮、水电阻等组成。

2. 使用方法

放电球隙测压器本身串有每伏一欧的保护电阻，使用时球隙应和被试品并联。见图3-85。先将球间隙调整在60%试验电压(球隙的放电距离可从下面球间隙放电电压表中查得，见表3-29、表3-30。)接上被试品，升压，当球隙放电时，读出并记录试验变压器低压侧电压表读数(取3～4次平均值)，然后再按同样方式测定70%和80%试验电压时，试

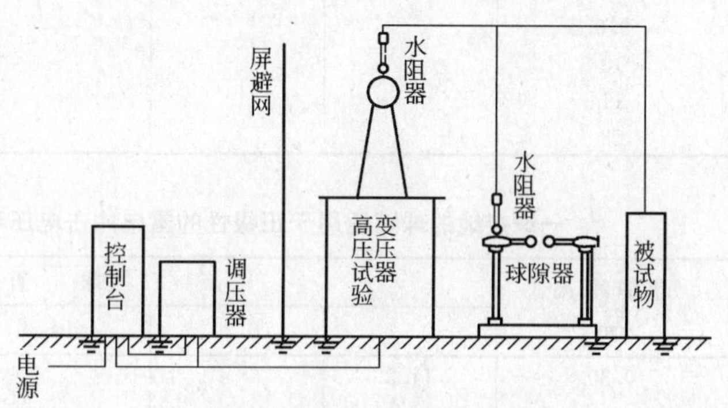

图3-85　高压成套试验设备

一球接地的球隙适用于交流电压、负极性的雷电冲击电压和长波尾冲击及两种极性的直流电压 kV(峰值) 表 3-29

球隙距离 cm	球直径 cm					
	5	6.25	10	12.5	15	25
0.20	8.0					
0.25	9.6					
0.30	11.2					
0.40	14.3	14.2				
0.50	17.4	17.2	16.8	16.8	16.8	
0.60	20.4	20.2	19.9	19.9	19.9	
0.70	23.4	23.2	23.0	23.0	23.0	
0.80	26.3	26.2	26.0	26.0	26.0	
0.90	29.2	29.1	28.9	28.9	28.9	
1.0	32.0	31.9	31.7	31.7	31.7	31.7
1.2	37.6	37.5	37.4	37.4	37.4	37.4
1.4	42.9	42.9	42.9	42.9	42.9	42.9
1.5	45.5	45.5	45.5	45.5	45.5	45.5
1.6	48.1	48.1	48.1	48.1	48.1	48.1
1.8	53.0	53.5	53.5	53.5	53.5	53.5
2.0	57.5	56.5	59.0	59.0	59.0	59.0
2.2	61.5	63.0	64.5	64.5	64.5	64.5
2.4	65.5	67.5	69.5	70.0	70.0	70.0
2.6	(69.0)	72.0	74.5	75.0	75.0	75.0
2.8	(72.5)	76.0	79.5	80.0	80.5	81.0
3.0	(75.5)	79.5	84.0	85.0	85.5	86.0
3.5	(82.5)	(87.5)	95.5	97.0	98.0	99.0
4.0	(88.5)	(95.0)	105	108	110	112
4.5		(101)	115	119	122	125
5.0		(107)	123	129	133	137
5.5			(131)	138	143	149
6.0			(138)	146	152	161
6.5			(144)	(154)	161	173
7.0			(150)	(161)	169	184
7.5			(155)	(168)	177	195
8.0				(174)	(185)	206
9.0				(185)	(198)	226
10				(195)	(209)	244
11					(219)	261
12					(229)	275

一球接地的球隙适用于正极性的雷电冲击电压和长波尾冲击电压 kV(峰值) 表 3-30

球隙距离 cm	球直径 cm					
	5	6.25	10	12.5	15	25
0.30	11.2					
0.40	14.3	14.2				
0.50	17.4	17.2	16.8	16.8	16.8	

续表

球隙距离	球 直 径 cm					
cm	5	6.25	10	12.5	15	25
0.60	20.4	20.2	19.9	19.9	19.9	
0.70	23.4	23.2	23.0	23.0	23.0	
0.80	26.3	26.2	26.0	26.0	26.0	
0.90	29.2	29.1	28.9	28.9	28.9	
1.0	32.0	31.9	31.7	31.7	31.7	31.7
1.2	37.8	37.6	37.4	37.4	37.4	37.4
1.4	43.3	43.2	42.9	42.9	42.9	42.9
1.5	46.2	45.9	45.5	45.5	45.5	45.5
1.6	49.0	48.6	48.1	48.1	48.1	48.1
1.8	54.5	54.0	53.5	53.5	53.5	53.5
2.0	59.5	59.0	59.0	59.0	59.0	59.0
2.2	64.5	64.0	64.5	64.5	64.5	64.5
2.4	69.0	69.0	70.0	70.0	70.0	70.0
2.6	(73.0)	73.5	75.5	75.5	75.5	75.5
2.8	(77.0)	78.0	80.5	80.5	80.5	81.0
3.0	(81.0)	82.0	85.5	85.5	85.5	86.0
3.5	(90.0)	(91.5)	97.5	98.0	98.5	99.0
4.0	(97.5)	(101)	109	110	111	112
4.5		(108)	120	122	124	125
5.0		(115)	130	134	136	138
5.5			(139)	145	147	151
6.0			(148)	155	158	163
6.5			(156)	(164)	168	175
7.0			(163)	(173)	178	187
7.5			(170)	(181)	187	199
8.0				(189)	(196)	211
9.0				(203)	(212)	233
10				(215)	(226)	254
11					(238)	273
12					(249)	291

验变压器低压侧电压表读数，连此三点作一直线，再延长此线至所需的试验电压值，求得低压侧电表的读数，然后将球隙调至比试验电压高出10%～15%的位置上。作为耐压试验过程中的过电压保护。使用球隙时应以试验时的气温和气压下的修正系数来修正。可按下式计算。

$$u_2' = SV_2$$

$$S=\frac{0.3869}{273+t}\text{——相对空气密度}$$

式中 t——气温(℃)；

V_2——试验状态下的电压；

u_2'——标准状态下的电压($\rho=768$mmHg，$t=20$℃)，也即放电曲线中所求得的电压。

3. 使用注意事项

使用时必须严格按高压试验安全有关规程执行，试验人员应严格遵守操作规程。

十二、高压静电电压表

高压静电电压表，是用于直流或宽频范围交流电路中作高压测量的一种电工仪表。在电工试验工作中，直接可以测量高压电源。对高压设备进行耐压试验时，为了避免试验电压超过规定值损坏被试设备，作到操作时心中有数，可以采用高压静电电压表作为测量监视。

1. 高压静电电压表的测量原理

以 Q3-V 型高压静电电压表为例，电压表的测量原理是利用装在表内两个电极间的静电作用产生转矩的。两个电极中一个是固定的，另一个在静电电场的作用下可以转动，见图3-86。当电压表接到测量电路中，在被测高压电场的作用下，表内两个电极间便产生静电作用，于是带有指针的活动电极发生偏转，偏转的角度与被测电压值的平方成正比，因此根据表针的偏转角度便可测得被测的电压值。

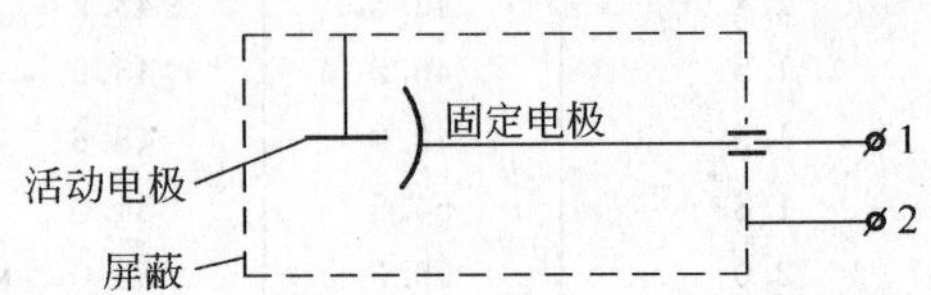

图 3-86 Q3-V 型高压静电电压表原理图

2. 使用方法

首先，要掌握换档方法，合理地选择测量档，Q3-V 型高压静电电压表测量有 0～0.75kV、0～15kV 和 0～30kV 三档。在测量高压前，应先按照被测的电压值选好适当的档级。改变量档的方法：将表壳上带有红色的电极头拉出，并向左或向右扭转到所选定的测量档标志上，然后缓慢地将其放到该量程的止档为止，这样就改变了量程。

十三、转速表

1. 转数表的原理及其应用

转数表一般是根据离心力的原理制造的。即被测的旋转体与转数表的测量杆接触后，带动测量杆转动，于是转数表受到离心力的作用，使连接在测量杆上的指针机构发生偏转，此偏转的角度与转数有关。当把指针的偏转角度用相应的转数进行刻度时，指针便可直接指示出被测转数值，这就是离心式转数表的简单测量原理。

转数表是一种构造简单的仪器。在电工试调中常须对旋转机械测量转数，如各种大小容量的电动机和发电机以及其他旋转机械设备的转数测量，因此转数表应用是广泛的。

2. 转数表测量方法

(1) 转数表的量限选择

离心式转数表也是属于多量限的仪器。在转数表的前端装有量限调节螺母，扭转调节螺母即可改变转数表的量限。在测转数前，必须根据被测旋转体转数(从设备铭牌中查得或估计)选择适当的量限刻度。为了获得准确的测量结果，要使被测的转数处于选定量限刻度的上限部分。

(2) 测量方法

离心式转数表表头有几个各不相同的测量端子，这些测量端子有的是属于旋转体轴心测量用的；有的是属于旋转体外围测量用的。其中轴心测量用的分有橡皮头和无橡皮头两种，一般常用是带橡皮头的一种。测量转数时，用双手端正转数表，使转数表前面的测量端杆的轴线与被测的旋转体的轴线一致，慢慢地靠近被测旋转体，当测量杆与被测体相接触并以适当的压力压紧时，转数表的指针便发生偏转，于是便指出被测旋转体的实际转数值。如果发现指针仍停留在零位线上不动，或指针旋转几周，则说明所选择的量限不对，此时应立即将转数表脱离被测旋转体。查明原因重新选档后再行测量。

十四、702-2 型数字式毫秒计(南京电力自动化设备厂)

1. 用途特点和主要技术特性

(1) 用途与特点

702-2 型数字式毫秒计是用于测量各种有接点装置和无接点装置的动作时间与时间间隔的数字式仪表，由四位液晶显示器直接显示测量结果。仪器分辨率为 0.01ms，输入信号可以是电位跃变，也可以是机械接点动作，而无需进行转换。适用于电厂、变电站、继电器厂、有线电厂等部门使用。与 702-1 型数字式毫秒计相比，其电路由原来的分立元件改进为 CMOS 双列直插集成电路片。供电方式由原来的交流供电，改进为交流、直流两种电源供电。为此功耗低，体积小，测试量程广，显示精度高，携带方便，可在交流供电不方便的情况下工作。

(2) 主要技术特性

1) 测试范围

① 可直接测试如下类型的时间量

单路空接点断开时间；

单路空接点闭合时间；

正负极性正脉冲宽度；

正负极性负脉冲宽度。

双路时间间隔输入Ⅰ信号开始至输入Ⅱ信号停止，之间的时间间隔，信号形式可以是正跃变、负跃变、空接点断开，空接点闭合中的任一种，共有 16 种组合的时间间隔。

以上几个名词、定义说明如下：

空接点——指不带负荷的接点，没有任何电的联系存在。

正跃变——由低电位向高电位的跃变，如－10V 跃变到 0V，0V 跃变到＋10V。

负跃变——由高电位向低电位跃变如 0V 跃变到－10V，＋10V 跃变到 0V。

② 对电量信号的适应性

除了继承 702-1 型的四档固定触发电压功能外，又增加了四档触发电压可调的功能，使用中可自由选择，具体内容见表 3-31 及表 3-32。

触发电压固定四档　　**表 3-31**

档　别	5～15V	15～40V	40～120V	120～250V
触发电压值(V)	2.5±5%	7.5±5%	20±5%	60±5%
可靠不动作电压值（V)	2.2	7	18	55

触发电压可调的四档　　**表 3-32**

档　别	0～＋10V	0～－10V	0～＋100V	0～－100V
触发电压值(V)	VRP±4	VRP±4	VRP±4	VRP±4
可靠不动作电压值(V)	VRP－8%	VRP－8%	VRP－8%	VRP－8%

"VRP"为面板上指针式电位器的指示值。

例如，K，拨在0～+10V档，VPR指在"3"上，则触发电压值为3V±4%，可靠不动作电压值为3V－8%。

③ 仪器分辨力为0.01ms，满量程为99.99s，量程分四档由内部电路自动切换，被测时间小于100s。

④ 仪器分手动复原与自动复原两种。采用自动复原，保持数据显示时间大约10s后，自动清零复原，还可用人工手动随时复原。

2）机器正常工作条件

① 温度：0～+40℃。

② 湿度：小于90%RH。

③ 大气压力：860～1060mbar。

④ 供电电源电压，分交流与直流两种：

交流供电，供电电源频率50±5%Hz，220V±10%功率小于1VA；

直流供电，电源采用4节2号干电池，电池使用时间不少于1年。

3）精度　　在正常工作条件下，精度$=\Delta f/f_0 \pm \Delta tv \pm 1$个字。

① $\Delta f/f_0$为因温度变化连续工作，以及频率校正等带来的时基脉冲频率偏移所引起的总误差，本仪器为$\pm 5\times 10^{-5}$。

② Δtv为气温变化所引起触发电压漂移而引起的误差，当信号在触发电压点处的变化，如时间小于0.01ms时，Δtv可忽略。

③ ±1个字为计数误差

因此，在一般情况下，精度是$\pm 5\times 10^{-5}\pm 1$个字。

4）输入阻抗大于500kΩ。

5）连续工作时间8h。

6）仪器体积与质量：体积：$225\times 225\times 90\text{mm}^3$；质量：2kg。

2. 工作原理

(1) 基本工作原理(图3-87)

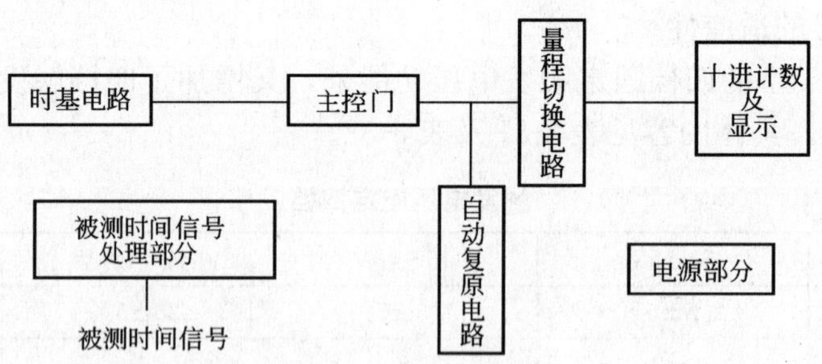

图3-87　基本工作原理

由时基电路给出周期为10μs、100μs、1ms、10ms的标准时基脉冲送受被测时间量控制的主控门，经量程切换电路后进入十进计数器及显示，信号开启主控门，计数器开始计数，信号停止，主控门关闭，计数器停止计数，并记下了该段被测时间的进入的时基脉冲，从而代表了被测量的时间，通过液晶显示器，直接显示出测量结果。

(2) 各部分电路的功能

1) 时基电路，产生周期为 10μs，100μs，1ms，10ms 的标准时基脉冲，作为被测时间量的度量标准。

2) 十进计数器及显示电路，记录主控门送来的时基脉冲数，并显示测量结果。

3) 量程切换电路，根据被测时间量的长短，自动切换计数显示电路的时基脉冲类型。

4) 主控门，在被测量时间控制下，完成开启、关闭计数器的作用。

5) 复原电路，被测量显示 10s 以后将计数器自动复原，为下次测量计数作准备。

6) 被测信号处理部分，将各种不同形式输入信号处理成主控门所需要的控制方式，

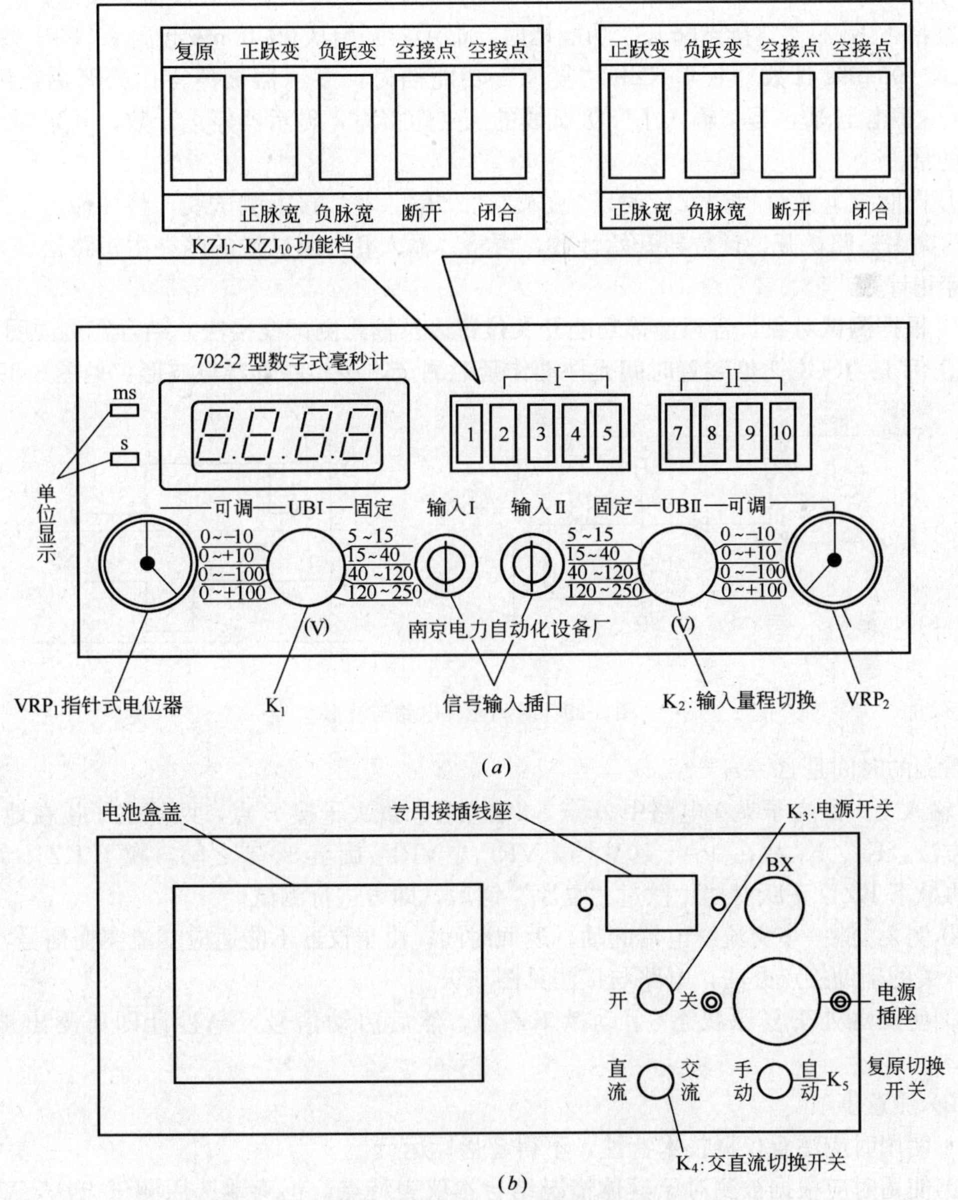

图 3-88　前面板及后背板布置图

(a)前面板布置图；(b)后背板布置图

方波宽度与被测时间量一致，它由信号通道及波段开关 K_1、K_2，指针式电位器 VRP_1、VRP_2 及琴键开关等组成。

3. 使用方法及注意事项

(1) 使用方法

1) 本仪器前后板布置见图 3-88，测试前一般应对其工作的正确性进行检查，检查的方法是：

① 合上 K_3 接通电源，液晶显示器应有数码显示。

② 功能开关全部退出，仪器开始自检，显示器进行以 2110 为周期，从最高位起，逐位数码检查，揿下 KZJ_1 “复原”功能档，显示器停止计数，松开后仪器继续计数。

③ 揿下 KZJ_4 “空接点断开”功能档时，显示器开始从 00.00ms 起向 99.99～999.9～9999ms～99.99s 计数，揿下 KZJ_1 “复原”功能档时，显示器被清零，松开后，继续从 00.00ms 开始计数，当“输入Ⅰ”测试线的两夹短接时，显示器停止计数，并延时 10s 后自动复原。

④ 同时揿下 KZJ_4 与 KZJ_9 时，“输入Ⅰ”、“输入Ⅱ”接上测试线，将“输入Ⅰ”测试线的两夹由短路松开，计数器开始计数，再将“输入Ⅱ”测试线的两夹由短路松开，计数器则停止计数。

2) 根据测试对象，合理选择功能开关位置以及输入测试线接法，结合实例说明如下。

① 例 1：JSGC-1 型装置时间元件动作延时测定，该元件电器与波形，见图 3-89。

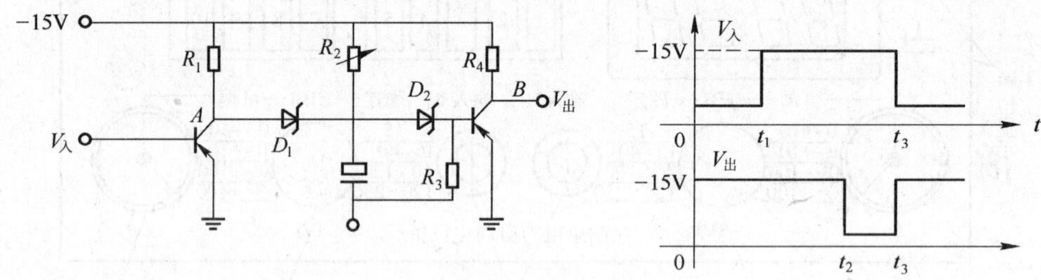

图 3-89 时间元件电路与波形

需测的时间是 $\Delta t = t_2 - t_1$。

“输入Ⅰ”红夹子夹在电路中 A 点，“输入Ⅱ”红夹子接 B 点，两黑夹子接在地点。

方法：K_1、K_2 放在 0～－10V 档，VRP_1、VRP_2 旋至 3～6 之间，揿下 KZJ_3 负跃变档，再揿下 KZJ_7 正跃变档，揿过“复原”键后，即可进行测试。

② 例 2：测一个交流继电器起动，返回时间，由于仪器不能适应变流突变信号，故用同步开关的辅助接点办法，电路与接法见图 3-90。

3) 使仪器处于复原状态(手动揿 KZJ_1)，然后启动信号，毫秒计即可测出被测时间量。

(2) 注意事项

1) 使用时应注意仪器技术特性，不得超指标运行。

2) 使用时应根据被测对象具体情况结合本仪表特点，正确地选用测试方法，就能方便地得到精确的结果。

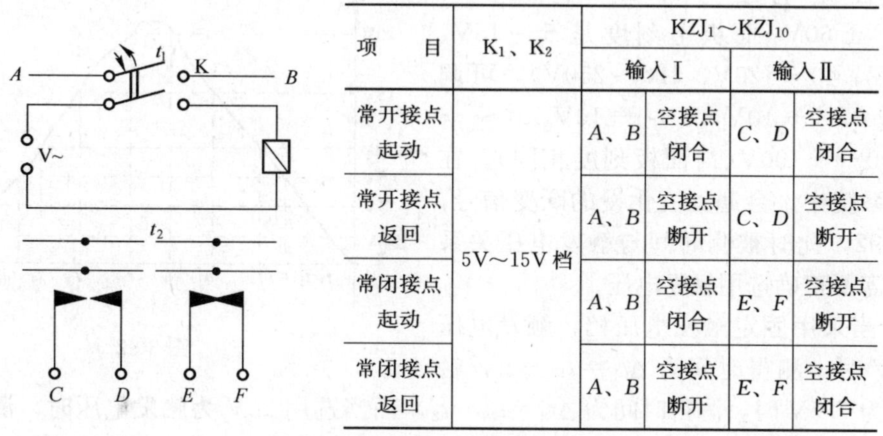

项　目	K_1、K_2	KZJ_1～KZJ_{10}			
		输入Ⅰ		输入Ⅱ	
常开接点起动	5V～15V 档	*A*、*B*	空接点闭合	*C*、*D*	空接点闭合
常开接点返回		*A*、*B*	空接点断开	*C*、*D*	空接点断开
常闭接点起动		*A*、*B*	空接点闭合	*E*、*F*	空接点断开
常闭接点返回		*A*、*B*	空接点断开	*E*、*F*	空接点闭合

图 3-90　交流继电器的测试

说明：*A*、*B* 为“输入Ⅰ”测试夹的接线点，*C*、*D* 与 *EF* 为“输入Ⅱ”测试夹的接线点。

例如，我们求图 3-91(*a*)中所示的开关从 A 档转到 B 档的转换时间，(即 *CA* 通至 *CB* 通的时间)这个开关可能是一般的波段开关、扭子开关、行程开关，也可能是各种电磁继电器的接点或者是由其他转动装置带动的大型调压用开关等等，测量时，根据具体条件选择合适的方式。

当开关是“空接点”时，可以像图 3-91(*b*)中所示，用单路“空接点断开”方式测，也可以像图 3-91(*c*)中所示，用双路来测，其中“输入Ⅱ”置“空接点断开”，“输入Ⅱ”置“空接点闭合”。如果开关连接在某一直流负荷的情况下，对(*d*)中情况用双路的“负跃变”——“正跃变”方式，对(*e*)中情况用双路的“正跃变”——“负跃变”方式测，对(*f*)中情况用单路正(负)的脉宽办法测。

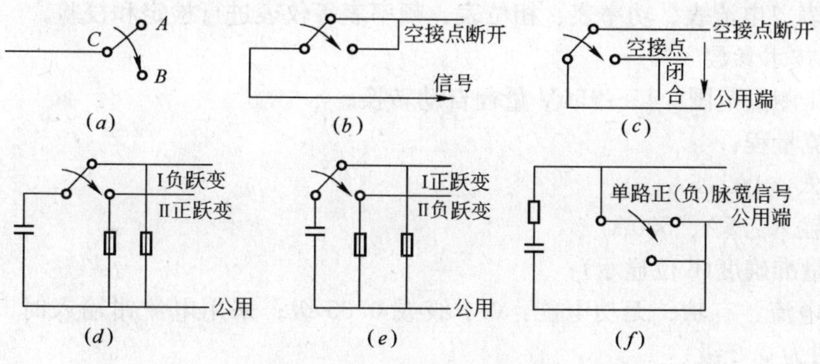

图 3-91　开关转换时间举例

3) 交流继电器的测试应借助于同步开关来完成，因为本仪器只适用于直流跃变信号，见图3-90，利用同步开关 K，将交流继电器起动时间转化为空接点 *AB* 与空接点 *EF* 之间的动作时差，当然引进了同步开关不是真正同步，而带来的误差，约为 0.1～0.4ms，但可预先测出“*AB*”与“*CD*”之间的时差来修正。

4) 应注意触发电压与被测时间的关系，本仪器有四档触发电压固定与四档触发电压可调。固定电压为 ± 2.5V、± 75V、±20V、± 60V（面板上刻度是 5 ～ 15V、15～40V、40～120V、120～250V），可调电压为 0 ～ ＋ 10V，0 ～ － 10V，0 ～ ＋100V，0～－100V（与面板刻度相同），在无接点系统中，会遇到变化慢的跃变信号，见图 3-92，此时被测时间与触发电压关系很大，需要正确选用触发电压。

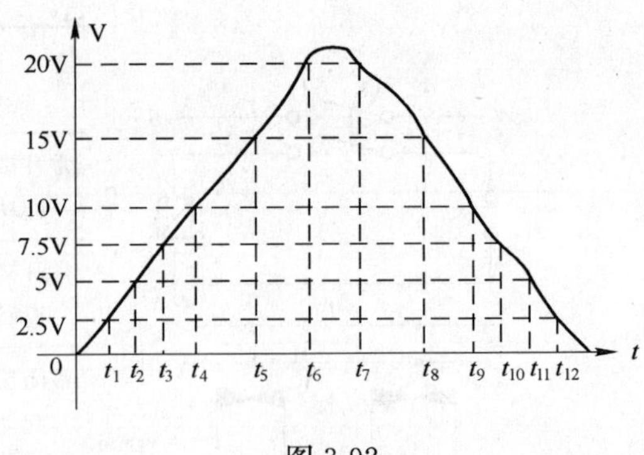

图 3-92

① 当采用固定触发电压档，触发电压为 2.5V 时，测得时间为 $\Delta t_1 = t_{12} - t_1$，触发电压为 7.5V 时，测得时间为 $\Delta t_2 = t_{10} - t_3$，而当选用 20V 为触发电压时，测的时间则为 $\Delta t_3 = t_7 - t_6$，显然 $\Delta t_1 \neq \Delta t_2 \neq \Delta t_3$。

② 当采用可调触发电压档时，K_1 可选在 0～＋100 档（根据需要也可选在 0～＋10V 档）此时旋转面板 VRP 当 VRP 指向不同值时，测的时间不同，当 VRP 指向“1”时，测得的时间为 $\Delta t = t_9 - t_4$，当 VRP 指向“1.5”时，测的时间为 $\Delta t_5 = t_8 - t_5$，可见随着 VRP 的指向不同，测的 Δt 也不同，最后根据所在电路的实际使用，合理的选择触发电压值，根据上述，如遇图 3-92 这样的波形时，可以采用可调触发电压档，这样可以通过改触发电压值得到电压波形的上升下降特性及脉宽时间。

十五、ST-9040K 型电能表现场校验仪（河南思达电子仪器股份有限公司生产）

电能表现场校验仪主要用于在现场对运行中的有功、无功电能表进行在线校验或检定之用。

9040K 型电能表现场校验仪是新一代智能化仪器，它体积小，重量轻，功能全，测量准确度高，操作简便，读数直观，不但可检定、校验单、三相有功、无功电能表，同时还可对电压表、电流表、功率表、相位表、频率表等仪表进行检定和校验。

1. 主要技术参数

(1) 电压测量范围：45～450V 量程自动转换。

(2) 电流量程：

直接接入：1A、5A；

电流钳输入：5A、500A。

(3) 测量准确度(6 位显示)：

电压、电流、有功、无功电能：0.1 级或 0.05 级；采用电流钳输入时 5A 钳为 0.1 级，500A 钳为 0.2 级；

频率测量：4 位显示，绝对误差±0.02Hz；

相位测量：4 位显示，绝对误差±0.5°。

(4) 变差：24 小时变差<±0.01%。

(5) 频率影响：信号在 45～55Hz 范围内<±0.01%。

(6) 温度影响：在－10～＋40℃范围内<±10ppm。

(7) 仪器电源电压：80～260V。

(8) 预热时间：8min。

(9) 体积：360mm×257mm×120mm。

(10) 重量：3kg。

2. 仪器结构(图 3-93、图 3-94)

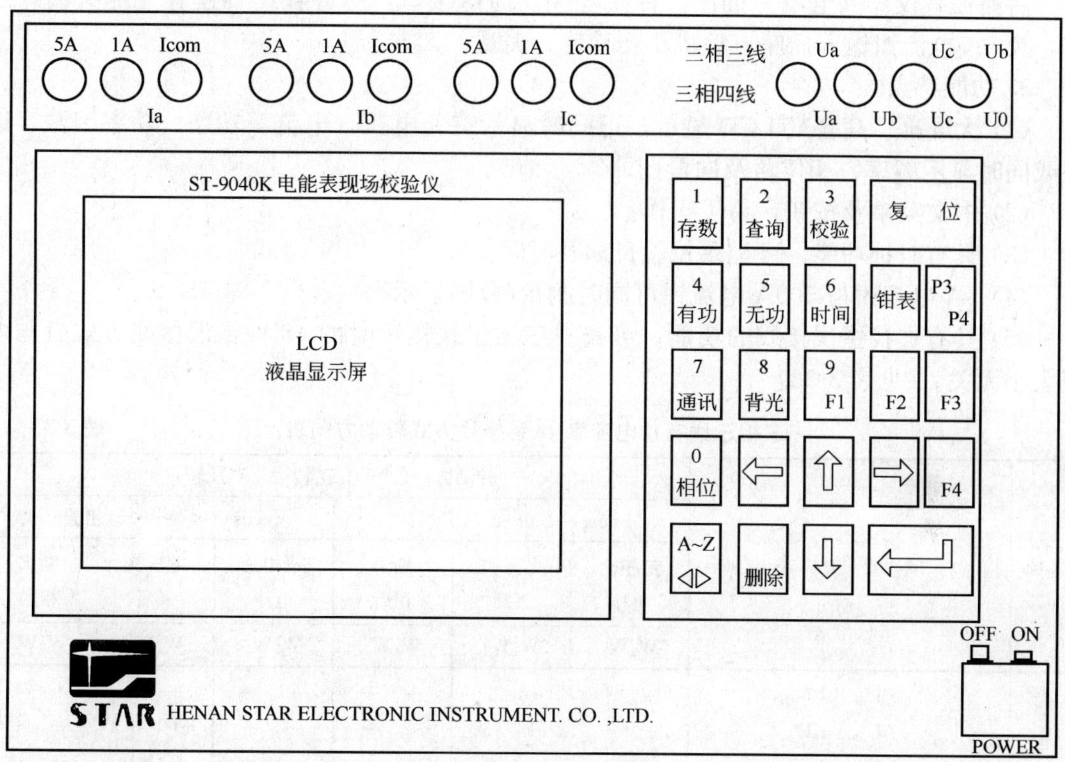

图 3-93　正面板布置图

注：500A 钳表接在 1A 端子上

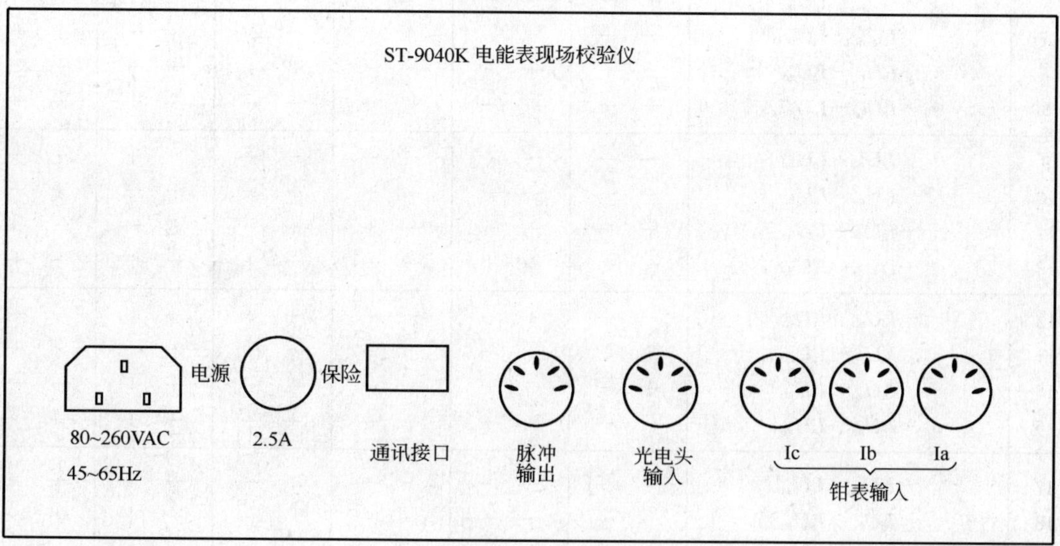

图 3-94　后面板图

注：钳表输入用于 5A 钳表

仪器采用新型注塑机箱，正面上部为电压、电流输入接线端子；左半部为大屏幕液晶显示屏；右半部为导电橡胶操作按钮(共 23 只，分别用中文注明其功能)右下方为仪器电源开关。

后面板有仪器供电电源插座。保险丝座，通讯接口，脉冲输出插座，光电头输入插座，及 5A 电流钳输入插座。整机小巧玲珑、美观、大方。

3. 功能特点

(1) 大屏幕、高亮度 LCD 显示，可同时显示三相电压、电流、功率、功率因数、误差或同时显示频率、相位角及向量图。

(2) 中文菜单及按钮，易于操作。

(3) 具有时钟功能，可记录校验日期及时间。

(4) 5A 电流钳与 500A 电流钳可同时测量(分屏显示)。

(5) 具有查找错误接线的功能，可查找三相三线接法时的 48 种错误接线方式且与电流大小无关。(见表 3-33)

三相三线有功电度表 48 种接线方式转动方向表　　**表 3-33**

序号	接线方式	转动方向(“+”正转“−”反转)					
		cosφ=1.0～0.5(滞后)			cosφ=1.0～0.5(超前)		
		三相全电压	电压交叉后	断 B 相后	三相全电压	电压交叉后	断 B 相后
		W_1W_2	$W_1'W_2'$	W_3W_4	W_1W_2	$W_1'W_2'$	W_3W_4
1	I_aU_{ab}　I_cU_{cb}	+ +	− +	+ +	+ +	+ −	+ +
2	I_cU_{ab}　I_aU_{cb}	+ −	+ +	− −	− +	+ +	− −
3	$-I_aU_{ab}-I_cU_{cb}$	− −	+ −	− −	− −	− +	− −
4	$-I_cU_{ab}-I_aU_{cb}$	− +	− −	+ +	+ −	− −	+ +
5	I_aU_{bc}　I_cU_{ac}	+ −	+ −	− +	− −	+ −	− −
6	I_cU_{bc}　I_aU_{ac}	− +	− +	− +	− +	− −	+ +
7	$-I_aU_{bc}-I_cU_{ac}$	− +	− +	+ −	+ +	− +	+ +
8	$-I_cU_{bc}-I_aU_{ac}$	+ −	+ −	+ −	+ −	+ +	− −
9	I_aU_{ca}　I_cU_{bc}	− −	− +	− −	− +	− +	+ −
10	I_cU_{ca}　I_aU_{bc}	+ −	− −	+ +	+ −	+ −	+ −
11	$-I_aU_{ca}-I_cU_{bc}$	+ +	+ −	+ +	+ −	+ −	− +
12	$-I_cU_{ca}-I_aU_{bc}$	− +	+ +	− −	− +	− +	− +
13	$-I_aU_{ab}$　I_cU_{cb}	− +	+ +	− +	− +	− −	− +
14	$I_cU_{ab}-I_aU_{cb}$	+ +	+ −	− +	− −	+ −	+
15	$I_aU_{ab}-I_cU_{cb}$	+ −	− −	+ −	+ −	+ +	+ −
16	$-I_cU_{ab}$　I_aU_{cb}	− −	− +	+ −	+ +	− +	+ −
17	$-I_aU_{bc}$　I_cU_{ac}	− −	− −	+ +	+ −	− −	+ −
18	$I_cU_{bc}-I_aU_{ac}$	− −	− −	− −	− −	− +	+ −
19	$I_aU_{bc}-I_cU_{ac}$	+ +	+ +	− −	− +	+ +	− +
20	$-I_cU_{bc}$　I_aU_{ac}	+ +	+ +	+ +	+ +	+ −	− +

续表

序号	接线方式	转动方向（“+”正转“−”反转）					
		$\cos\varphi$＝1.0～0.5（滞后）			$\cos\varphi$＝1.0～0.5（超前）		
		三相全电压	电压交叉后	断B相后	三相全电压	电压交叉后	断B相后
		W_1W_2	$W_1'W_2'$	W_3W_4	W_1W_2	$W_1'W_2'$	W_3W_4
21	$-I_aU_{ca}\quad I_cU_{ba}$	+ −	+ +	+ −	+ +	+ +	− −
22	$I_cU_{ca}-I_aU_{ba}$	+ +	− +	+ −	+ +	+ +	+ +
23	$I_aU_{ca}-I_cU_{ba}$	− +	− −	− +	− −	− −	+ +
24	$-I_cU_{ca}\quad I_aU_{ba}$	− −	+ −	− +	− −	− −	− −
25	$I_aU_{ac}\quad I_cU_{bc}$	+ −	+ −	+ −	+ −	− −	+ +
26	$I_cU_{ac}\quad I_aU_{bc}$	− +	− +	+ −	− −	− +	− −
27	$-I_aU_{ac}-I_cU_{bc}$	− +	− +	− +	− +	+ +	− −
28	$-I_cU_{ac}-I_aU_{bc}$	+ −	+ −	− +	+ +	+ −	+ +
29	$I_aU_{cb}\quad I_cU_{ab}$	− +	+ +	− −	+ −	+ +	− −
30	$I_cU_{cb}\quad I_aU_{ab}$	+ +	+ −	+ +	+ +	− +	+ +
31	$-I_aU_{cb}-I_cU_{ab}$	+ −	− −	+ +	− +	− −	+ +
32	$-I_cU_{cb}-I_aU_{ab}$	− −	− +	− −	− −	+ −	− −
33	$I_aU_{ba}\quad I_cU_{ca}$	− +	− −	+ +	− +	− +	− +
34	$I_cU_{ba}\quad I_aU_{ca}$	− −	+ −	− −	+ −	+ −	− +
35	$-I_aU_{ba}-I_cU_{ca}$	+ −	+ +	− −	+ −	+ −	+ −
36	$-I_cU_{ba}-I_aU_{ca}$	+ +	− +	+ +	− +	− +	+ −
37	$-I_aU_{ac}\quad I_cU_{bc}$	− −	− −	− −	− −	+ −	− +
38	$I_cU_{ac}-I_aU_{bc}$	− −	− −	+ +	− +	− −	− +
39	$I_aU_{ac}-I_cU_{bc}$	+ +	+ +	+ +	+ +	− +	+ −
40	$-I_cU_{ac}\quad I_aU_{bc}$	+ +	+ +	− −	+ −	+ +	+ −
41	$-I_aU_{cb}\quad I_cU_{ab}$	+ +	− +	+ −	− −	− +	+ −
42	$I_cU_{cb}-I_aU_{ab}$	+ −	+ +	+ −	+ −	− −	+ −
43	$I_aU_{cb}-I_cU_{ab}$	− −	+ −	− +	+ +	+ −	− +
44	$-I_cU_{cb}\quad I_aU_{ab}$	− +	− −	− +	− +	+ +	− +
45	$-I_aU_{ba}\quad I_cU_{ca}$	+ +	+ −	− +	+ +	+ +	+ +
46	$I_cU_{ba}-I_aU_{ca}$	− +	+ +	− +	+ +	+ +	− −
47	$I_aU_{ba}-I_cU_{ca}$	− −	− +	+ −	− −	− −	− −
48	$-I_cU_{ba}\quad I_aU_{ca}$	+ −	− −	+ −	− −	− −	+ +

说明：序号 1～24 为正相序，25～48 为逆相序。

（6）可存储 200 块电表的测量数据，且可随意查询。能与微机通讯进行管理。

（7）用于电能表校验时可接收光电头，手动开关及电子式电能表的脉冲输入，连续显示被校表的相对误差。

4. 工作原理

仪器功能原理见图 3-95。

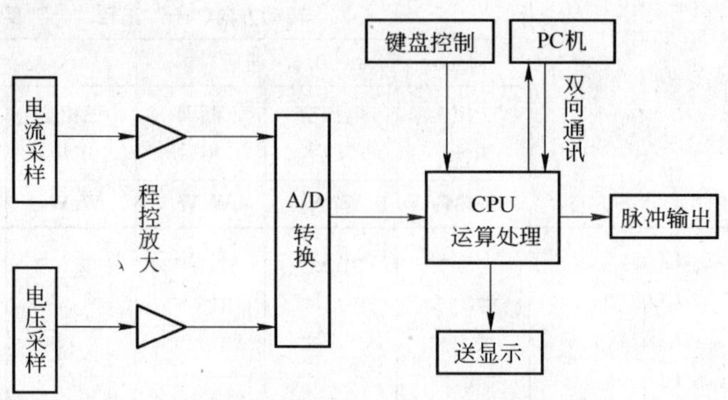

图 3-95　ST-9040K 功能原理框图

仪器采用时分割原理和数字乘法器技术，能同时对三相电压，三相电流进行交流采样，采集的有关数据经程控放大和 A/D 转换，送 CPU 进行高速运算，分析和数据处理，将计算得出的每相电压、电流、功率、电能、相对误差，及相互间的相位关系等参数，由大屏幕液晶显示屏显示出来，一目了然。

5. 使用方法

(1) 各按键功能说明

复位　系统总复位，在该状态下可进行校验，查询，有功测量，无功测量，电流量程选择，接线方式选择，背光选择，时间校对，及通讯等项操作。

P_3 P_4　用于校验时接线方式的选择，在相应状态下按动该键可进行三相三线 ΔP_3 和三相四线人 P_4 接线方式的转换。

钳表　用于电流量程选择，在该状态下按动该键，可在 1A、5A、500A 钳表、5A 钳表间转换。其中 1A、5A 用于电流的直接输入，500A 钳表、5A 钳表用于电流钳输入方式。

背光　在复位状态下按动该键，屏幕亮度将在“正常”和“亮”之间转换以适应不同的环境。

时间　用于时钟的时间校对。

查询　用于校验数据的查询。

校验　用于有功、无功电能的校验。

存数　在校验状态下，可根据需要进行测量数据的存贮，可存贮的参数有：U、I、P、Q、$\cos\phi$、$\sin\phi$、EEP、EEQ、ϕ，相向图和三相三线状态下的查线结果，共可存 200 块表的测量数据。

有功　用于三相电压、三相电流、三相有功功率、总功率 P_s，功率因数 $\cos\phi$、有功电能累计 EEP 的测量。

无功　用于三相电压、三相电流、三相无功功率、总无功功率 QS、当前利率正弦值 $\sin\phi$、三相无功电能累计 EQ 的测量。

相位　用于三相三线，三相四线制的相位角测量，向量图显示及三相三线状态下的接线检查，并可同时显示电网的频率。

通讯　用于本仪器和 PC 机的数据传递，可将仪器存贮的数据传送给 PC 机进行管理或打印。

删除　用于错误数据的修改和删除。

A～Z ◁ ▷　万用键，用于查询时翻页及设定时钟用。

↵　回车键，用于各功能操作的确认。

(2) 操作顺序

1) 开机，按下电源开关键，仪器通电。

2) 按复位键，检查时钟的准确性。在复位状态下连接好电压及电流的输入线，用于电能表校验时连好光电头或电子式电能表的脉冲线并确认无误。

3) 按校验键，进入参数预置状态。置入被校表的各项参数。

4) 按↵键，确认以上各参数的置入。并进入接线方式选择。

5) 按钳表键，选择电流量程。

6) 按 P_3 P_4 键，选择接线方式。

7) 按↵键，确认以上选择，并进入校验，此时屏幕显示各种参数值及误差值。

8) 按存数键，存入当前屏幕上所显示的内容，闪动光标消失后，参数即存入。

9) 按相位键一次，再按↵一次，进入相位测量状态，在此状态下可进行错误接线检查及查看向量图。

10) 按存数键。进行向量存贮，闪动光标消失后，数据即存入。

11) 按查询一次，再按↵一次进行查询反复按动 A～Z ◁ ▷ 键，检查存入数据是否正确，正确后，按复位键结束查询。

12) 在复位状态下拆除连接线并关机。

6. 使用操作注意事项

(1) 为避免输入电压、电流对仪器造成冲击，校验时输入导线的接、拆均需在仪器工作电源接通并处于“复位”状态下进行。

(2) 校验时若发现被测电压或电流无显示应立刻检查输入接线是否正确及电流量程选

择是否正确；如发现误差过大或溢出，应检查各校验参数置入是否正确。

(3) 在进行"存数"操作时，应待各数据显示稳定后再按[存数]键。

(4) 使用电流钳作电流输入时应注意 A、B、C 三相钳不能互换。钳头有铭牌的一侧为电流输入侧，钳子应与电流导线垂直，钳口闭合应严密。使用中钳头不得剧烈碰撞以免影响测量精度。

(5) 使用 5A 电流钳作电流输入时，电流钳输出插头应插到仪器背面的"钳表输入"插座。

使用 500A 电流钳时，应将电流钳输出接到仪器面板上部电流 1A 接线端子上，不得接错。

(6) 校验单相电能表时，应使用 A 相电压、电流进行测试，存数或查看单相相位时，应将 V_A、V_B、V_C 输入端子短路。

(7) 校验完毕，应按[复位]键，使仪器在"复位"状态下拆掉电压、电流输入线，最后关掉仪器电源。

(8) 仪器属于精密测试仪器，使用时应轻拿轻放，操作时应慎重。仪器应定期进行计量检定。

十六、YM-942 系列继电保护校验仪

1. 主要性能与特点

YM-942 系列继电保护校验仪主要用于各种高、低压配电系统作继电保护校验的一种新型测试仪表。它可对各种电磁型、整流型、晶体管型、集成电路型继电器的动作电压、返回电压、动作电流、返回电流、重合闸充放电时间，以及动作、返回时间的测量和校验进行测试和校验。

该仪器具有精度高，性能好，功率大，功能强，体积小，操作简单，重量轻等特点，同时还有双调节(电流、电压)、双输出，对测定值可以锁定的性能，用此仪器可完成多种仪器的校验和测试功能。

2. 主要技术参数

西安富博电子电器有限责任公司生产的 YM-942 系列继电保护校验仪其技术参数，见表 3-34。

YM-942 系列继电保护校验仪技术参数　　表 3-34

		YM942A	YM942B
输　出	交流电流	0～20A～100A(最大达 150A)	0～50A～150A(最大可达 200A)
	交流电压	0～250V(0.6A)	
	直流电流	0～5A(最大负载 5Ω)	0～8A(最大负载 3Ω)
	直流电压	0～300V(0.6A)	V_A　0～300V(0.6A) V_B　0～300V(0.6A)
电量测量		3½数字电压表/电流表　精度 0.5%*RDG*±1 个字	
时间测量		0～999.99s　精度±0.01s	
工作电压		AC 220±10%	

续表

	YM942A	YM942B
功　　率	800W(最大 1500W 20s)	1500W(最大 4500W 20s)
体　　积	宽 300×高 160×深 440	宽 450×高 470×深 220
重　　量	18kg	26kg

3. 测量原理和使用方法

校验仪的测量程序，见图 3-96。

测试和校验是由电压或电流发生器产生测试所需的电压或电流加至被测设备上，使其产生动作，此时由测量端头即可测出动作时刻的电压、电流值或动作时间值，并经微电脑处理送至显示窗进行显示。对不同的继电器可由键盘选择不同的测试方法，以得到该继电器的各项参数。

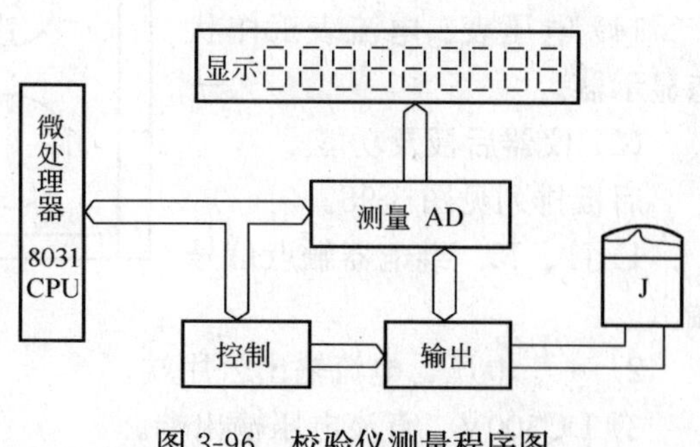

图 3-96　校验仪测量程序图

对需要整定的继电器，如电流继电器动作电流值的整定或时间继电器的整定等，可根据要求的数值反复进行调整，以达到所需的数据。

4. 面板及功能

(1) YM942A 型机

面板排列见图 3-97。

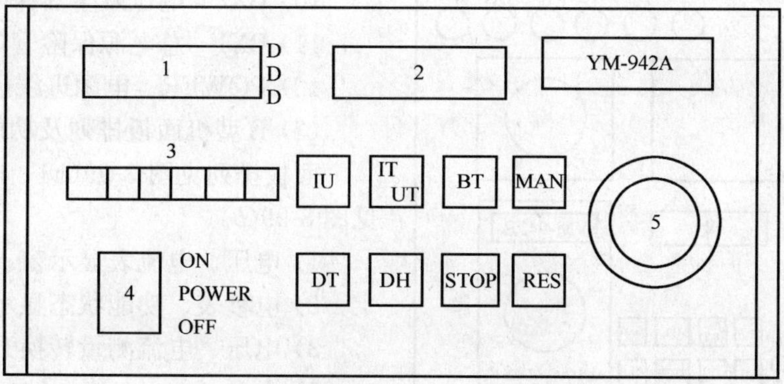

图 3-97　YM942A 型面板排列图

1) 电压、电流显示窗。
2) 电秒表、功能状态显示窗。
3) 电压、电流测量转换开关。
4) 电源开关。
5) 电流、电压调节器(上层为电压调节，下层为电流调节)。
6) I/O　动作电压、动作电流、返回电压、返回电流测量键。
7) DT　断电延时动作时间测量键。
8) IT/UT　通电延时动作时间测量键。

9）DH　重合闸继电器充电启动键。

10）BT　冲击试验键/重合闸信号启动键/软件标志。

11）STOP　重合闸放电键。

12）RES　返回键。

13）MAN　人工信号键。

14）电压表、电流表工作状态显示器。

（2）仪器后板及功能

后板排列见图 3-98。

1）J1、J2　继电器触点信号端。

2）*　电压、电流输出公用端。

3）DC300V　直流电压输出端。

4）DC5A　直流电流输出端。

5）AC250V　交流电压输出端。

6）AC20A　交流电流 0～20A 输出端。

7）AC100A　交流电流 0～100A 输出端。

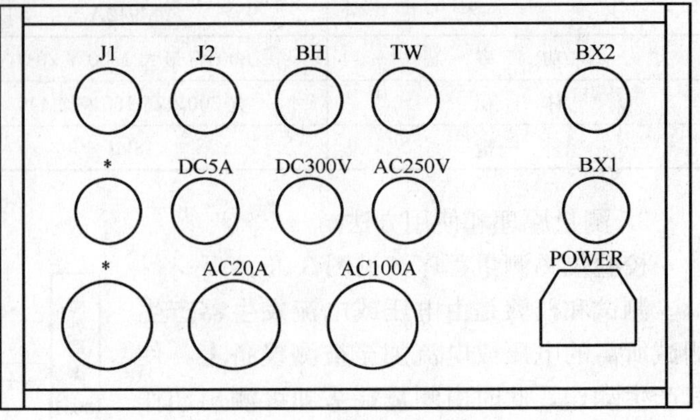

图 3-98　仪器后板排列图

8）TW　重合闸信号启动端。

9）BH　重合闸放电端。

10）BX2　电压发生器保险管(IA)。

11）BX1　总电源保险管(TA)。

12）POWER　电源进线插座。

（3）B 型机面板排列及功能

面板排列见图 3-99(*a*)。电源接线板图，见图 3-99(*b*)。

1）电压、电流表显示窗。

2）电秒表、功能状态显示窗。

3）电压、电流测量转换开关。

4）电源开关。

5）电流、电压调节器。

6）I/O　动作电压、动作电流、返回电压、返回电流测量键。

7）DT　断电延时动作时间测量键。

8）IT/UT　通电延时动作时间测量键。

9）DH　重合闸继电器充电启动键。

10）BT　冲击试验键/重合闸信号启动键/软件标志。

11）STOP　重合闸放电键。

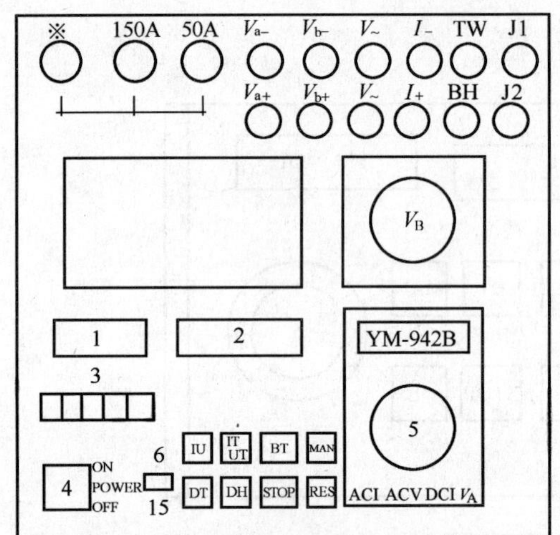

(*a*)

(*b*)

图 3-99　B 型机面板排列图及电源接线板图

(*a*)面板排列图；(*b*)电源接线板图

12）RES　返回键。

13）MAN　人工信号键。

14）电压表、电流表工作状态显示器。

15）V_A、V_B 电压测量选择。

16）直流电压 V_B 调节器。

17）输出端子：

① ※　电流公用端。

② 150A　交流电流 0～150A 输出端。

③ 50A　交流电流 0～50A 输出端。

④ V_{a-}、V_{a+}　直流 A 组电压输出。

⑤ V_{b-}、V_{b+}　直流 B 组电压输出。

⑥ $V_{\sim}$、$V_{\sim}$　交流电压输出。

⑦ I_-、I_+　直流电流输出。

⑧ TW　重合闸信号启动端。

⑨ BH　重合闸放电端。

18）接线端子：

J_1、J_2　继电器触头信号端。

19）电源端子：

① BX1　总电流保险(15A)。

② BX2　V_A 保险管(1A)。

③ BX3　V_B 保险管(1A)。

④ POWER　电源进线插座。

（4）测量档位选择

测量档位选择开关，主要用于选择合适的测量范围和测量种类，以获得高精度的测量结果。

排列位置见图 3-100。

测量档位选择见表 3-35。

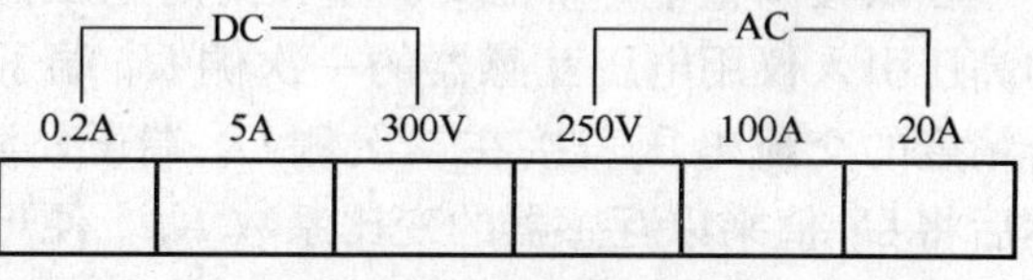

图 3-100　排列位置图

测量档位选择表　　表 3-35

	测 量 键	基本量程	显示误差	测量误差	测量回路
直流电流	DC0.2A	0～199.9mA	±0.001A	±0.001A	$I_+ I_-$
直流电流	DC5A	0～19.99A	±0.01A	±0.1A	$I_+ I_-$
直流电压	DC300V	0～700V	±1V	±2V	$V_A V_B$
交流电压	AC250V	0～700V	±1V	±2V	$V_{\sim}$
交流电流	AD100A (AC150A)	0～199.9A	±0.1A	±1A	0～20A～100A
交流电流	AC20A	0～19.99A	±0.01A	±0.1A	0～20A～100A

直流电流测量时，可根据继电器工作电流的大小选择 0.2A 档或 5A 档测量，选择

0.2A 档测量时，显示器显示满刻度应为 200mA 满度，即显示值/1000，选择 5A 档测量时，显示器满度为 20A。

交流电流测量时，可根据实际工作电流选择测量档，当工作电流小于 20A 时，应选用 20A 测量，以提高精度，大于 20A 时，可选用 100A(150A)档测量，而不受输出接线的影响。

直流电压测量时，可选择开关(I_s)的位置选定测量 V_A 或 V_B，再选择 DC300V 键进行测量。

交流电压测量时，可直接按下 AC250V 键即可测量输出。

十七、仪用互感器

仪用互感器是供测量试验的专用仪器。它是用来变换电压和电流的一种仪器。在交接试验中，如要对大电流或高电压进行测试，由于测量仪表的量程满足不了要求，在此情况下就得选择适当精度和量限合适的仪用互感器，并使其与仪表配套进行测量。

供试验用的互感器的精度较高，一般是 0.5 级或 0.2 级。

1. 电压互感器的应用

仪用电压互感器实际上与变配电装置的电压互感器完全相同，不过前者是供试验测量用的，后者是测量、计量或保护用的，它的工作原理基本与变压器一样。因此，一次侧绕组的线圈匝数 N_1 与二次侧线圈匝数 N_2 之比等于一次侧电压 U_1 与二次侧电压 U_2 之比 K_u。即：

$$K_u=\frac{N_1}{N_2}=\frac{U_1}{U_2}$$

我们把 K_u 称为电压互感器的变化系数。电压互感器的一次侧线圈匝数要比二次侧线圈匝数大几十倍，也就是 U_1 要比 U_2 大几十倍。仪用电压互感器原理线路见图 3-101。

在试验调整中，常需要测量较高的电压值，可将被测的高压引入仪用电压互感器的一次侧 U_1 端子，再使用适合精度的交流电压表接在二次侧 U_2 端子，测得电压值，然后将 U_2 值乘以互感器的变比系数 K_u，便可得到被测高压电压值。

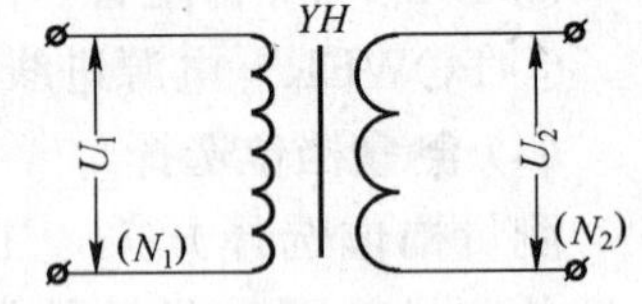

图 3-101 仪用电压互感器原理线路图

2. 仪用电流互感器应用

供试验用的仪用电流互感器，多数是制成穿心式的，即电流互感器的二次侧线圈绕在一个圆形的铁芯上。为了使互感器具有多量限，在二次侧线圈绕制时引出许多抽头，每个抽头都与出线端子连接，测量时选择哪个接线端要根据被测电流量决定。互感器一次侧线圈是由被测电路组成，根据被测电流值的大小和选定的电流比，可使被测电路的导线穿过互感器的中间圆孔或穿绕适当的匝数。具体选择接线方法，在互感器铭牌中均有说明。

仪用电流互感器的作用原理与变配电装置的电流互感器基本相同，也是利用线圈匝数与电流成反比的关系。根据这一关系可列出如下等式，即：

$$\frac{I_1}{I_2}=\frac{N_2}{N_1}$$

设$\frac{N_2}{N_1}=K_i$，K_i 为电流互感器的电流比。由于电流互感器的二次线圈匝数 N_2 比一次线圈匝数 N_1 也可以大到几倍或几十倍，也就是 I_2 比 I_1 要小得多。仪用电流互感器原理线路见图 3-102。

由此可见，当被测的大电流通过仪用电流互感器时，于二次侧感应出的二次电流 I_2 是较小的，用适当精度小量限交流电流表测得 I_2 值再乘以 K 值，即为被测的大电流值。

必须指出：电压互感器在一次侧送入高压电时二次侧线圈不能短接；对于电流互感器一次侧送入大电流时二次侧线圈必须短路。

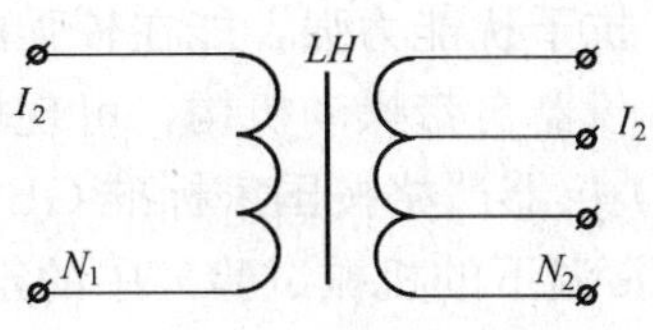

图 3-102　仪用电流互感器原理线路图

十八、开关机械特性测试仪（西安中州电力设备有限公司）

KJTC 系列开关机械特性测试仪，是针对高压开关研制的一种电脑智能化测试仪器。该仪器应用光电技术，单片计算机技术及可靠的抗电磁辐射技术，配以精确可靠的速度/距离传感器，可用于各种电压等级的真空、六氟化硫、少油、多油等开关的机械特性参数的调试与测量。

该仪器接线方便，操作简单，操作时只需开关一次分(合)动作便可得到分(合)闸全部数据，并能打印所需的全部数据、断口电流波形和动触头运动曲线。

1. 功能与特点

(1) 测试功能

1) 合(分)闸先后顺序	同时测一至六个断口	ms
2) 合(分)闸时间		ms
3) 动触头行程	测一个断口(传感器安装断口)	mm
4) 动触头超行程	测一个断口(传感器安装断口)	mm
5) 合(分)闸不同期	同时测一至六个断口	ms
6) 合(分)闸弹跳时间	同时测一至六个断口	ms
7) 刚合(刚分)闸速度	测一个断口(传感器安装断口)	m/s
8) 合(分)闸最大速度	测一个断口(传感器安装断口)	m/s
9) 合(分)闸平均速度	测一个断口(传感器安装断口)	m/s
10) 主付触头配合时间	同时测一至六个断口	ms
11) 自动重合闸无电流间歇时间	同时测一至六个断口	ms
12) 合分时间(金属短接时间)	同时测一至六个断口	ms

(2) 特点

1) 采用了与国内同类仪器不同的传感器，精确、可靠、安装方便，适应面广。

2) 对开关操动电压适应范围大，DC110V～300V 均可测试。

3) 能自动判别并显示开关操作中的误指令和不成功操作。

4) 测试方法灵活。无论是合闸操作、分闸操作还是自动重合闸操作，一次操作就能获得相应操作的所有测量数据。

5) 测量数据可窗口显示，也可打印机输出。打印机还能提供六个断口的电流波形图和一个断口动触头的时间——行程波形图。

6) 在测量(带主副触头开关)主副触头配合时间时，副触头电阻值在 200Ω～2kΩ 范围内均可测试。

7）测试仪体积小、重量轻，便于携带。

8）抗干扰能力强，能在较强的电磁场中正常工作，适合变电站现场测试。

9）仪器自带操动机构，可现场操动开关。

10）仪器严格按国家标准 GB 1984—89《交流高压断路器》和 GB 3309—89《高压开关设备常温下的机械试验》中的定义要求进行数据采集和处理。

2. 技术指标

（1）性能参数（见表 3-36）

KJTC 系列开关机械测试仪性能参数表 **表 3-36**

项目 型号	测量项目	测量范围	测量误差
KJTC-Ⅱ(A)	时间(ms)	0.1～999.0	±0.1
	距离(mm)	0.1～999.0	±1.0
	线速度(m/s)	≤8.0	±0.1
KJTC-Ⅲ(A)	时间(ms)	0.1～999.0	±0.1
	距离(mm)	0.1～998.0	±2.0
	线速度(m/s)	≤15.0	±0.1
KJTC-Ⅱ(B)	时间(ms)	0.1～999.0	±0.1
	距离(mm)	0.1～200	±0.5
	线速度(m/s)	≤4.0	±0.1
KJTC-Ⅲ(B) 真空	时间(ms)	0.1～999.0	±0.1
	距离(mm)	0.1～40.0	±0.5
	线速度(m/s)	≤4.0	±0.1
	KJTCⅢ(A)测量范围同前		

（2）综合指标

开关操作电压：100～300V（可根据用户要求特殊制作）

同时测断口数：≤6

传感器接口：1

主机至传感器距离：5m 或 10m（也可根据用户需要选配屏蔽线长度）

工作电源：AC220±10%，50±1Hz

功耗：≤50W

工作环温：－10～＋40℃

质量：约 3.5kg

体积：350mm×290mm×140mm

3. 仪器结构

仪器由主机和传感器两部分组成。

（1）主机面板介绍

1）塑料机壳双面板型

① 前面板（图 3-103）

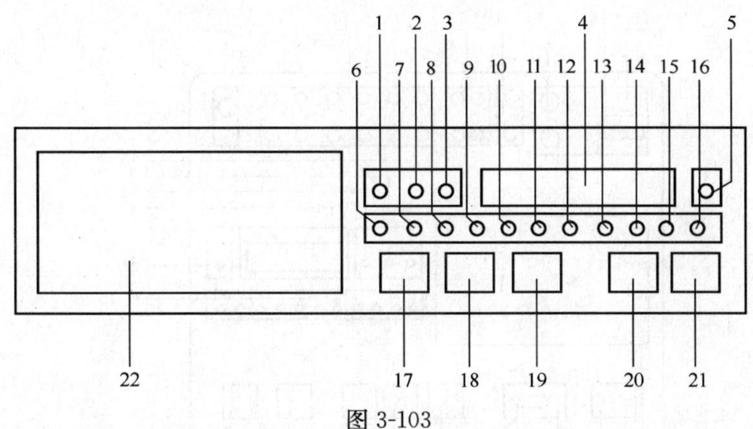

图 3-103

1—合闸操作参数显示指示灯；2—分闸操作参数显示指示灯；3—重合闸操作参数显示指示灯；4—测试参数数码显示窗；5—电源指示灯；6—不同期显示指示灯(与合分闸顺序共用)；7—分/合闸时间显示指示灯；8—弹跳时间显示指示灯；9—动触头行程显示指示灯；10—接触行程(超程)显示指示灯；11—刚合(刚分)速度显示指示灯；12—最大速度显示指示灯；13—平均速度显示指示灯；14—主副触头配合时间显示指示灯；15—金属短接时间显示指示灯；16—无流(分—合)时间显示指示灯；17—测试数据打印输出键；18—断口电流波形打印输出键；19—A断口动触头行程特性曲线打印输出键；20—测试数据数码显示选择键；21—数据清除键(复位键)；22—打印机

② 后面板(图 3-104)

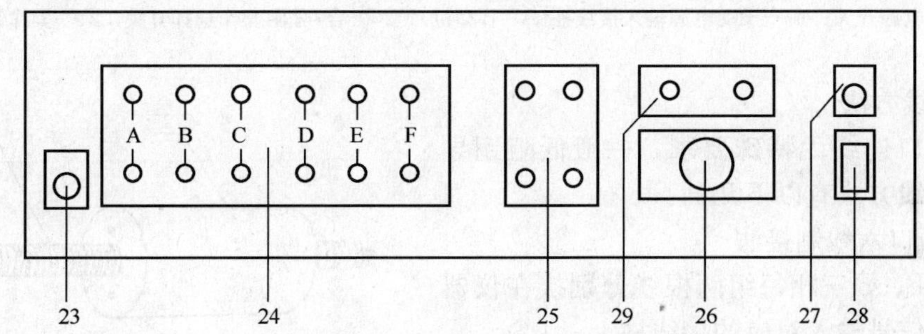

图 3-104

23—传感器接口；24—断口信号接线柱(A～F)；25—合/分闸操作信号接线柱；26—电源接口；27—保险丝；28—电源开关；29—操动电源输入接线柱(A、B型机)

③ 左侧面板(图 3-105)

2) 铝合金壳单面板型(图 3-106)

(2) 传感器(图 3-107)

4. 测量线的连接与传感器的安装

(1) 断口线的连接

该仪器可同时测六个断口，仪器 A 断口具有测量行程、超行程和合分闸速度的功能，安装传感器的断口连线必需接到 A 断口上。

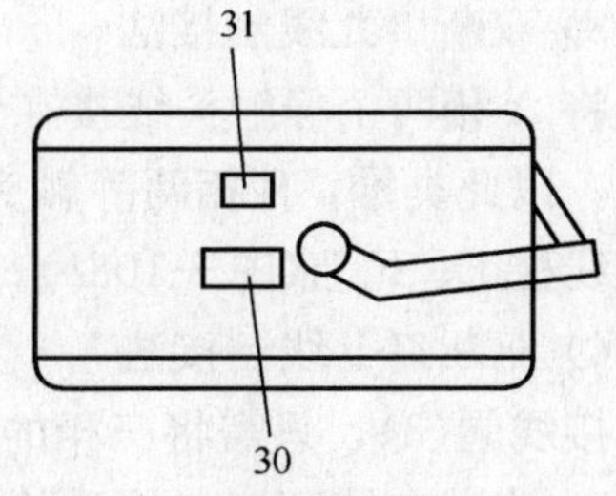

图 3-105

30—合/分闸操作选择开关；31—操作键

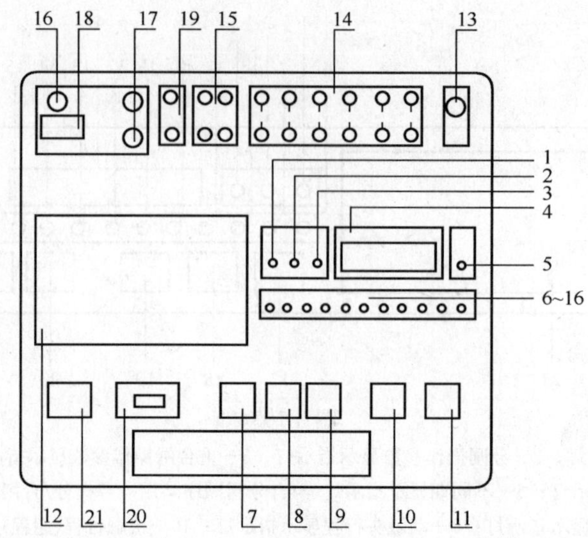

图 3-106

1—合闸操作参数显示指示灯；2—分闸操作参数显示指示灯；3—重合闸操作参数显示指示灯；4—测试参数数码显示窗；5—电源指示灯；6—测试参数显示指示灯(与 *a* 前面板 6～16 功能相同)；7—测试数据打印输出键；8—断口电流波形打印输出键；9—A 断口动触头行程特性曲线打印输出键；10—测试数据数码显示选择键；11—数据清除键(复位键)；12—打印机；13—传感器接口；14—断口信号接线柱(A—F)；15—合/分闸操作信号接线柱；16—电源接口；17—保险丝；18—电源开关；19—操动电源输入接线柱(A、B 型机)；20—合/分闸操作选择开关；21—操作键

(2) 连线方法

仪器断口连线无特殊要求，一般低阻铜导线即可。连线方法有以下几种：

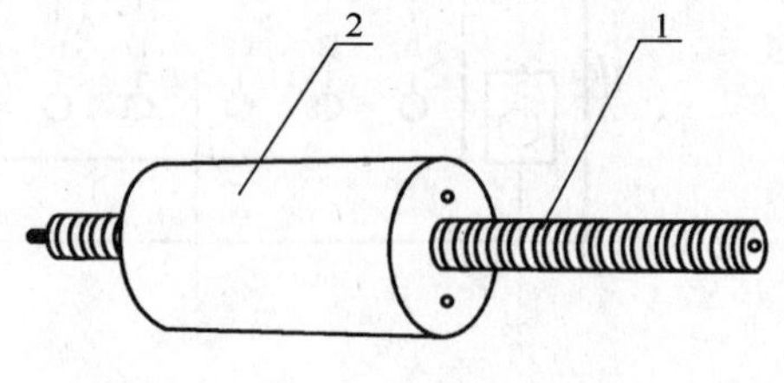

图 3-107

1—传感器滑标；2—传感器主体

1) 单断口六线制接法

将 A、B、C 三相每组两根线分别接在仪器后面板断口信号输入对应的接线柱上。

2) 单断口四线制接法

将 A、B、C 三相断口的同一端用导线短接，并将此短接线接到断口信号接线柱任一黑接线柱上，其余三根线接在对应的红色接线柱上(图 3-108*a*)。

3) 双断口九线制接法

将 A 相两个静触头线接在仪器断口信号红接线柱 A、B 上，将动触头线接在黑接线柱上，以此类推，B 相两静触头线接仪器红色接线柱 C、D 上，C 相两静触头线接仪器红色接线柱 E、F 上(图 3-108*b*)。

4) 双断口七线制接法

接线同(3)，只需将三相的动触头线短接后，接在断口信号的黑接线柱上。

5) 测试有辅助接点的开关接线方法同(1)、(2)接线。

(3) 合分闸信号线的连接

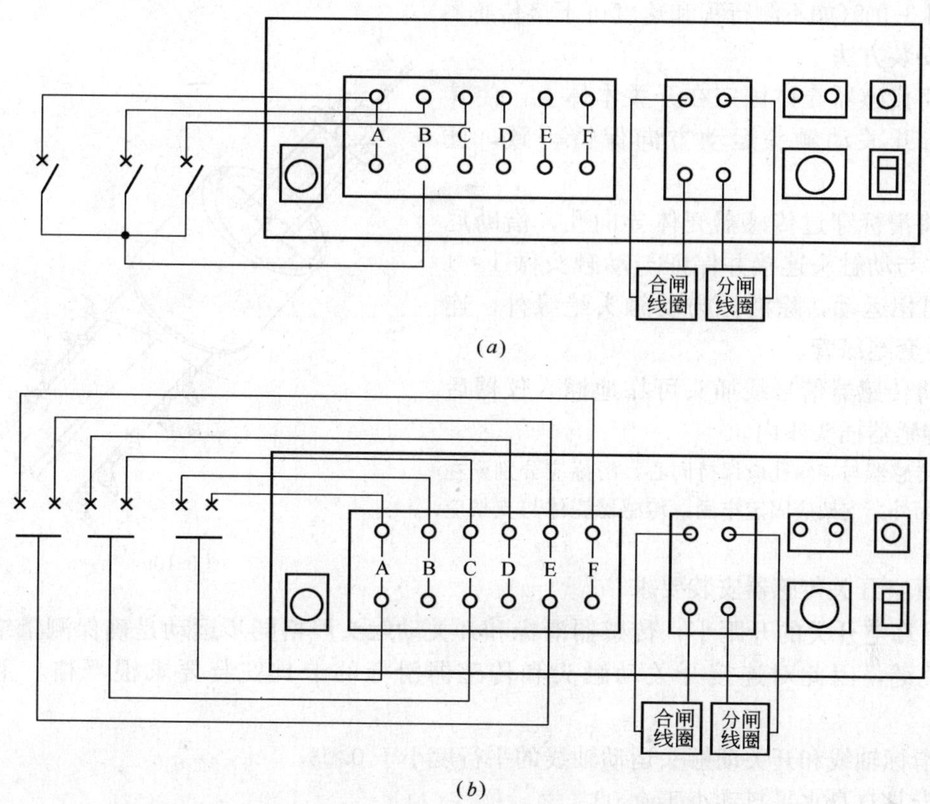

图 3-108 连接方法

(a)单断口四线制接法；(b)双断口九线制接法

1）如使用外接操动机构操动开关，做合闸操作时将合闸线圈与仪器合闸信号接线柱连接；做分闸操作时，将分闸线圈与仪器分闸信号柱连接，但不可同时接线。(使用电磁操动机构时，合闸线圈接线必须接到接触器线圈上，切勿连到大电流线圈上，以免烧毁仪器。)

2）使用本仪器操动机构操动开关时，将高压开关合/分闸线圈“正”端对应接入仪器合/分闸红接线柱(“正”端)上，黑接线柱不需接线，再将开关操动电源(直流 300V)引线接在仪器对应的输入接线柱上，按动仪器操作键，进行操作(如接线均正确，但开关不动作，可采用 1)接线方法，检查仪器显示是否正常，如仪器一切正常，可检查操动机构保险和合分功能开关)

3）注意事项：

① 输入 100～300V 红接线柱与合分闸线圈红接线柱保持同名端。

② 使用仪器操动机构时，将开关负电源与合分闸线圈公共端连通。

③ 仪器操动机构电流不可大于 10A。

④ 如开关操动电源是交流，可选用交直流两用操动机构。

(4) 重合闸操作接线

开关作重合闸操作时，均需另配重合闸操作箱，把共用端与合分闸信号的黑色接线柱并接即可。

(5) 传感器的安装

见图 3-109(如不测行程和速度可不接传感器)。

1) 安装方法

① 将传感器壳体固定在开关本体上，使其导向孔与开关动触头运动方向保持一致，且同心。

② 将滑标穿过传感器壳体导向孔，借助尼龙连接件与动触头连接并保证与动触头做 1∶1 的相对同相运动，除滑标与动触头绝缘外，连接杆亦需套绝缘管。

③ 将传感器信号线插头可靠地插入仪器后面板上传感器插头座内。

注：传感器与导向孔应保持同心，滑标应分别露在壳体两端面外，支架应固定牢固，传感器壳体与支架应保持绝缘。

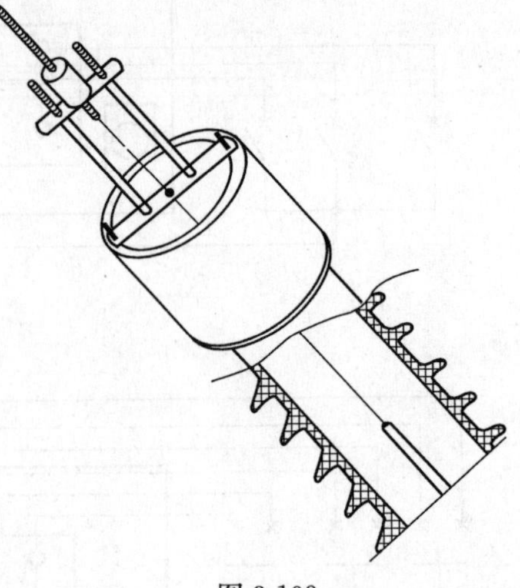

图 3-109

2) 真空开关传感器安装要求

由于真空开关的开距小，传感器滑标和开关动触头严格同步运动是确保测量结果精确度的关键，因此对连接开关动触头和传感器滑标的卡具安装要求很严格，主要指标有：

① 滑标轴线和开关动触头运动轴线的平行度小于 0.03；

② 卡具自身水平抖动小于 0.03。

为方便操作，有几种常用卡具可选用。对有些不适合安装连接卡具的真空开关，也可采用胶粘、钻固定孔等办法，把传感器滑标和开关动触头连接起来。

5. 测试操作与参数显示

(1) 自检

KJTC 系列测试仪具有自检和模拟检验功能，步骤如下：

1) 操作机构自检

① 将仪器接通～220V；

② 把侧面板的“合—分”转换开关掷于“合”的位置；

③ 接通侧面板操作按键，此时后面板“输入”的“红柱”应与合闸信号的“红柱”相通，“输入”的“黑柱”应与合闸的“黑柱”相通。

④ 再将“合—分”转换开关掷于“分”的位置，此时接通操作按键，“输入”的“红柱”应与分闸信号的“红柱”相通，“输入”的“黑柱”应与分闸信号的“黑柱”相通。

2) 模拟检验

将仪器接通～220V，此时数码管显示“d”(图 3-110)，然后再将后面板“合闸信号”输入一电信号(不超过 300V)，此时数码管应显“c”(图 3-111)，显“c”后将此电信号去掉，随即(不超过 2s)将任一断口短接，(如将“A”断口短接)此时数码管“A”应显“1”，说明仪器正常可投入使用。

(2) 操作与测量参数显示说明

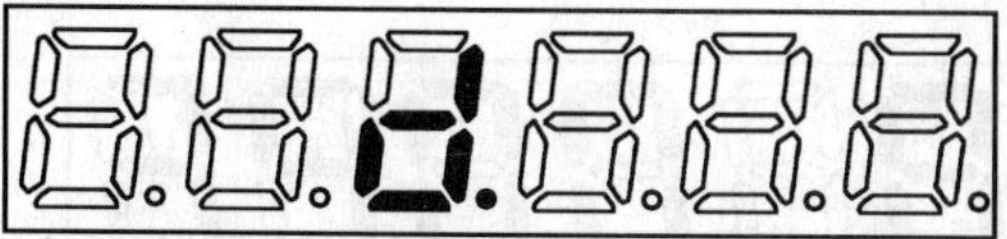
图 3-110

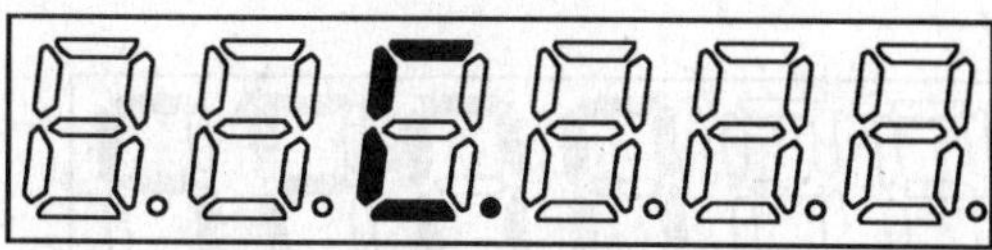
图 3-111

本仪器规定先测开关的合闸参数，后测开关的分闸参数。

1）合闸操作与测量参数

开关合闸操作后(不正常和不成功操作除外)，仪器前面板上指示灯 1 点亮，此灯亮表示数码窗显示的参数为开关合闸参数。合闸参数操作显示具体步骤如下：

① 仪器信号采集过程结束后，显示窗由(图 3-112)直接跳转(图 3-113)显示字符，指示灯同时点亮。此时显示窗显示开关合闸时六个断口合闸的先后顺序(图 3-118)所示：A 断口第一个合上，C 断口第二、B 断口第三、F 断口第四、E 断口第五、D 断口第六。也可能会出现(图 3-114)和(图 3-115)的显示字符，属显示正常。图(3-114)表示 A 断口与 F 断口并列第二，B 断口第四。(图 3-115)表示 E 断口与 F 断口与 B 断口同时合上，A 断口第六个合上。

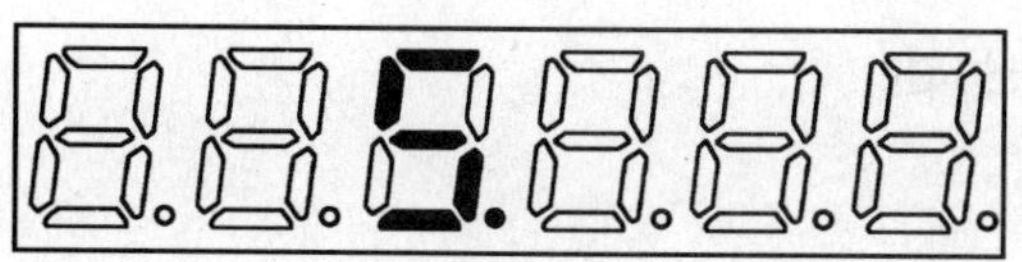
图 3-112

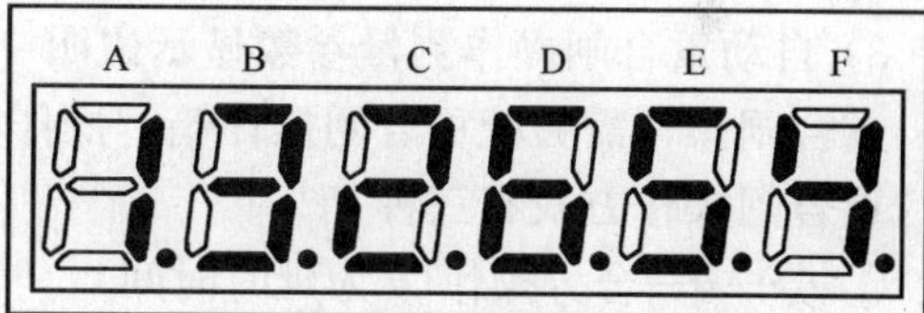

图 3-113

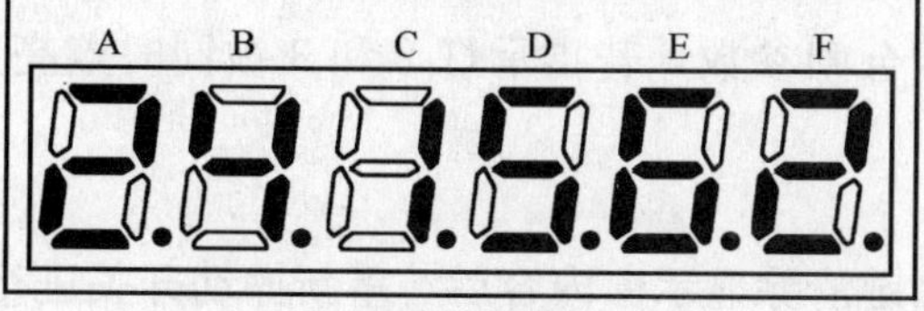

图 3-114

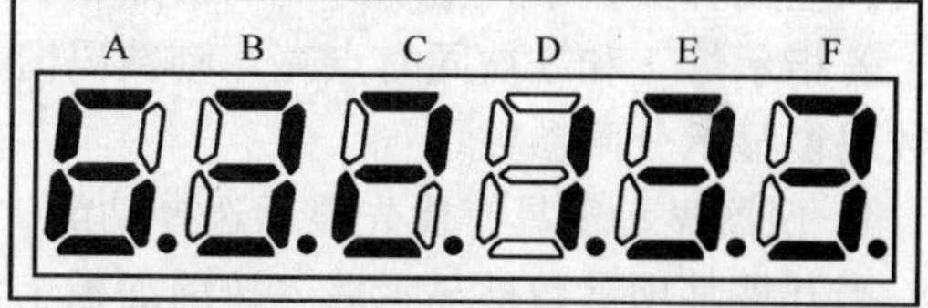

图 3-115

② 按一次前面板测试数码显示选择键，指示灯 1 和 6 仍同时点亮，显示窗字符由(图 3-113)跳变为(图 3-116)，此时显示为开关合闸不同期时间。(如不同期时间大于开关技术参数要求，可根据断口合闸先后顺序进行调整。)

③ 再按一次测试数码显示选择键，指示灯 1 和 7 同时被点亮，此时数码窗显示为开关合闸时间。

④ 继续按一次测试数码显示选择键，指示灯 1 和 8 被同时点亮，此时数码窗显示 A 断口的合闸弹跳时间(传感器断口必需连到仪器 A 断口上)如(图 3-117)所示。然后每按一次测试数码显示选择键，显示窗依次显示 B、C、D、E、F 断口合闸弹跳时间(断口无接线或弹跳时间小于 0.1ms 时仪器自动不显示)。

图 3-116

图 3-117

⑤ 继续再按一次测试数码显示选择键，指示灯 1 和 9 同时被点亮，此时数码窗显示连接传感器断口的动触头行程(注意：只有把传感器断口的接线连接到仪器 A 断口上，才能测动触头的行程和速度)接下来每按一次测试数码显示选择键，指示灯 10～14 依次被点亮，显示窗分别显示开关合闸的超行程，刚合速度、最大速度、平均速度、主副触头配合时间(配合时间显示同弹跳时间显示一样，各断口分别显示。如开关不带主副触头，指示灯 14 不亮。

⑥ 再一次按测试数码显示选择键，显示窗又重新从合闸顺序开始新一轮数据显示。

2) 分闸操作测量参数显示说明

开关分闸操作后，指示灯 2 被点亮，此灯亮表示数码窗显示的参数为开关分闸参数。分闸参数显示方法仍然是按测试数码选择键，其显示顺序与合闸参数显示顺序相同。

3) 自动重合闸操作测量参数显示说明

重合闸操作需另配重合闸操作箱，操作方法另述。

重合闸操作方式有三种：

① 分—θ—合分操作(θ 为延时时间)；

② 合分操作；

③ 分—θ—合操作。

以上三种操作中，指示灯 3 均被点亮。

若指示灯 1 和 3 被同时点亮，则数码窗显示合闸参数。若指示灯 2 和 3 被同时点亮，则数码窗显示分闸参数。

4) 仪器显示窗具有优先显示选择功能

当开关某项参数被显示后，按前面板上清除键清除显示窗内容后，重新操动开关进行新一次测试，数码窗将优先从被清除的参数项开始显示。每按动一次测试数码显示选择键，其他参数仍可循环显示。

(3) 打印机输出

开关操作时先合闸(后分闸)后，待数码窗中“C”消失后，依次按动键“17”、“18”、“19”便可分别由打印机输出相应的测量数据、断口波形图和一个断口的时间——行程特性曲线。如需多份报告，可按上述操作程序反复打印。

各种打印格式见附录

1) 断口电流波形打印格式如图 3-118：

2) A 断口动触头时间—行程特性曲线打印格式如图 3-119：

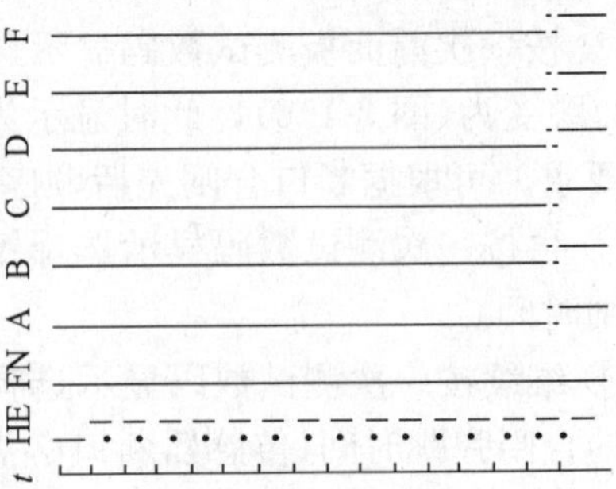

图 3-118

(图中：时标 t 每格为 10ms；HE 为合闸操作信号；FN 为分闸操作信号；A～F 为开关断口信号)

3）真空开关测量结果说明

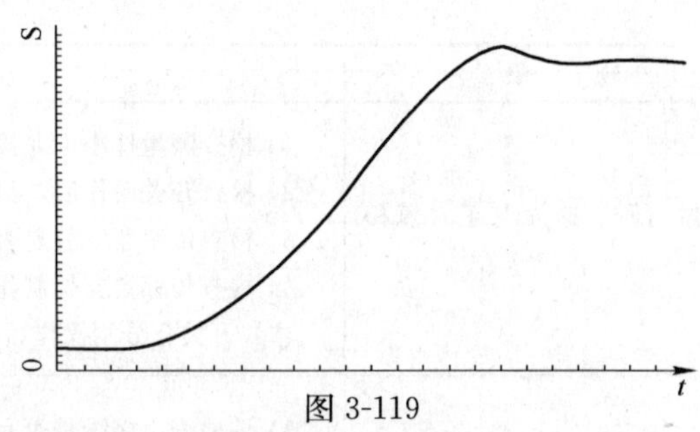

图 3-119
(图中：时标 t 每格为 10ms；位移标 S 每格为 10mm)

① 真空开关输出结果显示和Ⅲ型机输出格式有微小差异，因此测量结果以打印机输出次序为准。

② 真空开关输出结果中合(分)闸速度只有一个值，无最大速度和刚合(分)速度。

③ 安装传感器断口弹跳时间有可能稍大于正常值，原因是传感器滑标连接卡具增加了抖动幅度。

④ 真空测量输出结果中，合(分)闸时间除最大不同期时间外，每个断口的不同期时间也显示出来，更方便用户了解断口合(分)闸同期性。

6. 故障分析及排除方法(见表 3-37)

测试仪常见故障分析一览表 表 3-37

现　象	排除故障方法
开关操作后，显示出现“C”5秒钟后显示“d”	1）仪器不能先做分闸操作 2）测试仪进入等待合闸操作状态 3）检查开关接地线
开关操作后出现“S”	1）各种测量线联接有误 2）合分闸信号同时供电 3）可按合分闸操作分别接线供电 4）检查开关接地线
无主副触头开关，操作后出现配合时间	1）开关触头刚接触时，出现了接触电阻，模拟了有主副触头开关的动作过程 2）仪器将这一过程真实地记录并反映出来，并非仪器故障 3）在运行过的开关上，偶尔会出现此情况
超程小于实际测量超程数值	1）仪器以电信号做为采样，与原用卡尺测量方法有所不同，只有动静触头真实接触后才记录超程 2）测试仪所反映超程不计绝缘保护环厚度 注：有些开关上有约 10mm 厚绝缘保护环，测量超程时，会产生约 10mm 的差距，应加 10mm
开关操作后，有合分闸先后顺序，但无不同期时间	此时为不同期时间小于 0.1ms，可视为同期，仪器不显示
开关操作后，某一相或几相不显示弹跳时间	原因是弹跳时间小于 0.1ms，仪器自动不显示

续表

现　象	排除故障方法
测量行程、速度与正常值相差很大	1）检查测量杆小尼龙接头是否装上 2）检查开关动作后，滑标上大尼龙接头是否进入传感器 3）检查传感器安装是否正确，接线是否有错 4）检查传感器支架制作是否符合要求 注：开关合分闸操作后，传感器滑标金属部分都应露在传感器壳体外侧
作单合单分时重合闸灯亮	1）请检查，接线是否有误 2）可在做合闸时不接分闸信号线，作分闸时不接合闸信号线，此时也可测出准确数据
无行程、超程、速度显示	1）检查传感器接头是否插好 2）传感器信号线是否有短路，断路现象

十九、DF4211 双线示波器（宁波东风无线电厂）

DF4211 是一种高灵敏度、长余辉超低频双线示波器，整机全部采用晶体管与集成电路，体积、重量较 SR54 大为减小。全机电路分为以下 6 个单元电路：

(1) Y 轴放大器；

(2) 扫描发生器、功效、显示电路；

(3) 高频高压；

(4) 低压电源；

(5) 触发方式及校正信号；

(6) X 轴扩展。

各单元电路均由插件连接，便于拆卸、维修。

本机 Y 轴具有二组独立的高增益直流放大器，最高灵敏度为 200μV/div，用以测量各种微弱电信号，双枪示波管极大地方便了同时观察和研究二路电信号，较二踪示波器有更多的优点，本机独特的 100s/div 超低频慢扫描，对观察分析超低频信号或者持续时间较长的脉冲提供很多方便。

本机除可供工业生产和科学研究等领域使用外，尤其在医学、生物学、生理学研究等方面更有其独特的用途。

本机结构坚固、合理、操作方便，观察面 80mm×100mm，显示清晰、明亮。

1. 技术特性

(1) 垂直偏转系统

Y 轴放大器有 $Y1$ 和 $Y2$ 二路，二路各项技术参数均相同。

1）输入阻抗：电阻＞1MΩ，电容＜50pF

2）偏转因数：200μV/div～20V/div 按 1-2-5 步进分 16 档。

误　差：1mV/div～20V/div±5%

200μV/div；500μV/div±10%

3）频率响应：200μV/div；500μV/div　DC-100kHz-3dB

1mV/div～5mV/div DC-300kHz-3dB

10mV/div～20V/div DC-1MHz-3dB

交流耦合时，下限频率为 2Hz

4）方波响应：上 冲≤3%

上升时间：10mV/div～20V/div T_r≤350ns

1mV/div～5mV T_r≤350ns

200μV/div～500μV/div T_r≤3.5μs

5）内部噪声(最高灵敏度)：

输入端短路时：≤50μV

输入端开路时：≤200μV

6）零点漂移：(环境温度应无剧烈变化)

预热 30 分钟后，1 分钟内零漂≤200μV；

30 分钟内零漂≤600μV

(2) X 轴放大器

1）输入阻抗：电阻＞1MΩ，电容＜50pF

2）偏转因数：0.1V/div～2V/div 按 1-2-5 步进分 5 档

误 差：±5%

3）频率响应：DC～200kHz-3dB

(3) 触发扫描系统

1）扫描时间：2μs/div-100s/div 按 1-2-5 步进分 21 档

误 差：±5%

2）扫描扩展：×2、×5、×10、×20 共 4 档

误 差：×2、×5 ±10%

×10、×20 ±20%

3）触发灵敏度

内触发灵敏度：≤1div (10Hz～1MHz)

外触发灵敏度：≤$1V_{p-p}$ (10Hz～1MHz)

(4) 校准信号

1）输出波形：方波

2）频 率：1kHz±3%

3）幅 度：1mV、10mV、100mV、1V、10V、10V(DC)共 6 档

误 差：1mV ±5% 10V～10mV ±3%

(5) 示波管

1）有效工作面：8div×10div 1div＝1cm

2）加速电压：2000V

3）发光颜色：白色

余辉颜色：橙色

余 辉：长

(6) 电源

1）电压范围：220V±10%

2）频　　率：50Hz±2Hz

3）最大功率：50W

(7) 物理特性

1）重　　量：约 12kg

2）外形尺寸：380(宽)×200(高)×525(深)

(8) 环境条件

1）工作温度：－10℃～＋40℃

2）相对温度：≤80%

2. 使用说明

(1) 控制件位置图

控制件位置图见图 3-120。

(2) 控制件的作用

① 电源指示(POWER INDICATOR)：电源接通时，指示灯亮；

② 电源(POWER)：电源的接通或关闭；

③、④ 聚焦(FOCUS)：轨迹清晰度的调节；

⑤ 亮度(INTENSITY)：轨迹亮度的调节；

⑥、⑰ 垂直移位(VERTICAL POSITION)：调整轨迹在屏幕中的垂直位置；

⑦、⑯ 输入(INPUT)：被测信号的输入端口；

⑧、⑭ 电压衰减(VOLTS/DIV)：垂直位置；

⑨、⑮ 耦合方式(AC-GND-DC)：用于选择被测信号馈入至垂直通道的耦合方式；

⑩、⑫ 直流平衡(DC BALANCE)：调节 Y 放大器直流平衡；

⑪、⑬ 校准(CAL)：调节 Y 放大器增益，用以校准 Y 轴灵敏度；

⑱ 扫描扩展(SWEEP EXPAND)：用来改变 X 放大器增益；

⑲ 电压衰减(×INPUT V/DIV)：水平位置；

⑳ 外接 X 输入：用来输入 X 轴信号；

㉑ 校准信号输出；

㉒ 校准信号(CAL SIGNAL)：提供频率为 1kHz，幅度为 1mV、10mV、100mV、1V、10V、10V(DC)方波信号，用于检测垂直和水平电路的基本功能；

㉓ 电平(LEVEL)：用于调节被测信号在某一电平触发扫描，拉出触发状态，推入自动状态；

㉔ 触发源(TRIGGER SOURCE)：用于选择产生触发的信号源；

㉕ 触发极性(SLOPE)：用于调节被测信号在某一电平触发扫描；

㉖ 外触发输入(EXT INPUT)：在选择外触发方式时触发信号插座；

㉗ 扫描速度(TIME/DIV)：用于调节扫描速度；

㉘ 水平移位(HORIZONTAL POSITION)：用于调节轨迹在屏幕中水平位置；

㉙ 时基校准(CAL)：校准扫描速度；

㉚ 电源插座：电源输入插座；

㉛ 接地(⏚)：安全接地，可用于信号的联接；

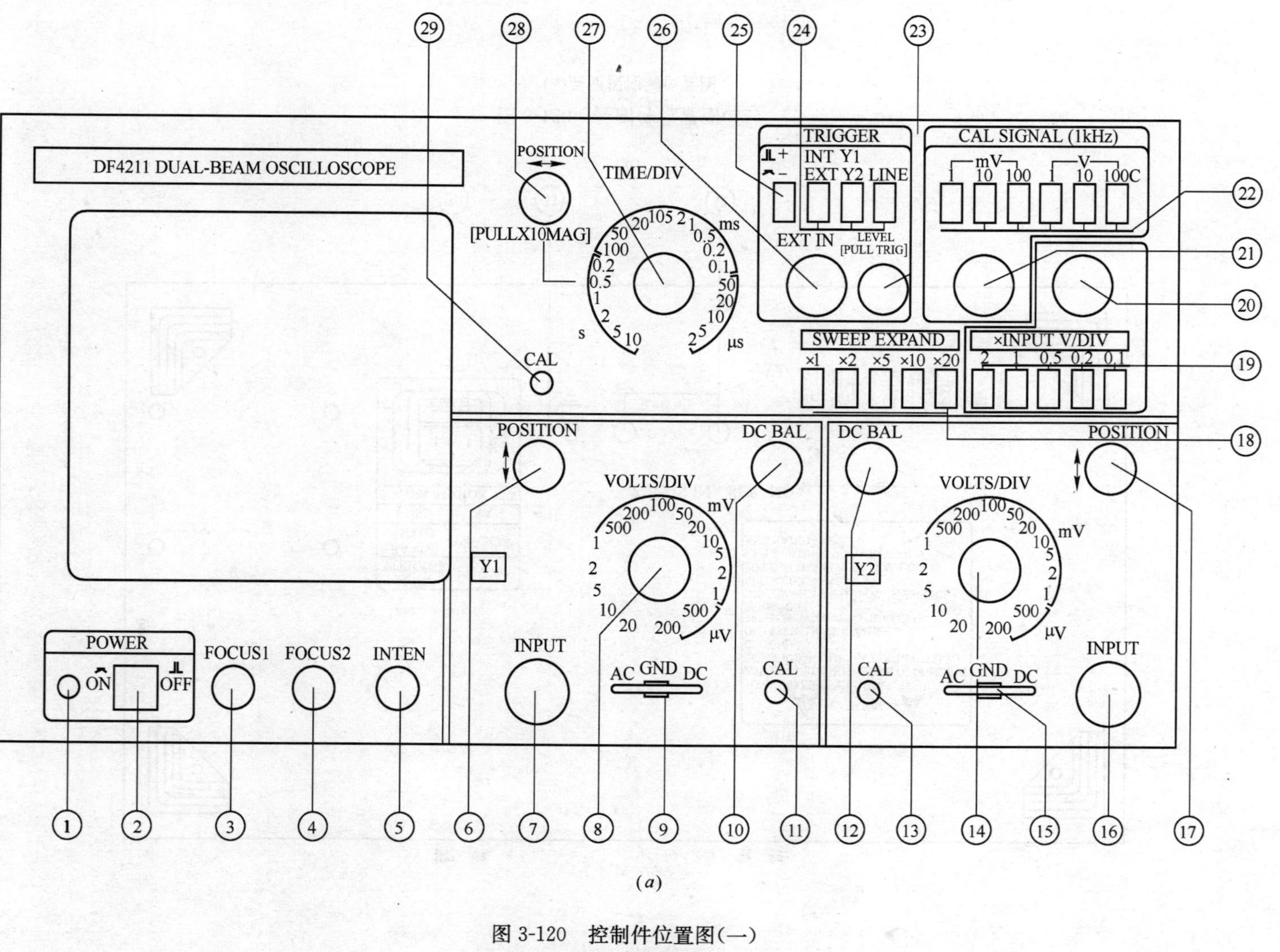

(*a*)

图 3-120 控制件位置图(一)

(*a*)前面板控制位置图

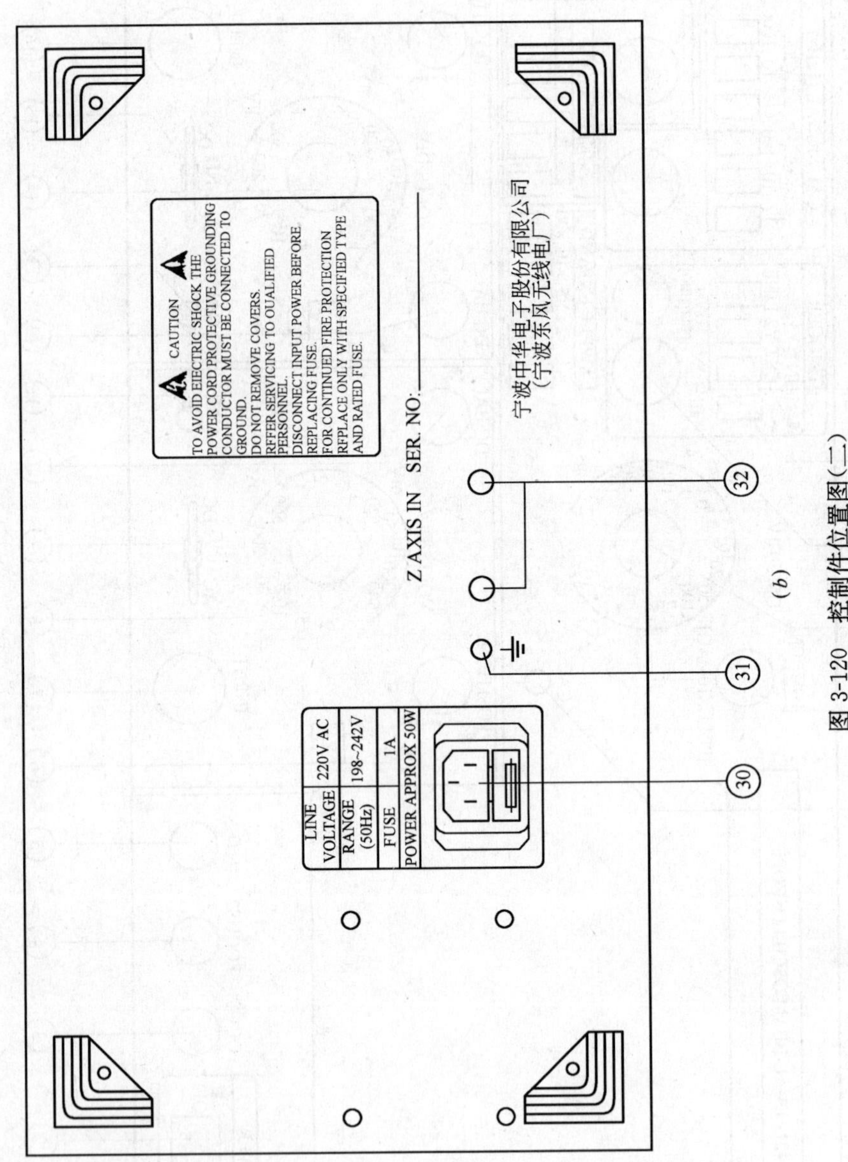

图 3-120 控制件位置图(二)

(b)后面板控制位置图

㉜ Z 轴输入(Z AXIS INPUT)：亮度调制信号输入接线柱。

(3) 使用方法

1) 检查电源 220V 电压是否正常，保险管放置是否恰当。

2) 开机前将仪器各主要控制器置于下列位置。

“电源”——关闭

“亮度”——中间

“触发”——“自动”——自动

“X 轴作用”——X1(正常)

“t/cm 开关”——5ms

“Y 轴、X 轴移位”——中间

3) 接通电源。

4) 顺时针向旋转亮度控制器，直至扫描线显示，适当调节 Y1、Y2 移位，以获得二条扫描线，调节 Y1 和 Y2 聚焦使扫描线清晰细腻。

5) 信号显示和测量：

① 按需要选择“触发选择”位置(通常置于“Y1”或“Y2”)输入信号的幅度可按 Y 轴 V/cm 开关位置由座标片刻度线距离直接测量。

当触发电平电位器拉出置于“触发”状态时可调节“触发电平”选择波形触发点(选择扫描线起点在波形上位置)。

② 波形的时间测量可用扫描 TIME/DIV 直读，此时以屏幕中心 8cm 范围为最佳(必要时可采用扫描扩展)。

③ 本仪器在慢扫描级(2s/div～10s/div)可单独扩展，以满足超低频使用要求。转换 TIME/DIV，扩展自“正常”到“×10”，对 2s/div 到 10s/div 三档即变换为 20s/div～100s/div。

6) 校准信号：

① 对需要精确测量时无论 Y 轴、X 轴 VOLTS/DIV 或扫描 TIME/DIV 均应予以自校。

② 自校时置校正信号于 1V 输入 Y 轴，将 Y 轴 VOLTS/DIV 置于 0.2V/div(X 轴校正相向)扫描 TIME/DIV 置于 1ms/DIV，此时屏幕上显示峰—峰值为 5div 的方波，每个方波在水平方向，正好占 1div，否则可分别校“Y 轴校正”和“TIME/DIV 校正”即可。

7) Z 轴调制：

当需要对示波管进行亮度调制时，将讯号接至仪器后部“Z AXIS IN”接线柱即可。

3. 电路

DF4211 系高灵敏度双线示波器，全机有二整套 Y 轴放大器扫描发生器，触发整形器、显示电路、X 轴、Y 轴功放电路，全部装配在同一块线路板上，校正信号与触发控制电路在同一印制板上，另外还有高频高压单元、低压电路单元、X 轴输入及控制单元。示波器方框图，见图 3-121。

(1) Y 轴放大器

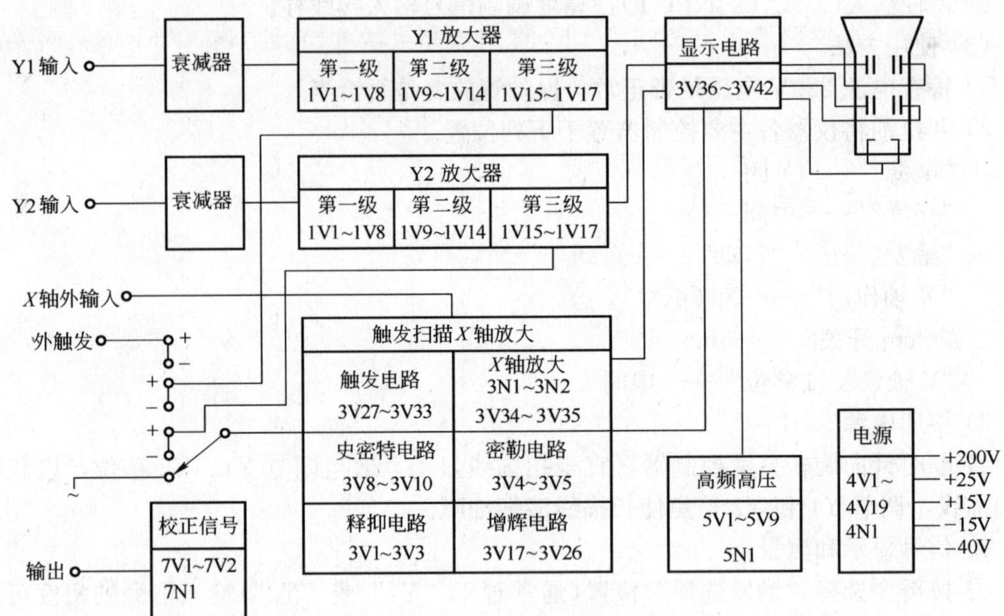

图 3-121　DF4211 示波器方框图

Y 轴放大器有上下二路，电路结构完全相同，本仪器是属高灵敏度示波器，总增益要求 5×10^4 倍以上，由三级直流差分放大器组成，其中第一级采用由二个放大器构成的差分反馈形式(图 3-122)由于放大器 A1 和 A2 增益高，其同相输入端和反相输入端工作过程中具有严格的跟踪能力，如果 A1 和 A2 反相输入端偏置电流恒定，则因输入信号而产生流过 R_f 的电流完全由 V1、V2 转移到集电极，在 R_1、R_2 二端产生输出信号，这种电路工作平衡，可获得完整的“单端输入—双端输出”功能，符合示波器电路要求。

在实际电路中，输出管 V1、V2 后面各配置了一个 PNP 共基电级，(图 3-123)构成互补串接放大器，它有利于稳定 V1 集电极电位，提高放大器 A1 动态输入范围，并且转移

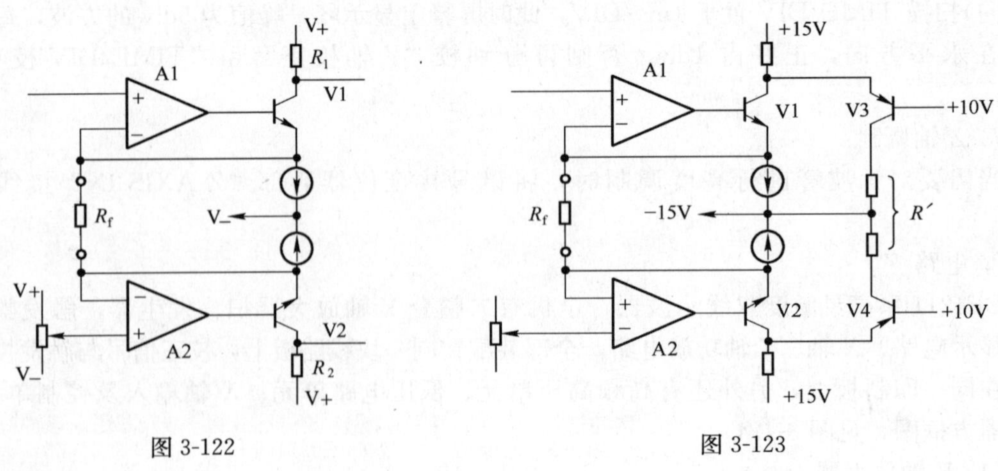

图 3-122　　　　图 3-123

直流工作点，配合下级电路工作。由于整个环路开环增益高，闭环增益完全由电阻 R_1 和 R_f 比值确定，本仪器量程自 200mV/div 直到最高灵敏度档级 200μV/div 增益转换的稳定性。

在电原理图中放大器 A1 和 A2 均由一个场效应管和一个 PNP 管组成见图 3-124。PNP 管集电极负载电阻接在 V1 基—射之间，以保持恒流特性。从图 3-124 可看出放大反相输入端尽管偏置电流较大仍可保持恒定，满足要求。

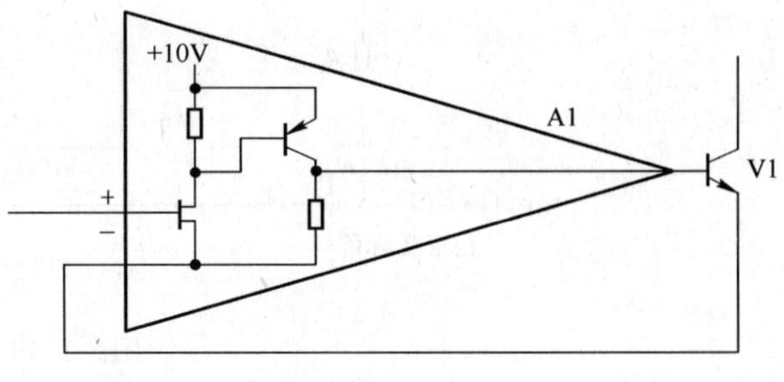

图 3-124

Y 轴放大器第二级是普通差分放大器，第三级采用共射-共基串接电路。通往扫描触发电路的内触发电路的内触发信号由第二级经射极跟随器引出。

(2) X 轴放大器

由于 X 轴通道总增益要求低，故只用二级放大，第一级采用由双运放组成的差分放大电路，第二级同 Y 轴末级组成共射-共基电路。

(3) 触发电路

它包括二个部分，第一部分为电平比较器，用来选择输入波形的触发电平(触发点)。第二部分为斯密特电路，将信号整形成方波输出(图 3-125)，斯密特电路输出经微分，削波成负向窄脉冲送往扫描电路。在电原理图中(见电原理图 3-125)开关 K 用来交换比较器的同时输入和拨相输入二个端子的引线，用以改变触发极性(即选择波形上升沿或下降沿触发)。

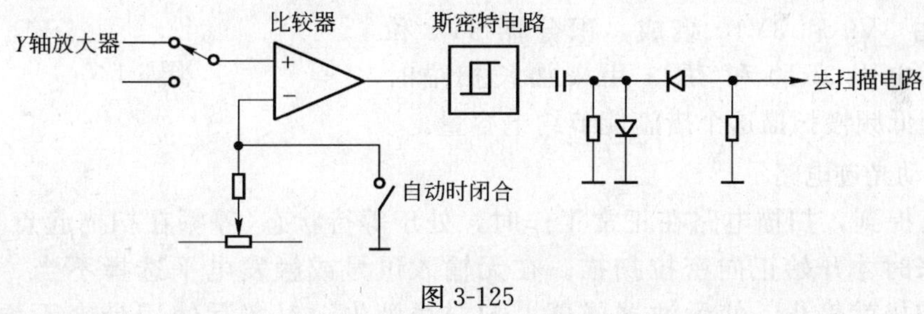

图 3-125

(4) 扫描电路

这是一种正向密拉扫描电路，它由斯密特触发器、积分器和释抑电路组成其方框图见图 3-126。

在无触发信号情况下斯密特电路输出高电平，二极管 V1 导通，积分器输出快速下降斜波。当积分器输出到达一定的负电位，二极管 V2 导通构成另一负反馈回路，于是积分器输出就被钳在该电平上。

当触发脉冲来到时斯密特触发器反转，输出负电平，于是 V1 截止积分器，就从上述电平开始产生线性，上升斜波(时间常数由 R 和 C 确定)当达到一定电平时通过二极管 V3 和 R_2 迫使斯密特触发器反转，二极管 V1 再次导通，积分电容迅速放电，积分器输出快

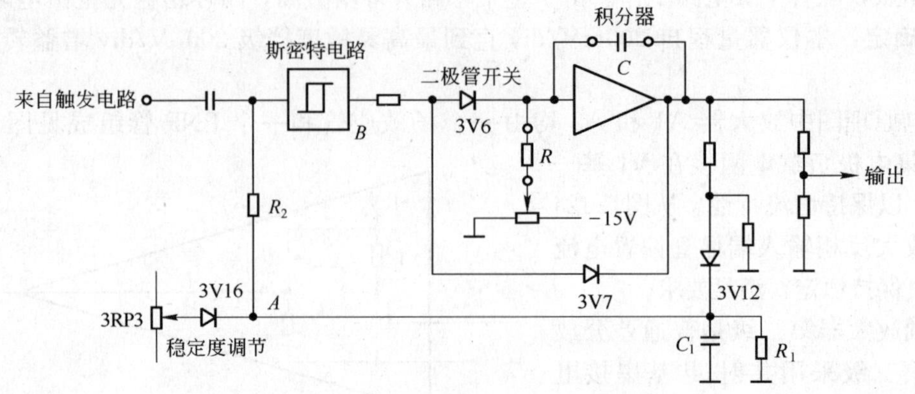

图 3-126

速下降斜波直到二极管 V2 导通积分器输出再次被钳位。但是，由于电容 C_1 经电阻 R_1 缓慢放电，保持斯密特电路输入高电平从而抑制触发脉冲对它作用，这就是所谓释抑电容，C_1 即释抑电容。

电位器 RP1 通常称为稳定度调节，当 RP1 中心片输出直流电位较高时，释抑电容 C_1 放电到一定程度 V4 通导，抑制斯密特触发器不再反转，整个扫描过程就停止。调节 RP1 能控制扫描电路自激振荡，电路在正常工作时，RP1 位置正好是：(1)对无触发脉冲输入扫描振荡不能维持。(2)A 点电位不太高，能允许外触发负脉冲触发斯密特电路反转产生正向密拉扫描。图 3-127 为正常工作时各点波形，在原理图 DF4211 斯密特触发器由 3V9 和 3V10 组成，积分器 3V4 和 3V5 组成，电阻 3R10 和 3R11 用来加长扫描时间，对于超低频慢扫描这个措施能节约电容量。

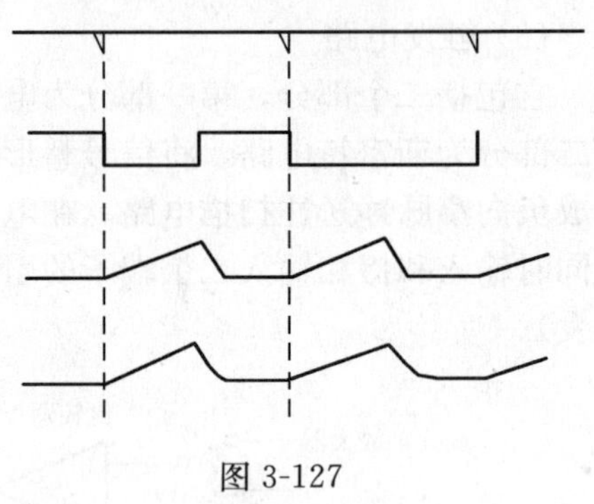
图 3-127

(5) 自动光迹电路

上面已提到，扫描电路在正常工作时，处于等待状态(停振在扫描起点)只有在触发脉冲到来时才开始正向密拉扫描。在无输入讯号或触发电平选择不当、无触发脉冲输入时扫描就停止。使示波器屏幕上扫描线消失，对实际使用带来不便。自光迹电路可在任何情况下无触发脉冲输入时使扫描电路产生自激振荡。而当触发脉冲出现时，扫描电路能自动转换到正常的等待状态，自动光迹电路见图 3-128 中 V1 和 V2 组成互补单稳电路，当无触发脉冲时二个管子均截止，B 点为−15V。通过 V3、V4、V5 使 A 点电位下降(释抑电容放电)产生自激(见扫描电路部分)但是，当触发脉冲到来时 V1、V2 立即导通，B 点电位往正，二极管 V3 反偏与扫描电路脱离使整个正向密拉电路恢复正常工作。

(6) 校准信号

校准信号由 LM741 组成多谐振荡器，为了减少负载对振荡频率和振荡幅度的影响，输出端加了一级射极跟随器，输出方波信号经 $7R_5 \sim 7R_{11}$ 电阻分压，输出不同幅度，

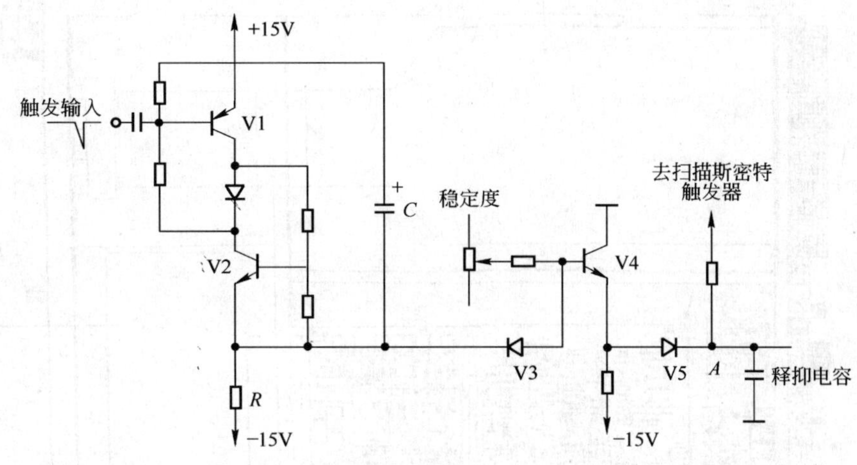

图 3-128

7RP1 校准频率，7RP2 校准幅度，这里附加 10V 直流档，以便用数字电压表校输出电压精度。

(7) 电源

本仪器共采用±15V、－40V、＋200V 以及浮置＋25V 五组电源，其中±15V 是主稳压器，用三端稳压器供全部电路使用。示波管高压部分由 5V1 和 5V2(参阅电原理图 3-122)产生约 50kHz 振荡后经变压器升压，整流稳压，供给高压发生器，所以使用＋25V 浮置电源为的是使调整管 5V7 集电极接地，以简化散热结构。

4. 结构特征

仪器采用流行卧式结构，外观小巧、携带方便，各单元之间用插座连接线，便于维修、拆卸。调整元件位置见图 3-129 和图 3-130。

5. 维护和校正

(1) 为了保证仪器正常工作，使用半年后应进行维护和校正。

(2) 示波器在使用过程中应防止尘土沾染，必要时应用吹风清除尘土。

(3) 稳压电源校正、高频高压校正

稳压电源安装在仪器后中下方，高频高压位于后右上方，高频高压校正时应先卸去屏蔽罩，用万用表检查各档直流电压，调整元件列于表 3-38。

(4) 亮度平衡

当发现 Y1Y2 二线亮度不相同时 X 轴扫描单元板上亮度平衡电位器 3RP9，使其二线亮度相同，校正时宜将亮度置于较暗为佳。

调整元件　　表 3-38

电压标称	调整元件
＋200V	4RP1
－1250V	5RP1

(5) 校准信号校正

1) 将校正信号输出置于 10V(DC)用 PZ5 数字电压表测输出直流电压，校 7RP2 使精确等于 10V(DC)。

2) 用 PB-2 频率计测校正信号频率应等于 1kHz±3%否则校 7RP1。

(6) Y 轴放大器校正(二组相同)

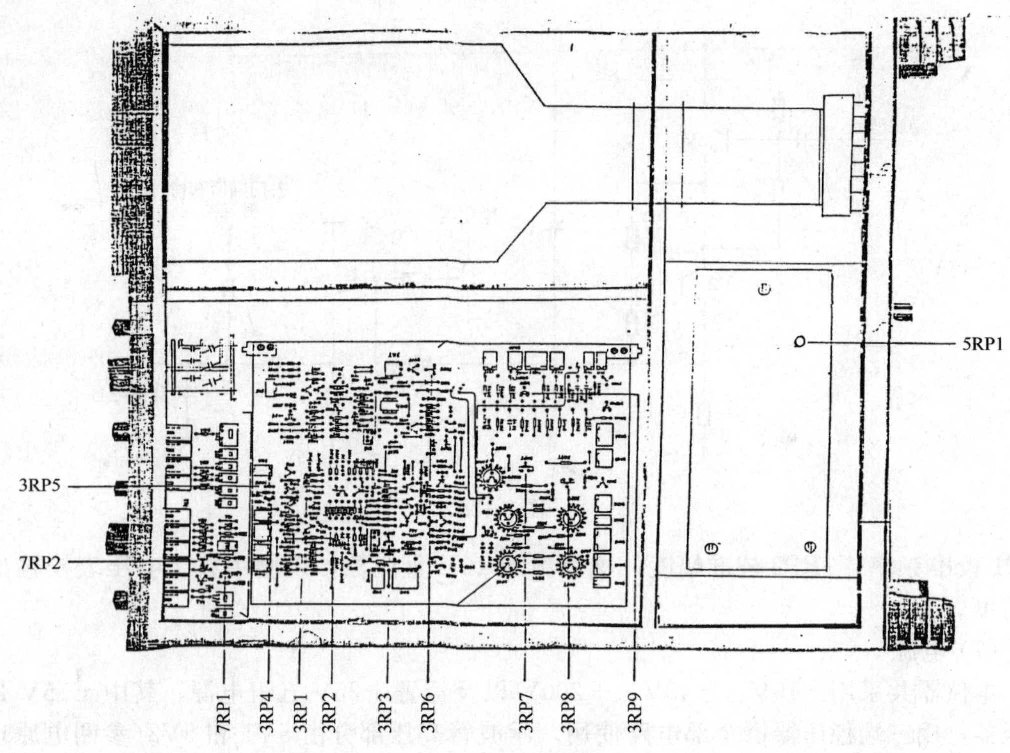

图 3-129 调整元件位置图(一)

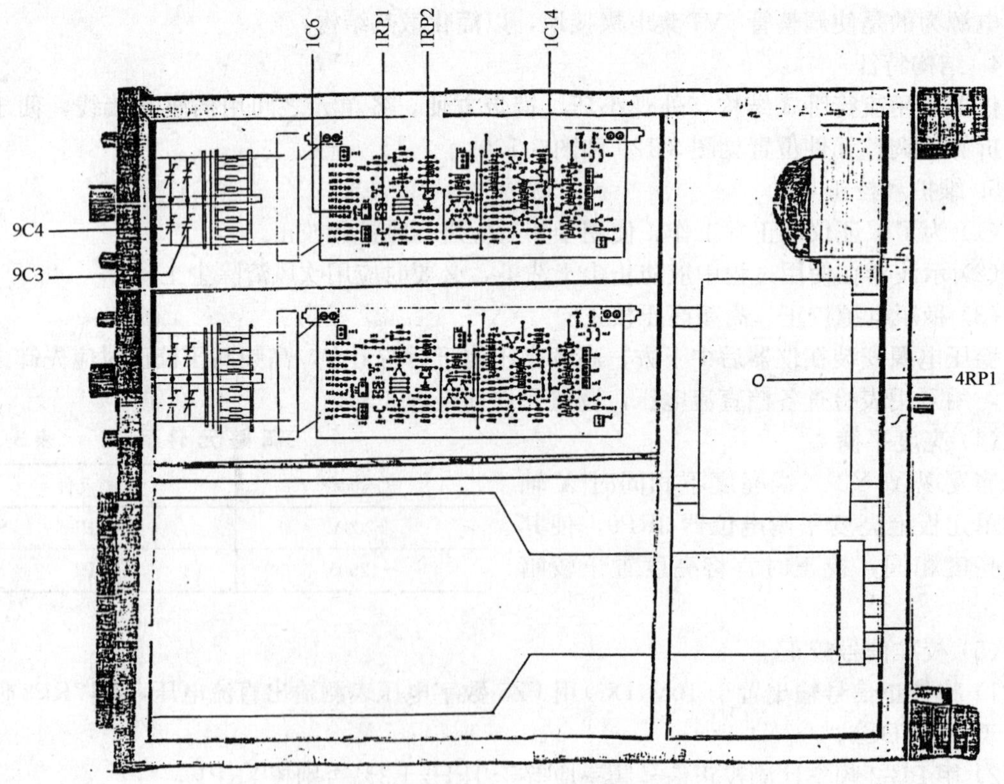

图 3-130 调整元件位置图(二)

1）直流平衡

① 先将 VOLTS/DIV 开关置于 0.2V 调节移位控制使扫描线位于屏幕中心。

② 将 VOLTS/DIV 开关逐渐至 200μV 校仪器前面板直流平衡或印制板上 RP1(与直流平衡相同)使扫描线也位于屏幕中心。

2）VOLTS/DIV 校正

将校正信号输出置于 1V 用专用电线送入 Y 轴放大器再将 VOLTS/DIV 开关置于 0.2V，此时屏幕显示方波高度精确等于 5div，否则调节前面“校正”电位器即可。

将校正信号置于 1mV，Y 轴 VOLTS/DIV 于 200μV 校 Y 轴放大器 RP2 使等于 5div。

3）上冲

将校正信号输出置于 10V，Y 轴 VOLTS/DIV 分别置于 5V 和 2V 校 9C4、9C3 使无上冲。

(7) X 轴校正

1）VOLTS/DIV 校正

将 X 轴输入开关置于 0.2V/div 再将校正信号输出置于 1V，用专用电缆线送入 X 轴输入，此时屏幕显示方波在 X 轴宽度精确等于 5div，否则调整 3RP6 即可。

2）上冲校正

将校正信号输出置于 10V，X 轴置于 2V/div，校 6C1 使无上冲。

(8) 扫描时基

1）稳定度校正(3RP3)

将 Y 轴输入接地，“自动—触发”开关置于“触发”，调节 3RP3 观察屏幕，刚好出现扫描基线，记住 3RP3 这一位置，然后从 Y 轴输入信号(或校正信号)使屏幕上显示 5div 左右信号波形。重校 3RP3，当屏幕上讯号波形连同扫描基线消失，再记住这一位置，最后置稳定度 3RP3 于二个位置中间，校正完毕，将“触发—自动”开关置于“自动”。

2）扫描长度校正(3RP1)

校 3RP1 使扫描基线长度为 10.5div。

3）直流平衡校正(3RP2)

将“X 轴输入”置于 0.2V/DIV，旋动“X 轴移位”，使光点在中心位置，再将“扫描扩展”置于正常“X1”位置，校 3RP2 使扫描线也位于屏幕中心。

4）TIME/DIV 校正—位于前面板上

将 TIME/DIV 置于 1ms，TIME/DIV 扩展开关置于 X1 正常位置，Y 轴输入 1kHz 校正信号，调“TIME/DIV—校正”，使每个周期正好占 1cm。

(9) 故障排除

当仪器发生故障时，维修应在详细了解电原理图的基础上进行。

1）没有扫描线：把稳定度调节电位器 3RP3，反时针旋足还没有扫描时，应检查跟随器 3V8 射电极电位是＋1V 还是－1V(详见电原理图)。如果是＋1V，表明光点停在扫描起点(即回扫终点)。按正常情况各级电位：3V4 集电极电位应是零；释抑二极管 3V2“＋”端应该是－5V；史密脱触发管 3V10 基极应该是－4.5V。这时 3V10 应该导通故障，或由于3V4输出到3V10基极的反馈回路上各点电位不正常。这时应逐一排除故障。主要是三极管、场效应管、二极管的击穿和断路。

如果是－1V，表明光点停在扫描终点，3V4截止，集电极保持高电压并且大于70V。这时应查史密脱触发器3V9、3V10各极电位，如果3V10截止，3V9导通，那么史密脱触发器正常一定是的馈回路故障。使之3V10不能导通反转，使3V4长期处于高电位。

要快速判断究竟是史密脱触发器还是反馈回路的故障，可直接监视3V8发射极的电位。同时将3V9基极同其本身发射极短路及3V10基极同其本身射电极短路，轮翻短路。3V8发射极电位应从＋1V反转成－1V或从－1V反转成＋1V。若能反转史密脱触发器直至3V8输出都无问题。3V10基极与发射电极短路，意味着本身截止。从而导致3V9导通，使3V8射电极输出为－1V。若将3V9基极射电极短路，则能迫使3V8射电极输出从－1V变为＋1V。

2）有扫描无增辉脉冲：有扫描表示3V10集电极有方波输出，这时可观察开关管3V22的基极和集电极也应有方波输出，同样开关管3V24及3V25基极与射电极都应有方波输出。哪一级没有方波，故障就出在哪一级立刻可排除。

3）*Y*轴放大器故障维修：当*Y*轴放大器工作出现故障时，先将位移电位器置于中间，把*Y*轴输入插头拔去，用万用表测通道印制板上晶体管各极电位是否正常，否则检查相应电路，进行修理。

4）*X*轴放大器故障维修：当*X*轴放大器工作出现故障时，先将*X*轴输入开关置于“V/DIV”档级，把位移电位器旋至中心位置，用万用表测量扫描印制板上晶体管各级电压是否正常，否则检查相应电路进行修理。

5）高频高压电路故障维修：当屏幕上的光点出现异常时，则可能高频高压电路出现故障，请打开仪器右上侧高频高压屏蔽罩，用万用表按电原理图测量5V4屏极，应为－1250V。否则检查相应的高压调整电路工作是否正常。

6. 电路图

高频高压电路，校准信号电路，*Y*通道电路，扫描、触发、功放、显示电路，电源电路分别见图3-131，图3-132，图3-133，图3-134及图3-135。

二十、ZL6型自动LCR测量仪（上海沪光仪器厂）

ZL6型自动LCR测量仪是一种由微型计算机控制的高性能、全自动阻抗测量电桥。它具有测量参数多、测量范围广、测量速度快、测量准确度高、操作简便等优点。在电气调试和电气设备维修中可取代传统的QS18型采用电桥，对电感(*L*)、电容(*C*)、电阻(*R*)等无源元件的各种参数进行自动测量。

1. 主要技术指标

(1) 测量范围(表3-39)

(2) 测量准确度

$$L：\pm\left(0.25+\frac{L_x}{20L_{max}}+\frac{L_{min}}{20L_x}\right)\cdot K_f\%\pm1字\quad(Q>10)$$

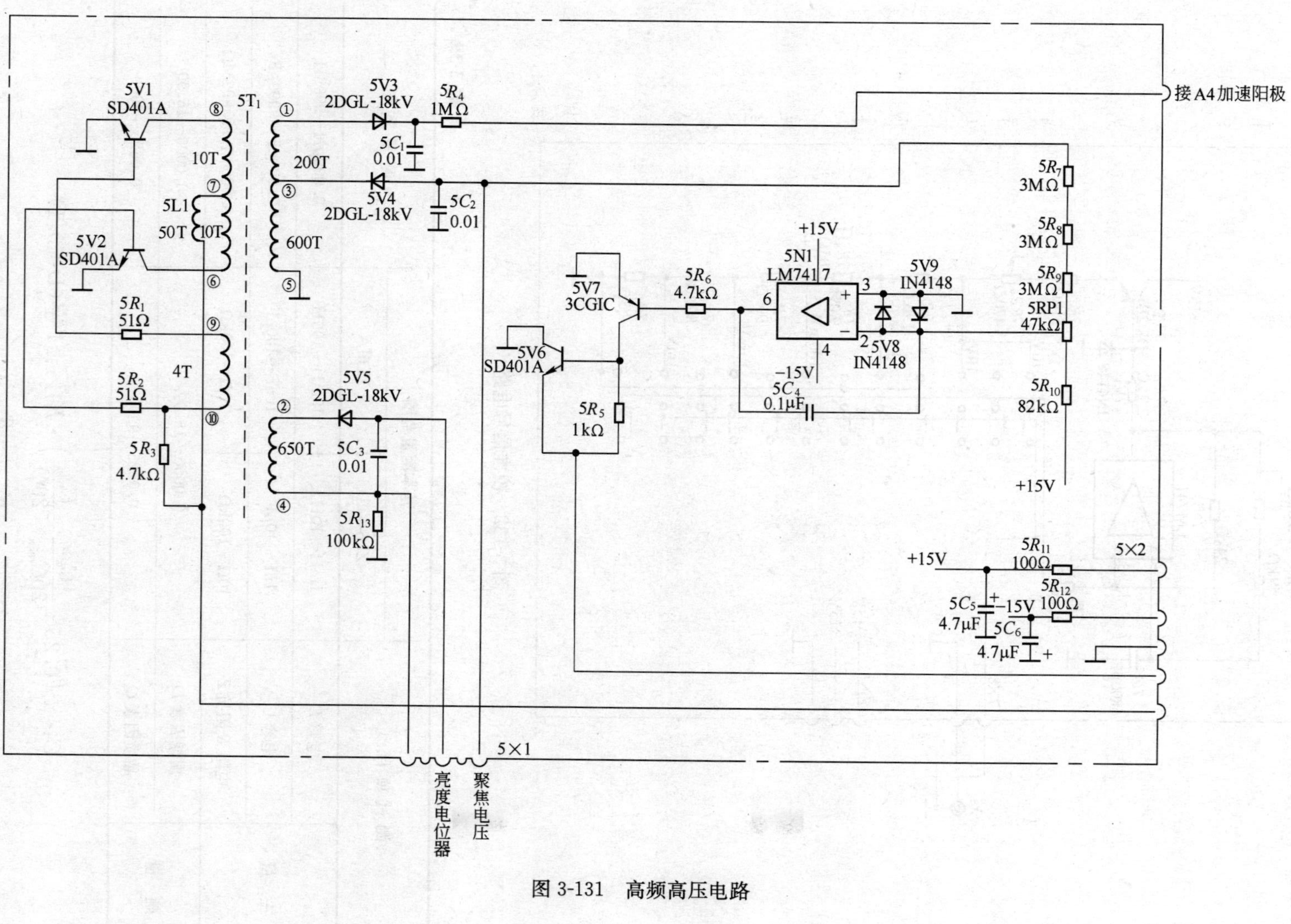

图 3-131 高频高压电路

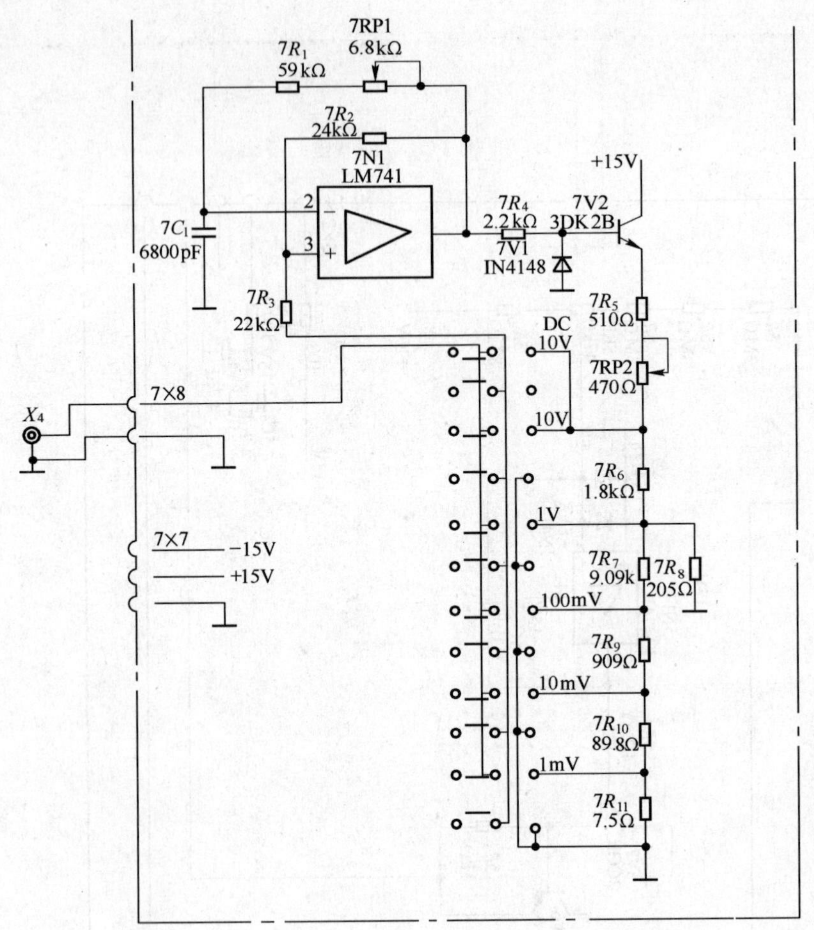

图 3-132　校准信号电路

表 3-39

测试项目		基本测量范围		测量范围
		ZL6	ZL6 A	
主　量	电感 L	1mH～10H	10mH～100H	0.000μH～9999H
	电容 C	1nF～10μF	10nF～100μF	0.000pF～9999μF
	电阻 R 阻抗 Z	10Ω～100kΩ	10Ω～100kΩ	0.0000Ω～9.999MΩ
副　量	损耗因素 D	0.0000～15.99		0.0000～15.99
	品质因素 Q	0.0625～9900		0.0625～9900

$$C:\ \pm\left(0.25+\frac{C_x}{20C_{max}}+\frac{C_{min}}{20C_x}\right)\cdot K_f\%\pm 1\text{字}(D<0.1)$$

$$R(Z):\ \pm\left(0.25+\frac{R_x}{20R_{max}}+\frac{R_{min}}{20R_x}\right)\cdot K_f\%\pm 1\text{字}$$

4×1
4×2
4×3
4×4
4×5
4×6
4×7
4×8
高频高压
X轴
Y1
Y2
功放
触发
指示灯
V1
F1
k7
220V
20V
150V
17.5V
17.5V
26V
6.3V
4V1~4V4
1N4004
4V5~4V8
1N4004
4V9~4V12
1N4004
4C4
2200μF/25V
4C5
10μF/250V
4R4
100kΩ
4C6
100μF/250V
4R2
100Ω
4V13
3DG180C
4R3
4.7Ω
4R5
1kΩ
4V16
IN4148
4V17
IN4148
+15V
4N1
4R7
120kΩ
4RP1
2.2kΩ
4R8
6.18kΩ
-15
4N2
7815
4R1
2kΩ
4C2
1000μF/25V
4C6
1μF/50V
4N3
7915
4C3
1000μF/825V
4C7
1μF/50V
4C8
100μF/50V
4V18
BS62-12B
4V19
BS62-12B
4R6 510Ω
4C9
100μF/50V
4V15
IN4004
图 3-134-2　电源电路

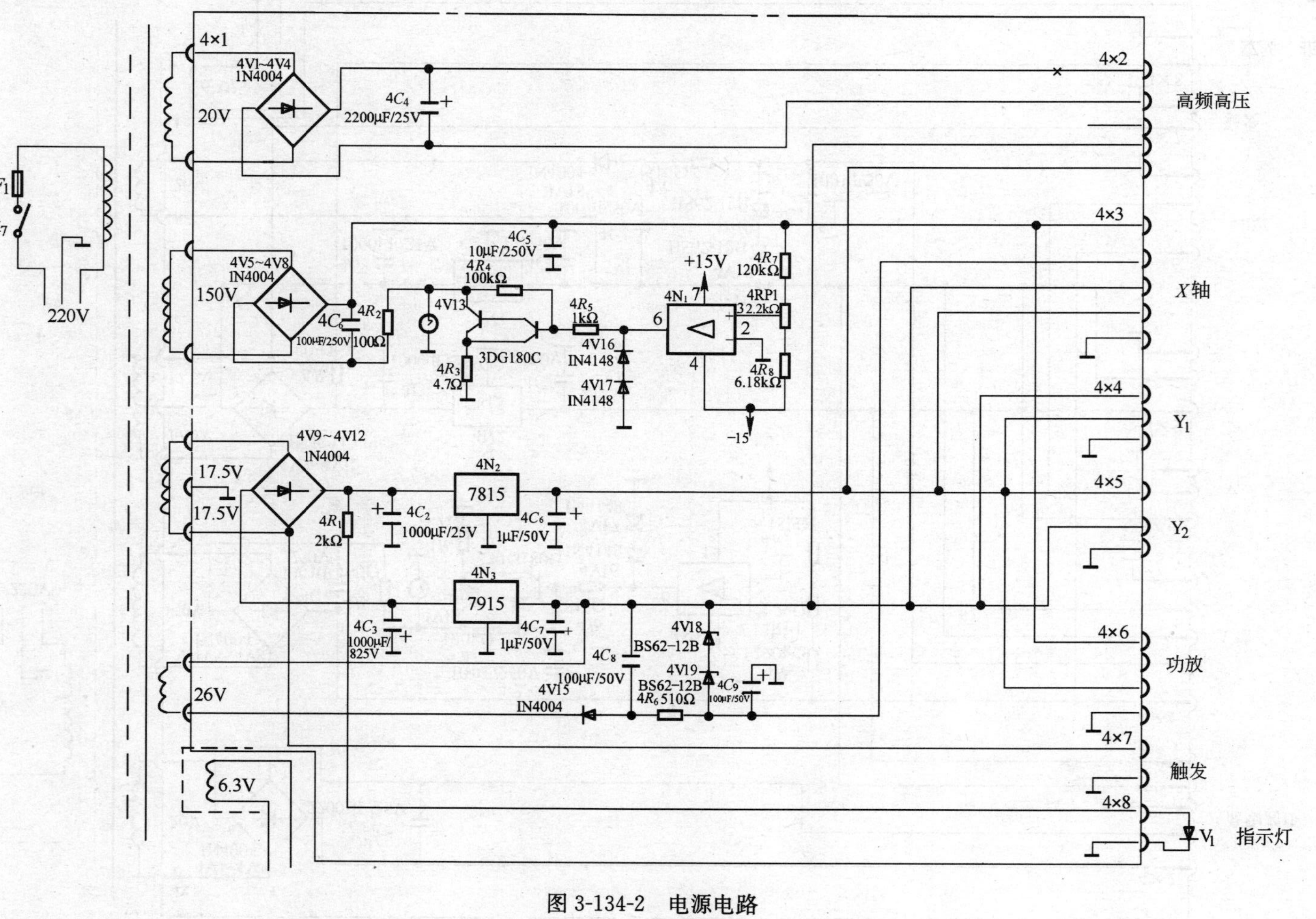

4X1
4V1~4V4 IN4004
20V
$4C_4$
2200μF/25V
F_1
K_7
220V
4V5~4V8 IN4004
150V
$4C_1$
100μF /250V
$4R_2$
100Ω
$4C_5$ 10μF/250V
$4R_4$ 100kΩ
4V13
SD401A
$4R_3$ 4.7Ω
30G180C
$4R_5$ 1kΩ
4V16 IN4148
4V17 IN4148
4N1
+15V
$4R_7$ 120kΩ
4RP1 2.2kΩ
$4R_8$ 6.18kΩ
−15
4V9~4V12 IN4004
17.5V
17.5V
4N2
7815
$4C_2$ 1000μF/25V
$4C_6$ 1μF/50V
$4R_1$ 2kΩ
$4N_3$
7915
$4C_3$ 1000μF/25V
$4C_7$ 1μF/50V
$4C_8$ 100μF/50V
4V18 BS62-12B
4V19 BS62-12B
$4C_9$ 100μF/50V
26V
4V15 IN4004
$4R_6$ 510Ω
6.3V
灯丝
4×2
高频高压
4×3
X轴
4×4
Y_1
4×5
Y_2
4×6
功放
4×7
触发
4×8
V_1
指示灯

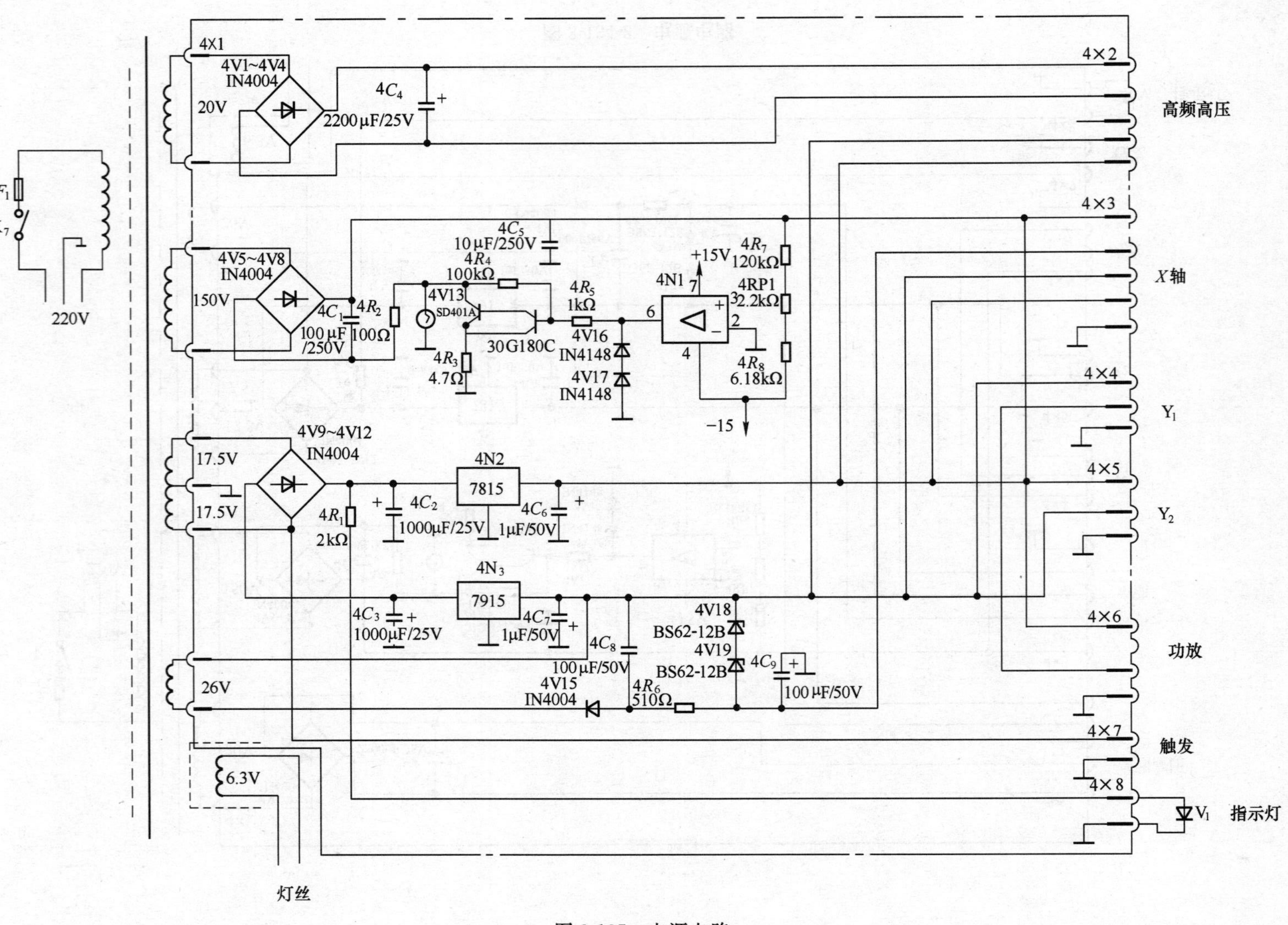

图 3-135　电源电路

$$D：\pm 0.0025(1+|D|+D^2)\cdot K_f \pm 0.001 \quad （基本量程）$$

$$Q：\pm 0.0025(1+|Q|+Q^2)\cdot K_f \pm 0.001 \quad （基本量程）$$

式中：L_{max}、C_{max}、R_{max}和L_{min}、C_{min}、R_{min}分别为基本测量范围的上下限，L_x、C_x、R_x分别表示被测量的标称值。

1000Hz 时　　$K_f=1$　　　100Hz 时　　$K_f=2$　…

(3) 测试频率：ZL6 型 1000Hz、ZL6A 型 100Hz

(4) 测试电压：1V

(5) 测试速率：650ms/次

(6) 连续工作时间：8h

2. 结构

仪器为小型台式、塑料模压结构。机内设有测试架，对于不易插入测试架的元件，另附四端测试线，仪器最大显示为 9999。

3. 工作原理

仪器的工作原理方框见图 3-136。

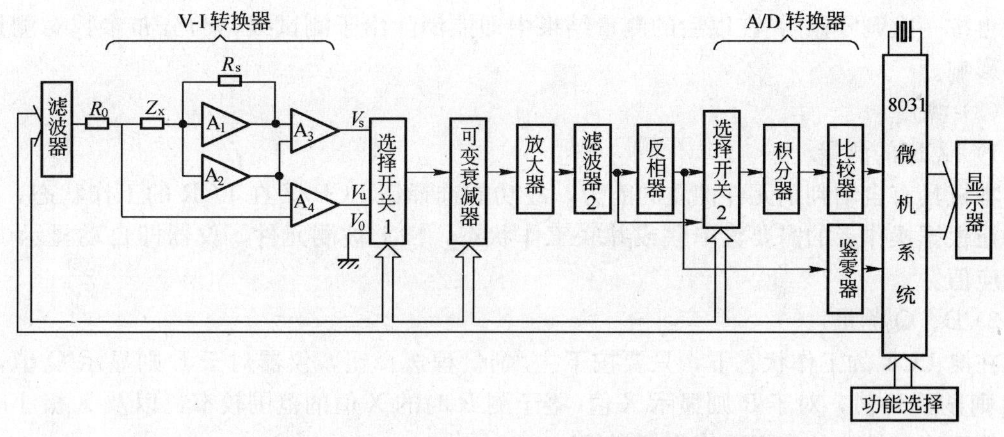

图 3-136　工作原理方框图

仪器以微处理机作为实时控制和数据处理，从而实现对无源元件的自动测量，8031 微机系统以定时中断 P1.7 口的方式使之输出 1kHz(或 100Hz)的方波信号，经相应的滤波器后形成测试所需要的正弦波信号送入 V-Ⅰ转换器，通过源电阻 R_0 而施加于被测阻抗元件 Z_x 上，流经 Z_x 的电流同样也流过 R_s，根据运算放大器的原理，它们的电流是相等的。通过差动放大器分别产生相应于标准元件 R_s 和被测元件 Z_x 并与之阻抗值成正比的电压 V_s 和 V_u。在微机系统的控制下选择开关 1 分别选通 V_u 或 V_s 或 V_0(测出 V_0 是为消除仪器本身当输入电压为零时的残余噪声电压对测量结果引起的误差而设置的，在计算时仪器将自动进行扣除)。又在微机的控制下，视相应的输入信号电平，自动改变放大器的增益，完成自动量程的转换，然后信号经放大器放大后送入滤波器 2，这是为了减少电路对信号所产生的干扰或波形畸变对测量结果的影响而设置的。经整形后的被测电压，对正弦波的正极性信号直接通过选择开关 2 送入由积分器和比较器组成双斜积分式的 A/D 转换器，若是正弦波的负极性信号则通过反相器后再通过选择开关2送到A/D转换器，输出脉冲信号控制8031T_1的16位计数器，其计数值正比于被测信号的幅值。鉴零器作为本机的极性鉴别器，依此微机系统实施对A/D转换器的控制。微机系统根据测得的相应电压值，按用户操作的功能选择，根据一定的数学模型进行计算，从而求得各种被测量的结果送LED显示器。

4. 使用方法及使用注意事项

(1) 准备

1) 接通220V电源，开机预热10分钟。

2) 置功能选择LCR/Z的选择钮于LCR测量状态，即LCR旁发光二极管指示灯亮，本机功能选择钮为复用钮按一下选择钮，即可转换为另一种工作状态。

(2) 调零

1) 在本机选择串联等效电路测量时，短接测试线夹子(即四端连在一起)或用$\phi>$1mm、长度$\geqslant$5cm的铜线短接测试架，按一下调零钮。

2) 在本机选择并联等效电路测量时，开断测试线夹子(即二个相连的电压端同二个相连的电流端分离，且越远越好)或开断测试架(即测试架什么不接)，按一下调零钮。

仪器在进行上述操作后，应出现时或显示的FEDD即认为调零正常(在极少数的情况下可再按一次调零钮)，在以后的测量结果中即能消除由于测试线(架)分布参数对测量结果的影响。

(3) 测量

1) LCR的测量

本机具有自动判别元件性质的能力，故功能选择钮LCR/Z在LCR的工作状态，S/P选择钮根据操作者的需要置串联或并联工作状态，插上被测元件，仪器即自动显示LCR的相应值。

2) D、Q测量

在测LCR的工作状态下，只要按下主/副量程选择钮，仪器对于L则显示Q值，对于C则显示D值，对于R则显示X值(鉴于测R时的X值的范围较窄，以及X极小时的显示值不确定性，故本机不作指标考核)。

3) Z测量

只要按一下LCR/Z选择钮使置于测Z工作状态，仪器即自动显示Z值，此时若再按下主、副选择钮仪器即显示各相应元件的D值。

综上述，本机主副量的显示状态见表3-40。

表3-40

主　量	副　量
L	Q
C	D
R	X
Z	D

(4) 使用注意事项

1) 仪器测量对串/并联等效电路选择的原则，低阻抗元件宜选择串联等效电路，高阻抗元件宜选择并联等效电路。

2) 仪器在测量电阻时，根据C指示灯的亮否可以判别该电阻呈感性或容性，亮时呈容性，暗时呈感性。

3) 大电感的测试应注意周围有无铁磁场质或杂散磁场的存在，否则将引起测量误差。

4）仪器在改变串/并联等效电路的测量时需重新调零，否则仪器仍按原来串联或并联工作模式测量。

5）仪器在测量过程中有失控现象（即不能正常显示），这是在测量中无意按了调零钮或受外界电源强脉冲干扰所致，这时可重新启动调零。

6）仪器显示值若有较大的变化需注意排除市电电压是否稳定或降低，到仪器正常工作条件以外以及被测元件是否接触良好，但要与本机极限量程的允许误差范围内的显示值跳动相区别。

7）仪器需避免使用在有频繁大功率器具通断的场合。

8）仪器应避免不必要的震动。

5. 安全和维护

仪器在使用中需注意操作者和仪器的安全，本机电源插头、座用三线连接，仪器背向朝着操作者，插座的中间为电源线的相线，左端为中性线，右端为地线（见图 3-137），电源线在重新连接时注意不要接错。另外本机采用微型保险丝，在更换时只要用小旋钮旋开相线的特殊螺钉即可见到保险丝，取出更换即可。仪器在测量电容，特别是 1μF 以上的大电容，不得将带有＞50V 剩余电压的电容元件接入测量回路，应特别注意充分放电，否则极易损坏仪器，造成不必要的损失。

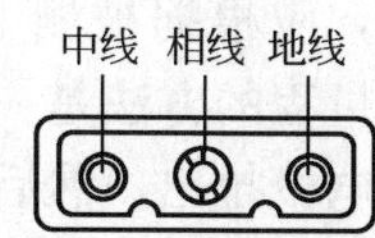

图 3-137 电源插座连接

同样使用本仪器测量，外加有直流偏流的铁芯电感，特别是大电感时需注意在电感接入测量回路时，不允许直流偏流瞬间接通和关断，以避免感应反电势将仪器损坏同时也不允许有直流进入测量回路需注意隔直。

二十一、Q3-V 型静电电压表（北京电表厂）

静电电压表在高压电气试验中，主要用于对交、直流高电压进行精确测量，具有频率范围广、测量精度高、交直流两用等优点。

电表采用静电系测量机构，张丝支承，光标指示。

1. 主要技术数据

(1) 测量范围：0～7.5～15～30kV

(2) 测量准确度：

1）直流及频率为 20Hz～5MHz 的交流时，测量误差不超过±1.5%。

2）5～20MHz 时，测量误差不超过±3%。

2. 电路图及电路参数

(1) 原理电路图（图 3-138）

(2) 主要元件参数（见表 3-41）

表 3-41

活动电极	0 1mmL Y2 铝板
固定电极	LY2 铝棒
张　　丝	材料铍青铜，力矩 0.71mg·cm/90° —100mm，尺寸 0.012×0.19×110

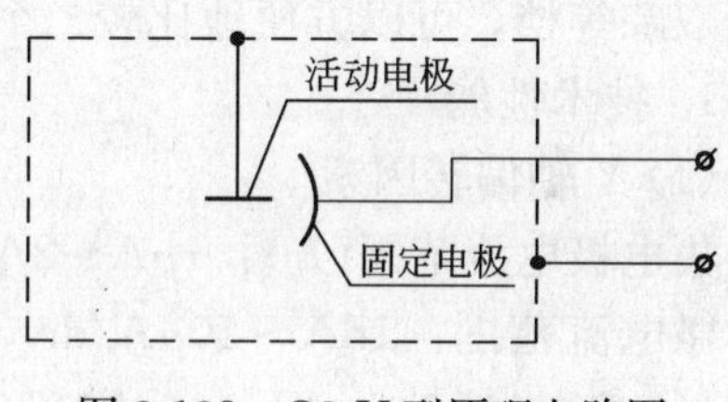

图 3-138 Q3-V 型原理电路图

(3) 光学系统图（图 3-139）

3. 工作原理

静电电压表内装有两个电极，其中一个是固定的，另一个是可动的，可动部分在静电力的作用下可以转动。当静电压接到测量电路中，在被测高压电场的作用下带有指针的可动电极发生偏转，偏转的角度与被测电压的平方成正比，因此根据表针的偏转角度便可测得被测电压的数值。

4. 使用方法

(1) 合理选择量程位置：该表有三个量程，应根据被测电压大小，合理选择，改变量程的方法是：将表壳上带有红色标记的电极拉出，然后向左或向右转动到需要的量程即可。

(2) 仪表使用时应将外壳可靠接地。

(3) 使用时操作人员应严格遵守高压试验操作规程，以免发生意外。

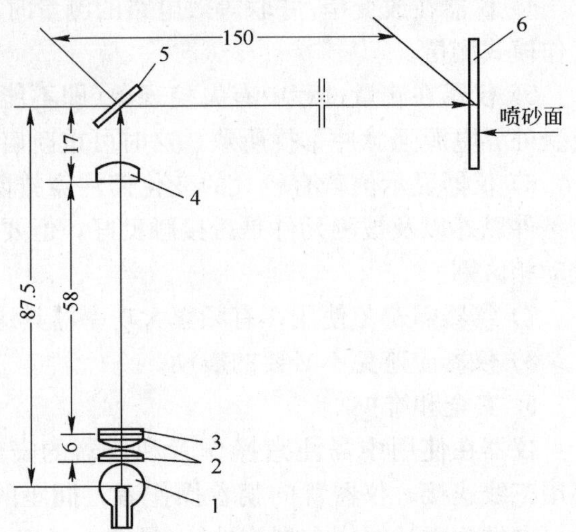

图 3-139　Q3-V 型光学系统图

1—灯泡 6.3V 0.28A；2—聚光镜；3—光栅；4—物镜；5—反射镜；6—标度盘

二十二、DW4822 型晶体管特性图示仪（湖南邵阳无线电仪器厂）

晶体管特性图示仪在电气调试中主要用来对有关半导体器件的主要性能进行测试。

DW4822 型晶体管特性图示仪是一种能在示波管荧光屏上直接观察晶体管特性曲线的专用仪器。通过仪器荧光屏与标尺刻度配合，可以直接观测晶体管的共发射极、共基极、共集电极的输入特性、输出特性、转换特性、β 参数及 α 参数等。可以直接观测晶体管的其他各项极限特性与击穿特性参数，如反向饱和电流 I_{CBO}、I_{CEO}、I_{EBO} 和击穿电压 BV_{CBO}、BV_{CEO}、BV_{EBO} 等。可以交替、双踪、双族显示二管特性，还可以同时测试 PNP、NPN 两种不同极性的管子，使用十分方便。

该仪器的最大集电极电流可达 20A，基本满足 400W 以下晶体管的测试。最大集电极电压可达 500V。

仪器具有直流测试方式，用以测试各种晶体管的漏电流，最高灵敏度达 1nA/度；并有高压测试装置，最高电压为 5kV，可对耐压 5kV 以下的二端器件的击穿电压及反向漏电流进行测试；对双基极二极管、场效应管、可控硅等晶体管的测试也很方便；通过交替、双踪等档，可以方便地比较二个晶体管的同类特性。

1. 技术性能

(1) Y 轴偏转因素

集电极电流范围(I_c)：1μA～2A/div，按 1、2、5 进制分 20 档，误差≤±3%。

微电流范围：1nA～50μA/div，按 1、2、5 进制分 15 档，误差 1nA～10nA/div≤±20%，20nA～0.5μA/div≤±10%，1μA～50μA/div≤±3%。

基极源信号：0.1V/div，误差≤±3%。

(2) X 轴偏转因素

集电极电压范围(V_C)：0.01V～50V/div，按1、2、5进制分12档，误差≤±3%。

高压范围(供两端特性测试)：100V～500V/div，按1、2、5进制分3档，误差≤±5%。

基极电压范围：0.05V～1V/div，按1、2、5进制分5档，误差≤±3%。

基极源信号：0.1V/div，误差≤±3%。

(3) 放大器校正电压

仪器输出校准电压按Y、X轴偏转因素的不同档级，分别输入0.1V、0.2V、0.5V、1V校准电压，进行－10div校准。各档误差≤±1%。

(4) 基极梯阶信号

阶梯电流范围：0.5μA/级～200mA/级，按1、2、5进制分18档，误差≤±5%。

阶梯电压范围：0.05V～1V/级，按1、2、5进制分5档，误差≤±5%。

串连电阻：0～1MΩ，按×10进制分8档，误差≤±5%。

阶梯波形：分正常(100%)及脉冲二档，脉冲阶梯空度比调节范围约为10%～40%。

每族级数：0～10级，连续可调。

每秒级数：100或200。

阶梯作用：分正常、关、单次三种。

阶梯输出：分正常、零电压、零电流三种。

阶梯极性：分正、负两档。

(5) 集电极扫描信号

输出电压范围与档级：0～20V正或负连续可调；0～100V正或负连续可调；0～500V正或负连续可调。

输出电流容量：0～20V：20A(脉冲阶梯工作状态时)；10A(峰值)；0～100V：2A(峰值)；<0～500V：0.4A(峰值)。

功耗限制电阻：0～100kΩ按1、2、5进制分17档，各档误差≤±5%。

整流方式：全波。

输出极性：分正、负、异(±)三档。

(6) 高压扫描信号(供两端特性测试)

输出电压范围：0～5000V正向连续可调。

输出电流容量：0.005A(峰值)。

整流方式：半波。

(7) 微电流测试信号

电压范围：0～20V(直流)正或负连续可调。0～100V(直流)正或负连续可调。0～500V(直流)正或负连续可调。

电流容量：≥0.5mA。

(8) 双基极二极管V_{BB}信号

电压：＋10V误差≤±5%。

电流容量：>20mA。

(9) 其他

示波管：13SJ38J，有效工作面90mm×80mm。

适应电源：220V±10%，50Hz±2Hz。

消耗功率：约 70VA(最大时约 160VA)。

预热时间：不少于 15 分钟。

工作时间：能连续工作 8 小时。

重量：约 22kg。

外形尺寸：280mm×386mm×600mm($B\times H\times D$)。

仪器工作条件：环境温度：－10～＋40℃

相对湿度：＋40℃时，(20%～90%)；正常情况下(45%～75%)。

大气压力：86～106kPa。

2. 电路原理

(1) 整机方框简述

DW4822 型晶体管特性图示仪的电原理图由 9 部分组成：①主电源供给；②集电极扫描发生器；③阶梯波发生器；④阶梯波放大器；⑤X 轴、Y 轴放大器；⑥高频高压电源及示波管控制电路；⑦偏转作用开关；⑧测试选择开关；⑨交替、双踪控制电路。

外接 220V 50Hz 电源提供了主电源变压器的初级交流电压，主电源变压器次级绕组电压经整流、滤波和稳压电路后提供了＋150V、±100V、±12V 等各组直流电压。

外接 220V 50Hz 电源通过自耦调压器提供了集电极扫描变压器的初级电压，在其次级得到三组对称的交流电压，经全波整流输出 20V、100V、500V 三组脉动的扫描电压，由面板上的扫描峰值电压开关($3K_1$)选择不同的输出档级，并且利用自耦变压器的调压作用，使输出电压从 0 到该档级所规定的最高电压，且连续可调。由极性转换开关($3K_2$)控制扫描电压的极性，经功耗限制电阻加到被测晶体管的集电极。

来自主电源变压器 50V 绕组的 50Hz 电压，经过触发脉冲形成电路，形成了阶梯信号的触发脉冲，通过级/秒开关的控制可输出 100Hz 或 200Hz 的触发脉冲，由于触发脉冲的输入，便在阶梯发生器电路的输出端形成了阶梯信号，由级/族电位器控制，该阶梯信号又能根据需要在 0～10 级内调节。

阶梯信号经过选择电路，可选择输出正常阶梯信号或各种占空比的脉冲阶梯信号，再经过阶梯电平的调节进入阶梯放大器的输入端，经过放大与极性转换便能根据需要输出各种不同的阶梯电压和电流，由于阶梯反馈放大器的特殊功能，可以基本上不受规定的负载变化的影响，再通过零电流，正常阶梯输出和零电压开关控制以不同形式送至被测晶体管的基极。

Y 轴和 X 轴偏转作用开关组成的电流/度，电压/度开关，可以准确地将被测管电压或电流的变化曲线显示在示波管的荧光屏上。Y 轴偏转作用开关包括 20 档的集电极电流范围，15 档微电流范围，1 档基极源信号。X 轴偏转作用开关包括 12 档集电极电压范围，3 档高压范围，5 档基极电压范围，1 档基极源信号。

X 轴与 Y 轴放大器是由高输入阻抗的偏转放大器组成，它将被测晶体管的电压或电流的变化进行放大并加至示波管的 X 轴和 Y 轴偏转板上。

示波管显示电路由高频高压电路及示波管控制电路组成。高频高压电路提供了示波管的阴极、调制极、加速极及其他电极所需的电压，控制电路使示波管能够有一个合适的消隐并使辉度、聚焦、辅助聚焦得到控制。

(2) 主电源供给

主电源为整机提供＋150V、±100V、±12V电压、阶梯放大器用的－15V、＋25V电压、高频高压用的＋15V电压以及示波管、指示订用的灯丝电源等。

1）＋150V和＋100V稳压源

由变压器$1B_1$次级输出的160V交流电压经$1BG_1$～$1BG_4$组成的桥式电路整流，并经$1C_1$滤波后送至串联调整回路的输入端。$1BG_5$～$1BG_{12}$组成串联型稳压电路。

当输出电压变化时，由于$1BG_8$～$1BG_9$稳压管的稳压作用，将这种变化全部传递到$1BG_{11}$基极，而由取样电阻的分压、部分地传递到$1BG_{12}$的基极。经$1BG_{11}$、$1BG_{12}$组成的分差放大电路进行比较放大之后，送到推动管$1BG_6$基极，控制串联调整管$1BG_5$的C、E间电压的变化，从而实现对输出电压的稳压过程。$1R_3$的接入，可减少调整管的功耗。

＋150V电压经过$1R_{21}$降压后，得到＋100V电压。

$1BG_7$、$1R_4$组成过流保护电路，当电流过载时，$1R_4$两端的压降使$1BG_7$的eb结正偏而导通，从而控制了推动管和调整管的基极电流，达到过流保护的作用。

$1W_1$为＋150V输出电压调节电位器。

2）±12V稳压电源

这两组串联型稳压电源电路结构与＋150V相似。＋12V和－12V电源分别由$1BG_{14}$～$1BG_{23}$和$1BG_{24}$～$1BG_{33}$组成。$1BG_{18}$和$1BG_{28}$为串联调整管，$1BG_{22}$、$1BG_{23}$、$1BG_{32}$、$1BG_{33}$为分差放大管，$1BG_{19}$、$1BG_{29}$为推动管，$1BG_{20}$、$1BG_{30}$为过流保护管，$1BG_{21}$和$1BG_{31}$为温度稳定性较好的稳压管，作为两组电源的基准电压。$1W_2$、$1W_3$分别为两组电源的输出电压调节电位器，两组电源均以＋150V作为分差放大器的辅助电源。

3）－100V稳压电源和－15V、＋15V、＋25V电源

－100V电源由$1BG_{34}$～$1BG_{37}$桥式电路整流，$1C_8$滤波及$1BG_{45}$～$1BG_{48}$串联稳压而得到。

供给阶梯波放大器用的＋25V、－15V未稳压直流电源分别由$1BG_{39}$和$1BG_{40}$进行桥式整流及电容$1C_{10}$、$1C_{11}$滤波后而得到。

供给高频高压用的＋15V未稳压直流电源是由$1BG_{41}$桥式整流和$1C_{12}$电容滤波后得到。

(3) 集电极扫描发生器

1）集电极扫描电源

集电极扫描电源主要由自耦调压变压器$3B_1$，集电极变压器$3B_2$及整流二极管$3BG_1$～$3BG_4$等组成。电路方框图见图3-140。

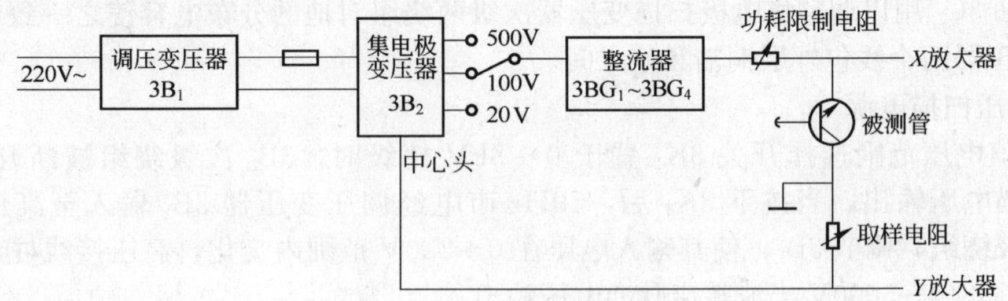

图3-140　集电极电源方框图

50Hz、220V 的交流市电经调压器 $3B_1$ 后送入集电极扫描变压器 $3B_2$ 的初级，通过微调 $3B_1$ 即能改变 $3B_2$ 次级绕组输出电压。$3B_2$ 次级具有三组对称的绕组，由扫描峰值电压选择开关 $3K_1$ 进行选择，其中心头通过 Y 轴作用开关(mA/div)的取样电阻 $5R_{25}$～$5R_{42}$ 接地。三组电压共用二组全波整流管 $3BG_1$、$3BG_4$，$3BG_2$、$3BG_3$，分别对 $3B_2$ 次级交流电压进行整流，使输出电压在正负极性变化时均在 0～20V、0～100V，0～500V(最大值)范围内进行调节，经过功耗限制电阻送至被测管集电极，集电极扫描电源输出极性变换由开关 $3K_2$ 进行转换。

功耗限制电阻开关 $3K_3$ 用来变换串联在被测晶体管集电极回路的电阻值，以限制其最大输出电流。功耗限制电阻由 0～100kΩ，共 17 档。

当测试台终端选择开关 $3K_6$ 置于“微电流”位置时，继电器 $3J_1 5J_1$ 吸合，将脉动电压滤波成同样幅值的连续可调的直流电压，同时微电流取样电阻 $5R_{44}$～$5R_{58}$ 接入。

测量时，电流取样电阻二端产生的压降加到 Y 轴放大器输入端，由 Y 轴偏转作用开关在“通常”和“微电流”分别读测 1μA～2A/div 和 1nA～50μA/div 不同范围内的电流值。

由于集电极电流输出端对地存在着分布电容，将形成电容性电流，在取样电阻上产生压降，从而造成测量上的误差。为了减少容性电流，并使在最高灵敏度档级所产生的容性电流不致影响测量的精度，在集电极扫描电路中采用了图 3-141 所示的补偿电路，调节电容 $3C_4$ 能使图中虚线箭头所示的补偿电流以和容性电流相反的方向流过取样电阻，从而抵消容性电流的影响。负极性的容性电流补偿由 $3C_3$ 调节。

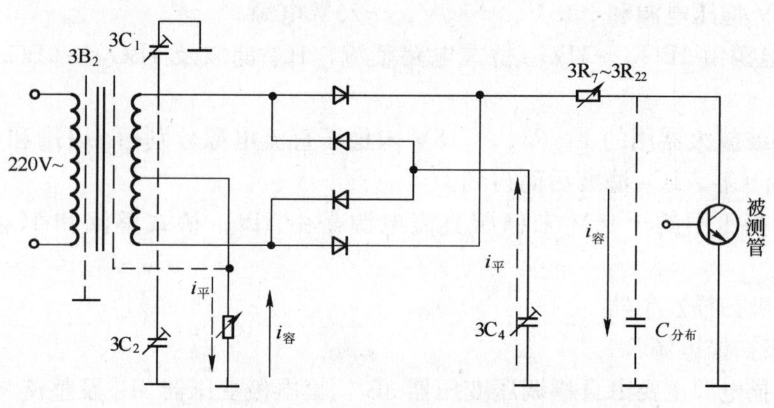

图 3-141　容性电流补偿原理图

$3C_1$ 和 $3C_2$ 用以调整集电极扫描变压器次级两绕组对地的分布电容使之一致，分别接于扫描变压器两个线包外层铜箔和地之间。

2) 高压扫描电源

当峰值电压范围选择开关 $3K_1$ 置于 0～5kV 档级时，$3B_2$ 次级绕组被断开，此时，$3B_2$ 无扫描电压输出，当按下 $3K_4$ 后，50Hz 市电经调压变压器 $3B_1$ 输入至高压变压器 $3B_3$ 的初级绕组，调节 $3B_1$，使其输入电压在 0～220V 范围内变化，高压接线柱上将有正向连续可调的 0～5000V 半波整流脉动电压输出。

由 $3R_{23}$～$3R_{29}$ 及 $3BG_5$ 组成的半波整流电路接至被测管的一端，其中 $3R_{23}$～$3R_{26}$ 为串联限流电阻，使变压器 $3B_3$ 及整流管 $3BG_5$ 不致过载，由 $3R_{27}$～$3R_{32}$ 组成的分压器送至 X

轴偏转作用开关进行 X 轴显示，被测管的另一端则与集电极扫描变压器 $3B_2$ 中心头相接，其电流通过取样电阻进行电流测量。

(4) 阶梯信号发生器

阶梯信号发生器由触发脉冲形成电路、阶梯发生器、脉冲形成电路及阶梯形成选择电路组成，其方框简图见图 3-142。

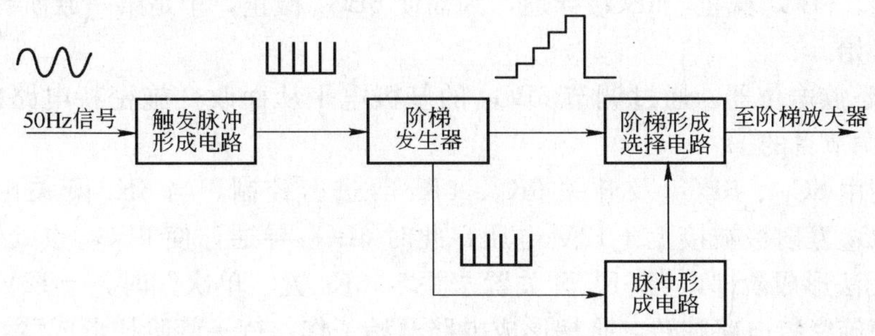

图 3-142　阶梯信号发生器框图

1) 触发脉冲形成电路

来自电源变压器 $1B_1$ 次级绕组的 50V 电压，经过 $6C_1$、$6W_1$、$6C_2$、$6W_2$ 组成的移相网络，分别送至分割负载倒相器 $6BG_1$、$6BG_2$ 的基极，调节 $6W_2$ 可使输入的信号与集电极扫描信号同相，调节 $6W_1$ 则可使输入信号与上述信号相位相差 90°。$6BG_1$、$6BG_2$ 组成的分割负载倒相器，在其集电极、发射器二个相同的阻值的负载上分别输出幅度相同、相位相反的信号、并分别送至 $6BG_5$、$6BG_4$、$6BG_5$、$6BG_6$，经削波后分别送至 $6BG_7$、$6BG_8$ 的基极，再经放大和混合后形成 200Hz 脉冲信号，再至 $6BG_9$ 射极跟随及 $6BG_{10}$、$6BG_{11}$ 分差放大后得到一组幅度相等的脉冲，经 $6BG_{12}$ 跟随后作为触发脉冲输出。

$6K_1$ 组成的级/秒开关，可将 $6BG_{46}$ 负极约为 0 的电压加至 $6BG_7$ 的基极，迫使该管停止工作，从而使触发脉冲的频率由 200Hz 变成 100Hz。

2) 阶梯发生器

阶梯(形成电路)发生器由 $6BG_{13}$～$6BG_{19}$ 组成，阶梯级数控制及单次电路由 $6BG_{20}$～$6BG_{26}$ 组成。

来自跟随器 $6BG_{12}$ 的正向脉冲通过 $6BG_{14}$ 向电容 $6C_{14}$ 充电，由于 $6BG_{15}$、$6BG_{16}$ 组成的复合跟随电路形式，因此在 $6BG_{15}$ 基极能有一个极高的输入阻抗，使 $6C_{14}$ 充电而得的幅度保持恒定，而 $6BG_{15}$、$6BG_{16}$ 的复合跟随器又具有极低的输出阻抗，供阶梯放大器输入之用。由于在 $6BG_{15}$ 基极所形成的阶梯幅度每级为 5V，为了使在整个阶梯形成的过程中 $6BG_{15}$、$6BG_{16}$、$6BG_{18}$ 的集电极、发射极之间的电压不变，因此由 $6BG_{19}$、$6BG_{17}$ 组成了自动升压电路，使 $6BG_{15}$、$6BG_{16}$、$6BG_{18}$ 三个集电极的电压随着输出阶梯的上升而升高。为了使每级 5V 的 10 级阶梯保持良好的线性，已形成的阶梯信号又通过 $6BG_{18}$、$6BG_{13}$ 反馈至 $6BG_{14}$ “＋”端，这样既保持了良好的线性，又取得了较大的幅度，形成的阶梯由 $6BG_{16}$ 发射极输出。

形成的阶梯供输出外，还通过 $6R_{32}$、$6R_{33}$、$6W_4$ 组成的分压电路，送至 $6BG_{20}$ 基极，经跟随后至 $6BG_{23}$ 基极，$6BG_{23}$、$6BG_{24}$ 组成施密特电路，在阶梯形成过程中，$6BG_{23}$ 截止，$6BG_{24}$ 导通，因此 $6BG_{24}$ 集电极处于低电平，通过 $6BG_{25}$ 跟随后使 $6BG_{26}$ 一直处于截止状态，从而保证了 $6C_{14}$ 所形成的阶梯不被分流，随着 $6BG_{23}$ 基极由于阶梯的输入逐级升高，当高至一定的电平时，$6BG_{23}$ 导通，$6BG_{24}$ 截止，$6BG_{24}$ 集电极处于高电平，$6BG_{26}$ 导通，因此 $6C_{14}$ 将通过 $6R_{46}$、$6BG_{26}$ 放电，$6C_{14}$ 上的电压下跌一级以后，$6BG_{23}$ 的导通状态，本应无法维持，但由于其时可通过 $6C_{17}$ 获得偏流，因而能继续保持导通，直到 $6C_{14}$ 上的电压下跌到起始状态为止，然后，由于 $6C_{17}$ 的充电电流减小，$6BG_{23}$ 基极电压下降，施密特电路再次翻转，$6BG_{23}$ 截止，$6BG_{24}$ 导通，因而使 $6BG_{26}$ 截止，于是第一族阶梯结束，第二族阶梯重又开始。

$6W_5$ 为级/族电位器，通过调节 $6BG_{24}$ 的基极电平从而改变施密特电路的阀值电平，达到级/族的调节目的。

阶梯作用由 $6C_{17}$、$6BG_{22}$ 及开关 $6K_2$、$6K_3$ 等进行控制。当 $6K_2$ 开关由“重复”至“关”时，$6BG_{22}$ 发射极被接上＋12V 电压，此时 $6BG_{22}$ 导通，使 $6BG_{23}$ 也处于导通状态，因此 $6C_{14}$ 上无法形成阶梯，当 $6K_2$ 开关置“关”，$6K_3$ 置“单次”时，－12V 通过 $6C_{17}$ 产生一负脉冲使施密特电路翻转，阶梯形成电路开始工作，待一族阶梯形成后，施密特电路再翻转，电路又处于“关”状态。

3）脉冲阶梯形成电路

脉冲阶梯形成电路由 $6BG_{27}$～$6BG_{43}$ 组成。$6BG_{27}$～$6BG_{33}$ 组成可调宽度的单稳电路，$6BG_{34}$、$6BG_{35}$、$6BG_{42}$、$6BG_{43}$ 组成脉冲形成级。

在触发脉冲进入前 $6BG_{30}$ 处于导通，$6BG_{31}$ 处于截止状态。当触发脉冲通过 $6BG_{33}$ 进入 $6BG_{31}$ 基极，单稳翻转，$6BG_{31}$ 导通，其集电极形成负脉冲，该脉冲宽度由 $6W_6$ 调节，其调节范围又由 $6W_7$、$6W_8$ 限制在 0.5～5ms 之间。

$6BG_{35}$ 在负向脉冲进入前，该管处于导通状态，因此来自阶梯发生器输出的阶梯进入 $6BG_{42}$ 及 $6BG_{43}$ 二级跟随器后无阶梯输出至阶梯放大器。当 $6BG_{31}$ 集电极输出负脉冲后，$6BG_{35}$ 截止，在整个脉冲的宽度内，输入阶梯被输出，此部分阶梯作为脉冲阶梯经过 $6BG_{43}$ 跟随后输出。

当“占空比”电位器未拉出前，由于 $6W_6$ 开关将 $6BG_{30}$ 基极接 $6BG_{44}$ 正极，$6BG_{30}$ 无法导通，整个单稳电路处于不工作状态，因此无法形成脉冲。

（5）阶梯放大器

来自阶梯信号发生器的阶梯信号还不能直接作为被测晶体管的基极注入信号，为此通过阶梯放大器进行电流放大及反馈网路后，使阶梯信号可以成为阶梯极性可根据需要进行转换，并且不受负载变化影响的恒定阶梯电流或恒定阶梯电压。

阶梯放大器由分差放大器 $7BG_1$～$7BG_2$，电流放大器 $7BG_3$、$7BG_4$、$7BG_5$ 所组成的功率放大部分和由 $7BG_{12}$、$7BG_{10}$、$7BG_9$、$7BG_7$ 组成的反馈放大网路二部分组成。整个放大器的电压总增益为 1，而电流增益可达数千倍左右。

由阶梯信号发生器来的每级 5V 的阶梯信号，经由 $7R_2$、$7R_3$ 组成的 5∶1 分压后，输入至 $7BG_1$、$7BG_2$ 所组成的分差放大器的输入端，然后再继续经过 $7BG_3$、$7BG_4$、$7BG_5$ 三级电流放大后，通过阶梯电流取样电阻 $7R_{32}$～$7R_{49}$ 作为被测晶体管的输入电流源，当 $7K_2$ 置于 V/级时，通过 $7R_{30}$、$7R_{31}$ 作为被测晶体管的输入电压源。为了使输出的阶梯电流或电压能够保持恒定，不受被测器件输入电阻的影响，将射极输出器输出的电压信号直接馈送于分差放大器一管的基极，同时将被测晶体管输入端电压经由反馈网路，馈送于分差放大器另一晶体管的基极，从而使输出的阶梯电流或阶梯电压保持了恒定。

阶梯放大器输出的阶梯信号分正、负两种，由极性开关 $7K_1$ 进行转换，电位器 $7W_1$ 为阶梯零点调节电位器。

(6) X 轴、Y 轴偏转放大器

X 轴、Y 轴偏转放大器采用了完全相同的电路形式。为了提高输入阻抗，输入级采用了场效应管 $4BG_3$、$4BG_7$，$5BG_3$、$5BG_7$ 构成的源极输出器，并接有恒流源 $4BG_4$、$4BG_5$、$5BG_4$、$5BG_5$，电位器 $4W_1$，$5W_1$ 用以调节源极电位，从而实现直流平衡的调节作用。

放大器的第一级采用运算放大器 $5G_{23}$，由于采用了闭环方式，放大倍数得到了稳定。末级放大器也采用运算放大器形式。由 $5G_{23}$ 输出的单端信号，通过一级射极输出器后加于放大器 $4BG_{10}$，$5BG_{10}$ 输入端，$4BG_{11}$，$5BG_{11}$ 倒相器是为了满足对称馈电。调节 $4W_3$，$5W_3$ 即改变末级输入直流电位，使信号得到移位作用。

(7) 高频高压电源及示波管电路

该仪器高频高压电源采用集电极接地的双管推挽振荡线路，并有稳压措施。高频振荡信号经升压变压器 $2B_1$ 次级升压和半波整流后得到两组正、负高压电源，其中+1400V 供给示波管加速阳极，－1400V 电压经取样电阻 $2R_1$、$2R_2$、$2W_1$、$2R_4$ 分压后馈送到场效应管放大器输入端进行放大，然后再送到由 $2BG_3$、$2BG_4$ 组成的分差放大器一输入端，与另一输入端所接的基准电压进行比较放大，再经 $2BG_7$ 放大后控制振荡器的振荡幅度，从而实现稳定输出电压的目的。由于连续三级放大，放大倍数较高，所以电压稳定度也较高。

示波管的辉度、聚焦、辅助聚焦分别由电位器 $2W_2$、$2W_3$、$2W_4$ 进行控制。

来自阶梯发生器的正向消隐脉冲送入 $2BG_{15}$ 的基极，从集电极输出负向消隐脉冲加入示波管栅极，以保证阶梯回扫过程被消隐。

(8) 交替、双踪、异极性控制电路

仪器采用电子开关、继电器、斩波器与辉度控制的办法，使被测的 A、B 两管自动地接通阶梯信号、扫描信号。异极性测试时，由于控制电路的作用能自动完成阶梯信号，扫描信号、显示放大器输入信号的极性转换，显示时由于用方波信号控制示波管，因此，一只管子用实线显示，另一只管子用虚线显示。

1) 同极性交替测试

当测试选择开关 $3K_5$ 位于“交替”时，由 $8BG_9$、$8BG_{10}$ 组成的振荡器产生 1Hz/秒的方波。经 $8BG_8$ 倒相后送至 $8BG_5$ 去驱动继电器 $3J_2$、$3J_3$。在方波信号的作用下使继电器触点同步地吸合、释放，从而使基极信号，扫描信号自动地施加于被测的 A、B 两管，在荧光屏上交替地显示两管特性曲线。

2) 同极性双踪(双族)测试

当 $3K_5$ 位于“双踪”位置时，由 $8BG_{14}$、$8BG_{17}$ 组成的双稳态触发器，在阶梯波回扫期形成的触发脉冲触发下工作于计数状态而产生 18Hz/秒的方波。经射极跟随器 $8BG_{12}$、$8BG_{18}$ 输出至斩波器线圈 z_1，z_2，z_3，使基极信号，扫描信号分别送至被测的 A、B 两管。在荧光屏上可双踪显示 A、B 两管特性曲线。若移动 x 轴移位电位器(双层)黑色、或红色旋钮，则其中一管曲线可在 x 方向移动，从而实现双族显示。

3) 异极性测试

① 当测试选择开关 $3K_5$ 位于“A”，扫描极性开关 $3K_2$ 位于“±”时，24V 经 $3K_2$～$3K_5$ 加入继电器 $3J_4$、$5J_3$、$3J_3$、$3J_2$(其中：$3J_4$ 控制基极信号极性，$5J_3$ 控制显示放大器倒相，$3J_3$ 控制容性电流平衡电路，$3J_2$ 控制扫描信号的极性)，继电器的另一端接地受 $3K_5$～$3K_6$控制，由于 $3K_5$ 位于“A”，其接地点不通，继电器触点不动作，使基极信号，扫描信号输出为“+”这时插座 A 可测试 NPN 管。

② 当测试选择开关 $3K_5$ 位于“B”，扫描极性开关 $3K_2$ 位于“±”位置时，由于 $3K_5$～$3K_6$使继电器 $3J_4$、$3J_3$、$3J_2$、$5J_3$ 接地点通，继电器触点吸合，使基极信号，扫描信号为“一”，因而插座“B”可测试 PNP 管。

③ 当 $3K_5$ 位于“交替”，扫描极性开关 $3K_2$ 位于“±”时，24V 经 $3K_2$～$3K_5$ 与 $3K_5$～$3K_9$加入继电器 $3J_4$、$5J_3$、$3J_3$、$3J_2$ 的一端，这 4 只继电器另一端接地点由电子开关 $8BG_5$ 控制，而该管的控制信号来自 $8BG_9$、$8BG_{10}$组成的振荡器所产生的方波。在方波信号的作用下，继电器将同步工作。完成对基极信号、扫描信号、显示放大器输入信号及容性电流平衡电路的转换，而达到同时测试异极性管并交替显示之目的。若终端开关 $3K_6$ 处于基极接地时，$3J_4$ 受 $8BG_8$ 控制，而该管与 $8BG_5$ 输出信号的相位相反，满足了基极接地时基极信号的极性转换。因此可使 NPN、PNP 两管同时测试，并在同一象限内交替显示。

上述控制过程，可参看有关电原理图。

3. 使用说明

(1) 测试前的注意事项

为了保证仪器的合理使用，既不损坏被测晶体管，也不损坏仪器的内部线路，在使用仪器前应注意下列事项：

1) 对被测管的主要直流参数应有一个大概的了解和估计，特别要了解被测管的集电极最大允许耗散功率 P_{CM}、最大允许电流 I_{CM}和击穿电压 BV_{CEO}、BV_{EBO}、BV_{CBO}。

2) 选择好扫描和阶梯信号的极性，以适应不同管型和测试项目的需要。

3) 根据所测参数或被测管允许的集电极电压，选择合适的扫描电压档级。一般情况下，应先将峰值电压旋至零。选择一定的功耗电阻值，同时将 X、Y 偏转开关置于合适的档级。

4) 对被测管进行必要的估算，以选择合适的注入阶梯电流或阶梯电压。测试时不应超过被测管的集电极最大允许功耗。

估算方法：要求 $P_c \leqslant P_{cm}$

$$P_c = I_b \times 10\text{ 级} \times \beta \times V_{ce}\text{（发射极接地时）}$$

5) 在进行 I_{cm}的测试时，一般采用单次阶梯为宜，以免被测管被电流击穿。

6) 在进行 I_c 或 I_{cm}的测试中，应根据集电极电压的实际情况，不应超过本仪器规定的最大电流。具体数据见表 3-42。

允许最大电流 表 3-42

电压档级	20V	100V	500V	5kV
允许最大电流	10A(脉冲 20A)	2A	0.4A	5mA

7) 双踪测试时，$I_c \leqslant 200$mA、$V_c \leqslant 20$V，且不能使用异极性档。

在使用 20A(20V)档级时，实际测试电流超过 10A 时以脉冲阶梯为宜。

(2) 仪器面板单元划分及各控制器的作用

1) 仪器面板单元划分

仪器的面板单元划分见图 3-143，右侧盖板调节孔分布见图 3-144。

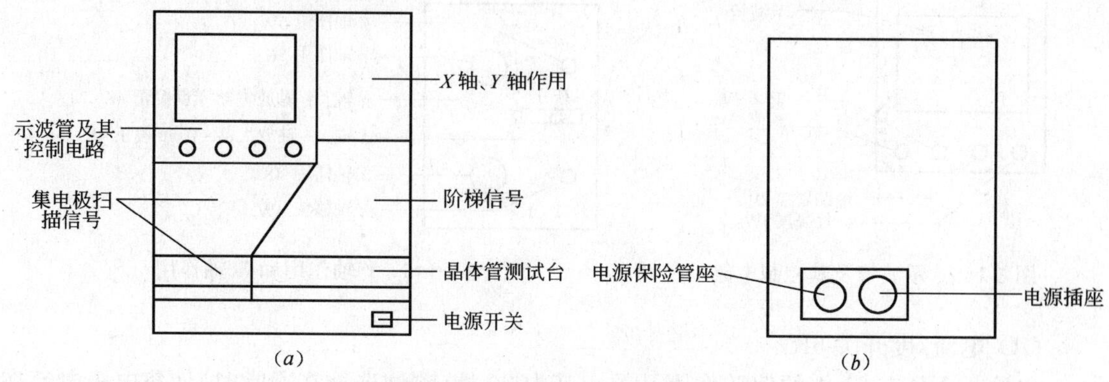

图 3-143 面板单元划分
(a)前面板单元划分；(b)后面板单元划分

面板标志的全部文字含义均按发射极接地的晶体管参数命名，当被测晶体管按基极接地或集电极接地时，则面板标志的有关文字的含义应按表 3-43 的内容理解。

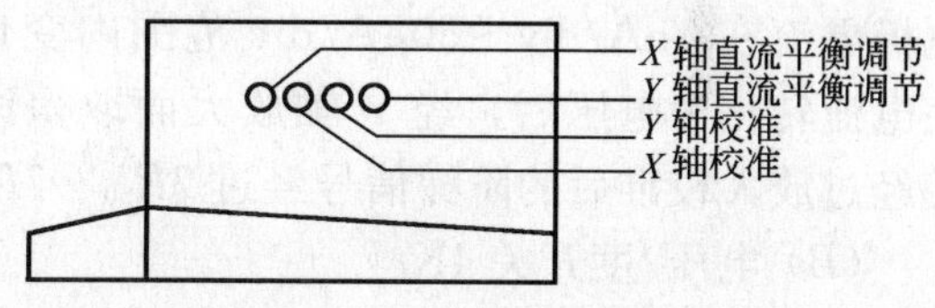

图 3-144 右侧盖板调节孔分布

面板标志的有关文字的含义 表 3-43

有关参数 \ 连接方法	发射极 E 接地	基极 B 接地	集电极 C 接地
Y 轴作用、集电极电流	集电极电流 I_C	集电极电流 I_C	发射极电流 I_E
X 轴作用、集电极电压	集电极电压 V_C	集电极电压 V_C	发射极电压 V_E
X 轴作用、基极电压	基极电压 V_B	发射极电压 V_E	基极电压 V_B
基极阶梯信号	基极阶梯信号	发射极阶梯信号	基极阶梯信号
集电极扫描信号	集电极扫描信号	集电极扫描信号	发射极扫描信号

2) 面板各单元开关及旋钮的使用

① 示波管及其控制电路(见图 3-145)

(A) $1W_4$ 标尺亮度

控制荧光屏前坐标片的不同照明亮度。当电位器置于一端时标尺暗，置于另一端时标尺亮。

(B) $2W_2$ 辉度

它是改变示波管栅阴之间电压，从而改变发射电子多少来控制辉度，使用时调节适度即可。

(C) $2W_3$ 聚焦与 $2W_4$ 辅助聚焦

相互配合调节，使图像清晰。

② Y 轴和 X 轴作用(见图 3-146)

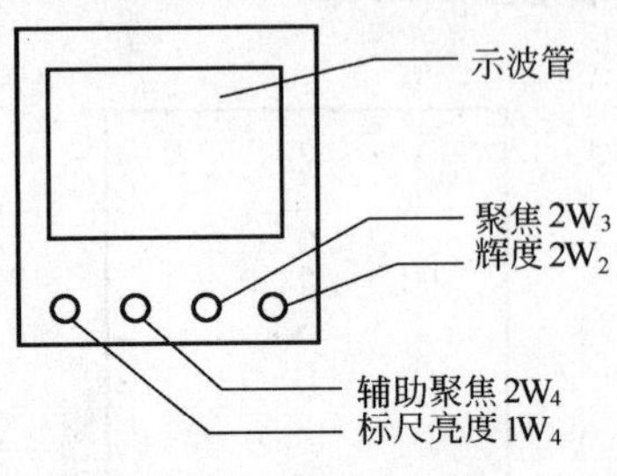

图 3-145 示波管及其控制电路

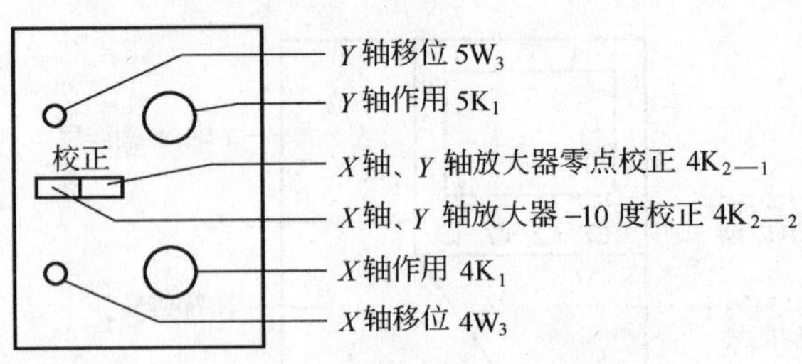

图 3-146 Y 轴作用和 X 轴作用

(A) 电流/度开关 $5K_1$

它是一个具有 21 档的偏转作用开关，其中 20 档(测试选择在通常时)使集电极电流在 $1\mu A/div \sim 2A/div$ 范围内变化，通过集电极电流取样电阻 $5R_{25} \sim 5R_{42}$ 的作用，使电流转化为电压后，经 Y 轴放大而取得读测电流的偏转值；其中 15 档(测试选择在微电流时)使集电极电流在 $1nA/div \sim 50\mu A/div$ 范围内变化，通过集电极取样电阻 $5R_{44} \sim 5R_{58}$ 的作用，使电流转化为电压后，经 Y 轴放大而取得读测电流的偏转值；其中一档为基极源信号，使经过放大校准后的阶梯信号经过 $7R_{50} \sim 7R_{53}$ 分压后接入放大器。

(B) 电压/度开关 $4K_1$

它是一个具有 21 档的偏转作用开关，其中基极电压 V_b 为 5 档，0.05～1V/div；集电极电压 V_C 12 档，0.01～50V/div；二端特性(高压)测试电压 3 档，100～500V/div；基极源信号一档。

(C) Y 轴移位 $5W_3$

控制光点的上、下移位之用，供选择 Y 方向不同的基准位置。

(D) X 轴移位 $4W_3$

控制光点的左右移位之用，供选择 X 方向不同的基准位置。该电位器为双联异轴型，平时只使用黑色旋钮，但在“双踪”档时，黑色旋钮只控制 A 管，B 管则由红色旋钮控制。

(E) X 轴、Y 轴放大器零点校正 $4K_{2-1}$

当 $4K_{2-1}$ 按下时，X、Y 轴放大器输入端同时处于对地短接状态。

(F) X 轴、Y 轴放大器校准 $4K_{2-2}$

当 $4K_{2-2}$ 按下时，X、Y 轴放大器同时进行灵敏度校准，显示幅度为－10 度。

③ 集电极扫描信号(见图 3-147)

(A) $3K_1$ 扫描峰值电压

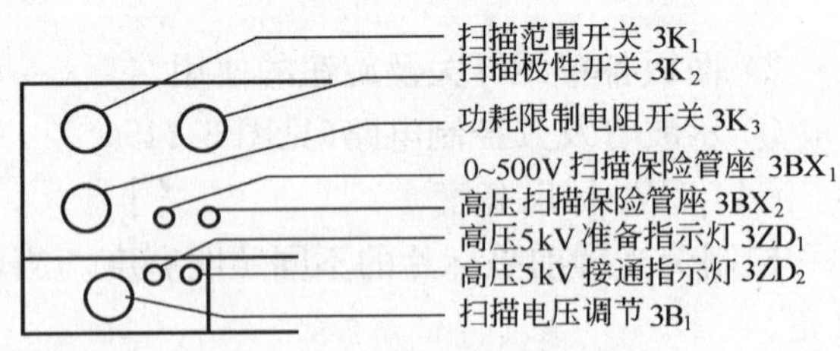

图 3-147 集电极扫描信号

它是通过扫描变压器 $3B_2$ 的不同输出电压，可选择输出 0～20V，0～100V，0～500V，0～5kV 四档电压，根据被测管的测量范围进行选择，当改变扫描电压范围时，应先将扫描电压调节 $3B_1$ 调到零，以免损坏被测晶体管。

在选择不同扫描电压档极时，应注意所规定的电流容量，切勿超过。

(B) $3K_3$功耗限制电阻

此开关为串联在被测晶体管集电极电路中限制功耗的。也可作为被测晶体管的集电极负载电阻。根据需要选择。

(C) $3B_1$扫描电压调节

它是用来调节集电极扫描电源输出之用。

(D) $3K_2$扫描极性

它是用来改变集电极扫描电压的输出极性的，正、负扫描电源分别作为 NPN 和 PNP 型管的集电极电源。“异”档下，加到 A 管为正，加到 B 管为负。

当被测管接成共集电极电路时，PNP 型管用“＋”极性，NPN 型管则用“－”极性。

(E) $3ZD_1$高压预备指示灯

$3ZD_1$亮时，表明集电极峰值电压开关 $3K_1$已选择在 0～5kV 档级，但高压还并未接通，等待着 $3K_4$按下，接通高压。

(F) $3ZD_2$高压接通指示灯

当 $3ZD_2$亮时，表示 $3K_4$已按下，高压已被接通。

④ 阶梯信号发生器(见图 3-148)

(A) $7K_1$极性

极性选择取决于被测晶体管的特性和接地方法，可按表 3-44 选取。

表 3-44

	NPN	PNP
发射极接地	＋	－
基 极 接 地	－	＋

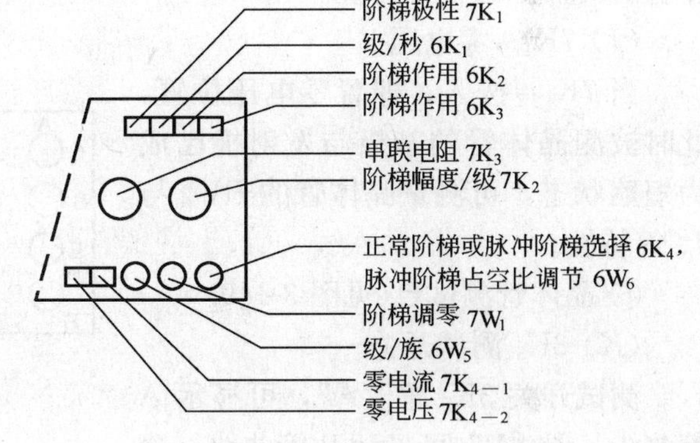

图 3-148　阶梯信号

$7K_1$按下为负极性，否则为正极性。

(B) $6K_1$级/秒

级/秒开关分 100、200 二档，其作用是用来显示负载线的特性而设置。阶梯级/秒在电源频率为 50Hz 时即是 100 或 200 级/秒，$6K_1$/按下为 100 级/秒，否则为 200 级/秒。

(C) $6K_2$、$6K_3$阶梯作用

阶梯作用分为重复、关、单族三种。

$6K_2$ 未按入时为重复，按入为关，当 $6K_2$ 按入即关时，按入 $6K_3$ 即为单族。

重复的位置是阶梯信号重复地在被测晶体管的发射极或基极上进行测试，它是对被测晶体管的一般性的测定或图示。

关的位置是阶梯信号停止输出时采用。

当采用单族时，阶梯信号根据按键 $6K_3$ 的按入出现一族直至再按时再出现一族，通常作为被测管极限条件的瞬间测试。

(D) $7K_3$ 串联电阻

此开关为阶梯信号至被测管所串联的电阻，其串联阻值大小，由此开关控制，并仅在阶梯选择开关置于阶梯电压各档级时才被接入，根据需要转换成不同的注入电流。

(*E*) $7K_2$ 阶梯幅度/级

此开关为阶梯幅度的控制开关，它包括阶梯电压及阶梯电流二种，每档所指示的数值均为每一级的幅度。

(*F*) $6K_4$ 正常阶梯或脉冲阶梯选择，$6W_6$ 脉冲阶梯占空比调节

$6K_4$ 为控制阶梯输出的波形，当按入时，为正常阶梯，与 $6K_4$ 同轴的电位器 $6W_6$ 旋转与输出阶梯无关，当将电位器拉出时，为脉冲阶梯输出，其占空比由 $6W_6$ 电位器进行调节，变化范围约为5%～50%。

(*G*) $7W_1$ 阶梯调零

此电位器为调节整个阶梯起始电平之用，可在 *Y* 轴“基极源信号”档级进行调整。将 $7K_{4-2}$ 按入置零电压观察光点位置，复位后调节阶梯调零电位器使阶梯起始线通过该处即被校正。

(*H*) $6W_5$ 级/族

级/族控制用来调节阶梯信号的级数在0～10级的范围内，根据需要可连续调节。

(*I*) $7K_{4-1}$ 零电流

当 $7K_{4-1}$ 按入，即置零电流位置时，被测晶体管的基极处于开路状态。此时可测量晶体管的 I_{ceo} 与 BV_{ceo} 等特性。

(*J*) $7K_{4-2}$ 零电压

当 $7K_{4-2}$ 按入，即置零电压位置，此时被测晶体管的基极与发射极已成为短路状态，可测量晶体管的 BV_{ces} 与 I_{ces} 等特性。

⑤ 晶体管测试台（见图3-149）

(*K*) $3K_5$ 测试开关

测试开关 $3K_5$ 置“A”，可显示A管曲线，置“B”可显示B管曲线，置“交替”，可交替显示两管曲线，置“双踪”，可同时显示两管曲线，其中A管为实线，B管为虚线。

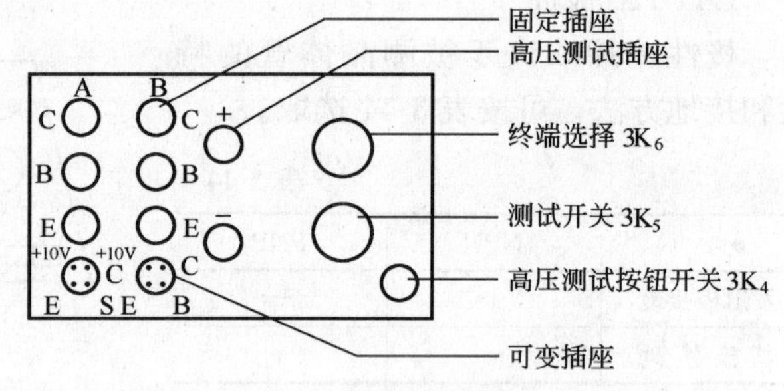

图3-149　晶体管测试台

开关 $3K_5$ 的“关”一档可做为测试的准备而用，待被测晶体管插好后再拨到待测位置。

(*L*) $3K_6$ 终端选择开关

终端选择开关 $3K_6$ 是仅配合可变插座而用，通过开关的转换可使在不改变被测晶体管的接线条件下，迅速地观察其“共发射极”，“共基极”与“发射极开路”(I_{cbo})“基极开路”(I_{ceo})等特性。当旋到“微电流”的两档测试时，集电极电源则自动变为直流，因此荧光屏上显示出来的图形为一小圆点。这时 *Y* 轴作用量程由红色标志的nA/度和μA/度确定，其最小量程为1nA/div，最大为50μA/div，测试时如超过最大量程应换到“通常”档位来进行。

在接地改变的情况下，应注意将阶梯极性作相应的改变。

(*M*) 固定插座

固定插座，供配置外插座或连接线之用，它的“E”端是固定的接地端。适用于大功率管的测试。

(*N*) 可变插座

可变插座是配合终端选择开关 $3K_5$ 同时运用的。当 $3K_6$ 置于“发射极接地”时，表示“E”接地，当置于“基极接地”时，表示“B”接地。

当置于“基极开路”时，表示“B”断开，当置于“发射极开路”时，表示“E”断开。这两种情况下，集电极扫描电源自动变为直流。

(*O*) 高压测试插座

高压测试插座配合接线夹用，它输出为一固定极性的正电压，“+”接线插孔为正端，“−”接线插孔为负端。

(*P*) 高压测试按钮 $3K_4$

高压测试按钮为一简易保护装置。

当需要进行高反压或高压两端器件测试时，可使用 5kV 输出电压。使用前应先将调压器 $3B_1$ 调至零，再将扫描电压范围置于 5kV 档，*X* 轴作用置于 100～500V/div 中适合档，接上被测管，此时并无高压输出，当按下高压测试按钮后，此时“高压接通指示灯”亮，缓慢调节调压器 $3B_1$，高压接线插座即有高压输出。

(3) 使用说明

1) 操作步骤

① 按下电源开关，即接通电源，电源开指示灯亮，预热 15min 后，即可进行测试。

② 调节辉度为适当亮度，调节聚焦及辅助聚焦，使屏幕上光点为一清晰光点，标尺亮度以能清晰满足测量要求为原则。

③ 将扫描电压调节置于零点，然后将峰值电压范围、极性、功耗电阻等开关分别置于测量所需位置。

④ 对 *X*、*Y* 轴放大器进行直流平衡和 −10div 的校准(方法见仪器的校准一节)。根据测试的需要分别选择 *X*、*Y* 偏转作用开关的档位，移动光点，使置于合适的显示位置。

⑤ 调节阶梯调零旋钮，使阶梯零点与 *Y* 轴放大器输入接地时重合。调节方法首先将 *Y* 轴偏转放大器置于“基极源信号”一档，*X* 偏转放大器置于 V_C 的任意档级，“阶梯作用”置于“重复”，阶梯幅度/级，置于电压/级的任何一档级，调节集电极扫描电压于任一档级，使示波管荧光屏上显示一族阶梯电压，调节阶梯调零使阶梯第一根基线与 *Y* 轴偏转放大器校正按“零点”时的基线重合，即完成了调零步骤。

⑥ 选择需要的基极阶梯信号，将极性、串联电阻、阶梯幅度、阶梯作用，级/秒等调至适合档位。

⑦ 当进行 0～5kV 档测试时，应先将调压器 $3B_1$ 调至零，在高压测试插座上，接好被测管，然后按下高压测试按钮，缓慢旋动调压器 $3B_1$，使电压上升到所需要的幅值。

在其他档级的峰值电压范围进行测试时，被测管应在固定插座或可变插座上进行。先将“测试选择”置“关”，“终端选择”置所需位置，插上被测管，“测试选择”拨至测试一方，缓慢旋转调压器 $3B_1$，此时，荧光屏上即有曲线显示。图 3-150 为测试原理图。

2) 测试

① 反向击穿电压及饱和电流的测试

(*A*) BV_{EBO}和 I_{EBO}的测试

测试简图见图 3-151(*a*)。

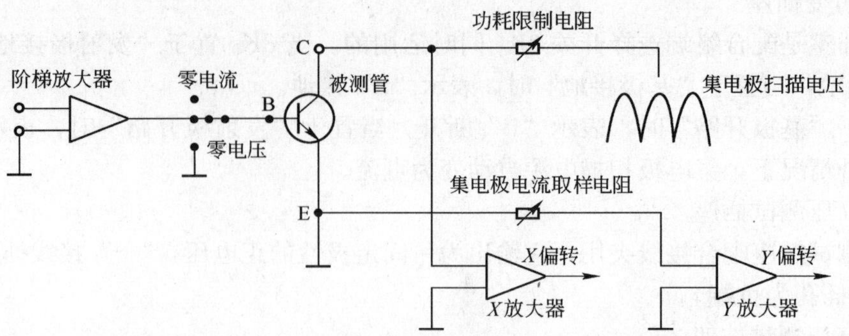

图 3-150 测试原理图

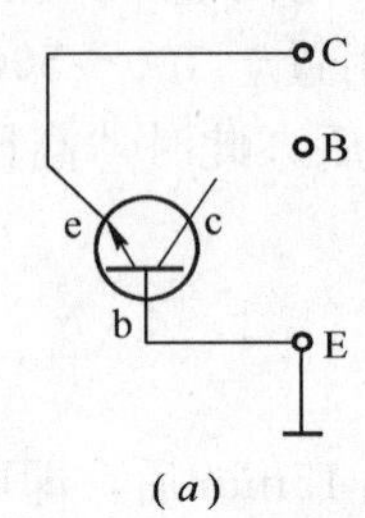

(*a*)

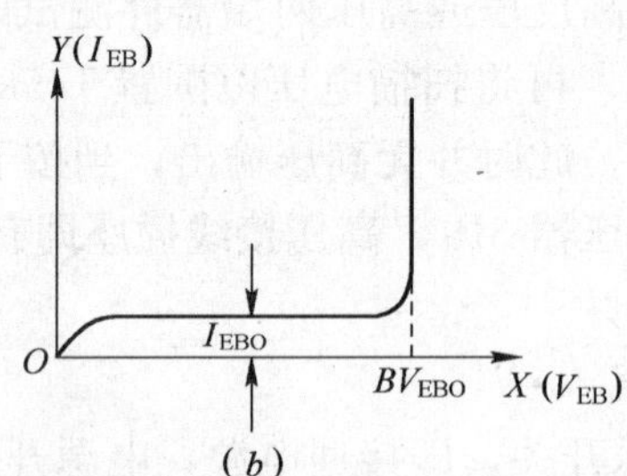

(*b*)

图 3-151 测试简图

测试步骤：

将“扫描范围”置于适当档级，“电压/度”置“V_C”中适当档级。

将“电流/度”置集电极电流 I_C 适当的较小档级。

扫描电压极性开关置“＋”极性位置(PNP 管置“－”极性)

功耗限制电阻置于较大档级，一般置于 1kΩ 以上档级。

“扫描电压调节”旋至最小位置。“终端选择”置“通常”。

按图 3-151(*a*)插入被测晶体管。缓缓旋动调压器，徐徐加大扫描电压，屏幕上即可观测出 I_{EBO} 曲线，当扫描电压加大到一定值时，将出现 BV_{EBO} 曲线，见图 3-151(*b*)。

(*B*) 其他各种反向击穿电压和饱和电流的测试与上相同。测试接线见表 3-45。

表 3-45

BV_{EBO}(I_{EBO})集电极开路，发射极与基极间反向电压		BV_{CER}(I_{CER})基极与发射极间串接电阻，集电极与发射极间电压	
BV_{CBO}(I_{CBO})发射极开路，集电极与基极间反向电压		BV_{CES}(I_{CES})基极与发射极短路，集电极与发射极间电压	
BV_{CEO}(I_{CEO})基极开路，集电极与发射极间电压			

注意：每测完一特性后，均应将“扫描电压调节”旋至最小扫描电压位置。

(*C*) 对于反向饱和电流极小及漏电流极小的管子，本仪器设置了利用直流方式的微电流测试方式，测试时只能在 A 或 B 的小插座上(即可变插座)进行。微电流测试时的扫描在示波管上呈现为一光点，终端选择应置于微电流 B 开路(或 E 开路)位置，当置于 B 开路时，扫描电压加在 C、E 之间，当置于 E 开路时，扫描电压加压 C、B 之间，*Y* 轴电流/度读数单位为 nA/div 或 μA/div。测试时功耗限制电阻应置于≥5kΩ 档位。再参照上述测试方法，即可进行微电流测试。

② 其他各种特性曲线的测试

(*A*) 共发射极输出特性曲线(V_{CE}—I_C)测试：

测试回路见图 3-152。

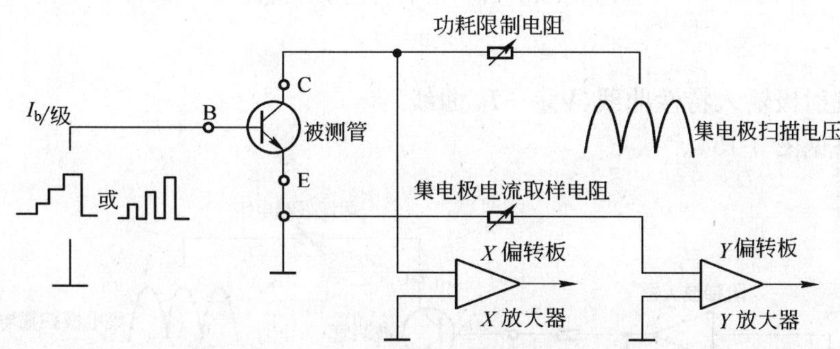

图 3-152　V_{CE}—I_C 特性测试原理图

测试步骤：

按 E、B、C 插好被测晶体管，选择好集电极、基极电源的极性(NPN 型置“正”，PNP 型置“负”)。将电流/度中 I_C 和电压/度中 V_C 置于合适档级。

“测试选择”置于被测管连接一边。终端选择置于通常“E 接地”。

选择合适的阶梯幅度/级开关档位(一般置于较小档级，再逐级加大至要求值)。

选择合适的功耗限制电阻，电阻值的确定可按负载线的要求或保护被测管的要求进行选择。

由零点开始加集电极电压，即得共发射极输出特性(V_{CE}—I_C)曲线。

(*B*) 共基极输出特性曲线(V_{CB}—I_C)：

测试步骤：选择阶梯信号极性，NPN 管为负极性，PNP 管为正极性。“终端选择”置“B 接地”，置电流/度中 I_C 和电压/度中 V_C 于合适档级。适当选择功耗限制电阻，重复测试共发射极输出特性曲线步骤即可。

(*C*) 共发射极电流放大特性曲线(I_B—I_C 曲线)：

测试回路见图 3-153。

测试步骤：

按上述 V_{CE}—I_C测试选择档位，仅将 x 轴置于“基极源信号”一档，即可显示 I_B—I_C 曲线。

(*D*) 共基极电流放大特性曲线(I_C—I_e 曲线)：

按 V_{CB}—I_C 测试所述选择档位和极性，仅将 x 轴置于“基极源信号”一档，即可得

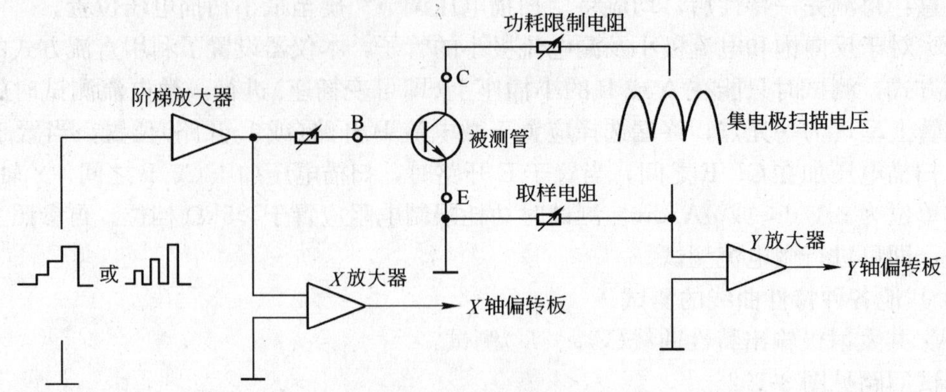

图 3-153　I_B—I_C 特性测试原理图

I_C—I_e 曲线。

(E) 共发射极输入特性曲线(V_{BE}—I_B 曲线)：

测试回路见图 3-154。

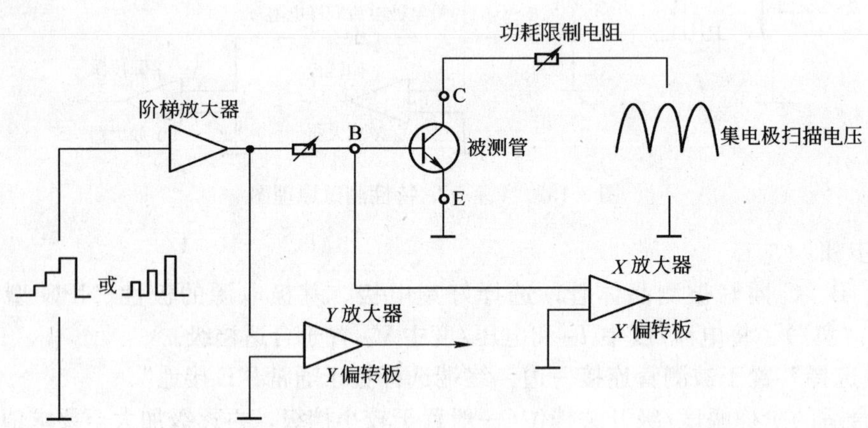

图 3-154　V_{BE}—I_B 特性测试原理图

测试步骤：

将被测管按 E、B、C 插入 A 或 B 插坐内，测试选择开关置于被测管一方。终端选择开关置于通常“E 接地”位置。

选择阶梯和集电极扫描极性，PNP 管均为“－”，NPN 管均为“＋”。

功耗限制电阻置于适当位置。

将电流/度置于基极源信号档，电压/度开关置于 V_b 中适合档级。

阶梯幅度/级开关置于电流/级适合档级(一般置于小档级，再逐渐加大至要求值)。

按要求从零起调节集电极扫描电压，即可得 V_{BE}—I_B 特性曲线。

(F) 共基极输入特性曲线(V_{EB}—I_E 曲线)

按上述 V_{BE}—I_B 测试步骤，仅将阶梯信号极性在 PNP 管时置于“＋”，NPN 管时置于“－”。终端选择置于通常“B 接地”位置。此时所得曲线即为 V_{EB}—I_E 曲线。

③ 二极管特性的测试

二极管测试，其原理是仪器提供一个为被测管所需要的正反两个方向的电压，并通过 Y 轴电流/度和 X 轴电压/度的选择，使其在示波管上显示出被测量值。

本仪器提供了二种测试手段，当反压≤500V 时可在前述的三极管测试中，利用 C、E 二极进行正向或反向测试，当反压＞500V 且电流 5≤mA 时，可在专用的高压测试插孔中进行测试。

(A) 反压≤500V 的二极管特性测试：

将被测二极管接于 C、E 插孔，“－”极接 C，“＋”极接 E，当扫描电压极性为“－”时，即可测出正向特性，当扫描电压为“＋”时，即可测出反向特性。

(B) 反压＞500V 的二极管测试：

将“扫描电压调节”旋钮置于 0 位，扫描范围置于 5kV，X 轴 V_C/div 置于 100～500V/div 中合适的档位上，Y 轴 I_C/div 置于适当的档位，终端开关置 E 接地，将被测二极管或欲测反压的三极管接于高压测试插孔“＋”与“－”。按下“高压接通”按钮，即可徐徐调节调压器，进行测试。

④ 场效应管特性测试(以结型 N 沟道为例)

测试步骤：

将被测管 S(E)、G(B)、D(C)分别插于测试插座的 E、B、C 插孔，测试选择开关置被测管一方，终端选择开关置通常“E”接地位置。

根据被测管是 P 沟道或 N 沟道，选择阶梯信号和扫描信号的极性，N 沟道：阶梯(－)，扫描(＋)；P 沟道：阶梯(＋)扫描(－)。

测试回路见图 3-155。

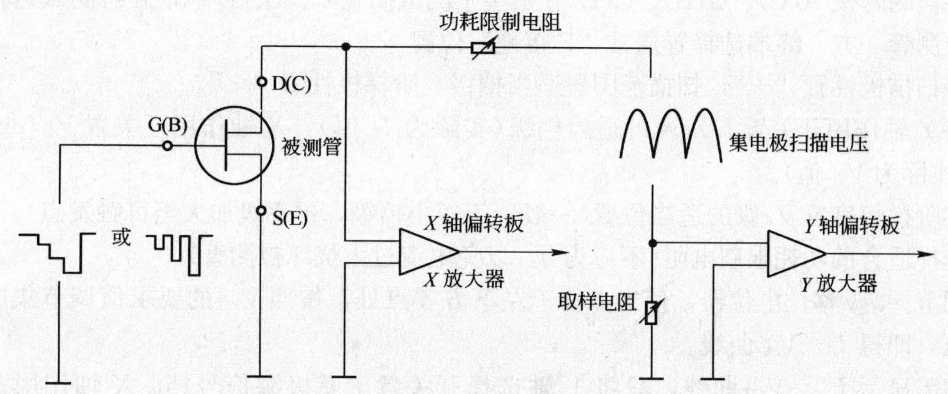

图 3-155　场效应管特性测试原理图

将 Y 轴电流/度开关置于合适档级(实际为 I_{DS}值)，X 轴电压/度置于 V_C 合适档级(实际为 V_{DS}值)。

阶梯幅度/级选择开关在 V/级中选择适当的档级(一般置于较小档位，再逐步加大至要求值)。

选择合适的功耗限制电阻，电阻值的确定可按负载线的要求或保护被测管的要求进行选择。

调节 X、Y 移位，使光点位于左下方(N 沟道)或右上方(P 沟道)零点位置，再按 V_D 的要求，调节集电极扫描峰值电压，即显示 I_{DS}—V_{DS}曲线。

如需显示转移特性曲线(V_{CS}—I_D 曲线)，仅将 X 轴转换开关置于基极源信号档位，即可读出 V_P、I_{DSS}等参数。

⑤ 可控硅整流器特性测试

可控硅整流器的测试可根据需要对正向阻断峰值电压(P_{FV})，正向漏电流(I_{PF})，反向阻断峰值电压(P_{RV})，反向漏电流(I_R)，控制极可触发电压(V_{GT})，控制极可触发电流(I_{GT})，正向压降(V_F)等参数进行测试。

测试回路见图 3-156。

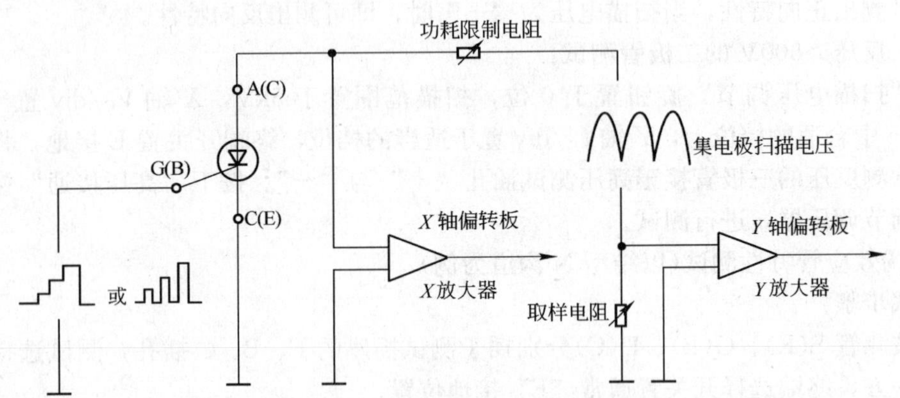

图 3-156　可控硅整流特性测试原理图

测试步骤：

将被测管按 A(C)、G(B)、C(E)分别接于测试插孔 C、B、E 中，并将测试选择开关拨向被测管一方。终端选择置通常“E 接地”位置。

将扫描极性置“+”，扫描范围置适当档级。阶梯极性置“+”。

将 Y 轴作用开关置 I_C/div 的适当档级(实际为 I_F 值)，X 轴作用开关置 V_C/div 适当档级(实际为 V_A 值)。

将阶梯幅度置 V/级的适当位置(一般置于较小档级，再逐级加大至可触发点)。

选择适合的功耗限制电阻(不应为 0，以免电流过大烧坏被测管)。

调节 x、y 移位电位器，使光点位于左下方零点处，按照 V_{AC}的要求值调节集电极扫描电压，即得 I_F—V_A 曲线。

如需显示 I_{GT}—V_{GT}曲线，只将 Y 轴选择开关置于基极源信号档。X 轴作用开关置 V_b/div 适合档级即可。

其他参数均可相应变换 x、y 作用开关位置，参照上述步骤进行测量。

⑥ 双基极二极管的测试

(A) 基极 B_1、B_2 间电阻 R_{BB}。

将被测管 B_1、B_2 分别接于 E、C 插孔内，测试选择开关置于被测管一方位置。终端选择置于通常“E 接地”位置。

将 X 轴作用置 V_C/度适合档级(即 $V_{B_2B_1}$)，Y 轴作用置 I_C/度适合档级，(即 $I_{B_2B_1}$)扫描极性置(+)。功耗电阻置适合档级。

扫描电压从 0 开始逐渐加大至所需电压，即可读测 R_{BB}

$$R_{BB}=\frac{V_{B_2B_1}}{I_{B_2B_1}}$$

(*B*) 分压比 η:

将被测管的 B_1、B_2、E 分别接于 E、+10V、C 插孔内，测试选择开关置被测管一方位置。终端选择置于通常“E 接地”位置。

将 *X* 轴作用开关置于 V_C/度适当档位，*Y* 轴作用开关置于 I_C/度适当位置。

将扫描极性置(+)。功耗电阻置适当档位。

扫描电压从 0 开始逐渐加大至所需电压，即可读测 η。

$\eta=\frac{V_P-V_r}{V_{B_1B_2}}$。其中：$V_P$ 为峰点电压，V_r 为 PN 结的阀电压，约为 0.6V。

$V_{B_1B_2}$ 为 B_1，B_2 间所加固定电压，本图示仪为+10V。

3) 测图试例

① PNP 型 3Ax 三极管特性曲线的测试

(*A*) 集电极电压与集电极电流的观察(见图 3-157)

扫描范围	0～20V
扫描电压	10V
扫描极性	—
功耗电阻	500
电压/度	V_C 1V/度
电流/度	1mA/度
阶梯作用	重复
级/秒	200
级/族	10
阶梯极性	—
阶梯幅度/级	10μA/级
终端选择	E 接地

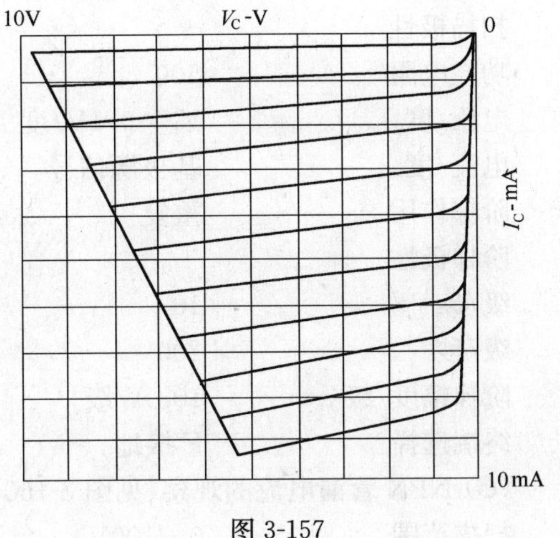

图 3-157

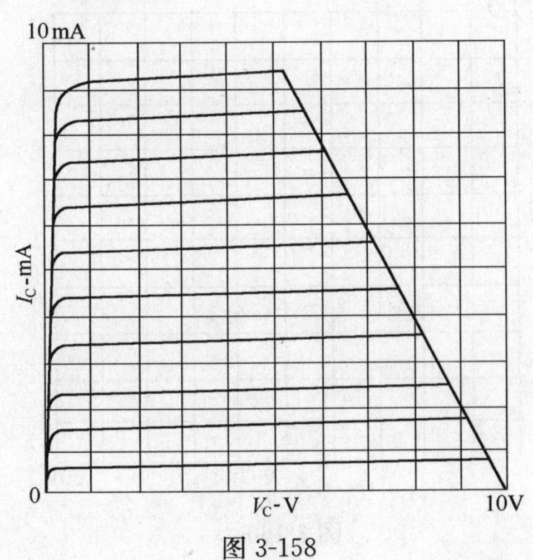

图 3-158

(*B*) 零电流、零电压开关，测试选择开关检查

面板开关同上，将测试选择开关分别置“A”和“B”，应能分别显示 A 管和 B 管的特性曲线。

分别按下零电流、零电压开关，应能分别显示 I_{ceo} 和 I_{ces} 图形。

② NPN 型 3DG 三极管特性曲线测试

(*A*) 集电极电压和集电极电流的观察(见图 3-158)

扫描范围	0～20V
扫描电压	10V

扫描极性	＋
功耗电阻	500
电压/度	V_C　1V/度
电流/度	1mA/度
阶梯作用	重复
阶梯极性	＋
级/族	10
级/秒	200
阶梯幅度/级	10μA/级
终端选择	E 接地

(*B*) 基极电压和基极电流观察(见图 3-159)

扫描范围	0～20V
扫描电压	10V
扫描极性	＋
功耗电阻	500
电压/度	V_b　0.1V/度
电流/度	基极源信号
阶梯作用	重复
阶梯极性	＋
级/族	10
级/秒	200
阶梯幅度/级	10μA/级
终端选择	E 接地

(*C*) NPN 管漏电流的观察(见图 3-160)

扫描范围	0～100V

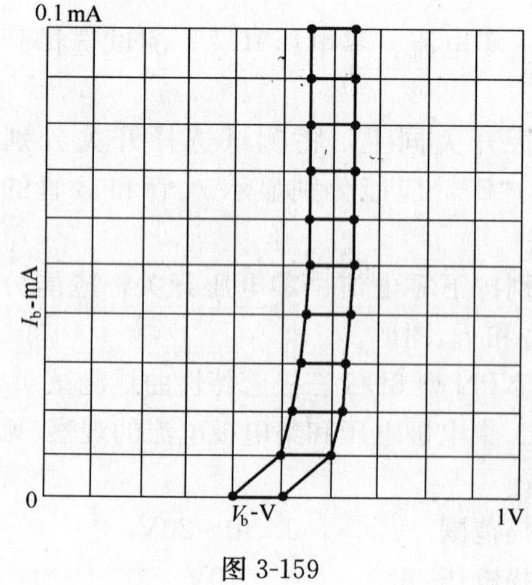

图 3-159

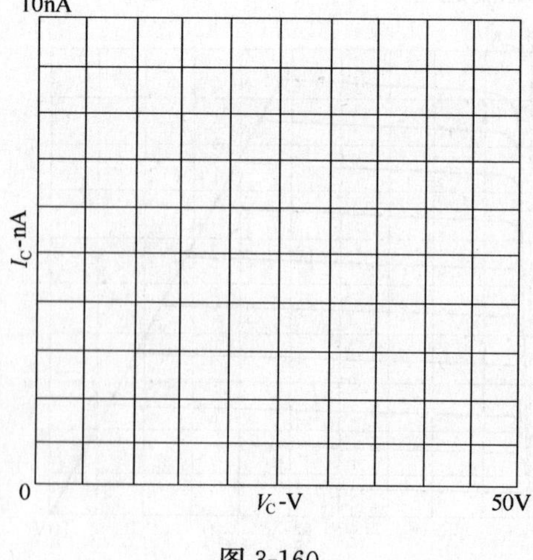

图 3-160

扫描电压　约 40V
扫描极性　＋
功耗电阻　10k
电压/度　5V/度
电流/度　1nA/度
阶梯作用　关
终端选择　B 开路

注：测试只能在可变插座上进行。测试前先将调压器调到 0，光点移至左下角 0 处，再慢慢调节调压器至所需值。B 开路可测 I_{ceo}，E 开路可测 I_{cbo}。

(*D*) 脉冲大电流测试(见图 3-161)

扫描范围　0～20V
扫描电压　10V
扫描极性　＋
功耗电阻　0
电压/度　V_C　1V/度
电流/度　2A/度
阶梯作用　重复
阶梯极性　＋
阶梯幅度/级　200mA/级
拉出占空比　10％
终端选择　E 接地

注：被测管 3DD11 的引线应尽量短，占空比不能过大，以免烧管。

③ 双基极管特性测试(见图 3-162)

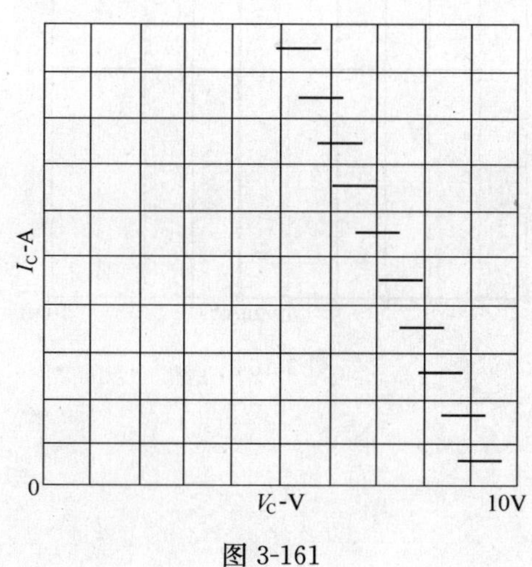

图 3-161

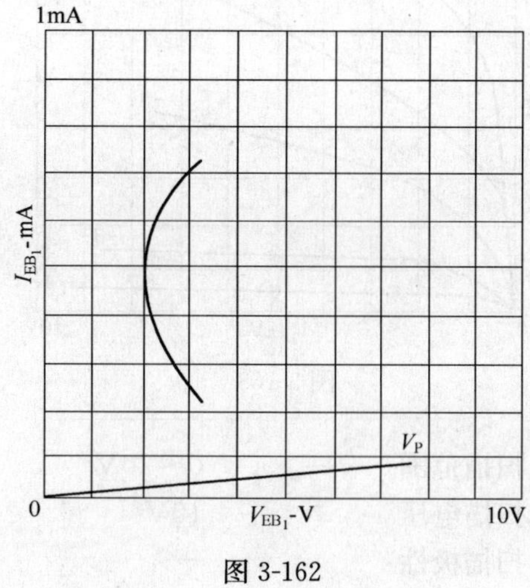

图 3-162

扫描范围　0～20V
扫描电压　约 10V

扫描极性　　+
功耗电阻　　1k
电压/度　　V_c　1V/度
电流/度　　0.1mA/度
终端选择　　E 接地

注：测试时，双基极管必须插在相应的插座上进行。$\eta=\frac{V_P-V_D}{V_{B_1B_2}}$，其中，$V_D=0.7V$，$V_{B_1B_2}=10V$

④ 场效应管 3DO1 系列特性曲线观察（见图 3-163）

扫描范围　　0～20V
扫描电压　　10V
扫描极性　　+
电压/度　　V_c　1V/度
电流/度　　0.5mA/度
功耗电阻　　1k
阶梯极性　　—
阶梯作用　　重复
级/秒　　100
阶梯幅度/级　　1V/级

注：机壳应接地，否则，此种场效应管容易损坏。

⑤ 可控硅 3CT10 特性曲线观察（见图 3-164）

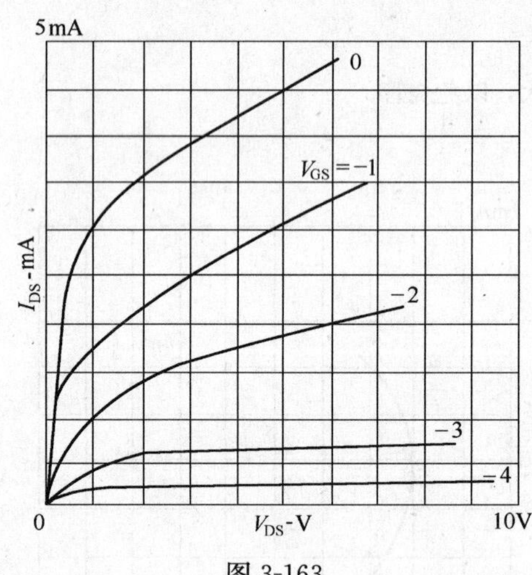

图 3-163

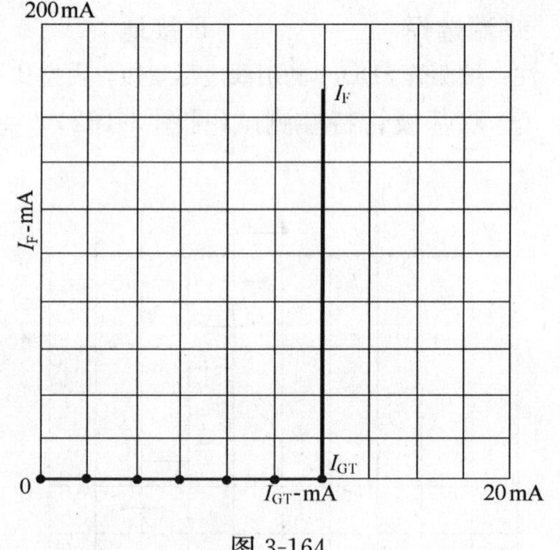

图 3-164

扫描范围　　0～20V
扫描电压　　10V
扫描极性　　+
电压/度　　基极电流源
电流/度　　20mA/度
功耗电阻　　50Ω

阶梯极性　　＋
阶梯作用　　重复
级/秒　　100
阶梯幅度/级　　2mA/级

⑥ 高反压晶体二极管击穿特性测试(见图 3-165)

扫描范围　　0～5kV
扫描电压　　＞500V
电流/度　　10μA/度
电压/度　　200V/度
阶梯作用　　关
终端选择　　E 接地

注：测试时应注意极性，高压测试“＋”为固定正电压，极性开关对其不起作用。

⑦ 交替、双踪、异极性测试(见图 3-166)

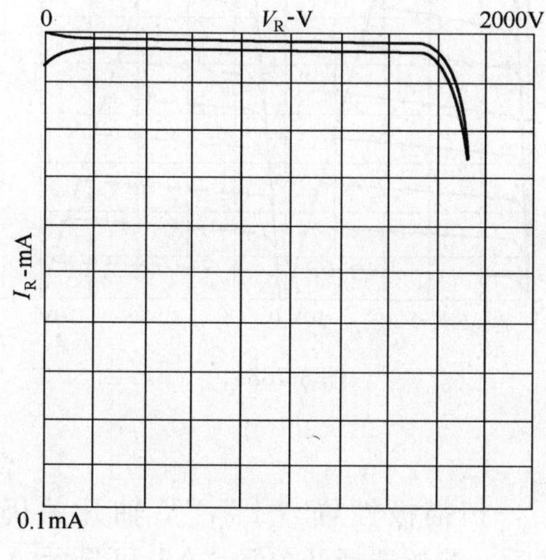

图 3-165

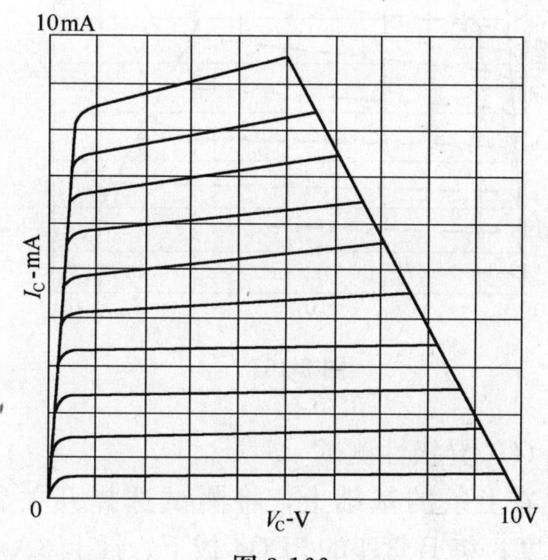

图 3-166

(A) 交替测试

扫描范围　　0～20V
扫描电压　　10V
扫描极性　　＋
功耗电阻　　500
电流/度　　1mA/度
电压/度　　V_c　1V/度
级/秒　　200
阶梯极性　　＋
阶梯作用　　重复
阶梯幅度/级　　10μA/级
级/族　　10 级

终端选择　　　　　　E 接地

测试选择　　　　　　交替

将两只 3DG4 管子分别插于 A、B 两个管座，这时可在荧光屏上交替地显示两管的特性曲线，其中 A 管为实线，B 管为虚线(见图 3-167)。

(*B*) 双踪测试

在上述基础上，将测试选择开关置“双踪”位置，*X* 轴作用置 2V/度，则在荧光屏上同时显示两管的特性曲线，其中 A 管为实线，B 管为虚线，这时，调节 *X* 轴移位电位器的黑色旋钮可移动 A 管曲线，调节红色旋钮可移动 B 管曲线，两管曲线的原点应能重合、分开，分开后又称为“双族”，见图 3-168。

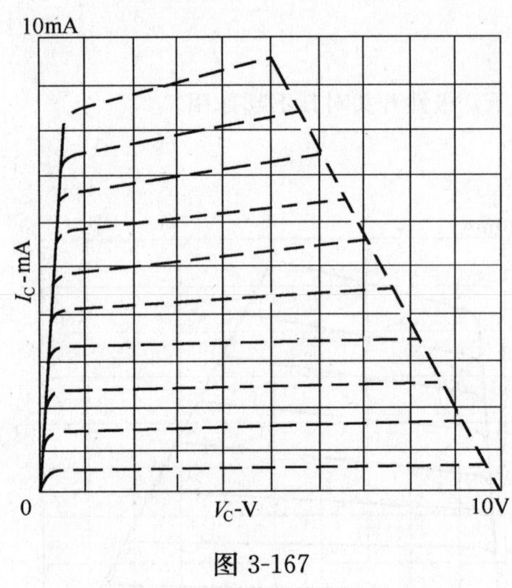

图 3-167

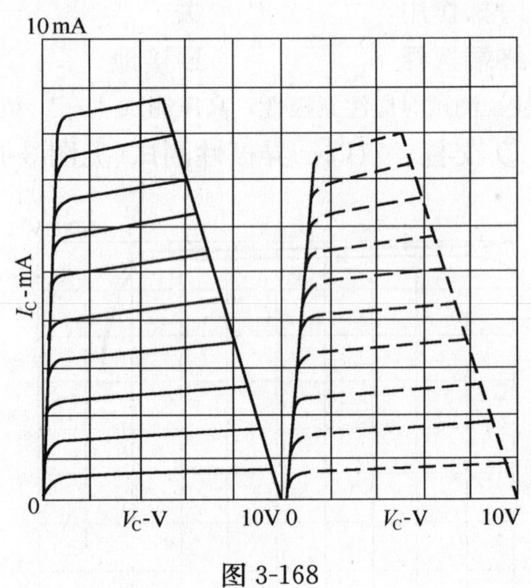

图 3-168

(*C*) 异极性测试

在上条的基础上，将测试选择开关置“关”，扫描极性置“±”，*X* 轴开关仍置 1V/度，将 B 管座的 3DG4 拔下，插上 3Ax31，然后，测试选择开关置“A”可显示 A 管特性曲线(NPN 型管)，置“B”可显示 B 管特性曲线(PNP 型管)，置“交替”，可交替显示二管特性曲线，且 A 管为实线，B 管为虚线，并在同一个象限内，以便进行比较，但其时不能使用“双踪”档，见图 3-169 和图 3-170。

二十三、氧化锌避雷器测试仪(HYBL 型)

这种避雷器测试仪是以先进的微型计算机为控制部件，全智能操作，具有抗干扰能力强，测量准确可靠等优点，是现场和实验室检测氧化锌避雷器各项相关电气参数的理想测试仪器。

1. 仪器特点

(1) 本测试仪采用大屏幕液晶显示，全汉字菜单操作，使用简便。

(2) 高精度采样、处理电路，确保数据的可靠性。

(3) 先进的谐波分析技术，可分析全电流的 3～35 次谐波。

(4) 采用目前国际流行的可变功能键方式，使得菜单操作更加灵活多变，功能更加完善。

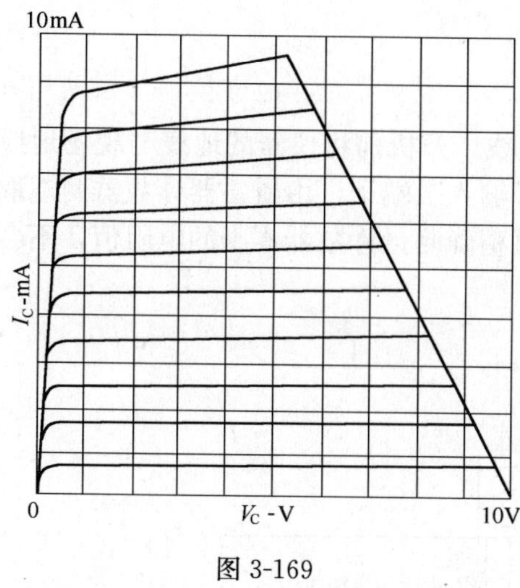

图 3-169

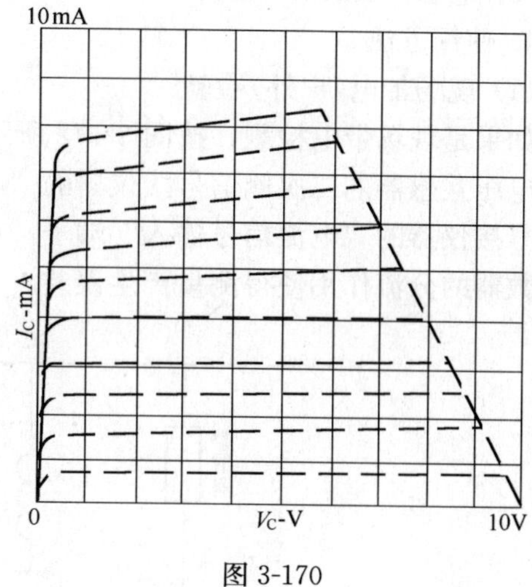

图 3-170

(5) 自带万年历和时间显示。

(6) 采用“前换纸面板嵌入式微型打印机”，换纸操作更加方便。

2. 仪器面板示意图(见图 3-171)

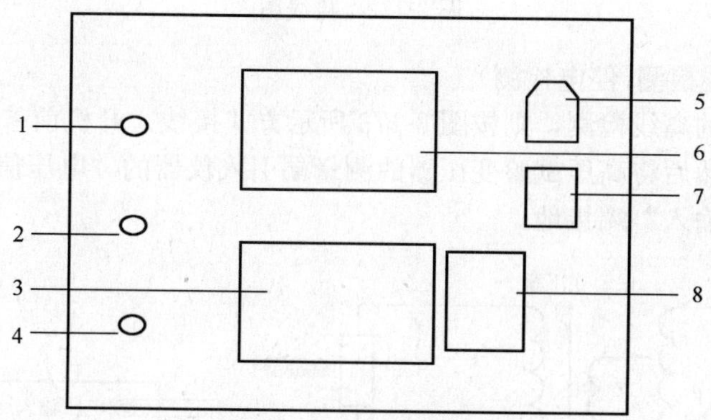

图 3-171　面板说明图

1—安全接地端；2—电压信号输入端；3—大屏幕液晶显示器；
4—电流信号输入端；5—电源插座；6—微型打印机；
7—电源开关；8—触摸键盘区

3. 主要技术参数

(1) 交流输入电压(有效值)：1～250V。

(2) 全泄漏电流(有效值)：0～30mA。

(3) 阻性泄漏电流(有效值)：0～30mA。

(4) 容性泄漏电流(有效值)：0～30mA。

(5) 全泄漏电流谐波分量：0～30mA。

(6) 避雷器功耗：0～9999W。

(7) 系统测量准确度：±(读数×2%+1 个字)。

(8) 电源：AC220V±10%，50Hz±1%。

4. 使用方法

(1) 现场带电(户外)检验

如果是现场带电检测，按图 3-172 所示方式接线。开机前将仪器的地线与现场地线接好，电压互感器的二次侧信号接仪器的“电压信号输入”端子，由避雷器计数器两端取出的信号接仪器的“电流信号输入”端子。本仪器可精确测量计数器本身的电阻值，不会由于计数器的分流作用使得测量产生误差。

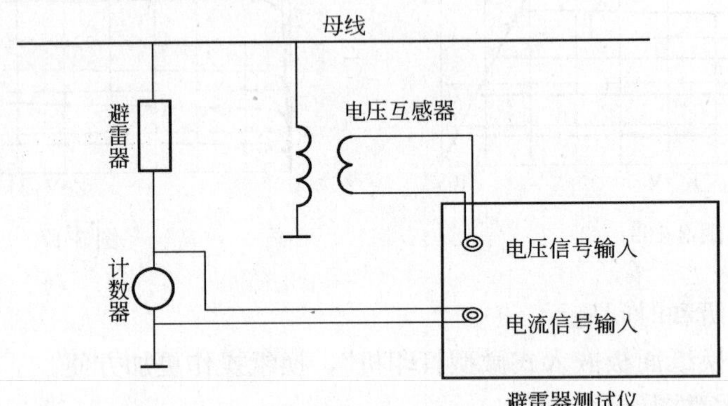

图 3-172　接线图

(2) 实验室离线检测(停电检测)

如果是实验室的离线检测，则按图 3-173 所示方式接线。开机前首先将仪器接地端与实验室地线连接，然后将高压试验变压器的测量端引入仪器的“电压信号输入”端子，避雷器经“电流信号输入”端接地。

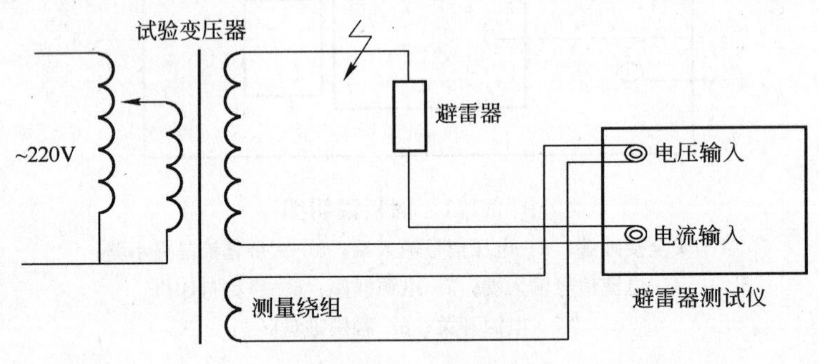

图 3-173　接线图

(3) 仪器操作步骤

1) 在电源处于“关断”状态下，接好电源线、仪器地线及相应的“电压信号输入”线和“电流信号输入”线。

2) 打开电源开关，出现如图 3-174 所示的主菜单，左边是光标区，中间是菜单区，右边是功能键区，最下边是时间显示区。

此时面板上的功能键“F1”为上移键，按此键可使光标向上移动。

“F2”为下移键，按此键可使光标向下移动。

“F3”为进入键，按此键可进入光标所指处的相应单元，完成相应任务。

“F4”为调时键，按此键可更改日期和时间。

3）主菜单的具体操作

① 测量方式选择 有两种测量方式可供选择，在线方式和实验室方式。按“上移”键使光标指向第一行“测量方式”，按“进入”键，此时，F1键变为选择键，F2键变为退出键。按F1键选择在线方式或者实验室方式。选好后，按F2键退回主菜单。

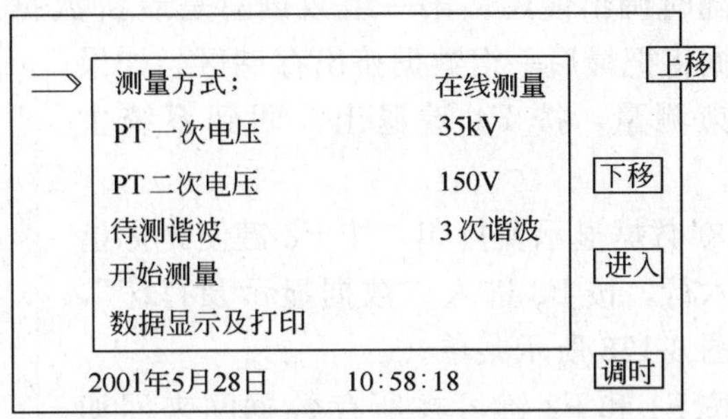

图 3-174 主菜单图

② PT一次电压选择 如果选择了“在线方式”测量，则要确定PT一次侧电压。在主菜单下，按F1、F2键使光标指向第二行，按F3进入，此时，功能键F1变为“调整”键，F2键变为“退出”键。按F1键选择PT一次侧母线对地电压，选好后，按F2键退出。

③ PT二次电压选择 如果选择了“在线方式”测量，则要确定PT二次测电压。在主菜单下，按F1、F2键使光标指向第三行，按F3进入，此时，功能键F1变为“调整”键，F2键变为“退出”键。按F1键选择PT二次侧电压，选好后，按F2键退出。

注：如果选择测量方式为“实验室方式”，则菜单上没有“PT一次电压”和“PT二次电压”选择项。

④ 电压变比值输入 如果主菜单第一行选择了“实验室方式”测量，那么，则要在第二行输入试验变压器的电压变比值。按F1、F2键使光标指向第二行，按F3进入，此时，功能键F1变为“左移”键，F2变为“右移”键，F3变为“调整”键，F4变为“退出”键。按F1或F2键选择要调整的位，按F3进行调整，如果所选位是数字，则F3键使数字在0～9之间循环变化；如果所选位是小数点，则F3键使小数点从左至右循环移动。选好后，按F4键退出。

⑤ 待测谐波分量 按F1、F2键使光标指向第四行，按F3进入，此时，功能键F1变为“上调”键，F2变为“下调”键，F3变为“退出”键。按F1或F2键选择要观测的谐波分量，本仪器可选择3～35次谐波中的任何一种谐波进行观测，一般情况下可选3次谐波，谐波次数越高，则谐波分量值越小。选好后，按F3键退出。

正在测量		数据
试验电压：	35kV	
全电流值：	189μA	波形
容性电流：	180μA	
阻性电流：	8μA	存储
电流3次谐波：	8μA	
避雷器功耗：	280mA	退出

图 3-175 测量菜单图

⑥ 开始测量 按F1、F2键使光标指向第五行，按F3进入测量，出现图3-175所示测量菜单。

⑦ 在测量菜单中，按F1键可显示测量数据，按F2键可显示被测电压和被测电流波形，其幅值大的是电压波形，幅值小的是电流波形。但波形幅度的大小并不代表实际电压或电流的大小，而只是反映电压、电流之间的相位关系。

按F3键可存储一次当前数据。本仪器可存10组数据，并可永久性保存在仪器里面，以供随时调出使用。第一组数据总是最新数据，当数据存满后，如再按“存储”键，则新数据将把最后一组数据挤出存储区。如果想结束测量，按 F4 键退出，回到系统主菜单。

⑧ 数据显示及打印　按 F2 键使光标指向第六行，按 F3 进入“数据显示及打印”，出现图 3-176 所示菜单。

按 F1 和 F2 键可在所存数据间来回切换。如果需要将所显示的当前值打印出来，则按 F3 打印键。F4 为退出键。

数据　1		上翻
试验电压：	35kV	
全电流值：	189μA	下翻
容性电流：	180μA	
阻性电流：	8μA	打印
电流 3 次谐波：	8μA	
避雷器功耗：	280mW	退出

图 3-176　菜单图

⑨ 日期和时间调整　在主菜单下按 F4 调时键，可进入日期和时间调整。进入以后，按 F1 和 F2 键对所需调整项进行调整，每一项调整完后按一次 F3 键进行确定。所有项调整完后自动退出，回到主菜单。

(4) 其他调整

在光线较暗的场合，可按面板上的“背光”键将背光打开。

如因气候变化等原因造成液晶字符显示变淡或变黑，可适当调整面板上的对比度调节，使字符清晰。

5. 注意事项

(1) 从 PT 处或试验变压器测量端取参考电压时，应仔细检查接线以避免 PT 二次或试验电压短路。

(2) 电压信号输入线和电流信号输入线不应接错，如将电流信号输入线接至 PT 二次侧或者试验变压器测量端，则会烧毁仪器。

(3) 在有输入电压和输入电流的情况下，切勿插拔测量线，以免损坏仪器。

(4) 仪器损坏后，要立即停止使用，并通知厂家处理。仪器工作不正常时，首先要检查电源保险是否熔断。要更换型号相同保险后方可继续实验。

(5) 本仪器不得放置在潮湿和温度过高的环境中。

注：本测试仪由宁夏电子仪器厂西安分厂生产。

第三节　热工调试用仪器仪表

一、HC-981 万用现场校验仪(西安航空发动机公司电子设备厂)

HC-981 万用现场校验仪是一种高准确度，高稳定性，多功能手持式校验仪。它的功能是：对各种分度号的热电偶和热电阻信号，0～20mA 电流信号，0～5V 的电压信号以及冷端温度等进行测量校验和信号模拟输出。采用转型点阵式双排液晶显示器，可同时显示测量值和对应的温度值、百分比。

1. 仪器的性能和特点

(1) 超小型化

外形为袖珍式，体积小，重量轻，便于在现场对安装仪表进行校验。

(2) 高准确度，高分辨力

采用 $5\frac{1}{2}$ 带微处理器 A/D 转换器，并用电脑对采样信号进行软件滤波和校正。

(3) 微电脑控制，多种功能

可测量和模拟输出各种热电偶和热电阻信号，0～20mA 电流信号，0～5V 电压信号及冷端温度，并可对本机电源进行自校测量。

(4) 操作方便，显示直观

采用双排液晶显示，可同时显示选择的类型，测量值和对应的温度值或百分比，换档与按键都有显示提示。

(5) 热工电子功能

电脑由贮存常用热电偶和热电阻分度表，用模拟输出方式可立即显示各种分度号的 mV 值或电阻值所对应的温度值。

(6) 采用充电池供电

不需更换电池，可反复充电使用。

2. 主要技术参数

(1) 室温测量

1) 测量范围　－10～50℃

2) 准确度　±1.5℃

3) 显示分辨力　0.01℃

4) 显示内容　冷端温度，加冷端提示

(2) 校验热电偶信号

1) 输出范围　0～100mV

2) 测量范围　0～100mV

3) 准确度　±(0.05%读数＋1 字)

4) 分辨力　0.01mV

5) 校验分度号　S、K、E、J、N、T

6) 测量温度准确度　±0.1℃

7) 显示温度分辨力　0.1℃

8) 显示内容　分度号、加冷端指示、对应温度值输入/输出指示、校零指示、测量 mV 值、超量程指示

注：S 型偶准确度为±2.3℃。

(3) 校验热电阻信号

1) 输出范围　0～400Ω

2) 测量范围　0～400Ω

3) 准确度　±(0.06%读数＋1 字)

4) 分辨力　0.01Ω

5) 校验分度号　Pt100、Cu50、Cu100、G、BA1、BA2

6) 测量温度准确度　±1℃

7) 显示温度分辨力　0.1℃

8) 显示内容　分度号、对应温度值、输入/输出指示、保持标志校零指示、测量电阻值、超量程指示

(4) 校验电流信号

1) 输出范围　0～20mV

2) 测量范围　0～20mV

3) 准确度　±(0.05%读数+2 字)

4) 分辨力　0.01mV

5) 显示内容　量程、对应百分比、输入/输出指示测量电阻值、超量程指示

(5) 校验电压信号

1) 输出范围　0～5V

2) 测量范围　0～5V

3) 准确度　±(0.1%读数+2 字)

4) 分辨力　1mV

5) 显示内容　量程、对应百分比、输入/输出指示、校零指示、测量电压值、超量程指示

(6) 其他参数

1) 显示方式：16×2 字点阵式液晶字符显示

2) 回路使用电压：电压、电阻档 5VDC

3) 电源供电：6 节 AA 可充镍—镉电池

4) 外部充电器/变压器：220VAC，50Hz

5) 充电寿命：*a.* 所有输入方式，mV，V，电阻 *R*，输出，标称 8h。
b. 24V 供电、20mA 输出 2h

6) 使用条件：工作温度：0～40℃
相对湿度≤85%

7) 保证准确度的测试温度：23℃±5℃，相对湿度<75%

8) 温度影响：50ppm/℃在所有范围

9) 尺寸：190mm×100mm×40mm

10) 重量：约 0.7kg

3. 操作面板及操作步骤

(1) 操作面板

HC-981 万用现场校验仪操作面板，见图 3-177。液晶显示屏和输入/输出端子定义，见图 3-178 和图 3-179。

(2) 操作步骤

1) 按下电源开关"POWER"，接通电源，此时液晶应有显示。

2) 检查内部电源，将功能开关置于 5V 量程，检查内部供电电压是否欠压。如显示"POWERLOW"表示欠压，应立即进行充电，否则不能保证测量的准确度。如显示"POWEROK"表示供电正常，可进行校验。

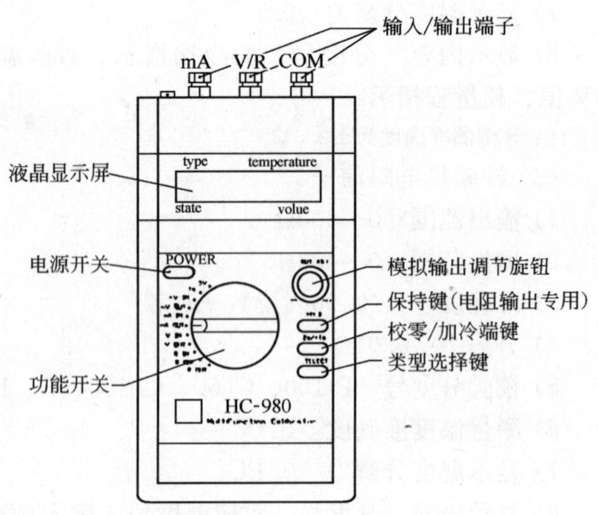

图 3-177　操作面板

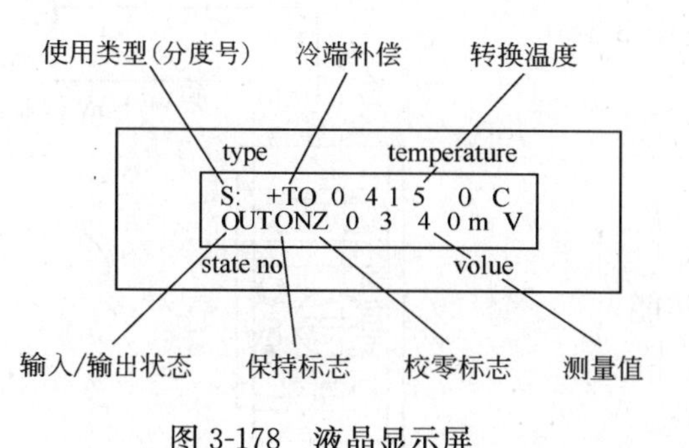

图 3-178 液晶显示屏

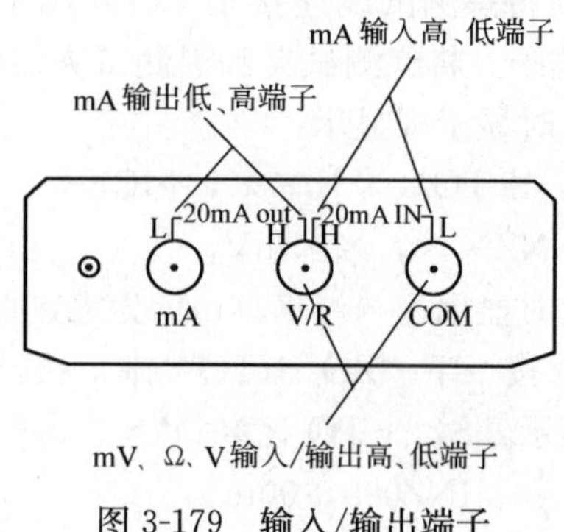

图 3-179 输入/输出端子

如显示“RESELECT”表示功能开关未置到规定的位置上，应重新置功能开关到5V量程上。

3）置功能量程：置功能开关到欲使用的量程上。

4）选择使用类型(分度号)：连续按动 SELECT 键(类型选择键)直到使用的分度号出现在显示屏的“TYPE”位置上。

5）连接测试线：将测试线一端接至输入/输出端子，另一端接至输入信号或输出负载上。

6）输入校验：在输入量程下将显示输入测量值和对应的温度或百分比，可与被校对象进行对比校验。

7）输出校验：在输出量程下，应仔细调节“模拟输出旋钮”至设定值，并与校验对象进行对比。

8）当需要校零或加入冷端温度值时，按动“ZO/＋TO”键。此时电脑自动消除偏差值或记忆冷端温度值，在校验时自动进行补偿，在所有输出量程和 mA IN 量程下无校零功能。

9）使用后及时关闭电源。

4. 使用方法

(1) 冷端温度测试

1）将功能开关置于 TO 位置，此时将显示 TO、NTO××，××C，此时显示的冷端温度为仪器附近的室温。

2）按 ZO/＋TO 键，显示屏上的“＋TO××，×℃”，此时 TO 值将被记忆。当执行测量和模拟输出热电偶信号时(mV IN 和 mV OUT 功能)，这一被记忆的冷端温度将被自动补偿到转换的温度值上，并在显示屏上显示“＋TO”。

3）若再次按“ZO/＋TO”键，显示屏上此时的冷端温度将不再被记忆，并显示“NTO”。执行测量和模拟输出热电偶信号时，将无冷端温度自动补偿。

(2) 测量热电偶信号

1）将功能开关置于 mV IN 量程。

2）连续按动“SELECT”键，直到显示屏“TYPE”位置出现所需要的电偶分度号。

3）如要求测量值冷端自动补偿，可参照冷端温度测试方法进行＋TO 操作。

4）校零操作

① 将黑测试线连接至COM端子，红测试线连接至V/R端子，将红测试夹和黑测试夹短接，见图3-180。

这时显示屏显示：

S：＋TO×× ××，×C

INNZ××，××mV，

此时显示×× ××mV为零点偏移量。

② 按一下“ZO/＋TO”键，执行校零功能。

显示：S：＋TO ×× ××，×℃

INZ000，00mV

此时零点的偏移量将被消除，如要恢复偏移量可按一次“ZO/＋TO”键。

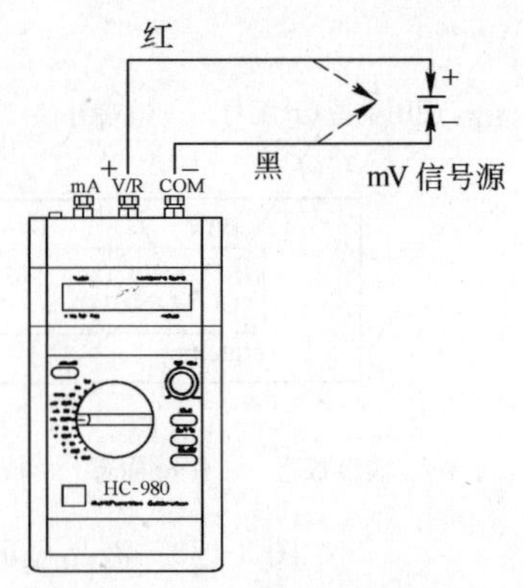

图3-180　热电偶信号测量

5）将红测试夹夹至热电偶信号高端，黑测试夹夹至低端（允许被测仪表同时测量一个热电偶信号源），根据显示屏上的温度值和mV值与被校对象进行对比校验。

（3）模拟输出热电偶信号

1）将功能开关置于mV OUT量程。

2）按动“SELECT”键选择所需要的分度号。

3）如要求冷端温度自动补偿，参照冷端温度测试方法进行“＋TO”操作。

4）将黑测试线接至“COM”端子，红测试线接至“V/R”端子，黑测试夹连接至被校仪表低端，红测试夹连接至高端。

5）仔细调节“输出调节旋钮”，直至达到所需的mV值。

6）显示屏显示的信息如下：

S：＋TO×××，×℃

OUT　××，××mV

××，××mV为模拟输出的mV值，××××，×℃为对应的温度值，＋TO，表示已加入冷端自动补偿，温度值 与mV值应相差一个冷端电势值。

（4）mV—温度值对应查找功能

1）输出端子不与被校仪表连接。

2）取消冷端自动补偿（将功能开关拨至TO，按一下“ZO/＋ TO”键，显示“NTO”）。

3）其他与模拟输出热电偶信号操作相同，调节输出旋钮至某一mV值，显示屏上的温度值就是该分度号的对应值。

（5）测量热电阻信号

1）将功能开关置于RIN量程。

2）连续按动“SECECT”键，选择到所需的热电阻分度号。

3）将黑测试线连接至COM端子，红测试线连接至V/R端子，见图3-181。将黑测试夹与红测试夹夹在一起，进行校零。

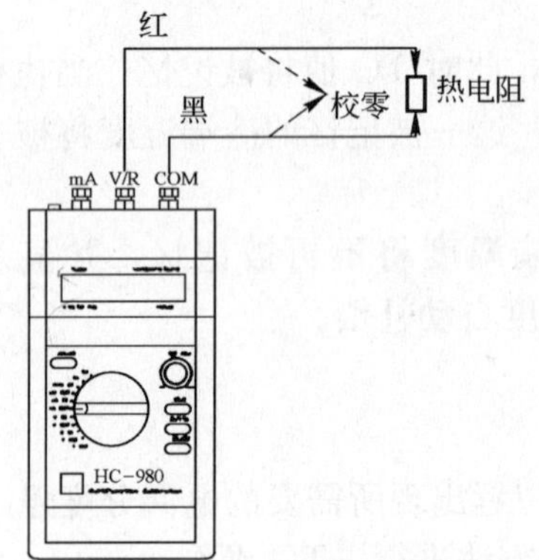

图3-181　热电阻信号测量

4）此时显示屏显示：

Pt100：××××，×℃

INNZ××××，××Ω

显示的×××，××Ω 为引线电阻。

按一下“ZO/＋TO”键，执行校零功能显示：

Pt100×××××，×℃

INZ000，00Ω

表示校零功能已完成，以后的热电阻测量将自动消除引线电阻。如再次按动 ZO/＋TO 键，重新显示“NZ”，测试时将不会消除引线电阻。

5）将测试夹松开，分别夹在被测热电阻两端(不能与被校仪表同时对热电阻进行测量)。此时，显示屏将显示被测电阻值与对应的温度值。

(6) 模拟输出热电阻信号

由于测量热电阻信号的特殊性(校验仪与被校仪表不能同时对同一个电阻源进行测量)，所以，操作比较麻烦，要仔细按以下步骤进行操作。

1）将功能开关置于 ROME 量程。

2）按动“SELECT”键选择所需要的电阻分度号。

3）将黑测试夹连接至被校仪表的低端，红测试夹连接至被校仪表的高端。

4）调节输出调节旋钮，直至达到所需电阻值(或温度值)。

此时显示：

Pt100：××××，×℃

OME ×××，××Ω

5）按一下 HOLD(保持键)，显示：

Pt100：××××，×℃

OME * ××××，××Ω

↑

保持标志

此时所有值将被保持，直至重新按一下“HOLD”键。

6）将功能开关拨至 ROUT 位置(在此以前，输出端子上无输出电阻信号)，进行模拟电阻输出，如要输出下一个电阻值必须重复(1)～(6)步骤方可完成。

(7) 热电阻—温度对应查找功能

1）将功能开关置于 ROME 量程。

2）按动“SELECT”键选择所需要的电阻分度号。

3）调节输出旋钮，显示屏即显示该电阻分度号的电阻值与对应的温度值。

(8) 测量电流信号

1）置功能开关于 mV IN 量程。

2）按 SELECT 键选择“0～10mA”或“4～20mA”。

3）见图 3-182，将黑测试线与 COM 连接，红测试线与 V/R 端子连接，将测试线串连接入待校负载(被校仪器)，红测试夹为高端(电流入)。

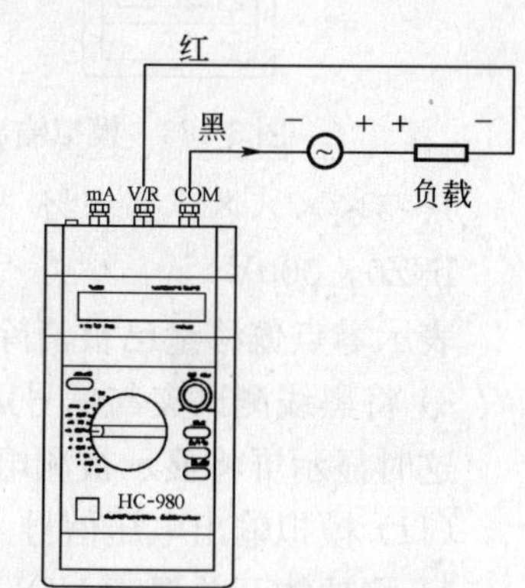

图 3-182 电流信号测量

4）此时显示屏显示：

0～10mA：×××，××%

1N××，××mA

表示输出的电流信号和对应的百分比。

（9）模拟输出电流信号

1）将功能开关置于 mA OUT 量程。

2）将“SELECT”键选择 0～10mA 或 4～20mA。

3）见图 3-183，将黑测试线与 mA 端子连接，红测试线与 V/R 端子连接。黑测试夹与负载低端连接，红测试夹与负载高端连接。

4）调节“输出调节旋钮”到给定的 mA 值。

显示屏显示：

0～10mA：×××，××%

OUT××，××mA

注意：mA IN 和 mA OUT 的接线与一般不同，要进行正确连接。

（10）测量电压信号

1）将功能开关显于 VIN。

2）按“SELECT”键选择 0～5V 或 1～5V。

将黑测试线接 COM 端子，红测试线接 V/R 端子，见图 3-184，短接黑、红测试夹进行校零，按一下 ZO/＋TO 键。

显示：

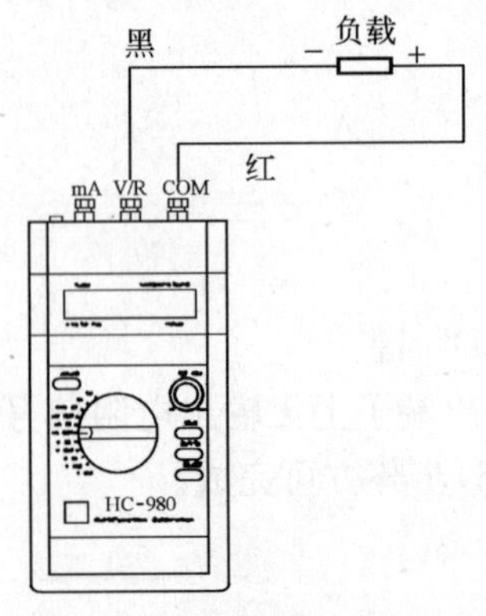

图 3-183 模拟输出电流信号

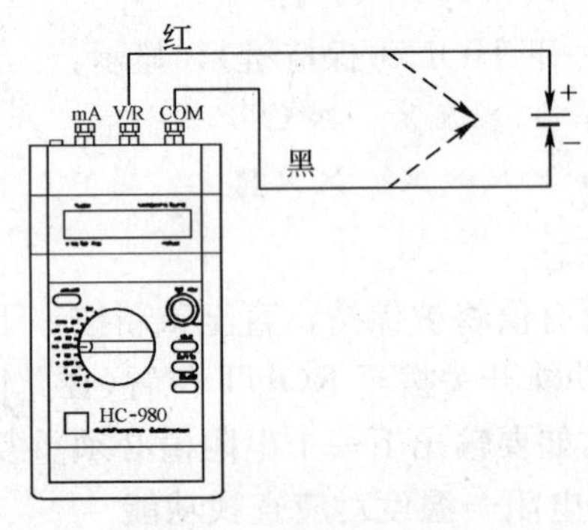

图 3-184 电压信号测量

1～5××××，××%

INZ0，000V

表示零点偏移量已被消除。

3）将黑线测试夹与信号源低端连接(允许与被校仪表并联)。

这时显示屏将显示被测电压值与百分比。

（11）模拟输出电压信号

1）将功能开关置于 VOUT 量程。

2）按“SELECT”键选择 0～5V 或 1～5V。

3）将黑测试线与COM端连接并接至被校仪表低端，红测试线与V/R端连接并接至被校仪表高端。

4）调节“输出调节旋钮”到给定值。

（12）对供电电池充电

当检查内部电源显示“POWERLOW”时，应及时进行充电。关闭校验仪表电源开关将本仪器提供充电器一端插入220V交流电源，另一端插入检验仪底部的充电插孔内，见图3-185。充电12～16h达满容量。

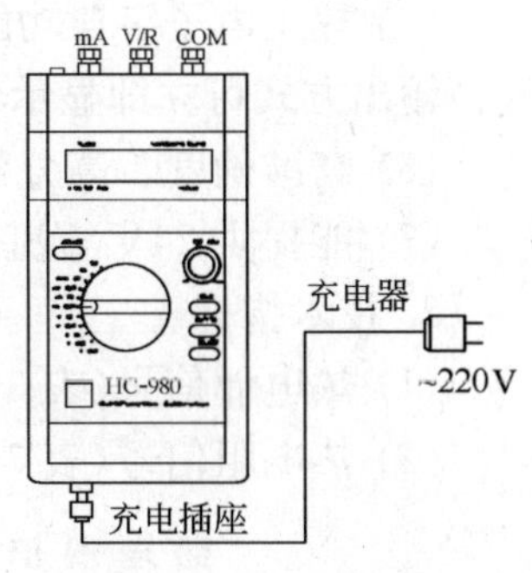

图3-185 对电池充电

5．仪器维护与保养

（1）不要测量高于30V的电压。

（2）不要在功能开关处于R位置时，将电压源接入。

（3）不要在输出状态下，测量输入电压、电流和电阻。

（4）只有在测试线未接信号源的情况下，才能旋转功能开关。

（5）使用时防止碰撞。

（6）在更换保险丝时，应关闭电源，要使用仪表备用保险丝或型号规格相同的保险丝。

（7）功能开关置于本仪器规定量程以外空档，仪器将不能正常工作。

（8）仪器出现故障，应及时进行维修。

二、TC-900多功能仪表校准仪（西航公司电子仪器T）

该仪表是一种多功能高准确度的校准仪器，采用单片计算机进行智能化控制和数据处理，既可作为多品种信号源，模拟输出多种热电偶、热电阻信号、0～20mA电流和0～5V电压信号，也可作为测量仪器对上述信号进行输入测量。校验过程采用对照显示方式，能同时显示多种热电偶、热电阻的毫伏值、电阻值和对应分度号的温度值，给使用带来极大方便。

仪器还可对多路信号同时进行输入和输出操作，人工控制巡回显示各路数据，提高了工作效率。同时仪器还有24V直流电压输出，供被校仪表或变送器使用。TC-900多功能仪表校准仪，广泛用于对各种温度仪表、自动控制仪表和变送器的批量校准。它具有使用方便、校验品种多、显示直观、精度高、稳定性好、效率高等优点。

1．性能与特点

（1）多路信号输入和模拟信号输出

提供：2路0～100mV和0～5V电压输出；

1路0～400Ω电阻输出；

1路0～100V和0～5V电压输入；

1路0～400Ω电阻输入；

1路0～20mA电流输入。

（2）微电脑控制实现多种功能

对S、K、E、J、N、T等各种热电偶信号和Pt100、Pt50、Cu50、BA2、G、Cu100等各种热电阻信号以及0～10mA、4～20mA电流信号、0～5V电压信号进行校准测量和模拟信号输出。

（3）操作方便，显示直观，能同时显示mV值、电阻值和对应温度值，或mA值、电压值和对应百分比。

(4) 具有冷端温度测量和自动补偿功能。

(5) 热工电子字典功能。仪器电脑内存有国内所有常用热电偶和热电阻分度表，采取模拟输出方式可立即显示各种分度号的 mV 值或电阻值所对应的温度值。

(6) 高准确度、高分辨力、高稳定性。

(7) 能提供 24V 直流电源。

2. 技术指标

(1) 热电偶信号(表 3-46)

(2) 热电阻信号(表 3-47)

热电偶信号 **表 3-46**

输出量程	0～100mV
测量量程	0～100mV
准确度	±(0.05%读数－10 字)
分辨力	1μV
校验分度号	X、E、J、N、T、S⁻
测量温度准确度	±1℃
显示温度分辨力	0.01℃

注：S 型偶温度准确度为±2.3℃。

热电阻信号 **表 3-47**

输出量程	0～400Ω
输入量程	0～400Ω
准确度	±(0.05%读数＋1 字)
分辨力	0.01Ω
校验分度号	Pt100、Cu50、Pt50、BA2、G、Cu100
测量温度准确度	±0.5℃
显示温度分辨力	0.01℃

(3) 电流信号(表 3-48)

(4) 电压信号(表 3-49)

电流信号 **表 3-48**

输出量程	0～20mA
输入量程	0～20mA
准确度	±(0.05%读数＋2 字)
分辨力	0.01mA
显示内容	mA 值、对应百分比
选择方式	0～10mA、4～20mA

电压信号 **表 3-49**

输出量程	0～5V
输入量程	0～5V
准确度	±(0.05%读数＋8 字)
分辨力	0.1mV
显示内容	电压值、对应百分比
选择方式	0～5V(1、5 通道) 1～5V(2 通道)

(5) 冷端温度测量(表 3-50)

冷端温度测量 **表 3-50**

测量范围	0～60℃
准确度	±0.5℃
显示分辨力	0.01℃

(6) 其他指标

1) 提供一个输出额定电流 I_e≤500mA 的 24V 直流电源。

2) 电压测量最大不超过直流±30V。

3) 使用条件：电源电压 ～220V±10% 50±1Hz。

4) 保证准确度的工作温度：20±3℃相对湿度＜75%。

5) 温度影响：50ppm/℃在所有范围。

6) 尺寸：450×150×330。

7）质量：约 5kg。

3. 操作面板说明及一般操作步骤

（1）前面板设置及说明，见图 3-186。

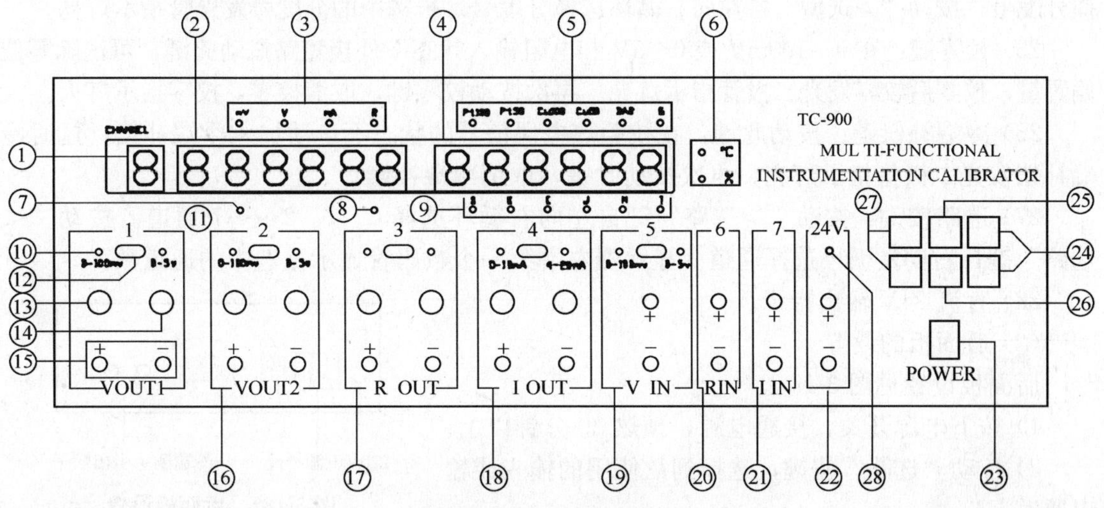

图 3-186　前面板设置

1）通道显示：指示当前测量的通道(1～7)(零通道表示当前在测室温)。

2）测量值显示：显示当前 mV、V、mA 或 Ω 的测量值。

3）测量值单位指示：指示测量单位为 mV、V、mA 或 Ω。

4）温度值或百分比值显示。

5）热电阻分度号指示：指示当前选型的热电阻分度号。

6）温度或百分比指示：指示当前显示值为温度值或百分比。

7）校零指示：发光管灯亮为已校零。

8）冷端补偿指示：发光管灯亮为冷端自动补偿。

9）热电偶分度号指示：指示当前选型的热电偶分度号。

10）0～100mV 指示：发光管灯亮表示选择 0～100mV 量程。

11）0～5V 指示：发光管灯亮表示选择 0～5V 量程。

12）量程选择开关：压下或弹起开关选择 0～100mV 或 0～5V 量程。1～5 路量程选择操作方式相同，仅操作内容不同。

13）模拟输出量粗调旋钮。

14）模拟输出量细调旋钮，1～4 路操作方式相同。

15）模拟输出端子：1 通道 0～100mV 或 0～5V 模拟量输出端。1～4 路形式相同。

16）2 通道　0～100mV 或 0～5V 模拟量输出。

17）3 通道　模拟热电阻输出。

18）4 通道　0～10mA 或 4～20mA 模拟电流输出。

19）5 通道　0～100mV 或 0～5V 电压输入。

20）6 通道　0～400Ω 电阻输入。

21）7 道通　0～20mA 电流输入。

22）24V 直流电压输出。

23）电源开关。

24）选型按键：选择被校验的热电偶或热电阻分度号。按动“<选型”自右向左循环选择分度号；按动“>选型”自左向右循环选择分度号。被选中的分度号发光管指示灯亮。

25）校零键：在 0～100mV 或 0～5V 和电阻输入状态下外接短路按动此键，可消除零位偏置量，校零后校零发光二极管指示灯亮。再次按动校零键，取消校零，校零指示灯灭。

26）冷端补偿键：按动此键，在校验热电偶信号的状态下自动加入冷端补偿，这时冷端补偿发光二极管指示灯亮，再次按动此键，取消冷端补偿。

27）选路按键：按动“>选路”键自左向右循环选择 0、1、2……7 通道。按动“<选路”键自右向左循环选择通道。显示器左端第一个数码管显示被选中的通道数。

28）直流 24V 输出指示。

（2）后面板的设置

后面板设置见图 3-187。

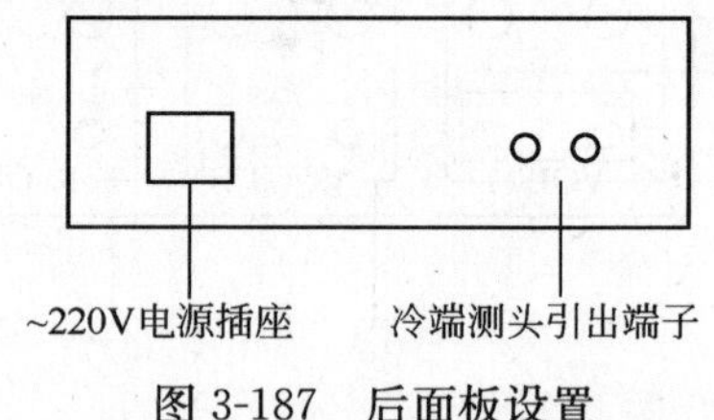

图 3-187　后面板设置

1）按下电源开关，接通电源，预热 30 分钟以上。

2）按动“选路”按键，选择到欲使用的输入或输出通道上。

3）连续按动“选型”按键，观察分度号指示发光管，直到需要选择的分度号指示灯亮。

4）连接测试线：将测试线一端接至欲使用的输入或输出端子上，另一端接至输入信号或输出负载上。

5）模拟输出校验：使用 1～4 输出通道，选择相应量程后，仔细调节“模拟输出旋钮”（先粗调后细调）至设定值，并与被校验对象进行对比校验。

6）输入校验：使用 5～7 输入通道，选择相应的量程后，将显示的测量值和对应的温度或百分比与被校验对象进行比对校验。

7）多路并用校验：用多根测试线同时将几台被校仪表与多个输入输出通道一一连接，用“选路”键选择一个通道，调节对应输出调节旋钮到设定值，再选择下一个通道调节输出（此时第一个通道仍有输出），如此循环调节多个通道的输入输出校验，可达到多台被校仪表同时进行校验的目的。

4. 使用方法

（1）冷端温度补偿

按动“选路”按键，当通道显示为“0”时，外接测温探头被检测，显示器显示为探头测量的室温。这时显示的冷端温度被记录；当执行测量和模拟输出热电偶信号时，这一被记忆的冷端温度将补偿到转换的温度上。

（2）模拟输出热电偶信号

1）按“选路”按键，选择“1”或“2”通道。

2）弹起“1”或“2”通道的量程开关，选择 0～100mV 量程，相应指示灯亮。

3）按“选型”按键，选择所需要的热电偶分度号。

4）将测试线一端接至“1”或“2”通道的“＋”、“－”端子，另一端接到被校仪表的“高”、“低”端子。

5）仔细调节“1”或“2”通道“输出调节旋钮”，先调节粗调旋钮到设定值附近，再调节细调旋钮到精确的所需值。

6）需要加入冷端补偿时，按“冷端补偿”键，使冷端指示灯亮，此时的温度值与mV值应相差一个当前室温的冷端电势值。

7）测试室温时，外接测试探头必须插在仪器后面板的端子上不得拔下，否则将造成死机。

8）显示器显示的信息如下：

CHA　　mV

1　×××.×××　　××××.××　℃

冷端　　　　K

(3) mV—温度值对应查找功能

1）“1”或“2”通道输出端子不与被校仪表连接。

2）取消冷端自动补偿(按冷端补偿键，使冷端补偿指示灯灭)。

3）其余与模拟输出热电偶信号操作完全相同，调节输出旋钮至某一温度值，显示器上显示的mV值就是所选择分度号的对应mV值。

(4) 0～5V信号输出

1）按“选路”按键，选择“1”或“2”通道。

2）压下“1”或“2”通道量程开关，选择0～5V量程，相应指示灯亮。

3）将测试线一端接至“1”或“2”通道的“+”、“−”端子，另一端接至被校仪表的“高”、“低”端子。

4）仔细调节“1”或“2”通道的“输出调节旋钮”到所需值。

5）显示器右边显示0～5V的百分比，或1～5V的百分比。

(5) 模拟输出热电阻信号

1）按“选路”按键，选择“3”通道。

2）按选型按键，选择所需要的热电阻分度号。

3）将测试线一端接至“3”通道的“+”、“−”端子，另一端接至被校仪表的“高”、“低”端子。

4）弹起量程开关，选择“内测”，内测指示灯亮。

5）仔细调节“3”通道的“输出调节旋钮”，先调节粗调旋钮到设定值附近，再调节细调旋钮到精确的所需值。

6）压下量程开关，选择“输出”。此时“3”通道的“+”、“−”端子上输出被设定的电阻值(在此以前，输出端子无电阻信号输出)。若要输出下一个设定电阻值必须重复4)和6)两项的步骤方可完成。

7）显示器显示信息如下：

CHA　　　R　　　pt100

3　×××.××　　××××.××　℃

(6) 热电阻—温度对应查找功能

1）按“选路”键，选择“3”通道。

2）按“选型”键，选择所需的热电阻分度号。

3）弹起“量程”开关，选择“内测”。

4）调节“3”通道输出旋钮至某一温度值，显示器上显示的电阻值就是所选分度号的对应电阻值。

(7) 模拟输出电流信号

1）按“选路”键选择“4”通道。

2）压下或弹起“量程”，开关选择 4～20mA 或 0～10mA 电流信号。

3）将测试线一端接至“4”通道的“＋”、“－”端子，另一端与被校仪表的“高”、“低”端子串联。

4）仔细调节“4”通道的“粗”、“细”调节旋钮到设定值。

5）显示器显示信息：

CHA　mA

4　××.××　　××.××　%

(8) 测量热电偶信号

1）按“选路”键，选择“5”通道。

2）按“选型”键，选择所需的热电偶分度号。

3）弹起“量程”开关，选择 0～100mV 量程。

4）若测量值有冷端自动补偿，可参照冷端温度补偿和模拟输出热电偶信号中(6)项进行加“冷端补偿”操作。

5）校零操作：将测试线一端分别插入“5”通道“＋”、“－”端，另一端短接，按“校零”按键，使“校零”指示灯亮。此时显示器显示：

CHA　mV

5　×××.×××　　×××.×××　℃

校零　　S

零点的偏移量将被消除，若要恢复偏移量可再按一次“校零”键。

6）取消短接，将测试线“＋”端接入热电偶信号高端，“－”端接入低端(允许与被校仪表同时测量一个热电偶信号源)。根据显示器显示的 mV 值和温度值与被校对象进行对比校验。

(9) 测量 0～5V 电压信号

1）按“选路”键，选择“5”通道。

2）压下“量程”开关，选择 0～5V 量程。

3）校零操作与测量热电偶信号中(5)项操作相同。

4）将测试线的“＋”端接入信号源高端，“－”端接入信号源低端。这时显示器将显示被测电压值和百分比。

(10) 测量热电阻信号

1）按“选路”键，选择“6”通道。

2）按“选型”键选择所需要的热电阻分度号。

3）校零操作：将测试线一端分别插入“6”通道“＋”、“－”端，另一端短接，按“校零”键，使校零指示灯亮，此时显示器显示：

CHA　　R　　Cu50

6　×××.××　　×××.××　℃

测量线的引线电阻将被消除，若再次按“校零”，将取消“校零”，恢复引线电阻。

4）松开短接，将测试线分别接入被测热电阻两端(不能与被校仪表同时对热电阻进行测量)此时显示器显示被测电阻值与对应的温度值。

(11) 测量电流信号

1）按动“选路”键，选择“7”通道。

2）将测试线一端分别插入“7”通道的“+”、“−”端子，另一端与被校仪表(或变送器)串连。

3）此时显示

CHA　　mA

7　　××.××　　××.××　　%

(12) 24V 直流输出

从前面板 24V 输出可直接供变送器或被校仪表使用，输出最大电流为 500mA，严禁与地短接。

5. 仪器的保养与维护

TC-900 多功能标准仪是一台精密电子仪器，不要随意拆卸更换电路。使用中应注意以下几点：

(1) 不要测量高于 30V 的电压。

(2) 不要对输出通道输入电压、电流。

(3) 不要对电阻输入通道输入电压。

(4) 不要随意更换配件。

(5) 冷端探测头不能置于温度高于 60℃的介质中。

(6) 仪器出现故障应送厂修理。

三、ZX54 型开关式精密直流电阻箱(上海电工仪器厂)

1. 用途与结构

该电阻箱是电阻可变的电阻量具，其电阻值可在已知范围内按一定的阶梯而改变。

开关式精密直流电阻箱的电阻元件均接于各个触点之间，而固定于旋转架的接触电刷则在触点上移动。在此种型式的电阻箱里被利用的电阻是介于起始触点和在使用时电刷所触及的触点之间的电阻。

这种电阻箱主要用于供直流电路中作精密调节电阻用；对整机校验千分之一以下的电阻箱；采用精密直流电阻箱来整机校验携带式直流单电桥等。

2. 主要技术参数

(1) 测量范围：0.01～111111.11Ω。

(2) 在下面使用条件下，电阻箱的误差不应超过表 3-51 的允许误差。

1）周围空气温度为 20±2℃，相对湿度在 80%以下。

2）电阻箱两端所加的电压不应超过额定电流。

表 3-51

×10000	×1000	×100	×10	×1	×0.1	×0.01
±0.01%	±0.01%	±0.01%	±0.03%	±0.2%	±2%	±20%

(3) 电阻箱内部线路与外壳之间的绝缘电阻，应不少于 10^{10}Ω，试验电压为 500V。

(4) 电阻箱线路与外壳之间的绝缘强度，要能经受住频率为50周，实际正弦波2000V交流电压的作用，历时1min。

(5) 电阻箱各档之间最大允许电流不应超过表3-52的规定。

表3-52

倍　率	×0.01	×0.1	×1	×10	×100	×1000	×10000
允许通过电流	3A	1A	0.3A	0.1A	0.03A	0.01A	0.003A

(6) 外形尺寸：380mm×220mm×100mm。

(7) 重量：不大于7kg。

3. 电阻箱特点

转换开关采用复银金属制成的电刷和接触点，因此接触压力小，开关寿命长，接触电阻变差小，转换开关的支座采用高绝缘胶木粉压铸，绝缘性能好。面板上读数排列成二条直线，可简捷而清晰的读出示值。电阻箱所有转换开关放在零位时，零电阻为0.01Ω。因此，最小一档的步进开关无零位，从1开始，在使用过程中对测量结果不必扣除零电阻。电阻元件采用高稳定锰铜合金线以无感式浇制于瓷管上，经严格的工艺处理和人工自然老化稳定，所以具有高稳定性。

4. 使用中注意事项

(1) 使用电阻箱时，应先转动各组旋钮，使其接触可靠。

(2) 电阻箱使用过程中，不允许超过规定的最大允许电流值。

(3) 要定期清洗电刷片，清洗时用棉花蘸以汽油在接触的表面轻轻揩拭后，均匀的涂上一层中性凡士林。

(4) 使用和放置的场所应在10～30℃、相对湿度不大于80%的范围内，且周围空气不应含有腐蚀性气体。

(5) 电阻箱的保证期限为18个月。

四、HC-920压力校验仪(西安航空发动机公司电子仪器厂)

HC-920压力校验仪是HC系列手持校验仪的一种。它可对各种不同量程的压力变送器、传感器及其压力测试仪器、仪表进行精确的压力校验。

它采用分体结构，由测量主机和高精度压力模块两部分组成。测量主机为手持式结构，采用单片计算机进行控制和数据处理，高精度5位半A/D芯片采样及16×2点阵式液晶模块显示多种信息。高精度压力模块备有表压和差压两种不同形式。根据使用要求可提供20kPa～6MPa不同量程规格的压力模块。

HC-920压力校验仪，可在较恶劣的环境下进行高精度的压力测量。也可在室内对各种压力变送器、压力仪表进行校验，只需根据量程选择相应的压力模块，将专用软管和传输电缆连接到压力源和测量主机上，就能完成压力校验。

1. 性能与特点

(1) 体积小，重量轻：测量主机为手持式，便于施工现场校验。

(2) 高准确度、高分辨力、高稳定性：压力模块都经过严格的温度和非线性测试，测量主机微机部分对测量值逐点进行温度补偿和非线性校正。

(3) 操作方便，显示直观：全按键操作，双排16×2点阵式液晶显示。

(4) 采用充电式电池供电，可反复充电使用。

(5) 压力常规校验同时，可测量压力变送器的电流输出信号。

(6) 低功耗：采用CMOS器件设计，保证连续工作12h以上。

2. 主要技术参数

(1) 压力测量范围

0～20kPa(差压)

0～100kPa(表压、差压)

0～250kPa(表压)

0～600kPa(表压)

0～1MPa(表压)

0～2.5MPa(表压)

0～6MPa(表压)

(2) 压力测量准确度：0.1%FS

(3) 压力过载能力：P_M≤200%FS

(4) 电流测量范围：0～22mA

(5) 电流测量准确度：±(0.05%+1字)

(6) 电流分辨力：0.01mA

(7) 工作温度范围：0～40℃

(8) 工作环境湿度：≤85%RH

(9) 连续工作时间(4节镍—氢充电电池)：≥12h(不含背光)

(10) 显示方式：双排16×2字点阵式液晶字符显示，设有背光

(11) 测量主机尺寸：190×100×40mm

(12) 重量≤0.7kg

3. 面板说明及一般操作

(1) 面板

HC-920压力校验仪测量主机操作面板及压力模块，见图3-188和图3-189。

(2) 一般操作

1) 电源按键：

按下电源按键“POWER”，接通电源。这里液晶显示屏应有显示。显示“POWEROK”表示供电正常，可进行校验。显示“POWERLOW”表示充电电池电能即将耗尽，必须立即充电。

2) 背光按键：按下背光按键“LIGHT”液晶显示屏发光，用于光线较暗的现场。

3) 选择按键：按选择按键“SEL”，在校验压力时可选择不同的压力量程，使其与你所使用的压力模块量程相一致：在校验电流时，可选择0～10mA或者4～20mA方式，以便与变送器一致。

4) 压力校零按键：按一下压力校零按键“ZO”可清除被测压力为零时，由于各种原因产生的附加压力值。

5) 最大值按键：按一下最大值按键“MAX”，在液晶显示屏上显示测量中测得的压力最大值。

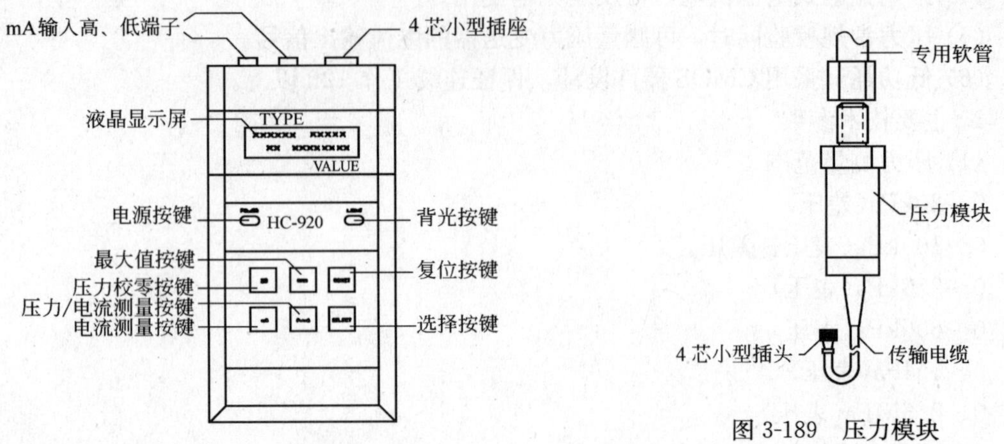

图3-188　测量主机操作面板

图3-189　压力模块

6）电流测量按键：按一下电流测量按键，测量主机将对输入电流进行测量，显示屏显示被测电流值及其对应的百分比。

7）压力/电流测量按键：按一下压力/电流测量按键“P/mA”，液晶显示屏上将同时显示被测电流值及其被测压力值。

8）复位键：按一下复位键“RST”，校验仪复原到开机初始。

4. 使用方法

(1) 压力校验

1）将压力模块上的4芯小型插头插入测量主机上的4芯小型插座中，将专用软管一端与压力模块连结，另一端与被校压力点相连。

2）按下电源按键“POWER”，这时液晶显示屏上将显示“POWEROK”。

3s左右后液晶显示屏显示：

0～20KP

NZ××××KP

3）使用选择按键“SEL”选择校验压力的不同量程与你使用的压力模块相一致，这时液晶显示屏上显示：

O—×××P

NZ ×，××××　×P

4）按一下压力校零键“ZO”，液晶显示屏显示：

O—×××P

Z×，××××　×P

5）给压力模块加压，这时显示屏上显示的压力值即为所校验的压力。

6）按一下最大值按键，显示屏上显示的压力值为校验过程中测得的最大压力值，显示屏上显示：

O—×××P　MAX

Z×，××××　×P

(2) 电流校验

1）将压力变送器的输出正端与测量主机的mA端连结，输出负端与测量主机的

“COM”端连结。

2）按下电源按键“POWER”，经过一段时间后，液晶显示屏显示：

O—20KP

NZ ×，××××KP

3）按一下电流测量按键“mA”，液晶显示屏显示被校验电流及其百分比值。

O—10mA ××，××%

×，××××mA

4）如要测量校验4～20mA的电流，只要按一下选择按键“SEL”，这时液晶显示屏显示被校验电流及其百分比值。

4—20mA ××，××%

×，××××mA

5）若想同时测量电流值和压力值，可按一下压力/电流测量按键“P/mA”，这时液晶显示屏显示被校验电流值及其压力值。

O—2.5kP ×，××××

×—×0mA ×，××××

6）为了使显示的压力量程与压力模块的量程相一致，可按选择按键“SEL”。

5. 注意事项

(1) HC-920压力校验仪及压力模块是精密电子仪器，不能随意拆卸和改装。

(2) 使用时要防止碰撞和跌落。

(3) 压力模块的选用必须与所校验的压力相匹配，不能超载使用。

(4) 仪器出现故障应及时进行修理。

五、压力表校验器(西安仪表厂)

1. 用途

压力表校验器(简称校验器)用于检验一般压力表，其检验压力：271.01校验器可达6MPa，检验真空度可达0.082MPa；271.11校验器可达60MPa。

2. 结构与工作原理

见图3-190。

校验器系由手摇泵(1)油杯(2)和两个单向阀(3)组成，彼此用导管(4)相连，都固定在底座(5)上。阀(3)上装有两端锁母M20×1.5，用以连接标准压力表和被检验的压力表。校验器净重约12kg。

开启(或关闭)油杯阀门，旋转手轮使活塞移动，由而产生之压力(或负压)即能传至两个压力表(或真空表)；根据精密压力表的指示值对被检验压力表进行检验。

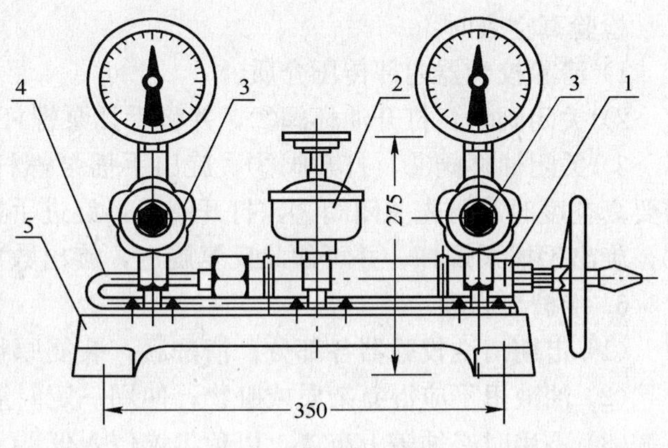

图3-190 271.01型、271.11型压力表校验器

1—手摇螺杆泵；2—油杯；3—单向阀门；4—导管；5—底座

3. 技术参数(见表3-53)

技 术 参 数 表3-53

项目＼型号	271.01	271.11
检验压力(MPa)	0～6	0～60
检验真空(MPa)	－0.082～0	—
接头尺寸	M20×1.5(M14×1.5)	M20×1.5(M14×1.5)
传压介质	变压器油 20℃时运动粘度 9～12St 酸值不大于 0.05mgKOH/g	药用蓖麻油 20℃时运动粘度 900～1200St 酸值不大于 1.6mgKOH/g

4. 验收与保管

(1) 收到装箱校验器时，应先检查木箱是否完整；如有损伤；应即查明原因。

(2) 开箱后拆除衬垫物，检查校验器外观是否完好，说明书、出厂合格证是否齐全，如有短缺，应即通知有关部门。

(3) 校验器应贮藏在室内，其环境温度为 5～35℃，相对湿度不大于 80%，室内空气不应含有腐蚀性有害杂质。

(4) 校验器备件：271.01 有橡胶密封垫 6 个，M14×1.5 接头 1 个：271.11 有橡胶密封垫 5 个，M14×1.5 接头 1 个。

5. 安装与使用

(1) 校验器应放在便于操作的工作台上，并须保持水平。

(2) 校验器的工作环境温度为 20±10℃，周围空气不得含有腐蚀性气体。

(3) 校验器不得受震动；工作台上需铺上橡皮垫。

(4) 使用前，首先用汽油清洗校验器管路，然后将传压介质注满油杯。旋转手摇螺杆泵的手轮，检查油路是否通畅；若无问题，即可装上精密压力表和被检验压力表。

(5) 操作步骤：

检验压力表时：

1) 打开油杯阀②，左旋手轮，使手摇泵的气缸充满油液。

2) 关闭油杯阀②，打开阀③，再右旋手轮，压缩油液，使油压作用于压力表，根据两只表的指示值即可进行检验。

检验真空表时：

1) 清除校验器内部传压介质。

2) 关闭阀③，打开油杯阀②，并将手摇泵螺杆全部旋入气缸。

3) 关闭油杯阀②，打开阀③，旋出手摇泵螺杆，形成真空；如果旋出一次尚未达到需要真空度时，再先关闭阀③，打开阀②，旋进手摇泵螺杆到底，接着关闭阀②，打开阀③，旋出手摇泵螺杆、并可如此反复旋进，旋出数次，直至达到所需真空度为止。

6. 维护与修理

(1) 定期清洗校验器各部分；清洗后，装复原状。

(2) 油液里不应混有杂质或脏物；使用一定时期后，就须更换新油。

(3) 不用时必须盖上布罩，以免尘埃侵入仪器。

(4) 维修更换橡胶密封垫时，不得划伤汽缸内孔面；清洗各阀时，不得损伤阀针。

第四章　通风空调工程常用机具

第一节　通风工程常用加工机械

一、剪板机

1. 龙门剪板机

它主要用于剪切直线的板材，图 4-1 是一台龙门剪床，其构造是由床身、电动机、皮带轮、离合器、制动器、压料器、挡料器、刀片等组成。这种剪板机剪切长度为 2000mm、厚度为 4mm 的金属板。

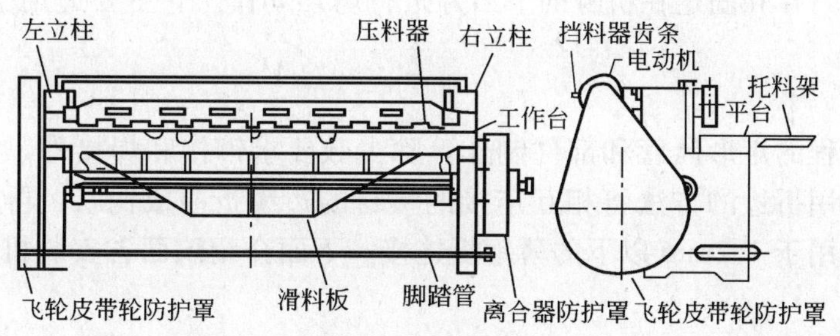

图 4-1　剪板机

它的工作原理是由电动机带动皮带轮、飞轮并传至飞轮轴，再由一组齿轮带动偏心轮转动，从而使机身上部的刀片运动完成剪切操作。

使用剪板机时，要先检查各部件是否灵活可靠、有无缺陷，刀刃必须锋利。当盘动剪板机空转时，各部位动作是否灵活，有无阻碍现象。

剪切时要调好上、下刀刃的间隙。当间隙太小时，会增加机械负荷能力，易使刀刃损坏。间隙太大时，会出现剪不断板材的情况。通常间隙的大小控制在板厚的 5% 比较合适。

调整剪板机可按下面的方法进行：

先将紧固螺钉放松，然后反时针方向旋转调整螺钉，使两刀片间隙大于 1mm；再把紧固螺钉拧紧，同时要使夹紧力合适；这时点动机械，使上刀架向下移动，当两刀片在左端开始重合时，停止点动。用塞尺检查，使初步调整的间隙大于工作间隙；再点动机械，使两刀片在右端重合，并使右端间隙与左端一致；然后再将两端间隙调到工作间隙；此时将螺钉紧固，刀片调整示意图见图 4-2。

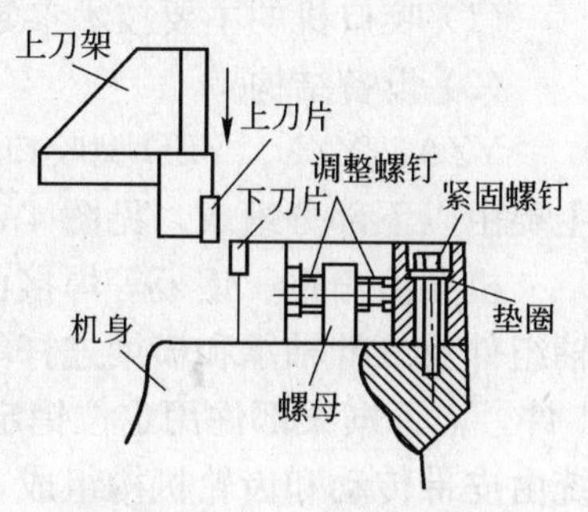

图 4-2　刀片调整示意图

在剪切过程中，要防止板材上有夹杂物和焊疤，对于薄钢板不能重叠进行剪切，剪切时被剪板材必须压牢。板材放好后，手不准放在下面，也不准用手托钢板，防止出现工伤事故。当发现两刀片有明显缺陷时，应及时加以修理或更换新刀片。

对剪板机的维修保养要做到：

定期检查机械的各主要部件，发现问题要及时进行检修；剪板机工作时，要定时加油(脂)以保证其正常润滑。

2. 双轮直线剪板机

这种剪板机可在施工现场进行加工制作。它的工作原理主要由齿轮带动两根固定在机架上的轴相对转动，使两轴轴端上安装的圆盘刀刃相互剪切。双轮直线剪板机结构比较简单，使用过程中也灵活可靠。它一般可剪 2mm 以下的直线板材，还可剪半径小的曲线板。

3. 振动式曲线剪板机

振动式曲线剪板机是由机身传动轴端部以偏心轴及连杆带动滑块作上下往复运动，从而使滑块上的上刀片和固定在机身的下刀片进行剪切动作。它主要适用于 2mm 以下的板材的曲线作业。

二、咬口机

通风空调工程的矩形风管和部件制作，除少数要求铆接和焊接外，多数采用咬口连接。咬口连接是用折边的方法将相互连接的板材的边缘折曲成钩状，再相互钩住咬口压紧。咬口方法适用于 1.2mm 以下的薄钢板连接。下面介绍陕西省安装机械厂生产的几种咬口机。

1. YZ 系列咬口机

这种系列咬口机有 YZA 型按扣式咬口机、YZL 型联合角咬口机及 YZD 型单平咬口机。

YZ 系列咬口机主要是对方(矩)形风管、圆形风管、方(矩)形弯头、三通、变径管等咬口成型。

这种咬口机比手工制作可提高工效 8～25 倍。咬口成型后，形状准确，表面平整、光滑、尺寸一致，加工质量好。

YZ 系列咬口机体积小，质量轻，机体下部装有四个胶轮便于移动。它的结构也比较合理，操作简单，调整保养维修方便。

(1) 咬口机的主要技术参数(见表 4-1)

(2) 设备结构

YZA、YZL、YZD 型咬口机除咬口形状和传动机构相异外，其余结构原理基本相同。主要由以下部分组成，见图 4-3：机架、上横梁部件、下横梁部件、传动系统。

机架由角钢、钢板等焊接而成。上、下横梁部件分别由两块左、右横梁板、数根辊轮轴组件及滚针轴承和横梁连杆等组成。每根辊轮轴组件上装配有中、外辊轮和传动齿轮各 1 件，上下横梁部件用定位销定位。上、下辊轮的预留间隙用调节螺杆进行调整。传动系统由皮带传动和齿轮机构组成，安装于机架底部的电机动力和运动经三角皮带传至位于下横梁底部的多级开式齿轮传动机构。

(3) 设备调整

咬口机的主要技术参数 **表 4-1**

序号	项目 \ 名称及型号		按扣式咬口机	联合角咬口机					单平咬口机				
			YZA-10	YZL-8Z	YZL-12			YZL-16C	YZD-12Z	YZD-12			YZD-160
1	加工板材厚度(mm)		0.5～1.0	0.5～0.8	0.5	0.75～1	1.2	1～1.6	0.5～1.2	0.5	0.75～1	1.2	1～1.6
2	预留咬口尺寸(mm)	中辊	31	16	27	29	30	30	10	10	11	12	14
		外辊	11	4	8	8.5	9	9	6	7.5	8	8.5	9.5
3	咬口形状	中辊	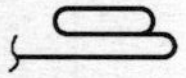						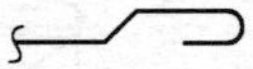				
		外辊	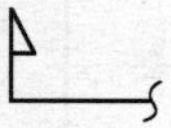										
4	成形尺寸(mm)	A	2.5	10	17	19	20	20	7	8.5	9	9.5	11
		B	11	4	8	8.5	9	9	6	7.5	8	8.5	9.5
5	配用电机	型号	$Y100L_1$-4	Y90L-4				$Y100L_2$-4	Y90L-4				$Y100L_2$-4
		功率	2.2kW	1.5kW				3kW	1.5kW				3
		转数	1436r/min	1400r/min				1430r/min	1400r/min				1436r/min
6	设备外形尺寸(mm)	长	1310	1060	1060			1356	1060	1060			1356
		宽	580	535	536			580	535	535			580
		高	925	950	950			960	950	950			960
7	设备质量(kg)		295	185	185			250	185	185			250

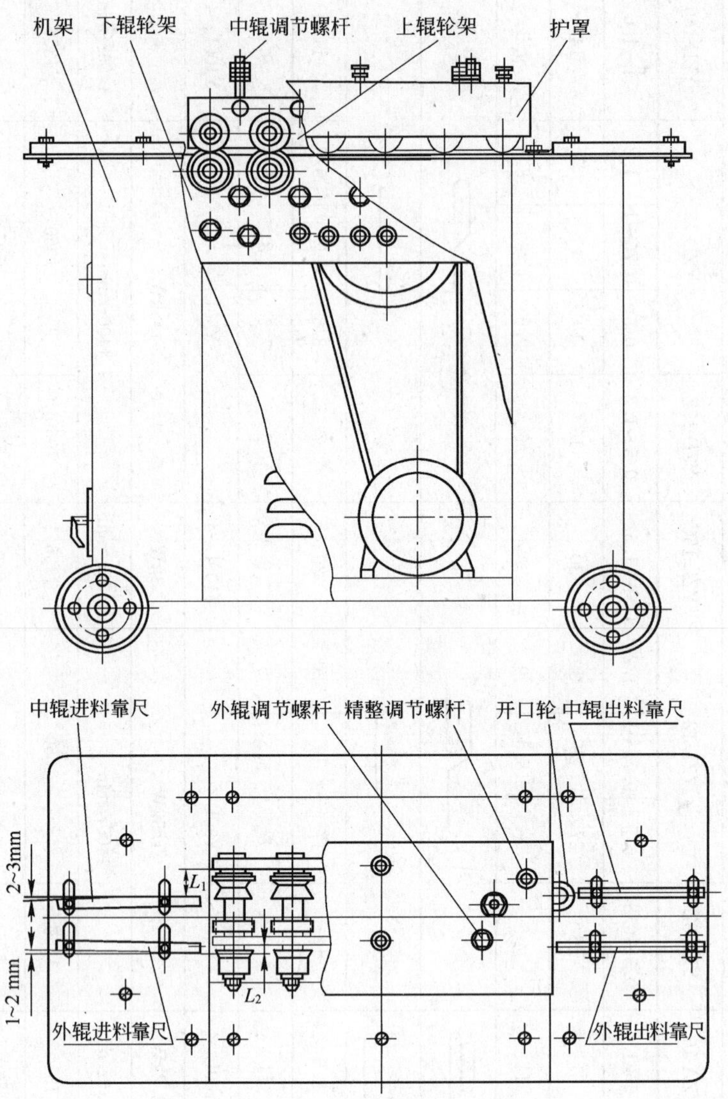

图 4-3 YZL 型咬口机结构示意图

这种咬口机是按加工 1mm 厚的板材和咬口成型尺寸调定的。如加工板厚不是 1mm 或要求咬口成形尺寸与规定尺寸不同时，可对咬口机进行调整，方法如下：

1）中、外辊轮径向预留间隙的调整

分别将各个中辊调节螺杆和外辊调节螺杆上的调整螺母全部拧紧。然后再反转约 120°～150°即可。如果预留间隙太大、板材空滑时，可将各调整螺母再拧紧少许；如果预留间隙太小，进料后压轧过紧时，应将各调整螺母放松少许。调整好后，背紧双螺母，以防松动。

2）YZL 型咬口机精整调节螺杆的调整

首先将精整调节螺杆旋紧，然后反转 120°～150°即可。若咬口较松时，可将调节螺杆旋紧少许；相反，若咬口过紧，甚至出料受卡时，应再增加反转角度。

3）咬口成型尺寸的调整

咬口成型尺寸指咬口口形中通过调整可变化的尺寸，见表 4-2 中 A、B，其规定数值见表 4-1“成形尺寸”栏。

YZA、YZL、YZD 型咬口机咬口调整尺寸　　**表 4-2**

口形＼机型	YZA 型	YZL 型	YZD 型
中辊咬口形状	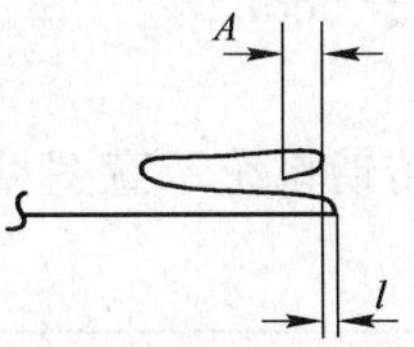 A　l	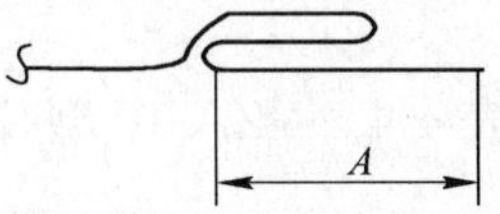 A	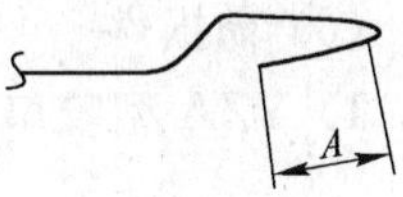 A
外辊咬口形状	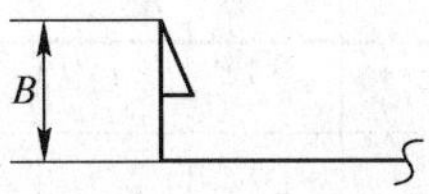 B	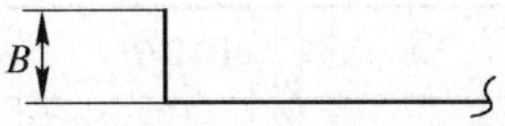 B	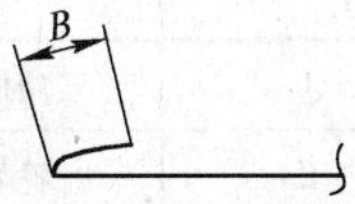 B

咬口尺寸的变化，通过调整进料靠尺在台面板上的位置来实现，见图 4-3。其中，中辊进料靠尺的位置 L_1 相对于左横梁板内侧表面度量，外辊进料靠尺的位置 L_2 相对于右横梁板外侧表面度量。中、外辊进料靠尺位置尺寸的参考数值，见表 4-3。

中、外辊进料靠尺　位置尺寸参考数值　　**表 4-3**

单位：mm

尺寸＼机型	YZA 型	YZL 型	YZD 型
中辊进料靠尺位置尺寸 L_1	57	51	36
外辊进料靠尺位置尺寸 L_2	9	8	3

按此参考数值将中、外辊进料靠尺定位并经试咬口后，若咬口成型尺寸小于规定值，应加大 L_1 或缩小 L_2 值；若咬口成型尺寸大于规定值，应缩小 L_1 或加大 L_2 值。

进料靠尺位置确定后，为了防止跑偏，可将中辊进料靠尺的外端向内偏移 2～3mm；外辊进料靠尺的外端向内偏移 1～2mm(见图 4-3)。

4）中、外辊出料靠尺调整

出料靠尺的调整方法为，当板材经过咬口到达出料端时，停机调整，使出料靠尺侧面贴上板材后紧固靠尺。使之定位即可。

(4) 设备保养

1）本机的传动系统为开式齿轮传动。操作者可根据使用频繁程度，定期在各个齿轮轮齿上，加注钙基润滑脂或机油。

2）应经常清除辊轮表面的污物，防止钢板上的镀锌层或氧化皮粘在辊轮表面上，影响加工质量。

3）应随时检查下辊轮架底部高速传动系统中的齿轮和镶嵌在左、右横梁板中滚针轴承的工作状况，若齿轮轴或齿轮上的轮齿出现明显磨损或滚针轴承窜出横梁板，应立即停机更换易损件或滚针轴承。

4）应定期检查三角皮带的松紧程度，若皮带磨损严重，应及时更换。

（5）安全注意事项

1）开机前，必须盖好防护罩；

2）使用前，应检查电机接地是否牢靠；

3）设备滚压成形中途，不允许换相开倒车，否则会损坏机芯或电机；若板材咬口中途跑偏或卡死，可松开中、外辊调节螺母，抬起上辊轮架，取出板材。

4）咬口时，工件要扶稳，手指距辊轮距离不小于5cm。

（6）易损件

1）YZA型咬口机见表4-4。YZA-10型咬口机传动系统示意图见图4-4。

YZA型咬口机　　　　表4-4

序号	名称	图号或型号	数量	备注
1	三角胶带	B1270	2	
2	齿轮轴(Ⅱ)	ZA02.40	1	
3	齿轮(5)	ZA02.34	1	
4	介轮轴(3)	ZA02.30	1	
5	皮带轮轴(1)	ZA02.42	1	
6	滚针轴承	941/25	42	位于辊轮轴、齿轮轴上
7	齿轮(4)	ZA02.37	1	
8	齿轮轴(Ⅲ)	ZA02.38	1	
9	齿轮(2)	ZA02.31	1	
10	滚针轴承	941/20	2	
11	滚针轴承	943/20	7	位于介轮轴上
12	滚针轴承	941/15	1	位于平角轮上
13	滚针轴承	941/17	1	位于中付辊轮上

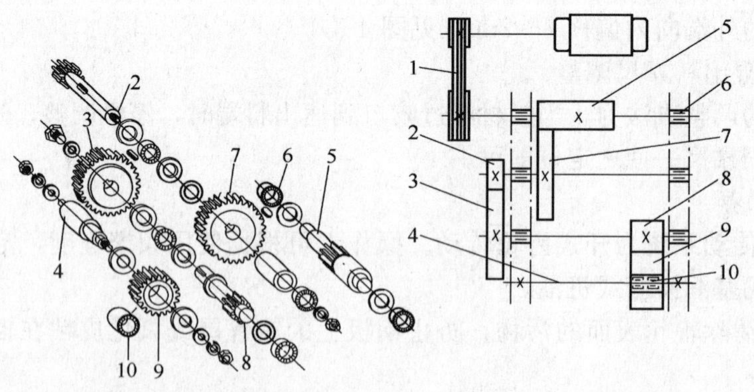

图4-4　YZA-10型按扣式咬口机传动系统示意图

2）YZL-12和YZD-12型咬口机见表4-5。传动系统示意图见图4-5。

YZL-12 和 YZD-12 型咬口机　表 4-5

序　号	名　　称	图号或型号	数　量	备　　注
1	三角胶带	B1346	2	
2	单向推力球轴承	8104	3	
3	齿轮轴Ⅱ	ZL02.29A	1	
4	齿轮轴Ⅲ	ZL02.28A	1	
5	介轮轴Ⅲ	ZL02.26A	1	
6	齿轮轴Ⅰ	ZL02.31A	1	
7	滚针轴承	942/20	12	位于齿轮轴、介轮轴上
8	齿轮	ZL02.30A	3	
9	齿轮轴Ⅳ	ZL02.27A	1	
10	齿轮	ZL02.25A	1	
11	滚针轴承	943/20	1	
12	滚针轴承	941/25	24	位于辊轮轴上

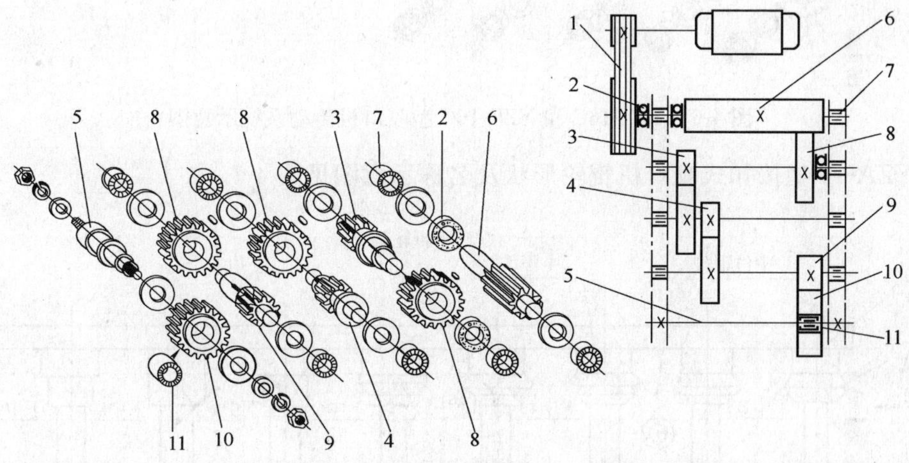

图 4-5　YZL-12、YZD-12 型咬口机传动系统示意图

3）YZL-16C 和 YZD-16C 型咬口机，见表 4-6，传动系统示意图见图 4-6。

YZL-16C 和 YZD-16C 型咬口机　表 4-6

序　号	名　　称	图号或型号	数　量	备　　注
1	三角胶带	B1321	2	
2	齿轮轴（Ⅱ）	ZLH.02.31	1	
3	齿轮	ZLH.02.29	2	
4	齿轮轴（Ⅲ）	ZLH.02.30	1	
5	齿轮	ZLH.02.26	1	
6	介轮轴（Ⅲ）	ZLH.02.25	1	
7	齿轮	ZLH.02.24	1	
8	齿轮轴（Ⅳ）	ZLH.02.27	1	
9	滚针轴承	942/35	30	位于下横梁辊轮轴齿轮轴上

续表

序　号	名　　称	图号或型号	数　量	备　　注
10	齿轮	同序号 3		
11	齿轮轴(Ⅰ)	ZLH. 02. 32	1	
12	滚针轴承	942/30	14	位于上横梁辊轮轴上

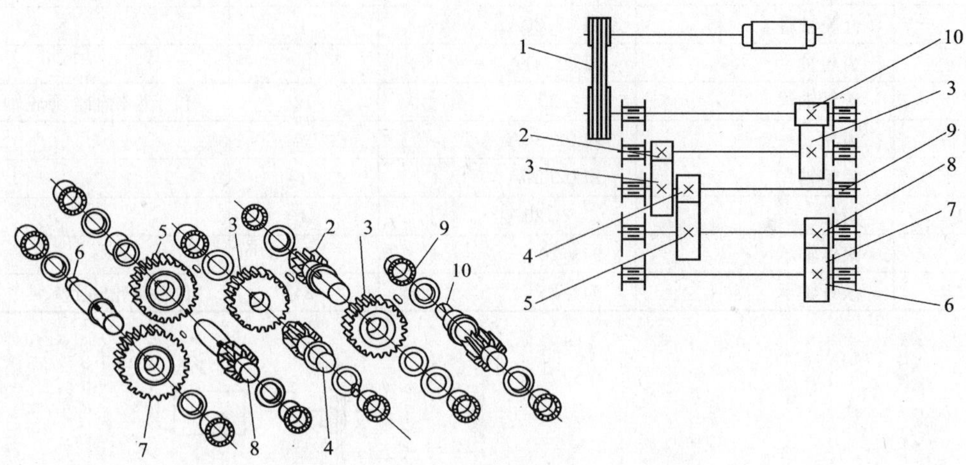

图 4-6　YZL-16C 和 YZD-16C 型咬口机传动系统示意图

4）YZA-10 型按扣式咬口机辊轮形状及名称示意图见图 4-7。

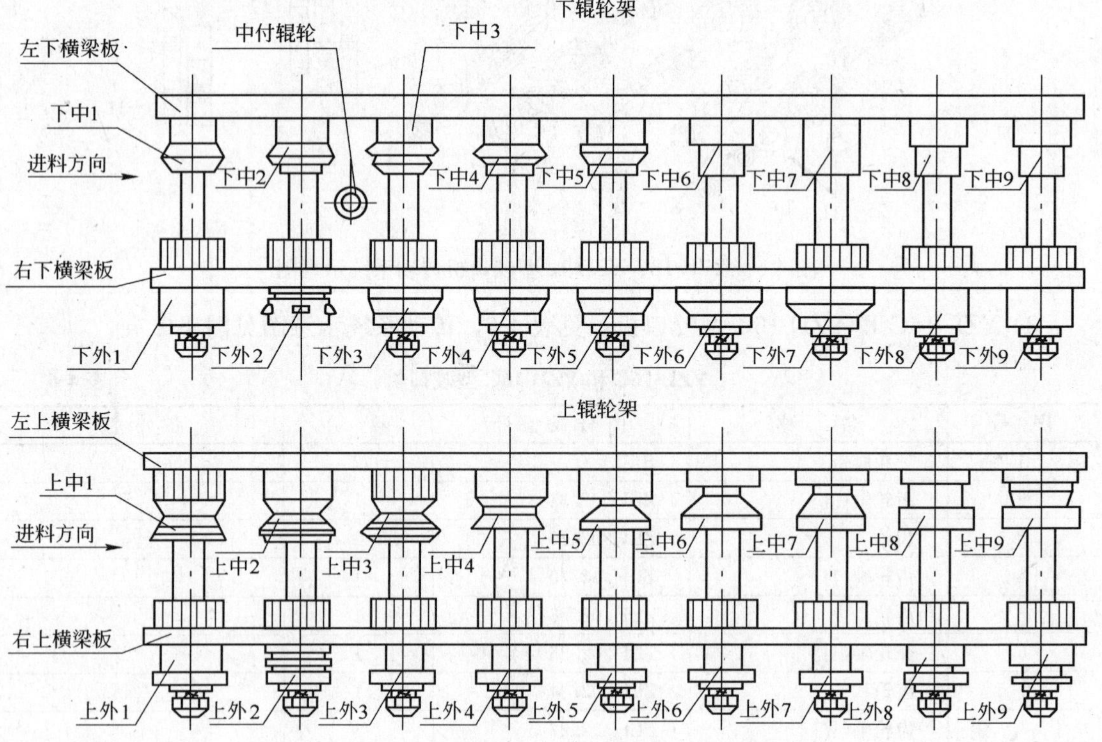

图 4-7　YZA-10 型按扣式咬口机辊轮形状及名称示意图

5）YZL-12 型联合角咬口机辊轮形状及名称见图 4-8。

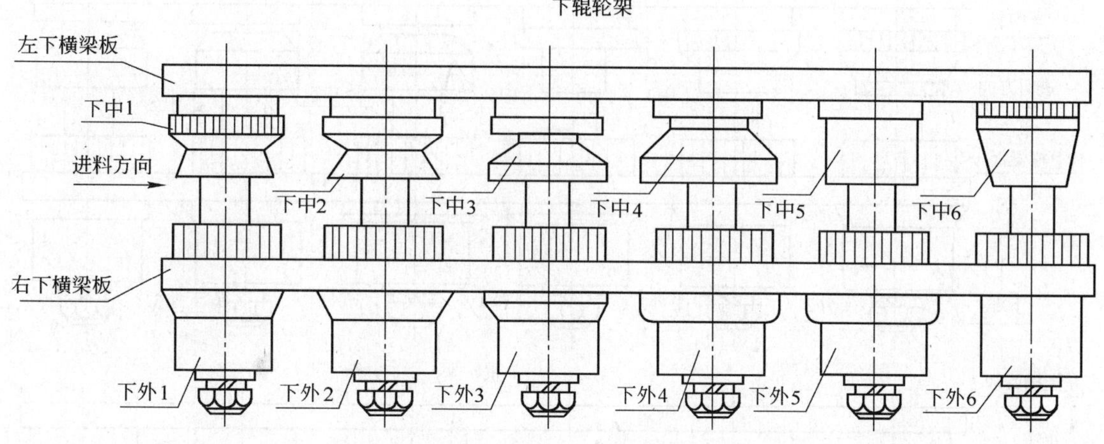

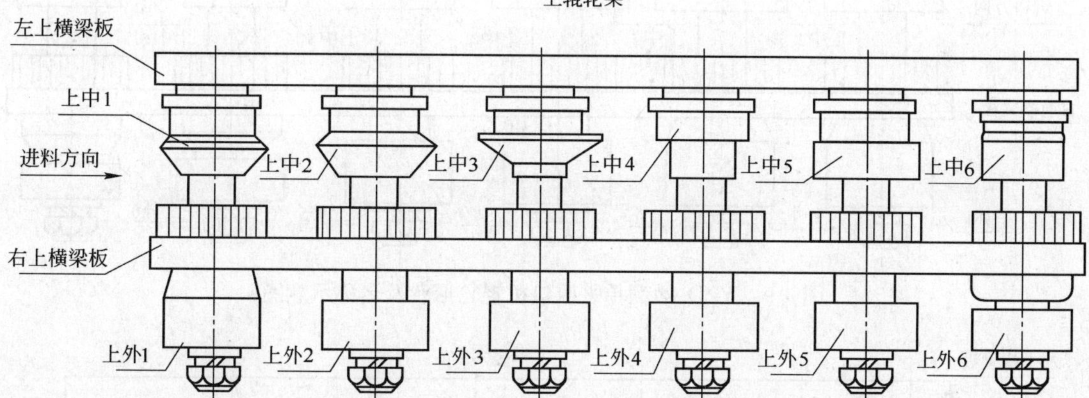

图 4-8　YZL-12 型联合角咬口机辊轮形状及名称示意图

6）YZD-12 型单平咬口机辊轮形状及名称示意图见图 4-9。

7）YZL-16C 型联合角咬口机辊轮形状及名称示意图见图 4-10。

2. YW 型咬口机

YW 型咬口机有 YWA-10 型弯头按扣式咬口机（它与 YZA-10 型按扣式咬口机配套使用）；YWL-12 型弯头联合角咬口机（它与 YZL-12 型联合角咬口机配套使用）。这种系列咬口机加工范围，效率及特点与 YZ 系列基本相同。

（1）主要技术参数（见表 4-7）

（2）设备结构

YWA-10 型咬口机头部分比 YWL-12 型多了上端一对加工按扣的主、副辊轮，其他结构基本上相同，主要由以下三部分组成：机架部分、机头部分、传动机构，见图 4-11。

机架部分由角钢、钢板焊接而成，其上装有台板、法兰等零件，机头装在台板上。电机安装在机架底部经三角皮带传至蜗轮减速箱，经蜗轮轴、联轴节传至主轴，主轴上装有主辊轮和传动齿轮，由主轴上的传动齿轮传至副辊轮。

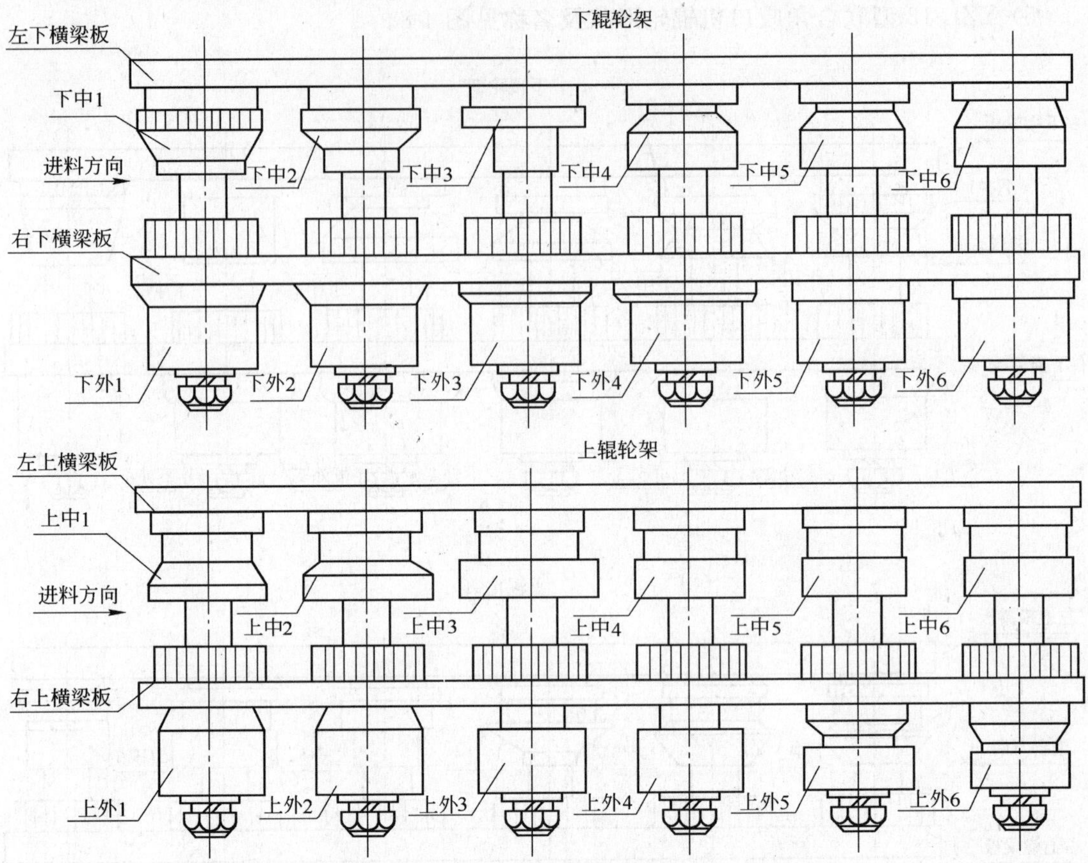

下辊轮架
左下横梁板
下中1
进料方向
下中2
下中3
下中4
下中5
下中6
右下横梁板
下外1
下外2
下外3
下外4
下外5
下外6
上辊轮架
左上横梁板
上中1
进料方向
上中2
上中3
上中4
上中5
上中6
右上横梁板
上外1
上外2
上外3
上外4
上外5
上外6

图 4-9　YZD-12 型单平咬口机辊轮形状及名称示意图

上辊轮架
左上横梁板
进料方向
上中1
上中2
上中3
上中4
上中5
上中6
上中7
右上横梁板
上外1
上外2
上外3
上外4
上外5
上外6
上外7
下辊轮架
左下横梁板
进料方向
下中1
下中2
下中3
下中4
下中5
下中6
下中7
右下横梁板
下外1
下外2
下外3
下外4
下外5
下外6
下外7

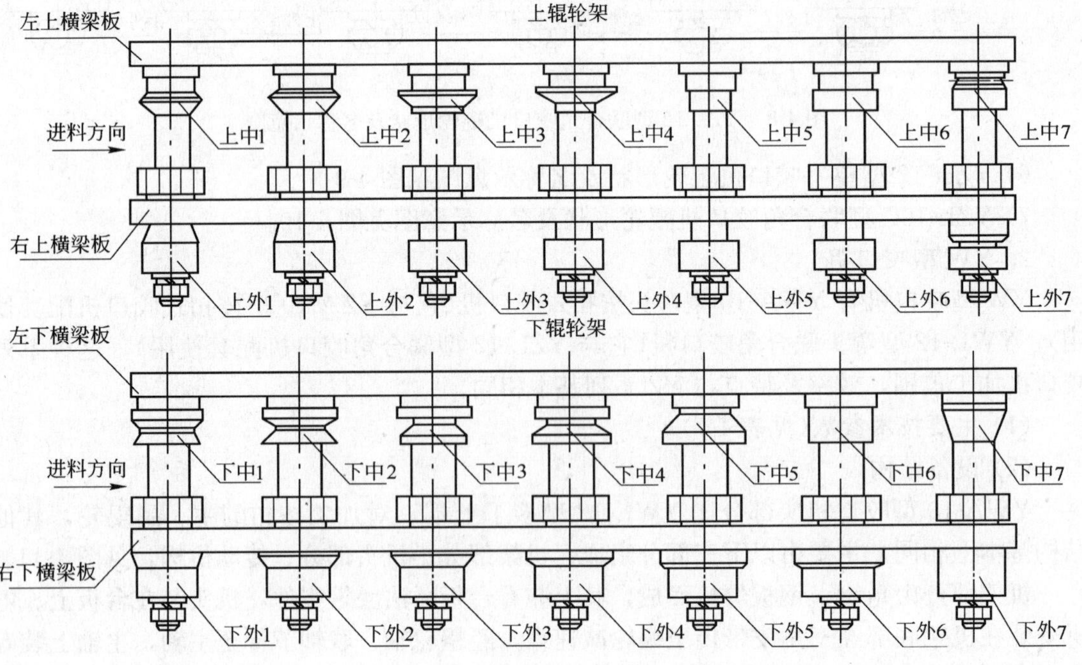

图 4-10　YZL-16C 型联合角咬口机辊轮形状及名称示意图

YZ 型、YW 型咬口机主要技术参数　　**表 4-7**

序号	项目 \ 名称及型号		按扣式咬口机 YZA-10 型	弯头按扣式咬口机 YWA-10 型	联合角咬口机 YZL-12 型	弯头联合角咬口机 YWL-12 型	单平咬口机 YZD-12 型
1	加工板材厚度(mm)		0.5～1.0	0.5～1.0	0.5～1.2	0.5～1.2	0.5～1.2
2	预留咬口尺寸(mm)	中辊	31	10	30	8	24
		外辊	11		8		10
3	加工最小外弯曲半径(mm)		—	200	—	200	—
4	加工最小内弯曲半径(mm)		—	150	—	150	—
5	咬口形状	中辊		下辊			
		外辊		上辊			
6	辊轮组数	中辊	9	下辊 1	6	1	6
		外辊	9	上辊 1	6		6
7	滚压成形工序		1	2	1	1	1
8	加工咬口风管形状		方、矩形	方、矩形弯头	方、矩形	方、矩形弯头	方、矩、圆形
9	配用电机	型号	$Y100L_1$-4	Y802-4	Y90L-4	Y802-4	Y90L-4
		功率	2.2kW	0.75kW	1.5kW	0.75kW	1.5kW
		转数	1400r/min	1400r/min	1400r/min	1400r/min	1400r/min
10	设备外形尺寸(mm)	长	1310	740	1060	740	1060
		宽	580	500	535	500	535
		高	935	950	950	875	905
11	设备质量(kg)		290	100	185	100	185

(3) 设备使用与保养

使用设备前根据咬口成形板材厚度，可对辊轮进行适当调整，YWA-10 型与 YWL-12 型咬口机其调整方法基本上相同。

1) 按照板料的厚度和弯曲半径的大小，将自动导向调整螺栓(4)调到与之相适应的位置。当板料厚度大或弯曲半径小时套筒 5 里的弹簧对自动导向架的压力应加大，反之应减小。

2) 板料的边缘如有不符合规定或成形不成直角时，可拧紧自动导向调整螺栓 4 以加大弹簧压力。

3) 下端折边工序，上端穿孔工序(YWL-12 型只有下端折边工序)应按照加工板材厚度，分别拧紧上、下端的辊轮调整螺栓 12 和 11，然后退回 1/4 圈。上、下端主、副辊轮的空隙就是 0.5～0.7mm 厚板材使用范围。板材越厚，辊轮调节螺栓退回的圈数越多。

4) 辊轮调整螺栓 12 和 11 拧得过紧，板料滚压成形后会使边缘有波浪形起伏，应将螺栓拧松。如起伏较小，可把自动导向架板到停止位置，取出板料重新滚压，起伏即可消除。

5) 把板料的边角在台板 13 的槽口 14 处折弯后先送入下端主、副辊轮(9)和(10)之间，然后送入上端按扣主、副辊轮 7 和 8 之间，为了很好"起步"可微调上、下端辊轮调整螺

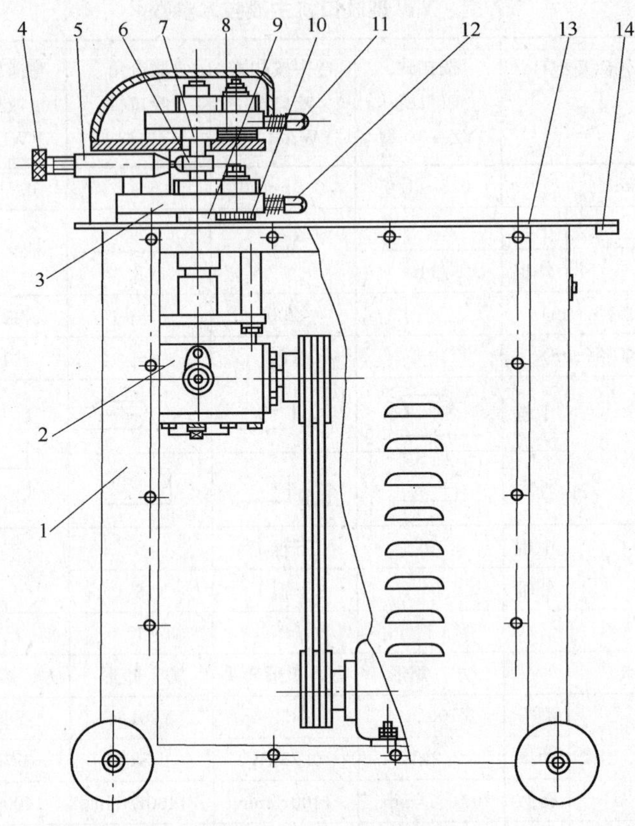

图 4-11　YWA-10 型咬口机

1—机架；2—蜗轮减速箱；3—机头；4—自动导向调整螺栓；5—套筒；6—自动导向架；7—上主辊轮；8—上副辊轮；9—下主辊轮；10—下副辊轮；11—上辊轮调整螺栓；12—下辊轮调整螺栓；13—台板；14—槽口

栓 11 和 12，同时在“起步”时手稍微加些力量，把折的边角送入主、副辊轮之间以后，板料就可在自动导向架的作用下自动滚压。

6）板料的弯曲半径由很大突然过渡到很小时，要用手在自动导向架上加力辅助。

7）机械传动部件特别是上、下主副辊轮，必须加油润滑，防止镀锌皮粘在辊轮表面，影响加工质量。

8）减速箱应保持一定的油位，每半年更换一次润滑油。

9）使用时电机要有接地装置。

3. YZC-10 型插接式咬口机

（1）用途与性能

这种咬口机是以滚压成型的各种结构形式的插条（⎣⎦ 型和 ⊏⊐ 型）进行风管的对口连接。

插接施工工艺，可提高工效，缩短工期，还可节省金属材料。

（2）工作原理

利用一台 1.5kW 电动机，通过四级圆柱齿轮减速，并将动力传至 7 组不同形状的辊轮，使板材在辊轮中间，一次连续滚压成形。

（3）主要技术参数见表 4-8。

YZC-10 型插接式咬口机主要技术参数　　表 4-8

咬　口	板材厚度	1.0mm
	形状与尺寸	中辊：（26，31，26）　外辊：（28，4.5，4）
成形速度		V>7.5m/min
电 动 机		型号：Y90L-4 N=1.5kW n =1400r/min
外形尺寸		1230×640×980
总 质 量		295kg

(4) 下料尺寸

⌈⌋ 型料宽：108mm

⊂⊃ 型料宽：53mm

(5) 插条的应用

1) 范围：该型插条只用来对矩形风管的直管段风管的对接，风管的边长尺寸在120～800mm 范围内，均可采用本机滚压的插条进行对接，也可以根据风管尺寸的大小设计要求，工程系统及施工现场的实际情况决定，通常小尺寸风管，可全部采用 ⊂⊃ 型插条对接；对大尺寸的风管，可在立面采用 ⊂⊃ 型插条，上下平面采用 ⌈⌋ 型插条。

2) 插条制作的要求：

① ⊂⊃ 型插条的要求：考虑到该插条的安装定位和施工操作的方便性，装配在水平位置和竖直位置的插条，应分别做成如图 4-12 的形状。

装配时应先插装风管上下水平插条，然后插装竖直插条，且插装到位后，即将“舌头”折弯，贴压在已插装的水平插条上，达到定位的目的。

风管下料时，两端要预留与插条配合的 2×10mm×180°翻边的加长量。

② ⌈⌋ 型插条的要求：该型插条，一般用于大尺寸风管的上下平面的对接。它可以提高风管对接的刚度。

采用 ⌈⌋ 型插条对接风管时，风管下料长度要加长 22mm×90°的折边量和上下风管的 26mm 的重叠量，见图 4-13。

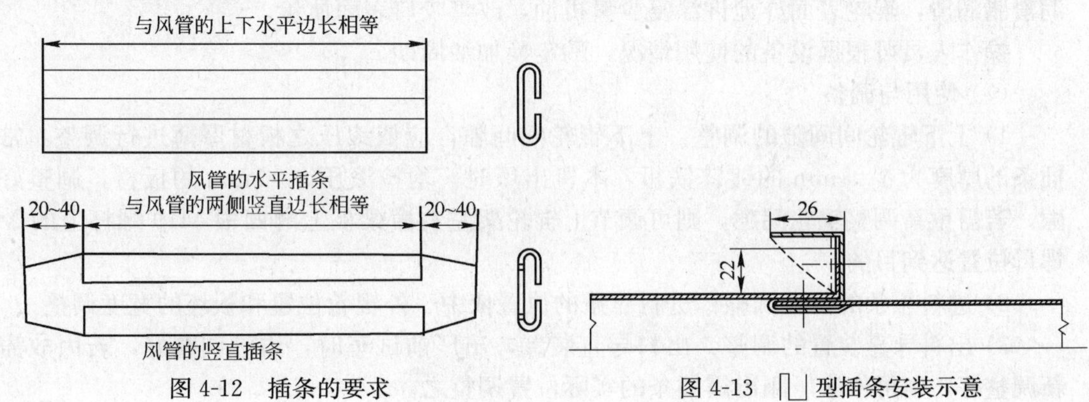

图 4-12　插条的要求　　　图 4-13　⌈⌋ 型插条安装示意

⌊⌋型插条，具有折弯后的立筋（见图 4-13 之虚线），并可沿粗点划线位置加铆铆钉，这样就可以大大提高系统的刚性。

3）漏气性

① 在一般的通风、空调换气系统中，由于空调管道的设计，送回风均有保温设施，对 120～800mm 范围内的风管，采用本型插条对接，经有关单位的试验测量，在不采用其他附加密封条件时，就能满足系统漏风量不大于 10%的设计要求。

② 对要求较高的恒温恒湿系统，根据有关单位的试验测量，在粘贴铝箔密封条后，其系统的漏风量小于 1%，优于角钢法兰连接的效果。

（6）结构与润滑

1）结构：YZC-10 型插接式咬口机由机架、下辊轮架、上辊轮架组成。

① 机架：机架用 40 号角钢和 $\delta=1.5$mm 钢板焊接而成。机架底部有四个橡胶轮，便于施工转移，机架的台面板上，装有进料靠条、出料导直装置、电动机安装在机架内的底框架上。

② 下辊轮架：下辊轮架由左、右下横梁板和下外辊轮、下中辊轮、辊轮轴、传动下齿轮、传动中间齿轮及传动变速齿轮 1～5、大皮带轮组成，以上零件由八根支撑轴上的 M12 螺母紧固成下辊轮架。

下辊轮架安装在机架的中横梁上，并由四个 M10 螺钉，通过固定板定位固死在机架上。

在下辊轮架的横梁板上，有四根 M10 双头螺栓，供调节上下辊轮架的辊轮之间隙；有二根 ϕ10 柱销，供定上下辊轮架之位。

③ 上辊轮架：上辊轮架由上中辊轮、上外辊轮、辊轮轴、传动上齿轮、折导板、立辊、上左、右横梁板等组成，以上零件由六根支撑轴和 M12 螺母紧固成上辊轮架。

上辊轮架通过二根 ϕ10 定位柱销定位和四根 M10 螺栓与下辊架组装一体并达到调整上下辊轮间隙之目的。

折导板、立辊通过 M16 螺杆、螺母安装在支架上，并根据滚压成型的实际尺寸需要，可调整其位置。

上辊轮架上装有防护罩。

2）润滑：该咬口机的传动，为开式圆柱齿轮传动，所有齿轮、滚动轴承均涂复锂基润滑脂润滑，辊轮表面亦允许涂复少量机油，改善咬口表面质量。

操作人员可根据设备的使用情况，酌定换加油周期。

（7）使用与调整

1）上下辊轮间间隙的调整：上下辊轮间间隙，应依滚压之板材厚薄进行调整，常用插条的厚度为 $\delta=1$mm 的镀锌铁板，本机出厂时，均按滚压 $\delta=1$mm 的板材，调整好间隙，若需重新调整辊轮间隙，则可调节上辊轮架左右横梁板上的四根 M10 螺杆上的 M10 螺母位置达到目的。

2）进料靠条的位置调整：进料靠条的位置依中、外辊轮位置和板坯的宽度调整。

3）出料导直装置的调整：出料导直装置，出厂前试车时，均已调整好，若因故需重新调整好，则可依滚压刚出露插条的实际位置调整之。

4）外辊侧下横梁板的平导板位置的调整：外辊轮侧下横梁板的平导板，调整平导板面与第 6、7 二辊轮节圆水平切线重合即可，此平导板出厂前已调整好并已固死，不必进行调整。

5）折导板、立辊按“结构与润滑”中叙述之方法调整之。

6）应经常清除辊轮表面的污物、锌皮、保持辊轮表面清洁。

（8）安全注意事项

1）插接式咬口机为开式齿轮传动，根据使用频繁程度，必须定期涂加锂基润滑脂。

2）开机前应罩上防护罩。

3）接通电源后，指示灯即亮，应检查接地是否良好。

4）该机滚压中途，绝不允许换相开倒车，否则会损坏机器。

（9）易损件

1）滚针轴承：7941/25(或 941/25)34 个。

2）滚针轴承：7943/20(或 943/20)6 个。

3）变速齿轮：见图 4-14。

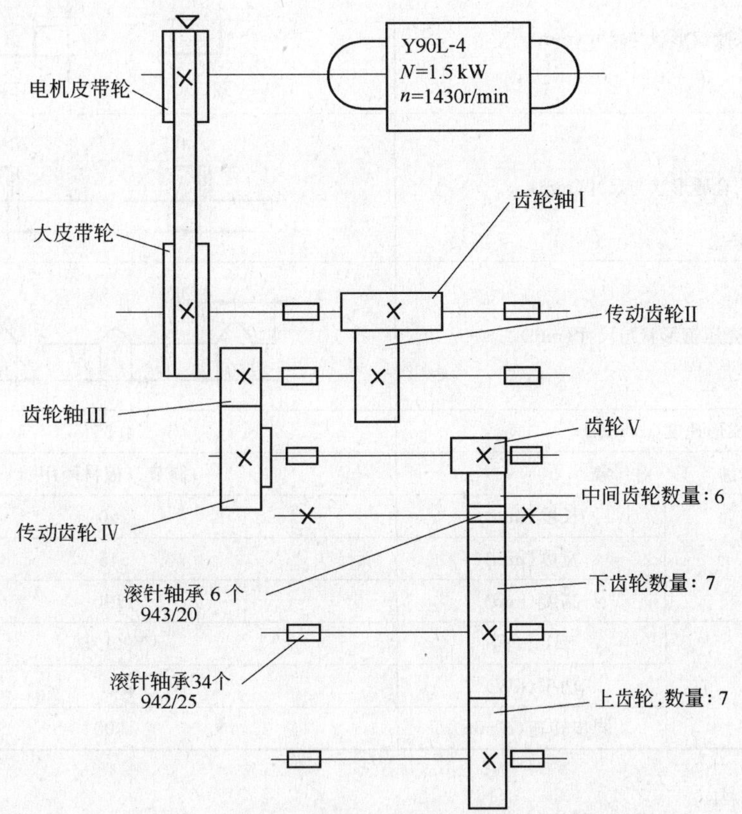

图 4-14　YZC-10 型插接式咬口机传动原理图

4）辊轮：本咬口机所有辊轮均采用 9 sicr 整体淬火，硬度达 HRC 58，而磨性好，辊轮上均打有字号，例如：上外辊轮 3 打字号为 SW-3；下中辊轮 5 打字号为 XZ-5，依此类推，需购备件时，可依辊轮上的打印字号购买。

4. YWY-12 型圆弯头咬口机

该咬口机主要是用于圆形风管的咬口。它具有操作方便、适应性好、移动方便等特点，大大减轻了手工简单劳动强度，既可在筒节上咬口、压箍、合缝，又可在板材上咬口、压箍，咬口尺寸可根据板材厚度和风管直径灵活调整，咬口形状标准，操作易掌握。

YWY-12 型圆弯头咬口机，具有 7 套成型辊轮，其中 2 套成型辊轮用于圆弯头加工，2 套成型辊轮用于圆弯头合缝加工，另 3 套用于金属保护压箍加工，只需更换不同的辊轮，就可达到所有要求加工的形状。

(1) 主要技术参数(见表 4-9)

YWY-12 型圆弯头咬口机主要技术参数　　**表 4-9**

项目		参数
最小弯头直径(mm)		150
最小压箍直径(mm)		150
最大成形板厚(mm)		1.2
圆弯头咬口形状与尺寸(mm)		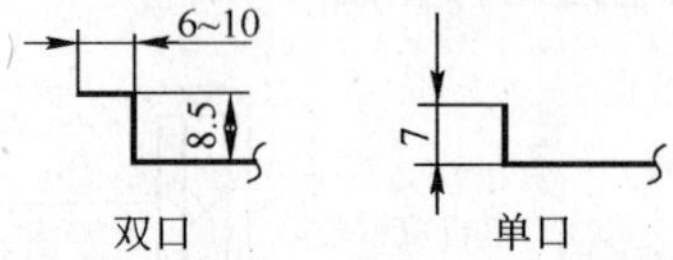 6~10；8.5；7；双口；单口
圆弯头合缝形状与尺寸(mm)		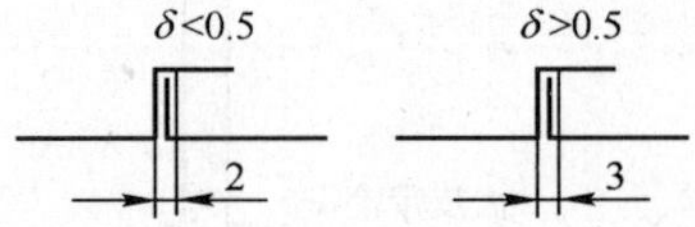 $\delta<0.5$：2；$\delta>0.5$：3
金属护壳压箍形状与尺寸(mm)		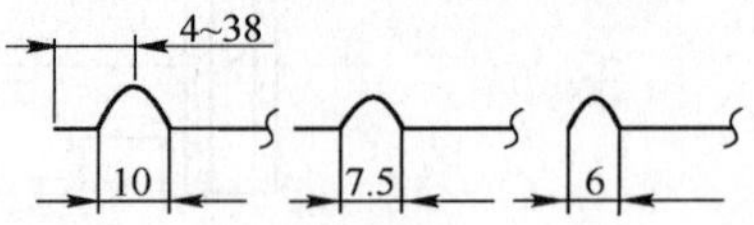 4~38；10；7.5；6
成形速度(m/min)		4.55
加　工　对　象		筒节、板材两用
外 形 尺 寸	长度(mm)	760
	宽度(mm)	545
	高度(mm)	1190
配 用 电 机	型　号	Y90L-6
	功率(kW)	1.1
	同步转速(r/min)	1000

(2) 设备结构

本机主要由机头部件、定位机构、机架及传动系统等组成，见图 4-15。

1) 机头外有两副成型辊轮及手轮，取料和送料时，旋转手轮将两辊轮脱离，成形时，旋转手轮使两辊轮逐渐接近，箱体内有蜗轮-蜗杆传动副，其传动比大，结构紧凑且机头底部带有一油池，蜗轮浸入油中，确保设备寿命，降低噪声。

2) 定位机构由定位板、挡料板、高头螺杆等组成。该装置具有定位准确，导向精度

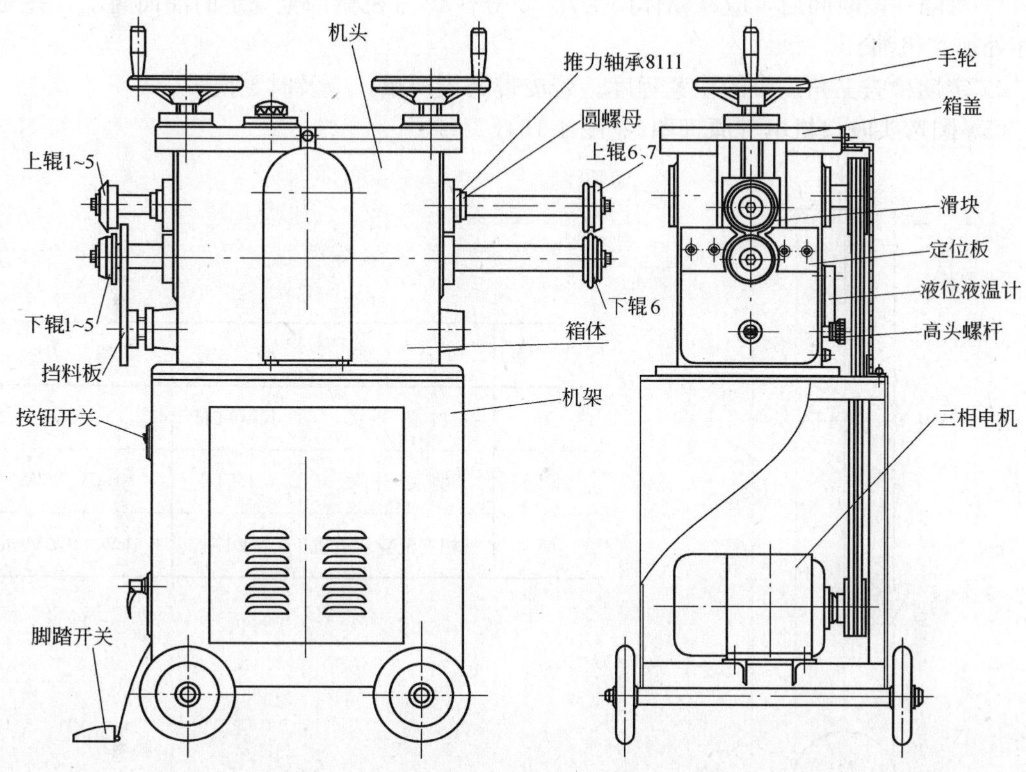

图 4-15　YWY-12 型圆弯头咬口机结构示意图

高等特点，调整时旋松高头螺杆，向前或向后调整挡料板，达到所需加工形状对应的定位尺寸后，旋紧高头螺杆即可。

3）机架为焊接结构，并且装备有脚轮，使该机具有推动省力，移位方便等优点。

在机架中设有一贮线箱，以存放备件及在非工作状态贮存电源线脚踏开关等，保证电源线不受拖拉磨损等破坏。

4）传动系统由皮带传动，蜗杆传动和齿轮传动组成，安装于机架底部的电机动力和运动经皮带传动，蜗杆副传动和齿轮传动，从而使辊轮轴获得等速反向运动。

（3）设备调整

1）工作前，首先旋松高头螺杆，移动定位板，使之达到所需加工形状对应的定位尺寸后锁死。

2）在板材上咬口或压箍时，首先旋转手轮，调整好两辊轮之间的间隙，后启动电机，将板材从一侧送入，经一次滚压即可成形。

3）在筒节上咬口、合缝或压箍时，先将筒节套在下辊轮上旋转手轮到一定位置，使筒节在一周压出一道定位线，然后再旋转手轮，逐渐滚压成形，否则，在成形过程中将出现跑偏或材料开裂等现象。

4）本机只能由熟悉整机构造并掌握使用、调试、维修与保养方法的技工操作，最好由专人保管。

（4）设备保养

1) 每隔一段时间后，应在箱体内加注20号～30号机械油至规定的油面高度，并对各油杯处加注机油。

2) 定期检查三角皮带的松紧程度。若皮带磨损严重，应及时更换。

(5) 圆弯头咬口机电气原理图(见图4-16)

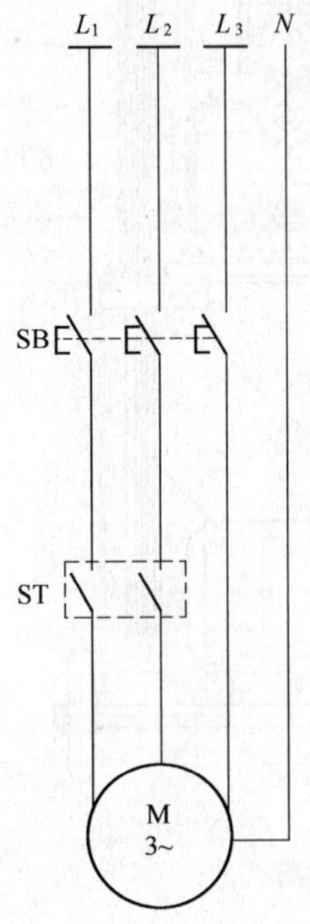

代　号	名　　称	型　号	备　　注
SB	按钮开关	KAO-5H	500V
ST	脚踏开关	LT4	100V、5A
M	三相交流异步电机	Y90L-6	1.1kW　970V/min

图4-16　圆弯头咬口机电气原理图

三、折方机

1. WS-12手动折方机

(1) 用途

这种折方机可折曲厚0.3～1.2mm的钢板呈90°形状。

(2) 结构与工作原理

见图4-17，将钢板放在上刀片与下模之间，转动手轮通过传动机构，使上刀片滑动一个工作行程后即可成形。当加工成批同规格的板料，用靠尺定位。加工薄或窄板时，只需用手轮施力。加工较厚或宽板时，可使用棘轮装置在加力杠杆上施力。

操作时，杠杆与手轮同时使用，应转向一致。杠杆使用完毕，应将其拔出，使棘爪与棘轮脱离。

(3) 主要技术参数

总体尺寸(mm)：2740×803×1292(长×宽×高)

加工范围(mm)：2000×(0.3～1.2)(长×厚)

工作行程：C=60mm

传动比：i=3.86

整机重量：P=650kg

(4) 使用调整方法

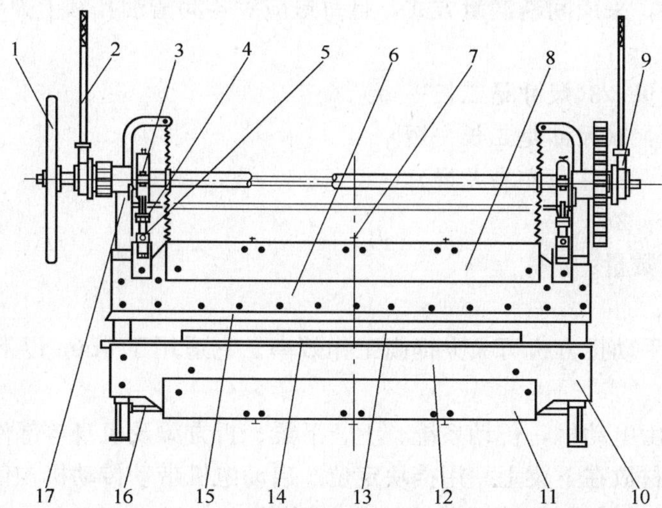

编 号	部件名称	数 量	编 号	部件名称	数 量
1	手 轮	1	10	连接螺杆	4
2	加工杠杆	2	11	下夹板	2
3	上下轴瓦	4	12	下刀架	1
4	紧固帽	2	13	靠尺组件	1
5	调整拉杆	2	14	下 模	1
6	上刀架	1	15	上刀片	1
7	预紧螺栓	6	16	连接杆	4
8	上夹板	2	17	机 架	2
9	棘轮组件	2			

图 4-17 WS-12 型手动折方机结构简图

使用前，应根据加工板材厚度和形状对下模（见图4-18）和上刀片进行必要调整。

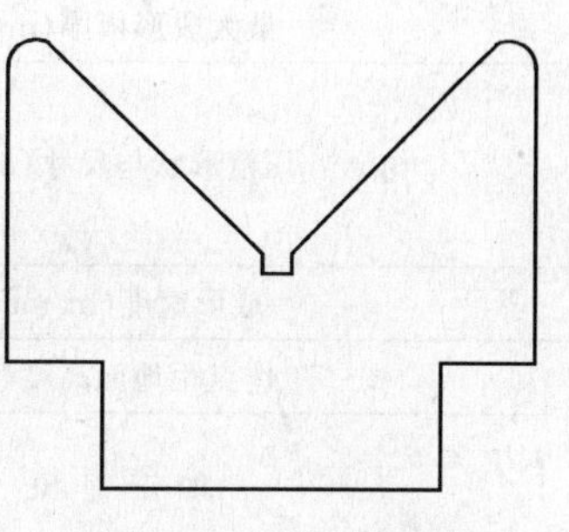

图 4-18 下模示意图

1）上刀片调整方法

要使加工效果符合规定，可以使用专用扳手通过旋转调整拉杆来调节上刀片和下模间的相对高度 h 而实现。

① 加工较厚板材比加工较薄板材相对高度 h 较大。

② 两边同时调节后，应使上刀片与下模上平面相互平行，不平行度不大于 0.5mm。

③ 逆时针旋转紧固帽，使之与下轴瓦靠紧。

2）靠尺调整方法

松开靠尺两端螺栓，使靠尺正面与上刀片平行后再旋紧螺栓即可。

3）下刀架调整方法

通过调整下刀架与机架间的连接螺杆，使上刀片中心线与下模中心线重合。

(5) 维修保养

1）使用前，若旋转手轮较沉，或轻沉不均，可以调节四根拉杆，使旋转轻松。

2）使用过程中，采用间断润滑方式，且每班应对各润滑油孔和上刀架滑道加润滑油。

（6）易损件

1）上刀口，数量：3(尺寸是二长一短)

2）下模，数量：3(尺寸是二长一短)

3）棘轮，数量：2(注意左右差异)

4）棘爪，数量：2

5）提升弹簧，数量：2

2. 电动折方机

电动折方机比手动折方机可大大提高工作效率。它适用于4mm以下的板材，宽度在2000mm以内。

电动折方机是由电动机，传动系统、上、下梁、折方梁及机身等部件组成。

操作时，将板材放在下梁上，用挡块定位。启动电机带动传动机构使上梁和折方梁动作，上梁压紧板材，折方梁转动将板材折成90°形状。

使用设备前，要检查离合器、连杆等部件是否动作灵活无误，同时在空转条件下工作正常。加工的板材长度大于1m时，应由二人进行作业，确保加工顺利进行。在板材折方时，操作人员动作要协调，并远离机身，以防止翻转板材碰伤。

在折方机使用过程中，要定时对各润滑点加注润滑油(脂)，保证设备的正常运转。

四、压箍机

YG-100A型压箍机是陕西省安装机械厂生产的一种既可在筒节上压箍，又可在板材上压箍，使金属保护层的制作实现了机械化。

1. 规格及性能(见表4-10)

YG-100A型压箍机规格及性能　　**表4-10**

最小压箍直径(mm)		100
最大成形板厚(mm)		0.75
压箍形状与尺寸(mm)		3.5　4~38
成形速度(m/min)		4.52
工作点距地面高度(mm)		890
加工对象		筒节 板材　两用
外形尺寸	长　度(mm)	598
	宽　度(mm)	415
	高　度(mm)	1212
整机重量(kg)		127
配用电机	型　号	Y90S-6
	功　率(kW)	0.75
	同步转速(r/min)	1000

2. 结构

压箍机主要由机头、蜗轮减速机、联轴器、定位机构及机架等组成，见图 4-19。

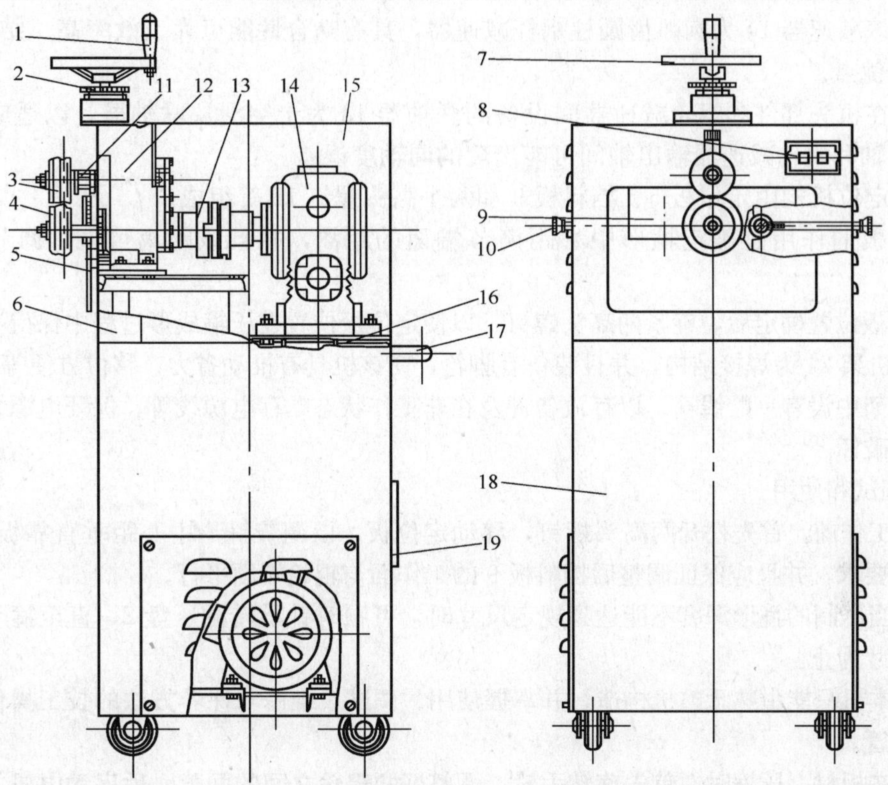

序 号	图号 型号	名 称	数 量	备 注
1		手 柄	1	
2		调压盘	1	
3	YG-05.00	副辊轮	1	
4	YG-06.00	主辊轮	1	
5		定位板	1	
6		前挡板	1	
7		手 轮	1	
8	KAD-5H	按钮开关	1	GB 1497—79
9		挡料板	1	
10		高头螺钉	2	
11		调整螺母	2	
12		机 头	1	
13		十字滑块联轴器	1	
14	WHT-08-7	蜗轮减速器	1	
15		后 盖	1	
16	0 型-1400	三角胶带	2	
17		推 把	1	
18		机 架	1	
19		贮线箱	1	存放电源线

图 4-19 YZ-100A 型压箍机

(1) 机头部件 12 上装有一副成形辊轮 3 和 4，并且还设有手轮 7。取料和送料时，旋转手轮将两辊轮脱离；成形时，旋转手轮使两辊轮逐渐接近。

(2) 该减速器 14 为圆弧齿圆柱蜗杆减速器，具有啮合性能可靠、效率高、结构紧凑、重量轻等优点。

(3) 在机头部件和蜗轮减速器间设备的联轴器 13 为十字滑块联轴器，以适应机头部件的输入轴和蜗轮减速器输出轴间可能出现的同轴度误差。

(4) 定位机构由定位板 5、挡料板 9 和两个高头螺钉 10 等组成。

定位板的作用是确定箍形中心距筒节端面的距离，并且该距离可调，调节范围为 4～38mm。

定位板位置确定后，旋紧两高头螺钉，以使定位板位置在压箍成形过程中保持不变。

(5) 机架 24 为焊接结构，并且装备有脚轮，使该机具有推动省力、移位方便等优点。

在机架中设有一贮线箱，以存放备件及在非工作状态贮存电源线等，保证电源线不受拖拉磨损等破坏。

3. 调试和使用

(1) 工作前，首先松开两高头螺钉，移动定位板，以调节箍形中心距垂直靠板的距离，使之符合要求，并且应保证调整后挡料板 9 的工作面与辊轮端面平行。

(2) 当压制的箍形深度不能达到规定尺寸时，可顺时针旋转调压盘 2，直至箍形深度达到设计尺寸为止。

(3) 本机只能由熟悉整机构造，并掌握使用、调试、维修与保养方法的技工操作，最好由专人保管。

(4) 在板材上压箍时，首先旋转手轮，调整好两辊轮之间的间隙，后启动电机，将板材从一侧送入，经一次滚压即可成形。

(5) 在筒节上压箍时，先将筒节套在下辊轮上，旋转手轮到一定位置，使筒节在一周压出一道定位线(深度约 2mm)，然后再旋转手轮，逐渐滚压成形，否则，在成形过程中，将会出现跑偏或材料开裂等现象。

4. 维护与保养

(1) 设备内部发生故障时，应拆去后盖 15 等，然后视具体情况加以调修、故障排除后，应旋紧所有连接螺栓或螺母。

(2) 使用一段时间后，由于胶带磨损，可能会出现松弛现象，此时，可旋松电机与机架间的螺栓，待胶带重新张紧后，将螺栓紧固。

(3) 每隔一段时间后，应在蜗轮减速器内加注 30 号机械油至规定油面高度。

5. 使用注意事项

(1) 设备移位时，不应在机头盖 15 上施加推力。

(2) 维修后，机头、蜗轮减速器与机架的纸垫等应维持原状，否则，两者之间的联轴器将不能正常工作。

(3) 不可将调压盘旋至最低，否则会增大噪声，影响环境。

(4) 所有板材的端面应由机械剪切方法获得，压箍前，筒节不得有扭曲等缺陷，否则均影响筒节间的连接。

(5) 在使用或移位过程中，不许在电源线上施加拉力，否则，电机将会出现缺相或失电等现象。

五、薄板卷圆机(BY-2×2000A 型)

薄板卷圆机主要是加工圆形风管的，它与前面的 YZD-12 型单平咬口机配套使用，实现了风管卷圆工序的机械化。

1. 主要技术参数(见表 4-11)

薄板卷圆机主要技术参数　　表 4-11

<table>
<tr><td colspan="2">最大卷板厚度</td><td colspan="4">2mm</td></tr>
<tr><td colspan="2">最大卷板宽度</td><td colspan="4">2000mm</td></tr>
<tr><td colspan="2">最小卷圆直径</td><td colspan="4">200mm</td></tr>
<tr><td colspan="2">卷圆速度</td><td colspan="4">7m/min</td></tr>
<tr><td colspan="2">外形尺寸</td><td colspan="4">(长×宽×高)2745×440×956mm</td></tr>
<tr><td colspan="2">设备重量</td><td colspan="4">530kg</td></tr>
<tr><td rowspan="3">配用电机</td><td>名　称</td><td>型　号</td><td>功　率</td><td>同步转速</td></tr>
<tr><td>回转电机</td><td>Y90L-4</td><td>1.5kW</td><td>1500r·p·m</td></tr>
<tr><td>升降电机</td><td>Y90S-6</td><td>0.75kW</td><td>1000r·p·m</td></tr>
</table>

2. 结构

本机为调节式对称三轴辊卷圆机。见图 4-20。它是由主动轴辊(侧轴辊)回转机构、被动轴辊(上轴辊)调节机构、机架部分、控制部分等组成。

(1) 通过皮带(37)传动、蜗轮减速箱(36)及齿轮(14)传动将回转电机(38)的运动和动力传至侧轴辊(10)，使两侧轴辊同向同步旋转。

(2) 通过皮带(34)传动、蜗杆传动及螺纹传动使升降电机(35)的回转运动转变为上轴辊(6)的上、下移动，以实现卷弯不同直径的风管。

(3) 机架部分：由槽钢焊接而成。

(4) 取料装置：取料装置是为方便地取出卷制好的小风管而设置的，其是通过螺杆传动将操作者施加在手轮上的旋转运动转变为螺杆的直线运动，从而对轴头(16)的球形端施加压力使上轴辊绕右支架(12)的铰接点处向上翘起，以从上轴辊左端取出风管。

(5) 控制部分可以实现回转电机和升降电机的正、反转及停止动作。

3. 使用

本机只能由熟悉整机构造原理并掌握使用和保养规程的技工使用，最好由专人保管。

使用前，请仔细检查减速箱油位是否合适，各摩擦部位润滑脂是否充足，电机接地是否正确可靠等，经检查无误后，方可开始工作。

板材在卷弯前，应在 YZD-12 型单平咬口机上完成咬口工序，下料长度为：

$$L=3.14D+B_{中}+B_{外}$$

式中　D——所加工风管的公称直径(mm)；

$B_{中}$——中辊成形预留咬口尺寸 24mm；

$B_{外}$——外辊成形预留咬口尺寸 10mm。

完成咬口工序后，将钢板置于上、下轴辊之间准备卷弯，首先启动升降电机，使上轴辊向下移动，压紧并压弯钢板到一定程度，此时再启动回转电机，使下轴辊旋转以带动钢板向前送进，从而将钢板均匀弯曲，通常一次卷弯不能达到所要求的变形程度，可将上轴辊再下降一点，两下轴辊作反向旋转，继续卷弯，这样，经过几次反复卷弯后，便可将钢板卷弯到所要求的弯曲程度。

取料时，首先点动升降电机，使上轴辊向上移动少许，卸去上轴辊左端的活套滑块(4)，然后旋转取料装置中的手轮，使上轴辊翘起，完成取料工作。

接着，反向旋转手轮，使上轴辊外于水平位置后，装上活套滑块。

对于直径较大的风管，在卷圆后，可直接用手将风管从上轴辊中拉出，这样将显著提高工作效率。

4. 维修保养

(1) 每班在工作前，应在设备两侧油杯(共 11 个)上及传动轴(11)两端的蜗轮蜗杆啮合部位(共两处)加注润滑脂。

(2) 设备最好放置于室内使用，如置于室外，停机后，应在开关架，两个电机上覆盖防雨物品。

(3) 使用中应检查两电机皮带的松紧程度，皮带过松时，应及时调整电机位置，然后紧固电机，皮带磨损严重后，应更换皮带。皮带型号见表 4-12。

皮带型号　　**表 4-12**

电机名称	皮带型号	标称长度(mm)	皮带根数
回转电机	A	864	2
升降电机	O	739	1

(4) 当卷弯的工件呈喇叭状时，可拆开中间传动轴一端的十字接头，然后启动升降电机，通过升或降一端上轴辊的位置来消除上、下轴辊的平行度误差。上、下轴辊平行度允差≤1/1000(mm)。

六、塑料圆型风管纵缝热对挤焊机

塑料圆形风管在制作中，当风管弯曲成型后，风管的纵缝通常采用塑料焊条焊接。核 23 公司在塑料管纵缝焊接采用了热对挤焊的方法。现对焊机的构造及热对挤焊工艺过程作一介绍。

1. 热对挤焊机结构

见图 4-21，它是由气压传动、机械传动、电加热器等几个部分组成。

气压系统共有 5 个气缸，其中有 4 个夹紧工件，另一个控制电加热器动作，对挤焊过程是采用机械传动来完成。

电加热器由外部紫铜板和内部电炉丝，绝缘瓷珠等组成，其他设备由型钢支架、压空管线、照明灯泡(110V、8～15W)、自耦变压器(5kVA，0～250V，20A，电压130～140V，容量 1.69kW)等附件配成。

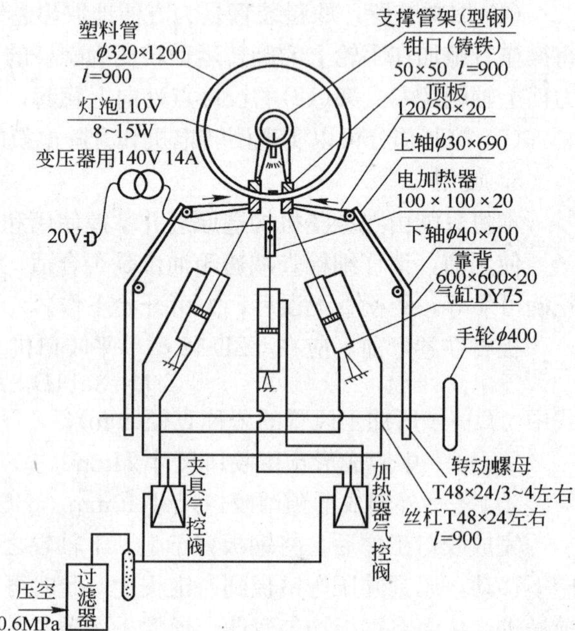

图 4-21　热对挤焊机结构示意图

2. 主要技术参数

塑料管规格：$\phi320\sim\phi1200$mm，$\delta=4\sim20$mm，L=900mm。

气缸气压：0.5～0.6MPa。

加热器表面温度：200～250℃。

电炉丝采用镍铬丝，直径 1mm，绕成外径 8mm，间距为每 10mm 为 3 圈，长 2m，电阻 10Ω 左右。

翻浆宽度：1.5～2mm。

冷却时间：2min。

抗拉强度：＞30MPa。

焊合压力：0.8～1MPa。

3. 对热挤焊操作过程(见图 4-22)

准备工作：加热器送电预热 20～30min，硬塑料管板夹在装置钳口上。

加热：电加热器通过气缸动作伸入到管子纵缝管口中，接着转动手轮，使焊口对着电热板受热，到熔熔翻浆为止。

撤电热器：手轮倒转，使塑料翻浆处脱离铜排，将电热板撤离，气缸活塞复位。

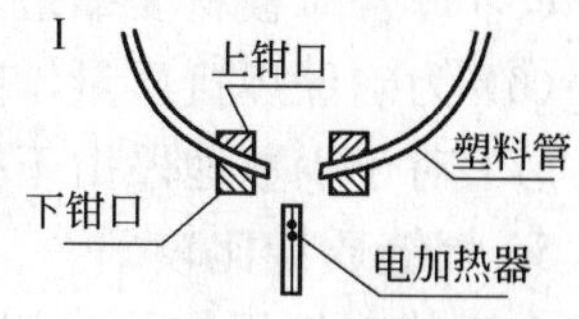

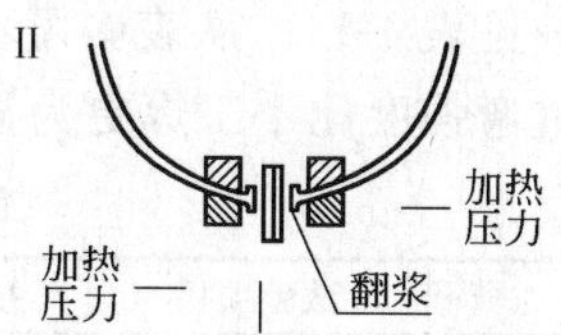

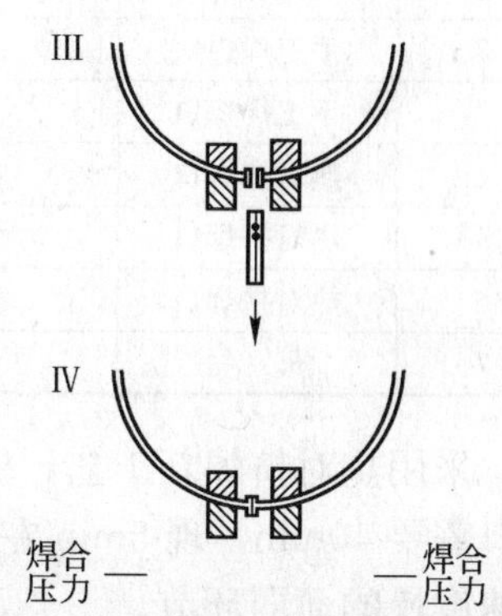

图 4-22　热对挤焊过程示意图

焊合：控制手轮用一定压力将塑料管纵缝挤合在一起，压力要大，当自然冷却 2min 后，即成坚固焊缝，将焊好管子取下，并把电热器表面残渣清理干净。

4. 操作时注意点

(1) 用半导体电接点温度计或水银温度计测量加热器表面温度，其温度与材质、气温环境等不同而有差异。实际焊接加温时可采用塑料条试验，即将塑料条对着加热板轻推，如能均匀翻出浆来，塑料熔浆粘在电热板上，又不立即烧焦，这时电热板温度是合适的。反之焊口出现烧焦现象，要及时调整电压使其达到标准加热温度。

(2) 要合理掌握加热压力和挤焊压力，当塑料焊口预热时，焊口与加热板的接触压力(即加热压力)，当压力太小时，焊合面翻不出浆来，容易使之烧焦；当压力太大，挤浆太快，塑料不能充分预热，挤压质量不易保证。因此，挤焊压力应比加热压力大些，但要合适，否则焊口可能滑移，产生上下错位现象。另一方面，挤焊压力大些，还可以使在加热时产生的汽泡被挤小或挤掉，焊口的结合更加致密坚固，从而提高焊缝强度。

(3) 加热翻浆要在焊口全长内均匀分布，翻浆的宽度应符合要求，翻浆程度要适当，否则会使焊口熔浆过分挤向两边。

(4) 加热时间不应过长，过长时易使塑料板层与层之间产生分离，降低结合力。一般加热时间可参照表 4-13。

加　热　时　间　　　　**表 4-13**

板材厚度(mm)	4	10	15	20
加热时间(s)	8～10	15～16	20～30	23～18

(5) 焊合时板材要缩短，下料时应放出余量2～3mm。

(6) 为确保焊接质量，防止焊缝处产生夹渣，要将加热器表面焊渣清理干净。

(7) 对于少数地段由于挤浆不足，未焊透，可采用手工补焊。

5. 焊缝质量比较

由于热对挤焊加热时间短，母材不易老化变质，其强度比手工焊好，两者进行了比较，见表4-14。从表中可看出热对挤焊强度高于手工焊。最好的试件强度接近母材强度，而抗弯强度比手工焊更为显著。

质量对比表 表4-14

序号	试验项目	抗拉强度(MPa)	抗弯强度(MPa)	焊口评定
1	手工焊焊口	28.0	0.3	断在焊缝上，未焊透
2	手工焊焊口	41.1		断在焊缝上，焊透了
3	手工焊焊口	50.0		断在焊缝和母材上，焊透了
4	热对挤焊口	28.8	10.5	断在焊缝，加热温度不够
5	热对挤焊口	46.2		断在焊缝，加热压力过大，翻浆过度
6	热对挤焊口	50.7		断在母材上，压力、温度控制较好
7	母材	56.8	>70	

采用热对挤焊新工艺，操作简单，可靠实用，不用焊条，焊缝挺直美观，原加工一个焊口需要40min，现5min左右即可完成，大大提高工效，同时解决了通风工程塑料管焊接速度慢的薄弱环节。

七、螺旋卷管机

这种机械主要是用来卷制螺旋咬口的圆形直风管，实现了圆风管卷圆咬口机械化，常见的螺旋卷管机见图4-23。

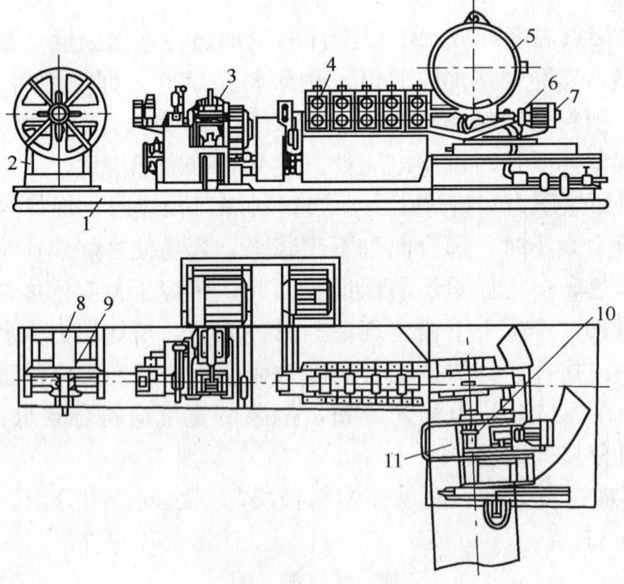

图4-23 常用螺旋卷管机

螺旋卷管机由机架1、开卷器2、切断与焊接机构3、整形机构4、成型工作头5、往复锯机构 6、锯的回转机构 7、悬臂轴 8、限位销 9、圆锯 10、移动锯 11 等部件组成。它的技术参数见表 4-15。

螺旋卷管机的技术参数　　表 4-15

指　　标	数　据
(1) 制成风管的最小外径(mm)	200
(2) 制成风管的最大外径(mm)	1800
(3) 制作风管原材料(冷轧黑色	或镀锌(带钢)
带钢宽(mm)	125，130，135
带钢厚(mm)	0.5～1
(4) 带钢给料速度(m/min)	30
(5) 切断风管时带钢给料速度(m/min)	5
(6) 按不同管径制成风管的出成品速度(m/min)	2.1～10.8
(7) 制成风管的脱离角度(°)	25
(8) 系统所用压缩空气的压力(MPa)	0.4～0.6
(9) 外形尺寸(mm)	
长	6000
宽	2650
高	1800
(10) 质量(kg)	2500

八、煨法兰机

通风管道和部件绝大部分用法兰连接。图 4-24 是一种煨法兰机，它是由机箱 1、机体护板 2、台面 3、螺杆 4、压模 5、轧辊组 6、开关 7、活动弯曲轧辊 8、回转杠杆 9、螺杆 10、固定轧辊 11、法兰 12 等组成。

加工方法：将下好料的扁钢或角钢放在转动弯曲轧辊的料槽内，再通过 3 个弯曲轧辊并受到压模外圆的弯曲而成形。煨法兰机技术参数见表 4-16。

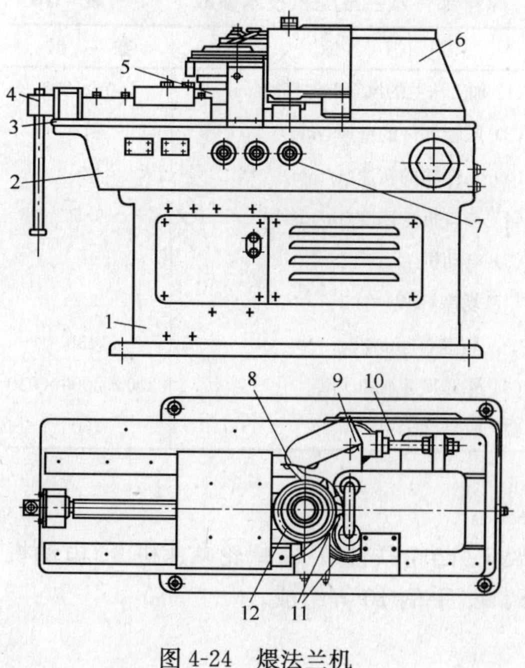

图 4-24　煨法兰机

煨法兰机技术参数　　表 4-16

指　　标	数　据
(1) 加工法兰用钢材($\sigma_b \leqslant 450$MPa)	
的截面(mm)扁钢	−25×4
角钢	∟25×25×3～36×36×4
(2) 弯曲轧辊回转速度(r/min)	50.5
(3) 弯曲轧辊的圆周速度(m/min)	17.5
(4) 电动机	
功率(kW)	3
转速(r/min)	1450
(5) 外形尺寸(mm)	1520×630×1130
(6) 质量(kg)	1010

九、风管法兰成形机

包括双头风管法兰成形机和部件法兰成形机两种。

1. 风管双头法兰成形机(见图4-25)

它是由机架 1、传动装置 2、固定工作头 3、手轮 4、活动工作头 5、滚轮 6、行程螺杆 7、联轴节 8 等组成。双头风管法兰成形机的技术参数见表 4-17。

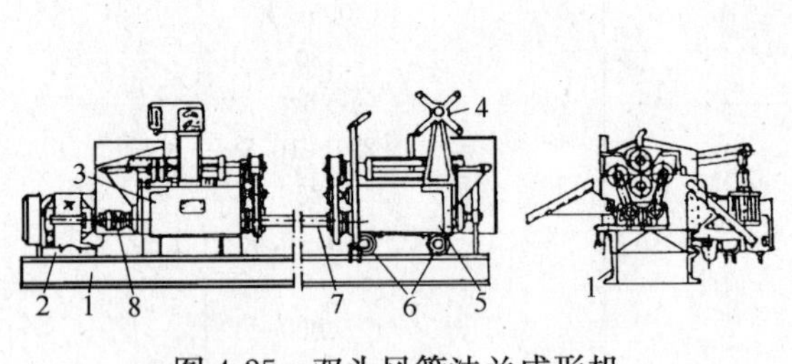

图 4-25 双头风管法兰成形机

风管双头法兰成形机技术参数　　表 4-17

指　标	数　据
(1) 加工的风管直径(mm)	200～1600
(2) 加工的风管长度(mm)	300～2100
(3) 风管的最大壁厚(mm)	1.5
(4) 法兰成型速度(m/min)	6.9
(5) 电动机	
功率(kW)	3
转速(r/min)	1450
(6) 外形尺寸(mm)	4350×2200×1300
(7) 质量(kg)	1355

2. 风管部件法兰成形机

用于风管弯头、三通及十字管的法兰成形，见图 4-26。

风管部件法兰成型机是由机架 1、减速器 2、电动机 3、端口折弯工作头 4、工作轮 5、移动式操作屏 6、支撑轮 7、支承板 8 等组成。技术参数见表 4-18。

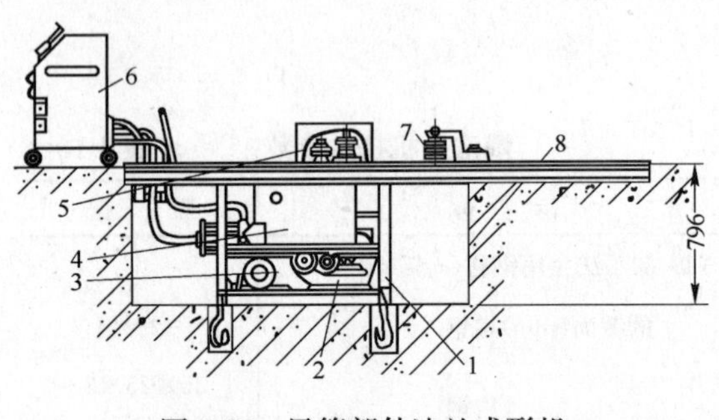

图 4-26 风管部件法兰成形机

风管部件法兰成型机技术参数　　表 4-18

指　标	数　据
(1) 加工法兰的风管部件直径(mm)	160～1600
(2) 风管部件的壁厚(mm)	≤2
(3) 工作轮的转速(r/min)	30
(4) 端口折弯速度(m/min)	9.5
(5) 电动机	
功率(kW)	2.2
转速(r/min)	1430
(6) 外形尺寸(mm)	2200×2000×930
(7) 质量(kg)	750

十、矩形风管法兰折边机

图 4-27 是一台矩形法兰折边机，由焊制机架 1、凸轮联轴节 2、蜗轮减速机 3、电动机 4、梳形撑板 5、支承轴承 6、工作轴 7、扇形轮 8、9、手柄 10 等组成。

其技术参数见表 4-19。

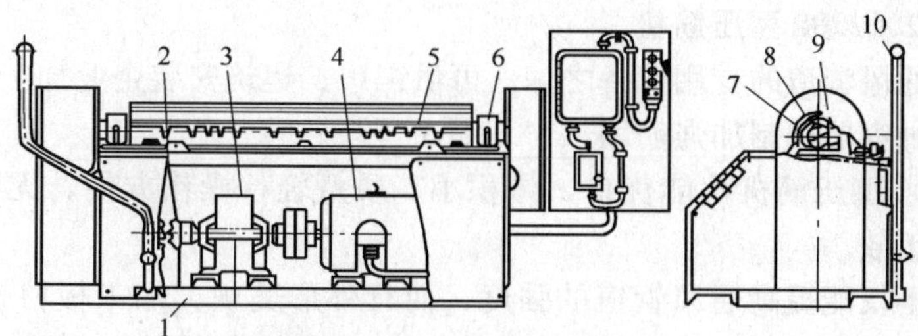

图 4-27　矩形风管法兰折边机

矩形风管法兰折边机技术参数　　**表 4-19**

指　　标	数　据
(1) 加工风管的最大壁厚(mm)	1
(2) 加工风管截面的最大边长(mm)	1250
(3) 电动机　功率(kW)	5.5
转速(r/min)	930
(4) 外形尺寸(mm)	2070×805×835
(5) 质量(kg)	870

十一、压口机

图 4-28 是一种直线压口机，它是将轧压好的咬口对好后进行压制合缝。

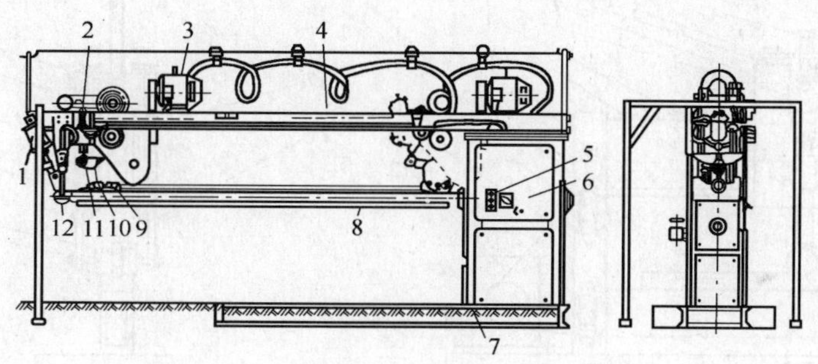

图 4-28　压口机

压口机是由气缸 1、小轴架 2、电动装置 3、上梁 4、开关 5、开关箱 6、钢架 7、阴模底梁 8、压缝工作头 9、压缝凸轮 10、气缸 11、锁紧装置 12 等组成。

压口机的技术参数见表 4-20。

压口机的技术参数　　**表 4-20**

指　标	数　据	指　标	数　据
(1) 加工的圆通风管段尺寸(mm)		(5) 压缝轮的压紧力(kN)	20
最小直径	160	(6) 小轴架的移动速度(m/s)	10
最大直径	1600	(7) 电动机	
(2) 加工的矩形风管段尺寸(mm)		功率(kW)	3
最小截面	160×160	转速(r/min)	1450
最大截面	750×750	(8) 外形尺寸(mm)	
(3) 加工通风管的最大长度(mm)	2500	长	4675
(4) 加工通风管的壁厚(mm)		宽	2520
角咬口	0.7～1	高	2285
平咬口	0.5～1.25	(9) 质量(kg)	1700

十二、YJ-1.2×2300 型压筋机

该机是制作通风管道的专用设备之一。可供工厂、建筑安装企业加工矩形、方形、圆形通风管道及各种容器压制加强筋用。

YJ-1.2×2300 型压筋机性能优良，体积小，质量轻，操作方便，无噪声，能减轻劳动强度，提高了工效。

这种压筋机不仅能提高通风管道的强度，而且外形美观。加工板材长度为 2300mm，板材厚度为 0.3～1.2mm 的普通钢板和镀锌钢板。

1. 主要技术参数

(1) 压筋形状 Ω 半径圆弧为 5～6.5mm 深 3mm。

(2) 加工板材 δ=0.3～1.2mm 普通(镀锌)钢板。

(3) 加工线速度：4.5m/min。

(4) 配用电机三相 0.6kW，1450r/min。

(5) 设计外形尺寸：3220×400×707.5。

(6) 质量：320kg。

2. 设备结构

该机主要由三大部分组成，见图 4-29。

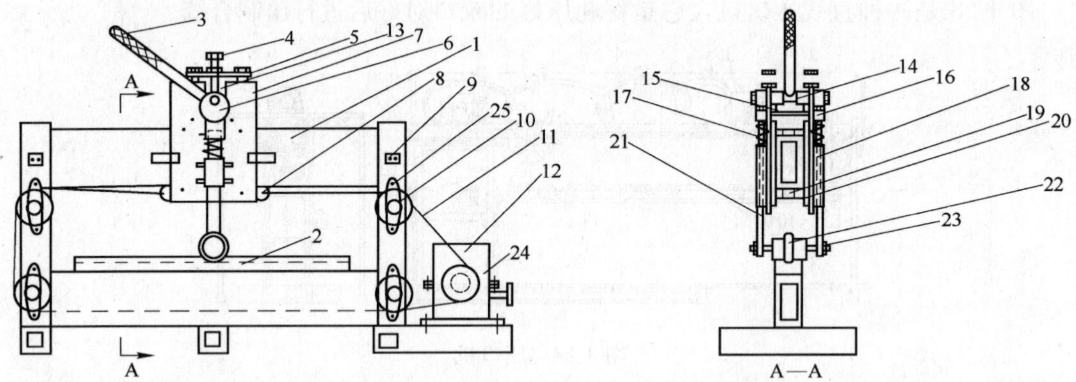

序号	名称	数量	备注	序号	名称	数量	备注
1	机架	1	焊接组件	15	弹簧	2	
2	下模	3	HRC48	16	滑杆套	2	
3	手把	1	电镀	17	弹簧	2	
4	调正螺丝	2	M10×60	18	滑杆导管	2	
5	压板	2		19	导轮套	4	
6	偏心轮	2		20	导轮	8	
7	墙板	2		21	滑动杆	2	
8	牵引环	2		22	滚轮	1	
9	限位开关	2		23	滚轮轴	1	
10	链轮	5		24	电动机	1	0.6kW 1450 转/分
11	链条	4	t=15.875 d=10.16	25	轴承座	8	
12	蜗轮减速箱	1	组件	26	三角带	2	4899
13	滑块	2		27	安全罩	1	
14	偏心轮轴	1		28	调节顶丝	12	1710×50

图 4-29　YJ-1.2×2300 型压筋机

（1）机架部分

机架部分由 14 号槽钢与 δ8mm 铁板焊接而成。

（2）机头工作部分

机头部分由四个导轮在槽钢上往返运动，墙板 4 上有二个偏心轮，通过手柄 3，作上下压筋工作。

（3）传动减速机部分

传动减速机部分：电动机通过皮带轮代动蜗杆、蜗轮及链轮转动，链轮带动链条作直线运动。蜗杆蜗轮转速比为 38∶1。蜗杆与蜗轮在变速箱体内传动。

3．使用与保养

（1）操作之前，将板材在压筋位置划上线，划线位置与下模 2 对齐，方能开车。

（2）电机未起动前先将手把压入最低位置，滚轮将板材压入下模，方能开车。

（3）板材厚薄不等，所以滚轮压入深浅也不等，可用调节螺丝 4 来调节。

（4）在使用前，应在每个导轮 8 及滚轮 22、链条 11 加上润滑机油。

（5）蜗轮减速箱使用半年后要清洗换油。

十三、BJ-15 型薄板滚剪机

1．用途与特点

本机是将板材剪切成用户所需宽度的板料之专业设备。广泛适用于通风、空调工程中的各种风管加工，钣金行业中的下料工序，以及仪器、仪表行业。

该机通过皮带传动、齿轮传动把电动机的动力及运动经过四级减速传动，分别传至两主轴上的一对滚刀轮，使其等速、反向旋转，从而把送入其间的板材分剪成为用户所需宽度的板料。

本机具有以下几个优点：

（1）体积小，重量轻，无需安装定位，可随意移动。特别适用于通风空调工程施工中，施工场地经常变化的工况。

（2）消耗功率小，噪声低。既节约了能源，又减小了噪声污染，改善了工作环境。

（3）下料尺寸精度高。在设备的台面板上，装备有尺寸显示装置，读取尺寸数值快捷，也使靠尺调整过程简便、高效。

（4）刀盘刃口用钝时，修配极为方便。只需将上、下刀盘拆下来，同时放于平面磨床平台上，进行刃磨，即可恢复如初的锋利，不需再调节刃口间隙。

2．滚剪机的技术特性及参数（见表 4-21 及图 4-30）

滚剪机的技术特性　　表 4-21

特　性	数　值	特　性	数　值
剪切板厚	≤1.5mm	电机功率	1.1kW
剪切速度	≈3.8m/min	外形尺寸	（长×宽×高）1120mm×660mm×1000mm
喉口深度	560mm	整机重量	≈300kg

3．设备的使用、维护及保养

（1）每次使用前，先向油孔 1、油孔 2 内加注少许机油，然后开机空转 2 分钟，再投入使用。

(2) 调节靠尺时，根据所需下料宽度尺寸，使其两端对准两根钢板尺的同一刻度上，然后旋紧绞杆，使靠尺的位置固定牢靠。

(3) 把所提供的一件长方框与四条支腿用螺栓联结牢靠后，放置在进料端，用以搁放待剪的板材，以减轻操作者的劳动强度。

(4) 调节调压螺杆的松紧程度，以适应不同板厚，剪厚板时，拧松一圈，剪薄板时，拧紧一圈。

(5) 使板料的一侧紧贴靠尺面，稍用力，将板料前端送入两刀盘刃口之间，此时，用双手握紧挡料板把手，紧靠住板料的另一侧，用力推向靠尺；确保下料尺寸精确。

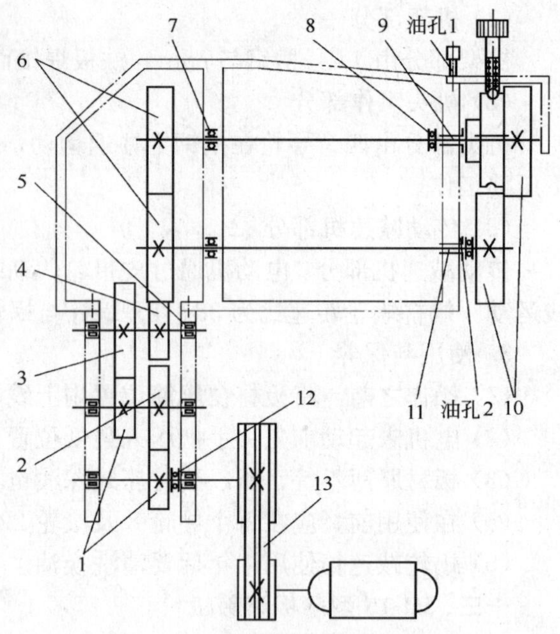

图 4-30 BJ-15 圆盘滚剪机结构图

(6) 切忌剪切超厚度或有硬疤、夹渣、焊缝、残边等缺陷及硬度高的材料，以免损坏剪刀盘。

(7) 剪刀盘的维修：使用一段时间后，刀盘刃口的磨损会使带料边缘产生较大毛刺，同时也导致下料尺寸超差。这时，应把上、下刀盘拆下，放于平面磨床平台上，刃磨锋利，就可以保证刃口原来的间隙值，省去了再次配磨调整环的麻烦。

(8) 本机的配电盘上应串联熔断器，对电机做过载和短路保护。

(9) 应定期检查三角皮带的松紧程度，若磨损严重，应及时更换。

4. 滚剪机标准件，易损件明细表(见表 4-22)

滚剪机标准件、易损件明细表 **表 4-22**

序 号	名 称	图号或型号	数 量
1	齿轮(1)(3)	YPJ. 02. 10	2
2	齿 轮(2)	YPJ. 02. 04	1
3	齿 轮(4)	YPJ. 02. 07	1
4	齿 轮(5)	YPJ. 02. 06	1
5	滚 针 轴 承	942/25	6
6	齿轮(6)(7)	YPJ. 04	2
7	单列向心球轴承	206	2
8	单向推力球轴承	8106	2
9	上 铜 套	YPJ. 16	1

续表

序　　号	名　　称	图号或型号	数　　量
10	刀　盘	YPJ. 14	2
11	下 铜 套	YPJ. 18	1
12	单向推力球轴承	8105	1
13	三角胶带	A1120	2

十四、XFB-12 型共板法兰成型机

1. 概况

共板法兰连接工艺是金属风管法兰连接的主要形式之一，其具有成本低、工效高、密封性好、安装方便简捷等特点，特别适合于长边尺寸小于2500mm 的矩形金属风管的制作，共板法兰连接系统既可在工厂大规模工业化生产，亦适应于在施工现场按要求进行加工。

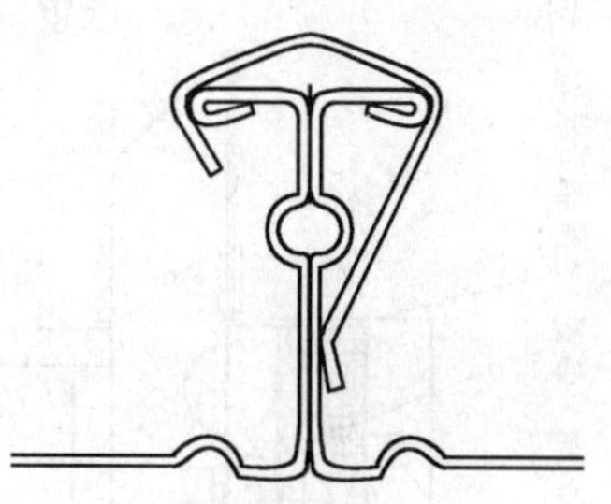

图 4-31　成形结构图

2. 加工工艺

共振法兰连接是利用成型机将矩形风管管端四周滚压成L形，在风管四个角装上补强用的凸缘角铁，再在法兰面的四角均匀的填充密封胶，并在法兰面上胶贴密封条，最后用法兰夹将两节风管扣接的新型风管加工安装工艺，其结构见图 4-31，组装工艺流程见图4-32。

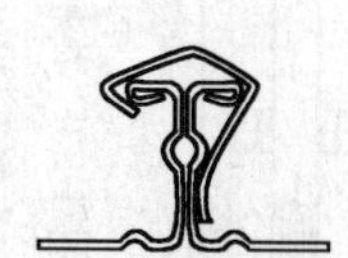

(1) 安装后法兰侧视图

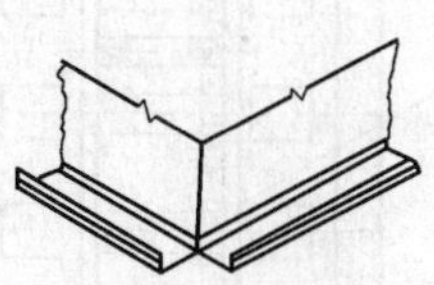

(2) 共板法兰图

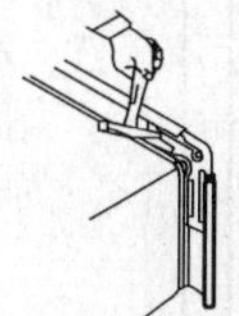

(3) 凸缘角铁安装(一)

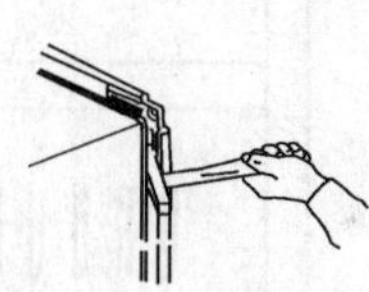

(4) 凸缘角铁安装(二)

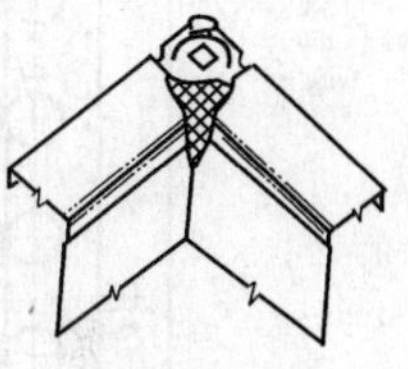

(5) 管角密封

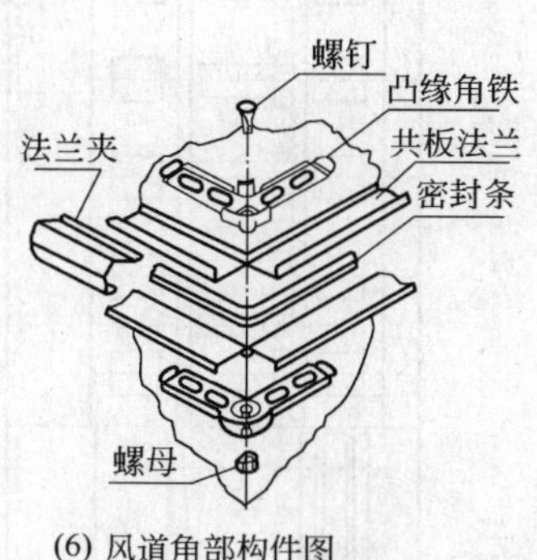

(6) 风道角部构件图

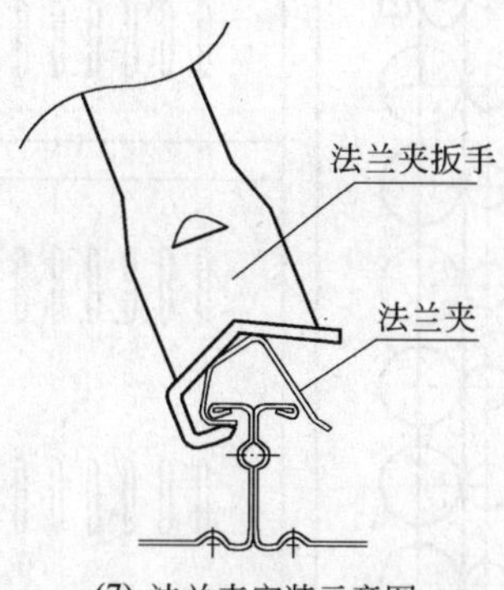

(7) 法兰夹安装示意图

图 4-32　共板法兰加工、组装工艺流程图

3. 设备结构

共板法兰成型机由陕西省安装机械厂生产。它与本厂生产的联合角咬口机、液压剪角机、五线压筋机及手动折弯机等配套使用，形成共板法兰风管生产线。设备结构，见图 4-33。

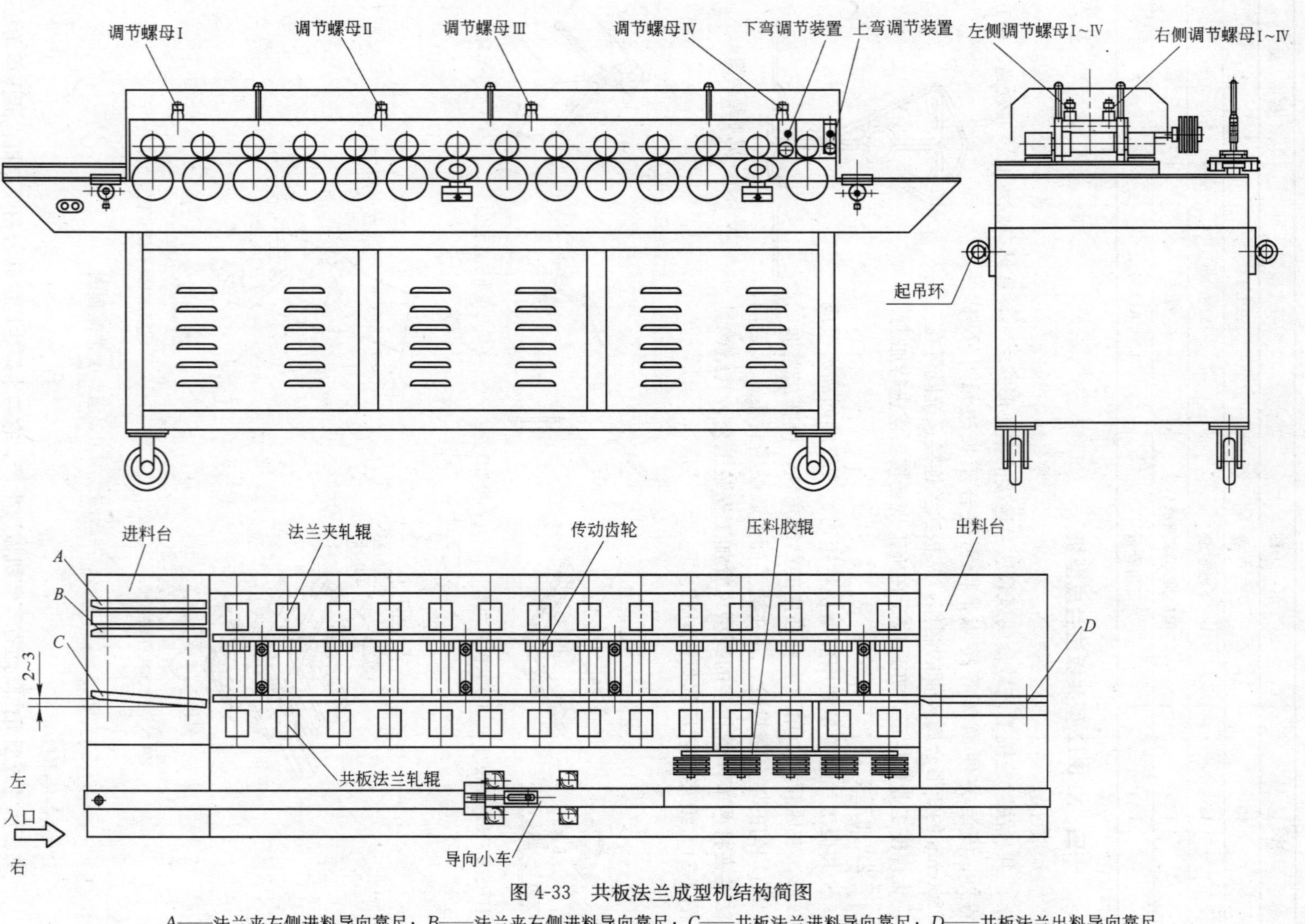

图 4-33 共板法兰成型机结构简图

A——法兰夹左侧进料导向靠尺；B——法兰夹右侧进料导向靠尺；C——共板法兰进料导向靠尺；D——共板法兰出料导向靠尺

4．技术特性

共板法兰成形机的技术特性，见表 4-23。

共板法兰成型机技术特性　　**表 4-23**

<table>
<tr><th rowspan="2">技术特性</th><th colspan="3">技术指标</th></tr>
<tr><th colspan="2">共板法兰</th><th>法兰夹</th></tr>
<tr><td>形状及尺寸</td><td colspan="2"> 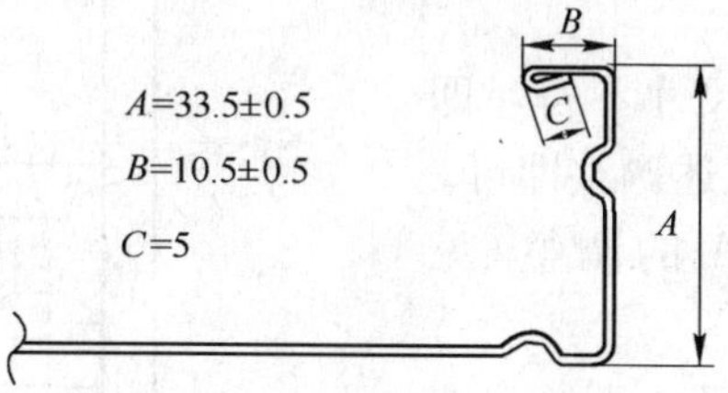A=33.5±0.5
B=10.5±0.5
C=5</td><td>D=21±1
E=7</td></tr>
<tr><td>耗用板材宽度</td><td colspan="2">48mm</td><td>58mm</td></tr>
<tr><td>加工板材厚度</td><td colspan="2">≤1.2mm</td><td>≤1.2mm</td></tr>
<tr><td>滚压成型道次</td><td colspan="2">14</td><td>11</td></tr>
<tr><td>成型速度</td><td colspan="3">11m/min</td></tr>
<tr><td>配用动力</td><td colspan="3">380V，2.2kW</td></tr>
<tr><td rowspan="3">外形尺寸</td><td>长度</td><td>2700</td><td rowspan="3">mm</td></tr>
<tr><td>宽度</td><td>800</td></tr>
<tr><td>高度</td><td>1100</td></tr>
<tr><td>整机质量</td><td colspan="3">800kg</td></tr>
</table>

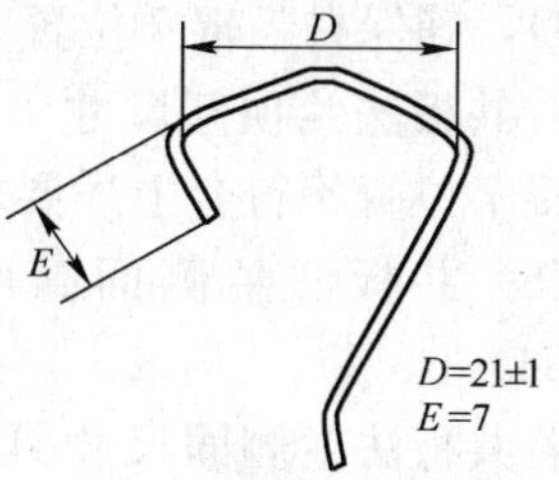

5．设备调整

产品生厂前均按加工 1mm 的板材和规定的成型尺寸调定，用户可直接使用。如所加工的板材厚度不是 1mm 或成型尺寸与规定尺寸不符时，可按下述方法和程序进行调整。

(1) 法兰夹进料导向靠尺 A、B 的调整(见图 4-33)

法兰夹左、右进料导向靠尺调整后须与法兰夹轧辊端面平行，否则，所轧制出的法兰夹将会出现跑偏现象。

若法兰夹的端部尺寸 E(E＝7mm)小于规定值，应将靠尺 B 向进料台右侧方向调整，反之，应向左侧方向调整。

靠尺 B 调定后，应将靠尺 A 与靠尺 B 调整平行，且两者间距为法兰夹耗用板材宽度。

(2) 共板法兰进料导向靠尺 C 的调整(见图 4-33)

若共板法兰端部尺寸 C(C＝5mm)小于规定值，应将靠尺 C 向进料台左侧方向调整，反之，应向右侧方向调整。

若共板法兰端部尺寸 C 前端大、后端小，说明板材在成型过程中出现跑偏现象，可将靠尺 C 外端相对内端向进料台左侧方向倾斜 2～3mm。

(3) 共板法兰出料导向靠尺 D 的调整(见图 4-33)

试机前，先将靠尺 D 拆掉，待板材轧制到出料台时停机，使靠尺 D 与共板法兰侧面平行且留出 1.5mm 间隙后紧固。

(4) 共板法兰顶部宽度尺寸 B 的调整(见图 4-34)

调整右下辊 7 时，可通过调整螺钉 A 和 B 使右下辊 7 顶部与右上辊 7 在轴向和径向分别保证间隙均匀且为 1.2mm，以保证材料经过该处时不发生额外挤压而变薄的现象，调定后，旋紧螺钉 C 和 D，确保右下辊 7 位置牢固。

若共板法兰顶部尺寸 B 与规定尺寸不符，即右下辊 7 位置不符合上述要求，按上述调整即可。

(5) 共板法兰侧面高度尺寸 A 的调整(见图 4-34)

若共板法兰侧面尺寸 A 与规定尺寸不符，即右下辊 13 位置不符合要求，可参照第(4)条方法和要求调整并固定右下辊 13。

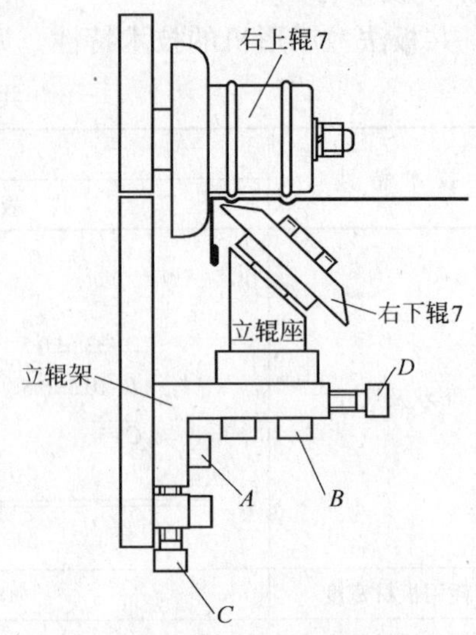

图 4-34　右上辊 7 调整结构示意图
A——右下辊 7 上下调整螺钉；
B——右下辊 7 前后调整螺钉；
C——右下辊 7 上下定位螺钉；
D——右下辊 7 前后定位螺钉

(6) 共板法兰水平弯曲的调整(见图 4-33 和图 4-35)

板材经滚压成型后，若成型不规则，在法兰顶面或侧面出现扭曲或弯曲等缺陷时，可按下述程序逐一调整。

1) 若法兰顶面出现弯曲或扭曲，可将右侧调节螺母Ⅱ旋松 30°左右，并检查右下辊 7 的位置是否达到第(4)条的要求。

2) 若法兰侧面出现弯曲或扭曲，可将右侧调节螺母Ⅲ、Ⅳ各旋松 30°左右，并检查右下辊 13 的位置是否达到第(5)条的要求。

3) 若法兰底平面出现水平弯曲，且弯曲度大于 5/1000，除应按第 1)和 2)条逐项检查外，还可按下述方法调整。

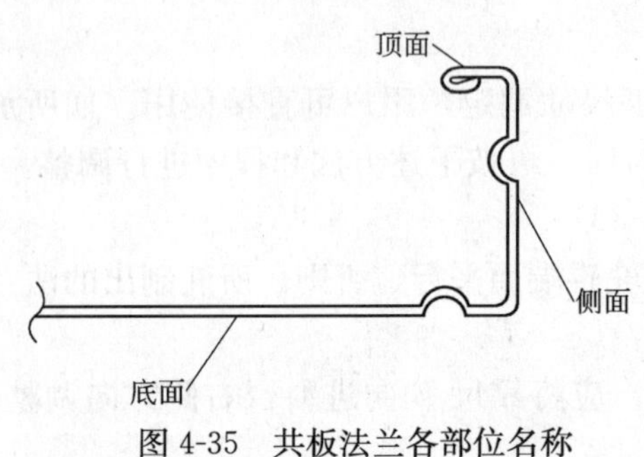

图 4-35　共板法兰各部位名称

① 若法兰底平面两头上翘成马鞍形，可将右上辊 14 之后的上弯调节装置中的辊轮下调，使板材成型后承受少许向下附加弯曲。

② 若法兰底平面两头下垂成鱼腹形，可将右上辊 13 和 14 间的下弯调节装置中的轴承下调，同样使板材在成型中承受少许向下附加弯曲。

(7) 左右两侧调节螺母Ⅰ～Ⅳ的调整(见图 4-33)

设备出厂前，该螺母均已调定，若设备出现故障需要拆装或板材厚度不是 1mm 时，可按下述方法调整。

1) 首先旋紧 8 个调节螺母，然后反转 120°～150°。使用板材厚度小于 1mm 时，反转角度取小值，使用板材厚度大于 1mm 时，反转角度取大值。调整好后，背紧双螺母，以防松动。

2) 若法兰夹或共板法兰在轧制过程中出现跑偏现象，可将左侧调节螺母Ⅰ或右侧调节螺母Ⅰ旋紧少许。

6. 设备使用与保养

(1) 本机的传动系统为开式齿轮传动和链条传动，用户可根据使用频繁程度，每班在各个齿轮和链轮轮齿上加注机油一至两次。

(2) 应经常清除辊轮表面的污物，防止钢板上的镀锌层或氧化皮粘在辊轮表面上，并每班在辊轮表面喷射机油一至两次。

(3) 应随时检查镶嵌在左右横梁板上滚针轴承的工作状况，若该轴承窜出横梁板，应立即停机更换。

(4) 应定期检查传动链条的松紧状况，若传动链条松弛，可将摆线针轮减速机机座和轴端带立式座球面球轴承下面的垫板(或垫圈)减薄。

(5) 加工共板法兰时，若板材宽度不大于1m，将托辊架放置在两端进出料台上即可；若板材宽度大于1m，需从两端将托辊架支撑座同时拉出，并将托辊架放置其上，且应保证将托辊架下面的孔插入支撑座的定位螺钉上。

(6) 加工共板法兰时，若板材长度小于450mm，应首先将托辊架插入进出料台的定位螺钉内，并将导向小车套在托辊架上，然后把待成型板材固定在导向小车上，方可开机；否则，因板材较短在成型过程中将出现跑偏并卡死在成型辊轮之间不能正常出料。

(7) 因使用三相动力电源，为了防止对人体的伤害，请务必在配电盘上安装漏电保护器。

(8) 若板材宽度较窄，滚压成型时需用手扶稳，但手指距辊轮距离不得小于5cm。

十五、CJ30-6型联合冲剪机

CJ30-6型联合冲剪机是陕西省安装机械厂生产的新产品。它具有对板材的直线、曲线剪切：对角钢、方钢、圆钢的切断。更换模具还能对板材和角钢进行冲孔、冲缺折弯等加工。该机适用于冲剪抗压强度小于等于450N/mm^{2}的圆钢、方钢、角钢、钢板。

1. 主要技术数据

(1) 公称剪力：300kN

(2) 冲剪行程：24mm

(3) 冲剪次数：42次/min

(4) 曲线剪行程：4mm

(5) 曲线剪次数：945次/min

(6) 配用电机：

型号：Y100L1-4

功率：2.2kW

转数：1420r/min

电压：380V

(7) 设备外形尺寸(长×宽×高)：1050mm×520mm×1830mm

(8) 设备净重：650kg

(9) 最大剪切尺寸(见表4-24)

最大剪切尺寸 **表4-24**

剪切品种	单位	剪切尺寸	剪切品种	单位	剪切尺寸
钢板	mm	直线剪 $\delta=3$	不等边角钢	mm	剪切 80×50×6
		曲线剪 $\delta=2$	扁钢	mm	剪切 100×10
		模剪 $\delta=3$	方钢	mm	剪切 20×20
等边角钢	mm	冲缺 40×40×5	圆钢	mm	剪切 $\phi30$
		剪切 63×63×6			

2. 设备结构

CJ30-6 型联合冲剪机是由立架机构、模剪机构、冲剪机构、曲剪机构、传动机构、电气系统等组成，见图 4-36。

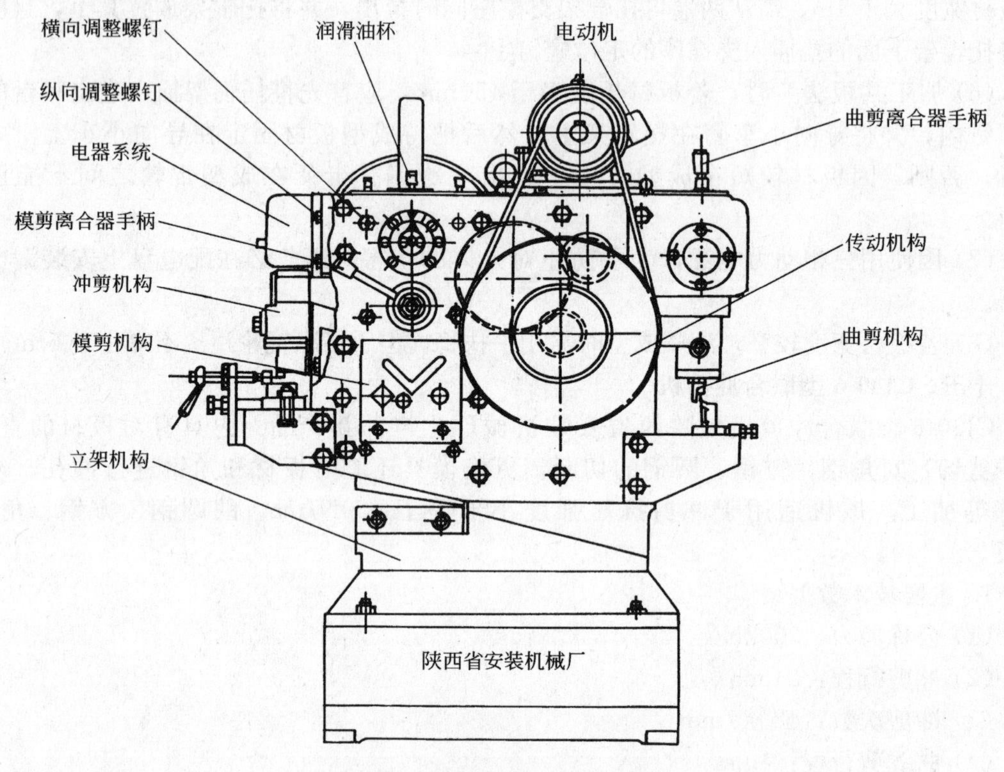

图 4-36 联合冲剪机外形示意图

3. 工作原理

(1) 模剪机构工作原理(见图 4-37)

启动电动机 1，动力经皮带轮 2，三角皮带 3，大皮轮 4，驱动齿轮 5、6、10、9 及偏心轴 7 转动。由于偏心轴上凸块的作用而使装嵌刀板及冲模的滑板 8 作上下往复运动，以此在确定的位置完成圆钢、方钢、角钢剪切、角钢冲缺和钢板冲孔等工作。

(2) 曲剪机构工作原理(见图 4-38)

啮合离合器 10，启动电动机 1，动力经皮带轮 2，三角皮带 3，大皮带轮 4，驱动齿轮 5、6、7，再通过皮带轮 13、三角皮带 12、皮带轮 11，使偏心轴 8 转动。在偏心轴的作

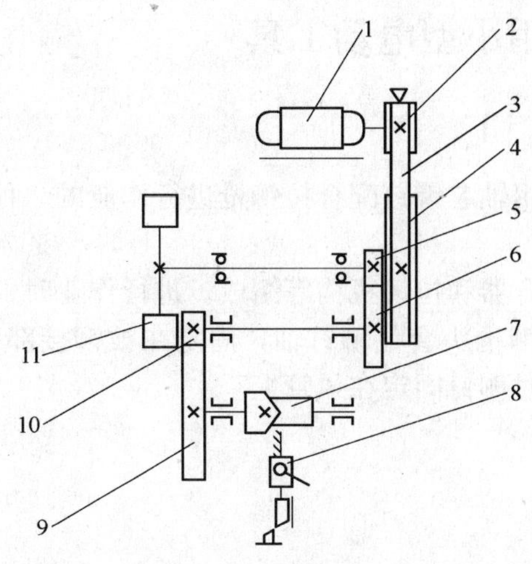

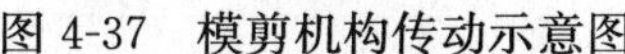
图 4-37　模剪机构传动示意图

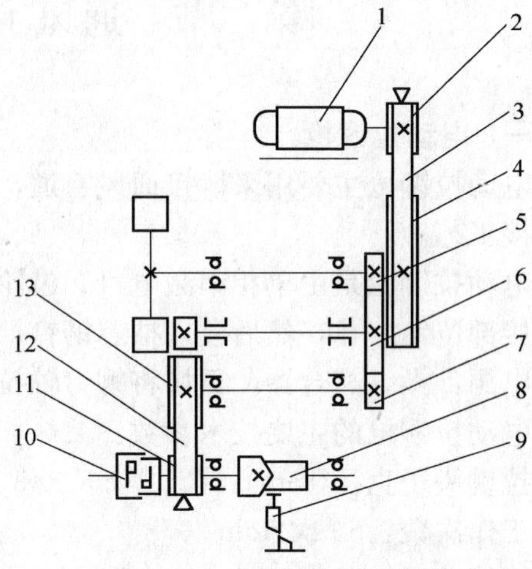

图 4-38　曲剪机构传动示意图

用下驱动固定刀片和刀杆轴 9 作上下往复运动，以此在确定的位置完成衬板材的曲线剪切工作。

4. 设备安装

CJ30-6 型联合冲剪机通常安装在混凝土基础上，并用水平仪找平。如经常移动时，也可将机器放置在平整坚实的地面上。

5. 使用

(1) 接通电源，按动电器开关使电动机转动，观察惯性飞轮的转向是否与标志指示方向相同，若逆向转动应禁止。

(2) 当偏心轴端的红三角运转到与轴承端盖的红三角位置一致时，将离合器——手柄搬到图 4-34 所示的位置使滑板上下运动，此时可进行圆钢、方钢、角钢、钢板的剪切工作，也可进行冲缺或冲孔。

(3) 禁止在模剪部位同时剪切两种规格的型材，以免机器过载。

(4) 板材曲线剪切及冲缺(冲孔)可单独操作，也可同时操作。

6. 保养与调整

(1) 在机器各润滑部位加注清洁的 30 号机油，每班三次。

(2) 在机器正常工作中，随时检查各轴承套是否过热，如有异常应加注润滑油或停机检修。

(3) 使用中如发现滑板横向或纵向摆动时，应停机调整紧定螺钉，使其处于活动间隙正常的上下运动状态。

(4) 在更换刀具后，其调整间隙为 0.05～0.2mm。

7. 安全要点

(1) 使用前检查皮带松紧，并固定好皮带轮罩。

(2) 用手转动惯性飞轮，观察各齿轮啮合是否正常。

(3) 检查刀具之间的间隙是否合适。

(4) 检查电器系统有无损坏，接线是否正常。

第二节 通风工程常用小型电动工具

一、电动拉铆枪

电动拉铆枪主要用来铆接通风管道，它是使用轴芯铆钉配合拉铆枪进行作业的一种新型铆接工艺。

电动拉铆枪是由单相串激电机、齿轮箱、离合器和拉铆机构等组成。进行作业时，先在铆接部位钻好孔，然后放入抽芯铆钉，并将拉铆枪头套住铆钉轴，固定在被铆接部位，启动电源，操纵离合器，很快将铆钉轴拉断，此时铆钉固定在风管上。

电动拉铆枪的主要技术参数：

拉铆头子直径(mm)：ϕ2、ϕ2.5、ϕ3、ϕ3.5

工作次数：60 次/min

接铆范围：ϕ3～ϕ3.5mm 抽芯铆钉

额定拉力：8000N

质量：2.3kg

二、电动液压铆接钳

主要用来铆接风管法兰。由于这种铆接钳采用了液压为动力，因此在施工作业中噪声很小，适用于传统的铆接方法，即铆头在角钢一侧，使风管钢板与法兰结合严密，大大提高了铆接效率和质量。如上海安装公司生产的电动液压铆接钳，它的活塞推力为30000N，工作行程为28mm。

三、电动打孔机具

1. 电动钻孔机

电动钻孔机主要用于钢材、木材、塑料、砖及混凝土上钻孔，以便于安装风管支、吊架。这种机具一般为单轴单速，它有直式和角式两种：直式为钻杆与电机同轴；角式为电机轴与孔成一角度。

电动钻孔机使用前，应进行试转无误后，开始工作，并应设有必要的防护设施。

2. 电锤

(1) 电锤又叫冲击电钻，它是通过转动并结合冲击作用的一种电钻。电锤用在混凝土，砖墙上开槽，钻孔。

(2) 电锤是由单相串激电机、变速箱、曲柄连杆、转动套等组成。它的工作原理是：通过电机轴上的斜齿轮带动偏心轴，并经曲柄连杆，促使活塞在转动套内进行往复动作。在活塞与冲锤间形成一个气垫，当活塞上升或下降时，钻杆便受到冲击作用。偏心轴齿与从动齿轮啮合带动小锥齿轮，转动套旋转时使钻头转动，因而产生了旋转和冲击作用。

(3) 电锤的主要技术参数，见表 4-25。

(4) 电锤的使用与维护：

1) 在使用电锤前，应检查各零件和接地情况是否完好，正常后方可通电使用。同时要保证正确转向，防止反转，以免损坏机具。

2) 电锤使用时间过长，要及时检查绝缘电阻是否符合标准要求。如超标应进行干燥处理。

电锤的主要技术参数 表 4-25

型 号	额 定 电压(V)	最大钻孔直径 (mm)	转 数 (r/min)	冲击次数 (次/min)	钻头转数 (r/min)	重 量 (kg)
Z_3ZD-13	380	13	2850	6360	530	6.5
JZC-12	220	12	11000	15000	700	3
回 Z_1JH-13	220	13(钻钢) 16(钻混凝土)	500	≥6000	≥500	3.9
回 Z_1JS-16	220	6～10(钻钢) 10～16(钻混凝土)	1500～700	30000～14000		2.5

3）电锤更换钻头时，应先将其内部清理干净再装上，以防止尘粒和杂物混入装配处，出现卡住等不正常情况。

4）使用电锤作业时，要将钻头对准工作点后启动开关，防止出现不正常情况，当遇到混凝土内钢筋时，应重新选择打孔位置。

5）电锤使用过程中如发现有过热情况，要停止使用，待自然冷却后，方可重新使用。

6）电锤工作完工后，要清理干净，并妥善加以保管。

3. 射钉枪

射钉枪是一种通过射钉直接固定金属件的一种施工技术，它是用火药燃烧爆发时放出的动能，将各种射钉直接钉入混凝土或砖结构的砌体上，用此方法将风管支架固定在建筑墙体上。通常配套使用的射钉直径为 ϕ6mm、ϕ8mm、ϕ10mm 等。射钉枪外形见图 4-39。

四、点焊机

点焊机主要用来对薄钢板进行点焊连接。它的种类较多，下面介绍一种杠杆弹簧式点焊机。

1. 点焊机结构

见图 4-40，它是由加压机构 1、焊接变压器 2、机座 3、控制箱 4、一次级线圈 5、柔性母线 6、支座 7、撑杆 8、机臂 9、电极握杆 10、电极 11、焊件 12 等组成。

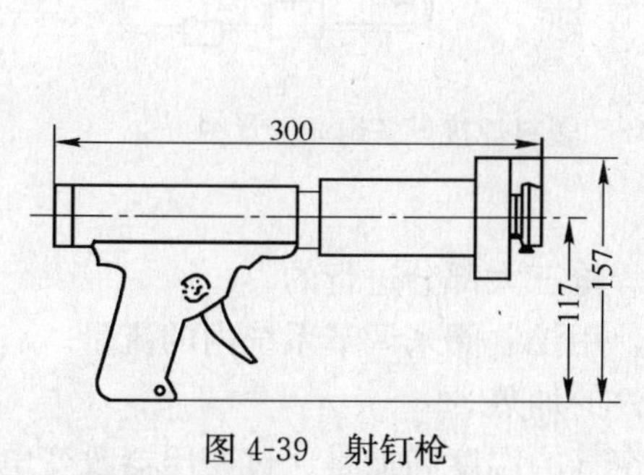

图 4-39 射钉枪

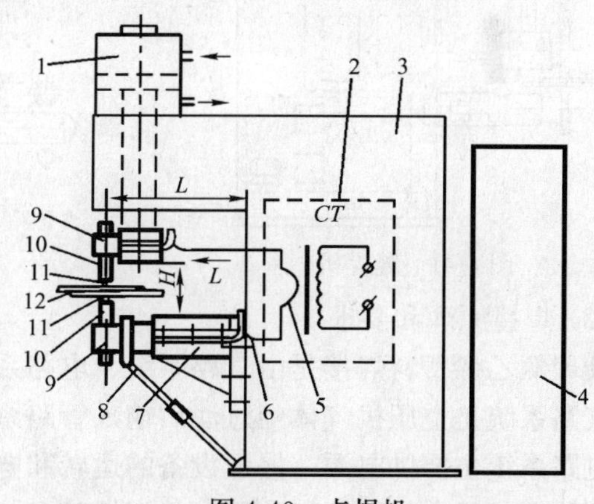

图 4-40 点焊机

1—加压机构；2—焊接变压器；3—机座；4—控制箱；5—次级线圈；6—柔性母线；7—支座；8—撑杆；9—机臂；10—电极握杆；11—电极；12—焊件

2. 操作要点

首先将点焊机冷却水系统开通，然后合上闸刀，同时将已准备好被点焊的薄钢板的接缝放在铜棒触头中间，此时用脚踩下踏板，瞬时铜棒触头压在薄钢板上与电路接通，开始点焊作业。利用电加热和铜棒触头压力的原理，使两钢板接缝处接触点熔合在一起，按此方法，移动两块搭接板并依据点焊的数量要求，完成两钢板的搭接工作。

3. 使用点焊机的注意事项

操作点焊机的人要持有合格证，并随时检查使用过程中有否异常现象，发现问题要及时进行处理。

点焊机作间断性使用时，只关闭电源和冷却水系统。如长时间不使用点焊机，应当切断电源和水、气系统。在温度比较低地区施工，停机后还应将系统内的水全部放净。

五、缝焊机

缝焊机也是用来对两块薄钢板连接缝进行焊接的一种焊接设备。

它的结构是由机体，上、下挺杆，辊子，踏板，冷却水系统等组成，见图 4-41。主要由固定在上、下挺杆的辊子来进行焊接作业。辊子的作用是进行挤压，接通电路和移动钢板。同时通过踏板来控制开关和压紧辊子。焊辊根据施工要求可采用横向或纵向装置。缝焊机还要配备冷却水系统。

六、焊塑料机具

1. 塑料焊接设备

硬聚氯乙烯板或塑料管的施工采用了专门的塑料焊接设备和工具。

(1) 焊接设备的结构

见图 4-42。它主要由空压机 1、一次压缩空气管 2、过滤器 3、控制阀 4、二次压缩空气管 5(过滤后)、电缆线 6、三通 7、焊枪 8、变压器 9、漏电保护器 10、电源 11 等部分组成。

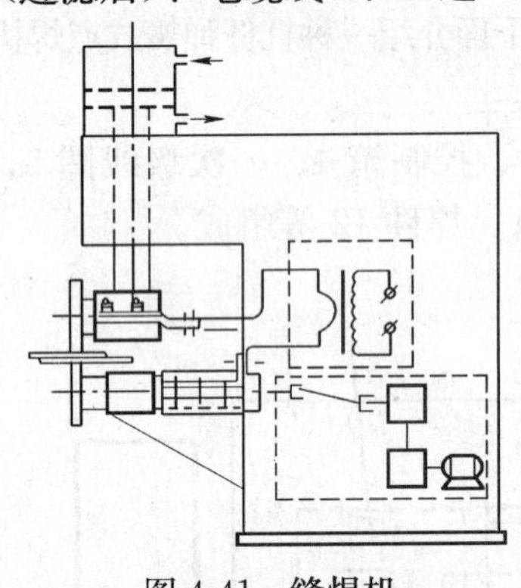

图 4-41　缝焊机

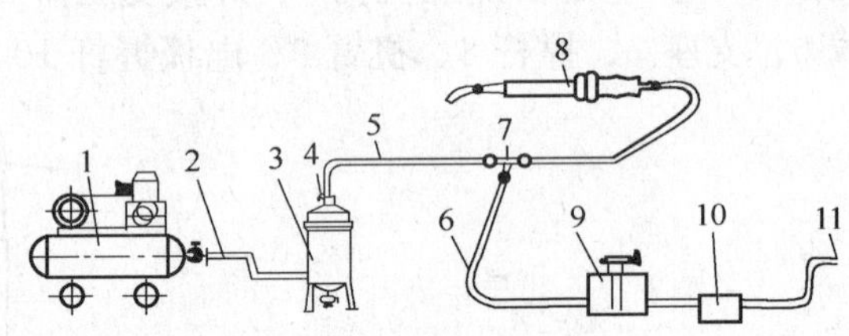

图 4-42　塑料焊接设备组成示意图

(2) 焊接原理和要求

硬聚氯乙烯塑料焊接是由气路系统、电路系统和焊枪三大部分进行的。

气路系统是空压机气体经过滤后输入管路系统内，用控制阀来调节系统内的流量。

电路系统主要供电源，保证设备的运转和电热器件的加热。

压缩空气经电热器件加热后，从焊枪喷出。压缩空气的温度高低是通过变压器改变电压来调节。通过焊枪喷出的热空气将塑料熔融与塑料焊条两者熔合在一起。

焊枪用电源一般为 36V 和 220V 两种。焊枪的种类通常有直柄式(见图 4-43)和手枪式。

2. 便携式焊机

这也是一种焊硬聚氯乙烯塑料的焊接设备。它由风机、调压器、焊枪等组成一体，见图 4-44。

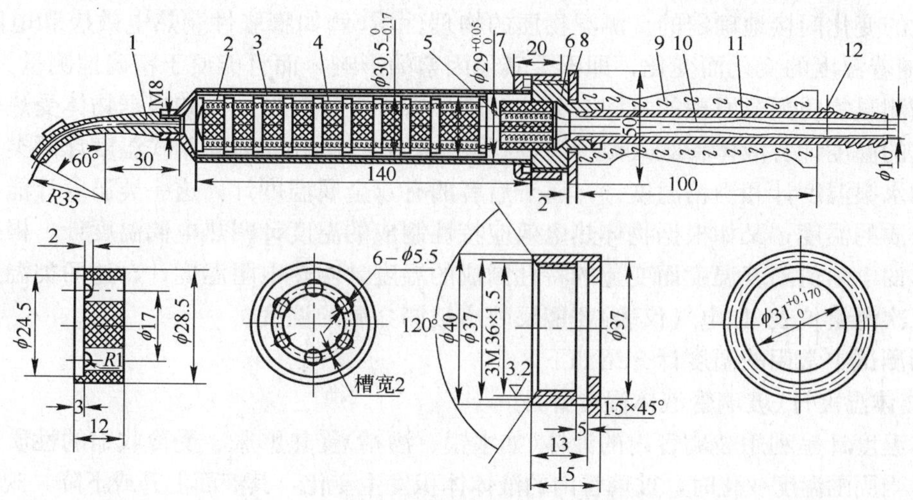

图 4-43　直柄式焊枪结构图

1—喷嘴(内径 3mm 及 4mm 两种，碳钢)；2—瓷圈(耐火材料)；3—外壳；4—电热丝(0.36mm 或 28 号，长 8.2m，线圈外径 5mm，节距 1mm)；5—双线瓷接头(耐火材料)；6—连接管；7—连接帽；8—隔热垫圈(酚醛皮质层压板)；9—手柄(硬木)；10—导线；11—空气导管；12—1/8″尖头螺丝

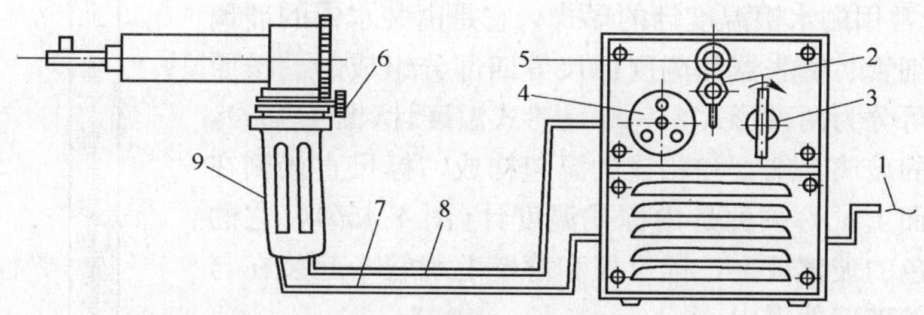

图 4-44　便携式塑料焊机

1—电源；2—电源开关；3—电压调压器开关；4—焊枪插座；5—指示灯；6—压缩空气旋钮；7—压缩空气管；8—电源线；9—塑料焊枪

便携式焊机的功率为 750W，电压 220V，风机压力为 0.1MPa，焊接温度可达 240℃。这种焊机结构比较简单，操作也较方便，特别适用于施工现场的高空作业。

第三节　通风工程调试用仪表工具

在空调系统的测试调整过程中，需要对空气的状态参数和冷、热媒的物理参数以及空调设备的性能等进行大量的测定工作，将测得的数据与设计数据进行比较，作为调整的依据。显然，这些物理参数的测定需要通过比较准确的仪表来完成。因此，作为空调试调人员，必须了解各种常用测试仪表的构造原理和性能，以及掌握它们的使用和校验方法。只有这样，才能测出比较准确的数据，更好地完成试调任务。

下面主要介绍测量温度、相对湿度、风速和风压的仪表，以及其他有关仪表。

一、测量温度的仪表

温度是空调试调中经常要测量的重要参数之一，测量温度的仪表叫温度计。物体温度的测量是要通过观察某些测温物质(如水银、酒精、双金属、热电偶和热电阻等)在受热时物理性质的变化间接地确定的。测温物质的物理性质(例如膨胀性、热电效应和电阻变化等)，应随着温度的变化而变化，即不受其他因素的影响，而且能便于精确地测量。

按照测温物质测温原理的不同来分，温度计有许多种类型。例如根据物体受热膨胀的性质制成的温度计有液体膨胀式温度计(简称液体温度计)和固体膨胀式温度计两类，属于前者的如水银温度计和酒精温度计，属于后者的有双金属温度计，这一类温度计能直接读出被测介质的温度；又如根据物体热电效应特性制成的温度计叫热电偶温度计，根据导体或半导体的电阻值随着温度而变化的特性制成的温度计叫热电阻温度计，这两类温度计都要通过二次测量仪表(如电气仪表)才能反映出被测介质的温度。

空调测试中常用的温度计介绍如下。

1. 液体温度计(玻璃管液体温度计)

液体温度计是利用玻璃管内的液体(如水银、酒精)受热膨胀、受冷收缩的性质来测量温度的，当周围温度变化时，玻璃管内的液体体积发生变化，其液面上升或下降，观察液面所处的位置，从标尺上即可确定温度的数值。水银温度计的测温范围一般为－30～700℃，酒精温度计的测温范围为－100～75℃。空调工程的测试以水银温度计用得最多，所以主要介绍这一种。

图 4-45 为常用的水银温度计的形式，它是由装水银的玻璃泡(温包)、毛细管、膨胀器和刻度标尺等四部分组成的。按照结构的不同，可分为两种形式，一种是棒式温度计(图 4-45*a*)，是由一根厚壁的玻璃毛细管和相连的温包构成，标尺直接刻在毛细管的外表面上；另一种是内标式温度计(图 4-45*b*)，它的标尺刻在乳白色的玻璃板上，标尺板和薄壁毛细管一起装在与温包焊在一块的玻璃外壳内。

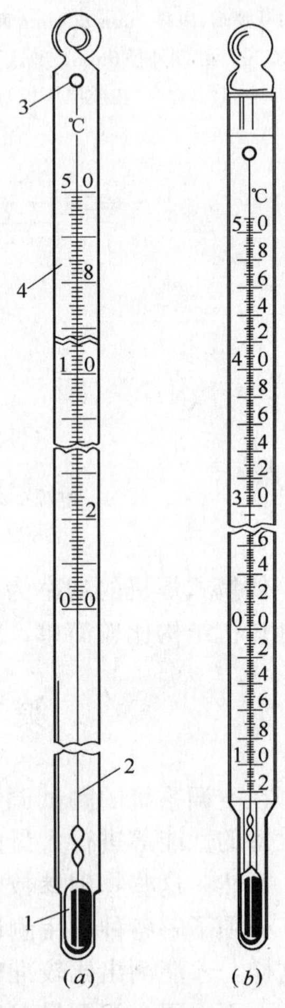

图 4-45　水银温度计
(*a*)棒式；(*b*)内标式
1—温包；2—毛细管；3—膨胀器；4—标尺

按照使用的场合不同，水银温度计有不同的刻度范围，空调测试时用的是 0～50℃的居多，它的分度值有 1℃、0.5℃、0.2℃和 0.1℃等几种，此外还有 0.05℃、0.02℃和 0.01℃的温度计，可在高精度测量中使用。

温度计使用前，应用标准温度计校准，标准温度计分为一级、二级标准温度计，一般$\frac{1}{10}$℃以下精度的温度计，用二级标准温度计校准即可。而$\frac{1}{10}$℃标准水银温度计就有一级、二级标准之分，一般省级计量单位有一级标准温度计，基层企业的计量单位则有二级的。

水银温度计的构造简单，价格便宜，有足够的准确度，应用比较广泛。缺点是水银的膨胀系数较小，所以灵敏度较低，玻璃管比较脆容易损坏，不能进行遥测，热惰性较大，往往由于使用不当而影响测量精度。为此，使用时应注意下列几点：

(1) 应按测量范围和精度选用相应分度值的温度计，并事先进行刻度校验。

(2) 在测量温度时，人体要稍许离开温度计，不要对着它急促呼吸。由于水银温度计热惰性较大，应提前 10～15min 将温度计放到被测介质中去。读数时要尽量快，先读小数，后读整数，以防人体靠近时温度上升产生读数误差，例如被测温度为 20.5℃，应先读 0.5℃后读 20℃较好。

(3) 读数时要注意眼睛、刻度线和水银面要成一直线，如眼睛偏高，读取数值将偏低；眼睛偏低，读数将偏高。

(4) 当发现温度计的水银柱断裂时，建议采取下列措施加以消除：

1) 冷却法：将温包放在冰水里，使水银全部回到温包里，断柱即可消除。

2) 加热法：将温包逐步地浸入温水中缓慢加热，使水银柱慢慢升高，并充到膨胀器内，待断柱消除后，立即将温度计取出，这时要注意，切勿使膨胀器内充满水银，以免胀坏温度计。

3) 冲击法：手握空拳用大姆指夹住温度计的温包上部，用手掌下部在桌面上进行有节奏地冲击，使断柱消除(注意温包部分不可受力)。

不论用哪种方法使断柱消除后，均应进行校准后再使用。

2. 热电偶温度计

热电偶温度计在空调测试过程中应用较多，其特点是测量范围宽，便于远距离传送和集中检测，它的热惰性小能较快地反映出被测介质的温度变化，可以在短时间内测出许多测点的温度。因此，只要我们能正确地掌握与热电偶相连接的二次电测仪表的操作方法，就能测出较准确的数值。

(1) 热电偶的测温原理

根据物理知识，将两种不同性质的金属导体的两端焊在一起构成一闭合回路，见图4-46所示的那样，若两端接点 1、2 的温度不同，在闭合回路中就会有热电势产生，这种现象称为热电效应。这两种不同导体的组合体称为热电偶，导体称为热电偶的热电极，两只热电极有正(+)、负(−)极之分。

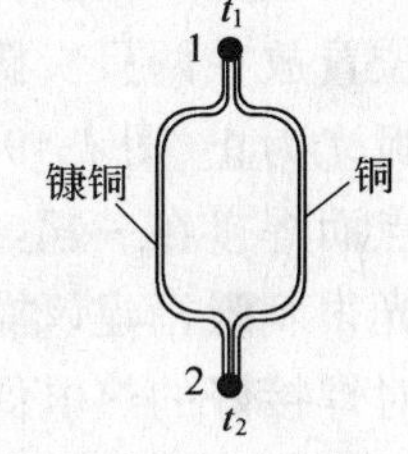

图 4-46　热电偶示意图

如果将热电偶在一个接点(焊点)处分开接入一只毫伏计(图 4-47*a*)，当两端温度不同时，毫伏计将指示出热电势的数值，热电势的大小与两端温差成正比。温度高的一端称为热端(或工作端、测量端)，温度低的一端称为冷端(或自由端)。当冷端的温度固定(例如保持零度时)，则产生的热电势仅是热端温度的函数，也就是说，热电势的大小反映了热端温度的高低，见图 4-48。热电偶温

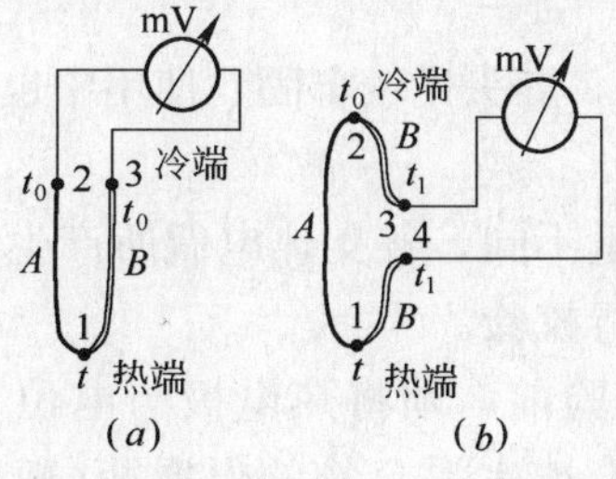

图 4-47　电气测量仪表接入热电偶电路的方法
(*a*)接入冷端；(*b*)接入一个热电极中

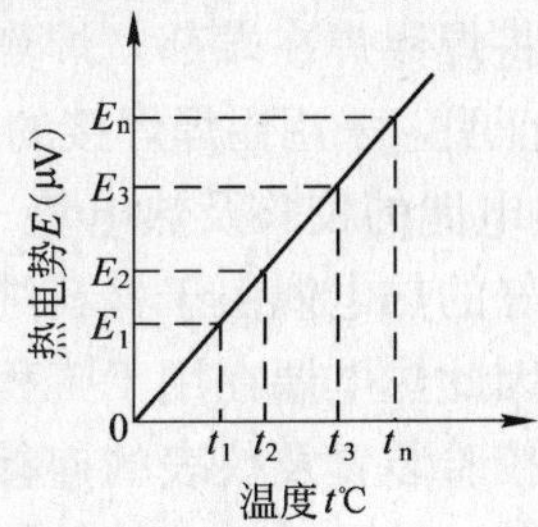

图 4-48　热电势—温度特性线

度计就是根据这个道理来测量温度的。

如果将毫伏计接入热电偶的一只热电极(图 4-47*b*)中，同样能够测量出回路中的热电势值。空调测温中均采用这种接线方法，所使用的是铜—镍铜热电偶，热端的铜导线“1”是正极与电测仪表的正(＋)极相联，冷端的铜导线“2”是负极与电测仪表的负(－)极相联。

(2) 热电偶的制作与校验

用来制作热电偶的金属导线种类很多，在空调工程测温范围内，多半采用铜—镍铜热电偶，它在常温下性能比较稳定。铜—镍铜热电偶当热端温度为 100℃时所产生的热电势大约为 4.1mV，即温度每变化 1℃其热电势变化为 0.041mV(41μV)。为了测温方便起见，铜和镍铜导线不宜过粗，通常采用直径为 0.2～0.5mm 左右的漆包导线。为防止两根导线碰到一起磨破漆皮形成短路，或使用时与其他物体摩擦而损坏，常用两种不同颜色的塑料管作为导线的保护套管(如果大量制作可将铜、镍铜漆包线加工成塑料线)。

1) 热电偶的制作

正式焊接热电偶前，将漆包导线端部的绝缘漆皮和氧化层用细砂纸轻轻的磨掉，磨掉的长度有 5mm 左右即可，把两根导线的端部拼在一起扭一个节即可进行焊接。焊接方法有下面两种：

① 电弧焊接法

准备一台调压器，取两根 1 号干电池的炭棒(或直径为 7～8mm 的炭棒)，将一端磨成锥体，另一端与软导线相联并接于调压器的输出端，调压器的输入端接通电源(注意不要将相线零线接错，以免触电)。调节手柄使输出端电压达到 20V 左右。两只炭棒呈水平位置，待焊的导线呈垂直位置放在两只炭棒中间，将两只炭棒相互移近直到产生弧光为止(图 4-49)。两根导线在电弧中熔化形成球形焊点而焊接在一起，这样就焊成了一根热电偶。由于电弧光很刺眼，建议操作者配带好墨色眼镜。

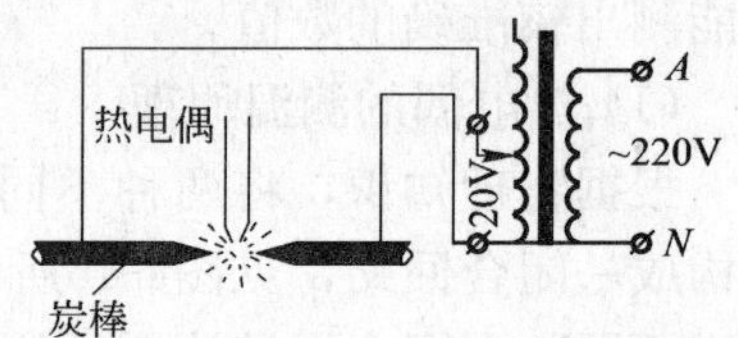

图 4-49　热电偶电弧焊接示意图

对焊接好的热电偶头子须在放大镜下进行外观检查。质量好的热电偶头应是圆球形，光滑无气孔。若头部产生气孔或结合不好，是由于电压过高所致，应适当降低电压重新焊接。若电压过低也会造成金属熔化不好，焊点不牢固。总之需要在焊接过程中不断摸索，总结经验，才能焊成比较理想的热电偶。

② 锡焊焊接法

这种制作方法比较简单，就是将导线的端部涂上焊药(如松香，严禁用“镪水”)，使用电烙铁将焊锡焊在端部，焊点要力求光滑平整。

实践证明，采用锡焊焊接的热电偶性能比较稳定，焊头比较牢固，使用中也不易损坏。

2) 热电偶的校验及热电势—温度特性线的绘制

焊接好的热电偶由于材料纯度不一样，焊接质量不同，各支热电偶所产生的电势值也不相同，因此热电偶在用于工程测量之前，需要进行校验。

有关校验装置及仪表的连接方法见图 4-50。校验前，须将热电极与电位差计连接好(注意不要把极性接错)，并把热电偶的冷端放在装有冰水混合物的保温瓶(瓶内温度保持 0℃)中；将测量端与刻度为 0.1℃或 0.01℃的标准水银温度计一起放到油或水恒温器中。校验时，开启恒温器，使它内部温度自动控制在任一特定的温度之下，例如 0℃、2℃、

5℃、25℃等等，这个温度值由标准水银温度计读出。此时可从电位差计读出某一温度所对应的热电势值。随后逐步地改变恒温器内的温度，同时测量出相应的热电势值，这样就可以得到一系列的温度和热电势值。一般来说，温度可从低温逐步升到高温。

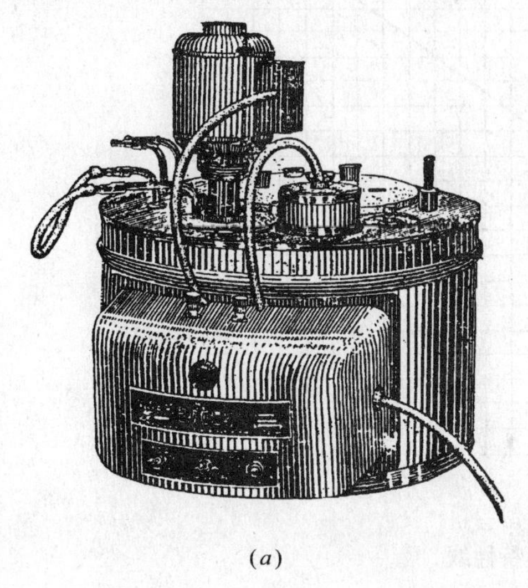

(*a*)

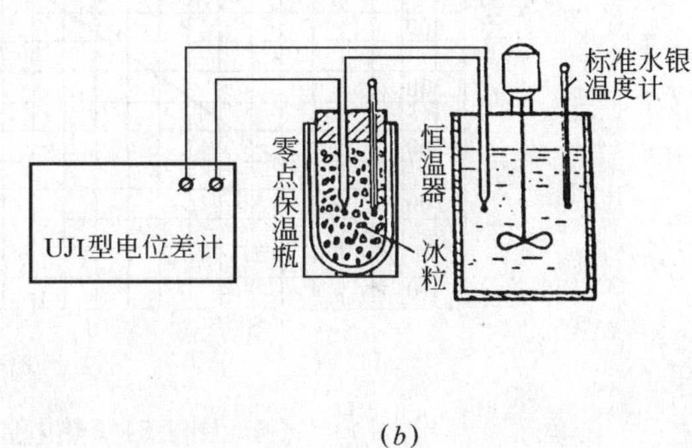

(*b*)

图 4-50

(*a*)水恒温器外形图；(*b*)热电偶校验装置示意图

在坐标纸上，以热电势为纵轴，温度为横轴，将测得的一系列温度和热电势值所确定的点，标在坐标纸上，就可画出一条热电偶的特性线。

在同时校验几支热电偶时，要将热电偶编上号，分别记录热电势，切不可记混了，以免造成差错。

【例 4-1】　今有用铜—镙铜制作的热电偶一支，经常测量温度的范围为 5～25℃，现需要经校验后使用，并画出校验特性线。

现将校验结果见表 4-26。

表 4-26

温　度(℃)	0	5	11.4	14	16	18	19	20	21	22	25
热电势(μV)	0	232	472	568	644	720	756	792	832	870	980

按照表 4-26 列举的数值，画在坐标纸上，得出一条通过原点的校验特性线，该线近似于一条直线(图 4-51)。有了这条特性线，在测量温度时，只要测出热电势值，便可从图上查出相应的温度。

(3) 热电偶温度计的二次仪表

空调系统，特别是恒温房间的测温特点是温度低，一般在 25℃以下。对于这样的测温范围，铜—镙铜热电偶所产生的热电势较小(例如在 1000μV 以下)，若用 mV 计测量既不容易测准确，也不能测出微小的热电势变化，因此在热电偶温度计中，与热电偶(一次仪表)相配合的二次仪表是采用电位差计来测量热电势的。

1) 用电位差计测量热电势的原理

图 4-52 为测热电势的原理简图，它是由热电偶 E_t、检流计 G、工作电源 E 和可变电

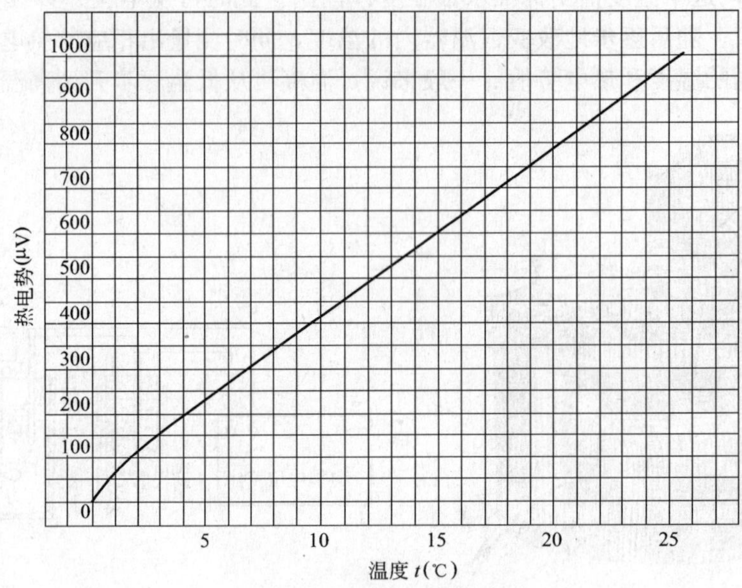

图 4-51　热电偶校验特性线

阻 R 所组成的。当热电偶 E_t 受周围温度影响产生热电势时，其热电流 I_t 通过 G 至 A、B，由 E_t 的负极形成闭合回路，使检流计的指针发生偏移。而当工作电源 E 接通后，其工作电流 I 沿着 A-G-E_t-B-E 形成闭合回路，结果使检流计的指针作正向或反向偏移，说明两种电流不相平衡，也就是电流 I 大于或小于 I_t 所致。如果要使检流计的指针处于零点位置不动，则需调节电阻 R 上的触点，使 B 的位置随着热电势的大小来移动，换句话说，让可变电阻 R 上的一部分所产生的平衡电压降与所测量的热电势相等，此时，热电偶所产生的热电势等于：

$$E_t = IR_B$$

如果电阻 R_{AB} 已知，电流 I 为定值的话，则热电势不难按上式求出，这就是用电位差计法(或叫平衡补偿法)测定热电势的原理。

那么，怎样才能使工作电流 I 保持定值呢？这就要求电位差计必须具有电流标准化的电路，为此在图 4-52 的基础上，还需要增加校验电阻 R_K、标准电池 E_b 和调节工作电流用的可变电阻 R_B，其工作原理见图 4-53。

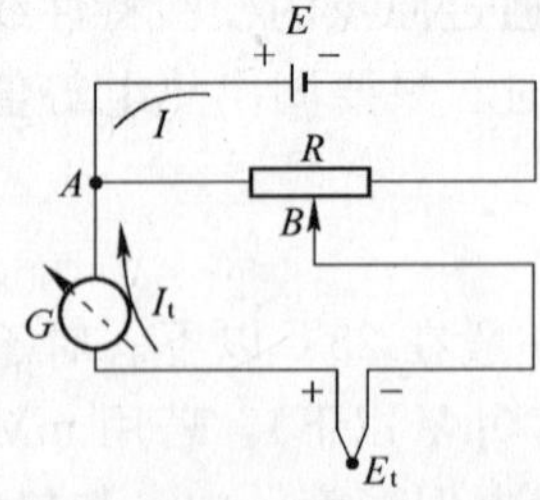

图 4-52　测热电势原理图

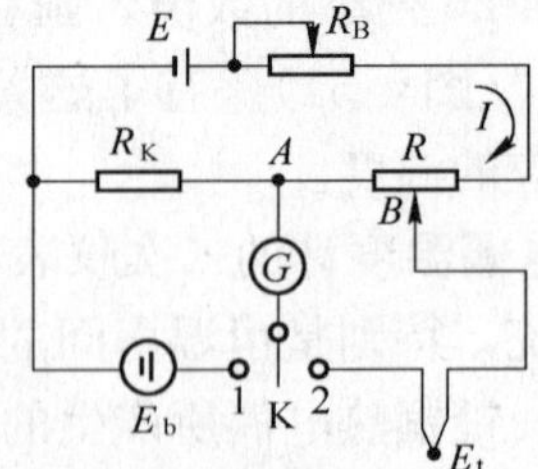

图 4-53　电位差计测量热电势原理图

为了使工作电流 I 保持定值，用标准电池对工作电源的电流进行校准，其做法是先把开关 K 放到 1 的位置，调节可变电阻 R_B，使检流计的指针示零，此时标准电池的电势为：

$$E_b = IR_K \quad 或 \quad I = \frac{E_b}{R_K}$$

随后把开关放到 2 的位置，这时标准电池断开，测量热电偶的热电势，移动电阻尺的触点 B，同样使检流计的指针示零，此时热电偶的热电势为：

$$E_t = IR_{AB}$$

将 $I = \frac{E_b}{R_K}$ 代入上式中，得

$$E_t = \frac{E_b}{R_K} R_{AB} = E_b \frac{R_{AB}}{R_K}$$

上式是电位差计测量热电势的一般原理，在设计电位差计时，E_b 和 R_{AB}/R_K 都是已知数，这时 E_t 值就很容易从电位差计的面板上的刻度盘直接读出来。

2) 电位差计及其附属仪表

图 4-54 为常用的 UJ1 型电位差计的外形图，图 4-55 为这种电位差计原理线路图。

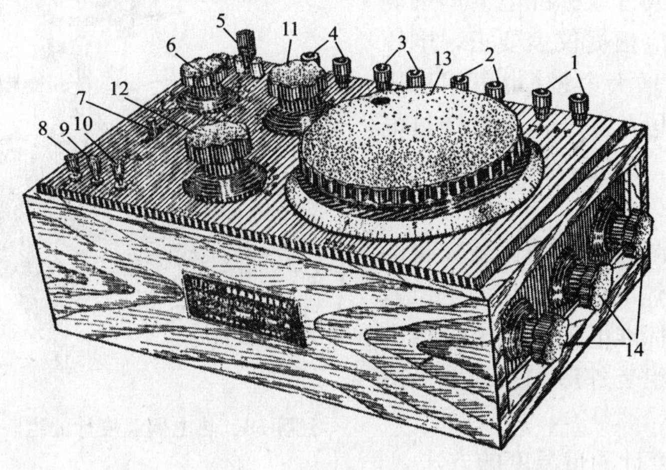

图 4-54　UJ1 型电位差计外形图

1—未知电压接线端；2—工作电源接线端；3—检流计接线端；4—标准电源接线端；5—比率臂插头；6—标准电势选择；7—板钮开关；8、9、10—分别为检流计粗调、细调和短路按钮；11、12、13—测量度盘，其量程分别为×0.1、×0.01 和×0.001；14—工作电流调节旋钮

电位差计的面板是用胶木粉压制而成，有较高的绝缘性能。面板上有八个接线端，分别接"工作电源"、"未知电压"、"检流计"和"标准电池"。在左上方有插头铜排分别表示量程"×0.1"(读作乘 0.1)和"×1"（读作乘 1)两个插孔，用于改变测量范围，在下边有一小旋钮供标准电池温度补偿之用。在左下方有三个按钮，即用来调节检流计灵敏度的"粗"、"细"和"短路"三个按钮。面板中间的两个大旋钮和一个大刻度盘是测量盘，供测量未知数值用，其中第一旋钮共有 15 档读数，第二旋钮共有 10 档读数，

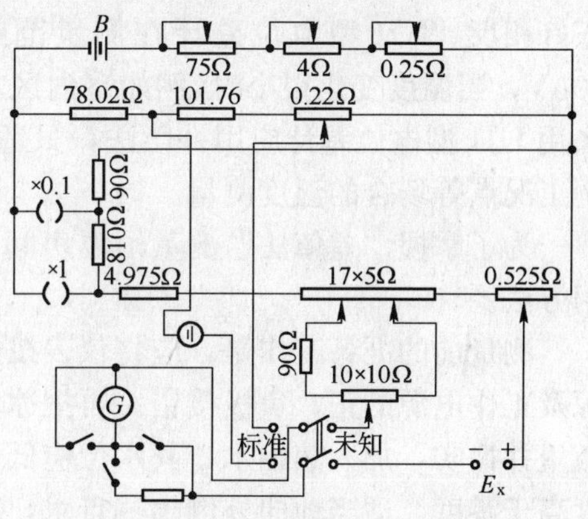

图 4-55　UJ1 型电位差计原理图

大刻度盘共分 100 刻度。当插头插在“×1”孔时，第一旋钮每档为 0.1V，第二旋钮每档为 0.01V，大刻度盘每刻度为 100μV。当插头插在“×0.1”孔时，大刻度盘每 1 刻度为 10μV。在仪器的右侧面板上还有三个旋钮，即“粗”、“中”、“细”用来调节仪器的工作电流。

对于 UJ1 型电位差计，须选用电流常数小于 5×10^{-8}安/mm、临界电阻约为 100Ω 的光点检流计与它相配合，例如按电工测量仪器仪表样本，可选用 AC4/4 型的检流计，其技术指标为临界电阻 70Ω，电流常数为 3×10^{-9} A/mm，刻度尺为 500 分度，每分度为 1mm，零点在中间位置。选用 AC4/4 型的检流计的目的，不仅因为它能与 UJ1 型电位差计相匹配，还因为它的刻度尺较长，零点在尺的中间，光点位移的幅度较大，当使用差值法测温度时，可以较方便地测出较大范围的温差变化。不过这种检流计在现场使用比较麻烦一些，容易损坏，因此使用中要格外当心。

此外采用Ⅱ级或Ⅲ级标准电池即可满足要求。工作电源应根据仪表要求，电压值可连成电池组以增大容量(也可用稳压电源)，保证工作电流稳定。为维持热电偶冷端温度为零度，需要一只保温瓶供装冰水之用。

综上所述，空调测温用的比较完善的热电偶温度计是由热电偶、UJ1 型电位差计、光点检流计、标准电池、干电池组和保温瓶等组成，其组装外形和接线图见图 4-56。

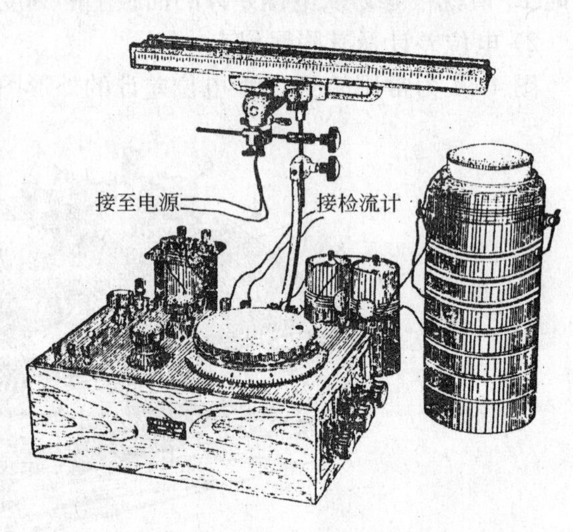

图 4-56 热电偶温度计的组装外形和接线图

(4) 热电偶温度计测量温度的方法

目前测量温度的方法有补偿法、差值法和简易差值法等三种，现分别介绍如下：

1) 补偿法

这个方法的特点是比较简单，不须做多少辅助工作，就是直接用电位差计测出热电偶产生的热电势，然后再从热电偶特性线上查出所对应的温度。这个测量过程与热电偶校验正好相反。UJ1 型电位差计在测量范围为“×0.1”时，所能够测量的最小热电势为 10μV，当温度变化很小时(例如室内区域温差)就很难准确地测出所变化的热电势。因此采用 UJ1 型电位差计应用补偿法，只适用于空调设备性能、自动调节系统的特性以及空调工况点等场合的温度测量。

为了掌握“差值法”测量恒温房间的温度分布，首先介绍一下 UJ1 型电位差计的使用方法。

测量前的准备工作是，应将仪表按照产品说明书要求接好线，特别注意不要把标准电源及工作电源的正、负极接错。再把冰块砸成黄豆粒大小(如有刨冰机刨冰更好)装入保温瓶里并捣实，加入蒸馏水，其水位应低于冰层表面，然后插入水银温度计察看温度。如温度高于零度，适当地向外倒出一点水，若低于零度可再加蒸馏水，直到调到零度为止。电位差计的“未知”、“标准”开关放到中间位置；改变测量范围的插头须紧紧地插入“×1”

或“×0.1”的插孔内，检流计的锁钮全部松开；调节标准电池的旋钮转至与环境温度相对应的标准电动势的位置，若采用Ⅱ级标准电池时，其标准电动势可按下式(或查表)计算

$$E_t=E_{20}-0.0000406(t-20)-0.00000095(t-20)^2$$

式中 E_{20}——20℃时标准电池的电动势为1.0186V；

t——仪器所处环境的空气温度(℃)。

校准电位差计的工作电流的操作步骤是，将开关扳向“标准”位置，按下面板“1”钮，调节右侧面板上“粗”调旋钮，使检流计光点处于零位左右；松开面板“1”钮，按下“2”钮，继续调节右侧面板“中”、“细”旋钮，直至光点停在零位为止，然后松开“2”钮，开关扳回中间位置。在调节过程中如果光点飘动很大，须按“0”钮就能使光点稳定。

工作电流调节完毕，将开关扳向“未知”位置。调节测量旋钮及大刻度盘，使检流计光点停留在零位，将刻度盘的读数值再乘以量程“×1”或“×0.1”，就是热电偶的热电势值，再根据热电偶特性线查出相对应的温度值。

2) 差值法

在测量恒温房间温度场时，由于室温变化小，热电偶产生的热电势也很小，例如温度变化0.1℃时，铜—镍铜热电偶热电势变化只有4μV左右。而采用UJ1型电位差计灵敏度较低(最小读数为10μV)，用补偿法很难测量出来，要是手头上没有高精度的电位差计(如UJ31型电位差计)的话，可采用“差值法”来测量。这个方法在一定程度上弥补了UJ1型电位差计灵敏度低的弱点，提高了测量精度，适用于室内温度分布及其他精度要求较高的静态测量(对温度变化较大的场合不适用)。

所谓“差值法”实质上就是不完全补偿法。它是将热电偶产生的热电势首先利用电位差计补偿掉绝大部分，而剩余的微小电势部分则利用检流计电压灵敏度较高的特点，在检流计标尺上求出来。这时流计标尺起到了类似于游标卡尺的“游标”作用。这样，可将热电势读数提高一位有效数字，从而提高了UJ1型电位差计的灵敏度。

利用差值法测量温度，事先需要进行一定的准备和计算工作，也就是要求出检流计的电压灵敏度S_v(μV/格)，热电偶的温度系数K(μV/℃)和温度灵敏度S_t(℃/格)，具体操作步骤如下：

① 将保温瓶内的水温调至所要测量的恒温间的基准温度或接近基准温度，例如20℃或20℃左右。把热电偶的测量端绑在标准温度计的温包上，一同插入保温瓶(图4-57)内，标准温度计须根据室温允许波动范围选用，对于±1℃的可选用1/10℃刻度的标准温度计，对于±0.5℃和±0.1℃的可选用1/50℃或1/100℃刻度的标准温度计。

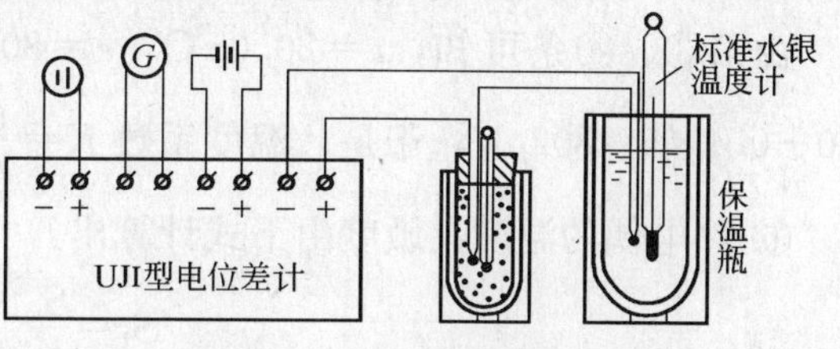

图4-57 差值法测温接线图

② 将电位差计的工作电流校对好，作好测量准备。铜—镍铜热电偶热端温度为20℃时所产生的热电势大约在800μV左右。调节大刻度盘进行不完全补偿，使检流计光点处于标尺之内某一刻度位置上。通常将未补偿的剩余热电势取为50μV，显然需要补偿掉的热电势为750μV，此时大刻度盘暂时定在750μV的位置上。

③ 检流计的电压灵敏度按下式计算：

$$S_v=\frac{e_1}{n_1}\quad \mu V/格$$

式中 e_1——每次补偿的电势值(μV)；

n_1——每次补偿后光点位移格数平均值(格)。

为了求出 S_v，将大刻度盘从 $750\mu V$ 处开始继续补偿，每次补偿 $10\mu V$，此时光点逐步向零位趋近。现将逐次补偿过程数据表 4-27：

表 4-27

电位差计示值	750μV→760μV→770μV→780μV→790μV→800μV				
光点所处刻度	130 格→105 格→81 格→55 格→30 格→5 格				
光点位移格数	25 格	24 格	26 格	25 格	25 格

每补偿 $10\mu V$ 时光点位移格数平均值

$$\frac{25+24+26+25+25}{5}=25\ 格$$

用上式计算出电压灵敏度为

$$S_v=\frac{e_1}{n_1}=\frac{10}{25}=0.4\mu V/格$$

④ 当电位差计大刻度盘处于最后位置时，就不要再移动它了，为了防止偶然碰动，可以用胶布将大刻度盘封住。重新校对一次电位差计的工作电流，并记录下列数据：

保温瓶中标准温度计的读数，例如 $t=20.05℃$；

电位差计最后的示值：$e=800\mu V$；

光点最后偏离零位格数：$n=+5$ 格(若光点超过零位时以负数计算)。

⑤ 热电偶的温度系数按下式计算：

$$K=\frac{E}{t}\quad \mu V/℃$$

式中 E——与保温瓶中水温相对应的热电势值(μV)；

$$E=e+S_v n$$

t——保温瓶中水的温度(℃)。

由第③、④条可知，$t=20.05℃$，$e=800\mu V$，$S_v=0.4\mu V/格$，$n=5$ 格，所以 $E=800+0.4\times5=802\mu V$，于是，温度系数 $K=\frac{E}{t}=\frac{802}{20.05}=40\mu V/℃$。

⑥ 热电偶的温度灵敏度由下式计算出：

$$S_t=\frac{S_v}{K}\quad ℃/格$$

将已求出的 S_v、K 值代入上式则得：

$$S_t=\frac{0.4}{40}=0.01\quad ℃/格$$

⑦ 为了计算方便，需求出光点处于零位时所对应的温度。从第 5 格对应的温度，即为光点处于零位时的温度，即

$$t_0=t-n\cdot S_t$$

另一种方法是：当光点处于零位时，其电势值正好等于大刻度盘的示值(800μV)，除以热电偶温度系数即为零点对应的温度。即

$$t_0=\frac{e}{K}=\frac{800}{40}=20℃$$

现在已经知道了热电偶温度灵敏度 S_t，检流计光点在零位时所对应的温度 t_0，将热电偶从保温瓶中拿出来晾干(不要擦干)，就可以测量温度。

需要指出的是，前面所述的步骤仅仅是“差值法”测温的准备过程，是在静态下进行的，还不是正式的测量实际测点温度的过程。

实际测量温度的过程是，将热电偶的测量端放在测点位置上，从检流计上读出光点偏离零位的格数，然后根据 S_t、t_0 换算出测点的温度。

【例 4-2】 已知热电偶的温度灵敏度 $S_t=0.01$℃/格，检流计光点在零位时的对应温度 $t_0=20$℃，现在恒温房间内实测了五个点，各测点光点偏离零位的格数见表 4-28：

光点偏离零位的格数　　**表 4-28**

测 点 序 号	1	2	3	4	5
光点偏离格数	+3	−8	−2	0	+7

试换算各测点的实际温度。

【解】 各测点的温度为

$$t_1=20+3\times0.01=20.03℃$$
$$t_2=20-8\times0.01=19.92℃$$
$$t_3=20-2\times0.01=19.98℃$$
$$t_4=20℃$$
$$t_5=20+7\times0.01=20.07℃$$

3）简易差值法

从“差值法”测温过程中，可以很明显地看出，电位差计仅仅起了一个稳定的反电势的作用，只是在准备过程中调了一次刻度盘，在整个测温过程中就没有必要动它了。这一点给了我们一个启示：只要提高热电偶冷端温度，也就是提高了冷端的热电势值，就可以省去电位差计。由于我们的测量对象是恒温房间，温度变化很小，所以能够得到一个比较稳定的温度环境，保证冷端温度处于稳定状态。由此就提出了一个简易差值测温方法。

具体的准备工作如下：将水(或油)装入小口保温瓶中，温度调到与恒温间基准温度相接近，并提前把保温瓶置于恒温间内。当保温瓶内的温度已处于稳定状态后，把热电偶的冷端与标准温度计插入保温瓶内，严密地封好保温瓶盖子。热电偶回路中接上光点检流计和可调电阻箱，见图 4-58。另外取一只保温瓶装上水，水温调至比冷端温度高 1℃，将热电偶端和标准温度计放入保温瓶内这时热电偶两端有了温差，产生热电势，检流计光点发生偏移，读取偏移格数，再读取冷、热端的温度值，并按下式计算出热电偶的温度

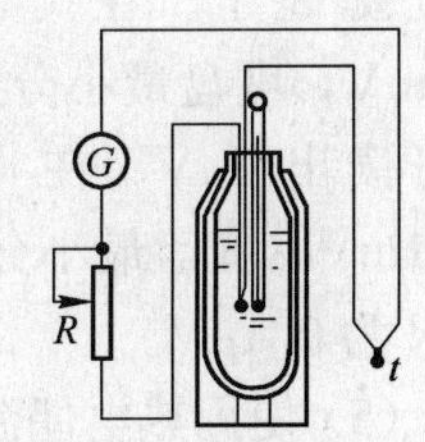

图 4-58　简易差值法测温装置

灵敏度：

$$S_t=\frac{t_r+t_1}{n}\quad ℃/格$$

式中　t_r——热端温度(℃)；

t_1——冷端温度(℃)；

n——光点偏离零位格数(格)。

知道了热电偶的 S_t 后，把它的热端从保温瓶中取出晾干，就可用来测量温度。光点在零位时的温度就是冷端温度值，只要读出光点偏离零位的格数，就可计算出测点的温度值，计算方法同差值法是一样的。

在实际测量中所求得的 S_t 不一定是个十进位的整数(如 0.1 或 0.01℃/格)，这样就给计算温度带来不便。而热电偶回路中接入的可调电阻箱的一个作用就是为了得到十进位的整数。例如，当冷热端温度相差 1℃时，调节电阻箱使光点偏移 100 格，则有：

$S_t=\frac{1℃}{100格}=0.01℃/格$，这样使用起来就方便得多。

图 4-14 所示测温系统不一定能保证检流计处于最佳工作状态，它可能处于过阻尼或振荡状态，使得测量准确性有所降低。为了避免这个缺点，可以根据下列公式进行校正调整：

$$R_{临}=R_{热}+R_{调}$$

式中　$R_{临}$——检流计外临界电阻(Ω)；

$R_{热}$——热电偶的电阻(Ω)。

检流计的电流灵敏度 S_i

$$S_i=\frac{C}{R_{内}+R_{临}}$$

式中　$R_{内}$——检流计内电阻(Ω)；

C——根据我们所要求的温度灵敏度(S_t)而确定，若 $S_t=0.01$℃/格，可取 $C=0.4\mu V$；若 $S_t=0.1$℃/格，可取 $C=4\mu V$。

在调整过程中要综合考虑到热电偶温度灵敏度(S_t)和检流计的电流灵敏度(S_i)而使检流计处于最佳工作状态。

若有精度较高的 UJ31 型电位差计时，可直接用补偿法测量恒温房间的温度分布。该仪器除面板布置(见图 4-59)与 UJ1 型有所差别外，其构造原理及使用方法完全相同，而测量精度提高了。在“×10”一档，可测 0～171mV，度盘最小分度值为 10μV，游标示度 R 可读出 1μV。在“×1”一档，可测 0～17.1mV，度盘最小分度值为 1μV，而游标示度 R 为 0.1μV。

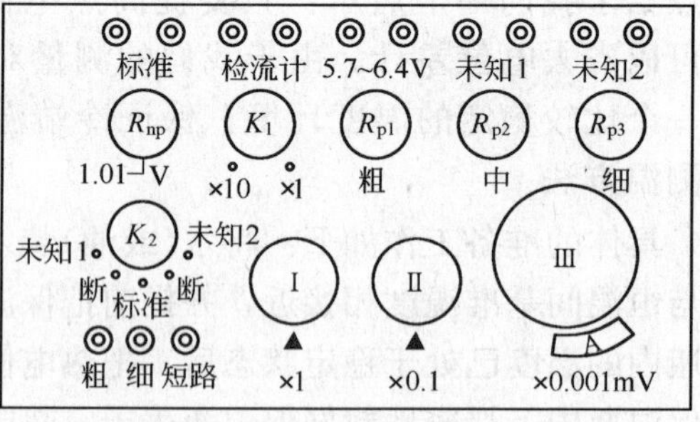

图 4-59　UJ31 型电位差计面板布置图

(5) 使用热电偶温度计应注意的事项

热电偶温度计测量温度的二次仪表都是电工测量仪表，在使用前应熟悉它们的性能，并按照使用说明书进行操作，不可粗心大意，否则由于使用不当造成不必要的损失，影响测试工作的进行。为此需要注意以下几点：

1）电位差计的接线要正确，不许接错位置或接反极性。校正工作电流的时间不宜过长，以免标准电池消耗过大。在检流计受到冲击电流剧烈振荡时，应立即接“0”按钮使检流计短路，保护它不受损坏。

2）标准电池是一个比较娇气的仪器，使用时必须十分注意，严防倾倒或剧烈振动，防止正、负极之间短路，严禁利用万用表直接测量电压。

3）在整个测温过程中，要经常校准工作电流。热电偶冷端温度要始终保持在零度(简易差值法除外)，如发现偏离时都应及时加以调整。

4）热电偶在制作、校验、使用过程中要尽量避免发生形变，如拉伸、扭曲、打结等。虽然铜—镍铜热电偶在恒温房间使用，由于形变而产生的测量误差很小，可以忽略不计，但当热电偶接近发热体时，形变处将产生热电势，影响测量结果的准确性，同时由于热电偶本身的材质不匀，在有温度梯度存在的周围环境中，也会产生热电势，所以在测温时，除测量端外，热电偶的其他部分应避免碰触到发热体。

5）灯光、马达、加热器、人体和阳光的辐射热射到热电偶的测量端会产生热电势，这样给测量带来误差。根据试验，测量端距日光灯1m远，距人体0.75m远，测温偏高达0.01℃。如果测量端靠近马达、白炽灯、加热器等热辐射强的热源，测温偏高会更大。所以，应根据测温时现场的具体情况，采取一定的防辐射热措施。

6）对于任何挥发物质，在挥发时都吸取周围的热量，特别是吸取被污染物的热量而使它们的温度下降；如果热电偶的测量端被挥发物污染，当它挥发时吸走了测量端的热量，则产生的热电势将减少，给测量带来误差，因此应防止热电偶测量端被挥发物污染。

7）使用检流计时，零位是经常变动的，这是由于悬丝剩余力矩存在的结果所造成的。所以应随时调整检流计的机械零位，以免带来测量误差。

3. 50S/50D便携式热电偶测温仪

50S/50D便携式热电偶测温仪(见图4-60)特点：50S为单通道测温表，50D为双通道，它非常适合测量输入/输出变化和差动趋势，50D包括50S的所有功能。

图4-60　热电偶测温计

(1) 技术参数

测量范围：－200～1370℃

显示分辨率：0.1℃超过满量程

测量准确度：K型：±(0.1%±0.7℃)

J型：±(0.1%±0.8℃)

(2) 可选配多种K型探头

包括珠状探头－40～260℃、表面探头0～260℃、浸入式探头－196～816℃、空气探头－196～816℃、尖型探头－196～816℃、裸露探头－196～816℃、工业用表面探头－127～600℃、管道钳形探头－29～145℃等。

4. 电阻温度计

电阻温度计是由对温度变化反映敏感的一次仪表和指示或自动记录温度的二次仪表所组成。一次仪表是根据导体和半导体的电阻值随温度的变化而变化的特性制成的；二次仪表是用来测量一次仪表反映出来的电阻值，但它的刻度盘不是直接刻上电阻值，而是刻出与电阻值相对应的温度值，这样就能从仪表上直接读出温度而不必进行换算。

空调恒温工程中的测量特点是：测温时间长，测温精度要求较高，测点多，测温范围变化较大。采用热电偶温度计虽然在一定程度上能满足上述要求，但是操作比较麻烦，尚有大量数据的整理工作要做，费时费力。为了适应空调恒温工程的测温特点，简化计算，原国家建委建研院空调所曾研制一种电阻温度计。它的一次仪表是自制的高阻(300Ω)微惯性铂电阻，二次仪表是小量程、多测点、多量程的温度自动记录仪。

(1) 温度自动记录仪

下面简要介绍小量程温度自动记录仪的特点及使用方法。

1) 热电阻

热电阻是电阻温度计的一次仪表，工业上制造热电阻的材料很多，如铂、铜、镍、铁等等，当前普遍采用的是铂和铜。与小量程温度自动记录仪配套的热电阻是自制的，采用直径 0.05mm、纯度 99.99％的铂丝绕制在骨架上。对骨架的要求是温度系数小，不受相对湿度变化的影响，机械强度高，绝缘性能好。常用电木板或专门制作的陶瓷制品做为骨架。为了避免意外的机械损伤，绕制好的热电阻外面应加上黄铜或铝制的保护套管(图 4-61)。

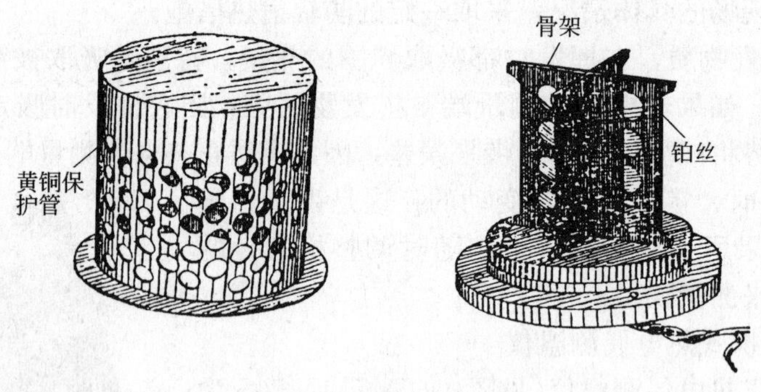

图 4-61　热电阻外形图

绕制好的热电阻在未加保护套前，要先经过老化处理，然后进行电阻值的测试和调整，使之达到 0℃时的电阻值，测试装置及接线见图 4-62。维持 0℃的容器(图 4-62*b*)是广口保温瓶，被测试的热电阻放在玻璃试管(或铁皮筒)内，放一支 1/100℃的水银温度计，插入冰粒中间，这样就可以保持热电阻置于 0℃环境中。

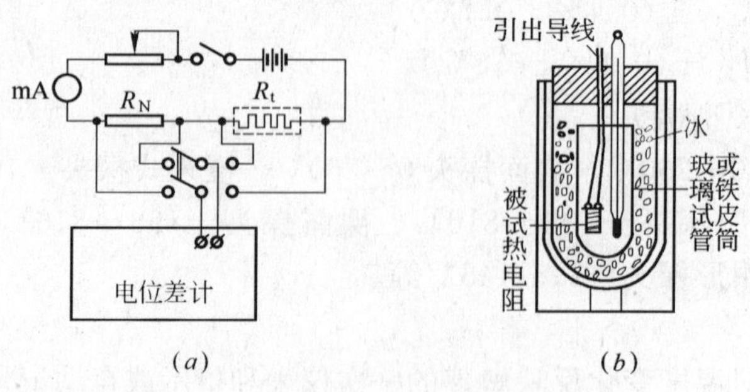

图 4-62　热电阻的测试装置及接线图

2）测试用的仪器

是精度较高的电位差计与灵敏度较高的光点检流计，用比较法测出热电阻的电阻值。在标准电阻和热电阻回路中，借助电阻箱将工作电流调整到 1mA（注意工作电流不得过大，否则将因电流通过时导致热电阻发热而产生误差）。分别测出标准电阻和热电阻的电压降，并按下式计算出热电阻的阻值（其误差不得大于 0.1%）：

$$R_t = \frac{V_t}{V_N} R_N$$

式中　R_t——0℃时的电阻值（Ω）；

R_N——标准电阻值（Ω）；

V_N——标准电阻上的电压降（V）；

V_t——热电阻上的电压降（V）。

3）温度自动记录仪

该记录仪是用 EQC 或 EQY 型自动平衡电桥改装而成的。目前生产的自动平衡电桥最小量程为 0～50℃，测量精度为 0.5 级，尚不能满足空调恒温工程的测温要求，因此通过改变电桥桥臂电阻的方法来达到小量程，测量精度高的要求。室温测试可改装量程为 2℃（即 19～21℃）的桥臂；各工况点的测温可改装为 5℃的桥臂（有关温度自动记录仪的改装方法，请参见建研院空调所专题资料）。

（2）平衡电桥测量电阻的原理

图 4-63（*a*）是平衡电桥原理图，其中桥臂 R_1、R_2 为已知固定电阻，R_3 是带刻度的可变电阻，热电阻 R_t 为第四桥臂，R_s 为导线电阻。对角线 *ad* 上接直流电源，对角线 *bc* 上接一个检流计。当温度发生变化时，热电阻的阻值也随之发生改变，电桥失去平衡检流计指针偏转。只有调节可变电阻 R_3，才能使检流计指针指零，电桥处于平衡，此时：

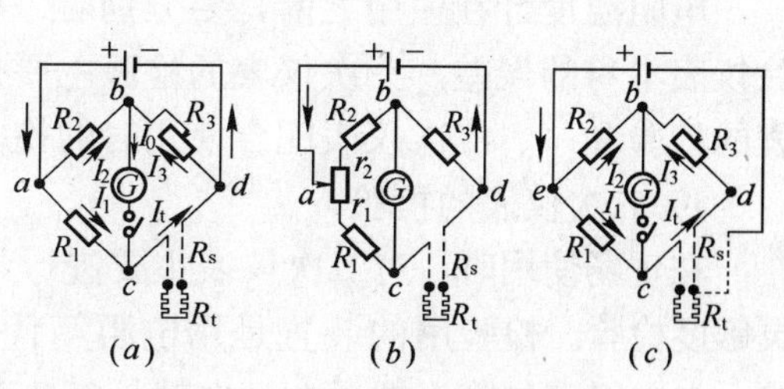

图 4-63　平衡电桥原理图

$$I_2 R_2 = I_1 R_1$$

$$I_3 R_3 = I_t (R_t + R_s)$$

因为 $I_0 = 0$，所以 $I_2 = I_3$，$I_1 = I_t$

将上两式化简后得到：

$$R_2 (R_t + R_s) = R_1 R_3$$

或

$$R_t = \frac{R_1}{R_2} R_3 - R_s$$

从上式可以看出，当电阻比值 $\frac{R_1}{R_2}$ 和导线电阻 R_s 不变化时，根据 R_3 的数值就可计算出 R_t 的电阻值。

实际上可变电阻 R_3 的触点存在着接触电阻，为了消除接触电阻对测量的影响，可按图 4-50（*b*）的接法，用改变桥臂比值的方法建立电桥的平衡，这时：

$$R_t = \frac{R_1 + r_1}{R_2 + r_2} R_3 - R_s$$

从图(4-63，b)可以看出 r_1、r_2 的阻值，由触点位置确定，根据 R_1、R_2 的比值，就可由公式计算出 R_t 的阻值，而接触电阻就不能影响测量结果。

导线电阻 R_s 随着环境温度的变化而变化，为了消除由此而引起的误差，可采用图 4-63(c)的三线制连接方法，这等于将电桥的 d 点移到了热电阻的接线端子上，当电桥平衡后则：

$$R_2\left(R_t+\frac{R_s}{2}\right)=R_1\left(R_3+\frac{R_s}{2}\right)$$

经化简后得

$$R_t=\frac{R_1}{R_2}R_3$$

如果是对称电桥($R_1=R_2$)时，R_t 等于 R_3，那么从 R_3 的刻度上将直接读出 R_t 的电阻值，这样就完全可以消除导线电阻 R_s 的影响。

(3) 自动平衡电桥

自动平衡电桥测量电阻的基本原理与前面介绍的平衡电桥相同，但是它的构造、结构型式很复杂，需要说明的是，不管任何型式的电桥的可变桥臂的调整和指示指针或记录笔的移动，都是由可逆马达带动，不需要人工辅助。记录纸的移动是由同步马达带动。指示或记录的数据是温度值，而不是电阻值，不需要换算。因此测温过程是自动进行的。

(4) 仪表的检验

电阻温度计在使用之前，要分别对一次仪表和二次仪表进行性能鉴定和调整，以便消除仪表本身的误差。一次仪表的检验主要是测定和调整 0℃时的电阻值。下面介绍二次仪表的检验和一、二次仪表配合使用时的检验方法。

1) 二次仪表的检验

在现场使用时，对二次仪表主要进行刻度检验和灵敏度检验。检验用的装置是用电阻箱代替热电阻，接入二次仪表的输入端子上，也就是将精密电阻箱与微调电阻箱串联后接到自动平衡电桥的输入端子上(图 4-64)，连接导线的截面要符合仪表的要求。

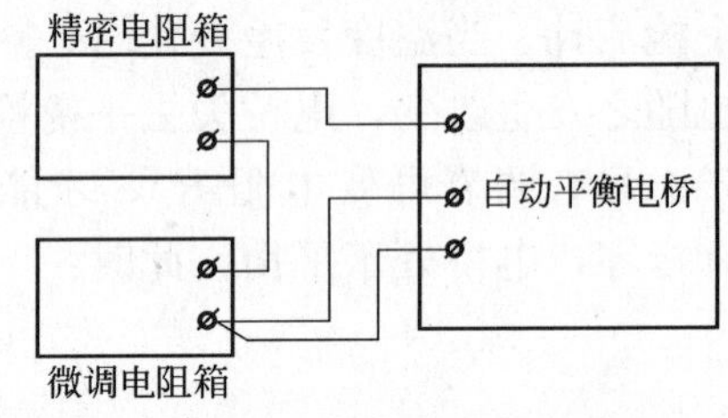

图 4-64　自动平衡电桥校验装置

从自动平衡电桥上选取几个温度检验点，此时运用该平衡电桥指示或记录出与这一电阻相对应的温度，可能有一定的温度偏差。按照上升和下降的顺序，测出各检验点的温度偏差，计算出各检验点的温度偏差平均值。这个测试过程就是所谓刻度检验，可以看出仪表的准确程度。

仪表的灵敏度是指热电阻的阻值变化多少后，仪表才能有指示，也就是说，当温度变化多少后，仪表才能测量出来。灵敏度这个参数对于测量高精度的温度变化是很重要的，即使仪表的刻度准确，如果灵敏度很低，对温度变化反映的不灵敏，也无法满足测试的要求。这时就要根据仪表使用说明书进行调整，提高它的灵敏度。

仪表灵敏度的检验点是仪表量程的两端和中间一点，共三点。在电阻箱上给出与检验点温度相对应的电阻值，然后改变微调电阻箱的阻值(从最小档开始)，待仪表指针开始移动时，这时所改变的微小电阻值，即为该检验点的灵敏度。将所改变的电阻值换算成温度，即为该点所能反映的最小温度变化值。在同一个检验点上，一般按上升和下降做 3～

4次，取其平均值即可。

2）一、二次仪表配合使用时的精度检验

由于一次仪表在制造时的电阻值有一定的误差，一、二次仪表配合使用时连接导线的接触电阻无法消除，连接导线的线路电阻的配制也有一定的误差，这样就造成仪表的实际指示值与标准温度之间存在着一个恒定的偏差。这说明仪表投入实际测温时，所指示的温度值不太准确。因此要对一、二次仪表配用后进行检验调整，以消除这个偏差。

检验时可采用下述两种方法：

第一种方法：将保温瓶内的水温调整到某一个整数温度，最好是量程中间的温度。将热电阻装在塑料袋中(目的是不让热电阻与水接触)并与标准温度计放入保温瓶内。待稳定一段时间后，开启二次仪表记录出保温瓶内的温度值，再读出标准温度计的指示值，两者之差即为仪表的偏差。

第二种方法：将热电阻与标准温度计悬挂在恒温室内同一地点上，恒温室的温度严格控制在某一温度内，这时仪表记录值与标准温度计指示值之差，即为仪表的偏差。

为了求得准确的偏差值，应该在不同的温度下多做几次，以求出偏差的平均值，作为仪表示值的修正值。

例如：仪表的示值为20.063℃，标准水银温度计的示值为19.98℃，则仪表示值的修正值为：

$$20.063-19.98=0.083℃$$

从实践看来，第一种方法比较简单，花费的时间短；第二种方法因为要人为的造成一个恒温环境，所用的时间较长，不过更接近实际测温情况，所以有一定的好处。

(5) 使用电阻温度计的注意事项

根据现场使用情况，一般须注意下列几点，即能保证测量的准确性。

1) 仪表放置的环境温度最好处于稳定状态，放在恒温室内更好，在正式测温前要启动仪器预热1～2小时。

2) 仪表的连接导线，要接触良好，线路电阻配制要准确。

3) 在一个地点测量完毕后，不要将连接导线、一次仪表拆除，应整体搬到下一个测量地点去。

4) 校验仪表时如果是开门(或关门)进行的，在测量时也应开门(或关门)，防止由于仪表内部温度变化，引起测量误差。

5) 根据所测温度变化情况，选择合适量程的自动记录仪。防止由于温度变化范围超出量程范围，使仪表受到过大不平衡信号的冲击，造成指针跑向刻度盘两端，致使滑线电阻上的活动触点(银质滚珠)脱落，而影响测量的顺利进行。

5. 392M热电阻测温仪

这种测温仪精确度较高，它应用于实验室和工业系统如石油化工、食品和航空电子等领域。特别是可用于重要部门的温度测量和传感器校正。其外形见图4-65。

图4-65 热电阻测温计

技术性能参数：

(1) 测温范围：－180～778℃；

(2) 分辨率：－180～190℃时为0.01℃，190℃以上为1℃；

(3) 测量精度：±0.1℃；

(4) 重复性：±0.2℃；

(5) 显示器：CCD数字显示屏；

(6) 切换至P锁定峰值；

(7) WAHL测温仪各种探头见图4-66。

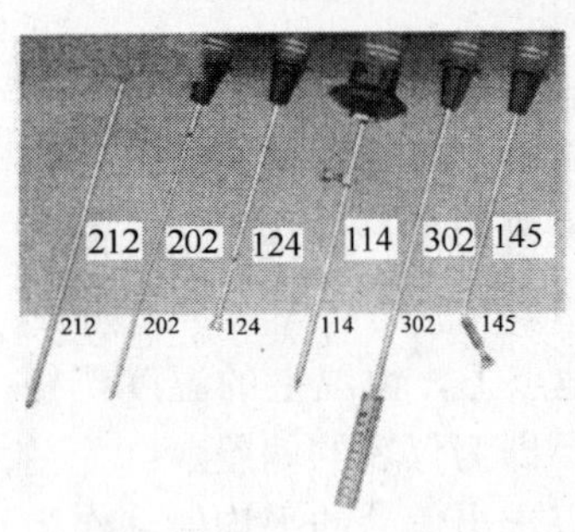

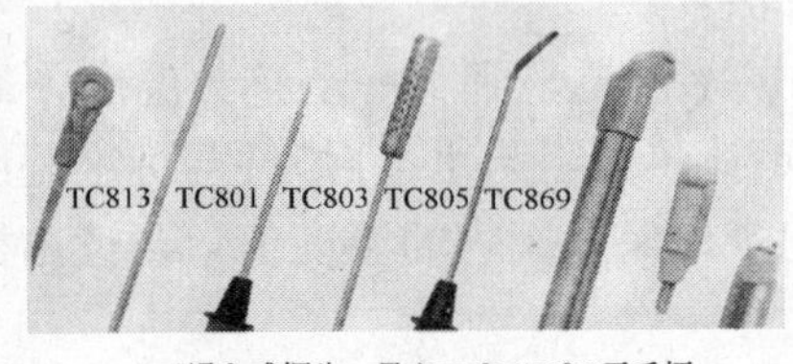

212	12″浸入式探头	最高230℃(450°F)无手柄	145	表面探头(45弯角)	最高482℃(900°F)
202	5″浸入式探头	最高482℃(900°F)	TC869	表面探头	最高538℃(1000°F)
124	表面探头	最高482℃(900°F)	TC801	浸入式探头	最高1120℃(1600°F)
114	穿入式探头	最高482℃(900°F)	TCL309K	浸入式探头	最高1200℃(1700°F)
302	空气探头	最高450℃(850°F)			

图4-66　WAHL测温仪各种探头

6. 双金属自记温度计

该温度计是固体膨胀式温度计的一种，它的测量精度为±1℃，通常用来记录室外温度、恒温室技术夹层的温度和室温允许波动范围大于±1℃的恒温室内的温度变化。在室温允许波动范围等于或小于±1℃的恒温室内不能使用这类温度计。

(1) 工作原理及简单构造

自记温度计的感温元件是由两种线膨胀系数不同的金属片焊接在一起构成。当周围温度发生变化时，双金属片便产生弯曲，其弯曲的程度与温度变化的大小成正比。图4-67为双金属自记温度计的原理图。从图上可知，双金属片1弯曲后所产生的位移通过杠杆3的作用带动记录指针(笔)4，并在印有温度标度的记录纸上自动记录出所测温度的变化情况。由于感温元件是由双金属片制成的，所以这类温度计又称为双金属温度计。

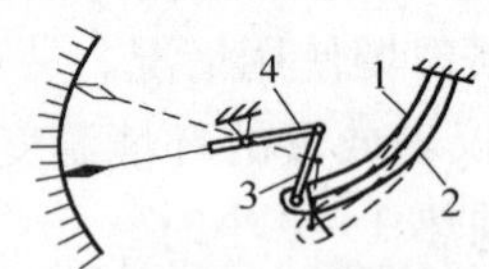

图4-67　双金属自记温度计原理图
1—金属片(有较大膨胀系数的)；
2—金属片(有较小膨胀系数的)；
3—杠杆；4—记录笔

图4-68　DWJ-1型双金属温度计
1—双金属片；2—自记钟；3—记录笔；
4—笔档手柄；5—调节螺丝；6—按钮

图4-68为国产DWJ-1型双金属温度计的外形图。双金属片的一端固定在支架上，另一端(即自由端)与调节机构和传动机构相联，而传动机构又与记录指针相联。调节机构的作用是调节指针位置使之与实测温度相符合。在双金属温度计的底盘上装有固定主轴和固定大齿轮，记录筒内装有钟表机构，其筒底有外露小齿轮，随着钟表机构运行，记录筒就绕着主轴均匀地旋转，这样便可记录出一天(或一周)的空气温度变化情况。

(2) 使用、调整时注意事项

正确地使用和调整仪器能保证测量的准确性，否则将产生较大的误差，为此需注意以下几点：

1）使用时，仪器应水平放置，不能放在热源附近或门口、窗口处，应放在具有代表性的测点处。测室外温度时，不能让太阳直接照射，最好放在百叶窗内，要不然就须采取遮阳措施。

2）记录纸要摆平摆正，用金属压条牢固地压在记录筒上。金属压条下端插在筒底的穿孔里面，上端夹在记录筒上口的边缘内。

3）记录笔尖靠记录纸不宜过紧，避免由于摩擦力过大而使笔尖上下移动失灵，形成记录误差。记录笔内要定时加足墨水，笔尖要对正记录纸上的测量时刻的标线，并轻微地横向移动一下，笔尖在时间标线上划一小横线做为起始标记。在记录纸上填好测量的月、日、时。与此同时应上足自记钟发条。

4）仪器在出厂时虽然作过校验，但由于运输等原因造成仪器指示的温度不一定准确，所以在每次使用前均需用 1/10℃的液体温度计进行校对；若发现与液体温度计示值不符时，应调整调节螺丝使之相符。

5）除调节螺丝外，仪器上的其他螺丝出厂时均用红漆封好，不得轻易动它。双金属片应保持清洁，防止弄脏，切忌用手去碰触。

6）如果自记钟走时不准，每天快慢超过 10min 时，应推开记录筒上的快慢调节孔，根据快慢情况拨动调节针予以调节。如走时快了应将针向“－”的方向拨；走时慢了向“＋”的方向拨。

7. WS 系列数字温度仪（上海浦东三联仪表厂）

（1）仪器用途

WS 系列测温仪主要用于对各种气体、液体和固体的温度测量，更换不同形式的传感器，可用于对体温表面、深水、育秧、蔬菜、水果贮存、库房、易燃物体等温度测量（传感器不易在酸液中长期使用）。

（2）使用特点

1）温度值 LCD 数字显示，清晰易读，手持式携带方便，触摸式开关控制，美观实用，能作正负温度的测量。

2）WSC-411 数字温度仪采用高精度的 Cu100 铜热电阻为感温传感器，灵敏度高，稳定性好，通用性强，适用于气体、液体中使用，且传感器可任意互换。

3）WSC -411P 数字温度仪采用进口的高精度的热敏元件为感应传感器，灵敏度很高，稳定性好适用于测量点温、表面温度及气体温度，且传感器可任意互换。

4）WSP-211 数字温度仪采用高精度的 Pt100 铂热电阻为感温传感器，灵敏度高，稳定性好，通用性强，适用于高温液体、气体测量，更换其他特定形式的传感器，可用作点温、表面温度的测量，且传感器也可互换。

5）WSC-412P 数字温度仪采用进口热敏元件为感温传感器，精度高，稳定性好，测温时间快，并带有数字显示锁定功能。同型号传感器可以互换。

6）WSP-212 数字温度仪采用高灵敏度、高精度的 Pt100 为感温元件，稳定性好，适用于各种用途的温度测量，并具有数字显示锁定功能，相同型号传感器可互换。

7）传感器配以专用接插件，可作多点或远距离测量。

8）WSC-411、WSC-411P、WSP-211 系列测温仪均能配用该厂生产的双路传感器。

WSC-412P、WSP-212 系列测温仪不能配用该厂生产的双路传感器。在选用双路传感器时要标明其型号。

9）WS 系列测温仪采用干电池供电，抗干扰能力强。使用一节 6F22、9V 电池。

（3）技术参数

1）测量方式：积分式；

2）显示读数：三位半液晶显示；

3）采样速度：每秒两次；

4）仪器工作环境：

温度：－10～＋40℃；

相对湿度：＜80%；

储存温度：－20～＋60℃；

工作电流：＜5mA；

5）尺寸：140mm×70mm×26mm；

6）质量：约 190g。

（4）仪表性能

仪表性能见表 4-29。

仪 表 性 能　　**表 4-29**

仪器型号	测温范围(℃)	分辨率(℃)	测量精度	感温元件种类	备　注
WSC-411	－50～＋50	0.1	±0.5%FX	Cu100 铜电阻	
	－50～＋100				
WSC-411P	－50～＋50	0.1	±0.5%FX	进口热敏元件	高灵敏度
	－50～＋100				
WSC-412P	－50～＋50	0.1	±0.5%FX	进口热敏元件	高灵敏度有数据保持功能
	－50～＋100				
WSP-211	－50～＋400	1	±0.5%FX	Pt100 铂电阻	
	－50～＋800				
WSP-212P	－100～＋100	0.1	±0.5%FX	Pt100 铂电阻	有数据保持功能
	－100～＋200	0.1			
	－100～＋500	1	±0.5%FX	Pt100 铂电阻	

注：以上偏差不包括显示偏差±1 个字。

（5）传感器性能

传感器性能见表 4-30。

传 感 器 性 能　　**表 4-30**

传感器种类		允差(℃)	温度范围(℃)	配用二次仪表
Pt100	A级	±(0.15＋0.002|t|)	－200～650	WSP-211 WSP-212
	B级	±(0.3＋0.005|t|)	－200～850	WSP-211 WSP-212

续表

传感器种类	允差(℃)	温度范围(℃)	配用二次仪表
表面式 Pt100	±(0.3+0.005|t|)	−100～450	WSP-211 WSP-212
Cu100	±(0.3+0.006|t|)	−50～+150	WSC-411
进口热敏元件 RM 系列	±0.5	−50～+100	WSC-411P WSC-412P

(6) 测量方法

1) 取下电池盖将 6F22、9V 叠层电池装入电池盒，装时要对准正负极。

2) WSC-411、WSC-411P、WSP-211 系列测温仪触摸 ON 键，接通电源显示屏应有数字显示被测温度的数值，触摸 OFF 键关机。

3) WSC-412P、WSP-212 系列测温仪，插上传感器显示屏应显示被测温度的数值，触摸 HOLD(ON)键温度显示值锁定，触摸 HOLD(OFF)键正常测温。

4) 显示屏左上方显示 LOBAT 或其他标志时，应更换电池。

5) 温度显示偏差超过允许偏差范围，或接插件接触不良以及导线折断和传感器损坏等，应及时修理或更换。

6) 仪表长期不用时，应取出电池，防止损坏仪表。

7) 数字温度仪示意图见图 4-69。

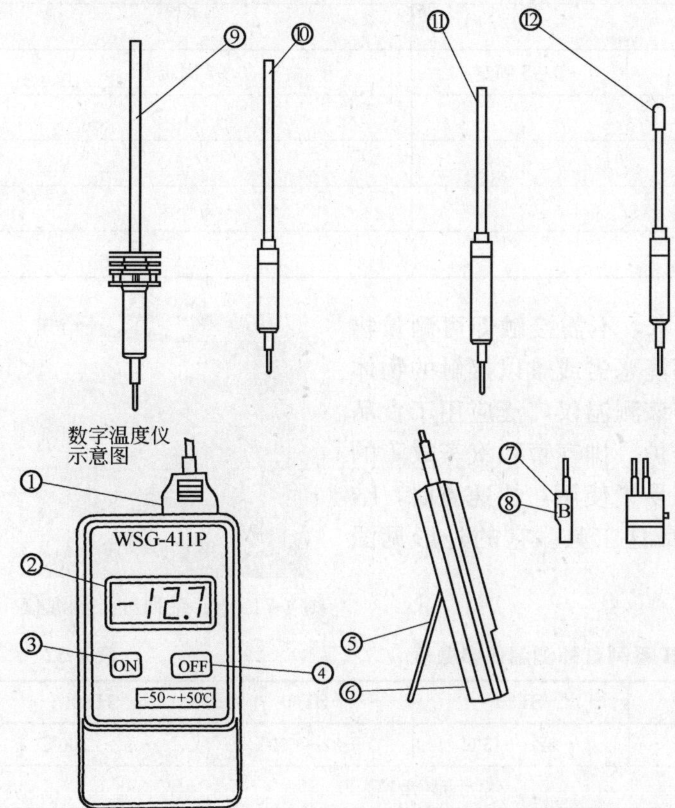

1. 传感器插头
2. 温度显示屏
3. 触摸键(ON)：WSC-411，WSC-411P WSP-211 为开机键 WSC-412P，WSP-212 为锁定显示值键
4. 触摸键(OFF)：WSC-411，WSC-411P，WSP-211 为开机键 WSC-412P，WSP-212 为打开显示值键
5. 仪表支架
6. 电池仓
7. 双支式传感器插头
8. 双支式传感器切换开关
9. −50℃～+800℃传感器(配 WSP-211)
10. −50℃～+500℃传感器(配 WSP-211，WSP-212)
11. −50℃～+100℃传感器(配 WSC-411)
12. −50℃～+100℃传感器(配 WSC-411P，WSC-412P)

图 4-69 数字温度仪示意图

8. 红外测温仪(西安时代新技术公司)

(1) MT 系列红外测温仪

这种系列迷你型红外测温仪，尺寸较小，携带方便，并且易于使用。操作人员只需瞄准目标、扣动板机，即可在显示屏上读取温度参数。它广泛使用于铁路，电子，暖通，食品等行业。其外形见图 4-70。MT 系列参数见表4-31。

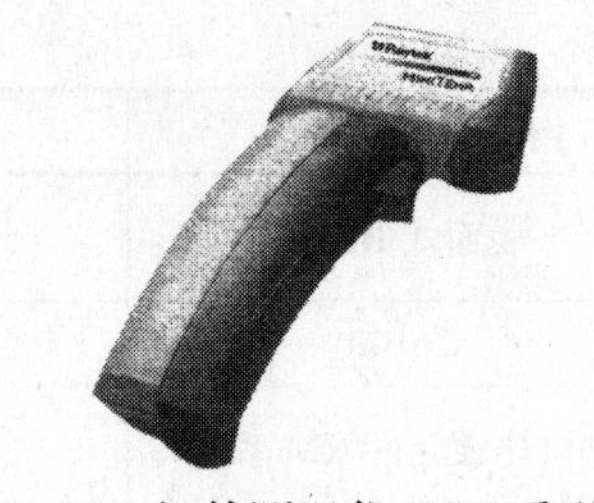

图 4-70　红外测温仪(MT 系列)

(2) ST 系列红外测温仪

MT 系列性能参数表　　**表 4-31**

型　号		MT4		MTFS(食品专用型)
测温范围		−18～260℃		−30～200℃
精　度		−18～−1℃，+3℃；−1～260℃，+2%或±2℃		−30～0℃，+1℃+0.1℃/0℃～65℃，±1℃，65～200℃，±1.5%
重复性		±2%或±2℃		同精度
分辨率		0.5℃		0.5℃
响应时间		500ms		≤500ms
电　源		9V 碱性电池		9V 碱性电池
尺寸重量				
性能	发射率	0.95 固定	0.95 固定	0.97 固定
	光学分辨率	6∶1		4∶1
	激光瞄准	√		√
	7 秒显示保持	√		√
	LCD 背光	√		

ST 系列测温仪是利用红外技术，不需接触即可测量物体的温度，可安全地监测热的、环境恶劣或难以接触的物体的温度，且对产品无污染和损坏。该测温仪广泛应用于食品加工和储存、电子设备和空调的维护、排气管和汽车故障的诊断、商业印刷和铸造业。它具有易于使用，快速省时，结实精度高等特点，是设备检测的最佳工具。它的外形见图 4-71，技术性能参数见表 4-32。

图 4-71　ST 系列红外测温仪

ST 系列红外测温仪参数表　　**表 4-32**

型　号	ST20	ST30	ST60	ST80
测温范围	−32～400℃	−32～545℃	−32～600℃	−32～760℃
测量精度	±1%±1℃			
显示分辨率	0.2℃		0.1℃	

续表

型　　号	ST20	ST30	ST60	ST80
光学分辨率	12：1		30：1	50：1
发射率	0.95		0.1～1.0 可调	
响应时间	500ms			
瞄准方式	单激光	8 点环行激光		
背　　光	有			
重调最后一位读数	有			
测量同时显示最大值	有			

二、测量空气相对湿度的仪表

测量空气相对湿度的方法有好多种，方法不同，测量仪表也不一样。常见的测量仪表有：普通干湿球温度计、通风干湿球温度计、毛发湿度计、自记式温湿度计等。下面分别介绍这些仪器的工作原理、构造、使用和校验方法。

1. 普通干湿球温度计

图 4-72 是一种干湿球温度计的工作原理，它是将两支完全相同的液体温度计(一支为干球温度计，另一支温包上包上湿纱布为湿球温度计)固定在一块平板上，板上标有刻度，还附有供查对相对湿度用的计算表(该表是针对一定的空气流速，例如 $v\leqslant0.5$m/s 或 $v\geqslant2.0$m/s 编制的)。只要测出干球温度 t_g 和湿球温度 t_{sh}后，根据湿球温度和干湿球温度差($\Delta t=t_g-t_{sh}$)，便可通过查专门表格得到空气的相对湿度，或者根据干、湿球温度值，从空气的焓湿图上直接查得。

普通干湿球温度计结构简单，价格便宜，使用方便，但测量的精度较差，特别是室内气流速度的变化和周围有热辐射表面时，对测定结果影响很大。

普通干湿球温度计的维护及使用方法，可参见水银温度计和通风干湿球温度计。

2. 通风干湿球温度计

通风干湿球温度计(又称带小风扇的干湿球温度计)与普通干湿球温度计的主要差别是，在两支温度计的上部装一个小风扇，使空气以不小于 2m/s 的速度通过干、湿球温度计的温包，同时在两支温度计的温包四周装有金属保护管，以防止辐射热的影响，这样就大大提高了测量的精度。

通风干湿球温度计分手动和电动两种形式。

图 4-73 为用发条驱动小风扇的通风干湿球温度计。它是由两支完全相同的 1/10℃ 刻度的水银温度计 1、2 固定在金属框架里。金属架是由金属总管 3 和护板 4 组成。总管 3 的下部又分成两根管 5、6(称为外管)，用塑料箍 9 将它们与总管 3 相连。内管 10 依托在外管 5、6 的边沿处被固定住，为了防止传热作用在边沿处垫上胶木垫圈。两支温度计的温包分别插在内管 10 中。总管 3 的上部与小风扇的外壳 7 相连接。当小风扇开动时，空气从管 5、6 吸入，经过内管 10 和总管 3，然后从风扇外壳小孔中排出。在温度计 2 的温包上包裹一层纱布，长度与温包长度相当，并用移液管向其加水。发条用钥匙 8 上紧。此外还有悬挂仪器的小挂钩、特制的风档和一张可查相对湿度的计算表。

仪器的金属部件全部经过电镀，不但外表美观光亮，而且还能免受辐射热的影响，保证测量精度。

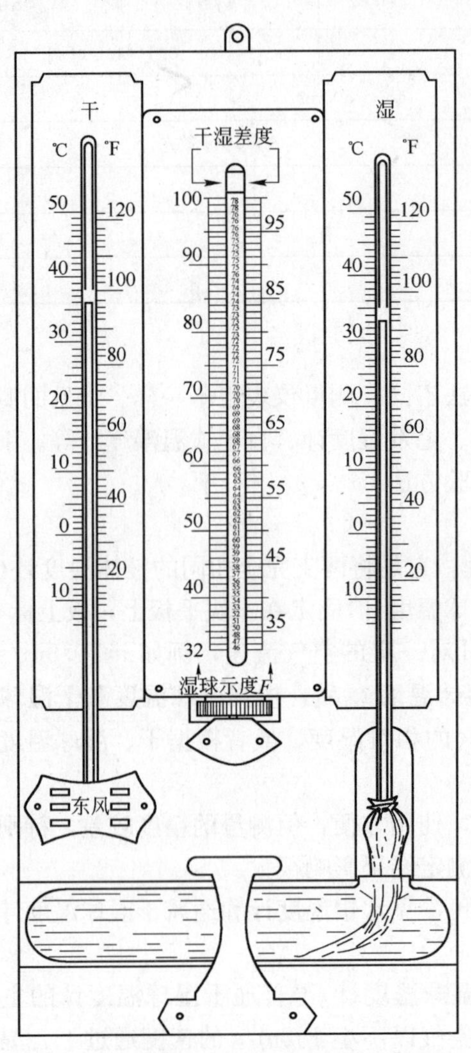

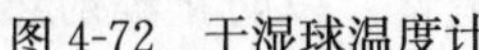
图 4-72 干湿球温度计

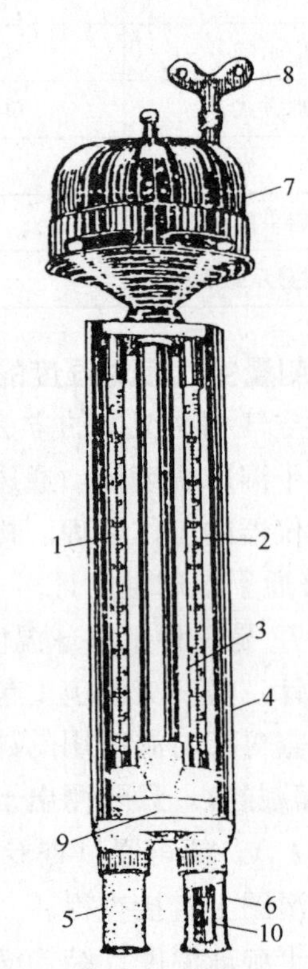

图 4-73 通风干湿球温度计

1、2—水银温度计；3—金属总管；4—护板；5、6—外护管；7—风扇外壳；8—钥匙；9—塑料箍；10—内管

该仪器的使用方法和注意事项如下：

(1) 包裹湿球温度计的纱布，力求松软，并有良好的吸水性，纱布要经常保持清洁。

(2) 往温包上缠纱布时，将外管 6、内管 10 取下来，把单层清洁的纱布条缠在温包上，边缘搭接部分不应超过温包周长的四分之一，用细线扎紧温包上下两头的纱布，下部留 5mm 左右，并剪去多余的纱布，然后装好保护套管。在使用中注意纱布干净，无汽泡，并经常替换。

(3) 在夏季测量前 15min，冬季测量前至少 30min，将仪器放置在测量地点，目的是使仪器本身温度与测量点温度相同，避免发生测量误差。在夏季观测前 4min，冬季观测前 15min 湿润纱布，冬季湿润纱布时须将纱布上的薄冰全部融化。湿润纱布时，将温包插入移液管中 2～3cm，挤压橡皮球待液面上升到纱布即可，注意不要将水溅到金属管内壁上，否则将带来测量误差。

(4) 用钥匙上紧发条，等 2～4min 后就可以读温度计的示值，先读小数，后读整数。若有风时人应站在下风侧向读数，以避免人体散热影响示值的准确性。在室外测量时，如果风速超过 3m/s，必须将风档套在风扇外壳的迎风面上，以免影响仪器内部的吸入风速。

(5) 在室外测量可将铁挂钩旋在树木(或墙)上，然后挂上仪器。在室内测量时，人手持铁挂钩，使仪器远离人体。携带过程中，轻拿轻放，严防仪器从铁挂钩上脱落跌坏，以保证测量工作顺利进行。

(6) 经常用干净的布擦拭仪器，保持表面清洁光亮。上发条时要小心不要把它弄断。若发现风扇旋转速度显著下降，就须修理。

除此以外，在空调工程测定过程中，还经常用热电偶来测量相对湿度，特别是在空调器性能测试时，应用更为普通，其方法与湿球温度计相同。根据国外资料介绍，为了增加热电偶测头与空气的接触面积，建议在测头上焊上一铜垫片，再包上一层纱布，其尾部浸在盛水的小玻璃瓶里(图 4-74)。可根据干、湿两支热电偶的读数，换算出温度值后，通过查表或在空气焓湿图上近似地查出空气的相对湿度。这种方法有待于在实践中进一步验证。如不需精确测量时，有时也可直接将湿纱布包在热电偶测头上。

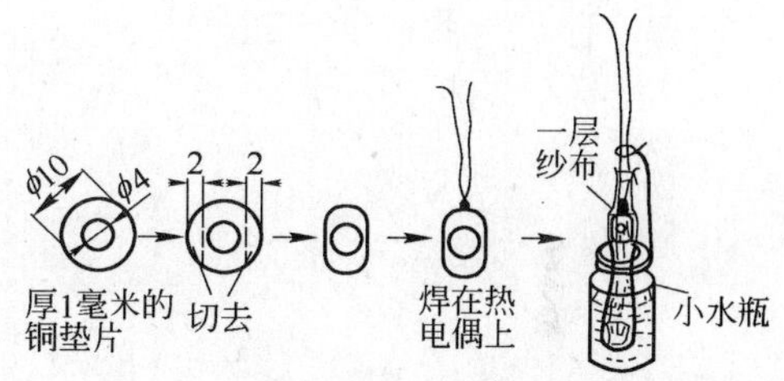

图 4-74　热电偶测湿球温度示意图

3. 毛发湿度计

毛发湿度计是利用脱脂人发在周围空气湿度发生变化时，其本身长度伸长或缩短的特性来测量空气相对湿度的。常见的有指示式和自动记录式两种形式。

(1) 指示式毛发湿度计

这种湿度计形式较多，有构造复杂一点的，也有简单的，有单根毛发的，也有毛发束的。图 4-75 为 HM4 毛发湿度计，它是将单根脱脂人发的一端固定在金属架上，另一端与杠杆相连。当毛发因空气中相对湿度的变化而伸长或缩短时，杠杆受到牵动，带动指针沿着弧形刻度尺移动，即可指示出空气相对湿度的数值。

使用前要进行校验工作，方法是：用毛笔蘸上蒸馏水将毛发全部湿润，其指示值将升高到 90%以上，待一段较长的时间后，示值逐步降低，最后稳定下来。然后用通风干湿球温度计测量同一环境的相对湿度。如果毛发湿度计的指示值与通风干湿球温度计所测相对湿度不相符，可调整拉紧毛发的调整螺丝使之相符。经过这样校正的仪器便可以使用了。

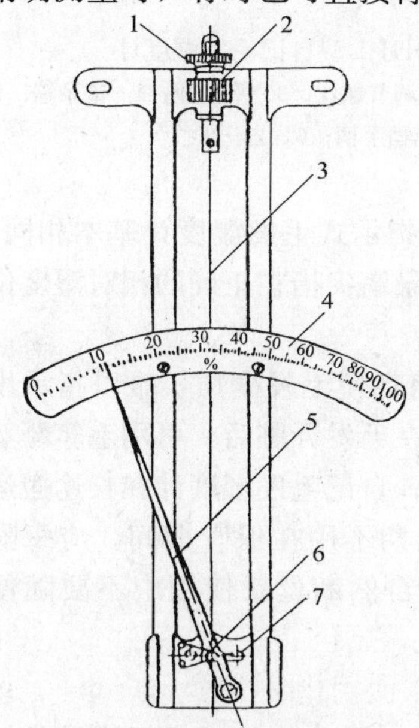

图 4-75　HM4 毛发湿度计

1—紧固螺母；2—调整螺丝；3—毛发；4—刻度尺；5—指针；6—弧块；7—重锤

这种湿度计构造简单，使用方便，但是它的准确度差而又不大稳定，需要经常校验，同时惰性也比较大。

(2) 自记式毛发湿度计

这种湿度计的构造比较复杂，它的湿度感应元件为脱脂毛发束，能够自动记录空气相对湿度的变化。

图 4-76 为这种毛发湿度计的工作原理图。毛发束 1 固定在有可调螺丝的支架上，发束的中央挂在与传动机构相连的小钩 2 上，小钩 2 与弧片 4 同轴固定，弧片 4 上装一个平衡锤 3，使发束经常处于被拉紧状态，弧片 5 与记录笔 6 同轴固定，在自动记录筒 7 内有钟表机构，可自行旋转一日或一周。当毛发束受潮或干燥而发生形变时，此形变由小钩与弧片传递给记录笔，并记录出相对湿度的变化。

图 4-77 为 DHJ-1 型自记毛发湿度计的外形图。

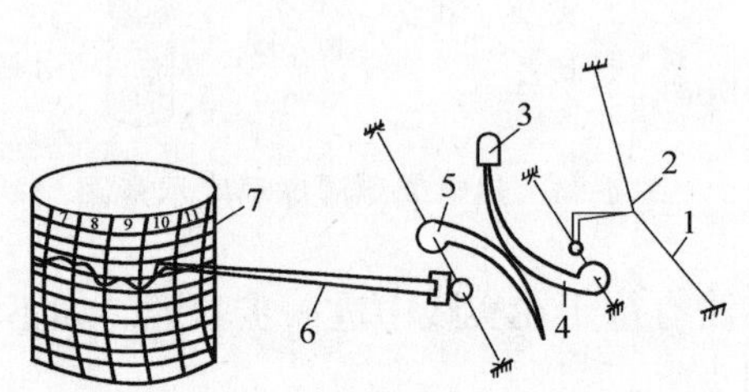

图 4-76　自记式毛发湿度计工作原理图

1—脱脂毛发；2—小钩；3—平衡锤；4、5—弧片；6—记录笔(指针)；7—自动记录筒

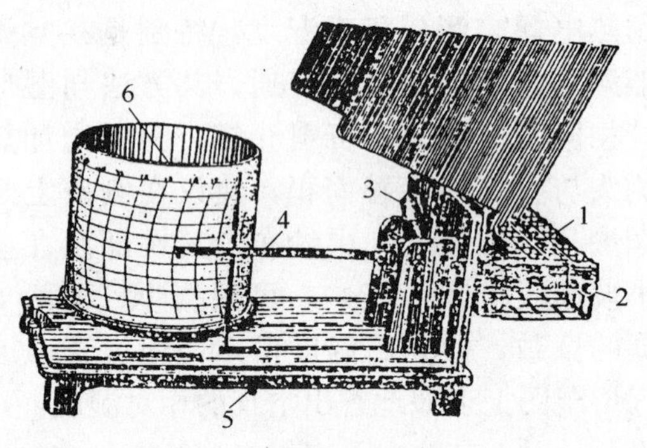

图 4-77　DHJ-1 型自记毛发湿度计

1—脱脂毛发束；2—调节螺丝；3—平衡锤；4—记录笔；5—笔档手柄；6—自记钟

仪器在使用前要用通风干湿球温度计进行校验，方法与指示式毛发湿度计基本相同。如有误差，可利用调节螺丝改变毛发束的松紧程度，致使记录笔尖指在正确的相对湿度位置上。

所有毛发湿度计不宜在 70℃以上的环境中使用，否则将促使毛发变质，难以指示出正确的相对湿度值。毛发细而脆且易折断，切忌用手触摸。在毛发弄脏后，可用毛笔蘸蒸馏水轻轻地洗刷干净。搬动时须轻拿轻放，防止将毛发震断；自记毛发湿度计在长途搬运时应将小钩拆去，使毛发全部放松，记录笔应固定住。如长期不用在保管期间，应每隔一定时间湿润一次毛发束，以保持其特性不变，也防止它自然断丝。使用中不要随便乱调。

4. 自记式温湿度计

图 4-78 为 DZJ-1 型自记式温湿度计，实际上是由自记温度计和自记毛发湿度计的组合体，所不同的就是记录筒和自记钟为两者公用的。记录纸上半部记录相对湿度，下半部记录温度值，一台仪器可同时测量、记录温度和相对湿度的变化，使用起来比较方便。有关使用方法和注意事项与自记温度计、自记毛发湿度计相同。

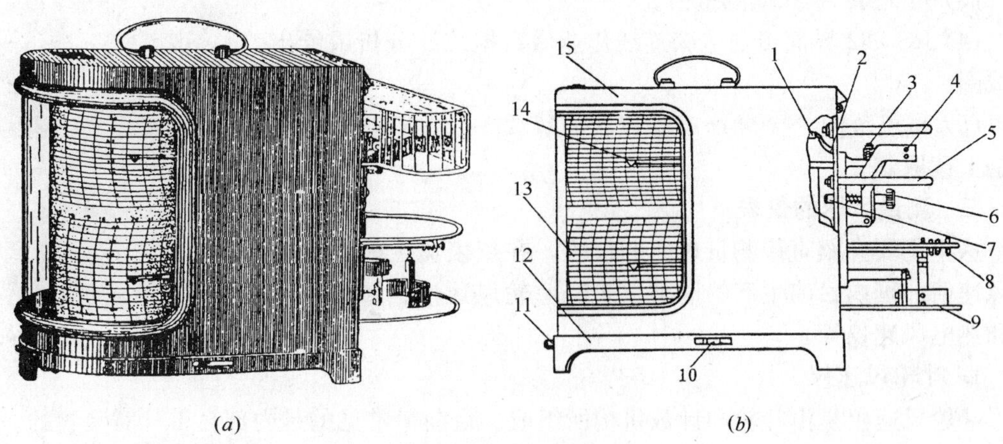

(*a*) (*b*)

图 4-78 DZJ1 型自记温湿度计

(*a*)外形图；(*b*)构造图

1—重锤；2—弧片；3—发束钩；4—毛发束支架；5—护框；6—调节螺丝；7—记号按钮；8—调节螺丝；9—护框；10—笔档手柄；11—按钮；12—底盘；13—记录筒；14—记录笔；15—罩盖

5. H193640 型便携式温湿度计

见图 4-79，该仪器可携带，操作简便，通过一只按钮或旋钮就可进行全部测量。液晶显示，具有大型易读的液晶显示屏幕，可从任何角度读取。二合一测量范围，既能测量温度，也能测量相对湿度。H18564 型可在博物馆、实验室、古迹或任何需要调节控制湿度的地方使用。H193640 型和 H18564 型具有双温度范围℉和℃二种显式，并可自由转换。

技术性能参数见表 4-33。

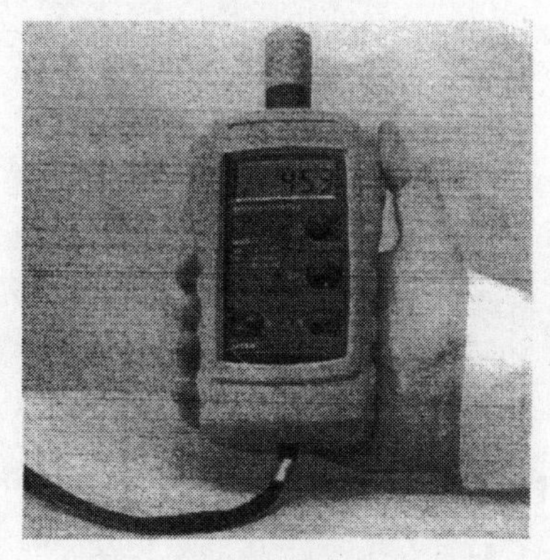

图 4-79 便携式温湿度计

技术性能参数 **表 4-33**

		H18064	H18564	H193640
测量范围	相对湿度	10.0%～95.0%		5.0%～95%
	温 度	0.0～60.0℃		
解析度		0.1%RH，0.1℃		
精 度		±2%RH，±0.4℃		
配置探头		温度传感器湿度探头 H17060Yz		
校 正		单点手动校正 (选购 H17111/P 或 H17121/P 校正盒)		

6. TES-1361 型记忆式温湿度计(图 4-80)

技术性能参数：

(1) 测量范围，湿度：10%～95%RH/±3%RH/1%RH；温度：－20～＋60℃/±0.8℃/0.1℃。

(2) 湿度和温度值同时显示。

(3) 可记录7000笔测量值。

(4) RS-232界面可与电脑连线作业做数据统计分析或绘出曲线图。

(5) 露点范围：－144～58.5℃(－47.2～137.3℉)只能在电脑上读取。

图4-80　记忆式温湿度计

三、测量风速的仪表

这里主要介绍直接测量风速的仪表，在仪表盘上能直接读出风速值。国内目前生产的这类仪表有叶轮风速仪、转杯风速仪和热电风速仪等。

1. 叶轮风速仪

叶轮风速仪是由叶轮和计数机构所组成。目前最常见的是内部自带计时装置的，在仪表度盘上可以直接读出风速(m/min)值，称为自记式叶轮风速仪。

该仪表的灵敏度为0.5m/s以下，可测0.5～10m/s范围内的较小风速。空调测试中，主要用于测量风口和空调设备(如加热器、表面式冷却器和喷水室)的风速。

(1) 工作原理及构造

图4-81为京钟牌59.11型自记式叶轮风速仪的外形图；图4-82为叶轮风速仪内部传动示意图。

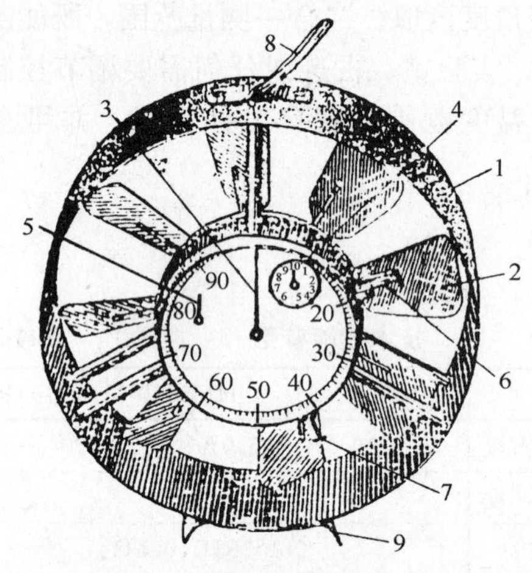

图4-81　自记式叶轮风速仪

1—圆形框架(外壳)；2—叶轮；3—长指针；4—短指针；5—记时红针；6—回零压杆；7—启动压杆；8—提环；9—座架

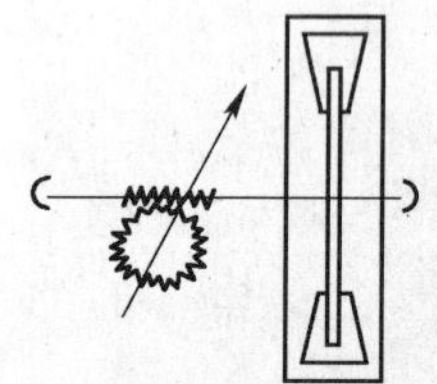

图4-82　叶轮风速仪传动示意图

叶轮受到气流动压力作用产生旋转运动，其转数由轮轴上齿轮传递给指针和计数器，便指示出风速的大小，而叶轮的转数是与气流的速度成正比的。

该仪器的圆形框架1是用铝板制成，上面有提环8，下面有座架9。叶轮2是由薄铝片制成，加工精密，有良好的动、静平衡性。表盘中间有长指针3，每走一圈是100m；短指针4在表盘右上角，走一刻度为100m，走一圈为1000m。在表盘左面有一红色计时指针5，走一周为120s(其中前30s和后30s分别为准备、收尾时间，实际计数时间只有

60s)。此外，在右上侧有回零压杆 6，下部有启动压杆 7。

(2) 使用方法和注意事项

使用前需检查风速仪长、短指针是否在零位，若不在零位可轻轻地顶压回零压杆，使其回到零位。

手提仪表或将它绑在短木杆上置于测点处，气流方向应垂直于叶轮平面。当叶轮旋转正常后，再按动启动压杆 7，手指应随按随放(按放时间不要大于 1s)，这时计时红针开始走动，当它走过 30s 后，可听到轻微“咔嚓”声，表示传动机构已经与计风速指针接触，风速指针便开始走动。待时间过 60s 后，又可听到“咔嚓”声，内部脱离接触，风速指针停止走动(再过 30s 红针也自行停止)。此时读取大、小指针的示值之和即为每分钟的风速，再除以 60 就得所测的风速值了。测试完毕，按回零压杆 6，使指针归回零位为下一次使用作好准备。

叶轮是该仪表的关键部件，由于裸露在外部，易受到损伤，所以使用中严禁用手触及和受到其他器物的碰撞，防止摔跌。用后擦拭干净放入木盒中保管。使用时注意不得超过测量风速上限，否则将造成螺丝松动，叶轮片扭曲的严重后果。

2. 转杯式风速仪

转杯式风速仪的作用原理、构造与叶轮风速仪基本相似，只是将风速感应元件叶轮换成了三个半球形的转杯(风杯)。因转杯结构牢固机械强度大，能承受速度较大气流的压力，所以能够测量较大的风速，一般为 1～20m/s，也有 1～40m/s 的。

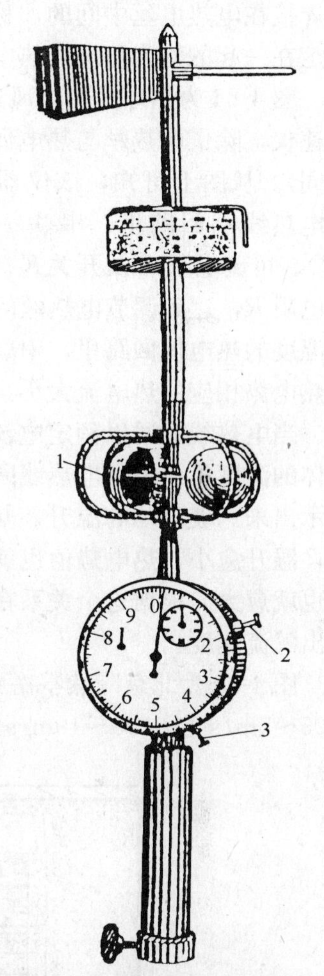

图 4-83 转杯式风速风向仪
1—风杯；2—回零压杆；3—启动压杆

图 4-83 为带有计时装置的京钟牌 58-11 型转杯式风速风向仪。使用方法与叶轮风速仪类似。计时红针走一周为 120s(其中开始 100s 为计数时间，后 20s 为收尾)。当按下启动压杆后，红针与风速针同时走动。待走了 100s 后，可听见“咔嚓”声，风速指针即停止走动，读取表盘示值就代表风速值(m/s)。

另外有一种不带计时装置的转杯风速仪，须用秒表配合使用，其计数机构是数码显示式。对于这种风速仪，可以根据测定时间内风速仪指针的初、终读数，按下式计算出风速：

$$风速=\frac{终读数-初读数}{测定时间(s)}(m/s)$$

转杯和叶轮风速仪在使用前，须经标准风筒(洞)校验，若没有此条件可用几只风速仪互相校对。

3. 热电风速仪

它是一种新型的测量风速的仪表，其特点是使用方便，灵敏度高，反应速度快，最小可以测量 0.05m/s 的微风速；主要适用于测量空调恒温房间内的气流速度。

(1) 工作原理

该仪表包括测头和指示仪表两部分，测头由电热线圈(或电热丝)和热电偶组成。热电偶焊接在电热电丝中间的，称为热线式热电风速仪；电热线圈和热电偶不相接触由玻璃球固定在一起的称为热球式热电风速仪。

图 4-84 为热球式热电风速仪的原理图(热线式热电风速仪，除了电热丝与热电偶相连外，其他的与此基本相同)。从图上可知，该仪器有两个独立的电路：一是在电热线圈回路里，串联一直流电源 E(一般为 2～4V)、可调电阻 R 及开关 K。在电源电压一定时，用调节电阻 R，达到调节电热丝的温度；另一是在测量电热丝温度的热电偶回路里，串联一只微安表，该表指示出与热电势相应的热电流大小。

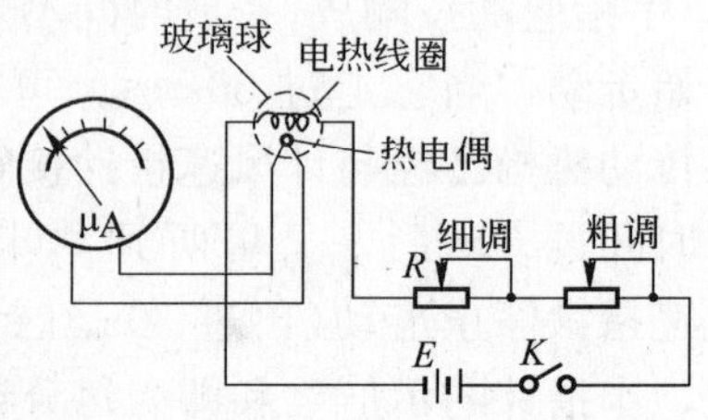

图 4-84　热球式热电风速仪原理图

当电热线圈通以额定电流时，它的温度升高，加热了玻璃球(由于玻璃球体积很小，球体的温度可认为是电热线圈的温度)，热电偶便产生热电势及由此产生的热电流由表头指示出来。玻璃球的温升、热电势的大小与气流速度有关。气流速度愈大，球体散热愈快，温升愈小，热电势值也就愈小；反之气流速度愈小，球体散热慢，温升愈大，热电势值也就愈大。根据这个关系在指示仪表盘上直接标出风速值，将测头放在气流中即可直接读出气流速度。

图 4-85 为北京陶然亭医疗器械厂生产的 QDF 型热球式热电风速仪，其测量范围有 0.05～5m/s 和 0.05～10m/s 两种。

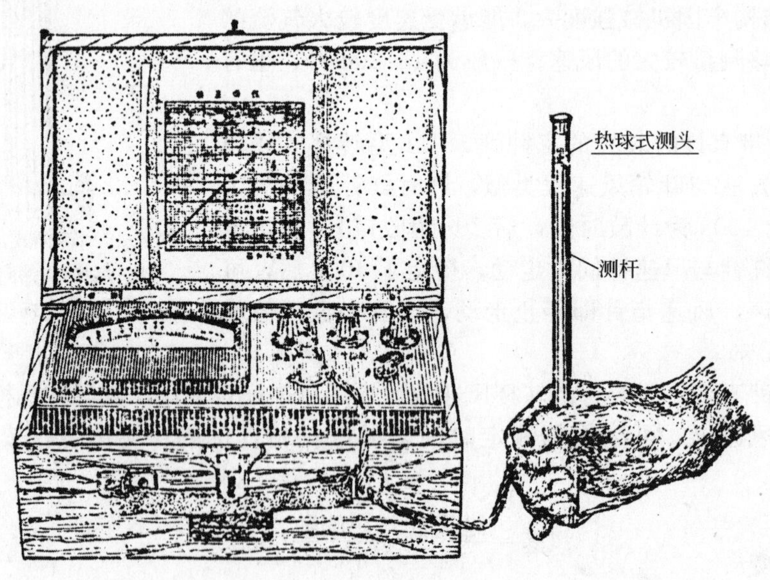

图 4-85　QDF 型热电风速仪

仪表的校验工作是在标准风筒内进行的，每台仪器都有一张风速校正曲线图(图

4-86)，从图中可以看出热电风速仪的灵敏度随着风速的增大而降低，并适用于低风速(小于 2m/s)的测量。

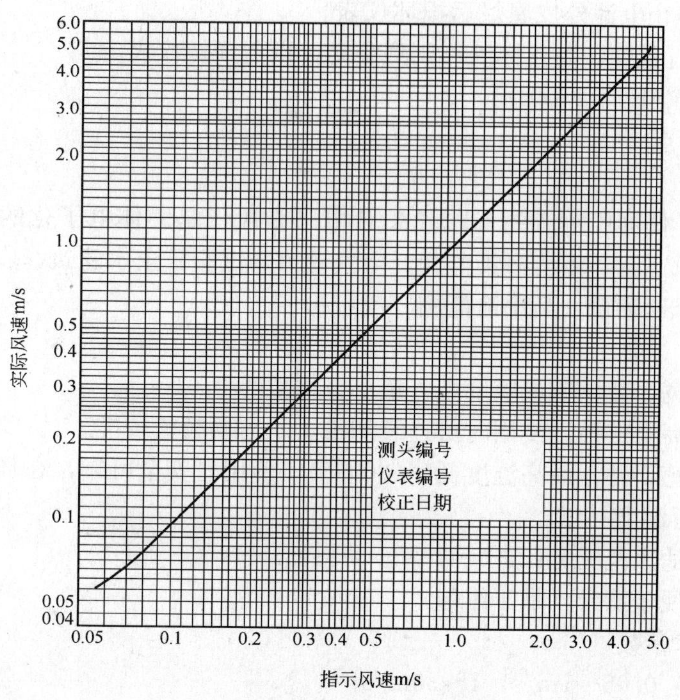

图 4-86　热电风速仪风速校正曲线

(2) 使用方法

使用前应熟悉仪表的各个旋钮和开关的作用，按照一定的步骤进行操作，否则将带来测量误差。下面以 QDF 型热球式热电风速仪为例说明它的使用方法。

1) 将与测杆相连的插头按其“+”、“−”号或标记，插在面板上的插座内，须插紧。

2) 测杆宜垂直放置，头部朝上，滑套向上顶紧，即保证测头在零风速下进行仪表的校准工作。

3) 将工作选择开关由“断”旋转到“满度”位置，调节标有“满度”的旋钮，使指示表针指在刻度盘上限刻度线上，若达不到上限刻度线，应更换箱内的单节电池。

4) 将工作选择开关旋转到“零位”的位置，相继调节标有“粗调”、“细调”字样的两个旋钮，使表针处于零位，若调不到零位时，应更换箱内串联的三节电池。

5) 将滑套拉下来，测头上的热电偶及热电丝平面对准风向(通常用测端小红点对准迎风面)，表针即指示出风速，若表针左右摆动可读取中间数值。如果要求更加准确的风速，可从校正曲线图上查出。

6) 每次测量 5～10min 后，须要重复第 2 至第 4 个步骤进行校准工作。

7) 测量完毕，将滑套顶紧，工作选择开关转到“断”的位置，拔下插头，整理装箱。

(3) 注意事项

该仪表虽然优点较多，但最大缺点是测头易损坏，一旦损坏在现场不易修复(在现场也不具备校验条件)，因此使用中须特别注意以下几点：

1）时刻注意保护测头，禁止用手触摸，防止与其他器物发生碰撞。

2）仪表应在清洁没有腐蚀性的环境中测量和保管。保管中要保持仪表干燥，并将箱内的电池取出，防止电池外皮腐烂后损坏仪表。

3）搬运仪表过程中，防止摔跌和剧烈震动，以免损坏仪表。

4. 电子微风仪(EY3-2A/B)

(1) 用途及特点

1）用途

天津气象海洋仪器厂生产的 EY3-2A/B 电子微风仪是固体电子化的精密仪器，它适用于建筑物的通风空调，环境污染监测，空气动力学试验，土木建筑，农林气象观测及其他科研等部门的风速测量，其用途范围广泛。

2）特点

① 测量范围宽，微风速灵敏度高，最小分度值为 0.01m/s。

② 高精度，高稳定性，使用时可连续测量，不需要频繁校准。

③ 仪器热敏感部件，最高温度低(<200℃)，使用时安全可靠，在环境温度为－10～40℃内可自动进行温度补偿。

④ 电源电压适用范围宽：4.5～10V，功耗低。

⑤ 可遥控，便于携带，易于维修。

(2) 主要技术参数

1）测量范围：0.05～1m/s，1～30m/s；

2）准确度：≤±2%FS；

3）工作环境条件：温度：－10～＋40℃；相对湿度≤85%RH；

4）电源：R14 型(2 号)电池 4 节；

5）外形尺寸：250mm×150mm×83mm，ϕ11×230(风速探头)；

6）质量：1.2kg。

(3) 结构与工作原理

电子微风仪是根据加热物体，在气流中被冷却，其工作温度为风速函数这一原理设计。该仪器由风速探头及测量指示仪表两部分组成。见图 4-87。

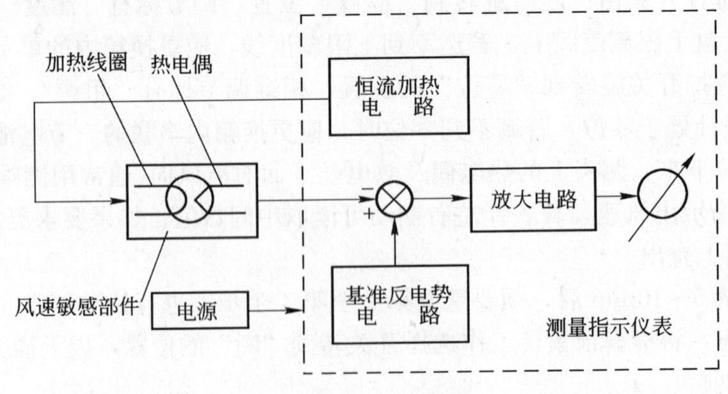

图 4-87　仪器原理图

风速探头为热敏感部件，当一恒定电流流过其加热线圈时，其敏感部件内，温度升高并于静止空气中达到一定数值。此时，其内测量元件热电偶产生相应的热电势，并被传送到测量指示系统，此热电势与电路中产生之基准反电势互相抵消，使输出信号为零，仪表指针也相应指于零点。若风速探头端部的热敏感部件暴露于空气流中时，由于进行热交换，此时将引起热电偶热电势变化，并与基准反电势比较后产生微弱差值信号，此信号被测量指示仪表系统放大并推动电表，由指针示值即可读出被测风速大小。

(4) 使用与维护

1) 校准与测量(见图 4-88)

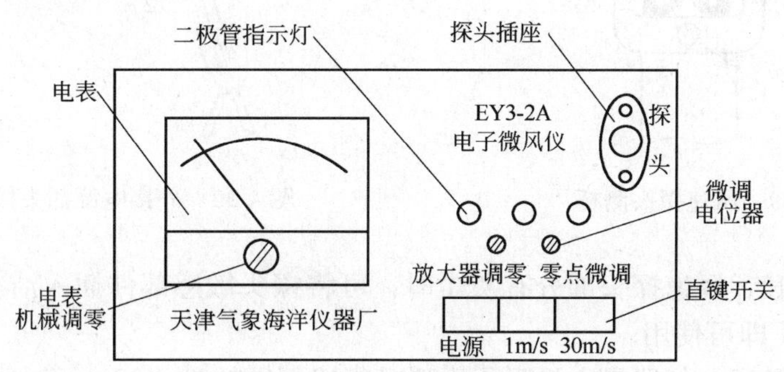

图 4-88 面板布置图

① 将仪器水平放好，使直键开关处于原位(向上)。

② 调节电表机械零点，使表针指于零位。

③ 将探头测杆垂直向上放置，使其热敏感部件全部接入测杆管内，并将风速探头之插头插入“探头”插座。

④ 按下电源直键(左起第一)调节，“放大器调零”电位器使指针指于零点。

⑤ 按下“1m/s”直键开关(左起第二)调节零点调节电位器使指针指于零点。

⑥ 预热 10min，并重复上述步骤，方可进行测量。

⑦ 低风速段(0.05～1m/s)

经预热、校准后，可将风速探头测杆端部热敏感部件拉出，使其暴露于被测气流中，操作中使测杆垂直，并使其有顶丝一面对准气流吹来方向，见图 4-89，即可由电表指示值读取风速。

⑧ 高风速段(1～30m/s)(1～10m/s)

风速超过 1m/s，按下“30m/s”/“10m/s”直键开关(左起第三)即可读数。(此时按键全部处于按下状态)。

⑨ 使用完毕应将直键开关所有键从左至右依次复位。风速探头热敏感部件测杆拉出部分全部按入测杆管内，并拔下插头放入仪器盒内保管好。

⑩ 电池安装

使用机内电池，安装时要注意极性不能放错。

使用外接电源供电时，要使插头联线与插接均应正确无误，电源电压应符合 4.5～6V 要求，见图 4-90。

2) 维护

① 电子微风仪属精密仪器，在使用过程中应避免使探头与仪器受到强烈震动与撞击，特别是对其热敏感部件应精心保护，并应防止任何触碰。

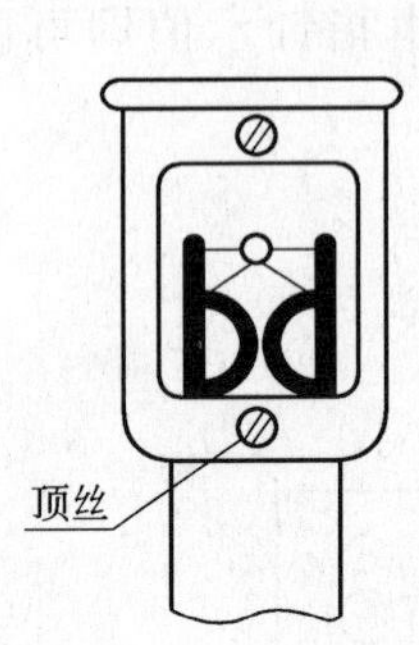

图 4-89　风速探头测杆

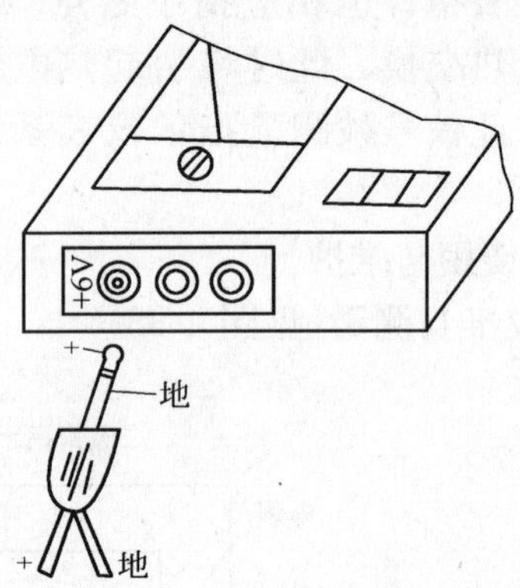

图 4-90　外接电源插头接线示意图

② 使用时间长、风速探头部分有灰尘时，可将探头敏感部件插入洁净无水乙醇中微微晃动，然后晾干即可使用。

③ 正确选用量程，仪器最大量程承受瞬时风速不得超过“33m/s”/“13m/s”，持续时间不应超过 3min。

④ 使用时应避免在强磁场环境中工作。

⑤ 仪器出厂时已校准，凡调节部分点封处，不要随意调动，更不能拆卸仪器。电子微风仪每年校准一次。

⑥ 使用中如发现面板指示灯发光不明显，或校准已不能正常调到零位，即说明电池已用完，应进行更换。

⑦ 仪器长时间不使用时，应将电池取出，以免电池漏液，损坏部件。

5. 风速计

(1) TESTO435 风速计(见图 4-91)

1) 特点

TESTO435 具备热敏式和转轮式风速计的特点，可配备热敏探头和转轮探头以及温度探头。可测量空气流速、流量和温度。

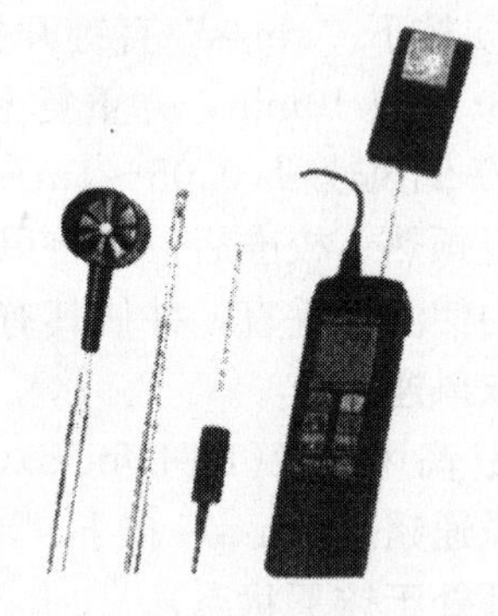

图 4-91　TESTO435 风速计

2) 技术参数

测量范围：

组合探头：0～20m/s—20～70℃

转轮探头：0.2～40m/s

温度探头：－50～140℃

系统精度：±1 数位

分辨率：0.01m/s(0～10m/s)

　　　　0.1m/s(其余范围)

0.1℃

(2) KA22 热式风速计

1) 性能及特点

KA22 型风速计采用恒温法达到测量风速的目的，对微小的风速也具有很高的分辨力。

本品的特点：

① 风速、风温测试功能集于一身，小巧轻便。

② 用一个按钮循环选择测定方式。

③ 采用响应快，低风速时电池消耗量少的定温线路。

④ 使用经过风洞校准和计算机确认的风速温度探头。

⑤ 具有数据保持和慢速测量功能。

⑥ 电池电量不足时具有提示功能。

⑦ 测量风速时，当测量值超过当前量程范围时有 OVER 显示，并伴有上或下的两种箭头分别表示上或下两种超量程溢出。

2) 技术参数

型　号		KA22
测量方式	风　速	恒温法
	风　温	恒电流桥路法
测量功能		风速、风温
测量对象		0～100℃的干净空气
测量范围	风　速	VL0～4.99m/s VH5～50m/s
	风　温	0～99.9℃
测量精度	风　速	VL0～4.99m/s　±2%FS VH5～50m/s　±2%FS
	风　温	±1℃
指示应答时间	风　速	2s
	风　温	风速　5m/s 以上，30s
		风速　1m/s±10%　60s
探头尺寸		直径 11mm、长 175mm
引线长度		4m
本体环境温度		0～45℃
连续测量时间		使用干电池，约 8h(平均)
外形尺寸		本体　182(W)×50(H)×100(D)
		箱体　182(W)×95(H)×100(D)
总质量		1.1kg(干电池使用时)
电　源		AA(5 号)干电池(6 个)
附属品		控头延伸棒 1 支

3）使用方法

① 电池检查

将电源开关扳到ON位置，如有电源图标闪烁，则电池电量不足需要更换电池，否则电池电量很充足可以测量。

② 功能键使用

(*A*) SELECT键：测量方式选择。本机具有三种测量方式，风速（VL、VH）两种，风温（℃）一种。按该键依次循环选择VL→VH→℃→VL。

(*B*) FAST/SLOW键：快慢测量选择键。按下该键，LCD上部有SLOW字样显示，进入慢测量状态，测量数据显示变化的速度减慢，再按一下，恢复正常测量。

(*C*) HOLD键：数据保持键。按一下该键，LCD上部有HOLD字样显示，测量数据保持不变。再按一下，解除数据保持。

③ 测量

将探头电缆接入本机，千万不要用手拿捏探头的铁丝网。把探头的风向点正向来风方向，以便铁丝网全体与风接触（见图4-92）。当测量接触不到的地方时，请带上探头支持棒后使用。

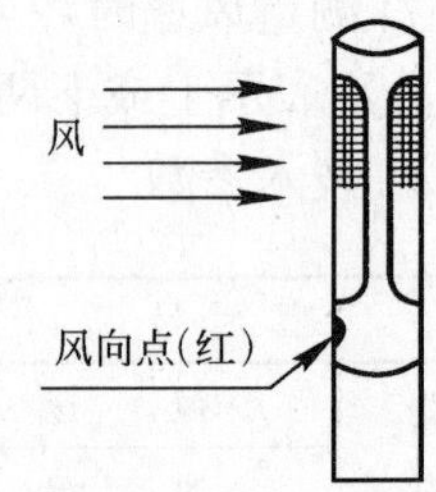

图4-92 风速测定

(*A*) 风速测定

当打开电源开关后就可以测量VL档风速。如果LCD上部有OVER标识出现，说明测量的风速超出当前量程的测量范围。这时可根据OVER标识左右的箭头标识来更换量程。如果左边箭头出现，表示测量的风速低于当前量程的下限。如果右边箭头出现，表示测量的风速高于当前量程的上限。

本机具备用电桥和放大器校正，由于温度的变化而使风速产生的误差的能力。

(*B*) 风温测定

测定风温是把探头的铁丝网朝风向，选定本机的风温（℃）档，就可以读出温度值。

④ 测定结束

测定结束后将电源开关扳到OFF，再将探头电缆从本机上取下放入探头盒中，如果长时间不使用本机，有时会出现电池漏液从而损坏机体，所以应将电池取出。

4）本机的工作原理

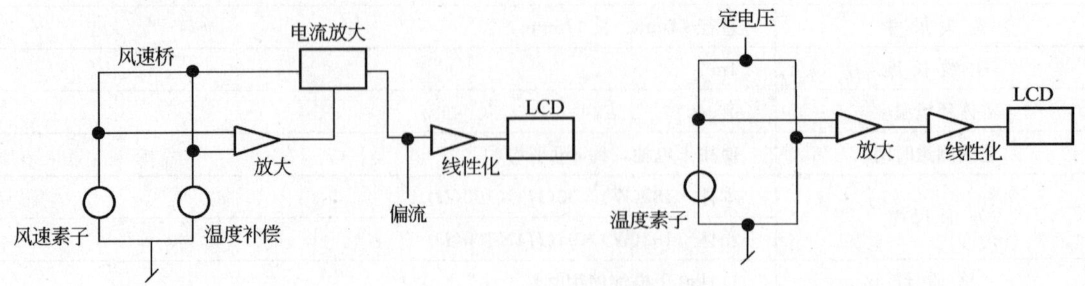

图4-93 风速测量时的回路

图4-94 温度测量时的回路

5）注意事项

① 禁止测量易燃的气体和含水滴的空气。

② 千万注意不要碰撞探头。

③ 探头的单元和铁丝网上粘有灰尘时，会出现测量的误差。切断本机电源，用水、酒精清洗，干后使用。

④ 风速测量后测量风温时，风温测量单元部分加热，测量值偏高，此时最好放一段时间或轻轻摇晃探头再测。

⑤ 风向不明确时，慢慢旋转探头到显示变化最大时进行测量。

⑥ 长期不使用本仪器时，请务必从电池盒中将电池取出后妥善保管。

⑦ 本体脏了时，请用麻布或淡肥皂水擦一擦(请不要使用药品类)。

6）面板说明(见图 4-95)

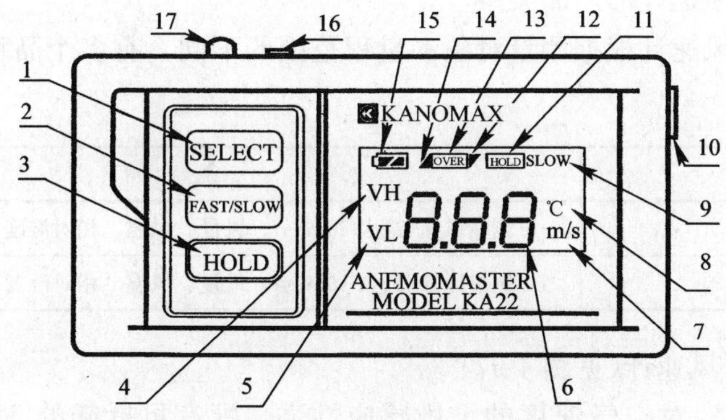

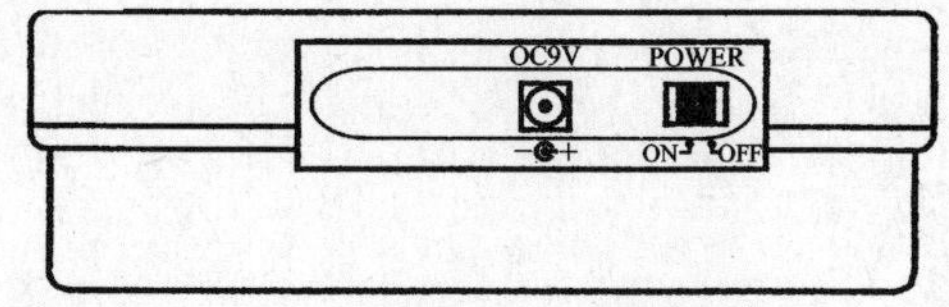

图 4-95　面板说明

1—测量方式选择键；2—快慢测量键；3—数据保持键；4—风速高量程标识；5—风速低量程标识；6—测量数据；7—风速单位；8—温度测量标识及单位；9—慢测量标识；10—探头接口；11—数据保持状态标识；12—右箭头；13—超量程标识；14—左箭头；15—电源电压低下标识；16—外接电源；17—电源开关

(3) BJ57-ZRQF 系列智能风速计(见图 4-96)

此系列智能风速计是以测量风速为基本功能，增加了计算风量，测量温度和相对湿度等多种功能组合而成的系列仪表。这是一种便携式的，具有智能化、多功能的低风速测量的基本仪表，在采暖、通风、空气调节，环境保护、节能监测、气象、农业、冷藏、干燥、劳动卫生调查、清净车间、化纤纺织、各种风速实验室等方面有广泛的用途。

工作原理：

① 测量风速的基本原理

本仪表是采用量热式原理测量风速的。测量风速的敏感元件为一个直径为0.8mm的热球，所以也称为热球式风速计。

② 测量温度的基本原理

本仪表采用精密热敏电阻作为测量温度的敏感元件，利用了热敏电阻的阻值随温度变化的特点来测量温度。

③ 测量相对湿度的基本原理

本仪表采用美国Honeywell公司生产的作为测量相对湿度的传感器，利用其输出电压随相对湿度而变化的特点来测量相对湿度。

图4-96 BJ57-ZRQF风速计

ZRQF系列智能风速计的产品类型

ZRQF系列智能风速计根据测量对象和量程范围的不同，有多个品种供用户选择(见下表)。

品种标识符	说明
ZRQF-A	可测量风速(最大30m/s)、风量、风温、相对湿度
ZRQF-B	可测量风速(最大10m/s)、风量、风温、相对湿度

(4) AVM-01/03风速计(见图4-97)

该仪器的特点是：对空气速度的灵敏感应性强，配有可拆卸的52mm(直径)轮叶头，2m线缆固定螺钉可将长度延长，低电能损耗，具有数据保存功能和最大温度保持能力。

主要技术参数：

1) 测量范围：0～40m/s；

2) 操作温度：10～50℃；

3) 操作压强：500mB～2bar；

4) 显示：大3.5数字液晶显示；

5) 电源：9V碱性电池；

6) 规格：168mm×90mm×38mm；

7) 质量：500g。

(5) TESTO415/425风速计(见图4-98)

这种热敏风速仪，可同时测量流速和温度。

主要技术参数：

1) 415为一体化设计

① 测量范围：0～10m/s，0～50℃；

② 系统精度：±0.05m/s，±5%(0～2m/s)，±0.05m/s，±5%(2～10m/s)，±0.5℃(>0.2m/s)；

③ 分辨率：0.01m/s，0.1℃。

2) 425 配备 675mm 可伸缩探头

① 测量范围：0～20m/s，－20～70℃；

② 系统精度：±0.05m/s，±5%(0～2m/s)，±0.05m/s，±5%(2～10m/s)，±0.5℃(0～50℃)，其余为±0.7℃；

③ 分辨率：0.01m/s(0～10m/s)，0.1m/s(10～20m/s)，0.1℃。

图 4-97　AVM-01/03 风速计

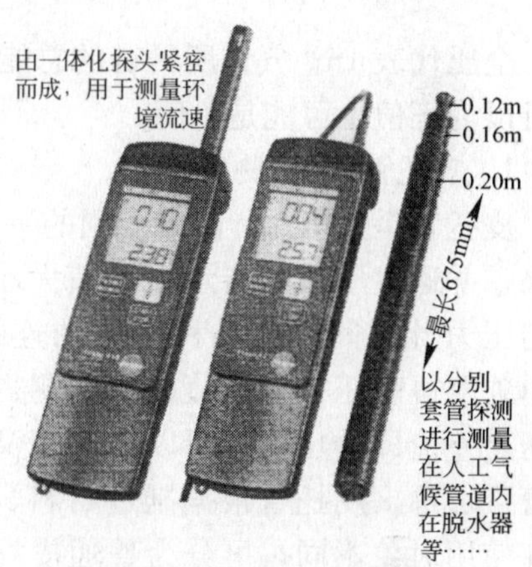

图 4-98　415/425 风速计

四、测量风压的仪表

下面主要介绍测量空调系统风管内空气压力的液柱式压力计及与其配合使用的一次仪表——皮托管。常用液柱式压力计包括 U 形压力计、杯形压力计、倾斜式微压计和补偿式微压计等。另外对测量大气压力的仪器如空盒式气压计只作简单的介绍。

在介绍测量风压的仪器之前，首先说一下有关风压的基本概念。

根据流体力学知识，流体作用在单位面积上的垂直力叫压力，当空气沿风管内流动时，其压力可区分为静压、动压和全压，它们的单位是 mm 水柱或 kg/m^2。

(1) 静压(P_j)

是指空气作用于风管壁面上的垂直力。如果以绝对真空为计算零点的静压，称为绝对静压，以大气压力为零点的静压称为相对静压。在空调试调中所说的空气静压均指相对静压而言的。显然，静压高于大气压力者(例如在通风机的压出管段中)为正值，低于大气压力者(例如在通风机的吸入管段中)为负值。

(2) 动压(P_b)

是指使空气产生流动速度的压力。只要风管内空气流动，就具有一定的动压。动压永远是正值。在我们日常生活中有这样的感觉，在刮大风的天气里，顺着风走路觉得比较省劲，走得也快些，这是由于风作用于人体上的速度压力推动人们向前的缘故。

空气的动压实际上是 $1m^3$ 气体所具有的动能，它和速度的平方、空气容重的一次方成正比，并按下式计算：

$$P_d=\frac{v^2\gamma}{2g}(kg/m^2)(\text{毫米水柱})$$

式中　v——气流的速度(m/s)；

γ——空气的容量(kg/m^3)；

g——重力加速度，其值可取为 9.81m/s^2。

在工程上测定风管内的动压主要是为了求出气流的速度。

(3) 全压(P_q)

就是静压和动压的代数和，即

$$P_q = P_j + P_d \text{(毫米水柱)}$$

全压代表 1m^3 气体所具有的总能量，象静压一样，如果以大气压力作为计算的起点，它可以为正值也可能是负值。

1. 皮托管(也称测压管)

皮托管是与压力计配套使用的一次仪表，把它插入风管内可将气流的静压、全压传递出来，并通过压力计指示出数值大小。皮托管与压力计之间采用各种不同的连接方法，可单独测得静压或全压值，也能测得全压与静压之差值即动压值，所以皮托管又有“动压管”之称。皮托管根据制造材料、尺寸大小和使用对象不同，可分为普通皮托管和针状皮托管两种。

(1) 普通皮托管

是用一根内径为 3.5mm 和另一根内径为 6～8mm 的紫铜管同心套接在一起焊制而成。内管为全压管，外管为静压管，其头部呈半球形，用黄铜制成。中间小孔为全压孔，在离测头不远处的外管上有一圈小孔(8 个)为静压孔，构造见图 4-99。

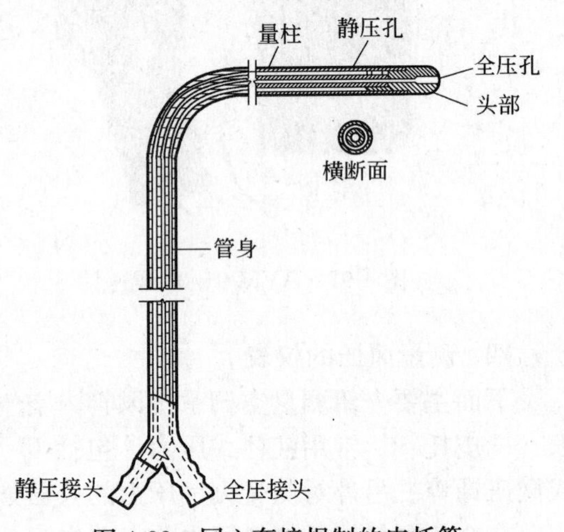

图 4-99　同心套接焊制的皮托管

除了定型产品外，也可以自行加工制作。图 4-100 就是原国家建委建研院空调所自行加工的皮托管，现将加工说明介绍如下，供参考。

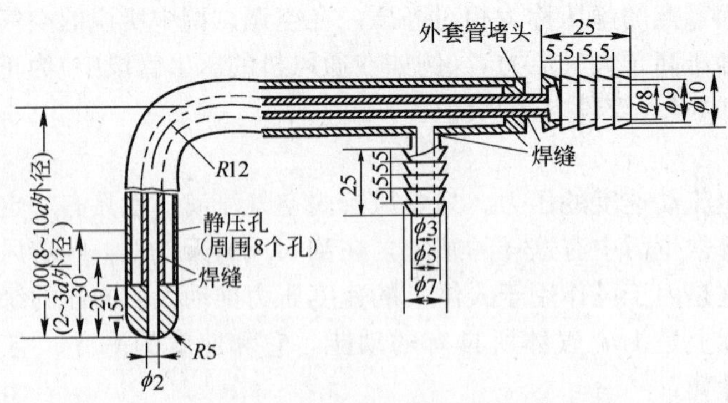

图 4-100　自行加工的同心套接皮托管

该皮托管用紫铜管制作，外管径 ϕ12(也有 ϕ10 的)，内管径为 ϕ8(也有 ϕ6 的)。焊接时用银焊易焊些，但铜焊也可，焊后打平，全压管焊缝可不打平。

加工方法与步骤是：

1）先将管头与全压管焊好，再试气密性，不漏气即可；

2）外套管先与管头焊接好再煨弯，煨弯前可灌砂，以防弯头变形；

3）焊外套管堵头；

4）全压管嘴与全压管要紧密配合；

5）焊静压管；

6）将全压管嘴堵上，试静压管气密性，不漏气即可。

图 4-101 也是自行加工并排焊制的皮托管。将两根外径为 6～8mm 的铜管并排用锡焊在一起，经校正后即可使用。

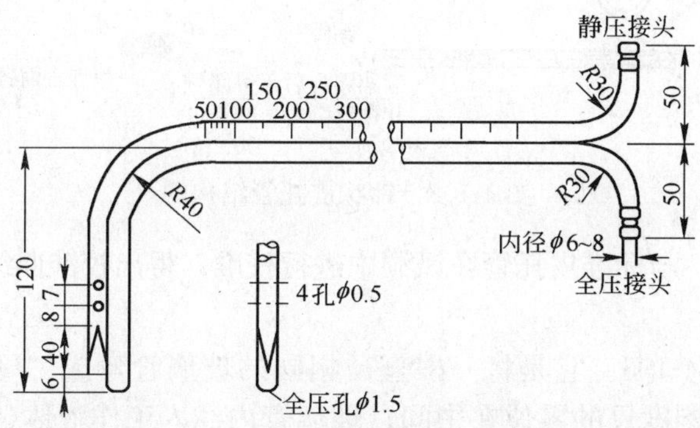

图 4-101　并排焊制的皮托管

普通皮托管有长 0.5m、1m 和 1.5m 三种规格，不同长度的三根皮托管组成一套。

皮托管的扶持方法正确与否，对测量压力的准确程度有很大的影响。初学者对如何正确扶好皮托管往往不大重视，片面地认为扶皮托管没有啥，只要随便一拿插入风管内就行了，岂不知这将给测量结果带来很大的误差，甚至要返工，浪费时间。

根据以往的实践，皮托管的扶持方法是：一手托起管身，一手轻轻托起连接接头处前面的两根橡皮管，以保证橡皮管处于自然状态(不致于弯曲)。将量柱部分插入风管内，管身与风管壁垂直，量柱与气流方向平行，全压管一定要迎向气流(切勿背向气流)，保持皮托管平稳地在风管内推进或拉出，这样就能测出比较准确的数据，实验证明，量柱部分与气流轴线间允许有小于 16°的角度，若大于 16°就会带来很大的测量误差。

因皮托管是用铜管制成的，材质软，体形细长，所以易弯曲变形，尤其是量柱与管身之间的直角不易保持，因此在使用运输过程中应轻拿轻放，防止挤压和弯曲，并保持全压孔和静压孔畅通无堵塞。使用完毕可用塑料管将测头套住，防止磨损和泥砂堵塞小孔。

(2) 针状皮托管

这种皮托管是用来测量孔板送风孔口处压力的专用仪器，它与微压计配套使用测出孔口处的全压和静压，计算出孔口的动压，从而求出孔口气流速度。

针状皮托管目前尚无定型产品，可以自行加工制作。用两根内径为 1～1.5mm、壁厚为 0.2～0.5mm 的铜管或不锈钢管，或者用两支兽医注射用大号针头用锡焊接而成，其构造和加工尺寸参见图 4-102。金属管身应平直光滑，管壁无裂缝、扭曲及凹痕。因静压孔的孔径只有 0.4mm，使用时应防止堵塞，用完后须加塑料管保护。

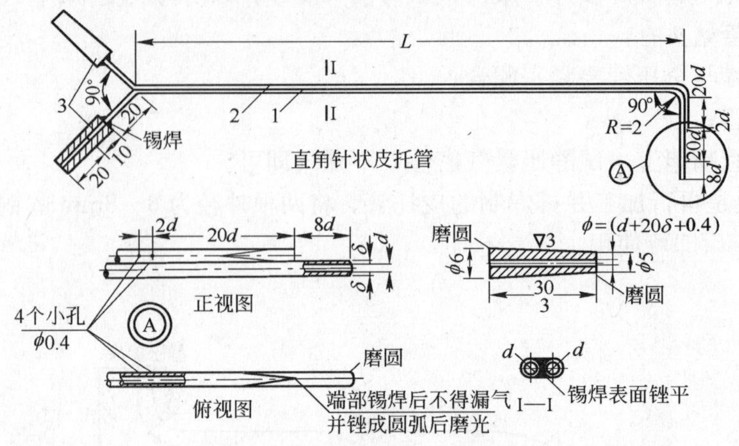

图 4-102　针状皮托管结构图

皮托管在使用前，与标准皮托管在风洞中进行校准，得出校准曲线或求出修正系数值。

2. U 形压力计

这种压力计见图 4-103。它是将一根直径相同的玻璃管弯成“U”形，并固定在带有刻度标尺的底板上，刻度尺的零位在中间；玻璃管内注入工作液体(例如水或酒精等)，使液面高度正好处于零位上。

测量压力时，将被测压力经接头 5 与 U 形管接通，另一端与大气相通(若测压力差时，两被测压力分别接在 U 形管的两端)，这样玻璃管内两液面差所形成的压力与被测压力相平衡，于是被测压力 P 可用下式求出：

$$P=h\gamma(\mathrm{kg/m^2})$$

式中　h——工作液体的液面差(mm)；

γ——工作液体容重($\mathrm{g/cm^3}$)。

由上式可知，用 U 形压力计测压时，被测压力的大小可用工作液体的液柱高度来表示。在空调系统测试中工作液体是水，所以测得的压力就代表多少毫米水柱。由于刻度尺存在刻度误差，加上工作液的容重也有误差，这就需从零点起对两液面高度进行两次读数(即一次是从“0”向下读，另一次是从“0”向上读)，然后将液柱高度相加。显然用眼睛观察刻度尺数值会产生偏差，读两次数就产生两次偏差。所以，用 U 形管测量压力准确性不高，而且不能灵敏地反映出微小压力的变化。在空调测试过程中，多用来测量风机压出端和吸入端的全压和静压值。

3. 杯形压力计

这种压力计见图 4-104。它是在 U 形压力计的基础上，将其中一根量管用较宽大的容器来代替，测量管 2 与容器底部连通，并固定在底板上，在它的一侧立一根刻度标尺，其零位就在下部。容器注入工作液体直到零位为止。被测压力由连接管 5 接入，测量管 2 的另一端与大气相通。

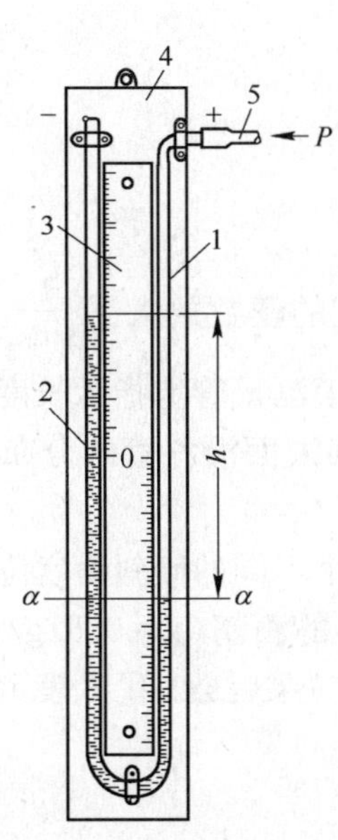

图 4-103　U 形压力计

1—U 形玻璃量管；2—刻度尺零位；3—刻度尺；4—底板；5—接头

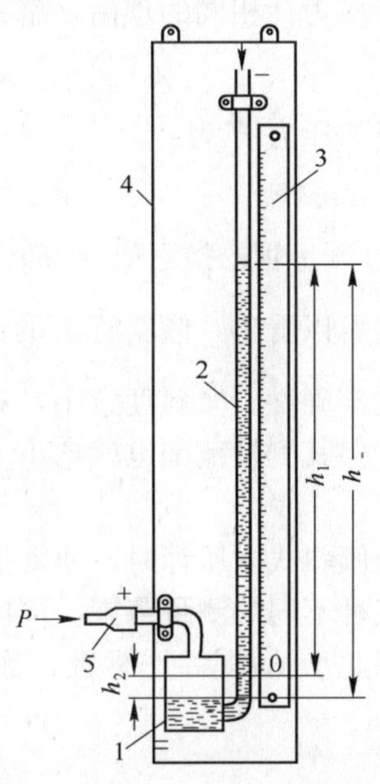

图 4-104　杯形压力计

1—容器；2—测量管；3—刻度尺；4—底板；5—连接管

工作液面在被测压力作用下，测量管 2 中液面上升高度为 h_1，容器内液面下降为 h_2，则相当于所测压力的液柱高度 h 为：

$$h=h_1+h_2$$

由于容器截面积远远大于测量管的截面积，因此，可以认为容器液面下降值 h_2 很微小，可以忽略不计，这样上式可近似地写成 $h \approx h_1$。

所以，被测压力 P 仍用测量管的液柱高度 h_1 与工作液体容重 γ 的乘积来表示，即

$$P=h_1\gamma(\mathrm{kg/m^2})$$

由此可见，杯形压力计与 U 形压力计相比较，其主要优点是减少了一次读数，避免一次读数误差，因此可以提高测量的准确性。

4. 倾斜式微压计

倾斜式微压计是空调试调中不可缺少的常用仪器，可以测得 0～200 毫米水柱的压力，最小读数可达 0.2 毫米水柱。使用比较方便，价格也不很贵。这种微压计实质上是一种具有倾斜测量管的杯形压力计，它将垂直放置的测量管改为倾斜角度可调的斜管，对于同样的液柱高度，在微压计上可使液柱长度增加，因而使其灵敏度和精确度有所提高。

(1) 工作原理

图 4-105 为倾斜式微压计的原理图。当被测压力与截面积较大的容器接通时，容器内液面下降了 h_2，工作液体沿倾斜管向上移动距离为 l，在垂直方向升高 h_1，设斜管与水平面的倾斜角度为 α，则液柱上升的实际高度为：

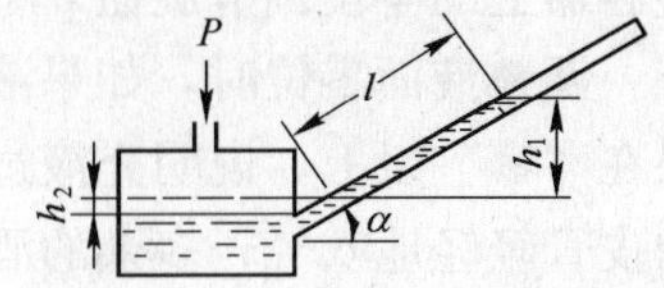

图 4-105　倾斜微压计原理图

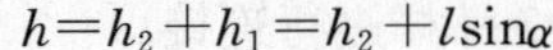

$$h=h_2+h_1=h_2+l\sin\alpha$$

根据与杯形压力计相同的理由，略去 h_2 不计，可认为：

$$h \approx l\sin\alpha$$

于是所测量的压力 P 为：

$$P = h\gamma = l\gamma\sin\alpha$$

式中 l——测量管的指示值(mm)。

从上式可以看出，倾斜管上的读数比在杯形压力计上的读数放大了 $\frac{1}{\sin\alpha}$ 倍，从而提高了读数的准确性。倾斜度愈小，对于同一液柱高度增加了测量管上指示长度，读数的准确度愈高，但其测量范围也就愈小。当倾斜角小于15°，因液面沿斜管内分布较长反而不易读准确。

在制造倾斜式微压计时，通常把倾斜测量管固定在五个不同的倾斜角度位置上，从而可以得到五种不同的测量范围，同时采用表面张力比较小的酒精($\gamma = 0.81 g/cm^3$)作为工作液体，因此 $\gamma\sin\alpha$ 是一个常数，称为倾斜微压计常数(或应乘因数)用 K 表示，这样上式可以改写为

$$P = lK(毫米水柱)$$

仪器常数 K 值有 0.2、0.3、0.4、0.6 和 0.8 等五个数据，并直接标在仪器的弧形支架上。所以只要读出倾斜管中的示值 l，再乘上相应的 K 值，就是所测量的压力 P。

(2) 仪器的构造与使用方法

目前国产的倾斜式微压计有两种型号，上海温度计厂生产的 Y-61 型和大连仪表厂生产的 KSY 型，它们的结构基本上相似，图 4-106 为 Y-61 型倾斜式微压计，其组成部件名称已示于图上，下面主要介绍它的使用方法。

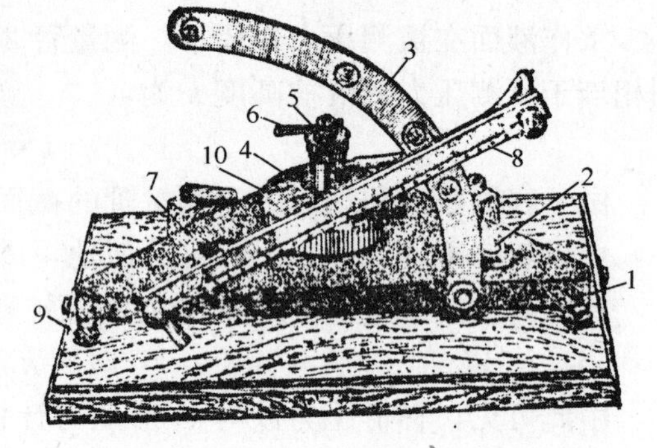

图 4-106 Y-61 型倾斜微压计

1—底板；2—水准器；3—弧形支架；4—加液盖；5—零位调节旋钮；6—多向阀手柄；7—游标；8—倾斜测量管；9—脚螺丝；10—容器

1) 使用时将仪器放在桌子上或仪表箱上，大致放平，然后调节三角形底板 1 下面的定位脚螺丝 9，使底板上的水准器 2 的气泡居中，使仪器处于水平状态。

2) 将倾斜测量管 8 固定在弧形支架 3 上任一 K 值位置上。

3) 将金属容器 10 上的多向阀的手柄 6 扳向“校准”位置，拧开容器 10 上的加液盖 4，将容重为 0.81 的酒精注入容器内，直到充至容器高度的 2/3 处为止，再拧紧加液盖。调整容器上的零位调节旋钮 5，使测量管中的液面正好处于零位。

调整液面零位时，如果液面总在“零”以下，说明酒精过少，应再注入一些酒精；如果在“零”以上，说明充液过多，可将测量管顶端的橡皮管拔掉，从“+”接头处的外接橡皮管轻轻地吹气，多余的酒精将从测量管顶端接头处吹出去。

4) 根据测定截面是处于通风机吸入管段还是压出管段，以及所测的压力是全压、静压还是动压，将皮托管与倾斜式微压计按照图 4-107 那样进行连接。

图中①、②、③分别表示测量通风机吸入管段中全压、静压和动压的情形；图中④、⑤、⑥分别表示测量通风机压出管段的全压、静压和动压的情形。

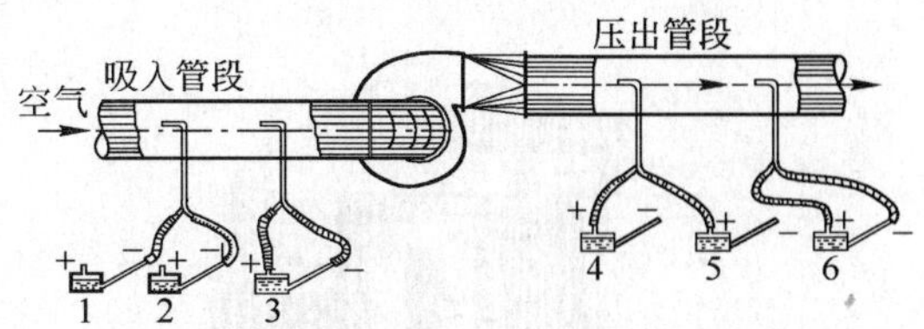

图 4-107　皮托管与倾斜微压计的连接方法

从图 4-107 可知，对倾斜式微压计来说，在测量负压时(如测通风机吸入管段上的全压和静压)，要从“－”接头接入；在测量正压时(如通风机压出管段上的全压和静压)，要从“＋”接头接入。在测量压力差时，如动压不论处于吸入管段还是压出管段，都是将较大压力(指全压)接“＋”接头，较小压力(指静压)接“－”接头。

待一切准备就绪后，将多向阀手柄扳向“测量”位置，在测量管标尺上即可读出液柱长度，再乘以倾斜测量管所固定位置上的仪器常数 K 值，即得所测压力值。

5）在使用前应检查与仪器相连接的橡皮管接头处的严密性。可以从“＋”接头处外接橡皮管将液柱吹到最高处，然后握紧橡皮管，若液柱缓慢下降，则说明有漏气地方，须查明原因进行处理。有时仪器对压力反映较迟钝，这多半是多向阀内的通道被堵塞，可拆卸多向阀清洗通道，然后在阀体上涂上少许凡士林装回原位，以保证其严密性。

6）仪器使用完毕，要将多向阀手柄扳到“校准”位置，以免酒精从“＋”接头处溅出来。若常期不用时，可将酒精从仪器中全部排除。

7）倾斜式微压计可用补偿式微压计校验，或用几台倾斜式微压计进行互校。

8）如果工作液酒精的实际容量是 γ'，不是 0.81g/cm^3 时，则所测的风压应按下式进行换算：

$$P=\frac{\gamma'}{0.81}lK$$

5. 补偿式微压计

该仪器是根据 U 形管连通器的原理，借助光学仪器作指示，用补偿的方法测量空气压力的，读数精确，测量范围是 0～150 毫米水柱，最小读数为 0.01 毫米水柱(最大误差为±0.2 毫米水柱)。该仪器惰性较大，反应慢，使用不太方便，但由于精度高，可用来校准其他压力计。在空调试调中主要应用于测量空调房间内的正压和孔板送风等场合的压力测量。

图 4-108 是补偿式微压计的外形图，图 4-109 为该种微压计的结构图。它主要是由可动容器 1 和固定容器 2 所组成，两容器之间用橡皮管 3 连通。在可动容器 1 的中心装一个螺帽并套在微动螺杆 5 上。螺杆的下端用铰链与仪表底座相连，而它的上端固定连接在旋转头(又称帽盖)6 上。转动旋转头 6 可使容器 1 沿着螺杆 5 升降，而移动的高度可在标尺 17 和游标尺 18 上读出来。在固定容器 2 内装有金属顶针 11，因为在容器 2 的前面装有透镜 12 和反射镜 13，所以通过反射镜可以清晰地看到顶针及其在工作液中的倒影。测压时，转动旋转头 6，即移动容器 1 的位置，使容器 2 的液面停留在顶针的尖端上，这可以从反射镜上观察顶针尖端和它在水平面上的倒影是否相接触来判断。

国产的补偿式微压计有上海气象仪器厂生产的 DJM-9 型和大连仪器厂生产的 BWY 型两种。使用的方法如下：

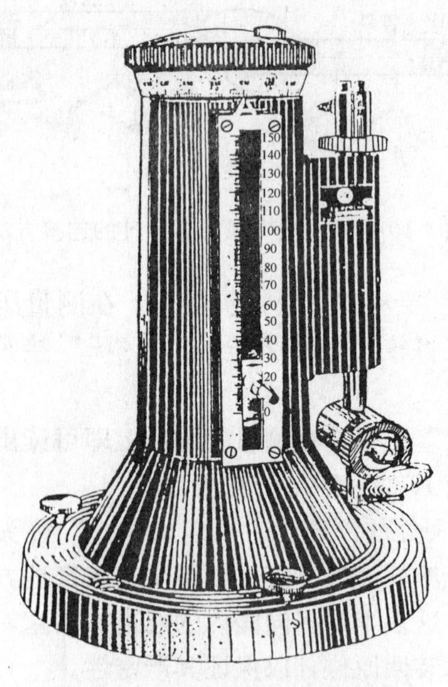

图 4-108　补偿式微压计外形图

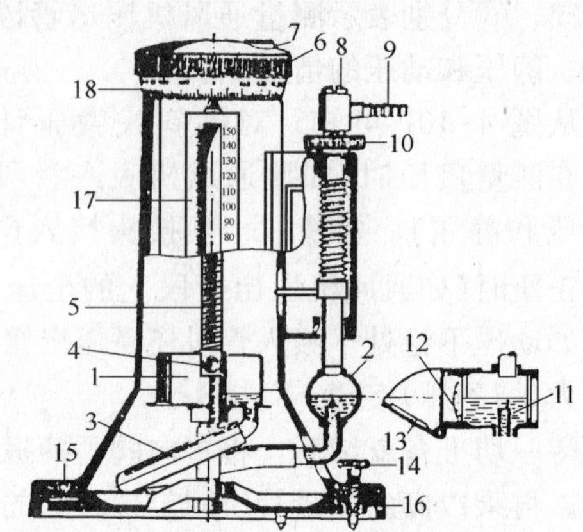

图 4-109　补偿式微压计结构图

1—可动容器；2—固定容器；3—橡皮管；4—负压接头；5—微动螺杆；6—旋转头；7—圆顶塞头；8—封闭螺丝；9—正压接头；10—调零螺帽；11—顶针；12—透镜；13—反射镜；14—底脚螺丝；15—水准泡；16—底座；17—标尺；18—游标尺

(1) 使用仪器前，把各部位擦拭干净，放在平坦的台面上，调节底脚螺丝 14，使水准泡 15 居中，这时仪器就处于水平位置。

(2) 将负压接头 4 上的刻线和游标尺 18 对准“0”位。打开正压接头 9 上的封闭螺丝 8，将工作液—蒸馏水缓慢地注入容器 2 中，同时观察反光镜 13 中顶针的图像。当顶针尖端及其在液面上的倒影将要接触时，便停止加水，并将封闭螺丝拧紧。待倒影稳定后，调节调零螺帽 10，使容器 2 略为上升或下降，使反射镜出现见图 4-110(*a*)那样，说明零位已经调好，便可投入测量。

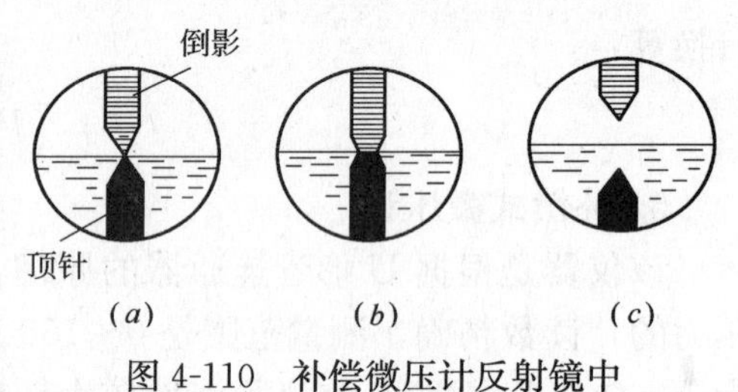

图 4-110　补偿微压计反射镜中可能出现的三种图像

(3) 根据所需测量压力的情况，将皮托管与微压计正确地加以连接。当被测压力高于大气压力即测量正压时，与正压接头 9 相连；测量负压(即被测压力低于大气压力)时与负压接头 4 相连；测量压力差(如动压)时，高压侧与正压接头 9 连通，而低压侧与负压接头 4 连通。

(4) 在测量正压和压力差时，在被测压力作用下，固定容器 2 内的液面下降，可动容器 1 内的液面上升，此时原先那种平衡状态消失，表现为反射镜中的图像被破坏，即顶针的尖端已露出液面，呈现出见图 4-110(*b*)那样。这时一边观察反射镜，一边用手指顶住旋转头 6 上的圆顶塞头 7，顺时针方向轻轻地旋转，可动容器 1 将随着微动螺杆的转动而升高位置。当容器 1 内液面升高到新的位置，所产生的压力恰好与被测压力相平衡时，容器 2 中的液面又要重新回升到原位，反射镜中的图像又出现了见图 4-110(*a*)的新的平衡状态，此时读出标尺 17 和游标尺 18 上的读数(先读标尺 17，后读游标 18)，便是所测的压力值(毫米水柱)。所谓补偿法就是用提高可动容器 1 液面的办法去平衡被测压力值，从而使固定容器 2 中液面恢复到原位，达到新的平衡状态。

(5) 由于该仪器采用手动补偿的方法，在测量波动较大的压力(如通风机前后的压力)时，往往难以跟踪，加上仪器本身惰性较大，对压力变化反应较慢，所以难以在短时间内补偿到使反射镜中的图像达到图 4-110(*a*)的要求。出现这种情况时，测试人员应保持冷静沉着，要正确地进行操作。有时由于操作不熟练，压力补偿过高时，会出现见图 4-110(*c*)那样的图像，说明容器 2 内液面高出顶针尖端部分，这时需按反时针方向转动旋转头 6，用降低容器 1 位置的办法使图像恢复到见图 4-110(*a*)那样，即可读取压力值。

6. 气压计

用来测量大气压力的仪器称为气压计。这里仅介绍测量近地面大气压力的气压计，即空盒气压计。

图 4-111 为 DYJ-1(DYJ1-1)型空盒气压计，它是利用一组真空膜盒随着大气压力变化而产生纵向形变的原理制成的。其结构为：感应部分是由一组真空膜盒 1 组成；传动部分由杠杆 2 及拉杆 3 等部分组成；记录指示部分由记录笔 4、自记钟 5、笔档 6 等部分组成；调整定位螺丝 7，可以把笔尖调到记录纸上须要的刻线上；仪器的外罩与底座由锁紧弹簧扣紧，可以按压按钮 8 把它打开。该仪器还装有双金属片组成的温度补偿装置，可以避免由于环境温度的变化使膜盒产生热胀冷缩时所带来的测量误差。

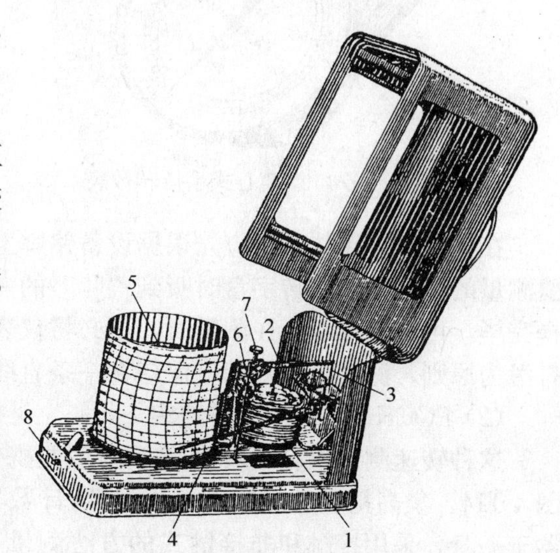

图 4-111　DYJ-1(DYJ-1-1)型空盒气压计
1—真空膜盒；2—杠杆；3—拉杆；4—记录笔；5—自记钟；6—笔档；7—定位螺丝；8—按钮

仪器有两种形式：DYJ-1 日记型，配有日记自记钟，上足发条钟筒旋转持续时间为 26h；DYJ1-1 周记型，配有周记自记钟，上足发条后钟筒旋转一周的持续时间为 176h。该仪器在－10～40℃环境中使用，可测大气压力 960～1050mbar。利用调整装置调整后，能在 870～1050mbar 范围内记录任意 90 毫巴区间的气压变化。大气压力的单位在工程上是用毫米水银柱表示，毫米水银柱与毫巴的换算关系是一毫米水银柱等于 1.3332mbar。

使用该仪器时，要保持仪器干燥清洁，搬运中严防剧烈振动，严禁用手触动真空膜盒。仪器使用前，应送计量部门检验或根据当地气象台站的气压计进行校对后，方可使用。

五、其他仪器仪表

1. 转速表

通风机、电动机、各种动力设备和机械设备的旋转速度是用转数表来测量的。

它的种类较多，有离心式、计数式、磁力式、闪光式等。

(1) 离心式手持转速表(见图 4-112)

它是利用离心器在旋转后，产生惯性离心力与起反作用的拉簧作用相平衡的原理制成。图 4-113 为其工作原理图。当轴 1 的尖端顶压在旋转设备的轴中心处时，轴 1 随之同速旋转，用小轴 2 固定在轴 1 上的倾斜的环状重锤 3(离心器)随着旋转，并绕小轴 2 改变倾斜角度，重锤3将由Ⅰ—Ⅰ位置转到Ⅱ—Ⅱ位置，并与弹簧4的弹力平衡在新位置上。重锤的位移通过拉杆5拉动滑套6在轴Ⅰ上滑动，并带动滑环7移动。滑环7是松套在滑套6上，当重锤3和滑套6随轴1转动时，滑环7不转动。滑环7的移动通过齿条8、齿轮9带动指针偏转，在刻度盘上指示出轴1的旋转数值，即设备转数。

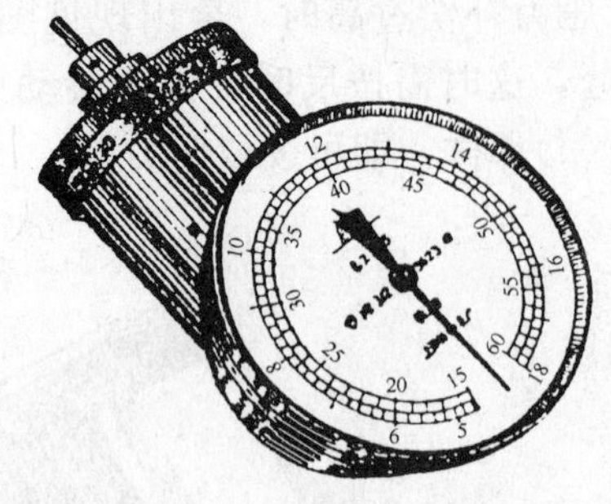
图 4-112 LZ-45 型离心式手持转数表

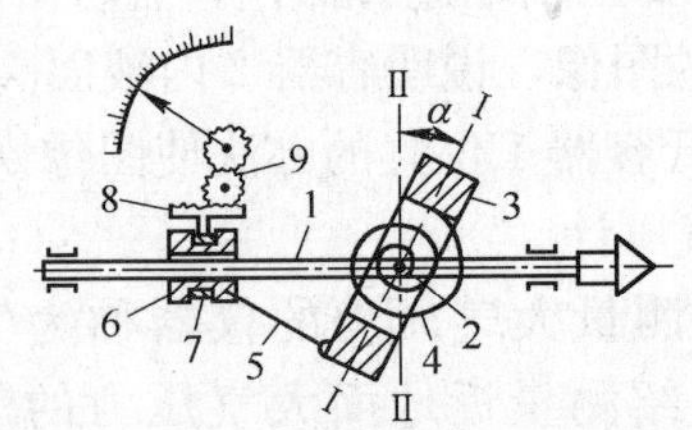

图 4-113 离心式转数表工作原理图

1—表轴；2—小轴；3—重锤；4—弹簧；5—拉杆；6—滑套；7—滑环；8—齿条；9—齿轮

在测量设备转数时，应先根据设备铭牌上的额定转数，将转数表上的量程字盘旋转到要测量的范围内，旋转字盘时听到“咔”的一声响，说明内部弹子掉进了半圆槽中，即选择完毕，可以测量了。在测量时，不必将仪表的测轴与被测设备的轴顶得过紧，以两者不打滑为原则，测轴与被测轴应保持在一条直线上。

(2) POCKET-TACH 转速表

这种转速测量仪是一种通用型小型便携仪器，见图 4-114。集高精度转速测量、累加器/计数器和计时器于一身，采用接触和非接触式的方法测量目标的转速和线速度。非接触的工作方式的操作距离为 90cm，与目标成 30°角，带有目标瞄准功能，易读的 6 位数 LED 显示，低电位报警。

图 4-114 POCKET-TACH 转速表

技术参数：

1) 测量速度范围：光学测量 5～100.000RPM；

2) 接触式 2.5～20.000RPM；

3) 测量精度：±0.01%；

4) 分辨率：0.0001～1RPM；

5) 线性测量范围：in/min：10～40.000；

cm/min：25～120.000；

m/min：0.25～1.200；

6) 计数范围：1～999.999；

7) 计时器：99h50min59s 0.01s。

(3) SE-1100/GE-1100 转速表(见图 4-115)

1) SE-1100 发电机转速表(汽油机用)：

① 被测发电机：2 冲程/4 冲程；

② 量程：100～20000rpm；

③ 测量距离；30～200mm；

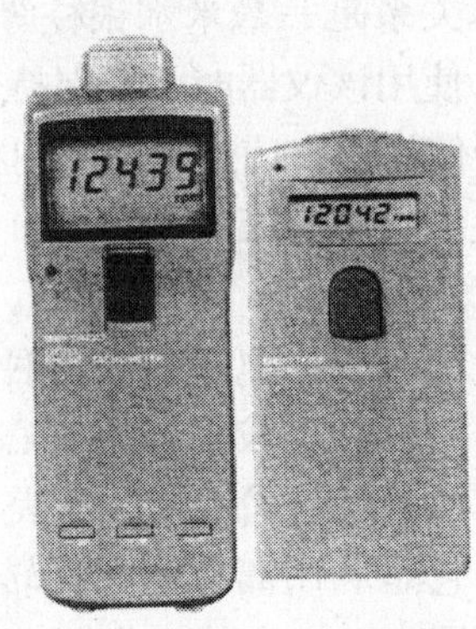

图 4-115 SE(GE)-1100 转速表

④ 精度±1rpm/±2rpm(10000rpm 以上时)。

2) GE-1100 发电机转速表，主要用于柴油机：

① 被测发电机：4 冲程；

② 量程：40～60000rpm；

③ 显示：5 位液晶显示；

④ 电源：5 号电池 3 节。

2. 噪声计

(1) CEL-440/480 噪声计(见图 4-116)

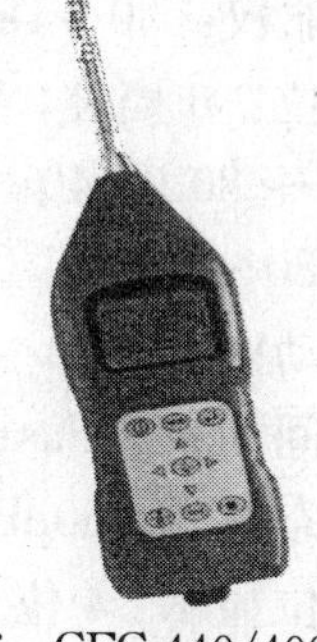

图 4-116　CEC-440/400 噪声计

1) 性能

CEL-440/480 系列声级计适用于产品噪声、环境噪声、工业噪声、交通噪声的监测与分析，采用模块化设计，有 Type Ⅰ型、Type Ⅱ型，1/1、1/3 倍频程分析等型号可选，具有方便的升级功能，保护用户投资。

2) 技术参数

测量项目：L、LAeq、Ln%、Lav、LAE、Lmn、Duration

测量范围：20～140dB(分 6 段)

动态范围：70dB

动特性：FAST、SLOW、IMPULSE TIME WEIGHTING

有 1/1、1/3 倍频程型号可选

可直接驱动 HP 系列、EPSON 系列打印机可存储 128K 测量数据(CEL-480 系列)

(2) TES1350A 噪声计(见图 4-117)

图 4-117　TES1350A 噪声计

1) TES1350A 噪声计特点

3 位半液晶数显

测量范围：35～130dB

最大值锁定

A 和 C 加权选择：A500～10kHz

C30～10kHz

快(F)慢(S)响应时间选择

输出可外接记录仪

2) 技术参数

ALO(低)：35～100dB

AHI(高)：65～130dB

CLO(低)：35～100dB

CHI(高)：65～130dB

分辨率：0.1dB

频率范围：2dB

动态范围：65dB

(3) TES1352A 噪声计(见图 4-118)

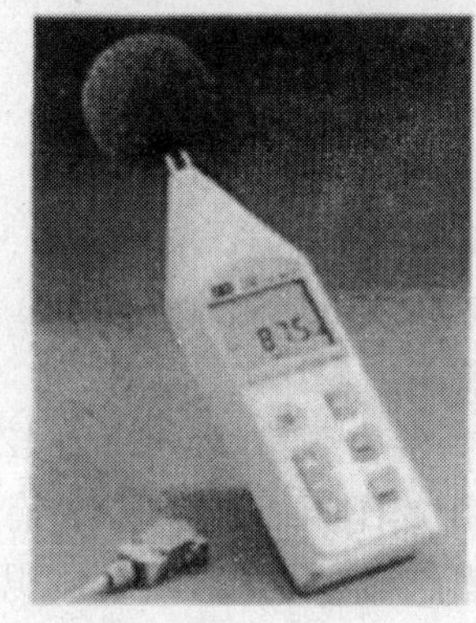

图 4-118　TES1352A 噪声计

频率范围：20Hz～8kHz

A 加权：30～130dB

图 4-119　TES-1357 噪声计

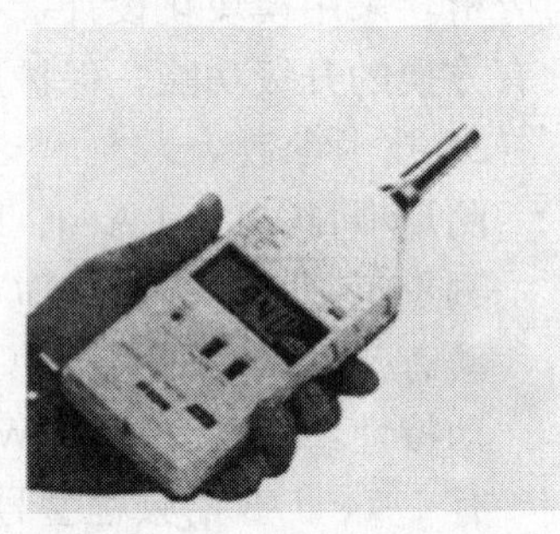

图 4-120　NA-26 噪声计

C 加权：30～130dB

档位：6 档位，间隔 10～dB

30 ～ 80dB/40 ～ 90dB/50 ～ 100dB/60 ～ 110dB/70 ～ 120dB/80～130dB

自动换档：30～130dB

时间加权：Fast and Slow

动态范围：60dB

数位显示：4 位 LCD(0.1dB 解析度)

(4) TES-1357 噪声计(见图 4-119)

A 加权测量范围：30～130dB

C 加权测量范围：35～30dB

频率响应：31.5Hz～8kHz

准确度：±1.5dB

解析度：0.1dB/4 位数

通用标准：国际委员会 IEC Pub 651 Type2

美国国家标准：ANSI S1.4Tyep2

测量档位：300～80dB/50～100dB/600～110db/80～130dB (4 档)

(5) 理音 NA-26 噪声计(见图 4-120)

1) 性能

NA-26 噪声计采用特殊的设计标准，具有实用性、适用于野外操作等特点。使用者无需特殊培训就能很容易地测量出精确的噪声值。

- 可最大量程调节功能
- 超出和低于量程指示
- 质量轻易携带
- 大・屏幕 LCD 数显
- AC 和 DC 信号输出数据分析和记录

2) 技术参数

测试范围：30～130dB 四个量程

灵敏度：－33dB

分辨率：0.1dB

频率范围：20～8000Hz

显示：4 位 LCD 数显

电源：2 节 AA 电池

体积：215×74×32mm

质量：270g

3. 综合仪表 MODEL6422 风速仪

由沈阳加野麦克斯仪器有限公司生产的风速测试仪可测量风速、风量、风温、静压、湿度、露点等参数。它具有体积小、轻便、测试功能多等特点。适用于施工现场的测试工作。

(1) 仪器性能

这种测试仪，外形小、轻便、操作简单，测点具有伸缩性，反应灵敏，功能多，对各种风速、风温、风量、湿度、压力、露点等参数均能进行测试。同时可计算出平均值，并能输出数据至专用打字机上。因此该仪器广泛用于电力、空调、石化等行业。

(2) 操作面板结构及名称(见图 4-121 和图 4-122)

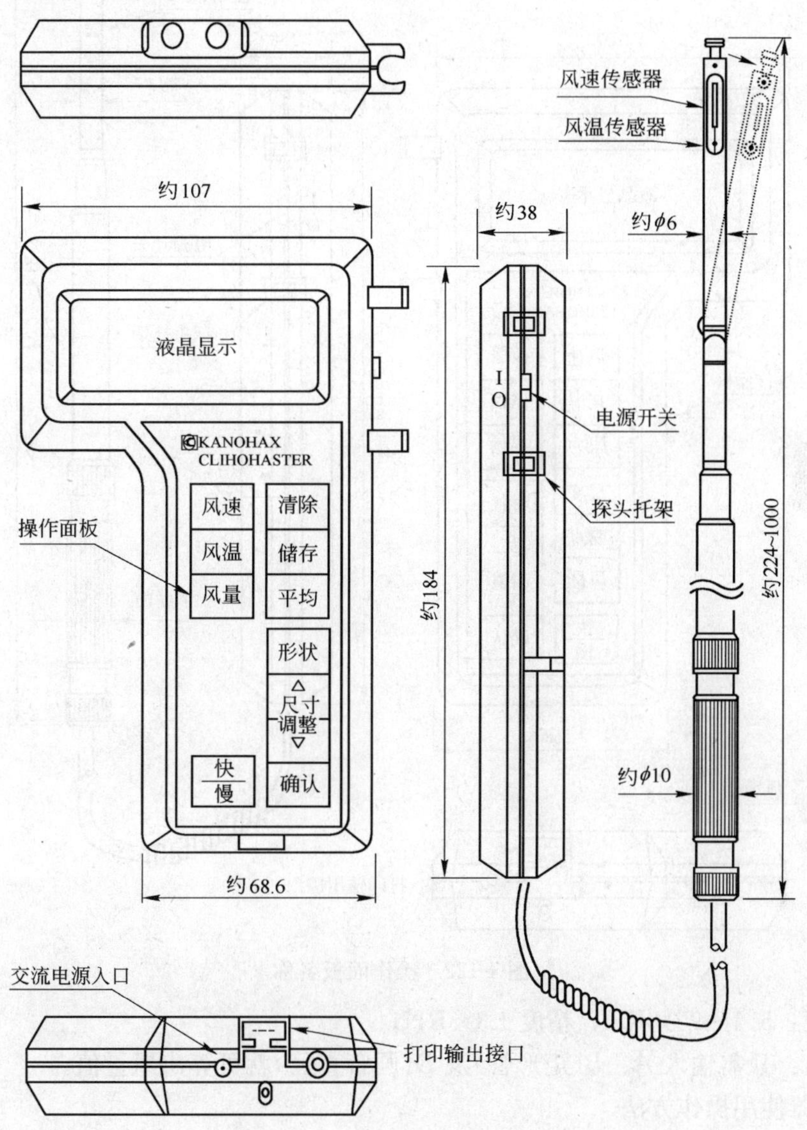

图 4-121 操作面板名称

(3) 面板操作说明(见表 4-34)

(4) 测试功能

1) 风速：0.15～50m/s，精度±2.5%+(0.03～0.5m/s)；

2) 风温：−10～60℃，精度±0.5℃；

3) 压力：0～±2.5kPa，精度 0.5%+0.003kPa；

4) 露点：−15～49℃；

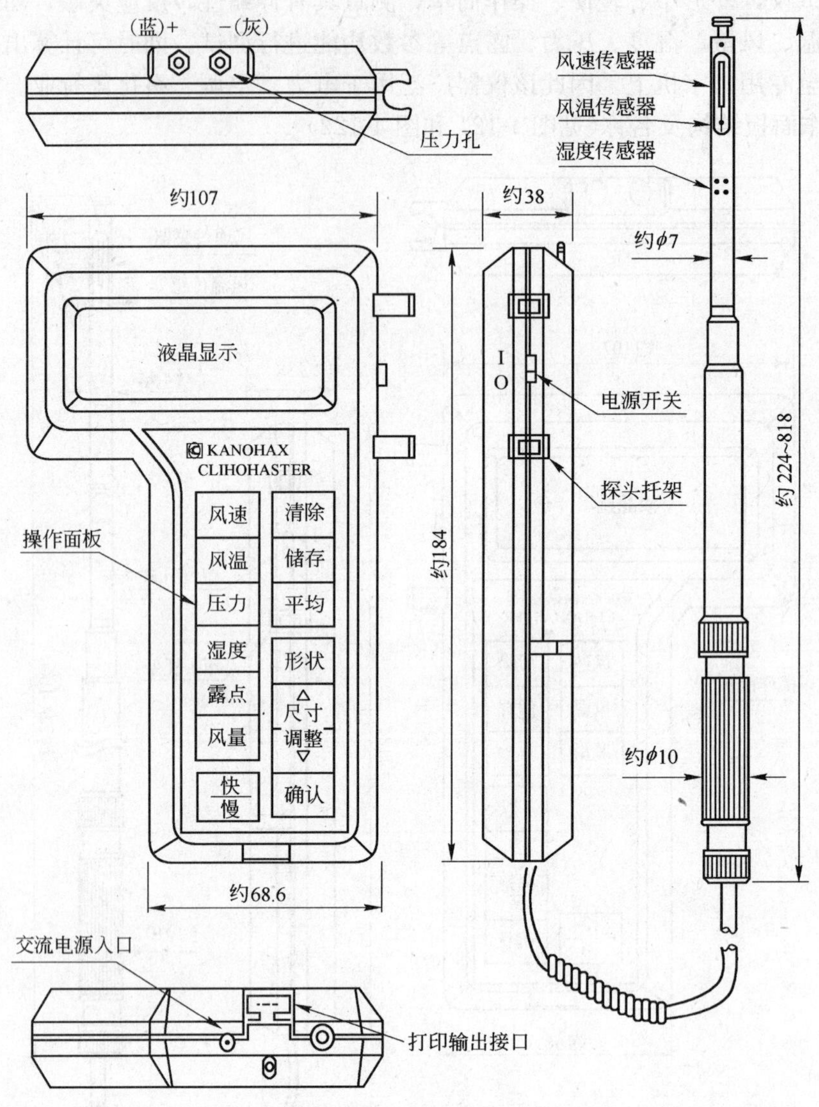

图 4-122 操作面板名称

5）湿度：5%～95%RH，精度±3%RH；

6）风量：只需输入 A、B(矩形管)及 D(圆管直径)就可算出风量值。

(5) 仪器使用操作方法

1）探头操作

面板操作说明 表 4-34

项目(键)	操作说明	备注
风 速	风速测定方式，当电源打开时自动定为该方式	
风 温	风温测定方式	
压 力	露点偏移时，外管处于释放状态，连续按压力键 3s 后，自动回零，然后专用管与压力接口连接即可进行测定	适用于 6422
湿 度	相对湿度测定方式	

续表

项目(键)	操作说明	备注
露点	露点温度测定方式	
风量	风量测定方式，风管截面有效面积输入后，风速乘截面积即表示为风量	
快/慢	风速压力变动较大时，选慢方式，相应的有 1、5、10、15、20s 等几种，电源开始投入时为 1s	
消除	消除存储的数据	
储存	按此键时，此时的数据将被存储，最多可存 255 个数据。切断电源时，数据自动消失，可存储风速、风温等，随机存储要表示的平均值与各测定方式对应	
平均	对记忆的数据求平均值	
形状	风管形状的选择，有圆形和方形二种。按尺寸键输入数据、直径、边长(大边和小边)	
△	风管外径输入(变大)	
▽	风管外径输入(变小)	
确认	对输入数据确认	

见图 4-123，先握住探头前端的黑色部分，并轻轻拔出，将电缆理顺，一手握测杆的手柄，轻轻拔出，用完收缩时，与拔出时操作方法相反，不要用手拉电缆线。

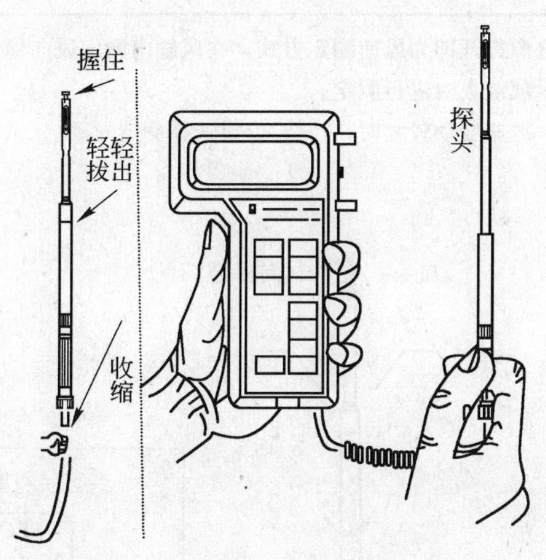

图 4-123 探头操作

2）探头测点的确定

风向应与探头测点垂直，见图 4-124，上的“红色”标志应朝向迎风面。

3）风速测定

先确认电池余量后，打开电源即为风速测定方式。当测头插入风管测孔时看不到测点上的“红点”标志时，可转动测杆，表头指示值最大时即为正确位置，可进行测量。当风速波动较大时，按快/慢键，选择测定时间，连续按快/慢键，将对应的切换为 1、5、10、15、20s，见图 4-125。

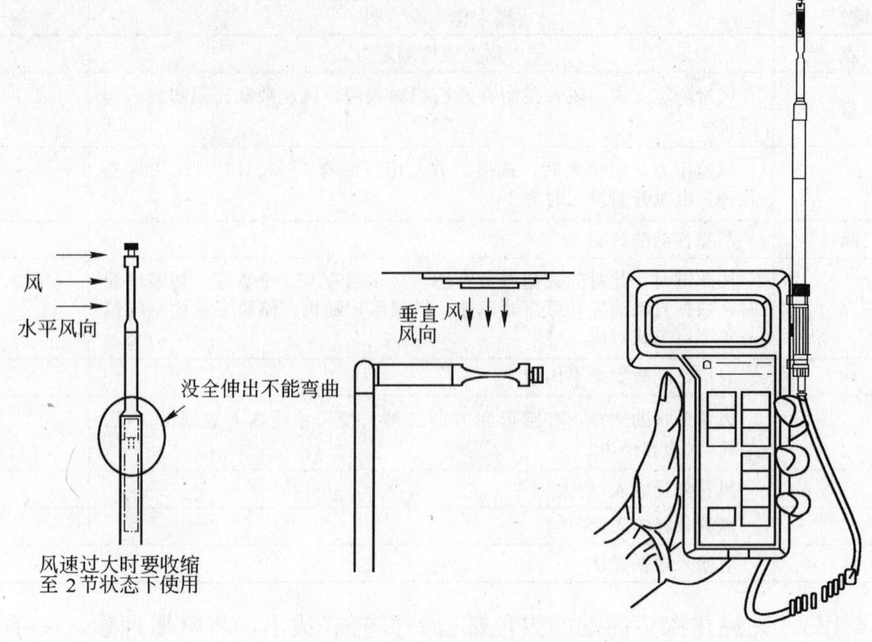

图 4-124　探头测点的测定

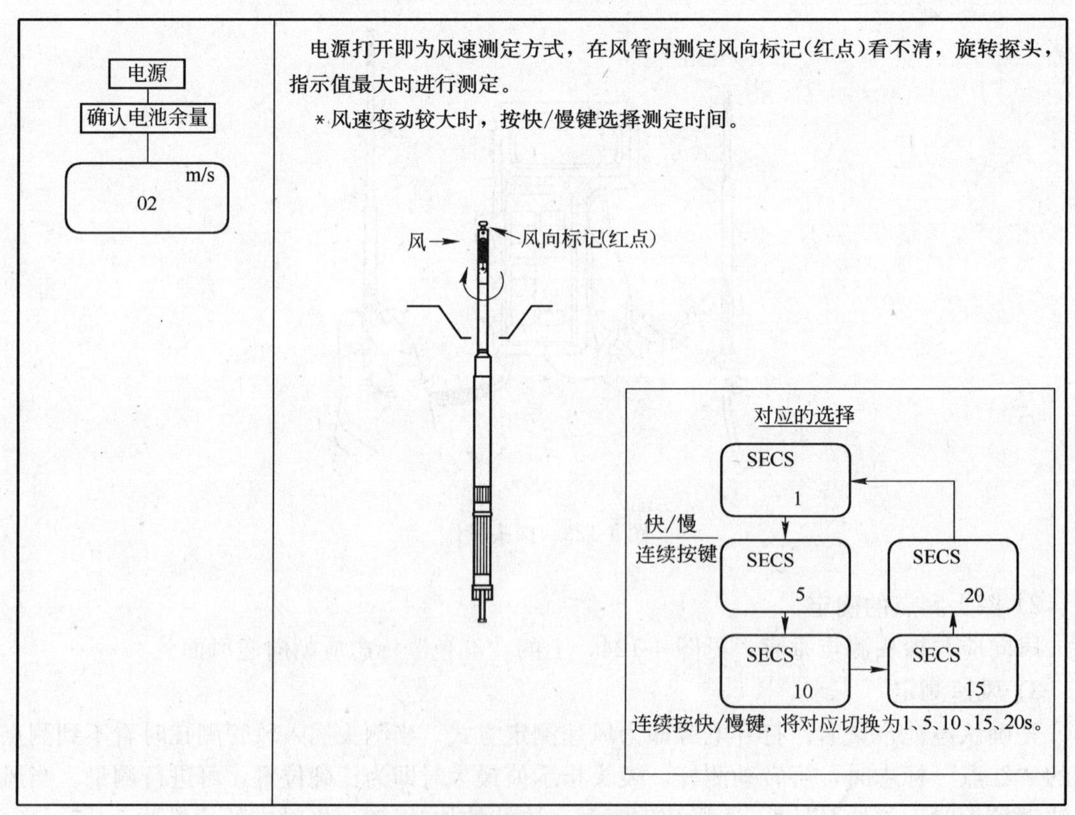

图 4-125　风速的测定

4）风温的测定

按风温键为风温测定方式，当转换风温测定方式时，不能立即测定，要等 30s 后测定。

5）湿度的测定

按湿度键即为湿度测定方式，湿度元件不要沾有水珠，如有应放置一天以上进行自然干燥。

6）露点温度的测定

按露点键转换为露点温度测定方式。

7）压力的测定

按压力键转换为压力测定方式。零点的调整，当压力键按下后处于释放状态（即不接入），如不表示为零，快速按压力键 3s，即自动回零。连续按键 5s，将正面压力管接兰色接口，负压力用管接灰色接口，即可读取数据，见图 4-126。测定时，不要超过规定的测定范围，以防止损坏元件。

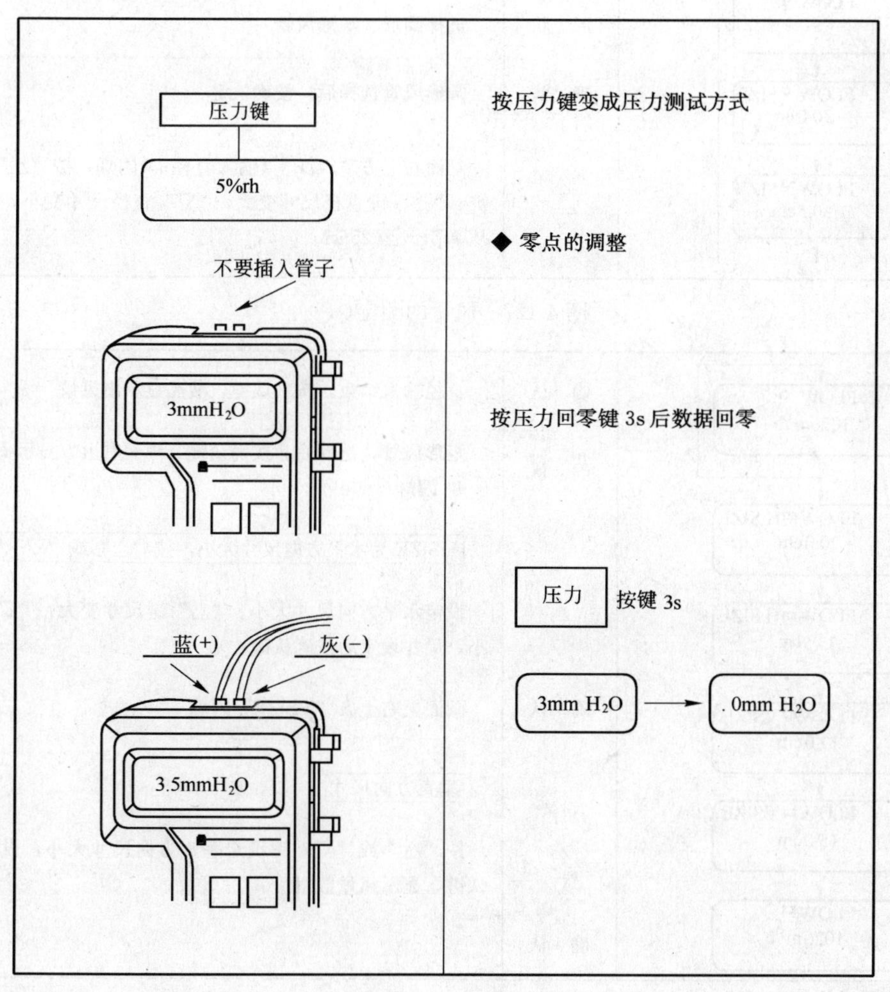

图 4-126　压力的测定

8）风量的测定（见图 4-127 和图 4-128）

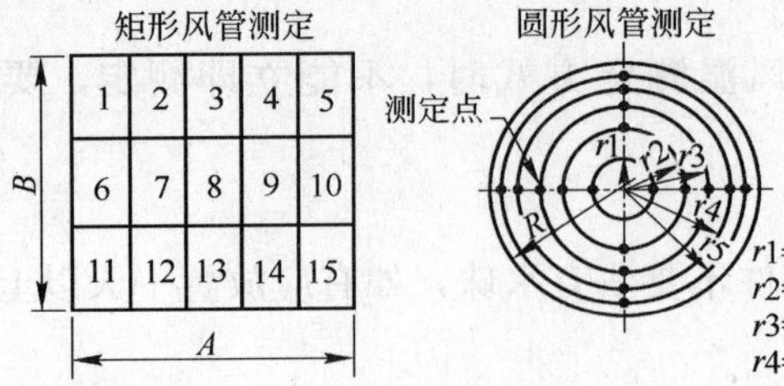

矩形风管测定　　圆形风管测定

1	2	3	4	5
6	7	8	9	10
11	12	13	14	15

B　A

测定点　r1　r2　r3　r4　r5　R

$r1=0.316R$
$r2=0.548R$
$r3=0.707R$
$r4=0.837R$
$r5=0.949R$

风量=风速×断面积

□ 断面积=A(水平方向)×B(垂直方向)

○ 断面积=$\pi\times[D(直径)/2]^2$

输入 A、B 或 D，就可测出风量

表示画面	操　作	说　明
FLOW ○□ 互换闪烁	风　量	按风量键，画面右上方圆形、方形互换闪烁
FLOW □	形　状	按“形状”键闪烁在圆形上，按“形状”键，圆形、方形不停切换　圆形风管 / 矩形风管
FLOW ○	形　状	选择圆形、矩形风管
FLOW ○ SIZE 30.0cm	确　认	圆形风管选择后，按确认键
FLOW ○ SIZE 30.5cm	△ ▽	画面右上方“SIZE”（输入直径 D)闪烁，按“△”或“▽”键。“△”键直径尺寸变大，“▽”直径尺寸变小，输入直径从 0.5cm 至 255cm

图 4-127　风量的测定(一)

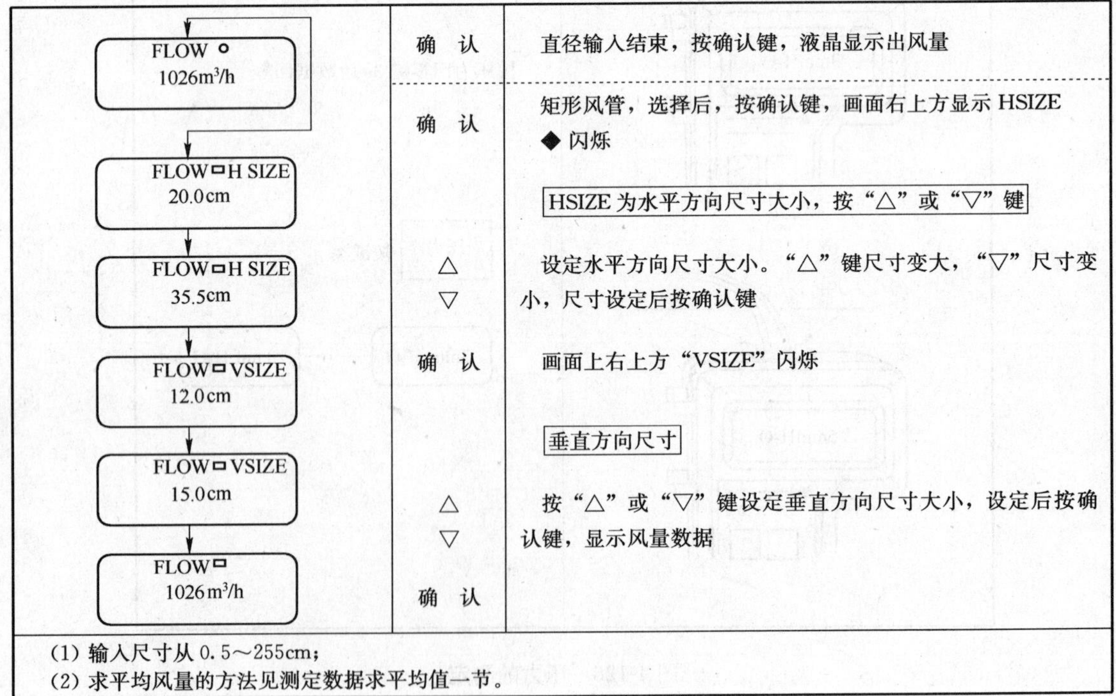

表示画面	操　作	说　明
FLOW ○ 1026m³/h	确　认	直径输入结束，按确认键，液晶显示出风量
FLOW □ H SIZE 20.0cm	确　认	矩形风管，选择后，按确认键，画面右上方显示 HSIZE ◆ 闪烁　HSIZE 为水平方向尺寸大小，按“△”或“▽”键
FLOW □ H SIZE 35.5cm	△ ▽	设定水平方向尺寸大小。“△”键尺寸变大，“▽”尺寸变小，尺寸设定后按确认键
FLOW □ VSIZE 12.0cm	确　认	画面上右上方“VSIZE”闪烁　垂直方向尺寸
FLOW □ VSIZE 15.0cm	△ ▽	按“△”或“▽”键设定垂直方向尺寸大小，设定后按确认键，显示风量数据
FLOW □ 1026m³/h	确　认	

(1) 输入尺寸从 0.5～255cm；
(2) 求平均风量的方法见测定数据求平均值一节。

图 4-128　风量的测定(二)

9）测定数据求平均值(见图 4-129 和 4-130)

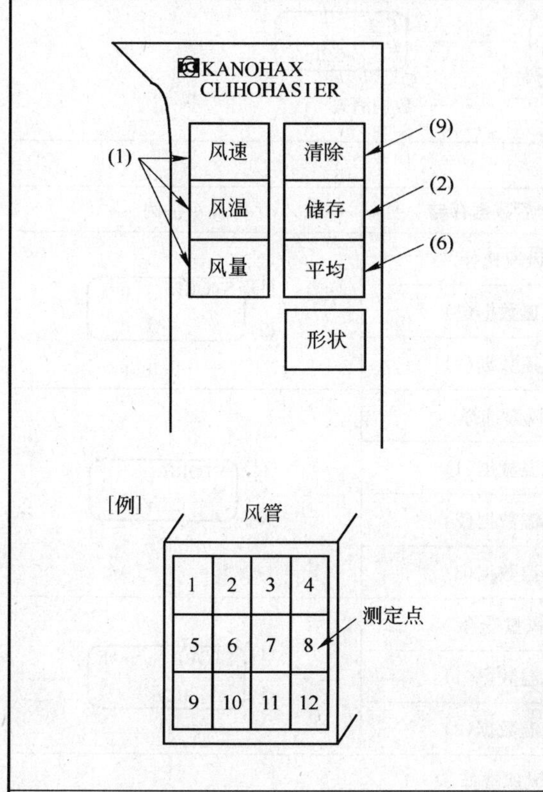

[1] 单一测定方式的平均值

(1) 按存储键，电源开时变为风速测定方式。

(2) 存储数据(序号)。

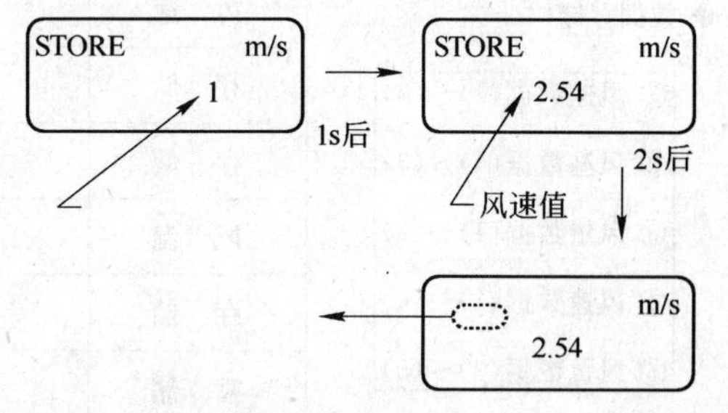

(3) 移动探头测定下一点。

(4) 再次按存储键，存储数据序号变为(2)。

(5) 按上述操作 *N* 次，数据被存储。

(6) 各测量点数据采集完，按平均键。

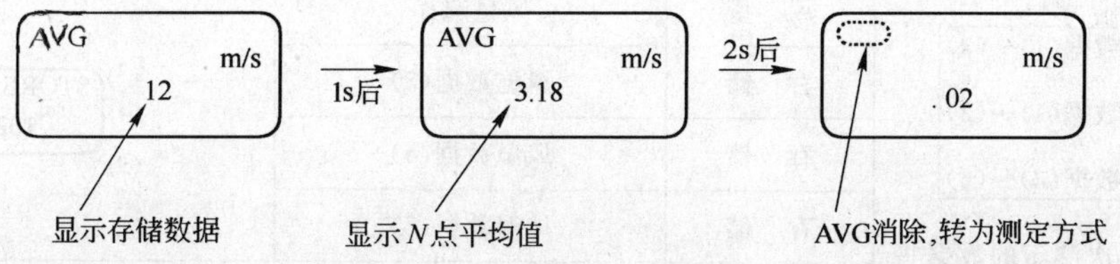

(7) 继续按存储键，数据被存储。

(8) 再次按“平均”键，将从第一点测定的数据一直显示至平均值。

STORE m/s 13 → STORE m/s 2.54 → AVE m/s N

图 4-129　测定数据求平均值(一)

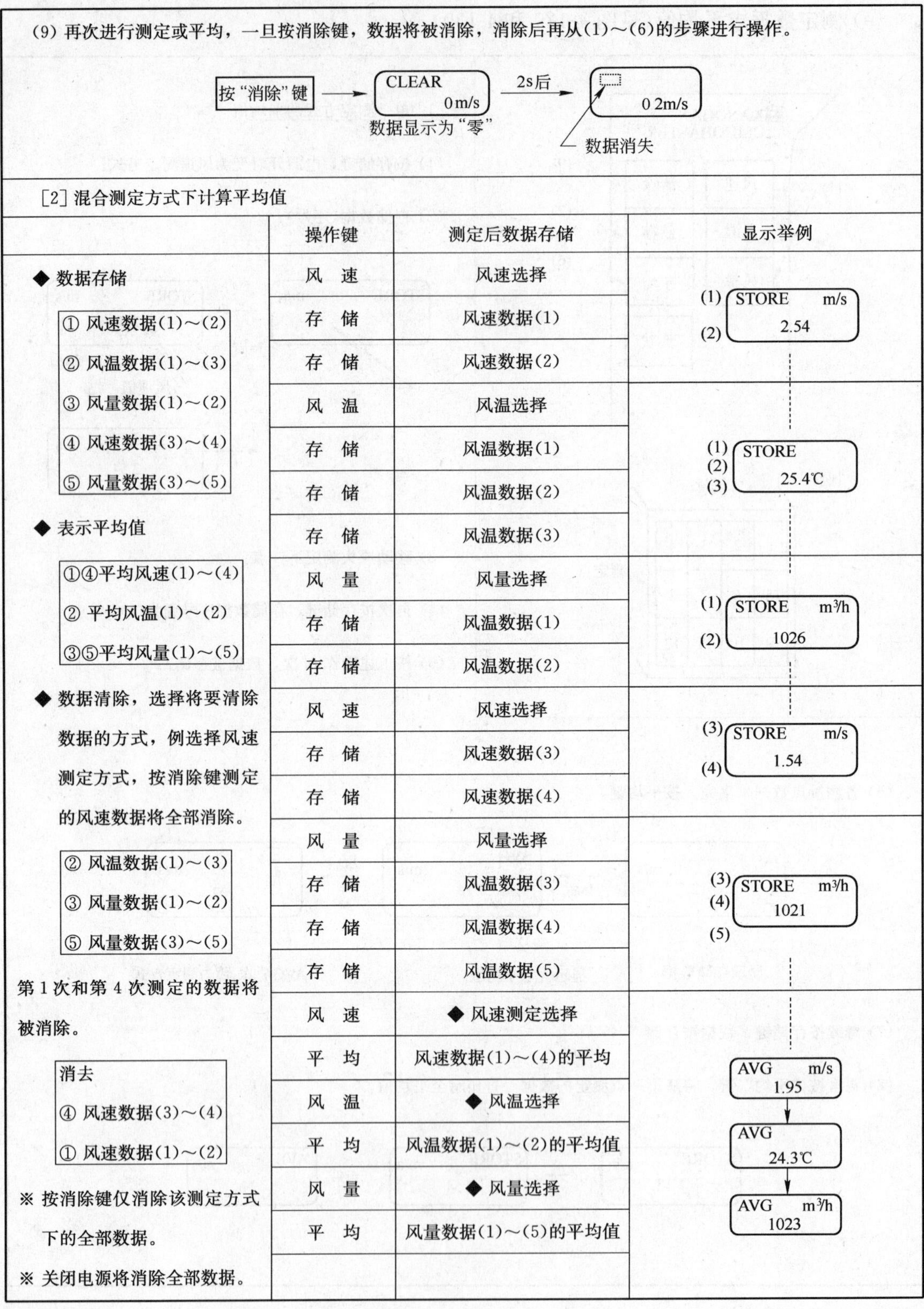

(9) 再次进行测定或平均，一旦按消除键，数据将被消除，消除后再从(1)～(6)的步骤进行操作。

[2] 混合测定方式下计算平均值

	操作键	测定后数据存储	显示举例
◆ 数据存储	风　速	风速选择	
① 风速数据(1)～(2)	存　储	风速数据(1)	(1)(2) STORE m/s 2.54
② 风温数据(1)～(3)	存　储	风速数据(2)	
③ 风量数据(1)～(2)	风　温	风温选择	
④ 风速数据(3)～(4)	存　储	风温数据(1)	(1)(2)(3) STORE 25.4℃
⑤ 风量数据(3)～(5)	存　储	风温数据(2)	
◆ 表示平均值	存　储	风温数据(3)	
①④平均风速(1)～(4)	风　量	风量选择	
② 平均风温(1)～(2)	存　储	风温数据(1)	(1)(2) STORE m³/h 1026
③⑤平均风量(1)～(5)	存　储	风温数据(2)	
◆ 数据清除，选择将要清除数据的方式，例选择风速测定方式，按消除键测定的风速数据将全部消除。	风　速	风速选择	
	存　储	风速数据(3)	(3)(4) STORE m/s 1.54
	存　储	风速数据(4)	
② 风温数据(1)～(3)	风　量	风量选择	
③ 风量数据(1)～(2)	存　储	风温数据(3)	(3)(4)(5) STORE m³/h 1021
⑤ 风量数据(3)～(5)	存　储	风温数据(4)	
	存　储	风温数据(5)	
第1次和第4次测定的数据将被消除。	风　速	◆ 风速测定选择	
消去	平　均	风速数据(1)～(4)的平均	AVG m/s 1.95
④ 风速数据(3)～(4)	风　温	◆ 风温选择	↓
① 风速数据(1)～(2)	平　均	风温数据(1)～(2)的平均值	AVG 24.3℃
※ 按消除键仅消除该测定方式下的全部数据。	风　量	◆ 风量选择	↓
※ 关闭电源将消除全部数据。	平　均	风量数据(1)～(5)的平均值	AVG m³/h 1023

图 4-130　测定数据求平均值(二)

10）电源（见图 4-131）及电池余量的确认（见图 4-132）

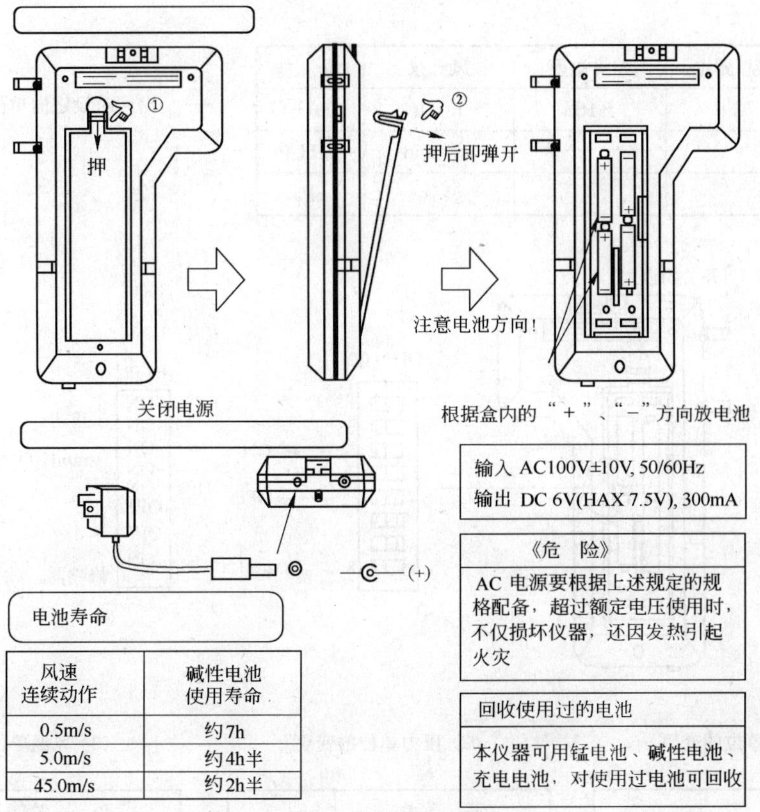

风速 连续动作	碱性电池 使用寿命
0.5m/s	约7h
5.0m/s	约4h半
45.0m/s	约2h半

图 4-131　更换电池方法

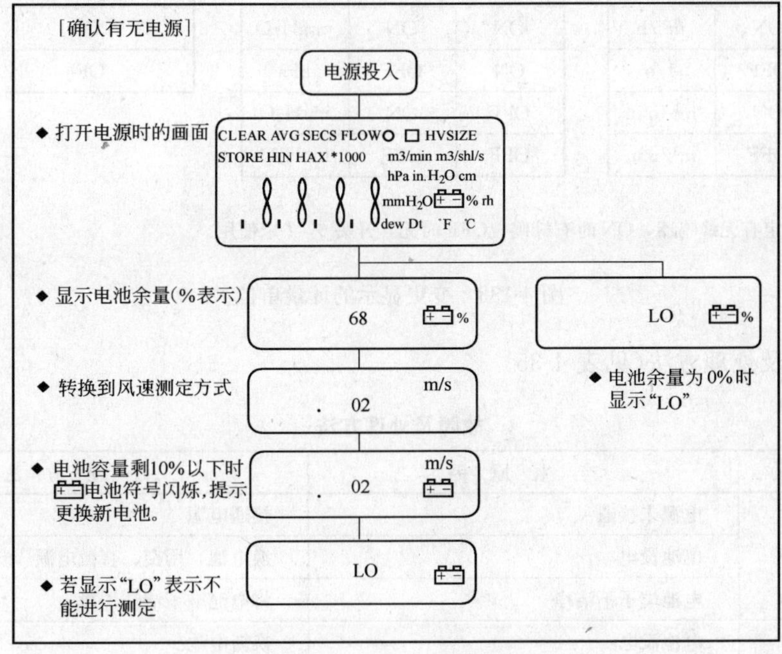

图 4-132　电池余量的确认

11）变更显示的计量单位（见图 4-133）

［表示单位］

风 速	风温/露点	相对湿度	风 量	压 力
m/s	℃	%RH	m^3/h	mmH_2O
	℉		m^3/min	in. H_2O
			1/s	hPa

← 出厂时设定的单位

［开关的设定］

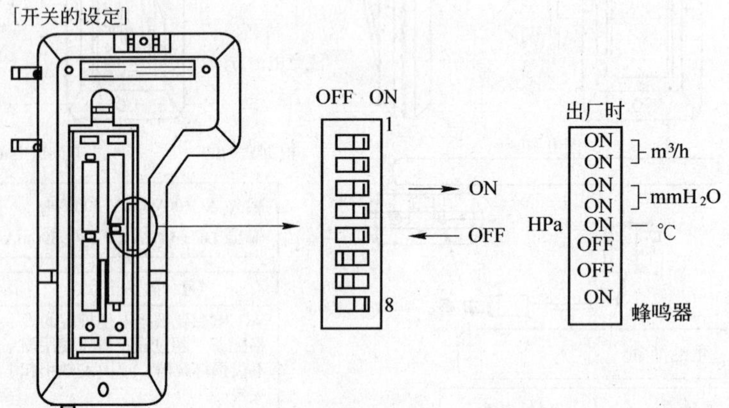

(1) 风量单位的变更

开关 1	开关 2	单位
ON	ON	m^3/h
ON	OFF	1/s
OFF	ON	m^3/min
OFF	OFF	m^3/min

(2) 压力单位的变更

开关 3	开关 4	单 位
ON	ON	mmH_2O
ON	OFF	hPa
OFF	ON	in. H_2O
OFF	OFF	in. H_2O

(3) 风温单位的变更

开关 5	单 位
ON	℃
OFF	℉

注：开关 8 确定有无蜂鸣器，ON 时有蜂鸣，OFF 时无，开关 6，7 未使用。

图 4-133 变更显示的计量单位

12）故障及处理方法（见表 4-35）

故障及处理方法 **表 4-35**

故 障	产 生 原 因	处 理 方 法
不显示	电源未接通	接通电源
	电池没电	换电池，用交、直流电源
	电池端子不洁净	将电池端子清洗干净
闪烁(BAT)	电池没电	换新电池

续表

故　障	产　生　原　因	处　理　方　法
显示“LOBAT”	电池没电	更换新电池
	选择的交、直流电源不符	进行更换处理
	电池端脏	更换电池端子
初期温度显示高	由风速测定方式直接转为温度	转换温度测定前，休息 30s 以上
性能表示不对	同时按两个以上的键	要确认按一次键
风速指示过大	流速变化大	调整并利用 FAST/SLOW 键
显示“CAL”	仪器内有异常现象	修理或调整
显示“OVER”	风速、温度或压力过大	要在规定范围内使用

(6) 仪器使用注意事项

1) 使用前，应仔细熟悉仪器使用说明书，遵守其操作方法，正确使用仪器。

2) 仪器使用过程中，不得振动和碰撞。要轻拿轻放，防止元件的损坏。

3) 不准用热源干燥传感器，否则元件损坏很难修复。

4) 清洗仪器元件时，必须切断电源。

5) 仪器元件有油附着时，应使用异丙醇轻轻冲洗探头的前端，然后用微风进行干燥。

6) 对湿度传感器，不要将水、酒精等有机溶剂溅到其上，特别是接触有机溶剂的气体将会损坏元件。

7) 避免在含水、汽过量及高、低温，太阳直射的环境中进行测定，以免数据不准确。

8) 使用仪器传感器时，用力不要过大，防止损坏元件。

9) 测量风速时，一定要将风向标志朝向风源。

10) 在风管内部测量时，不要碰撞风管侧面以免测量不准确。

11) 风速仪是精密仪器，不能随意拆卸，有问题应送专业部门进行修理。

5. 便携式露点测试仪

(1) SHAW 便携式露点仪(见图 4-134)

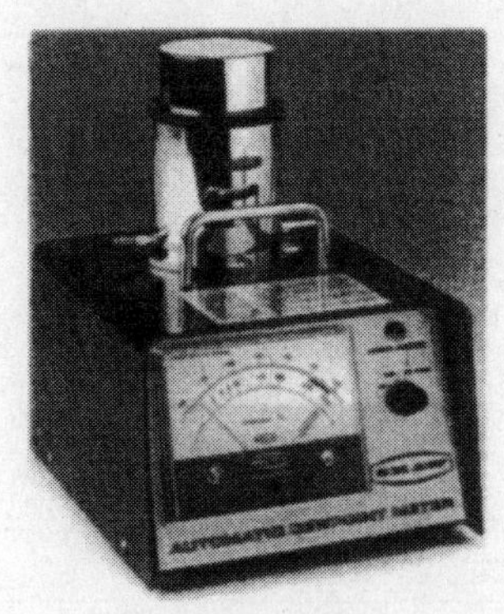

图 4-134　SHAW 便携式露点仪

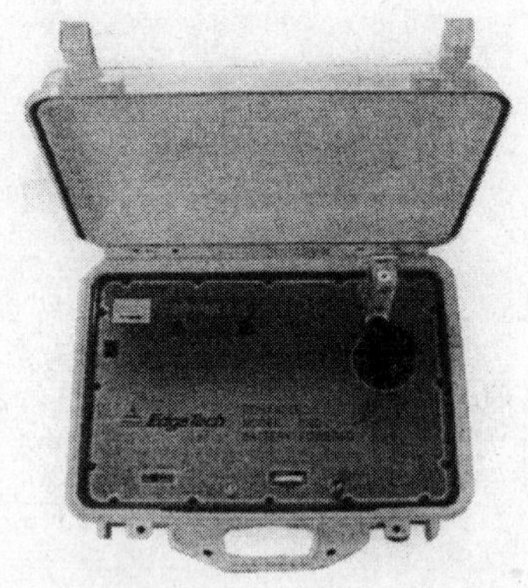

图 4-135　1500 露点仪

主要用于测定空气、煤气等各种工业气体的湿度。它的特点是：直接读出露点温度和 PPM 湿度。干燥时的保证精度为 1PPm。对湿度的响应时间为 1s。仪器寿命可达 20 年。

室内空气中 1min 自动校准。该测试仪量程广：－100～0℃，－80～0℃(根据需要可附加 0～10PPM 或 0～1PPM 量程)。

(2) 1500 系列露点仪

主要为施工现场使用，见图 4-135。特别适用于测试氢冷发电机组中氢气与高压及组合开关中六氟化硫(SF_6)的露点。

工作原理：冷凝镜面原理。

量程：单级制冷(S_1 型传感器)：－23～50℃，二级制冷(S_2 型传感器)：－40～50℃，三级制冷(S_3 型传感器)：－75～50℃，S_3 型传感器必须采用 220VAC 电源供电。

精度：±0.25℃。

第五章　铆焊工程常用机具

第一节　铆 工 常 用 机 具

一、铆工常用工具

1. 手锤和大锤

都是铆工的必备工具。锤头多用碳素工具钢制成，并经过淬火处理提高硬度。手锤和大锤可直接锤击工件，也可通过型锤间接锤击工件。

打大锤时必须注意安全：四周要有足够的空间；打锤前应检查锤头安装是否牢固；起锤时，后方和正前方不得站人；严禁戴手套打大锤，以防脱落，发生事故。

2. 型锤

包括平锤、摔子、压弧锤以及铆钉用的“窝头”等。

型锤通常是和大锤或压力机配合使用，以保护工件表面的平整和圆滑过渡，防止产生严重的机械创伤等。外力通过型锤的锤面作用到工件上，以起到矫正和成形的作用。常见型锤的形状见图 5-1。

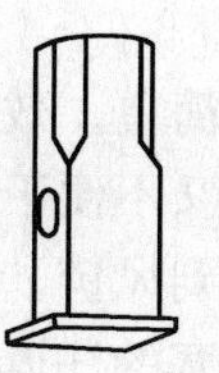
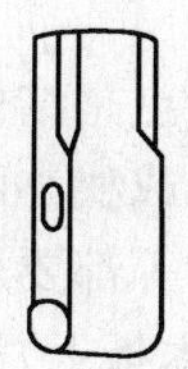
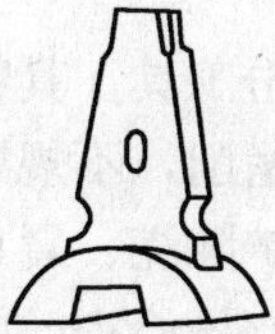

图 5-1　几种常见型锤

3. 凿子

铆工常用的凿子可分为扁凿和狭凿两种。扁凿用来凿切工件的毛刺、尖棱，凿削平面和凿断较薄的钢板。狭凿多用在薄板上开孔或清理焊道。扁凿和狭凿的形状见图 5-2。

凿子一般也是用碳素工具钢制成，经热处理和刃磨后方可使用。

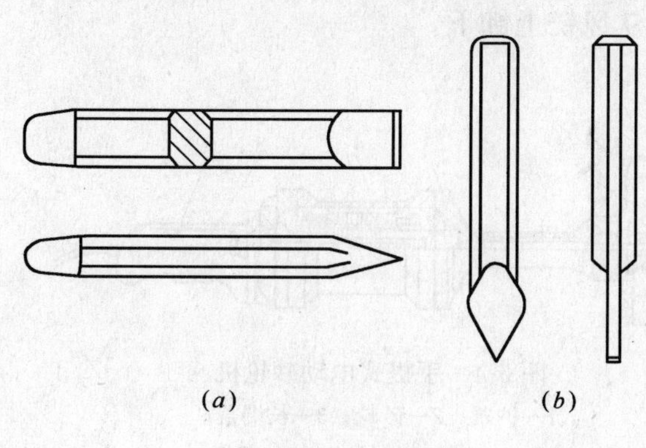

图 5-2　凿子
(a)扁凿；(b)狭凿

热处理的目的是保证凿子的刃部具有适当的硬度和韧性，凿子在处理前已大致磨好，热处理后稍作精磨(开锋口)即可使用。

凿子的热处理包括淬火和回火两个过程。

淬火时，将刃部约 20mm 左右长度加热到 750～780℃(呈暗樱红色)，然后迅速浸入冷水中冷却。浸入冷水深度约 5～6mm。为了加速冷却，可将凿子在水面微微移动。另外，由于移动时水面总有一些波动，因而凿子的淬硬与不淬硬部分不致有明显的界限，防止凿子在工作中由此处断裂。

凿子的刃口是利用自回火的方式进行回火的。即凿子的刃口淬火后，利用凿子尾部的余热，逐渐传到刃口部分，使其回升至一定温度，这一过程即完成了回火。

随着回火温度的升高，回火的颜色也相应变化，其相互间的关系，见表 5-1。

钢在回火中氧化色和温度的关系　　**表 5-1**

回火中氧化色	温度(℃)	回火中氧化色	温度(℃)
亮黄色	220	紫　色	285
麦草黄色	240	青蓝色	295
黄褐色	255	亮蓝色	315
红褐色	265	灰　色	330
紫红色	275	—	—

通常在回火温度到 300℃左右时，也就是凿子刃口的回火颜色呈现蓝色时，将凿子全部插入水中冷却，这种回火俗称“蓝火”。“蓝火”的硬度比较适合，所以用的较多。

使用凿子时，一般都是和手锤配合使用，因此，一定要掌握凿子的正确握法，以防事故发生。

4. 风铲

属风动冲击工具，其特点是结构简单、效率高、体积小、重量轻，见图 5-3。

金属表面凿削，不规则或狭小而又不便于移动的金属表面和焊缝的凿削及各大、中型铸件的清砂，铲除浇、冒口等都要用到风铲。使用前，应检查风管的完整，接头及板机是否完好，然后空枪检查(在木板上)活塞的往返、声音等是否正常。再检查凿子尾部和固定缸套的配合间隙(一般在 0.06～0.14mm 之间)。凿子的尾端应平滑，尾部不允许有裂纹和锋边。

在用风铲凿削时，操作者必须戴上护目镜和手套，然后右手握柄，左手握枪身，把凿子抵住凿削的工件后，轻按扳机从低速逐步加快，直至全速进行凿削工作，当凿到末端时，应轻按扳机，缓慢凿削。风铲在正常工作情况下，每天加润滑油 3～4 次，润滑油可采用稀薄的锭子油。使用风铲要特别注意安全，为了防止风铲头误射伤人，在铲削时，铲切的前方不许有人，停铲时，应立即把风铲头从风铲上卸下。

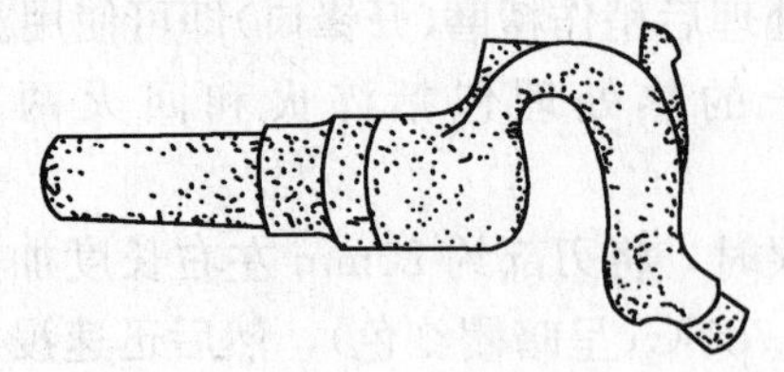

图 5-3　风铲

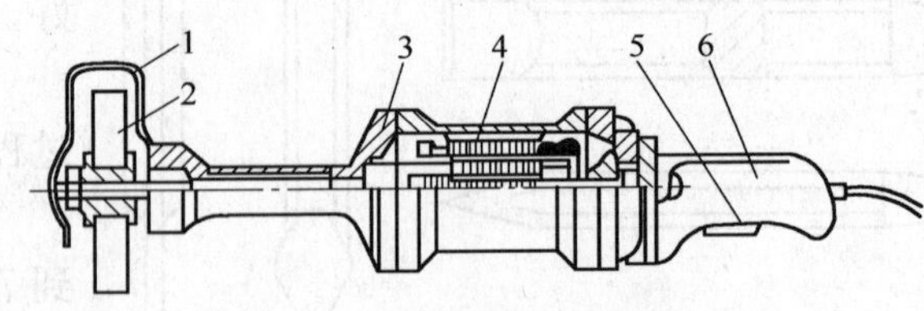

图 5-4　手提式电动砂轮机

1—护罩；2—砂轮；3—长端盖；4—电动机；5—开关；6—手柄

5. 手提式砂轮机

手提式砂轮机分风动和电动两种。前者是利用压缩空气作动力，后者是利用电动机驱动砂轮旋转。风动砂轮一般比电动砂轮要轻得多。图 5-4 是电动砂轮机的基本结构。

砂轮机的功用是磨削。如以钢丝轮代替砂轮，可用来清理金属表面的铁锈、旧漆等；如以布轮代替砂轮，还可以进行抛光工作。

使用砂轮机前，首先应检查砂轮片有无裂纹和破碎，防护罩是否完好。风动砂轮所用的压缩空气压力，一般为 0.3～0.5MPa。风管内脏物，应先用压缩空气吹净后，才能和砂轮相连接。磨削过程中，不得在砂轮片边角及侧面磨削。工作完毕后，切断风源或电源，清理好工作场地。

6. 角向磨光机

角向磨光机(见图 5-5)主要是磨修焊缝，打磨坡口，焊前钢板除锈，结构件表面磨光修整等。它可以利用扁平的砂轮片打磨风动砂轮打磨不到的位置的磨削。

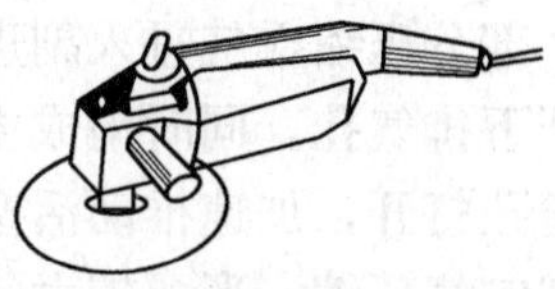

图 5-5 角向磨光机

角向电动砂轮是由手柄、开关、电动机、砂轮片、砂轮罩等主要部分组成。一般电源是 220V。轻便灵活，噪声小。

7. 手电钻

常用钻孔机械有手动和机动两种。铆工在工作中主要的有手板钻、手电钻、电钻和风钻。

手电钻是由手柄、开关、电动机、变速齿轮、钻夹头等主要部分组成。手电钻的进刀运动，一般是依靠人身的推力来完成，因此，它适用于直径小、板料薄的孔眼。

工作时，用大拇指按在装有弹簧开关的手把上即接通电源，钻体内的电动机就开始转动，经过变速齿轮带动钻夹头和钻头旋转。调整变速齿轮在轴上的位置，可以改变钻头的转速。当放开大拇指时，电源切断，电动机停止转动。

使用手电钻钻孔时，其操作要点如下：

(1) 左手托住电钻的颈部，右手把住手柄和电源开关。

(2) 钻头对正中心冲眼，钻体保持垂直或水平。

(3) 上身略向前倾斜，两腿则后直前弓。

(4) 压力应均匀持续，快钻透时用力要轻。

(5) 操作时要带绝缘手套或站在绝缘板上(绝缘物上)。

钻头是钻孔的主要切削工具。麻花钻是常用的钻头，它有锥柄和直柄两种，一般直径大于 12mm 的钻头做成锥柄；12mm 以下的钻头做成直柄的。麻花钻主要采用高速钢制成。手电钻是用直径 12mm 以下的钻头。

8. 铆钉枪

铆钉枪是利用铆钉枪连续击打铆窝头，使钉杆镦粗而成形铆钉头。铆钉枪又叫风枪，见图 5-6。铆钉枪主要是由手把、筒体、开关、风管接头等组成。筒体前端孔内可安放各种铆窝头及冲钉头，以便于进行铆接及冲钉工作。

铆钉枪的工作原理：

铆钉枪的工作原理是利用压缩空气进入汽缸后，使配气活门上下形成压力差，由于压力差的作用，使配气活门上下运动而改变了气路，从而为活塞的上下运动进行工作创造了条件。具体工作进程如下：

压下扳机，推开进气活门，一部分压缩空气经气嘴，通过气道经进气环进入气缸。另

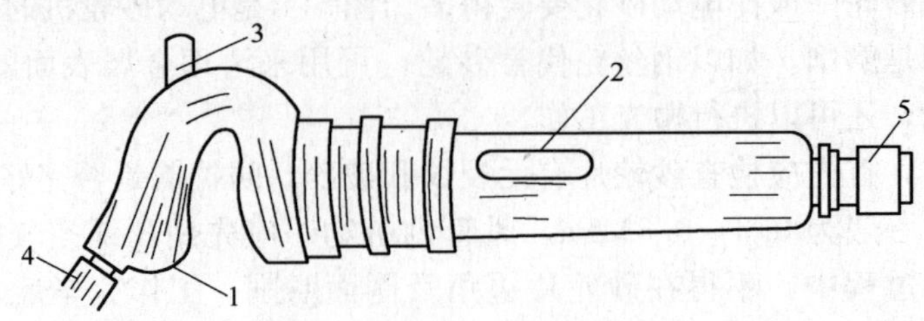

图 5-6　铆钉枪

1—手把；2—风筒；3—开关；4—风筒接头；5—铆窝头

一部分压缩空气进入副进气道，气孔推配气活门向上，关闭进气环进气孔和上排气孔，打开下排气孔。同时构成主气道通路，此时压缩空气推动活塞上行，达到一定位置，将进气道孔打开，加速推动活塞，进入配气活门。由于活塞下部压力和活塞惯性作用，使活塞上部空气压缩，形成较大气压，造成配气活塞下行，同时打开上排气孔，关闭下排气孔和切断主气道通路。而活塞下部气体经气孔从上排气孔排出，从而使活塞的上下反复撞击铆窝头而进行工作。

由此可得出规律，配气活门在上面位置时，活塞向上运动。配气活门在下面位置时，活塞向下运动，而配气活门向上和向下运动的工作情况正好相反。

9. 安装撬杠

安装撬杠的规格尺寸见表 5-2。

安装撬杠规格　　表 5-2

编　号	直径(mm)	长度(mm)	质量(kg)
1	20	560	1.3
2	24	1180	4
3	32	1320	8
4	24	1180	5

安装撬杠用 45 号及 50 号圆钢制成。杠端 150mm 长度范围内须经过热处理，使达到硬度 HRC40～46。

10. 手摇钻

手摇钻的规格见表 5-3。

图 5-7(*a*)为螺旋式手钻，图 5-7(*b*)为用锥形齿轮的手摇钻。

手摇钻规格　　表 5-3

名　称	用　途	质量(kg)
双速手摇钻	钻 0.5～6mm 的孔	1.0
双速手摇钻	钻 3～15mm 的孔	1.8
单速手摇钻	钻 1.0～10mm 的孔	2.2
双速手摇钻	钻 12mm 的孔	1.9
双速手摇钻(封闭式)	钻 6mm 的孔	2.5

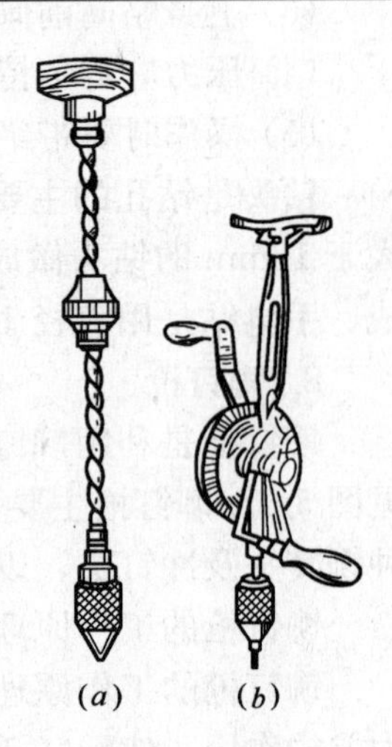

(*a*)　(*b*)

图 5-7　手摇钻

(*a*)螺旋式；

(*b*)锥形齿轮传动式

11. 曲柄钻

曲柄钻有两种类型：锥形齿轮传动的曲柄钻(图 5-8)；棘轮传动的曲柄钻(图 5-9)。

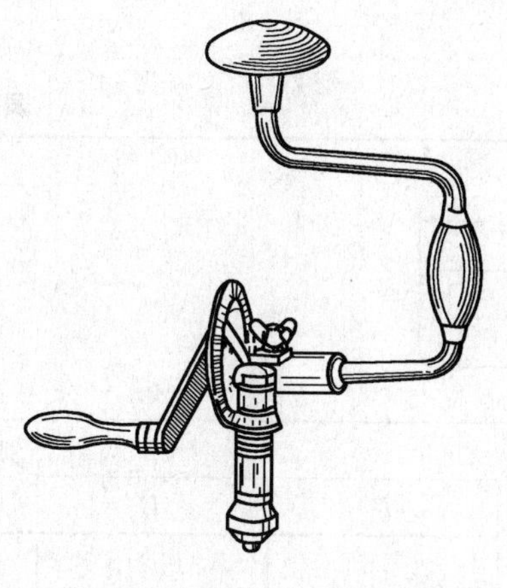

图 5-8 锥形齿轮传动的曲柄钻

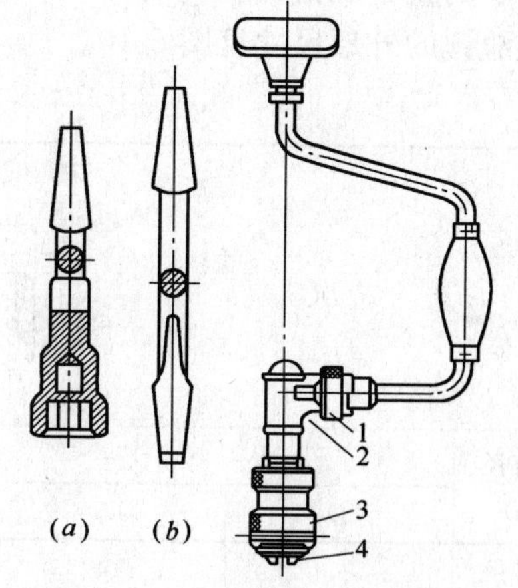

图 5-9 棘轮传动的曲柄钻

(a)上螺母扳子；(b)螺钉起子

1—开关环；2—啮合机构；3—卡盘；4—卡盘爪

12. 铆固工具

(1) 铆钉模

用 T8 工具钢制成，工作头的硬度为 HRC52～56，锤打部分长度 20mm 范围内的硬度为 HRC45～50。具体规格尺寸见表 5-4。

铆钉模规格 **表 5-4**

铆钉头直径(mm)	D	d_1	h	R	L	质量(kg)
10	30	16	6	8.3	170	0.93
12		19	7.2	9.8		
(14)		22	8.4	11.4		
16	35	25	9.5	13	180	1.4
20		30	12	15.4		2.2
(22)	45	35	13	18.3		
24	50	37	16	18.7		2.78

注：括号内的尺寸不推荐使用。

(2) 顶把

用 T7 或 T8 工具钢制成。顶把头部长度 30～40mm 范围内的硬度为 HRC52～56。

顶把的规格尺寸见表 5-5。

弯柄顶把规格见表 5-6。

(3) 柱铁、冲子、敛缝锤

这三种工具都须用 T7A 或 T8A 工具钢制作。它们工作头长 30～40mm 范围内的硬度为 HRC52～56，锤打部分长约 20mm 段硬度为 HRC45～50。

柱铁的技术规格见表 5-7。

冲子的技术规格见表 5-8。

敛缝锤的外形尺寸见图 5-10。

顶 把 规 格　　**表 5-5**

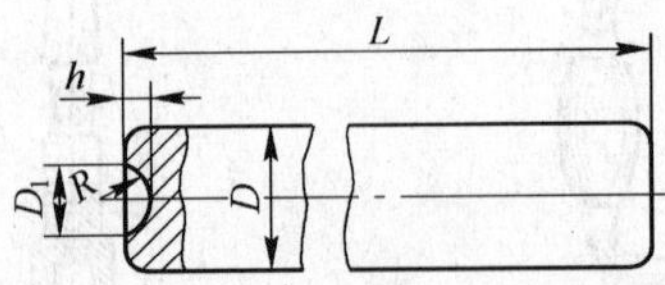

铆钉直径(mm)	尺寸(mm)					质量(kg)
	D	D_1	h	R	L	
18		14	4.8	7.5		
10	30	16	6	8.3	600	3.3
12		19	7.2	9.8		
16	45	25	9.5	13	750	7.4
20		30	12	15.4		
(22)	50	35	13	18.3		11.5
24		37	16	18.7	750	
30	60	45	20	22.7		16.5

注：括号内的尺寸不推荐使用。

弯 柄 顶 把 规 格　　**表 5-6**

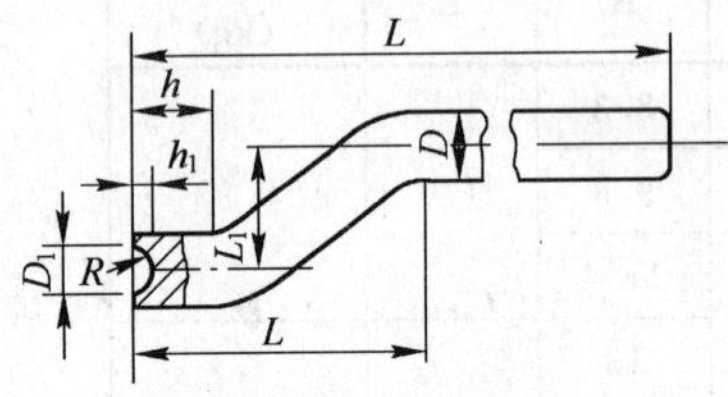

铆钉直径(mm)	D	D_1	h_1	R	L	h	l	l_2	质量(kg)
8		14	4.8	7.5	60				3.1
10	30	16	6	8.3					
12		19	7.2	9.8					4
16		25	9.5	13	750	40	150	55	7.1
20	45	30	12	15.4					
(22)	50	35	13	18.3					11.3
24		37	16	18.7	800				12.1
30	60	45	20	22.7					17.3

注：括号内的数字不推荐使用。

柱铁技术规格(mm) 表 5-7

d	d_1	L	l	l_2	b	A	质量(kg)
20	22	150	25	65	22	75°	0.5
		175		75			0.6
30	26	200			26		0.9

冲子技术规格(mm) 表 5-8

铆钉直径	L	l	l_2	d_1	d	质量(不包括手柄)(kg)
14～17	190	100	20	16	10	0.6
20～23	210	120	20	22	16	1
26～29	240	150	12	28	18	1.5
32～35	250	160	12	32	20	1.8

(4) 装配顶头

见图 5-11，制作的直径有 17、20、26 及 29mm，长为 150～300mm。用 5 号碳钢制成。

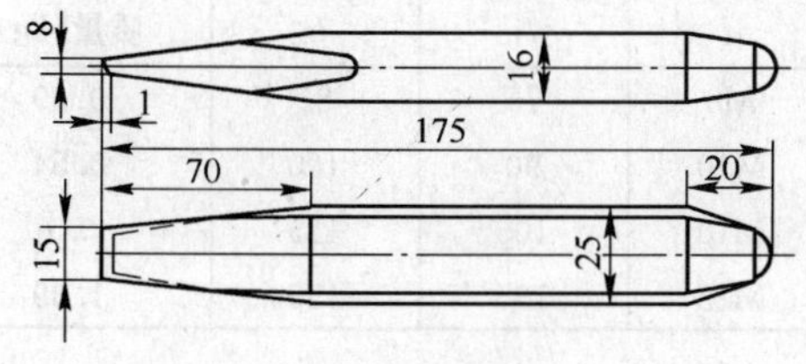

图 5-10 敛缝锤

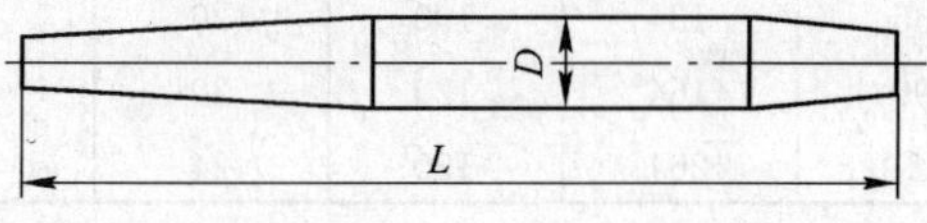

图 5-11 装配顶头

(5) 螺丝夹钳(图 5-12、表 5-9)

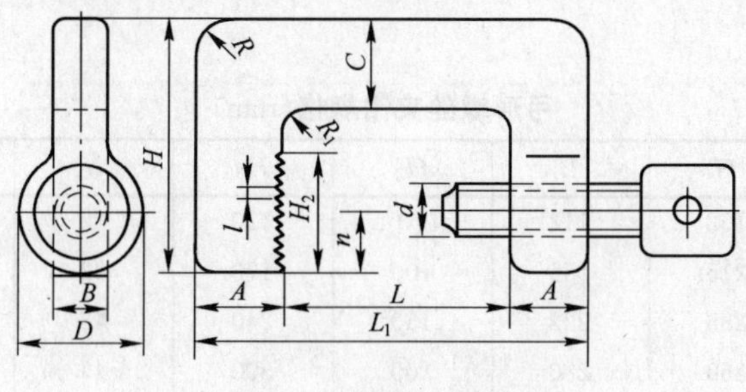

图 5-12 螺丝夹钳

用 15 号碳钢制作，经过渗碳及淬火，达到硬度 HRC55～58；夹钳螺丝用 45 号钢制作。其硬度应达到 HRC40。

螺丝夹钳规格(mm)　　表 5-9

L	L_1	A	B	H	C	D	h	H_2	R	R_2	d	t
60	100	20	18	70	25	32	16	40	10	5	M16	1.5
80	130	25	20	90	35	38	19	45	12	8	M18	
100	170	35	26	110	40	45	23	60	15	10	M22	2
125	205	40	30	130	45	50	25	75	20	10	M24	

(6) 平行螺丝夹钳(图 5-13、表 5-10)

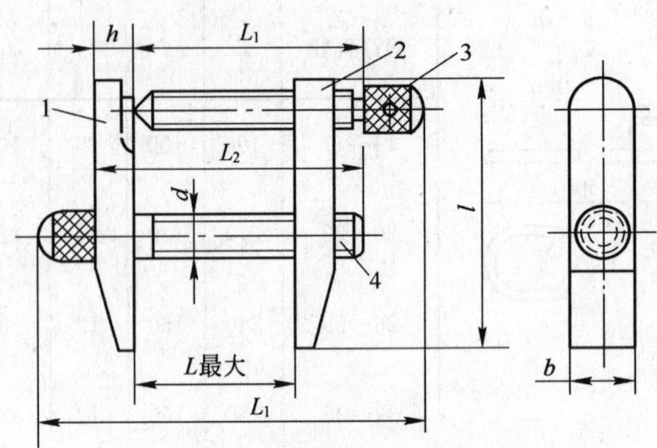

图 5-13　平行螺丝夹钳

1、2—侧板；3、4—螺丝

平行螺丝夹钳规格(mm)　　表 5-10

$L_{最大}$	L	l	b	h	d	l_1	l_2	质量(kg)
60	115	70	16	12	M8	75	85	0.29
65	134	100	20	16	M10	90	100	0.54
90	164	120	20	16	M10	105	125	0.7
110	264	150	24	20	M12	135	155	1.39

用 45 号钢制作，钳口及螺丝的硬度为 HRC35～40。

(7) 弓形螺丝夹钳(图 5-14、表 5-11)

用 50 号碳钢制作，其硬度为 HRC35～40。紧固螺丝用 45 号碳钢制作，硬度为 HRC30～35。

弓形螺丝夹钳规格(mm)　　表 5-11

B	$H_{1最大}$	H	L	H_2	H_3	h	d	质量(kg)
70	45	152	112	70	120	22	M16	1.2
100	75	215	155	100	170	32	M16	2.5
150	120	285	222	150	240	42	M20	5.7
200	165	360	280	200	300	47	M24	9.8
250	216	425	340	250	365	55	M27	14.4

(8) 铆钉冲

锥形铆钉冲(图 5-15*a*)用于使孔与连接的零件位置重合，用 5 号钢制作，尺寸为(D×

L)：12mm×130mm，14mm×140mm，16mm×150mm，19mm×160mm，22mm×170mm，25mm×185mm，28mm×195mm 及 31mm×205mm。锥形铆钉冲的直径较孔的直径大 2mm。

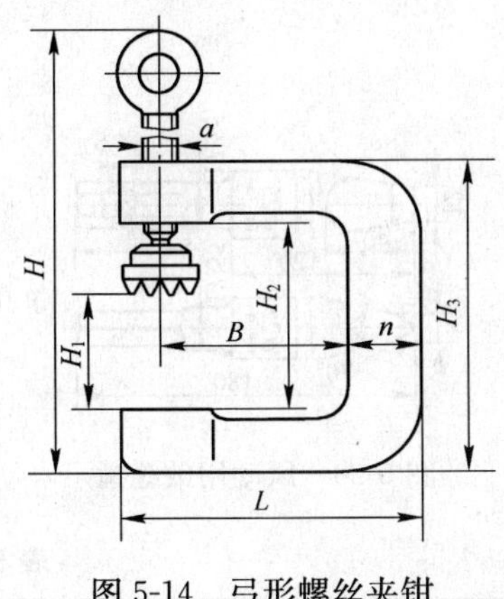

图 5-14 弓形螺丝夹钳

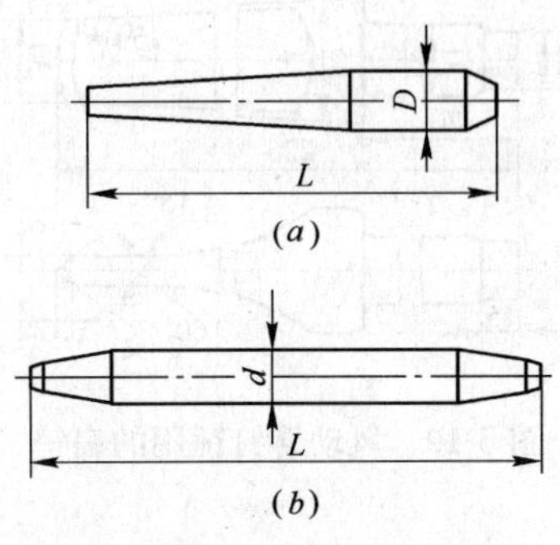

图 5-15 铆钉冲

(a)锥形铆钉冲；(b)穿通铆钉冲

穿通铆钉冲(图 5-15b)用于检查连接零件上的穿孔是否重合。穿通铆钉冲的直径应等于零件孔的直径。其尺寸如下(D×L)：10mm×115mm，12mm×115mm，14mm×125mm，17mm×125mm，20mm×145mm，23mm×155mm，26mm×175mm，29mm×185mm。

13. 钎子

装配用的钎子用 5 号碳钢制作。钎子直端应将 50～60mm 范围淬火并回火，弯曲端的整个弯曲段应淬火并回火，使其硬度达到 HRC40～45，见图 5-16。

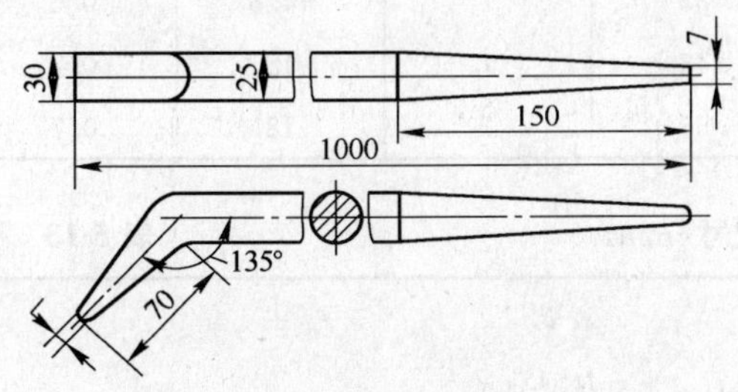

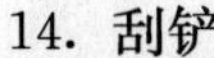
图 5-16 装配钎子

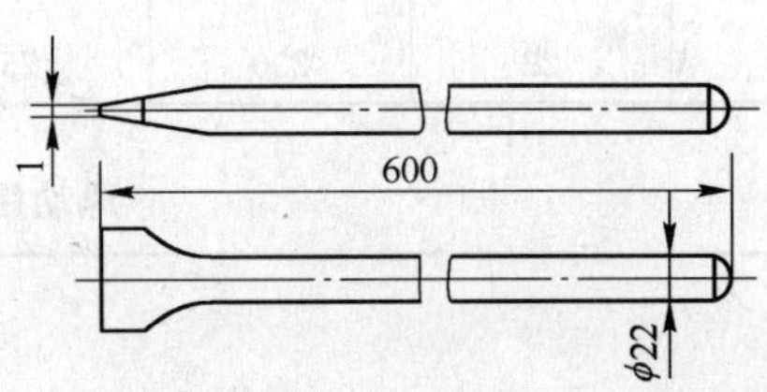

图 5-17 清理接口表面用的刮铲

14. 刮铲

清理接口表面用的刮铲见图 5-17，用 5 号或 6 号钢制作。刮铲工作头的硬度为 HRC50～55。

清理毛刺用的刮铲见图 5-18，也是采用 5 号或 6 号钢制作，铲头段 40～50mm 范围内应淬火，使其硬度达到 HRC50～55。

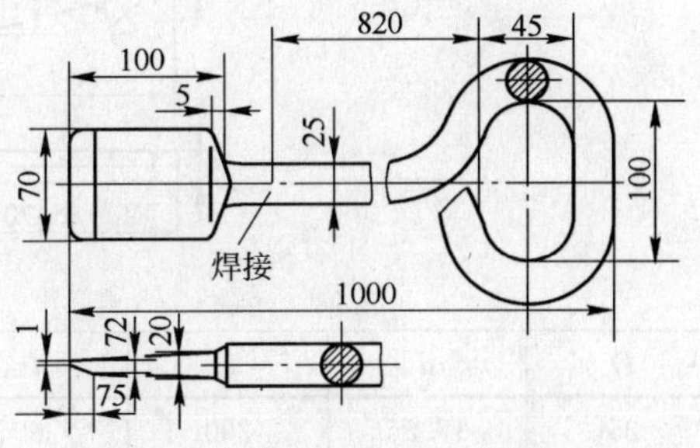

图 5-18 清理毛刺用的刮铲

15. 风动工具的工作头

扁铲(图 5-19)、扁尖錾、敛缝锤(图 5-20)及铆钉模都是用 T7A 或 T8A 工具钢制作。工作端 30～40mm 的范围内应淬火并回火，使硬度达到 HRC52～56，尾杆长度约 20mm 应达到硬度 HRC45～50。扁铲的尺寸见表 5-12。扁夹錾的尺寸见表 5-13。铆钉模的尺寸见表 5-14。

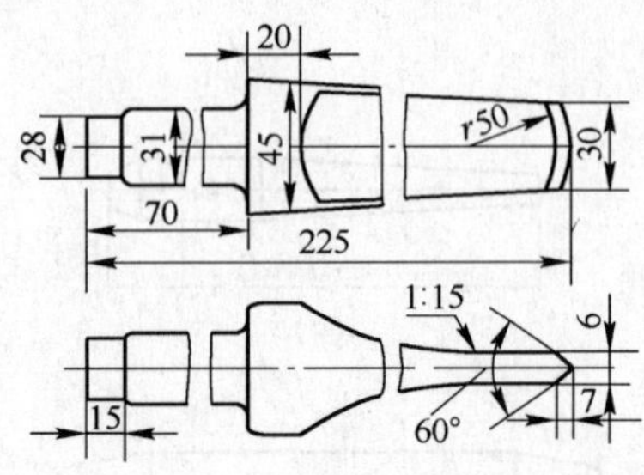

图 5-19 风动铆钉锤用的扁铲

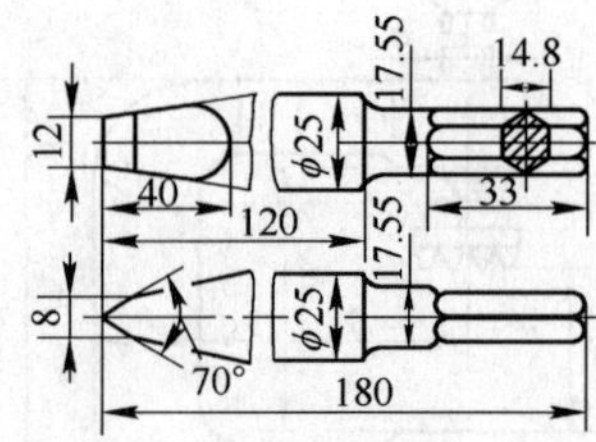

图 5-20 风动用敛缝锤

扁铲的尺寸(mm) **表 5-12**

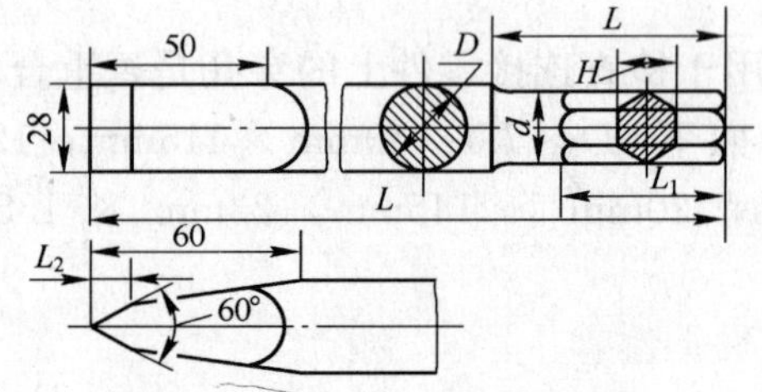

D	d	L	l	l_1	l_2	H	质量(kg)
25	17.55	200	60	33	7	14.8	0.6
25	20	230	65	45	7	18	0.7
25	22	230	75	55	7	18	0.7

风动用敛缝锤尺寸(mm) **表 5-13**

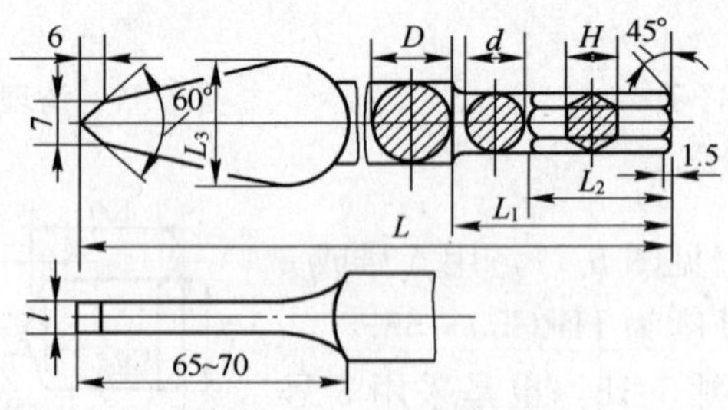

D	d	L	l_1	l_2	l	H	质量(kg)
25	17.55	200	60	33	5	14.8	0.35
25	20	260	65	45	6	18	0.65

铆钉模尺寸(mm) **表 5-14**

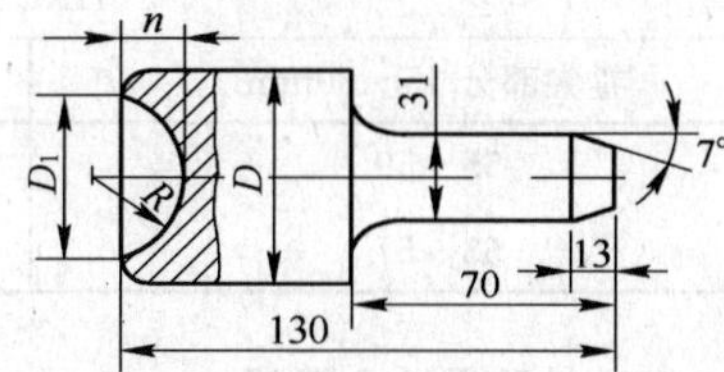

铆钉直径	D	D_1	h	R	质量(kg)
10		16	6	8.3	
12		19	7.2	9.8	
(14)	45	22	8.4	11.4	1.26
16		25	9.5	13	
20		30	12	15.4	
(22)	50	35	13	18.3	1.48
24	55	37	16	18.7	1.72
(27)	60	40	18	20.1	2
30	65	45	20	22.7	2.2

注：括号内的尺寸不推荐使用。

安装到风铲上的冲子(图 5-21)用于冲掉旧铆钉杆。冲子用 T7 或 T7A 工具钢制作。冲头直径 d_1 较铆钉孔直径小 40%～50%。

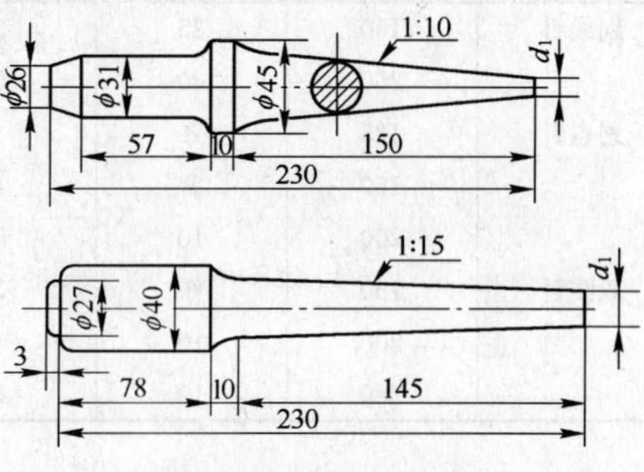

图 5-21 装到风铲上的冲子

16. 划线工具

(1) 冲心錾(表 5-15)

用 7CrV 或 8CrV，T7A、T8A 等牌号的工具钢制作。錾尖及锤击部分的硬度见表 5-16。

检验用的冲心錾尺寸见表 5-17。

(2) 划线针(表 5-18)

用 T7 或 T8 工具钢制作，针尖部分硬度为 HRC52～56。

冲心錾尺寸(mm) **表 5-15**

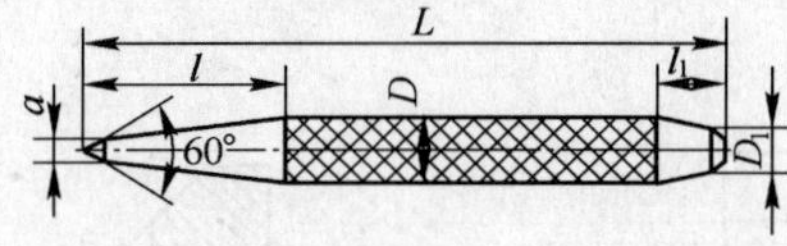

d	L	D	D_1	l	l_1
2.0	100	8	7		10
3.2	100	10	9	36	
4.0	125	10	9		16
6.3	160	12	10	45	

冲心錾硬度(mm)　　**表 5-16**

钢　号	HRC	
	錾尖部分 15～30mm	锤击部分 15～25mm
7CrV，8CrV	55～59	40～45
T7A，T8A	53～57	35～40

检验用冲心錾尺寸　　**表 5-17**

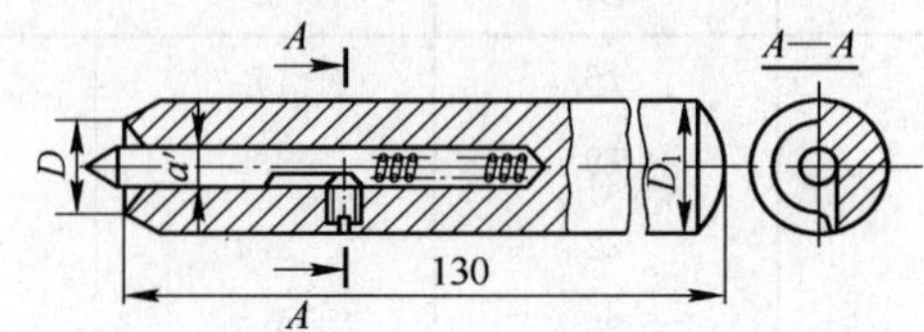

D(mm)	10	12	14	16	18	20	22	24	26	28	30
D_1(mm)	20			25			28	35			
d(mm)	5			6				8			
质量(kg)	0.32			0.5			0.63	0.97			

划线针尺寸(mm)　　**表 5-18**

类　型	L	D	d	L	H	长　度	质量(kg)
划线针	160	25	3	—	—	194	0.01
	250	30	5	—	—	298	0.05
划点针	125	6	3	70	—	—	0.02
	160	8	4	80	—	—	0.04
	200	10	5	90	—	—	0.07
双线针	160	6	3	60	30	185	0.02
	200	10	5	75	40	232	0.06
	250	10	6	100	50	291	0.08

(3) V形铁(元宝铁)

有三种类型：附有一个V形槽口与V形盖板；附有四个V形槽口；附有一个V形槽口。前两种类型用GCr15或Cr钢制作；后一种用HT18-36灰铸铁制作。

划线时，放置阶梯状旋转体可使用有调节颚板的螺丝顶V形铁(图5-22)；或可调节式V形铁(图5-23)。

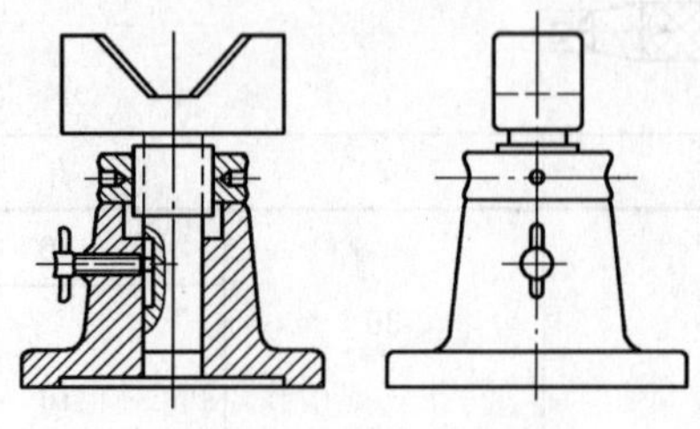

图5-22　螺丝顶V形铁

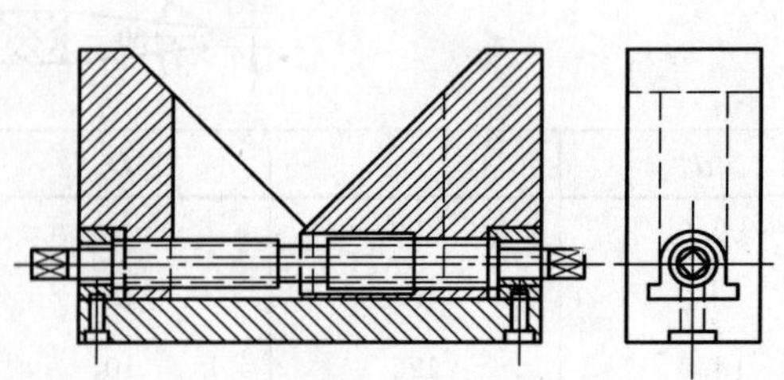

图5-23　可调节式V形铁

检查及划线用V形铁的技术规格见表5-19。

检查与划线用V形铁(mm) 表5-19

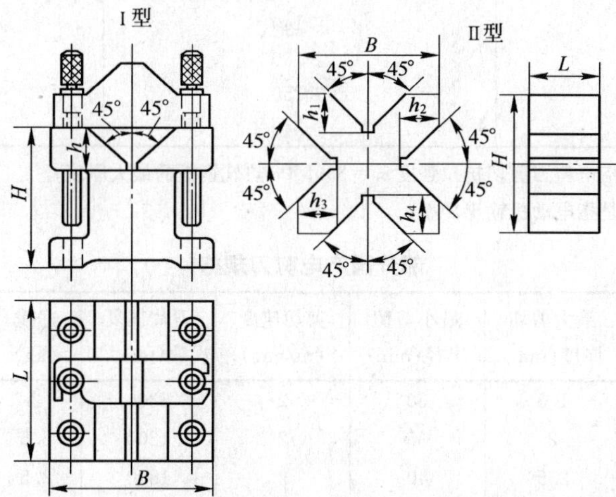

牌　号	B	L	H	h	h_1	h_2	h_3	h_4	放置到V形铁上的轴位	
									最　小	最　大
Ⅰ-1	35	40	30	6	—	—	—	—	3	15
Ⅰ-2	60	50	50	16	—	—	—	—	5	40
Ⅰ-3	105	100	80	32	—	—	—	—	8	80
Ⅰ-4	150	100	100	50	—	—	—	—	12	135
Ⅱ-1	100	60	90	—	32	25	20	16	8	80
Ⅱ-2	105	80	135	—	50	32	25	20	12	135
Ⅱ-3	200	100	180	—	60	50	32	25	20	160
Ⅱ-4	300	125	270	—	110	80	60	50	32	300
Ⅲ-1	200	100	125	60	—	—	—	—	20	160
Ⅲ-2	300	125	180	110	—	—	—	—	32	300

(4) 分度规

用来划取不同的角度，分为简用分度规及多用分度规两种(图5-24)。

17. 电剪刀

见图5-25，它主要用于薄铁皮下料，适用于曲面加工，可剪切1.6～4.5mm薄钢板。电剪刀规格见表5-20及表5-21。

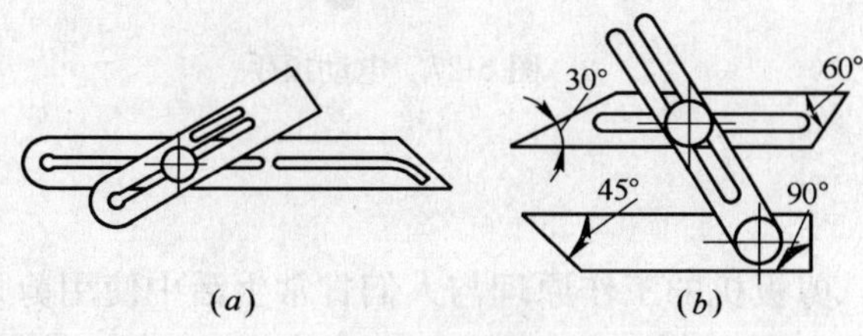

图5-24 分度规

(a)简用分度规；(b)多用分度规

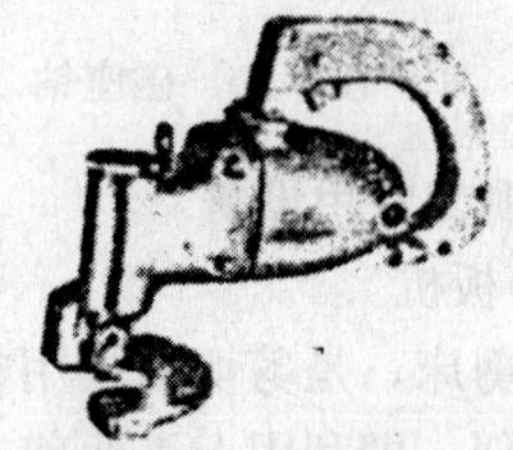

图5-25 电剪刀

电剪刀规格　表 5-20

规格(mm)	额定输出功率(W)	刀杆额定往复次数(min^{-1})
1.6	≥120	≥2000
2	≥140	≥1100
2.5	≥180	≥800
3.2	≥250	≥650
4.5	≥540	≥400

注：1. 电剪刀规格是指电剪刀剪切抗拉强度 σ_b＝390MPa 热轧钢板的最大厚度；

2. 额定输出功率是指电动机输出功率。

部分国产电剪刀规格　表 5-21

型　号	额定输入功率(kW)	最大剪切厚度(mm)	最小剪切半径(mm)	剪切速度(m/min)	刀片往复次数(min^{-1})	净重(kg)	生　产　厂
回 J1J-1.5	230	1.5	30	2	3300	2	上海锋利电动工具厂
回 J1J-2	230	2	35	2	1200	2.5	上海电动工具厂
回 J1J-2.5	320	2.5	40	2	1800	2.5	上海锋利电动工具厂
回 J1J-2.9	450	2.9	35	1.8	1800	3.5	天津五金工具五厂
回 J1J-3	500	3	35	1	800	4	杭州电动工具厂
回 J1J-4.5	1700	4.5	55	1	500	9.5	上海锋利电动工具厂

18. 磁座钻

它是依靠电钻上的电磁吸盘(直流电磁铁)将电钻吸附在工作台上或工件上实施钻孔的电动工具。在大型钢结构工程，特别是在现场高空作业钻装配孔和倒钻孔(打“望眼”)时广泛使用。图5-26是磁座钻示意图。磁座钻的技术参数见表 5-22。

19. 电动扳手

在有大量螺栓连接的构件中，以电动扳手代替手工操作已得到广泛的应用。电动扳手有单相和三相两大类，后者起动扭矩大，可用于拆装高强度、大规格螺栓。图 5-27 是其示意图。

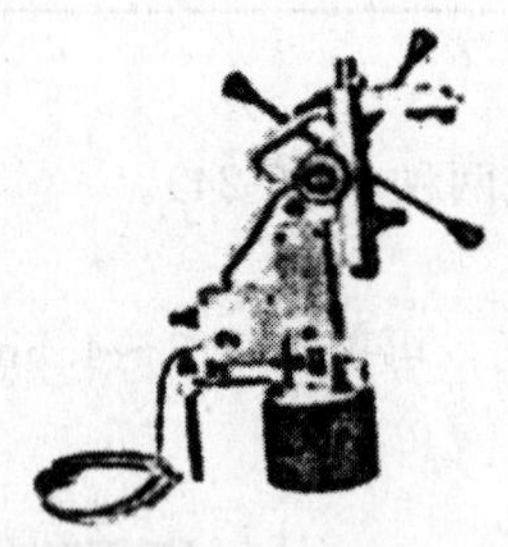

图 5-26　磁座钻

图 5-27　电动扳手

二、铆工常用设备

1. 剪板机

也称剪床，是剪切钢板用的主要设备。剪板机的工作原理与人们日常生活中使用剪刀的原理类似，即利用上下两剪刀的相对运动产生强大的剪力，作用于夹在上下两剪刃间的钢板上，迫使其沿剪口分离，完成剪切工作。

磁座钻规格　表 5-22

规格(mm)	额定电压(V)	钻孔直径(mm)	电钻		磁座钻架		导板架		断电保护器		电磁铁吸力(N)
			主轴额定输出功率(W)	主轴额定转矩(N·m)	回转角度(°)	水平位移(mm)	最大行程(mm)	允许偏差(mm)	保护吸力(N)	保护时间(min)	
13	220	13	≥320	≥6.00	≥300	≥20	≥140	1	≥7000	≥10	≥8500
19	220	19	≥400	≥12.00	≥300	≥20	≥180	1.2	≥8000	≥8	≥10000
	380		400								

(1) 龙门剪板机

是板材剪切中应用较广的剪板机。它的特点是：剪切速度快、精度高、进料容易、使用方便。在龙门剪板机上，可以沿直线轮廓剪切各种形状的板材毛坯件。图 5-28 为某种大型龙门剪板机的外形。

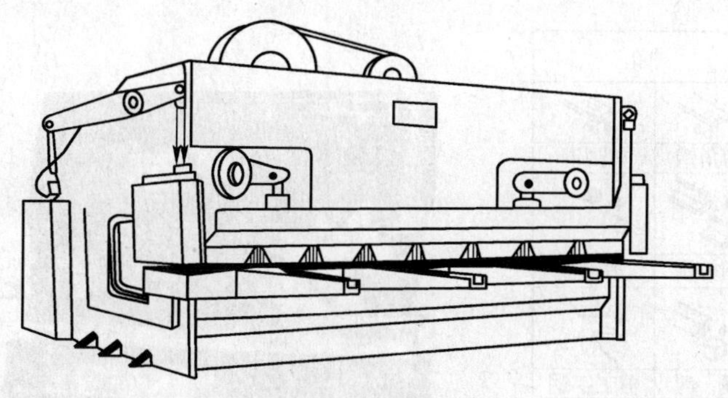

图 5-28　龙门剪板机

常见的龙门剪板机是斜刃剪切，其剪刃与被剪钢板的一小部分接触，是逐渐进行剪切的。因此，它比平刃剪切的剪切力要小得多。

表 5-23 列出了部分国产剪板机的主要技术规格。

部分剪板机的主要技术规格　表 5-23

型　号	Q11-1.6×1600	Q11-4×2000	Q11-6.3×2000	Q11-12×2000	Q11-20×2000
被剪板厚(mm)	1.6	4	6.3	12	20
被剪板宽(mm)	1600	2000	2000	2000	2000
剪切角(φ)	1°	2°	2°	2°	4°15′
行程次数(次/min)	55	22	40	30	18
后档距离(mm)	500	25～500	500	750	750
功率(kW)	1.1	5.5	7.5	13	28

龙门剪板机的使用方法和注意事项如下：

1) 将画好剪切线的钢板放在床面上，线的两端对准下剪刃口(使用灯影对正的，将上剪刃灯影落在剪切线上）；若使用挡板，应将坯料靠紧挡板；踏动离合器，压紧机构落下，压紧钢板；上剪刃随后落下，进行剪切。完成剪切后，同时剪刃、压紧机构升起。

2）在一张钢板上剪裁不同规格的零件时，应合理排料，同时考虑好剪切顺序，以免浪费材料或无法进行剪切。

3）经常检查压紧机构是否有效。窄条料剪切时，如压紧机构压不住钢板，可用加垫等方法，将被剪件压紧后方可进行剪切。

4）操作人员应熟知安全操作规程，两人或多人同时操作的，要密切配合，统一指挥。使用剪床时不得将手放在待剪钢板的下面或将手伸向剪刃中间，以防止发生工伤事故。对于设备要定期进行维护保养工作，以保证其正常作业。

(2) 联合冲剪机

图 5-29 是一台 Q_{34} Y-20 型联合冲剪机。它是一机多用的多功能加工型材的设备。

该机的主要性能是：剪切板材，剪断型材，同时可冲孔和压形。根据需要还可在型钢加工工作头处，配置适当的模具，就能对圆钢、方钢、角钢、槽钢等进行切断加工。在冲头处利用模具还可进行冲孔、落料等冲压工艺。联合冲剪机的剪切处，可直接进行扁钢和板条材料的剪断工作。

冲孔	
剪角钢	剪圆钢
剪方钢	剪钢板
模　剪	剪工字钢
剪槽钢	冲百页窗

图 5-29　Q_{34} Y-20 联合冲剪机

1）联合冲剪机的技术性能

① 可剪最大板厚 20mm；

② 剪切型钢的最大规格：

圆钢：ϕ65mm；

方钢：55×55；

角钢：∟160×4；

槽钢 ⊏100；

③ 一次行程可剪扁钢：28mm×160mm；

④ 冲孔厚度 20mm 时的最大直径：ϕ30mm；

⑤ 设备质量：1800kg；

⑥ 电动机功率：7.5kW；

⑦ 外形尺寸：1785mm×790mm×1893mm。

2）联合冲剪机使用注意点

① 钢板表面要清理干净，剪切线要清除，手应远离剪切线一定距离，以免压伤。钢板要摆平，剪刃要对正钢板剪切线，第一次试剪时，剪切长度不宜超过15mm，否则，以后难以纠正。随着上剪刃向上抬起时，应迅速推动钢板向刀口内运动，当上剪刃向下运动时，由于钢板两侧受力不均，对于下剪刃一侧的钢板，应调整好压板，使之与钢板保持合适的间隙，以保持剪切平直。

② 使用型材剪切头时，应选择剪刃断面形状与型材断面吻合。并随着型材的规格调整好压杆，使其有效的压住型材，以避免工作时型材弹起伤人。

③ 使用联合冲剪机时，只可单独使用一种功能，不得进行两种或两种以上工序同时操作，如剪切和冲压同时进行或剪切钢板和剪断型材同时进行等。

④ 操作人员应熟知该设备的安全操作规程，两人或两人以上操作时，应由一人统一指挥。

⑤ 设备的安全防护装置要齐全。

⑥ 操作前，应盘动设备检查各传动系统是否灵，有无卡住和异常声响。

3）维护与保养

① 在设备各润滑部位定时加注润滑油，每班应三次。

② 设备工作时，应经常检查各轴承部位是否有过热现象，如有异常应停止运转，处理后方可使用。

③ 使用中如发现横板横向或纵向摆动时，应停机后及时进行调整，以保证设备正常运转状态。

④ 更换刀具时，应调整好设备剪切时的工作间隙。

(3) 圆盘剪切机

也叫滚剪机，它的剪刃是上下两个靠在一起的锥台形圆盘。两个圆盘剪刃的轴线有平行的，也有倾斜成一定角度的。图5-30是轴线平行的圆盘剪切机。

圆盘剪切机的传动结构有两种类型。第一种是两个圆盘剪刃都能主动旋转；第二种是上圆盘剪刃是主动旋转，而下圆盘是从动的。

圆盘剪切机两个圆盘剪刃的重叠部分很小，所以，能够剪切任意曲线。将钢板按照画好的剪切线推入剪口，两圆盘剪刃相对旋转产生的剪切力就能将钢板剪开。

圆盘剪切机的上、下圆盘剪刃在工作时必须有合适的间隙。一般情况下，两剪刃间垂直方向间隙取$\frac{1}{3}t$，水平方向的间隙取$\frac{1}{4}t$，t为所剪板材的厚度。

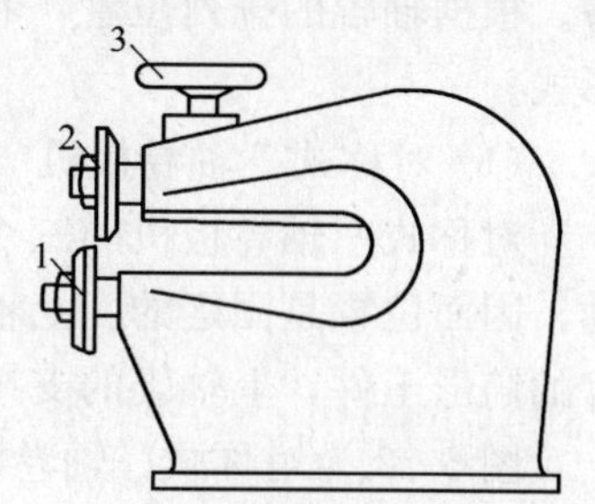

图5-30 轴线平行式圆盘剪切机
1—下圆盘剪刃；2—上圆盘剪刃；3—升降柄

适合于圆盘剪切机剪切的板材厚度是有限的，一般适用于2.5mm以下的薄板。这是由于圆盘剪切机的剪切力较小，再者，剪切曲线时，板料由人来扶持，而人的力量又有限的缘故。

使用圆盘剪切机时，将钢板上画好的剪切线对准圆盘刃口，轻轻推入，即可进行剪切。由于圆盘剪刃与板料之间摩擦力的存在，所以，具有一定的自动进料功能，操作者只要按剪切线转动钢板，使圆盘剪刃的刃口始终落在剪切线上即可。使用这种剪切机要求的技巧性较高，不达到一定的熟练程度，很难剪切出所需的形状。

(4) 振动剪床

见图 5-31，工作部分也是由上、下两剪刃组成，上剪刃固定在滑块上，下剪刃则固定在床身上。滑块通过连杆与偏心轴连接，由电动机带动作高速往复运动，类似振动现象，所以叫振动剪床。

振动剪床的刀刃是直线形，但长度很小，所以也能够剪切曲线。剪切时，将上刀刃提起，放入板料，将上刀刃落在画好的剪切线上，即可进行剪切。剪切过程中，要扶持住板料，并且不断地沿线将板料推入刃口，进行连续剪切，与圆盘剪切机的操作类似。

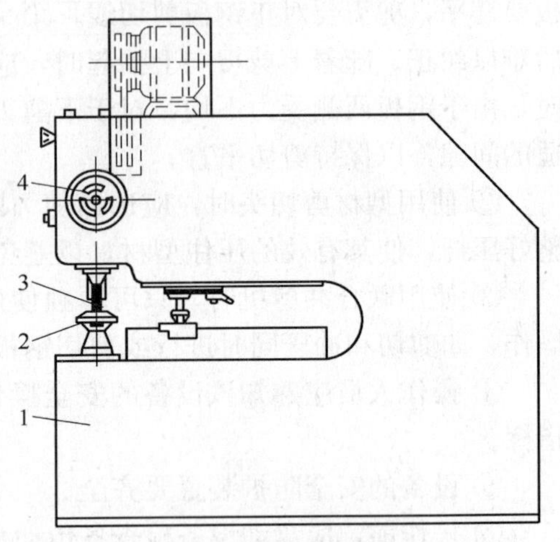

图 5-31　振动剪床

1—机体；2—下剪刃；3—上剪刃；4—升降手轮

表 5-24 列出了几种规格振动剪床的主要技术参数。

振动剪床的技术参数　　　　**表 5-24**

材料厚度(mm)	2.5	4	5	6.3
行程次数(m/min)	1420	850/1200	1400/2800	1000/2000
行程长度(mm)	5.6	7	1.7/3.5	6/1.9
功率(kW)	1	2.8	1.5	1.9

注：材料板厚指剪切材料的 $\sigma_b=400$MPa 的材料。

2. 卷板机

也叫滚圆机、滚床。是将板材通过旋转的轴辊，来制取圆筒形或弧形工件的主要设备。根据轴辊的排列位置，卷板机可分为对称式三轴、不对称式三轴和四轴等三种结构形式。

(1) 对称式三轴卷板机

对称式三轴卷板机的三个轴辊的轴心呈等腰三角形排列，它的两个下轴辊为同步主动，因而位置是固定的。上轴辊为从动转动，且可做垂直方向的调整。为了便于取出卷制好的筒形工件，上轴辊的支撑部分有一端是活动的。

图 5-32 为对称式三轴卷板机的基本结构示意图。

图 5-33 展示了对称式三轴卷板机的工作原理。主动轴辊Ⅱ、Ⅲ通过电动机和减速机构带动，以相同的速度向同一方向旋转(也可反方向旋转)。由于轴辊和板材之间的摩擦力的作用，带动板料向前运动和上轴辊的转动。适当向下调整上轴辊的位置，即可对板料进行不同曲率的滚弯。

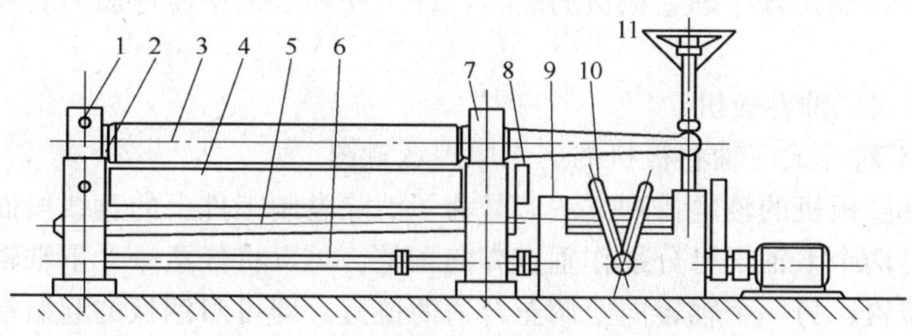

图 5-32 对称式三轴卷板机

1—活动轴承；2—支座；3—上轴辊；4—下轴辊；5—拉杆；6—传动拉杆；7—固定轴承；8—齿轮；9—变速箱；10—操纵柄；11—卸料装置

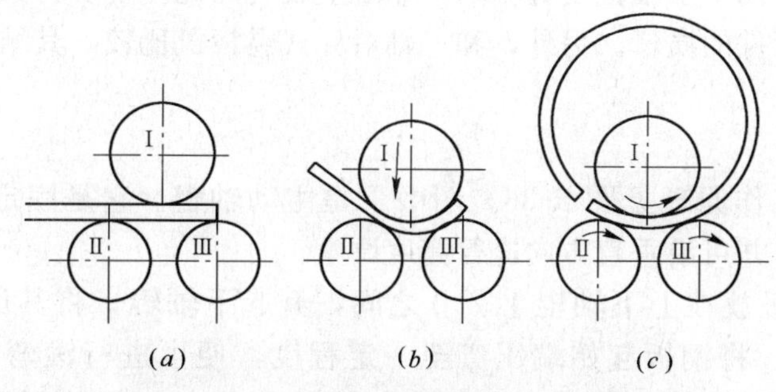

图 5-33 对称式三轴卷板机的工作原理

(*a*)摆正钢板；(*b*)向下调上轴辊，压弯钢板；(*c*)轴辊转动，卷制圆筒

如果一次滚压以后，工件不能达到所要求的曲率，可适当降低上轴辊，再反向滚压一次，这样反复多次，直至滚压成所需形状。

从图 5-33 可以看出，对称式三轴卷板机的三根轴辊呈等腰三角形排列，所以在滚弯过程中，工件的两端都必然会留下直线段。直线段的长度约等于两个下轴辊中心距离的一半，这部分直线段是轴辊无法滚压到的地方，这也正是对称式三轴卷板机的最大缺点。尽管对称式三轴卷板机存在着上述缺点，但由于它的结构简单、操作方便、造价低，还是获得了广泛的应用。

至于消除直线段的问题，可以结合具体情况，采用不同的方法加以解决。

1）压头预弯：俗称戴头，见图 5-34(*a*)。这种方法是利用模具在压力机上预弯钢板的两端，使其先达到所需的曲率。

2）留工艺余量：即下料时，在板料的两端加长适当的工艺余量，待两端滚压出一定长度之后，再将余量部分(也就是直线段)割去。

3）加垫板预弯：这种方法是在卷板机上进行的，见图 5-34(*b*)。但

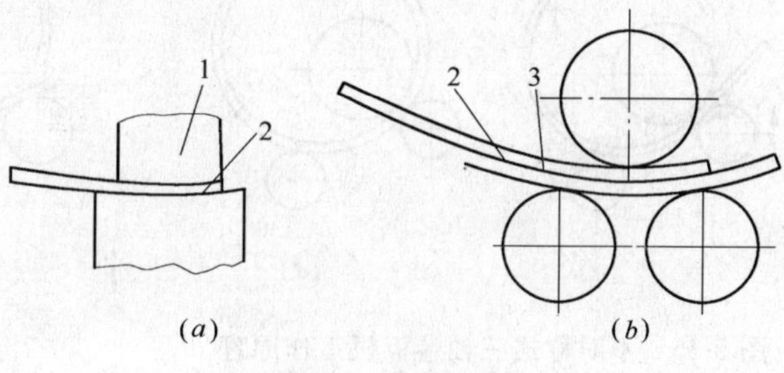

图 5-34 消除直线段的方法

(*a*)压头预弯；(*b*)加垫板预弯

1—预弯模；2—工件；3—垫板

采用这种方法时，要充分考虑卷板机的能力，即工件和垫板所需弯曲力之和应小于卷板机的承载能力。

(2) 不对称式三轴卷板机

图 5-35 是不对称式三轴卷板机的工作原理示意图。

三轴不对称卷板机的轴辊排列方法，是为了消除卷制工件上的直线段而设计的。这种卷板机的特点是两个下轴辊可分别作垂直方向调整。可以将任意一个下轴辊调至和上轴辊中心距很小的位置，另一个轴辊向上调至合适的位置，即可对钢板的起始端进行压弯并滚弯。在滚完一半以后，改变两个下轴辊的排列，继续滚压，即可将工件末端的直线段消除。也可将工件调头，末端变起端来进行滚压，同样达到消除直线段的目的。

能消除直线段，是不对称三轴卷板机的突出优点。但由于工作时，这种卷板机的轴辊是不对称的，因此，两个下轴辊受力不均，靠近上轴辊的比侧辊受力大，工作中容易产生弯曲变形，而影响工件的质量。另外，和三轴对称式卷板机比较，其结构复杂，操作也比较困难。

(3) 四轴卷板机

四轴卷板机的工作原理见图 5-36。图中Ⅰ是主动轴辊，它是固定的。其余Ⅱ、Ⅲ、Ⅳ轴辊都是从动的，并可沿垂直方向进行高度调整。

工作时，将钢板放在上下轴辊Ⅰ、Ⅱ之间，升起下轴辊，将其压紧(见图5-36*a*)。然后升起侧轴辊Ⅲ。将钢板起始端压弯至一定程度，便可进行滚弯(见图 5-36*b*、*c*)。此时，Ⅰ、Ⅱ、Ⅲ轴辊恰好构成不对称式三轴卷板机。而没有滚到的末端直线段，由Ⅰ、Ⅱ、Ⅳ辊构成另一组不对称式三轴卷板机，在反转时滚压消除，完成卷板工作(见图 5-36*d*)。

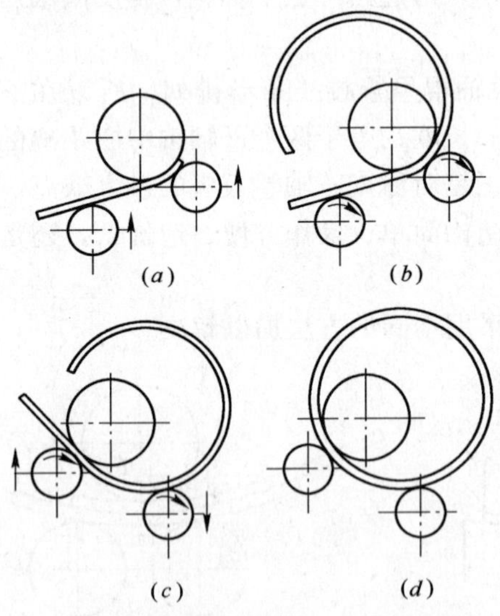

图 5-35　不对称式三轴卷板机工作原理

(*a*)调整下轴辊，对板材起始端进行压弯；(*b*)滚压；(*c*)改变下轴辊的排列，继续滚压；(*d*)滚压结束

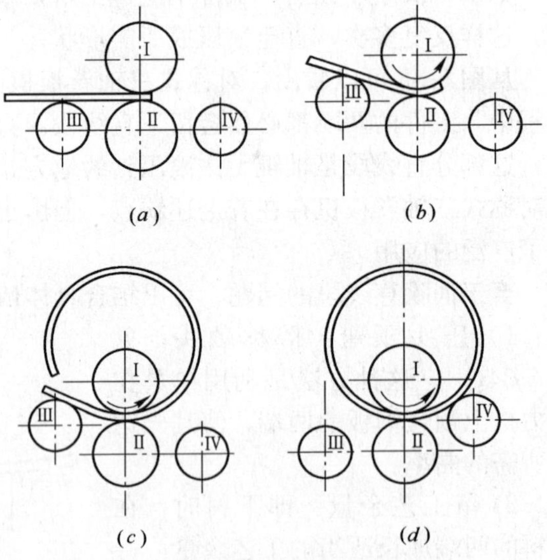

图 5-36　四轴卷板机工作原理

(*a*)Ⅰ、Ⅱ轴辊将钢板压紧；(*b*)升起Ⅲ轴辊进行压弯；(*c*)Ⅰ、Ⅱ、Ⅲ轴辊构成不对称三轴卷板机；(*d*)Ⅰ、Ⅱ、Ⅳ轴辊构成另一组不对称三轴卷板机

与前面介绍的两种卷板机相比较，虽然四轴卷板机简化了某些工艺过程，但卷板机的构造却复杂得多，因而造价很高。

使用卷板机滚制圆筒形或弧形工件的注意事项如下：

1）上料时，板料在上下轴辊之间必须摆正。一般卷板机轴辊表面沿轴向都刻有定位线，上料时，应使板料的端部和轴辊上的定位线重合或平行。在滚压过程中，也应随时检查纠正，以防出现制件的歪扭现象，见图 5-37(*a*)。

2）在调整轴辊与轴辊间的距离时，其两端距离要一致，要保证轴辊升降两端同步。否则，易造成滚制的筒形零件产生锥度，见图 5-37(*b*)。

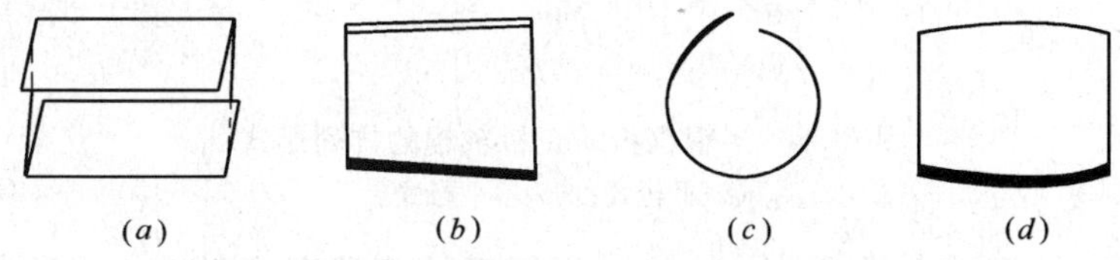

图 5-37　卷制圆筒形工件时可能出现的缺陷

(*a*)扭曲；(*b*)锥形；(*c*)曲率大；(*d*)鼓凸

3）要掌握好工件的曲率。工件曲率的大小，取决于轴辊间的距离。在滚弯时，要随时用样板进行检查，根据检查结果，适当调整轴辊间的距离，切不可盲目地调整。否则，一旦滚深了，修起形来是很困难的，见图 5-37(*c*)。

4）防止出现鼓凸现象，见图 5-37(*d*)。鼓凸现象的发生有两个原因：一是轴辊受力过大，产生弯曲造成的；二是操作上的原因，如初滚时，轴辊的一端压的过紧，为了解决这一问题，又使另一端压的过紧，因而形成了鼓凸。

解决鼓凸的方法是：减小轴辊的受力。可以采取少压多滚几遍的方法。在调整轴辊时，要防止一端压紧的现象发生。一旦出现了鼓凸，可在圆筒的鼓凸部位与轴辊间加垫滚压来解决。垫的厚度由工件的厚度和鼓凸的情况来决定，一般在 2～6mm 之间。

5）凡滚压件的毛坯，均应具有较好的表面质量。例如，气割下料钢板边缘留下的残渣及焊接部位的疤痕等，都应铲平磨光，以免硌伤轴辊或因应力集中而产生弯曲。

6）较大的工件卷制圆筒时，必须有起重设备辅助进行。防止由于钢板的自重而产生变形，既影响测量检查，又影响制品的质量。

3. 矫正机

常见的矫正机有多辊钢板矫正机和型钢矫正机两种。

(1) 多辊钢板矫正机

钢板的弯曲是通过一系列轴辊来实现的，而多辊钢板矫正机是使钢板经过反复弯曲达到矫平的目的。根据轴辊的排列形式，钢板矫正机分上、下排轴辊平行式和不平行式两种，见图 5-38。

两排轴辊之间的间隙可由专门机构调整，一般取间隙的数值略小于钢板的厚度，这样才能使钢板通过时，受到相反方向的多次交变弯曲，使其内应力超过材料的屈服极限，使钢板得到矫平。

矫正薄钢板用的矫平机，轴辊的数目要多，轴辊的直径要小；反之，矫正厚钢板时，

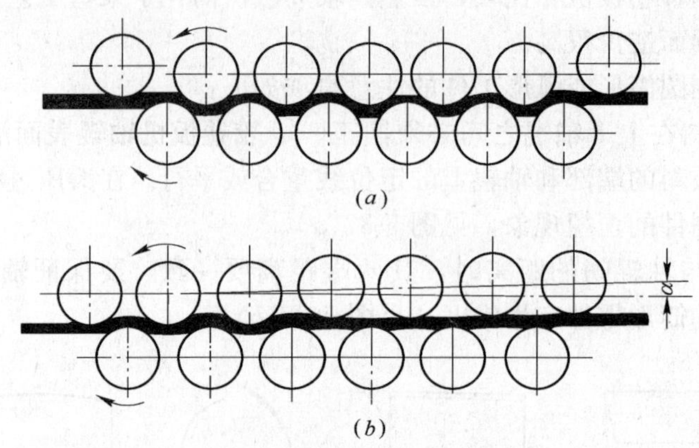

图 5-38　多辊钢板矫正机轴辊的排列形式
(a)平行式；(b)不平行式

轴辊的数目要少，轴辊的直径要大。这是因为钢板越薄越富有弹性，需要在矫正过程中，通过更多的轴辊，产生更多的波浪变形来克服弹性，达到矫正的目的。

未经矫正的钢板，是由于内部组织不均匀，以及其他方面的原因而产生凸凹不平的。当钢板通过轴辊滚压，产生波浪变形的时候，其内部组织结构得到了重新调整，组织均受到一定的拉伸，排列也更加均匀。因此，板料通过波浪形的辊轧以后变为平整状态。这就是多辊钢板矫正机矫平钢板的工作原理。

多辊钢板矫正机的使用要点：

1）钢板进口处上下轴辊间的距离，要比钢板厚度略小。具体数值视材料的性质和变形程度来定，板料较薄或材料的屈服强度较大，则上下轴辊之间的距离应近一些。

2）钢板出口处上下轴辊之间的距离，应与所矫钢板的厚度相等。

3）中间部分上下轴辊间的距离。要根据进、出口上下轴辊间的距离差，按比例分排，呈现一个适当的倾角。

4）对进入矫正机的钢板，要求表面清洁、无污物。尤其是气割后的残渣、毛刺或电焊后的疤痕、焊瘤等，都应铲平磨光，以免硌伤轴辊和所矫的钢板。

（2）型钢矫正机

图 5-39 为 W51-63 型多辊型钢矫正机。它的矫正原理和钢板矫正原理相同。结构上的不同之处，是辊轮代替了轴辊、辊轮的侧面形状与被矫型钢的断面形状相吻合，当矫正不同的型钢时，辊轮可以更换。

型钢矫正机不仅能对型钢进行矫直，还可矫正型钢的断面形状。

W51-63 型型钢矫正机可矫正型钢的尺寸：

圆钢直径：20～63(mm)

方钢边长：20～63(mm)

六角钢的切圆直径：ϕ25～63(mm)

扁钢规格：20×63～16×120(mm)

其他型钢，如角钢、槽钢、工字钢等，可参考上列型钢尺寸进行换算。

该矫正机由机体 1、压辊轮 2、下矫正辊 3 和上矫正辊 4 组成。工作辊轮共有八个，

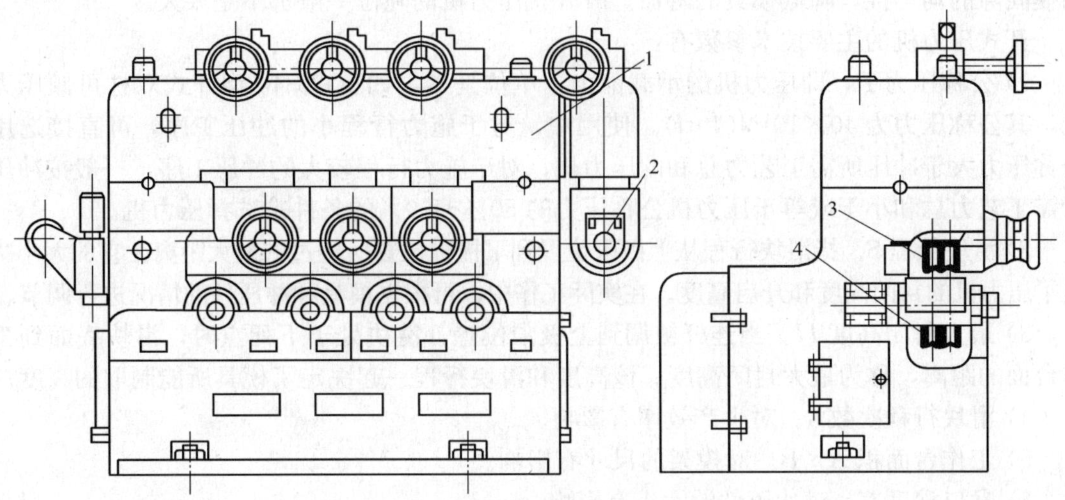

图 5-39 W51-63 型多辊型钢矫正机

1—机体；2—压辊轮；3—下矫正辊；4—上矫正辊

上列有三个矫正辊轮和一个压辊轮，下列有四个矫正辊轮。

下矫正辊轮是主动的，由电机经齿轮传动；带动转动上矫正辊轮为被动轮，除能进行上下调节外，还能沿轴向调节。

型材矫正机的使用注意事项：

1）严格按本设备所能矫正的型钢规格进行使用，不得超出规定尺寸。

2）使用时，要随时注意滑动轴承的温升，不得超过最高温度 70℃。

3）工作过程中，若发现螺栓、螺母及其他紧固件有松动，或发现设备有任何不正常情况，都应立即停车检修，严禁带故障运行。

4）辊轮工作槽表面及型钢表面都应清洁无杂物，以免轧伤辊轮或工件。

5）按设备要求，作好机床的维护保养工作。

4. 压力机

常见的分为两大类：机械压力机和液压压力机。液压压力机主要有水压机、油压机两种；机械压力机有曲柄压力机、摩擦压力机及各种折弯压力机等。

各种曲柄压力机，是常见的通用冲压设备；广泛地用于冲裁、落料、切边、压弯、拉深、矫正等工作，是铆工经常接触的设备之一。

曲柄压力机，通常也叫冲床，按连接滑块的连杆数目，分单点式和多点式。所谓多点式，是指大台面压力机的滑块较大，为防止压力机承受偏心载荷时，滑块倾斜面增加连杆的数目而言的。

曲柄压力机，按机器形式分开式和闭式两种。

(1) 开式曲柄压力机

开式压力机具有C形的开式机身，工作台在三个方向是敞开的，这不仅给操作带来方便，而且也为机械化和自动化的送、出料提供了便利的条件。因此，在中型冲压件的生产中得到广泛的使用。但是，由于机身的结构形式，决定了其工作时刚性较差，变形较大。这不仅会降低冲压件的质量，而且会使上模轴心线与工作台面不垂直，从而影响凸、凹模间隙的均匀性，降低模具的寿命。故开式压力机的吨位一般都不是太大。

开式压力机的主要技术参数有：

1) 公称压力 P，即压力机的承载能力，单位是 N，如 JG23-40 型开式双柱可倾压力机，其公称压力为 40×10^4N(40tf)。使用中，对于施力行程小的冲压工序，可直接选用公称压力大于冲压所需工艺力总和的压力机；对于施力行程较大的冲压工序，一般按冲压所需工艺力总和小于或等于压力机公称压力的 50%～60%的条件来选择压力机。

2) 滑块行程 S。指滑块行程从上极限位置到下极限位置所经过的最大距离。它的大小决定了压力机的封闭高度和开启高度。在实际工作中，可根据模具和冲压件的情况进行调节。

3) 最大封闭高度 H。当连杆被调到上极限位置，滑块处于下死点时，滑块底面到工作台面的距离，称为最大封闭高度。该高度和滑块行程一起决定了模具所能制取的高度。

4) 滑块行程次数 n。对生产效率有影响。

5) 工作台面积 $A\times B$。对模架的尺寸有影响。

6) 喉口深度 C，对冲压件的大小有影响。

(2) 闭式曲柄压力机

工作原理与开式曲柄压力机的工作原理相似。只是用曲轴代替了偏心轴，床身的结构呈框架形。和开式曲柄压力机相比，这种结构的刚性较好，且所承受的载荷比较均匀。因此，能承受较大的冲压力。

闭式曲轴压力机技术参数与开式曲柄压力机大致相同，不同点是左右立柱的跨度取代了开式压力机的喉口深度这一参数。也正是由此而影响了闭式曲轴压力机的使用范围，尺寸大于左右立柱跨度的零件毛坯是无法利用闭式曲轴压力机进行冲压加工的。

(3) 摩擦压力机

也是一种常见的机械压力机，见图 5-40。其最大优点是：当超负荷时，由于传动轮和摩擦盘之间产生滑动，从而可以保护机件不致损坏。缺点是：传动轮轮缘的磨损较大，生产效率比曲柄压力机要低。

(4) 液压机

是利用液体作为介质来传递功率的，由于所用介质不同，分水压机和油压机两种。

液压机是利用“密闭容器中的液体各部分压强相等原理”而产生巨大压力的。工作时，液压泵产生高压液体，推动液压缸的活塞进行工作。液压缸的直径不同，活塞的横截面面积也不同，因而，可以制成各种吨位的液压机。

液压机的机架结构，主要有单臂式(开

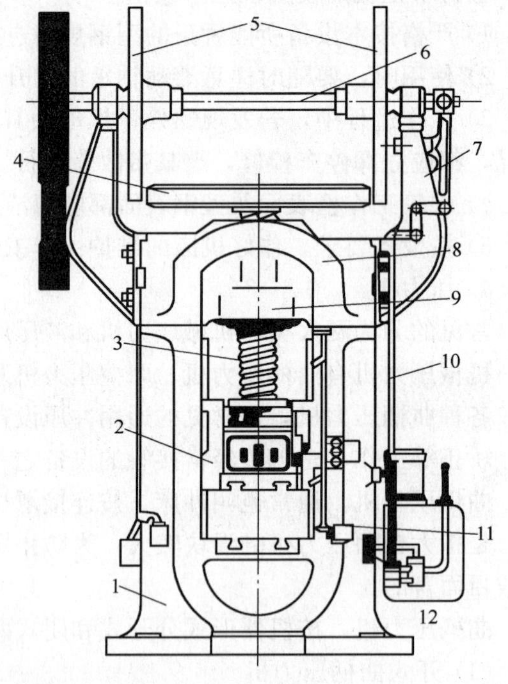

图 5-40　摩擦压力机

1—床身；2—滑块；3—螺杆；4—传动轮；5—摩擦盘；6—水平轴；7—支架；8—横梁；9—螺座；10—杠杆；11—操纵柄；12—工作台

式)和四柱式(龙门式)两种形式。四柱式机架是由四根立柱作为结构主体，既承受负荷又作为导轨，结构比较简单，刚性好，可制成较大吨位的压力机。

单臂式机架用铸钢或钢板焊接成整体箱形结构，也有用拉杆预紧组合结构的。单臂式机架呈C形，类似前面介绍过的开式压力机。因此，特别适用于面积较大的薄板制件的冲压工作。但由于机架结构本身刚性较差，单臂式压力机的吨位不可能做的太大。图 5-41 为单臂式液压机外形图。

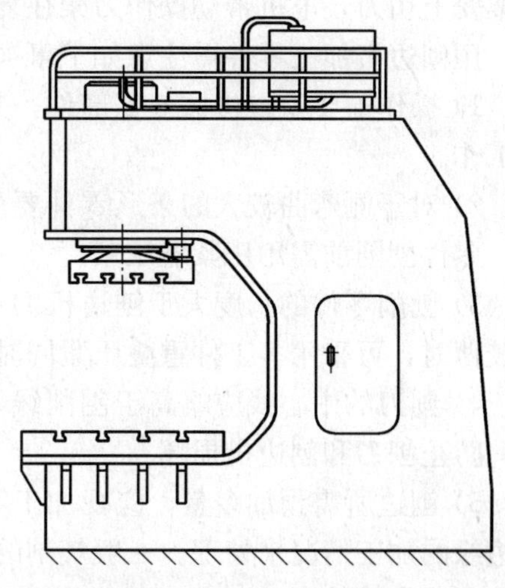

图 5-41 单臂式液压机

以上简单介绍了铆工常用的几种压力机的工作原理和结构特点。使用这些压力机时的安全操作规程和维护保养设备的注意事项，是大致相同的。

1) 压力机的安全操作规程

① 非操作人员不得随便开动压力机，操作者应穿戴好个人防护用品，并做好文明生产。

② 工作前应检查机床的紧固件是否牢固，并按要求给设备做好润滑。

③ 工作前应仔细查看好工艺文件，对冲压件的技术要求和使用的模具性能要熟悉，防止压力机超负荷。工作时精力集中，若发现控制不灵或紧固件松动，以及有异常声响时，应立即停车检查，并采取相应的措施解决。严禁带故障运行。冲压工序一定要按工艺规定执行。工作间断时，手、脚要及时脱开操纵柄操纵踏板，养成良好的操作习惯。操作者应熟知设备的性能和安全操作规程。多人操作时，分工要明确，配合要协调。

2) 压力机维护、保养注意事项如下

① 经常检查油杯存油情况，并检查润滑油路，保持畅通。压力机不可超负荷使用，不可违章操作。要正确安装、调整和使用模具，防止因模具的原因损坏机床。

② 易松动的紧固件，要经常检查，滑块与导轨间的间隙也应经常检查，并随时进行调整。离合器和各种制动器，应经常保持清洁，及时检查灵敏可靠程度，及时调整间隙。

③ 定期清理系统中的滤消器，及时排出污物。并经常检查系统压力，超压时，及时调整减压阀。

5. 刨边机

刨边机是专用的刨边机械，它可以用来刨直形零件边缘的各种形式坡口，其结构见图 5-42。

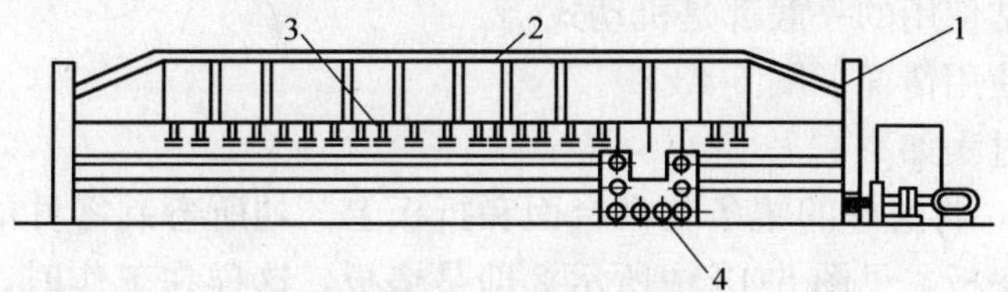

图 5-42 龙门式刨边机

1—立柱；2—横梁；3—压紧器；4—操作台

龙门式刨边机由两个立柱和一较长的横梁组成。在龙门架的下方是平台，需刨边的零件放置在平台上，利用压紧器将零件压紧，刀具安装在操作台的刀架上，操作台可用两个刀架安上切刀，电机带动操作刀架往复运动，进行零件的切削。

用刨边机加工零件需注意如下事项：

1）操作前要检查机械各零部件，其滑道运行部位要注润滑油，空负荷运转正常后方可工作。

2）对于侧弯曲较大的条形零件要先矫直，用气割切割的零件边缘存在的残渣必须清除。零件刨削前需用压紧器压紧。

3）刨削零件的长度大于刨边机的长度时，可移动工件逐段进行加工；工件较小或厚度较薄时，可采用多工件重叠压紧同时刨边，以提高工作效率。

4）刨刀的中心线应略高于刨削线，这样在刨边时，能使刀刃压紧零件，不致产生颤动，防止刨刀和刨边机损坏。

5）刨边所需预加余量，应视加工零件的厚度增加，刨边的余量也要增加；要结合零件边缘的加工情况来处理。一般气割的零件，其刨边的工艺余量较大，机械剪切的零件其刨边所需余量较小。

刨边机的加工余量，刨削进刀量和走刀速度见表 5-25 和表 5-26。

刨边加工余量(mm)　　表 5-25

序　号	钢板材质	边缘加工形式	钢板厚度	最小余量
1	低 碳 钢	剪切机剪切	≤16	2
2	低 碳 钢	剪切机剪切	＞16	3
3	低 碳 钢	气割切割	各种厚度	4
4	高强度钢	剪板机剪切	16	不小于 3

刨边机进刀量和走刀速度　　表 5-26

钢板厚度(mm)	进刀量(mm)	切削速度(m/s)
1～2	2.5	15～25
3～12	2.0	15～25
3～18	1.5	10～15
19～30	1.2	10～15

6. 折板机

折板机主要是用来折弯的，弯曲简单的直线零件。按传动方式划分，折板机有机动和手动两种。现在经常使用的一般都是机动式。

折板机的工作使用情况见图 5-43。

折板机的操作过程如下：

1）升起上台面，将选好的镶条装在台面和折板上。如所弯制零件的弯曲半径比现有镶条稍大时，可加垫板，见图 5-43 中所示 2 即是垫板。这样在工作时，垫板要垫在毛料的下边。

2）下降上台面，翻起折板到 90°角，调整折板与台面间隙，以适应材料厚度和弯曲半径。为避免折弯时擦伤毛料，间隙应稍大些。

3）退回折板，升起台面，放入的毛料靠好后挡板。若弯折较窄的零件，或不用挡板时，毛料的弯折线应对准台面的镶条外缘外。

4）下降上台面，压住毛料。

5）翻转折板，弯折至要求角度，为得到尺寸准确的零件，应注意回弹，必须很好地注意控制弯折角度。

6）退回折板，开起上台面，取下零件。

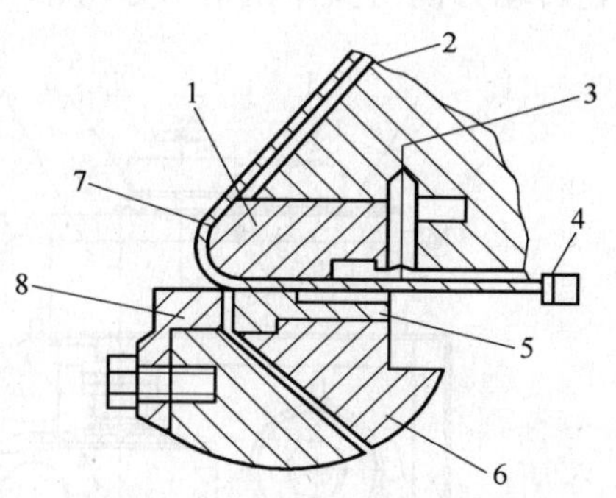

图 5-43　折板机的使用情况

1—上台面镶条；2—垫板；3—上台面；4—挡板；5—下台面镶条；6—下台面；7—折板；8—折板镶条

7. 角钢卷圆机

JY-75 型角钢卷圆机是陕西安装机械厂生产的卷制大型角钢法兰的专用机械。适用于圆筒类管道及容器所需的角钢圆法兰的制作，也可将角钢加工成各种圆弧形状。该机具有结构紧凑、容易调整、操作方便、工作效率高、便于维护等特点。

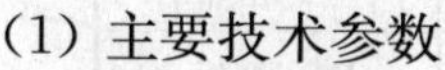

（1）主要技术参数

1）卷制角钢规格：5～7.5 号角钢

2）卷圆最小直径(mm)：600mm；

3）卷制速度(m/min)：2.3；

4）工作台面高度(mm)：1000；

5）设备外形尺寸(mm)：1200×1000×1200；

6）整机质量(kg)：1200；

7）配用电机型号：Y160M-6；

8）配用电机功率(kW)：7.5。

（2）设备构造与工作原理

该机由辊轮组、主轴箱、减速机、机架和电气部分组成，采用三辊滚压成形的方法卷制角钢，见图 5-44。

1）辊轮组由两个下辊轮⑤和一个上辊轮③及导向轮②组成。卷制角钢时，角钢由角钢进入方向插入下辊轮缝隙中，该缝隙的大小可通过下辊轮中心的调整螺杆(4)进行调整，使之正好卡住角钢的一个边。卷圆直径的大小可通过转动丝杠①改变上、下辊中心距来调节。

2）主轴箱由上辊轮位移调节机构和下辊轮主传动机构及箱体组成。各轴承均可通过注油孔获得良好的润滑。

3）减速机为一级蜗杆减速，传动比 40。

4）机架由角钢和钢板组焊而成，内装电动机、减速机和配电柜等。本机既可移动使用，也可打基础固定。

5）电气原理部分见电控图，操作钮具有点动和连续两种方式。

（3）使用方法

1）接电源：电源线由配电箱底部的孔洞接入箱内接线端子，设备接地线路应可靠，打开配电箱门上的电源开关，开关板⑮上的电源指示灯亮。试按操作钮，调整电源相线使辊轮转动方向与操作钮指示方向相一致。

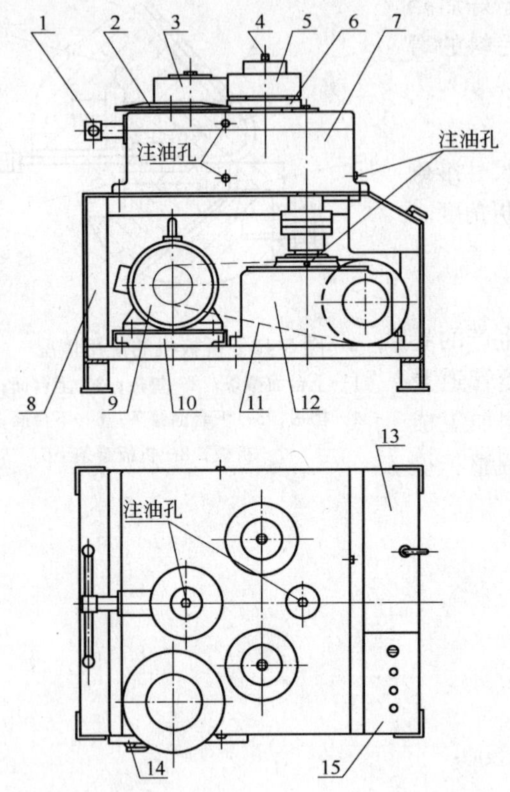

1	丝　杠
2	导向轮
3	上辊轮
4	调整螺杆
5	下辊轮
6	靠　轮
7	主轴箱
8	机　架
9	电动机
10	电机座
11	三角带
12	减速机
13	工具箱
14	配电箱
15	开关板

图 5-44　角钢卷圆机

2）润滑：

① 检查减速机⑫油面位置。从机架一侧圆孔处观察减速机油窗油面线是否在中心位置（一般在出厂时机油已加注合适）。如过低应补加 30 号机油，给减速机加油时可打开一侧的围板，每年应更换一次机油。

② 按图 5-44 所示的注油孔位置共 8 处用机油枪加注 30 号机油同时开动机器运行五分钟，再加注一次，如无异常声音即可开始工作。

③ 每天开机前加注一次润滑油；连续运转四小时后应加注一次润滑油，丝杠①上可滴注适量润滑油。

3）调整与试卷：

① 转动丝杠①，使上辊轮与下辊轮中心距达到较大位置，以便角钢插入三辊之间。

② 根据所卷角钢厚度，调整下辊轮⑤与靠轮⑥的间隙，可用扳手旋转调整螺杆④即可。

按图 5-44 所示位置将角钢送入三辊之间，角钢的一个边正好插入下辊轮⑤与靠轮⑥的间隙中，调整间隙时应注意不可将角钢卡得过紧，以免损伤辊轮组。

③ 旋进丝杠①，使上辊轮③压紧角钢。按前进钮，试卷一段圆弧。如弧度不够，可按反向钮使角钢退回。再旋进丝杠后试卷，直至达到所需圆弧后，一次全部卷完，如果要求的弧度变形量太大，可分两次卷制。为保证所卷弧度的精确，可预先制作一段圆弧样

板，试卷时可作为参照。

(4) 维护与注意事项

1) 该机在使用中因负荷较大，所以应及时加注润滑油。

2) 操作中应及时清理工作台面上的氧化皮和灰尘，防止其从上辊轮根部的孔洞掉入主轴箱内。

3) 主轴箱每年应打开进行一次保养，清洗灰尘和油泥，在齿轮和滑块上涂黄油润滑。

打开主轴箱的方法：卸掉两个下辊轮组及四边的内六角螺栓即可打开主轴箱上盖。

4) 易损件明细表(表 5-27)

易损件明细表 **表 5-27**

序　号	图　号	名　称	数　量	材　料	备　注
1	JY75-01-24	上辊轮	1	ZG45	
2	JY75-01-16	下辊轮	2	ZG45	
3	JY75-01-19	调节螺杆	2	45	
4	JY75-01-18	螺　母	2	45	
5	JY75-01-20	调节套	2	45	
6	JY75-01-27	导向轮	2	45	
7	GB1171-74	三角皮带	4	45	B-2000

(5) 电气控制(见图 5-45)

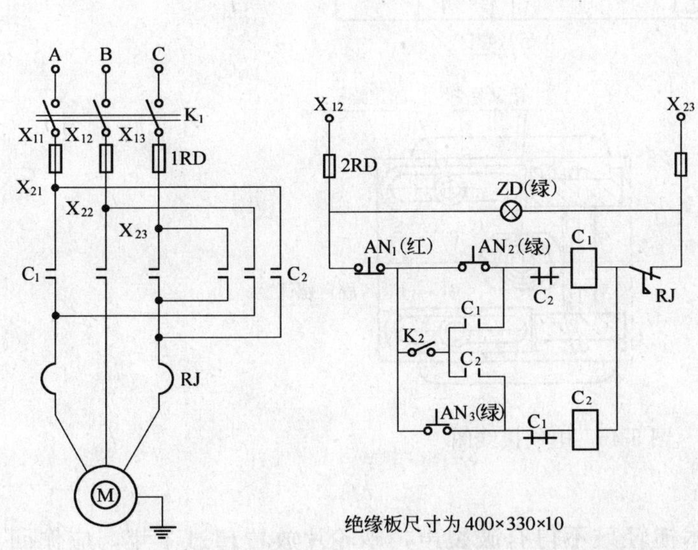

代号	名　称	型　号	数量
AN	按钮开关	LA_2	3
C	交流接触器	CJ_{10-20}	2
ZD	指示灯	NXD_2-2.5/380	1
RJ	热继电器	JR_0-20/2	1
2RD	螺旋式熔断器	RL_1 5A	2
1RD	螺旋式熔断器	RL_1 20A	3
K_1	塑料外壳式自动开关	DZ_3-30/3	1
M	电动机	Y160M-6 (7.5kW)	1
K_2	主令开关	LS_2-2	1

图 5-45　电气控制图

8. J_3G-SL-400A 型材切割机

该切割机主要用于建筑、安装、机械制造等行业对各种圆形、异形钢管、槽钢、扁钢等进行切断、取样之用。它的特点是：结构轻巧、移动方便，特别采用砂轮切割，对高硬、高韧性材料及淬火钢的切割更具优越性。

(1) 主要技术参数

1) 驱动电机：输入功率 2.2kW，电压 380V，频率 50Hz。

2) 砂轮片：纤维增强，砂轮片规格 $\phi400\times\phi32\times3$，安全线速度不低于 60m/s，静平衡小于 10g。

3) 主轴空载转数：2840r/min。

4) 切割能力：钢管 $\phi102\times6$，角钢 100×10，槽钢 100×46，圆钢 $\phi50$ 以下。

(2) 切割机电气接线图。

电气接线图见图 5-46。

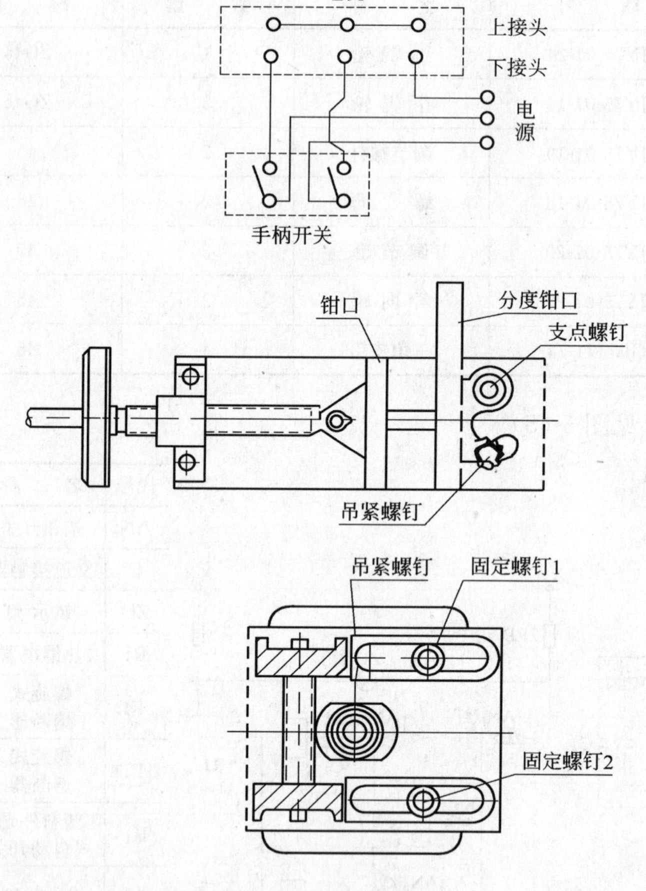

图 5-46 电气接线图

(3) 使用注意事项

1) 砂轮片必须完好无损，用木槌轻敲不得有破裂声，砂轮片放置超过 1 年，应作回转强度试验，合格后方可使用。

2) 开机时，先检查接地线是否可靠，用 500V 兆欧表测量绝缘电阻不小于 10MΩ。试运转时，转动方向必须与罩壳所指方向一致，如不相符，应调整插座接线。

3) 操作时，要站在侧面，如发现有异常声响应立即停止，处理后方可使用。

4）工件要夹紧，较长工件应在另一端垫平。

5）工件切割时，表面温度较高，不得用手触摸，以免烫伤。

6）要拆装工件、调整砂轮片角度时，一定要关闭电源，运转停止后进行。

7）操作场地周围，不得有易燃易爆物品，同时要保持环境整洁。

8）切割工件时，不要用力过猛，当转速降低时，适当抬起一点，转速正常后再适度用力切割。

9）切割机用完后，要放在干燥、清洁、无腐蚀性气体的库房内。

第二节　电焊工常用机具

一、电焊设备

1. 交流弧焊机

(1) BX1 系列

1）性能特点

这种焊机是动铁式结构，供单人手工操作的交流弧焊电源，适宜焊接各种低碳钢及低合金钢等金属构件。它具有电弧弹性好，飞溅小，电流调节平稳、方便，电流调节宽，焊接性能良好，高效节能，维修保养方便等特点。

2）工作原理

BX1 系列焊机为全开式动铁芯分路，增强漏磁式结构，处于铁芯中央的动铁芯将初级和次级截然分开，从而保证了陡降的外特性。当动铁芯借助丝杆做垂直运动时，可以均匀的调节电流大小。

3）主要技术参数

见表 5-28 及表 5-29(为上海通用电焊机股份有限公司生产)。

主要技术参数(一)　　表 5-28

参数 型号 / 项目	单　位	BX1-250	BX1-315	BX1-400	BX1-500	BX1-630
输入电压	V	380	380	380	380	380
输入容量	kVA	18	24	30	36	48
输入电流	A	48	63	80	95	125
电流范围	A	50～250	63～315	80～400	100～500	110～630
负载持续率	%	35	35	35	35	35
空载输出电压	V	75	76	78	78	78
绝缘等级	级	H	H	H	H	H
适用焊条直径	mm	2～5	2～6	3.2～7	3.2～8	3.2～8
重　量	kg	98	118	133	156	160

主要技术参数(二)　　表 5-29

数据＼型号	BX1-160-2 (图 5-47)	BX1-200-2	BX1-250-2 (图 5-48)	BX1-315-2 (图 5-49)	BX1-400-2	BX1-500-2 (图 5-50)	BX1-630-2
额定输入电压(V)	220/380	220/380	380	380	380	380	380
额定频率(Hz)	50	50	50	50	50	50	50
相数(相)	单相	单相	单相	单相	单相	单相	单相
空载电压(V)	60	60	68	70	72	70	72
额定输出电流(A)	160	200	250	315	400	500	630
电流调节范围(A)	60～160	75～200	50～250	60～315	75～400	95～500	125～630
额定负载持续率(%)	20	20	35	35	35	35	35
额定输入容量(kVA)	10.6	13.6	18.6	22.8	30	38	47
绝缘等级(级)	F	F	F	F	F	F	F
冷却方式	强制风冷						
外形尺寸(mm)	600×365×590	600×365×590	645×405×635	670×434×725	700×454×745	740×494×805	740×494×805
质量(kg)	42	50	88	105	120	150	170

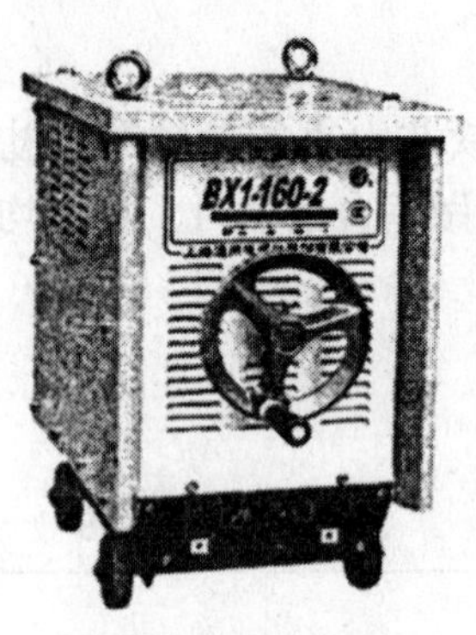

图 5-47　BX1-160-2

图 5-48　BX1-250-2

图 5-49　BX1-315-2

图 5-50　BX1-500-2

4）使用方法

① 将电源线通过熔断器接入焊机输入接线端子上，将焊接电缆接在焊机的输出接线端子上并拧紧。

② 接好可靠的接地线。

③ 摇动调节手柄使指针对准所需焊接电流值。

④ 合上开关接通电源即可工作。

5）注意事项

① 焊机应安装在无严重影响绝缘性能的有害气体、盐雾、霉菌、灰尘及爆炸性介质的场地使用。

② 焊机在焊接时严禁转动电流调节开关，若需重新选择电流，应关断电源后再调节电流，以免烧坏开关。

③ 焊机应按相应的负载持续率工作，不允许过载使用。

④ 当焊机温度超过 120℃时，应暂停使用，待温度降低后再继续使用。

⑤ 各种接线连接部分必须保持紧固，以免接点松动产生火花，烧坏连接点。

⑥ 焊机距离工件较远时，应加大焊接电缆，否则电弧不能稳定燃烧，影响焊接质量。

⑦ 经常检查焊机的安全接地线，保证接地良好。

6）产生故障原因及排除方法(见表 5-30)

产生故障原因及排除方法　表 5-30

故障现象	产生原因	排除方法
焊机无空载电压，不能引弧	1. 地线和工件接触不良 2. 焊接电缆断线 3. 电源开关损坏 4. 电源熔断器烧断	1. 使其接触良好 2. 修复断线处 3. 修复或更换开关 4. 更换熔断器
输出电流过小	1. 焊接电缆过细过长 2. 焊接电缆盘成圈状 3. 地线用铁板临时搭成	1. 减小长度或增大截面 2. 将其拉直 3. 换成正规铜质电缆
焊机外壳带电	1. 焊机绕组碰外壳 2. 电源线碰外壳 3. 未接地线或接触不良	1. 检查并消除碰壳处 2. 消除碰壳现象 3. 接好地线
动铁芯在焊接过程发生强烈的嗡嗡声	1. 动铁芯的制动螺钉松动 2. 动铁芯移动机构损坏或间隙过大 3. 机壳螺钉松动	1. 拧紧制动螺钉 2. 检查修理移动机构 3. 检查拧紧螺钉
焊接电流不稳定，忽小忽大	1. 动铁芯在焊接时位置不稳定 2. 焊接电缆与焊接件接触不良 3. 电网电压波动较大 4. 调节丝杠磨损、间隙过大	1. 将动铁芯手柄固定或将铁芯固定 2. 使焊接电缆与焊件接触良好 3. 增大电网容量 4. 更换磨损部件
熔断器熔断	1. 电源线接头处相碰 2. 电源线接头处碰外壳 3. 电源线破损碰地 4. 一次侧绕组短路	1. 检查并消除 2. 检查并消除 3. 更换或修复电源线 4. 检查、修复短路处

7）BX1 系列焊机电气原理图(见图 5-51)

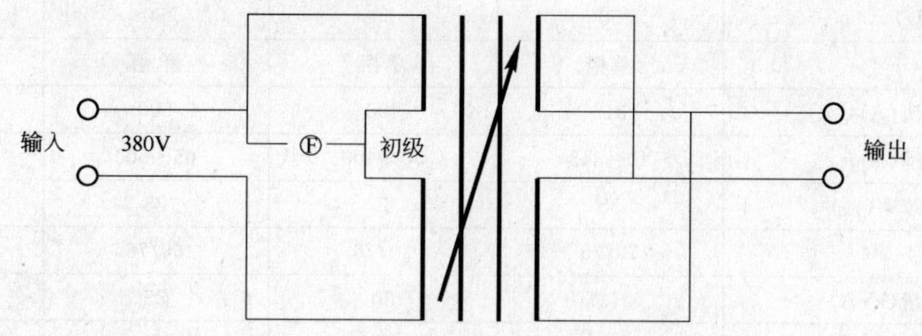

图 5-51　BX1 系列焊机电气原理图

(2) BX3 系列

1）性能特点

BX3 系列交流弧焊机是动圈式变压器结构的单人手工交流弧焊机。该机焊接性能稳定，电流调节范围大，过载能力较强，可满足需要手工交流焊接的地方，特别适用于建筑、冶金、石油、化工、造船、机械行业中焊接工作量大，焊缝要求高，需要连续焊接的大、中型低碳钢、低合金钢结构件。

2）工作原理

该焊机系列是将初级、次级线圈分别作成匝数相等的两盘套在两个铁芯柱上，初级线圈固定在铁芯底部，次级线圈可上下移动。改变初级、次级线圈之间的距离即耦合情况，达到调节电流的目的。

3）主要技术参数

见表 5-31 及表 5-32（上海通用电焊机股份有限公司制造）。

主要技术参数（一）　　**表 5-31**

参数 型号 / 项目	单　位	BX3-400-2	BX3-500-2	BX3-630-2
额定输入电压	V	单相 380	单相 380	单相 380
额定输入电流	A	78	101.4	128
额定输入容量	kVA	29.6	38.6	48.6
电流调节范围	A	55～420	60～600	65～650
空载输出电压	V	70～75	70～75	70～75
额定输出电流	A	400	500	630
额定工作电压	V	36	40	44
负载持续率	%	60	60	60
绝缘等级	级	B	B	B
焊条直径	mm	2～5	2～7	2～8
重　量	kg	200	225	230

主要技术参数（二）　　**表 5-32**

型号 / 数据	BX3-315-2（图 5-52）	BX3-400-2（图 5-53）	BX3-500-2（图 5-54）	BX3-630-2（图 5-55）
额定输入电压(V)	380	380	380	380
额定频率(Hz)	50	50	50	50
相数(相)	单相	单相	单相	单相
额定输出电流(A)	315	400	500	630
电流调节范围(A)	40～315	50～400	65～500	90～630
额定负载持续率(%)	35	35	35	35
空载电压(V)	70/76	70/76	65/76	70/76
额定输入容量(kVA)	24.7	30	33	47
绝缘等级(级)	F	F	F	F
冷却方式	自　冷			
外形尺寸(mm)	720×500×880	720×500×880	720×500×880	770×540×970
质量(kg)	165	180	200	235

焊接电流与电焊条间的关系(钛铁矿型)

焊条直径(φmm)	焊接电流(A)	焊条直径(φmm)	焊接电流(A)
2.5	50～80	5.0	200～270
3.2	100～130	6.0	260～300
4.0	160～210		

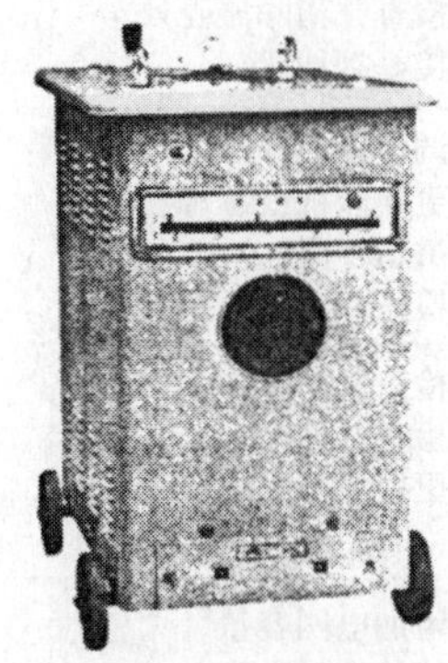
图 5-52 BX3-315-2

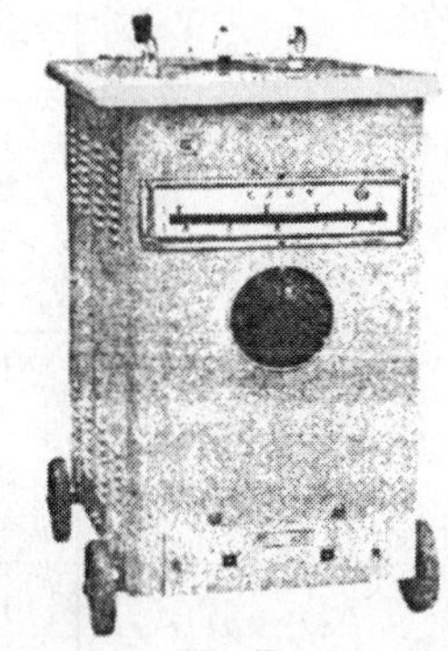
图 5-53 BX3-400-2

图 5-54 BX3-500-2

图 5-55 BX3-630-2

4）使用方法

① 将电源线通过装有熔断器的开关接入电焊机的输入端子上。

② 将焊接电缆接在焊机的输出端子上。

③ 在焊机外壳接好可靠的接地线。

④ 摇动调节手柄使电流指针对准所需电流值。

⑤ 合上电源开关后即可开始焊接。

5）注意事项

① 焊机应安装在无严重影响绝缘性能的有害气体、高温高湿、盐雾、霉菌、烟尘及爆炸性介质的场地。

② 各种连接部分必须良好，否则会导致焊机过热烧坏接线板。

③ 焊机距工件较远时，必须加大焊接电缆截面，不许用铁板搭接，否则将因接触不良或电压下降过大而影响焊接质量。

④ 转换开关只能在焊机空载时进行，焊接时不允许转换开关。

⑤ 注意负载持续率，焊机不允许长时过载运行。

⑥ 经常检查安全接地，保证接地良好。

6）一般故障的检修方法(见表 5-33)

一般故障的检修方法　　表 5-33

故障现象	产生原因	检修方法
焊机无空载电压，不能引弧	1. 地线和工件接触不良 2. 焊接电缆断线 3. 焊接电缆与输出端接触不良 4. 焊机电源开关损坏 5. 电源熔断器烧断	1. 使其接触良好 2. 修复断线处 3. 使其接触良好 4. 修复或更换开关 5. 更换熔断器

续表

故障现象	产生原因	检修方法
焊机空载电压过低，输出电流过小	1. 电源电压不足，电源线太细，压降过大 2. 焊接电缆过细过长 3. 焊接电缆盘成圈状 4. 地线用铁板临时搭成 5. 电缆与焊机接触电阻过大	1. 调整或更换粗电源线 2. 减小长度或增大截面 3. 将其拉直 4. 换成正规铜质电缆 5. 使电缆与焊机接触良好
焊机外壳带电	1. 电源线碰外壳 2. 一次绕组或二次绕组碰壳 3. 未接地线或接触不良	1. 消除碰壳现象 2. 检查并消除碰壳处 3. 接好接地线
在焊接过程中焊机发出强烈的嗡嗡声	1. 丝杠的压力螺母压力太小 2. 丝杠、螺母磨损松动 3. 外壳螺钉松动 4. 一次或二次侧绕组短路	1. 调整压力螺母 2. 更换丝杠或螺母 3. 重新拧紧 4. 检查并消除短路处
熔断器熔断	1. 电源线接头处相碰 2. 电源线接头处碰外壳 3. 电源线破损碰地 4. 一次或二次侧绕组短路	1. 检查并消除 2. 检查并消除 3. 更换或修复电源线 4. 检查、修复短路处
焊接电流不稳定，忽大忽小	1. 电网电压波动 2. 焊接电缆与工件接触不良 3. 调节丝杠磨损，间隙过大	1. 增加电网容量 2. 使其接触良好 3. 更换磨损部件

7）焊机电气原理图(见图 5-56)

(3) BX6 系列

1）性能特点

BX6 系列交流弧焊机是通用性抽头式手工电弧焊机，它适用于中小型焊件的焊接，广泛用于农业机械、装修行业、小型厂矿车间的生产维修。焊机可使用交流 220V 或 380V 两种电源，电流调节方便、体积小、质量轻、电弧稳定、高效节能。

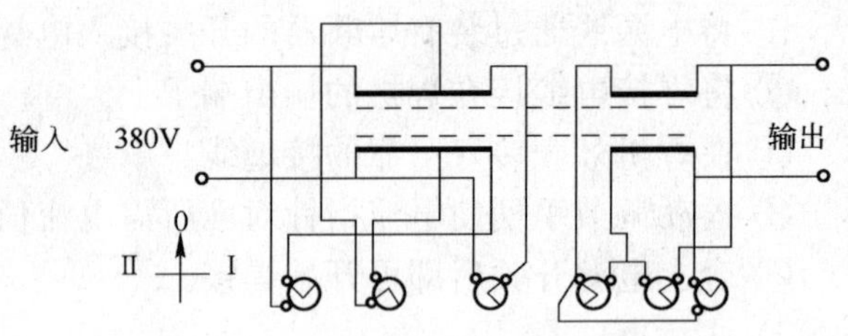

图 5-56 BX3 系列焊机电气原理图

2）工作原理

焊机由单相漏磁变压器、转换开关、机壳和接线端子组成，初、次级绕组分置于铁芯两侧，改变绕组匝数的分配，即可获得不同的焊接电流。

3）主要技术参数

见表 5-34 及表 5-35(上海通用电焊机股份有限公司生产)。

主要技术参数(一) 表 5-34

参数 项目 \ 型号	单位	BX6-140	BX6-160	BX6-180	BX6-200	BX6-250	BX6-315	BX6-400(风冷)
额定输入容量	kVA	9	10.6	11	12	15	21	26
额定输入电压	V	380/220	380/220	380/220	380/220	380/220	380/220	380/220
额定输入电流	A	24	28	29	32	40	56	68
相数	相	单	单	单	单	单	单	单

续表

参数 型号 项目	单位	BX6-140	BX6-160	BX6-180	BX6-200	BX6-250	BX6-315	BX6-400（风冷）
电流范围	A	60～140	60～160	80～180	75～200	80～250	80～315	90～400
负载持续率	%	20	20	20	20	20	20	20
空载输出电压	V	55	55	55	55	60	60	65
绝缘等级	级	H	H	H	H	H	H	H
重　量	kg	33	35	37	40	55	65	85
适用焊条直径	mm	1.5～3.2	1.5～4	1.5～4	1.5～5	1.5～5	2～6	2～8

主要技术参数（二） **表 5-35**

型号 数据	BX6-140-2（图 5-57）	BX6-160-2（图 5-58）	BX6-200-2（图 5-59）	BX6-250-2（图 5-60）	BX6-300-2
额定输入电压(V)	220/380	220/380	220/380	220/380	220/380
额定频率(Hz)	50	50	50	50	50
相数(相)	单相	单相	单相	单相	单相
额定焊接电流(A)	140	160	200	250	300
电流调节范围(A)	70～140	90～160	110～200	125～250	145～300
额定负载持续率(%)	20	20	20	20	20
空载电压(V)	54	54	56	56	60
额定输入容量(kVA)	8.3/6.5	10/7	12.5/9	15/12	19/13
绝缘等级(级)	F	F	F	F	F
冷却方式	强制风冷				
外形尺寸(mm)	420×275×375	485×330×495	520×330×545	520×330×545	520×350×590
质量(kg)	32	42	44	47	58

焊接电缆截面与电流、导线长度的关系

截面(mm^2) 电缆长度(m) 电流(A)	20	40	60	80	100
100	16	25	35	50	60
200	25	35	50	60	70
300	35	50	60	70	85
400	50	60	70	85	95
500	60	70	85	95	120
600	70	85	95	120	135

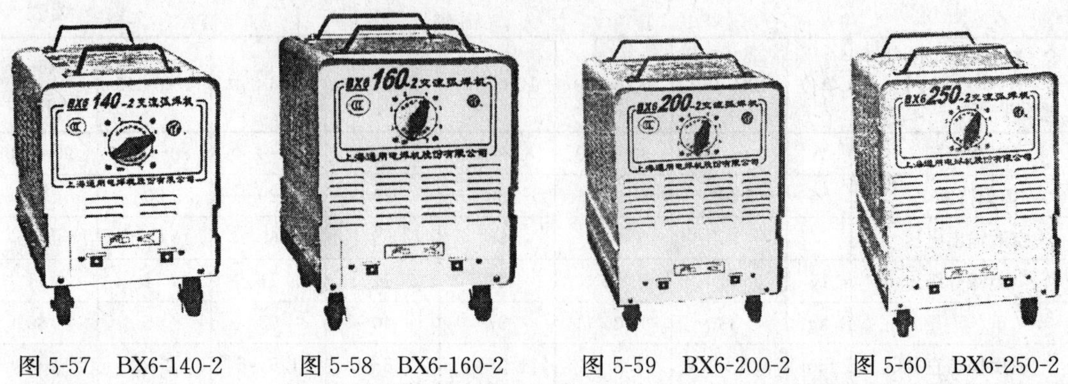

图 5-57 BX6-140-2 图 5-58 BX6-160-2 图 5-59 BX6-200-2 图 5-60 BX6-250-2

4）使用方法

① 将交流 380V 或 220V 单相电源通过开关接入焊机输入端相应的 380V 或 220V 接线柱上，不得接错(见图 5-61、图 5-62)。

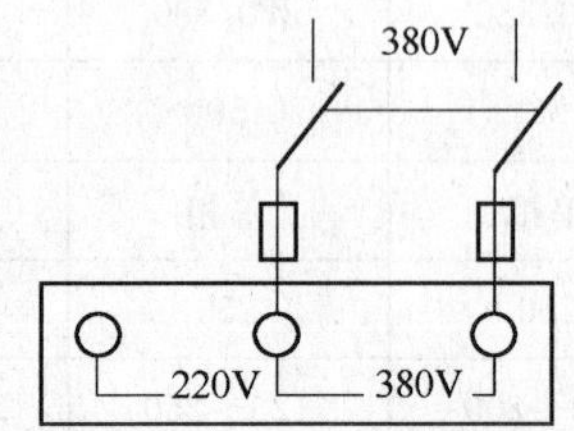

图 5-61 单相 380V 接法

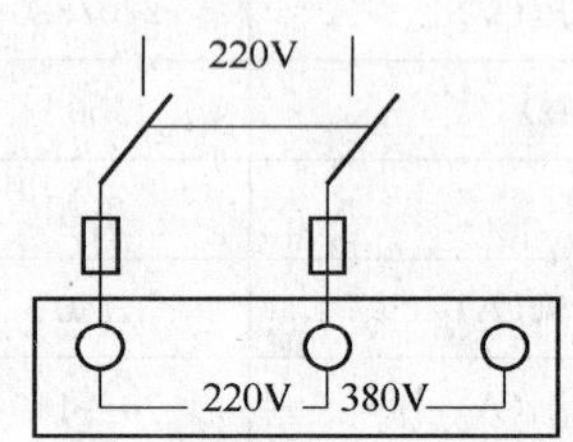

图 5-62 单相 220V 接法

② 接线图见图 5-63、图 5-64。

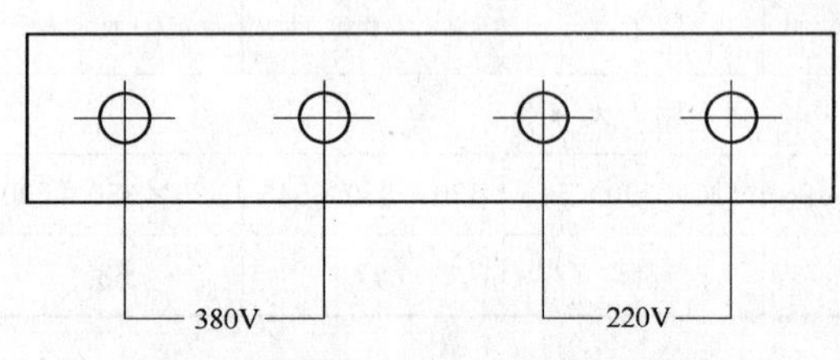

图 5-63 BX6B 型焊机输入接线图

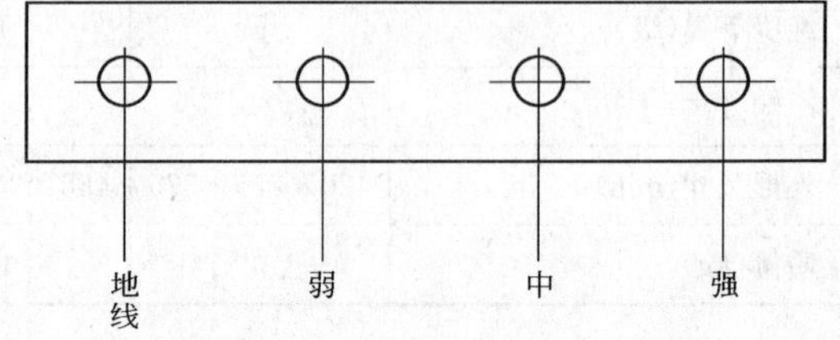

图 5-64 BX6B 型焊机输出接线图

③ 将焊接电缆接入焊机输出端的铜螺丝上，要接触良好可靠。

④ 将焊机电流调节开关预置在所需焊接电流位置。

⑤ 连接好保护地线。

⑥ 确认接线正确无误后，方可合上电源开关进行焊接。

⑦ BX6B 型焊机输出电流分为弱、中、强三档，焊接电缆一根接地，另一根接在弱、中、强任意一根螺栓上，即可获得不同的焊接电流，见图 5-64。

5）注意事项

① 焊机不允许在高温、高湿、及有害气体、易燃易爆、霉菌灰尘等场地使用。

② 焊机在焊接时严禁转动电流调节开关，若需重新选择电流，应关断电源后再调节

电流，以免烧坏开关。

③ 焊机应按相应的负载持续率工作，不允许过载使用。

④ 当焊机温度超过120℃时，应暂停使用，待温度降低后再继续使用。

⑤ 各种接线连接部分必须保持紧固，以免接点松动产生火花，烧坏连接点。

⑥ 经常检查焊机的安全接地线，保证接地良好。

⑦ 焊机距离工件较远时，应加大焊接电缆截面，否则会影响焊接质量。

6）一般故障产生原因及排除方法(见表5-36)

一般故障产生原因及排除方法 表5-36

故障现象	产生原因	排除方法
焊机无空载电压，不能工作	1. 地线和工件接触不良 2. 焊接电缆断线 3. 焊接电缆与输出端接触不良 4. 电源熔断器烧断 5. 焊机电源开关损坏	1. 使其接触良好 2. 修复断线处 3. 修复连接螺栓 4. 更换熔断器 5. 更换开关
焊机空载电压过高	1. 输入电压接错	1. 纠正输入电压
焊机外壳带电	1. 焊机绕组碰外壳 2. 电源线碰外壳 3. 未接地线或接触不良	1. 检查并消除碰壳处 2. 消除碰壳现象 3. 接好地线
焊机过热超过120℃	1. 焊机长时间过载工作 2. 焊机绕组短路	1. 按规定负载持续率工作 2. 消除短路处
焊接电流忽小忽大	1. 焊接电缆与焊接件接触不良 2. 电网电压波动较大	1. 使焊接电缆与焊件接触良好 2. 增大电网容量
焊接电流过小，不易起弧	1. 焊接导线过长，电阻过大 2. 焊接导线盘成盘状 3. 电缆有接头或与工件、焊机接触不良	1. 减小导线长度或加大线径 2. 将导线由盘状放开 3. 使接头外接触良好

7）焊机电气原理图

BX6系列焊机电气原理图见图5-65。

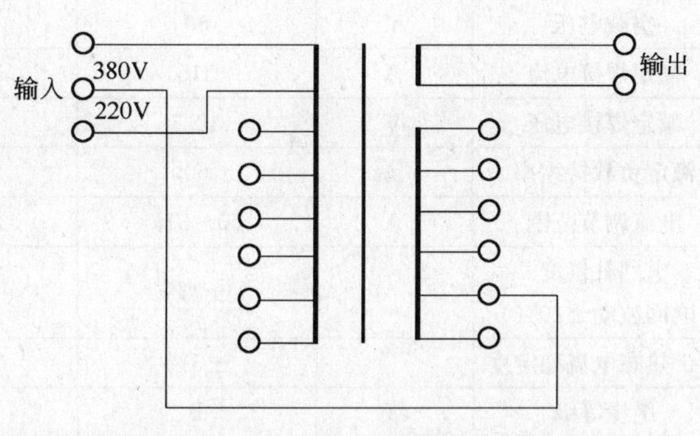

图5-65 BX6系列焊机电气原理图

2. 直流弧焊机

(1) ZX5系列可控硅整流弧焊机

1）性能特点

ZX5系列可控硅整流弧焊机适用于各种牌号的直流手工电弧焊及碳弧气刨，特别适用于碱性低氢型焊条焊接重要的低碳钢、中碳钢以及普通低合金钢构件，还可以用作直流钨极氩弧焊电源。

该机具有陡降的静外特性，动特性好，电弧稳定，熔池平静，飞溅小，焊缝成形美观，有利于进行全位置焊接。该机操作方便，可远距离调节电流，并具有引弧电流和推力电流装置，易于起弧且不粘焊条。对电网波动能自动补偿，在冷、热态时都能保持焊机电流的稳定。

2) 工作原理(见图 5-66)

电源电压经三相主变压器，由可控硅元件进行整流，并利用改变可控硅触发角相位来控制输出电流大小。从整流器输出端的分流器上取出电流信号，作为电流负反馈信号，随着直流输出电流的增加，负反馈亦增加，可控硅导通角减小，输出直流电压降低，从而获得下降的外特性。

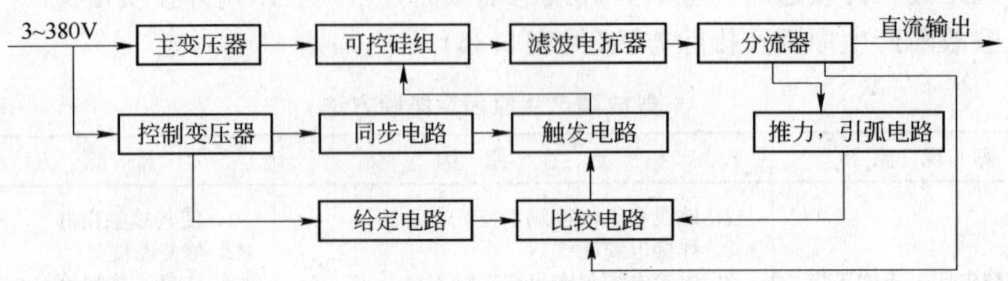

图 5-66 电路方框图

推力电路是当输出端电压低于 15V 时，使输出电流增加，特别是短路时，形成外拖的外特性，使焊条不易粘住。

引弧电路是每次起弧时，短时间增加给定电压，使引弧电流较大，容易起弧。

3) 主要技术参数(见表 5-37)

主要技术参数 **表 5-37**

参数 项目 \ 型号	单位	ZX5-315	ZX5-400	ZX5-500	ZX5-630
电源电压	V	3×380	3×380	3×380	3×380
频率	Hz	50	50	50	50
额定输入容量	kVA	16	24	30	48
额定输入电流	A	26	39	47	74
空载电压	V	60	60	65	72
额定焊接电流	A	315	400	500	630
额定焊接电压	V	32.6	36	40	44
额定负载持续率	%	60	60	60	60
电流调节范围	A	60～315	80～400	80～500	130～630
电网补偿度(电网波动±10%)		±4%	±4%	±4%	±4%
冷、热态电流稳定度		±5%	±5%	±5%	±5%
绝缘等级	级	B	B	B	B
重量	kg	180	200	220	295

4) 使用方法

① 焊机由三相 50Hz 交流电通过保险装置和三相开关向焊机输入端供电。

② 焊机外壳必须可靠接地，接地线截面面积不得小于 8mm^2 的铜线。

③ 操作过程：焊机接通三相电网后，面板上的电源指示灯亮，表示焊机电源接通，

将焊机电源开关置于"焊接"(或"1")位置，整流器即进入运行状态，风扇转动，开始焊接。

④ 近控使用：将面板上"远控"—"近控"开关置于"近控"位置。此时，整个调节过程直接使用焊机面板的调节旋钮，将焊接电流旋钮调至所需规范位置，选择适当的推力电流和引弧电流，即可进行焊接。

⑤ 远控使用：接上远控盒，将面板上"远控—近控"开关置于"远控"位置，适当选择推力电流和引弧电流，在远控盒上调节焊接电流至所需规范位置，即可进行焊接。

⑥ 推力电流使用：当使用偏低规范焊接(如焊缝根部，全位置焊接)时，适当调节推力电流，即增加短路电流值，使焊条不易粘住。一般正常规范焊接时，可以减小或不加推力电流，否则会出现飞溅现象。

⑦ 引弧电流使用：在起弧瞬间，相当于在焊接电流上增加一个脉冲电流，使瞬间起弧电流较大，容易引弧，有利于焊缝接头的熔透。但过大的引弧电流，同样会出现飞溅现象。

5) 注意事项

① 焊机三相进线应连接牢固，任意一相断开将使焊机运行不正常。

② 安装进线时，必须按要求接入熔断器(丝)，切勿用铜铝丝代替。

③ 调节旋钮轻轻旋动即可，旋至两端极限位置后切勿用力，以免损坏。

④ 焊机进、出风口处，不得堆放物品。其他物品或墙壁离风口距离不得小于300mm。

⑤ 焊机顶盖不得放置其他物品。

⑥ 风机停转时，严禁使用焊机。如遇到这种情况，应停机检修。

⑦ 如焊机在施焊过程中，突然有过大的电流冲击或性能显著变劣时，应停机检查。

⑧ 控制板上各电位器在出厂时已调试准确，用户非特殊需要切勿随便旋动。

⑨ 焊机在使用过程中，要经常检查安全接地线，保证接地良好。

⑩ 经常检查焊机输出接线螺栓的松动，发热情况，要保持紧固，防止过热。

6) 一般故障产生原因及检修方法(见表5-38)

一般故障产生原因及检修方法　表5-38

故障现象	产生原因	检修方法
机壳漏电	1. 电源线碰外壳 2. 变压器、电抗器、电源开关及其他电气元件或接线碰外壳 3. 未接地线或接触不良	1. 消除碰壳处 2. 检查并消除碰壳处 3. 接妥接地线
风扇不转或风力很小	1. 熔断器(丝)熔断 2. 风扇电动机绕组断线 3. 风扇电动机启动电容接触不良或损坏 4. 三相输入电源有一相断路	1. 更换熔断器 2. 修复电动机 3. 使其接触良好或更换电容 4. 检查并修复
不能起弧，无焊接电流	1. 焊机输出端与工件连接不可靠 2. 变压器次级线圈匝间短路 3. 主回路可控硅(6只)其中几只不触发导通 4. 无输出电压	1. 使输出端与工件可靠连接 2. 消除短路处 3. 检查控制线路触发部分及其引线 4. 检查并修复

续表

故障现象	产生原因	检修方法
焊接电流调节失灵	1. 三相输入电源一相开路 2. 远近控选择开关不相对应 3. 主回路可控硅不导通或击穿 4. 焊接电流调节电位器无输出电压 5. 控制线路有故障	1. 检查并修复 2. 使其对应 3. 检查并修复 4. 检查控制线路给定电压部分及引出线 5. 检查并修复
焊接时焊接电弧不稳定，性能明显变差	1. 线路中某处接触不良 2. 滤波电抗器匝间短路 3. 分流器到控制箱两根引线断开 4. 主回路可控硅其中一个或几个不导通 5. 三相输入电源其中一相开路	1. 使其接触良好 2. 消除短路处 3. 重新接上 4. 检查主回路可控硅及控制线路 5. 检查修复
无输出电流	1. 熔断器(丝)熔断 2. 风扇不转或长期超载使焊机内温升过高，从而使温度继电器动作 3. 温度继电器损坏	1. 更换熔断器(丝) 2. 修复风扇或不要超载运行 3. 更换温度继电器
噪声变大、振动变大	1. 风扇风叶碰外壳 2. 风扇轴承松动或损坏 3. 主回路可控硅不导通或击穿 4. 固定机壳或内部某紧固件松动 5. 两组可控硅输出不平衡	1. 整理风扇支架使其不碰 2. 修理或更换 3. 检查控制线路并修复 4. 拧紧紧固件 5. 调整触发脉冲使其平衡
焊机内出现焦味或主电源熔断器(丝)熔断	1. 主线路部分或全部短路 2. 主回路有可控硅击穿短路 3. 风扇不转或风力太小	1. 修复线路 2. 检查阻容保护接触是否良好，更换同型号同规格的可控硅元件 3. 修复风扇

注：如遇到其他无法排除的故障，请尽快通知本公司或由电气专业人员检修，切勿擅自乱接、乱拆。

(2) ZX5 系列晶闸管整流弧焊机

1) 特点及用途

ZX5 系列晶闸管整流弧焊机主要适用于直流手工电弧焊。它具有空载损耗小、效率高、节能显著等特点。焊机装有集成元件，电弧稳定，熔池平静，飞溅小，焊接性能优良，并能自动补偿电网电压变化。它操作方便，可远距离调节电流。是取代弧焊电动发电机组的理想电源。

2) 主要技术参数(见表 5-39)

主要技术参数　　**表 5-39**

型号 数据	ZX5-250 (图 5-67)	ZX5-315 (图 5-68)	ZX5-400 (图 5-69)	ZX5-500	ZX5-630 (图 5-70)
电源电压(V)	380	380	380	380	380
相数(相)	3	3	3	3	3
频率(Hz)	50	50	50	50	50
输入容量(kVA)	15	18.5	25	34	43
初级电流(A)	23	28	38	52	65
空载电压(V)	60	60	65	65	66

续表

数据＼型号	ZX-250 (图 5-67)	ZX5-315 (图 5-68)	ZX5-400 (图 5-69)	ZX5-500	ZX5-630 (图 5-70)
绝缘等级(级)	F	F	F	F	F
额定工作电压(V)	30	32.6	36	40	44
额定工作电流(A)	250	315	400	500	630
额定负载持续率(%)	35	35	35	35	35
电流调节范围(A)	25～250	30～315	30～400	40～500	60～630
冷却方式	强　制　风　冷				
外形尺寸(mm)	625×490×920	625×490×920	625×490×970	625×490×970	675×540×1020
质量(kg)	145	150	168	175	218

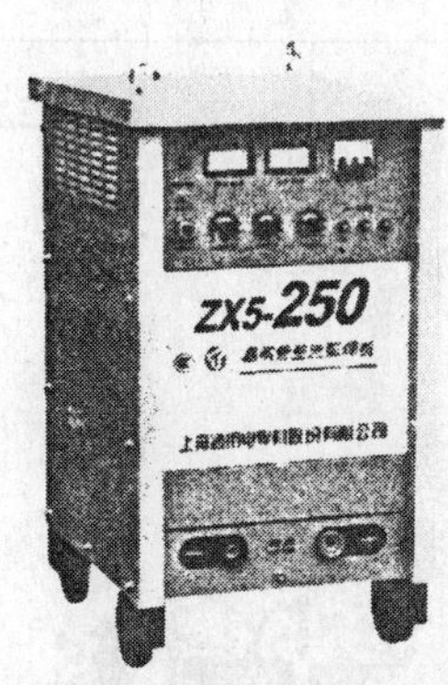

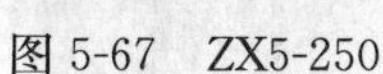
图 5-67　ZX5-250

图 5-68　ZX5-315

图 5-69　ZX5-400

图 5-70　ZX5-630

(3) MZ 系列自动埋弧焊机

1) 特点及用途

MZ 系列自动埋弧焊机是电弧在焊剂层下进行焊接的自动焊接设备，广泛适用于钢结构、石油化工、造船及机械制造等行业对中厚板、低碳钢、高强度钢的自动焊接。

采用晶闸管整流的焊接电源，具有稳定、可靠、节能、调节方便。焊接电流具有缓降的电流外特性，焊接电流密度大、热效率高、电弧的穿透力强、焊接速度快、焊缝质量高、成形美观。适用自动埋弧焊接、手工电弧焊接、碳弧气刨等多种用途。自动焊小车调节方便，适合多种场合及角度，更换焊丝容易，维护方便，生产效率高。

2) 主要技术参数

表 5-40

数据＼型号	MZ-630	MZ-800	MZ-1000 (图 5-71)	MZ-1250 (图 5-72)
输入电压(V)/频率(Hz)	AC 3 相 380/50			
额定输入容量(kVA)	52	60	74	94
额定输出电流(A)	630	800	1000	1250
额定输出电压(V)	44			

续表

数据 \ 型号	MZ-630	MZ-800	MZ-1000 (图 5-71)	MZ-1250 (图 5-72)
输出电流范围(A)	130～630	130～800	150～1000	150～1250
空载电压(V)	74			
额定负载持续率(%)	100	60	80	60
适用焊丝直径(mm)	ϕ2～ϕ3.2	ϕ3.2～ϕ4	ϕ3.2～ϕ5	ϕ3.2～ϕ6
机头偏转角度	±90°			
机头垂直位移(mm)	70			
机头横向位移(mm)	100×100			
送丝速度范围(m/min)	0.2～1.5			
外形尺寸(mm)	1200×570×855			
重量(kg)	385	405	430	440

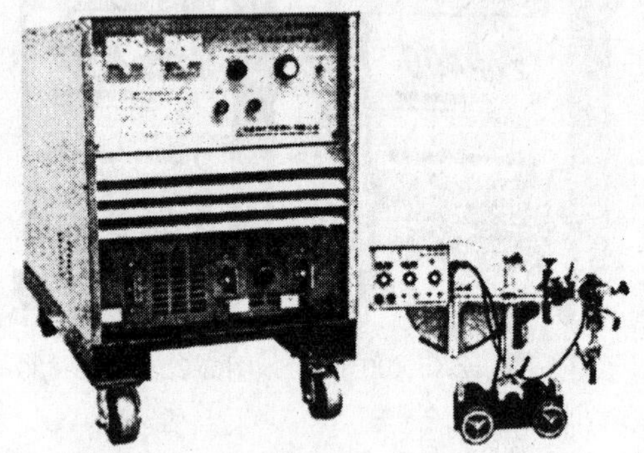

图 5-71　MZ-1000

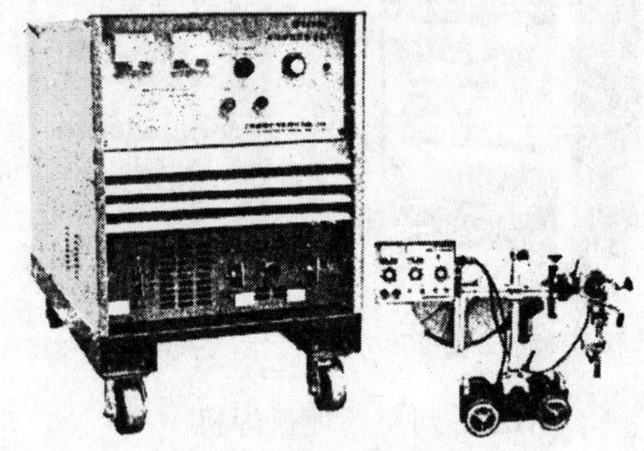

图 5-72　MZ-1250

(4) ZX6 系列三相整流弧焊机

1) 特点

ZX6 系列焊机是抽头式直流弧焊电源。其结构主要由带有抽头的三相焊接变压器和整流二极管以及转换开关和冷却风机等组成。电流的调节是通过三级八位转换开关来实现。保证了三相电的平衡。克服了三相不平衡给供电系统造成的不良影响。高抗漏的变压器使电源具有下降的外特性，能满足各种药皮焊条的焊接规范。引弧容易，电弧稳定，焊缝成形好。

2) 使用条件

① 海拔高度：<1000m；

② 环境温度：−10～40℃；

③ 相对湿度：90%(25℃)；

④ 使用场所无严重影响电源使用的气体、蒸汽、化学沉积和尘垢，霉菌及其他爆炸性、腐蚀性介质，并无剧烈震动和颠簸。

3) 主要技术参数(见表 5-41)

主要技术参数　　　表 5-41

数据＼型号	ZX6-160(图 5-73)	ZX6-200(图 5-74)	ZX6-250(图 5-75)	ZX6-315(图 5-76)
电源电压(V)	3～380	3～380	3～380	3～380
额定容量(kVA)	9.9	12.4	16.5	19.5
空载电压(V)	45～70	45～70	45～70	45～70
额定工作电流(A)	160	200	250	315
电流调节范围(A)	70～160	95～200	110～250	120～315
调节级数(级)	7	7	7	7
额定负载持续率(%)	60	60	60	60
绝缘等级(级)	F	F	F	F
冷却方式	强制风冷			
质量(kg)	62	75	92	105
外形尺寸(mm)	620×370×650	620×370×650	680×410×700	680×410×700

图 5-73　ZX6-160

图 5-74　ZX6-200

图 5-75　ZX6-250

图 5-76　ZX6-315

(5) ZX7 系列 GBT 逆变直流弧焊机

1) 特点和用途

它是一种新型的高效节能直流焊机。该焊机无论作为手工焊还是自动焊电源，都具有极高的综合指标。由于这种焊机具有的静特性及良好的动态特性，使它具有以下特点：

① 动态响应快，性能可靠，焊接电弧稳定，焊缝成型美观。

② 功率输出能力强，效率高，空载损耗小，比传统焊机节电 1/3 以上，可大幅度降低生产成本，是理想的节能设备。

③ 体积小、重量轻、携带方便，运输费用低。

④ 引弧容易，飞溅小，噪声低，可大大改善操作者的工作环境。

特别适合钻井平台，石油化工、天然气管道、船坞、铁路、桥梁、矿山、建筑施工及设备维修等需要频繁移动焊机的场合，也适用于批量产品及大型结构等需要高负载持续率的焊接加工制造。

由于采用具有世界先进水平的 IGBT 模块作为逆变器件及先进的线路原理和控制方式，使焊机具有优异的焊接性能，为锅炉、高压容器、军工等要求高质量焊接的行业提供了可靠的保证。

2）主要技术参数（见表 5-42）

主要技术参数 表 5-42

数据 \ 型号	ZX7-200 IGBT（图 5-77）	ZX7-315 IGBT（图 5-78）	ZX7-400 IGBT（图 5-79）	ZX7-500 IGBT（图 5-80）
电源	单相 220V	三相 380V～50Hz		
额定输入容量（kVA）	8.4	12	13.5	23
额定输入电流（A）	38	20.5	27	38
额定负载持续率（%）	60	60	60	60
电流调节范围（无级调节）（A）	5～200	10～315	10～400	10～500
空载电压（V）	60～70	70～80	70～80	70～80
质量（kg）	23	43	48	55
外形尺寸（mm）	510×410×240	629×475×287	629×475×287	663×490×307

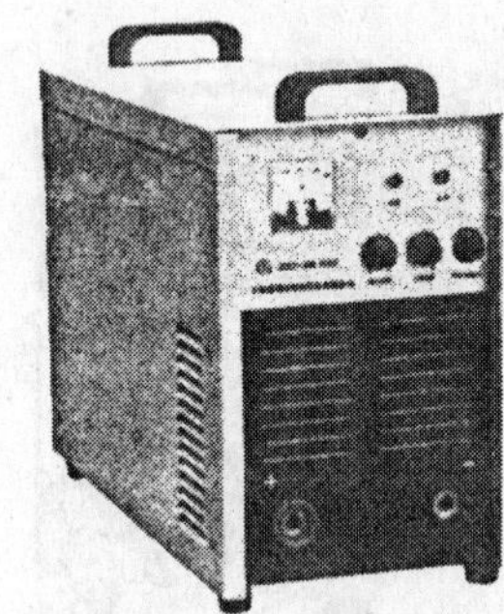

图 5-77 ZX7-200 IGBT

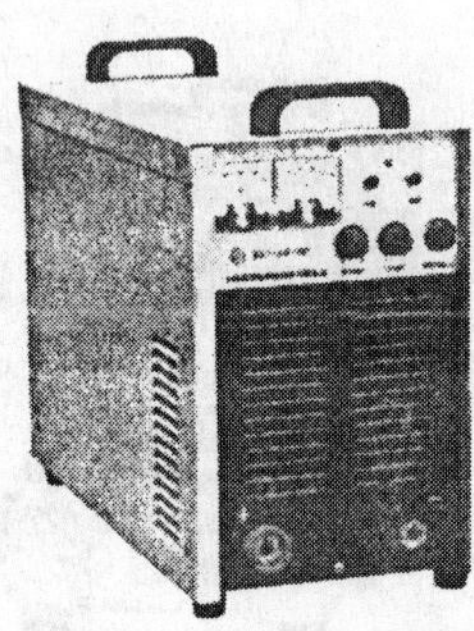

图 5-78 ZX7-315 IGBT

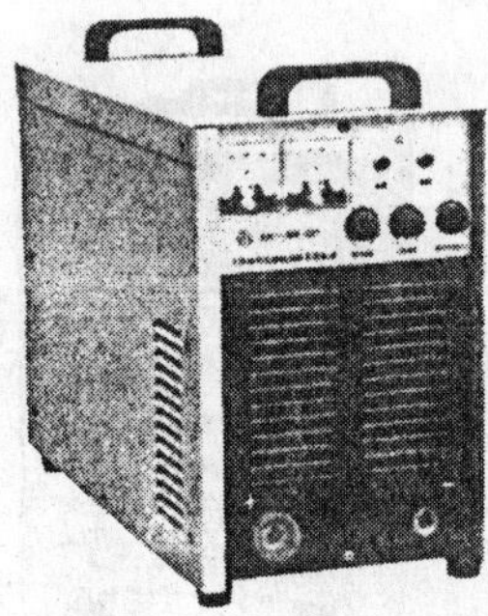

图 5-79 ZX7-400 IGBT

图 5-80 ZX7-500 IGBT

（6）ZXG 系列硅整流弧焊机

1）特点及用途

ZXG 系列直流弧焊机是一种采用硅整流电路的焊接设备，本系列焊机与旋转直流焊机相比，具有重量轻、无噪声、效率高、有明显的节能效果，工作可靠、使用年限长、维护简单等特点。

本系列焊机结构合理、性能稳定、电弧柔和、熔池平静、飞溅小、焊缝成形好、有利于进行全方位焊接。可作为机械制造、造船、桥梁建设、矿山农机等行业的焊接电源，用于低碳钢、合金钢、不锈钢、铸铁等金属材料的焊接。

2）主要技术参数（见表 5-43）

主要技术参数 表 5-43

数据 \ 型号	ZXG-315（图 5-81）	ZXG-400（图 5-82）	ZXG-500（图 5-83）
电源电压（V）	3～380	3～380	3～380
输入容量（kVA）	22	29	37
空载电压（V）	70	70	70

续表

型　号 数　据	ZXG-315 (图 5-81)	ZXG-400 (图 5-82)	ZXG-500 (图 5-83)
绝缘等级(级)	F	F	F
额定工作电压(V)	32.6	36	40
额定工作电流(A)	315	400	500
额定负载持续率(%)	35	35	35
电流调节范围(A)	50～315	70～400	90～500
外形尺寸(mm)	725×490×920	725×490×970	660×540×1020
质量(kg)	198	225	238

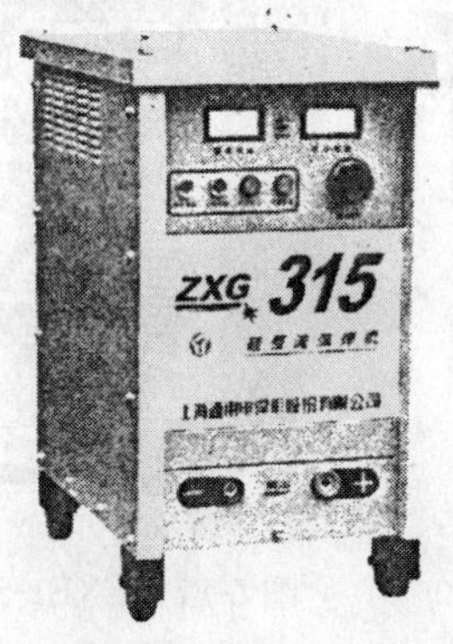

图 5-81　ZXG-315

图 5-82　ZXG-400

图 5-83　ZXG-500

(7) ZXE1 系列交直流两用弧焊机

1) 特点及用途

ZXE1 系列交直流两用弧焊机通过改变输出电缆的接线位置(输出端子)实现交、直流焊接功能的转换。它不但可以使用酸性焊条焊接普通低碳钢、低合金钢构件，而且可以使用碱性焊条焊接重要的低碳钢构件和一般要求的中碳钢、不锈钢、铸铁件等，可广泛用于建筑、冶金、石油、化工、造船、机械等行业。

2) 主要技术参数(见表 5-44)

主要技术参数　　表 5-44

型　号 数　据	ZXE1-250 (图 5-84)	ZXE1-315 (图 5-85)	ZXE1-400 (图 5-86)	ZXE1-500 (图 5-87)
电源电压(V)	380	380	380	380
频率(Hz)	50	50	50	50
相数(相)	单相 Single	单相 Single	单相 Single	单相 Single
AC 额定焊接电流(A)	250	315	400	500
DC 额定焊接电流(A)	200	250	315	400
AC 电流调节范围(A)	50～250	60～315	75～400	95～500
DC 电流调节范围(A)	40～200	50～250	60～315	80～400

续表

数据 \ 型号	ZXE1-250 (图 5-84)	ZXE1-315 (图 5-85)	ZXE1-400 (图 5-86)	ZXE1-500 (图 5-87)
额定负载持续率(%)	35	35	35	35
空载电压(V)	68	70	72	70
额定输入容量(kV·A)	18.6	22.8	30	38
绝缘等级(级)	F	F	F	F
质量(kg)	110	132	155	188
外形尺寸(mm)	645×404×690	670×434×720	700×454×840	740×494×920

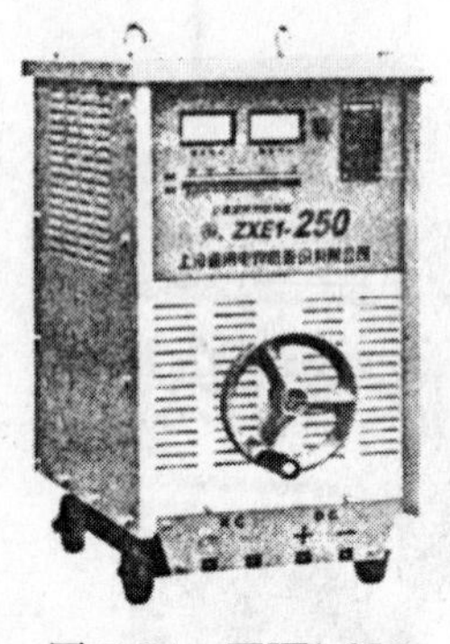

图 5-84 ZXE1-250

图 5-85 ZXE1-315

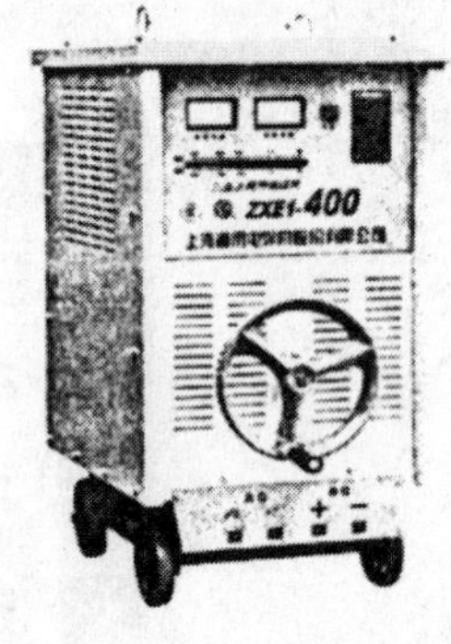

图 5-86 ZXE1-400

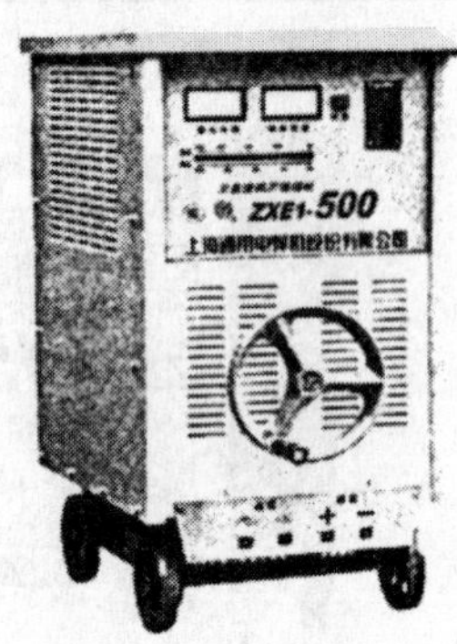

图 5-87 ZXE1-500

(8) 焊机的维修保养

1) 交流弧焊机

① 交流弧焊机一般是单向的，在连接电源时，要使电源电压与焊机电压值相一致。

② 新配备的焊机与长期停用的焊机，必须按要求进行一、二次绕组绝缘电阻检查，通常应在 0.5、0.2MΩ 以上，如低于此值应进行干燥处理。

③ 焊机的供电回路，焊接回路的接头及焊钳接线应符合标准规定。

④ 焊机的活动部分(漏磁调节手柄)应转动灵活，无灰尘、锈蚀。

2) 硅整流焊机

① 要加强硅元件的保护和冷却，冷风扇要可靠，并定期维护、清理，出现故障应及时进行处理，硅元件损坏时，应排出故障后，更换新元件。

② 硅元件及有关电子线路，要经常保持清洁和干燥，长期停用时，要对内、外部进行干燥处理。

③ 焊接过程中整流器发生异常，应停机检查，处理好后，才能继续使用。

④ 磁放大铁芯为冷轧硅钢片等高导磁材料制成，不能受强烈震击，防止磁性损坏。

3. 埋弧自动焊机

(1) 焊机特点

埋弧自动焊机就是焊接前从引燃电弧开始，焊丝自动送出并开始焊接，按照焊接规范的要求，完成焊接工艺全过程，并最终熄弧、送丝停止，整个作业程序实现了自动化。

(2) 焊机分类

埋弧自动焊机按用途可分为通用和专用焊机；按送丝方法又可分为等速送丝式和电弧电压均匀调节式；按行走机构分为小车式、门架式和悬臂式；按焊丝数目可分为单丝、双丝和多丝焊机。表 5-45 是国产埋弧自动焊机的主要技术参数。

埋弧自动焊机的主要技术参数　　**表 5-45**

焊机型号								
焊机型号	新型号	MZA-1000	MZ-1000	MZ_1-1000	MZ_2-1500	MZ_3-500	MZ_4-2×500	MU-2×300
	旧型号	GM-1000	EA-1000	EK-1000	EK-1500	EL-500	EH-2×500	EP-2×300
焊丝给送方式		均匀调节式	均匀调节式	等速给送式	等速给送式	等速给送式	等速给送式	等速给送式
焊机结构特点		埋弧，明弧两用焊车	焊　车	焊　车	悬挂式自行机头	电磁爬行小车	焊　车	堆焊专用焊机
焊接电流(A)		200～1200	400～1200	200～1500	400～1500	180～600	200～600	160～300
焊丝直径(mm)		3～5	3～6	1.6～5	3～6	1.6～2	1.6～2	1.6～2
送丝速度(m/h)		30～360(弧压反馈控制)	30～120(弧压 35V)	52～403	28.5～225	108～420	150～600	96～324
焊接速度(m/h)		2.1～78	15～70	16～126	13.5～112	10～65	8～60	19.5～35
焊车或机头	外形尺寸(长×宽×高)(mm)	500×600×800	1010×344×662	716×346×540	760×710×1763	790×230×260	786×322×635	870×(1500～2400)×920
	质量(kg)	60	65	45	160	13	50	100

(3) MZ-1000 型埋弧自动焊机

这种自动焊机是按照电弧电压自动调节原理制造的焊机。它可焊接水平位置，倾斜不大于 15°的各种有、无坡口的对接缝、搭接缝和角缝等，利用辅助工具还可焊内、外环缝。焊机的结构见图 5-88。

图 5-88　MZ-1000 型埋弧自动焊机

埋弧自动焊机是由自动焊车、控制箱及焊接电源组成。

1) 自动焊车

MZ-1000 自动焊车由机头、控制盘、焊丝盘、焊剂漏斗和台车等组成，见图 5-89。

图 5-90 是埋弧自动焊原理示意。送丝传动系统见图 5-91。机头上装有一台 40W 2850r/min 的直流电动机 1，经齿轮副 4 和蜗轮蜗杆 5 组成的减速机构减速后，带动焊丝主动送丝轮 2。焊丝被夹紧在主动送丝轮 2 和从动压紧轮 3 之间，夹紧力的大小可以通过弹簧和杠杆来调节。焊丝送出后，由矫直滚轮矫直，再经导电嘴，最后送入电弧区。导电嘴的高低可通过调节手轮来调节，以保证焊丝有合适的伸出长度。导电嘴内装有两副导电衬套(或称导电块，见图 5-92)，可根据焊丝直径的粗细和衬套的磨损情况进行更换，以保证导电良好。焊接电源的一个极就接在导电嘴上。在机头上还装有焊剂漏斗，通过漏斗的金属蛇形软管，可将焊剂堆敷在焊件的预焊部位。

控制盘上装有焊接电流表和电压表，电弧电压和焊接速度的调节器，各种控制开关和按钮："焊接"、"空载"转换开关，焊车"前后"行走和"停止"转换开关，焊接"启动"、"停止"按钮，焊丝"向上"、"向下"按钮，焊接电流"增大"、"减少"按钮等。

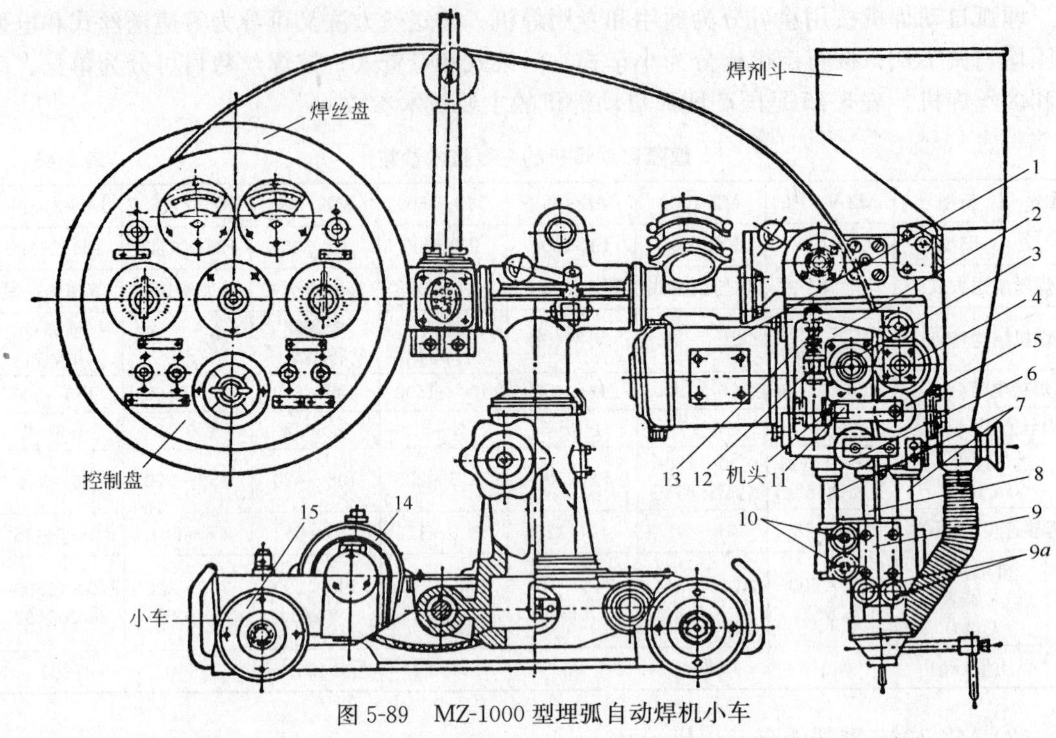

图 5-89　MZ-1000 型埋弧自动焊机小车

1—送丝电机；2—杠杆；3、4—送丝滚轮；5、6—矫直滚轮；7—圆柱导轨；8—螺杆；9—导电嘴；9a—螺丝(压紧导电块用)；10—螺丝(接电极用)；11—螺钉；12—旋转螺钉；13—弹簧；14—小车电机；15—小车行走轮

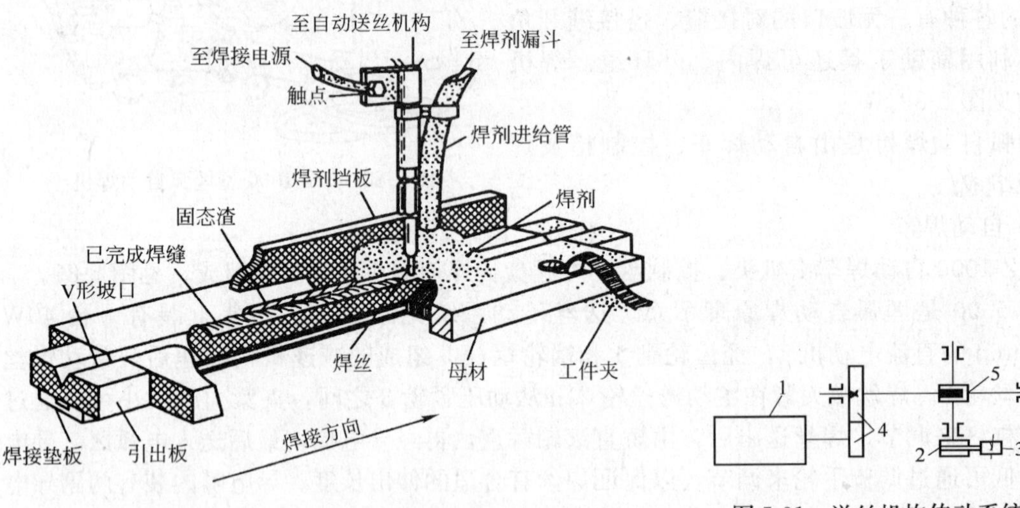

图 5-90　埋弧自动焊的原理示意

图 5-91　送丝机构传动系统

1—电动机；2—主动送丝轮；3—从动压紧轮；4—齿轮；5—蜗轮蜗杆

焊机机头、控制盘、焊丝盘和焊剂漏斗等全部装在一个台车上，见图 5-93。在台车的下面装有四只橡胶绝缘拖轮，以使焊车沿轨道自由行走。焊车行走机构的传动系统见图 5-94。台车装有一台 40W 2850r/min 的直流电动机，经二级蜗轮蜗杆 2、3 减速后，带动台车的主动轮 4 转动。台车的速度可在 15～70m/h 范围内均匀调节。为了操作方便，在

焊车的减速机构与主动车轮之间装有爪形离合器，通过离合器的离或合，可以用手推动焊车，或者由电动机驱动焊车。

为了能方便地焊接各种类型焊缝，并使焊丝能准确地对准施焊位置，焊车的一些部件可作一定的移动和转动，见图 5-93。

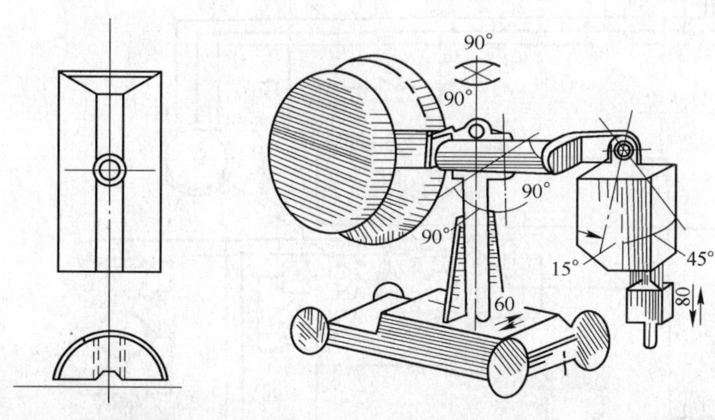

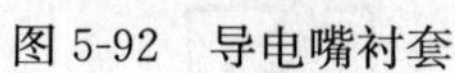

图 5-92　导电嘴衬套

图 5-93　MZ-1000 型焊车可调部位示意图

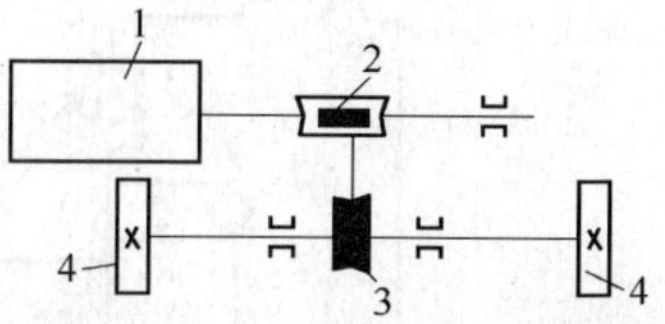

图 5-94　焊车行走机构传动系统
1—电动机；2、3—蜗轮、蜗杆；4—小车主动轮

2）MZP-1000 型控制箱

控制箱内装有电动机-发电机组，中间继电器，交流接触器，变压器，整流器，镇定电阻和开关等。

3）焊接电源

可以分别采用交流电源或直流电源。采用交流电源时，常用 BX_2-1000 型弧焊变压器；采用直流电源时，可用 AX_1-500 型直流电焊机(单台或两台并联使用)或采用改装后具有陡降外特性的 AP-1000 型直流电焊机。

4）工作原理

MZ-1000 型自动电焊机的电气线路是根据电弧电压的变化，自动调节焊丝的给送速度，使电弧电压保持不变的原理设计的。使用交流电源时的电气线路，见图 5-95。

在 MZ-1000 型自动电焊机的电气线路中，三相交流电动机 D_3 拖动直流发电机 F_1 和 F_2。F_1 对直流电动机 D_1 的电枢供电，D_1 是焊丝给送电机。F_1 具有三个激磁线圈—它激线圈 F_{1-1}、F_{1-2}和串激线圈 F_{1-3}。F_{1-1}由降压变压器 B_2 经整流器 BZ_1 整流后，再经电弧电压调节器 W_1 供电(焊接时)；F_{1-2}经整流器 BZ_2 与焊接电弧两端相联，焊接时由电弧供电；F_{1-1}和 F_{1-2}所产生的磁通方向相反。当发电机 F_1 中只有 F_{1-1}工作时，电动机 D_1 转动方向使焊丝上抽；当只有 F_{1-2}工作时，则使焊丝下送。当两个线圈同时工作时，电动机 D_1 的转速和转向就由线圈所产生的合成磁通所决定。焊接时由于电弧电压的变化，发电机 F_1 内的磁通便有变化，其输出电压和极性也相应改变，从而可通过机头电动机 D_1 相应地改变焊丝的给送速度，这样也就改变了电弧长度(电弧电压)，从而起到了均匀调节的作用。F_{1-3}用以加强电动机 D_1 的磁通，使其工作稳定。

调节电位器 W_1，便可改变发电机 F_1 线圈 F_{1-1}的电压，以达到调节电弧电压的目的。

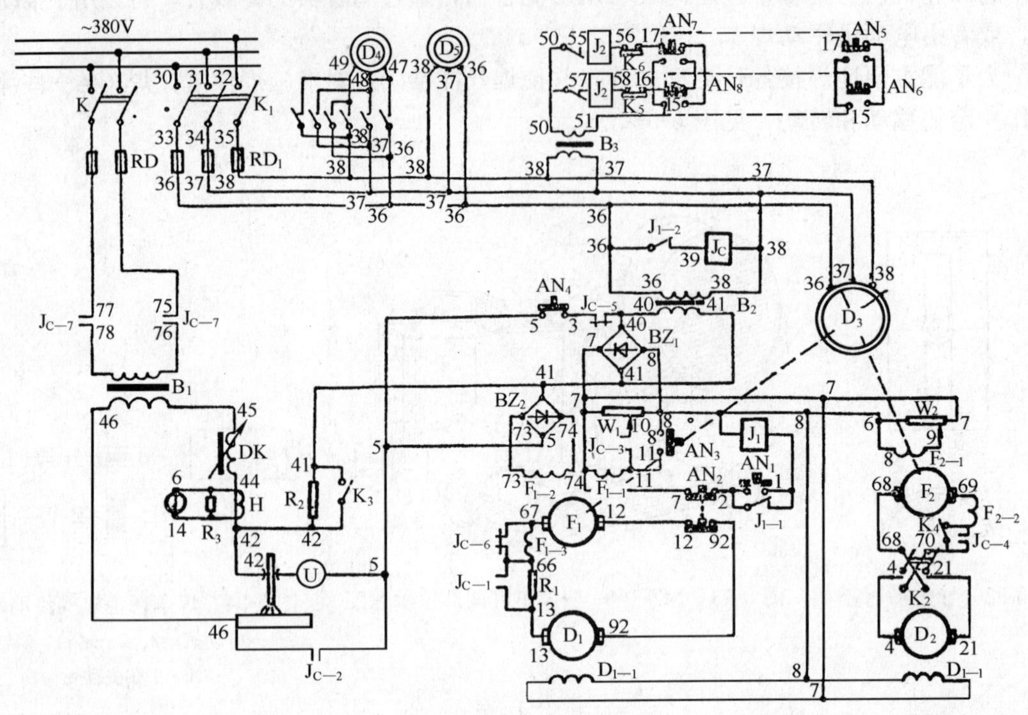

图 5-95　MZ-1000 型自动电焊机电气原理图(交流焊接电源)

K—闸刀开关；K_1—电源开关；K_2—转换开关；R_D—熔断器；J_C—交流接触器；

B_1、B_2、B_3—降压变压器；BZ_1、BZ_2—单相桥式整流器；AN_1～AN_8—按钮开关；J_1—直流中间继电器；

W_1、W_2—瓷盘变阻器；R_1～R_3—瓷管电阻；F_1、F_2—直流发电机；D_1、D_2—直流电动机；

D_3～D_5—交流电动机；I—交流电流表；U—交流电压表；K_3、K_4—单向开关；H—电流互感器

当增加 F_{1-1} 的电压时，电弧电压增大，反之则减小。为了扩大电弧电压的调节范围，在 F_{1-2} 的回路中接入一个镇定电阻 R_2，开关 K_3 与它并联。K_3 闭合，R_2 被短路，发电机 F_1 中线圈 F_{1-2} 的电压值较高，焊丝送进便慢，电弧电压便升高。

驱动焊车的电动机 D_2 的电枢由发电机 F_2 供电。F_2 具有一个它激线圈 F_{2-1} 和一个串激线圈 F_{2-2}，F_{2-1} 由辅助变压器 B_2 经整流器 BZ_1 整流后，再经过调节焊车速度的电位器 W_2 供电。调节电位器 W_2 电阻的大小，便可改变发电机 F_2 输出电压的大小，电动机 D_2 的转速也相应地变化，也就改变了焊车的行走速度。D_2 的电枢回路中装有一个换向开关 K_2，用以改变 D_2 的转动方向，使焊车前进或后退。K_4 为焊车的空载行走开关。

在线路中还有中间继电器 J_1，交流接触器 J_C，电流互感器 H，电流表 I，电压表 U，控制按钮 AN_1～AN_8，三相转换开关 K_1 和熔断器 R_D 等。

当使用直流焊接电源时，电气线路稍有改变：一是直流焊接电源的一极联接交流接触器的主触点(应注意使用的极性)，若触点面积不够时，可将两个触点并联使用；二是将电流互感器改为分流器；三是将交流电流表和电压表改为直流电流表和电压表。使用直流焊接时的电气原理，见图 5-96。

MZ-1000 型自动焊机使用不同焊接电源时的外部接线，分别见图 5-97 和图 5-98。

5）焊机操作

焊机操作分准备、焊接、停止三步。

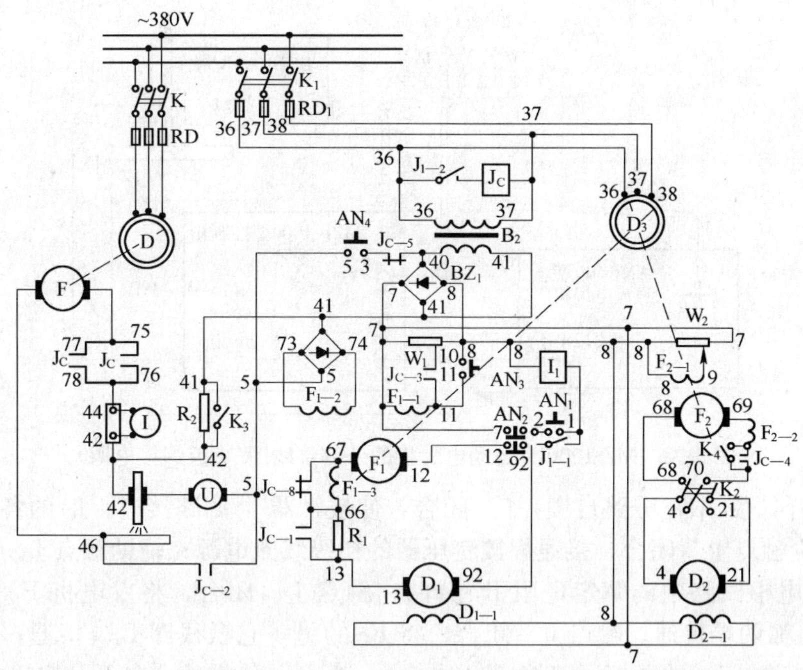

图 5-96　MZ-1000 型自动电焊机电气原理图(直流焊接电源)

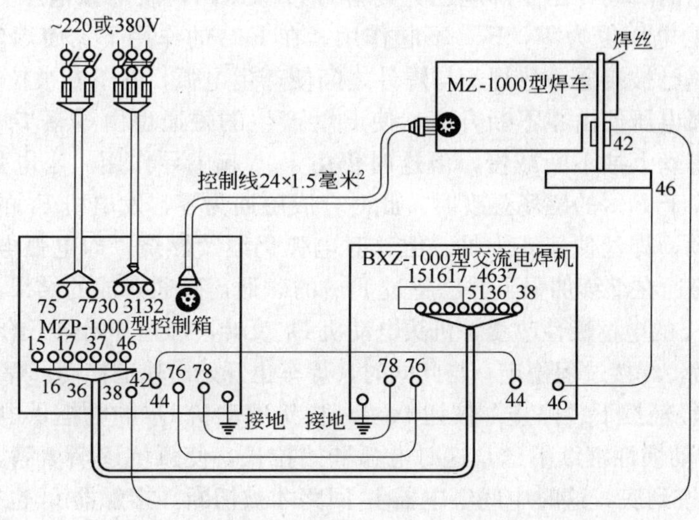

图 5-97　MZ-1000 型自动电焊机的外部接线圈(交流焊接电源)

① 准备。见图 5-95，首先闭合焊接变压器的闸刀开关 K 和控制线路的电源开关 K_1，通过电位器 W_1、W_2 和按钮开关 AN_5、AN_6 调节电弧电压、焊接速度和焊接电流，使达到预定规范。将焊车推至预焊部位，通过按钮 AN_3(焊丝向上)和按钮 AN_4(焊丝向下)使焊丝末端与焊件表面轻轻接触，闭合焊件离合器，将换向开关 K_2 扳到预焊方向，开关 K_4 扳到“焊接”位置，开启焊剂漏斗阀门，使焊剂堆敷在预焊部位，准备工作即告结束。

② 焊接。按下“启动”按钮 AN_1，中间继电器 J_1 接通动作，其常开触点 J_{1-1}、J_{1-2}

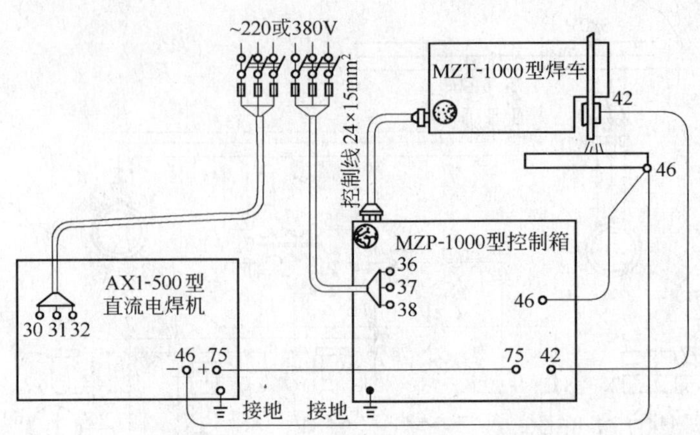

图 5-98 MZ-1000 型自动电焊机的外部接线图(直流焊接电源)

闭合。J_H 闭合，使 AN_1 分路自锁；J_{1-2}闭合，使接触器 J_C 回路接通。J_C 的各触点应完成以下动作：主触点 J_{C-7}闭合，接通焊接变压器的初级线圈电源；辅助触点 J_{C-1}闭合，使机头发电机 F_1 电枢回路中的镇定电阻 R_1 分路；触点 J_{C-2}闭合，将发电机 F_1 的它激线圈 F_{1-2}与焊接电弧两端接通；触点 J_{C-3}闭合，将 F_1 的另一它激线圈 F_{1-1}接通；触点 J_{C-4}闭合，使焊车电动机 D_2 的电枢回路接通；触点 J_{C-5}断开，使焊丝“向下”按钮 AN_4 失去作用；触点 J_{C-6}断开，使机头发电机 F_1 的串激线圈 F_{1-3}接入电枢回路。

在焊机启动后的瞬间，由于焊丝已先与焊件接触短路，故电弧电压为零，发电机 F_1 的激磁线圈 F_{1-2}的电压也为零，F_{1-2}不起作用。在 F_{1-1}的作用下，使焊丝向上抽起。由于这时焊接主回路已被接通，故焊丝与焊件之间便产生电弧，并不断被拉长。随着电弧的产生与拉长，电弧电压便由零不断升高，使 F_{1-2}产生的磁通也由零逐步增加，并与 F_{1-1}合成，其结果使焊丝上抽不断减慢，但这时仍由 F_{1-1}起主导作用。当电弧电压增长到使 F_{1-2}的磁场强度等于 F_{1-1}的磁场强度时，此时合成磁通为零，发电机 F_1 的输出电压为零，电动机 D 停止转动，焊丝便停止上抽。但这时电弧仍继续燃烧，即电弧电压在继续增加，也就是说 F_{1-2}的磁通在继续加强，并已超过 F_{1-1}的磁通，磁通合成的结果，变为 F_{1-2}起主导作用，发电机 F_1 的电枢极性改变，机头电动机 D_1 反转，焊丝开始向下给送。当送丝速度与熔化速度相等后，焊接过程稳定，与此同时，焊车也开始沿轨道移动，焊接便正常进行。

③ 停止。先轻轻按下“停止”按钮 AN_2，机头电动机 D_1 的电枢供电回路先被切断，焊丝只靠 D_1 的转动惯性继续下送，这时电弧开始拉长，使弧坑逐渐填满。等电弧自然熄灭后，再将 AN_2 按到底，这时中间继电器 J_1 回路才被切断，接触器 J_C 也被断路，焊接电源切断，各触点恢复至初始状态，焊接过程全部停止。但应注意，“停止”按钮切勿一按到底，否则焊丝给送与焊接电源同时停止和断开，而电动机的惯性会使焊丝继续下送，使焊丝插入尚未凝固的焊接熔池，焊丝将与焊件发生“粘住”现象。

在焊接停止的时候，关闭焊剂漏斗阀门。

MZ-1000 型自动焊机在适当改装后，可使用直径 2mm 的细丝进行焊接，但焊丝给送速度必须加快，此时需调换其减速机构的圆柱齿轮，将传动比从原来的 1∶5 改为 1∶2 或 1∶3，这样送丝速度便可增加，以适应用细丝焊接薄板的需要。另外，为了使送丝可靠，要改用螺纹带沟槽的送丝轮，导电嘴亦应作相应改变(见图 5-99)，以保证导电和导向的效果。

(4) 埋弧自动焊机的故障的处理及维护保养

焊机必须根据设备说明书进行安装，外接网路电压应与设备要求电压相一致，外部电气线路安装要符合规定，外接电缆要有足够的容量(粗略可按每平方毫米 5～7A 计算)和良好的绝缘，联接部分的螺母要拧紧，带电部件的绝缘情况要经过检查。焊接电源、控制箱、焊机的接地线要可靠。注意电动机的转向是否正确。若用直流焊接电源时，要注意电表和电极的极性不要接反。线路接好后，先检查一遍接线是否完全正确，再通电检查各部分的动作是否正常，以免造成设备事故，影响生产，甚至影响人身安全。在使用过程中焊机各活动部分的动作要自如，因此要经常保持焊机的清洁，特别是机头部分的清洁，避免焊剂、渣壳的碎末阻塞活动部件，以免影响正常工作和增加机件的磨损。

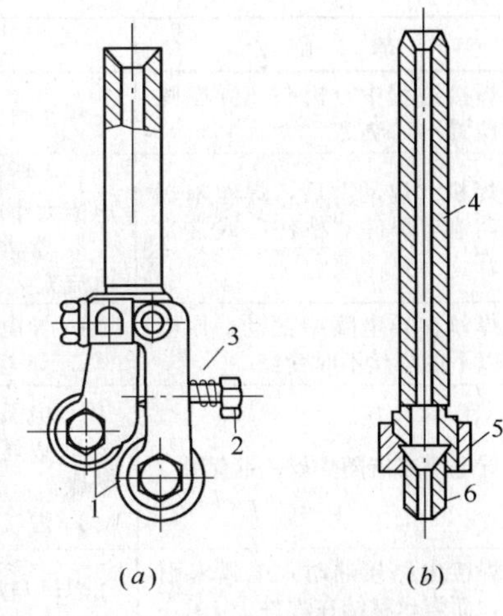

图 5-99　导电嘴
(a)滚轮式导电嘴；(b)偏心管状导电嘴
1—导电滚轮；2—调节螺丝；3—弹簧；4—导电杆；5—螺母；6—导电嘴

埋弧自动焊机的常见故障和处理方法，见表 5-46。

埋弧自动焊机常见故障及处理方法　**表 5-46**

故　障	产生的原因	处理方法
当按下焊丝"向下""向上"按钮时，焊丝动作不对或不动作	1. 控制线路中有故障(如辅助变压器、整流器损坏，按钮接触不良) 2. 感应电动机方向接反 3. 发电机或电动机电刷接触不好	1. 检查上述部件并修复 2. 改换三相感应电动机的输入接线
按下"启动"按钮，线路正常工作，但引不起弧	1. 焊接电源未接通 2. 电源接触器接触不良 3. 焊丝与焊件接触不良 4. 焊接回路无电压	1. 接通焊接电源 2. 检查修复接触器 3. 清理焊丝与焊件的接触点
"启动"后，焊丝一直向上反抽	电弧反馈的 46 号线未接或断开(MZ-1000 型)	将 46 号线接好
线路工作正常，焊接规范正确，但焊丝给送不均匀、电弧不稳	1. 焊丝给送压紧滚轮太松或已磨损 2. 焊丝被卡住 3. 焊丝给送机构有故障 4. 网路电压波动太大	1. 调整或调换焊丝给送滚轮 2. 清理焊丝 3. 检查焊丝给送机构 4. 焊机可使用专用线路
焊接过程中焊剂停止输送或输送量很小	1. 焊剂已用完 2. 焊剂斗阀门处被渣壳或杂物堵塞	1. 添加焊剂 2. 清理并疏通焊剂斗
焊接过程中一切正常，而焊车突然停止行走	1. 焊车离合器已脱开 2. 焊车轮被电缆等物阻挡	1. 关紧离合器 2. 排除车轮的阻挡物
按下"启动"按钮后，继电器作用，接触器不能正常作用	1. 中间继电器失常 2. 接触器线圈有问题 3. 接触器磁铁接触面生锈或污垢太多	1. 检修中间继电器 2. 检修接触器
焊丝没有与焊件接触，焊接回路有电	焊车与焊件之间绝缘破坏	1. 检查焊车车轮绝缘情况 2. 检查焊车下面是否有金属与焊件短路

续表

故　障	产生的原因	处理方法
焊接过程中，机头或导电嘴的位置不时改变	焊车有关部分有游隙	检查消除游隙或更换磨损零件
焊机“启动”后，焊丝末端周期地与焊件“粘住”或常常断开	1.“粘住”是因为电弧电压太低，焊接电流太小或网路电压太低 2. 常常断弧是因为电弧电压太高，焊接电流太大或网路电压太高	1. 增加电弧电压或焊接电流 2. 减小电弧电压或焊接电流 3. 改善网路负荷状态
焊丝在导电嘴中摆动，导电嘴以下的焊丝不时变红	1. 导电嘴磨损 2. 导电不良	要换新导电嘴
导电嘴末端随焊丝一起熔化	1. 电弧太长，焊丝伸出太短 2. 焊丝给送和焊车皆已停止，电弧仍在燃烧 3. 焊接电流太大	1. 增加焊丝给送速度和焊丝伸出长度 2. 检查焊丝和焊车停止的原因 3. 减小焊接电流
焊接电路接通时，电弧未引燃，而焊丝粘结在焊件上	焊丝与焊件之间接触太紧	使焊丝与焊件轻微接触
焊接停止后，焊丝与焊件粘住	1.“停止”按钮按下速度太快 2. 不经“停止 1”而直接按下“停止 2”	1. 慢慢按下“停止”按钮 2. 先按“停止 1”待电弧自然熄灭后，再按“停止 2”

(5) 埋弧自动焊辅助机械装置

埋弧自动焊的辅助机械装置主要用以焊接直缝、圆缝和环缝。其特点是转动均匀连续，并能根据焊接速度的需要，进行无级调速。

1) 回转台

回转台是用于平面圆缝的自动焊接装置，其工作原理，见图 5-100。为了提高大直径回转台运转的平稳性，在工作台下面沿外周边缘可设支承滚轮。

图 5-101 为椭圆轨迹自动焊装置，可用于焊接平面椭圆形焊缝。整个装置采用椭圆齿轮传动。椭圆齿轮 8 在弹簧 1 的拉力作用下紧靠齿轮 9 旋转，同时连同固定在其上的转盘 4 左右移动，在转盘上固定着一椭圆形卡板 3。焊件上的孔套入这块卡板时就完成了工件的正确定位。焊接时焊头不动，圆柱齿轮 9 带动椭圆齿轮旋转。当齿轮 9 等速旋转时，整个椭圆轨迹的焊接速度不变(见图 5-101)。

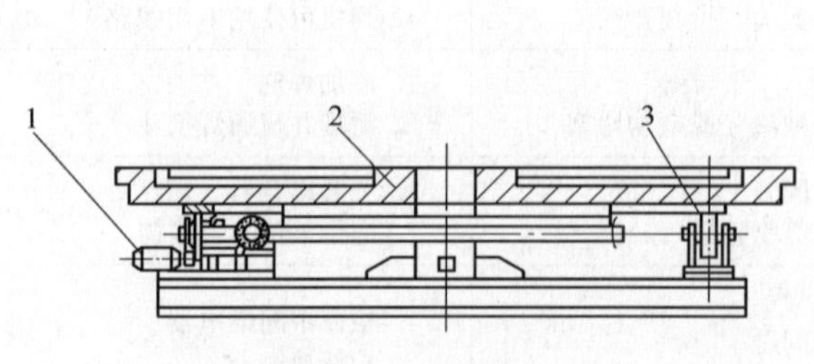

图 5-100 回转台

1—电动机和传动机构；2—回转工作台；3—支承滚轮

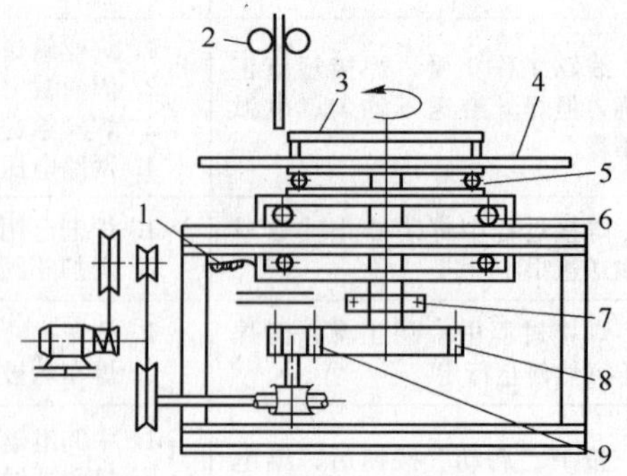

图 5-101 椭圆轨迹自动焊装置

1—弹簧；2—焊头；3—椭圆形卡板；4—转盘；5—平面轴承；6—平面移动滚轮；7—摩擦箍；8—椭圆齿轮；9—圆柱齿轮

2）滚轮架

滚轮架是借助焊件与主动滚轮间的摩擦力来带动圆筒形滚轮旋转，以进行环缝自动焊接的机械装置。滚轮架的载重量可从几十公斤到十吨以上，其结构见图 5-102。滚轮架的调速范围通常为 3：1 和 10：1，焊件中心与两个支承滚轮中心连线的夹角一般为 50°～60°。角度过小，筒体放置不稳；角度过大则增加转动扭矩。滚轮中心距可通过可换传动轴 4 进行调节。滚轮架的无级调速方式，见表 5-47。

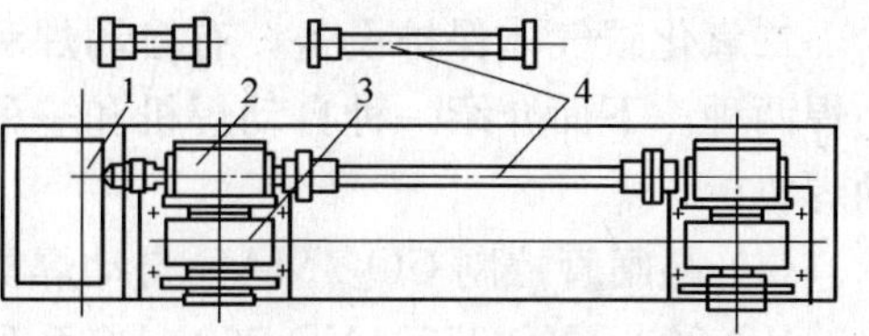

图 5-102 滚轮架

1—一级减速箱；2—二级减速箱；3—滚轮；4—可换传动轴

滚轮架无级调速方式 **表 5-47**

调速方式	特点	调速比	适用范围
可控硅供电直流电动机	速比大，控制线路较复杂	10：1	各种滚轮架
三相整流子异步电动机	过载能力大，起动转矩大，调速范围小，电刷易磨损，速比小	3：1	中、小型滚轮架
电磁调速交流异步电动机	速比大，低速时不稳定，效率低	10：1	中、小型滚轮架
液压马达	速比大，传动平稳，价格贵	10：1	中、小型滚轮架

3）操作机

操作机的作用是将焊机机头准确地送到并保持在待焊位置，或以选定的焊接速度沿规定的轨迹移动焊机，完成直缝和环缝的自动焊接。

图 5-103 为悬臂式操作机。悬臂可以升降，自动焊小车可在平台的导轨上移动和调整，立柱固定不回转，当滚轮架带动圆筒形工件回转时，可进行环缝自动焊接。

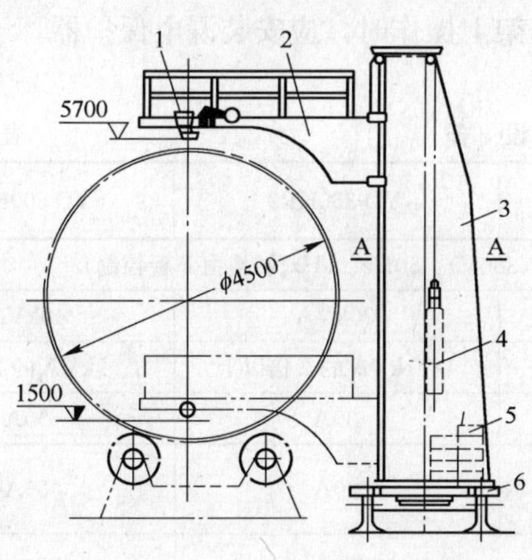

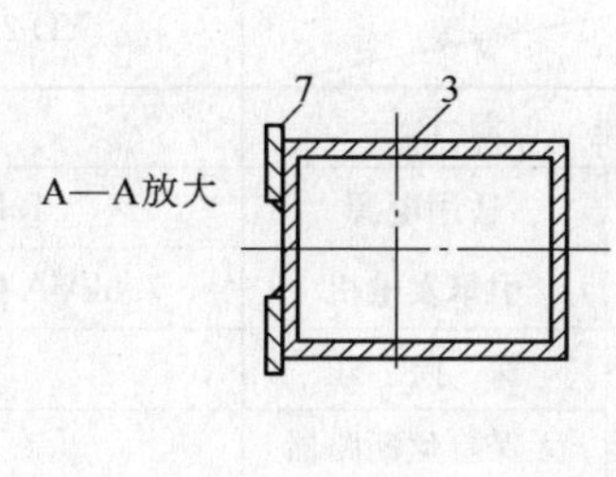

图 5-103 悬臂式操作机

1—自动焊机；2—操作平台；3—立柱；4—配重；5—压重；6—台车；7—立柱平轨道

图 5-104 为龙门式操作机。操作平台 3 可沿龙门架 2 机动升降，龙门架可沿轨道行走，以进行直缝自动焊接。龙门架固定、而工件沿滚轮架转动时，则可进行环缝自动焊接。

4．二氧化碳气体保护焊设备

二氧化碳气体保护焊设备的特点是：焊厚板可不开坡口或减少坡口角度，焊接过程中减少气孔的产生。采用大电流焊接可以改进焊缝表面成形，提高焊缝质量。

二氧化碳气体保护设备，有自动焊和半自动焊两种。下面介绍一种自动焊机和一种半自动焊机。

（1）晶闸管控制 CO_2/MAG 自动焊机

YD-200、YD-350、YD-500KR2 系列焊机的特点是：无遥控器电缆，提高了焊机的机动性，减少了断线的麻烦；新型设计，使焊机防尘性能得到了大幅度提高，适用于广泛的领域和空间；具有电流、电压分别调整/简易一元化转换机能(即用遥控器上的输出调节器选定焊接电流的同时与之相适应的焊接电压得到自动调节)。

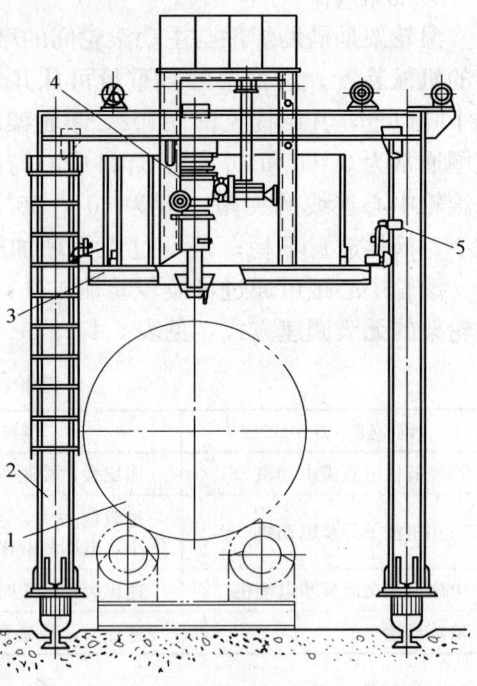

1）安装场地和电源设备

① 安装场地

(*A*) 焊机应放在避免阳光直射、避雨、湿度小、灰尘小的房间里(室温－10～40℃)。

(*B*) 焊接电源距墙壁 20cm 以上，两台并放时应相隔 30cm 以上。

(*C*) 焊接电源内部不能有金属性异物进入。

(*D*) 在无风处引弧，有风处应设挡风板。

(*E*) 工作场地比较潮湿，以及在铁板、铁架上操作时，应安装漏电保护器。

② 电源设备(见表 5-48)

图 5-104　龙门式操作机

1—焊件；2—龙门架；3—操作平台；4—自动焊机和调整装置；5—限位开关

电源设备　　**表 5-48**

		YD-200KR2	YD-350KR2	YD-500KR2
电　源		3 相 AC(380V)　50Hz/60Hz(转换由 P 板控制)		
设备容量	适用电源	10kVA	20kVA	40kVA
	引擎发电机	7.6kVA 的 2 倍以上	18.1kVA 的 2 倍以上	31.9kVA 的 2 倍以上
输入保护设备	保　险　丝	15A	30A	50A
	无保险丝断路器(或漏电保护器)	15A	30A	50A
电缆截面积	焊接电源输入	$5mm^2$ 以上	$8mm^2$ 以上	$12mm^2$ 以上
	焊接电源输出	$38mm^2$ 以上	$38mm^2$ 以上	$60mm^2$ 以上
	地　　线	$14mm^2$ 以上	$14mm^2$ 以上	$14mm^2$ 以上

(*A*) 电源电压的波动：允许范围是额定输入电压的±10%。

(*B*) 使用引擎发电机时：要使用焊接电源的额定输入 2 倍以上容量的具有补偿线圈的发电机。

(*C*) 输入配线：对每台焊接电源需设置规定容量的自动开关或无保险丝断路器(或漏电保护器)。后者应根据用途选用。

(*D*) 因使用地区改变输入频率时，可通过转换开关进行转换。

2) 焊机的组成

焊机的组成系统见图 5-105。

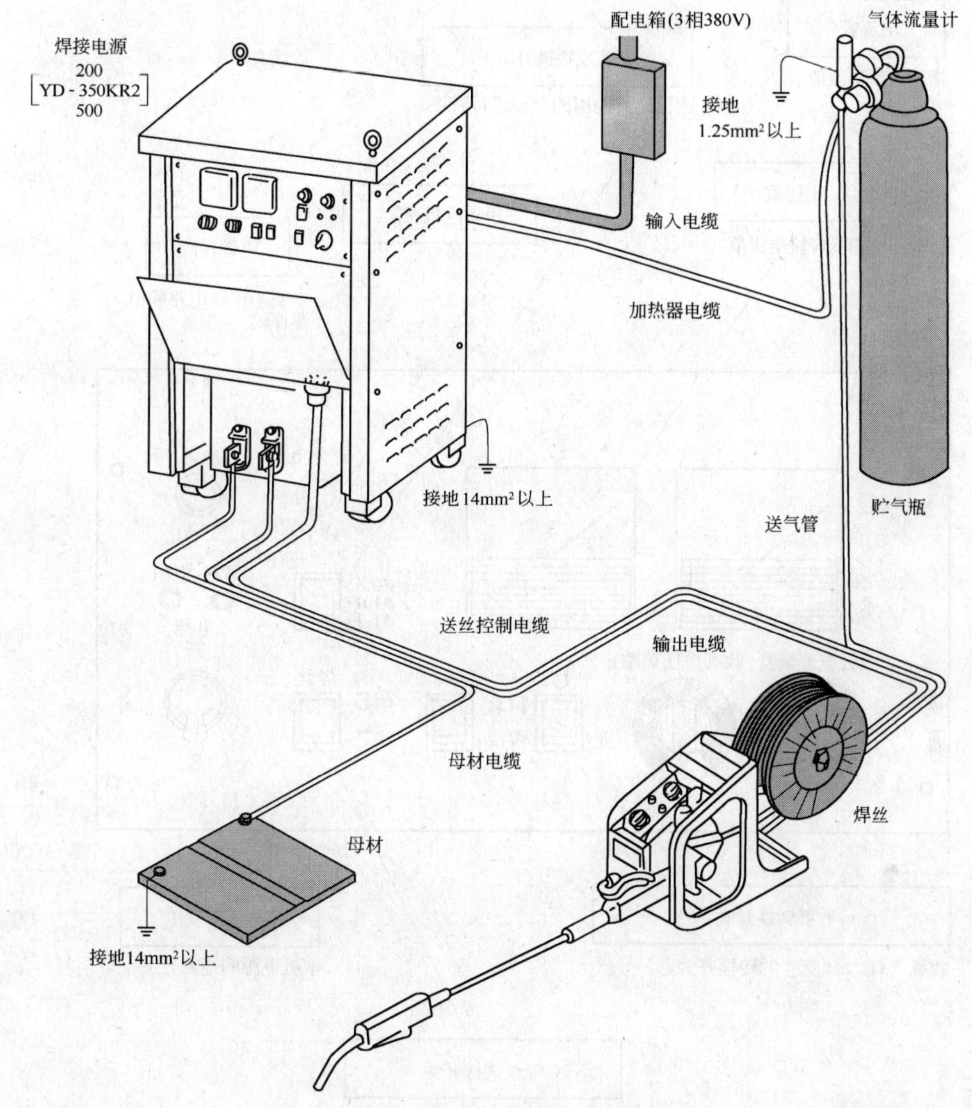

标　准　构　件

综合形式	焊接电源	送丝装置	焊　枪
YM-200KR2HGE	YD-200KR2HGE	YW-20KB1VTA	YT-20CS3VTA
YM-350KR2HGE	YD-350KR2HGE	YW-35KB1VTA	YT-35CS3VTA
YM-500KR2HGE	YD-500KR2HGE	YW-50KB1VTA	YT-50CS3VTA

图 5-105　焊机组成系统图

3）焊机操作面板上的名称和功能

① 焊接电源(操作面板)见图 5-106。

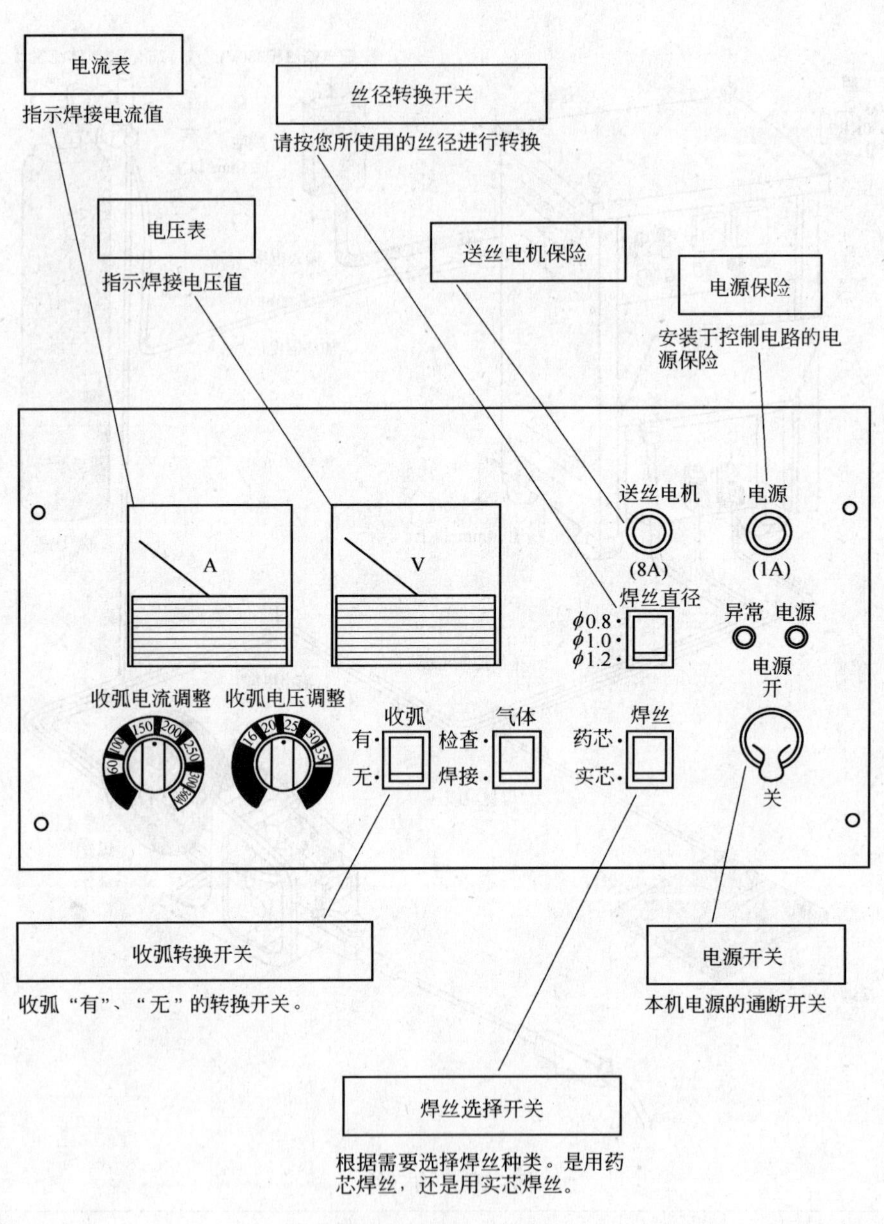

图 5-106　操作面板

② 焊接电源见图 5-107。

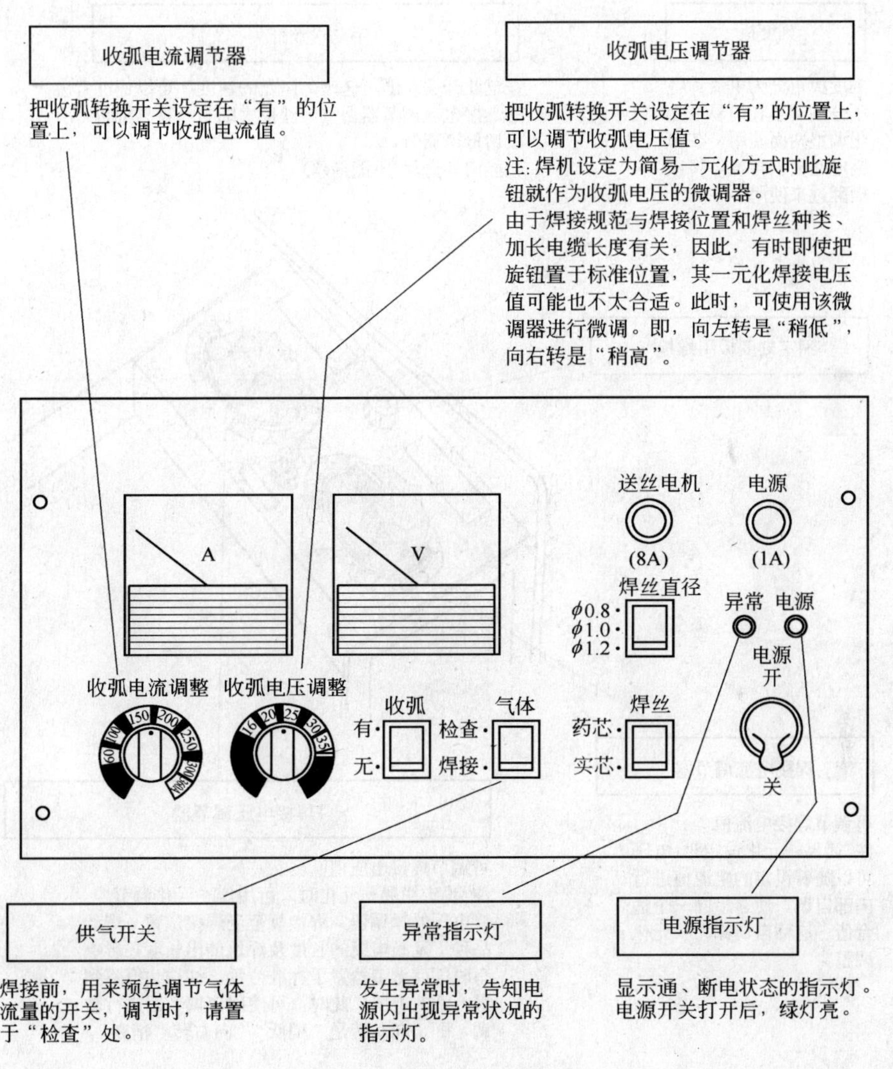

图 5-107 焊接电源

③ 遥控器，见图 5-108，固定在送丝机上。

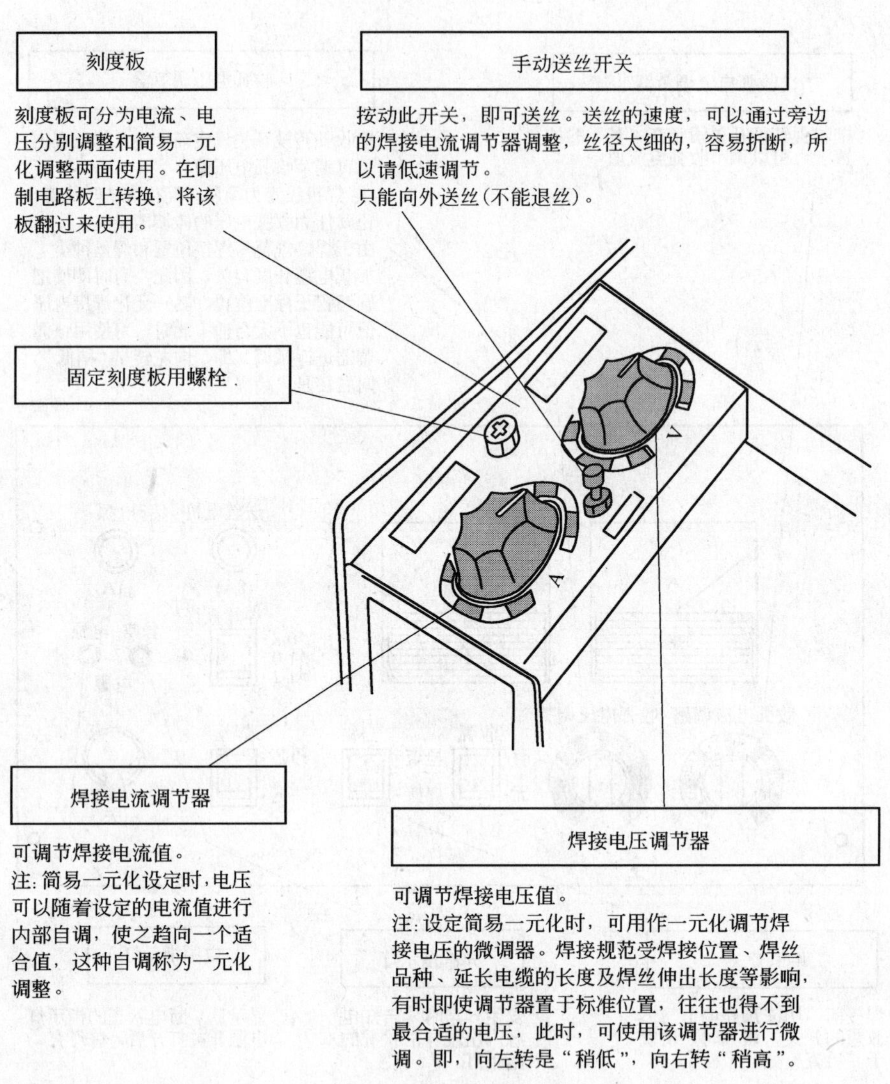

图 5-108　遥控器

4）连接和接地

① 焊接电源和配电箱见图 5-109。

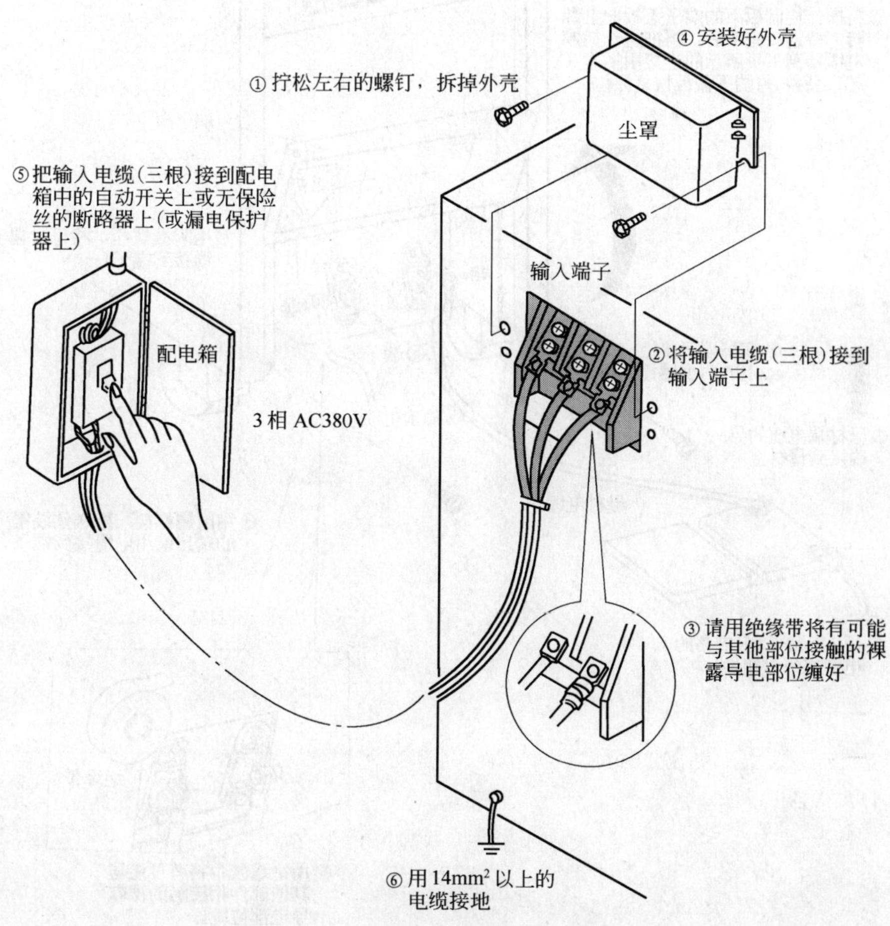

图 5-109　焊接电源和配电箱连接图

② 焊接电源与母材端、输出端电缆见图 5-110。

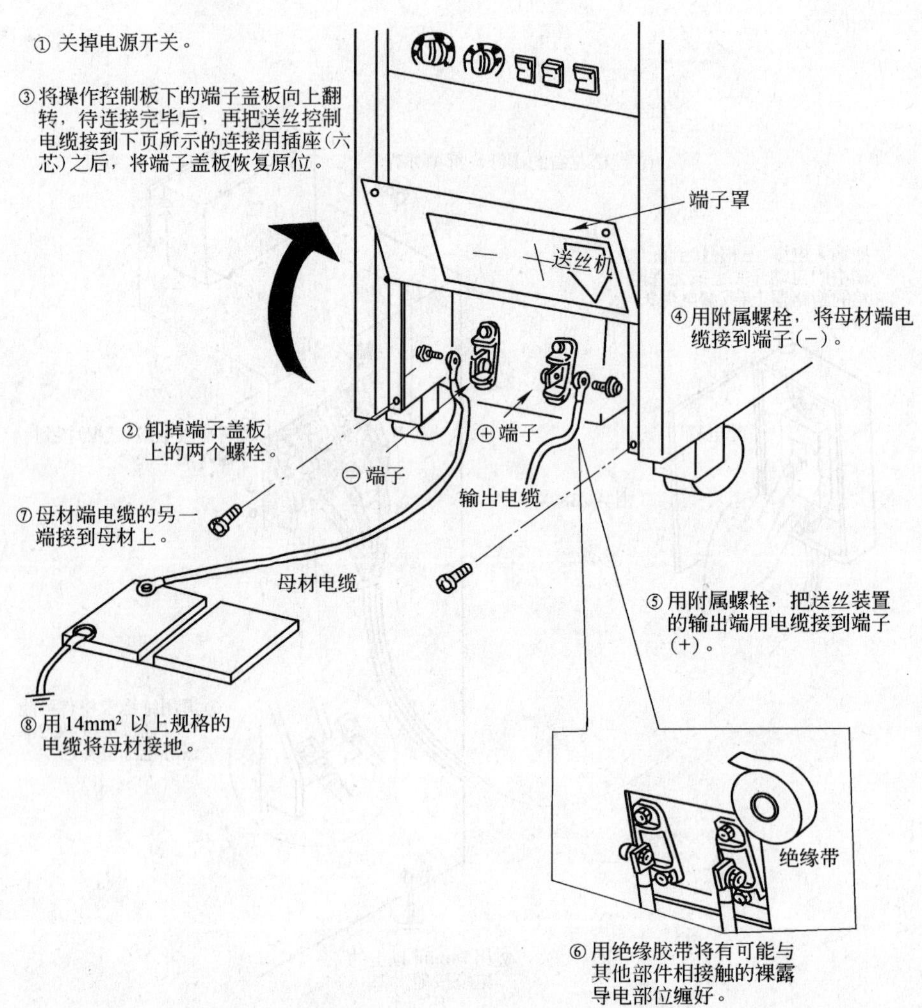

图 5-110　焊接电源与母材端、输出电缆端连接图

③ 焊接电源与送丝装置、焊枪见图 5-111。

④ 气瓶和气体调节器见图 5-112。

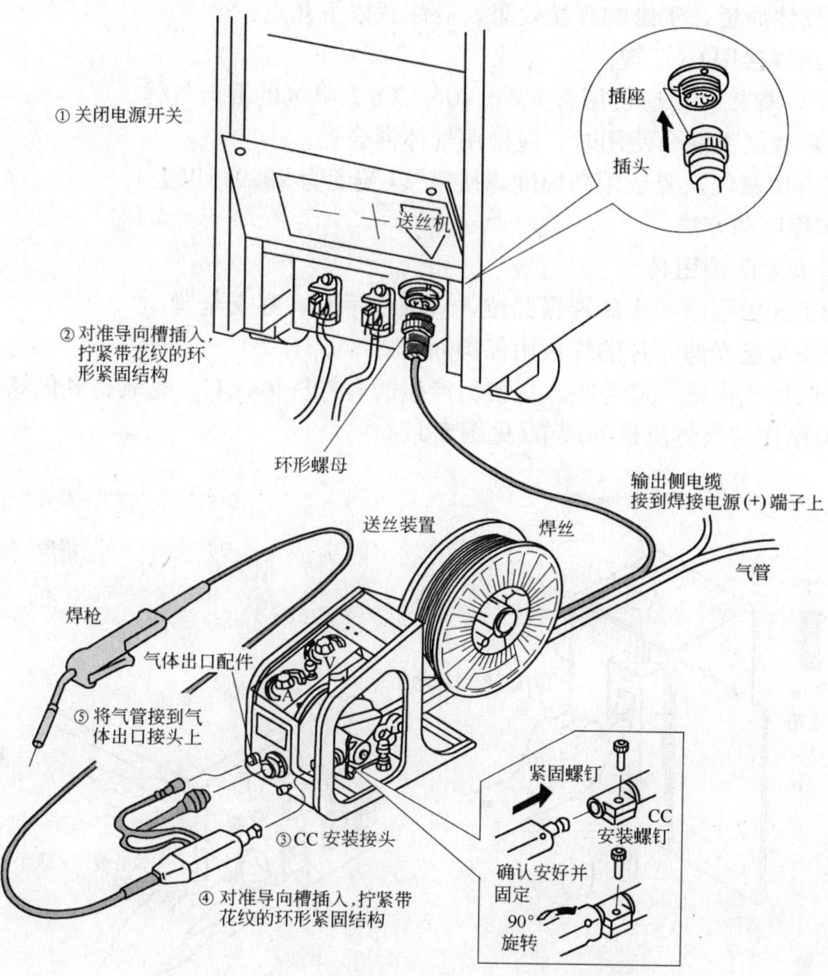

图 5-111 焊接电源与送丝装置、焊枪连接图

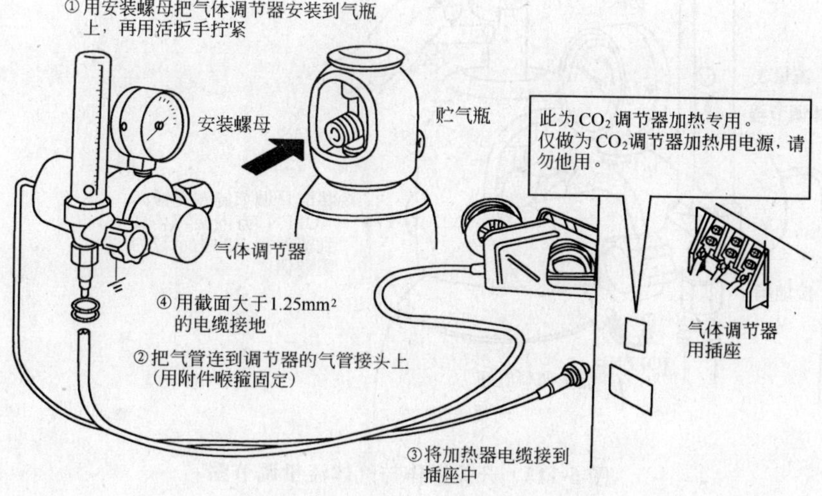

图 5-112 气瓶和气体调节器连接图

为保证气体质量，不影响焊接效果，应注意以下几点：

(*A*) 使用焊接用 CO_2 气。

(*B*) MAG 焊接时，应使用含 5%～20%CO_2、氩气的混合气体。

(*C*) CO_2 和氩气混合使用时，应使用气体混合器。

(*D*) 混合用氩气，要选用高纯度焊接氩气(纯度为 99.9%以上)。

5) 操作程序和方法

① 配备安全防护用具

(*A*) 为了保护眼睛和皮肤裸露部位，应戴皮手套，穿安全靴。

(*B*) 配备带遮光滤光片的焊接用保护面具。

(*C*) 采取换气措施，避免吸入焊接时产生的有毒气体(CO、臭氧、氧化氮等)。

② 开关操作与气体流量的调节(见图 5-113)

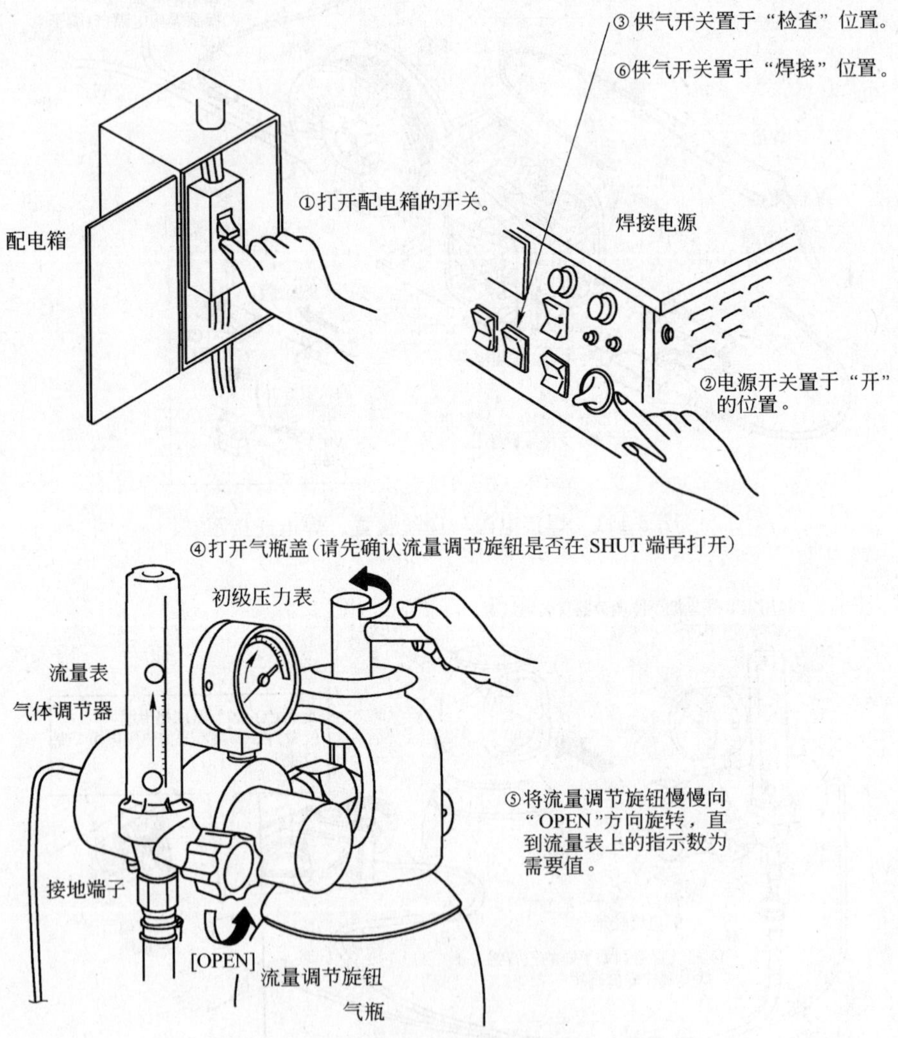

图 5-113　开关操作与气体流量调节图

③ 焊丝的安装(见图 5-114)

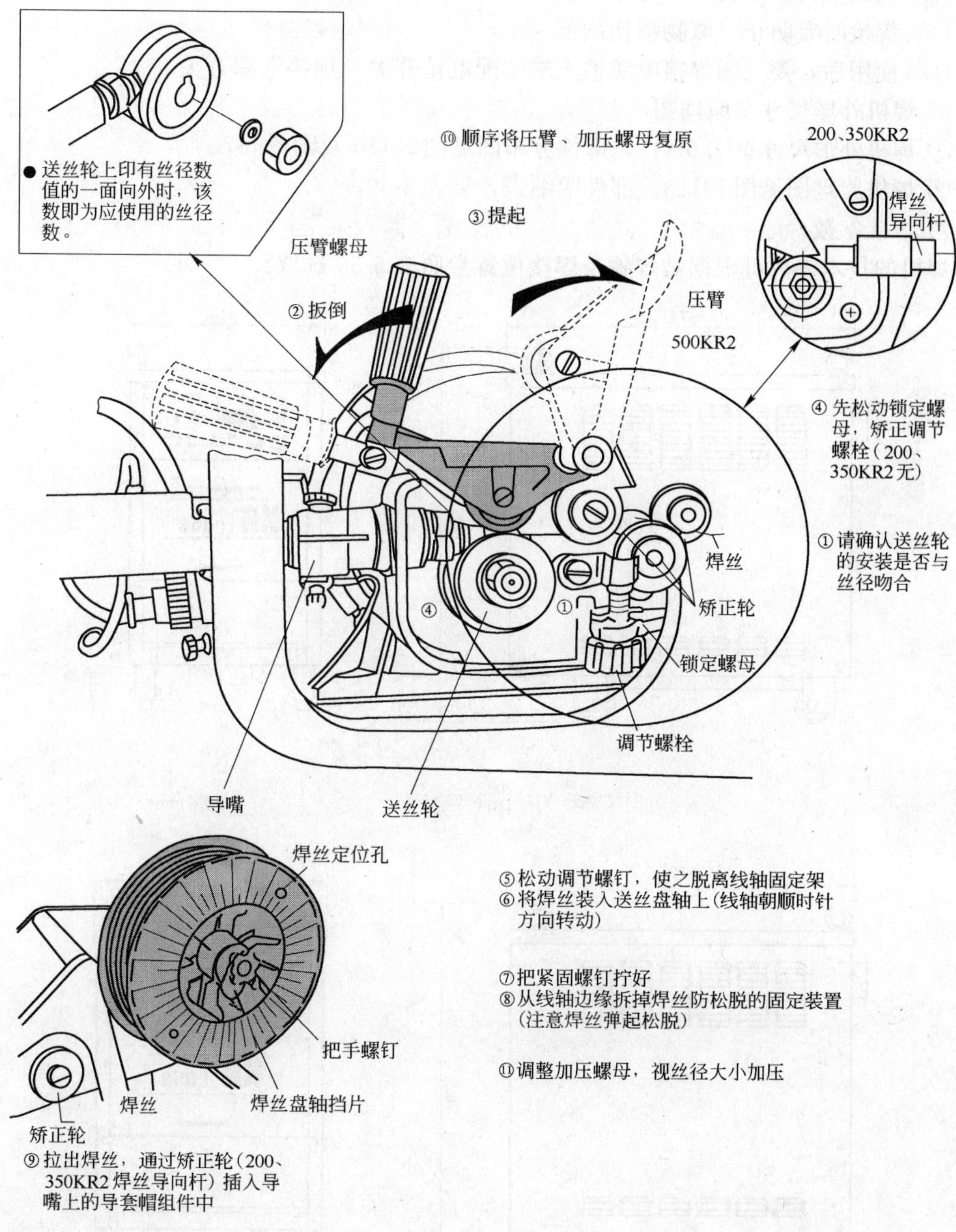

图 5-114 焊丝的安装

④ 微动控制送丝

(A) 按微动开关，开始送丝，直到焊枪头露出 15～20mm 焊丝，再松开。

(B) 直径细的焊丝(φ0.8)易折断，要放慢送丝速度。

(C) 要根据丝径，选择送丝轮。

(*D*) 使用药芯焊丝时，应调节送丝压把的压力，使其压力比实芯焊丝小些。

(*E*) 慢送丝时，不要靠近导电嘴去查看焊丝是否送出。

(*F*) 焊接时要防止飞溅物损伤面部。

(*G*) 使用后，要关闭焊接电源输入端的配电箱开关及焊接电源开关。

6) 焊机外形尺寸及原理图

① 焊机外形尺寸见图 5-115，部件分布图见图 5-116 及图 5-117。

② 焊机原理图见图 5-118。部件明细表，见表 5-49。

7) 焊接参数

焊机的技术参数可根据被焊物及焊接位置参照表 5-50 选取。

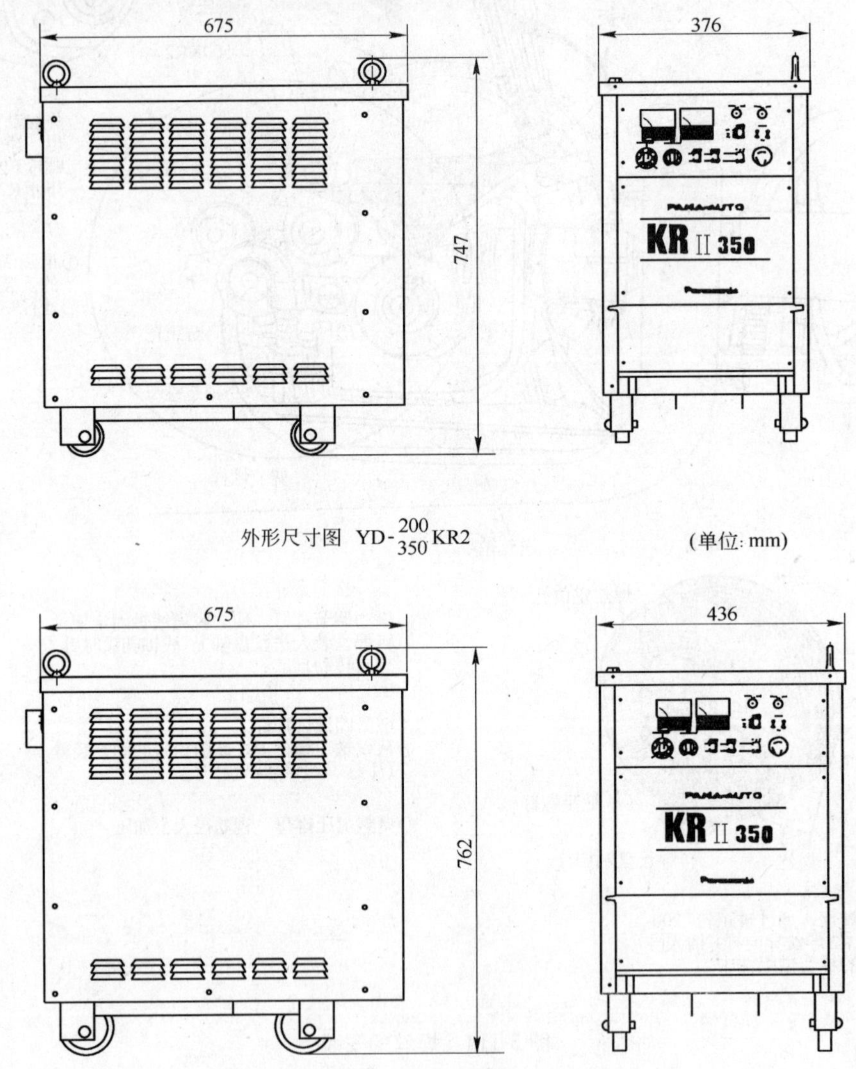

外形尺寸图　YD-$\frac{200}{350}$KR2　　(单位: mm)

图 5-115　焊机外形尺寸图(YD-500KR2)

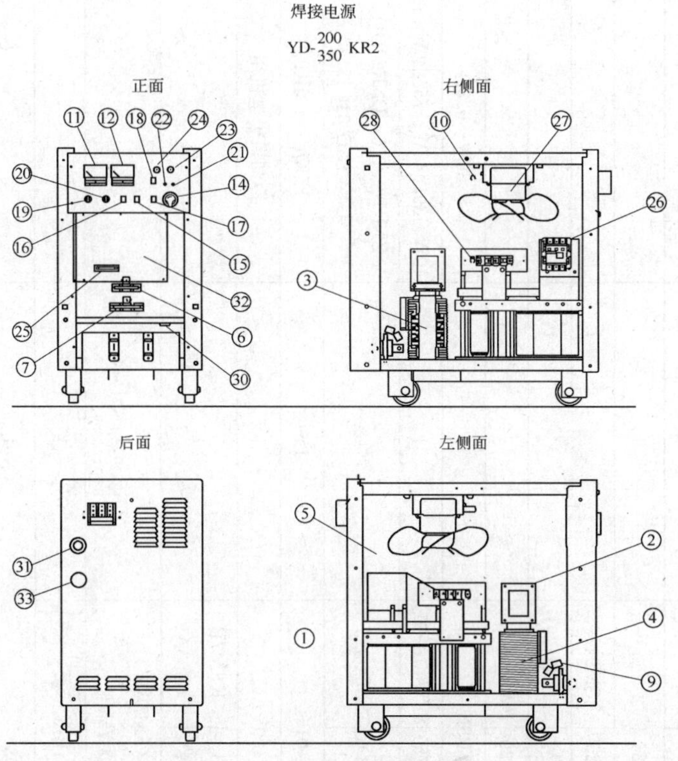

图 5-116　部件分布图(一)

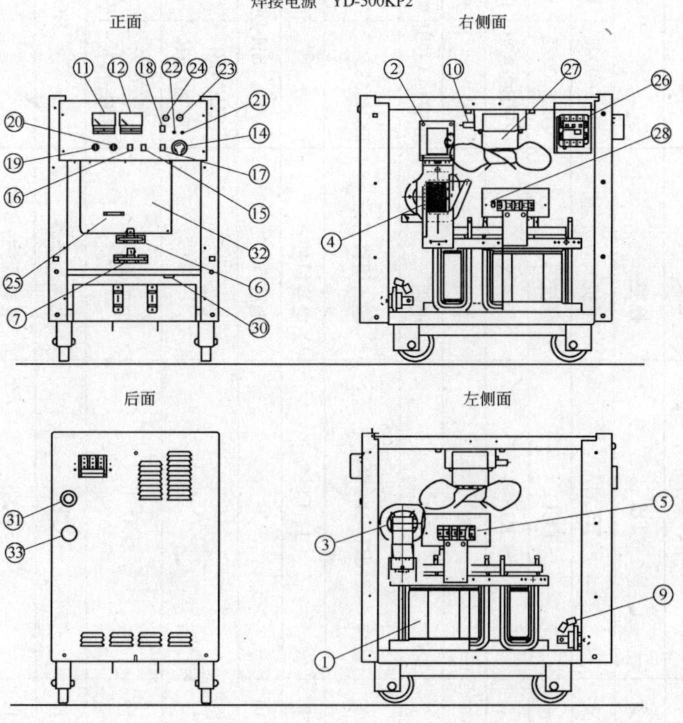

图 5-117　部件分布图(二)

部 件 明 细 表 **表 5-49**

（No 栏内数字与部件分布图中各部件○内数字一致，请对应阅读。）

No	记号			名称	部件编号			数量			备注		
	200KR2	350KR2	500KR2		200KR2	350KR2	500KR2	200KR2	350KR2	500KR2	200KR2	350KR2	500KR2
1	MTr			主变	TSM93082	TSM93043	TSM93062	1					
2	Tr2			控变	TSM92034			1					
3	IPL			平抗	DLX00023	DLX00025	TSM94293	1set		1			
4	DCL			滤抗	DLX00022	DLX00024	TSM94291			1			
5	SCR1～6			晶闸管	PWB60A30	PWB80A30	PWB150A30	2					
6	R1			电阻	RX274H30WR5K			1			30W、0.5Ω		
7	R2			电阻	SFW40A390J	SFW40A750	SFW40A101J	1			40W、39Ω	40W、75Ω	40W、100Ω
8	ZNR1～3，6G1			输入组件	TSM00324-03	TSM00323-02	TSM00325-02	1set			ZNR1～3，6：DNR20D112 G1：B2D231C13170		
9	C1、C2			电容组件	TSM00322-01			1set			ECQE10473KF		
10	Cf			电容	SH-DPY1.2UF400VAC			1			冷却风扇电机用		
11	A			电流表	KFM7B DC300AK	KFM7B DC400AK	KFM7B DC600AK	1					
12	V			电压表	KFM7B DC50VK	KFM7B DC75VK		1					
13	CT			电流互感器	HCSL400V4B15			1					
14	SW1			电源开关	AJ461003			1					
15	SW2			气体开关	SLE6A2			1					
16	SW3			收弧转换开关	SLE6A2			1					
17	SW4			焊丝选择开关	SLE6A2			1					

续表

No	记号			名称	部件编号			数量			备注		
	200KR2	350KR2	500KR2		200KR2	350KR2	500KR2	200KR2	350KR2	500KR2	200KR2	350KR2	500KR2
18		SW5		丝径转换开关		ADS850CF1A02			1				
19		VRAc		收弧电流调整		EVH60AF20B53			1			旋钮：DHT02003	
20		VRVc		收弧电压调整		EVH60AF20B53			1			旋钮：DHT02003	
21		LED1		电源指示灯(绿)		DB40BG			1			电源指示灯	
22		LED2		异常指示灯(黄)		DB40BY			1			异常指示灯	
23		Fu1		保险丝		XBA2E10NR5			1			电源(1A)	
24		Fu2		保险丝		XBA2E80NR5			1			送丝电机(8A)	
25		Fu3		保险丝		XBA2E10NR5			1			气阀(1A)(P 板上)	
26		Mg		交流接触器	LC1-D183LS	CJX4-3210dLS	CJX4-4011dLS		1				
27		FAN		风扇电机		FW10WE			1		扇叶：MUH250FAN		扇叶：MUH 300FAN
28		Thp1		热继电器		67L085			1			晶闸管保护用	
29		Thp2		热继电器	T95AG1U3	T95AG1U3	T115AG1U3		1			IPL 保护用	
30		CO2		6 芯插座		MT25B6YP			1			送丝机用	
31		CO3		2 芯插座		S100			1			气体调节器用	
32				印制板	TSM94210	TSM94220	TSM94230		1est				
33		Fu4		保险丝		XBA2E80NR5			1			气体调节器	

焊接技术参数表　　　　**表 5-50**

接头形式	条件	板厚 (mm)		焊丝直径 (mm)	根部间隙 G(mm)	焊接电流 (A)	焊接电压 (V)	焊接速度 (cm/min)	导电嘴母材间距离 (mm)	气体流量 (l/min)
I 形对焊 G	低速度条件	0.8		0.8，0.9	0	60～70	16～16.5	50～60	10	10
		1.0		0.8，0.9	0	75～85	17～17.5	50～60	10	10～15
		1.2		0.8，0.9	0	80～90	17～18	50～60	10	10～15
		1.6		0.8，0.9	0	95～105	18～19	45～50	10	10～15
		2.0		1.0，1.2	0～0.5	110～120	19～19.5	45～50	10	10～15
		2.3		1.0，1.2	0.5～1.0	120～130	19.5～20	45～50	10	10～15
		3.2		1.0，1.2	1.0～1.2	140～150	20～21	45～50	10～15	10～15
		4.5		1.0，1.2	1.0～1.5	170～185	22～23	40～50	15	15
		6.0	表	1.2	1.2～1.5	230～260	24～26	40～50	15	15～20
			里	1.2	1.2～1.5	230～260	24～26	40～50	15	15～20
		9.0	表	1.2	1.2～1.5	320～340	32～34	40～50	15	15～20
			里	1.2	1.2～1.5	320～340	32～34	40～50	15	15～20
	高速度条件	0.8		0.8，0.9	0	89	16.5	120	10	15
		1.0		0.8，0.9	0	100	17	120	10	15
		1.2		0.8，0.9	0	110	18	120	10	15
		1.6		1.0，1.2	0	160	19	120	10	15
		2.0		1.0，1.2	0	180	20	80	15	15
		2.3		1.0，1.2	0	200	22	100	15	20
		3.2		1.2	0	240	25	100	15	20

接头形式	条件	板厚 (mm)	焊道长 (mm)	焊丝直径 (mm)	焊接电流 (A)	焊接电压 (V)	焊接速度 (cm/min)	导电嘴母材间距离 (mm)	瞄准位置 ①或②	气体流量 (l/min)
平角焊 T 形接头 45° ① 50° ② 1.0~2.0	低速度条件	1.0	2.5～3	0.8，0.9	70～80	17～18	50～60	10	①	10～15
		1.2	3～3.5	0.9，1.0	85～90	18～19	50～60	10	①	10～15
		1.6	3～3.5	1.0，1.2	100～110	18～19.5	50～60	10	①	10～15
		2.0	3～3.5	1.0，1.2	115～125	19.5～20	50～60	10	①	10～15
		2.3	3～3.5	1.0，1.2	130～140	19.5～21	50～60	10	①	10～15
		3.2	3.5～4	1.0，1.2	150～170	21～22	45～50	15	①	15～20
		4.5	4.5～5	1.0，1.2	180～200	23～24	40～45	15	①	15～20
		6	5～5.5	1.2	230～260	25～27	40～45	20	①	15～20
		8，9	6～7	1.2，1.6	270～380	29～35	40～45	25	②	20～25
		12	7～8	1.2，1.6	300～380	32～35	35～40	25	②	20～25
	高速度条件	1.0	2～2.5	0.8，0.9	140	19～20	150	10	①	15
		1.2	3	0.8，0.9	140	19～20	110	10	①	15
		1.6	3	1.0，1.2	180	22～23	110	10	①	15～20
		2.0	3.5	1.2	210	24	110	15	①	20
		2.3	3.5	1.2	230	25	100	20	①	25
		3.2	3.5	1.2	260	27	100	20	①	25
		4.5	4.5	1.2	280	30	80	20	②	25
		6	5.5	1.2	300	33	70	25	②	25

续表

		板厚(mm)	焊丝直径(mm)	焊接电流(A)	焊接电压(V)	焊接速度(cm/min)	导电嘴母材间距离(mm)	瞄准位置①，②或③	气体流量(l/min)
平角焊搭接接头（薄板）10° ① ② ③ 45°	低速度条件	0.8	0.8，0.9	60～70	16～17	40～45	10	①	10～15
		1.2	0.8，0.9	80～90	18～19	45～50	10	②	10～15
		1.6	0.8，0.9	90～100	19～20	45～50	10	②	10～15
		2.3	0.8，0.9	100～130	20～21	45～50	10	③	10～15
			1.0，1.2	120～150	20～21	45～50	10	③	10～15
		3.2	1.0，1.2	150～180	20～22	35～45	10～15	③	10～15
		4.5	1.2	200～250	24～26	40～50	10～15	③	10～15
	高速度条件	2.3～3.2	1.2	220	24	150	15	②和③	25
				300	26	250	15	②和③	25

		板厚(mm)	焊丝直径(mm)	焊接电流(A)	焊接电压(V)	焊接速度(cm/min)	导电嘴母材间距离(mm)	气体流量(l/min)
角接头（薄板）	低速度条件	1.6	0.8，0.9	65～75	16～17	40～45	10	10～15
		2.3	0.8，0.9	80～100	19～20	40～45	10	10～15
		3.2	1.0，1.2	130～150	20～22	35～40	10～15	10～15
		4.5	1.0，1.2	150～180	21～23	30～35	10～15	10～15

8）检修与维护

① 平时检修

平时检修以焊枪、送丝装置中各零件的磨损、变形、气孔是否堵塞为重点，依次检查下列各部位。必要时应对某些零件进行除垢、更换等。

（A）焊接电源见表 5-51。

焊接电源　　表 5-51

部位	检修重点	备注
操作控制板	1. 开关的操作，转换以及安装情况。 2. 验证电源指示灯的亮灭	
冷却风扇	查验是否有风及声音是否正常	如没有风扇转动声或有异常声音，则需进行内部检修
电源部分	1. 通电时，是否发生异常振动及蜂鸣声。 2. 通电时，是否产生异味。 3. 外观上是否有变色等发热迹象	
外围	1. 送气管路有无破损，连接处有无松动。 2. 外壳及其他紧固部位是否有松动	

（B）焊接用焊枪见表 5-52。

焊接用焊枪　　表 5-52

部　位	检修要点	备　注
喷　嘴	1. 安装是否牢固，前端是否变形	构成产生气孔的原因
	2. 是否附着飞溅物	成为焊枪烧损的原因 (其有效办法是使用防溅剂)
导电嘴	1. 安装是否牢固	成为焊枪螺纹损伤的原因
	2. 端头损伤、孔的磨损及堵塞	成为电弧不稳或断弧的原因
送丝管	1. 检查送丝管 l 部分的尺寸 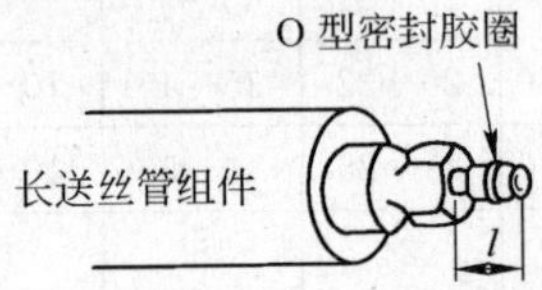 O 型密封胶圈 长送丝管组件 l	小于 6mm 时应予更换，如 l 部分尺寸太小会导致电弧不稳。(在更换送丝管时，请注意最好使 l 部分的尺寸比规定的略长)
	2. 焊丝直径和送丝线管内径是否吻合	不吻合是导致电弧不稳定的原因，请换用合适的送丝管
	3. 局部的弯折和伸长 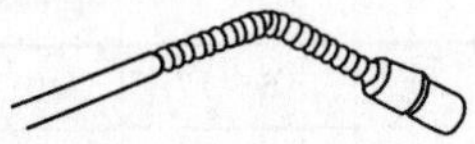	是导致送丝不良和电弧不稳的原因，请更换
	4. 送丝管内污垢，焊丝镀层残渣的堵塞	可导致送丝不良和电弧不稳(用煤油擦拭或更换新送丝管)
	5. 热缩管的破损，O 形圈的磨损 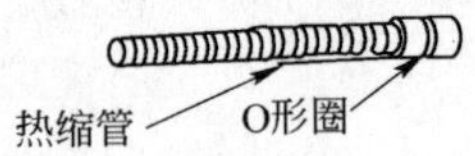 热缩管　O形圈	可引起飞溅 热缩管的破损，需要更换新的送丝管 O 形圈的磨损需要更换新品
气体分流器	忘记插入或孔的堵塞，或从其他厂家购入的元件的装配	可导致气体保护不良引起的焊接缺陷(飞溅等)，焊枪本体的烧损(本体内的电弧)等，请正确处理

(C) 送丝机见表 5-53。

送　丝　机　　表 5-53

部　位	检修要点	备　注
压　把	是否按焊丝直径调到了加压指示线以上。(特别注意：严禁将 $\phi1.2$mm 以下的焊丝损伤)	导致送丝不稳，电弧不稳
SUS 管	1. SUS 管口处和送丝轮边是否积存了切粉、废屑	清除切粉废屑，检查发生原因并予以根除
	2. 焊丝直径和 SUS 管内径是否吻合	不吻合时，导致电弧不稳定或产生切粉、废屑
	3. 检查 SUS 管接口中心和送丝轮槽中心是否错位(目测)	错位将导致切粉的产生和电弧不稳

续表

部 位	检 修 要 点	备 注
SUS管	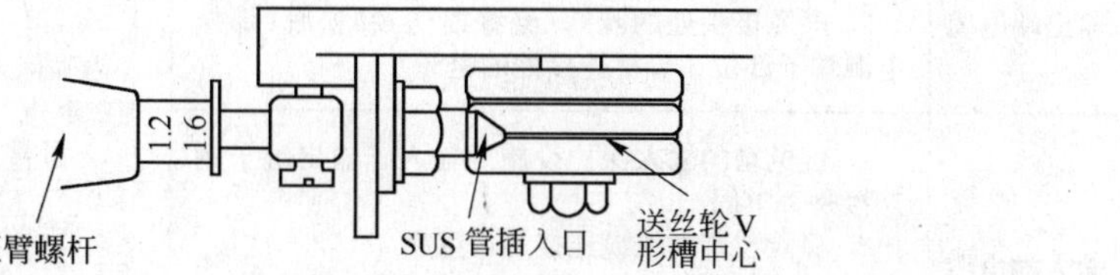 1.2 1.6 压管螺杆 SUS管插入口 送丝轮V形槽中心	
送丝轮	1. 焊丝直径和送丝轮的公称直径是否一致 2. 检查有无送丝轮槽堵塞	导致焊丝的切粉产生、送丝管的堵塞及电弧的不稳 如发生异常现象，请更换新品
加压轮	检查转动的平稳性，焊丝加压面的磨损及接触面的变窄  加压轮 送丝轮	导致送丝不良，进而引起电弧不稳定
矫正轮（500KR2专有）	检查因油污、油尘、丝渣等堆积而引起的矫正轮的运转不良等 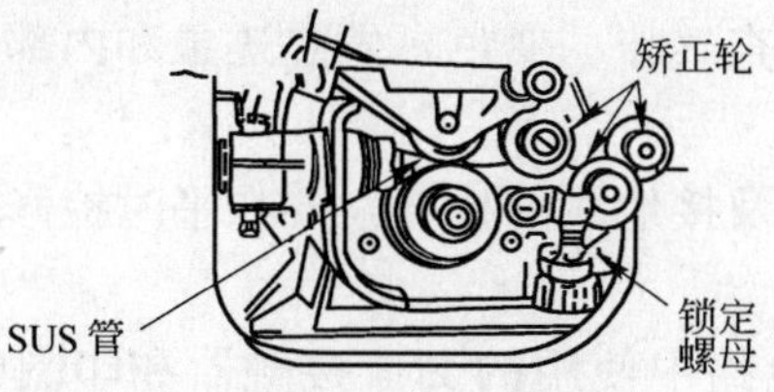 矫正轮 SUS管 锁定螺母	导致送丝不良，进而引起电弧不稳定

(*D*) 电缆类见表5-54。

电 缆 类 表5-54

部 位	检 修 要 点	备 注
焊枪电缆	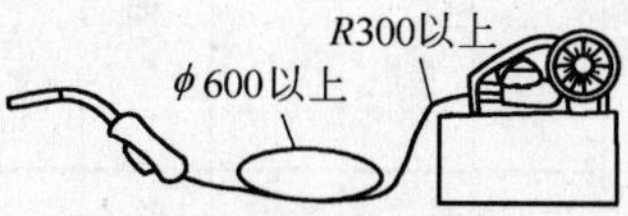 R300以上 φ600以上 1. 焊枪电缆是否弯曲程度太大 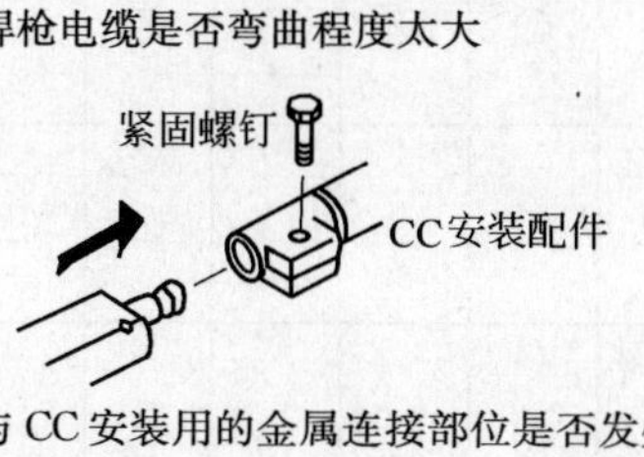 紧固螺钉 CC安装配件 2. 与CC安装用的金属连接部位是否发生松动	引起送丝不良 电缆这样弯曲送丝会引起电弧不稳定 要尽量将焊枪电缆拉直使用

续表

部　位	检修要点	备　注
输出端电缆	1. 电缆绝缘物的磨损、损伤等 2. 电缆接头处的裸露（绝缘损伤）和松脱（焊接电源端子部位、母材连接处的电缆）	为确保人身安全和稳定的焊接，请根据工作场地的状况采取适当的检修方法 1. 日常检修 笼统、简单 2. 定期检修 深入、细致
输入端电缆	1. 配电箱的输入保护设施的输入、输出端子的连接是否牢固 2. 保险装置的线缆连接是否可靠 3. 焊接电源的输入端子连结处线缆是否牢固 4. 输入端电缆在配线过程中，其绝缘物是否发生磨损、损伤而露出导体部分	
接　地　线	1. 焊接电源接地用的地线有无断路，连接是否牢固。 2. 母材接地用的地线有无断路现象，连接是否牢固	为防止漏电事故，确保安全，请务必进行日常检修

② 定期检修

定期检修可每三个月进行一次。检修项目是：

(*A*) 电源内部除尘。拆掉焊接电源的两个侧板和顶盖，用不含水气的压缩空气（干燥空气）将电源内堆积的飞溅物和尘埃吹净。

(*B*) 焊接电源整体及周围的检修。以检查气味、变色、发热迹象和内部连接是否牢靠为中心，重点检查在平时检修中的缺陷。

(*C*) 电缆。对输出端电缆、输入端电缆及接地线的检修，要在平时检修基础上深入细致的进行。

(*D*) 易损元件的检修、维护。输入主电路中使用的交流接触器和印制电路板上的继电器等，是分别经“接点”来完成电路的通、断，在电气上和机械上均具一定使用寿命。因此，在定期检修中应以易损件加以检修和维护。

9) 焊接缺陷产生原因及检修处理项目(表 5-55)

焊接缺陷、产生原因及处理方法　　**表 5-55**

焊接缺陷 / 检查部位和原因及检修处理项目		不起弧	不出气	不送丝	引弧不好	电弧不稳定	焊缝边缘不洁	焊丝与母材粘连	焊丝与导电嘴粘连	产生气孔
配电箱（输入保护装置）	1. 是否接通 2. 保险丝熔断 3. 连接部分松动	○	○	○	○	○	○			
输入端电缆	1. 电缆是否断线 2. 连接部分的松动 3. 过热的迹象	○	○	○	○	○	○			
焊接电源操作	1. 开关是否接通 2. 控制面板上的开关装置“丝径”、“收弧”、“供气”转换开关设定的错误	○	○	○	○	○	○	○	○	

续表

检查部位和原因及检修处理项目 \ 焊接缺陷		不起弧	不出气	不送丝	引弧不好	电弧不稳定	焊缝边缘不洁	焊丝与母材粘连	焊丝与导电嘴粘连	产生气孔
焊接电源的保险	1. “电源 1A”、“电机 8A”、“气体 1A” 2. “热源 8A”的保险熔断	○	○	○					○	
气瓶和气体调节器	1. 瓶盖的开启 2. 气体的残留量 3. 流量的设定值 4. 连接处的松动			○		○				○
输气软管(从高压贮气瓶到焊枪的全部通路)	1. 连接处的松动 2. 气体软管的损伤		○							○
送丝装置	1. 送丝轮与 SUS 管的丝径不适应 2. 送丝轮的裂纹、槽的堵塞、欠缺等 3. 压把过紧或过松 4. SUS 管的入口处焊丝切粉的积存			○	○	○	○		○	
焊枪及焊枪电缆	1. 焊枪电缆的卷迭及弯曲度过大 2. 导电嘴、送丝管、线径的适应性。有无磨损、堵塞、变形等				○	○	○		○	
焊枪本体	1. 导电嘴、喷嘴、喷嘴接头的松动 2. 焊枪本体的连接接头的插入、紧固不好						○			○
焊枪电源电缆和开关控制电缆	1. 断线(弯曲疲劳) 2. 重物的砸伤	○	○	○		○		○		
母材表面状态和焊丝伸出长度	1. 油、污、锈、漆膜 2. 焊丝伸出过长				○	○	○	○		○
输出端电缆	1. 连接母材的电缆截面积不足 2. (+)、(−)输出线连接部分的松脱 3. 母材导电不良				○	○	○			
加长电缆	1. 电缆截面不足 2. 卷、折使用				○	○	○	○		
焊接施工条件	焊接电流、电压、焊枪角度、焊接速度、焊丝伸出长度的再次确认				○	○	○	○	○	

注:○表示焊接缺陷,左边为对应的处理项目。

（2）锦泰牌SUPER半自动气体保护焊机

这种焊机系列由锦州锦泰金属工业有限公司生产，为可控硅二氧化碳气体保护焊机，结构上电源与送丝机为分体式，在工作需要时可适当的延长，给予最大工作弹性。使用CO_2或氩气保护可焊接碳钢、不锈钢、铝及药芯焊丝。

SUPER650A/500A具有恒压及恒流特性，可用于碳弧气刨及直流手弧焊。

1）焊机特点

① 具有外电网波动补偿功能。

② 具有焊接自保持功能，可连续、稳定的长时间操作，适用于自动焊接。

③ 具有收弧电压、电流调整装置。

④ SUPER250A具有CO_2/MAG焊接选择开关。

⑤ 具有气体检查(调整)功能。

⑥ 具有电源缺项保护及过温保护装置，确保焊机的寿命。

⑦ 在丝径15倍的干长伸距离下焊接，可得到稳定的电弧。

⑧ 具有节能回路，若连续25s停止焊接，电磁开关会自动切掉，达到节电的目的。

⑨ 设有电流检测信号端子，可与自动机台配套做自动化焊接。

2）安装场地

① 应安置在无湿气或飞尘少的地方，避免阳光直射、雨淋。周围温度在－10～40℃的范围内。

② 焊接电源离墙壁20cm以上。

③ 使用两台以上的焊接电源，并排时焊接电源间须离20cm以上。

④ 气瓶应固定在容器架上。

⑤ 如焊接电弧部分会被风干扰，应用屏风等来防风。

3）电源设备(见表5-56)

电源设备　　**表5-56**

机　型	SUPER250A	SUPER350A	SUPER500A	SUPER650A
输入电压	AC.380V　三相(依机器标示规格)			
设备容量	11.5kVA	18.3kVA	32.1kVA	41kVA
最大电流容量	50A	50A	80A	80A
输入电缆	$3\times8mm^2$	$3\times8mm^2$	$3\times14mm^2$	$3\times14mm^2$
输出电缆	$38mm^2$	$38mm^2$	$60mm^2$	$80mm^2$

① 使用引擎发电机时，请注意发电机的功率应选择焊机功率的3倍以上。

② 每一台焊接电源设一个配电箱，并应使用规定的保险丝。如用规定值以上的保险丝，无法保护在异常时机器的破坏、烧损。

③ 电源电压变动容许范围是额定功率的±10%。

④ 如使用无保险丝断电器，或漏电断电器时，应选定焊机用或马达用或变压器用的(断电器容量250A/350A为60A；500A/650A为100A)。

4）电源规格(见表5-57)

电　源　规　格　　　　表 5-57

机　　型	SUPER250A	SUPER350A	SUPER500A	SUPER650A
输入电压	AC. 380V　三相			
额定功率	11.5kVA	18.3kVA	32.1kVA	41kVA
工作电流范围	DC. 50A～250A	DC. 60A～350A	DC. 60A～500A	DC. 60A～650A
工作电压范围	DC. 15V～29V	DC. 16V～36V	DC. 16V～45V	DC. 18V～52V
工作频率	50Hz/60Hz	50Hz/60Hz	50Hz/60Hz	50Hz/60Hz
负载持续率	50%	50%	60%	100%
外型尺寸(长×宽×高)	670×375×695(mm)	670×375×695(mm)	730×480×875(mm)	730×480×875(mm)
质　　量	95kg	115kg	180kg	235kg

5）机器配置(见图 5-119)

① 安装时关掉配电箱开关，确认安全性。

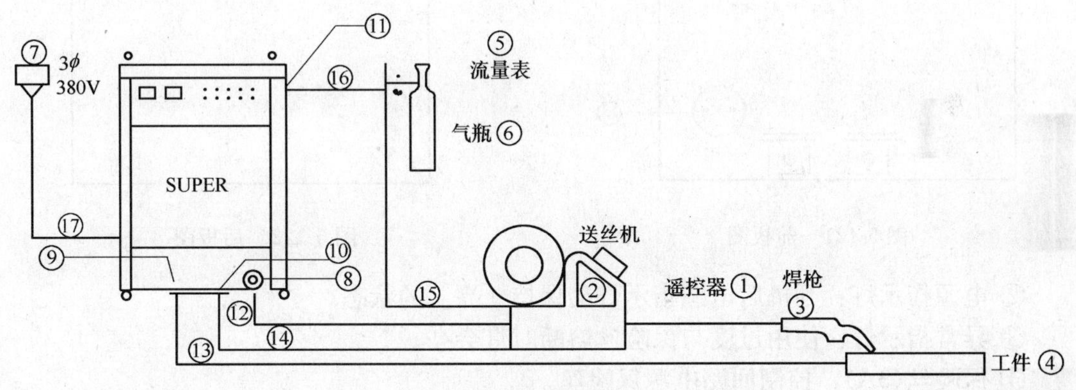

图 5-119　机器配置图

图 5-119 中，各序号代表的名称见表 5-58。

机器配置名称表　　　　表 5-58

序　号	名　称	序　号	名　称	序　号	名　称
1	遥控器	7	配电箱	13	接地线
2	送丝机	8	送丝机控制线插座	14	焊枪电缆
3	焊　枪	9	母材端子(－)	15	气体管
4	工　件	10	焊枪端子(＋)	16	加热器电源线
5	流量表	11	CO_2 气体加热电源插座	17	电源输入电缆
6	气　瓶	12	遥控器控制线		

② 外壳接地采用 14mm 的电缆仔细进行。

注：(*A*) 上图的安装是标准构造的场合。

(*B*) 接地工程的种类是属第三种接地工程。

(*C*) 进行接地工程时，要由专业人员进行。

6）操作面板(见图 5-120)

焊接操作面板功能(对照图 5-121 前板图与图 5-122后板图)：

① 电源 ON/OFF 开关。

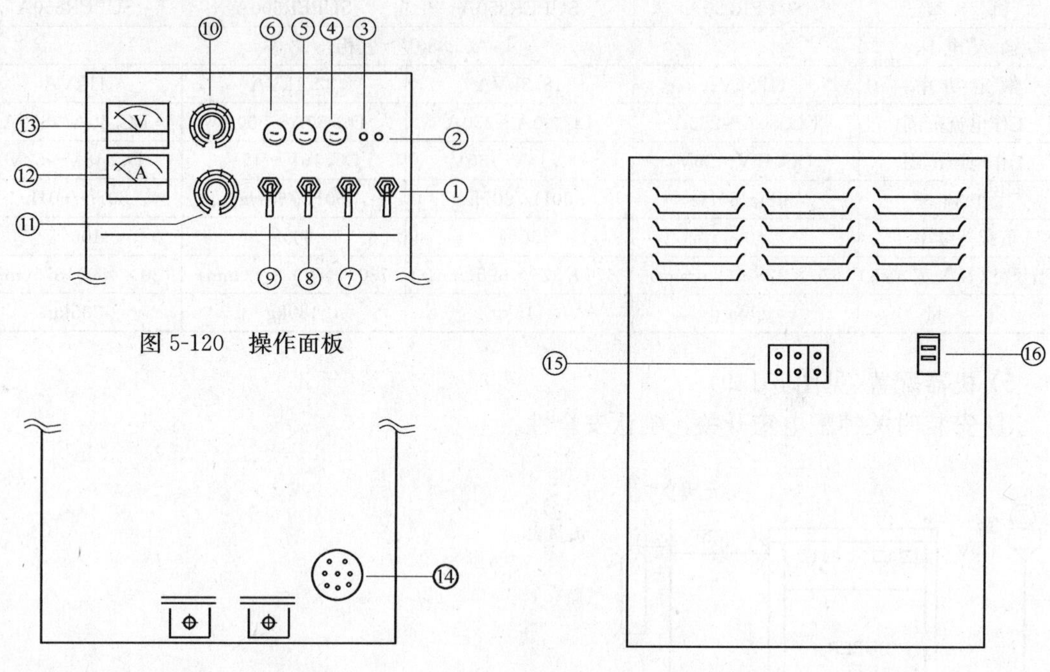

图 5-120　操作面板

图 5-121　前板图

图 5-122　后板图

② 电源指示灯：开机后电源指示灯会保持［亮］的状态。

③ 异常指示灯：使用过度与保险丝熔断时灯会亮。

④ 保险丝(5A)：控制回路电源保险丝。

⑤ 保险丝(8A)：送丝电机电源保险丝。

⑥ 保险丝(1A)：气体控制阀电源保险丝。

⑦ 气体调整：将操作开关设定为［气体调整］时，保护气体持续流出，可作保护气体流量调整用，确认后将操作开关归回［焊接］的位置。

⑧ 焊接方法选择：按照焊接法，250A/350A 将操作开关设定为［CO_2］或［MAG］，500A、650A 将操作开关设定为［手弧焊(CC)］或［MIG(CV)］。

(*A*) CC 为恒流方式，做手弧焊及碳棒气刨或氩弧焊用 DC TIG。

(*B*) CV 为恒压方式，作气保焊用。

⑨ 收弧焊接控制方式：开关设定［有］时，按照前板印模基板上的连接线路的设定，会有以下的收弧动作。

(*A*) 连接线路［收弧］插入时：焊枪开关［ON］时，遥控器设定的主焊接条件产生电弧后，将焊枪开关切为［OFF］时仍保持原状，再度(第二次)切为［ON］时，切换成收弧焊接条件，接下来的［OFF］时才结束电弧。

(*B*) 连接线路［反复］插入时：焊枪开关［ON］时，遥控器设定的主熔接条件产生电弧后，将焊枪开关切为［OFF］时仍保持原状，再度(第二次)切为［ON］时，切换成收弧焊接条件，［OFF］结束电弧。收弧焊接结束后，短时间内将焊枪开关［ON］时，可以再度以收弧焊接条件焊接。

(C) 连接线路［初期］插入时：焊枪开关［ON］时，收弧焊接条件产生电弧后，将焊枪切为［OFF］时，主焊接条件仍保持原状，再度切为［ON］时又切换为收弧熔接条件，［OFF］结束电弧。但是，连接线路［初期］插入时以收弧控制［无］侧的遥控器的条件设定，要注意(装运时是设定为［收弧］)。

⑩ 收弧焊接电流调整：收弧焊接电流能够调整。

⑪ 收弧焊接电压调整：收弧焊接电压能够调整。

⑫ 焊接电流指示：显示焊接直流电流值。

⑬ 焊接电压指示：显示焊接直流电压值。

⑭ 送丝电机控制线、遥控盒控制线接线座：接送丝机。

⑮ 电源输入：接 AC 电源安全保险丝座。

⑯ AC36V/2A 插座：作为 CO_2 流量表之加热电源。

7) 遥控器

遥控器的焊接电压，电流之调整按以下的要领进行。

① 焊接电流调整

焊接电流转动图 5-123 遥控器的电流调整钮就可调整。依焊丝种类及配合直径来设定适当的电流值刻度。但表示在遥控器上的电流值只是参考，因此以试验式的产生电弧，用正面板的电流表测量来设定适当值。

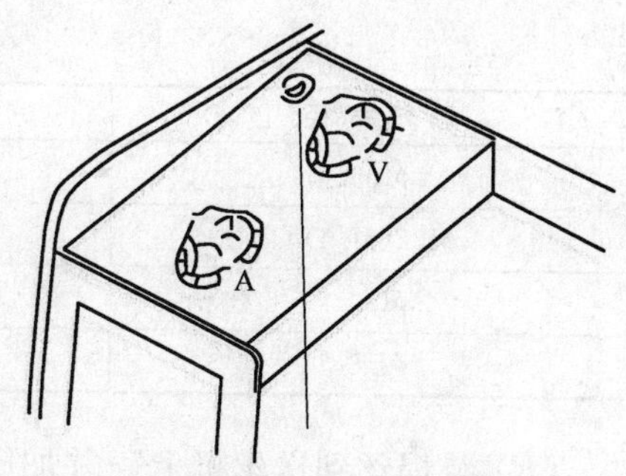

图 5-123　远隔遥控器

② 焊接电压调整

转动图 5-123 遥控器的电压调整钮就可调整焊接电压。设定适当的电压值刻度。但表示在遥控器上的电压值只是参考，因此以试验式的产生电弧，用正面板的电压表测量来设定适当值。

③ 冷送丝

冷送丝要按遥控器上的微动钮就可使焊丝输送到送丝轮及至焊枪。

8) 连接和接地

为避免触电，烧伤等人身事故，应遵守以下几项：

① 电气连接的操作，必须在关闭配电箱开关，确保安全的条件下执行。

② 请勿湿手触摸。

③ 电缆应选用大于规定的规格。

④ 不要往电缆上放重物及与焊接部分接触。

⑤ 应把电缆的连接部位压接可靠。

9) 送丝机构

本机由框架带送丝减速器的印刷绕组直流电机、矫直器、焊丝盘轴头、气管总成及控制电缆组成，具有体积小、容量轻、操作方便、送进力强优点。

① 规格(见表 5-59)

② 本机随带附件

(A) 送丝轮：ϕ0.8～1.0、ϕ1.2～1.6，其中一件装在主机上。

表 5-59

项　目	规　格	项　目	规　格
输入电源	DC18.3V	送丝速度范围	1.5～20m/min　2～24m/min
适用焊丝直径	0.8、1.0、1.2、1.6	质　量	10kg
适用丝盘尺寸	50×300×103(宽)		

(*B*) 电缆、气管长 2m，各 1 件装在主机上。

③ 保护气体应用高纯度 CO_2 气体，气体开关压力为 0.2～0.3MPa，输出流量表设定 25L/min 为最大值。

④ 焊接准备

(*A*) 焊枪准备：应按所用焊丝的直径选用合适的导电嘴，以及焊枪电缆中的送丝软管，并按规定将它装好。

(*B*) 按所用焊丝的直径核对送丝轮规格，若规格不符即更换。

(*C*) 装好焊丝盘，并拨出插销挡牢丝盘，检查焊丝直径是否正确。

(*D*) 预调焊丝加压手柄。推荐加压数据见表 5-60(手柄空档在“1”上)：

推荐加压数据　　表 5-60

焊丝直径	加压刻度值(实芯焊丝)	加压刻度值(药芯焊丝)
ϕ1.6	5～6	4～5
ϕ1.2(ϕ1.4)	5～6	3～4
ϕ1.0	3～4	—
ϕ0.8	2～3	—

(*E*) 装焊丝到送丝机上，并加压压紧。松开压紧轮架、将已去掉球头的焊丝头通过送丝轮上丝槽(确认进入丝槽)，引导焊丝头进入送丝嘴，放下压紧轮架，并打上压紧手柄，旋转手柄调整压力至适度。不工作时应松下压紧力，以免长期加压影响送丝平稳。

(*F*) 调焊丝矫直装置：松开矫直轮挂板的压紧螺母，使挂板回转向上抬，使下部矫直轮向上压紧焊丝。

(*G*) 送焊丝进入焊枪嘴部。按遥控盒的冷送丝按钮，把焊丝头送至焊枪前部，到伸出导电嘴口 10mm 处即停止。调整保护气体的气压及流量：

检查焊机面板上的气体开关使它置在“气体调整”位。

根据焊接工艺要求调流量调节旋扭至气压 1.5kg/cm^2，调流量至设定值。然后把气体开关置在“焊接”位置。

(*H*) 焊前准备工作结束。

10) 气瓶和气体调节器

① 气体调节器的安装

(*A*) 用安装螺母把气体调节器安装到气瓶上，再用活动扳手拧紧。

(*B*) 把送丝机气管连到调节器的气管接头上(用附件喉箍固定)。

(*C*) 将加热器电缆插到焊机后面的插座中。

(*D*) 用截面大于 1.25mm^2 的电缆接地。

② 注意要点

(*A*) 此加热器插座仅作为此调节器专用，不能移作他用。

(*B*) CO_2 焊接时应使用焊接用 CO_2 气体。

(*C*) MAG 焊接时，应使用 MAG 焊接用混合气体(含 5%～20%的氩气)。

(*D*) 两气体混合使用时(CO_2 和 Ar)，应使用气体配比器。

(*E*) 混合用氩气，应选用高纯度焊接氩气(纯度为 99.9%以上)。

(*F*) 使用气体的质量，会直接影响到焊接效果。

11) 主机线路板功能切换(见图 5-124)

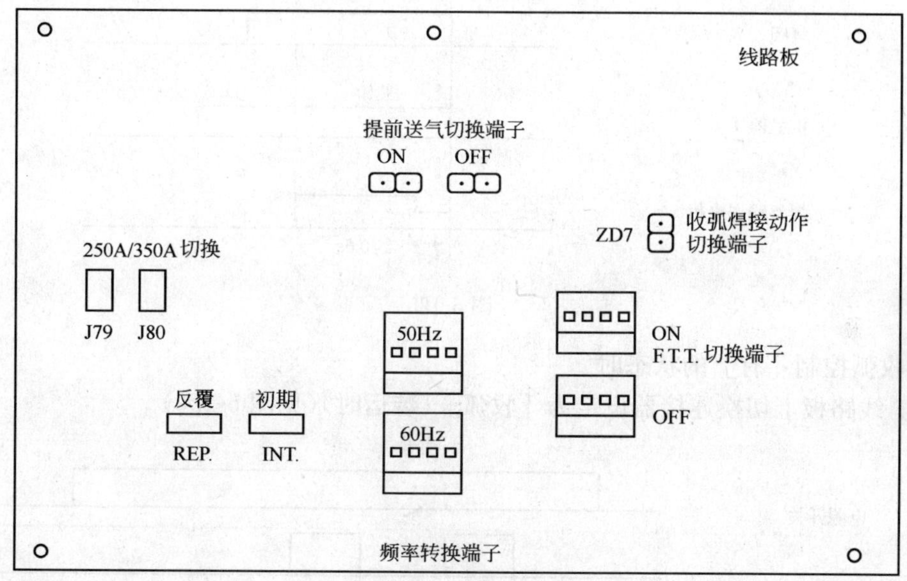

图 5-124 主机线路板图

12) 主线路板切换功能介绍

① 提前送气

(*A*) 附有气体预先流动定时器(约 0.6s)。焊机出厂，预先流动设定为［无］，应在气体的预先流动必要时使用。

(*B*) 预先流动［ON］、［OFF］的切换，应将收在桌面下的线路板上的预先流动转换端子上进行。

② F. T. T. ［ON］、［OFF］ 转换端子

(*A*) 焊接收弧时，有抑制焊丝前端的球状物成长的 F. T. T. 回路。要想焊接时的焊珠前端形状(要比收弧部小时)及要焊接结尾时的电弧利锐时，使用 F. T. T. ［ON］。这 F. T. T. 回路可以在线路板上的转换端子［ON-OFF］完成。

(*B*) 装运时是被设定为 F. T. T. ［OFF］ 侧的状态。

③［收弧］、［初期］、［反复］ 转换端子

(*A*) 将电源前面板的收弧控制操作放在［有］ 侧时，能够转换运作。

(*B*) 虽装运时是设定为［收弧］，必要时可设定为［初期］、［反复］。

13) 收弧形式调整

① 收弧控制［无］的状态时(见图 5-125)

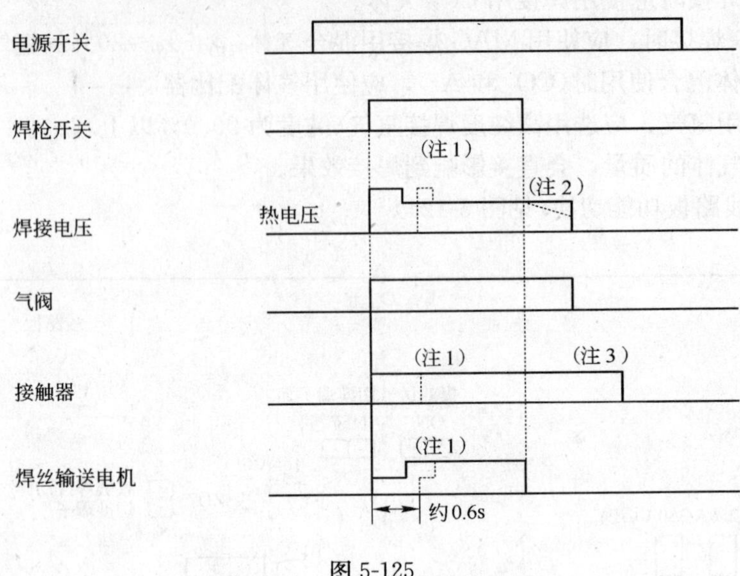

图 5-125

② 收弧控制［有］的状态时

(*A*) 线路板上切换连接器设定为［收弧］(装运时)(见图 5-126)

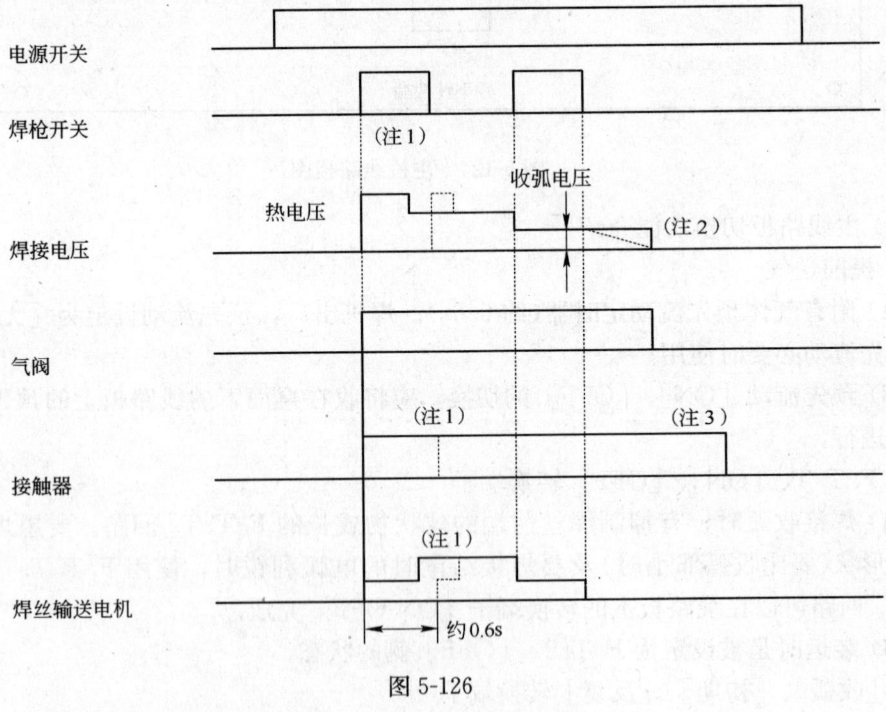

图 5-126

(*B*) 线路板上转换连接器设定为［反复］(见图 5-127)

(*C*) 线路板上切换连接器设定为［反复］(见图 5-128)

图 5-125～图 5-128 中：

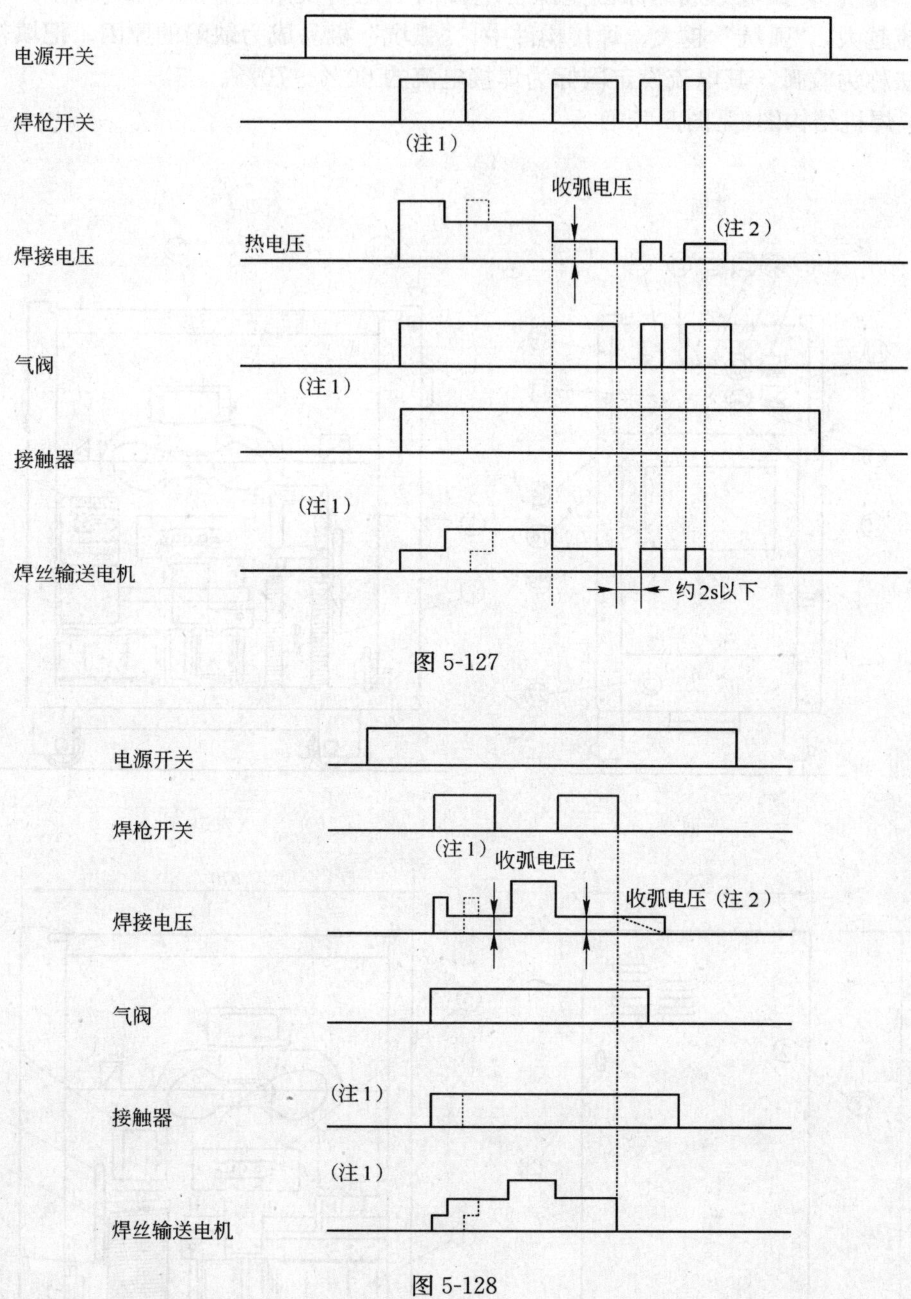

图 5-127

图 5-128

注 1—此部是表示预先流动［ON］时的动作。这时焊接电压及焊丝输送电机的动作会缓迟约 0.6s。

注 2—此部是表示 F. T. T. ［ON］时的动作状态。

注 3—本机设有节能回路，放开焊枪开关约 25s 后，接触器会［OFF］。

注 4—线路板在出厂之前，已经调试完毕，不要私自调节。

注 5—有无“收弧”的含义。

除了极小电流的焊接，一般焊接处(焊缝终端)都会产生象酒窝一样的小坑。这种小坑被称为"弧坑"，弧坑形成的原因是源自电弧的下压力及熔化金属冷凝收缩。一般来说，焊接电流越大，"弧坑"越大。焊接构件中，"弧坑"极易成为缺陷的原因。把填补弧坑的处理方法称为收弧，其电流设定国标为焊接电流的60%～70%。

14）焊机结构图(见图5-129)

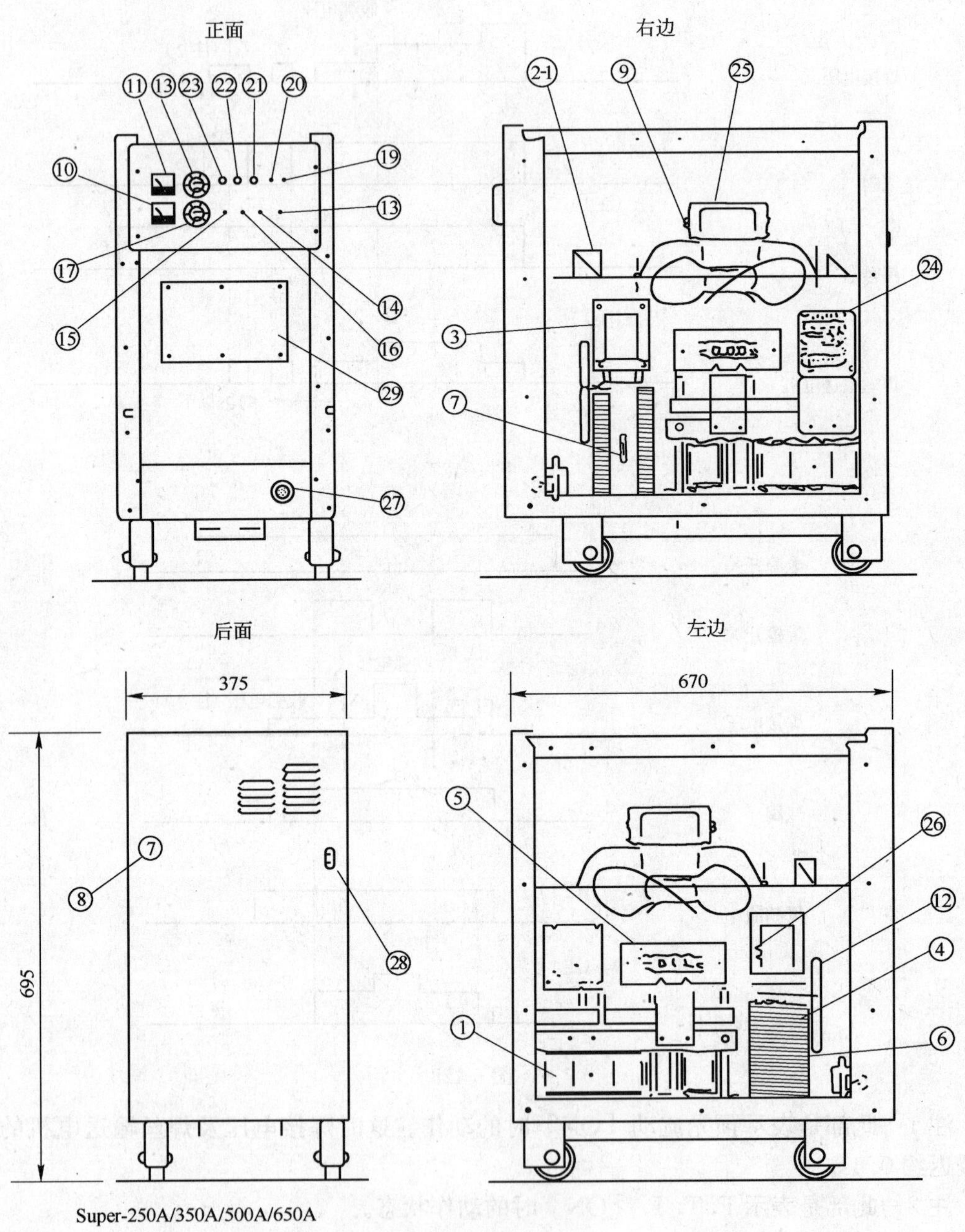

图5-129　焊机结构图

零件明细见表5-61。

零件明细表 **表 5-61**

序 号	编 号	记 号	名 称	数 量	备 注
1	BG-00010	Tr1	主变压器	1	
2	BG-00020	Tr2	控制变压器	1	
3，4	BG-00040	DCL. IPL	直流电抗器	1	
5	BG-00050	SCR1～6	晶闸管	2	
6	BG-00060	R1	电阻	1	
7	BG-00070	R2	电阻	1	
8	BG-00080	ZNR1～3，6，G1	输入电源	1	
9	BG-00090	C_1F_1	风扇起动电容	1	
10	BG-00100	A	电流表	1	
11	BG-00110	V	电压表	1	
12	BG-00120	CT	电流分流器	1	
13	BG-00130	SW1	开关	1	电源
14	BG-00140	SW2	开关	1	气体
15	BG-00150	SW3	开关	1	收弧
16	BG-00160	SW4	开关	1	CO_2/MAG
17	BG-00170	VRAc	收弧电流调节器	1	
18	BG-00180	VRVc	收弧电压调节器	1	
19	BG-00190	LED1	电源指示灯(绿)	1	
20	BG-00200	LED2	异常指示灯(红)	1	
21	BG-00210	Fu1	保险丝座	1	5A(电源)
22	BG-00220	Fu2	保险丝座	1	8A(电机)
23	BG-00230	Fu3	保险丝座	1	1A(气阀)
24	BG-00240	MS	交流接触器	1	
25	BG-00250	FAN	冷却风扇(电机)	1	
26	BG-00260	Th1	温控开关	1	
27	BG-00280	CO1	送丝机控制插座	1	
28	BG-00290	CO2	气体加热插座	1	
29	BG-00300		线路板	1	

15) CO_2焊接工艺参数(见表 5-62、表 5-63、表 5-64)

CO_2焊接工艺参数(一) **表 5-62**

	板厚 (mm)	丝径 ϕ (mm)	板间隙 G (mm)	电流 (A)	电压 (V)	速度 (cm/min)	干长度 (mm)
Ⅰ形对焊气体流量数 10～20L/min 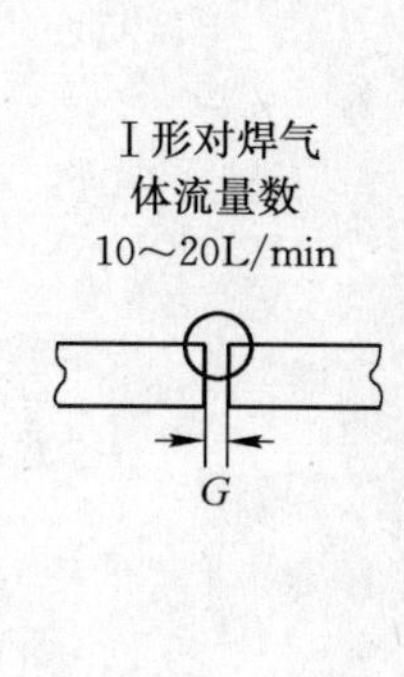	1.2	1.0	0	60～70	17～18	40～50	10
	1.6	1.0	0～0.5	80～100	18～20	40～50	10
		1.2	0～0.5	100～120	19～20	40～50	10
	2.3	1.0	0～0.8	100～120	20～21	40～50	10
		1.2	0～0.8	130～150	20～21	45～55	10
	3.2	1.2	0～1.5	130～150	20～23	30～40	10～15
	4.5	1.2	0～1.5	150～180	21～23	30～35	10～15
	6	1.2	0	270～300	27～30	60～70	10～15
		1.2	1.2～0.5	200～230	24～25	30～35	10～15
	8	1.2	0～1.2	300～350	30～35	30～40	15～20

CO₂ 焊接工艺参数(二)　　表 5-63

	板厚(mm)	丝径 φ(mm)	脚长(mm)	电流(A)	电压(V)	速度(cm/min)	干长度(mm)
角焊气体流量数 10～20L/min 45°	1.2	1.0	3～3.5	70～80	17～18	40～50	10
	1.6	1.0	3～3.5	90～130	19～20	40～50	10
		1.2	3～3.5	120～130	19～20	40～50	10
	2.3	1.0	3.5～4	100～150	19～20	35～45	10
		1.2	3.5～4	130～150	19～20	35～45	10
	3.2	1.2	4～4.5	150～200	21～24	35～45	10
		1.2	4～4.5	200～250	24～26	45～60	10～15
	4.5	1.2	5～5.5	200～250	24～26	40～50	10～15
	6	1.2	6	220～250	25～27	35～45	13～18
		1.2	4～4.5	270～300	28～31	60～70	13～18
	8	1.2	5～6	270～300	28～31	55～60	13～18

CO₂ 焊接工艺参数(三)　　表 5-64

	板厚(mm)	丝径 φ(mm)	电流(A)	电压(V)	速度(cm/min)	干长度(mm)
平角焊气体流量数 10~20L/min	1.6	1.0	65～75	16～17	40～50	10
	2.3	1.0	80～100	19～20	40～50	10
	3.2	1.2	130～150	20～22	35～40	10～15
	4.5	1.2	150～180	21～23	30～35	10～15

16）送丝机构

① 单驱(两轮)送丝机部件配置图(见图 5-130)

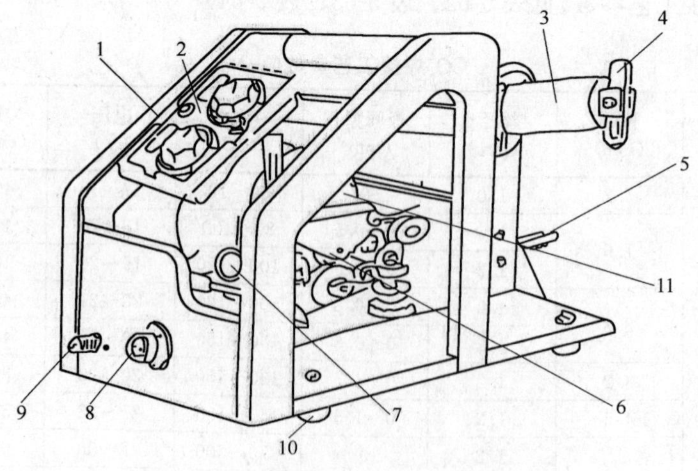

图 5-130　单驱(两轮)送丝机部件配置图

② 单驱(两轮)送丝机托架、零件配置图(见图 5-131)

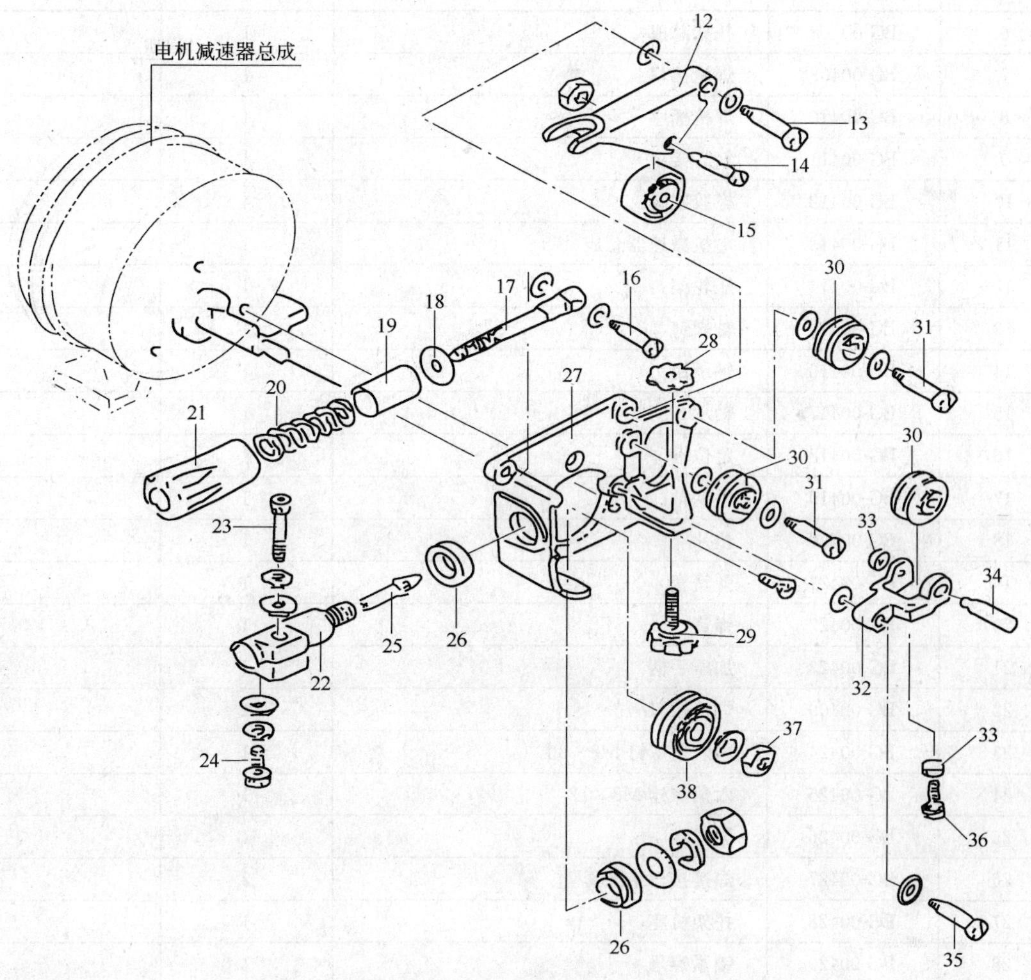

图 5-131 单驱(两轮)送丝机托架、零件配置图

③ 单驱(两轮)送丝机零件明细表(见表 5-65)

单驱(两轮)送丝机零件明细表 表 5-65

序号	编号	名称	数量	备注
1	BG-00400	机架	1	
2	BG-00401	遥控器	1	
3	BG-00402	焊丝盘轴	1	
4	BG-00403	盘轴挡板	1	
5	BG-00404	中继线 2m	1	长度可选 2m、8m、15m、30m、(需另行付费)
	BG-00405	中继线 8m		
	BG-00406	中继线 15m		
	BG-00407	中继线 30m		

续表

序号	编号	名称	数量	备注
6	BG-00408	托架总成	1	
7	BG-00409	焊枪接口	1	
8	BG-00410	焊枪插座	1	
9	BG-00411	气管接口	1	
10	BG-00412	橡胶底脚	4	
11	BG-00413	电机减速器总成	1	
12	BG-00414	压轮架	1	
13	BG-00415	轴螺钉	1	
14	BG-00416	轴承销	1	
15	BG-00417	轴承	1	
16	BG-00418	定位轴	1	
17	BG-00419	手柄轴	1	
18	BG-00420	垫片	1	
19	BG-00421	弹簧套	1	
20	BG-00422	弹簧	1	
21	BG-00423	加压手柄	1	
22	BG-00409	焊枪接口	1	
23	BG-00424	内六角螺钉 M8×30	1	
24	BG-00425	六角螺栓 M8×12	1	
25	BG-00426	导丝嘴	1	
26	BG-00427	焊接接口绝缘套	2	
27	BG-00428	托架机座	1	
28	BG-00429	锁紧螺母	1	
29	BG-00430	调节手轮	1	
30	BG-00418	校直轮	3	
31	BG-00431	定位轴	2	
32	BG-00477	校直轮轴调整支架	1	
33	BG-00432	六角螺栓 M6	1	
34	BG-00433	校直轮轴	1	
35	BG-00477	定位轮轴	1	
36	BG-00434	六角螺栓 M6×12	1	
37	BG-00435	六角螺母 M10	1	
38	BG-00436	送丝轮 0.8/1.0	1	0.8/1.0 装在送丝机上，1.0/1.2 为备件
	BG-00437	送丝轮 1.0/1.2	1	

④ 双驱(四轮)送丝机部件配置图(见图 5-132)

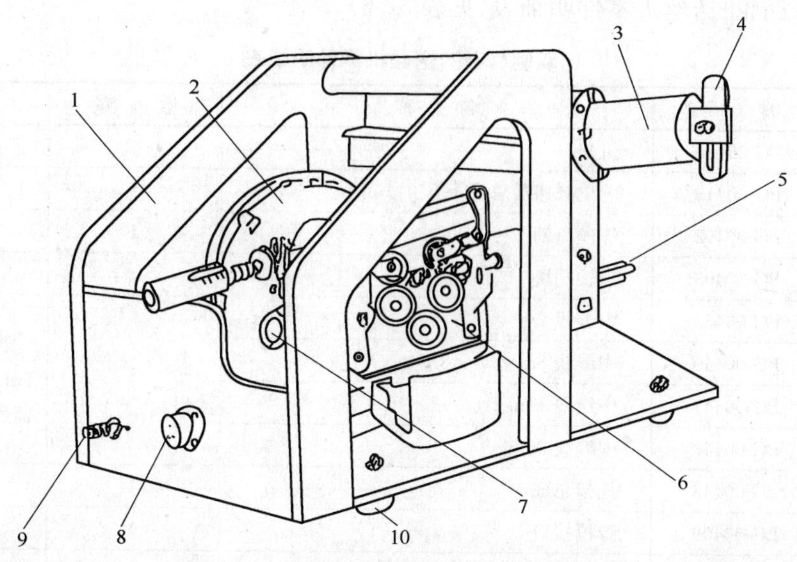

图 5-132　双驱(四轮)送丝机部件配置图

⑤ 双驱(四轮)送丝机托架、零件配置图(见图 5-133)

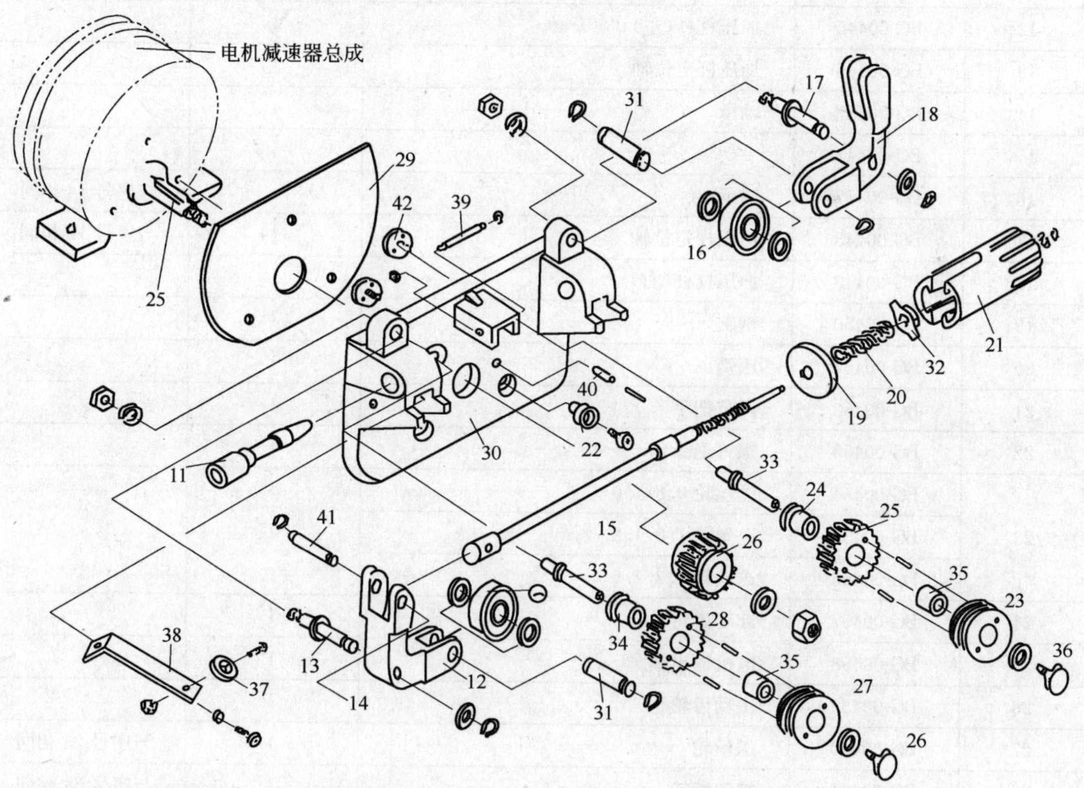

图 5-133　双驱(四轮)送丝机托架、零件配置图

⑥ 双驱(四轮)送丝机零件明细表(见表 5-66)

双驱(四轮)送丝机零件明细表　　表 5-66

序号	编号	名称	数量	备注
1	BG-00438	机架	1	
2	BG-00413	电机减速器总成	1	
3	BG-00402	焊丝盘轴	1	
4	BG-00403	盘轴挡块	1	
5	BG-00439	中继线 2m	1	长度可选用 2m、8m、15m、30m，需另行付费
	BG-00440	中继线 8m		
	BG-00441	中继线 15m		
	BG-00442	中继线 30m		
6	BG-00443	托架总成	1	
7	BG-00409	焊枪接口	1	
8	BG-00410	焊枪插座	1	
9	BG-00411	气管接口	1	
10	BG-00412	橡胶底脚	4	
11	BG-00444	进导丝嘴	1	
12	BG-00445	加压杠杆(左)	1	
13	BG-00446	加压杆定位轴	1	
14	BG-00417	轴承	1	
15	BG-00447	手柄轴	1	
16	BG-00417	轴承	1	与序号 14 相同
17	BG-00448	加压杆定位轴	1	与序号 13 相同
18	BG-00449	加压杠杆(右)	1	
19	BG-00450	钢碗	1	
20	BG-00451	压簧	1	
21	BG-00452	调节把手	1	
22	BG-00453	螺钉绝缘套	1	
23	BG-00454	送丝轮 0.8/1.0	1	
	BG-00455	送丝轮 1.0/1.2		
	BG-00456	送丝轮 1.2/1.6		
24	BG-00457	被动齿轮	1	
25	BG-00458	电机输出轴	1	
26	BG-00459	主动齿轮	1	
27	BG-00460	送丝轮	1	与序号 23 相同
28	BG-00461	被动齿轮	1	与序号 24 相同
29	BG-00462	绝缘隔板	1	
30	BG-00463	机座	1	

续表

序号	编号	名称	数量	备注
31	BG-00464	压轮轴销		
32	BG-00465	异形六角螺母		
33	BG-00466	送丝轮主轴		
34	BG-00467	齿轮含油铜套		
35	BG-00468	送丝轮含油铜套		
36	BG-00469	滚花螺钉		
37	BG-00470	按钮		
38	BG-00471	弹簧片		
39	BG-00472	中间导丝咀		
40	BG-00473	定位销绝缘套		
41	BG-00474	手柄轴销		
42	BG-00475	送丝轮轴锁紧螺钉		
43	BG-00476	罩壳		图中未画出

17）气保焊机线路图(见图 5-134 及图 5-135)

18）日常检修

日常检修时，以焊枪、送丝装置中各种零件的磨损、变形、气孔是否堵塞等为重点。依次检查下列部位，必要时应对某些零件进行除垢、更换等。更换零件时为了保证原机性能，请勿必使用“锦泰”纯正零件。

① 焊接电源(见表 5-67)

焊接电源日常检修　　表 5-67

部位	检修重点	备注
保险丝盒	连接杆松紧	紧密连接
输入、输出端子	松紧、绝缘的确认	紧密连接
冷却风扇	声音是否正常	如声音异常，请及时检修
操作面板	各部分是否正常	如有异常，请及时检修
气路	送气管路有无破损	及时检修

② 焊枪(见表 5-68)

焊枪日常检修　　表 5-68

部位	检修重点	备注
喷嘴	1. 安装是否牢固，前端是否变形 2. 是否附着飞溅物	1. 构成产生气孔的原因 2. 焊枪烧损的原因(请使用防飞溅剂)
导电嘴	1. 安装是否牢固 2. 端头损伤，孔磨损及堵塞	1. 构成焊枪连接杆螺纹损伤的原因 2. 导致电弧不稳及断弧
送丝软管	1. 焊丝直径与送丝线管内径是否吻合 2. 局部的弯折和伸长 3. 送丝管内污垢，焊丝镀层残渣的堵塞 4. 热缩管的破损，O 形圈的磨损	1. 如不吻合可导致电弧不稳 2. 导致送丝不良或电弧不稳 3. 导致送丝不良或电弧不稳 4. 可引起飞溅、气孔
气体分流器	1. 忘记插入或孔的堵塞或从其他厂家购入的元件装配	1. 可导致气体保护不良引起的焊接缺陷

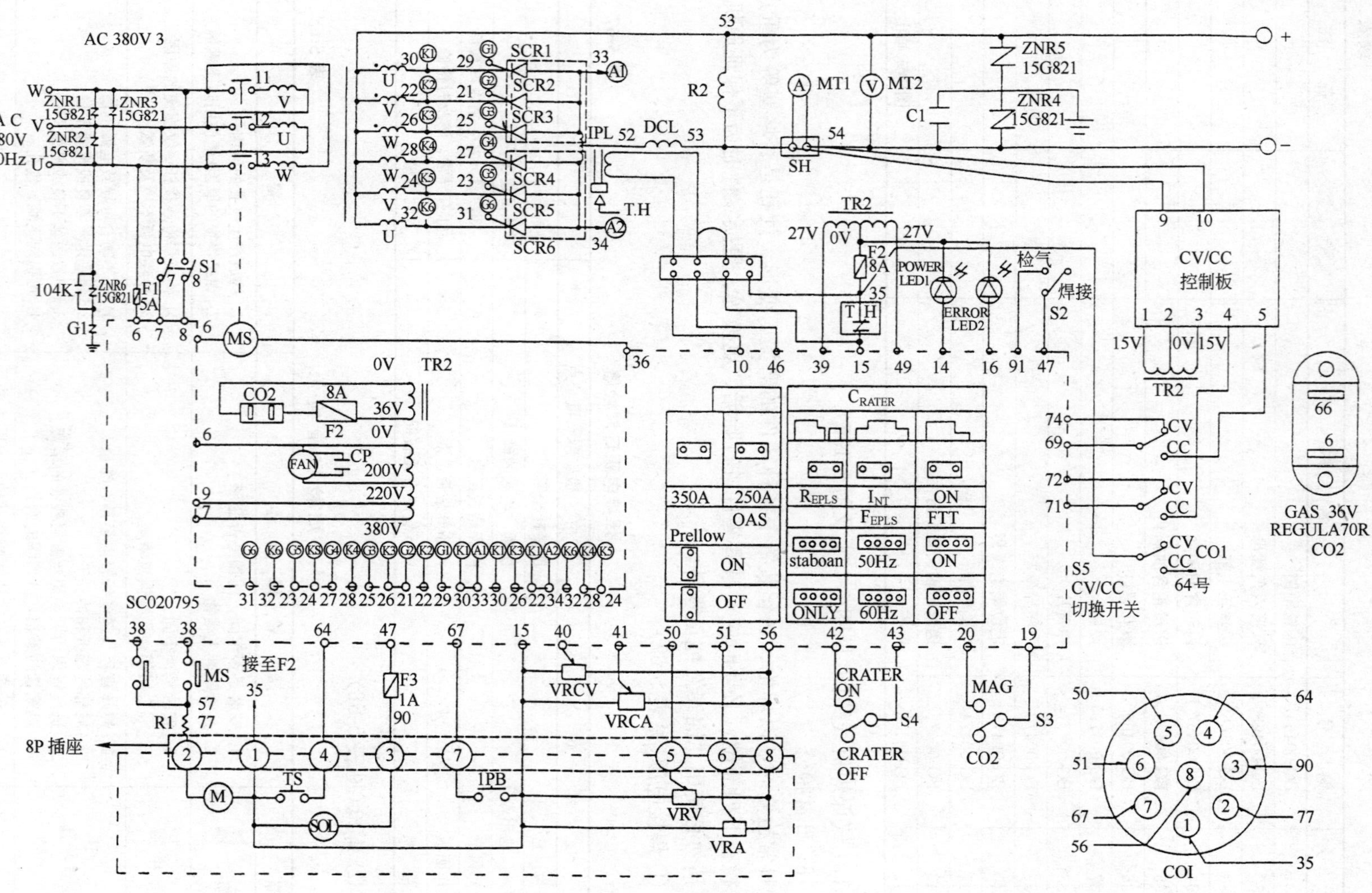

图 5-134　气保焊机 SUPER-500A、650A 线路图

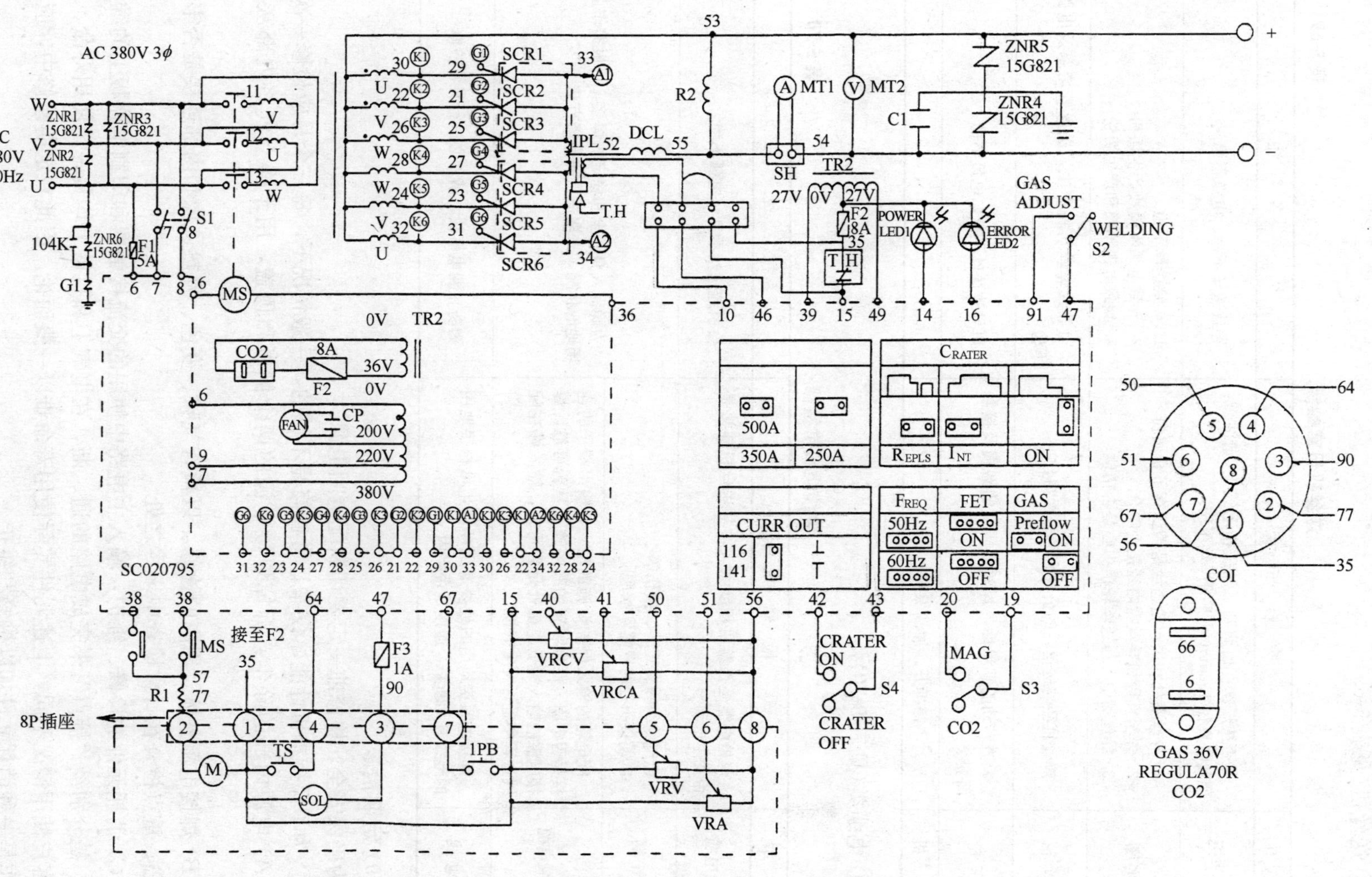

图 5-135 气保焊机 SUPER-250A、350A 线路图

③ 送丝机(见表 5-69)

送丝机日常检修　　表 5-69

部　位	检 修 重 点	备　注
压　把	是否按焊丝直径调到了加压指示线上(请注意：严禁将直径 1.2mm 以下的焊丝压伤)	导致送丝不稳、电弧不稳
导丝嘴	1. 导丝嘴处和送丝轮边缘是否积存了金属粉 2. 焊丝直径和导丝嘴内径是否吻合 3. 导丝嘴中心与送丝轮槽中心是否错位	1. 导致送丝不稳 2. 导致电弧不稳或产生切粉 3. 导致电弧不稳和产生切粉
送丝轮	焊丝直径与送丝轮的公称直径是否吻合	可导致焊丝切粉产生，送丝管堵塞及电弧不稳
加压轮	检查转动的平稳性，焊丝加压面的磨损及接触面变突	可导致送丝不良，电弧不稳
电　机	平时不需拆开，加油保养	

④ 电缆类(见表 5-70)

电缆类日常检修　　表 5-70

部　位	检 修 重 点	备　注
焊枪电缆	焊枪电缆是否卷曲程度太大，与送丝机连接是否发生松动	会引起送丝不良，电弧不稳
输出端	电缆绝缘物有无磨、损伤等 电缆接头处的裸露和松脱	为确保人身安全和稳定的焊接，请根据作业场地的状况，采取适当的检修方法
输入端电缆	配电箱的输入保护设施的输入，输出端子的连接是否牢固，保险装置的线缆连接是否可靠，焊接电源的输入端子连接处是否可靠，输入端在配线过程中是否发生磨损	
接地线	焊接电源接地用的地线有无断路，母材接地用的地线有无断路，连接是否牢固	为防止漏电事故，请勿必进行日常检修

19) 定期检修

为确保安全，检修前一定要切断配电闸电源。

① 为了保持本机性能，仅靠日常检修是不够的，一般情况下，每三个月应检修一次。

(*A*) 电源内部的除尘：拆掉焊接电源的两个侧板和顶盖，用干燥空气将内部灰尘吹净。

(*B*) 焊接电源整体及周围的检修：以检查气味、变色、发热迹像和内部连接是否牢靠为中心；重点检查在日常检查中未尽之处。

(*C*) 消耗元件的检修、维护：输入主电路中使用的交流接触器和印刷电路板上的继电器等，是分别经“接点”来完成电路的通、断，在电气上和机械上均具一定使用寿命。但由于客户使用情况不同，上述元件实际使用寿命难以一概而论。因此在定期检修中，应将其看作是一种消耗元件加以检修和维护。

(*D*) 关于绝缘耐压试验，绝缘阻抗测定的注意事项：因本机使用绝大多数的半导体开关组件，半导体管及其他半导体元件，如果没进行绝缘耐压试验、绝缘阻抗测定的话，会造成机器故障的原因。

② 要实施这几项试验时，必定遵守以下几点。

(*A*) 将输入电源电缆由电闸拆下，并将此输入端子的 U. V. W. 与别的电缆短路。拆下送丝机输入电缆，将输出端子短路。

(*B*) 将半导体开关组件 SCR 1-3 的阳极、负极短路。

(*C*) 外壳接地线 2 条(拆下桌面及前配电盘，拆下在遮风扇板上线路板附近的 1 条和接地于电源下部前方的出力端子台的 1 条)。

(*D*) 拆掉送丝机的连接线路，让电源保持单体状态。

20) 常见故障原因及排除方法(见表 5-71)

表 5-71

异常状态	原　因	对　策
电弧强制停止，异常时指示灯亮	1. 送丝电机保险丝熔断。 2. 暂载率或焊接电流明显超过额定值	1. 更换保险丝。 2. 在额定值内使用
	注：在暂载率超过额定输出电流过量的情况下使用，焊接机会自动停止运作，异常指示灯会亮。在这种情形下，电源保持［ON］让冷却扇持续动作。异常指示灯熄后冷却扇还需继续动作 10 分钟以上，请勿进行焊接作业。其次，要进行焊接作业时，焊接电流或暂载率须降低。［异常］指示反复出现时，请避免使用	
按冷送丝开关但焊丝不送给	1. 电源是［关］的状态。 2. 电源缺相。 3. 遥控器的输出电流设定值在最低处。 4. 送丝电机保险丝熔断。 5. 送丝装置的控制电缆断线，或插座的接触不良。 6. 调压器(调节器)回路故障	1. 打开电源开关。 2. 检查电闸的保险丝，检查电源输入。 3. 将电流调整钮向右转，增加电流值。 4. 更换保险丝。 5. 用万用表进行导通检查修复。 6. 换线路板
按冷送丝开关焊丝送给，但按焊枪开关时，不送给	1. 焊枪开关故障，或控制电缆断线	1. 更换开关或控制线
按焊枪开关，焊丝不输送，也没有工作电压	1. 电源是［OFF］的状态。 2. 电源保险丝熔断。 3. 焊枪开关故障，或控制电缆断线	1. 打开电源开关。 2. 检查电闸的保险丝，电源保险丝等。 3. 更换开关与电缆线
电流调整失灵	1. 电流调整用电位器故障。 2. 调节器反馈线路故障。 3. 遥控器的控制电缆断线，或插座接触不良	1. 更换电位器，修复。 2. 换线路板。 3. 检测、修复
电压调整失灵	1. 电压调整用电位器故障。 2. 线路板反馈线路故障。 3. 遥控器的控制电缆断线，或插座接触不良	1. 更换电位器，修复。 2. 换线路板。 3. 检测、修复
气体不流或流量太低	1. 控制保险丝断。 2. 气阀破损。 3. 气阀卡死，或堵塞。 4. 气阀没电	1. 换保险丝。 2. 换新的电磁阀。 3. 修复、更换。 4. 检测控制线路

注：换保险丝时的注意事项：

1. 检查保险丝，更换时，必定将电闸的开关关掉，确认安全；
2. 保险丝请使用适当值，检查、更换后，必须装上塑料盖。

21）判断原因后的处理对策

处理时必须在关掉电闸和焊机电源，确保安全的前提下实施。

① 保险丝熔断时，找出原因后，参照零件明细，更换指定的保险丝，合闸后，如再次发生保险丝熔断，请关掉电源，并与维修部门取得联系。

② 线路板发生故障时，应与制造商联系。

③ 其他部件发生故障，也应与制造商取得联系，进行维修或更换。

22）安全注意事项

① 换气

焊接时会产生少许的金属粉尘或对人体有害的一氧化碳，为此要注意必要的换气。

(*A*) 每一台作业范围在 300m^3 以上时，不需刻意换气(但是需在没有完全密封的室内)。

(*B*) 作业范围在 300m^3 以下或固定使用焊枪，连续作业时，要用通风扇或排气通风机换气。

② 焊机接地

为防止发生触电，要由电气专业人员按标准规定进行接地。

③ 佩戴安全防护用具

为防止眼部发炎和皮肤烧伤，必须遵守劳动安全卫生规则，佩戴好相应的防护器具。

5. 氩弧焊设备

氩弧焊是用氩气作为保护气体的电弧焊。它的特点是保护性能好，焊接质量高，适用于焊接铜、铝、镁、不锈钢等。

(1) 按焊接方法分类

氩弧焊设备按焊接方法不同可分为钨极氩弧焊机，熔化极氩弧焊机和脉冲氩弧焊机。它的主要技术参数见表 5-72。

1) 钨极氩弧焊机

手工钨极氩弧焊机由主电路系统、供气系统、水路系统、控制系统和焊枪等部分所组成，见图 5-136。自动钨极氩弧焊机是在上述系统的基础上，增加等速送丝装置及行走小车等机构，这部分机构和埋弧自动焊机基本相同。

① 主电路系统

(*A*) 焊接电源。电源应具有陡降的外特性。根据被焊材料的不同，可分别采用直流电源或交流电源。

直流电源可采用一般的旋转式直流弧焊机(如 AX-320 型、AX$_4$-300 型等)或焊接整流器(如 ZXG-300 型、ZXG-500 型等)。

交流电源可选用一般的弧焊变压器(如 BX1-500 型、BX3-300 型、BX3-500 型等)。

(*B*) 高频振荡器。高频振荡器在氩弧焊中主要用来引弧，即当电极不与工件接触而只要接近到一定距离时，即可利用振荡器来引燃电弧。振荡器可以和焊接回路进行并联或串联，通常串联用得较多。

② 控制系统

控制系统的主要作用是：

(*A*) 接通和切断焊接主回路。

氩弧焊机的主要技术参数

表 5-72

氩弧焊机	新型号	NSA4-300	NSA2-300-1	NSA-500	NSA-500-1	NZA2-300	NZA-500	NBA1-500	NBA5-500
	旧型号	—	GF-300	GA-500	GA-500-1	ATA-300-1	GC-500	—	—
工作(电弧)电压(V)		25～30	12～20	20	20	—	—	20～40	20～40
电流调节范围(A)		20～300	50～300	50～500	50～500	—	50～500	60～500	60～500
额定焊接电流(A)		300	300	500	500	300	500	500	500
钨极直径(mm)		1～5	1～6	2～10	1～7	2～6	1.5～4	—	—
焊丝直径(mm)		—	—	—	—	1～2	熔化焊丝 2～2.5 填充焊丝 1.5～3	2～3	1.5～2.5
送丝速度(m/min)		—	—	—	—	0.4～3.6	0.17～9.3	2～14	2～10
焊接速度(m/min)		—	—	—	—	0.2～1.8	0.17～1.7	—	—
氩气流量(L/min)		15	25	20	25	3～16	—	—	0～60
冷却水流量(L/min)		>1	1	1	1	—	—	>1	>1
额定暂载率(%)		60	60	60	60	—	—	60	60
电源电压(V)		380	380	380/220	380/220	380	380	380	380
相数		3							
频率(Hz)		50							
焊接电源种类		直流电源	交直流电源	交流电源	交流电源	交流或直流电源	交流电源	直流电源	直流电源
焊机名称		手工钨极直流焊机	手工钨极交直流焊机	手工钨极交流焊机	手工钨极交流焊机	钨极自动焊机	钨极自动焊机	熔化极半自动焊机	熔化极半自动焊机

(*B*) 焊前提前几秒钟预送保护气体，以保证起弧处的焊缝质量。

(*C*) 引弧时接通高频振荡器。

(*D*) 焊接结束时，断电后延迟 8～10s 关闭气体，以保证收尾处焊缝质量。

③ 供气系统

供气系统由氩气瓶、减压器、流量计及电磁气阀组成，见图 5-137。

(*A*) 氩气瓶。氩气瓶构造和氧气瓶相似，外表灰色，其最大压力为 150 大气压，容积为 40L，容量为 $6m^3$。

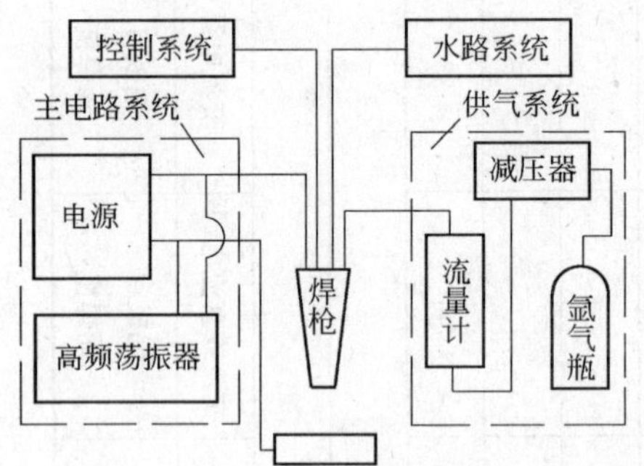

图 5-136　手工钨极氩弧焊机系统图

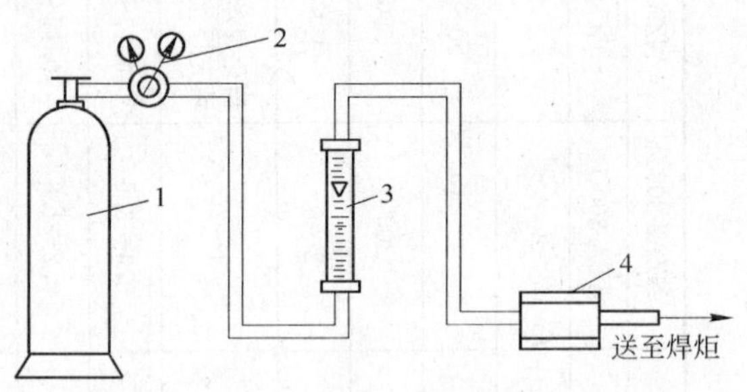

图 5-137　氩弧焊供气系统组成

1—氩气瓶；2—减压器；3—流量计；4—电磁气阀

(*B*) 减压器。用以减压和调压，可和氧气减压器通用。

(*C*) 气体流量计。用来标定通过气体流量大小的装置，有两种形式：LZB 型转子流量计是单一式的；301-1 型流量计是将减压器与流量计制成一体的。

(*D*) 电磁气阀。是一般的通用元件，是以电讯号控制气体通断的装置。

④ 水路系统

通水，主要用来冷却焊接电缆、焊炬和钨棒。如果焊接电流小于 100A，可不用水冷。为保证冷却水的接通并有一定的压力后才能起动焊接设备，有的氩弧焊机中设有保护装置——水压开关，如 NSA-500-1 型焊机。

2) 熔化极氩弧焊机

熔化极氩弧焊机主要由主电路系统、供气系统、水路系统、控制系统、送丝系统、半自动焊枪(或自动焊小车)等部分组成。熔化极半自动氩弧焊机的组成，见图 5-138。

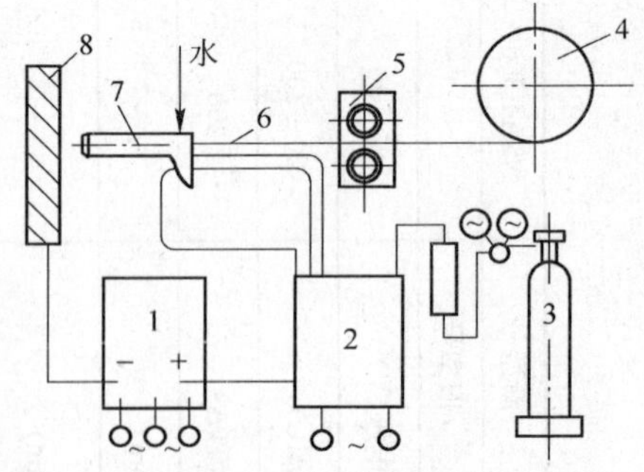

图 5-138　熔化极半自动氩弧焊机示意图

1—直流电源；2—控制箱；3—氩气瓶；4—焊丝盘；5—送丝机构；6—焊丝；7—焊枪；8—工件

① 焊接电源

为使电弧稳定、减少飞溅，获得良好的焊缝成形，熔化极氩弧焊均采用直流电源。

熔化极半自动氩弧焊时，采用焊丝直径一般小于 2.5mm，此时电流密度较大，电弧静特性曲线是上升的。因此应该采用具有平特性的电源，配合等速送丝系统。熔化极自动氩弧焊时，所用焊丝直径常大于 3mm，电弧静特性曲线呈水平形，此时应选用具有陡降特性的电源，并配合均匀调节送丝系统。

② 送丝机构

熔化极氩弧焊的送丝机构和CO_2气体保护焊的送丝机构相同，也分为推丝式、拉丝式和推拉式三种。如铝合金熔化极氩弧焊时，当铝丝直径小于 1.6mm 时，一般采用拉丝式和推丝式送丝机构；当铝丝直径大于 2mm 时，可采用推丝式送进机构。

③ 供气系统

熔化极氩弧焊的供气系统和钨极氩弧焊相同。

④ 焊枪

熔化极半自动氩弧焊时，通常采用手枪式焊枪，其型号为 Q-3 型。Q-3 型半自动焊枪的构造，见图 5-139。

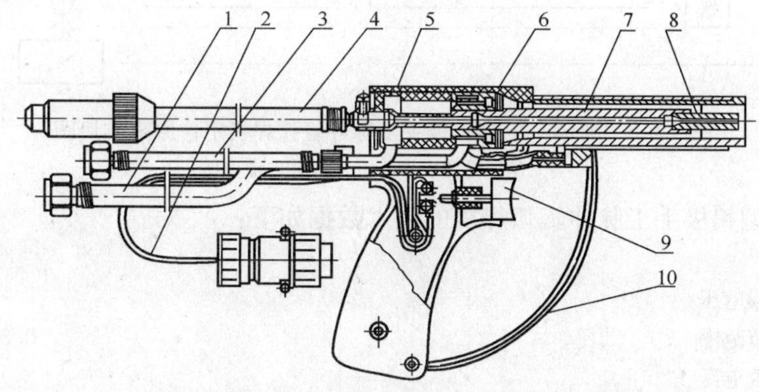

图 5-139 手枪式气保焊炬(Q-3 型)示意图

1—焊丝；2—导电嘴；3—喷嘴；4—焊枪开关；5—焊枪手把；6—气体导管；7—复式电缆；8—焊丝导管；9—扳机；10—护板

氩气由焊枪后端的接头通过镇静室，再经过隔板上的两排小孔及四层铜网筛之后，由喷嘴喷出，形成稳定的气流。焊枪的送丝管用尼龙管制成，外包钢丝加强。

Q-3 焊枪采用水冷式，焊接电流可达 500A，焊枪结构轻巧，使用灵活。

⑤ 控制系统

控制系统主要完成下列几方面的任务。

(*A*) 引弧以前预送保护气体，焊接停止时延迟关闭气体。

(*B*) 送丝控制和速度调节包括：焊丝的送进、回抽和停止，均匀调节送丝速度，并当网路电压波动时，能维持恒定的送丝速度。

(*C*) 控制主回路的通断引弧时，可以在送丝开始以前或同时接通电源；焊接停止时应当停丝后断电，以免焊丝和熔池粘牢。

3) 脉冲氩弧焊机

① 钨极脉冲氩弧焊机

图 5-140 为 NSA5-25 型钨极手工脉冲氩弧焊机的工作原理方块图。三相变压器(△/Y 接法)的次级绕组Ⅰ为基值电流电源，由它输出的三相交流电压，经过由整流二极管组成的三相桥式整流器整流后，再经过降压电阻降压后获得陡降外特性，给电弧提供基

值电流。降压电阻共分六档，以获得不同数值的基值电流。三相变压器的次级绕组Ⅱ为脉冲电流电源，由它输出的三相交流电压，经过由整流二极管组成的三相桥式整流器整流后，再经过功率三极管降压并获得垂降外特性，给电弧提供脉冲电流。功率三极管由八个大功率锗三极管 3AD18C 并联组成，串接在脉冲电流回路中，起可变电阻的作用。按一定频率控制三极管组的导通与截止，即可获得所需的脉冲电流；通过调节三极管组的基极电流，就可调节脉冲电流的幅值。

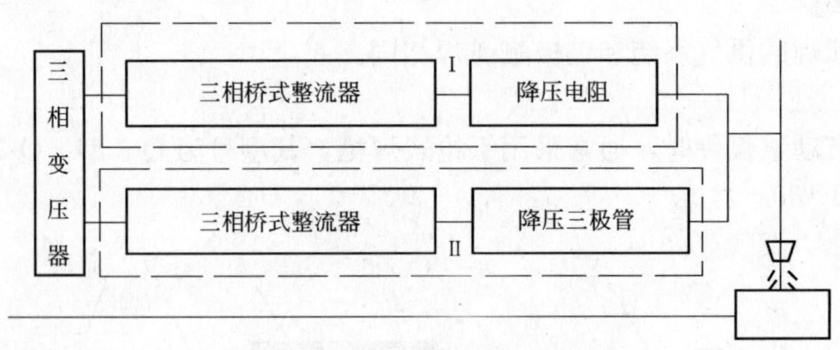

图 5-140　NSA5-25 型钨极手工脉冲氩弧焊机工作原理方块图
Ⅰ—基值电流电源；Ⅱ—脉冲电流电源

NSA5-25 型钨极手工脉冲氩弧焊机的技术数据如下：

供电电压	三相 380V
基值电源空载电压	100V
基值电流调节范围	0.8～3A(分级调节)
脉冲电源空载电压	30V
脉冲电流调节范围	1～25A(无级调节)
负载持续率	60%
脉冲频率	15～45Hz
脉冲通断比	1：3～3：1
钨极直径	ϕ1、ϕ2、ϕ3mm
氩气流量	2～6L/min

该焊机可用来焊接厚度小于 0.5mm 的不锈钢。

② 熔化极脉冲氩弧焊机

图 5-141 为 NZM-400 型熔化极脉冲氩弧焊机主电路的工作原理方块图。主电路由脉冲电源和基值电源两大部分组成。脉冲电源是三相交流电经三相调压器调压后，供给脉冲电源变压器，脉冲电源变压器次级绕组输出电压再经三相桥式硅整流器整流，供斩波器工作。斩波器输出脉冲电压，供给电弧以脉冲电流。基值电源是三相交流电经三相调压器调压后，供给基值电源变压器，再经三相桥式整流器整流，供给电弧以基值电流。

NZM-400 型熔化极脉冲氩弧焊机的主要技术数据如下：

输入功率	21kW
电源电压	3 相 380V
脉冲电源空载电压	30～60V
基值电源空载电压	20～40V
脉冲平均电流	0～200A

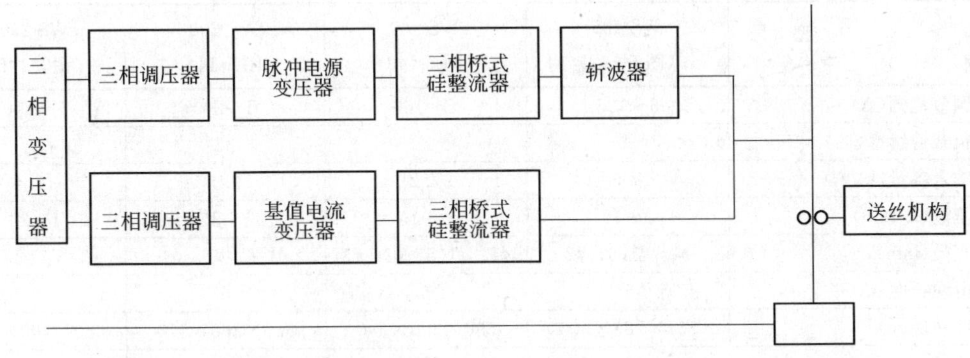

图 5-141 NZM-400 型熔化极脉冲氩弧焊机主电路工作原理的方块图

脉冲峰值电流	0～500A(短路引弧时达 700A 以上)
基值电流	0～150A
脉冲持续时间	3～10ms
脉冲间隙时间	6～30ms
脉冲频率	25～100Hz
脉冲波形	近似方形
冷却方式	水冷
焊丝直径	1.2～2.0mm
外特性	平特性(下降斜率为 3V/100A)

(2) WS 系列直流氩弧焊机

1) 特点及用途

焊机具有垂直下降的外特性，焊接电流稳定；良好的电流自动衰减功能，保证焊缝的成形更加美观。采用晶闸管整流电路，维护简便、噪声小、效率高。

焊机结构：焊机面板装有电源开关、电流表、指示灯、控制电流熔断器、检气开关、氩弧焊、电弧焊选择开关、电流调节旋钮、焊炬开关插口、直流输出接头、氩气接头等。焊机外形为卧式，前部装有高频振荡器，中部安装主变、晶闸管元件和直流电抗器，后部安装冷却风机。焊机底前部后部各有两只活支轮，拉把手即可自由移动。焊炬的本体系由玻璃钢制成。焊炬手把上装有控制开关。具有重量轻、操作方便，并备有多种形式不同大小的喷嘴和电极夹头。

WS 系列直流氩弧焊机主要用于不锈钢的焊接，可以采用无填充焊接。

2) 主要技术参数见表 5-73。

主要技术参数 **表 5-73**

数据 \ 型号	WS-125 (图 5-142)	WS-160 (图 5-143)	WS-200 (图 5-144)	WS-250 (图 5-145)
电源电压(V)	220	220/380	220/380	380
相数(相)	单相	单相	单相	单相
频率(Hz)	50	50	50	50
额定焊接电流(A)	125	160	200	250

续表

数据＼型号	WS-125 (图 5-142)	WS-160 (图 5-143)	WS-200 (图 5-144)	WS-250 (图 5-145)
电流调节范围(A)	5～125	5～160	5～200	5～250
额定负载持续率(%)	35	35	35	35
额定输入容量(kVA)	5.6	7.2	9.1	11.4
氩气流量(L/min)	0～15	0～15	1～15	1～20
钨极直径(mm)	ϕ1、ϕ1.6、ϕ2	ϕ1、ϕ1.6、ϕ2、ϕ3	ϕ1.6、ϕ2、ϕ3	ϕ1.6、ϕ2、ϕ3
焊炬电缆长度(m)	5	5	5	5
外形尺寸(mm)	560×280×500	590×300×540	610×360×570	680×400×620
质量(kg)	50	65	75	92

图 5-142　WS-125

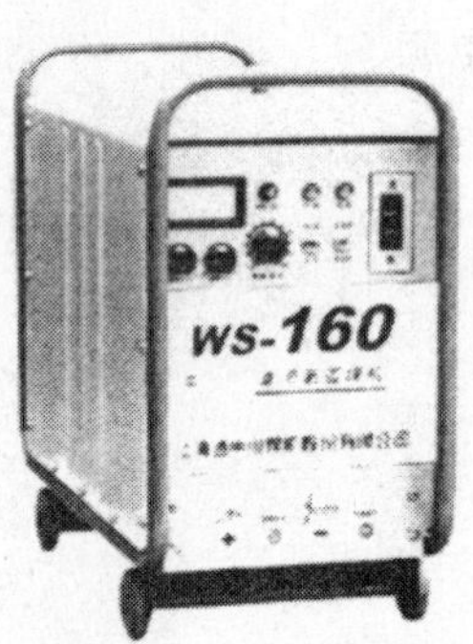

图 5-143　WS-160

图 5-144　WS-200

图 5-145　WB-250

(3) WSE 系列交直流脉冲氩弧焊机

1) 特点及用途

WSE 系列交直流脉冲氩弧焊机主要适用于铝、镁、铜及其合金，钛合金，不锈钢，高低合金钢等金属的焊接。由于具有氩弧/电弧焊、交直流两用、点焊、脉冲及缓升、缓降等众多功能，所以本系列焊机广泛适用于机械制造、压力容器、石油、化工、家电、轻工业及不锈钢装修等行业。它具有以下特点：

① 使用脉冲焊功能实现优质焊接，对不同金属、不同板厚、带有间隙的焊接发挥威力，

对薄板的端接头焊接、搭接头的焊接也容易，仰焊与立焊的焊接可以达到高质量焊接效果。

② 清理宽度可调的矩形波交流 TIG 焊通过对矩形波的平衡进行调节，适合铝、镁、铜及其合金等材质的焊接，从而获得最佳的焊接效果。

③ 缓升功能可防止 TIG 焊接薄板起始部的烧穿，缓降功能可防止 TIG 焊收弧部的急速冷却所引起的收缩孔、裂纹的发生。

④ 可以方便地调节氩弧焊的点焊时间。

2）主要技术参数见表 5-74。

主要技术参数　　**表 5-74**

数据 \ 型号		WSE-160P	WSE-250P (图 5-146)	WSE-315P (图 5-147)	WSE-400P (图 5-148)
额定输入电压(V)/单相		220/380	380	380	380
额定频率(Hz)		50	50	50	50
额定输入容量(kVA)		11	19	30	41
额定焊接电流(A)		160	250	315	400
电流调节范围(A)		DC5-160A AC5-160A	DC 10-250A AC 10-250A	DC 10-310A AC 10-315A	DC 10-400A AC 10-400A
最大空载电压(V)	DC(峰值)	100	100	100	100
	AC(有效值)	55	78	78	73
额定负载持续率(%)		35	35	35	35
绝缘等级(级)		F	F	F	F
质量(kg)		90	165	190	220

图 5-146　WSE-250P

图 5-147　WSE-315P

图 5-148　WSE-400P

(4) WS 系列 1GBT 逆变直流氩弧焊机

1）特点及用途

WS 系列 IGBT 逆变直流氩弧焊机是一种新型的高效节能直流焊机，推广使用这种换代产品已受到各个国家的重视。这种焊机无论作为手工焊还是自动焊电源，都具有极高的综合指标。

① 动态响应快，性能可靠，焊接电弧稳定、焊缝成型美观。

② 效率高，空载损耗小，比传统焊机节电 1/3 以上，可大幅度降低生产成本，是理想的节能设备。

③ 体积小、重量轻、携带方便，运输费用低。

④ 功率输出能力强。

⑤ 起弧容易，飞溅小，噪声低，可大大改善操作者的工作环境。

⑥ 高频自动引弧，不伤钨极和工件。

⑦ 操作方便，容易掌握，节省焊工培训时间。

这种焊机特别适合于钻井平台、石油化工、天然气管道、船坞、铁路、桥梁、矿山、建筑施工及设备维修等需要频繁移动焊机的场合，也适用于批量产品及大型结构等需要高负载持续率的焊接加工制造。

由于采用具有世界先进水平的 IGBT 模块作为逆变器件及先进的线路原理和控制方式，使焊机具有优异的焊接性能，为锅炉、高压容器、军工等要求高质量焊接的行业提供了可靠的保证。

该机具有手工焊条电弧焊和手工氩弧焊两大焊接功能，采用本机焊接各种承压工件，可先完成氩弧焊打底、手工电弧焊盖面两道工序，大大提高了工作效率，并具有极高的焊缝探伤合格率。

2）主要技术参数见表 5-75。

主要技术参数　　**表 5-75**

型号 数据	WS-315 IGBT (图 5-149)	WS-400 IGBT (图 5-150)	WS-500 IGBT (图 5-151)
电源	三相 380V～50Hz		
额定输入功率(kVA)	12	15	23
额定输入电流(A)	20	28	38
额定负载持续率(%)	60	60	60
电流调节范围(无级调节)(A)	15～315	15～400	15～500
空载电压(V)	70～80	70～80	70～80
逆变频率(kHz)	20	20	20
质量(kg)	45	50	60
外形尺寸(mm)	600×420×270	600×420×270	650×450×320

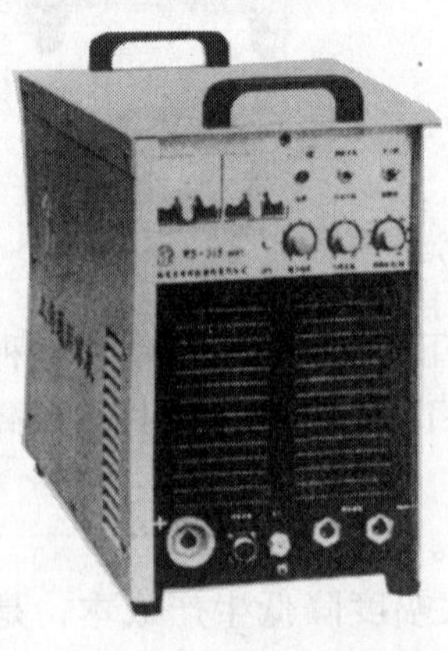

图 5-149　WS-315 IGBT

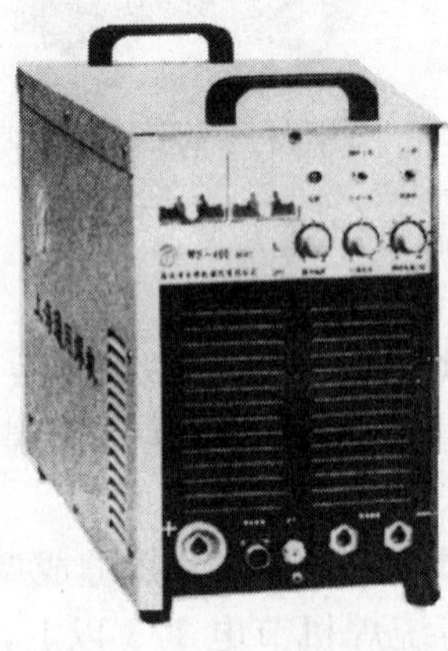

图 5-150　WS-400 IGBT

图 5-151　WS-500 IGBT

二、电焊用辅助工具

1. 焊钳

它的用途是传导电流和夹持焊条。焊钳一般由钳口、弹簧、直柄和弯曲部分组成。

焊钳结构型式的好坏与焊接质量和安全作业有着密切的关系。因此，对制作的焊钳要求导电性能好、更换或固定焊条方便，安全可靠、重量要轻。

G-352 型焊钳，是现场常用的一种，它导电部分用紫铜，绝缘外壳是用胶末粉压制，钳口通过弹簧夹紧焊条。这种焊钳额定电流为 300A，焊条直径为 2～5mm，它的重量约为 0.5kg。

2. 焊接电缆(电焊软线)

焊接电缆应有足够的导电截面，还要柔软、容易弯曲。它的长度应根据工作地点和焊机设置的具体情况决定，一般不宜过长，其截面大小，主要是根据电流强度决定，可按表 5-76 和表 5-77 进行选用。

通用橡套软电缆载流量 **表 5-76**

主线芯截面(mm^2)	载流量(A)						
	YZ，YZW			YC，YCW			
	二芯	三芯	四芯	单芯	二芯	三芯	四芯
1	17	14	13	—	—	—	—
1.5	21	18	18	—	—	—	—
2	26	22	22	—	—	—	
2.5	30	25	25	37	30	26	27
4	41	35	36	47	39	34	34
6	53	45	45	52	51	43	44
10	—	—	—	75	74	63	63
16	—	—	—	112	98	84	84
25	—	—	—	148	135	115	116
35	—	—	—	183	167	142	143
50	—	—	—	226	208	176	177
70	—	—	—	289	259	224	224
95	—	—	—	353	318	273	273
120	—	—	—	415	371	316	316

电焊机用橡套软电缆 **表 5-77**

型号	规格 (mm^2)							
YHH	1×16	1×25	1×35	1×50	1×70	1×95	1×120	1×150
YHHR	1×6	1×10	1×16	1×25	1×35	1×50	1×70	1×95

3. 熔丝、熔断器

熔丝、熔断器主要是在短路中起作用。它的选用参照表 5-78 和表 5-79。

常用低压熔丝规格 表 5-78

种类	直径(mm)	额定电流(A)	种类	直径(mm)	额定电流(A)
铅锡合金丝(其中 Pb95%，Sn5%)	2.03	15	铜线	0.91	31
	2.34	18		1.02	37
	2.65	22		1.22	49
	2.95	26		1.42	63
	3.26	30		1.63	78
铜线	0.56	15		1.83	96
	0.71	21		2.03	115
	0.74	22		—	—

常用手工弧焊电源熔丝选用表 表 5-79

焊机型号	熔丝额定电流(A)
BX6-120-2，ZX-160，ZXG1-160，ZX5-250	20～25
AX-160，AX-165，AX7-160，BX3-160，BX1-160，ZX-250，ZXG1-250，ZX5-400	35～40
AX-250，AX4-300，AX7-250，BX3-250，BX3-300，BX1-250，ZX-400，ZXG1-400	50～60
BX3-400，BX1-400，BX1-500	80～90
AX-400，AX7-400	100

4. 铁壳开关

铁壳开关主要作用是控制焊机接通或切断电源。它的技术规格，见表 5-80 和表 5-81。

HH3、HH4 型负荷开关技术规格 表 5-80

型式	额定电压(V)	额定电流(A)	极数
HH3	440	15，30，60，100，200	3
HH4	380	15，30，60	2 或 3

电动机直接起动负荷开关选择表 表 5-81

电动机容量(kW)	2.8	4.5	7	10	14	28
440V 负荷开关额定电流值(A)	20	30	60	60	100	200

5. 面罩和护目玻璃

面罩和护目玻璃主要是保护从事焊接作业人员的面部和眼睛，避免受到损伤。因此，要根据实际情况正确选用，表 5-82 和表 5-83 是各式面罩规格及用途和护目玻璃片规格。

各式面罩规格及用途 表 5-82

品名	规格(mm)	用途	品名	规格(mm)	用途
头戴式(盔式)	270×480	焊接用	有机玻璃面罩	2×230×280	装配清渣
手拿式(盾式)	186×390	焊接用	有机玻璃面罩	3×230×280	装配清渣
软盔送风式	—	特种焊接			

护目玻璃片规格　　表 5-83

护目玻璃色号	颜色深浅	适用焊接电流范围(A)
9	较　浅	＜100
10	中　等	100～350
11	较　深	＞350

6. 焊条保温筒

焊条的干燥程度，直接影响到焊接质量，焊条保温筒是保持焊条干燥的一种器具，它有立式和卧式两种，可装焊条 2.5～5kg。

7. 烘干箱

烘干箱主要用于烘干焊条，它的种类也较多。表 5-84 是一种远红外焊条烘干箱的技术参数。

ZYH 远红外焊条烘干箱　　表 5-84

产品型号	额定功率(kW)	可装焊条质量(kg)	焊条长度(mm)
ZYH-100	7.8	100	400
ZYH-60	3.6	60	400
ZYH-30	2.8	30	400

8. 焊接中常用的装配夹具

在焊接过程中，焊件结构形状是多种多样，因此，焊接夹具也应根据不同产品的要求进行设计和制作，以满足工程的需要。

(1) 夹紧工具

在装配零件时，使用的工具，见图 5-152。

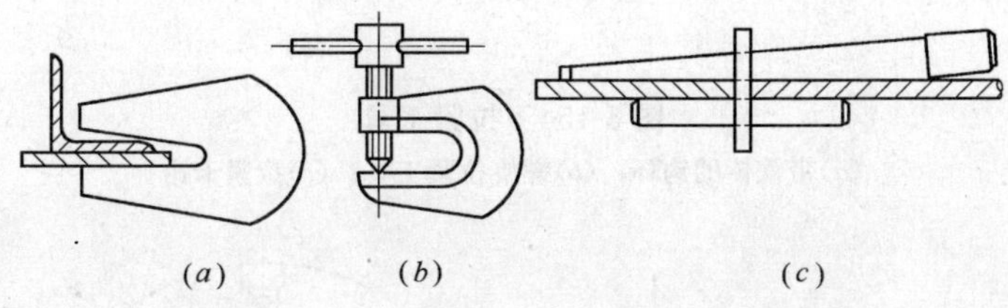

图 5-152　夹紧工具

(a)楔口夹板；(b)螺旋弓形夹；(c)带压板的楔收紧夹

(2) 压紧工具

这种工具用在定位焊将夹具的一部分焊在被装配的焊件上，焊完后将其拆掉，见图 5-153。

(3) 拉紧工具

拉紧工具用作定位固定用，见图 5-154。

(4) 支撑工具

主要用于扩大或缩小装配尺寸的一种工具。见图 5-155。

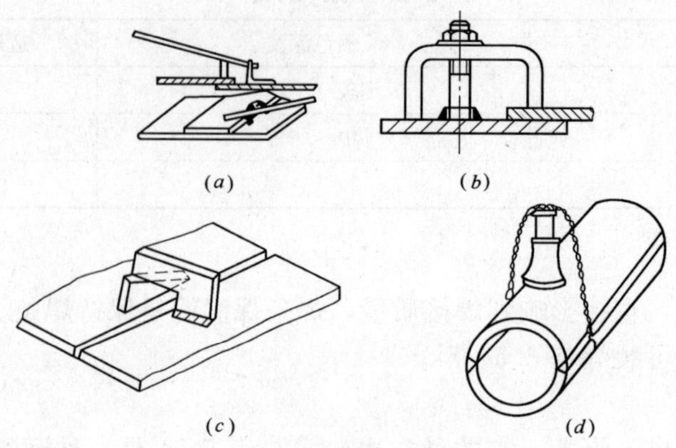

图 5-153 压紧工具

(*a*)带铁棒的压紧夹板；(*b*)带压板的紧固螺栓；(*c*)带楔条的压紧夹板；(*d*)带千斤顶的紧固拉链

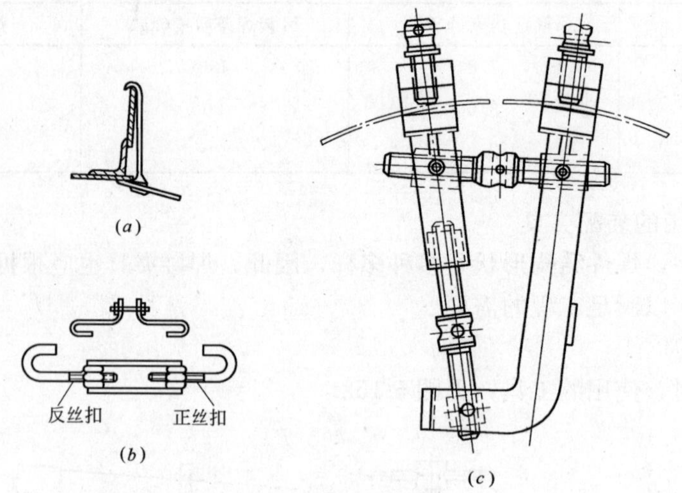

图 5-154 拉紧工具

(*a*)带铁棒的钩环；(*b*)螺旋拉紧工具；(*c*)拉紧卡钳

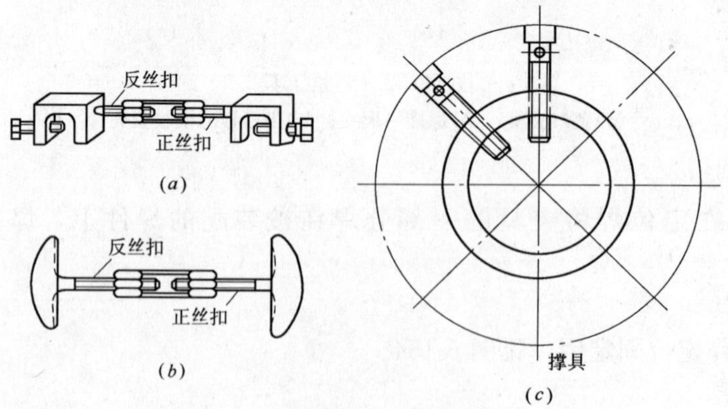

图 5-155 撑具

(*a*)螺旋拉撑；(*b*)螺旋撑具；(*c*)带支撑螺栓的圆环

三、等离子弧切割设备

等离子弧切割设备主要用于黑色金属、有色金属和非金属材料的切割工作，切割板厚可达 200mm 以上。

这种设备主要是依靠高温高速的等离子弧和焰流，把材料部分熔化、蒸发及吹离形成窄缝，从而完成切割工作。

等离子弧切割设备，它具有切割速度快，生产率高，切口狭窄，光洁整齐，切口变形和热影响区以及硬度及化学成分变化小，切割质量高等特点。

1. 设备结构

它主要包括电源、控制箱、水路、气路系统及割炬等部分组成。见图 5-156。

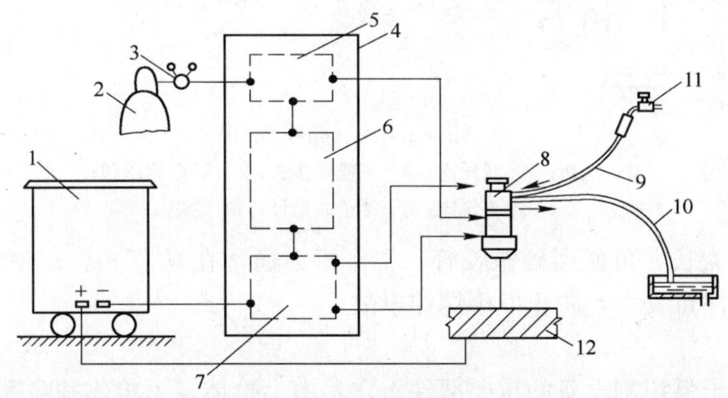

图 5-156　等离子弧切割设备组成示意图

1—电源；2—气源；3—调压表；4—控制箱；5—气路控制；6—程序控制；7—高频发生器；8—割炬；9—进水管；10—出水管；11—水源；12—工件

(1) 电源

等离子弧切割设备，大部分使用直流电源，对电源的要求要有陡降的外特性，它的空载电压通常在 150～400V，当切割较厚板材时，空载电压高达 500V。

等离子弧切割设备的电源有两种类型，一种是用两台以上直流弧焊发电机进行串联，用这种方法可提高空载和工作电压。两台焊机串联时可切割 40～50mm 厚板材，如三台串联时，可切割 80～100mm 板材。另一种类型就是专用的硅整流器型电源。使用这种专用电源，可切割 150mm 以上的板材。

(2) 控制箱

控制箱是由程序控制继电器、接触器、高频振荡器、电磁气阀、水开关等组成。控制箱是按照切割程序进行控制。它的切割程序是：首先调节好气体流量和小车速度，并进行送气，以保护电极不被氧化，再用高频振荡器点燃非转移型电弧，再逐步转到转移型电弧。通入冷却水，切割结束，控制线路自行切断。

(3) 水路系统

等离子弧切割设备的冷却水主要用来冷却喷嘴和电极，同时还要对非转移型弧电流的水冷电阻和水冷导线进行冷却。见图 5-157。

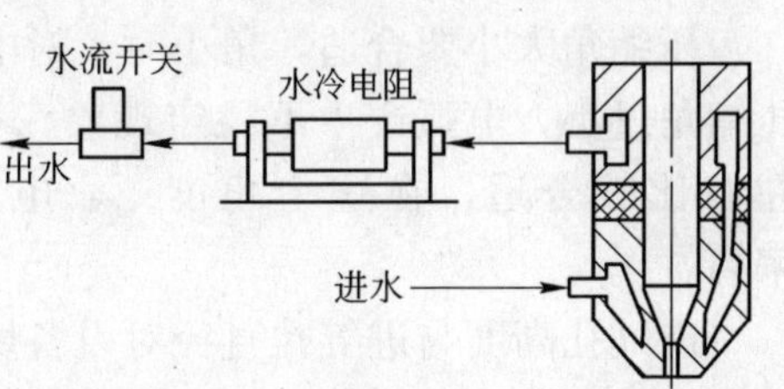

图 5-157　间接水冷电极水路系统示意图

冷却水压力在 0.15～0.2MPa 范围内，水流量在 3L/min 以上。如水流要求加大，可采用循环水泵进行供水。

(4) 气路系统

等离子弧切割设备使用的气体，其用途是压缩电弧，避免钨极氧化和喷嘴烧坏。保证切割工作的顺利进行。气路系统，见图 5-158。

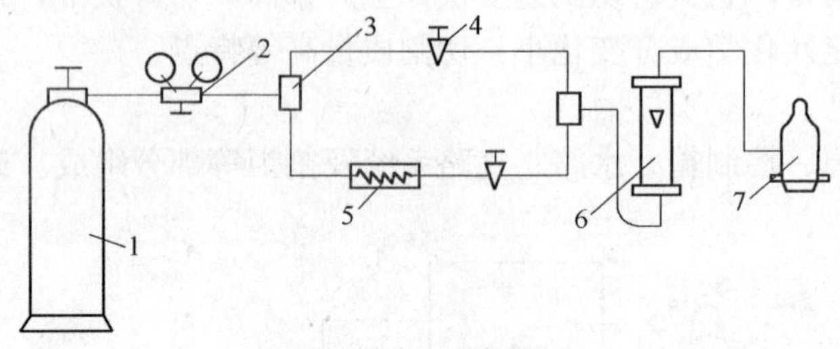

图 5-158　气路系统

1—气瓶；2—减压阀；3—三通管接头；4—针形调压阀；5—电磁气阀；6—浮子流量计；7—割炬

输气管不要太长，可使用硬橡胶管，工作压力通常在 0.25～0.35MPa 范围内。使用氢气时，要特别注意安全，防止发生爆炸事故。

(5) 割炬

割炬是等离子弧切割设备的重要部件。它是由上枪体、下枪体和喷嘴等组成。

上枪体包括水套、钨极固定装置、升降系统、调节螺帽及冷水系统，下枪体有水套、进气管和冷水系统等。对上、下枪体的要求要作到绝缘、气密性好，同二者同心度偏差小。绝缘套要用绝缘性能好且不易受潮材料作成。密封部分通常使用橡胶材料。

喷嘴是割炬的主要部位，它的结构和尺寸对切割整个过程起着重要作用。喷嘴的形状，见图 5-159。

从图 5-159 中看出喷嘴孔直径、压缩孔道长、压缩角、进气孔高度和进气孔直径等几部分都直接影响着整个喷嘴的工作效率。

喷嘴孔径越小，孔道长度越大，设备的切割效率越高。但喷嘴孔径过小，孔道过长，会出现相反的结果，甚至使喷嘴烧坏。因此，喷嘴孔径与压缩孔道长度一般为 1∶(1.5～1.8)为宜。根据焊接规范的要求，喷嘴孔径可取 2.4～4mm，压缩空道长度取 4.0～7.0mm。

压缩角大小要合适，角小时，对电弧压缩加强，但压缩角过小，电弧产生不稳定现象。一般压缩角在 30°左右比较合适，在这个角度下，电弧稳定，切割效率高。

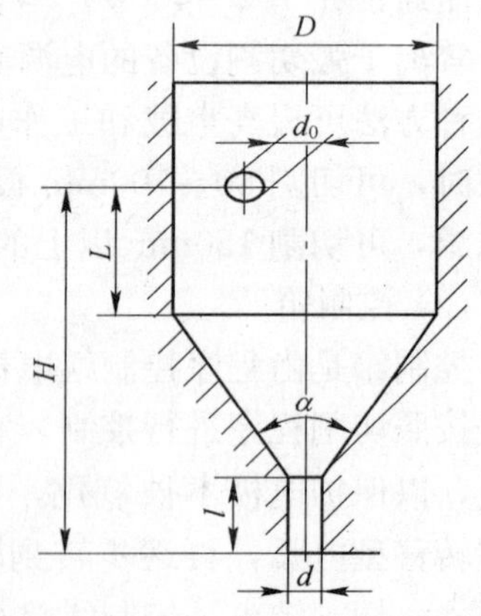

图 5-159　喷嘴和割炬内腔几何形状

D—气室直径；H—气室总高度；L—气室圆柱部分高度；d—喷嘴孔直径；d_0—进气孔径；l—压缩气道长度；α—压缩角

进气孔高度与进气孔直径对设备切割效率和切割质量有一定的影响。因此，要选择合适的高度和孔径。通常当气室直径为 12mm，气室高度为 37mm 时，进气孔高度选取 12～14mm 为合适。进气孔径取 4～5mm。

喷嘴的结构和使用的材料：图 5-160 是一种喷嘴结构形式。它是用导热性能好的紫铜作成的，喷嘴壁厚约为 1～2mm，壁过厚，冷却性能差，壁过薄，热容量小，易损坏。

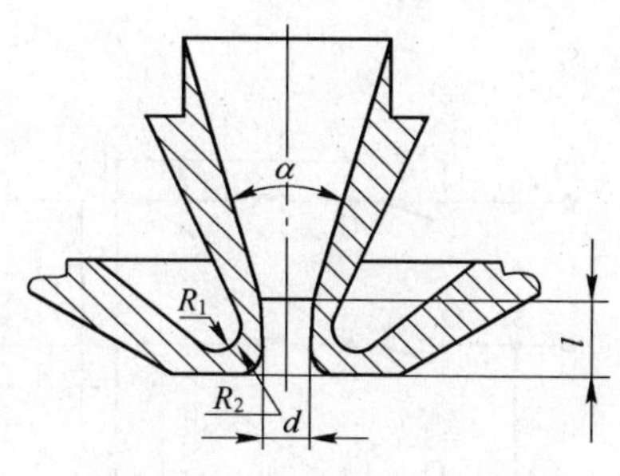

图 5-160 喷嘴结构形状

R_1—圆角；R_2—倒角；d—喷嘴孔径；α—压缩角；l—压缩孔道长

2. 国产 LG-400-1 型等离子切割机

国产的等离子弧切割设备规格种类较多。按额定电流分，有 100A、250A、400A、500A、1000A 等几种。

下面介绍国产 LG-400-1 型等离子切割机。

LG-400-1 型等离子切割机由控制箱、带割炬的自动切割小车、手工割炬及切割电源（ZXG2-400）等四部分组成。可以用作手工切割及自动切割。该切割机的主要技术参数见表 5-85。

LG-400-1 型等离子弧切割机技术参数 **表 5-85**

项 目	数 值	备 注
控制箱电源电压(V)	220(交流)	—
切割电源空载电压(V)	330(直流)	—
额定切割电流(A)	400	—
电流调节范围(A)	100～500	—
额定暂载率(%)	60%	—
工作电压(V)	100～150	—
引弧电流(小电弧电流)(A)	30～50	—
电极直径(mm)	5.5	—
自动切割速度(m/h)	3～150	—
切割厚度(mm)		—
碳钢、铝、不锈钢	80	最大可切割 100mm
紫铜	50	—
引弧气体流量(L/h)	400	—
提前通引弧电流时间(s)	2	—
滞后关闭气流时间(s)	3	—
切割(主电弧)气体流量(L/h)	约 3000	进气压力为 0.3～0.4MPa
气体种类及成分	工业纯氮气(99.9%)	也可用工业氢气或氩氢、氮氢混合气体
冷却水流量(L/min)	3 以上	—
切割圆弧直径(mm)	120 以上	—
自动割炬位置调节范围(mm)		—
切缝左右方向	250	—
切缝高低方向	150	—
沿切缝垂直面的侧面倾角	向内向外各 10°	—
沿切缝前后倾角	任意角度	—
手工割炬重量(kg)	1.5	—

(1) 切割电源

ZXG2-400 型切割电源的电气原理示于图 5-161。其动作过程如下：

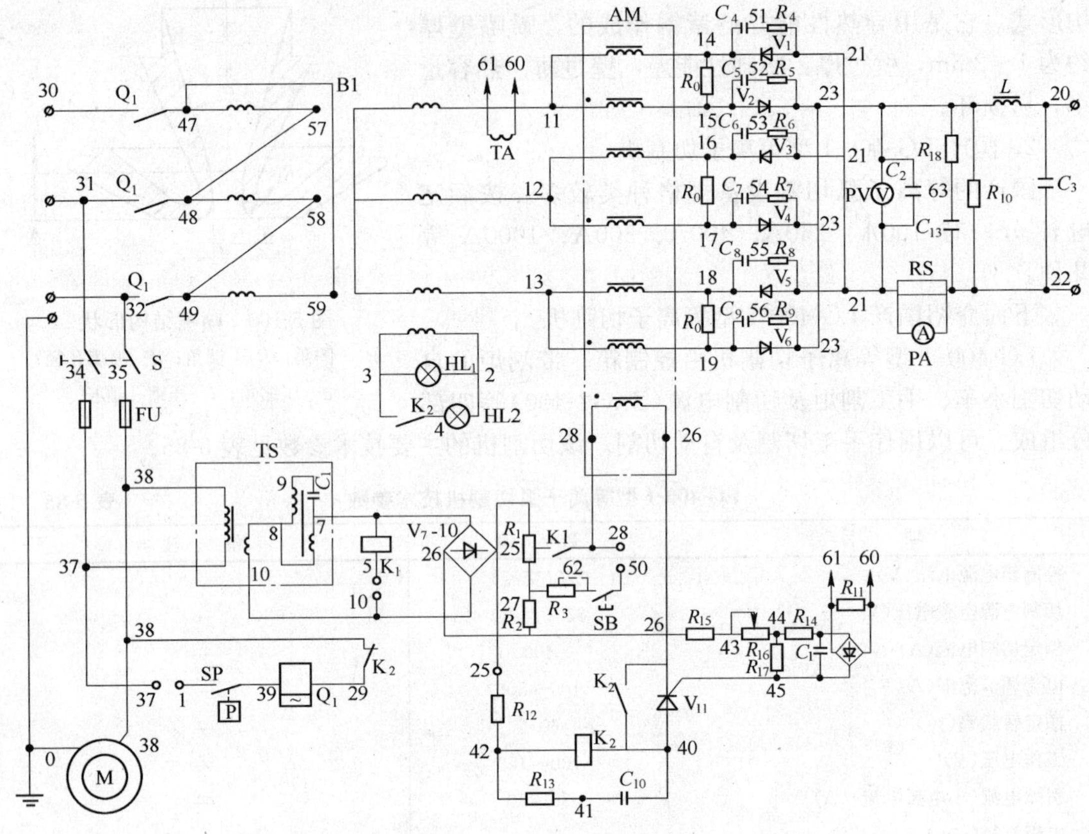

图 5-161　ZXG2-400 等离子弧切割机电气原理图

1）启动

将电源转换开关 KS 置于接通位置，通风电机 D 起动，当风量达到一定值时，其压力推开与百叶窗联动的杠杆机构，使风压微动开关 KX 接通（37 与 1 接通），因而使磁力启动器 CQ 线圈通电，CQ 的主触点与电网接通，磁放大器开始工作，输出一定的直流电压。

2）工作

当接通外电路时，磁放大器即输出直流电流。为了抑制电流的冲击值，减少钨极和喷嘴的烧损，输出电流分两级增至所需值。开动时，磁放大器是以弱激磁工作的，输出的直流电流很小，随后接通中间继电器 J 的吸线卷，继电器的触点 J_1 闭合，电位器 R_1 供给磁放大器控制线卷以强激磁，硅整流器输出电流随磁放大器激磁电流的逐渐增大而增大，直至所需值。

输出电流的大小，用面板上的电位器 R_1 进行调节。

电源输出电路内串联有电抗器，它能改善整流电流的脉动程度，抑制起弧电流的冲击值和减少钨极和喷嘴的烧损。

3）电气保护

硅整流器组的过压保护采用在硅整流元件侧及输出端并联适当电阻R、电容C进行瞬变过电压抑制保护，防止瞬时过电压击穿硅整流元件。

在变压器B_1次级回路内的环形铁芯与可控硅整流器是进行过电流保护的装置。当主回路过电流时，变压器输出电流增加，在环形铁芯内感应的电压值经整流后，达到可控硅的触发电压，则JZ_2动作，JZ_2的常闭触头跳开，从而使磁力启动器控制回路断开，使电源主回路与电网断开。

等离子弧切割时喷嘴孔道内通有高流速的冷气流，它在熄弧时能起加速熄灭的作用，因而产生的反向冲击电压更高。过电压击穿，使硅元件损坏，成为等离子弧切割设备中更为突出的矛盾。上述阻容保护措施有时还不能可靠地保护硅整流元件，为此有的设备(如LG-500型等离子弧切割机)采用了可控硅控制。即在电源输出端并联几十欧姆的电阻，以通畅、有效地吸收熄弧时产生的过电压。其电气线路示于图5-162，工作原理为：空载及切割时，可控硅皆自动断路，并联电阻回路不通。切割结束，行将断弧时，利用熄弧过程的电弧电压升高值，给可控硅一正脉冲信号，使可控硅触发，并联电阻回路自动接通，起到吸收冲击电压的作用。当等离子弧熄灭后，舌簧继电器及接触器复位，将并联电阻回路切断。

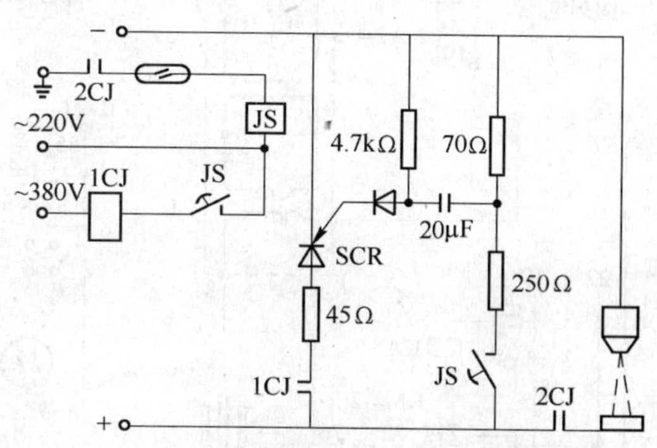

图5-162 过电压保护装置线路图

(2) 控制系统

LG-400-1型等离子弧切割机的控制电路示于图5-163。电器元件规格见表5-86。

控制线路的动作过程如下：

1) 提前通气和滞后断气是靠R-C充放电过程来实现的。通电时经二极管1D、电阻R_2对电容器1C充电，使继电器JS延时接通。断电时电容器1C对断电器JS线圈放电，使其延时释放。

2) 调节引弧气流和主气流时，可闭合装在控制箱上的开关3K和4K；检查钨极对中时，可闭合控制箱上的开关5K。调节适当时再断开。

3) 调节切割小车速度时，先闭合小车面板上的开关1K，然后调节电位器W_1即可。

4) 自动切割的工作过程如下，将小车控制电缆多芯插头2接通，并将总电缆接上，转动控制电源开关ZK，接通控制电路电源及接通冷却水，使水流开关SK闭合，线路即做好工作前的准备。按引弧按钮1AK，引燃小弧后，再按切割按钮2AK，即可进入正常切割。按停止按钮3AK，即可停止切割。其全部动作程序示于图5-164。

切割终止时，割炬离开切割件而将电弧拉断，此时电流继电器2 JL释放，控制线路则依次切断。

在切割过程中，如果冷却水因故堵塞或切断，则水流开关SK断开，这如同按停止按钮3 AK一样，切割过程自动停止。

在按1 AK、1 JZ而引出电弧后，若因故要断开电弧，也要按停止按钮3 AK，使3 JZ动作将1JZ切断，引弧回路也随之切断。

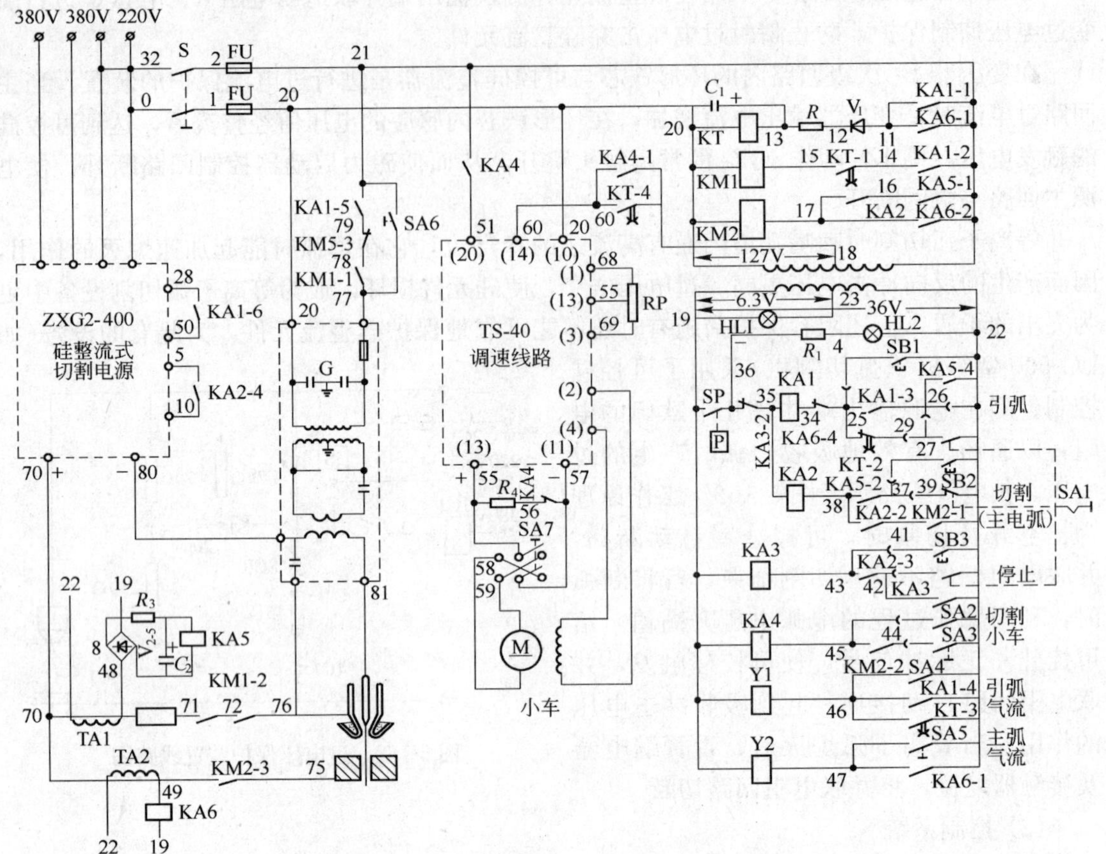

图 5-163 LG-400-1 型等离子弧切割机电气原理图

LG-400-1 型等离子弧切割机电气元件规格 表 5-86

序 号	符 号	名 称 规 格	数 量	备 注
1	ZK	转换开关 HZ1-10/2	1	—
2	1～2RD	保险丝 BGDP5A	2	—
3	1B	变压器 127～220V/6.3～36V	1	—
4	1～2XD	指示灯 E10	2	一红一绿
5	1CJ	交流接触器 CJ10～40A，220V	1	—
6	2CJ	交流接触器 CJ10～150A，220V	1	—
7	1JZ	中间继电器 JY-16A，36V	1	六常开
8	2JZ、2JL	中间继电器 JY-16A，36V	2	二开二双投
9	3～4JZ	中间继电器 JY-16A，36V	2	二开二闭
10	1JL	中间继电器 JY-16A，24V，D，C	1	二开二双投
11	JS	中间继电器 DZ-63，220V，D，C，60K	1	二开二双投
12	1D	硅二极管 2CP20	1	—
13	2～5D	硅二极管 2CP12	4	—
14	1～5K	单刀单投钮子开关 KN3-A	5	1Z1D
15	6K	双刀双投钮子开关 KN3-A	1	2Z2D

续表

序 号	符 号	名称规格	数 量	备 注
16	K	拨动开关 KB-1	1	—
17	1～3AK	按钮开关 LA19-11	3	一红两绿
18	SK	水流开关	1	自制
19	1C	电解电容器 CD-1，300V，100μF	1	—
20	2C	电解电容器 CD-1，25V，500μF	1	—
21	SR	水冷电阻	1	自制
22	R_1	线绕电阻 GF-7.5W，150Ω	1	—
23	R_2	金属膜电阻 RJ-2，3K，1W	1	—
24	R_3	碳膜电阻 RT-2，100Ω，2W	1	—
25	R_4	线绕电阻 GF-15W，20Ω	1	—
26	W_1	碳膜电位器 WTH-X4，7K	1	—
27	1BL，2BL	饱和电抗器	2	自制
28	PG	高频振荡器	1	自制
29	1DF，2DF	电磁气阀，36V	2	自制
30	ZD	直流伺服电机，110V	1	—

切割厚板时，需在切割开始处预热。这可将小车开关 2 K 断开，等需要小车行走时，再将 2 K 闭合。

5）手工切割工作过程。将多芯插头 Z 断开，把手动切割的控制电缆多芯插头 S 接通。切割过程的控制由装在手动割炬上的开关 K 来实现。

控制电源接通前，开关 K 扳向后方位置。引弧时，将开关 K 推向前，控制电路按自动切割时按下 1AK 的顺序动作而引弧。电弧引燃后继电器 1JL 动作，其常开触点联锁 1JZ 回路中的 K。在继电器 3JZ 回路中，由于 2JZ 未动作，故 K 虽然闭合，但 3JZ 仍不会动作。引主电弧切割时，将 K 向后扳回到引弧前的位置，相当于自动切割时按下 2AK 的动作。停止切割时，再将开关 K 向前推，随后再扳回，使 K 的常开触头闭合后再断开，这相当于自动切割中按停止按钮 3 AK，因而停止过程也就按自动切割时的程序一样动作。开关 K 推向前时，由于继电器 1JZ 回路被动作后的 2JL 的常闭触头断开，JS 的常闭触头也断开，所以 1JZ 此时不会再动作。扳回后位时，继电器 2JZ 由于 3JZ 动作后而断电释放，而 1JL 早已断开，虽然 K 的常闭触头已闭合，继电器 2JZ 也不会动作，于是线路复原。

在切割过程中断水或切割终了，手动割炬离开工件而将电弧拉断熄灭，则线路的动作过程与自动切割一节中所述相同。

若电弧引燃后因故不能进行切割，而要将电弧断开时，则要将手动割炬拉开，远离切割件，并将开关 K 从前面位置扳回来，并再推向前，然后随即扳回来，完成一次停止过程。否则虽然割炬远离切割件，主弧不会引燃，但整个线路仍未复原。

（3）等离子弧割炬

LG-400-1 型等离子弧切割机用割炬的结构示于图 5-165。这种割炬的电极与喷嘴的同心度是靠割炬零件的加工精度来保证的，没有特殊的调整机构。通常称之为中心不可调试割炬。

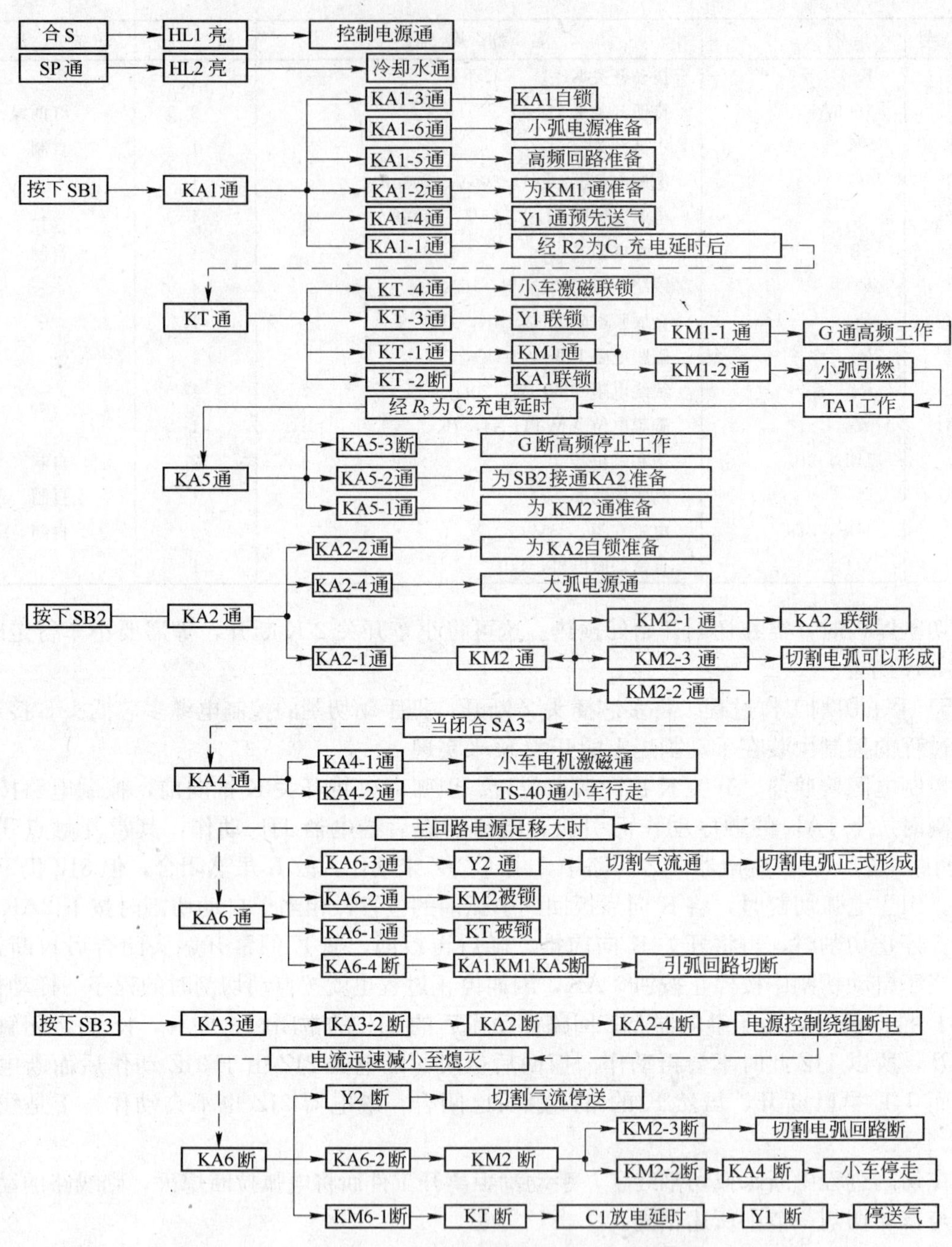

图 5-164 LG-400-1 型切割机程序控制系统动作程序方框图

如果能够保证割炬的加工精度，则可以获得满意的切割质量。加工要求零件各圆周面同心，误差不应大于 0.05mm。所有焊缝用黄铜气焊，焊后通水试验不得漏水、漏气。割炬组装后，在 0.2MPa 的水压下，通水量应不小于 40L/min。气体流量应不小于 40L/min。在未通冷却水之前，上下冷却套之间的绝缘电阻应不小于 1MΩ。钨极要平直。

常用的割炬还有一种中心可调的形式，如 LG-500 型切割机用割炬。其结构示于

图 5-166。由于可以灵活地调整钨极与喷嘴的同心度，所以对零件的加工精度和钨极的平直度要求都低。

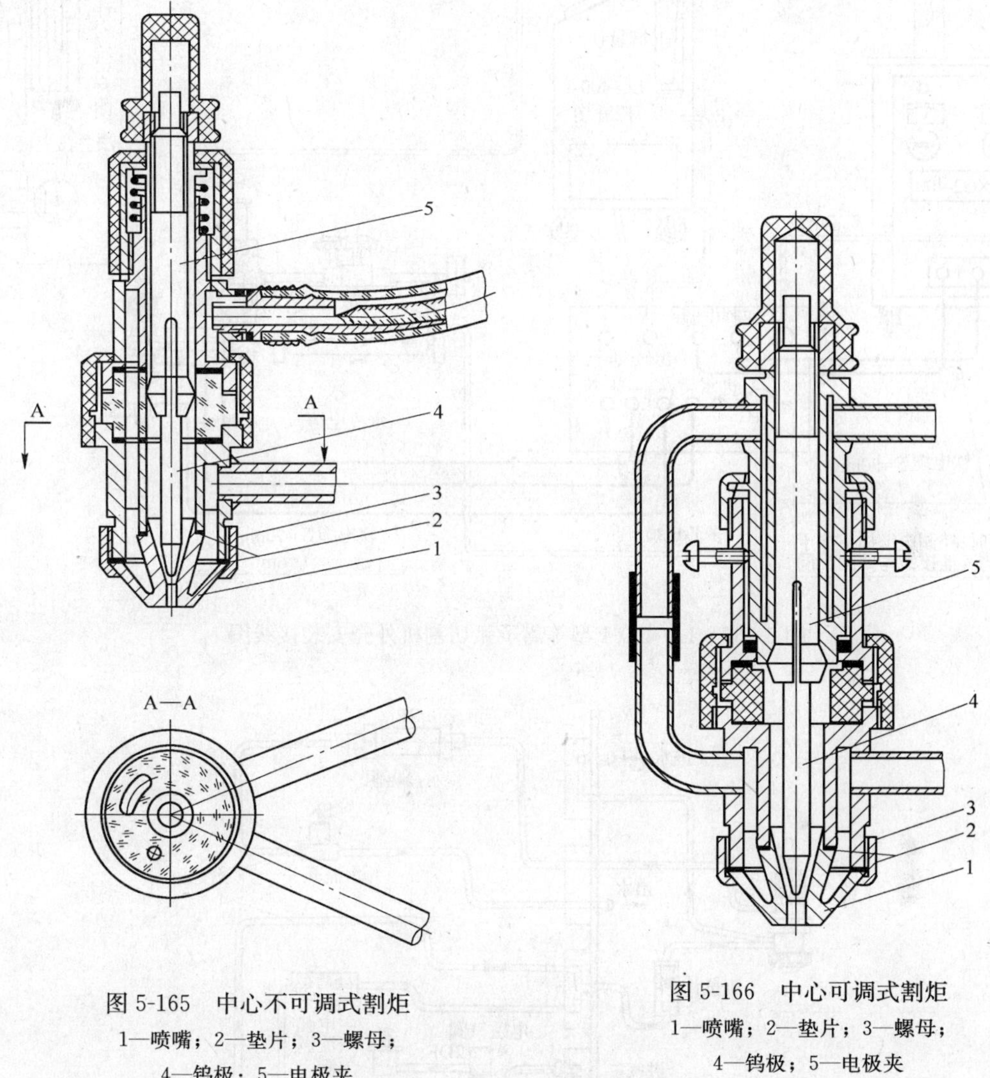

图 5-165　中心不可调式割炬
1—喷嘴；2—垫片；3—螺母；
4—钨极；5—电极夹

图 5-166　中心可调式割炬
1—喷嘴；2—垫片；3—螺母；
4—钨极；5—电极夹

(4) LG-400-1 型等离子弧切割机外部安装接线和气路、水路系统

图 5-167 为 LG-400-1 型等离子弧切割机外壳安装接线图。图 5-168 为该机的气路水路系统安装图。

3. LGKB 系列空气等离子弧切割机

(1) 特点及用途

LGK8 系列空气等离子弧切割机是利用高速、高温、高能量的等离子弧来加热和熔化被切割材料，用普通空气压缩机提供的压缩空气作为工作气体来排除已熔化金属的气流，从而达到切割金属的目的。由于等离子弧温度非常高，可以切割碳钢、高速钢、工具钢、不锈钢、铜、铝及绝大部分黑色及有色金属，特别适用于切割 30mm 以下的不锈钢及碳钢类板材。而且割缝小、切口平整、工件不变形、材料利用率高、切割费用低。

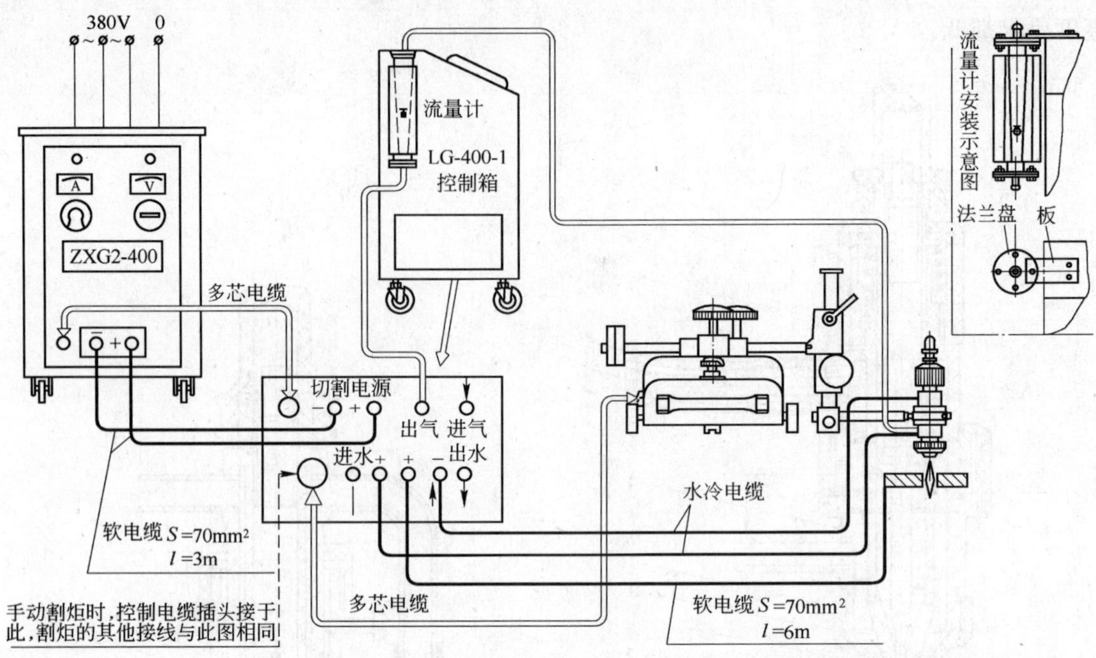

图 5-167　LG-400-1 型等离子弧切割机外壳安装接线图

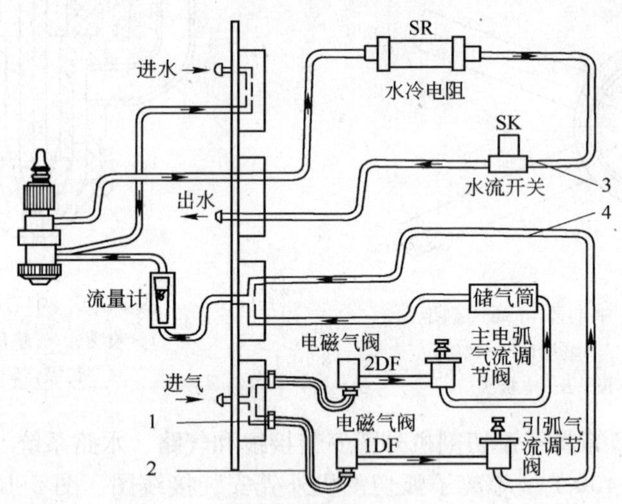

图 5-168　LG-400-1 型等离子弧切割机气路水路系统安装图

1—喉箍 1/2″⊖共四个；2—3/8″夹布胶皮管，长 1.2m；3—ϕ10/4ϕ14 聚氯乙烯管，长 4.0m；4—扎头用漆包线 ϕ1.2mm，长 3m

(2) 主要技术参数(见表 5-87)

4. MASTERP-40 等离子切割机

这种等离子切割机采用逆变式控制，使用压缩空气做等离子切割，它可切割碳钢、低合金钢、不锈钢、铝、铜、钛等任何导电金属。

主要技术参数　　**表 5-87**

数据＼型号	LGK8-40 (图 5-169)	LGK8-63 (图 5-170)	LGK8-100 (图 5-171)
额定输入电压(V)	380	380	380
相数(相)	3	3	3
额定输入容量(kVA)	10.6	17.2	27.7
额定输入电流(A)	16	26	42
额定负载持续率(%)	60	60	60
空载电压(V)	240	270	270
工作电压(V)	96	105	120
切割厚度(mm)	≤12	≤18	≤30
空气压力(MPa)	0.4～0.6	0.4～0.6	0.5～0.6
气体流量(L/min)	100	100	130
外形尺寸(mm)	705×435×580	725×455×600	755×485×630
质量(kg)	82	95	130

图 5-169　LGK8-40

图 5-170　LGK8-63

图 5-171　LGK8-100

它具有的特性：

(1) 高效节能，空载损耗极低。

(2) 用压缩空气作切割气体，节约气体成本。

(3) 输出电流无级调整，达到最完美的切割质量。

(4) 噪声小，引弧容易，电弧稳定，切口窄且光滑。

(5) 操作简单，安全性高。

(6) 体积小，质量轻，移动方便。

(7) 特殊的散热通道结构，隔离电子元件，达到防尘、防潮的目的。

(8) 电源电压在±15%内波动时仍能正常工作。

(9) 外形见图 5-172。

主要技术参数见表 5-88。

图 5-172　等离子切割机外形图

主要技术参数 表 5-88

形 式	Master P-40	形 式	Master P-40
输入电力(V)	220V±15%单机 50Hz	效率因数(cosϕ)	0.9
额定功率(kVA)	5.5	效率	85%
空载电压	DC240V	工作气体压力	0.3～0.4MPa
工作电流	15～40A	绝缘等级	B级
工作电压	96V	外壳防护等级	IP21
引弧方式	高 频	质量(kg)	
负载持续率	60%	外形尺寸 (长×宽×高)(mm)	370×180×300
最大切割厚度	12mm		

5. 等离子弧切割设备故障产生原因及处理方法(见表 5-89)

等离子弧切割设备常见故障、产生原因及处理方法 表 5-89

故 障	产 生 原 因	处 理 方 法
产生"双弧"	电极对中不良	调整电极和喷嘴的同心度
	割炬气室的压缩角太小或压缩孔道过长	改进割炬结构尺寸
	喷嘴水冷差	加大冷却水流量
	等离子弧焰流上翻或熔渣飞溅至喷嘴	改变割炬角度，或在工件上先钻孔
	钨极伸长较长，气体流量太小	减小伸长度，加大气体流量
	喷嘴离工件太近	抬高割炬
小弧引不起来	高频振荡器放电间隙不合适	对间隙进行调整
	钨极内缩过大或与喷嘴短路	调整钨极内缩量
	未接通引弧气流	检查气流回路
断弧(小弧转切割电弧)	割炬抬得过高 工作表面有污垢或导线与工件接触不良	压缩割炬，割前清理工件表面或用小弧烧待切部分，导线与工件接触要良好
	喷嘴压缩孔道太长或孔径太小	改变喷嘴尺寸
	气体流量太大	减小气体流量
	钨极内伸长度过长	调节钨极
	电流空载电压低	提高空载电压或增加串联台数
钨极烧损严重	钨极材料不符要求	应采用钍、铈钨极
	气体纯度不高	用纯度高气体
	电流密度太大	改用直径大钨极或减小电流
	气体流量太小	加大流量
	钨极头磨得太尖	增大角度
喷嘴寿命短	钨极与喷嘴同心度差	进行调整
	气体不纯	用高纯度气体
	电流一定，喷嘴孔小或压缩孔道长	改大孔径，减小压缩孔道长度
	喷嘴冷却不良	加强水冷却

四、DHG·CNC数控火焰、等离子切割机(哈尔滨焊接切割成套设备制造公司)

1. 概述

DHG·CNC-5000数控火焰、等离子切割机，是既具有等离子切割功能，又具有火焰切割功能的数控切割设备。

数控等离子切割专门用于对有色金属板材和薄钢板(5mm以下)实施高速精密成型下料。这一特点恰恰弥补了火焰切割对有色金属和薄钢板无能为力的不足，使DHG·CNC数控切割机成为对一切金属板材均可进行精密成型下料的大型热切割设备。

本设备是在考察、剖析了国外数种同类设备，综合其优势，采用目前国际微机控制的最新技术，以功能齐全、操作维修简便，实用、可靠为原则设计制造的，到目前已经历了三次重大改型设计，本设备为第三代DHG·CNC产品。

DHG·CNC数控火焰、等离子切割机数控系统的主计算机选择高档工业控制级计算机，加8751单片机与80287协处理器构成。

(1) 主伺服机构选择FANUC-BESK直流伺服单元与直流伺服电机。

(2) 主控制系统由转矩环、速度环和位置环组成的闭环控制系统构成。

(3) 主控制程序NCCM是用C语言和汇编语言混合编成，是本公司自行开发的DHG·CNC数控切割机的专用程序，由DOS3.3支持。

(4) 全部功能与过程的实现，均通过汉字引导的九个菜单来选择：

1) 钢板：选中后可读出编程机输出的钢板数据文件并显示其图形。在此项菜单中可对图形钢板进行任意角度旋转，并可对放置在工作台上的切割钢板与纵向导轨的倾斜角度进行自动测量，并根据测得的角度自动旋转图形钢板。

2) 切割：选中后，可实现等离子切割或火焰切割全过程实时自动控制。

3) 直线：选中后可控制 X 或 Y 方向的直线切割或空行。

4) 标准：选中后，输入边长、速度等参数，画出自检测标准图形(DIN 8523)，以检测设备精度及其他性能。

5) 参数：选中后，可方便地修改十几项重要的控制与工艺参数。此菜单主要为调试和维修人员使用。

6) 编程：选中此项菜单后，操作者可利用本程序模块中的图形库、零件编缉、钢板编辑、输出等功能，独立地完成简单、小量工件的现场编程。

7) 测距：选中此项菜单后，可方便地通过对屏幕上的钢板、零件图形的操作，精确地检测出图形中各点、线间的距离。

8) 开窗：对于众多小尺寸零件切割时的屏幕同步显示，可进行开窗口操作，便于细致观察。

9) 空程：选中此项菜单后，操作者按住或松开键盘上←↑↓→方向键中的一个或相邻的两个，可使设备产生或停止8个方向上的空程速度直线运动。

(5) 本设备在工作中，切割速度、空程速度、主割炬坐标位置(x、y)、钢板图形、切割过程(含空程)全部通过彩色监视器同步实时显示。

(6) 无论火焰切割或是等离子切割，其操作过程：点火(燃弧)、预热、切割、自动调高、灭火(熄弧)、空程至下一零件重复上述自动操作过程，直至整张钢板切割结束，均可由计算机自动控制完成。

(7) 本机具有切割过程人工干预停车灭火(熄弧)，按原切割路线自动返回，自动重新点火(燃弧)切割功能。

(8) 数控系统可对切割轨迹中每个拐点的类型自动判别，并分别采用不同的加减速措施，支持设备平稳运行，保证高速度、高精度等离子(薄板)切割。

(9) 火焰切割时具有快速自动穿孔功能。

(10) 预热时采用高压预热氧强预热，可节约预热时间。

(11) 穿孔时，高低压切割氧在割炬运动中自动切换，防止割嘴被喷溅、回火，提高割嘴寿命。

(12) 本机与本公司生产的“CCAP 自动编程套料系统”相配合，突破国外数控切割机传统工作模式，可进行借边、连割及非封闭图形切割等特有功能：

1) 借边：若干零件靠近，若有“公共边”则可以借用(只切割一次)，提高工效，节约能源和材料。

2) 连割：两个零件间空程距离短，则将空程变为切割，不再穿孔，大大提高割嘴寿命。

3) 非封闭图形切割功能的实现，可满足某些特殊工艺要求。

(13) DHG・CNC 用系列等离子切割设备全部为本公司自行研制生产。其电源采用三相可控硅控制方式，其输出电流可通过电位器连续调节，并具备理想的陡降外特性。其等离子割枪采用铈钨电极(氮气)与铪电极(氧气)兼容(可互换)方式，前者电极寿命长，适用于有色金属的切割；后者割口质量好，适用于普通薄钢板的切割。电极喷嘴全水冷方式。

(14) 切割时，电弧外有水帘保护，以防止粉尘、弧光、噪声污染。

(15) 本设备机械传动设计为无间隙传动。

(16) 机头宽度仅为 180mm，增大了有效切割宽度。

(17) 割矩升降机构采用花键及花键轴配合，保证割炬无转动间隙。

DHG・CNC 数控等离子、火焰切割机的数控部分、机械部分、气割及等离子切割设备以及与其配套使用的“CCAP 自动编程套料系统”全部为本公司自行开发、制造。

2. DHG・CNC-5000 型数控等离子、火焰切割机机械部分

(1) 组成

该机机架采用门式结构，纵向双边同步电力驱动，见图 5-173。

1) 机架采用矩形的门式结构，为了坚固耐用，横梁采用了箱形结构及附加了一些加强框。

2) 轨距大(5000mm)，为了提高整机的动态稳定性，采用双边同步驱动的形式。

3) 传动系统采用全部无间隙方式，提高了设备精度，可达到德国 DIN-8523 标准要求。

4) 机身装有割炬组，一般配置：三套火焰单割炬，一套火焰三割炬，一套等离子割炬。

5) 全机操作方便、灵活、易维修、易配套、自动化程度高。

(2) 主要工作参数

1) 切割厚度：6～200mm(火焰)；1～100mm(等离子)

2) 有效切割长度：10000mm

3) 有效切割宽度：4200mm

4) 切割速度：0～6000mm/min

5) 机械运行平直度：±0.2mm/10m

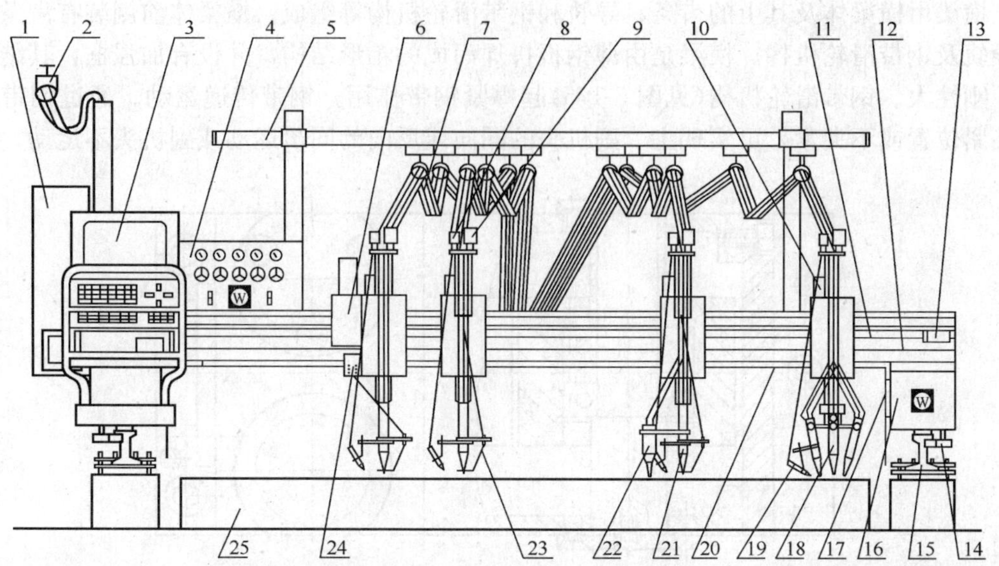

图 5-173　DHG·CNC-5000 型数控等离子、火焰切割机

1—电控箱；2—纵向挂架；3—操作台；4—气路控制箱；5—横向挂架；6—主机头(横向行走机构)；7—输气胶管；8—自动点火燃气电磁阀；9—燃气电磁阀；10—自动调高电机；11—钢带；12—横梁；13—钢带盒；14—主机行走机构；15—主机行走导轨；16—滑座；17—侧保护板；18—三割炬；19—点火枪；20—保护板；21—单割炬；22—喷粉划线枪；23—自动调高；24—自动调高装置；25—工作台

6）导轨跨度：5000mm

7）切割机最高运行速度：12000mm/min

8）纵向与横向运行垂直度：3000mm×3000mm，矩形对角线误差＜0.5mm

9）喷粉划线速度：3000～6000mm

10）精确度：机器纵向导向精度±0.2mm，重复精度±0.3mm，划线精度±0.5mm

11）割炬自动升降高度：200mm

(3) 主要结构

1）导轨与地基

在地面以下的混凝土地基周围包有一层防震层，以减轻附近其他重型机械振动对该机的影响。为了保证导轨安装后的水平度和直线度，导轨及导轨座上均设有调整螺钉。

安装与调整方式(见图 5-174)是：通过调整紧固螺母 6 完成导轨粗调。为了保证导轨安装后的水平度和直线度，导轨上设有调高螺栓 1 和侧向调整螺栓 4 完成精调。

导轨 2 的顶面、侧面均经过精加工。在导轨侧面、装有实现纵向运动的精密齿条 7。

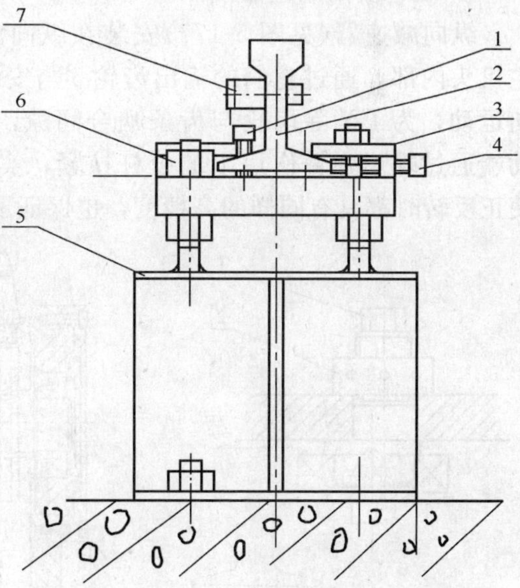

图 5-174　导轨与地基

1—调高螺栓；2—导轨；3—压紧垫板；4—侧向调整螺栓；5—基础梁；6—紧固螺母；7—纵向驱动齿条

2）横梁

横梁由横梁体及其上的齿条、导轨和钢带滑轮机构等组成。横梁体前侧装有齿条、横向导轨及钢带滑轮机构。横梁是由薄钢板拼焊而成的箱形结构，并设有加强框，其结构合理，刚性大。钢带滑轮机构(见图 5-175)起撑紧钢带作用，钢带传递运动。通过钢带的不同夹紧位置或不夹紧，可实现主、副机头的同向或反向的同步运动或副机头不运动。

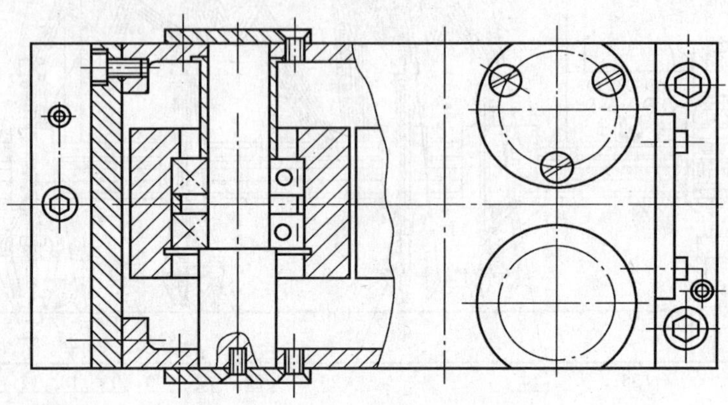

图 5-175　钢带滑轮机构

齿条是为驱动机头横向运动而设置的。

3）纵向主、副滑座

纵向主滑座有四个侧面导向轮，二个行走轮。其中四个侧面导向轮为偏心可调的导向轮，侧面导向轮夹紧于主导轨的两侧面。在机械行走时起导向作用。通过调节偏心轮轴可调节“夹紧轮”与导轨的间隙(见图 5-176)。纵向副滑座有二个行走轮。纵向滑座的前后分别装有除尘器，用来清除导轨面上的尘污，纵向机座上装有行程限位开关，限制纵向行程。

4）纵、横向减速器

纵向减速器(见图 5-177)安装在纵向滑座的内部，横向减速机(见图 5-178)安装在主机头内部，通过它们的输出齿轮 5 与安装在导轨或横梁上的齿条相啮合实现整机纵横向运动，为了消除齿轮与齿条啮合间隙，将整个减速器及主机头做成一个摆动体，摆动端通过蝶形弹簧作用下的拉杆拉紧，实现蜗轮齿轮齿条的无间隙传动，以保证啮合，使正反转时都具有同样的高精度，也保证了在运动过程中的精度。减速器中装有电磁离合

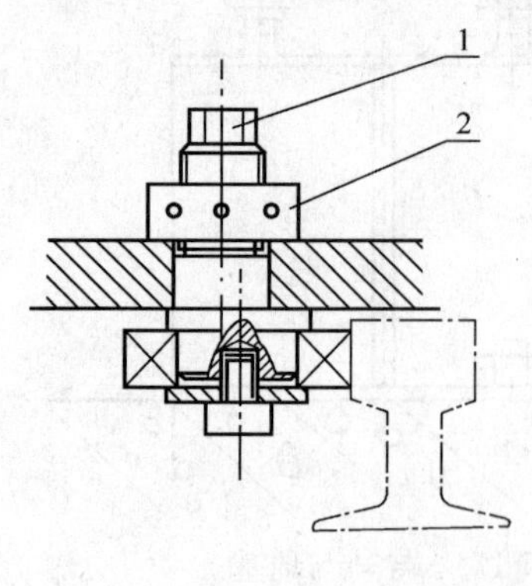

图 5-176　纵向滑座调整机构
1—偏心轴；2—背紧螺母

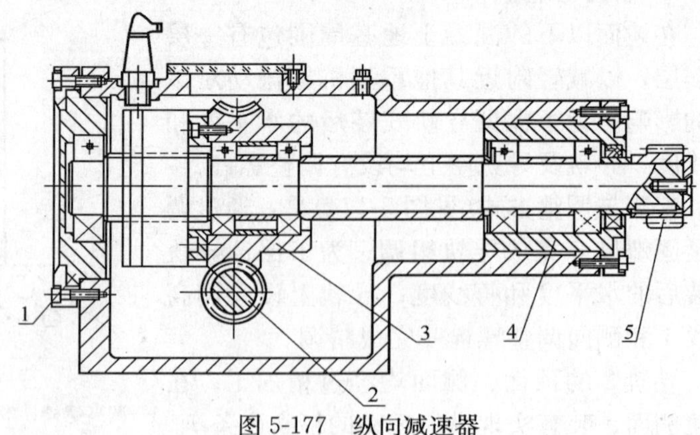

图 5-177　纵向减速器
1—左偏心套；2—蜗杆；3—蜗轮；4—右偏心套；5—驱动齿轮

器，保证传递运动平稳。

5）横向主、副机头

横向主、副机头装在横梁的前侧，主机头由横向减速器驱动，通过钢带的不同的夹紧位置或不夹紧，可实现主、副机头的同向或反向的同步运动或副机头不运动，见图 5-179～图 5-181。

① 副机头的夹紧机构与后钢带夹紧，主机头和副机头做反向的同步运动。

② 副机头的夹紧机构与前钢带夹紧，则主机头与副机头做同向的同步运动。

③ 副机头的夹紧机构不夹紧，则副机头不运动。

主、副机头都装有三个垂直走轮和六个导向轮，在横梁上的横向导轨上平稳地移动。其中六个导向轮中，有三个装在偏心轴上。可通过调整偏心轴来保证割炬的垂直度要求，横向行程由行程限位开关、撞块控制，以防过位。

高机头上装有钢带张紧机构，当使用较长时间钢带被拉长，通过张紧螺栓拉紧钢带，保证钢带的正常使用。

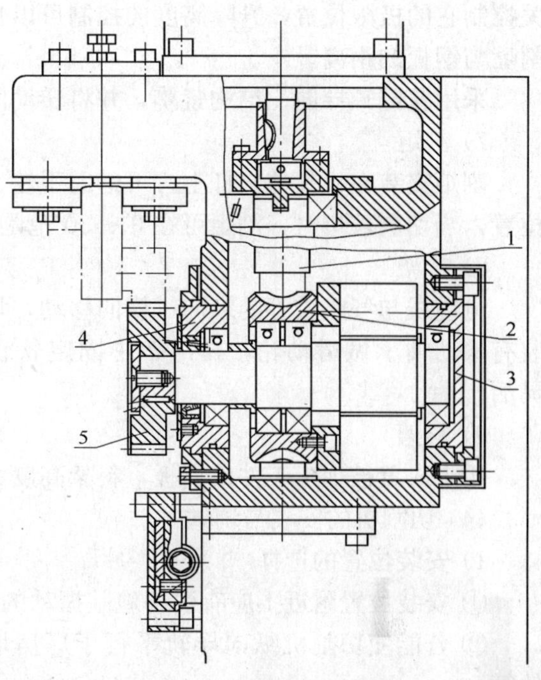

图 5-178 横向减速装置

1—蜗杆；2—蜗轮；3—右偏心套；4—左偏心套；5—驱动齿轮

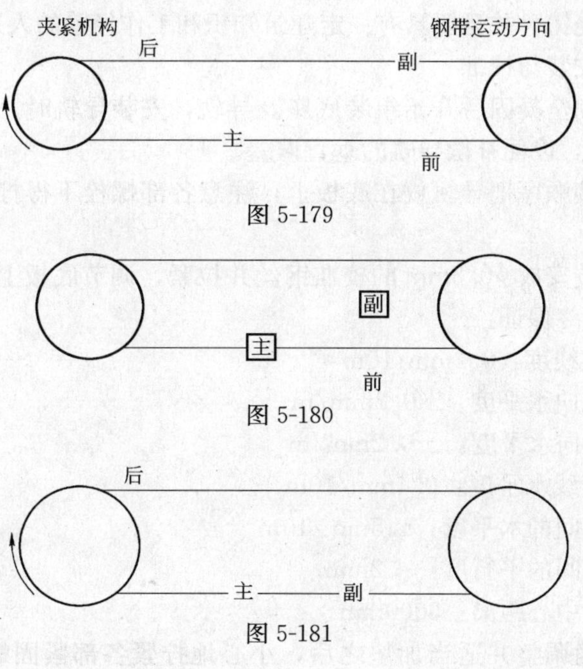

图 5-179

图 5-180

图 5-181

6）割炬升降机构

割炬升降采用伺服电机经齿轮，丝杆传动，从而带动割炬的升降运动，由行程限位开关控制它的极限位置，升降高度的控制可以自动或操作者手动来实现升降的微调，以保证割嘴与钢板的距离。

采用花键轴导向、结构紧凑，并将转动间隙控制到最小。

7）割炬

割炬安装在机头伸出杆上，可借助手轮、齿轮和齿条做调节运动，可调节前后上下的位置，当切割坡口时，割炬可在0°～30°范围内调节角度。

8）挂架

电缆线与气路胶管的纵向、横向移动，均采用空中支架横道滚轮滑动方式，在滑槽中装有滚动轴承做滑动轮，在吊架中固定软管，使挂有软管的滑动轮在滑槽中运动轻便灵活。

9）料架

用来放置被加工工件或钢板，料架高度为625mm。

(4) 切割机的安装与调试

1）安装位置的选择

① 安装位置附近不应有引起地基振动的设备。

② 若能使切割机纵向导轨平行于厂房墙壁安装，则可以借助墙壁安装电缆和输气软管。

③ 应根据给出的设备重量考虑支承面的地质结构及允许压力，这种允许压力必须使土壤有均匀的支承力，不得出现机器安装后基础下沉或变形现象，否则将直接影响切割。

2）基础的备制

① 基础的各部尺寸详见“导轨与地基”的图纸。

② 基础要两次浇铸，并且要具有一定建筑知识和工作经验的人来指导。

3）纵向导轨的安装与校准

① 第二次浇灌完全凝固后开始组装底座及导轨，安装导轨时，导轨的调高螺杆应凸出导轨底面1～2mm，以便补偿导轨的垂直误差。

② 按导轨的联接顺序把导轨放在底板上，注意各部螺栓不得拧的过紧，以免影响最终的精确调整。

③ 在导轨的两端安放 ϕ0.5mm的校准钢丝并拉紧，调节底板上和导轨上的螺钉，并利用气泡水平仪，最终保证：

(*A*) 主导轨的直线度：0.2mm/10m

(*B*) 主导轨的纵向水平度：±0.2mm/m

(*C*) 主导轨的横向水平度：±0.2mm/m

(*D*) 副导轨的直线水平度：0.4mm/10m

(*E*) 主副导轨之间的水平度：1.5mm/10m

(*F*) 主副导轨之间的平行度：＜2mm

(*G*) 主副导轨的中心距离：5000mm

④ 导轨各部精确调整并适当加垫之后，小心地拧紧各部紧固螺栓。在拧紧螺栓时，应仔细检查导轨各部位不得移位和变形，导轨接头处要平滑，导轨两端用螺栓卡紧。

4）齿条的组装

① 安装齿条应从导轨的一端向另一端根据标记顺序安装，要控制好齿条的高度，使之在一条水平线上，为使齿轮在两根齿条相接处也能正常啮合，安装时应将一段标准齿条反插入被装配的两段齿条中，使之啮合，然后拧紧连接齿条和导轨的紧固螺钉。

② 在齿条装配紧固完毕后，配作锥销孔并配销。

5）纵向滑座的安装

按给定的吊装位置进行吊装，注意不得有变形，碰撞或损坏现象产生，以免影响机器的良好运行。安装时应小心缓慢地将纵向滑座装在导轨上，其任何部位都不得碰到已经安装好的导轨。基本安装校准纵向滑座后，检查各运转和导向轮的运行情况是否良好，并调正横梁与主导轨的垂直度，达到 3000mm×3000mm 矩形对角线＜0.5mm。

6）横梁和横向机座的安装

① 按给定的吊装位置进行吊装，注意不得有变形，碰撞或损坏现象产生。安装后调正精度，达到设计要求。

② 将横向主、副机头清洗干净，按总装图顺序将它们放在横梁上，检查各滚轮的转动是否正常，机座运行是否良好，安装机头时，将导向轮与导轨侧面（装有齿条的侧面）的间隙调至 0.05mm。

7）减速器的安装

安装纵向减速器时要注意其输出齿轮与导轨上齿条的上下位置和啮合是否良好，保证啮合在齿面长度＞70％。

（5）维护保养

1）用真空吸尘器吸掉机器内的粉尘和污物。

2）各导轨应该经常清理，排除粉尘等杂物，保证设备正常运转。齿轮齿条要经常擦拭，并加润滑油，保证润滑而无油污。

3）定期更换齿轮箱润滑油，润滑油不够时应及时补充。

4）每半年检查导轨的直线度及纵、横导轨的垂直度，发现不正常，及时维护与调试。

3. DHG・CNC-5000 型微机数控等离子、火焰切割机气路系统

（1）供气系统原理

供气系统是由气源经过减压器，气体分配器、电磁气阀、截流阀、回火防止器、割炬、割嘴等组成的系统。供气系统用来保证稳定供气及安全供气。DHG・CNC-5000 型数控火焰切割机供气系统由氧气供气系统、燃气供气系统组成。

（2）供气气源要求

1）氧气

根据现场条件，可采用氧气瓶并联供气，也可用液氧罐供气；也可采用氧气站通过管路供气，氧气纯度要求 99.5％以上。

2）乙炔

根据现场条件可以采用乙炔瓶并联；也可采用乙炔站通过管路供气，乙炔供气压力应大于 0.07MPa。

3）石油液化气

根据现场条件燃气可采用石油液化气，若多把割炬同时工作时，应采用石油液化气瓶

并联使用，供气压力大于 0.07MPa。

(3) 软管和联接

采用符合 GB 2550—81 和 GB 2551—81 标准的软管，氧气管为红色，乙炔管、空气管为黑色。

软管使用必须符合标准的软管接头，并用软管卡子加以紧固。

软管的长度应当保证不影响机器的移动。

预热氧气与切割氧管切勿接错。

(4) 压力调节器结构与调整

1) 压力调节器结构与调整

设备选用的为直接控制的调节器，其结构图见说明书，切割氧气，预热氧、乙炔气减压器选用 TQY25、TQY15 型减压器，保证三割炬同时切割，切割最大厚度 100mm，单割炬切割最大厚度 200mm。

调整切割氧气、预热氧气和燃气压力时，首先打开进气的主控制阀门，然后根据割嘴要求将调压器调到给定值。

割炬进口处的压力为压力调节器出口压力，由气路仪表盘压力表显示。切割工作停止时，需把压力调节器降至零以保护调节器的精度。

2) 压力调节器维护

故障：工作时压力表针跳动，在调定压力附近来回摆动。

原因：阀密封面由于有水份或局部氧化物附着。

维修方法：将阀拆开，将附着的水分及氧化物清除。

故障：在割炬关闭时压力增高。

原因：密封面不严有泄漏。

维修方法：把阀拆开，将密封处密封面的划痕痤平，如严重时，更换密封器件。

(5) 氧气与乙炔回火防止器

回火防止器。主要用于防止回火回到管路内，保护设备免于发生事故，回火防止器用久后会因脏物污染造成压力损失，应定期更换。

(6) 切割工艺与维护

1) 割嘴的选择

我国生产割嘴目前已自成体系，并已制定了 GB 5108—85、GB 5110—85、JB 3174—82 等割炬与割嘴标准，在标准中已确定了割嘴与割炬的连接尺寸，由于割嘴使用条件不同，割嘴种类较多。

① 根据使用燃气选择割嘴：

供切割使用燃气有乙炔、石油液化气、天然气及煤气，由于各种气体燃烧能力不同，割嘴的结构也不同。因此在选用割嘴时必须根据使用燃气确定。乙炔及石油液化气割嘴已有多家定型生产。

② 根据使用割炬类型选择割嘴：

目前我国使用的一种为等压式割炬(30°割炬)，一种为射吸式割炬(45°割炬)，由于使用的割炬不同应选用不同割嘴。

③ 根据切割工件厚度选用割嘴：

根据切割工件的厚度应选用不同型号的割嘴，详见等压式焊割炬标准 GB 5108—85、射吸式割炬标准 GB 5110—85 及快速割嘴标准(JB 3174—8)。

2）点火与调整火焰

在进行切割之前应预先点火调整火焰，使火焰为中性焰并使火焰强度达到连续切割的要求，又能保证锐利的割口上缘，火焰调好以后观察割嘴风线使风线成圆柱状且挺直。预热火焰与燃气截流阀一次调整好后就不需要调整了。切割氧截流阀平时处于全打开位置。

3）割炬、割嘴截流阀的维护

在操作时应注意保护割炬不致受伤，保持割嘴的清洁。如发现积碳堵塞，飞溅物粘结到割嘴上时应及时处理，如不及时清理不但会影响切割质量还会造成回火现象。

如使用中出现回火应立即关闭割炬的燃气阀，预热氧阀和切割氧阀。待割炬冷却后进行清理，清理后再次发生回火应将割炬拆下进行修理。使用一定时间后对割炬进行检查并处理漏气现象。

4）穿孔位置的选择及切割方向的确定

选择的穿孔位置应保证该处与钢板边缘有一定距离，防止由于热变形造成工件移动，影响工件的尺寸精度，另外穿孔位置应保证不能损坏工件表面，切割到工件边缘时必须产生锐利的边缘。

厚板穿孔可采用手工穿孔，用机器穿孔时，需按预置高度及预置程序把材料加热到燃点温度，然后启动机器。

(7) 安全与维护保养

1）机器一般安全注意事项

① 只允许经过培训的操作人员、维修人员操作、维修此设备。操作、维修人员要遵守各项注意事项。

② 在燃气总管路就应有区域回火防止器。

③ 在厂房很小的车间要加装通风机，以防止切割废气污染。

④ 采用氧气瓶(或液氧瓶)乙炔瓶、石油液化气供气时，一定要通过减压器调至设备气路进口所需压力(氧气 10～15kg。燃气小于 1.5kg)。

⑤ 在维修气路系统时必须关闭总阀门，需动火修理时一定用氮气吹扫管路。

2）机器维护保养

要制定并严格执行设备维护保养计划，各部件保养按各部件说明书要求进行。

定期用真空吸尘器吸掉气路仪表盘内及各减压阀、电磁气阀上的粉尘和污物。

经常检查气路系统，发现漏气及不能正常工作的零部件，及时处理，保证设备正常运行。

半年一次检查回火防止器。

4. 数控切割机电气系统

(1) 电气系统概述

DHG·CNC-5000 型微机数控火焰切割机是用于钢板精密成型切割下料的大型火焰切割设备，其数控系统反映了编程与控制一体化的柔性加工思想，它使切割机不仅可以即时编程，即时切割也可直接读取编程机输出的下料程序进行即时切割。

本设备电器系统包括两部分：一部分是控制机构；一部分是执行机构。

控制机构由一个操作台和一个控制柜组成。执行机构有三个直流伺服机、5个调高电机和对等离子切割及火焰切割进行控制的几十个电磁气阀等伺服电器。直流伺服机完成带动机器实现纵向和横向运动以及割炬升降，伺服电器自动控制等离子切割机的燃弧与熄弧，火焰切割的点火、预热、切割、灭火等过程。

横向和纵向电机的运行是由工业控制PC机通过伺服单元控制的，可实现对任意曲线和任意图形工件的切割下料。

割炬升降由操作面板通过控制单元来实现。

等离子燃弧与熄弧也可由操作面板实现手动控制。

(2) 系统使用说明书

1) 操作面板按键功能

如图5-182操作面板示意图，上面分为：

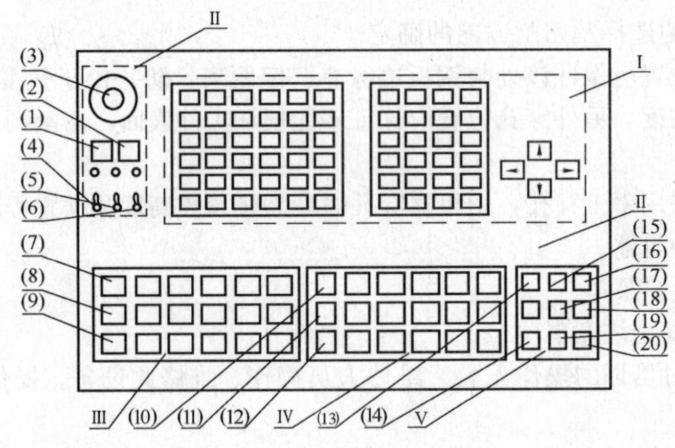

图5-182　操作面板示意图

Ⅰ区：计算机键盘区，用于编程和键入有关命令；

Ⅱ区：主系统工作控制区，各键功能如下：

① 主系统启动按钮：按此按钮，计算机上电自检后处于等待状态，与此同时，伺服系统主回路接通，处于准备接受计算机控制状态。

② 主系统关断按钮：在主系统已经启动的情况下，按此按钮，计算机和伺服系统失电、停止工作。

③ 主系统应急停按钮：在系统运行过程中，如发现系统工作异常，如切割轨迹不正确或由于人为原因造成错误工作，应按此按钮紧急停机，避免事故或避免事故的扩大。

④ 横向离合开关：扳动此开关，相应指示灯亮横向减速器中离合器吸合，允许把驱动电机的转动通过减速箱变成横向机头的直线运动。

⑤ 纵向主机座离合开关。

⑥ 纵向副机座离合开关。

扳动④、⑤两开关，纵向减速器中离合器吸合，允许电机带动机器在纵向轨道上运动。

Ⅲ区：割炬预置选择区：

根据工作需要可对六把割炬进行切割预置选择，被选择的割炬在此区相应位置有指示灯指示。

⑦ 割炬选择指示：此指示灯亮表示相应割炬被预置选择。

⑧ 割炬预置选择开启键：如按此键即将对应此割炬的电磁气阀处于准备开通状态，对应的指示灯亮。

⑨ 割炬预置选择关闭键：按此键可把已预置选通的割炬取消，相应指示灯熄灭。

Ⅳ区：调高预置选择区：

根据需要可对六把割炬进行调高预置选择，被选通的割炬在此区相应位置有指示灯指示。

⑩ 调高选择指示区：用来指示所选择调高的割炬。

⑪ 调高选择预置开通键：按此键可把此割炬投入准备升降状态。

⑫ 调高选择预置关闭键：按此键可将事先预置的选择取消。

Ⅴ区：功能控制区：

⑬ 割炬升高控制键：按此键可将事先预置的割炬升高。

⑭ 割炬下降控制键：按此键可将事先预置的割炬下降。

⑮ 点火、预热开启键：按此键可将事先预置割炬的燃气阀和预热氧阀开通，同时点火阀开通、点火器打火点燃割炬，预热开始，指示灯亮。

⑯ 点火、预热停止键：按此键可将已开通的燃气阀和预热氧阀关闭，割炬熄灭。

⑰ 切割氧开通键：按此键可把事先预置的割炬切割氧阀开通。

⑱ 切割氧关闭键：按此键可将正在开通的切割氧阀关闭。

⑲ 自动调高开启键：按此键可将事先预置调高割炬的自动调高投入工作。

⑳ 自动调高关闭键：按此键可把已投入的自动调高取消。

2）操作说明

① 板动控制柜右侧的转换开关，将三相电源接入。

② 按下主操纵台面板左上侧系统启动按钮，(按钮指示灯亮)将主系统启动。延时几秒钟，控制柜中三个伺服单元上的 MC 接触器吸合，同时三块伺服板上的 PRDY 指示灯亮。

系统启动后，计算机屏幕可能出现两种状态：

Ⅰ：Curret date is Tue 1—01—1980

Enter new date：

操作者按回车<CR>键后，系统又会出现：

Current time is 0：01：26.94

Enter new time：

操作者再按回车键后，系统出现下列签到信息：

The IBM Personal Computer Dos

Version 2.00(C) Copyright IBM corp1981. 1982，1983

并出现提示当前盘符

C>

操作者此时可键入 cd nccc↙（↙表示按回车键 ENTER）

系统又出现

C>

操作者继续键入 nccc↙

则屏幕出现彩色主画面，见图 5-183 所示。控制程序主画面各区域的含意如下：

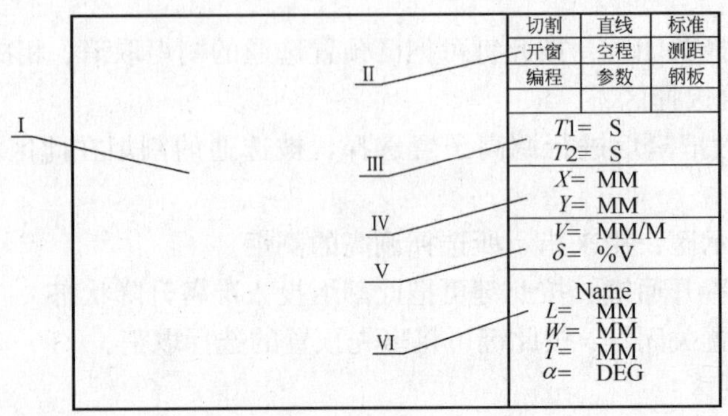

图 5-183 控制程序主画面

Ⅰ区：为同步图形显示窗口及菜单提示区域；

Ⅱ区：为汉字主菜单区域，现有九个菜单项，即切割、直线、标准、开窗、空程、测距、编程、参数、和钢板；

Ⅲ区：为显示预热时间 $T1$、及割炬升起、下降时间 $T2$ 的区域；

Ⅵ区：为显示切割速度 V 及速度变化量 ε 的区域；

Ⅴ区：为显示主割矩切割位置 x，y 坐标的区域；

Ⅵ区：为显示钢板长 L、宽 W、厚 T 及转角 α 的区域。

Ⅱ：控制程序中如装有批处理文件，则当主系统启动后，计算机自动工作，进入上述彩色的主菜单及各种显示窗口状态。

③ 屏幕出现主菜单与显示窗口，表示系统进入了等待操作命令状态。

操作者通过←↑↓→四个键，可使□形光标停在主菜单 9 个项的任一项上，再按回车键，即可进入此项菜单工作(任何状态下，按 Esc 键都可退出当前工作状态)。下面分别把对九个菜单的功能操作加以说明：

(A) 编程：此项功能为随机编程，适用于生产中临时遇到的简单、少量零件的现场编程。在随机编程中，有以下几点说明：

(a) 在编辑零件前，根据屏幕提示，为将被编辑的零件建立坐标系，要求输入坐标系左下角和右下角二个顶点坐标以确定该坐标系，见图 5-184 所示。

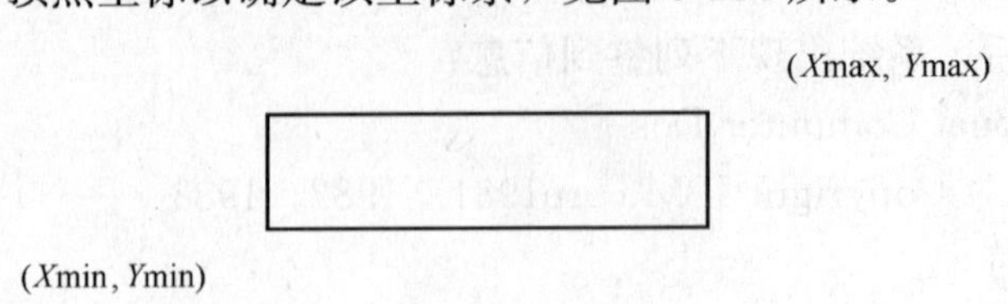

图 5-184

(b) 图段的概念：图段是一个零件图形的最小组成单位。本模块中有三种类型的图段：直线、圆弧和圆。

(c) 本模块对圆的处理同圆弧一样，圆也具有起点和终点，只不过其起点和终点相同。

(d) 坐标点的输入方法有两种：一种是采用光标输入一个坐标点，另一种方法是输入数值，有以下三种方式：

相对于坐标原点的坐标："x，y"；

相对于前一点的坐标："dx，y"；

相对于前一点的极坐标："$p\gamma$，α"；

其中 x，y 和 γ，α 为用户输入的数值。

(e) 随机编程屏幕分两种工作状态，一种是编辑零件工作状态，一种是钢板操作工作状态，按 S 键可进行两种状态间的转换。

(f) 光标的移动：使用键盘上的四个方向键←↕→，可使十字光标沿四个方向移动，＋和－键用于改变移动的增量。

(g) 图段及零件的选择：当屏幕处于编辑零件工作状态时，利用光标来选择图段；当屏幕处于钢板操作工作状态时，利用光标来选择零件。

(h) 用 D 键可重画屏幕上的图形，而将屏幕上原有的辅助线段，剩余坐标点清理掉。

(i) 用 C 键可重新修改编程坐标系或钢板的长、宽、厚。

(j) 利用直线功能和圆弧功能，可画出由直线与圆弧组成的图形。在作图过程中有简单的相切计算。

编程菜单项有如下子菜单：

(a) 图形库：该库中有五十个标准零件图形。选择该菜单项后，屏幕上提示输入图形编号，操作者给出图形号后，屏幕上接着提示输入对编号图形的参数，操作者键入合理的参数，即可得到需要的零件图形。调用图形库的编程过程见例 1。

(b) 直线：选择该菜单项后，屏幕上提示出三种画直线方式，具体操作方法如下：

a) 折线：已知直线的两端点画连续直线。程序提示输入折线起点，之后程序不断提示输入折线终点。u 键表示删除前一段直线，c 键表示折线闭合，e 键表示折线输入结束。

b) 点切圆：已知圆外一点画通过已知点与该指定圆的切线。程序首先提示指出一个已知圆，然后要求输入一个圆外已知点，这时屏幕显示出有两个切点，根据提示按 Y 键来选择一个切点。注：相切计算后，按操作者指定图段时的光标位置来保留图段，举例如下（见图 5-185）：

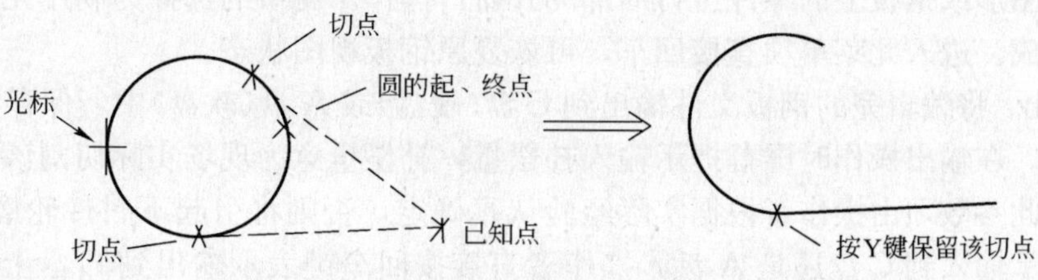

图 5-185

c）切两圆：画与两个指定圆相切的直线。请按屏幕提示进行操作。与两个圆相切的直线共有四条，两条在圆心连线的同一侧，两条与圆心连线相交。

（*c*）圆弧：选择该菜单项后，屏幕上提示出三种画圆弧方式，具体操作方法如下：

a）点心点：已知弧心、圆弧起点、圆弧终点或终止方向上的一点，画圆弧；当起点、终点相同或起始方向、终止方向相同时，画圆。

b）三点：已知三点，画圆或圆弧。

c）切两段：此处可随意指定两图段的类型，即可以指定直线、圆弧及圆，这时再根据提示画出与两图段相切的圆弧。注：在指示出两图段之后，先指的图段为第一图段，后指的图段为第二图段；当存在两个圆或圆弧相切时，有内切与外切之分，请按屏幕提示要求来回答。

（*d*）删除：根据屏幕工作状态，操作者利用此项功能，可对已编辑的零件任一图段(即任一线段或任一弧段)删除，也可对钢板上的整个零件进行删除。

a）部分：根据屏幕工作状态，操作者利用光标指出要被删除的图段或指出要被删除的零件。

b）全部：根据屏幕状态，操作者可全部删除编辑区中的所有图段或删除整个钢板上的所有零件。

（*e*）穿孔：操作者根据工艺要求，必须对零件设置穿孔点和切割引入线。操作者利用此功能，根据屏幕工作状态，可对新建立的零件进行穿孔，也可对钢板上的零件修改穿孔点位置重新穿孔。进入此菜单项后，屏幕上提示圆弧引入还是直线引入，键入 1 为圆弧引入，键入 2 为直线引入，接着提示输入引入弧半径或引入线长度，顺时针切割还是逆时针方向切割，最后要求操作者利用光标指示切割起点方位。

（*f*）入钢板：将编辑成的零件存入钢板文件中(零件与钢板都是图形，以不同)。屏幕上首先提示输入钢板名，操作者应键入最多由 8 个字母和数字组成的字符串。然后屏幕提示输入钢板长、宽、厚，操作者键入钢板数据后，屏幕上便画出钢板轮廓，这时操作者可利用光标(光标中心代表零件坐标系的原点)将零件存放在钢板上。零件被放置在钢板上之后，操作者可利用光标方向键移动零件，也可以利用 Y、N 键来转动零件，按 Y 键零件沿顺时针方向旋转，按 N 键零件沿逆时针方向旋转，待零件位置合适后，按回车键将零件固定在钢板上。注：钢板文件在磁盘上存放的文件名为“钢板名. stl”。

（*g*）移动：首先操作者要利用光标选择要被移动或旋转的零件，待选中零件后即可利用光标方向键或 Y，N 键移动旋转零件，移动和旋转方法同上。

（*h*）开窗：根据屏幕工作状态，为方便观察零件或钢板细节并进行操作，操作者可对编辑区上的图形或钢板上的零件进行局部的开窗口操作。窗口的选择为利用光标的移动和回车键来完成。进入此菜单项直接回车，可恢复原钢板视图状态。

（*i*）输出：将编辑完的钢板文件输出到 C 盘(硬盘)或 A 盘(软盘)中，保存起来，以备切割时调用。在输出操作时屏幕提示输入补偿量，补偿量意为现场实际切割该件时割口宽度的一半，此参数须由操作者根据实际经验认真确定，否则将引起下料件轮廓尺寸误差。然后屏幕提示输入到 C 盘还是 A 盘，操作者直接按回车键表示输出到 C 盘上。注：钢板输出文件在磁盘上存放的文件名为“钢板名”(无扩屏名)。

例 1：利用图形库画一直角三角形零件，一直边为 400mm，另一直角边为 500mm。

编程方法：

(*a*) 查图形库中 1 号图形(图 5-186)符合作图要求

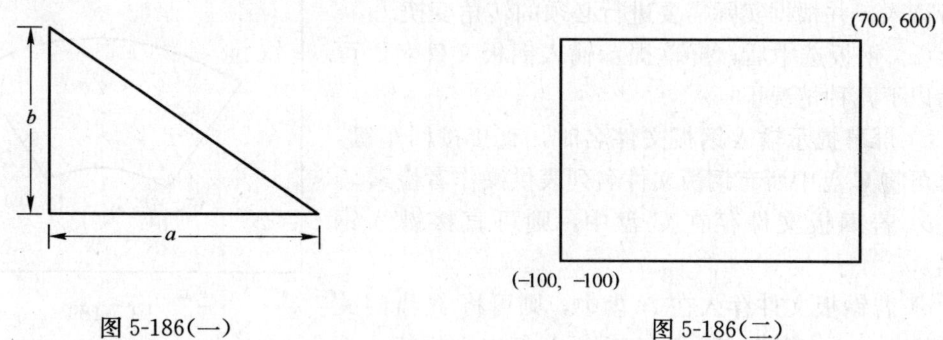

图 5-186(一)　　图 5-186(二)

(*b*) 选中主菜单编程项

(*c*) 选中编程子菜单中图形库一项

(*d*) 回答屏幕提示，建立一坐标系，设键入－100、－100、700、600↙后出现坐标系

(*e*) 回答屏幕提示(几号图)，键入数字“1”(表示一号图)

(*f*) 屏幕提示：输入 *a*、*b* 参数，键入：500，400 后屏幕的坐标系中出现所作直角三角形。

(*g*) 选中“穿孔”，回答引入线的顺逆方向及引入弧半径。本例设键入逆时针与 50mm，然后按屏幕提示，指示穿孔点方位。

按回车即可出现引入线及穿孔点(图 5-187)(该操作中“顺逆方向”与“引入弧半径”根据工艺要求确定)。

(*h*) 选择“入钢板”编程子菜单

(*i*) 回答屏幕提示，根据实际需要，键入一钢板的长、宽与厚，设键入 1000，1000，20 并回车，屏幕出现钢板轮廓。

(*j*) 按屏幕提示：指示零件位置，此时，光标中心代表零件的原点，选合适位置，回车后，零件被放到钢板上。(图 5-188)

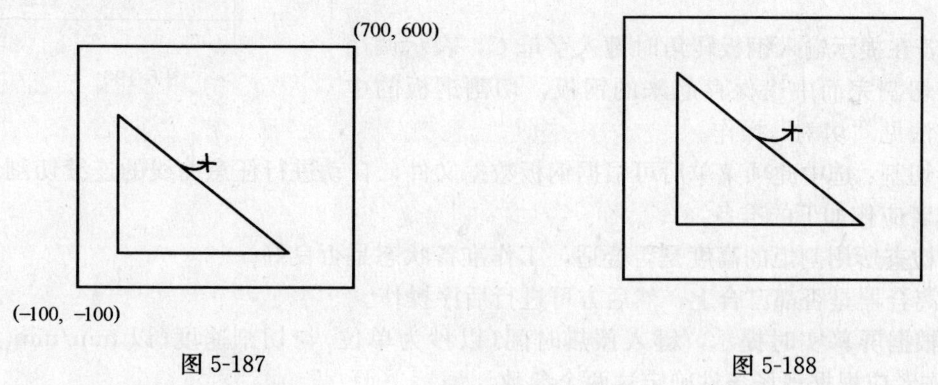

图 5-187　　图 5-188

(*k*) 选中“输出”编程子菜单，回答屏幕提示的内容，所编辑钢板的数据文件后便被记录到指定的盘中保存起来。

例 2：若作出如图 5-189 零件图时，须事先算出各坐标点，然后分别进入直线子菜单和圆弧子菜单，按屏幕提示作图。其他各步骤如上例所示。

(*B*) 钢板：此项功能，是对将要切割的钢板文件进行读入，并根据实际需要进行必须的转角变换。

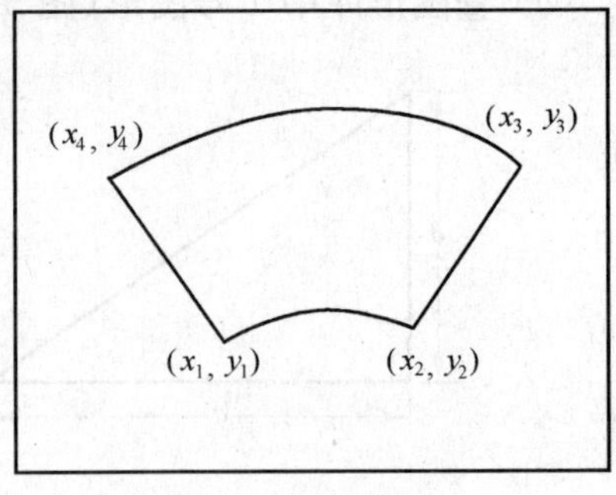

图 5-189

(*a*) 钢板选中后，屏幕提示输入钢板文件名。可分为以下几种情况：

a) 屏幕提示输入钢板文件名时，直接按回车键，屏幕可将 C 盘中所有钢板文件名列表供操作者检索。

b) 若钢板文件存在 C 盘中，则可直接键入钢板名。

c) 若钢板文件存入在 A 盘中，则可将 A 盘门关好并键入：A：钢板名。注：若将 A 盘中钢板拷入 C 盘中再读入，则其命令格式：C>Copy A：钢板名。

(*b*) 输入钢板文件名后，屏幕提示输入钢板旋转角度，操作者可按下列几种情况处理。

a) 若编程钢板与放置在工作台上的实际钢板方向一致，且实际钢板与切割机纵向轨道平行，则键入“0”，此时，屏幕重现编程钢板的图形。

b) 若编程钢板与实际钢板相差 90°，则可键入“90”，此时，屏幕出现逆时针旋转 90°的编程钢板图形(根据需要可键入：0°～360°)。

c) 若在工作台上放置的钢板与纵向轨道成一定角度，必须在切割时加以修正，操作者可键入：$a+b$，其中 b 为上述钢板的旋转角，而 a 是需要修正的角，这个角度可用下述方式自动测量：

键入 $a+b$ 并回车后，程序转入“直线”操作。(详见“直线”操作)将主割炬割嘴对准钢板左下角后，使大车正向运动(约 1m 左右)，停止后再使主割炬向钢板的边缘运动，直到割嘴对准钢板边缘为止(图 5-190)，回车后屏幕上即可出现与放置在工作台上的钢板倾斜角一致的编程钢板。

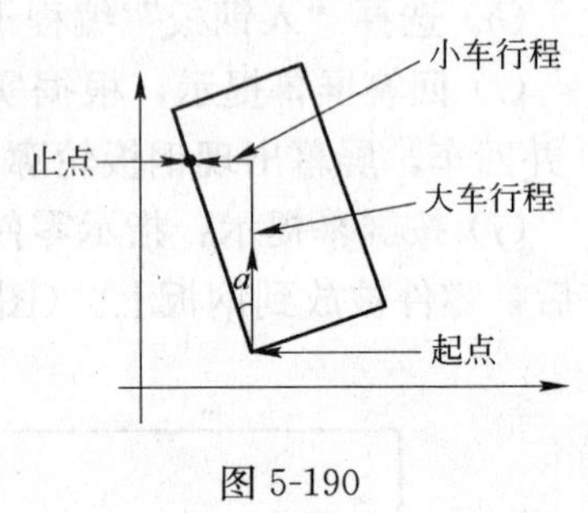

图 5-190

(*c*) 若在提示输入钢板转角时键入字母 *C*，表示调用以前没有切割完而中途保存起来的钢板，切割钢板的中途保存方法见“切割”操作。

(*C*) 切割：选中此项菜单后可根据钢板数据文件，自动进行任意曲线的连续切割。切割前操作者应作如下的准备：

(*a*) 检查所用割炬的高度是否合适，工作准备状态是否良好。

(*b*) 离合器是否都已合上，然后方可进行后序操作。

(*c*) 根据屏幕实时提示，键入预热时间(以秒为单位)与切割速度(以 mm/min 为单位)，操作者应根据现场条件确定这两个参数。

(*d*) 根据屏幕提示，键入速度改变量。建议操用者键入“1”，回车后切割机即进入切割工作状态。

(*e*) 预热过程中，预热时间可用 U、D 键进行增减，如果预热到已具备穿孔条件，按

C 键穿孔并开始切割。实际预热时间被记忆下来，准确用于下一个穿孔点的预热。

(*f*) 切割过程中，按 U 键加速，按 D 键减速；空程时 U、D 键无效，不能干预。

(*g*) 如遇到切割异常现象(割不透等)按 S 键停车，按 R 键沿原路线返回，再按 S 键停车，C 键重新切割(包括空程)。

(*h*) 切割过程中，如遇到割嘴或割炬出现问题，需灭火停车将割炬移离切割工作台检修，则按 S 键停车，按 g 键程序转入“直线”操作(详见“直线”操作)，当需将割炬移回原停车点时，按回车键割炬自动返回。

(*i*) 当切割中途想停止工作，并想保存切割现场的断点环境时，在空程段按 S 键停车，并按回车键退出切割操作。关电停机后再次启动，在输入钢板转角时键入字母 C，即可继续完成上次被中断的切割操作。

(*j*) 切割过程中，屏幕上除有被切割图形的同步显示外，还有主割矩位置(x、y)及即时速度的同步显示。

(*D*) 直线：执行此项菜单，可进行裁边，切条等直线切割或控制切割机沿 x、y 方向上的空行。

(*a*) 根据屏幕提示，操作者键入速度变量，建议值为“1”。

(*b*) 切割前和空行前用 U 键和 D 键改变显示窗口中的速度，至合适为止(1000mm/min 以下)。

(*c*) 检查切割系统是否状态良好，离合器是否合上。

(*d*) 用←↑↓→键控制切割或空行方向。

(*e*) 特别提请操作者注意的：执行直线菜单时，当运行速度高于 1000mm/min 时，S 键与←↑↓→键均无效，须用 D 键将速度降至 1000mm/min 以下，才能用 S 键停车，用←↑↓→键改变运行方向。

(*E*) 空程：执行此菜单，可使设备进行手动直线运动。操作方法为：按住箭头方向键←↑↓→四个键中的任意一个，割炬就按方向键所指的方向运动，松手随之停车；按住任意相邻两个箭头方向键，割炬就按两方向键的合成方向运动，松手随之停车。按住方向键时割炬的运动过程为：运动速度由零以系统加速度加速到空程速度，松手后便由当时速度以系统减速度减速到零。

(*F*) 标准：此项菜单是专门为数控切割机自检精度而设置的。将圆珠画线笔装在割枪上执行此菜单，可在工作台放置的图板上画出自检图形，以检验设备的精度是否符合要求。

(*a*) 选中此菜单后，回答屏幕提示，键入图形边长。

(*b*) 回答屏幕提示，键入画图速度与速度改变量(建议值为“1”)。

(*c*) 画图中，U，D，S，R，C 键有效。

(*d*) 对图形的检测，应以德国＜DIN 8523＞为标准。

(*G*) 开窗：执行此菜单，可对切割钢板进行局部开窗口操作。窗口的选择利用光标键和回车键来完成。当窗口的两对角点坐标相同时，可恢复原钢板的视图状态。

(*H*) 测距：执行此菜单，可测量钢板角点与零件图形拐点间、零件图形拐点之间，零件图形轮廓矩形角点与零件图形拐点间的距离。在该菜单项中，有如下操作过程：

(*a*) 进入测距菜单项后，首先出现十形光标，该光标用于选择坐标点，每选中两个坐标点后，按任意一键，屏幕左上角便显示出这两点之间的距离及该距离在 x、y 方向上的投影距离，即 L、L_y、L_x。这种测距过程可重复进行，见图 5-191。

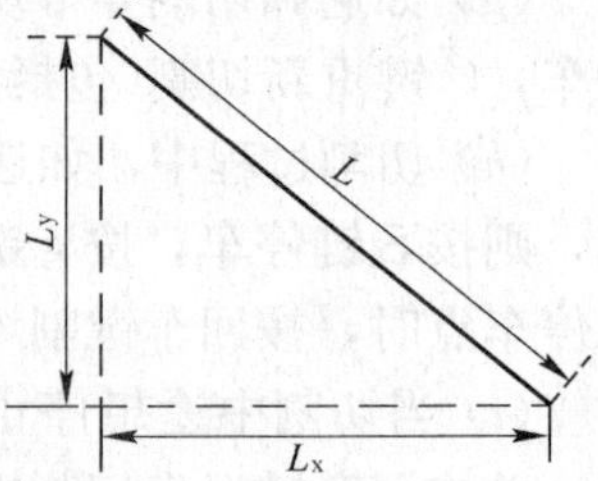

图 5-191

(*b*) 当需要计算某些图段或零件的外轮廓矩形时，按 S 键，屏幕上便出现十形光标，利用该光标选择需要计算外轮廓的图形，操作过程同“开窗”。当外轮廓矩形画出后，便又进入测距状态。上述过程中，光标＋和＋可用 S 键相互切换。

(*I*) 参数：此项菜单是为生产厂家调整设备和使用厂家调整工艺参数设置的。对于使用厂家只有权根据需要调整以下几个参数，其余参数使用厂家不得修改。

(*a*) *F*：空程速度(K_v)，K_v<12000mm/min，即空程速度要小于 12000mm/min。

(*b*) *G*：切割方式(K_s)，当 $K_s=1$ 时，割炬由钢板左下角开始走空程，到第一个件的穿孔点开始切割操作，全部切割工作完成后，割炬由最后一个切割件空程返回钢板左下角。当 $K_s=0$ 时，割炬直接从第一个件的穿孔点开始切割操作，而停在最后一个件的切完位置，无空程功作。

(*C*) *J*：割炬上升时间(Th)，Th 单位为秒，当 Th 不为零时，切割机每走完一个过程(空程前)都延时 Th 秒，而当一个切割过程开始前，延时 2Th 秒。

生产厂家将修改参数的密码交给使用厂家指定的，对设备负责的部门或个人。

(3) 电气系统维修说明

1) 电气系统的维护

① 电控柜和操纵台上通风口漏网每隔三个月更换一次，以保障良好的通风。

② 操作台上的轻触键盘薄膜和薄膜面板应避免接近热源(如火星、烟头等)以防烫损薄膜。

③ 系统连续工作半年应停机检修一次。检修内容包括清尘，检查电气部分所有紧固螺钉，拧紧所有的插头、座，更换老化导线，更换工作中曾出现过故障的器件等。

④ 数控系统使用的环境最低温度为 0℃。

⑤ 环境温度较高时，应打开排风扇的开关，为电控柜与操纵台散热，并避免长时间连续工作。若电控柜温度过高，应停机散热，避免故障发生。

⑥ 机器长时间停工时，每周开机一次，避免器件受潮损坏。

⑦ 设备正常工作时，尽量避免打开控制柜，以防粉尘进入。

⑧ 除需要将软盘装入驱动器中工作，不得打开驱动器密封门。

⑨ 除用专用软盘与设备交换专用程序外，不允许任何其他软盘进入驱动器。

⑩ 对于计算机硬盘，应随时用解病毒软件(随机装有)检查、捕杀计算机病毒。

2) 主控制系统故障诊断与处理

① 双边不同步故障(见表 5-90)

双边不同步故障　**表 5-90**

故障现象	故障原因	故障排除
系统在工作中忽然停止运行，显示器左上角出现字母“C”	(1) y_1，y_2 两个纵轴同步工作电机的伺服单元之一报警保护	参考(2)项：伺服单元故障报警，检查报警原因加以排除
	(2) y_1，y_2 两个纵轴同步工作电机由于过载，伺服单元本身的三相保险烧断	更换保险丝
	(3) y_1，y_2 两纵轴同步电机中一个电机的脉冲编码器损坏(用示波器监视编码器脉冲)	打开电机修复或更换脉冲编码器
	(4) 计算机中 CNC 控制板故障	打开计算机，更换 CNC 板

(*A*) 出现双边不同步故障时，操作者不应立即切断电源停机，而应立即打开控制柜观察 y_1，y_2 伺服单元是否报警，然后关机检查原因。

(*B*) 关机后，(离合器已断电)须推大车，使其恢复可在轨道上自由滑动状态。若推不动，则应将 y_2 轴变速箱的蝶形弹簧压紧锣杆松开、抽出，大车即恢复可滑动状态。

(*C*) 再次观察故障现象或排除故障后第一次试车，操作者先不要合上离合器。

② 伺服单元故障报警(见表 5-91)

伺服单元故障报警　**表 5-91**

报警现象	定　义	原因分析
伺服单元电路板“OVC”红灯亮，为过载报警	(*a*) 电机负载过重(长时间过载，电机发热，短时间电机过载不发热)。 (*b*) 电机有振动倾向。 (*c*) 交流输入电压过低	• 电机轴与交速箱联接处顶得过紧或电机轴、变速箱主轴不同心。 • 变速机本身故障。 • 主轨、副轨不平行。 • 轨弯曲。 • 电机本身故障。 • 供电系统电压太低
伺服单元电路板“TGLS”红灯亮，为断线保护	(1) 速度反馈(测速电机信号)断线 (2) 电机电枢连接脱开	检查线路

检查电机过负载原因应采用以下分部法：

(*A*) 板断离合器开关，启动系统进入行走状态，(电机空转)长时间观察电机是否发热，有否同步保护及伺服单元故障报警。若有同步保护或故障报警保护则说明故障在电气控制系统或变速箱；否则，故障在机械部分。

(*B*) 将伺服电机从变速箱上拆下，放置在平整、安全的地方，接好各个航空插头。启动机器，使电机空转，并长时间观察。若仍有故障，确属控制系统无疑，若无故障，则检查变速箱。

(*C*) 对电控系统故障的诊断，见本节(*a*)、(*b*)、(*c*)故障判断。

③ 伺服单元工作故障(见表 5-92)

伺服单元工作故障 表 5-92

故障现象	故障原因	故障排除
系统启动后，伺服单元上 PRDY 绿灯不亮，MC 接触器不吸合	MC 接触器线圈上 110V 交流电压没加上	检查线路排除故障
	伺服板上固态继电器 KP1 故障	更换固态继电器
按下启动按钮(1)后，系统不能启动	(1) 继电器 24V 电源保险丝熔断	更换保险丝
	(2) 启动继电器 QJ 故障 (3) PRDY 继电器故障 (4) 计算机继电器 CJ 故障	更换继电器
	(5) 线路故障	检查线路排除故障

④ 注意事项

(*A*) 维修人员须熟悉电气系统基本原理和实际接线图，便于用各种仪器检测，判断故障点。

(*B*) 本设备计算机是工业控制级个人计算机，如有故障可按一般 PC 机方法排除。

(*C*) 本设备计算机所用软盘，须不携带任何计算机病毒。

(*D*) 设备故障较严重，且无备用件时，维修人员不能处理(如伺服单元、电机、CNC 控制板本身故障等)请将故障现象详细通知生产厂，由厂方派专业维修人员排除。

3) 气路发生故障的检查与排除

① 自动点火故障

如图 5-192，正常情况下，当操作者按下操作键盘上的“预热开”键，点火器和点火阀电源接入，点火阀打开、燃气通过点火枪，与此同时，点火器通过打火线在点火枪内打火将燃气点燃并从点火枪前端喷出，点火过程延迟数秒后自动停止。

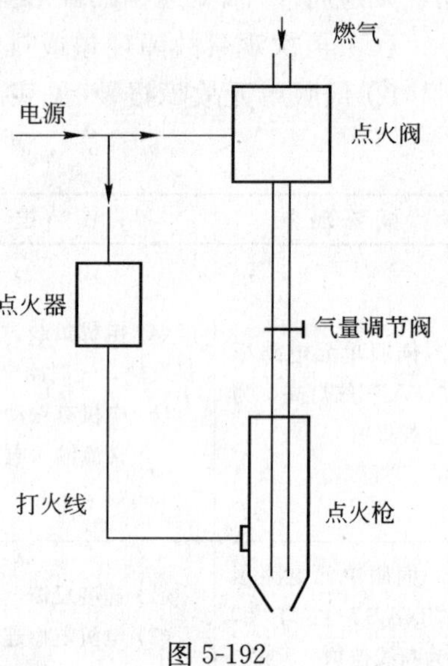

图 5-192

点火故障可分不点火和点火不停两种：

(*A*) 不点火故障

此故障可按图 5-193 所示流程检查和处置：

(*a*) 点火线末端的导线不要露出绝缘皮太长，因太长可能造成点火器短路不打火。

(*b*) 电源电路的检查可参考第 6 项。

(*B*) 点火枪点火不停故障

此故障可能是点火延迟电路或点火时间继电器发生故障，此故障的排除需要更换某些元器件或时间继电器。

② 无切割燃气故障

此故障可参考流程图 5-194 检查并处置：

③ 无预热氧气故障

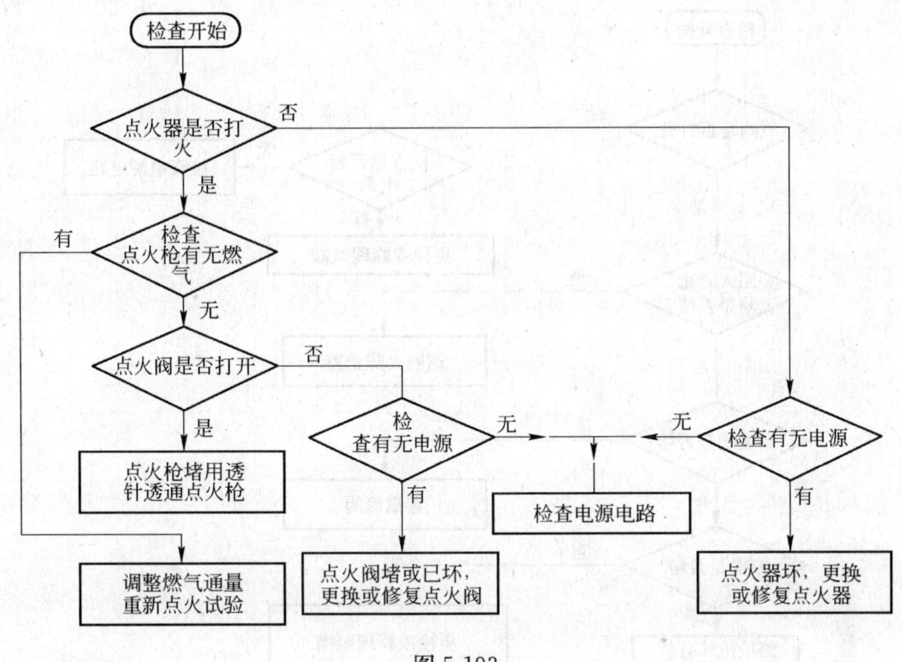

图 5-193

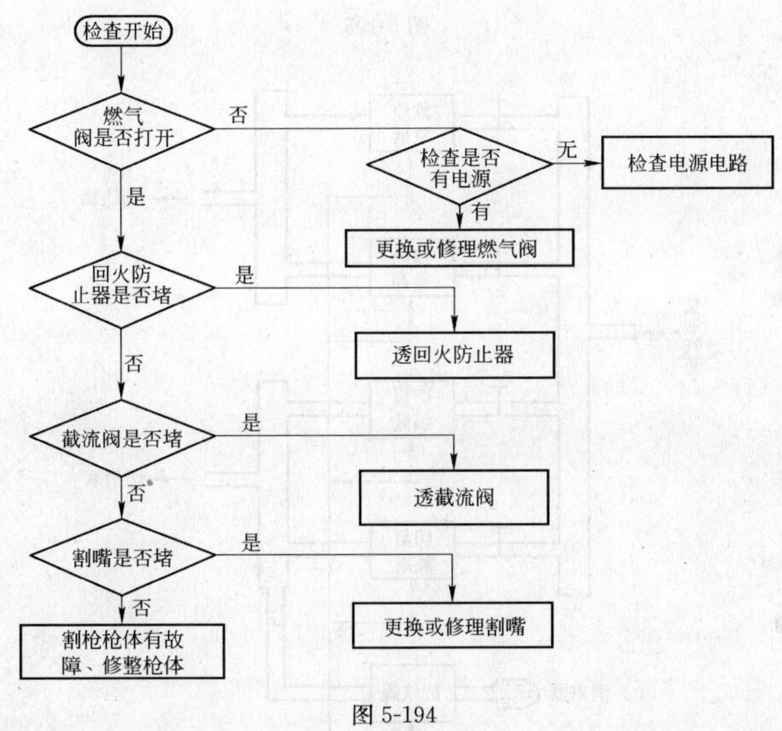

图 5-194

此故障可参考图 5-195 所示流程图检查并处置：

④ 无切割氧故障

此故障可参考图 5-195 所示流程图检查并处置：

⑤ 高低压氧切换故障(见图 5-196)

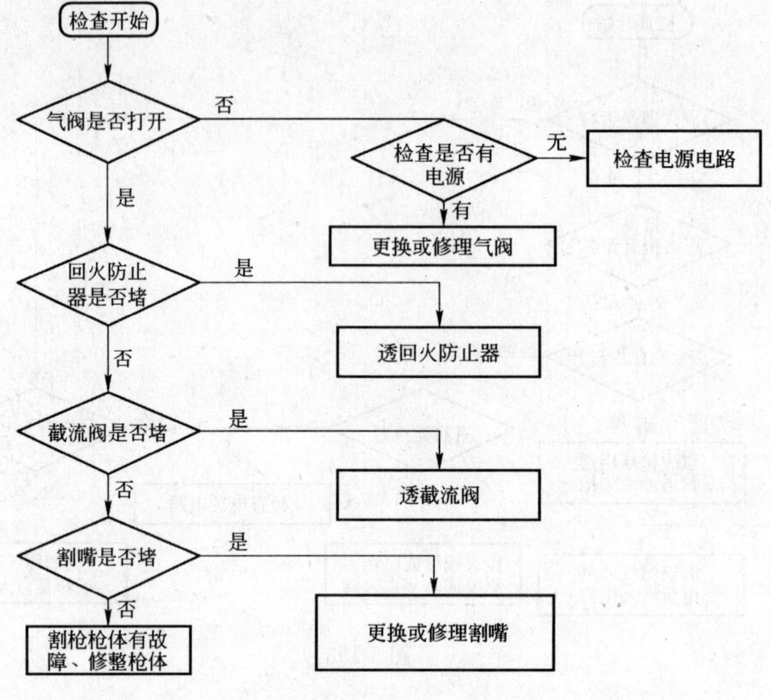

检查开始
气阀是否打开
否
检查是否有电源
无
检查电源电路
有
更换或修理气阀
是
回火防止器是否堵
是
透回火防止器
否
截流阀是否堵
是
透截流阀
否
割嘴是否堵
是
更换或修理割嘴
否
割枪枪体有故障、修整枪体

预热氧低
预热氧高
预热氧
氧气气源
切割氧低
切割氧高
切割氧
消声器
放气阀
阀电源

图 5-195

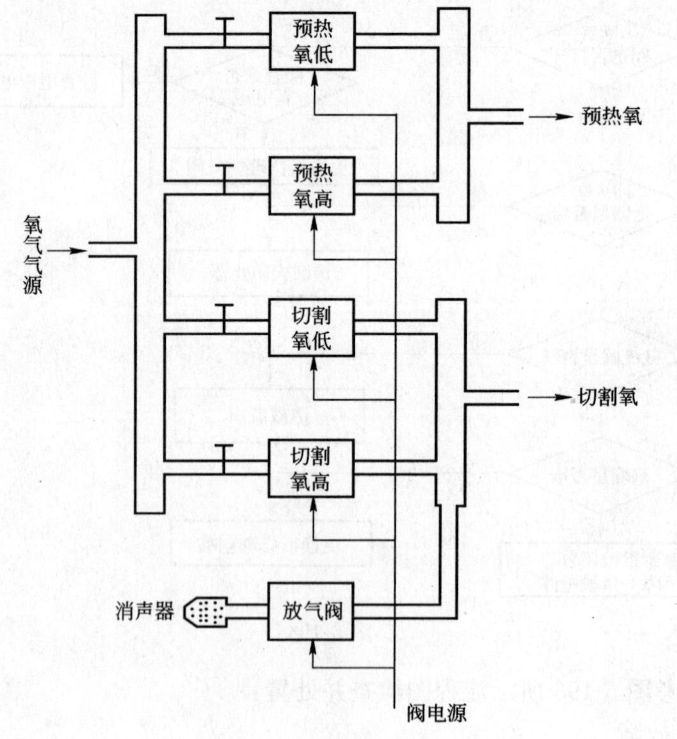

图 5-196

正常情况下，当操作者按下操作键盘上的“预热开”键，预热氧高电磁气阀得电打开，使高压预热氧通过电磁气阀进行快速预热，当操作者按下操作键盘上的“切割开”键，切割氧低电磁气阀得电打开，进入穿孔阶段，延迟数秒后，自动把预热氧低电磁气阀和切割氧高电磁气阀打开，同时把预热氧高电磁气阀和切割氧低电磁气阀关闭，穿孔结束进入正式切割状态，当一个图形切完后，操作者按下操作键盘上的“切割关”键，切割氧高电磁气阀关闭，切割停止，同时放气阀打开放出高压氧气，延迟数秒后将放气阀关闭。

如果上述四阀发生故障，会导致穿孔失败或导致气体不通，有下述情况供参考：

(*A*) 支持阀打开的电路出现故障。

(*B*) 阀体本身故障，有阀得电不打开和无电不关闭的现象。

⑥ 阀电源故障的检查与处置方法

此类故障分为断路故障和元器件故障：

(*A*) 断路故障：见表 5-93

断 路 故 障 **表 5-93**

断路故障位置	处置方法
接插件焊接点处开焊	用电烙铁重新焊接
连接导线断线	更换导线或在断线处直接相接
接插件本身连接不良	更换或修理接插件

(*B*) 元器件故障：

元器件故障的处理方法是首先检查出哪一个器件故障，然后换下此器件。

⑦ 某割炬所有阀都打不开故障的检查与处置方法

这一故障是由于割炬选择继电器电路发生故障产生的，有以下几种情况：

(*A*) 继电器线圈断线，须更换继电器。

(*B*) 继电器末得电，应检查有关电路，然后再作处理。

⑧ 电磁阀电路出现故障时可参考阀原理图和阀电路外连接图以及其余相关的配线图来查找故障位置

4) 调高电路的故障诊断与处理

① 原理框图

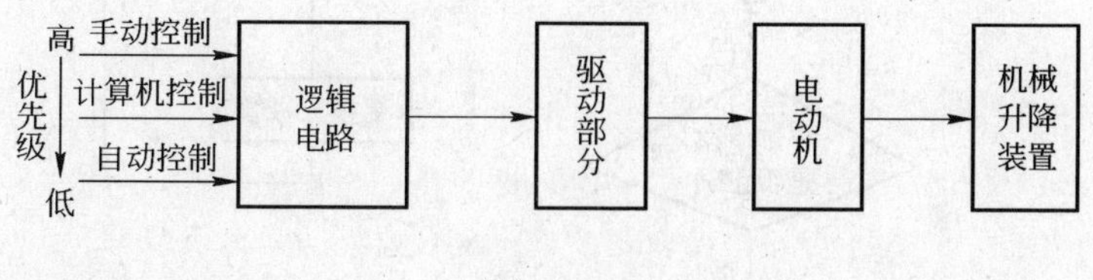

图 5-197

(*A*) 手动控制为键盘上的↑、↓按键发出。

(*B*) 计算机控制来自计算机指令。

(*C*) 自动控制来自自动调高仪。

(*D*) 电机励磁电压为 DC110V。

② 调高电路的故障诊断与处理

调高电路的故障诊断与处理可参考图 5-198 所示流程图处理。

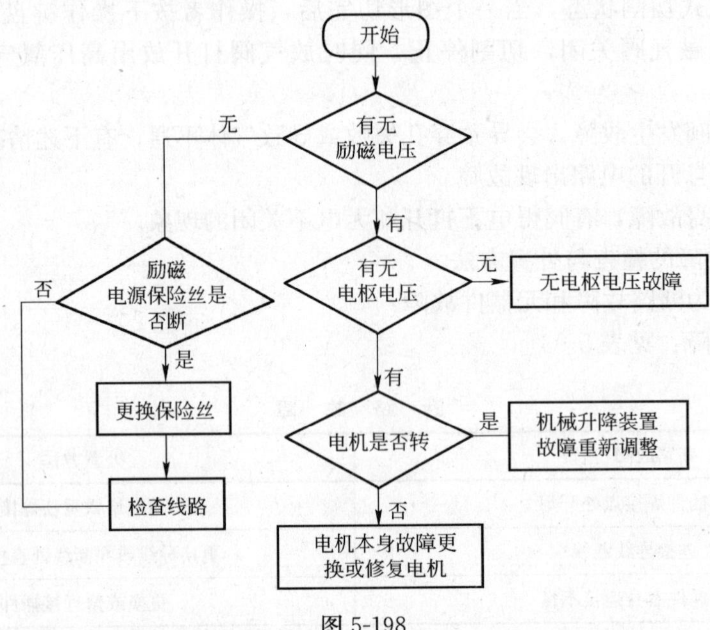

图 5-198

③ 无电枢电压故障诊断与处理

此故障的诊断与处理可参考图 5-199 流程图处理。

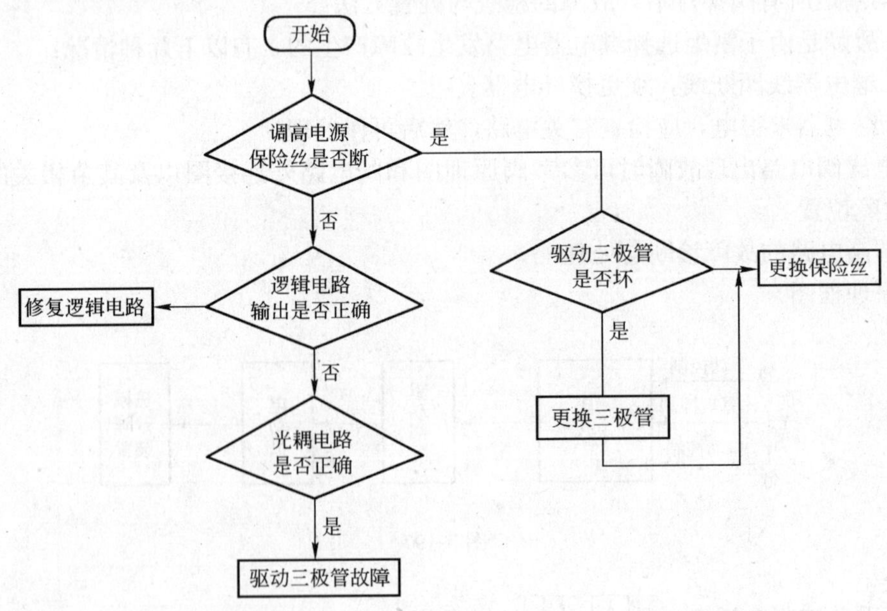

图 5-199

5）电控系统出现故障时故障点位置的判断

故障点的判断要结合接线图来完成。举例说明：

例1：若x轴伺服单元出现“TGLS”故障报警，判断故障位置。

发生这种情况，首先要判断是无测速反馈信号或是电机电枢线断线。判断过程如下：

① 首先判断是否为电枢断线，判断方法如下：

将接在伺服单元的T1-6和T1-8两线从端子上取上，用万用表“Ω”档测量两线之间是否导通，如不导通是电枢断线故障，如导通则是测速无反馈故障。

② 电枢断线点判断

从接线图上HT2、HZ2(见图5-200)看出x轴电机电枢线与x轴伺服单元的连接是通过HT2和HZ2的1和2脚连接的。可将HT2从HZ2上旋下，用万用表测HT2的1、2脚是否导通，如导通的话，进入(A)，不导通则进入(B)。

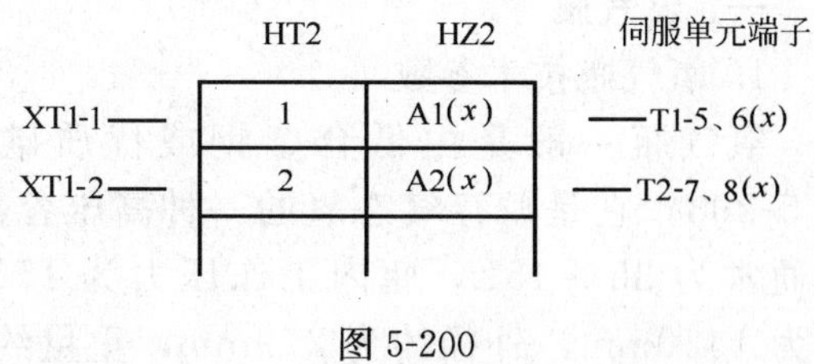

图5-200

图中XT1为电机电枢航空插头、T1为伺服单元端子。

(A) 判断是HZ2-1与T1-5、6或HZ2-2与T1-7、8有断线，可用万用表测HZ2-1与T1-5、6和HZ2-2与T17、8哪一个断线即可。这一断线可能出现在HZ2的焊线处或导线本身断线。

(B) 将XT1插头从电机上旋下，用万用表测XZ1-1和XZ1-2是否导通，如不导通则电机本身的电枢线断，此故障需到电机生产厂家去修理。如导通则是XT1-1与HT2-1或XT1-2与HT2-2有断线，判断与处理方法参考(A)。

③ 无测速反馈信号故障

从端子FD1接线图(见图5-201)看出：

图中CN1为伺服单元上插头，HZ2为航空插座。

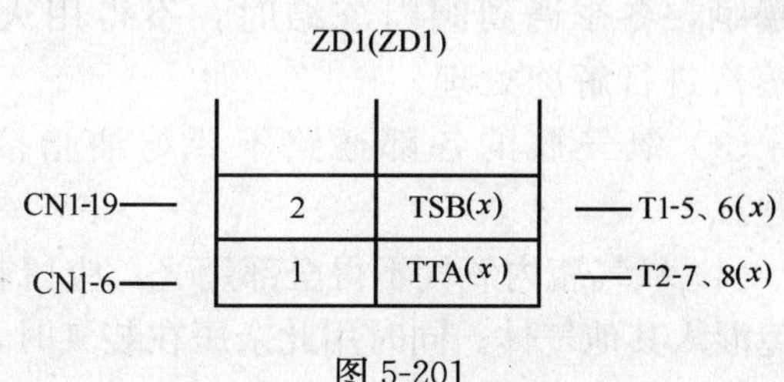

图5-201

测速反馈线TSA、TSB是通过航空插座HZ2、插头HT2和端子DZ1连接的。正常情况下，TSA与TSB相连通。信号断线检查方法：可将DZ1-1、DZ1-2上的两线从端子上取下，用万用表测两线是否连接来判断，方法同2。

例2：割炬Ⅱ预热氧阀无电源造成无预热氧，判断故障位置。

从接线图(见图5-202)可知，割炬Ⅱ的引入线来自HT2、而预热氧阀两根电源线来自HT2-4和HT2-5，可先将HT2旋下，用万用表测HZ2-4和HZ2-5间有无电压(+24V)。若有，即断定是HT2到阀之间有断线，若无，再测HZ2-4与D1-45、HZ2-5

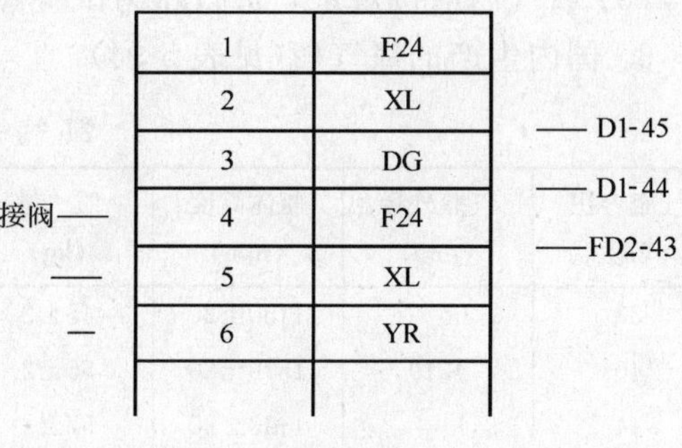

图5-202

与 D1-44 和 HZ2-6 与 FD2-43 是否连通，若都连通，则断定是控制板器件故障。

图中 D1 为 D 型插头、FD2 为端子。

第三节 气焊工常用机具

气焊作业主要是利用氧气和乙炔气混合后产生的高温火焰对金属材料(管材和板材)进行焊接与切割，使其达到施工安装的要求。它所用的机具主要是氧气瓶和乙炔发生器及其他附件。

一、氧气瓶

1. 氧气瓶技术参数

氧气瓶一般是由低合金钢或优质碳素钢制成的见图 5-203，它是贮存气态氧的一种高压容器。氧气瓶的容积通常为 35～45L，瓶内工作压力为 15MPa，瓶的长度约为 1450mm，外径约为 219mm，重量约 60kg 左右。氧气是一种活跃的助燃气体，如使用不细心，可能发生爆炸事故。

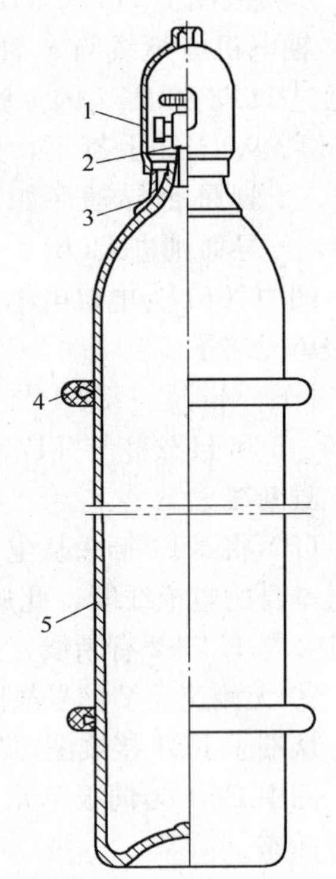

图 5-203 氧气钢瓶

1—瓶帽；2—瓶阀；3—瓶箍；4—防震圈(橡胶制品)；5—瓶体

2. 使用氧气瓶注意事项

(1) 氧气瓶体和瓶帽外表应涂成天蓝色，并用黑漆注明“氧气”字样，以与其他气瓶有所区别，同时不得与其他气瓶混放，以免拿错气瓶。

(2) 焊接或切割时，氧气瓶应远离操作地点避开高温和烟火，最小距离不应小于 5m，夏季作业时，要防止烈日曝晒，冬季遇到阀门冻结时，不得用火烤，要用热水或蒸汽进行解冻处理。

(3) 氧气瓶的各部通路不要与油脂接触，以免出现问题。

(4) 氧气瓶内氧气不得全部用光，应留有 3～5 个表压，以免混入其他气体。同时用此余压在装气时，作吹除灰尘试验之用。

(5) 氧气瓶在搬运时，为避免碰撞，应装防震橡胶圈。

(6) 氧气瓶应按规定，进行压力试验检查，以保证使用安全。

3. 国内生产的氧气瓶(见表 5-94)

氧气瓶的规格 **表 5-94**

气瓶容积 (L)	气瓶外径 (mm)	瓶体高度 (mm)	质　量 (kg)	工作压力 (MPa)	水压试验压力 (MPa)	名义装气量 (m^3)	瓶阀型号
33		1150±20	45±2			5	
40	ϕ219	1370±20	55±2	15	22.5	6	QF-2 铜阀
44		1490±20	57±2			6.5	

4. 瓶阀

(1) 瓶阀的种类

瓶阀是开关氧气的阀门，它有活瓣式和隔膜式两种，见图 5-204 和图 5-205。

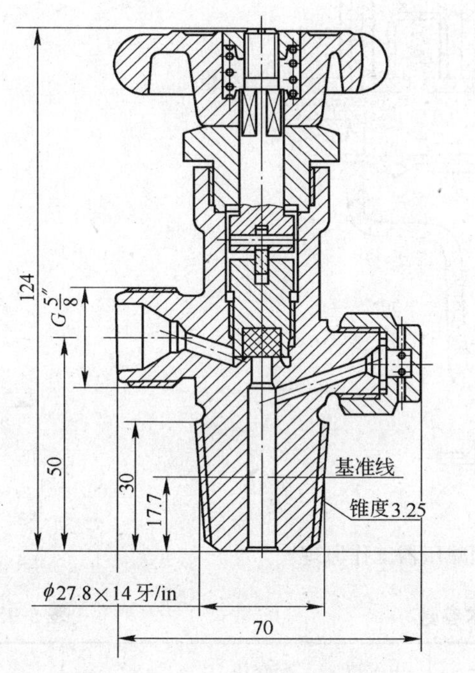

图 5-204　活瓣式氧气钢瓶阀　　　图 5-205　隔膜式氧气钢瓶阀

隔膜式瓶阀，气密性比较好，但易损坏，其寿命较短，阀体材料一般用黄铜或紫铜，密封用不燃和无油脂材料。

(2) 瓶阀的故障及处理方法

使用氧气瓶时，通常会出现气阀漏气或阀杆空转等现象，其主要原因是：压紧螺栓未拧紧和密封垫不严。处理方法是：仔细拧紧螺丝，更换合格垫圈即可。但不准使用橡胶垫。

阀杆空转的原因是：套和轴杆的方棱磨损和传动片断裂。处理方法是：检修或更换传动片。在使用过程中，开关方向要正确，操作时不要用力过猛，这样便会延长瓶阀的使用寿命。

5. 减压阀(氧气表)

(1) 减压阀的作用是将氧气瓶内的高压气体调节到施工需要的低压气体，并保持输出气体的压力和流量稳定不变。

(2) 常用的减压阀是反作用式单级减压阀，见图 5-206，其技术参数见表 5-95。

(3) 使用减压阀的注意事项

1) 装减压阀前，要稍微打开一点氧气瓶阀门，放出点氧气，吹净瓶口杂质，然后关闭阀门，操作时人不要站在朝瓶口方向。

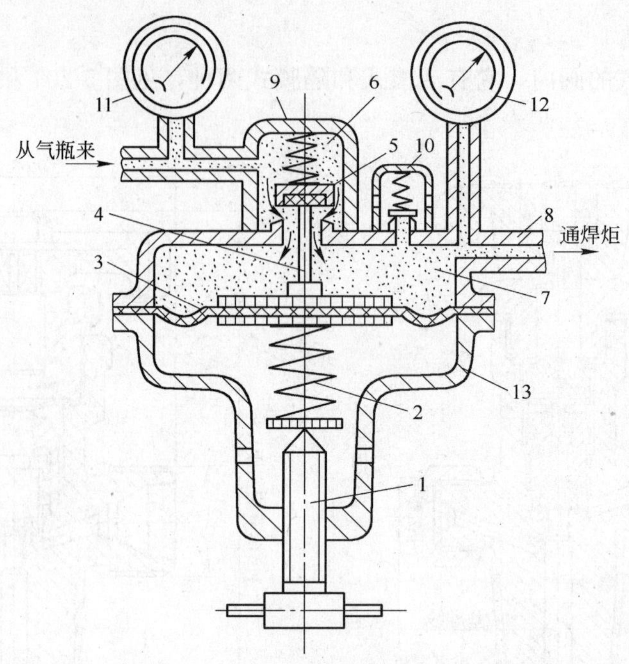

图 5-206 单级反作用减压器工作原理

减压阀技术参数 **表 5-95**

型 号	名 称	最高工作压力(MPa)	调节范围(MPa)	公称流量(m^3/h)	出气口孔径(mm)	配套压力表规格(MPa)	连接螺纹	质量(kg)	用途
QD-1	单级氧气减压器	15/2.5	0.1～2.5	80	6	0～25/0～4	G5/8″	4	瓶用
QD-2A	单级氧气减压器	15/1.0	0.1～1.0	40	5	0～25/0～1.6	G5/8″	2	
QD-3A	单级氧气减压器	15/0.2	0.01～0.2	10	3	0～25/0～0.4	G5/8″	2	
QD-50	双级氧气减压器	15/2.5	0.5～2.5	220	9	0～25/0～6	G1″	9	管道用
QY9-25/10	单级氧气减压器	2.5/1.0	0.1～1.0	40	5	—/0～1.6	G5/8″	1.5	
QY11-150/15	双级氧气减压器	15/1.5	0.1～1.5	100	6	0～25/0～2.5	G5/8″	5.8	
QD-20	单级乙炔减压器	1.6/0.15	0.01～0.15	9	4	0～2.5/0～0.25	轧篮	2	瓶用
QW5-25/0.6	单级丙烷减压器	2.5/0.06	0.01～0.06	6	5	—/0～0.1	G5/8″左	2	

注：减压器标准正在制定，这里介绍的仅是上海生产的型号。

2）检查接头是否拧紧，有无滑丝情况，调节螺丝应处于松开位置。

3）装好减压阀再开启氧气阀，查看压力表工作是否正常，各部分有无漏气现象，待正常后，接氧气胶带。

4）调节压力前，应将焊炬上的氧气开关稍许打开，然后再调到需要的工作压力。

5）停止工作时，应先松开减压阀的调节螺丝，再关闭氧气瓶阀，这样可保护副弹簧不受损失。

6）减压阀要定期进行校检，以确保其准确性。

（4）减压阀常见故障及处理方法

1）减压阀外漏气

外漏气是指减压阀向外跑气，如发现此现象，应先将减压阀上的调节螺丝松开，在各接头处涂肥皂水，如是属于接头螺母未拧紧造成漏气，则用扳手拧紧，如是压力表漏气可能是弧形扁管破裂，应卸下修理或更换。

2）减压阀内漏气

内漏气是指减压阀内部，由于活门密封不严，虽松开调节螺丝，仍有气体从高压室漏入低压室，这种现象即是内漏气(自流)。内漏气产生的原因和处理方法是：

减压阀活门或活门座上有污物，应清理干净。

活门座不平，可用小木棒压着细砂布打磨光滑。

减压阀活门氟烯塑料垫或活门座损坏，应更换新的。

副弹簧破裂或失去弹性，应更换。

活门在导槽内，滑动不灵活，要进行适当处理。

3）过滤网堵塞

减压阀内的铜丝过滤网常被堵塞，积满灰尘，污物或铁锈等，阻碍气体流通，可将过滤网卸下，仔细清洗干净，如过滤网破裂，则要进行更换。

4）低压表已指示工作压力，但进行作业时突然下降，这是氧气瓶阀没全开启，应将瓶阀打开。

5）减压阀冻结

当氧气瓶内存有气体，但进行作业时，气体供不上或压力表指针剧烈跳动，这说明减压阀内部冻结，处理方法可用热水或蒸汽加热进行解冻，严禁用明火烘烤。

二、乙炔发生器

利用电石和水的相互作用产生乙炔气的设备称为乙炔发生器。乙炔发生器的种类通常有固定式和移动式两大类。常用乙炔发生器技术参数见表 5-96。

1. 国产 YJP-1.0-1.0 型移动排水式中压乙炔发生器

（1）乙炔发生器的外形(见图 5-207)

（2）乙炔发生器结构、工作原理、特点及使用方法

1）结构

这种乙炔发生器主要由开盖手柄、发气室、发生器外壳、回火防止器和贮气罐等组成。见图 5-208。

常用乙炔发生器的技术参数　　表 5-96

发生器名称	发生器的额定产生率 (m^3/h)	各种型号发生器在最大允许压力(MPa)的情况下使用压力				
		YS 型		YJ 型		
		D 式		P 式		Q 式
		<0.02	≥0.02 ≤0.10	<0.02	≥0.02 ≤0.10	>0.02 ≤0.10
移动式	0.2	+	+	+	+	×
	0.3	+	+	+	+	×
	0.5	+	+	+	+	×
	1.0	+	+	+	+	×
	1.5	+	+	+	+	×
	2.5	+	+	—	+	—
固定式	4.0	—	+	—	×	—
	6.0	—	+	—	×	—
	10.0	—	+	—	×	—

注：1. 在一台乙炔发生器上允许类型的结合和操作方法的变化。

2. 符号“+”是可以使用的发气方法；符号“—”是表示不允许使用；符号“×”是在与任何允许的类型和操作方法配合的情况下可以使用的操作方法。

图 5-207　YJP-1.0-1.0 型排水式中压乙炔发生器的外形

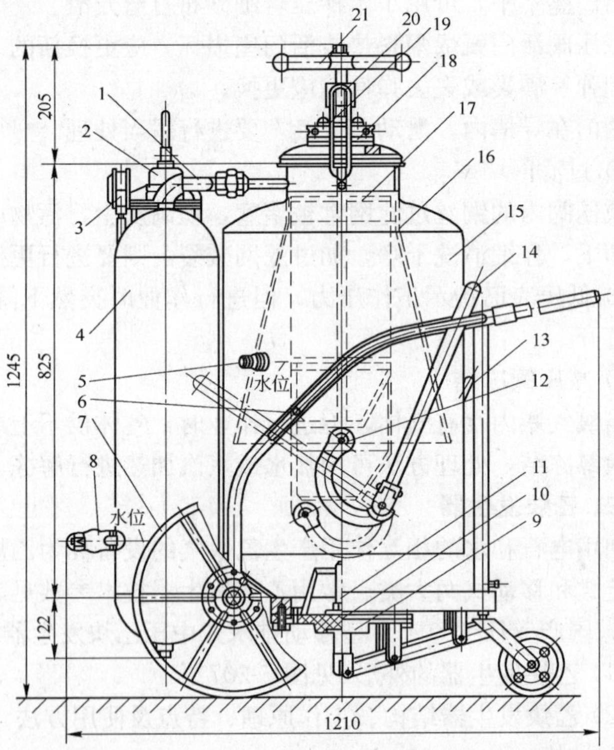

图 5-208　YJP-1.0-1.0 型排水式中压乙炔发生器结构

1—乙炔输出管；2—回火防止器；3—乙炔压力表；4—贮气罐；5—溢水阀；6—定位攀；7—小车；8—水位阀；9—出渣口；10—橡皮塞；11—出渣口轴；12—升降滑轮；13—放电石渣开关杆；14—电石篮升降调节杆；15—发生器外壳；16—电石篮；17—发气室；18—泄气膜；19—压紧螺丝；20—压板环；21—开盖手柄

2）工作原理

打开开盖手柄 21 后，从发生器外壳 15 装电石和加水，电石篮 16 中的电石与水接触后，立即产生乙炔气体，经乙炔输出管 1 到贮气罐 4，再经回火防止器 2，用橡皮管输送到使用地点。随着乙炔压力的增高，发气室 17 内的水将被排挤到发气室与发生器外壳之间的隔层中去，直到电石与水脱离，停止产生乙炔。当乙炔压力降低时，隔层中的水又回到原来位置，电石与水恢复接触，继续产生乙炔。外壳上的电石篮升降调节杆 14 与筒体内部的升降滑轮 12 组成一套升降机构，移动电石篮升降调节杆时，可使电石篮上下移动，以调节电石沉入水中的深度。上盖带有安全膜，当气体压力增加到 0.18～0.28MPa 时，即自行爆破，以保证发生器的安全。发生器底部为出渣口 9，拉动放电石渣口开关杆 13 可使橡皮塞 10 顶起，电石渣和水即从出渣口流出。回火防止器固定在发生器外壳上。

3）特点

该乙炔发生器结构比较简单，使用也较方便。缺点是温度较高，一次装电石量多。

4）使用方法

① 先将清水灌入乙炔发生器、贮气罐和回火防止器内，至水从各自的溢水阀 5、8 流出为止，然后关闭各溢水阀。

② 将电石篮升降调节杆移至最右边一档，使电石篮脱离水面。加入电石后，将开盖手柄关紧，再将电石篮升降杆移到最左边一档，使电石篮沉入水中，开始产生乙炔气体。

③ 电石用完后，如需继续使用，应先将发生器的溢水阀打开，使发生器内的压力降低，然后再打开发生器上盖，装入电石。装电石的数量和方法与前一次相同。

④ 每天工作完毕后应放出电石渣，这时，须将出渣口开关杆向下拉，通过杠杆的作用，将橡皮塞顶起，电石渣即自动流出。放渣后，须用清水将出渣口冲洗干净。连续使用三个月后，应对整个发生器进行一次彻底清洗。如果用后需搁置一个时期再用，应将发生器筒体、回火防止器和贮气罐内的水全部放掉，并冲洗干净，以防腐蚀。

2. 乙炔发生器的维护及注意事项

(1) 使用乙炔发生器的操作人员，必须熟悉发生器的构造、作用原理及维护规则。

(2) 固定式乙炔发生器应安放在通风良好的室内，周围附近严禁一切烟火。

(3) 移动式乙炔发生器必须远离火源，最少要 10m 以上，同时不能靠近带电体，并严禁吸烟，还要防止高空焊接火花散落在发生器附近。

(4) 夏季要避免暴晒，冬季要防止冻结。如发生冻结时，要用热水或蒸气进行解冻，不准用火焰烘烤。一般冬季施工时应采取相应的防冻措施。

(5) 装入发生器内电石量，一般应不超过电石篮容积的三分之二，电石块大小应按说明书要求配制。

(6) 开始作业时，先将发生器中空气排出，然后向外输送乙炔气。使用浮桶式要使其自由下落，不可人为加压。如发生器同时向两个工作点供气时，每个工作点必须设有单独的回火防止器。

(7) 加入发生器内的水必须洁净，不应含有油脂、酸碱等杂质。浮桶式乙炔发生器全天使用时，中间要换水。

(8) 乙炔发生器使用时，必须配有回火防止器，避免出现事故。同时设置可靠的接地线。

(9) 工作中应经常检查各接头的严密性，并及时检查回火器的水平是否正常。

(10) 停止工作时，应先拔掉出气带。如浮桶式应轻轻将桶提起，摘下电石篮，并将桶内水浆倒掉。

(11) 修理乙炔发生器时，先要用清水冲洗几次，然后拆下回火器和贮气桶。

(12) 乙炔发生器使用完后，长时间不用时，必须彻底清洗干净，放净水，并作好维护保养工作。

(13) 中压乙炔发生器使用的防爆膜和安全阀，要定期进行检查和清洗，以保证其可靠的灵敏度。

3. 回火防止器

回火防止器的主要作用是防止气焊或气割时在把炬发生氧炔焰倒燃(即回火)而出现爆炸事故。它实际上是一种安全设施。

回火防止器种类较多，按其工作压力可分为低压(0.01MPa 以下)和中压(0.01～0.15MPa)两种；按其作用原理又可分为水封式和干式两种；按结构特点又分为开启式和封闭式；按设置部位又可分为集中式和岗位式。

(1) 低压、开启、水封式回火防止器

这种乙炔发生器是由桶体 1、进气管 2、进水管 3、漏斗 4、乙炔出口 5、水位阀 6、进气管阀门 7 等组成，见图 5-209。

回火时，回火气体压力将水压入进气管 2 内，这时桶体水面下降，进水管 3 的下部先离开水面，筒体内燃烧的气体从进水管 3 排出，而进气管下部还在水中，燃烧的火焰进不去，从而阻止 3 倒流火焰进入 乙炔发生器。

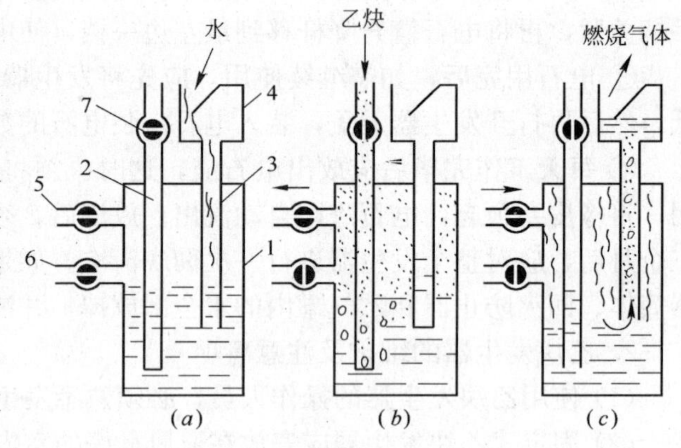

图 5-209　开口式回火防止器示意图

(a)加水时；(b)正常工作时；(c)发生回火时

低压、开启、水封式回火器桶体直径为 80mm 左右，高 300～400mm，铁皮厚 1～2mm。进水管比进气管直径大，长度小，要求从漏斗顶部到桶内水位应保持一定距离，以减少正常作业时乙炔气的损失。

(2) 中压、闭式、水封回火防止器

中压、闭式、水封回火防止器是由进气管 1、止回阀 2、桶体 3、水位阀 4、分配盘 5、滤清器 6、乙炔出口阀 7、弹簧片 8、放气门 9、放气口 10、弹簧 11 等组成。见图 5-210。

回火时，桶内压力增高，水压作用于止回阀 2 上，使乙炔通路关闭，同时爆炸性气体将弹簧片 8 顶起，使放气活门 9 与弹簧片分开，由于水层的隔离作用，倒焰气体即从放气口 10 流出，从而防止了回火的延续。

当混合气泄压后，带有压力的进气乙炔将止回阀 2 顶开，继续供气。

(3) 中压干式回火防止器

图 5-211 是一种 GY-70-Ⅰ型中压岗位式回火器这种回火器具有性能较好，结构小，

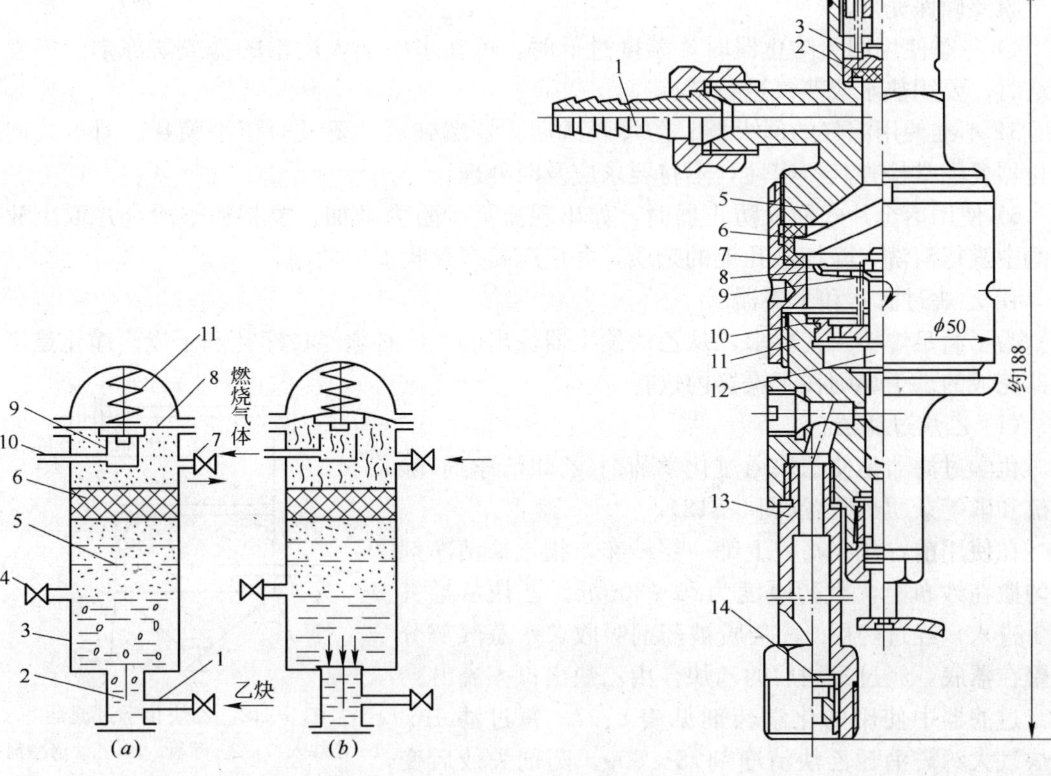

图 5-210 闭式(中压)水封回火防止器结构及工作原理示意图
(a)正常工作时;(b)发生回火时

图 5-211 GY-70-Ⅰ型干式回火防止器结构
1—出气接头;2—逸气密封垫;3—调压弹簧;4—调节螺母;5—上主体;6—粉末冶金片;7—密封圈;8—承压片;9—托拉弹簧;10—导向圈;11—主体;12—阀芯;13—进气管;14—过滤网

体轻，不要加水，不受季节影响等特点。

它的动作原理是：正常作业时，乙炔由进气管 13 进入，通过滤网 14，清除杂质后，经锥形阀芯 12 外圈，由导向圈 10 小孔和承压片 8 的外部空间中分配流出，再透过冶金片 6，由出气接头 1 流出，进行工作。当出现回火时，氧气返回防止器，形成混合体，产生爆炸现象，瞬时压力增大，混合气体冲开泄气阀门，排到大气中。粉末冶金片 6 内有非直线形微孔，它能起阻火作用。当爆炸气体透过粉末冶金片 6 作用在承压片 8 上，推动阀芯 12 向下动作，其上的锥体压至主体 11 的锥孔，切断了气源。

重新工作时，向上推动复位阀杆，用弹簧 9 的力将阀芯 12 复位，其上的锥体和下主体 11 的锥孔咬合分离，这时乙炔气流入，开始供气。

GY-70-Ⅰ型干式回火防止器的技术参数为工作压力：0.045～0.15MPa，气流量为 $7m^3/h$，泄气阀逸气值 0.21±0.02MPa，重量 1kg，外形尺寸为 ϕ50mm×188mm。

(4) 使用回火防止器的注意事项

1) 使用回火防止器，要同乙炔发生器的气流量和压力相稳合。

2）每个作业点的回火防止器只能连接一个焊炬或割炬。

3）用水封式回火防止器时，要经常检查水位，定期换水。使用防爆膜式回火防止器，安全膜要确保完好。

4）冬季使用回火防止器时，温度过低时，可在水中加入适量的盐或防冻剂。当发生冻结时，要用热水或蒸气进行解冻。

5）不准使用漏气的回火器。防爆膜式回火器爆破后，要及时更换膜片。对干式回火防止器要经常检查其严密性，不符要求应及时处理。

6）使用冶金片式回火防止器时，如出现流量少阻力增加，要将粉末冶金片取出放入丙酮中进行清洗，除掉微孔上的杂质，并用压缩空气吹干后使用。

4. 乙炔过滤器和干燥器

为了满足焊接工艺要求，从乙炔发生器输出的气体必须经过净化和干燥。净化是经过滤器完成的。干燥则在干燥器内进行。

(1) 乙炔过滤器

化学过滤器是使乙炔通过化学药剂（乙炔清净剂）除去硫和磷等杂质的装置（图 5-212）。

在使用前，先在筛板上铺一层纱布，把乙炔清净剂均匀撒在纱布上，撒药厚度为25～30mm。乙炔从导气管1进入，经过药层3，杂质被药剂吸收，水蒸气部分凝聚在器底。经过过滤后的乙炔，由乙炔出口4流出。

过滤器中使用的化学药剂见表 5-97。每过滤 $1m^3$ 乙炔气大约需消耗乙炔清净剂75～80g。药剂失效后变为绿色，使用一段时间后，应检查并根据情况更换新的药剂。

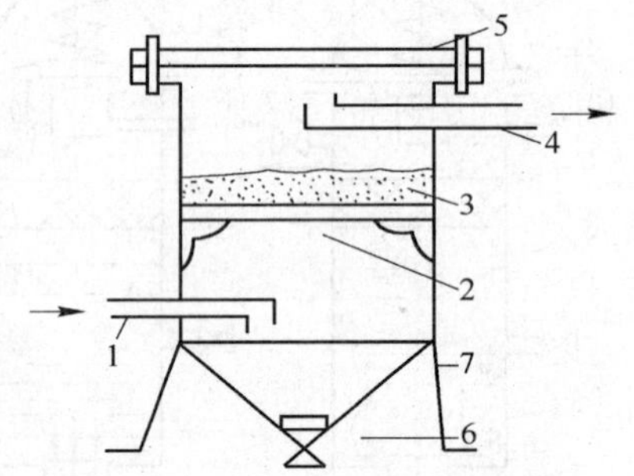

图 5-212 乙炔化学过滤器

1—乙炔入口；2—筛板；3—乙炔清净剂；4—乙炔出口；5—法兰及盖板；6—放水口；7—支架

乙炔过滤器常用的化学药剂 表 5-97

名称	成分（以重量计%）	名称	成分（以重量计%）
无水铬酸	11～13	硅藻土	45～55
硫酸	17～20	水	18～28

注：将表中药剂配制成乙炔清净剂后，方可装入乙炔过滤器使用。配制方法可详见“乙炔生产规范”（化学工业设计院译）一书。

(2) 干燥器

干燥器主要是除掉乙炔气中的水分。它是根据乙炔耗量制成的，见图 5-213。

图中干燥剂采用块状电石，当进入的乙炔通过带孔隔板和电石块时，乙炔中的水分与电石发生作用，使乙炔气水分除掉。在反应过程中产生少量的乙炔同干燥的乙炔由出口排出，而反应后的水分变成灰浆积聚在干燥器底部。

对于大容量的乙炔发生器都要配有干燥器，并将其放在乙炔发生器和回火防止器之间的。为避免冻结，从发生器到干燥器之间的管子直径要大些。对于低压浮桶式发生器，当乙炔中水分影响焊接工艺时，也应配备干燥器。

5. 乙炔瓶

它是贮存乙炔气的一种钢瓶，目前施工现场应用的比较普遍。乙炔瓶具有搬运和换气方便等特点。

乙炔瓶的结构见图 5-214。

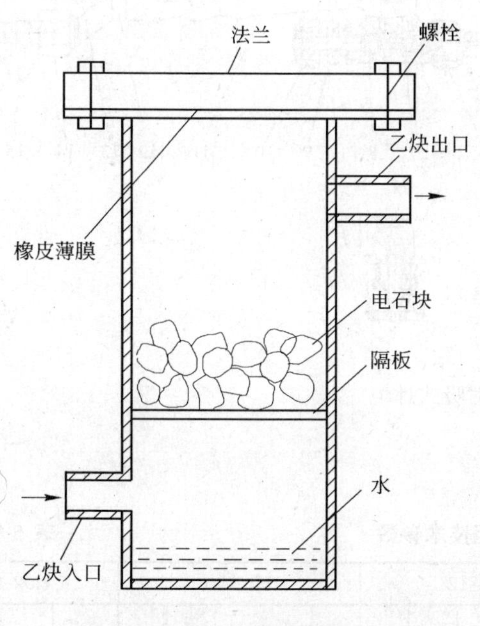

图 5-213　乙炔干燥器

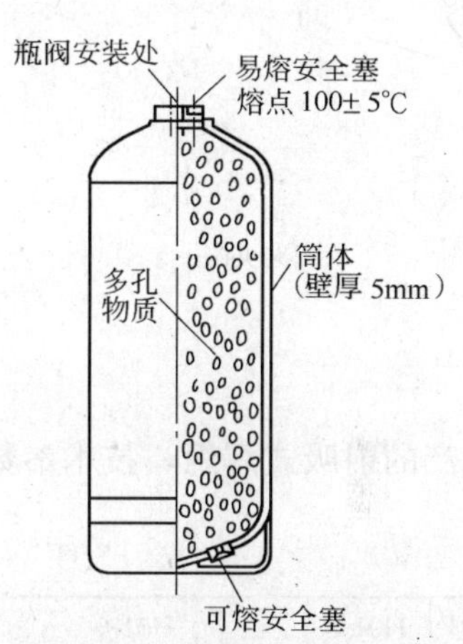

图 5-214　乙炔气瓶结构简图

乙炔瓶瓶口安装专用的气阀，瓶的外面涂以白色油漆。常用乙炔瓶规格，见表 5-98。

常用乙炔瓶的规格　**表 5-98**

气瓶容积(L)	气瓶外径(mm)	高度(mm)	质量(kg)	工作压力(MPa)	乙炔量(kg)
41.0	260	1050	～60	1.55	6.3～7.0

乙炔瓶工作压力为 1.55MPa，试验压力为 6MPa。使用乙炔瓶要配备减压阀，以便对压力进行调整。乙炔瓶与氧气瓶一样，使用时要特别注意安全。乙炔瓶只能立放，不能横卧。

三、焊炬

焊炬又称焊枪，是气焊的主要工具。它又可用于气体火焰钎焊和火焰加热。

1. 焊炬分类

一般按可燃气体与氧气在焊炬中混合的方式可分为射吸收和等压式两种。

2. 性能与结构

(1) 射吸式焊炬

这种焊炬是靠喷射器(喷嘴和射吸管)的射吸作用来控制氧气和乙炔气的流量，使氧气乙炔的混合气形成一定的比例，保证火焰的正常燃烧，而乙炔气的流动主要是靠氧气的射吸作用。射吸式焊炬的结构，见图 5-215。它是由焊嘴 1、接头 2、射吸管 3、射吸管螺母 4、中部体 5、乙炔阀杆 6、喷嘴 7、氧气阀杆 8、密封螺母 9、手轮 10、手柄 11、后部体 12、乙炔螺母 13、氧气螺母 14、氧乙炔接头 15、防松螺母 16 等组成。

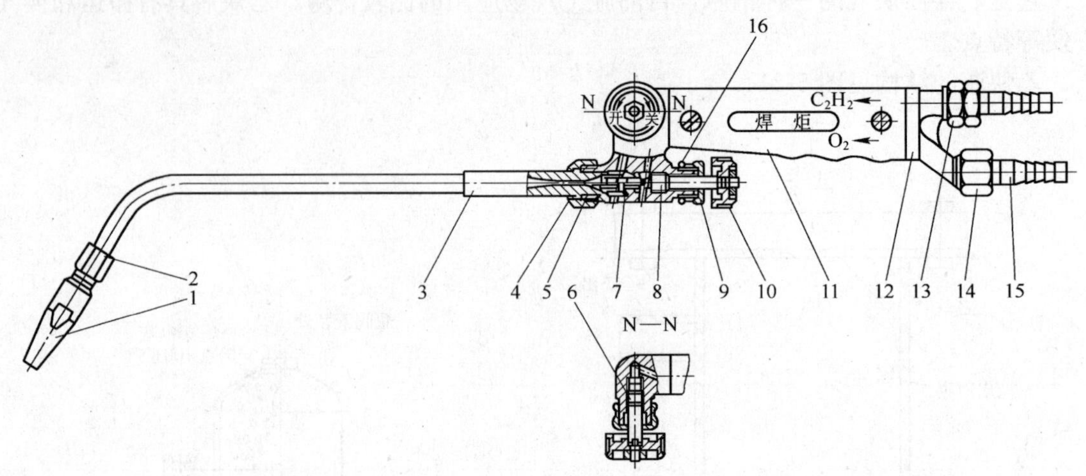

图 5-215 射吸式焊炬

国产的射吸式焊炬，技术参数见表 5-99。

射吸式焊炬技术参数 **表 5-99**

型号	H01-2	H01-6					H01-12					H01-20					H02-1		
焊嘴号码(mm)	1～5	1	2	3	4	5	1	2	3	4	5	1	2	3	4	5	1	2	3
焊嘴孔径(mm)	0.5～0.9	0.9	1.0	1.1	1.2	1.3	1.4	1.6	1.8	2.0	2.2	2.4	2.6	2.8	3.0	3.2	0.5	0.7	0.9
焊低碳钢厚度(mm)	0.5～2	1～2	2～3	3～4	4～5	5～6	6～7	7～8	8～9	9～10	10～12	10～12	12～14	14～16	16～18	18～20	0.2～0.4	0.4～0.7	0.7～1.0
氧气压力(MPa)	0.1～0.25	0.2	0.25	0.3	0.35	0.4	0.4	0.45	0.5	0.6	0.7	0.6	0.65	0.7	0.75	0.8	0.1	0.15	0.2
乙炔压力(MPa)	0.001～0.12	0.001～0.12					0.001～0.12					0.001～0.12					0.001～0.12		
氧气消耗量(m^3/h)	0.033～0.15	0.15	0.20	0.24	0.28	0.37	0.37	0.49	0.65	0.86	1.10	1.25	1.45	1.65	1.95	2.25	0.016～0.018	0.045～0.05	0.10～0.12
乙炔消耗量(L/时)	40～170	170	240	280	330	430	430	580	780	1050	1210	1500	1700	2000	2300	2600	20～22	55～65	110～130

另外国内还生产有 HG01-3/50 及 HG01-12/200 型射吸式焊割两用焊炬、还有B05-200型平面淬火和透平焊炬等。

透平焊炬原理是用燃气与空气混合产生火焰，这种焊炬的结构，见图 5-216。它的技术参数，见表 5-100。

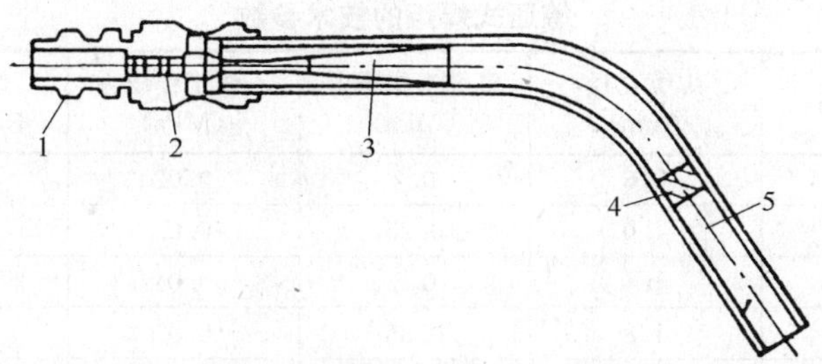

图 5-216　透平焊炬结构原理图

1—主体；2—焊嘴；3—射吸管；4—旋流器；5—焊炬管

透平焊炬的规格和性能　表 5-100

型　号	焊炬管直径(mm)	使用燃气	燃气耗量(压力 0.17MPa)(kg/h)	火焰温度不低于(℃)	钎焊铜管直径(mm)	
					软钎焊	硬钎焊
THS-2	8	液化石油气	0.06	960	3～9	1.5～6
THS-4	12	液化石油气	0.18	960	10～40	5～15
THS-5	20	液化石油气	0.50	960	25～75	15～35
THS-6	25	液化石油气	0.95	960	40～100	20～55
THY-4	6	乙　炔	0.10	1400	6～25	3～12
THY-6	12	乙　炔	0.31	1400	40～75	20～40
THY-9	20	乙　炔	0.94	1400	100 以上	50～100

(2) 等压式焊炬

这种焊炬使用的氧气和乙炔气两者压力近似相同。乙炔气用自身压力与氧气混合形成火焰。透平焊炬结构比较简单，进入焊炬气体压力不变，混合气成分也将不改变，从而保持了火焰的稳定性。同时它还具有回火的可能小的特点。等压式焊炬结构，见图 5-217，其技术参数见表 5-101。

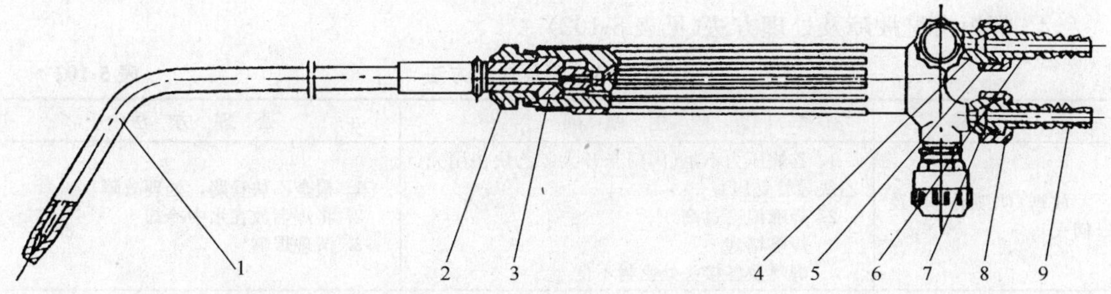

图 5-217　等压式焊炬的结构

1—焊嘴；2—混合管螺母；3—混合管接头；4—氧气接头螺纹；5—氧气螺母；6—氧气软管接头；7—乙炔接头螺纹；8—乙炔螺母；9—乙炔软管接头

3. 焊炬使用中注意事项

(1) 检查焊嘴及气阀处有无漏气现象。方法是：将焊嘴放入水中，关闭氧气和乙炔阀门，然后分别通入氧气和乙炔。如水中无气泡出现则说明密封性良好，不漏气。

等压式焊炬的技术参数 表 5-101

焊炬型号	焊嘴号码	焊嘴孔径(mm)	氧气工作压力(MPa)	乙炔工作压力(MPa)	焰芯长度(不小于)(mm)	焊炬总长度(mm)
H02-12	1	0.6	0.2	0.02	4	500
	2	1.0	0.25	0.03	11	
	3	1.4	0.3	0.04	13	
	4	1.8	0.35	0.05	17	
	5	2.2	0.4	0.06	20	
H02-20	1	0.6	0.2	0.02	4	600
	2	1.0	0.25	0.03	11	
	3	1.4	0.3	0.04	13	
	4	1.8	0.35	0.05	17	
	5	2.2	0.4	0.06	20	
	6	2.6	0.5	0.07	21	
	7	3.0	0.6	0.08	21	

(2) 焊炬的氧气和乙炔进气管接头与胶管必须连接紧密和牢固，防止其出现漏气现象。

(3) 检查射吸式焊炬的射吸能力。方法是：先打开氧气阀门，将焊炬的氧气管中通入1～4表压的氧气，然后打开乙炔阀门，用手堵在乙炔管口上，如感到内部吸力很大，则说明焊炬工作正常，相反应进行检修处理后使用。

(4) 等压式焊炬应检查其气体通路有无堵塞情况，发现问题要及时进行处理。

(5) 焊炬的各气体通路禁止沾染油脂，防止遇氧气燃烧爆炸。在使用过程中，如发现气体通路或气阀有漏气现象，应停止工作进行处理。

(6) 停止作业时，应先关闭乙炔阀，再关氧气阀，以防止回火。如发生回火时，要迅速关闭氧气阀，然后再关乙炔阀门。

(7) 焊炬不能随便乱放，使用完后应放在工具箱内，妥善保管。

4. 焊炬常见故障及处理方法(见表 5-102)

焊炬常见故障及处理方法 表 5-102

故障	产生原因	处理方法
放炮(叭叭作响)及回火	1. 乙炔压力不足(阀门未开大、乙炔快用完、乙炔导管受压) 2. 焊嘴温度过高 3. 焊嘴堵塞 4. 焊嘴及各接头处密封不良	1. 检查乙炔管路，处理故障 2. 将焊嘴放在水中冷却 3. 清理焊嘴
阀门或焊嘴漏气	1. 焊嘴未拧紧 2. 压紧螺母松动或垫圈损坏	拧紧松动处，并更换垫圈
乙炔压力低，火焰调节不大	1. 导管被挤压或堵塞 2. 焊炬被堵塞 3. 乙炔阀手轮打滑	吹净导管及焊炬，修理好阀门
焊嘴孔径扩成椭圆形	1. 使用时间长 2. 焊嘴磨损 3. 用通针不当	用手锤轻敲焊嘴尖部，使孔径缩小，再按要求钻孔

四、割炬

割炬（又称割枪）是进行切割的主要工具。常用的割炬有普通射吸式和等压式两种。

1. 普通射吸式割炬

这种割炬使用低压或中压乙炔气。它的结构是在射吸式焊炬上加上切割氧的气路和阀门，并采用专门的割嘴。

普通射吸式割炬在使用中容易回火，因而在机械化、自动化切割中用途不广。它的结构见图 5-218，主要技术参数见表 5-103。

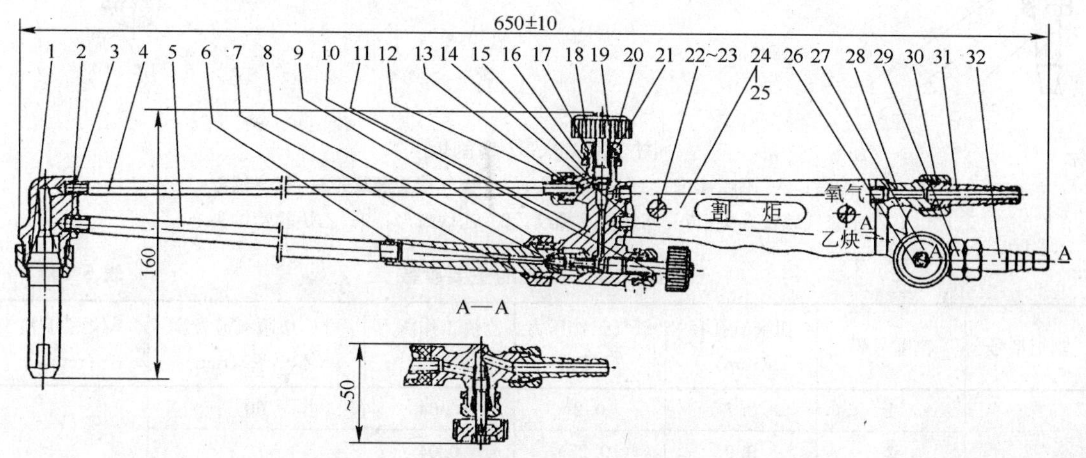

图 5-218 普通射吸式割炬

1—割嘴；2—割嘴螺母；3—割嘴接头；4—高压氧气管；5—混合气管；6—射吸管；7—射吸管螺母；8—氧气阀针；9—喷嘴；10—手轮；11—主体；12—高压氧气管螺母；13—橡胶密封圈；14—手把管；15—阀杆；16—防松螺母；17—密封螺母；18—手轮；19—密封圈；20—O 型密封圈；21—垫圈；22—手柄螺钉；23—手柄螺母；24—手柄；25—手柄；26—手轮螺母；27—手轮；28—后体；29—氧气螺母；30—乙炔螺母；31—氧气接头；32—乙炔接头

普通式射吸式割炬主要技术参数 **表 5-103**

型号	G01-30			G01-100			G01-300			
割嘴号码	1	2	3	1	2	3	1	2	3	4
割嘴孔径(mm)	2～10	10～20	20～30	10～25	25～30	50～100	100～150	150～200	200～250	250～300
氧气压力(MPa)	0.2	0.25	0.3	0.2	0.35	0.5	0.5	0.65	0.8	1.0
乙炔压力(MPa)	0.001～0.1	0.001～0.1	0.001～0.1	0.001～0.1	0.001～0.1	0.001～0.1	0.001～0.1	0.001～0.1	0.001～0.1	0.001～0.1
氧气耗量(m^3/h)	0.8	1.4	2.2	2.2～2.7	3.5～4.2	5.5～7.3	9.0～10.8	11～14	14.5～18	19～26
乙炔耗量(L/h)	210	240	310	350～400	400～500	500～610	680～780	800～1100	1150～1200	1250～1600
切割厚度(mm)	2～10	10～20	20～30	10～25	25～30	50～100	100～150	150～200	200～250	250～300
割嘴形状	环形			梅花形和环形			梅花形			

2. 等压式割炬

这种割炬的乙炔、预热氧及切割氧都由各自的管路通入割嘴。火焰比较稳定，不易回火。它的结构见图 5-219。主要技术参数见表 5-104。

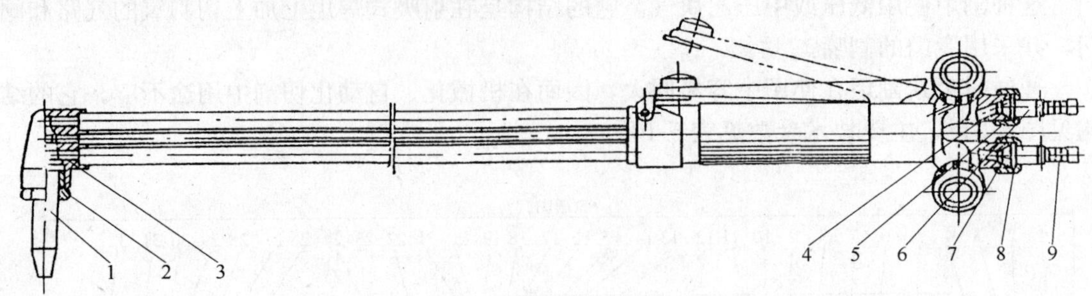

图 5-219　G02 型割炬

1—割嘴；2—割嘴螺母；3—割嘴接头；4—氧气接头螺纹；5—氧气螺母；6—氧气软管接头；7—乙炔接头螺纹；8—乙炔螺母；9—乙炔软管接头

等压式手工割炬的主要参数　　表 5-104

割炬型号	割嘴号码	切割氧孔径 (mm)	氧气工作压力 (MPa)	乙炔工作压力 (MPa)	可见切割氧流长度 (不小于)(mm)	割炬总长度 (mm)
G02-100	1	0.7	0.2	0.04	60	550
	2	0.9	0.25	0.04	70	
	3	1.1	0.3	0.05	80	
	4	1.3	0.4	0.05	90	
	5	1.6	0.5	0.06	100	
G02-300	1	0.7	0.2	0.04	60	650
	2	0.9	0.25	0.04	70	
	3	1.1	0.3	0.05	80	
	4	1.3	0.4	0.05	90	
	5	1.6	0.5	0.06	100	
	6	1.8	0.5	0.06	110	
	7	2.2	0.65	0.07	130	
	8	2.6	0.8	0.08	150	
	9	3.0	1	0.09	170	

3. 使用割炬注意事项

(1) 割嘴通道应保持清洁、光滑，如有飞溅物堵塞，应用通针疏通，以免发生回火或使切割氧射流(风线)偏斜。

(2) 使用环形割嘴时，内嘴与外层严格保证同心，否则将使切割氧气流偏斜。

(3) 发生回火时，应立即关闭切割氧和预热氧气阀，然后关闭乙炔阀。

(4) 割炬点火后，火焰调整正常，当打开切割氧时，火焰立即熄灭，这表明割嘴与割炬接合面不严，应拧紧或取下嘴头，用细砂布研磨好后，再重新装好。

五、橡皮胶管

1. 氧气胶管为红色，内径 8mm，其线筋层数多，能承受 15～20 大气压，长度为 30m。

2. 乙炔胶管为黑色或绿色，内径 10mm，线筋层数少，长度为 30m。

六、手持式半自动切割机

图 5-220 是一种手持式半自动切割机。它可对直线、圆弧、曲线以及直线和曲线坡口切割，切割效率较高，质量好，尺寸偏差小。

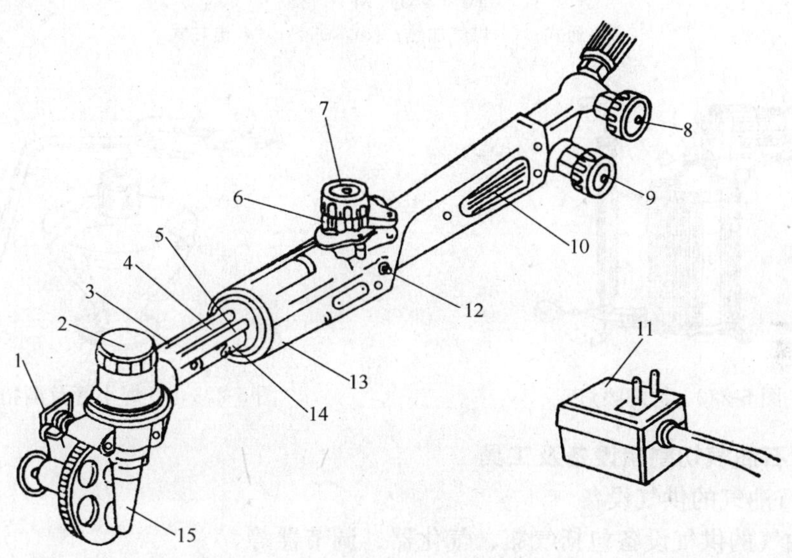

图 5-220　手持式半自动切割机

1—垂直切割驱动附件；2—锁紧旋钮；3—燃气管；4—切割氧管；5—预热氧管；6—驱动开关；7—切割氧阀；8—预热氧阀；9—燃气阀；10—保险管；11—交流/直流转换器；12—进退转换按钮；13—电动机(位置)；14—万向联轴节；15—割嘴

七、钎焊及镀锡工具

1. 焊铁(烙铁)

焊铁由铜头、铁杆及木柄构成。用于使用软焊药钎焊金属。焊铁根据钎焊金属的厚度及组成件的尺寸可分成下列几种：

焊铁标号	1	2	3	4	5	6	7
质量(kg)	100	200	300	400	500	600	700
加手柄的长度(mm)	350	350	400	400	400	400	450

焊铁一般放在焦炉上加热。为能连续使用，焊铁还有用煤气加热、苯加热及电热几种形式(图 5-221)。而电热式使用较广。

2. 钎焊喷灯

见图 5-222，钎焊喷灯的容量为 1L 及 2L，使用的燃料为煤油，工作压力为 0.2～0.3MPa。其外形尺寸为 340cm×310cm×140cm，质量为 2.3kg。

3. 钎焊小管

钎焊小管配合酒精灯用于钎焊小型连接件，主要使用软焊料，见图 5-223。

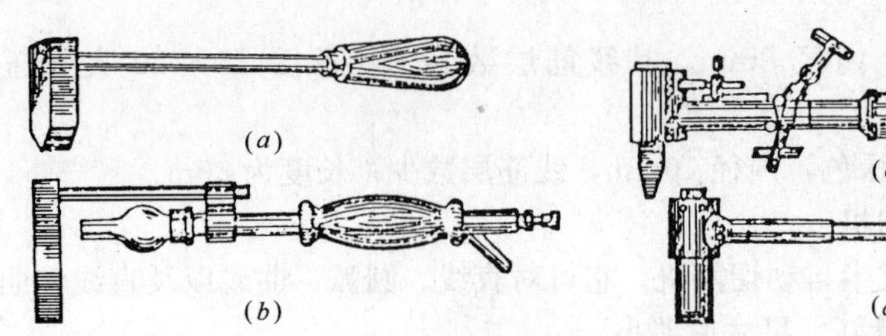

图 5-221　焊铁

(a)普通式；(b)煤气加热；(c)苯加热；(d)电热式

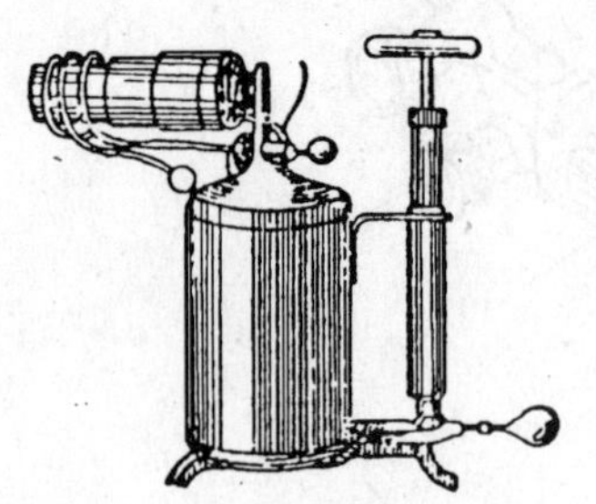

图 5-222　钎焊喷灯

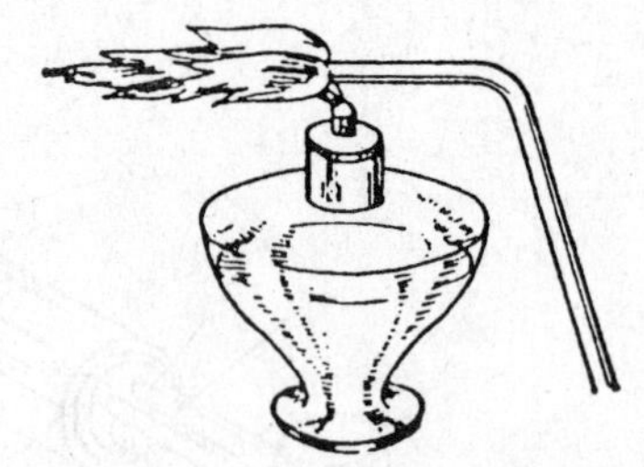

图 5-223　钎焊小管及酒精灯

八、液化石油气切割用设备及工具

1. 液化石油气的供气设备

液化石油气的供气设备包括气瓶、气化器、调节器等。

(1) 气瓶

按用户用量及使用方式，气瓶容量分为：15kg、20kg、30kg、40kg、50kg 等多种；一般民用气瓶大多为 15kg；工业上目前常采用 30kg 的。如果工厂用量较大，还可制造 1.5t、3.5t 等大型储气罐。

气瓶的制造材料可采用 16Mn 钢、甲类钢 A3 或 20 号优质碳素钢等。气瓶最大工作压力为 1.6MPa，水压试验为 3MPa。气瓶外表涂银灰色，并标明“液化石油气”字样。常用液化石油气瓶的规格见表 5-105。气瓶试验鉴定后，应于固定在瓶体上的金属牌注明：制造厂名、编号、质量、容量、制造日期、试验日期、工作压力、试验压力等，并标有制造厂检查部门的钢印。

常用液化石油气瓶规格　　**表 5-105**

类　别	容积(L)	外径(mm)	壁厚(mm)	全高(mm)	自重(kg)	材　质	耐压试验水压为(MPa)
12～12.5kg 用	29	325	2.5	—	11.5	16Mn	3
15kg 用	34	335	2.5	645	12.8	16Mn	3
20kg 用	47	380	3	650	20	A3	3
			2.5		25	16Mn	

(2) 气化器

所谓气化器，就是蛇管式或列管式换热器，其构造见图 5-224。管内通液化气，管外通 40～50℃的热水，以供给液化气蒸发所需要的热量。热水可由外部供给，也可以用本身的液化气燃烧来加热。加热水所消耗的燃料仅占整个气化量的 2.5%左右。通常，在下列情况下才要考虑使用气化器：1)用户用量较大；2)液化气中丁烷含量大，饱和蒸气压力低；3)冬季在室外作业。

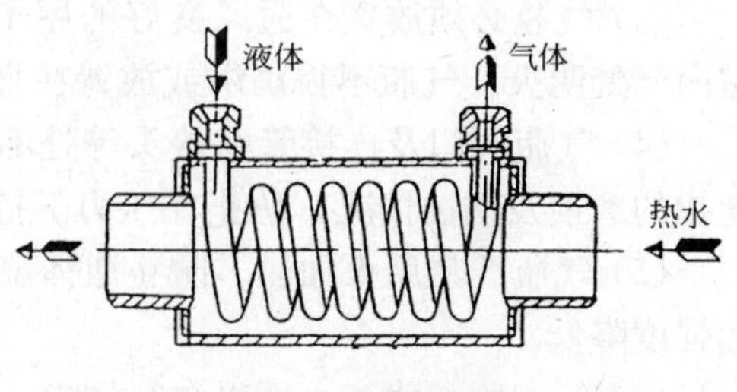

图 5-224 气化器

(3) 调压器

调压器的构造见图 5-225。其作用有两个：其一，是将气瓶内的压力降至工作时所需的压力；其二，是稳定输出的压力，保证供气量均匀。调压器的输出压力可在一定的范围内调节。一般民用的调压器可用于切割一般厚度的钢板，其输出压力在 2000～3000Pa。民用调压器只要更换一下弹簧，其输出压力就可提高至 25000Pa 左右。但在改制时必须保证安全阀弹簧处不漏气，具体的办法是拧紧安全阀弹簧。实践证明，用稍加改制后的民用调压器完全可以切割 200～300mm 的铸钢冒口。如果液化气的用量太大，则应使用新设计的大型调压器。如果用乙炔瓶灌装石油气，则可使用乙炔调压器。

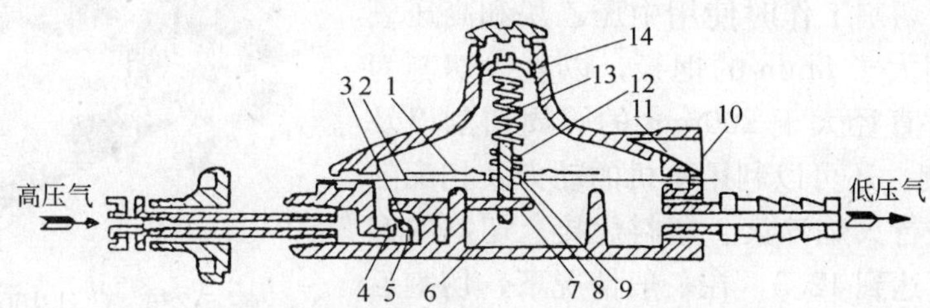

图 5-225 调压器的内部结构简图

1—压隔膜的金属片；2—橡胶隔膜；3—阀垫(橡胶)；4—喷嘴；5—支柱轴；6—滚柱；7—横阀杆；8—纵阀杆；9—安全阀座；10—网；11—安全孔；12—安全阀弹簧；13—调压弹簧；14—调整螺丝

2. 液化石油气割炬

由于液化气与乙炔的燃烧特性不同，因此，不能直接使用乙炔用射吸式割炬，需要进行改造，应配用液化石油气专用割嘴。

G01-100 型乙炔割炬改变的主要部位和尺寸如下：

喷嘴孔径：1mm；

射吸管直径：2.8mm；

燃料气接头孔径：1mm。

等压式割炬不改造也可使用，但要配用专用割嘴。

液化石油气割炬除可以自行改制外，某些焊割工具厂已开始生产专供液化气用的割炬，如 G07-100 型割炬，就是供液化石油气切割用的割炬。

由于丙烷和天然气与液化石油气的性质及特点很接近，因此，液化石油气割炬也可以用于丙烷切割和天然气切割。

3. 使用液化石油气瓶的安全事项

(1) 气瓶制造需按设计要求，使用过程中应定期作水压试验。

(2) 气瓶不能充满液体，必须留出 10%～15%的气化空间。

(3) 气瓶必须放置在通风良好的屋子里，防止气体漏出存于低洼处，遇火造成火灾。室内严禁明火，气瓶不得雨淋或放置在日光直射的地方。

(4) 气瓶阀门及连接管路接头等处不得漏气，经常注意检查。应特别注意丝堵、角阀丝扣的磨损及锈蚀情况，防止在压力下打出。

(5) 气瓶严禁用火加热。防止瓶体温度过高使瓶壁材料变质及内外表面受到腐蚀而引起强度降低。

(6) 气瓶所剩残液，不得自行倒出，因残液蒸发会造成事故。

(7) 用完后，关闭全部阀门，严防漏气。

(8) 如用旧的氧气瓶充液化气时，必须有明显标志，避免与氧气瓶混用，造成事故。

九、CG系列气割机

1. CG1-100气割机(见图5-226)

(1) 特点及用途

本机机身采用铝合金制成，具有重量轻、强度高、耐腐蚀，且结构紧凑、操作方便和使用安全等优点。本机进行切割工作时使用中压乙炔和高压氧气，能切割厚度大于8mm的钢板，以直线切割为主，同时也能对直径大于200mm的圆周切割以及斜面和V型切割。还可以利用本机的动力及相配的附加装置，可进行火焰淬火、塑料焊接。切割的钢板表面粗糙度可达到12.5，在一般情况下，切割后可以不再进行表面切削加工。本机适用于造船工业、桥梁及重型机械工业，也适用于其他大、中、小型工厂切割钢板之用。

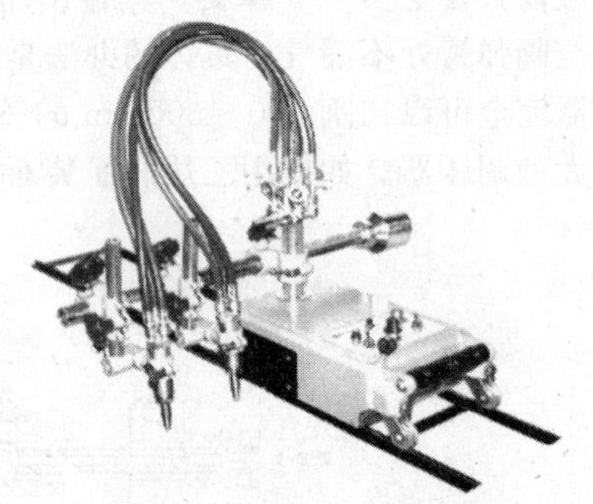

图5-226 CG1-100型气割机

(2) 主要技术参数(见表5-106)

主要技术参数 表5-106

型号 / 数据	CG1-100	型号 / 数据	CG1-100
输入电压(V)	AC220V/50Hz	切割圆周直径(mm)	200～2000
切割速度(mm/min)	50～750	总质量(kg)	34.6
切割钢板厚度(mm)	8～100	外形尺寸(mm)	470×230×240

2. CG2-150A气割机(见图5-227)

(1) 特点及用途

CG2-150A型仿形气割机是一种能按照模板形状自动切割出各种几何形状的自动仿形气割机，具有结构紧凑，操作方便，轻巧等特点。其气割表面质量好，切割精度高。对于同一形状的气割零件进行批量生产时，该机是一种十分理想的气割机。

1) 结构设计合理紧凑、气割范围大。

2) 气割运行速度可无级调速、运转均匀。

3) 机身采用优质铝合金材料铸造。

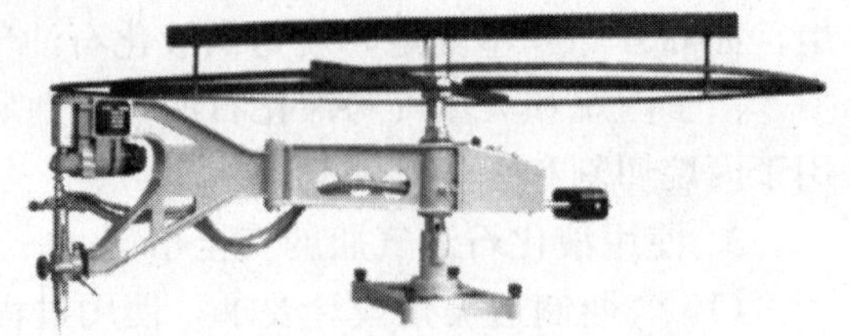

图5-227 CG2-150A型仿形气割机

4）适用于野外作业。

5）适用于造船、锅炉、冶金、金属结构等工厂。

（2）主要技术参数（见表 5-107）

主要技术参数 表 5-107

数据 \ 型号	CG2-150A	数据 \ 型号	CG2-150A
输入电压（V）	AC220V/50Hz	气割圆周最大直径（mm）	1800
气割最大长方形尺寸（mm）	1700×340 500×1650	气割钢板厚度（mm）	5～100
切割速度（mm/min）	50～750	总质量（kg）	55.5
气割最大正方形尺寸（mm）	1270×1270	外形尺寸（mm）	1490×335×800
气割直线长度（mm）	1650		

3．CG2-11G 气割机（见图 5-228）

（1）特点及用途

CG2-11G 型手摇式管道气割机是以管道切割为主的气割机。本机采用链节锁紧管道，无需电源，可灵活操作气割钢管。也可以在水平、垂直和仰面上进行气割，并可以气割 I、V、Y 形坡口。本机结构紧凑、运行平稳、操作方便，尤其适合用于圆周切割，广泛应用于石油、化工等管道工程钢管气割。

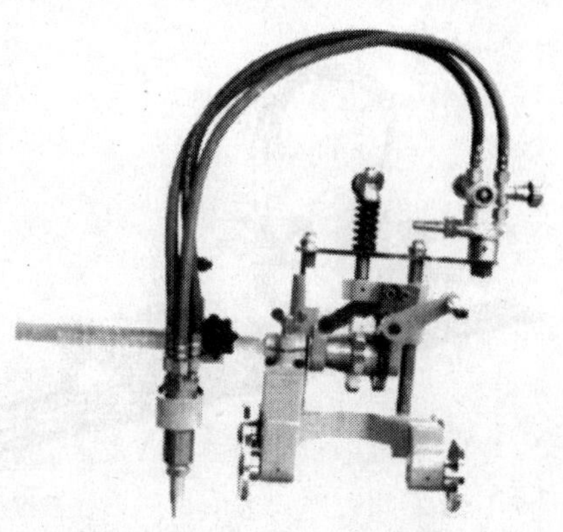

图 5-228 CG2-11G 手摇式管道气割机

1）本机采用铝合金材料制成，小巧轻便、便于携带。

2）根据管子直径，可随意增减链条节数。

3）特别适用于野外无电源作业。

4）适用于锅炉、石油、化工等工厂。

（2）主要技术参数（见表 5-108）

主要技术参数 表 5-108

数据 \ 型号	CG2-11G	数据 \ 型号	CG2-11G
切割速度	Manual	总质量（kg）	15
切割管壁厚度（mm）	5～50	外形尺寸（mm）	210×210×420
切割无缝钢管直径（mm）	150mm 以上		

4．CG1-30 气割机（见图 5-229）

（1）特点及用途

CG1-30 型气割机是以作直线切割为主的气割机，也能作大于 ϕ200mm 的圆周切割，并能切割 V 形、Y 形坡口。该气割机具有结构设计合理、性能可靠、操作方便及外观造型美观等特点，深受各客商的欢迎。

1）结构设计合理紧凑、轻便、便于携带。

2）调速系统采用可控硅控制。

3）外壳采用优质铝合金材料铸造。

4）适用于造船、石油、冶金、金属结构等工厂。

（2）主要技术参数（见表 5-109）

主要技术参数　　表 5-109

数据 \ 型号	CG1-30	数据 \ 型号	CG1-30
输入电压(V)	AC 220V/50Hz	切割钢板厚度(mm)	8～100
切割速度(mm/min)	50～750	总质量(kg)	28.5
切割圆周直径(mm)	200～2000	外形尺寸(mm)	470×230×240

5. CG2-150 气割机（见图 5-230）

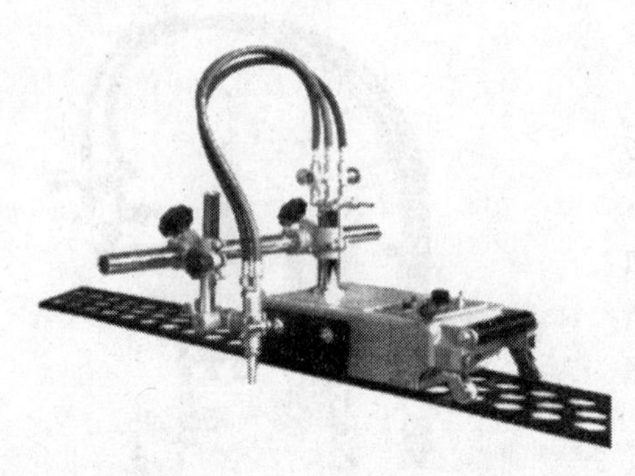

图 5-229　CG1-30 型气割机

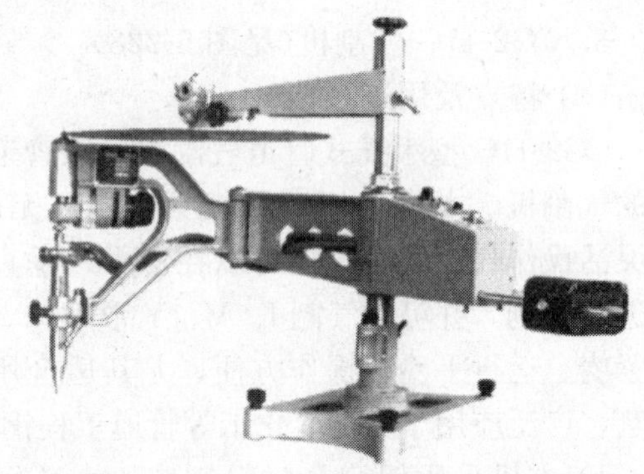

图 5-230　CG2-150 型仿形气割机

（1）特点及用途

CG2-150 型仿形气割机是一种能按照模板形状自动切割出各种几何形状的自动仿形气割机，具有结构紧凑，操作方便，轻巧等特点。其气割表面质量好，切割精度高。对于同一形状的气割零件进行批量生产时，该机是一种十分理想的气割机。

1）结构设计合理紧凑、气割范围大。

2）气割运行速度可无级调速、运转均匀。

3）机身采用优质铝合金材料铸造。

4）适用于野外作业。

5）适用于造船、锅炉、冶金、金属结构等工厂。

（2）主要技术参数（见表 5-110）

主要技术参数　　表 5-110

数据 \ 型号	CG2-150	数据 \ 型号	CG2-150
输入电压(V)	AC 220V/50Hz	气割圆周最大直径(mm)	600
气割最大长方形尺寸(mm)	400×900 450×750	切割钢板厚度(mm)	5～100
切割速度(mm/min)	50～750	总质量(kg)	40
气割最大正方形尺寸(mm)	500×500	外形尺寸(mm)	1190×335×800
气割直线长度(mm)	1200		

6. CG2-11 气割机(见图 5-231)

(1) 特点及用途

CG2-11 型磁力管道气割机是以管道切割为主的气割机。本机依靠自身的二组(四个)磁性滚轮，使其机身能吸附在管道上自动环绕爬行气割钢管。也可以在水平、垂直和仰面上进行气割，并可以气割 I、V、Y 形坡口。

本机结构紧凑、运行平稳、操作方便，尤其适合用于圆周切割，广泛应用于石油、化工等管道工程钢管气割。

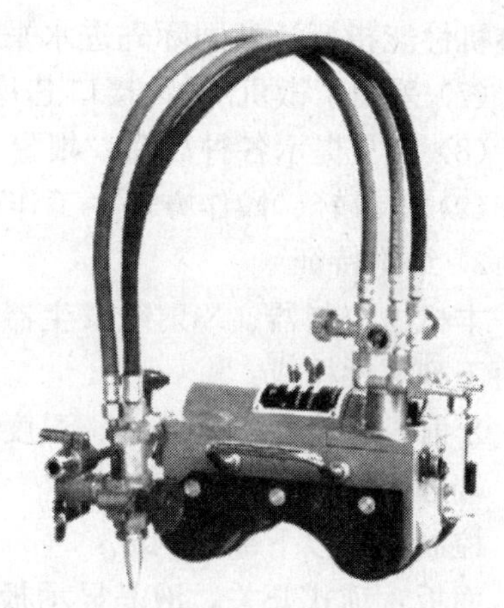

图 5-231　CG2-11 磁力管道气割机

1) 结构设计紧凑、小巧轻便、便于携带。

2) 小车运行速度可无级调速。

3) 外壳采用优质铝合金材料铸造。

4) 使用方便，可减轻劳动强度，提高工效。

(2) 主要技术参数(见表 5-111)

主要技术参数　**表 5-111**

数据＼型号	CG2-11	数据＼型号	CG2-11
输入电压(V)	AC 220V/50Hz	切割无缝钢管直径(mm)	108mm 以上
磁性吸附力(kg)	50kg 以上	总质量(kg)	23.6
切割速度(mm/min)	50～750	外形尺寸(mm)	350×240×220
切割管壁厚度(mm)	5～50		

第四节　焊缝检验用机具

焊缝射线照相是检验焊缝内部缺陷准确而又可靠的方法之一，它可从非破坏性的显示出缺陷在焊缝内部的形状、位置和大小，射线照相有 X 射线和 γ 射线两种方法。下面主要介绍 X 射线用探伤设备。

一、BWC-3E 智能型探伤机

由北京华德威电子仪器公司生产的 BWC-3E 智能型探伤机，X 射线发生器用气体绝缘，强制风冷，阳极接地，操纵台采用可控硅调压、微机控制、大屏幕液晶汉字显示等一系列高科技技术，自动化程度高。

1. 特点

(1) 采用微机控制自动化程度高，具有高的可靠性。

(2) 控制参数调整及曝光过程全部由大屏幕液晶板用中文显示。

(3) 可根据停机时间自动进行训机，分为日训机、周训机及周以上训机。

(4) 曝光时间与休息时间之比严格按 1∶1，程序由微机自动切换。

(5) 结构紧凑、性能可靠。使用环境温度范围－10～40℃。

(6) 该机取消了传统的继电器体系代之以微机控制的无触点开关大大提高了可靠性，使整机性能指标达到国际先进水平。

(7) 采用了微机/时钟接口芯片，计时准确。

(8) 中文提示各种故障，报警。

(9) 重量轻、操作方便、工作稳定可靠，特别适用于野外作业。

2. 结构特征

本机由控制器、X射线发生器及电源电缆、控制电缆、附件等组成。X射线发生器主要由下列零件构成：

X射线管、高压变压器、温度继电器、气压表、控制电缆插座、报警灯插座、冷却风扇、端环等。

控制器由以下部分构成：

面板：锁式开关、液晶显示板、曝光指示灯、触摸键盘单元(见图5-232)。

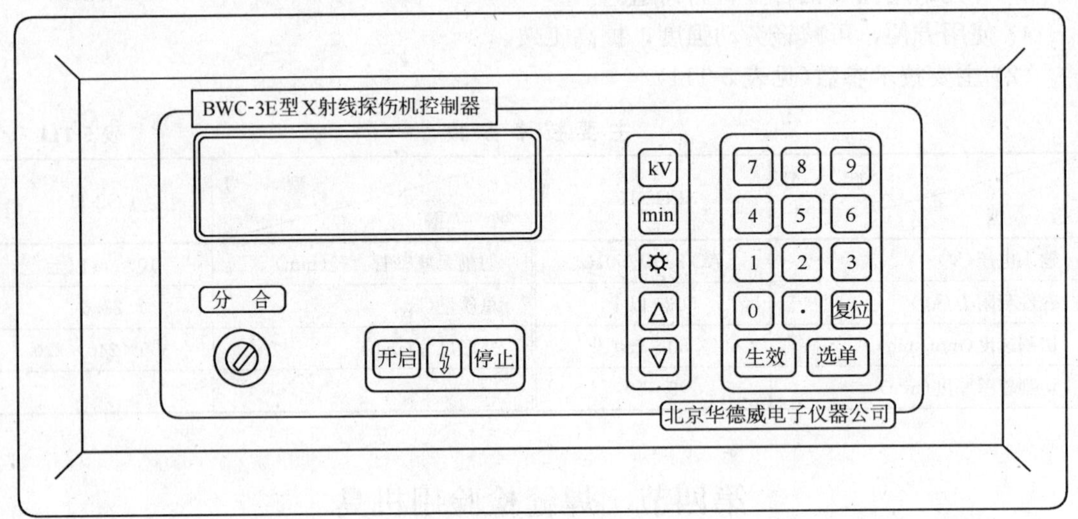

图5-232　面板结构图

侧面板：电源电缆插座、控制电缆插座接地端子、电源开关、保险丝座。

内部：电源电路、整流电路、滤波电路、逆变电路、控制电路及其他电路。

3. 工作原理

该机控制器采用微机控制、自动化程度较高。面板上的大屏幕液晶显示器(240×64)显示工作过程的各种信息，这些信息全部由16点阵的中文字组成，美观大方。可直观地了解机器的运行状态。交流电源经可控硅单相桥式整流、LC滤波获得平滑稳定的直流，再经可控硅变频回路斩成频率可变的单向方脉冲，送给高压脉冲变压器作为X射线发生器的电源。微机随时监视X射线管的管电流，并调整可控硅逆变器输出的脉冲频率，从而使管电流不随电源电压的升降而变化使管电流始终稳定在5mA。为保证不同厚度材料的摄片要求，可通过面板上的键盘设置相应的高压。高压值由130～200，150～250，170～300kV连续可调(调节步距1kV)。曝光时间亦可通过键盘预置，见表5-112。

X射线发生器系完全防电击式。X射线管阳级接地并设有温度保护装置。一旦出现过温现象能自动切断高压。本机还具有电源电压的欠压、过压保护，高压的过压保护及管电流的欠 mA、过 mA 保护等项功能。如出现上述故障，均在液晶显示板上显示相应信息，并切断有关电路，以确保机器安全。本机有记忆装置，具有自动训机功能，开机后微机根据停用时间决定是否训机。并根据停机时间长短选择相应训机程序自动训机。训机程序结束之前不能进行曝光操作。

强制休息功能可确保曝光时间与休息时间之比为 1∶1，从而有效地延长机器使用寿命。(见图 5-233、电气原理简图)

曝光曲线表　　**表 5-112**

序号	曝光曲线表
1	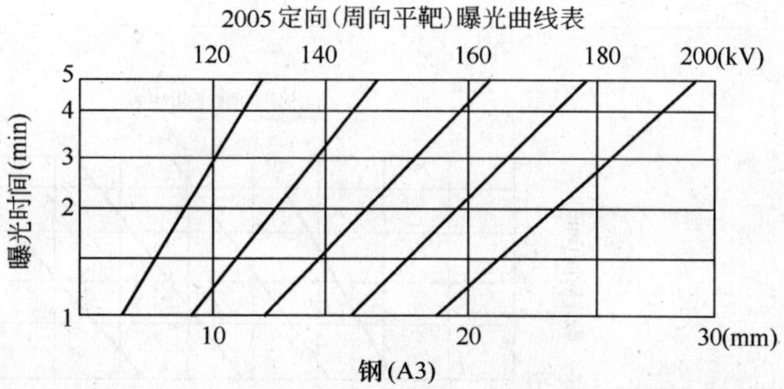 2005 定向(周向平靶)曝光曲线表 纵轴：曝光时间(min) 1、2、3、4、5；横轴：钢(A3) 10、20、30(mm)；曲线：120、140、160、180、200(kV)
2	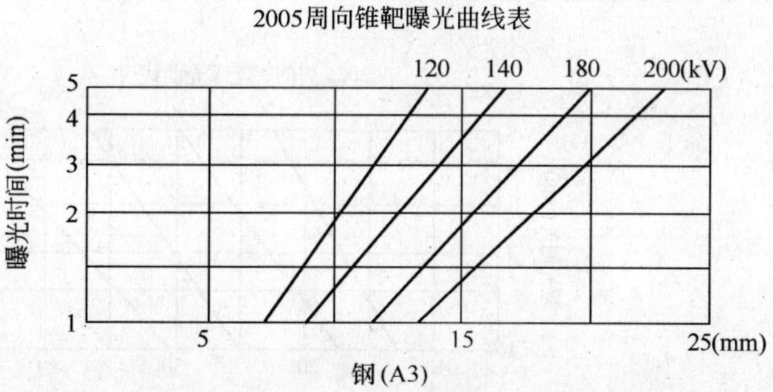 2005周向锥靶曝光曲线表 纵轴：曝光时间(min) 1、2、3、4、5；横轴：钢(A3) 5、15、25(mm)；曲线：120、140、180、200(kV)
3	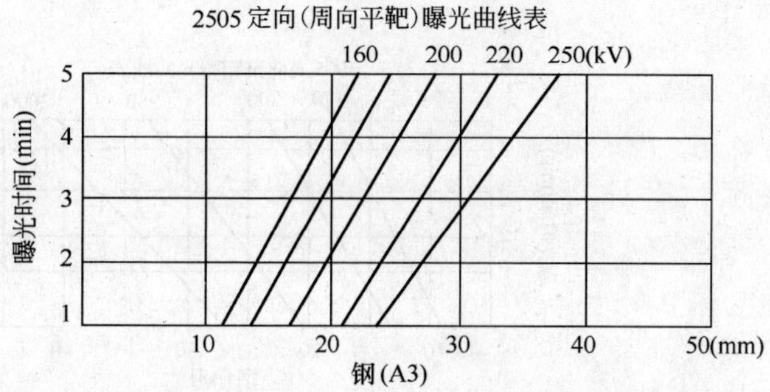 2505 定向(周向平靶)曝光曲线表 纵轴：曝光时间(min) 1、2、3、4、5；横轴：钢(A3) 10、20、30、40、50(mm)；曲线：160、200、220、250(kV)

续表

序 号
曝 光 曲 线 表
4
2505 周向锥靶曝光曲线表
120 160 200 220 250 (kV)
曝光时间(min)
5
4
3
2
1
10 20 30 40 (mm)
钢(A3)
5
3005定向曝光曲线表
170 200 250 300(kV)
曝光时间(min)
5
4
3
2
1
10 20 30 40 50(mm)
钢(A3)
6
3005 周向平靶曝光曲线表
170 200 250 300(kV)
曝光时间(min)
5
4
3
2
1
10 20 30 40 50(mm)
钢(A3)
7
3005周向锥靶曝光曲线表
170 200 250 300(kV)
曝光时间(min)
5
4
3
2
1
10 20 30 40 50(mm)
钢(A3)

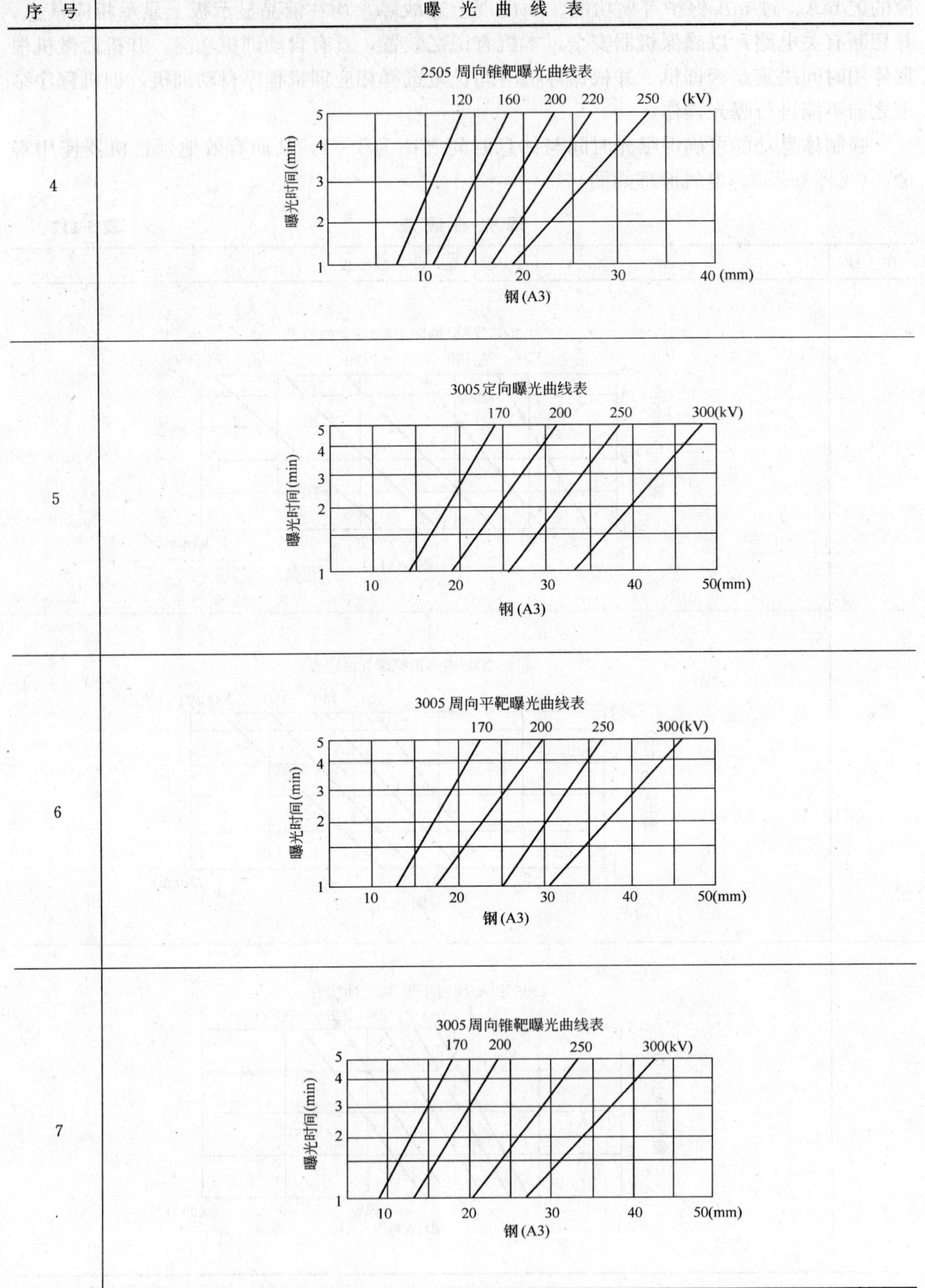

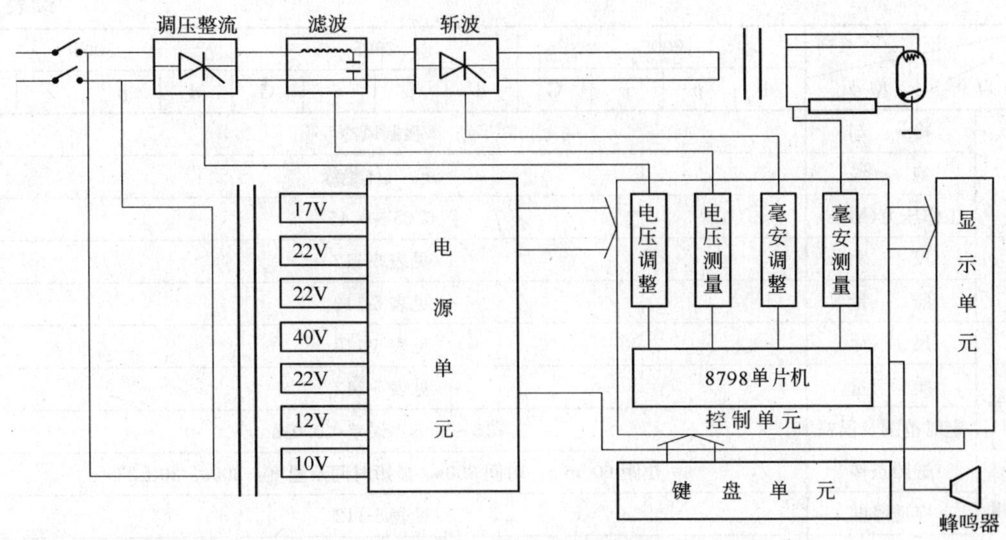

图 5-233 电气原理简图

4. 使用方法

(1) 面板结构(见图 5-232)

(2) 探伤机安装

1) 拆箱后按装箱单清点验收，检查各部分有无损坏、漏装、错装现象。

2) 将操纵台放在平坦的地方，橡胶提手斜支在机箱下面应防止工作时振动，面板向前，切断电源开关，接好电源电缆，电源应符合规定。

3) 将接地线一端接到控制器接地端子上，另一端接到比较潮湿的地方或专用接地线上。

4) 用控制电缆将控制器和 X 射线发生器连接起来，并保证接触良好。

5) 如需要可将报警灯接到 X 射线发生器上，以显示 X 射线发生。

6) 使用该机应有 X 射线防护装置，如在现场使用，可用 2mm 的铅板防护，无条件时以 X 射线发生器焦点为中心，半径 20m 内不得有人，方可照射。

7) 上述步骤完成后，要认真检查 X 射线发生器的电压表，是否符合表 5-113 中的规定，若不符合，严禁开机，以防损坏 X 射线发生器。

技 术 参 数 表 **表 5-113**

项目	系列	2005				2505				3005			
	型号	d	p	z	G	d	p	z	G	d	p	z	G
输入	电源	单相，50Hz、220V±10%，用户需要可提供±20%											
	容量	≮2.5kVA											
输出	管电压 kVp	130～200				150～250				170～300			
	管电流 mA	5				5				5			
X射线管	焦点(mm^2)	1.5×1.5	1.0×3.5	1.5×3.5	2.0×2.0	2.0×2.0	2.4×2.4	1.5×3.5	2.5×2.5	2.5×2.5	3.5×3.5	1.5×4.5	2.5×2.5
	辐射角(度)	40°	25°	24°	38°	40°	25°	24°	38°	40°	25°	24°	38°
	靶面角度(度)	22°	0°/360°	20°/360°	—	22°	0°/360°	15°×360°	—	22°	0°/360°	20°/360°	—

续表

项目 \ 系列/型号		2005 d	2005 p	2005 z	2005 G	2505 d	2505 p	2505 z	2505 G	3005 d	3005 p	3005 z	3005 G
X射线发生器	冷却	强制风冷											
	绝缘	SF_6 气体绝缘											
	工作压力(MPa)	0.35～0.45											
	尺寸	见表 5-112											
	质量	见表 5-112											
X射线控制器	尺寸	见表 5-112											
	质量	见表 5-112											
	定时范围及误差	10～300s 误差<0.01s											
最大穿透厚度	透照条件	焦距 600mm，时间 300s，显影时间及温度：300s、20±2℃											
	穿透厚度	见表 5-112											
工作环境	温度(℃)	−10℃～40℃											
	湿度(RH)	≯80%											
	海拔	≯1000m											
工作方式	间歇式	工作时间：休息时间=1：1											

注：焦点尺寸、靶面角度各生产 X 射线管厂家尺寸不完全一样，表中所列数据仅供参考。

(3) 开启电源(以 3005 为例)

开启控制器右侧面板电源开关，可听到控制器内风扇转动声，液晶板同时显示如下信息：

〈BWC-3E 型 X 射线探伤机工作于 3005 状态，现在准备阶段，请等候 30s〉

说明：其显示的等候时间随即按秒间隔递减 29s，28s……当液晶板的等候时间减到 00s 时，即开启电源到目前延迟了 30s，此时蜂鸣器长鸣 3s，同时液晶板更换下一屏幕信息，新的信息分两种情况表示：

1) 机器停用时间<8h 则显示：

〈准备完毕，现在可以使用〉

然后进行下面工作：

设置曝光参数

启动高压进行曝光

查看管头使用时间

查看所设置的曝光参数

2) 机器停用时间>8h 时则需训机，在进入自动训机之前，显示：

〈请输入最高工作 kV 值：×××〉

(4) 训机

其中×××为上次使用的最高 kV，也是本次训机 kV 终值(即本次使用的最高 kV 值)的默认值。如操作者按生效键，则接收此值；若输入数字，则接收新值。如训机后，操作者欲使用大于本次训机终值的 kV 值，则进入继续训机状态，显示：

〈当前 kV 值 YYY 超过训机终值×××
需继续训机
按下开启键开始训机〉

训机后处理同一般训机。

如训机终值取范围内最高值，则训机程序如下：

训机类型	停机时间	训机时间	时间分配
日　训	8h<停机时间≤24h	10min	5+⑤
周　训	24h<停机时间≤168h	20min	5+⑤+5+⑤
周以上训	168h<停机时间	30min	5+⑤+5+⑤+5+⑤

注：1. 在时间分配上，⑤为训机休息时间，5 为训机升压时间；
　　2. “继续训机”按“周以上训”曲线升压。

训机时先显示如下信息：

〈现在训机
时间终值××分　现值 00 分 00
kV 终值 300　现值 170kV
请等候〉

在训机整个过程，时间现值均按秒递增，kV 增值根据训机时间及不同设备类型(2005 2505 3005)按一定算法增加。当到达一定现值电压值时，训机过程自动进入休息阶段，显示如下：

〈现在训机间歇
时间终值××分　现值××分
kV 终值 300　现值 200kV
请等候〉

此时时间现值是训机总时间并按秒钟间隔递增，而 kV 现值保持休息前的数值，到达休息间隔值后，显示又返回训机状态，即时间现值递增，kV 现值相应升高。这样往返：训机→休息→训机→休息……一直达到要求的训机时间及相应高压值，训机结束，蜂鸣器长鸣 3s，液晶板显示如下：

〈训机结束，可以使用〉

说明：1. 在训机过程中，由于射线管加有高压，人员要远离管头。

2. 曝光指示灯，在训机过程中，在升高压阶段闪烁，而在休息阶段关断。

3. 在训机期间最好不要进行人为中断，否则还要从头训起。

(5) 参数设定

当液晶显示“准备完毕，现在可以使用”或“训机结束，可以使用”之后，对仪器的操作进入了参数设定阶段。若上次关机前的参数仍有效，即可跳过此步骤而进入曝光阶段。同时在此应查一下机器的参数以决定是否修改参数。方法是按面板“选单”键，液晶显示：

〈管头已使用
000×小时××分〉

此信息即本控制器所存贮的X射线管累计曝光时间，然后按面板“复位”键，液晶显示：

〈现在参数选择完毕，当前参数为：
kV 170
时间　××分　××秒〉

若核实后不需修改，可“开启”高压曝光，若需要修改某项参数，可进行参数设定选择。

1）液晶板背光亮度设定

先按面板¤键，液晶板显示：

〈请预置亮度　　3〉

其中数字3是液晶板现在的背光源亮度。液晶板亮度分为6级：0～5、0为最暗，5为最亮。

此时若按面板“∨”键，则亮度提高，数字到5为止

按面板“∧”键，则亮度变暗，数字到0为止

若亮度设置完毕，则按面板“生效”键，即显示“参数设置完毕”字样

2）高压设置

按面板“KV”键，则面板显示：

〈请预置　KV
170kV〉

此时的千伏值为上次曝光时设定的值或机器在出厂时所设定的值，预定的值因发生器型号而异，其数值如下：

2005　130kV

2505　150kV

3005　170kV

若要修改，则按面板上的数字键，预置顺序为先确定百位，再确定十位，最后确定个位。当个位设定完毕，液晶板即显示“参数设置完毕”字样。注意，对于不同的管头，千伏值设定有不同的范围：

2005　130～200kV

2505　150～250kV

3005　170～300kV

若设置超过限定值则显示：

〈参数超过范围
允许范围　170～300kV
　　　　　10s～5min〉

(以上为 3005 型发生器参数)

此时需要按“kV”键重新设置，kV 参数在所要求范围内则显示“参数设置完毕”字样。

3) 时间设置

按面板“min”键显示

〈请预置时间
0min　30s〉

此时所显示的时间为机器上次所设定的值。若需对其进行修改，则按面板数字键，预制的顺序为先确定分再确定秒，其范围为(10s～5min)，若所设置值超过范围则显示：

〈参数超过范围
允许范围　170～300kV
10s～5min〉

此时要按“min”键重新设置。

说明：当亮度设置定成后，要按面板“生效”键才算完成亮度设置任务。而 kV 及时间设置当所要设置的数字位输齐后即完成相应设置任务。不用按“生效”键，但数字位若没输齐或不修改原值时也可按“生效”键退出设置状态。

(6) 高压启动

当参数设置完成后按“开启”键，高压指示灯闪烁，即进入曝光阶段，液晶板显示如下信息：

〈正在曝光
KV　290
预置时间　2min 10s
还需　×分××秒〉

曝光开始瞬间“还需”时间与“预置时间”相等。随即进行按秒间隔对“还需时间”递减，当“还需”时间减为 00min 00s 时曝光即结束。蜂鸣器长鸣 5s 后，高压指示灯熄灭，液晶板显示：

〈曝光结束
KV　×××
预置时间　×分×秒
请等候　×分×秒〉

现在即进入了休息状态，初始时“请等候”时间与“预置时间”相等，随即“请等候”时间按秒进行递减，当减至 00min 00s 时蜂鸣器长鸣 5s，休息结束。液晶板显示：

〈曝光结束
KV　×××
预置时间　×分××秒〉

至此，又可进行下一次曝光操作。

(7) 故障及保护

为保证安全运行，本仪器设置了各种故障检测、报警、显示的功能。细分如下 7 种：

1）电源电压异常；

2）发生器超温；

3）过 mA 保护；

4）失 mA 保护；

5）超 kV 保护；

6）欠 kV 保护；

7）曝光异常结束。

其中“电源电压异常”为对控制器保护。其他 6 种为对发生器保护，对发生器的保护只能发生在训机及高压曝光过程，而对控制器电源电压异常可发生在开机的任何时刻，无论何种保护发生均停止正在进行的操作，同时蜂鸣器长鸣一定时间，故障确信排除后，才能进行下一步操作。（按“任意”键中断原操作，按“开启”键仪器继续进行刚才的操作）

如若出现管头超温、过 mA、失 mA、超 kV 保护，均是管头部分出现故障应停机后检修，不要盲目按“开启”键而使故障进一步扩大。

各种故障发生及恢复时显示如下：

1）电源电压异常，蜂鸣器间隔鸣响，液晶板显示：

〈电源电压异常
正常范围：150V～260V
当前电压低于 150V(或高于 260V)〉

注：当电源电压降至 180V 以下时，机器若工作于高 kV，其透照厚度有所降低。电压恢复后，蜂鸣器停响，液晶板显示：

〈现在电源电压恢复正常，可以使用〉

2）管头超温，蜂鸣器长鸣 20s 并显示：

〈现在管头超温，不能继续曝光降温
期间请保持风扇转动，以迅速降低
管温度〉

此时若管头仍超温，蜂鸣器间歇鸣叫直至管温恢复正常，并显示：

〈现在管头温度恢复正常，可以使用〉

3）过 mA 保护蜂鸣器长鸣 20s 显示：

〈现在是过 mA 保护〉

4）失 mA 保护蜂鸣器长鸣 20s 显示：

〈现在是失 mA 保护〉

5）超 kV 保护蜂鸣器长鸣 20s 显示：

〈现在是超 kV 保护〉

6）欠 kV 保护蜂鸣器响 20s 显示：

〈现在是欠 kV 保护〉

7）曝光异常结束

在曝光时出现故障保护，若故障排除后，若按面板上任意键(除“开启”键)仪器进入曝光异常结束处理。蜂鸣器长鸣 5s 并显示：

曝光异常结束
kV ×××
预置时间 2min 10s
请等候 ×min××s

开始瞬间，“预置”时间与“请等候”时间相等，随即“请等候”时间进行按秒间隔递减操作，当“请等候”时间等于 00min 00s 时，蜂鸣器长鸣 5s 并显示：

曝光异常结束
kV 300
预置时间 ×分××秒

等候进行下一次曝光或参数设置操作。

说明：曝光异常结束后，即使曝光时间很短，仍与正常结束后一样，要休息与预置时间相等的间隔。

(8) 故障现象举例(见表 5-114)

故障现象举例 **表 5-114**

故障现象	产生原因	排除方法
按下“开启键”： 1. 高压灯闪亮，屏幕显示消失，键盘失灵 2. 屏幕全黑，功率开关跳闸 3. 送不上高压	1. 射线管放电干扰微机系统 2. 零电位与地电位之间绝缘不好	1. 注意训机 2. 分别测量变压器，电源噪声滤波器，散热器，各大功率元件的对地电阻
显示屏上出现主回路异常，请马上关机	1. 电源可控硅模块击穿 2. kV 取样，比较放大部份故障 3. 正开动高压时，切断电源，断开负载，造成电容两端电压过高	1. 更换 | u_1 或 | T_2、| T_1 2. 断开电压，过 30s 后，再接通电源
机器运行中，时钟突然停止计时(停止在某一个计时状态)，重新启动时，机器停止在等待状态	时钟板坏	1. 更换 146898，接口板 8155 2. 印刷线路板插件接口不良

5. 工业探伤机外形尺寸、重量、穿透厚度(第三代见表 5-115)

工业探伤机外形尺寸、重量、穿透厚度表(第三代) **表 5-115**

控制器				高压发生器					端环与焦点之距
型号	规格	质量 (kg)	体积 (mm^3)	型号	规格	质量 (kg)	体积 (mm^3)	最大穿透厚度 (mm)	< (mm)
BWC-1	2005	16	400×190×330	BWG-1 简称 B 型机	2005d	20	Ø250×558	30	
					2005P	19	Ø250×558	25	160
					2005Z	19	Ø250×558	23	160

续表

控制器				高压发生器					端环与焦点之距
型　号	规格	质量（kg）	体　积（mm^3）	型　号	规格	质量（kg）	体　积（mm^3）	最大穿透厚度（mm）	＜（mm）
BWC-2 超轻型	2005	8	375×190×315	BWG-2 简称 A 型机	2005d	19	∅250×558	30	
					2005P	18	∅250×558	25	160
					2005Z	18	∅250×558	23	160
BWC-3	2005	14.5	375×190×315	BWG-2 简称 A 型机	2005d	19	∅250×558	30	
					2005P	18	∅250×558	25	160
					2005Z	18	∅250×558	23	160
BWC-1	2505	16	400×190×330	BWG-1 简称 B 型机	2505d	29	∅310×703	40	
					2505P	28	∅310×703	38	190
					2505Z	28	∅310×703	33	190
					2505G	31	∅310×660	40	
BWC-2 超轻型	2505	8	375×190×315	BWG-2 简称 A 型机	2505d	27	∅286×695	40	
					2505P	26	∅286×695	38	190
					2505Z	26	∅286×695	33	190
					2505G	31	∅310×660	40	
BWC-3	2505	14.5	375×190×315	BWG-2 简称 A 型机	2505d	27	∅286×695	40	
					2505P	26	∅286×695	38	190
					2505Z	26	∅286×695	33	190
					2505G	31	∅310×660	40	
BWC-1	3005	16	400×190×330	BWG-1 简称 B 型机	3005d	35	∅340×748	50	
					3005P	34	∅340×748	46	240
					3005Z	34	∅340×748	40	240
					3005G	34	∅310×710	50	
BWC-2 超轻型	3005	8	375×190×315	BWG-2 简称 A 型机	3005d	34	∅310×746	50	
					3005P	33	∅310×746	46	240
					3005Z	33	∅310×746	40	240
					3005G	34	∅310×710	50	
BWC-3	3005	14.5	375×190×315	BWG-2 简称 A 型机	3005d	34	∅310×746	50	
					3005P	33	∅310×746	46	240
					3005Z	33	∅310×746	40	240
					3005G	34	∅310×710	50	
BWC-3	3005	14.5	375×190×315	BWG-3 CXX	3005d	32	∅310×685	50	
					3005P	31	∅310×685	46	190
					3005Z	31	∅310×685	40	190

二、TUD 系列超声探伤仪

本仪器是一种便携式工业无损探伤仪器，见图 5-234。它能快速敏捷、无损伤、精确地进行工件内部多种缺陷(裂纹、夹渣、气孔等)的检测、定位和诊断。既可以用于试验室，也可用于工程现场。本仪器能广泛的应用在制造业、冶金工业、金属加工业、石化工业等需要缺陷检测和质量控制的领域，也广泛应用于航空航天、铁路交通、锅炉压力容器等的安全检测。它是无损检测的必备仪器。

技术性能及参数：

(1) 扫描范围(mm)：2.5～9999(钢中纵波)。

(2) 调节步距：5、10、25、50、100、250、500、1000、5000。

(3) 分辨率：0.1mm(5～100mm)；1mm(100～1000)；10mm(1000～5000mm)。

(4) 声速调节(m/s)：1000～9999 分辨率：1 带 5 个固定声速存储。

(5) 发射重复频率(Hz)：4～40(1.0m 以上)分 10 档；104(1.0m 以下)。

(6) 工作方式：单探头(收、发)，双探头(一收一发)。

图 5-234　TUD 系列超声波探伤仪

(7) 频率范围(MHz)：窄带 0.1～1、0.5～4、2～10 三档。

(8) 打印驱动。

三、2300 泛美便携超声波探伤仪

2300 泛美公司生产的超小型全数字化超声波探伤仪，见图 5-235。它具有易操作、高质量、高度可靠及良好性能等特点。具有许多杰出的测试与度量功能，价格与同类产品比较便宜。当使用腰带电池包时，质量仅为 1.2kg，可用于任何条件差的场地。

全数字化，配备内部数据记录器。大尺寸，高亮度，高分辨率电子荧光显示快三键控制所有重要的测试功能。并具有先进的自我校准电路和计算机软件。

技术性能数据：

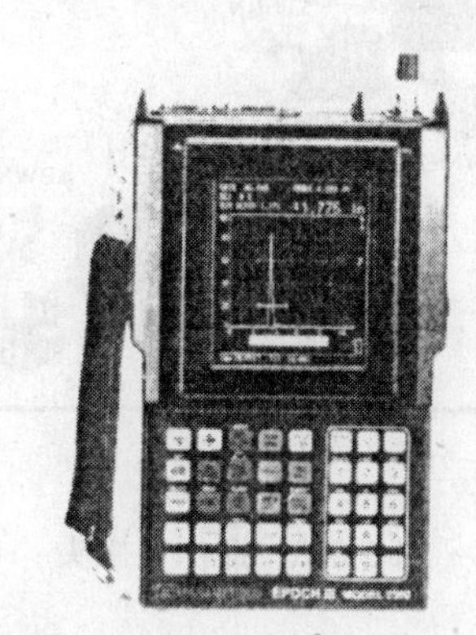

图 5-235　2300 泛美便携超声波探伤仪

(1) 测量范围：1～10000mm。

(2) 灵敏度：最大 100dB。

(3) 零位偏移：0～350μs。

(4) 控制绝对线性范围：0～80%。

(5) 存储：130A 扫描和 3000 个厚度测量值。

(6) RS232 通讯接口可与计算机和打印机连接。

(7) 软件功能：可自动建立 DAC 曲线、TVG 曲线、B 扫测试。

(8) 显示屏：电子荧光显示屏 25×8×20，屏幕分割可同步显示。

(9) 探头的性能参数见表 5-116 及图 5-236。

四、万能量规

万能量规用于焊缝测量，其用法见图 5-237。

探头性能参数　　表 5-116

探头型号	频　率	照片尺寸	型号及角度	名　称
A543S-SM	5.0MHz	6mm	ABWM-4T-30°/45°/60°/70°	斜探头芯
A541S-SM	5.0MHz	13mm	ABWM-5T-30°/45°/60°/70°	斜探头芯
A535S-RM	5.0MHz	6mm	ABWM-4-30°/45°/60°/70°	斜探头芯
A536S-RM	5.0MHz	13mm	ABWM-5-30°/45°/60°/70°	斜探头芯
A549S-SM	2.25MHz	10mm	ABWM-7T-30°/45°/60°/70°	斜探头芯
A109S-RM	5.0MHz	13mm		直探头
A106S-RM	2.25MHz	13mm		直探头

图 5-236　探伤仪探头

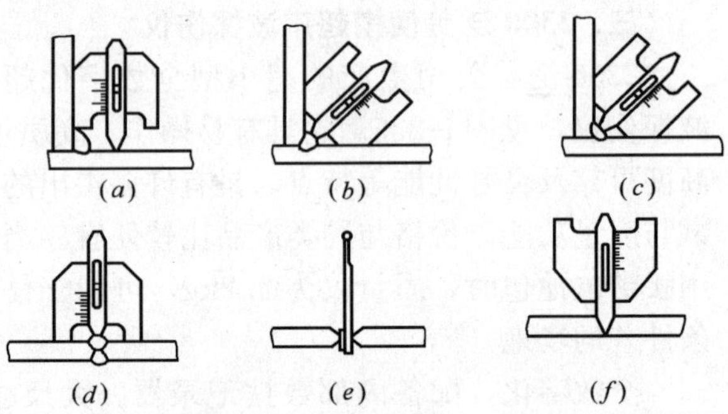

图 5-237　万能量规及其用法

(a)测量焊脚；(b)解焊缝凸度的测量；(c)角焊缝凹度的测量；(d)测量对接焊缝的余高；(e)坡口间隙的测量；(f)坡口角度的测量

该尺选用优质钢材，精密加工制成，具有结构合理，小巧、功能齐全、使用方便等特点。

该检查尺由主尺、测角尺、游标尺及活动尺组成。主要用途：既可作一般钢尺使用，又可用于测量型钢、板材及管道错位，坡口角度，间隙尺寸，对接组焊缝 X 型坡口咬肉深度等。

主要技术参数见表 5-117。

主要技术参数　　表5-117

测量名称	测量范围	读数值	示值误差
作钢尺用	0～40mm	1mm	±0.10mm
错位	<20mm	1mm	±0.20mm
	<30mm	0.05mm	±0.01mm
坡口角度	<150°	5°	±30°
间隙尺寸	1～5mm	1mm	±0.20mm
对接组焊缝X型坡口角度	60°；75°	30°；90°	30°
焊缝高度	<20mm	1mm	±0.20mm
焊缝宽度	<45mm	1mm	±0.20mm
角焊缝厚度	1～20mm	1mm	±0.20mm
焊缝咬肉深度	<30mm	0.05mm	±0.10mm

第六章　筑炉工常用机具

第一节　筑 炉 用 机 械

一、切砖机

它是用来切割耐火砖的一种施工机具。由于切割耐火砖实现了机械化，因而大大提高了工作效率，同时也保证了耐火砖的砌筑质量。

切砖机按照使用砂轮片类型不同，可分为碳化硅砂轮片切砖机（主要用来切割一般耐火砖）和金刚石刀片切砖机（主要用来切割刚玉砖等）。

1. 切砖机的构造

切砖机是由电动机 1、机架 2、砂轮片升降机构 3、砂轮片 4、支架 5、水箱 6、冷却水管 7 等组成，见图 6-1。

2. 切砖机主要技术参数

它的主要技术参数见表 6-1。

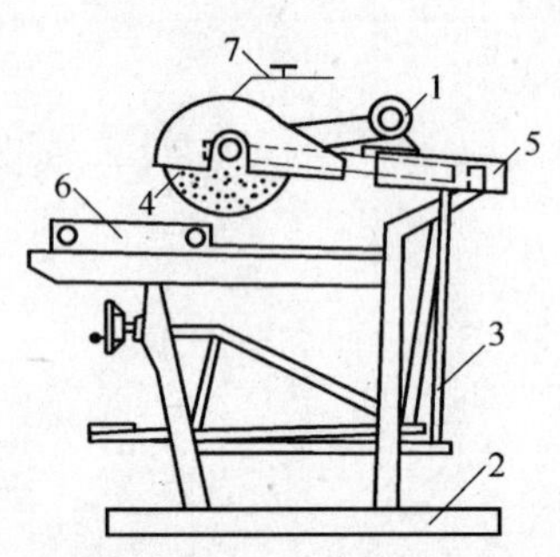

图 6-1　切砖机
1—电动机；2—机架；
3—砂轮片升降机构；4—砂轮片；
5—支架；6—水箱；7—冷却水管

切砖机的技术参数　　表 6-1

主要技术规范	数　据
砂轮规格（mm）	ϕ550×4
小车行程（mm）	600
主轴转数（r/min）	2900
电机功率（kW）	3.8
外形尺寸（mm）	1100×550×1450

3. 操作要点和使用要求

(1) 切砖机使用前，应对各部位进行检查，特别是观察砂轮片有无裂缝和损伤。空转正常后，方可进行加工作业。

(2) 使用碳化硅砂轮片的切砖机，应配有除尘防护设施，使用金刚石砂轮片的切砖机，要有循环水冷却系统。

(3) 砂轮片固定要牢固，不得松动，并配有防护罩和保险装置。

(4) 要加工的耐火砖先划好标志，对大批量的耐火砖，可用标准样板划线，以确保砖加工尺寸的准确性。

(5) 切砖机操作时，应将被加工砖固定好，切砖时，操作人员要站在右边。旋转手轮和脚踩踏板的动作要协调，砖前进和砂轮片下切两者速度不宜过快。

(6) 严禁用手触摸耐火砖进行加工，操作中还要配戴必要的保护用具。

二、磨砖机

磨砖机也是耐火砖加工的一种机具，它与切砖机配套使用。主要用来磨削耐火砖的外形尺寸，提高耐火砖之间贴合的严密性。

1. 磨砖机结构

它是由电动机1、手轮和升降台2、抽尘系统3、砂轮4、载砖小车5等组成，见图6-2。

2. 磨砖机主要技术参数

磨砖机的主要技术参数见表6-2。

3. 使用与要求

(1) 磨砖机的动作是由电动机通过皮带使两侧砂轮盘运转，砂轮上设有防护装置，防止飞溅伤人。两侧交换作业，以降低砂轮温度和减少砂轮面的磨损。

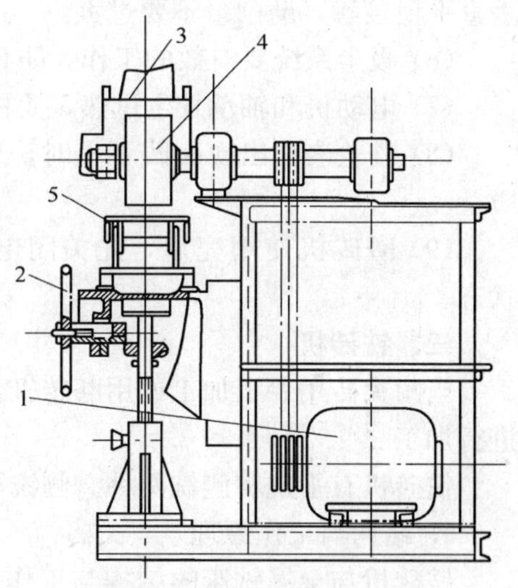

图6-2 磨砖机
1—电动机；2—手轮和升降台；3—抽尘系统；4—砂轮；5—载砖小车

(2) 磨砖机使用前，要认真检查传动装置、升降装置、防护装置等，是否动作灵活和安全可靠，发现问题要及时进行处理。

磨砖机的技术参数 **表6-2**

技术性能		单位	数据
砂轮规格	直径	mm	ϕ240 中空 ϕ140
	夹块尺寸	mm	弧形(95+65)×48×80 共6块
	主轴转数	r/min	1860
主轴电动机	功率	kW	45
	电压	V	380/220
	转速	r/min	1460
排尘通风机	电机功率	kW	3
	电机电压	V	380/220
	电机转速	r/min	2880
	风口直径	mm	ϕ150
	全风压	kPa	1.2～1.5
	风罩	m^3/h	1183～2891
外型总尺寸		mm	2100×1200×175
载砖小车最大行程		mm	1200
升降台最大升降间距		mm	200

(3) 砂轮要安装平整，固定牢靠，不得有晃动现象。

(4) 各系统检查正常后，方可进行磨砖操作。

(5) 磨砖时，人要站在侧面，一面推小车，一面转动手轮，磨削时，耐火砖与砂轮要垂直平稳接触，磨削量不要过大。

(6) 吸尘系统要有效的工作，防止环境和机件污染，确保良好的收尘效果。

(7) 电动机和轴承发生过热，要检查处理后，再继续进行加工作业。

(8) 砂轮表面出现凸凹不平时，应及时进行修理或更换，以保证耐火砖平面的加工质量。

(9) 磨砖机使用完后，先关闭电源，并进行清扫和保养，使设备保持正常的作业状态。

三、铣砖机

当耐火砖用手工加工或用磨砖机、切砖机加工达不到质量要求时，可采用铣砖机对其进行加工。

铣砖机有平铣和侧铣两种。侧铣可加工单块的大型耐火砖。

1. 结构与工作原理

铣砖机与金属铣床的结构与工作原理是基本相同的。也有用铣床来改制的，并配备夹角和金刚刀具。调整好符合耐火砖加工的工艺流程。

图 6-3 是一台多用途的铣砖机。它是由机座 1、工作台 2、电动机 3、切砖砂轮电动机 4、升降装置 5、砂轮 6、夹砖机构 7、软管 8 等组成。目前应用较多的是龙门铣砖机。

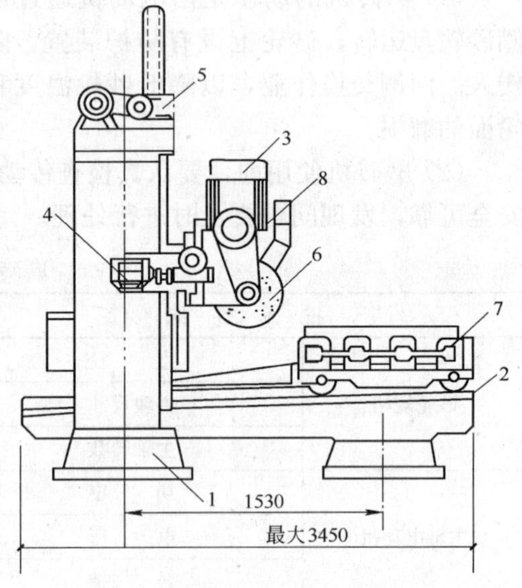

图 6-3　铣砖机
1—机座；2—工作台；3—磨盘电动机；4—切砖砂轮电动机；5—升降装置；6—砂轮；7—夹砖机；8—软管

2. 使用与要求

(1) 铣砖机用刀具是根据耐火砖的材质不同而选用不同性质的铣刀。通常用普通的硬质合金刀加工黏土砖、高铝砖、硅砖、镁砖等。对于硬质耐火砖要用人造金刚石镶嵌的刀头来进行加工。

(2) 铣砖机又有立式和卧式的。卧式铣砖机好于立式铣砖机。但铣砖机与磨砖机、切砖机相比具有许多优点；它主要对误差小的耐火砖加工的质量好，效率高，同时对于大批量加工砖更有其优越性。

(3) 铣砖机的缺点是：操作铣砖机难度较大，立式铣砖机不宜加工楔形砖，除尘也比较复杂。卧式铣砖机可加工带斜度的耐火砖。

四、泥浆搅拌机

1. 搅拌机的结构

它的结构比较简单，由机架 1、搅拌筒 2、转动手轮 3、搅拌叶 4 和电动机防护罩 5 等组成，见图 6-4。

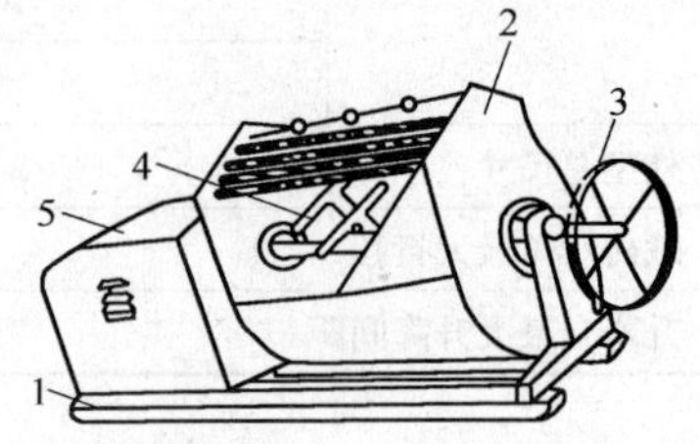

图 6-4　泥浆搅拌机
1—机架；2—搅拌筒；3—转动手轮；4—搅拌叶；5—电动机防护罩

2. 主要技术参数

主要技术参数见表 6-3。

搅拌机的技术参数 **表 6-3**

性能指标		100L	200L
拌筒容量(L)		100	200
搅拌轴转速(r/min)		30	30
每次拌和时间(min)		1.5～2	1.5～2
电动机	功率(kW)	2.8	2.8
	转速(r/min)	1450	1450
外型尺寸(mm)		195×850×950	2150×1100×1000
生产能力(次/h)		15	15
质量(kg)		350	500

3. 使用中注意事项

(1) 使用前检查各部件是否有损伤和松动现象，发现问题及时解决，对各润滑点要加好润滑油。

(2) 装料时要过筛，不准混有石块、杂物，防止发生机械损伤。

(3) 操作时要先加水后加料，搅拌的数量不能大于规定容量，搅拌过程中不准用木棍或其他工具掀翻搅拌筒内物料。

(4) 要注意电动机和轴承温度，不能超过规定的标准。

(5) 搅拌好的泥浆，在搅拌筒内不要存放时间过长，以免泥浆凝固、硬化给清理工作带来麻烦。一般在出料口配备灰盘，可以及时倒出灰浆。

(6) 搅拌机用完后，要用水清洗干净，对电气和机械部分做好维护保养工作。

五、振捣机具

振捣机具在筑炉施工中主要用于耐火混凝土浇筑。它的作用与浇筑混凝土一样，增加耐火混凝土的密实度和表面平整度，提高耐火混凝土的工程质量。

1. 设备结构

图 6-5 是一台插入式振捣器，它是由电动机 1、软轴 2、振动棒 3、电动机电源插座 4 等组成。

振捣机具除了插入式振捣器外，还有成型工作台，平板式振捣器、附着式振捣器等。一般施工现场多采用插入式振捣器和平板式振捣器。

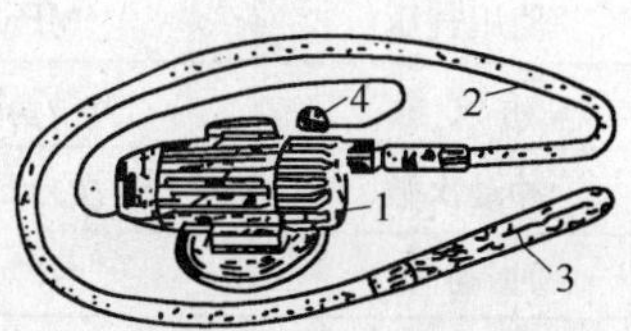

图 6-5 插入式振捣器
1—电动机；2—软轴；3—振动棒；4—电动机电源插座

2. 插入式振捣器技术参数

主要技术参数见表 6-4。

插入式振动棒的技术参数 **表 6-4**

型号	振动力(N)	振动频率(次/min)	振幅(mm)	振动棒外形尺寸(mm)		
				直径	棒长	软轴长
HZ-50A	4800～5800	12500～14500	1.8～2.2	53	529	4000
HZ-30	2300	19000	0.4	32	468	4000
G-50	9200	15000	2.4	62	489	4000
HZ6-70	7500	62000	2.0～2.5	71	400	4000

3. 操作方法和使用要求

(1) 插入式振捣器操作中有时是采取垂直振捣；有时形成一定角度(40°～45°)进行振捣。振捣时要运用自如，随时变换位置和方向，同时振捣时不要用力过大。

(2) 振捣过程中，要按照工艺要求，在振捣部位使混凝土达到要求的密实度，以确保施工质量。

(3) 插入式振捣器一般适用于基础、柱、梁、墙和厚度较大的板；平板振捣器多用于墙表面和梁板的表面。

(4) 耐火混凝土振捣时，每层铺料一般在300～400mm之间，厚度不宜过大。

(5) 使用振捣器时，要防止碰撞钢筋或其他预埋件，以确保机具的完好无损。

(6) 使用平板振捣器时，振捣覆盖面要彻底，不能出现漏振部位，振动的时间约为25～40s，振捣有效深度为200mm左右。当振捣带斜度的耐热混凝土时，应从底处向高处进行振捣作业。

4. 风动锤和风镐

对于炭素镁砂捣打料及耐火可塑料等散状物料，将它们捣打成一定的标准形状时，通常采用风动锤和风镐。

风动锤和风镐是通过高压气体(压力为0.5MPa)使其锤头进行冲击，以此进行捣打作业。锤头有方形、长方形和圆形三种。通常使用胶皮头较多，也有使用铸铁锤头进行捣打的。

风动锤进行工作时，操作人员要把紧锤身和头部，捣打时，锤头垂直对准工作面，捣打的速度要合适。当风动锤不能达到散状物料的密实度时，可用风镐进行补充捣打，直到合格为止。风动锤和风镐的技术参数见表6-5。

风动锤和风镐的技术参数 **表6-5**

技术性能	单位	风镐(03-11型)	捣固机(10-8型)	风动锤
全长	mm	570	950	345
机重	kg	10.6	7.5	3.1
使用气压	MPa	0.4	0.5	0.5
耗气量	m^3/min	1.0	0.3～0.4	0.4
冲动次数	次/min	1000	950	900
冲动功	J	34.3		
气管内径	mm	16	16	16
钎尾规格	mm	ϕ20×60		
锤头直径	mm	120×120～30×60	ϕ75	ϕ75～35
活塞冲程	mm		120	65

六、提升机械

砌筑施工中，特别是砖块砌体，目前仍停留在手工操作的基础上，大量的施工材料由材库(场)运抵炉区后，还须通过提升机械送至各层作业现场，因此，如何组织好砌筑工程材料的运输也是筑炉施工中必须解决的主要问题之一。及时地、充分地、准确地提供筑炉材料，以使施工顺利进行，是提高劳动生产率的最可靠保证。

运输包括水平运输和垂直运输两步，筑炉材料先由料库或者料棚运抵作业炉区，经砌筑后，炉体墙身逐渐升高，相应地材料也必须送上各层作业面(即脚手架)，随着炉子砌体的不断升高，垂直递送的工作量越来越大，非人工所能胜任，因此，只能借助垂直运输机械进行传送。垂直运输机械的形式有多种形式，有卷扬塔、固定式倾角桅杆吊、电动葫芦、少先吊等各类提升机械，具体采用哪种形式，主要视工程结构、实物量、现场回旋余地、提升高度等实际情况而定。

筑炉施工中应用的提升机械以卷扬塔和固定式倾角桅杆吊最为多见，它具有结构简单、搭拆方便、经济实用、运送效率高等优点。

卷扬塔是一种以金属材料组立的竖井架，以卷扬机的牵引力来带动吊笼载物提运材料的组合体。其特点是：既可运输耐火砖、又可运散状材料，提升时较平稳，载物不易坠落，安全可靠，卷扬塔的运输能力为每台小车载重 0.5～1t。在运送高度为 40～50m 时，每小时提运 7～8 车次。

运送高度在 10m 以下，卷扬塔可以用两根 $\phi108$ 的管子代替金属组立的竖井架，而其中的每一根又是两根 $\phi108$ 的管子按插入式办法组合的。载物的吊笼也是组装的，可以拆卸。这种提升架的优点是，可以拆装，运输时十分方便，但提升的高度与提升的重量不能太大，见图 6-6。

固定式倾角桅杆吊，以建筑物墙角柱头为主面，用金属管作为承重臂，下端是活动支座，上端用钢丝绳串系固定在墙面上，承重臂与墙面构成最佳承力夹角(60°左右)，挂钩钢丝绳串过桅杆上的滑轮组连系在卷扬机上，用卷扬机带动提送材料。其结构可见图6-7和图 6-8。它的特点是安装简单，作业区占地面积小、运输灵活，能自由回转 120°，可用于安装小型构件和

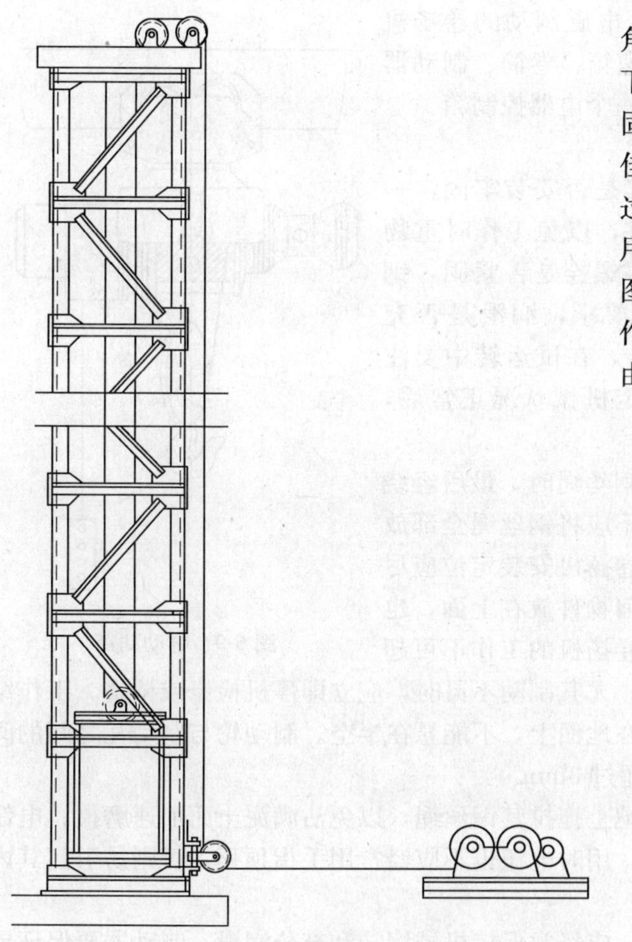

图 6-6 卷扬塔

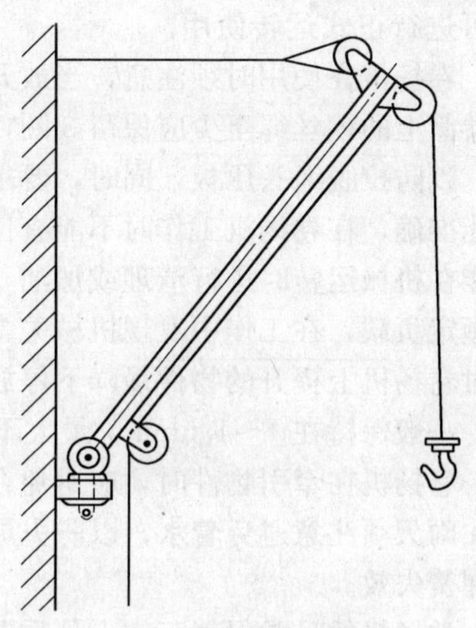

图 6-7 固定式倾角桅杆

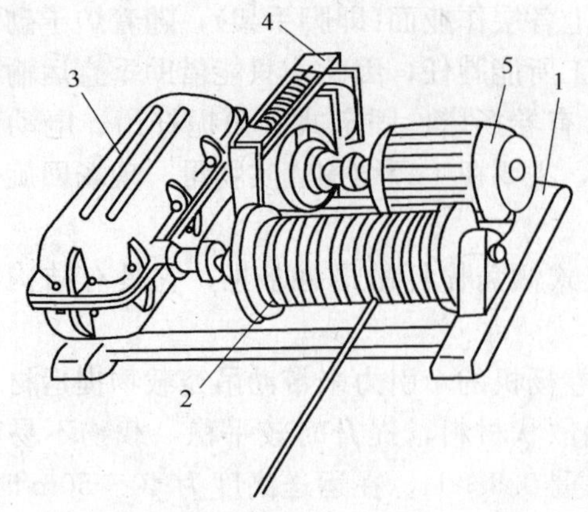

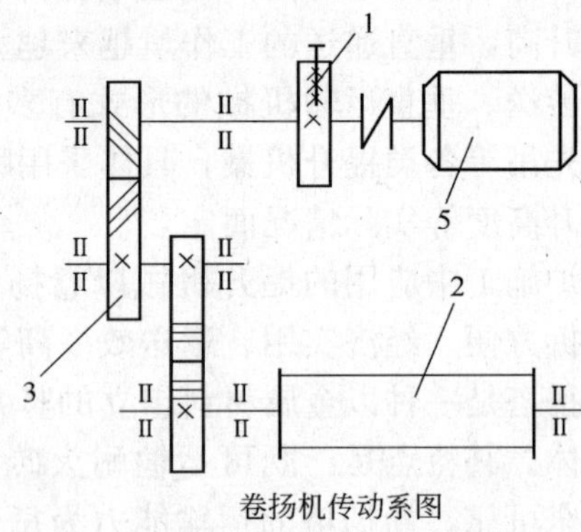

图 6-8　固定式倾角桅杆吊

1—机架；2—卷筒；3—变速箱；4—电磁铁；5—电动机

材料的运输，起重量为 0.1～0.2t，根据卷扬机的牵动能力而定。

上述几种提升形式均以卷扬机作为动力，因此在组合使用时必须对卷扬机的构造和技术性能有所了解。

电控卷扬机（电葫芦）是一种采用电磁制动的卷扬机（见图 6-9），其主要结构由机架、变速箱、卷筒、制动器和电动机，钢丝等组成，此外还配制一个电器控制箱。

提升机械的操作方法如下：

卷扬机在使用前，首先须检查其是否安装牢固，一般要在机架后部加放压重，前面打桩，以免工作时重物拖动卷扬机，随后须检查卷扬机各部螺栓是否紧固，钢丝绳联络是否牢靠，绳位是否符合要求，润滑是否充分，然后，再进行机械的空载试运转，在试运转中要注意检查制动器是否灵活有效。在确定机械状况正常后，才可进行正式运转使用。

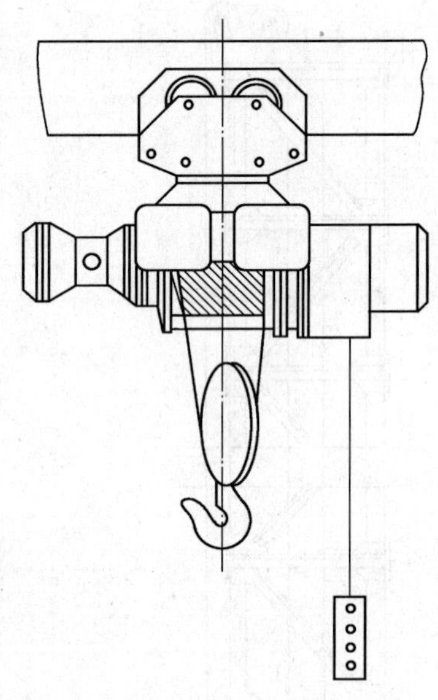

图 6-9　电动葫芦

卷扬机在使用时须注意，当放开钢丝绳时，最后经绕在卷筒上的钢丝绳至少应保留 3 圈，不应将钢丝绳全部放完，以防拉脱绳头压板，同时，要求卷扬机安装定位应尽可能准确，在卷扬机工作时不能有任何物件放在上面，也不能在机械运转时进行清理或加油，卷扬机的工作不可超过额定负载，在工作中发现机械失常，尤其制动不灵时，应立即停机检修或调整。工作结束时卷扬机上提升的物件须降下停放在地面上，不能悬在半空。制动轮与制动瓦之间的间隙，一般保持在 1～1.5mm，最大不超过 3mm。

卷扬机在牵引物件时，应避免在地上拖拉其钢丝绳，以免沾满泥土而加速磨损。电钮盒在雨天须注意避免着水，以防失灵，用时电钮也不应经常用手指顶死，否则易引起其内部弹簧失效。

卷扬机的日常保养工作十分重要，应经常保持机械清洁和充分润滑，制动器要保证灵活有效。

除了采用卷扬塔和固定式倾角桅杆吊形式之外，根据施工特殊情况，有时还采用电动葫芦。在现场条件许可的情况下，还可以利用车间的行车龙门吊等现有吊装设备来提送材料。

第二节　筑 炉 用 工 具

一、测量和检查工具

1. 计量检验

测量和检查使用的工具，必须经过计量检验，符合标准要求，才准于使用。

2. 长度计量工具

一般测量较长距离或炉子基础放线等，可使用钢盘尺(规格有 5m、10m、15m 、20m、30m、50m 等)，测量砌体较小尺寸可用钢卷尺(规格有 1m、2m、3m 等)，加工砖进行测量划线用钢直尺(规格有 150mm、300mm、500mm、1000mm 等)，角尺、量角器等。

3. 水平尺

它主要用来检查砌体的水平和垂直的位置是否正确。水平尺有木水平尺和铁水平尺，施工现场多使用铁水平尺。

水平尺有一横向水泡玻璃管(检查砌体砌筑是否达到标准要求的水平)和一个垂直水泡玻璃管(检查砌体垂直度是否合格)。

用水平尺检查时，主要观察水泡是否居中来衡量砌体水平和垂直的偏差。

水平尺的构造及垂直度、水平度检查方法，见图 6-10。

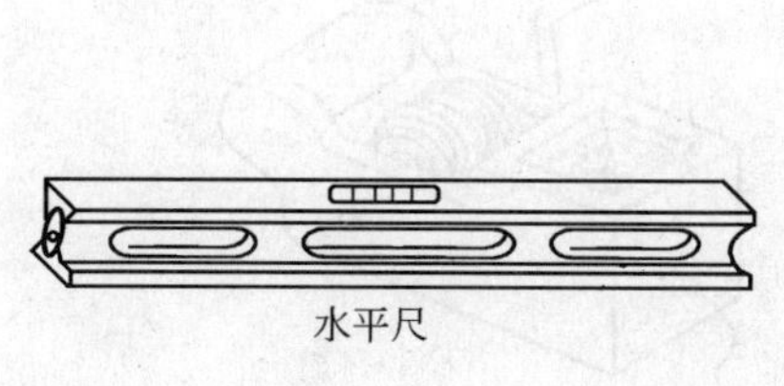

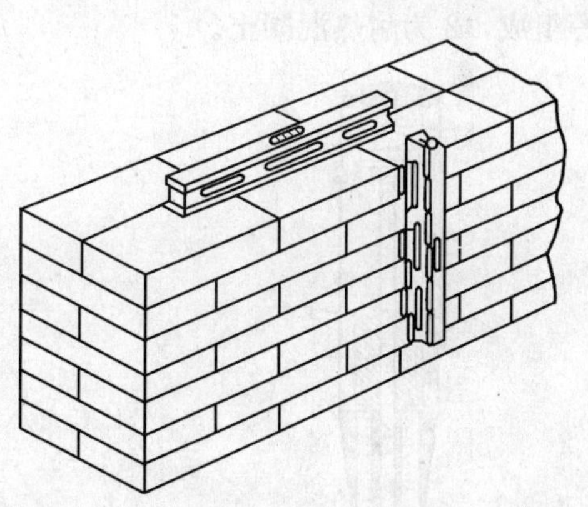

图 6-10　水平尺构造及垂直(水平)度检查方法示意图

4. 线坠

线坠是用来检查砌体垂直度的一种简单工具。它的规格用质量来划分，一般筑炉工使用的线坠多数在 0.5kg 以内。

线坠使用时，配上粗细合适的蜡线。测量时蜡线要垂直，线坠不要摆动，当被测面上下距离相同时，即表示垂直度达到要求。

5. 托线板

托线板主要用来测砌体的平整度和垂直度的。它是用优质木板加工而成，板的中心画出中心线，下端留有叉口。

托线板通常配合线坠使用，测量时紧贴墙体轴线处。如线坠蜡线上下与托线板中线重合，则此部位垂直度符合要求。托线板除了检查垂直度外可以靠在砌体上检查其表面平整度。

6. 塞尺

塞尺用来检查砖缝的厚度是否符合要求。它是由一组钢片制成，其钢片厚度分为0.5、1.0、1.5、2.0、3.0mm 等 5 种规格。

塞尺使用时，将其相当于砖缝厚度的一片插入砌体缝内，插入深度不超过 20mm 为合格。

7. 内卡钳

内卡钳主要用来测量异型耐火砖的内孔尺寸。它也是由优质钢片制成。测量时将两支脚放入内孔，然后取出在钢尺上量出尺寸。

8. 百格网

它是用来检查砌体泥浆的密实度和饱满程度的。百格网是用金属网或透明塑料板(3～5mm 厚)、有机玻璃板制成，规格尺寸一般为 114mm×230mm。

9. 墨斗

墨斗用来对窑炉进行放线，同时对较大拱顶木模上弹线和加工较大耐火砖时弹线之用。它的构造见图 6-11。墨斗是用较好木材制成，里面装有墨盒和丝棉，并倒入墨汁。盒两面有孔，线绳染黑了通过摇把拉出、收回，将墨线弹在工作面上。

10. 回弹仪

它主要用来检查耐热混凝土的抗压强度是否符合标准要求。图 6-12 是现场使用较多的一种回弹仪。它是由弹击杆 1、外罩 3、指针滑块 4、刻度尺 5、冲击锤 6、尾座 7、弹簧 8 等组成，2 为耐热混凝土。

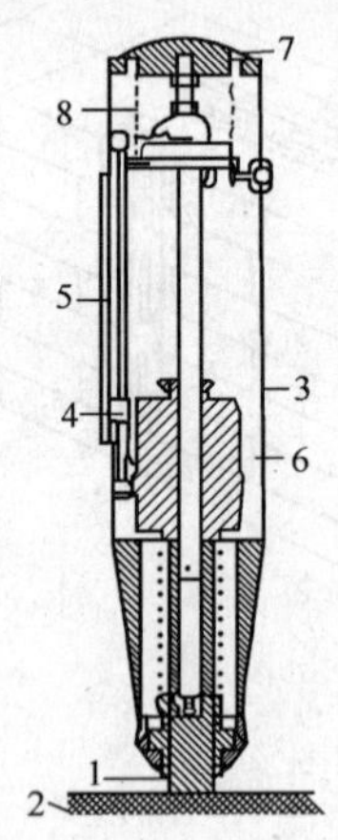

图 6-12 回弹仪
1—弹击杆；2—耐热混凝土；3—外罩；4—指滑块；5—刻度尺；6—冲击锤；7—尾座；8—弹簧

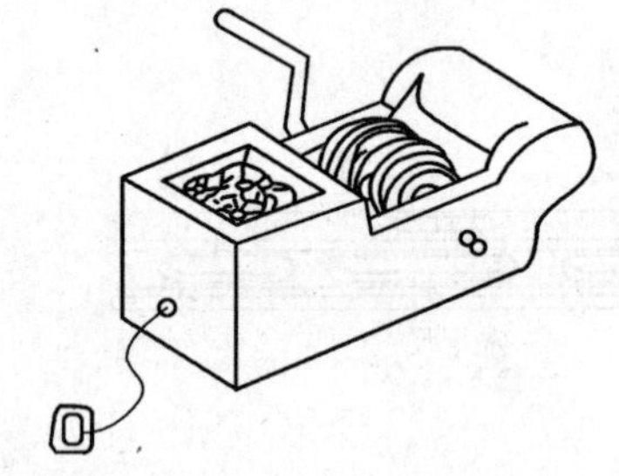

图 6-11 墨斗

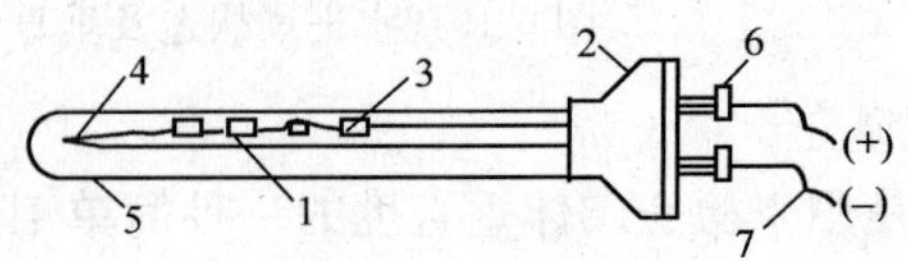

图 6-13 热电偶
1—热电偶线；2—接线盒；3—瓷管；4—热接点；5—保护管；6—端子；7—补偿导线

11. 热电偶

它是用在窑炉烘炉时，测量窑内温度变化的一种测量工具，见图 6-13。

热电偶是由热电偶线 1、接线盒 2、瓷管 3、热接点 4、保护管 5、端子 6、补偿导线 7 等组成。

使用热电偶的注意事项：

热电偶要定期进行校正，确保温度值的准确；工作时仪表不能受较大振动，也不能受潮、日光照射和灰尘污染；导线连接前要将指示针调到“0”点；仪表的端头正、负极与补偿导线的正、负极间，要相互准确的接好、接准；热电偶要准确地放入测量温度的预留孔内，并将其周围孔隙用石棉绳填塞严密，不能使空气进入影响测温效果。看仪表读数时，其数字应为指示针与在反射镜内显示出的指针相重合时的数字，并要考虑指针的使用范围。

二、砌筑用工具

1. 桃式大铲

它主要用来取砂浆，然后将砂浆抹在砌体上，并将其刮平。桃式大铲与瓦刀相比，一次取浆取的多，砌筑效率较高，减轻了操作者的劳动强度。它的缺点是：不能砍砖，同时由于本身体积较大，对角落部位，作业不方便。桃式大铲形状见图 6-14。

2. 瓦刀

瓦刀主要用于刮浆、砍砖、摆砖定位等，见图 6-15。

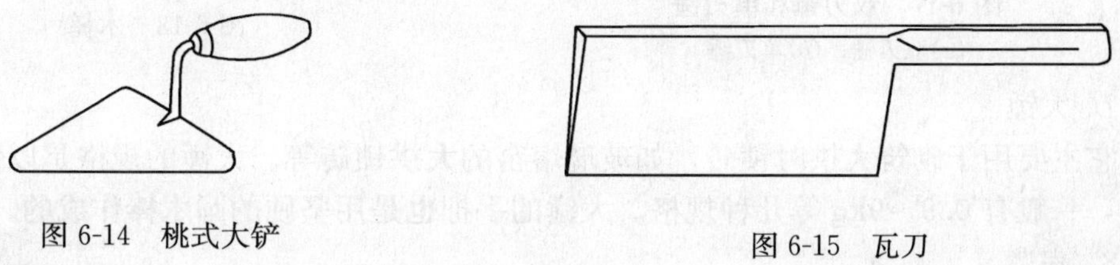

图 6-14　桃式大铲　　图 6-15　瓦刀

3. 泥浆槽

它是用木料作成的，用于存放砌筑时使用的泥浆。这种工具放置、移动和清洗都比较方便。

4. 泥浆勺

见图 6-16。泥浆勺是用来取稀泥浆时使用，它的操作方法：先挖一勺泥浆，并倒在砖上，再铺放上面的耐火砖。摆动时，一头用泥浆勺固定，另一端用手握住，左右摆动几次。

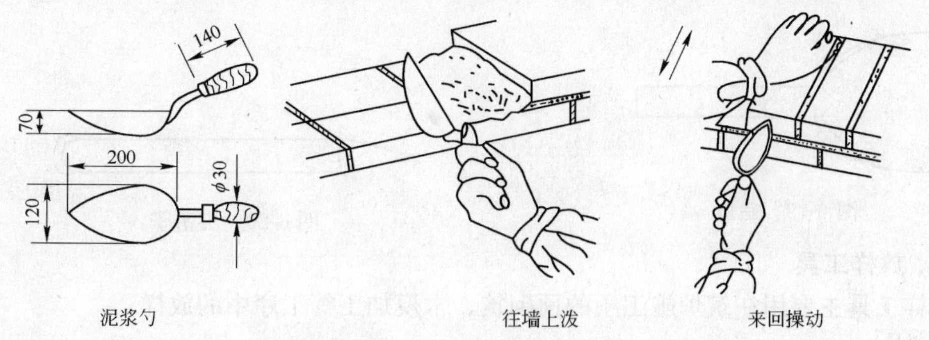

图 6-16　泥浆勺及操作方法

5. 双刃锤和单刃锤

见图 6-17。这两种锤主要用于加工耐火砖时用其锤刃进行砍砖。单刃锤的头部还可用于敲打铁钎和扁铲来对耐火砖进行加工。

双刃锤和单刃锤的手把是用胡桃木、檀木等作成的。手把在锤头上要装牢，不能产生松动现象。手把长度一般为 300mm 左右为宜。

当锤刃磨钝后，可用砂轮将其磨锐后使用，但不准进行退火处理，以保持其锤刃的硬度。

6. 木槌

木槌主要是用来打紧拱顶锁砖和一般砌体砖与砖之间靠紧用的。用这种工具槌打不会损坏耐火砖。木槌是用较好木料作成的，见图 6-18。

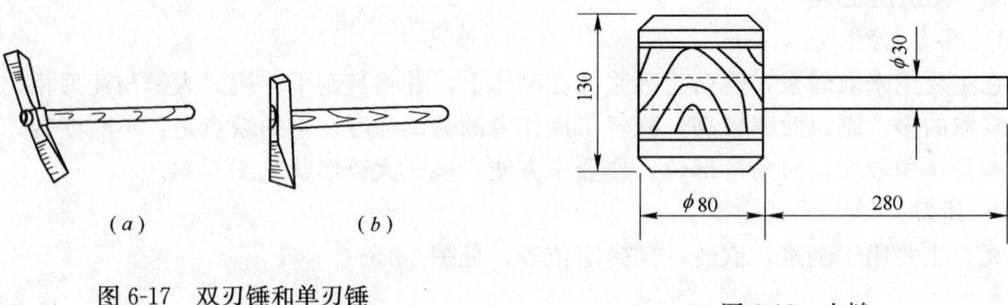

图 6-17　双刃锤和单刃锤
(a)双刃锤；(b)单刃锤

图 6-18　木槌

7. 大锤

它主要用于砌筑大拱时锁砖，如玻璃熔窑的大拱锁砖等。大锤的规格是以锤头重量来划分，一般有 0.9～9kg 等几种规格。大锤的手把也是用坚硬的圆木棒作成的。

8. 扁凿

扁凿是用来加工耐火砖的一种工具，见图 6-19。当耐火砖划好加工线后，先用扁凿加工一遍。将其修饰平整，以达到砌筑需要的尺寸。

9. 尖凿

图 6-20 也是加工耐火砖的一种工具。它是用工具钢制造，并经淬火处理。尖凿是在扁凿加工处理掉耐火砖不需要部分的基础上，对砖的表面进行初步找平。操作者使用尖凿子的动作要灵活。

图 6-19　扁凿

图 6-20　尖凿子

三、放样工具

放样工具主要用在筑炉施工中的预砌筑、木模加工等工序中的放样。

1. 划针

它是用硬质钢作的针头，见图 6-21(a)，主要用于划线。

2. 圆规

圆规是画弧和划圆的，规格以长度划分，一般有 150、200、250、300mm 等，见图 6-21(*b*)。

3. 地规

见图 6-21(*c*)，它是用来划大圆、大弧和分线段。地规是由一根圆管和装有划针的两个套管组成，套管能在圆管上移动，用来调整划针的距离。其中一个套管还可作微调。

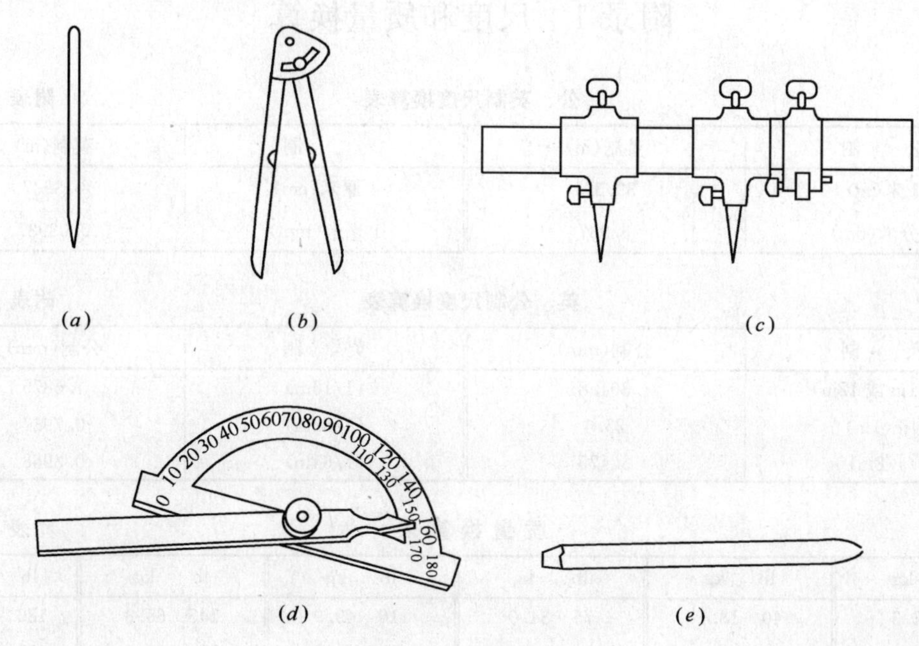

图 6-21　放样工具

4. 量角器

量角器是测量砌筑过程形成角度的部位。它的结构简单，现场可自行加工，主要由直尺和半圆形刻度盘组成。见图 6-21(*d*)。

5. 尖冲

它是为划圆或弧时作定心之用。尖冲通常用工具钢制作，长度在 60～100mm 之间，直径 10～13mm 左右，头部作成锥形并磨成 30°角。见图 6-21(*e*)。

附　　录

附录1　尺度和质量换算

公、英制尺度换算表　　附表 1-1

公　制	英制(in)	公　制	英制(in)
1米(m)	39.371	1厘米(cm)	0.3937
1分米(dm)	3.937	1毫米(mm)	0.03937

英、公制尺度换算表　　附表 1-2

英　制	公制(mm)	英　制	公制(mm)
1ft(1in或12in)	304.8	(1/16in)	1.5875
1in(1in)	25.4	(1/32in)	0.7937
(1/8in)	3.175	(1/64in)	0.3968

质 量 换 算 表　　附表 1-3

lb	kg	lb	kg	lb	kg	lb	kg	lb	kg	lb	kg
5	2.3	40	18.1	75	34.0	110	49.9	145	65.8	180	81.6
10	4.5	45	20.4	80	36.3	115	52.2	150	68.0	185	83.9
15	6.8	50	22.7	85	38.6	120	54.4	155	70.3	190	86.2
20	9.1	55	25.0	90	40.8	125	56.7	160	72.6	195	88.5
25	11.3	60	27.2	95	43.1	130	58.9	165	74.8	200	90.7
30	13.6	65	29.5	100	45.4	135	61.2	170	77.1	205	93.0
35	15.9	70	31.8	105	47.6	140	63.5	175	79.4	210	95.3

1kg=2.2lb；1lb=0.4534kg。

附录2　轧成型钢的技术数据

圆钢规格质量表　　附表 2-1

直径(mm)	截面面积(cm^2)	理论质量(kg/m)	直径(mm)	截面面积(cm^2)	理论质量(kg/m)
2.5	0.049	0.039	6	0.283	0.222
3	0.071	0.055	7	0.385	0.302
4	0.126	0.099	8	0.503	0.395
5	0.196	0.154	9	0.635	0.499

续表

直径（mm）	截面面积（cm^2）	理论质量（kg/m）	直径（mm）	截面面积（cm^2）	理论质量（kg/m）
10	0.785	0.617	42	13.850	10.879
11	0.950	0.750	45	15.940	12.490
12	1.131	0.888	48	18.100	14.210
13	1.327	1.040	50	19.635	15.410
14	1.539	1.208	53	22.060	17.320
15	1.767	1.390	55	23.760	18.650
16	2.011	1.578	60	28.270	22.190
17	2.270	1.780	70	38.480	30.210
18	2.545	1.998	80	50.270	39.460
19	2.835	2.230	90	63.620	49.940
20	3.142	2.466	100	78.540	61.650
21	3.464	2.720	110	95.030	74.600
22	3.801	2.948	120	113.100	88.780
23	4.155	3.260	130	132.730	104.200
24	4.524	3.551	140	153.720	120.840
25	4.909	3.850	150	176.720	138.720
26	5.390	4.170	160	201.060	157.830
27	5.726	4.495	170	226.980	178.180
28	6.153	4.830	180	254.470	199.760
30	7.069	5.550	190	283.530	222.570
32	8.043	6.310	200	314.160	246.620
34	9.079	7.130	210	346.360	271.890
35	9.620	7.500	220	380.130	298.400
36	10.179	7.990	240	452.390	355.130
38	11.340	8.900	250	490.880	385.340
40	12.561	9.865			

方钢规格质量表　　附表 2-2

边长（mm）	截面面积（cm^2）	理论质量（kg/m）	边长（mm）	截面面积（cm^2）	理论质量（kg/m）	边长（mm）	截面面积（cm^2）	理论质量（kg/m）
5	0.25	0.196	10	1.00	0.785	15	2.25	1.77
6	0.36	0.283	11	1.21	0.960	16	2.56	2.01
7	0.49	0.385	12	1.44	1.130	17	2.89	2.27
8	0.64	0.502	13	1.69	1.33	18	3.24	2.54
9	0.81	0.636	14	1.96	1.54	19	3.61	2.82

续表

边长 (mm)	截面面积 (cm^2)	理论质量 (kg/m)	边长 (mm)	截面面积 (cm^2)	理论质量 (kg/m)	边长 (mm)	截面面积 (cm^2)	理论质量 (kg/m)
20	4.00	3.14	36	12.96	10.17	63	39.69	31.16
21	4.41	3.46	38	14.44	11.24	65	42.25	33.17
22	4.84	3.80	40	16.00	12.56	70	49.00	38.47
24	5.76	4.52	42	17.64	13.85	75	56.25	44.16
25	6.25	4.91	45	20.45	15.90	80	64.00	50.24
26	6.76	5.30	48	23.04	18.09	85	72.25	56.72
28	7.84	6.15	50	25.00	19.63	90	81.00	63.59
30	9.00	7.06	53	28.09	22.05	95	90.25	70.85
32	10.24	8.04	56	31.36	24.61	100	100.00	78.50
34	11.56	9.07	60	36.00	28.26			

扁钢规格质量表 **附表 2-3**

宽度 (mm)	厚度(mm)											
	4	5	6	7	8	9	10	11	12	14	16	18
	理论质量(kg/m)											
12	0.38	0.47	0.57	0.66	0.75							
14	0.44	0.55	0.66	0.77	0.88							
16	0.50	0.63	0.75	0.88	1.00	1.15	1.26					
18	0.57	0.71	0.85	0.99	1.13	1.27	1.41					
20	0.63	0.79	0.94	1.10	1.26	1.41	1.57	1.73	1.88			
22	0.69	0.86	1.04	1.21	1.38	1.55	1.73	1.90	2.07			
25	0.79	0.98	1.18	1.37	1.57	1.77	1.96	2.16	2.36	2.75	3.14	
28	0.88	1.10	1.32	1.54	1.76	1.98	2.20	2.42	2.64	3.08	3.53	
30	0.94	1.18	1.41	1.65	1.88	2.12	2.36	2.59	2.83	3.36	3.77	4.24
32	1.01	1.25	1.50	1.76	2.01	2.26	2.54	2.76	3.01	3.51	4.02	4.52
36	1.13	1.41	1.69	1.98	2.26	2.54	2.82	3.11	3.39	3.95	4.52	5.09
40	1.26	1.57	1.88	2.20	2.51	2.83	3.14	3.45	3.77	4.40	5.02	5.65
45	1.41	1.77	2.12	2.47	2.83	3.18	3.53	3.89	4.24	4.95	5.65	6.36
50	1.57	1.96	2.36	2.75	3.14	3.53	3.93	4.32	4.70	5.50	6.28	7.07
56	1.76	2.20	2.64	3.08	3.52	3.95	4.39	4.83	5.27	6.15	7.03	7.91
60	1.88	2.36	2.83	3.30	3.77	4.24	4.71	5.18	5.65	6.59	7.54	8.48
63	1.98	2.47	2.97	3.46	3.95	4.45	4.94	5.44	5.93	6.92	7.91	8.90
65	2.04	2.55	3.06	3.57	4.08	4.59	5.10	5.61	6.12	7.14	8.16	9.19
70	2.20	2.75	3.30	3.85	4.40	4.95	5.50	6.04	6.59	7.69	8.79	9.89
75	2.36	2.94	3.53	4.12	4.71	5.30	5.89	6.48	7.07	8.24	9.42	10.60
80	2.51	3.14	3.77	4.40	5.02	5.65	6.28	6.91	7.54	8.79	10.05	11.30
85	2.67	3.34	4.00	4.67	5.34	6.01	6.67	7.34	8.01	9.34	10.68	12.01
90	2.83	3.53	4.24	4.95	5.65	6.36	7.07	7.77	8.48	9.89	11.30	12.72
95	2.98	3.73	4.47	5.22	5.97	6.71	7.46	8.20	8.95	10.44	11.93	13.42

附表 2-4

钢板质量表(从 0.05～1m^2)

厚	kg/m^2	0.05	0.10	0.15	0.20	0.25	0.30	0.35	0.40	0.45	0.50	0.55	0.60	0.65	0.70	0.75	0.80	0.85	0.90	0.95
1	7.85	0.39	0.79	1.18	1.57	1.96	2.36	2.75	3.14	3.53	3.93	4.32	4.71	5.10	5.50	5.89	6.28	6.67	7.06	7.46
2	15.7	0.79	1.57	2.36	3.14	3.93	4.71	5.50	6.28	7.07	7.85	8.64	9.42	10.21	10.99	11.78	12.56	13.35	14.13	14.92
3	23.55	1.18	2.36	3.53	4.71	5.89	7.07	8.24	9.42	10.60	11.72	12.89	14.07	15.25	16.43	17.60	18.80	20	21.14	22.31
3.5	27.48	1.37	2.75	4.12	5.50	6.87	8.24	9.62	10.99	12.37	13.74	15.11	16.49	17.86	19.24	20.61	21.98	23.36	24.73	26.11
4	31.4	1.57	3.14	4.71	6.28	7.85	9.43	11	12.57	14.14	15.71	17.28	18.85	20.42	21.99	23.56	25.13	26.7	28.27	29.84
4.5	35.32	1.77	3.53	5.30	7.06	8.84	10.61	12.37	14.14	15.90	17.67	19.44	21.20	22.97	24.73	26.5	28.27	30.03	31.80	33.56
5	39.25	1.96	3.93	5.89	7.85	9.81	11.78	13.74	15.7	17.66	19.63	21.59	23.55	25.51	27.48	29.44	31.4	33.36	35.33	37.29
5.5	43.17	2.16	4.32	6.48	8.63	10.79	12.96	15.11	17.37	19.53	21.69	23.85	26.01	28.16	30.32	32.48	34.64	36.80	38.96	41.12
6	47.1	2.36	4.71	7.07	9.42	11.78	14.13	16.49	18.84	21.20	23.55	25.91	28.26	30.62	32.97	35.33	37.68	40.04	42.39	44.75
6.5	51.05	2.55	5.11	7.65	10.20	12.78	15.31	17.86	20.41	22.96	25.51	28.06	30.61	33.17	35.71	38.27	40.82	43.37	45.92	48.47
7	54.95	2.75	5.50	8.24	10.99	13.74	16.49	19.23	21.98	24.73	27.48	30.22	32.97	35.71	38.47	41.21	43.96	46.71	49.46	52.20
8	62.8	3.14	6.28	9.42	12.56	15.7	18.84	21.98	25.12	28.26	31.4	34.54	37.68	40.82	43.96	47.1	50.24	53.38	56.52	59.66
9	70.65	3.53	7.07	10.60	14.13	17.66	21.20	24.73	28.26	31.79	35.33	38.86	42.39	45.92	49.46	52.99	56.52	60.05	63.59	67.12
10	78.5	3.93	7.85	11.78	15.7	19.63	23.55	27.48	31.4	35.33	39.25	43.18	47.1	51.03	54.95	58.88	62.8	66.73	70.65	74.58
12	94.2	4.71	9.42	14.13	18.84	23.55	28.26	32.97	37.68	42.39	47.1	51.82	56.53	61.24	65.95	70.66	75.37	80.08	84.79	89.5
14	109.9	5.50	10.99	16.49	21.98	27.48	32.97	38.47	43.96	49.46	54.95	60.45	65.94	71.44	76.94	82.44	87.92	93.42	98.91	104.41
16	125.6	6.28	12.56	18.84	25.12	31.4	37.68	43.96	50.24	56.52	62.8	69.08	75.36	81.64	87.92	94.2	100.48	106.76	113.04	119.32
18	141.3	7.07	14.13	21.20	28.26	35.33	42.39	49.46	56.52	63.59	70.65	77.72	84.78	91.85	98.91	105.98	113.04	120.11	127.17	134.24
20	157	7.85	15.7	23.55	31.4	39.26	47.1	54.95	62.8	70.65	78.5	86.35	94.2	102.05	109.9	117.75	125.6	133.45	141.3	149.15

等边角钢断面常数 **附表 2-5**

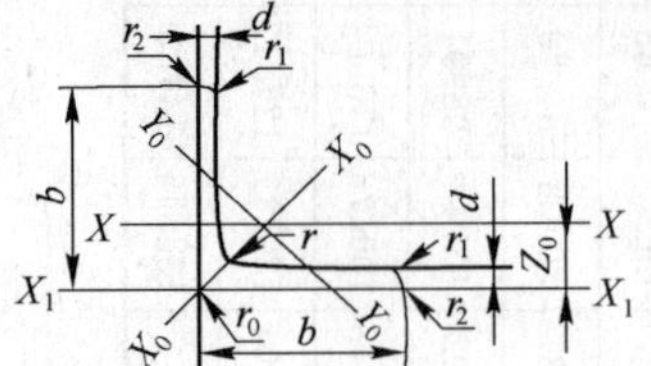

符号意义：b—边宽； d—边厚；
r—内圆弧半径； r_1—边端内弧半径；
r_2—边端外弧半径； r_0—顶端圆弧半径；
I—惯性矩； i—惯性半径；
W—截面系数； Z_0—重心距离。

角钢号数	尺寸(mm)			截面面积 (cm²)	理论质量 (kg·m⁻¹)	外表面积 (m²·m⁻¹)	参考数值 X-X			X_0-X_0			Y_0-Y_0			X_1-X_1	Z_0 (cm)
	b	d	r				I_X (cm⁴)	i_X (cm)	W_X (cm³)	I_{X0} (cm⁴)	i_{X0} (cm)	W_{X0} (cm³)	I_{Y0} (cm⁴)	i_{Y0} (cm)	W_{Y0} (cm³)	I_{X1} (cm⁴)	
4	40	3		2.359	1.852	0.157	3.59	1.23	1.23	5.69	1.55	2.01	1.49	0.79	0.96	6.41	1.09
		4		3.086	2.422	0.157	4.60	1.22	1.60	7.29	1.54	2.58	1.91	0.79	1.19	8.56	1.13
		5		3.791	2.976	0.156	5.53	1.21	1.96	8.76	1.52	3.10	2.30	0.78	1.39	10.74	1.17
4.5	45	3	5	2.659	2.088	0.177	5.17	1.40	1.58	8.20	1.76	2.58	2.14	0.90	1.24	9.12	1.22
		4		3.486	2.736	0.177	6.65	1.38	2.05	10.56	1.74	3.32	2.75	0.89	1.54	12.18	1.26
		5		4.292	3.369	0.176	8.04	1.37	2.51	12.74	1.72	4.00	3.33	0.88	1.81	15.25	1.30
		6		5.076	3.985	0.176	9.33	1.36	2.95	14.76	1.70	4.64	3.89	0.88	2.06	18.36	1.33
5	50	3	5.5	2.971	2.332	0.197	7.18	1.55	1.96	11.37	1.96	3.22	2.98	1.00	1.57	12.50	1.34
		4		3.897	3.059	0.197	9.26	1.54	2.56	14.70	1.94	4.16	3.82	0.99	1.96	16.69	1.38
		5		4.803	3.770	0.196	11.21	1.53	3.13	17.79	1.92	5.03	4.64	0.98	2.31	20.90	1.42
		6		5.688	4.465	0.196	13.05	1.52	3.68	20.68	1.91	5.85	5.42	0.98	2.63	25.14	1.46
5.6	56	3	6	3.343	2.624	0.221	10.19	1.75	2.48	16.14	2.20	4.08	4.24	1.13	2.02	17.56	1.48
		4		4.390	3.446	0.220	13.18	1.73	3.24	20.92	2.18	5.28	5.46	1.11	2.52	23.43	1.53
		5		5.415	4.251	0.220	16.02	1.72	3.97	25.42	2.17	6.42	6.61	1.10	2.98	29.33	1.57
		8		8.367	6.568	0.219	23.63	1.68	6.03	37.37	2.11	9.44	9.89	1.09	4.16	47.24	1.68
6.3	63	4	7	4.978	3.907	0.248	19.03	1.96	4.13	30.17	2.46	6.78	7.89	1.26	3.29	33.35	1.70
		5		6.143	4.822	0.248	23.17	1.94	5.08	36.77	2.45	8.25	9.57	1.25	3.90	41.73	1.74
		6		7.288	5.721	0.247	27.12	1.93	6.00	43.03	2.43	9.66	11.20	1.24	4.46	50.14	1.78
		8		9.515	7.469	0.247	34.46	1.90	7.75	54.56	2.40	12.25	14.33	1.23	5.47	67.11	1.85
		10		11.657	9.151	0.246	41.09	1.88	9.39	64.85	2.36	14.56	17.33	1.22	6.36	84.31	1.93
7	70	4	8	5.570	4.372	0.275	26.39	2.18	5.14	41.80	2.74	8.44	10.99	1.40	4.17	45.74	1.86
		5		6.875	5.397	0.275	32.21	2.16	6.32	51.08	2.73	10.32	13.34	1.39	4.95	57.21	1.91
		6		8.160	6.406	0.275	37.77	2.15	7.48	59.93	2.71	12.11	15.61	1.38	5.67	68.73	1.95
		7		9.424	7.398	0.275	43.09	2.14	8.59	68.35	2.69	13.81	17.82	1.38	6.34	80.29	1.99
		8		10.667	8.373	0.274	48.17	2.12	9.68	76.37	2.68	15.43	19.98	1.37	6.98	91.92	2.03
(7.5)	75	5	9	7.367	5.818	0.295	39.97	2.33	7.32	63.30	2.92	11.94	16.63	1.50	5.77	70.56	2.04
		6		8.797	6.905	0.294	46.95	2.31	8.64	74.38	2.90	14.02	19.51	1.49	6.67	84.55	2.07
		7		10.160	7.976	0.294	53.57	2.30	9.93	84.96	2.89	16.02	22.18	1.48	7.44	98.71	2.11
		8		11.503	9.030	0.294	59.96	2.28	11.20	95.07	2.88	17.93	24.86	1.47	8.19	112.97	2.15
		10		14.126	11.089	0.293	71.98	2.26	13.64	113.92	2.84	21.48	30.05	1.46	9.56	141.71	2.22
8	80	5	9	7.912	6.211	0.315	48.79	2.48	8.34	77.33	3.13	13.67	20.25	1.60	6.66	85.36	2.15
		6		9.397	7.376	0.314	57.35	2.47	9.87	90.98	3.11	16.08	23.72	1.59	7.65	102.50	2.19
		7		10.860	8.525	0.314	65.58	2.46	11.37	104.07	3.10	18.40	27.09	1.58	8.58	119.70	2.23
		8		12.303	9.658	0.314	73.49	2.44	12.83	116.60	3.08	20.61	30.39	1.57	9.46	136.97	2.27
		10		15.126	11.874	0.313	88.43	2.42	15.64	140.09	3.04	24.76	36.77	1.56	11.08	171.74	2.35

续表

角钢号数	尺寸(mm)			截面面积	理论质量	外表面积	参考数值										Z0
							X-X			X_0-X_0			Y_0-Y_0			X_1-X_1	Z_0
	b	d	r	(cm^2)	($kg\cdot m^{-1}$)	($m^2\cdot m^{-1}$)	I_X (cm^4)	i_X (cm)	W_X (cm^3)	I_{X0} (cm^4)	i_{X0} (cm)	W_{X0} (cm^3)	I_{Y0} (cm^4)	i_{Y0} (cm)	W_{Y0} (cm^3)	I_{X1} (cm^4)	(cm)
9	90	6	10	10.637	8.350	0.354	82.77	2.79	12.61	131.26	3.51	20.63	34.28	1.80	9.95	145.87	2.44
		7		12.301	9.656	0.354	94.83	2.78	14.54	150.47	3.50	23.64	39.18	1.78	11.19	170.30	2.48
		8		13.944	10.946	0.353	106.47	2.76	16.42	168.97	3.48	26.55	43.97	1.78	12.35	194.80	2.52
		10		17.167	13.476	0.353	128.58	2.74	20.07	203.90	3.45	32.04	53.26	1.76	14.52	244.07	2.59
		12		20.306	15.940	0.352	149.22	2.71	23.57	236.21	3.41	37.12	62.22	1.75	16.49	293.76	2.67
10	100	6	12	11.932	9.366	0.393	114.95	3.10	15.68	181.98	3.90	25.74	47.92	2.00	12.69	200.07	2.67
		7		13.796	10.830	0.393	131.86	3.09	18.10	208.97	3.89	29.55	54.74	1.99	14.26	233.54	2.71
		8		15.638	12.276	0.393	148.24	3.08	20.47	235.07	3.88	33.24	61.41	1.98	15.75	267.09	2.76
		10		19.261	15.120	0.392	179.51	3.05	25.06	284.68	3.84	40.26	74.35	1.96	18.54	334.48	2.84
		12		22.800	17.898	0.391	208.90	3.03	29.48	330.95	3.81	46.80	86.84	1.95	21.08	402.34	2.91
		14		26.256	20.611	0.391	236.53	3.00	33.73	374.06	3.77	52.90	99.00	1.94	23.44	470.75	2.99
		16		29.627	23.257	0.390	262.53	2.98	37.82	414.16	3.74	58.57	110.89	1.94	25.63	539.80	3.06
11	110	7	12	15.196	11.928	0.433	177.16	3.41	22.05	280.94	4.30	36.12	73.38	2.20	17.51	310.64	2.96
		8		17.238	13.532	0.433	199.46	3.40	24.95	316.49	4.28	40.69	82.42	2.19	19.39	355.20	3.01
		10		21.261	16.690	0.432	242.19	3.38	30.60	384.39	4.25	49.42	99.98	2.17	22.91	444.65	3.09
		12		25.200	19.782	0.431	282.55	3.35	36.05	448.17	4.22	57.62	116.93	2.15	26.15	534.60	3.16
		14		29.056	22.809	0.431	320.71	3.32	41.31	508.01	4.18	65.31	133.40	2.14	29.14	625.16	3.24
12.5	125	8	14	19.750	15.504	0.492	297.03	3.88	32.52	470.89	4.88	53.28	123.16	2.50	25.86	521.01	3.37
		10		24.373	19.133	0.491	361.67	3.85	39.97	573.89	4.85	64.93	149.46	2.48	30.62	651.93	3.45
		12		28.912	22.696	0.491	423.16	3.83	41.17	671.44	4.82	75.96	174.88	2.46	35.03	783.42	3.53
		14		33.367	26.193	0.490	481.65	3.80	54.16	763.73	4.78	86.41	199.57	2.45	39.13	915.61	3.61
14	140	10		27.373	21.488	0.551	514.65	4.34	50.58	817.27	5.46	82.56	212.04	2.78	39.20	915.11	3.82
		12		32.512	25.522	0.551	603.68	4.31	59.80	958.79	5.43	96.85	248.57	2.76	45.02	1099.28	3.90
		14		37.567	29.490	0.550	688.81	4.28	68.75	1093.56	5.40	110.47	284.06	2.75	50.45	1284.22	3.98
		16		42.539	33.393	0.549	770.24	4.26	77.46	1221.81	5.36	123.42	318.67	2.74	55.55	1470.07	4.06
16	160	10	16	31.502	24.729	0.630	779.53	4.98	66.70	1237.30	6.27	109.36	321.76	3.20	52.76	1365.33	4.31
		12		37.441	29.391	0.630	916.58	4.95	78.98	1455.68	6.24	128.67	377.49	3.18	60.74	1639.57	4.39
		14		43.296	33.987	0.629	1048.36	4.92	90.95	1665.02	6.20	147.17	431.70	3.16	68.24	1914.68	4.47
		16		49.067	38.518	0.629	1175.08	4.89	102.63	1865.57	6.17	164.89	484.59	3.14	75.31	2190.82	4.55
18	180	12		42.241	33.159	0.710	1321.35	5.59	100.82	2100.10	7.05	165.00	542.61	3.58	78.41	2332.80	4.89
		14		48.896	38.383	0.709	1514.48	5.56	116.25	2407.42	7.02	189.14	621.53	3.56	88.38	2723.48	4.97
		16		55.467	43.542	0.709	1700.99	5.54	131.13	2703.37	6.98	212.40	698.60	3.55	97.83	3115.29	5.05
		18		61.955	48.634	0.708	1875.12	5.50	145.64	2988.24	6.94	234.78	762.01	3.51	105.14	3502.43	5.13
20	200	14	18	54.642	42.894	0.788	2103.55	6.20	144.70	3343.26	7.82	236.40	863.83	3.98	111.82	3734.10	5.46
		16		62.013	48.680	0.788	2366.15	6.18	163.65	3760.89	7.79	265.93	971.41	3.96	123.96	4270.39	5.54
		18		69.301	54.401	0.787	2620.64	6.15	182.22	4164.54	7.75	294.48	1076.74	3.94	135.52	4808.13	5.62
		20		76.505	60.056	0.787	2867.30	6.12	200.42	4554.55	7.72	322.06	1180.04	3.93	146.55	5347.51	5.69
		24		90.661	71.168	0.785	3338.25	6.07	236.17	5294.97	7.64	374.41	1381.53	3.90	166.55	6457.16	5.87

注：1. $r_1=\frac{1}{3}d$，$r_2=0$，$r_0=0$；

2. 角钢长度：2～4 号，长 3～9m；4.5～8 号，长 4～12m；9～14 号，长 4～19m；16～20 号，长 6～19m；

3. 一般采用材料，Q215-A、Q235-A、Q235-AF、Q275。

热扎普通槽钢断面常数

附表 2-6

符号意义：h—高度；　Z_0—Y-Y 与 Y_1-Y_1 轴线间距离；
b—腿宽；　r—内圆弧半径；
d—腰厚；　r_1—腿端圆弧半径；
t—平均腿厚；　I—惯性矩；
i—惯性半径；　W—截面系数。

型号	尺寸 h (mm)	b	d	t	r	r_1	截面面积 (cm²)	理论质量 (kg·m⁻¹)	参考数值 X-X W_X (cm³)	I_X (cm⁴)	i_X (cm)	Y-Y W_Y (cm³)	I_Y (cm⁴)	i_Y (cm)	Y_1-Y_1 I_Y (cm⁴)	Z_0 (cm)
5	50	37	4.5	7	7	3.5	6.93	5.44	10.4	26	1.94	3.55	8.3	1.1	20.9	1.35
6.3	63	40	4.8	7.5	7.5	3.75	8.444	6.63	16.123	50.786	2.453	4.59	11.872	1.185	28.38	1.36
8	80	43	5	8	8	4	10.24	8.04	25.3	101.3	3.15	5.79	16.6	1.27	37.4	1.43
10	100	48	5.3	8.5	8.5	4.25	12.74	10	39.7	198.3	3.95	7.8	25.6	1.41	54.9	1.52
12.6	126	53	5.5	9	9	4.5	15.69	12.37	62.132	391.466	4.953	10.242	37.99	1.567	77.09	1.59
14a	140	58	6	9.5	9.5	4.75	18.51	14.53	80.5	563.7	5.52	13.01	53.20	1.7	107.1	1.71
14b	140	60	8	9.5	9.5	4.75	21.31	16.73	87.1	609.4	5.35	14.12	61.10	1.69	120.6	1.67
16a	160	63	6.5	10	10	5	21.95	17.23	108.3	866.2	6.28	16.30	73.30	1.83	144.1	1.8
16	160	65	8.5	10	10	5	25.15	19.74	116.8	934.5	6.10	17.55	83.40	1.82	160.8	1.75
18a	180	68	7	10.5	10.5	5.25	25.69	20.17	141.4	1272.7	7.04	20.03	98.60	1.96	189.7	1.88
18	180	70	9	10.5	10.5	5.25	29.29	22.99	152.2	1369.9	6.84	21.52	111.00	1.95	210.1	1.84
20a	200	73	7	11	11	5.5	28.83	22.63	178	1780.4	7.86	24.20	128.00	2.11	244	2.01
20	200	75	9	11	11	5.5	32.83	25.77	191.4	1913.7	7.64	25.88	143.6	2.09	268.4	1.95
22a	220	77	7	11.5	11.5	5.75	31.84	24.99	217.6	2393.9	8.67	28.17	157.8	2.23	298.2	2.1
22	220	79	9	11.5	11.5	5.75	36.24	28.45	233.8	2571.4	8.42	30.05	176.4	2.21	326.3	2.03
a	250	78	7	12	12	6	34.91	27.47	269.597	3369.62	9.823	30.607	175.529	2.243	322.256	2.065
25b	250	80	9	12	12	6	39.91	31.39	282.402	3530.04	9.405	32.657	196.421	2.218	353.187	1.982
c	250	82	11	12	12	6	44.91	35.32	295.236	3690.45	9.065	35.926	218.415	2.206	384.133	1.921
a	280	82	7.5	12.5	12.5	6.25	40.02	31.42	340.382	4764.59	10.91	35.718	217.989	2.333	387.566	2.097
28b	280	84	9.5	12.5	12.5	6.25	45.62	35.81	366.46	5130.45	10.60	37.929	242.144	2.304	427.589	2.016
c	280	86	11.5	12.5	12.5	6.25	51.22	40.21	392.594	5496.32	10.35	40.301	267.602	2.286	426.597	1.951
a	320	88	8	14	14	7	48.7	38.22	474.879	7598.06	12.49	46.473	304.787	2.502	552.310	2.242
32b	320	90	10	14	14	7	55.1	43.25	509.012	8144.2	12.15	49.157	336.332	2.471	592.933	2.158
c	320	92	12	14	14	7	61.5	48.28	543.145	8690.33	11.83	52.642	374.175	2.467	643.299	2.092
a	360	96	9	16	16	8	60.89	47.8	659.7	11874.2	13.97	63.54	455	2.73	818.4	2.44
36b	360	98	11	16	16	8	68.09	53.45	702.9	12651.8	13.63	66.85	496.7	2.7	880.4	2.37
c	360	100	13	16	16	8	75.29	50.1	746.1	13429.4	13.36	70.02	536.4	2.67	947.9	2.34
a	400	100	10.5	18	18	9	75.05	58.91	878.9	17577.9	15.30	78.83	592	2.81	1067.7	2.49
40b	400	102	12.5	18	18	9	83.05	65.19	932.2	18644.5	14.98	82.52	640	2.78	1135.6	2.44
c	400	104	14.5	18	18	9	91.05	71.47	985.6	19711.2	14.71	86.19	687.8	2.75	1220.7	2.42

注：1. 槽钢长度：5～8 号，长 5～12m；10～18 号，长 5～19m；20～40 号，长 6～19m；

2. 一般采用材料：Q215-A、Q235-A、Q235-AF、Q275。

热轧普通工字钢断面常数　　附表 2-7

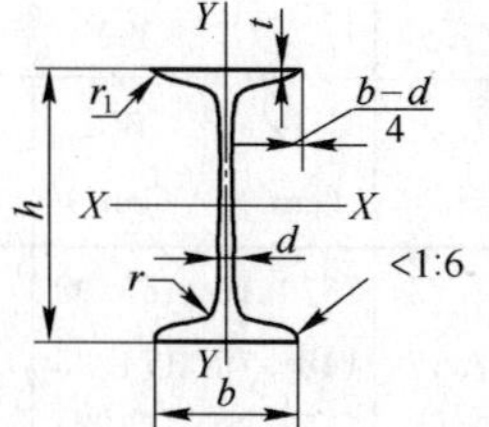

符号意义：h—高度；　r_1—腿端圆弧半径；
b—腿宽；　I—惯性矩；
d—腰厚；　W—截面系数；
t—平均腿厚；　i—惯性半径；
r—内圆弧半径；　S—半截面的静力矩。

型号	尺寸 (mm)						截面面积 (cm^2)	理论质量 ($kg \cdot m^{-1}$)	参考数值						
									X-X				Y-Y		
	h	b	d	t	r	r_1			I_X (cm^4)	W_X (cm^3)	i_X (cm)	l_x:S_x	I_Y (cm^4)	W_Y (cm^3)	i_Y (cm)
10	100	68	4.5	7.6	6.5	3.3	14.3	11.2	245	49	4.14	8.59	33	9.72	1.52
12.6	126	74	5	8.4	7	3.5	18.1	14.2	488.43	77.529	5.195	10.85	46.906	12.677	1.609
14	140	80	5.5	9.1	7.5	3.8	21.5	16.9	712	102	5.76	12	64.4	16.1	1.73
16	160	88	6	9.9	8	4	26.1	20.5	1130	141	6.58	13.8	93.1	21.2	1.89
18	180	94	6.5	10.7	8.5	4.3	30.6	24.1	1660	185	7.36	15.4	122	26	2
20a	200	100	7	11.4	9	4.5	35.5	27.9	2370	237	8.15	17.2	158	31.5	2.12
20b	200	102	9	11.4	9	4.5	39.5	31.1	3500	250	7.96	16.9	169	33.1	2.06
22a	220	110	7.5	12.3	9.5	4.8	42	33	3400	309	8.99	18.9	225	40.9	2.31
22b	220	112	9.5	12.3	9.5	4.8	46.4	36.4	3570	325	8.78	18.7	239	42.7	2.27
25a	250	116	8	13	10	5	48.5	38.1	5023.54	401.88	10.18	21.58	280.046	48.283	2.403
25b	250	118	10	13	10	5	53.5	42	5283.96	422.72	9.938	21.27	309.297	52.423	2.404
28a	280	122	8.5	13.7	10.5	5.3	55.45	43.4	7114.14	508.15	11.32	24.62	345.051	56.565	2.495
28b	280	124	10.5	13.7	10.5	5.3	61.05	47.9	7480	534.29	11.08	24.24	379.496	61.209	2.493
32a	320	130	9.5	15	11.5	5.8	67.05	52.7	11075.5	692.2	12.84	27.46	459.93	70.758	2.619
32b	302	132	11.5	15	11.5	5.8	73.45	57.7	11621.4	726.33	12.58	27.09	501.53	75.989	2.614
32c	320	134	13.5	15	11.5	5.8	79.95	62.8	12167.5	760.47	12.34	26.77	543.81	81.166	2.608
36a	360	136	10	15.8	12	6	76.3	59.9	15760	875	14.4	30.7	552	81.2	2.69
36b	360	138	12	15.8	12	6	83.5	65.6	16530	919	14.1	30.3	582	84.3	2.64
36c	360	140	14	15.8	12	6	90.7	71.2	17310	962	13.8	29.9	612	87.4	2.60
40a	400	142	10.5	16.5	12.5	6.3	86.1	67.6	21720	1090	15.9	34.1	660	93.2	2.77
40b	400	144	12.5	16.5	12.5	6.3	94.1	73.8	22780	1140	15.6	33.6	692	96.2	2.71
40c	400	146	14.5	16.5	12.5	6.3	102	80.1	23850	1190	15.2	33.2	727	99.6	2.65
45a	450	150	11.5	18	13.5	6.8	102	80.4	32240	1430	17.7	38.6	855	114	2.89
45b	450	152	13.5	18	13.5	6.8	111	87.4	33760	1500	17.4	38	894	118	2.84
45c	450	154	15.5	18	13.5	6.8	120	94.5	35280	1570	17.1	37.6	938	122	2.79
50a	500	158	12	20	14	7	119	93.6	46470	1860	19.7	42.8	1120	142	3.07
50b	500	160	14	20	14	7	129	101	48560	1940	19.4	42.4	1170	146	3.01
50c	500	162	16	20	14	7	139	109	50640	2080	19	41.8	1220	151	2.96

续表

型号	尺寸 h (mm)	b	d	t	r	r_1	截面面积 (cm^2)	理论质量 ($kg \cdot m^{-1}$)	参考数值 X-X I_X (cm^4)	W_X (cm^3)	i_X (cm)	$I_x : S_x$	Y-Y I_Y (cm^4)	W_Y (cm^3)	i_Y (cm)
56a	560	166	12.5	21	14.5	7.3	135.25	106.2	65585.6	2342.31	22.02	47.73	1370.16	165.08	3.182
56b	560	168	14.5	21	14.5	7.3	146.45	115	68512.5	2446.69	21.63	47.17	1486.75	174.25	3.162
56c	560	170	16.5	21	14.5	7.3	157.85	123.9	71439.4	2551.41	21.27	46.66	1558.39	183.34	3.158
63a	630	176	13	22	15	7.5	154.9	121.6	93916.2	2981.47	24.62	54.17	1700.55	193.24	3.314
63b	630	178	15	22	15	7.5	167.5	131.5	98083.6	3163.98	24.2	53.51	1812.07	203.60	3.289
63c	630	180	17	22	15	7.5	180.1	141	102251.1	3298.42	23.82	52.92	1924.91	213.88	3.268

注：1. 工字钢长度：10～18 号，长 5～19m；20～63 号，长 6～19m；

2. 一般采用材料：Q215-A、Q235-A、Q235-AF、Q275。

H 型钢各部位数值表 GB/T 11263—1998 附表 2-8

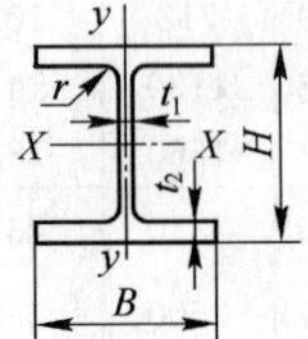

型号 (高度×宽度) (H×W)	截面尺寸(mm) H×B	t_1	t_2	r	截面面积 (cm^2)	理论质量 (kg/m)	惯性矩(cm^4) I_X	I_Y	惯性半径(cm) i_X	i_Y	截面模数(cm^3) W_X	W_Y
100×50	100×50	5	7	10	12.16	9.54	192	14.9	3.98	1.11	38.5	5.98
125×60	125×60	6	8	10	17.01	13.3	417	29.3	4.95	1.31	66.8	9.75
150×75	150×75	5	7	10	18.16	14.3	679	49.6	6.12	1.65	90.6	13.2
175×90	175×90	5	8	10	23.21	18.2	1220	97.6	7.26	2.05	140	21.7
200×100	198×99	4.5	7	13	23.59	18.5	1610	114	8.27	2.20	163	23.0
	200×100	5.5	8	13	27.57	21.7	1880	134	8.25	2.21	188	26.8
250×125	248×124	5	8	13	32.89	25.8	3560	255	10.4	2.78	287	41.1
	250×125	6	9	13	37.87	29.7	4080	294	10.4	2.79	326	47.0
300×150	298×149	5.5	8	16	41.55	32.6	6460	443	12.4	3.26	433	59.4
	300×150	6.5	9	16	47.53	37.3	7350	508	12.4	3.27	490	67.7
350×175	346×174	6	9	16	53.19	41.8	11200	792	14.5	3.86	649	91.0
	350×175	7	11	16	63.66	50.0	13700	985	14.7	3.93	782	113
100×100	100×100	6	8	10	21.90	17.2	383	134	4.18	2.47	76.5	26.7
125×125	125×125	6.5	9	10	30.31	23.8	847	294	5.29	3.11	136	47.0
150×150	150×150	7	10	13	40.55	31.9	1660	564	6.39	3.73	221	75.1
175×175	175×175	7.1	11	13	51.43	40.3	2900	984	7.50	4.37	331	112

续表

型　号 (高度×宽度) ($H\times W$)	截面尺寸(mm)				截面面积 (cm^2)	理论质量 (kg/m)	截面特性参数					
							惯性矩(cm^4)		惯性半径(cm)		截面模数(cm^3)	
	$H\times B$	t_1	t_2	r			I_X	I_Y	i_X	i_Y	W_X	W_Y
200×200	200×200	8	12	16	64.28	50.5	4770	1600	8.61	4.99	477	160
	200×204	12	12	16	72.28	56.7	5030	1700	8.35	4.85	503	167
150×100	148×100	6	9	13	27.25	21.4	1040	151	6.17	2.35	140	30.2
200×150	194×150	6	9	16	39.76	31.2	2740	508	8.30	3.57	283	67.7
250×175	244×175	7	11	16	56.24	44.1	6120	985	10.4	4.18	502	113

钢材的规格表示及理论质量换算公式表　　**附表 2-9**

名　称	横断面形状及标注方法	各部分称呼及代号	规格表示方法(mm)	理论质量换算公式
圆钢、钢丝	ϕd	d—直径	直径 例：$\phi 25$	$W=0.00617\times d^2$
方钢	□a a	a—边宽	边长 例：50^2 或 50×50	$W=0.00785\times a^2$
六角钢	a	a—对边距离	对边距离 例：25	$W=0.0068\times a^2$
六角中空钢	D d	d—芯孔直径 D—内切圆直径	内切圆直径 例：25	$W=0.0068\times D^2$ $-0.00617\times d^2$
扁　钢	δ b	δ—厚度 b—宽度	厚度×宽度 例：6×20	$W=0.00785\times b\times\delta$ $W=7.85\times\delta$
钢　板		δ—厚度 b—宽度	厚度或厚度×宽度×长度 例：9 或 9×1400×1800	
工字钢	h d N b	h—高度 b—腿宽 d—腰厚 N—型号	高度×腿宽×腰厚或以型号表示 例：100×68×4.5 或 10 号	a. $W=0.00785\times d[h+3.34(b-d)]$ b. $W=0.00785\times d[h+2.65(b-d)]$ c. $W=0.00785\times d[h+2.26(b-d)]$

续表

名 称	横断面形状及标注方法	各部分称呼及代号	规格表示方法(mm)	理论质量换算公式
槽钢		h—高度 b—腿宽 d—腰厚 N—型号	高度×腿宽×腰厚或以型号表示 例：100×48×5.3 或 10 号	a. $W=0.00785\times a[h+3.26(b-d)]$ b. $W=0.00785\times d[h+2.44(b-d)]$ c. $W=0.00785\times d[h+2.24(b-d)]$
等边角钢		b—边宽 d—边厚	边宽^2×边厚 例：75^2×10 或 75×75×10	$W=0.00795\times d(2b-d)$
不等边角钢		B—长边宽度 b—短边宽度 d—边厚	长边宽度×短边宽度×边厚 例：100×75×10	$W=0.00795\times d(B+b-d)$
无缝钢管或电焊钢管		D—外径 t—壁厚	外径×壁厚×长度一钢号或外径×壁厚 例：102×4×700－20 号或 102×4	$W=0.02466\times t\times(D-t)$

注：1. 钢的相对密度为 7.85g/cm^3；

2. W 为每米长度(钢板公式中指每平方米)的理论质量(kg)；

3. 螺纹钢筋的规格以计算直径表示，预应力混凝土用钢绞线以公称直径表示，水、煤气输送钢管及电线套管以公称口径或英寸表示。

附录 3 钢材表面除锈质量等级

钢材表面除锈质量等级 **附表 3**

质量等级	质 量 标 准
手动工具除锈(St2 级)	用手工工具(铲刀，钢丝刷等)除掉钢表面上松动，翘起的氧化皮，疏松的锈，疏松的旧涂层及其他污物。可保留粘附在钢表面且不能被钝油灰刀剥掉的氧化皮，锈和旧涂层
动力工具除锈(St3 级)	用动力工具(如动力旋转钢丝刷等)彻底地除掉钢表面上所有松动或翘起的氧化皮，疏松的锈，疏松的旧涂层和其他污物。可保留粘附在钢表面上且不能被钝油灰刀剥掉的氧化皮，锈和旧涂层

续表

质量等级	质量标准
清扫级喷射除锈（Sa1 级）	用喷(抛)射磨料的方式除去松动，翘起的氧化皮、疏松的锈，疏松的旧涂层及其他污物。清理后钢表面上几乎没有肉眼可见的油、油脂、灰土、松动的氧化皮，疏松的锈和疏松的旧涂层。允许在表面上留有牢固粘附着的氧化皮、锈和旧涂层
工业级喷射除锈（Sa2 级）	用喷(抛)射磨料的方式除去大部分氧化皮、锈、旧涂层及其他污物。经清理后，钢表面上几乎没有肉眼可看见的油、油脂和灰土。允许在表面上留有均匀分布的、牢固粘附着的氧化皮，锈和旧涂层，其总面积不得超过总除锈面积的 1/3
近白级喷射除锈（Sa2 $\frac{1}{2}$ 级）	用喷(抛)射磨料的方式除去几乎所有的氧化皮、锈、旧涂层及其他污物。经清理后，钢表面上几乎没有肉眼可看见的油、油脂、灰土、氧化皮、锈和旧涂层。允许在表面上留有均匀分布的氧化皮、斑点和锈迹，其总面积不得超过总除锈面积的 5%
白级喷射除锈（Sa3 级）	用喷(抛射)磨料的方法彻底地清除氧化皮，锈、旧涂层及其他污物。经清理后，钢表面上没有肉眼可见的油、油脂、灰土、氧化皮、锈和旧涂层，仅留有均匀分布的锈斑、氧化皮斑点或旧涂层斑点造成的轻微的痕迹

注：1. 上述各喷(抛)射除锈质量等级所达到的表面粗糙度应适合规定的涂装要求；

2. 喷射除锈后的钢表面，在颜色的均匀性上允许受钢材的钢号、原始锈蚀程度、轧制或加工纹路以及喷射除锈余痕所产生的变色作用的影响。

附录 4　焊缝的强度设计值

焊缝的强度设计值(N/mm²)　　**附表 4**

焊条型号	构件钢材			对接焊缝				角焊缝
	钢号	组别	厚度或直径(mm)	抗压 f_c^w	满足《钢结构工程施工及验收规范》中下列级别焊缝的检验质量标准时抗拉和抗弯 f_t^w		抗剪 f_v^w	抗拉、抗压和抗剪 f_f^w
					Ⅰ、Ⅱ级	Ⅲ级		
自动焊、半自动焊和用 E43××型焊条的手工焊	3 号钢	第 1 组 第 2 组 第 3 组		215 200 190	215 200 190	185 170 160	125 115 110	160 160 160
自动焊、半自动焊和用 E50××型焊条的手工焊	16Mn 钢 $16Mn_q$ 钢		≤16 17～25 26～36	315 300 290	315 300 290	270 255 245	185 175 170	200 200 200
自动焊、半自动焊和用 E55××型焊条的手工焊	16MnV 钢 $15MnV_q$ 钢		≤16 17～25 26～36	350 335 320	350 335 320	300 285 270	205 195 185	220 220 220

附录 5 焊缝的容许应力

焊缝的容许应力(MPa) **附表 5**

焊缝种类	应力种类	符号	自动焊、半自动焊和用 E43××型焊条的手工焊				自动焊、半自动焊和用 E50××型焊条的手工焊		
			构件的钢号						
			Q235 钢		Q235 钢		16Mn 钢或 $16Mn_q$ 钢		
			第 1 组	第 2、3 组	第 1 组	第 2、3 组	第 1 组	第 2 组	第 3 组
对接焊缝	抗压	$[\sigma_a^h]$	155	140	170	155	240	230	215
	抗拉 当用自动焊时	$[\sigma_l^h]$	155	140	170	155	240	230	215

附录 6 螺栓连接的强度设计值

螺栓连接的强度设计值(N/mm^2) **附表 6**

螺栓的钢号(或强度等级)和构件的钢号		构件钢材		普通螺栓						锚栓	承压型高强度螺栓	
				粗制螺栓			精制螺栓					
		组别	厚度(mm)	抗拉 f_t^b	抗剪 f_v^b	承压 f_c^b	抗拉 f_t^b	抗剪Ⅰ类孔 f_v^b	承压Ⅰ类孔 f_c^b	抗拉 f_t^b	抗剪 f_v^b	承压 f_c^b
普通螺栓	Q235 钢			170	130		170	170				
锚栓	Q235 16Mn 钢									140 190		
承压型高强度螺栓	8.8 级 10.9 级										250 310	
构件	3 号钢	第 1～3 组				305			400			465
	16Mn 钢 $16Mn_q$ 钢		≤16 17～25 26～36			420 400 385			550 530 510			640 615 590
	15MnV 钢 $15MnV_q$ 钢		≤16 17～25 26～36			435 420 400			570 550 530			665 640 615

附录 7　工字钢悬臂梁容许荷重

工字钢悬臂梁容许荷重　　**附表 7**

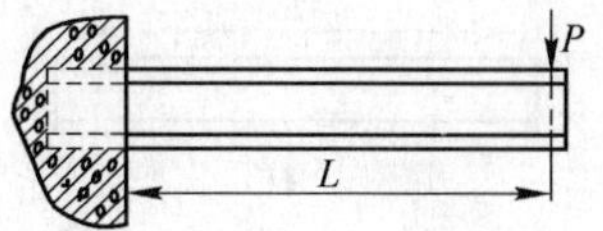

工字钢号码	悬臂长度 L(m)							
	0.5	1	1.5	2	2.5	3	3.5	4
	容许荷重 P(t)							
10	1.4	0.68						
12.6	2.2	1.1	0.72	0.54				
14	2.9	1.4	0.95	0.71	0.57			
16	4.0	2.0	1.4	0.98	0.78	0.65	0.56	
18	5.2	2.6	1.7	1.3	1.0	0.86	0.74	0.64
20*a*	6.6	3.3	2.2	1.7	1.3	1.1	0.94	0.82
22*a*	8.7	4.3	2.9	2.2	1.7	1.4	1.2	1.1
25*a*	11.3	5.6	3.8	2.8	2.3	1.9	1.6	1.4
28*a*	14.2	7.1	4.7	3.6	2.8	2.4	2.0	1.8
32*a*	19.4	9.7	6.5	4.8	3.9	3.2	2.8	2.4
32*c*	21.3	10.6	7.1	5.3	4.3	3.5	3.0	2.7
36*a*	24.5	12.2	8.2	6.1	4.9	4.1	3.5	3.1
36*c*	26.9	13.5	9.0	6.7	5.4	4.5	3.8	3.4
40*a*	30.5	15.3	10.2	7.6	6.1	5.1	4.4	3.8
40*c*	33.3	16.6	11.1	8.3	6.6	5.6	4.8	4.2
45*a*	40.0	20.0	13.3	10.0	8.0	6.7	5.7	5.0
45*c*	43.9	21.9	14.6	10.9	8.8	7.3	6.3	5.5
50*a*	52.0	26.0	17.4	13.0	10.4	8.7	7.4	6.5
50*c*	58.2	29.1	19.4	14.6	11.6	9.7	8.3	7.3
56*a*	65.5	32.7	21.9	16.4	13.1	10.9	9.4	8.2
56*c*	71.4	35.7	23.8	17.9	14.3	11.9	10.2	8.9
63*a*	83.5	41.7	27.8	20.9	16.7	13.9	11.9	10.4
63*c*	92.4	46.2	30.8	23.1	18.5	15.4	13.2	11.5

注：1. 材料为 Q235-A；

2. 允许应力为 140MPa。

附录 8 工字钢简支梁容许荷重

工字钢简支梁容许荷重 **附表 8**

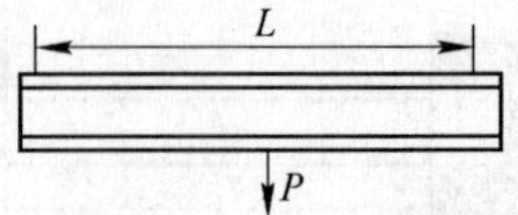

工字钢号码	支点间的距离 L(m)								
	2	3	4	5	6	7	8	9	10
	容许荷重 P(t)								
10	1.37	0.91	0.68						
12.6	2.2	1.4	1.1	0.86					
14	2.9	1.9	1.4	1.1	0.95	0.82			
16	3.9	2.6	2.0	1.6	1.3	1.1			
18	5.2	3.5	2.6	2.1	1.7	1.5	1.3	1.2	
20*a*	6.6	4.4	3.3	2.7	2.2	1.9	1.7	1.5	1.3
22*a*	8.7	5.8	4.5	3.5	2.9	2.5	2.2	1.9	1.7
25*a*	11.3	7.5	5.6	4.5	3.8	3.2	2.8	2.5	2.3
28*a*	14.2	9.5	7.1	5.7	4.7	4.1	3.6	3.2	2.8
32*a*	19.3	12.9	9.7	7.8	6.5	5.5	4.8	4.3	3.9
32*c*	21.2	14.2	10.6	8.5	7.1	6.1	5.3	4.7	4.3
36*a*	24.5	16.3	12.3	9.8	8.2	7.0	6.1	5.4	4.9
36*c*	26.9	17.9	13.5	10.8	8.9	7.7	6.7	5.9	5.4
40*a*	30.5	20.3	15.2	12.2	10.2	8.7	7.6	6.8	6.1
40*c*	33.3	22.2	16.6	13.3	11.1	9.5	8.3	7.4	6.6
45*a*	40.0	26.7	20.0	16.0	13.3	11.4	10.0	8.9	8.0
45*c*	43.9	29.3	21.9	17.6	14.6	12.6	10.9	9.8	8.7
50*a*	52.0	34.7	26.0	20.8	17.3	14.8	13.0	11.5	10.4
50*c*	58.2	38.8	29.1	23.3	19.4	16.6	14.6	12.2	11.6
56*a*	65.5	43.7	32.8	26.2	21.8	18.7	16.4	14.5	13.1
56*c*	71.4	47.6	35.7	28.6	23.8	20.4	17.8	15.9	14.3
63*a*	83.4	55.7	41.7	33.4	27.8	23.9	20.8	18.6	16.7
63*c*	92.3	61.6	46.2	36.9	30.7	26.4	23.0	20.5	18.5

注：1. 材料为 Q235-A；

2. 允许应力为 140MPa。

附录9 常 用 数 值

角度与弧度互换表 **附表 9-1**

角度	弧 度	角度	弧 度	角度	弧 度	角度	弧 度	角度	弧 度
1′	0.0003	1°	0.0175	16°	0.2793	31°	0.5441	70°	1.2217
2′	0.0006	2°	0.0349	17°	0.2967	32°	0.5585	75°	1.3090
3′	0.0009	3°	0.0524	18°	0.3142	33°	0.5760	80°	1.3963
4′	0.0012	4°	0.0698	19°	0.3316	34°	0.5934	85°	1.4835
5′	0.0015	5°	0.0873	20°	0.3491	35°	0.6109	90°	1.5708
6′	0.0017	6°	0.1047	21°	0.3665	36°	0.6283	100°	1.7453
7′	0.0020	7°	0.1222	22°	0.3840	37°	0.6458	110°	1.9199
8′	0.0023	8°	0.1396	23°	0.4014	38°	0.6632	120°	2.0943
9′	0.0026	9°	0.1571	24°	0.4189	39°	0.6807	150°	2.6180
10′	0.0029	10°	0.1745	25°	0.4363	40°	0.6981	180°	3.1416
20′	0.0058	11°	0.1920	26°	0.4538	45°	0.7854	200°	3.4907
30′	0.0087	12°	0.2094	27°	0.4712	50°	0.8727	250°	4.3633
40′	0.0116	13°	0.2269	28°	0.4887	55°	0.9599	270°	4.7124
50′	0.0145	14°	0.2443	29°	0.5061	60°	1.0472	300°	5.2360
60′	0.0175	15°	0.2618	30°	0.5286	65°	1.1345	360°	6.2802

弧度与角度互换表 **附表 9-2**

弧 度	角 度	弧 度	角 度	弧 度	角 度	弧 度	角 度
0.001	0°03′	0.01	0°34′	0.1	5°44′	1	57°18′
0.002	0°07′	0.02	1°09′	0.2	11°28′	2	114°35′
0.003	0°10′	0.03	1°43′	0.3	17°11′	3	171°53′
0.004	0°14′	0.04	2°18′	0.4	22°55′	4	229°11′
0.005	0°17′	0.05	2°52′	0.5	28°39′	5	286°29′
0.006	0°21′	0.06	3°26′	0.6	34°23′	6	343°46′
0.007	0°24′	0.07	4°01′	0.7	40°06′	7	401°04′
0.008	0°28′	0.08	4°35′	0.8	45°50′	8	458°22′
0.009	0°31′	0.09	5°09′	0.9	51°34′	9	515°40′

乘 方 表 **附表 9-3**

数	平方	立方	平方根	立方根	自然对数	倒数	圆周（数=直径）	面积（数=直径）
n	n^2	n^3	$\sqrt{n}$	$\sqrt[3]{n}$	$\ln n$	$\frac{1000}{n}$	πn	$\frac{\pi n^2}{4}$
1	1	1	1.0000	1.0000	0.00000	1000.000	3.142	0.7854
2	4	8	1.4142	1.2599	0.69315	500.000	6.283	3.1416
3	9	27	1.7321	1.4422	1.09861	333.333	9.426	7.0686
4	16	64	2.0000	1.5874	1.38629	250.000	12.566	12.5664

续表

数	平方	立方	平方根	立方根	自然对数	倒数	圆周 (数=直径)	面积 (数=直径)
n	n^2	n^3	$\sqrt{n}$	$\sqrt[3]{n}$	$\ln n$	$\frac{1000}{n}$	πn	$\frac{\pi n^2}{4}$
5	25	125	2.2361	1.7100	1.60944	2000.00	15.708	19.6350
6	36	216	2.4495	1.8171	1.79176	165.667	18.850	28.2743
7	49	343	2.6458	1.9129	1.94591	142.875	21.991	38.4845
8	64	512	2.8284	2.0000	2.07944	125.000	25.133	50.2655
9	81	729	3.0000	2.0801	2.19722	111.111	28.274	63.6173
10	100	1000	3.1623	2.1544	2.30259	100.0000	31.416	78.5398
11	121	1331	3.3166	2.2240	2.39790	90.9091	34.558	95.0332
12	144	1728	3.4641	2.2894	2.48491	83.3333	37.699	113.097
13	169	2197	3.6056	2.3513	2.56495	76.9231	40.841	132.732
14	196	2744	3.3417	2.4101	2.63906	71.4286	43.932	153.938
15	225	3375	3.8730	2.4662	2.70805	66.6667	47.124	176.715
16	256	4049	4.0000	2.5198	2.77259	62.5000	50.265	201.062
17	289	4913	4.1231	2.5713	2.83321	58.8235	53.407	226.980
18	324	5332	4.2426	2.6207	2.89037	55.5556	56.549	254.469
19	361	6859	4.3589	2.6684	2.94444	52.6316	59.690	283.529
20	400	8000	4.4721	2.7144	2.99537	50.0000	62.832	314.159
21	441	9261	4.5326	2.7589	3.04452	47.6190	65.973	346.361
22	484	10648	4.6904	2.8020	3.09104	45.4545	69.115	380.133
23	529	12167	4.7958	2.8439	3.13549	43.4788	72.257	415.476
24	576	13324	4.8990	2.8845	3.17805	41.6667	75.398	452.389
25	625	15625	5.0000	2.9240	3.21888	40.0000	78.540	490.847
26	676	17576	5.0990	2.9625	3.25810	38.4615	81.681	530.929
27	720	19683	5.1962	3.0000	3.29534	37.0370	84.823	572.555
28	784	21952	5.2915	3.0366	3.33220	35.7143	87.965	615.752
29	841	24389	5.3852	3.0723	3.36730	34.4828	91.106	660.520
30	900	27000	5.4772	3.1072	3.40120	33.3333	94.248	706.858
31	961	29791	5.5678	3.1414	3.43399	32.2581	97.389	754.768
32	1024	32768	5.6569	3.1748	3.46574	31.2500	100.531	804.243
33	1089	35937	5.7446	3.2075	3.49651	30.3030	103.673	585.299
34	1156	39304	5.8310	3.2396	3.52636	29.4418	106.814	907.920
35	1225	42875	5.9161	3.2711	3.55535	28.5714	109.965	962.113
36	1296	46656	6.0000	3.3019	3.58352	27.7778	113.907	1017.88
37	1369	50635	6.0828	3.3322	3.61092	27.0270	116.239	1075.21
38	1444	54372	6.1644	3.3620	3.63759	26.3158	119.381	1134.11
39	1521	59319	6.2450	3.3912	3.63256	25.6410	122.522	1194.59
40	1600	64000	6.3246	3.4200	3.68888	25.0000	125.66	1256.64
41	1681	68921	6.4031	3.4482	3.71357	24.3920	128.81	1320.25
42	1764	74088	6.4807	3.4760	3.73767	23.8095	131.95	1335.44
43	1849	79507	6.5574	3.5034	3.76120	23.2558	135.00	1452.20
44	1936	85184	6.6332	3.5303	3.78419	22.7273	138.23	1520.53

续表

数	平方	立方	平方根	立方根	自然对数	倒数	圆周（数＝直径）	面积（数＝直径）
n	n^2	n^3	$\sqrt{n}$	$\sqrt[3]{n}$	$\ln n$	$\frac{1000}{n}$	πn	$\frac{\pi n^2}{4}$
45	2025	91125	6.7082	3.5569	3.80666	22.2222	141.37	1590.43
46	2116	97336	6.7823	3.5830	3.82864	21.7391	144.51	1661.90
47	2209	103823	6.8557	3.6088	3.85015	21.2766	147.65	1734.94
48	2304	110592	6.9282	3.6342	3.87120	20.8333	150.80	1809.56
49	2401	117649	7.0000	3.6593	3.89182	20.4082	153.97	1885.74
50	2500	125000	7.0711	3.6840	3.91202	20.0000	157.08	1963.50
51	2601	132651	7.1414	3.7084	3.93183	16.6078	160.22	2042.82
52	2704	140308	7.2111	3.7325	3.95124	19.2308	163.36	2123.72
53	2809	148877	7.2301	3.7563	3.97026	18.8679	166.50	2206.18
54	2916	157464	7.3485	3.7798	3.98898	18.5185	169.65	2290.22
55	3025	166375	7.4162	3.8030	4.00733	18.1818	172.79	2375.83
56	3136	175616	7.4833	3.8256	4.02535	17.8571	175.93	2463.01
57	3249	185193	7.5493	3.8485	4.04305	17.5439	179.07	2551.76
58	3364	165112	7.6158	3.8709	4.06044	17.2414	182.21	2642.08
59	3481	205379	7.6311	3.8930	4.07754	16.9492	185.35	2733.97
60	3600	216000	7.7460	3.9149	4.09434	16.6677	188.50	2827.43
61	3721	226981	7.8102	3.9365	4.11087	16.3934	191.64	2922.47
62	3844	233328	7.8740	3.9579	4.12713	16.1290	194.78	3019.07
63	3969	250047	7.9373	3.9791	3.14313	15.8730	197.92	3117.25
64	4096	262144	8.0000	4.0000	4.15888	15.6250	201.06	3216.06
65	4225	274625	8.0623	4.0207	4.17439	15.3846	204.20	3318.31
66	4356	287496	8.1240	4.0412	4.18965	15.1515	207.35	3421.19
67	4489	300763	8.1854	4.0615	4.20409	14.9254	210.49	3525.65
68	4624	314432	8.2462	4.0817	4.21951	14.7059	213.63	3631.68
69	4761	328509	8.3066	4.1016	4.23411	14.4928	216.77	3739.28
70	4900	343000	8.3666	4.1213	4.24850	14.2857	219.91	3848.45
71	5041	357911	8.4261	4.1408	4.26268	14.0845	223.05	3959.19
72	5184	373248	8.4853	4.1602	4.27667	13.8889	226.19	4071.50
73	5329	389017	8.5440	4.1793	4.29046	13.6986	229.34	4185.39
74	5476	405224	8.6023	4.1983	4.30407	13.5135	232.48	4800.84
75	5625	421875	8.6603	4.2172	4.31749	13.3333	235.62	4417.86
76	5776	433976	8.7178	4.2358	4.33073	13.1579	233.76	4536.46
77	5929	456533	8.7750	4.2543	4.34381	12.9870	241.90	4656.63
78	6084	474552	8.8318	4.2727	4.35671	12.8205	245.04	4778.36
79	6214	493039	8.8382	4.2908	4.36045	12.6582	248.19	4901.67
80	6400	512000	8.9443	4.3089	4.38203	12.5000	251.33	5026.55
81	6501	531441	9.0000	4.3267	4.39445	12.3457	254.47	5153.00
82	6724	551368	9.0554	4.3445	4.40372	12.1951	257.01	5281.02
83	6889	571787	9.1104	4.3621	4.41884	12.0482	260.75	5410.61
84	7056	592704	9.1652	4.3795	4.43082	11.9048	263.89	5541.77

续表

数	平方	立方	平方根	立方根	自然对数	倒数	圆周（数=直径）	面积（数=直径）
n	n^2	n^3	$\sqrt{n}$	$\sqrt[3]{n}$	$\ln n$	$\frac{1000}{n}$	πn	$\frac{\pi n^2}{4}$
85	7225	614125	9.2195	4.3968	4.44265	11.7647	267.04	5674.50
86	7396	636056	9.2736	4.4140	4.45435	11.6279	270.18	5308.80
87	7569	658503	9.3274	4.4310	4.46591	11.4943	273.32	5044.68
88	7744	631472	9.3808	4.4480	4.47734	11.3636	276.46	6082.16
89	7921	704969	9.4340	4.4647	4.48864	11.2360	279.60	6221.14
90	8100	729000	9.4863	4.4814	4.49981	11.1111	282.74	6361.73
91	8281	753571	9.5394	4.4979	4.51086	10.9890	285.88	6508.88
92	8464	778638	9.5917	4.5144	4.52179	10.8696	289.03	6647.61
93	8649	804357	9.6437	4.5307	4.53200	10.7527	292.17	6792.91
94	8836	830584	9.6954	4.5468	4.54329	10.6383	295.31	6939.78
95	9025	857375	9.7468	4.5629	4.55383	10.5263	298.45	7088.22
96	9216	834736	9.7980	4.5789	4.56435	10.4167	301.59	7238.23
97	9409	912673	9.8489	4.5947	4.57471	10.3093	304.73	7389.81
98	9604	941192	9.8995	4.6104	4.58497	10.2041	307.88	7542.96
99	9801	970299	9.9499	4.6261	4.59512	10.1010	311.02	7697.69
100	10000	1000000	10.0000	4.6416	4.60517	10.0000	314.16	7353.98

斜度变换角度表 **附表 9-4**

斜度(%)	角 度	斜度(%)	角 度	斜度(%)	角 度
1	0°40′	11	6°20′	22	12°25′
2	1°10′	12	6°50′	24	13°30′
3	1°40′	13	7°20′	26	14°35′
4	2°20′	14	8°0′	28	15°40′
5	2°50′	15	8°30′	30	16°50′
6	3°25′	16	9°10′	32	17°45′
7	4°0′	17	9°40′	34	18°50′
8	4°40′	18	10°10′	36	19°50′
9	5°10′	19	10°45′	38	20°50′
10	5°45′	20	11°20′	40	21°50′

附录 10 面积、体积计算公式

平面图形面积 **附表 10-1**

图 形		尺寸符号	面积(F) 表面积(S)	重心(G)
正方形	(图：边长 a，对角线 d)	a—边长 d—对角线	$F=a^2$ $a=\sqrt{F}=0.707d$ $d=1.414a=1.414\sqrt{F}$	在对角线交点上

续表

图形		尺寸符号	面积(F) 表面积(S)	重心(G)
长方形	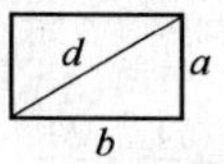	a—短边 b—长边 d—对角线	$F=a\cdot b$ $d=\sqrt{a^2+b^2}$	在对角线交点上
三角形	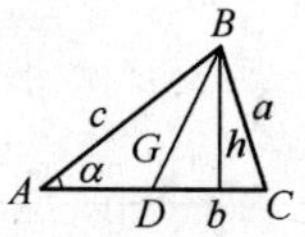	h—高 l—$\frac{1}{2}$周长 a、b、c—对应角 A、B、C 的边长	$F=\frac{bh}{2}=\frac{1}{2}a\cdot b\sin\alpha$ $l=\frac{a+b+c}{2}$	$GD=\frac{1}{3}BD$ $CD=DA$
平行四边形	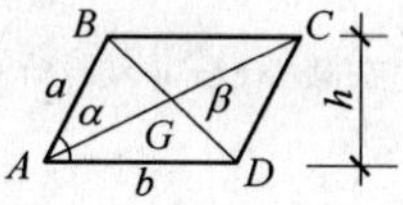	a、b—邻边 h—对边间的距离	$F=b\cdot h=a\cdot b\sin\alpha$ $=\frac{AC\cdot BD}{2}\cdot\sin\beta$	对角线交点上
梯形	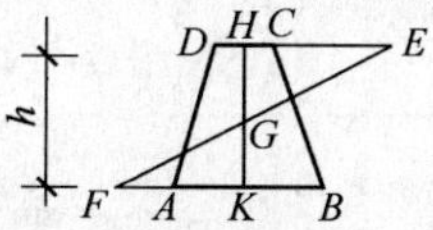	$CE=AB$ $AF=CD$ $a=CD$(上底边) $b=AB$(下底边) h—高	$F=\frac{a+b}{2}\cdot h$	$HG=\frac{h}{3}\cdot\frac{a+2b}{a+b}$ $KG=\frac{h}{3}\cdot\frac{2a+b}{a+b}$
圆形	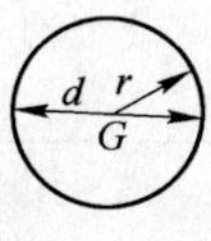	r—半径 d—直径 p—圆周长	$F=\pi r^2=\frac{1}{4}\pi d^2$ $=0.785d^2$ $=0.07958p^2$ $p=\pi d$	在圆心上
椭圆形	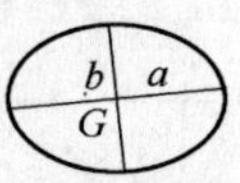	a、b—主轴	$F=\frac{\pi}{4}a\cdot b$	在主轴交点 G 上
扇形	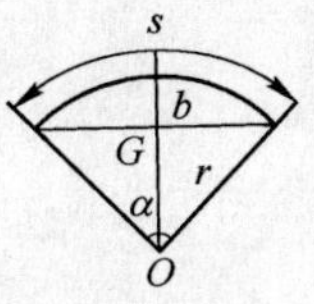	r—半径 s—弧长 a—弧 s 的对应中心角	$F=\frac{1}{2}r\cdot S=\frac{a}{360}\pi r^2$ $S=\frac{a\pi}{180}r$	$G_O=\frac{2}{3}\cdot\frac{rh}{S}$ 当 $a=90°$时 $G_O=\frac{4}{3}\cdot\frac{\sqrt{2}}{\pi}r\approx\cdot 6r$

续表

图形		尺寸符号	面积(F) 表面积(S)	重心(G)
弓形	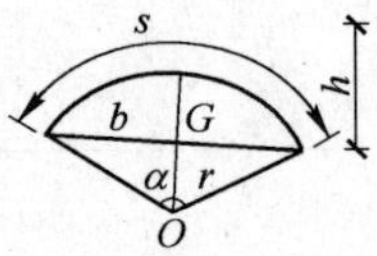	r—半径 s—弧长 a—中心角 b—弦长 h—高	$F=\frac{1}{2}r^2\left(\frac{\alpha\pi}{180}-\sin\alpha\right)=$ $\frac{1}{2}[r(s-b)+bh]$ $s=r\cdot\alpha\cdot\frac{\pi}{180}=0.0175r\cdot\alpha$ $h=r-\sqrt{r^2-\frac{1}{4}a^2}$	$G_O=\frac{1}{12}\cdot\frac{b^2}{F}$ 当 $\alpha=180^\circ$ 时 $G_O=\frac{4r}{3\pi}=0.4244r$
圆环	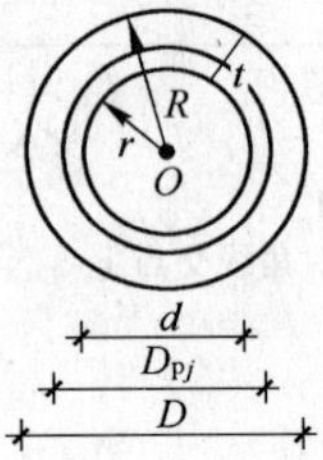	R—外半径 r—内半径 D—外直径 d—内直径 t—环宽 D_{pj}—平均直径	$F=\pi(R^2-r^2)=\frac{\pi}{4}$ $\times(D^2-d^2)=\pi\cdot D_{pj}t$	在圆心 O
部分圆环	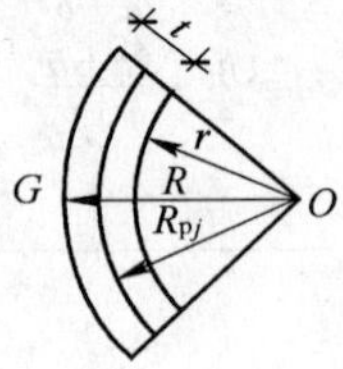	R—外半径 r—内半径 D—外直径 d—内直径 R_{pj}—圆环平均半径 t—环宽	$F=\frac{\alpha\pi}{180}(R^2\times r^2)$ $=\frac{\alpha\pi}{180}R_{pj}\cdot t$	$GO=38.2\frac{R^3-r^3}{R^2-r^2}\cdot\frac{\sin\frac{\alpha}{2}}{\frac{\alpha}{2}}$
新月形	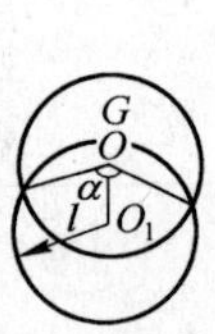	$OO_1=l$ 圆心间的距离 d—直径	$F=r^2\left(\pi-\frac{\pi}{180}\alpha+\sin\alpha\right)$ $=r^2\cdot P$ $P=\pi-\frac{\pi}{180}\alpha+\sin\alpha$ P 值见以下表	$O_1G=\frac{(\pi-P)L}{2P}$

L	$\frac{d}{10}$	$\frac{2d}{10}$	$\frac{3d}{10}$	$\frac{4d}{10}$	$\frac{5d}{10}$	$\frac{6d}{10}$	$\frac{7d}{10}$	$\frac{8d}{10}$	$\frac{9d}{10}$
P	0.40	0.79	1.18	1.56	1.91	2.25	2.55	2.81	3.02

图形		尺寸符号	面积(F) 表面积(S)	重心(G)
抛物线形	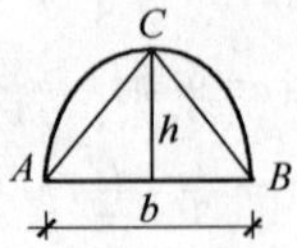	b—底边 h—高 l—曲线长 S—△ABC 的面积	$l=\sqrt{b^2+1.3333h^2}$ $F=\frac{2}{3}b\cdot h=\frac{4}{3}\cdot S$	

续表

图形		尺寸符号	面积(F) 表面积(S)	重心(G)
等边多边形		a—边长 K_i—系数，i 指多边形的边数	$F=K\cdot a^2$ 三边形 $K_3=0.433$ 四边形 $K_4=1.000$ 五边形 $K_5=1.720$ 六边形 $K_6=2.698$ 七边形 $K_7=3.614$ 八边形 $K_8=4.828$ 九边形 $K_9=6.182$ 十边形 $K_{10}=7.694$	在内、外接面心处

多面体的体积和表面积 附表 10-2

图形		尺寸符号	体积(V)底面积(F) 表面积(S)侧表面积(S_1)	重心(G)
立方体		a— 棱 d—对角线 S—表面积 S_1—侧表面积	$V=a^3$ $S=6a^2$ $S_1=4a^2$	在对角线交点上
长方体(棱柱)		a、b、h—边长 O—底面对角线交点	$V=a\cdot b\cdot h$ $S=2(a\cdot b+a\cdot h+bh)$ $S_1=2h(a+b)$ $d=\sqrt{a^2+b^2+h^2}$	$G_O=\frac{h}{2}$
三棱柱		a、b、c—边长 h—高 F—底面积 O—底面中线的交点	$V=F\cdot h$ $S=(a+b+c)\cdot h+2F$ $S_1=(a+b+c)\cdot h$	$G_O=\frac{h}{2}$
棱锥		f—一个组合三角形的面积 n—组合三角形的个数 O—锥底各对角线交点	$V=\frac{1}{3}F\cdot h$ $S=n\cdot f+F$ $S_1=n\cdot f$	$G_O=\frac{h}{4}$
棱台		F_1、F_2—两平行底面的面积 h—底面间的距离 a—一个组合梯形的面积 n—组合梯形数	$V=\frac{1}{3}h(F_1+F_2+\sqrt{F_1F_2})$ $S=an+F_1+F_2$ $S_1=an$	$G_O=\frac{h}{4}\cdot\frac{F_1+2\sqrt{F_1F_2}+3F_2}{F_1+\sqrt{F_1F_2}+F_2}$

续表

图形	尺寸符号	体积(V)底面积(F) 表面积(S)侧表面积(S_1)	重心(G)
圆柱和空心圆柱(管)	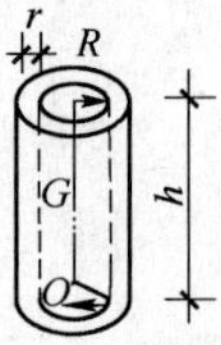 R—外半径 r—内半径 t—柱壁厚度 p—平均半径 S_1—内外侧面积	圆柱： $V=\pi R^2\cdot h$ $S=2\pi Rh+2\pi R^2$ $S_1=2\pi Rh$ 空心直圆柱： $V=\pi h(R^2-r^2)$ $=2\pi Rpth$ $S=2\pi(R+r/h+2\pi)\cdot$ (R^2-r^2) $S_1=2\pi(R+r)h$	$G_O=\frac{h}{2}$
斜截直圆柱	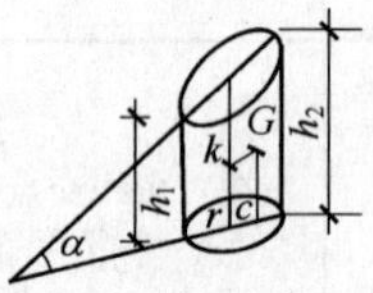 h_1—最小高度 h_2—最大高度 r—底面半径	$V=\pi r^2\cdot\frac{h_1+h_2}{2}$ $S=\pi r(h_1+h_2)$ $+\pi r^2\left(1+\frac{1}{\cos\alpha}\right)$ $S_1=\pi r(h_1+h_2)$	$G_O=\frac{h_1+h_2}{4}$ $+\frac{r^2\text{tg}^2\alpha}{4(h_1+h_2)}$ $G_K=\frac{1}{2}\cdot\frac{r^2}{h_1+h_2}$ $\cdot\text{tg}\alpha$
直圆锥	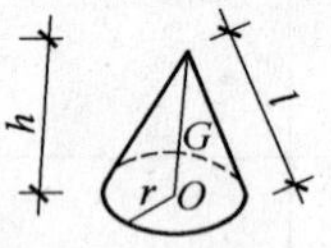 r—底面半径 h—高 l—母线长	$V=\frac{1}{3}\pi r^2h$ $S_1=\pi r\sqrt{r^2+h^2}=\pi rl$ $l=\sqrt{r^2+h^2}$ $S=S_1+\pi r^2$	$G_O=\frac{h}{4}$
圆台	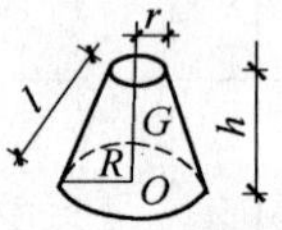 R、r—底面半径 h—高 l—母线	$V=\frac{\pi h}{3}\cdot(R^2+r^2+Rr)$ $S_1=\pi l(R+r)$ $l=\sqrt{(R-r)^2+h^2}$ $S=S_1+\pi(R^2+r^2)$	$G_O=\frac{h}{4}$ $\cdot\frac{R^2+2Rr+3r^2}{R^2+Rr+r^2}$
球	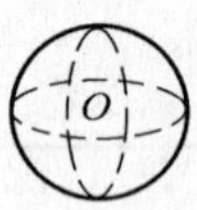 r—半径 d—直径	$V=\frac{4}{3}\pi r^3=\frac{\pi d^3}{6}$ $=0.5236d^3$ $S=4\pi r^2=\pi d^2$ $S=4\pi r^2=\pi d^2$	在球心上
球扇形(球楔)	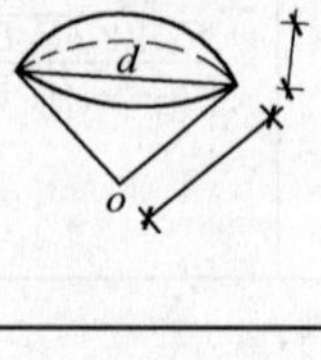 r—球半径 d—弓形底圆直径 h—弓形高	$V=\frac{2}{3}\pi r^2h=2.0944r^2h$ $S=\frac{\pi r}{2}(4h+d)$ $=1.57r(4h+d)$	$G_O=\frac{3}{4}\left(r-\frac{h}{2}\right)$

续表

	图形	尺寸符号	体积(V) 底面积(F) 表面积(S)侧表面积(S_1)	重心(G)
球缺	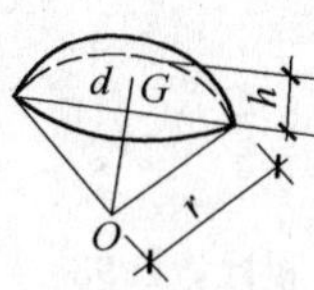	h—球缺的高 r—球缺半径 d—平切圆直径 $S_曲$—曲面面积 S—球缺表面积	$V=\pi h^2\left(r-\frac{h}{3}\right)$ $S_曲=2\pi rh$ $=\pi\left(\frac{d^2}{4}+h^2\right)$ $S=\pi h(4r-h)$ $d^2=4h(2r-h)$	$G_O=\frac{3}{4}\cdot\frac{(2r-h)^2}{3r-h}$
圆环体	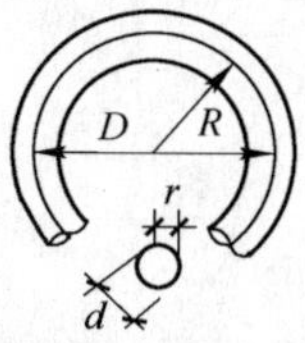	R—圆环体平均半径 D—圆环体平均直径 d—圆环体截面直径 r—圆环体截面半径	$V=2\pi^2R\cdot r^2=\frac{1}{4}\pi^2Dd$ $S=4\pi^2Rr=\pi^2Dd$ $=39.478Rr$	在环中心上
球带体	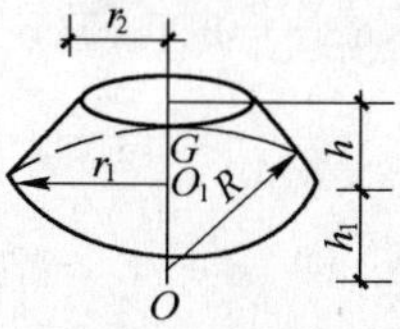	R—球半径 r_1、r_2—底面半径 h—腰高 h_1—球心 O 至带底圆心 O_1 的距离	$V=\frac{\pi h}{b}(3r_1^2+3r_2^2+h^2)$ $S_1=2\pi Rh$ $S=2\pi Rh+\pi(r_1^2+r_2^2)$	$G_O=h_1+\frac{h}{2}$
桶形	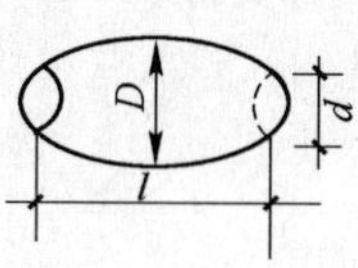	D—中间断面直径 d—底直径 l—桶高	对于抛物线形桶板： $V=\frac{\pi l}{15}\left(2D^2+Dd+\frac{3}{4}d^2\right)$ 对于圆形桶板： $V=\frac{1}{12}\pi l(2D^2+d^2)$	在轴交点上
椭球体	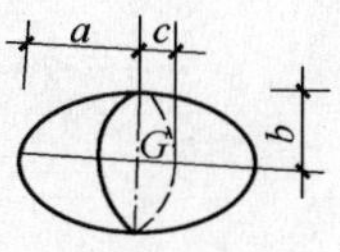	a、b、c—半轴	$V=\frac{4}{3}abc\pi$ $S=2\sqrt{2}\cdot b\cdot\sqrt{a^2+b^2}$	在轴交点上
交叉圆柱体	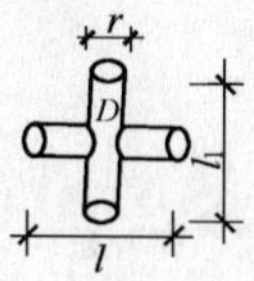	r—圆柱半径 l_1、l—圆柱长	$V=\pi r^2\left(l+l_1-\frac{2r}{3}\right)$	在二轴线交点上
梯形体	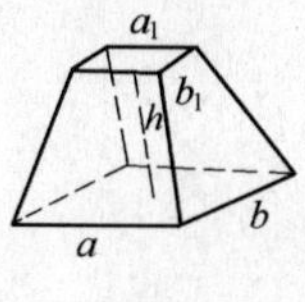	a、b—下底边长 a_1、b_1—上底边长 h—上、下底边距离(高)	$V=\frac{h}{6}$ $[(2a+a_1)b+(2a_1+a)b_1]$ $=\frac{h}{6}[ab+(a+a_1)$ $\cdot(b+b_1)+a_1b_1]$	

参 考 文 献

1 沈从周编. 机械设备安装手册. 北京：中国建筑工业出版社，1983

2 培训教材编委会编. 安装钳工(初、中、高级工). 北京：中国建筑工业出版社，1993

3 培训教材编委会编. 通风工(初、中、高级工). 北京：中国建筑工业出版社，1993

4 陕西省设备安装公司、陕西省第一建筑公司，陕西省建筑工程学校编. 空调试调. 北京：中国建筑工业出版社，1977

5 培训教材编委会编. 筑炉工(初级工). 北京：中国建筑工业出版社，1993

6 陈连生编. 电气工长. 北京：中国建筑工业出版社，1987

7 张文辉主编. 通风工培训教材(第一版). 北京：中国建筑工业出版社，1993

8 张学助编. 通风工长(第一版). 北京：中国建筑工业出版社，1987

9 周敦锋编. 电工试调(第一版). 北京：中国建筑工业出版社，1984

10 黄文哲主编. 焊工手册(修订版). 北京：机械工业出版社，1991

11 张哲生编. 筑炉工艺学(第一版). 北京：中国建筑工业出版社，1988

12 刘克俊编. 筑炉工(第一版). 北京：中国建筑工业出版社，1993

13 赵恒忱编. 铆工(初级工)(第一版). 北京：中国建筑工业出版社，1993

14 张文祥编. 通风工(初、中级工)(第一版). 北京：中国建筑工业出版社，1993

15 焦鹏邦编. 铆工操作技术指南(第一版). 北京：中国建筑工业出版社，1998

16 中国建筑业联合会安装协会物质信息交流中心、安装机具汇编，1998(内部资料)

17 赵志修等编. 电气安装工(第一版). 北京：中国建筑工业出版社，1993

18 王文翰主编. 焊接技术手册. 郑州：河南科学技术出版社，1997

19 俞尚知主编. 焊接工艺人员手册. 上海：上海科学技术出版社，1991